W0256154

KUNSTSTOFFE

Technische Daten von Handelsprodukten

Härtbare Formmassen 1

Merkblätter 1-400

Herausgegeben vom
Deutschen Kunststoff-Institut

Bearbeitet von
B. Carlowitz und J. Wierer

Springer-Verlag Berlin Heidelberg GmbH

Deutsches Kunststoff-Institut
Schloßgartenstraße 6R
6100 Darmstadt

Dr.-Ing. Bodo Carlowitz
Am Erdbeerstein 54
6240 Königstein im Taunus

Dipl.-Chem. Jutta Wierer
Deutsches Kunststoff-Institut
Schloßgartenstraße 6R
6100 Darmstadt

Die vorliegende Datensammlung stellt eine Auswahl aus der Datenbank „Polymat“ dar

ISBN 978-3-662-12463-5 ISBN 978-3-662-12462-8 (eBook)
DOI 10.1007/978-3-662-12462-8

Ursprünglich erschienen bei Springer-Verlag Berlin Heidelberg New York 1989.
Softcover reprint of the hardcover 1st edition 1989

Satz (Datenverarbeitung) und Druck: Brühlsche Universitätsdruckerei, Gießen
Herstellung der Plastikordner: Lux-Plastik oHG, Murnau
2151/3130-543210

Geleitwort

Die für den Forschungs- und Entwicklungsprozeß in Wissenschaft und Praxis benötigten Informationen werden in zunehmendem Maße über Datenbanken zur Verfügung gestellt, die den direkten Zugriff auf Literaturhinweise, auf Fakten oder auch auf den Volltext eines Dokumentes gestatten. Die Bundesregierung fördert den Aufbau derartiger Datenbanken, da sie der Überzeugung ist, hiermit einen Beitrag zur Schaffung optimaler Voraussetzungen für den wissenschaftlichen Fortschritt und den industriellen Innovationsprozeß zu erbringen. Die gerade in der Bundesrepublik auf einer anerkannten Tradition beruhenden gedruckten Informationsdienste verlieren gegenüber elektronischer Fachinformation aber keineswegs an Bedeutung, da sie als preiswerte Nachschlagewerke jederzeit verfügbar sind.
Mit den vorliegenden ersten Bänden der Datensammlung „Kunststoffe – Technische Daten von Handelsprodukten" liegt ein Werk vor, das auf der Datenbank POLYMAT aufbaut. Diese Datenbank des Deutschen Kunststoff-Instituts wird vom Fachinformationszentrum Chemie über das Fachinformationszentrum Karlsruhe im internationalen Verbundsystem Scientific and Technical Information Network (STN) im Online-Zugriff angeboten. Im vorliegenden Werk sehe ich einen wichtigen Beitrag zur Forschung und Entwicklung in einem immer bedeutender werdenden Werkstoffbereich und bin davon überzeugt, daß hiermit allen auf diesem Gebiet Tätigen ein nützliches und gerne genutztes Informationsmittel in die Hand gegeben wird.

Probst

Dr. Albert Probst
Parlamentarischer Staatssekretär im
Bundesministerium für Forschung und Technologie

Vorwort

Die vorliegende Sammlung technischer Daten soll Konstrukteuren, Verarbeitern und Anwendern von Kunststoffen den Überblick über das Werkstoffangebot erleichtern. Sie soll bei der Werkstoffauswahl unterstützen und den Zugriff auf die für moderne, rechner-gestützte Fertigungsverfahren erforderlichen Daten vereinfachen.
Wie jede Zusammenstellung von Werkstoffkennwerten auf Merkblättern kann auch diese Sammlung nur die gegenwärtige Situation widerspiegeln. Lücken bei der Verfügbarkeit von Meßwerten und Unzulänglichkeiten bei der Vereinheitlichung der Prüfverfahren werden auf diese Weise deutlicher sichtbar. Aufgabe der für die Kunststoffprüfung und die Normung zuständigen Gremien und der Rohstoff-Hersteller ist es, sich um weitere Verbesserungen zu bemühen. Auch der Fachmann, der die tabellierten Werte zur Lösung seiner konstruktiven Aufgaben verwendet, wird aus der Verantwortung für die Beurteilung und Interpretation der Daten nicht entlassen. Das vorliegende Werk kann und soll weder Fachwissen noch Erfahrung ersetzen, sondern nur von der unproduktiven Arbeit des Suchens entlasten und das bestehende Angebot an Werkstoffen und an Werkstoffdaten transparent machen.
Für das Sammeln, Beurteilen und Auswählen der Daten wie auch für ihre Präsentation auf den Merkblättern zeichnet Herr Dr. B. Carlowitz verantwortlich. Die dokumentarische und organisatorische Betreuung des Werkes oblag Frau Dipl.-Chem. J. Wierer, die dabei von weiteren Mitarbeitern des Deutschen Kunststoff-Instituts unterstützt wurde. Hier sind vor allem die Herren Dipl.-Ing. N. Herrlich und Dipl.-Ing. V. Mauler zu nennen. An der Harmonisierung und Korrektur der chemischen Bezeichnungen und der Datei Chemikalienbeständigkeit haben Frau Dipl.-Chem. G. Klump und Frau Dipl.-Ing. S. Zopf mitgewirkt. Die Fachinformationszentrum Chemie GmbH hat die Programmierung und Datenverarbeitung für die Selektion und Aufbereitung der Daten für den Druck übernommen und die Register erstellt; beteiligt hierbei waren insbesondere Herr Dr. F. Ehrhardt und Herr Dipl.-Chem. U. Klingebiel.
Schließlich sei nicht versäumt, auf die Bemühungen von Herrn Dr. A. Franck, Stuttgart, um die Veröffentlichung des Werkes hinzuweisen.
Die Datensammlung und die ihr zugrunde liegende Datenbank wurde vom Bundesminister für Forschung und Technologie gefördert.
Allen, die am Zustandekommen dieses Werkes mitgewirkt haben, sei an dieser Stelle für Ihren Einsatz, für zahlreiche Anregungen und für wertvolle ideelle und materielle Hilfe gedankt.

Prof. Dr. D. Braun
Leiter des Deutschen Kunststoff-Instituts
Darmstadt, September 1988

Gesamtinhaltsverzeichnis

Band 1

Band 2

Vorbemerkungen

Die vorliegende Merkblattsammlung Kunststoffe umfaßt die drei Werkstoffgruppen

Thermoplaste
Härtbare Formmassen
Gießharze

Sie enthält Kennwerte und Eigenschaften von Formstoffen und Formmassen der auf dem europäischen Markt verfügbaren Kunststoffe; geformte Artikel und Halbfabrikate wie Folien, Schaumstoffe, verstärkte Laminate und dergleichen sind nicht enthalten. Dagegen werden gefüllte und verstärkte Werkstoffe (z.B. mit Kurzfasern oder Glaskugeln) berücksichtigt.

Zusätzlich zu den Eigenschaftswerten werden knappe Hinweise auf besondere Merkmale, Verarbeitung und empfohlene Anwendungen gegeben.

Das Gesamtwerk ist auf ca. 6000 Werkstoffe konzipiert, wovon die überwiegende Zahl Thermoplaste sind. Zunächst werden in mehreren Ordnern Merkblätter für thermoplastische Werkstoffe vorgelegt, es folgt eine Datensammlung für härtbare Formmassen.

Ein gesonderter Band enthält verschiedene Register und Verzeichnisse, die den Zugang zur Datensammlung erleichtern, sowie Angaben zur Chemikalienbeständigkeit der wichtigsten Produktklassen.
Die Register für den Teil „Härtbare Formmassen" sind in einem der Merkblattordner enthalten.

Erläuterungen

Die Datensammlung „Kunststoffe" ist ein Auszug aus der Datenbank POLYMAT, die vom Deutschen Kunststoff-Institut in Zusammenarbeit mit Dr. B. Carlowitz und der Fachinformationszentrum Chemie GmbH hergestellt wird. In der Datenbank wird ein Gesamtspektrum von etwa 200 Eigenschaften berücksichtigt, wovon pro Werkstoff je nach Typ und Einsatzzweck etwa 50 bis 80 Eigenschaften mit Daten belegt sind. Die gedruckte Datensammlung enthält etwa ein Drittel dieses gesamten Eigenschaftsspektrums und damit die wichtigsten und am häufigsten benötigten Werkstoffkennwerte. Trotz guter Erschließung durch verschiedene Register kann eine gedruckte Datensammlung naturgemäß nicht den gleichen vielseitigen Zugang bieten, wie sie das elektronische Medium Datenbank ermöglicht. Auch die Datenpflege, d. h. die Ergänzung mit neuen Daten und das Entfernen veralteter Daten, ist in einer Datenbank schneller zu realisieren als in einem gedruckten Werk. Deshalb kann der zusätzliche Rückgriff auf die Datenbank POLYMAT durchaus zweckmäßig sein, sei es, um weitere Eigenschaftswerte zu erhalten, sei es, um gezielt anhand eines Anforderungsprofils nach Werkstoffen zu suchen. Die Verbindung zur Datenbank ist für jeden Werkstoff durch die Datenbank-Nummer am Kopf der Merkblätter gegeben.

Quellen der Daten sind in erster Linie die Angaben der Rohstoff-Hersteller, zusätzlich werden Handbücher und die allgemein zugängliche Fachliteratur ausgewertet. Eigene Messungen zur Ermittlung von Kennwerten werden vom Deutschen Kunststoff-Institut nicht vorgenommen.

Für jeden Werkstoff, definiert durch seinen Handelsnamen, ist ein Merkblatt vorgesehen. Die Merkblätter für die Werkstoffgruppen Thermoplaste, härtbare Formmassen und Gießharze sowie für die Produktklasse Polyvinylchlorid sind entsprechend dem unterschiedlichen Eigenschaftsspektrum unterschiedlich gestaltet. Für einen Teil der Produkte ist ein zweites Merkblatt mit Daten zum Langzeitverhalten vorgesehen. Die Merkblätter sind chronologisch nach ihrem Erscheinen numeriert, d. h. die Merkblatt-Nummer repräsentiert keine Systematik. Am Kopf jedes Merkblatts ist rechts die Merkblatt-Nummer und links die Datenbank-Nummer angegeben. Unter der Bezeichnung „Produkt" ist die Polymerklasse genannt, zu der der Werkstoff gehört, am rechten Rand ist das Kurzzeichen nach DIN 7728 für die Polymerklasse als Suchhilfe vermerkt.

Alphabetische Register ermöglichen das Auffinden der Merkblätter ausgehend vom Handelsnamen, vom Produkt (Polymerklasse) oder vom Hersteller (Kürzel). Ein zusätzliches Register erlaubt den Zugang von der Datenbank über die Datenbank-Nummer zum Merkblatt. So kann man etwa nach einer Recherche in der Datenbank für die dabei selektierten Werkstoffe die Kennwerte den Merkblättern entnehmen. Das kann in manchen Fällen bequemer und billiger sein als eine direkte Ausgabe der Kennwerte aus der Datenbank.

Der umgekehrte Rückgriff vom Merkblatt auf die Datenbank ist ohne den Umweg über ein Register durch die auf dem Merkblatt angegebene Datenbank-Nummer möglich.

Zusammenfassende Verzeichnisse, die sich nicht auf einzelne Merkblätter beziehen, geben Auskunft über die Hersteller-Anschriften, über die von den verschiedenen Herstellern angebotenen Produktklassen und über die genormten Verfahren, die den Daten in den Merkblättern zugrunde liegen.

Die Datei Chemikalienbeständigkeit enthält für 25 Polymerklassen Angaben über das Verhalten der Werkstoffe gegenüber einer großen Zahl von Reagenzien.

Auswahlkriterien

Der Auswahl der Eigenschaften wurden wichtige, aus der Praxis hergeleitete Forderungen zugrunde gelegt:

1. Übereinstimmung des für die Datensammlung gewählten Eigenschaftskataloges mit Richtlinien, die vom DIN, von den Herstellern und von Anwendergruppen aufgestellt wurden. Diese Wertekataloge sind in der hier vorliegenden Datensammlung enthalten, insbesondere die vom VKE (Verband der Kunststofferzeugenden Industrie) und dem FNK (Normenausschuß Kunststoffe) gemeinsam erarbeitete Grundwertetabelle, die sich sowohl auf Thermoplaste als auf Duroplaste anwenden läßt.
   Daneben wurden auch Anforderungen und Zusammenstellungen berücksichtigt, die für bestimmte Anwendungsbereiche wichtig sind, wie z. B. die von der VDI-Gesellschaft Kunststofftechnik herausgegebenen „Werkstoffkenndaten Thermoplaste" und „Werkstoffkenndaten Duroplaste".

2. Die Eigenschaftswerte sollen untereinander möglichst weitgehend vergleichbar sein. Diese Forderung kann um so besser erfüllt werden, je ausführlicher die sogenannten Einflußparameter beschrieben werden. Dieses Thema läßt sich hier nicht ausführlich behandeln, es sei dazu verwiesen auf die Arbeit von K. Oberbach und L. Rupprecht: Kunststoffkennwerte für Datenbank und Konstruktion; Kunststoffe 77(1987)8, S. 783/790.

Es wurde versucht, den erwähnten Forderungen sowohl beim Aufbau der Datenbank als auch in der daraus hergeleiteten und hier vorliegenden Zusammenstellung möglichst weitgehend zu entsprechen.
Die Qualität einer Datensammlung ist letztlich immer auch ein Abbild der Qualität der sie bestimmenden Elemente. Mit anderen Worten: Die Vergleichbarkeit von Werkstoffkennwerten kann z.B. nur im Rahmen der weltweiten Normung von Prüfmethoden und der auch normgerechten Anwendung dieser Methoden in den Laboratorien verbessert werden. Diese Aufgaben liegen jedoch außerhalb der Aktivitäten zur Zusammenstellung von Datensammlungen. Bei der Werteauswahl wurden dementsprechend nur Werte berücksichtigt, für die ein technisch ausreichender Grad von Vergleichbarkeit gewährleistet ist.
Zu den in den Merkblättern aufgeführten Eigenschaften werden im folgenden erläuternde Hinweise gegeben, soweit dies jeweils erforderlich ist.

Allgemeine Angaben

Produkt: In dieser Zeile werden die im allgemeinen technischen Sprachgebrauch eingeführte Bezeichnung und die genormte Kurzbezeichnung angegeben.

DIN-Bezeichnung und ISO-Bezeichnung: Hier werden die Typbezeichnungen der entsprechenden Formmasse-Normen angegeben.

Zusätze: Darunter werden Stoffe verstanden, die nicht als ausgesprochene Füll- oder Verstärkungsstoffe wirken.

Farben: Nicht immer finden sich in den Herstellerdruckschriften hierzu eindeutige Angaben. Der Hinweis „Natur" bedeutet ohne Farbmittel; „Standardfarben" sind im Sortiment vorhandene Farben; „Servicefarben" bzw. „Spezialfarben" werden im allgemeinen nur auf Anforderung bei entsprechenden Mengen geliefert.

Besondere Merkmale und bevorzugte Anwendungen: Diese Textkategorien enthalten die von den Herstellern angegebenen Hinweise. Wenn solche Hinweise nicht vorliegen, werden die in der technischen Literatur für die in Frage stehenden Produkte gegebenen Merkmale und Anwendungsgebiete in allgemeiner Form mitgeteilt.

Formmasseeigenschaften und Verarbeitungsbedingungen

Dichte: Die Werte gelten für eine Meßtemperatur von 23 °C.

Schüttdichte: Die Werte gelten für eine Meßtemperatur von 23 °C.

Fliesseinstellung: Hier werden die üblichen qualitativen Hinweise wie z.B. weich, mittel, hart usw. angeführt.

Dosierbarkeit und *Tablettierbarkeit:* Qualitative Angaben.

Lagerung: Angabe von Lagerbedingung und Lagerzeit.

Schwindung: Angabe von Herstellerwerten (Verarbeitungsschwindung und Nachschwindung).

Mechanische Eigenschaften

In den Gruppen Zugversuch, Biegeversuch, Härte und Schlagversuch sind jeweils mehrere Kennwerte zusammengefaßt, die in der Regel am gleichen Probekörper gemessen worden sind. Wurden ausnahmsweise verschiedene Probekörper verwendet, so gelten die Probekörperdaten im Kopf jeder Gruppe für den ersten mit Daten belegten Kennwert.
In der im Juni 1987 erschienenen neuen DIN-Norm für den E-Modul wird der Begriff des E-Moduls neu definiert, und zwar ergibt sich nach dieser Definition ein Sekantenmodul. Bei harten Kunststoffen, also auch bei allen Duroplasten, ist die Differenz gegenüber „alten" Werten vernachlässigbar. Eine Umstellung von Datenbank und Merkblättern auf die 1988 erschienenen Entwürfe und Entwurfsvorschläge des Zugversuchs und der Schlagversuche ist erst dann sinnvoll, wenn hinreichend viele Werte nach den neuen Normen vorliegen.
Die Abkürzungen NKS, NS, ISO im Feld „Probekörper-Form" bedeuten Normkleinstab bzw. Normstab bzw. ISO-Stab. Die Zeitstandzugfestigkeit wird gemessen nach DIN 53444.
Die Norm für die Kugeldruckhärte ist DIN 53456.
Die in der Gruppe Schlagversuch unter (1) und (2) gegebenen Hinweise beziehen sich auf die Kerbform, eine evtl. nachgestellte Zahl ist der Kerbgrundradius in mm. V-Kerbe bedeutet immer eine V-Kerbe mit einem Flankenwinkel von 45°.

Die Normen in dieser Gruppe sind:

Schlagzähigkeit	DIN 53453
Kerbschlagzähigkeit	DIN 53453
IZOD-Kerbschlagzähigkeit	ASTM D 256

Abrieb und Reibung

Taber-Abrieb: Es handelt sich um das Reibradverfahren nach DIN 53745.

Reibungszahlen und pv-Wert: Reibungspartner kaltgewalzter Kohlenstoffstahl, trocken.

Thermische Eigenschaften

Die Normen für die einzelnen Methoden sind

Formbeständigkeit in der Wärme	DIN 53461
	= ISO 75
Formbeständigkeit Martens	DIN 53462

Die thermodynamischen Kennwerte werden mit den üblichen physikalischen Methoden bestimmt, z.T. werden die Verfahren angegeben.

Brandverhalten

Hier wird nur der „UL-Test vertikal" angegeben: UL 94.

Das Glühstabverfahren ist das ursprüngliche Schramm-Zebrowski-Verfahren. Da es mehrere genormte Varianten dieser Prüfung gibt, wird jeweils die zugrunde liegende Methode angegeben.

Die Abkürzungen MVSS und FAR bedeuten

MVSS: Federal Motor Vehicle Safety Standard 302

FAR: Federal Aviation Regulations § 25.853 mit dem Prüfverfahren-Anhang F, Part 25

Elektrische Eigenschaften

Die dielektrischen Eigenschaften Dielektrizitätszahl und dielektrischer Verlustfaktor werden bei den festgelegten Frequenzen 50 Hz, 1 kHz und 1 MHz angegeben: DIN 53483 Blatt 2.

Die bei den elektrischen Widerstandswerten angegebenen Operatoren * und ** bedeuten Multiplikation (*) und Exponent (**). 1.5*10**15 ist also eine andere Schreibweise für $1.5 \cdot 10^{15}$.

Obgleich die neue Norm für die Bestimmung der Kriechstromfestigkeit schon seit Mitte 1984 unter dem geänderten Titel „... Vergleichszahl... der Kriechwegbildung" vorliegt (DIN IEC 112 = VDE 0303, Teil 1), gibt es noch nicht von allen Rohstoffherstellern Werte nach der neueren Norm. Es scheint daher verfrüht, bei der vorliegenden Ausgabe nur die Vergleichszahlen der Kriechwegbildung einzusetzen und auf die Angabe der nach DIN 53480 ermittelten Werte zu verzichten. Sobald für alle als Isolierstoffe relevanten Produkte Werte nach DIN IEC 112 vorliegen, werden die „alten" Angaben nach DIN 53480 gelöscht und nur noch die neuen Werte in die Merkblätter eingetragen.

Die Lichtbogenfestigkeit wird entweder angegeben nach DIN 53484 (in Stufen) oder nach ASTM D 495 (in Sekunden).

Bei der elektrolytischen Korrosionswirkung nach DIN 53489 erfolgt die Bewertung anhand eines Kennwertes.

Beständigkeit

Wasseraufnahme: Hier werden angegeben Wasseraufnahme in kaltem Wasser (DIN 53495) sowie das Verfahren, die Lagerdauer, die Temperatur und der Wert entweder in der Einheit % oder mg.

Feuchtigkeitsaufnahme Normalklima (DIN 53473): Hierunter wird die Feuchtigkeitsaufnahme im Normalklima DIN 50014 23/50-2 bis zur Sättigung verstanden.

Hinweise zur Wetterbeständigkeit und zur Spannungskorrosion werden in beschreibender Form ohne Hinweis auf eine Norm gegeben.

Hinweise zum Online-Zugang zur Kunststoff-Datenbank POLYMAT

Die vorliegende Merkblattsammlung ist ein Auszug aus der Werkstoff-Datenbank POLYMAT. Diese berücksichtigt insgesamt ein Spektrum von etwa 200 Eigenschaften, von dem nur ein Drittel in die gedruckte Datensammlung aufgenommen werden kann. Der Zugriff auf die Datenbank kann also zusätzliche Informationen zu einem Werkstoff liefern.

Voraussetzungen für den Online-Zugang zur Datenbank sind:

1. Ein Anschluß an das Datennetz (z.B. Datex P) mit Akustikkoppler oder Modem; zuständig für Anträge und Installation ist die Deutsche Bundespost.

2. Eine Teilnehmerkennung für Datex P; sie wird auf Antrag erteilt durch die Deutsche Bundespost.

3. Ein Personalcomputer mit einer DFÜ-Schnittstelle V24/RS 232.

4. Eine Kommunikations-Software, z.B. CROSSTALK, GENESYS, STERM, INFOLOG und INFODOWN (Rieth).

5. Ein Vertrag über die Datenbanknutzung, verbunden mit der Zuteilung eines USER-CODES und eines Passwortes.
   Unterlagen sind erhältlich beim Deutschen Kunststoff-Institut, 6100 Darmstadt, Schloßgartenstr. 6 R, Telefon 06151/162106, oder beim Fachinformationszentrum Chemie, 1000 Berlin, Steinplatz 2, Telefon 030/319003-0.

Sind diese Voraussetzungen erfüllt, so kann auf POLYMAT zugegriffen werden. Nach Herstellung der Datex-P-Verbindung wird die Verbindung zum Host INKADAT unter der Nummer (NUA) 45724740001 aufgenommen. Anschließend wird die Datenbank POLYMAT aufgerufen mit „logon POLYMAT, FCH".

Zu einem späteren Zeitpunkt wird die Datenbank auch auf dem Host STN International angeboten werden.

Produktklasse	Polyesterharz-Formmasse		**UP**
Handelsname	**Resartherm 794**		
Hersteller	RESART		
DIN-Bezeichnung *ISO-Bezeichnung*			
Harzbasis	Ungesaettigter Polyester		
Zusätze		*Füllstoffe/ Verstärkung*	Glasfasern; Anorganische Harztraeger
Bevorzugte Verarbeitung	Pressen; Spritzpressen	*Lieferform*	Granulat
		Farben	Weiss; Helle Farben; Dunkle Farben
Besondere Merkmale	Asbestfrei; Halogenfrei; Aehnlich Typ 802; Hohe Hitzebestaendigkeit; Reduzierte Abgabe von Fluechten bei thermischer Belastung	*Bevorzugte Anwendungen*	Lampensockel fuer die Kraftfahrzeugtechnik

Dichte	g/cm³	2.1	*Dosierbarkeit*	
Schüttdichte	g/cm³		*Tablettierbarkeit*	
Fließeinstellung			*Lagerung*	Bis 6 Monate

Verarbeitungsbedingungen für Pressen

Werkzeugtemperatur	°C	
Pressdruck	bar	
Härtezeit je mm	s	
Schwindung	%	0.4
Nachschwindung	%	0.05
Bemerkungen		

Verarbeitungsbedingungen für Spritzgießen

Zylindertemperatur	°C
Düsentemperatur	°C
Massetemp.	°C
Werkzeugtemp.	°C
Spritzdruck	bar
Härtezeit	s
Schwindung	%
Nachschwindung	%
Bemerkungen	

Zugversuch 23 °C DIN 53455;
Probekörper: *Form* *Herstellung* DIN 53470

Zugfestigkeit	N/mm² 25	*E-Modul*		N/mm²
Reißdehnung	%	*Zeitstandzugfestigkeit*	h	N/mm²

Biegeversuch 23 °C DIN 53452; DIN 53457
Probekörper: *Form* *Herstellung* DIN 53470

Biegefestigkeit	N/mm² 65	*E-Modul*	N/mm² 5500

Druckversuch 23°C DIN 53454
Probekörper: *Form* *Herstellung* DIN 53470

Druckfestigkeit	N/mm²	160	*Stauchung*	%

Härte 23 °C *Probekörper:* *Herstellung* DIN 53470

Kugeldruckhärte N/mm² 350 bei N, 30 s

Schlagversuch *Probekörper:* *(1)* U-Kerbe
(2) *Herstellung* DIN 53470

		°C		°C	°C	*Probekörper-Form*
Schlagzähigkeit	kJ/m²	23	5			
Kerbschlagzähigkeit (1)	kJ/m²	23	2			
IZOD-Kerbschlag-zähigkeit (2)	J/m					

Abrieb und Reibung

Taber-Abrieb (Reibradverfahren) mm³/100 U
Statische Reibungszahl
Dynamische Reibungszahl (p·v= N/mm²· m/min)
Zulässiger p · v Wert N/mm² · (m/min) v= m/min
v= m/min

Thermische Eigenschaften

Formbeständigkeit in der Wärme	*Verfahren*			°C
	Verfahren			°C
Formbeständigkeit Martens				180 °C
Längenausdehnungskoeffizient	*Bereich* °C			$\cdot 10^{-4}K^{-1}$
	Temperatur 23 °C			$0.2–0.3 \cdot 10^{-4}K^{-1}$
Wärmeleitfähigkeit	*Verfahren*		23 °C	0.7 W/(K · m)
Spezifische Wärmekapazität	*Verfahren*		23 °C	1.2 J/(K · g)

Brandverhalten

UL-Test vertikal Dicke mm, Wert
Dicke mm, Wert

	Norm	*Bewertung*	*Abmessungen*
Sauerstoff-Index	ASTM D 2863		
Glühstab-Verfahren	DIN 53459	Stufe 1	
Brandverhalten	DIN 4102		
MVSS			
FAR			

Elektrische Eigenschaften

		Hz	°C		*Probekörper, Form*
Dielektrizitätszahl		50			
		10^3	23	5	
		10^6			
Dielektrischer Verlustfaktor tan δ		50			
		10^3	23	0.02	
		10^6			
Spezifischer Durchgangs-widerstand	Ohm · cm		23	1.0*10**12	
Durchschlagfestigkeit	kV/mm		23	10–15	mm dick
Oberflächenwiderstand	Ohm		23	1.0*10**13	

Kriechstromfestigkeit KC >600 KB KA
Kriechwegbildung

Elektrolytische Korrosionswirkung
Lichtbogenfestigkeit nach DIN
nach ASTM s

Beständigkeit *(Chemische Beständigkeit siehe Anhang)*

Wasseraufnahme 1 d ≦50 mg

Feuchtigkeitsaufnahme Normalklima %
Wetterbeständigkeit

Produktklasse	Polyesterharz-Formmasse		**UP**
Handelsname	**Resartherm 796**		
Hersteller	RESART		
DIN-Bezeichnung *ISO-Bezeichnung*			
Harzbasis	Ungesaettigter Polyester		
Zusätze		*Füllstoffe/ Verstärkung*	Glasfasern; Anorganische Harztraeger
Bevorzugte Verarbeitung	Pressen; Spritzpressen; Spritzgiessen	*Lieferform*	Granulat
		Farben	Weiss; Helle Farben; Dunkle Farben
Besondere Merkmale	Aehnlich Typ 802; Hoher Durchgangswiderstand; Hohe Durchschlagfestigkeit; Asbestfrei; Halogenfrei	*Bevorzugte Anwendungen*	Zuendanlage fuer die Kraftfahrzeugtechnik

Dichte	g/cm^3	2.1	*Dosierbarkeit*	
Schüttdichte	g/cm^3		*Tablettierbarkeit*	
Fließeinstellung			*Lagerung*	Bis 6 Monate

Verarbeitungsbedingungen für Pressen

Werkzeugtemperatur	°C	
Pressdruck	bar	
Härtezeit je mm	s	
Schwindung	%	0.5
Nachschwindung	%	≦0.05
Bemerkungen		

Verarbeitungsbedingungen für Spritzgießen

Zylindertemperatur	°C	50–80
Düsentemperatur	°C	75–100
Massetemp.	°C	
Werkzeugtemp.	°C	165–180
Spritzdruck	bar	
Härtezeit	s	
Schwindung	%	
Nachschwindung	%	
Bemerkungen	Fuer einwandfreie Oberflaechen verchromte oder chemisch vernickelte Werkzeuge	

Zugversuch 23 °C DIN 53455;
Probekörper: *Form* *Herstellung* DIN 53470

Zugfestigkeit	N/mm^2 25	*E-Modul*		N/mm^2
Reißdehnung	%	*Zeitstandzugfestigkeit*	h	N/mm^2

Biegeversuch 23 °C DIN 53452; DIN 53457
Probekörper: *Form* *Herstellung* DIN 53470

Biegefestigkeit	N/mm^2 60	*E-Modul*	N/mm^2 8000

Druckversuch 23°C DIN 53454
Probekörper: *Form* *Herstellung* DIN 53470

Druckfestigkeit	N/mm^2	150	*Stauchung*	%

Härte 23 °C *Probekörper:* *Herstellung* DIN 53470

Kugeldruckhärte N/mm^2 350 bei N, 30 s

Schlagversuch *Probekörper:* *(1)* U-Kerbe
(2)

Herstellung DIN 53470

		°C		°C		°C		*Probekörper-Form*
Schlagzähigkeit	kJ/m²	23	5.0					
Kerbschlagzähigkeit (1)	kJ/m²	23	2.5					
IZOD-Kerbschlag-zähigkeit (2)	J/m							

Abrieb und Reibung

Taber-Abrieb (Reibradverfahren) mm³/100 U
Statische Reibungszahl
Dynamische Reibungszahl (p·v= N/mm² · m/min)
Zulässiger p · v Wert N/mm² · (m/min) v= m/min
v= m/min

Thermische Eigenschaften

Formbeständigkeit in der Wärme	*Verfahren*			°C
	Verfahren			°C
Formbeständigkeit Martens				≧150 °C
Längenausdehnungskoeffizient	*Bereich* °C			$\cdot 10^{-4} K^{-1}$
	Temperatur 23 °C			$0.2–0.3 \cdot 10^{-4} K^{-1}$
Wärmeleitfähigkeit	*Verfahren*		23 °C	0.7 W/(K · m)
Spezifische Wärmekapazität	*Verfahren*		23 °C	1.2 J/(K · g)

Brandverhalten

UL-Test vertikal Dicke mm, Wert
Dicke mm, Wert

	Norm	*Bewertung*	*Abmessungen*
Sauerstoff-Index	ASTM D 2863		
Glühstab-Verfahren	DIN 53459	Stufe 2a	
Brandverhalten	DIN 4102		
MVSS			
FAR			

Elektrische Eigenschaften

		Hz	°C		*Probekörper, Form*
Dielektrizitätszahl		50			
		10^3	23	6.5	
		10^6			
Dielektrischer Verlustfaktor tan δ		50			
		10^3	23	0.01	
		10^6			
Spezifischer Durchgangs-widerstand	Ohm · cm		23	1.0*10**14	
Durchschlagfestigkeit	kV/mm		23	10–15	mm dick
Oberflächenwiderstand	Ohm		23	1.0*10**13	

Kriechstromfestigkeit KC >600 KB KA
Kriechwegbildung

Elektrolytische Korrosionswirkung
Lichtbogenfestigkeit nach DIN
nach ASTM s

Beständigkeit *(Chemische Beständigkeit siehe Anhang)*

Wasseraufnahme 1 d ≦45 mg

Feuchtigkeitsaufnahme Normalklima %
Wetterbeständigkeit

Produktklasse	Polyesterharz-Formmasse		**UP**
Handelsname	**Resartherm 798**		
Hersteller	RESART		
DIN-Bezeichnung *ISO-Bezeichnung*			
Harzbasis	Ungesaettigter Polyester		
Zusätze		*Füllstoffe/ Verstärkung*	Glasfasern; Anorganische Harztraeger
Bevorzugte Verarbeitung	Pressen; Spritzpressen	*Lieferform*	Granulat
		Farben	Weiss; Helle Farben; Dunkle Farben
Besondere Merkmale	Aehnlich Typ 802; Universell einsetzbar; Gute Waermeformbestaendigkeit; Gute Hitzebestaendigkeit; Gutes Fliessvermoegen; Asbestfrei; Halogenfrei	*Bevorzugte Anwendungen*	Gehaeuse fuer Feuchtraumlampe

Dichte	g/cm^3	2.1	*Dosierbarkeit*	
Schüttdichte	g/cm^3		*Tablettierbarkeit*	
Fließeinstellung			*Lagerung*	Bis 6 Monate

Verarbeitungsbedingungen für Pressen

Werkzeugtemperatur	°C	
Pressdruck	bar	
Härtezeit je mm	s	
Schwindung	%	0.5
Nachschwindung	%	0.05
Bemerkungen		

Verarbeitungsbedingungen für Spritzgießen

Zylindertemperatur	°C	50–80
Düsentemperatur	°C	75–100
Massetemp.	°C	
Werkzeugtemp.	°C	165–180
Spritzdruck	bar	
Härtezeit	s	
Schwindung	%	
Nachschwindung	%	
Bemerkungen	Fuer einwandfreie Oberflaechen verchromte oder chemisch vernickelte Werkzeuge	

Zugversuch 23 °C DIN 53455;
Probekörper: *Form* — *Herstellung* DIN 53470

Zugfestigkeit	N/mm^2	25	*E-Modul*	N/mm^2	
Reißdehnung	%		*Zeitstandzugfestigkeit*	h N/mm^2	

Biegeversuch 23 °C DIN 53452; DIN 53457
Probekörper: *Form* — *Herstellung* DIN 53470

Biegefestigkeit	N/mm^2	60	*E-Modul*	N/mm^2	6000

Druckversuch 23°C DIN 53454
Probekörper: *Form* — *Herstellung* DIN 53470

Druckfestigkeit	N/mm^2	160	*Stauchung*	%	

Härte 23 °C *Probekörper:* — *Herstellung* DIN 53470

Kugeldruckhärte N/mm^2 350 bei N, 30 s

Schlagversuch *Probekörper:* *(1)* U-Kerbe
(2) *Herstellung* DIN 53470

		°C		°C	°C	*Probekörper-Form*
Schlagzähigkeit	kJ/m²	23	4.0			
Kerbschlagzähigkeit (1)	kJ/m²	23	2.6			
IZOD-Kerbschlag-zähigkeit (2)	J/m					

Abrieb und Reibung

Taber-Abrieb (Reibradverfahren) mm³/100 U
Statische Reibungszahl
Dynamische Reibungszahl (p·v= N/mm² · m/min)
Zulässiger p · v Wert N/mm² · (m/min) v= m/min
v= m/min

Thermische Eigenschaften

Formbeständigkeit in der Wärme	*Verfahren*			°C
	Verfahren			°C
Formbeständigkeit Martens				180 °C
Längenausdehnungskoeffizient	*Bereich* °C			$\cdot 10^{-4}K^{-1}$
	Temperatur 23 °C			$0.2–0.3 \cdot 10^{-4}K^{-1}$
Wärmeleitfähigkeit	*Verfahren*		23 °C	0.7 W/(K · m)
Spezifische Wärmekapazität	*Verfahren*		23 °C	1.2 J/(K · g)

Brandverhalten

UL-Test vertikal Dicke mm, Wert
Dicke mm, Wert

	Norm	*Bewertung*	*Abmessungen*
Sauerstoff-Index	ASTM D 2863		
Glühstab-Verfahren	DIN 53459	Stufe 1	
Brandverhalten	DIN 4102		
MVSS			
FAR			

Elektrische Eigenschaften

		Hz	°C		*Probekörper, Form*
Dielektrizitätszahl		50			
		10^3	23	5	
		10^6			
Dielektrischer Verlustfaktor tan δ		50			
		10^3	23	0.02	
		10^6			
Spezifischer Durchgangs-widerstand	Ohm · cm		23	1.0*10**12	
Durchschlagfestigkeit	kV/mm		23	10–15	mm dick
Oberflächenwiderstand	Ohm		23	1.0*10**13	

Kriechstromfestigkeit KC >600 KB KA
Kriechwegbildung

Elektrolytische Korrosionswirkung
Lichtbogenfestigkeit nach DIN
nach ASTM s

Beständigkeit *(Chemische Beständigkeit siehe Anhang)*
Wasseraufnahme 1 d ≦35 mg

Feuchtigkeitsaufnahme Normalklima %
Wetterbeständigkeit

Produktklasse	Polyesterharz-Formmasse		**UP**
Handelsname	**Resartherm Typ 802**		
Hersteller	RESART		
DIN-Bezeichnung	802 DIN 16911		
ISO-Bezeichnung			
Harzbasis	Ungesaettigter Polyester		
Zusätze		*Füllstoffe/ Verstärkung*	Glasfasern; Anorganische Harztraeger
Bevorzugte Verarbeitung	Pressen; Spritzpressen; Spritzgiessen	*Lieferform*	Granulat
		Farben	Weiss; Helle Farben; Dunkle Farben
Besondere Merkmale	Erhoehte Waermeformbestaendigkeit; Asbestfrei; Halogenfrei	*Bevorzugte Anwendungen*	Elektrotechnik; Haushaltstechnik

Dichte	g/cm^3	2.1	*Dosierbarkeit*	
Schüttdichte	g/cm^3		*Tablettierbarkeit*	
Fließeinstellung			*Lagerung*	Bis 6 Monate

Verarbeitungsbedingungen für Pressen

Werkzeugtemperatur	°C	
Pressdruck	bar	
Härtezeit je mm	s	
Schwindung	%	0.5
Nachschwindung	%	≦0.05
Bemerkungen		

Verarbeitungsbedingungen für Spritzgießen

Zylindertemperatur	°C	50–80
Düsentemperatur	°C	75–100
Massetemp.	°C	
Werkzeugtemp.	°C	165–180
Spritzdruck	bar	
Härtezeit	s	
Schwindung	%	
Nachschwindung	%	
Bemerkungen	Fuer einwandfreie Oberflaechen verchromte oder chemisch vernickelte Werkzeuge	

Zugversuch 23 °C DIN 53455; *Probekörper:* *Form* *Herstellung* DIN 53470

Zugfestigkeit	N/mm^2	30	*E-Modul*	N/mm^2	
Reißdehnung	%		*Zeitstandzugfestigkeit*	h N/mm^2	

Biegeversuch 23 °C DIN 53452; DIN 53457 *Probekörper:* *Form* *Herstellung* DIN 53470

Biegefestigkeit	N/mm^2	55	*E-Modul*	N/mm^2	7000

Druckversuch 23 °C DIN 53454 *Probekörper:* *Form* *Herstellung* DIN 53470

Druckfestigkeit	N/mm^2	160	*Stauchung*	%	

Härte 23 °C *Probekörper:* *Herstellung* DIN 53470

Kugeldruckhärte N/mm^2 350 bei N, 30 s

Schlagversuch *Probekörper:* *(1)* U-Kerbe
(2)
Herstellung DIN 53470

		°C		°C	°C	*Probekörper-Form*
Schlagzähigkeit	kJ/m²	23	4.5			
Kerbschlagzähigkeit (1)	kJ/m²	23	3.0			
IZOD-Kerbschlag-zähigkeit (2)	J/m					

Abrieb und Reibung

Taber-Abrieb (Reibradverfahren) mm³/100 U
Statische Reibungszahl
Dynamische Reibungszahl (p · v = N/mm² · m/min)
Zulässiger p · v Wert N/mm² · (m/min) v = m/min
v = m/min

Thermische Eigenschaften

Formbeständigkeit in der Wärme	*Verfahren*			°C
	Verfahren			°C
Formbeständigkeit Martens				200 °C
Längenausdehnungskoeffizient	*Bereich*	°C		$\cdot 10^{-4} K^{-1}$
	Temperatur 23 °C			$0.2–0.3 \cdot 10^{-4} K^{-1}$
Wärmeleitfähigkeit	*Verfahren*		23 °C	0.7 W/(K · m)
Spezifische Wärmekapazität	*Verfahren*		23 °C	1.2 J/(K · g)

Brandverhalten

UL-Test vertikal Dicke mm, Wert
Dicke mm, Wert

	Norm	*Bewertung*	*Abmessungen*
Sauerstoff-Index	ASTM D 2863		
Glühstab-Verfahren	DIN 53459	Stufe 2a	
Brandverhalten	DIN 4102		
MVSS			
FAR			

Elektrische Eigenschaften

		Hz	°C		*Probekörper, Form*
Dielektrizitätszahl		50			
		10^3	23	6	
		10^6			
Dielektrischer Verlustfaktor tan δ		50			
		10^3	23	0.02	
		10^6			
Spezifischer Durchgangs-widerstand	Ohm · cm		23	1.0*10**12	
Durchschlagfestigkeit	kV/mm		23	10–15	mm dick
Oberflächenwiderstand	Ohm		23	1.0*10**12	

Kriechstromfestigkeit KC >600 KB KA
Kriechwegbildung

Elektrolytische Korrosionswirkung
Lichtbogenfestigkeit nach DIN
nach ASTM s

Beständigkeit *(Chemische Beständigkeit siehe Anhang)*

Wasseraufnahme 1 d ≦45 mg

Feuchtigkeitsaufnahme Normalklima %
Wetterbeständigkeit

Produktklasse	Polyesterharz-Formmasse		**UP**
Handelsname	**Resartherm Typ 804**		
Hersteller	RESART		
DIN-Bezeichnung	804 DIN 16911		
ISO-Bezeichnung			
Harzbasis	Ungesaettigter Polyester		
Zusätze		*Füllstoffe/ Verstärkung*	Glasfasern; Anorganische Harztraeger
Bevorzugte Verarbeitung	Pressen; Spritzpressen; Spritzgiessen	*Lieferform*	Granulat
		Farben	Weiss; Helle Farben; Dunkle Farben
Besondere Merkmale	Wie Typ 802; Erhoehte Glutfestigkeit	*Bevorzugte Anwendungen*	Elektrotechnik; Haushaltstechnik

Dichte	g/cm³	2.1	*Dosierbarkeit*	
Schüttdichte	g/cm³		*Tablettierbarkeit*	
Fließeinstellung			*Lagerung*	Bis 6 Monate

Verarbeitungsbedingungen für Pressen

Werkzeugtemperatur	°C	
Pressdruck	bar	
Härtezeit je mm	s	
Schwindung	%	0.5
Nachschwindung	%	≦0.05
Bemerkungen		

Verarbeitungsbedingungen für Spritzgießen

Zylindertemperatur	°C	50–80
Düsentemperatur	°C	75–100
Massetemp.	°C	
Werkzeugtemp.	°C	165–180
Spritzdruck	bar	
Härtezeit	s	
Schwindung	%	
Nachschwindung	%	
Bemerkungen	Fuer einwandfreie Oberflaechen verchromte oder chemisch vernickelte Werkzeuge	

Zugversuch 23 °C DIN 53455;
Probekörper: *Form* — *Herstellung* DIN 53470

Zugfestigkeit	N/mm²	30	*E-Modul*	N/mm²
Reißdehnung	%		*Zeitstandzugfestigkeit*	h N/mm²

Biegeversuch 23 °C DIN 53452; DIN 53457
Probekörper: *Form* — *Herstellung* DIN 53470

Biegefestigkeit	N/mm²	55	*E-Modul*	N/mm²	7000

Druckversuch 23°C DIN 53454
Probekörper: *Form* — *Herstellung* DIN 53470

Druckfestigkeit	N/mm²	200	*Stauchung*	%

Härte 23 °C *Probekörper:* — *Herstellung* DIN 53470

Kugeldruckhärte N/mm² 350 bei N, 30 s

Schlagversuch *Probekörper:* *(1)* U-Kerbe
(2)
Herstellung DIN 53470

		°C		°C	°C	*Probekörper-Form*
Schlagzähigkeit	kJ/m^2	23	4.5			
Kerbschlagzähigkeit (1)	kJ/m^2	23	3.0			
IZOD-Kerbschlagzähigkeit (2)	J/m					

Abrieb und Reibung

Taber-Abrieb (Reibradverfahren) mm^3/100 U
Statische Reibungszahl
Dynamische Reibungszahl (p·v= N/mm^2· m/min)
Zulässiger p · v Wert N/mm^2·(m/min) v= m/min
v= m/min

Thermische Eigenschaften

Formbeständigkeit in der Wärme	*Verfahren*			°C
	Verfahren			°C
Formbeständigkeit Martens				200 °C
Längenausdehnungskoeffizient	*Bereich*	°C		$\cdot 10^{-4} K^{-1}$
	Temperatur 23 °C			$0.2–0.3 \cdot 10^{-4} K^{-1}$
Wärmeleitfähigkeit	*Verfahren*		23 °C	0.7 W/(K · m)
Spezifische Wärmekapazität	*Verfahren*		23 °C	1.2 J/(K · g)

Brandverhalten

UL-Test vertikal Dicke 1.6 mm, Wert V-0
Dicke mm, Wert

	Norm	*Bewertung*	*Abmessungen*
Sauerstoff-Index	ASTM D 2863		
Glühstab-Verfahren	DIN 53459	Stufe 1-2a	
Brandverhalten	DIN 4102		
MVSS			
FAR			

Elektrische Eigenschaften

		Hz	°C		*Probekörper, Form*
Dielektrizitätszahl		50			
		10^3	23	6	
		10^6			
Dielektrischer Verlustfaktor tan δ		50			
		10^3	23	0.02	
		10^6			
Spezifischer Durchgangswiderstand	Ohm · cm		23	1.0*10**12	
Durchschlagfestigkeit	kV/mm		23	10–15	mm dick
Oberflächenwiderstand	Ohm		23	1.0*10**12	

Kriechstromfestigkeit KC >600 KB KA
Kriechwegbildung

Elektrolytische Korrosionswirkung
Lichtbogenfestigkeit nach DIN
nach ASTM s

Beständigkeit *(Chemische Beständigkeit siehe Anhang)*
Wasseraufnahme 1 d ≦45 mg

Feuchtigkeitsaufnahme Normalklima %
Wetterbeständigkeit

Produktklasse	Polyesterharz-Formmasse		**UP**
Handelsname	**Resartherm 806**		
Hersteller	RESART		
DIN-Bezeichnung	806 DIN 16911		
ISO-Bezeichnung			
Harzbasis	Ungesaettigter Polyester		
Zusätze		*Füllstoffe/ Verstärkung*	Glasfasern; Anorganische Harztraeger
Bevorzugte Verarbeitung	Pressen; Spritzpressen; Spritzgiessen	*Lieferform*	Granulat
		Farben	Weiss; Helle Farben; Dunkle Farben
Besondere Merkmale	Gegenueber Typ 804 erhoehte Kerbschlagzaehigkeit und Waermeformbestaendigkeit; UL-ueberwacht	*Bevorzugte Anwendungen*	Gehaeuse fuer Sicherungsautomat; Elektrowerkzeug

---

Dichte	g/cm³	2.1	*Dosierbarkeit*	
Schüttdichte	g/cm³		*Tablettierbarkeit*	
Fließeinstellung			*Lagerung*	Bis 6 Monate

Verarbeitungsbedingungen für Pressen

Werkzeugtemperatur	°C	
Pressdruck	bar	
Härtezeit je mm	s	
Schwindung	%	0.5
Nachschwindung	%	$\leqq$0.05
Bemerkungen		

Verarbeitungsbedingungen für Spritzgießen

Zylindertemperatur	°C	50–80
Düsentemperatur	°C	75–100
Massetemp.	°C	
Werkzeugtemp.	°C	165–180
Spritzdruck	bar	
Härtezeit	s	
Schwindung	%	
Nachschwindung	%	
Bemerkungen	Fuer einwandfreie Oberflaechen verchromte oder chemisch vernickelte Werkzeuge	

Zugversuch 23 °C DIN 53455;
Probekörper: *Form* *Herstellung* DIN 53470

Zugfestigkeit	N/mm²	35	*E-Modul*	N/mm²	
Reißdehnung	%		*Zeitstandzugfestigkeit*	h N/mm²	

Biegeversuch 23 °C DIN 53452; DIN 53457
Probekörper: *Form* *Herstellung* DIN 53470

Biegefestigkeit	N/mm²	70	*E-Modul*	N/mm²	8000

Druckversuch 23 °C DIN 53454
Probekörper: *Form* *Herstellung* DIN 53470

Druckfestigkeit	N/mm²	170	*Stauchung*	%	

Härte 23 °C *Probekörper:* *Herstellung* DIN 53470

Kugeldruckhärte N/mm² 350 bei N, 30 s

Schlagversuch *Probekörper:* *(1)* U-Kerbe *(2)* *Herstellung* DIN 53470

		°C		°C		°C		*Probekörper-Form*
Schlagzähigkeit	kJ/m²	23	6					
Kerbschlagzähigkeit (1)	kJ/m²	23	4					
IZOD-Kerbschlag-zähigkeit (2)	J/m							

Abrieb und Reibung

Taber-Abrieb (Reibradverfahren)	mm³/100 U		
Statische Reibungszahl			
Dynamische Reibungszahl	(p·v= N/mm² ·		m/min)
Zulässiger p · v Wert	N/mm² · (m/min)	v=	m/min
		v=	m/min

Thermische Eigenschaften

Formbeständigkeit in der Wärme	*Verfahren*			°C
	Verfahren			°C
Formbeständigkeit Martens				≧200 °C
Längenausdehnungskoeffizient	*Bereich* °C			· 10⁻⁴K⁻¹
	Temperatur 23 °C			0.2–0.3 · 10⁻⁴K⁻¹
Wärmeleitfähigkeit	*Verfahren*		23 °C	0.7 W/(K · m)
Spezifische Wärmekapazität	*Verfahren*		23 °C	1.2 J/(K · g)

Brandverhalten

UL-Test vertikal Dicke 1.6 mm, Wert V-0
Dicke mm, Wert

	Norm	*Bewertung*	*Abmessungen*
Sauerstoff-Index	ASTM D 2863		
Glühstab-Verfahren	DIN 53459	Stufe 1	
Brandverhalten	DIN 4102		
MVSS			
FAR			

Elektrische Eigenschaften

		Hz	°C		*Probekörper, Form*
Dielektrizitätszahl		50			
		10^3	23	6	
		10^6			
Dielektrischer Verlustfaktor tan δ		50			
		10^3	23	0.02	
		10^6			
Spezifischer Durchgangs-widerstand	Ohm · cm		23	1.0*10**12	
Durchschlagfestigkeit	kV/mm		23	15–20	mm dick
Oberflächenwiderstand	Ohm		23	1.0*10**13	

Kriechstromfestigkeit KC >600 KB KA
Kriechwegbildung

Elektrolytische Korrosionswirkung
Lichtbogenfestigkeit nach DIN
nach ASTM s

Beständigkeit *(Chemische Beständigkeit siehe Anhang)*

Wasseraufnahme 1 d ≦45 mg

Feuchtigkeitsaufnahme Normalklima %
Wetterbeständigkeit

Produktklasse	Polyesterharz-Formmasse		**UP**
Handelsname	**Resartherm 807**		
Hersteller	RESART		
DIN-Bezeichnung	807 DIN 16911		
ISO-Bezeichnung			
Harzbasis	Ungesaettigter Polyester		
Zusätze		*Füllstoffe/ Verstärkung*	Glasfasern; Anorganische Harztraeger
Bevorzugte Verarbeitung	Pressen; Spritzpressen; Spritzgiessen	*Lieferform*	Granulat
		Farben	Weiss; Helle Farben; Dunkle Farben
Besondere Merkmale	Hohe Waermeformbestaendigkeit; Geringe Nachschwindung; Sehr geringer Gewichtsverlust; Sehr geringe Abnahme der Festigkeit	*Bevorzugte Anwendungen*	Teil mit hoher Temperaturbelastung; Lampenfassung; Keramiksubstitution

Dichte	g/cm³	2.1	*Dosierbarkeit*	
Schüttdichte	g/cm³		*Tablettierbarkeit*	
Fließeinstellung			*Lagerung*	Bis 6 Monate

Verarbeitungsbedingungen für Pressen

Werkzeugtemperatur	°C	
Pressdruck	bar	
Härtezeit je mm	s	
Schwindung	%	0.4
Nachschwindung	%	≦0.05
Bemerkungen		

Verarbeitungsbedingungen für Spritzgießen

Zylindertemperatur	°C	50–80
Düsentemperatur	°C	75–100
Massetemp.	°C	
Werkzeugtemp.	°C	165–180
Spritzdruck	bar	
Härtezeit	s	
Schwindung	%	
Nachschwindung	%	
Bemerkungen		Fuer einwandfreie Oberflaechen verchromte oder chemisch vernickelte Werkzeuge

Zugversuch 23 °C DIN 53455;
Probekörper: *Form* *Herstellung* DIN 53470

Zugfestigkeit	N/mm²	35	*E-Modul*	N/mm²	
Reißdehnung	%		*Zeitstandzugfestigkeit*	h N/mm²	

Biegeversuch 23 °C DIN 53452; DIN 53457
Probekörper: *Form* *Herstellung* DIN 53470

Biegefestigkeit	N/mm²	80	*E-Modul*	N/mm²	9000

Druckversuch 23°C DIN 53454
Probekörper: *Form* *Herstellung* DIN 53470

Druckfestigkeit	N/mm²	200	*Stauchung*	%

Härte 23 °C *Probekörper:* *Herstellung* DIN 53470

Kugeldruckhärte N/mm² 350 bei N, 30 s

Schlagversuch *Probekörper:* *(1)* U-Kerbe
(2)
Herstellung DIN 53470

		°C		°C	°C	*Probekörper-Form*
Schlagzähigkeit	kJ/m²	23	6.0			
Kerbschlagzähigkeit (1)	kJ/m²	23	4.5			
IZOD-Kerbschlagzähigkeit (2)	J/m					

Abrieb und Reibung

Taber-Abrieb (Reibradverfahren)	mm³/100 U
Statische Reibungszahl	
Dynamische Reibungszahl	(p·v= N/mm² · m/min)
Zulässiger p · v Wert	N/mm² · (m/min) v= m/min
	v= m/min

Thermische Eigenschaften

Formbeständigkeit in der Wärme	*Verfahren*			°C
	Verfahren			°C
Formbeständigkeit Martens				≧220 °C
Längenausdehnungskoeffizient	*Bereich* °C			$\cdot 10^{-4}K^{-1}$
	Temperatur 23 °C			$0.2–0.3 \cdot 10^{-4}K^{-1}$
Wärmeleitfähigkeit	*Verfahren*		23 °C	0.7 W/(K · m)
Spezifische Wärmekapazität	*Verfahren*		23 °C	1.2 J/(K · g)

Brandverhalten

UL-Test vertikal	Dicke	mm, Wert
	Dicke	mm, Wert

	Norm	*Bewertung*	*Abmessungen*
Sauerstoff-Index	ASTM D 2863		
Glühstab-Verfahren	DIN 53459	Stufe 1	
Brandverhalten	DIN 4102		
MVSS			
FAR			

Elektrische Eigenschaften

		Hz	°C		*Probekörper, Form*
Dielektrizitätszahl		50			
		10^3	23	6.5	
		10^6			
Dielektrischer Verlustfaktor tan δ		50			
		10^3	23	0.01	
		10^6			
Spezifischer Durchgangswiderstand	Ohm · cm		23	1.0*10**15	
Durchschlagfestigkeit	kV/mm		23	10–15	mm dick
Oberflächenwiderstand	Ohm		23	1.0*10**13	

Kriechstromfestigkeit KC >600 KB KA
Kriechwegbildung

Elektrolytische Korrosionswirkung
Lichtbogenfestigkeit nach DIN
nach ASTM s

Beständigkeit *(Chemische Beständigkeit siehe Anhang)*
Wasseraufnahme 1 d ≦30 mg

Feuchtigkeitsaufnahme Normalklima %
Wetterbeständigkeit

Produktklasse	Melaminharz-Formmasse		**MF**
Handelsname	**Resart M Typ 150**		
Hersteller	RESART		
DIN-Bezeichnung	150 DIN 7708		
ISO-Bezeichnung			
Harzbasis	Melaminharz		
Zusätze		*Füllstoffe/ Verstärkung*	Holzmehl
Bevorzugte Verarbeitung	Pressen; Spritzpressen; Spritzgiessen	*Lieferform*	Granulat
		Farben	
Besondere Merkmale	Kriechstromfest	*Bevorzugte Anwendungen*	Teil fuer die Elektrotechnik

Dichte	g/cm^3 1.5–1.6	*Dosierbarkeit*		
Schüttdichte	g/cm^3	*Tablettierbarkeit*	Ja	
Fließeinstellung	Weich; mittel	*Lagerung*	Kuehl und trocken bei ca. 20 C 6 Monate	

Verarbeitungsbedingungen für Pressen			**Verarbeitungsbedingungen für Spritzgießen**		
			Zylindertemperatur	°C	60–80
			Düsentemperatur	°C	90–100
			Massetemp.	°C	
Werkzeugtemperatur	°C	150–170	*Werkzeugtemp.*	°C	155–170
Pressdruck	bar	100–350	*Spritzdruck*	bar	
Härtezeit je mm	s		*Härtezeit*	s	
Schwindung	%	0.8	*Schwindung*	%	
Nachschwindung	%	0.9–1.3	*Nachschwindung*	%	
Bemerkungen	Fuer einwandfreie Oberflaechen verchromte oder chemisch vernickelte Werkzeuge		*Bemerkungen*	Fuer einwandfreie Oberflaechen verchromte oder chemisch vernickelte Werkzeuge	

Zugversuch 23 °C DIN 53455; *Probekörper: Form* *Herstellung* DIN 53470

Zugfestigkeit	N/mm^2 25–30	*E-Modul*	N/mm^2
Reißdehnung	%	*Zeitstandzugfestigkeit*	h N/mm^2

Biegeversuch 23 °C DIN 53452; DIN 53457 *Probekörper: Form* *Herstellung* DIN 53470

Biegefestigkeit	N/mm^2 $\geqq 70$	*E-Modul*	N/mm^2 6000–10000

Druckversuch 23°C DIN 53454 *Probekörper: Form* *Herstellung* DIN 53470

Druckfestigkeit	N/mm^2 170	*Stauchung*	%

Härte 23 °C *Probekörper:* *Herstellung*

Kugeldruckhärte N/mm^2 bei N, s

Schlagversuch *Probekörper:* *(1)* U-Kerbe
(2) *Herstellung* DIN 53470

		°C		°C	°C	*Probekörper-Form*
Schlagzähigkeit	kJ/m²	23	≧6.0			
Kerbschlagzähigkeit (1)	kJ/m²	23	≧1.5			
IZOD-Kerbschlag-zähigkeit (2)	J/m					

Abrieb und Reibung

Taber-Abrieb (Reibradverfahren)	mm³/100 U		
Statische Reibungszahl			
Dynamische Reibungszahl	(p·v= N/mm² ·		m/min)
Zulässiger p · v Wert	N/mm² · (m/min)	v=	m/min
		v=	m/min

Thermische Eigenschaften

Formbeständigkeit in der Wärme	*Verfahren*			°C
	Verfahren			°C
Formbeständigkeit Martens				≧120 °C
Längenausdehnungskoeffizient	*Bereich*	°C		$\cdot 10^{-4} K^{-1}$
	Temperatur 23 °C			0.4–0.5 $\cdot 10^{-4} K^{-1}$
Wärmeleitfähigkeit	*Verfahren*		23 °C	0.55 W/(K · m)
Spezifische Wärmekapazität	*Verfahren*		23 °C	1.2 J/(K · g)

Brandverhalten

UL-Test vertikal Dicke 1.6 mm, Wert V-0
Dicke mm, Wert

	Norm	*Bewertung*	*Abmessungen*
Sauerstoff-Index	ASTM D 2863		
Glühstab-Verfahren	DIN 53459	Stufe 2a	
Brandverhalten	DIN 4102		
MVSS			
FAR			

Elektrische Eigenschaften

		Hz	°C				*Probekörper, Form*
Dielektrizitätszahl		50					
		10^3	23	5–7			
		10^6					
Dielektrischer Verlustfaktor tan δ		50					
		10^3	23	0.2			
		10^6					
Spezifischer Durchgangs-widerstand	Ohm · cm		23	1.0*10**10–1.0*10**11			
Durchschlagfestigkeit	kV/mm		23	7–14			mm dick
Oberflächenwiderstand	Ohm		23	≧1.0*10**10			
Kriechstromfestigkeit		KC 600		KB		KA	
Kriechwegbildung							
Elektrolytische Korrosionswirkung							
Lichtbogenfestigkeit nach DIN							
nach ASTM	s						

Beständigkeit *(Chemische Beständigkeit siehe Anhang)*

Wasseraufnahme 1 d ≦250 mg

Feuchtigkeitsaufnahme Normalklima %
Wetterbeständigkeit

MF

Produktklasse	Melaminharz-Formmasse
Handelsname	**Resart M Typ 152**
Hersteller	RESART
DIN-Bezeichnung	152 DIN 7708
ISO-Bezeichnung	
Harzbasis	Melaminharz
Zusätze	
Füllstoffe/ Verstärkung	Cellulose
Bevorzugte Verarbeitung	Pressen; Spritzpressen; Spritzgiessen
Lieferform	Granulat
Farben	
Besondere Merkmale	Kriechstromfest
Bevorzugte Anwendungen	Teil fuer die Elektrotechnik

Dichte	g/cm^3	1.6
Schüttdichte	g/cm^3	
Fließeinstellung	Weich; mittel	
Dosierbarkeit		
Tablettierbarkeit	Ja	
Lagerung	Kuehl und trocken bei ca. 20 C 6 Monate	

Verarbeitungsbedingungen für Pressen

Werkzeugtemperatur	°C	150–170
Pressdruck	bar	100–350
Härtezeit je mm	s	
Schwindung	%	0.8
Nachschwindung	%	1.0–1.5
Bemerkungen	Fuer einwandfreie Oberflaechen verchromte oder chemisch vernickelte Werkzeuge	

Verarbeitungsbedingungen für Spritzgießen

Zylindertemperatur	°C	60–80
Düsentemperatur	°C	90–100
Massetemp.	°C	
Werkzeugtemp.	°C	155–170
Spritzdruck	bar	
Härtezeit	s	
Schwindung	%	
Nachschwindung	%	
Bemerkungen	Fuer einwandfreie Oberflaechen verchromte oder chemisch vernickelte Werkzeuge	

Zugversuch 23 °C DIN 53455;
Probekörper: *Form* *Herstellung* DIN 53470

Zugfestigkeit	N/mm^2	25–30	*E-Modul*	N/mm^2	
Reißdehnung	%		*Zeitstandzugfestigkeit*	h N/mm^2	

Biegeversuch 23 °C DIN 53452; DIN 53457
Probekörper: *Form* *Herstellung* DIN 53470

Biegefestigkeit	N/mm^2	$\geqq 80$	*E-Modul*	N/mm^2	6000–10000

Druckversuch 23°C DIN 53454
Probekörper: *Form* *Herstellung* DIN 53470

Druckfestigkeit	N/mm^2	200	*Stauchung*	%	

Härte 23 °C *Probekörper:* *Herstellung*

Kugeldruckhärte N/mm^2 bei N, s

Schlagversuch *Probekörper:* *(1)* U-Kerbe *(2)* *Herstellung* DIN 53470

		°C		°C	°C	*Probekörper-Form*
Schlagzähigkeit	kJ/m^2	23	≧7.0			
Kerbschlagzähigkeit (1)	kJ/m^2	23	≧1.5			
IZOD-Kerbschlagzähigkeit (2)	J/m					

Abrieb und Reibung

Taber-Abrieb (Reibradverfahren) mm^3/100 U
Statische Reibungszahl
Dynamische Reibungszahl (p·v= N/mm^2 · m/min)
Zulässiger p · v Wert N/mm^2 · (m/min) v= m/min
v= m/min

Thermische Eigenschaften

Formbeständigkeit in der Wärme	*Verfahren*			°C
	Verfahren			°C
Formbeständigkeit Martens				≧120 °C
Längenausdehnungskoeffizient	*Bereich*	°C		$\cdot 10^{-4} K^{-1}$
	Temperatur 23 °C			$0.4–0.5 \cdot 10^{-4} K^{-1}$
Wärmeleitfähigkeit	*Verfahren*		23 °C	0.55 W/(K · m)
Spezifische Wärmekapazität	*Verfahren*		23 °C	1.2 J/(K · g)

Brandverhalten

UL-Test vertikal Dicke 1.6 mm, Wert V-0
Dicke mm, Wert

	Norm	*Bewertung*	*Abmessungen*
Sauerstoff-Index	ASTM D 2863		
Glühstab-Verfahren	DIN 53459	Stufe 2a	
Brandverhalten	DIN 4102		
MVSS			
FAR			

Elektrische Eigenschaften

		Hz	°C		*Probekörper, Form*
Dielektrizitätszahl		50			
		10^3	23	5–8	
		10^6			
Dielektrischer Verlustfaktor tan δ		50			
		10^3	23	0.3	
		10^6			
Spezifischer Durchgangswiderstand	Ohm · cm		23	1.0*10**10–1.0*10**11	
Durchschlagfestigkeit	kV/mm		23	8–15	mm dick
Oberflächenwiderstand	Ohm		23	≧1.0*10**10	

Kriechstromfestigkeit KC 600 KB KA ≧3b
Kriechwegbildung

Elektrolytische Korrosionswirkung
Lichtbogenfestigkeit nach DIN
nach ASTM s

Beständigkeit *(Chemische Beständigkeit siehe Anhang)*

Wasseraufnahme 1 d ≦200 mg

Feuchtigkeitsaufnahme Normalklima %
Wetterbeständigkeit

Produktklasse	Melaminharz-Formmasse		**MF**
Handelsname	**Resart M-E**		
Hersteller	RESART		
DIN-Bezeichnung			
ISO-Bezeichnung			
Harzbasis	Melaminharz		
Zusätze		*Füllstoffe/ Verstärkung*	Glasfasern; Anorganische Harztraeger
Bevorzugte Verarbeitung	Pressen; Spritzpressen; Spritzgiessen	*Lieferform*	Granulat
		Farben	Elektroweiss; Buntfarben
Besondere Merkmale	Hoch waermebestaendig; Gute Lichtbogenbestaendigkeit; Kriechstromfest; Asbestfrei	*Bevorzugte Anwendungen*	Teil fuer die Elektrotechnik; Gehaeuse; Sichtteil

Dichte	g/cm³ 2.0	*Dosierbarkeit*		
Schüttdichte	g/cm³	*Tablettierbarkeit*	Ja	
Fließeinstellung	Weich; mittel	*Lagerung*	Kuehl und trocken bei ca. 20 C 6 Monate	

Verarbeitungsbedingungen für Pressen

Werkzeugtemperatur	°C	150–170
Pressdruck	bar	100–350
Härtezeit je mm	s	
Schwindung	%	0.2–0.4
Nachschwindung	%	0.6–0.9
Bemerkungen	Fuer einwandfreie Oberflaechen verchromte oder chemisch vernikkelte Werkzeuge	

Verarbeitungsbedingungen für Spritzgießen

Zylindertemperatur	°C	60–80
Düsentemperatur	°C	90–100
Massetemp.	°C	
Werkzeugtemp.	°C	155–170
Spritzdruck	bar	
Härtezeit	s	
Schwindung	%	
Nachschwindung	%	
Bemerkungen	Fuer einwandfreie Oberflaechen verchromte oder chemisch vernickelte Werkzeuge	

Zugversuch 23 °C

Probekörper: *Form* *Herstellung*

Zugfestigkeit	N/mm²	*E-Modul*	N/mm²
Reißdehnung	%	*Zeitstandzugfestigkeit*	h N/mm²

Biegeversuch 23 °C DIN 53452; DIN 53457

Probekörper: *Form* *Herstellung* DIN 53470

Biegefestigkeit	N/mm² ≧60	*E-Modul*	N/mm² 5000–6000

Druckversuch 23°C DIN 53454

Probekörper: *Form* *Herstellung* DIN 53470

Druckfestigkeit	N/mm² 240	*Stauchung*	%

Härte 23 °C *Probekörper:* *Herstellung*

Kugeldruckhärte N/mm² bei N, s

Schlagversuch *Probekörper:* *(1)* U-Kerbe
(2) *Herstellung* DIN 53470

		°C		°C		°C		*Probekörper-Form*
Schlagzähigkeit	kJ/m²	23	≧4.0					
Kerbschlagzähigkeit (1)	kJ/m²	23	2.2					
IZOD-Kerbschlag-zähigkeit (2)	J/m							

Abrieb und Reibung

Taber-Abrieb (Reibradverfahren) mm³/100 U
Statische Reibungszahl
Dynamische Reibungszahl (p·v= N/mm² · m/min)
Zulässiger p · v Wert N/mm² · (m/min) v= m/min
v= m/min

Thermische Eigenschaften

Formbeständigkeit in der Wärme	*Verfahren*			°C
	Verfahren			°C
Formbeständigkeit Martens				130–170 °C
Längenausdehnungskoeffizient	*Bereich*	°C		$\cdot 10^{-4} K^{-1}$
	Temperatur 23 °C			$0.2–0.3 \cdot 10^{-4} K^{-1}$
Wärmeleitfähigkeit	*Verfahren*		23 °C	0.7 W/(K · m)
Spezifische Wärmekapazität	*Verfahren*		23 °C	1.2 J/(K · g)

Brandverhalten

UL-Test vertikal Dicke 1.6 mm, Wert V-0
Dicke mm, Wert

	Norm	*Bewertung*	*Abmessungen*
Sauerstoff-Index	ASTM D 2863		
Glühstab-Verfahren	DIN 53459	Stufe 1	
Brandverhalten	DIN 4102		
MVSS			
FAR			

Elektrische Eigenschaften

		Hz	°C		*Probekörper, Form*
Dielektrizitätszahl		50			
		10^3	23	10	
		10^6			
Dielektrischer Verlustfaktor tan δ		50			
		10^3	23	0.2	
		10^6			
Spezifischer Durchgangs-widerstand	Ohm · cm		23	1.0*10**10–1.0*10**11	
Durchschlagfestigkeit	kV/mm				mm dick
Oberflächenwiderstand	Ohm		23	≧1.0*10**11	

Kriechstromfestigkeit KC >600 KB KA
Kriechwegbildung

Elektrolytische Korrosionswirkung
Lichtbogenfestigkeit nach DIN
nach ASTM s

Beständigkeit *(Chemische Beständigkeit siehe Anhang)*

Wasseraufnahme 1 d 100–150 mg

Feuchtigkeitsaufnahme Normalklima %
Wetterbeständigkeit

Produktklasse	Melaminharz-Formmasse		**MF**
Handelsname	**Resart M-T**		
Hersteller	RESART		
DIN-Bezeichnung *ISO-Bezeichnung*			
Harzbasis	Melaminharz		
Zusätze		*Füllstoffe/ Verstärkung*	Glasfasern; Anorganische Harztraeger
Bevorzugte Verarbeitung	Pressen; Spritzpressen; Spritzgiessen	*Lieferform*	Granulat
		Farben	Standard
Besondere Merkmale	Hoch waermebestaendig; Gute Lichtbogenbestaendigkeit; Kriechstromfest; Spuelmaschinenbestaendig; Asbestfrei	*Bevorzugte Anwendungen*	Bedarfsartikel; Beschlag; Griff; Verschluss

Dichte	g/cm^3 2.0	*Dosierbarkeit*		
Schüttdichte	g/cm^3	*Tablettierbarkeit*	Ja	
Fließeinstellung	Weich; mittel	*Lagerung*	Kuehl und trocken bei ca. 20 C 6 Monate	

Verarbeitungsbedingungen für Pressen

Werkzeugtemperatur	°C	150–170
Pressdruck	bar	100–350
Härtezeit je mm	s	
Schwindung	%	0.2–0.4
Nachschwindung	%	0.6–0.9
Bemerkungen	Fuer einwandfreie Oberflaechen verchromte oder chemisch vernickelte Werkzeuge	

Verarbeitungsbedingungen für Spritzgießen

Zylindertemperatur	°C	60–80
Düsentemperatur	°C	90–100
Massetemp.	°C	
Werkzeugtemp.	°C	155–170
Spritzdruck	bar	
Härtezeit	s	
Schwindung	%	
Nachschwindung	%	
Bemerkungen	Fuer einwandfreie Oberflaechen verchromte oder chemisch vernickelte Werkzeuge	

Zugversuch 23 °C

Probekörper: *Form* *Herstellung*

Zugfestigkeit	N/mm^2	*E-Modul*	N/mm^2
Reißdehnung	%	*Zeitstandzugfestigkeit*	h N/mm^2

Biegeversuch 23 °C DIN 53452; DIN 53457

Probekörper: *Form* *Herstellung* DIN 53470

Biegefestigkeit	N/mm^2 $\geqq 50$	*E-Modul*	N/mm^2 5000

Druckversuch 23°C DIN 53454

Probekörper: *Form* *Herstellung* DIN 53470

Druckfestigkeit	N/mm^2	220	*Stauchung*	%

Härte 23 °C *Probekörper:* *Herstellung*

Kugeldruckhärte N/mm^2 bei N, s

Schlagversuch *Probekörper:* *(1)* U-Kerbe *(2)*

Herstellung DIN 53470

		°C		°C	°C	*Probekörper-Form*
Schlagzähigkeit	kJ/m²	23	≧4.0			
Kerbschlagzähigkeit (1)	kJ/m²	23	2.5			
IZOD-Kerbschlagzähigkeit (2)	J/m					

Abrieb und Reibung

Taber-Abrieb (Reibradverfahren) mm³/100 U
Statische Reibungszahl
Dynamische Reibungszahl (p·v= N/mm² · m/min)
Zulässiger p · v Wert N/mm² · (m/min) v= m/min
v= m/min

Thermische Eigenschaften

Formbeständigkeit in der Wärme	*Verfahren*			°C
	Verfahren			°C
Formbeständigkeit Martens				130–170 °C
Längenausdehnungskoeffizient	*Bereich* °C			$\cdot 10^{-4}K^{-1}$
	Temperatur 23 °C			$0.2–0.3 \cdot 10^{-4}K^{-1}$
Wärmeleitfähigkeit	*Verfahren*		23 °C	0.7 W/(K · m)
Spezifische Wärmekapazität	*Verfahren*		23 °C	1.2 J/(K · g)

Brandverhalten

UL-Test vertikal Dicke 1.6 mm, Wert V-0
Dicke mm, Wert

	Norm	*Bewertung*	*Abmessungen*
Sauerstoff-Index	ASTM D 2863		
Glühstab-Verfahren	DIN 53459	Stufe 1	
Brandverhalten	DIN 4102		
MVSS			
FAR			

Elektrische Eigenschaften

		Hz	°C		*Probekörper, Form*
Dielektrizitätszahl		50			
		10^3	23	10	
		10^6			
Dielektrischer Verlustfaktor tan δ		50			
		10^3	23	0.2	
		10^6			
Spezifischer Durchgangswiderstand	Ohm · cm		23	1.0*10**10–1.0*10**11	
Durchschlagfestigkeit	kV/mm				mm dick
Oberflächenwiderstand	Ohm		23	≧1.0*10**11	

Kriechstromfestigkeit KC >600 KB KA
Kriechwegbildung

Elektrolytische Korrosionswirkung
Lichtbogenfestigkeit nach DIN
nach ASTM s

Beständigkeit *(Chemische Beständigkeit siehe Anhang)*

Wasseraufnahme 1 d 100–150 mg

Feuchtigkeitsaufnahme Normalklima %
Wetterbeständigkeit

Produktklasse	Melamin-Phenolharz-Formmasse		**MPF**
Handelsname	**Resart MP Typ 180**		
Hersteller	RESART		
DIN-Bezeichnung	180 DIN 7708		
ISO-Bezeichnung			
Harzbasis	Melamin-Phenol-Harz		
Zusätze		*Füllstoffe/ Verstärkung*	Holzmehl
Bevorzugte Verarbeitung	Pressen; Spritzpressen; Spritzgiessen	*Lieferform*	Granulat
		Farben	Kraeftige gedeckte Farbtoene
Besondere Merkmale	Standardtyp	*Bevorzugte Anwendungen*	Elektrotechnik; Gehaeuse; Lampensockel; Kfz-Elektrik; Schalterteil; Ascher; Haushaltgeraeteteil; Bedarfsartikel

Dichte	g/cm³ 1.5–1.55	*Dosierbarkeit*		
Schüttdichte	g/cm³	*Tablettierbarkeit*	Ja	
Fließeinstellung	Weich; mittel	*Lagerung*	Kuehl und trocken bei ca. 20 C 6 Monate	

Verarbeitungsbedingungen für Pressen

Werkzeugtemperatur	°C	150–170
Pressdruck	bar	100–350
Härtezeit je mm	s	
Schwindung	%	0.8
Nachschwindung	%	1.0–1.5
Bemerkungen	Fuer einwandfreie Oberflaechen verchromte oder chemisch vernickelte Werkzeuge	

Verarbeitungsbedingungen für Spritzgießen

Zylindertemperatur	°C	60–80
Düsentemperatur	°C	85–105
Massetemp.	°C	
Werkzeugtemp.	°C	150–170
Spritzdruck	bar	
Härtezeit	s	
Schwindung	%	
Nachschwindung	%	
Bemerkungen	Fuer einwandfreie Oberflaechen verchromte oder chemisch vernickelte Werkzeuge	

Zugversuch 23 °C DIN 53455;
Probekörper: Form *Herstellung* DIN 53470

Zugfestigkeit	N/mm² 25–30	*E-Modul*	N/mm²
Reißdehnung	%	*Zeitstandzugfestigkeit*	h N/mm²

Biegeversuch 23 °C DIN 53452; DIN 53457
Probekörper: Form *Herstellung* DIN 53470

Biegefestigkeit	N/mm² ≧80	*E-Modul*	N/mm² 6000–10000

Druckversuch 23°C DIN 53454
Probekörper: Form *Herstellung* DIN 53470

Druckfestigkeit	N/mm² 170	*Stauchung*	%

Härte 23 °C *Probekörper:* *Herstellung*

Kugeldruckhärte N/mm² bei N, s

Schlagversuch *Probekörper:* *(1)* U-Kerbe *(2)*

Herstellung DIN 53470

		°C		°C	°C	*Probekörper-Form*
Schlagzähigkeit	kJ/m²	23	≧6.0			
Kerbschlagzähigkeit (1)	kJ/m²	23	≧1.5			
IZOD-Kerbschlag-zähigkeit (2)	J/m					

Abrieb und Reibung

Taber-Abrieb (Reibradverfahren) mm³/100 U
Statische Reibungszahl
Dynamische Reibungszahl (p·v= N/mm²· m/min)
Zulässiger p · v Wert N/mm² · (m/min) v= m/min
v= m/min

Thermische Eigenschaften

Formbeständigkeit in der Wärme	*Verfahren*			°C
	Verfahren			°C
Formbeständigkeit Martens				≧120 °C
Längenausdehnungskoeffizient	*Bereich* °C			$\cdot 10^{-4} K^{-1}$
	Temperatur 23 °C			$0.4–0.5 \cdot 10^{-4} K^{-1}$
Wärmeleitfähigkeit	*Verfahren*		23 °C	0.55 W/(K · m)
Spezifische Wärmekapazität	*Verfahren*		23 °C	1.2 J/(K · g)

Brandverhalten

UL-Test vertikal Dicke 1.6 mm, Wert V-0
Dicke mm, Wert

	Norm	*Bewertung*	*Abmessungen*
Sauerstoff-Index	ASTM D 2863		
Glühstab-Verfahren	DIN 53459	Stufe 2a	
Brandverhalten	DIN 4102		
MVSS			
FAR			

Elektrische Eigenschaften

		Hz	°C		*Probekörper, Form*
Dielektrizitätszahl		50			
		10³	23	5–7	
		10⁶			
Dielektrischer Verlustfaktor tan δ		50			
		10³	23	0.2	
		10⁶			
Spezifischer Durchgangs-widerstand	Ohm · cm		23	1.0*10**10–1.0*10**11	
Durchschlagfestigkeit	kV/mm		23	7–12	mm dick
Oberflächenwiderstand	Ohm		23	≧1.0*10**10	

Kriechstromfestigkeit KC >175 KB KA >2
Kriechwegbildung

Elektrolytische Korrosionswirkung
Lichtbogenfestigkeit nach DIN
nach ASTM s

Beständigkeit *(Chemische Beständigkeit siehe Anhang)*

Wasseraufnahme 1 d ≦180 mg

Feuchtigkeitsaufnahme Normalklima %
Wetterbeständigkeit

Produktklasse	Melamin-Phenolharz-Formmasse		**MPF**
Handelsname	**Resart MP Typ 181**		
Hersteller	RESART		
DIN-Bezeichnung	181 DIN 7708		
ISO-Bezeichnung			
Harzbasis	Melamin-Phenol-Harz		
Zusätze		*Füllstoffe/ Verstärkung*	Cellulose
Bevorzugte Verarbeitung	Pressen; Spritzpressen; Spritzgiessen	*Lieferform*	Granulat
		Farben	Weiss; Buntfarben
Besondere Merkmale	Hoeherwertiger Standardtyp; Gute Rissbestaendigkeit; Gute Lichtbestaendigkeit; Gute Oberflaeche	*Bevorzugte Anwendungen*	Elektrotechnik; Gehaeuse; Sichtteil; Isolationsteil; Leuchte; Haushaltgeraeteteil; Toilettensitz; Bedarfsartikel; Ascher

Dichte	g/cm³	1.5–1.6	*Dosierbarkeit*	
Schüttdichte	g/cm³		*Tablettierbarkeit*	Ja
Fließeinstellung	Weich; mittel		*Lagerung*	Kuehl und trocken bei ca. 20 C 6 Monate

Verarbeitungsbedingungen für Pressen

Werkzeugtemperatur	°C	150–170
Pressdruck	bar	100–350
Härtezeit je mm	s	
Schwindung	%	0.8
Nachschwindung	%	0.9–1.3
Bemerkungen	Fuer einwandfreie Oberflaechen verchromte oder chemisch vernikkelte Werkzeuge	

Verarbeitungsbedingungen für Spritzgießen

Zylindertemperatur	°C	60–80
Düsentemperatur	°C	85–105
Massetemp.	°C	
Werkzeugtemp.	°C	150–170
Spritzdruck	bar	
Härtezeit	s	
Schwindung	%	
Nachschwindung	%	
Bemerkungen	Fuer einwandfreie Oberflaechen, verchromte oder chemisch vernickelte Werkzeuge	

Zugversuch 23 °C DIN 53455;
Probekörper: *Form* *Herstellung* DIN 53470

Zugfestigkeit	N/mm² 25–30	*E-Modul*		N/mm²
Reißdehnung	%	*Zeitstandzugfestigkeit*	h	N/mm²

Biegeversuch 23 °C DIN 53452; DIN 53457
Probekörper: *Form* *Herstellung* DIN 53470

Biegefestigkeit	N/mm² ≧80	*E-Modul*	N/mm² 6000–10000

Druckversuch 23°C DIN 53454
Probekörper: *Form* *Herstellung* DIN 53470

Druckfestigkeit	N/mm²	200	*Stauchung*	%

Härte 23 °C *Probekörper:* *Herstellung*

Kugeldruckhärte N/mm² bei N, s

Schlagversuch *Probekörper:* *(1)* U-Kerbe
(2)
Herstellung DIN 53470

		°C		°C	°C	*Probekörper-Form*
Schlagzähigkeit	kJ/m²	23	≧7.0			
Kerbschlagzähigkeit (1)	kJ/m²	23	≧1.5			
IZOD-Kerbschlagzähigkeit (2)	J/m					

Abrieb und Reibung

Taber-Abrieb (Reibradverfahren) mm³/100 U
Statische Reibungszahl
Dynamische Reibungszahl (p·v= N/mm²· m/min)
Zulässiger p·v Wert N/mm²·(m/min) v= m/min
v= m/min

Thermische Eigenschaften

Formbeständigkeit in der Wärme	*Verfahren*			°C
	Verfahren			°C
Formbeständigkeit Martens				≧120 °C
Längenausdehnungskoeffizient	*Bereich*	°C		$\cdot 10^{-4}K^{-1}$
	Temperatur 23 °C			$0.4–0.5 \cdot 10^{-4}K^{-1}$
Wärmeleitfähigkeit	*Verfahren*		23 °C	0.55 W/(K · m)
Spezifische Wärmekapazität	*Verfahren*		23 °C	1.2 J/(K · g)

Brandverhalten

UL-Test vertikal Dicke 1.6 mm, Wert V-0
Dicke mm, Wert

	Norm	*Bewertung*	*Abmessungen*
Sauerstoff-Index	ASTM D 2863		
Glühstab-Verfahren	DIN 53459	Stufe 2a	
Brandverhalten	DIN 4102		
MVSS			
FAR			

Elektrische Eigenschaften

		Hz	°C		*Probekörper, Form*
Dielektrizitätszahl		50			
		10^3	23	5–8	
		10^6			
Dielektrischer Verlustfaktor tan δ		50			
		10^3	23	0.2	
		10^6			
Spezifischer Durchgangswiderstand	Ohm · cm		23	1.0*10**11–1.0*10**12	
Durchschlagfestigkeit	kV/mm		23	8–15	mm dick
Oberflächenwiderstand	Ohm		23	≧1.0*10**10	

Kriechstromfestigkeit KC >250 KB KA >3b
Kriechwegbildung

Elektrolytische Korrosionswirkung
Lichtbogenfestigkeit nach DIN
nach ASTM s

Beständigkeit *(Chemische Beständigkeit siehe Anhang)*

Wasseraufnahme 1 d ≦150 mg

Feuchtigkeitsaufnahme Normalklima %
Wetterbeständigkeit

Produktklasse	Melamin-Phenolharz-Formmasse		**MPF**
Handelsname	**Resart MP Typ 181.5**		
Hersteller	RESART		
DIN-Bezeichnung	181.5 DIN 7708		
ISO-Bezeichnung			
Harzbasis	Melamin-Phenol-Harz		
Zusätze		*Füllstoffe/ Verstärkung*	Cellulose
Bevorzugte Verarbeitung	Pressen; Spritzpressen; Spritzgiessen	*Lieferform*	Granulat
		Farben	Weiss; Buntfarben
Besondere Merkmale	Elektrisch hochwertig; Gute Rissbestaendigkeit; Gute Gleiteigenschaften	*Bevorzugte Anwendungen*	Elektrotechnik; Isolationsteil; Gehaeuse; Schaltgeraet; Leuchte; Lampensokkel; Kfz-Elektrik

---

Dichte	g/cm³ 1.55–1.65		*Dosierbarkeit*	
Schüttdichte	g/cm³		*Tablettierbarkeit*	Ja
Fließeinstellung	Weich; mittel		*Lagerung*	Kuehl und trocken bei ca. 20 C 6 Monate

Verarbeitungsbedingungen für Pressen

Werkzeugtemperatur	°C	150–170
Pressdruck	bar	100–350
Härtezeit je mm	s	
Schwindung	%	0.8
Nachschwindung	%	0.9–1.3
Bemerkungen	Fuer einwandfreie Oberflaechen verchromte oder chemisch vernickelte Werkzeuge	

Verarbeitungsbedingungen für Spritzgießen

Zylindertemperatur	°C	60–80
Düsentemperatur	°C	85–105
Massetemp.	°C	
Werkzeugtemp.	°C	150–170
Spritzdruck	bar	
Härtezeit	s	
Schwindung	%	
Nachschwindung	%	
Bemerkungen	Fuer einwandfreie Oberflaechen verchromte oder chemisch vernickelte Werkzeuge	

Zugversuch 23 °C DIN 53455;
Probekörper: Form *Herstellung* DIN 53470

Zugfestigkeit	N/mm² 25–30	*E-Modul*	N/mm²
Reißdehnung	%	*Zeitstandzugfestigkeit*	h N/mm²

Biegeversuch 23 °C DIN 53452; DIN 53457
Probekörper: Form *Herstellung* DIN 53470

Biegefestigkeit	N/mm² ≧80	*E-Modul*	N/mm² 6000–10000

Druckversuch 23°C DIN 53454
Probekörper: Form *Herstellung* DIN 53470

Druckfestigkeit	N/mm² 200	*Stauchung*	%

Härte 23 °C *Probekörper:* *Herstellung*

Kugeldruckhärte N/mm² bei N, s

Schlagversuch *Probekörper:* *(1)* U-Kerbe
(2) *Herstellung* DIN 53470

		°C		°C	°C	*Probekörper-Form*
Schlagzähigkeit	kJ/m²	23	≧7.0			
Kerbschlagzähigkeit (1)	kJ/m²	23	≧1.5			
IZOD-Kerbschlagzähigkeit (2)	J/m					

Abrieb und Reibung

Taber-Abrieb (Reibradverfahren)	mm³/100 U		
Statische Reibungszahl			
Dynamische Reibungszahl	(p·v=	N/mm²·	m/min)
Zulässiger p · v Wert	N/mm² · (m/min)	v=	m/min
		v=	m/min

Thermische Eigenschaften

Formbeständigkeit in der Wärme	*Verfahren*			°C
	Verfahren			°C
Formbeständigkeit Martens				≧120 °C
Längenausdehnungskoeffizient	*Bereich*	°C		$\cdot 10^{-4} K^{-1}$
	Temperatur 23 °C			$0.4–0.5 \cdot 10^{-4} K^{-1}$
Wärmeleitfähigkeit	*Verfahren*		23 °C	0.6 W/(K · m)
Spezifische Wärmekapazität	*Verfahren*		23 °C	1.2 J/(K · g)

Brandverhalten

UL-Test vertikal Dicke 1.6 mm, Wert V-0
Dicke mm, Wert

	Norm	*Bewertung*	*Abmessungen*
Sauerstoff-Index	ASTM D 2863		
Glühstab-Verfahren	DIN 53459	Stufe 2a	
Brandverhalten	DIN 4102		
MVSS			
FAR			

Elektrische Eigenschaften

		Hz	°C		*Probekörper, Form*
Dielektrizitätszahl		50			
		10^3	23	6–8	
		10^6			
Dielektrischer Verlustfaktor tan δ		50			
		10^3	23	0.2	
		10^6			
Spezifischer Durchgangswiderstand	Ohm · cm		23	1.0*10**11–1.0*10**12	
Durchschlagfestigkeit	kV/mm		23	8–15	mm dick
Oberflächenwiderstand	Ohm		23	≧1.0*10**10	

Kriechstromfestigkeit KC 600 KB KA >3c
Kriechwegbildung

Elektrolytische Korrosionswirkung
Lichtbogenfestigkeit nach DIN
nach ASTM s

Beständigkeit *(Chemische Beständigkeit siehe Anhang)*
Wasseraufnahme 1 d ≦150 mg

Feuchtigkeitsaufnahme Normalklima %
Wetterbeständigkeit

Produktklasse	Melamin-Phenolharz-Formmasse		**MPF**
Handelsname	**Resart MP Typ 182**		
Hersteller	RESART		
DIN-Bezeichnung	182 DIN 7708		
ISO-Bezeichnung			
Harzbasis	Melamin-Phenol-Harz		
Zusätze		*Füllstoffe/ Verstärkung*	Holzmehl; Anorganische Harztraeger
Bevorzugte Verarbeitung	Pressen; Spritzpressen; Spritzgiessen	*Lieferform*	Granulat
		Farben	Kraeftige gedeckte Farbtoene
Besondere Merkmale	Standardtyp; Elektrisch hochwertig; Gute Rissbestaendigkeit	*Bevorzugte Anwendungen*	Elektrotechnik; Isolationsteil; Leuchte; Kfz-Bau

Dichte	g/cm³	1.55–1.60	*Dosierbarkeit*	
Schüttdichte	g/cm³		*Tablettierbarkeit*	Ja
Fließeinstellung	Weich; mittel		*Lagerung*	Kuehl und trocken bei ca. 20 C 6 Monate

Verarbeitungsbedingungen für Pressen

Werkzeugtemperatur	°C	150–170
Pressdruck	bar	100–350
Härtezeit je mm	s	
Schwindung	%	0.8
Nachschwindung	%	1.0–1.5
Bemerkungen	Fuer einwandfreie Oberflaechen verchromte oder chemisch vernickelte Werkzeuge	

Verarbeitungsbedingungen für Spritzgießen

Zylindertemperatur	°C	60–80
Düsentemperatur	°C	85–105
Massetemp.	°C	
Werkzeugtemp.	°C	150–170
Spritzdruck	bar	
Härtezeit	s	
Schwindung	%	
Nachschwindung	%	
Bemerkungen	Fuer einwandfreie Oberflaechen verchromte oder chemisch vernickelte Werkzeuge	

Zugversuch 23 °C DIN 53455;
Probekörper: *Form* — *Herstellung* DIN 53470

Zugfestigkeit	N/mm²	25–30	*E-Modul*	N/mm²	
Reißdehnung	%		*Zeitstandzugfestigkeit*	h N/mm²	

Biegeversuch 23 °C DIN 53452; DIN 53457
Probekörper: *Form* — *Herstellung* DIN 53470

Biegefestigkeit	N/mm²	≧70	*E-Modul*	N/mm²	6000–10000

Druckversuch 23°C DIN 53454
Probekörper: *Form* — *Herstellung* DIN 53470

Druckfestigkeit	N/mm²	190	*Stauchung*	%

Härte 23 °C *Probekörper:* — *Herstellung*

Kugeldruckhärte N/mm² bei N, s

Schlagversuch *Probekörper:* *(1)* U-Kerbe *(2)* *Herstellung* DIN 53470

		°C		°C	°C	*Probekörper-Form*
Schlagzähigkeit	kJ/m²	23	≧4.0			
Kerbschlagzähigkeit (1)	kJ/m²	23	≧1.2			
IZOD-Kerbschlagzähigkeit (2)	J/m					

Abrieb und Reibung

Taber-Abrieb (Reibradverfahren) mm³/100 U
Statische Reibungszahl
Dynamische Reibungszahl (p·v= N/mm²· m/min)
Zulässiger p · v Wert N/mm² · (m/min) v= m/min
v= m/min

Thermische Eigenschaften

Formbeständigkeit in der Wärme	*Verfahren*			°C
	Verfahren			°C
Formbeständigkeit Martens				≧120 °C
Längenausdehnungskoeffizient	*Bereich*	°C		$\cdot 10^{-4}K^{-1}$
	Temperatur 23 °C			$0.4–0.5 \cdot 10^{-4}K^{-1}$
Wärmeleitfähigkeit	*Verfahren*		23 °C	0.65 W/(K · m)
Spezifische Wärmekapazität	*Verfahren*		23 °C	1.1 J/(K · g)

Brandverhalten

UL-Test vertikal Dicke 1.6 mm, Wert V-0
Dicke mm, Wert

	Norm	*Bewertung*	*Abmessungen*
Sauerstoff-Index	ASTM D 2863		
Glühstab-Verfahren	DIN 53459	Stufe 2a	
Brandverhalten	DIN 4102		
MVSS			
FAR			

Elektrische Eigenschaften

		Hz	°C		*Probekörper, Form*
Dielektrizitätszahl		50			
		10^3	23	8–10	
		10^6			
Dielektrischer Verlustfaktor tan δ		50			
		10^3	23	0.2	
		10^6			
Spezifischer Durchgangswiderstand	Ohm · cm		23	1.0*10**10–1.0*10**11	
Durchschlagfestigkeit	kV/mm		23	7–12	mm dick
Oberflächenwiderstand	Ohm		23	≧1.0*10**10	

Kriechstromfestigkeit KC 600 KB KA >3b
Kriechwegbildung

Elektrolytische Korrosionswirkung
Lichtbogenfestigkeit nach DIN
nach ASTM s

Beständigkeit *(Chemische Beständigkeit siehe Anhang)*

Wasseraufnahme 1 d ≦120 mg

Feuchtigkeitsaufnahme Normalklima %
Wetterbeständigkeit

Produktklasse	Melamin-Phenolharz-Formmasse		**MPF**
Handelsname	**Resart MP Typ 183**		
Hersteller	RESART		
DIN-Bezeichnung	183 DIN 7708		
ISO-Bezeichnung			
Harzbasis	Melamin-Phenol-Harz		
Zusätze		*Füllstoffe/ Verstärkung*	Cellulose; Anorganische Harztraeger
Bevorzugte Verarbeitung	Pressen; Spritzpressen; Spritzgiessen	*Lieferform*	Granulat
		Farben	Weiss; Buntfarben
Besondere Merkmale	Hoeherwertiger Standardtyp; Elektrisch hochwertig; Gute Rissbestaendigkeit	*Bevorzugte Anwendungen*	Elektrotechnik; Isolationsteil; Funkenloeschkammer; Leuchte; Lampenfassung; Kfz-Bau; Kfz-Elektrik

Dichte	g/cm³	1.55–1.65	*Dosierbarkeit*		
Schüttdichte	g/cm³		*Tablettierbarkeit*	Ja	
Fließeinstellung	Weich; mittel		*Lagerung*	Kuehl und trocken bei ca. 20 C 6 Monate	

Verarbeitungsbedingungen für Pressen

Werkzeugtemperatur	°C	150–170
Pressdruck	bar	100–350
Härtezeit je mm	s	
Schwindung	%	0.8
Nachschwindung	%	0.9–1.3
Bemerkungen	Fuer einwandfreie Oberflaechen verchromte oder chemisch vernikkelte Werkzeuge	

Verarbeitungsbedingungen für Spritzgießen

Zylindertemperatur	°C	60–80
Düsentemperatur	°C	85–105
Massetemp.	°C	
Werkzeugtemp.	°C	150–170
Spritzdruck	bar	
Härtezeit	s	
Schwindung	%	
Nachschwindung	%	
Bemerkungen	Fuer einwandfreie Oberflaechen verchromte oder chemisch vernickelte Werkzeuge	

Zugversuch 23 °C DIN 53455; *Probekörper:* *Form* *Herstellung* DIN 53470

Zugfestigkeit	N/mm²	25–30	*E-Modul*	N/mm²	
Reißdehnung	%		*Zeitstandzugfestigkeit*	h N/mm²	

Biegeversuch 23 °C DIN 53452; DIN 53457 *Probekörper:* *Form* *Herstellung* DIN 53470

Biegefestigkeit	N/mm²	≧70	*E-Modul*	N/mm²	6000–10000

Druckversuch 23°C DIN 53454 *Probekörper:* *Form* *Herstellung* DIN 53470

Druckfestigkeit	N/mm²	190	*Stauchung*	%

Härte 23 °C *Probekörper:* *Herstellung*

Kugeldruckhärte N/mm² bei N, s

Schlagversuch *Probekörper:* *(1)* U-Kerbe *(2)* *Herstellung* DIN 53470

		°C		°C	°C	*Probekörper-Form*
Schlagzähigkeit	kJ/m²	23	≧5.0			
Kerbschlagzähigkeit (1)	kJ/m²	23	≧1.5			
IZOD-Kerbschlag-zähigkeit (2)	J/m					

Abrieb und Reibung

Taber-Abrieb (Reibradverfahren) mm³/100 U
Statische Reibungszahl
Dynamische Reibungszahl (p·v= N/mm²· m/min)
Zulässiger p · v Wert N/mm² · (m/min) v= m/min
v= m/min

Thermische Eigenschaften

Formbeständigkeit in der Wärme	*Verfahren*			°C
	Verfahren			°C
Formbeständigkeit Martens				≧120 °C
Längenausdehnungskoeffizient	*Bereich*	°C		$\cdot 10^{-4}K^{-1}$
	Temperatur 23 °C			$0.4–0.5 \cdot 10^{-4}K^{-1}$
Wärmeleitfähigkeit	*Verfahren*		23 °C	0.65 W/(K · m)
Spezifische Wärmekapazität	*Verfahren*		23 °C	1.1 J/(K · g)

Brandverhalten

UL-Test vertikal Dicke 1.6 mm, Wert V-0
Dicke mm, Wert

	Norm	*Bewertung*	*Abmessungen*
Sauerstoff-Index	ASTM D 2863		
Glühstab-Verfahren	DIN 53459	Stufe 2a	
Brandverhalten	DIN 4102		
MVSS			
FAR			

Elektrische Eigenschaften

		Hz	°C		*Probekörper, Form*
Dielektrizitätszahl		50			
		10^3	23	6–9	
		10^6			
Dielektrischer Verlustfaktor tan δ		50			
		10^3	23	0.2	
		10^6			
Spezifischer Durchgangs-widerstand	Ohm · cm		23	1.0*10**11–1.0*10**12	
Durchschlagfestigkeit	kV/mm		23	8–15	mm dick
Oberflächenwiderstand	Ohm		23	≧1.0*10**10	

Kriechstromfestigkeit KC 600 KB KA >3b
Kriechwegbildung

Elektrolytische Korrosionswirkung
Lichtbogenfestigkeit nach DIN
nach ASTM s

Beständigkeit *(Chemische Beständigkeit siehe Anhang)*

Wasseraufnahme 1 d ≦120 mg

Feuchtigkeitsaufnahme Normalklima %
Wetterbeständigkeit

Produktklasse	Melamin-Polyesterharz-Formmasse		**MF**
Handelsname	**Resart MPVz**		
Hersteller	RESART		
DIN-Bezeichnung	DIN 16911		
ISO-Bezeichnung			
Harzbasis	Melamin-Ungesaettigter Polyester		
Zusätze		*Füllstoffe/ Verstärkung*	Cellulose
Bevorzugte Verarbeitung	Pressen; Spritzpressen; Spritzgiessen	*Lieferform*	Granulat
		Farben	Weiss; Buntfarben
Besondere Merkmale	Minimale Nachschwindung; Gute Waermestabilitaet; Hohe Kriechstromfestigkeit; Hohe Lichtbogenbestaendigkeit; Gute Rissbestaendigkeit; Asbestfrei	*Bevorzugte Anwendungen*	Elektrotechnik; Isolationsteil; Gehaeuse; Sichtteil; Leuchte; Lampensockel; Haushaltgeraet; Chassis; Knebel; Schalter; Griff; Bedarfsartikel

Dichte	g/cm^3	1.65	*Dosierbarkeit*	
Schüttdichte	g/cm^3		*Tablettierbarkeit*	Ja
Fließeinstellung			*Lagerung*	Kuehl und trocken bei ca. 20 C 6 Monate

Verarbeitungsbedingungen für Pressen

Werkzeugtemperatur	°C	150–170
Pressdruck	bar	100–350
Härtezeit je mm	s	
Schwindung	%	0.8
Nachschwindung	%	0.2–0.3
Bemerkungen		

Verarbeitungsbedingungen für Spritzgießen

Zylindertemperatur	°C	50–80
Düsentemperatur	°C	65–100
Massetemp.	°C	
Werkzeugtemp.	°C	160–175
Spritzdruck	bar	
Härtezeit	s	
Schwindung	%	
Nachschwindung	%	
Bemerkungen		Werkzeuge verchromt oder chemisch vernickelt

Zugversuch 23 °C DIN 53455;
Probekörper: *Form* *Herstellung* DIN 53470

Zugfestigkeit	N/mm^2	25–30	*E-Modul*	N/mm^2	
Reißdehnung	%		*Zeitstandzugfestigkeit*	h N/mm^2	

Biegeversuch 23 °C DIN 53452; DIN 53457
Probekörper: *Form* *Herstellung* DIN 53470

Biegefestigkeit	N/mm^2	≧60	*E-Modul*	N/mm^2	6000–9000

Druckversuch 23°C DIN 53454
Probekörper: *Form* *Herstellung* DIN 53470

Druckfestigkeit	N/mm^2	180	*Stauchung*	%

Härte 23 °C *Probekörper:* *Herstellung*

Kugeldruckhärte N/mm^2 bei N, s

Schlagversuch *Probekörper:* *(1)* U-Kerbe *(2)* *Herstellung* DIN 53470

		°C		°C	°C	*Probekörper-Form*
Schlagzähigkeit	kJ/m²	23	≧6			
Kerbschlagzähigkeit (1)	kJ/m²	23	≧2			
IZOD-Kerbschlagzähigkeit (2)	J/m					

Abrieb und Reibung

Taber-Abrieb (Reibradverfahren) mm³/100 U
Statische Reibungszahl
Dynamische Reibungszahl (p·v= N/mm²· m/min)
Zulässiger p · v Wert N/mm² · (m/min) v= m/min
v= m/min

Thermische Eigenschaften

Formbeständigkeit in der Wärme	*Verfahren*			°C
	Verfahren			°C
Formbeständigkeit Martens				≧100 °C
Längenausdehnungskoeffizient	*Bereich* °C			$\cdot 10^{-4} K^{-1}$
	Temperatur 23 °C			$0.4–0.7 \cdot 10^{-4} K^{-1}$
Wärmeleitfähigkeit	*Verfahren*		23 °C	0.65 W/(K · m)
Spezifische Wärmekapazität	*Verfahren*		23 °C	1.1 J/(K · g)

Brandverhalten

UL-Test vertikal Dicke 1.6 mm, Wert V-0
Dicke mm, Wert

	Norm	*Bewertung*	*Abmessungen*
Sauerstoff-Index	ASTM D 2863		
Glühstab-Verfahren	DIN 53459	Stufe 2c-2b	
Brandverhalten	DIN 4102		
MVSS			
FAR			

Elektrische Eigenschaften

		Hz	°C		*Probekörper, Form*
Dielektrizitätszahl		50			
		10^3	23	6–7	
		10^6			
Dielektrischer Verlustfaktor tan δ		50			
		10^3	23	0.03	
		10^6			
Spezifischer Durchgangswiderstand	Ohm · cm		23	1.0*10**12–1.0*10**13	
Durchschlagfestigkeit	kV/mm		23	15–25	mm dick
Oberflächenwiderstand	Ohm		23	≧1.0*10**11	

Kriechstromfestigkeit KC 600 KB KA 3c
Kriechwegbildung

Elektrolytische Korrosionswirkung
Lichtbogenfestigkeit nach DIN
nach ASTM s

Beständigkeit *(Chemische Beständigkeit siehe Anhang)*

Wasseraufnahme 1 d ≦200 mg

Feuchtigkeitsaufnahme Normalklima %
Wetterbeständigkeit

Produktklasse	Melamin-Polyesterharz-Formmasse		**UP**
Handelsname	**Resart MPV-RSL**		
Hersteller	RESART		
DIN-Bezeichnung			
ISO-Bezeichnung			
Harzbasis	Melamin-Ungesaettigter Polyester		
Zusätze		*Füllstoffe/ Verstärkung*	Organische Harztraeger; Anorganische Harztraeger
Bevorzugte Verarbeitung	Pressen; Spritzpressen; Spritzgiessen	*Lieferform*	Granulat
		Farben	Natur; Buntfarben; Grau; Anthrazit
Besondere Merkmale	Minimale Nachschwindung; Gute Waermestabilitaet; Hohe Kriechstromfestigkeit; Hohe Lichtbogenbestaendigkeit; Gute Rissbestaendigkeit; Asbestfrei	*Bevorzugte Anwendungen*	Elektrotechnik; Schaltgeraet; Kfz-Bau; Hochspannungszuendanlage

Dichte	g/cm³	1.6–1.75	*Dosierbarkeit*	
Schüttdichte	g/cm³		*Tablettierbarkeit*	Ja
Fließeinstellung			*Lagerung*	Kuehl und trocken bei ca. 20 C 6 Monate

Verarbeitungsbedingungen für Pressen

Werkzeugtemperatur	°C	150–170
Pressdruck	bar	100–350
Härtezeit je mm	s	
Schwindung	%	0.7–0.9
Nachschwindung	%	0.2
Bemerkungen		

Verarbeitungsbedingungen für Spritzgießen

Zylindertemperatur	°C	50–80
Düsentemperatur	°C	65–100
Massetemp.	°C	
Werkzeugtemp.	°C	160–175
Spritzdruck	bar	
Härtezeit	s	
Schwindung	%	
Nachschwindung	%	
Bemerkungen	Werkzeuge verchromt oder chemisch vernickelt	

Zugversuch 23 °C

Probekörper: *Form* *Herstellung*

Zugfestigkeit	N/mm²		*E-Modul*	N/mm²
Reißdehnung	%		*Zeitstandzugfestigkeit*	h N/mm²

Biegeversuch 23 °C DIN 53452; DIN 53457

Probekörper: *Form* *Herstellung* DIN 53470

Biegefestigkeit	N/mm²	65	*E-Modul*	N/mm²	7000–9000

Druckversuch 23°C DIN 53454

Probekörper: *Form* *Herstellung* DIN 53470

Druckfestigkeit	N/mm²	180	*Stauchung*	%

Härte 23 °C *Probekörper:* *Herstellung*

Kugeldruckhärte N/mm² bei N, s

Schlagversuch *Probekörper:* *(1)* U-Kerbe *(2)* *Herstellung* DIN 53470

		°C		°C	°C	*Probekörper-Form*
Schlagzähigkeit	kJ/m^2	23	6.5			
Kerbschlagzähigkeit (1)	kJ/m^2	23	2.5			
IZOD-Kerbschlagzähigkeit (2)	J/m					

Abrieb und Reibung

Taber-Abrieb (Reibradverfahren) mm^3/100 U
Statische Reibungszahl
Dynamische Reibungszahl (p·v= N/mm^2 · m/min)
Zulässiger p · v Wert N/mm^2 · (m/min) v= m/min
v= m/min

Thermische Eigenschaften

Formbeständigkeit in der Wärme	*Verfahren*			°C
	Verfahren			°C
Formbeständigkeit Martens				100 °C
Längenausdehnungskoeffizient	*Bereich* °C			$\cdot 10^{-4}K^{-1}$
	Temperatur 23 °C			$0.4–0.6 \cdot 10^{-4}K^{-1}$
Wärmeleitfähigkeit	*Verfahren*		23 °C	0.6 W/(K · m)
Spezifische Wärmekapazität	*Verfahren*		23 °C	1.1 J/(K · g)

Brandverhalten

UL-Test vertikal Dicke 1.6 mm, Wert V-0
Dicke mm, Wert

	Norm	*Bewertung*	*Abmessungen*
Sauerstoff-Index	ASTM D 2863		
Glühstab-Verfahren	DIN 53459	Stufe 2a	
Brandverhalten	DIN 4102		
MVSS			
FAR		Bestanden	

Elektrische Eigenschaften

		Hz	°C		*Probekörper, Form*
Dielektrizitätszahl		50			
		10^3	23	6.5	
		10^6			
Dielektrischer Verlustfaktor tan δ		50			
		10^3	23	0.08	
		10^6			
Spezifischer Durchgangswiderstand	Ohm · cm		23	1.0*10**13	
Durchschlagfestigkeit	kV/mm		23	22–23	mm dick
Oberflächenwiderstand	Ohm		23	≧1.0*10**11	

Kriechstromfestigkeit KC >600 KB KA
Kriechwegbildung

Elektrolytische Korrosionswirkung
Lichtbogenfestigkeit nach DIN
nach ASTM s

Beständigkeit *(Chemische Beständigkeit siehe Anhang)*

Wasseraufnahme 1 d 120 mg

Feuchtigkeitsaufnahme Normalklima %
Wetterbeständigkeit

UP

Produktklasse	Polyesterharz-Formmasse
Handelsname	**Keripol R 1111 Typ 802**
Hersteller	PHOENIX
DIN-Bezeichnung	802 DIN 16911
ISO-Bezeichnung	
Harzbasis	Ungesaettigter Polyester
Zusätze	
Füllstoffe/ Verstärkung	Glaskurzfasern
Bevorzugte Verarbeitung	Pressen; Spritzpressen; Spritzgiessen
Lieferform	Granulat
Farben	
Besondere Merkmale	Standardqualitaet; Erhoehte Verarbeitungsschwindung; Gut einfaerbbar; Sehr gute elektrische Isoliereigenschaften; Gute Waermebestaendigkeit; Sehr gute Dimensionsstabilitaet
Bevorzugte Anwendungen	Elektrotechnisches Isolierteil; Schaltersockel; Gehaeuse

Dichte	g/cm³	1.9
Schüttdichte	g/cm³	0.7–1.0
Fließeinstellung		

Dosierbarkeit	Lose schuettbar
Tablettierbarkeit	Gut
Lagerung	Bei 20 C > 6 Monate

Verarbeitungsbedingungen für Pressen

Werkzeugtemperatur	°C	165–190
Pressdruck	bar	
Härtezeit je mm	s	6–10
Schwindung	%	0.6
Nachschwindung	%	0
Bemerkungen		

Verarbeitungsbedingungen für Spritzgießen

Zylindertemperatur	°C	50–60
Düsentemperatur	°C	75–90
Massetemp.	°C	
Werkzeugtemp.	°C	165–190
Spritzdruck	bar	
Härtezeit	s	5–10
Schwindung	%	
Nachschwindung	%	
Bemerkungen	Werkzeuge verchromt oder chemisch vernickelt	

Zugversuch 23 °C DIN 53455; *Probekörper:* *Form* *Herstellung* DIN 53470

Zugfestigkeit	N/mm² 35		*E-Modul*	N/mm²
Reißdehnung	%		*Zeitstandzugfestigkeit*	h N/mm²

Biegeversuch 23 °C DIN 53452; DIN 53457 *Probekörper:* *Form* *Herstellung* DIN 53470

Biegefestigkeit	N/mm² 70	*E-Modul*	N/mm² 9500

Druckversuch 23 °C DIN 53454 *Probekörper:* *Form* *Herstellung* DIN 53470

Druckfestigkeit	N/mm²	180	*Stauchung*	%

Härte 23 °C *Probekörper:* *Herstellung* DIN 53470

Kugeldruckhärte N/mm² 300 bei N, s

Schlagversuch *Probekörper:* *(1)* U-Kerbe
(2)
Herstellung DIN 53470

		°C		°C	°C	*Probekörper-Form*
Schlagzähigkeit	kJ/m²	23	7			
Kerbschlagzähigkeit (1)	kJ/m²	23	3.5			
IZOD-Kerbschlagzähigkeit (2)	J/m					

Abrieb und Reibung

Taber-Abrieb (Reibradverfahren)	mm³/100 U	
Statische Reibungszahl		
Dynamische Reibungszahl	(p · v = N/mm² · m/min)	
Zulässiger p · v Wert	N/mm² · (m/min)	v = m/min
		v = m/min

Thermische Eigenschaften

Formbeständigkeit in der Wärme	*Verfahren*		240 °C
	Verfahren		°C
Formbeständigkeit Martens			200 °C
Längenausdehnungskoeffizient	*Bereich*	°C	$\cdot 10^{-4}K^{-1}$
	Temperatur 23 °C		$0.3 \cdot 10^{-4}K^{-1}$
Wärmeleitfähigkeit	*Verfahren*		W/(K · m)
Spezifische Wärmekapazität	*Verfahren*		J/(K · g)

Brandverhalten

UL-Test vertikal Dicke mm, Wert
Dicke mm, Wert

	Norm	*Bewertung*	*Abmessungen*
Sauerstoff-Index	ASTM D 2863		
Glühstab-Verfahren	DIN 53459	Stufe 2b	
Brandverhalten	DIN 4102		
MVSS			
FAR			

Elektrische Eigenschaften

		Hz	°C		*Probekörper, Form*
Dielektrizitätszahl		50			
		10^3	23	5	
		10^6			
Dielektrischer Verlustfaktor tan δ		50			
		10^3	23	0.03	
		10^6			
Spezifischer Durchgangswiderstand	Ohm · cm		23	1.0*10**14	
Durchschlagfestigkeit	kV/mm		23	13	mm dick
Oberflächenwiderstand	Ohm		23	1.0*10**13	

Kriechstromfestigkeit	KC >600	KB	KA 3c
Kriechwegbildung	CTI 600		

Elektrolytische Korrosionswirkung
Lichtbogenfestigkeit nach DIN
nach ASTM s

Beständigkeit *(Chemische Beständigkeit siehe Anhang)*

Wasseraufnahme 4 d ≦45 mg

Feuchtigkeitsaufnahme Normalklima %
Wetterbeständigkeit

Produktklasse	Polyesterharz-Formmasse		**UP**
Handelsname	**Keripol RE 1112 Typ 802**		
Hersteller	PHOENIX		
DIN-Bezeichnung	802 DIN 16911		
ISO-Bezeichnung			
Harzbasis	Ungesaettigter Polyester		
Zusätze		*Füllstoffe/ Verstärkung*	Glaskurzfasern
Bevorzugte Verarbeitung	Pressen; Spritzpressen; Spritzgiessen	*Lieferform*	Granulat
		Farben	
Besondere Merkmale	Sehr gute elektrische Isolationseigenschaften; Gute mechanische Festigkeit; Gute Waermeformbestaendigkeit; Geringe Verarbeitungsschwindung	*Bevorzugte Anwendungen*	Leitungsschutzschalter; Funktionsteil mit integriertem Metallteil

---

Dichte	g/cm³	1.9	*Dosierbarkeit*	Lose schuettbar
Schüttdichte	g/cm³	0.7–1.0	*Tablettierbarkeit*	Gut
Fließeinstellung			*Lagerung*	Bei 20 C > 6 Monate

Verarbeitungsbedingungen für Pressen

Werkzeugtemperatur	°C	165–190
Pressdruck	bar	
Härtezeit je mm	s	6–10
Schwindung	%	0.3
Nachschwindung	%	0.1
Bemerkungen		

Verarbeitungsbedingungen für Spritzgießen

Zylindertemperatur	°C	50–60
Düsentemperatur	°C	75–90
Massetemp.	°C	
Werkzeugtemp.	°C	165–190
Spritzdruck	bar	
Härtezeit	s	5–10
Schwindung	%	
Nachschwindung	%	
Bemerkungen	Werkzeuge verchromt oder chemisch vernickelt	

Zugversuch 23 °C DIN 53455;
Probekörper: *Form* *Herstellung* DIN 53470

Zugfestigkeit	N/mm² 30		*E-Modul*	N/mm²
Reißdehnung	%		*Zeitstandzugfestigkeit*	h N/mm²

Biegeversuch 23 °C DIN 53452; DIN 53457
Probekörper: *Form* *Herstellung* DIN 53470

Biegefestigkeit	N/mm² 60	*E-Modul*	N/mm² 8500

Druckversuch 23°C DIN 53454
Probekörper: *Form* *Herstellung* DIN 53470

Druckfestigkeit	N/mm²	140	*Stauchung*	%

Härte 23 °C *Probekörper:* *Herstellung* DIN 53470

Kugeldruckhärte N/mm² 350 bei N, s

Schlagversuch *Probekörper:* *(1)* U-Kerbe
(2)

Herstellung DIN 53470

		°C		°C		°C		*Probekörper-Form*
Schlagzähigkeit	kJ/m²	23	6					
Kerbschlagzähigkeit (1)	kJ/m²	23	3					
IZOD-Kerbschlagzähigkeit (2)	J/m							

Abrieb und Reibung

Taber-Abrieb (Reibradverfahren) mm³/100 U
Statische Reibungszahl
Dynamische Reibungszahl (p·v= N/mm²· m/min)
Zulässiger p · v Wert N/mm² · (m/min) v= m/min
v= m/min

Thermische Eigenschaften

Formbeständigkeit in der Wärme	*Verfahren*		240 °C
	Verfahren		°C
Formbeständigkeit Martens			160 °C
Längenausdehnungskoeffizient	*Bereich*	°C	$\cdot 10^{-4} K^{-1}$
	Temperatur 23 °C		$0.35 \cdot 10^{-4} K^{-1}$
Wärmeleitfähigkeit	*Verfahren*		W/(K · m)
Spezifische Wärmekapazität	*Verfahren*		J/(K · g)

Brandverhalten

UL-Test vertikal Dicke mm, Wert
Dicke mm, Wert

	Norm	*Bewertung*	*Abmessungen*
Sauerstoff-Index	ASTM D 2863		
Glühstab-Verfahren	DIN 53459	Stufe 2b	
Brandverhalten	DIN 4102		
MVSS			
FAR			

Elektrische Eigenschaften

		Hz	°C		*Probekörper, Form*
Dielektrizitätszahl		50			
		10^3	23	4.5	
		10^6			
Dielektrischer Verlustfaktor tan δ		50			
		10^3	23	0.03	
		10^6			
Spezifischer Durchgangswiderstand	Ohm · cm		23	1.0*10**14	
Durchschlagfestigkeit	kV/mm		23	13	mm dick
Oberflächenwiderstand	Ohm		23	1.0*10**13	

Kriechstromfestigkeit KC >600 KB KA 3c
Kriechwegbildung CTI 600

Elektrolytische Korrosionswirkung
Lichtbogenfestigkeit nach DIN
nach ASTM s

Beständigkeit *(Chemische Beständigkeit siehe Anhang)*

Wasseraufnahme 4 d ≦45 mg

Feuchtigkeitsaufnahme Normalklima %
Wetterbeständigkeit

Produktklasse	Polyesterharz-Formmasse		**UP**
Handelsname	**Keripol R 1113**		
Hersteller	PHOENIX		
DIN-Bezeichnung *ISO-Bezeichnung*			
Harzbasis	Ungesaettigter Polyester		
Zusätze		*Füllstoffe/ Verstärkung*	Glaskurzfasern
Bevorzugte Verarbeitung	Pressen; Spritzpressen; Spritzgiessen	*Lieferform*	Granulat
		Farben	
Besondere Merkmale	Sehr gute elektrische Isolationseigenschaften; Gute mechanische Festigkeit; Gute Waermeformbestaendigkeit; Niedrige Verarbeitungstemperatur	*Bevorzugte Anwendungen*	Elektrotechnisches Isolationsteil; Isolationsteil fuer Programmsteuerungen; Fernsprechsektor

Dichte	g/cm³	2.05	*Dosierbarkeit*	Lose schuettbar
Schüttdichte	g/cm³	0.7–1.0	*Tablettierbarkeit*	Gut
Fließeinstellung			*Lagerung*	Bei 20 C > 6 Monate

Verarbeitungsbedingungen für Pressen

Werkzeugtemperatur	°C	165–190
Pressdruck	bar	
Härtezeit je mm	s	6–10
Schwindung	%	0.5
Nachschwindung	%	0.0
Bemerkungen		

Verarbeitungsbedingungen für Spritzgießen

Zylindertemperatur	°C	50–60
Düsentemperatur	°C	75–90
Massetemp.	°C	
Werkzeugtemp.	°C	165–190
Spritzdruck	bar	
Härtezeit	s	5–10
Schwindung	%	
Nachschwindung	%	
Bemerkungen		

Zugversuch 23 °C DIN 53455; *Probekörper:* *Form* *Herstellung* DIN 53470

Zugfestigkeit	N/mm² 30	*E-Modul*	N/mm²	
Reißdehnung	%	*Zeitstandzugfestigkeit*	h N/mm²	

Biegeversuch 23 °C DIN 53452; DIN 53457 *Probekörper:* *Form* *Herstellung* DIN 53470

Biegefestigkeit	N/mm² 65	*E-Modul*	N/mm² 11000

Druckversuch 23 °C DIN 53454 *Probekörper:* *Form* *Herstellung* DIN 53470

Druckfestigkeit	N/mm² 160	*Stauchung*	%

Härte 23 °C *Probekörper:* *Herstellung* DIN 53470

Kugeldruckhärte N/mm² 330 bei N, s

Schlagversuch *Probekörper:* *(1)* U-Kerbe
(2)
Herstellung DIN 53470

		°C		°C	°C	*Probekörper-Form*
Schlagzähigkeit	kJ/m²	23	6			
Kerbschlagzähigkeit (1)	kJ/m²	23	3			
IZOD-Kerbschlagzähigkeit (2)	J/m					

Abrieb und Reibung

Taber-Abrieb (Reibradverfahren) mm³/100 U
Statische Reibungszahl
Dynamische Reibungszahl (p·v= N/mm²· m/min)
Zulässiger p · v Wert N/mm² · (m/min) v= m/min
v= m/min

Thermische Eigenschaften

Formbeständigkeit in der Wärme	*Verfahren*	200 °C
	Verfahren	°C
Formbeständigkeit Martens		140 °C
Längenausdehnungskoeffizient	*Bereich* °C	$\cdot 10^{-4}K^{-1}$
	Temperatur 23 °C	$0.3 \cdot 10^{-4}K^{-1}$
Wärmeleitfähigkeit	*Verfahren*	W/(K · m)
Spezifische Wärmekapazität	*Verfahren*	J/(K · g)

Brandverhalten

UL-Test vertikal Dicke mm, Wert
Dicke mm, Wert

	Norm	*Bewertung*	*Abmessungen*
Sauerstoff-Index	ASTM D 2863		
Glühstab-Verfahren	DIN 53459	Stufe 2b	
Brandverhalten	DIN 4102		
MVSS			
FAR			

Elektrische Eigenschaften

		Hz	°C		*Probekörper, Form*
Dielektrizitätszahl		50			
		10^3	23	4.5	
		10^6			
Dielektrischer Verlustfaktor tan δ		50			
		10^3	23	0.03	
		10^6			
Spezifischer Durchgangswiderstand	Ohm · cm		23	1.0*10**14	
Durchschlagfestigkeit	kV/mm		23	13	mm dick
Oberflächenwiderstand	Ohm		23	1.0*10**13	

Kriechstromfestigkeit KC >600 KB KA 3c
Kriechwegbildung CTI 600

Elektrolytische Korrosionswirkung
Lichtbogenfestigkeit nach DIN
nach ASTM s

Beständigkeit *(Chemische Beständigkeit siehe Anhang)*

Wasseraufnahme 4 d ≦40 mg

Feuchtigkeitsaufnahme Normalklima %
Wetterbeständigkeit

Produktklasse	Polyesterharz-Formmasse		**UP**
Handelsname	**Keripol R 1114**		
Hersteller	PHOENIX		
DIN-Bezeichnung			
ISO-Bezeichnung			
Harzbasis	Ungesaettigter Polyester		
Zusätze		*Füllstoffe/ Verstärkung*	Glaskurzfasern
Bevorzugte Verarbeitung	Pressen; Spritzpressen; Spritzgiessen	*Lieferform*	Granulat
		Farben	
Besondere Merkmale	Sehr gute elektrische Isolationseigenschaften im Feuchtklima; Gute mechanische Festigkeit; Gute Waermeformbestaendigkeit	*Bevorzugte Anwendungen*	Autoelektrik; Kerzenstecker; Zuendverteilerdeckel; Zuendverteilerfinger; Zuendspulendeckel

Dichte	g/cm³	1.95	*Dosierbarkeit*	Lose schuettbar
Schüttdichte	g/cm³	0.7–1.0	*Tablettierbarkeit*	Gut
Fließeinstellung			*Lagerung*	Bei 20 C > 6 Monate

Verarbeitungsbedingungen für Pressen

Werkzeugtemperatur	°C	165–190
Pressdruck	bar	
Härtezeit je mm	s	6–10
Schwindung	%	0.5
Nachschwindung	%	0.1
Bemerkungen		

Verarbeitungsbedingungen für Spritzgießen

Zylindertemperatur	°C	50–60
Düsentemperatur	°C	75–90
Massetemp.	°C	
Werkzeugtemp.	°C	165–190
Spritzdruck	bar	
Härtezeit	s	5–10
Schwindung	%	
Nachschwindung	%	
Bemerkungen		

Zugversuch 23 °C DIN 53455;
Probekörper: *Form* *Herstellung* DIN 53470

Zugfestigkeit	N/mm²	30	*E-Modul*	N/mm²
Reißdehnung	%		*Zeitstandzugfestigkeit*	h N/mm²

Biegeversuch 23 °C DIN 53452; DIN 53457
Probekörper: *Form* *Herstellung* DIN 53470

Biegefestigkeit	N/mm²	65	*E-Modul*	N/mm²	9000

Druckversuch 23 °C DIN 53454
Probekörper: *Form* *Herstellung* DIN 53470

Druckfestigkeit	N/mm²	160	*Stauchung*	%

Härte 23 °C *Probekörper:* *Herstellung* DIN 53470

Kugeldruckhärte N/mm² 400 bei N, s

Schlagversuch *Probekörper:* *(1)* U-Kerbe
(2)
Herstellung DIN 53470

		°C		°C	°C	*Probekörper-Form*
Schlagzähigkeit	kJ/m²	23	7			
Kerbschlagzähigkeit (1)	kJ/m²	23	3.5			
IZOD-Kerbschlagzähigkeit (2)	J/m					

Abrieb und Reibung

Taber-Abrieb (Reibradverfahren) mm³/100 U
Statische Reibungszahl
Dynamische Reibungszahl (p·v= N/mm²· m/min)
Zulässiger p · v Wert N/mm² · (m/min) v= m/min
v= m/min

Thermische Eigenschaften

Formbeständigkeit in der Wärme	*Verfahren*		240 °C
	Verfahren		°C
Formbeständigkeit Martens			180 °C
Längenausdehnungskoeffizient	*Bereich*	°C	$\cdot 10^{-4}K^{-1}$
	Temperatur 23 °C		$0.3 \cdot 10^{-4}K^{-1}$
Wärmeleitfähigkeit	*Verfahren*		W/(K · m)
Spezifische Wärmekapazität	*Verfahren*		J/(K · g)

Brandverhalten

UL-Test vertikal Dicke mm, Wert
Dicke mm, Wert

	Norm	*Bewertung*	*Abmessungen*
Sauerstoff-Index	ASTM D 2863		
Glühstab-Verfahren	DIN 53459	Stufe 2a	
Brandverhalten	DIN 4102		
MVSS			
FAR			

Elektrische Eigenschaften

		Hz	°C		*Probekörper, Form*
Dielektrizitätszahl		50			
		10^3	23	4.5	
		10^6			
Dielektrischer Verlustfaktor tan δ		50			
		10^3	23	0.03	
		10^6			
Spezifischer Durchgangswiderstand	Ohm · cm		23	1.0*10**14	
Durchschlagfestigkeit	kV/mm		23	14	mm dick
Oberflächenwiderstand	Ohm		23	1.0*10**13	

Kriechstromfestigkeit KC >600 KB KA 3c
Kriechwegbildung CTI 600

Elektrolytische Korrosionswirkung
Lichtbogenfestigkeit nach DIN
nach ASTM s

Beständigkeit *(Chemische Beständigkeit siehe Anhang)*

Wasseraufnahme 4 d ≦30 mg

Feuchtigkeitsaufnahme Normalklima %
Wetterbeständigkeit

Produktklasse	Polyesterharz-Formmasse		**UP**
Handelsname	**Keripol R 1115**		
Hersteller	PHOENIX		
DIN-Bezeichnung *ISO-Bezeichnung*			
Harzbasis	Ungesaettigter Polyester		
Zusätze		*Füllstoffe/ Verstärkung*	Glaskurzfasern
Bevorzugte Verarbeitung	Pressen; Spritzpressen; Spritzgiessen	*Lieferform*	Granulat
		Farben	
Besondere Merkmale	Sehr gute elektrische Isolationseigenschaften; Sehr gute mechanische Festigkeit; Gute Waermeformbestaendigkeit	*Bevorzugte Anwendungen*	Duennwandiges und druckbeanspruchtes Formteil; Elektrotechnisches Isolierteil im Schalterbau; Isolierteil und Isolierklemme fuer Relais

Dichte	g/cm^3	1.75	*Dosierbarkeit*	Lose schuettbar
Schüttdichte	g/cm^3	0.7–1.0	*Tablettierbarkeit*	Gut
Fließeinstellung			*Lagerung*	Bei 20 C > 6 Monate

Verarbeitungsbedingungen für Pressen

Werkzeugtemperatur	°C	165–190
Pressdruck	bar	
Härtezeit je mm	s	6–10
Schwindung	%	0.7
Nachschwindung	%	0.2
Bemerkungen		

Verarbeitungsbedingungen für Spritzgießen

Zylindertemperatur	°C	50–60
Düsentemperatur	°C	75–90
Massetemp.	°C	
Werkzeugtemp.	°C	165–190
Spritzdruck	bar	
Härtezeit	s	5–10
Schwindung	%	
Nachschwindung	%	
Bemerkungen		

Zugversuch 23 °C DIN 53455; *Probekörper: Form* *Herstellung* DIN 53470

Zugfestigkeit	N/mm^2	35	*E-Modul*	N/mm^2
Reißdehnung	%		*Zeitstandzugfestigkeit*	h N/mm^2

Biegeversuch 23 °C DIN 53452; DIN 53457 *Probekörper: Form* *Herstellung* DIN 53470

Biegefestigkeit	N/mm^2	90	*E-Modul*	N/mm^2	11000

Druckversuch 23°C DIN 53454 *Probekörper: Form* *Herstellung* DIN 53470

Druckfestigkeit	N/mm^2	250	*Stauchung*	%

Härte 23 °C *Probekörper:* *Herstellung* DIN 53470

Kugeldruckhärte N/mm^2 270 bei N, s

Schlagversuch *Probekörper:* *(1)* U-Kerbe
(2)
Herstellung DIN 53470

		°C		°C		°C	*Probekörper-Form*
Schlagzähigkeit	kJ/m²	23	9				
Kerbschlagzähigkeit (1)	kJ/m²	23	3.5				
IZOD-Kerbschlag-zähigkeit (2)	J/m						

Abrieb und Reibung

Taber-Abrieb (Reibradverfahren) mm³/100 U
Statische Reibungszahl
Dynamische Reibungszahl (p·v= N/mm²· m/min)
Zulässiger p · v Wert N/mm² · (m/min) v= m/min
v= m/min

Thermische Eigenschaften

Formbeständigkeit in der Wärme	*Verfahren*		200 °C
	Verfahren		°C
Formbeständigkeit Martens			140 °C
Längenausdehnungskoeffizient	*Bereich*	°C	$\cdot 10^{-4}K^{-1}$
	Temperatur 23 °C		$0.35 \cdot 10^{-4}K^{-1}$
Wärmeleitfähigkeit	*Verfahren*		W/(K · m)
Spezifische Wärmekapazität	*Verfahren*		J/(K · g)

Brandverhalten

UL-Test vertikal Dicke mm, Wert
Dicke mm, Wert

	Norm	*Bewertung*	*Abmessungen*
Sauerstoff-Index	ASTM D 2863		
Glühstab-Verfahren	DIN 53459	Stufe 2b	
Brandverhalten	DIN 4102		
MVSS			
FAR			

Elektrische Eigenschaften

		Hz	°C		*Probekörper, Form*
Dielektrizitätszahl		50			
		10^3	23	5	
		10^6			
Dielektrischer Verlustfaktor tan δ		50			
		10^3	23	0.03	
		10^6			
Spezifischer Durchgangs-widerstand	Ohm · cm		23	1.0*10**14	
Durchschlagfestigkeit	kV/mm		23	15	mm dick
Oberflächenwiderstand	Ohm		23	1.0*10**13	

Kriechstromfestigkeit KC >600 KB KA 3c
Kriechwegbildung CTI 600

Elektrolytische Korrosionswirkung
Lichtbogenfestigkeit nach DIN
nach ASTM s

Beständigkeit *(Chemische Beständigkeit siehe Anhang)*

Wasseraufnahme 4 d 30–40 mg

Feuchtigkeitsaufnahme Normalklima %
Wetterbeständigkeit

Produktklasse	Polyesterharz-Formmasse		**UP**
Handelsname	**Keripol RF 1211 Typ 804**		
Hersteller	PHOENIX		
DIN-Bezeichnung	804 DIN 16911		
ISO-Bezeichnung			
Harzbasis	Ungesaettigter Polyester		
Zusätze		*Füllstoffe/ Verstärkung*	Glasfasern
Bevorzugte Verarbeitung	Pressen; Spritzpressen; Spritzgiessen	*Lieferform*	Granulat
		Farben	
Besondere Merkmale	Sehr gute elektrische Isolationseigenschaften; Gute mechanische Festigkeit; Gute Waermeformbestaendigkeit; Halogenfrei; Korrosionsneutral	*Bevorzugte Anwendungen*	Installationsartikel; Schaltersockel; Gehaeuse; Teil in explosionsgeschuetzten Geraeten

Dichte	g/cm³	1.9	*Dosierbarkeit*	Lose schuettbar
Schüttdichte	g/cm³	0.7–1.0	*Tablettierbarkeit*	Gut
Fließeinstellung			*Lagerung*	Bei 20 C > 6 Monate

Verarbeitungsbedingungen für Pressen

Werkzeugtemperatur	°C	165–190
Pressdruck	bar	
Härtezeit je mm	s	6–10
Schwindung	%	0.6
Nachschwindung	%	0.0
Bemerkungen		

Verarbeitungsbedingungen für Spritzgießen

Zylindertemperatur	°C	50–60
Düsentemperatur	°C	75–90
Massetemp.	°C	
Werkzeugtemp.	°C	165–190
Spritzdruck	bar	
Härtezeit	s	5–10
Schwindung	%	
Nachschwindung	%	
Bemerkungen		

Zugversuch 23 °C DIN 53455;
Probekörper: *Form* *Herstellung* DIN 53470

Zugfestigkeit	N/mm² 35	*E-Modul*	N/mm²
Reißdehnung	%	*Zeitstandzugfestigkeit*	h N/mm²

Biegeversuch 23 °C DIN 53452; DIN 53457
Probekörper: *Form* *Herstellung* DIN 53470

Biegefestigkeit	N/mm² 70	*E-Modul*	N/mm² 9500

Druckversuch 23°C DIN 53454
Probekörper: *Form* *Herstellung* DIN 53470

Druckfestigkeit	N/mm² 180	*Stauchung*	%

Härte 23 °C *Probekörper:* *Herstellung* DIN 53470

Kugeldruckhärte N/mm² 300 bei N, s

Schlagversuch *Probekörper:* *(1)* U-Kerbe
(2) *Herstellung* DIN 53470

		°C		°C	°C	*Probekörper-Form*
Schlagzähigkeit	kJ/m²	23	7			
Kerbschlagzähigkeit (1)	kJ/m²	23	3.5			
IZOD-Kerbschlag-zähigkeit (2)	J/m					

Abrieb und Reibung

Taber-Abrieb (Reibradverfahren) mm³/100 U
Statische Reibungszahl
Dynamische Reibungszahl (p·v= N/mm² · m/min)
Zulässiger p · v Wert N/mm² · (m/min) v= m/min
v= m/min

Thermische Eigenschaften

Formbeständigkeit in der Wärme	*Verfahren*		240 °C
	Verfahren		°C
Formbeständigkeit Martens			200 °C
Längenausdehnungskoeffizient	*Bereich*	°C	$\cdot 10^{-4} K^{-1}$
	Temperatur 23 °C		$0.3 \cdot 10^{-4} K^{-1}$
Wärmeleitfähigkeit	*Verfahren*		W/(K · m)
Spezifische Wärmekapazität	*Verfahren*		J/(K · g)

Brandverhalten

UL-Test vertikal Dicke 3.2 mm, Wert V-0
Dicke mm, Wert

	Norm	*Bewertung*	*Abmessungen*
Sauerstoff-Index	ASTM D 2863		
Glühstab-Verfahren	DIN 53459	Stufe 2a	
Brandverhalten	DIN 4102		
MVSS			
FAR			

Elektrische Eigenschaften

		Hz	°C		*Probekörper, Form*
Dielektrizitätszahl		50			
		10^3	23	5	
		10^6			
Dielektrischer Verlustfaktor tan δ		50			
		10^3	23	.03	
		10^6			
Spezifischer Durchgangs-widerstand	Ohm · cm		23	1.0*10**14	
Durchschlagfestigkeit	kV/mm		23	15	mm dick
Oberflächenwiderstand	Ohm		23	1.0*10**13	

Kriechstromfestigkeit KC >600 KB KA 3c
Kriechwegbildung CTI 600

Elektrolytische Korrosionswirkung
Lichtbogenfestigkeit nach DIN
nach ASTM s 185

Beständigkeit *(Chemische Beständigkeit siehe Anhang)*

Wasseraufnahme 4 d ≦45 mg

Feuchtigkeitsaufnahme Normalklima %
Wetterbeständigkeit

UP

Produktklasse	Polyesterharz-Formmasse		
Handelsname	**Keripol REF 1212 Typ 804**		
Hersteller	PHOENIX		
DIN-Bezeichnung	804 DIN 16911		
ISO-Bezeichnung			
Harzbasis	Ungesaettigter Polyester		
Zusätze		*Füllstoffe/ Verstärkung*	Glasfasern
Bevorzugte Verarbeitung	Pressen; Spritzpressen; Spritzgiessen	*Lieferform*	Granulat
		Farben	
Besondere Merkmale	Standardprodukt; Elastifiziert; Sehr gute Isolationseigenschaften; Gute mech. Festigkeit; Gute Waermeformbestaendigkeit; Halogenfrei; Korrosionsneutral; Geringe Schwindung	*Bevorzugte Anwendungen*	Leitungsschutzschalter; Funktionsteil mit integriertem Metallteil

Dichte	g/cm^3	1.9	*Dosierbarkeit*	Lose schuettbar
Schüttdichte	g/cm^3	0.7–1.0	*Tablettierbarkeit*	Gut
Fließeinstellung			*Lagerung*	Bei 20 C > 6 Monate

Verarbeitungsbedingungen für Pressen

Werkzeugtemperatur	°C	165–190
Pressdruck	bar	
Härtezeit je mm	s	6–10
Schwindung	%	0.3
Nachschwindung	%	0.1
Bemerkungen		

Verarbeitungsbedingungen für Spritzgießen

Zylindertemperatur	°C	50–60
Düsentemperatur	°C	75–90
Massetemp.	°C	
Werkzeugtemp.	°C	165–190
Spritzdruck	bar	
Härtezeit	s	5–10
Schwindung	%	
Nachschwindung	%	
Bemerkungen		

Zugversuch 23 °C DIN 53455;
Probekörper: *Form* *Herstellung* DIN 53470

Zugfestigkeit	N/mm^2	30	*E-Modul*	N/mm^2
Reißdehnung	%		*Zeitstandzugfestigkeit*	h N/mm^2

Biegeversuch 23 °C DIN 53452; DIN 53457
Probekörper: *Form* *Herstellung* DIN 53470

Biegefestigkeit	N/mm^2	60	*E-Modul*	N/mm^2	8500

Druckversuch 23 °C DIN 53454
Probekörper: *Form* *Herstellung* DIN 53470

Druckfestigkeit	N/mm^2	140	*Stauchung*	%

Härte 23 °C *Probekörper:* *Herstellung* DIN 53470

Kugeldruckhärte N/mm^2 350 bei N, s

Schlagversuch *Probekörper:* *(1)* U-Kerbe
(2)
Herstellung DIN 53470

		°C		°C	°C	*Probekörper-Form*
Schlagzähigkeit	kJ/m²	23	6			
Kerbschlagzähigkeit (1)	kJ/m²	23	3			
IZOD-Kerbschlagzähigkeit (2)	J/m					

Abrieb und Reibung

Taber-Abrieb (Reibradverfahren)	mm³/100 U
Statische Reibungszahl	
Dynamische Reibungszahl	(p · v = N/mm² · m/min)
Zulässiger p · v Wert	N/mm² · (m/min) v = m/min
	v = m/min

Thermische Eigenschaften

Formbeständigkeit in der Wärme	*Verfahren*	240 °C
	Verfahren	°C
Formbeständigkeit Martens		160 °C
Längenausdehnungskoeffizient	*Bereich* °C	$\cdot 10^{-4} K^{-1}$
	Temperatur 23 °C	$0.35 \cdot 10^{-4} K^{-1}$
Wärmeleitfähigkeit	*Verfahren*	W/(K · m)
Spezifische Wärmekapazität	*Verfahren*	J/(K · g)

Brandverhalten

UL-Test vertikal Dicke 3.2 mm, Wert V-0
Dicke mm, Wert

	Norm	*Bewertung*	*Abmessungen*
Sauerstoff-Index	ASTM D 2863		
Glühstab-Verfahren	DIN 53459	Stufe 2a	
Brandverhalten	DIN 4102		
MVSS			
FAR			

Elektrische Eigenschaften

		Hz	°C		*Probekörper, Form*
Dielektrizitätszahl		50			
		10^3	23	4.5	
		10^6			
Dielektrischer Verlustfaktor tan δ		50			
		10^3	23	0.03	
		10^6			
Spezifischer Durchgangswiderstand	Ohm · cm		23	1.0*10**14	
Durchschlagfestigkeit	kV/mm		23	16	mm dick
Oberflächenwiderstand	Ohm		23	1.0*10**13	

Kriechstromfestigkeit	KC > 600	KB	KA 3c
Kriechwegbildung	CTI 600		

Elektrolytische Korrosionswirkung
Lichtbogenfestigkeit nach DIN
nach ASTM s

Beständigkeit *(Chemische Beständigkeit siehe Anhang)*

Wasseraufnahme 4 d ≦45 mg

Feuchtigkeitsaufnahme Normalklima %
Wetterbeständigkeit

Produktklasse	Polyesterharz-Formmasse		**UP**
Handelsname	**Keripol RF 1214 Typ 804**		
Hersteller	PHOENIX		
DIN-Bezeichnung	804 DIN 16911		
ISO-Bezeichnung			
Harzbasis	Ungesaettigter Polyester		
Zusätze		*Füllstoffe/ Verstärkung*	Glasfasern
Bevorzugte Verarbeitung	Pressen; Spritzpressen; Spritzgiessen	*Lieferform*	Granulat
		Farben	
Besondere Merkmale	Besonders gute Isolationseigenschaften im Feuchtklima; Gute mechanische Festigkeit; Gute Waermeformbestaendigkeit; Halogenfrei; Korrosionsneutral; UL-gelistet	*Bevorzugte Anwendungen*	Autoelektrik; Kerzenstecker; Zuendverteilerdeckel; Zuendverteilerfinger; Zuendspulendeckel

Dichte	g/cm³	1.95	*Dosierbarkeit*	Lose schuettbar
Schüttdichte	g/cm³	0.7–1.0	*Tablettierbarkeit*	Gut
Fließeinstellung			*Lagerung*	Bei 20 C > 6 Monate

Verarbeitungsbedingungen für Pressen

Werkzeugtemperatur	°C	165–190
Pressdruck	bar	
Härtezeit je mm	s	6–10
Schwindung	%	0.5
Nachschwindung	%	0.1
Bemerkungen		

Verarbeitungsbedingungen für Spritzgießen

Zylindertemperatur	°C	50–60
Düsentemperatur	°C	75–90
Massetemp.	°C	
Werkzeugtemp.	°C	165–190
Spritzdruck	bar	
Härtezeit	s	5–10
Schwindung	%	
Nachschwindung	%	
Bemerkungen		

Zugversuch 23 °C DIN 53455;
Probekörper: *Form* — *Herstellung* DIN 53470

Zugfestigkeit	N/mm² 30	*E-Modul*	N/mm²	
Reißdehnung	%	*Zeitstandzugfestigkeit*	h N/mm²	

Biegeversuch 23 °C DIN 53452; DIN 53457
Probekörper: *Form* — *Herstellung* DIN 53470

Biegefestigkeit	N/mm² 65	*E-Modul*	N/mm² 9000

Druckversuch 23 °C DIN 53454
Probekörper: *Form* — *Herstellung* DIN 53470

Druckfestigkeit	N/mm²	160	*Stauchung*	%

Härte 23 °C *Probekörper:* — *Herstellung* DIN 53470

Kugeldruckhärte	N/mm² 400	bei	N, s

Schlagversuch *Probekörper:* *(1)* U-Kerbe
(2) *Herstellung* DIN 53470

		°C		°C	°C	*Probekörper-Form*
Schlagzähigkeit	kJ/m²	23	7			
Kerbschlagzähigkeit (1)	kJ/m²	23	3.5			
IZOD-Kerbschlag-zähigkeit (2)	J/m					

Abrieb und Reibung

Taber-Abrieb (Reibradverfahren) mm³/100 U
Statische Reibungszahl
Dynamische Reibungszahl (p · v= N/mm² · m/min)
Zulässiger p · v Wert N/mm² · (m/min) v= m/min
v= m/min

Thermische Eigenschaften

Formbeständigkeit in der Wärme	*Verfahren*		240 °C
	Verfahren		°C
Formbeständigkeit Martens			180 °C
Längenausdehnungskoeffizient	*Bereich*	°C	$\cdot 10^{-4}K^{-1}$
	Temperatur 23 °C		$0.3 \cdot 10^{-4}K^{-1}$
Wärmeleitfähigkeit	*Verfahren*		W/(K · m)
Spezifische Wärmekapazität	*Verfahren*		J/(K · g)

Brandverhalten

UL-Test vertikal Dicke 3.2 mm, Wert V-0
Dicke mm, Wert

	Norm	*Bewertung*	*Abmessungen*
Sauerstoff-Index	ASTM D 2863		
Glühstab-Verfahren	DIN 53459	Stufe 2a	
Brandverhalten	DIN 4102		
MVSS			
FAR			

Elektrische Eigenschaften

		Hz	°C		*Probekörper, Form*
Dielektrizitätszahl		50			
		10^3	23	4.5	
		10^6			
Dielektrischer Verlustfaktor tan δ		50			
		10^3	23	0.03	
		10^6			
Spezifischer Durchgangs-widerstand	Ohm · cm		23	1.0*10**14	
Durchschlagfestigkeit	kV/mm		23	16	mm dick
Oberflächenwiderstand	Ohm		23	1.0*10**13	

Kriechstromfestigkeit KC >600 KB KA 3c
Kriechwegbildung CTI 600

Elektrolytische Korrosionswirkung
Lichtbogenfestigkeit nach DIN
nach ASTM s 185

Beständigkeit *(Chemische Beständigkeit siehe Anhang)*

Wasseraufnahme 4 d ≦30 mg

Feuchtigkeitsaufnahme Normalklima %
Wetterbeständigkeit

UP

Produktklasse	Polyesterharz-Formmasse		
Handelsname	**Keripol RL 1311 Typ 804**		
Hersteller	PHOENIX		
DIN-Bezeichnung *ISO-Bezeichnung*	804 DIN 16911		
Harzbasis	Ungesaettigter Polyester		
Zusätze		*Füllstoffe/ Verstärkung*	Glasfasern
Bevorzugte Verarbeitung	Pressen; Spritzpressen; Spritzgiessen	*Lieferform*	Granulat
		Farben	
Besondere Merkmale	Sehr gute Isolationseigenschaften; Sehr gute Lichtbogenbestaendigkeit; Sehr gute Durchschlagfestigkeit; Sehr gute Glutbestaendigkeit; Korrosionsneutral; Gut einfaerbbar	*Bevorzugte Anwendungen*	Elektrotechnisches Isolierteil im Schalterbau; Loeschkammer; Duennwandiges Formteil; Gehaeuse

---

Dichte	g/cm^3	1.9	*Dosierbarkeit*	Lose schuettbar
Schüttdichte	g/cm^3	0.7–1.0	*Tablettierbarkeit*	Gut
Fließeinstellung			*Lagerung*	Bei 20 C > 6 Monate

Verarbeitungsbedingungen für Pressen

Werkzeugtemperatur	°C	165–190
Pressdruck	bar	
Härtezeit je mm	s	6–10
Schwindung	%	0.6
Nachschwindung	%	0.0
Bemerkungen		

Verarbeitungsbedingungen für Spritzgießen

Zylindertemperatur	°C	50–60
Düsentemperatur	°C	75–90
Massetemp.	°C	
Werkzeugtemp.	°C	165–190
Spritzdruck	bar	
Härtezeit	s	5–10
Schwindung	%	
Nachschwindung	%	
Bemerkungen		

Zugversuch 23 °C DIN 53455;
Probekörper: *Form* *Herstellung* DIN 53470

Zugfestigkeit	N/mm^2	35	*E-Modul*	N/mm^2	
Reißdehnung	%		*Zeitstandzugfestigkeit*	h N/mm^2	

Biegeversuch 23 °C DIN 53452; DIN 53457
Probekörper: *Form* *Herstellung* DIN 53470

Biegefestigkeit	N/mm^2	70	*E-Modul*	N/mm^2	9500

Druckversuch 23°C DIN 53454
Probekörper: *Form* *Herstellung* DIN 53470

Druckfestigkeit	N/mm^2	180	*Stauchung*	%

Härte 23 °C *Probekörper:* *Herstellung* DIN 53470

Kugeldruckhärte N/mm^2 300 bei N, s

Schlagversuch *Probekörper:* *(1)* U-Kerbe
(2)
Herstellung DIN 53470

		°C		°C	°C	*Probekörper-Form*
Schlagzähigkeit	kJ/m²	23	7			
Kerbschlagzähigkeit (1)	kJ/m²	23	3.5			
IZOD-Kerbschlagzähigkeit (2)	J/m					

Abrieb und Reibung

Taber-Abrieb (Reibradverfahren) mm³/100 U
Statische Reibungszahl
Dynamische Reibungszahl (p·v= N/mm²· m/min)
Zulässiger p · v Wert N/mm² · (m/min) v= m/min
v= m/min

Thermische Eigenschaften

Formbeständigkeit in der Wärme	*Verfahren*		240 °C
	Verfahren		°C
Formbeständigkeit Martens			200 °C
Längenausdehnungskoeffizient	*Bereich*	°C	$\cdot 10^{-4}K^{-1}$
	Temperatur 23 °C		$0.3 \cdot 10^{-4}K^{-1}$
Wärmeleitfähigkeit	*Verfahren*		W/(K · m)
Spezifische Wärmekapazität	*Verfahren*		J/(K · g)

Brandverhalten

UL-Test vertikal Dicke 1.6 mm, Wert V-0
Dicke mm, Wert

	Norm	*Bewertung*	*Abmessungen*
Sauerstoff-Index	ASTM D 2863	75%	
Glühstab-Verfahren	DIN 53459	Stufe 1	
Brandverhalten	DIN 4102		
MVSS			
FAR			

Elektrische Eigenschaften

		Hz	°C		*Probekörper, Form*
Dielektrizitätszahl		50			
		10^3	23	5.0	
		10^6			
Dielektrischer Verlustfaktor tan δ		50			
		10^3	23	0.03	
		10^6			
Spezifischer Durchgangswiderstand	Ohm · cm		23	1.0*10**14	
Durchschlagfestigkeit	kV/mm		23	17	mm dick
Oberflächenwiderstand	Ohm		23	1.0*10**13	

Kriechstromfestigkeit KC >600 KB KA 3c
Kriechwegbildung CTI 600

Elektrolytische Korrosionswirkung
Lichtbogenfestigkeit nach DIN
nach ASTM s 195

Beständigkeit *(Chemische Beständigkeit siehe Anhang)*
Wasseraufnahme 4 d ≦ 45 mg

Feuchtigkeitsaufnahme Normalklima %
Wetterbeständigkeit

Produktklasse	Polyesterharz-Formmasse		**UP**
Handelsname	**Keripol REL 1312 Typ 804**		
Hersteller	PHOENIX		
DIN-Bezeichnung	804 DIN 16911		
ISO-Bezeichnung			
Harzbasis	Ungesaettigter Polyester		
Zusätze		*Füllstoffe/ Verstärkung*	Glasfaser
Bevorzugte Verarbeitung	Pressen; Spritzpressen; Spritzgiessen	*Lieferform*	Granulat
		Farben	
Besondere Merkmale	Sehr gute Isolationseigenschaften; Sehr gute Lichtbogenbestaendigkeit; Sehr gute Durchschlagfestigkeit; Sehr gute Glutbestaendigkeit; Korrosionsneutral; Geringe Schwindung	*Bevorzugte Anwendungen*	Leitungsschutzschalter; Funktionsteil mit integriertem Metallteil

Dichte	g/cm³	1.85–1.95	*Dosierbarkeit*	Lose schuettbar
Schüttdichte	g/cm³	0.7–1.0	*Tablettierbarkeit*	Gut
Fließeinstellung			*Lagerung*	Bei 20 C > 6 Monate

Verarbeitungsbedingungen für Pressen

Werkzeugtemperatur	°C	165–190
Pressdruck	bar	
Härtezeit je mm	s	6–10
Schwindung	%	0.3
Nachschwindung	%	0.1
Bemerkungen		

Verarbeitungsbedingungen für Spritzgießen

Zylindertemperatur	°C	50–60
Düsentemperatur	°C	75–90
Massetemp.	°C	
Werkzeugtemp.	°C	165–190
Spritzdruck	bar	
Härtezeit	s	5–10
Schwindung	%	
Nachschwindung	%	
Bemerkungen		

Zugversuch 23 °C DIN 53455;
Probekörper: *Form* — *Herstellung* DIN 53470

Zugfestigkeit	N/mm²	30	*E-Modul*	N/mm²	
Reißdehnung	%		*Zeitstandzugfestigkeit*	h N/mm²	

Biegeversuch 23 °C DIN 53452; DIN 53457
Probekörper: *Form* — *Herstellung* DIN 53470

Biegefestigkeit	N/mm²	60	*E-Modul*	N/mm²	8500

Druckversuch 23°C DIN 53454
Probekörper: *Form* — *Herstellung* DIN 53470

Druckfestigkeit	N/mm²	140	*Stauchung*	%

Härte 23 °C *Probekörper:* — *Herstellung* DIN 53470

Kugeldruckhärte	N/mm²	350	bei	N, s

Schlagversuch *Probekörper:* *(1)* U-Kerbe *(2)* *Herstellung* DIN 53470

		°C		°C	°C	*Probekörper-Form*
Schlagzähigkeit	kJ/m²	23	6			
Kerbschlagzähigkeit (1)	kJ/m²	23	3			
IZOD-Kerbschlag-zähigkeit (2)	J/m					

Abrieb und Reibung

Taber-Abrieb (Reibradverfahren) mm³/100 U
Statische Reibungszahl
Dynamische Reibungszahl (p·v= N/mm² · m/min)
Zulässiger p · v Wert N/mm² · (m/min) v= m/min
v= m/min

Thermische Eigenschaften

Formbeständigkeit in der Wärme	*Verfahren*		240 °C
	Verfahren		°C
Formbeständigkeit Martens			160 °C
Längenausdehnungskoeffizient	*Bereich*	°C	$\cdot 10^{-4} K^{-1}$
	Temperatur 23 °C		$0.35 \cdot 10^{-4} K^{-1}$
Wärmeleitfähigkeit	*Verfahren*		W/(K · m)
Spezifische Wärmekapazität	*Verfahren*		J/(K · g)

Brandverhalten

UL-Test vertikal Dicke 1.6 mm, Wert V-0
Dicke mm, Wert

	Norm	*Bewertung*	*Abmessungen*
Sauerstoff-Index	ASTM D 2863	75%	
Glühstab-Verfahren	DIN 53459	Stufe 1	
Brandverhalten	DIN 4102		
MVSS			
FAR			

Elektrische Eigenschaften

		Hz	°C		*Probekörper, Form*
Dielektrizitätszahl		50			
		10^3	23	4.5	
		10^6			
Dielektrischer Verlustfaktor tan δ		50			
		10^3	23	0.03	
		10^6			
Spezifischer Durchgangs-widerstand	Ohm · cm		23	1.0*10**14	
Durchschlagfestigkeit	kV/mm		23	17	mm dick
Oberflächenwiderstand	Ohm		23	1.0*10**13	

Kriechstromfestigkeit KC >600 KB KA 3c
Kriechwegbildung CTI 600

Elektrolytische Korrosionswirkung
Lichtbogenfestigkeit nach DIN
nach ASTM s 195

Beständigkeit *(Chemische Beständigkeit siehe Anhang)*

Wasseraufnahme 4 d ≦45 mg

Feuchtigkeitsaufnahme Normalklima %
Wetterbeständigkeit

Produktklasse	Polyesterharz-Formmasse		**UP**
Handelsname	**Keripol REL 3738**		
Hersteller	PHOENIX		
DIN-Bezeichnung *ISO-Bezeichnung*			
Harzbasis	Ungesaettigter Polyester		
Zusätze		*Füllstoffe/ Verstärkung*	Glasfasern
Bevorzugte Verarbeitung	Spritzgiessen	*Lieferform*	Granulat
		Farben	
Besondere Merkmale	Sonderqualitaet; Sehr gute Isolationseigenschaften; Sehr gute Lichtbogenbestaendigkeit; Hohe Durchschlagfestigk.; Sehr gute Glutbestaendigk.; Korros.neutral; Geringe Schwindung	*Bevorzugte Anwendungen*	Kleinschalter; Relaissockel; Leitungsschutzschalter; Loeschkammer

Dichte	g/cm^3	1.95	*Dosierbarkeit*	Lose schuettbar
Schüttdichte	g/cm^3	0.7–1.0	*Tablettierbarkeit*	Gut
Fließeinstellung			*Lagerung*	Bei 20 C > 6 Monate

Verarbeitungsbedingungen für Pressen

Werkzeugtemperatur	°C	
Pressdruck	bar	
Härtezeit je mm	s	
Schwindung	%	
Nachschwindung	%	
Bemerkungen		

Verarbeitungsbedingungen für Spritzgießen

Zylindertemperatur	°C	50–60
Düsentemperatur	°C	75–90
Massetemp.	°C	
Werkzeugtemp.	°C	165–190
Spritzdruck	bar	
Härtezeit	s	5–10
Schwindung	%	
Nachschwindung	%	
Bemerkungen		

Zugversuch 23 °C DIN 53455; *Probekörper:* *Form* *Herstellung* DIN 53470

Zugfestigkeit	N/mm^2	35	*E-Modul*	N/mm^2
Reißdehnung	%		*Zeitstandzugfestigkeit*	h N/mm^2

Biegeversuch 23 °C DIN 53452; DIN 53457 *Probekörper:* *Form* *Herstellung* DIN 53470

Biegefestigkeit	N/mm^2	70	*E-Modul*	N/mm^2	10000

Druckversuch 23 °C DIN 53454 *Probekörper:* *Form* *Herstellung* DIN 53470

Druckfestigkeit	N/mm^2	190	*Stauchung*	%

Härte 23 °C *Probekörper:* *Herstellung* DIN 53470

Kugeldruckhärte N/mm^2 370 bei N, s

Schlagversuch *Probekörper:* *(1)* U-Kerbe *(2)* *Herstellung* DIN 53470

		°C		°C	°C	*Probekörper-Form*
Schlagzähigkeit	kJ/m²	23	7			
Kerbschlagzähigkeit (1)	kJ/m²	23	3.5			
IZOD-Kerbschlagzähigkeit (2)	J/m					

Abrieb und Reibung

Taber-Abrieb (Reibradverfahren) mm³/100 U
Statische Reibungszahl
Dynamische Reibungszahl (p·v= N/mm² · m/min)
Zulässiger p · v Wert N/mm² · (m/min) v= m/min
v= m/min

Thermische Eigenschaften

Formbeständigkeit in der Wärme	*Verfahren*	240 °C
	Verfahren	°C
Formbeständigkeit Martens		180 °C
Längenausdehnungskoeffizient	*Bereich* °C	$\cdot 10^{-4} K^{-1}$
	Temperatur 23 °C	$0.3 \cdot 10^{-4} K^{-1}$
Wärmeleitfähigkeit	*Verfahren*	W/(K · m)
Spezifische Wärmekapazität	*Verfahren*	J/(K · g)

Brandverhalten

UL-Test vertikal Dicke 1.6 mm, Wert V-0
Dicke mm, Wert

	Norm	*Bewertung*	*Abmessungen*
Sauerstoff-Index	ASTM D 2863	75%	
Glühstab-Verfahren	DIN 53459	Stufe 1	
Brandverhalten	DIN 4102		
MVSS			
FAR			

Elektrische Eigenschaften

		Hz	°C		*Probekörper, Form*
Dielektrizitätszahl		50			
		10^3	23	4.5	
		10^6			
Dielektrischer Verlustfaktor tan δ		50			
		10^3	23	0.02	
		10^6			
Spezifischer Durchgangswiderstand	Ohm · cm		23	1.0*10**14	
Durchschlagfestigkeit	kV/mm		23	17	mm dick
Oberflächenwiderstand	Ohm		23	1.0*10**13	

Kriechstromfestigkeit KC >600 KB KA 3c
Kriechwegbildung CTI 600

Elektrolytische Korrosionswirkung
Lichtbogenfestigkeit nach DIN
nach ASTM s 195

Beständigkeit *(Chemische Beständigkeit siehe Anhang)*

Wasseraufnahme 4 d 30 mg

Feuchtigkeitsaufnahme Normalklima %
Wetterbeständigkeit

Produktklasse	Polyesterharz-Formmasse		**UP**
Handelsname	**Keripol PBG 814/1223**		
Hersteller	PHOENIX		
DIN-Bezeichnung			
ISO-Bezeichnung			
Harzbasis	Ungesaettigter Polyester		
Zusätze		*Füllstoffe/ Verstärkung*	Glasfaser
Bevorzugte Verarbeitung	Pressen; Spritzpressen; Spritzgiessen	*Lieferform*	Granulat
		Farben	
Besondere Merkmale	Sonderqualitaet; Hochwaermebestaendig; Sehr gute elektrische Isolationseigenschaften; Gute mechanische Eigenschaften	*Bevorzugte Anwendungen*	Thermoregler; Lampensockel; Sicherungselement

Dichte	g/cm³	2.15	*Dosierbarkeit*	Lose schuettbar
Schüttdichte	g/cm³	0.8–1.1	*Tablettierbarkeit*	Gut
Fließeinstellung			*Lagerung*	Bei 20 C > 6 Monate

Verarbeitungsbedingungen für Pressen

Werkzeugtemperatur	°C	165–190
Pressdruck	bar	
Härtezeit je mm	s	6–10
Schwindung	%	0.2
Nachschwindung	%	0.0
Bemerkungen		

Verarbeitungsbedingungen für Spritzgießen

Zylindertemperatur	°C	50–60
Düsentemperatur	°C	75–90
Massetemp.	°C	
Werkzeugtemp.	°C	165–190
Spritzdruck	bar	
Härtezeit	s	5–10
Schwindung	%	
Nachschwindung	%	
Bemerkungen		

Zugversuch 23 °C DIN 53455; *Probekörper:* *Form* *Herstellung* DIN 53470

Zugfestigkeit	N/mm²	25	*E-Modul*	N/mm²	
Reißdehnung	%		*Zeitstandzugfestigkeit*	h N/mm²	

Biegeversuch 23 °C DIN 53452; DIN 53457 *Probekörper:* *Form* *Herstellung* DIN 53470

Biegefestigkeit	N/mm²	60	*E-Modul*	N/mm²	6000

Druckversuch 23 °C DIN 53454 *Probekörper:* *Form* *Herstellung* DIN 53470

Druckfestigkeit	N/mm²	170	*Stauchung*	%	

Härte 23 °C *Probekörper:* *Herstellung* DIN 53470

Kugeldruckhärte	N/mm²	340	bei	N, s

Schlagversuch *Probekörper:* *(1)* U-Kerbe
(2) *Herstellung* DIN 53470

		°C		°C	°C	*Probekörper-Form*
Schlagzähigkeit	kJ/m²	23	6			
Kerbschlagzähigkeit (1)	kJ/m²	23	3.5			
IZOD-Kerbschlag-zähigkeit (2)	J/m					

Abrieb und Reibung

Taber-Abrieb (Reibradverfahren) mm³/100 U
Statische Reibungszahl
Dynamische Reibungszahl (p·v= N/mm²· m/min)
Zulässiger p · v Wert N/mm² · (m/min) v= m/min
v= m/min

Thermische Eigenschaften

Formbeständigkeit in der Wärme	*Verfahren*		240 °C
	Verfahren		°C
Formbeständigkeit Martens			180 °C
Längenausdehnungskoeffizient	*Bereich*	°C	$\cdot 10^{-4} K^{-1}$
	Temperatur 23 °C		$0.2 \cdot 10^{-4} K^{-1}$
Wärmeleitfähigkeit	*Verfahren*		W/(K · m)
Spezifische Wärmekapazität	*Verfahren*		J/(K · g)

Brandverhalten

UL-Test vertikal Dicke mm, Wert
Dicke mm, Wert

	Norm	*Bewertung*	*Abmessungen*
Sauerstoff-Index	ASTM D 2863		
Glühstab-Verfahren	DIN 53459	Stufe 2a	
Brandverhalten	DIN 4102		
MVSS			
FAR			

Elektrische Eigenschaften

		Hz	°C			*Probekörper, Form*
Dielektrizitätszahl		50				
		10^3	23	5		
		10^6				
Dielektrischer Verlustfaktor tan δ		50				
		10^3	23	0.01		
		10^6				
Spezifischer Durchgangs-widerstand	Ohm · cm		23	1.0*10**14		
Durchschlagfestigkeit	kV/mm		23	12		mm dick
Oberflächenwiderstand	Ohm		23	1.0*10**13		
Kriechstromfestigkeit		KC >600		KB	KA 3c	
Kriechwegbildung		CTI 600				

Elektrolytische Korrosionswirkung
Lichtbogenfestigkeit nach DIN
nach ASTM s

Beständigkeit *(Chemische Beständigkeit siehe Anhang)*

Wasseraufnahme 4 d ≦40 mg

Feuchtigkeitsaufnahme Normalklima %
Wetterbeständigkeit

Produktklasse	Polyesterharz-Formmasse		**UP**
Handelsname	**Keripol RW 1411**		
Hersteller	PHOENIX		
DIN-Bezeichnung			
ISO-Bezeichnung			
Harzbasis	Ungesaettigter Polyester		
Zusätze		*Füllstoffe/ Verstärkung*	Glasfaser
Bevorzugte Verarbeitung	Pressen; Spritzpressen; Spritzgiessen	*Lieferform*	Granulat
		Farben	
Besondere Merkmale	Niedriger Ausdehnungskoeffizient; Hohe Waermeformbestaendigkeit; Sehr gute elektrische Isolationseigenschaften; Gute mechanische Eigenschaften; Hohe Glutbestaendigkeit	*Bevorzugte Anwendungen*	Elektrisches Isolierteil; Installationstechnik; Lampenfassung; Energiereglersockel

Dichte	g/cm^3	2.15	*Dosierbarkeit*	Lose schuettbar
Schüttdichte	g/cm^3	0.8–1.1	*Tablettierbarkeit*	Gut
Fließeinstellung			*Lagerung*	Bei 20 C > 6 Monate

Verarbeitungsbedingungen für Pressen

Werkzeugtemperatur	°C	165–190
Pressdruck	bar	
Härtezeit je mm	s	6–10
Schwindung	%	0.2
Nachschwindung	%	0.1
Bemerkungen		

Verarbeitungsbedingungen für Spritzgießen

Zylindertemperatur	°C	50–60
Düsentemperatur	°C	75–90
Massetemp.	°C	
Werkzeugtemp.	°C	165–190
Spritzdruck	bar	
Härtezeit	s	5–10
Schwindung	%	
Nachschwindung	%	
Bemerkungen		

Zugversuch 23 °C DIN 53455;
Probekörper: *Form* *Herstellung* DIN 53470

Zugfestigkeit	N/mm^2 25	*E-Modul*		N/mm^2
Reißdehnung	%	*Zeitstandzugfestigkeit*	h	N/mm^2

Biegeversuch 23 °C DIN 53452; DIN 53457
Probekörper: *Form* *Herstellung* DIN 53470

Biegefestigkeit	N/mm^2 60	*E-Modul*	N/mm^2 6000

Druckversuch 23 °C DIN 53454
Probekörper: *Form* *Herstellung* DIN 53470

Druckfestigkeit	N/mm^2	170	*Stauchung*	%

Härte 23 °C *Probekörper:* *Herstellung* DIN 53470

Kugeldruckhärte N/mm^2 340 bei N, s

Schlagversuch *Probekörper:* *(1)* U-Kerbe
(2) *Herstellung* DIN 53470

		°C		°C	°C	*Probekörper-Form*
Schlagzähigkeit	kJ/m²	23	6			
Kerbschlagzähigkeit (1)	kJ/m²	23	3			
IZOD-Kerbschlagzähigkeit (2)	J/m					

Abrieb und Reibung

Taber-Abrieb (Reibradverfahren) mm³/100 U
Statische Reibungszahl
Dynamische Reibungszahl (p·v= N/mm²· m/min)
Zulässiger p · v Wert N/mm²·(m/min) v= m/min
v= m/min

Thermische Eigenschaften

Formbeständigkeit in der Wärme	*Verfahren*		240 °C
	Verfahren		°C
Formbeständigkeit Martens			180 °C
Längenausdehnungskoeffizient	*Bereich*	°C	$\cdot 10^{-4} K^{-1}$
	Temperatur 23 °C		$0.2 \cdot 10^{-4} K^{-1}$
Wärmeleitfähigkeit	*Verfahren*		W/(K · m)
Spezifische Wärmekapazität	*Verfahren*		J/(K · g)

Brandverhalten

UL-Test vertikal Dicke mm, Wert
Dicke mm, Wert

	Norm	*Bewertung*	*Abmessungen*
Sauerstoff-Index	ASTM D 2863		
Glühstab-Verfahren	DIN 53459	Stufe 2a	
Brandverhalten	DIN 4102		
MVSS			
FAR			

Elektrische Eigenschaften

		Hz	°C		*Probekörper, Form*
Dielektrizitätszahl		50			
		10^3	23	5	
		10^6			
Dielektrischer Verlustfaktor tan δ		50			
		10^3	23	0.01	
		10^6			
Spezifischer Durchgangswiderstand	Ohm · cm		23	1.0*10**14	
Durchschlagfestigkeit	kV/mm		23	14	mm dick
Oberflächenwiderstand	Ohm		23	1.0*10**13	

Kriechstromfestigkeit KC >600 KB KA 3c
Kriechwegbildung CTI 600

Elektrolytische Korrosionswirkung
Lichtbogenfestigkeit nach DIN
nach ASTM s

Beständigkeit *(Chemische Beständigkeit siehe Anhang)*

Wasseraufnahme 4 d ≦40 mg

Feuchtigkeitsaufnahme Normalklima %
Wetterbeständigkeit

Produktklasse	Polyesterharz-Formmasse		**UP**
Handelsname	**Keripol RW 1412**		
Hersteller	PHOENIX		
DIN-Bezeichnung			
ISO-Bezeichnung			
Harzbasis	Ungesaettigter Polyester		
Zusätze		*Füllstoffe/ Verstärkung*	Glasfaser
Bevorzugte Verarbeitung	Pressen; Spritzpressen; Spritzgiessen	*Lieferform*	Granulat
		Farben	
Besondere Merkmale	Hochwaermebestaendig; Sehr gute elektrische Isolationseigenschaften; Gute mechanische Eigenschaften; Hohe Glutbestaendigkeit	*Bevorzugte Anwendungen*	Buegeleisengriff; Waffeleisen; Herdbeschlag

Dichte	g/cm³	2.1	*Dosierbarkeit*	Lose schuettbar
Schüttdichte	g/cm³	0.8–1.1	*Tablettierbarkeit*	Gut
Fließeinstellung			*Lagerung*	Bei 20 C >6 Monate

Verarbeitungsbedingungen für Pressen

Werkzeugtemperatur	°C	165–190
Pressdruck	bar	
Härtezeit je mm	s	6–10
Schwindung	%	0.1
Nachschwindung	%	0.0
Bemerkungen		

Verarbeitungsbedingungen für Spritzgießen

Zylindertemperatur	°C	50–60
Düsentemperatur	°C	75–90
Massetemp.	°C	
Werkzeugtemp.	°C	165–190
Spritzdruck	bar	
Härtezeit	s	5–10
Schwindung	%	
Nachschwindung	%	
Bemerkungen		

Zugversuch 23 °C DIN 53455;
Probekörper: *Form* *Herstellung* DIN 53470

Zugfestigkeit	N/mm²	25	*E-Modul*	N/mm²	
Reißdehnung	%		*Zeitstandzugfestigkeit*	h N/mm²	

Biegeversuch 23 °C DIN 53452; DIN 53457
Probekörper: *Form* *Herstellung* DIN 53470

Biegefestigkeit	N/mm²	70	*E-Modul*	N/mm²	10000

Druckversuch 23°C DIN 53454
Probekörper: *Form* *Herstellung* DIN 53470

Druckfestigkeit	N/mm²	160	*Stauchung*	%	

Härte 23 °C *Probekörper:* *Herstellung* DIN 53470

Kugeldruckhärte N/mm² 360 bei N, s

Schlagversuch *Probekörper:* *(1)* U-Kerbe
(2)
Herstellung DIN 53470

		°C		°C	°C	*Probekörper-Form*
Schlagzähigkeit	kJ/m²	23	6			
Kerbschlagzähigkeit (1)	kJ/m²	23	3			
IZOD-Kerbschlag-zähigkeit (2)	J/m					

Abrieb und Reibung

Taber-Abrieb (Reibradverfahren) mm³/100 U
Statische Reibungszahl
Dynamische Reibungszahl (p·v= N/mm²· m/min)
Zulässiger p · v Wert N/mm²·(m/min) v= m/min
v= m/min

Thermische Eigenschaften

Formbeständigkeit in der Wärme	*Verfahren*	240 °C
	Verfahren	°C
Formbeständigkeit Martens		200 °C
Längenausdehnungskoeffizient	*Bereich* °C	$\cdot 10^{-4} K^{-1}$
	Temperatur 23 °C	$0.25 \cdot 10^{-4} K^{-1}$
Wärmeleitfähigkeit	*Verfahren*	W/(K · m)
Spezifische Wärmekapazität	*Verfahren*	J/(K · g)

Brandverhalten

UL-Test vertikal Dicke mm, Wert
Dicke mm, Wert

	Norm	*Bewertung*	*Abmessungen*
Sauerstoff-Index	ASTM D 2863		
Glühstab-Verfahren	DIN 53459	Stufe 2a	
Brandverhalten	DIN 4102		
MVSS			
FAR			

Elektrische Eigenschaften

		Hz	°C		*Probekörper, Form*
Dielektrizitätszahl		50			
		10^3	23	4.5	
		10^6			
Dielektrischer Verlustfaktor tan δ		50			
		10^3	23	0.01	
		10^6			
Spezifischer Durchgangs-widerstand	Ohm · cm		23	1.0*10**14	
Durchschlagfestigkeit	kV/mm		23	14	mm dick
Oberflächenwiderstand	Ohm		23	1.0*10**12	

Kriechstromfestigkeit KC >600 KB KA 3c
Kriechwegbildung CTI 600

Elektrolytische Korrosionswirkung
Lichtbogenfestigkeit nach DIN
nach ASTM s

Beständigkeit *(Chemische Beständigkeit siehe Anhang)*

Wasseraufnahme 4 d ≦40 mg

Feuchtigkeitsaufnahme Normalklima %
Wetterbeständigkeit

Produktklasse	Polyesterharz-Formmasse		**UP**
Handelsname	**Keripol RZ 1143**		
Hersteller	PHOENIX		
DIN-Bezeichnung *ISO-Bezeichnung*			
Harzbasis	Ungesaettigter Polyester		
Zusätze		*Füllstoffe/ Verstärkung*	Cellulose
Bevorzugte Verarbeitung	Pressen; Spritzpressen; Spritzgiessen	*Lieferform*	Granulat
		Farben	
Besondere Merkmale	Gute bis sehr gute Oberflaechenbeschaffenheit; Gute elektrische Isolationseigenschaften; Nachschwindungsarmes Substitutionsprodukt fuer MP-Massen	*Bevorzugte Anwendungen*	Selbstisolierendes Gehaeuse und Geraet in der Installationstechnik; Haushaltsgeraet; Abdeckung fuer Messgeraete und Schaltgeraete; Gehaeuse fuer Stableuchte

Dichte	g/cm³	1.78	*Dosierbarkeit*	Lose schuettbar
Schüttdichte	g/cm³	0.7–1.0	*Tablettierbarkeit*	Gut
Fließeinstellung			*Lagerung*	6 Monate

Verarbeitungsbedingungen für Pressen

Werkzeugtemperatur	°C	165–190
Pressdruck	bar	
Härtezeit je mm	s	6–10
Schwindung	%	0.7–1.0
Nachschwindung	%	0.3–0.4
Bemerkungen		

Verarbeitungsbedingungen für Spritzgießen

Zylindertemperatur	°C	50–60
Düsentemperatur	°C	75–90
Massetemp.	°C	
Werkzeugtemp.	°C	165–190
Spritzdruck	bar	
Härtezeit	s	5–10
Schwindung	%	
Nachschwindung	%	
Bemerkungen		

Zugversuch 23 °C DIN 53455;
Probekörper: *Form* *Herstellung* DIN 53470

Zugfestigkeit	N/mm²	30	*E-Modul*	N/mm²
Reißdehnung	%		*Zeitstandzugfestigkeit*	h N/mm²

Biegeversuch 23 °C DIN 53452; DIN 53457
Probekörper: *Form* *Herstellung* DIN 53470

Biegefestigkeit	N/mm²	60–70	*E-Modul*	N/mm² 7000–8000

Druckversuch 23 °C DIN 53454
Probekörper: *Form* *Herstellung* DIN 53470

Druckfestigkeit	N/mm²	170	*Stauchung*	%

Härte 23 °C *Probekörper:* *Herstellung* DIN 53470

Kugeldruckhärte N/mm² 240–260 bei N, s

Schlagversuch *Probekörper:* *(1)* U-Kerbe
(2) *Herstellung* DIN 53470

		°C		°C		°C	*Probekörper-Form*
Schlagzähigkeit	kJ/m²	23	7–10				
Kerbschlagzähigkeit (1)	kJ/m²	23	2.4–2.7				
IZOD-Kerbschlagzähigkeit (2)	J/m						

Abrieb und Reibung

Taber-Abrieb (Reibradverfahren) mm³/100 U
Statische Reibungszahl
Dynamische Reibungszahl (p·v= N/mm²· m/min)
Zulässiger p · v Wert N/mm² · (m/min) v= m/min
v= m/min

Thermische Eigenschaften

Formbeständigkeit in der Wärme	*Verfahren*	≧160 °C
	Verfahren	°C
Formbeständigkeit Martens		90–100 °C
Längenausdehnungskoeffizient	*Bereich* °C	$\cdot 10^{-4}K^{-1}$
	Temperatur 23 °C	$0.35–0.45 \cdot 10^{-4}K^{-1}$
Wärmeleitfähigkeit	*Verfahren*	W/(K · m)
Spezifische Wärmekapazität	*Verfahren*	J/(K · g)

Brandverhalten

UL-Test vertikal Dicke mm, Wert
Dicke mm, Wert

	Norm	*Bewertung*	*Abmessungen*
Sauerstoff-Index	ASTM D 2863		
Glühstab-Verfahren	DIN 53459	Stufe 2b	
Brandverhalten	DIN 4102		
MVSS			
FAR			

Elektrische Eigenschaften

		Hz	°C		*Probekörper, Form*
Dielektrizitätszahl		50			
		10^3	23	5–6	
		10^6			
Dielektrischer Verlustfaktor tan δ		50			
		10^3	23	≦0.05	
		10^6			
Spezifischer Durchgangswiderstand	Ohm · cm		23	1.0*10**13	
Durchschlagfestigkeit	kV/mm		23	12–14	mm dick
Oberflächenwiderstand	Ohm		23	1.0*10**11	

Kriechstromfestigkeit KC >600 KB KA 3c
Kriechwegbildung CTI 600

Elektrolytische Korrosionswirkung
Lichtbogenfestigkeit nach DIN
nach ASTM s

Beständigkeit *(Chemische Beständigkeit siehe Anhang)*

Wasseraufnahme 4 d ≦150 mg

Feuchtigkeitsaufnahme Normalklima %
Wetterbeständigkeit

UP

Produktklasse	Polyesterharz-Formmasse		
Handelsname	**Keripol K 3341**		
Hersteller	PHOENIX		
DIN-Bezeichnung	801		
ISO-Bezeichnung			
Harzbasis	Ungesaettigter Polyester		
Zusätze		*Füllstoffe/ Verstärkung*	Glasfaser
Bevorzugte Verarbeitung	Pressen; Spritzpressen; Spritzgiessen	*Lieferform*	Kittartig (BMC)
		Farben	
Besondere Merkmale	Schrumpffreie Formmasse; Low-Profile-Formmasse; Hohe Druckbeanspruchbarkeit auch ueber 100 C	*Bevorzugte Anwendungen*	Technisches Formteil; Substitution von Metallen

Dichte	g/cm³	1.75	*Dosierbarkeit*	Von Hand; Plastifiziergeraet
Schüttdichte	g/cm³		*Tablettierbarkeit*	
Fließeinstellung			*Lagerung*	Bei 20 C 3 Monate

Verarbeitungsbedingungen für Pressen

Werkzeugtemperatur	°C	160–185
Pressdruck	bar	
Härtezeit je mm	s	
Schwindung	%	0.1
Nachschwindung	%	0.0
Bemerkungen	Werkzeuge aus gehaertetem Chromstahl von Vorteil	

Verarbeitungsbedingungen für Spritzgießen

Zylindertemperatur	°C	
Düsentemperatur	°C	$\leqq$50
Massetemp.	°C	
Werkzeugtemp.	°C	160–185
Spritzdruck	bar	
Härtezeit	s	
Schwindung	%	
Nachschwindung	%	
Bemerkungen	Stopfeinrichtung erforderlich, Rueckstromsperre von Vorteil, Werkzeuge aus gehaertetem Chromstahl	

Zugversuch 23 °C DIN 53455; *Probekörper:* *Form* *Herstellung* DIN 53470

Zugfestigkeit	N/mm²	50	*E-Modul*	N/mm²	
Reißdehnung	%		*Zeitstandzugfestigkeit*	h N/mm²	

Biegeversuch 23 °C DIN 53452; DIN 53457 *Probekörper:* *Form* *Herstellung* DIN 53470

Biegefestigkeit	N/mm²	100	*E-Modul*	N/mm²	13000

Druckversuch 23 °C DIN 53454 *Probekörper:* *Form* *Herstellung* DIN 53470

Druckfestigkeit	N/mm²	250	*Stauchung*	%

Härte 23 °C *Probekörper:* *Herstellung* DIN 53470

Kugeldruckhärte	N/mm²	350	bei	N, 60 s

Schlagversuch *Probekörper:* *(1)* U-Kerbe *(2)* *Herstellung* DIN 53470

		°C		°C	°C	*Probekörper-Form*
Schlagzähigkeit	kJ/m²	23	40			
Kerbschlagzähigkeit (1)	kJ/m²	23	40			U-Kerbe
IZOD-Kerbschlagzähigkeit (2)	J/m					

Abrieb und Reibung

Taber-Abrieb (Reibradverfahren)	mm³/100 U	
Statische Reibungszahl		
Dynamische Reibungszahl	(p·v= N/mm² · m/min)	
Zulässiger p · v Wert	N/mm² · (m/min)	v= m/min
		v= m/min

Thermische Eigenschaften

Formbeständigkeit in der Wärme	*Verfahren*		240 °C
	Verfahren		°C
Formbeständigkeit Martens			200 °C
Längenausdehnungskoeffizient	*Bereich*	°C	$\cdot 10^{-4} K^{-1}$
	Temperatur 23 °C		$0.22 \cdot 10^{-4} K^{-1}$
Wärmeleitfähigkeit	*Verfahren*		W/(K · m)
Spezifische Wärmekapazität	*Verfahren*		J/(K · g)

Brandverhalten

UL-Test vertikal Dicke mm, Wert
Dicke mm, Wert

	Norm	*Bewertung*	*Abmessungen*
Sauerstoff-Index	ASTM D 2863		
Glühstab-Verfahren	DIN 53459	Stufe 2b	
Brandverhalten	DIN 4102		
MVSS			
FAR			

Elektrische Eigenschaften

		Hz	°C		*Probekörper, Form*
Dielektrizitätszahl		50			
		10^3	23	4.5	
		10^6			
Dielektrischer Verlustfaktor tan δ		50			
		10^3	23	0.03	
		10^6			
Spezifischer Durchgangswiderstand	Ohm · cm		23	1.0*10**14	
Durchschlagfestigkeit	kV/mm		23	13	mm dick
Oberflächenwiderstand	Ohm		23	1.0*10**12	

Kriechstromfestigkeit	KC >600	KB	KA 3c
Kriechwegbildung	CTI 600		

Elektrolytische Korrosionswirkung
Lichtbogenfestigkeit nach DIN
nach ASTM s 192

Beständigkeit *(Chemische Beständigkeit siehe Anhang)*

Wasseraufnahme 4 d 35 mg

Feuchtigkeitsaufnahme Normalklima %
Wetterbeständigkeit

UP

Produktklasse	Polyesterharz-Formmasse		
Handelsname	**Keripol KF 3304**		
Hersteller	PHOENIX		
DIN-Bezeichnung			
ISO-Bezeichnung			
Harzbasis	Ungesaettigter Polyester		
Zusätze		*Füllstoffe/ Verstärkung*	Glasfaser
Bevorzugte Verarbeitung	Pressen; Spritzpressen; Spritzgiessen	*Lieferform*	Kittartig (BMC)
		Farben	
Besondere Merkmale	Erhoehte mechanische Festigkeit	*Bevorzugte Anwendungen*	Schaltanlage; Steckkontakt

---

Dichte	g/cm³	1.8	*Dosierbarkeit*	Von Hand; Plastifiziergeraet
Schüttdichte	g/cm³		*Tablettierbarkeit*	
Fließeinstellung			*Lagerung*	Bei 20 C 3 Monate

Verarbeitungsbedingungen für Pressen

Werkzeugtemperatur	°C	160–185
Pressdruck	bar	
Härtezeit je mm	s	
Schwindung	%	0.2
Nachschwindung	%	0.0
Bemerkungen	Werkzeuge aus gehaertetem Chromstahl von Vorteil	

Verarbeitungsbedingungen für Spritzgießen

Zylindertemperatur	°C	
Düsentemperatur	°C	≦50
Massetemp.	°C	
Werkzeugtemp.	°C	160–185
Spritzdruck	bar	
Härtezeit	s	
Schwindung	%	
Nachschwindung	%	
Bemerkungen	Stopfeinrichtung erforderlich, Rueckstromsperre von Vorteil, Werkzeuge aus gehaertetem Chromstahl	

Zugversuch 23 °C DIN 53455;
Probekörper: *Form* *Herstellung* DIN 53470

Zugfestigkeit	N/mm² 50		*E-Modul*	N/mm²
Reißdehnung	%		*Zeitstandzugfestigkeit*	h N/mm²

Biegeversuch 23 °C DIN 53452; DIN 53457
Probekörper: *Form* *Herstellung* DIN 53470

Biegefestigkeit	N/mm² 90	*E-Modul*	N/mm² 10000

Druckversuch 23°C DIN 53454
Probekörper: *Form* *Herstellung* DIN 53470

Druckfestigkeit	N/mm²	190	*Stauchung*	%

Härte 23 °C *Probekörper:* *Herstellung* DIN 53470

Kugeldruckhärte N/mm² 280 bei N, 60 s

Schlagversuch *Probekörper:* *(1)* U-Kerbe
(2) *Herstellung* DIN 53470

		°C	°C	°C	*Probekörper-Form*
Schlagzähigkeit	kJ/m²	23 40			
Kerbschlagzähigkeit (1)	kJ/m²	23 30			U-Kerbe
IZOD-Kerbschlagzähigkeit (2)	J/m				

Abrieb und Reibung

Taber-Abrieb (Reibradverfahren) mm³/100 U
Statische Reibungszahl
Dynamische Reibungszahl (p·v= N/mm² · m/min)
Zulässiger p · v Wert N/mm² · (m/min) v= m/min
v= m/min

Thermische Eigenschaften

Formbeständigkeit in der Wärme	*Verfahren*	240 °C
	Verfahren	°C
Formbeständigkeit Martens		200 °C
Längenausdehnungskoeffizient	*Bereich* °C	$\cdot 10^{-4}K^{-1}$
	Temperatur 23 °C	$0.30 \cdot 10^{-4}K^{-1}$
Wärmeleitfähigkeit	*Verfahren*	W/(K · m)
Spezifische Wärmekapazität	*Verfahren*	J/(K · g)

Brandverhalten

UL-Test vertikal Dicke 3.2 mm, Wert V-0
Dicke mm, Wert

	Norm	*Bewertung*	*Abmessungen*
Sauerstoff-Index	ASTM D 2863		
Glühstab-Verfahren	DIN 53459	Stufe 2a	
Brandverhalten	DIN 4102		
MVSS			
FAR			

Elektrische Eigenschaften

		Hz	°C		*Probekörper, Form*
Dielektrizitätszahl		50			
		10^3	23	4.5	
		10^6			
Dielektrischer Verlustfaktor tan δ		50			
		10^3	23	0.04	
		10^6			
Spezifischer Durchgangswiderstand	Ohm · cm		23	1.0*10**14	
Durchschlagfestigkeit	kV/mm		23	15	mm dick
Oberflächenwiderstand	Ohm		23	1.0*10**12	

Kriechstromfestigkeit KC >600 KB KA 3c
Kriechwegbildung CTI 600

Elektrolytische Korrosionswirkung
Lichtbogenfestigkeit nach DIN
nach ASTM s 190

Beständigkeit *(Chemische Beständigkeit siehe Anhang)*

Wasseraufnahme 4 d 40 mg

Feuchtigkeitsaufnahme Normalklima %
Wetterbeständigkeit

Produktklasse	Polyesterharz-Formmasse		**UP**
Handelsname	**Keripol MK 2753**		
Hersteller	PHOENIX		
DIN-Bezeichnung			
ISO-Bezeichnung			
Harzbasis	Ungesaettigter Polyester		
Zusätze		*Füllstoffe/ Verstärkung*	Glasfaser
Bevorzugte Verarbeitung	Pressen; Spritzpressen; Spritzgiessen	*Lieferform*	Kittartig (BMC)
		Farben	
Besondere Merkmale	Spezialtyp; Dielektrisch hochwertig	*Bevorzugte Anwendungen*	Isolation von Ankerwellen; Umhuellen von Metallteilen

Dichte	g/cm^3	1.78	*Dosierbarkeit*	Von Hand; Plastifiziergeraet
Schüttdichte	g/cm^3		*Tablettierbarkeit*	
Fließeinstellung			*Lagerung*	Bei 20 C 3 Monate

Verarbeitungsbedingungen für Pressen

Werkzeugtemperatur	°C	160–185
Pressdruck	bar	
Härtezeit je mm	s	
Schwindung	%	0.0
Nachschwindung	%	0.0
Bemerkungen	Werkzeuge aus gehaertetem Chromstahl von Vorteil	

Verarbeitungsbedingungen für Spritzgießen

Zylindertemperatur	°C	
Düsentemperatur	°C	≦50
Massetemp.	°C	
Werkzeugtemp.	°C	160–185
Spritzdruck	bar	
Härtezeit	s	
Schwindung	%	
Nachschwindung	%	
Bemerkungen	Stopfeinrichtung erforderlich, Rueckstromsperre von Vorteil, Werkzeuge aus gehaertetem Chromstahl	

Zugversuch 23 °C DIN 53455;
Probekörper: *Form* *Herstellung* DIN 53470

Zugfestigkeit	N/mm^2 40		*E-Modul*	N/mm^2
Reißdehnung	%		*Zeitstandzugfestigkeit*	h N/mm^2

Biegeversuch 23 °C DIN 53452; DIN 53457
Probekörper: *Form* *Herstellung* DIN 53470

Biegefestigkeit	N/mm^2 70	*E-Modul*	N/mm^2 9000

Druckversuch 23°C DIN 53454
Probekörper: *Form* *Herstellung* DIN 53470

Druckfestigkeit	N/mm^2	180	*Stauchung*	%

Härte 23 °C *Probekörper:* *Herstellung* DIN 53470

Kugeldruckhärte N/mm^2 240 bei N, 60 s

Schlagversuch *Probekörper:* *(1)* U-Kerbe
(2) *Herstellung* DIN 53470

		°C		°C		°C		*Probekörper-Form*
Schlagzähigkeit	kJ/m^2	23	27					
Kerbschlagzähigkeit (1)	kJ/m^2	23	27					
IZOD-Kerbschlag-zähigkeit (2)	J/m							

Abrieb und Reibung

Taber-Abrieb (Reibradverfahren)	mm^3/100 U		
Statische Reibungszahl			
Dynamische Reibungszahl	(p·v= N/mm^2 ·		m/min)
Zulässiger p · v Wert	N/mm^2 · (m/min)	v=	m/min
		v=	m/min

Thermische Eigenschaften

Formbeständigkeit in der Wärme	*Verfahren*		240 °C
	Verfahren		°C
Formbeständigkeit Martens			180 °C
Längenausdehnungskoeffizient	*Bereich*	°C	$\cdot 10^{-4} K^{-1}$
	Temperatur 23 °C		$0.25 \cdot 10^{-4} K^{-1}$
Wärmeleitfähigkeit	*Verfahren*		W/(K · m)
Spezifische Wärmekapazität	*Verfahren*		J/(K · g)

Brandverhalten

UL-Test vertikal	Dicke	mm, Wert
	Dicke	mm, Wert

	Norm	*Bewertung*	*Abmessungen*
Sauerstoff-Index	ASTM D 2863		
Glühstab-Verfahren	DIN 53459	Stufe 2b	
Brandverhalten	DIN 4102		
MVSS			
FAR			

Elektrische Eigenschaften

		Hz	°C				*Probekörper, Form*
Dielektrizitätszahl		50					
		10^3	23	4			
		10^6					
Dielektrischer Verlustfaktor tan δ		50					
		10^3	23	0.01			
		10^6					
Spezifischer Durchgangs-widerstand	Ohm · cm		23	1.0*10**14			
Durchschlagfestigkeit	kV/mm		23	13			mm dick
Oberflächenwiderstand	Ohm		23	1.0*10**13			
Kriechstromfestigkeit		KC >600		KB	KA 3c		
Kriechwegbildung		CTI 600					
Elektrolytische Korrosionswirkung							
Lichtbogenfestigkeit nach DIN							
nach ASTM	s						

Beständigkeit *(Chemische Beständigkeit siehe Anhang)*

Wasseraufnahme 4 d 60 mg

Feuchtigkeitsaufnahme Normalklima %
Wetterbeständigkeit

Produktklasse	Phenolharz-Formmasse		**PF**
Handelsname	**Resinol Typ 51 Reihe 1500**		
Hersteller	RASCHIG		
DIN-Bezeichnung	51-1500 DIN 7708		
ISO-Bezeichnung	PF2D2		
Harzbasis	> 45% Phenolharz		
Zusätze		*Füllstoffe/ Verstärkung*	Zellstoff
Bevorzugte Verarbeitung	Pressen; Spritzgiessen	*Lieferform*	Staubarmes Granulat
		Farben	Schwarz; Dunkle Farben
Besondere Merkmale	Hoehere Kerbschlagzaehigkeit als Typ 31	*Bevorzugte Anwendungen*	Technisches Formteil in der Elektrotechnik

Dichte	g/cm^3	1.44–1.46	*Dosierbarkeit*	
Schüttdichte	g/cm^3	0.40–0.50	*Tablettierbarkeit*	
Fließeinstellung	Mittel		*Lagerung*	Kuehl und trocken 12 Monate

Verarbeitungsbedingungen für Pressen

Werkzeugtemperatur	°C	160–170
Pressdruck	bar	350–400
Härtezeit je mm	s	
Schwindung	%	0.3–0.6
Nachschwindung	%	0.1–0.3
Bemerkungen	Hartverchromung der Werkzeuge wird empfohlen	

Verarbeitungsbedingungen für Spritzgießen

Zylindertemperatur	°C	70–90
Düsentemperatur	°C	
Massetemp.	°C	
Werkzeugtemp.	°C	
Spritzdruck	bar	
Härtezeit	s	
Schwindung	%	
Nachschwindung	%	
Bemerkungen		

Zugversuch 23 °C

Probekörper: *Form* *Herstellung*

Zugfestigkeit	N/mm^2	*E-Modul*	N/mm^2
Reißdehnung	%	*Zeitstandzugfestigkeit*	h N/mm^2

Biegeversuch 23 °C DIN 53452;

Probekörper: *Form* NS *Herstellung* Pressen

Biegefestigkeit	N/mm^2 $\geqq 60$	*E-Modul*	N/mm^2

Druckversuch 23°C

Probekörper: *Form* *Herstellung*

Druckfestigkeit	N/mm^2	*Stauchung*	%

Härte 23 °C *Probekörper:* *Herstellung* Pressen

Kugeldruckhärte N/mm^2 250–300 bei N, s

Schlagversuch *Probekörper:* *(1)* U-Kerbe *(2)* *Herstellung* Pressen

		°C		°C	°C	*Probekörper-Form*
Schlagzähigkeit	kJ/m²	23	≧5			NS
Kerbschlagzähigkeit (1)	kJ/m²	23	≧3.5			NS
IZOD-Kerbschlagzähigkeit (2)	J/m					

Abrieb und Reibung

Taber-Abrieb (Reibradverfahren) mm³/100 U
Statische Reibungszahl
Dynamische Reibungszahl (p·v= N/mm²· m/min)
Zulässiger p · v Wert N/mm² · (m/min) v= m/min
v= m/min

Thermische Eigenschaften

Formbeständigkeit in der Wärme	*Verfahren*		°C
	Verfahren		°C
Formbeständigkeit Martens			≧125 °C
Längenausdehnungskoeffizient	*Bereich*	°C	$\cdot 10^{-4} K^{-1}$
	Temperatur		$\cdot 10^{-4} K^{-1}$
Wärmeleitfähigkeit	*Verfahren*		W/(K · m)
Spezifische Wärmekapazität	*Verfahren*		J/(K · g)

Brandverhalten

UL-Test vertikal Dicke mm, Wert
Dicke mm, Wert

	Norm	*Bewertung*	*Abmessungen*
Sauerstoff-Index	ASTM D 2863		
Glühstab-Verfahren	DIN 53459	≧ 2b	
Brandverhalten	DIN 4102		
MVSS			
FAR			

Elektrische Eigenschaften

		Hz	°C		*Probekörper, Form*
Dielektrizitätszahl		50			
		10^3	23	5.0	
		10^6			
Dielektrischer Verlustfaktor tan δ		50			
		10^3	23	0.05–0.10	
		10^6			
Spezifischer Durchgangswiderstand	Ohm · cm		23	1.0*10**10–1.0*10**11	
Durchschlagfestigkeit	kV/mm		23	50–80	1 mm dick
Oberflächenwiderstand	Ohm		23	≧1.0*10**7	

Kriechstromfestigkeit KC KB KA
Kriechwegbildung CTI 125

Elektrolytische Korrosionswirkung
Lichtbogenfestigkeit nach DIN
nach ASTM s

Beständigkeit *(Chemische Beständigkeit siehe Anhang)*

Wasseraufnahme 23 C 1 d ≦300 mg

Feuchtigkeitsaufnahme Normalklima %
Wetterbeständigkeit

Produktklasse	Phenolharz-Formmasse		**PF**
Handelsname	**Resinol 2716/2/15**		
Hersteller	RASCHIG		
DIN-Bezeichnung *ISO-Bezeichnung*			
Harzbasis	Phenolharz		
Zusätze		*Füllstoffe/ Verstärkung*	Ueberwiegend anorganisch
Bevorzugte Verarbeitung	Pressen; Spritzgiessen	*Lieferform*	Staubarmes Granulat
		Farben	Schwarz; Dunkle Farben
Besondere Merkmale	Asbestfrei; Aehnliche Eigenschaften wie Typ 12; Abriebarm; Verbesserte elektrische Eigenschaften	*Bevorzugte Anwendungen*	Technisches Formteil in der Elektrotechnik; Haushaltstechnik; Automobilbau; Topfgriff; Pfannenstiel; Ascher

---

Dichte	g/cm³	1.59–1.64	*Dosierbarkeit*	
Schüttdichte	g/cm³	0.65–0.74	*Tablettierbarkeit*	
Fließeinstellung	Weich; Mittel		*Lagerung*	Kuehl und trocken 12 Monate

Verarbeitungsbedingungen für Pressen

Werkzeugtemperatur	°C	160–170
Pressdruck	bar	350–400
Härtezeit je mm	s	
Schwindung	%	0.5–0.6
Nachschwindung	%	0.1–0.2
Bemerkungen	Hartverchromung der Werkzeuge wird empfohlen	

Verarbeitungsbedingungen für Spritzgießen

Zylindertemperatur	°C	70–90
Düsentemperatur	°C	
Massetemp.	°C	
Werkzeugtemp.	°C	
Spritzdruck	bar	
Härtezeit	s	
Schwindung	%	
Nachschwindung	%	
Bemerkungen		

Zugversuch 23 °C

Probekörper: *Form* *Herstellung*

Zugfestigkeit	N/mm²	*E-Modul*	N/mm²
Reißdehnung	%	*Zeitstandzugfestigkeit*	h N/mm²

Biegeversuch 23 °C DIN 53452;

Probekörper: *Form* NS *Herstellung* Pressen

Biegefestigkeit	N/mm² 70–80	*E-Modul*	N/mm²

Druckversuch 23°C

Probekörper: *Form* *Herstellung*

Druckfestigkeit	N/mm²	*Stauchung*	%

Härte 23 °C *Probekörper:* *Herstellung* Pressen

Kugeldruckhärte N/mm² 250–300 bei N, s

Schlagversuch *Probekörper:* *(1)* U-Kerbe *(2)* *Herstellung* Pressen

		°C		°C	°C	*Probekörper-Form*
Schlagzähigkeit	kJ/m²	23	5.5–6.5			NS
Kerbschlagzähigkeit (1)	kJ/m²	23	1.7–2.0			NS
IZOD-Kerbschlagzähigkeit (2)	J/m					

Abrieb und Reibung

Taber-Abrieb (Reibradverfahren) mm³/100 U
Statische Reibungszahl
Dynamische Reibungszahl (p·v= N/mm² · m/min)
Zulässiger p · v Wert N/mm² · (m/min) v= m/min
v= m/min

Thermische Eigenschaften

Formbeständigkeit in der Wärme	*Verfahren*		°C
	Verfahren		°C
Formbeständigkeit Martens			140–150 °C
Längenausdehnungskoeffizient	*Bereich*	°C	$\cdot 10^{-4} K^{-1}$
	Temperatur		$\cdot 10^{-4} K^{-1}$
Wärmeleitfähigkeit	*Verfahren*		W/(K · m)
Spezifische Wärmekapazität	*Verfahren*		J/(K · g)

Brandverhalten

UL-Test vertikal Dicke 1.6 mm, Wert V-0
Dicke mm, Wert

	Norm	*Bewertung*	*Abmessungen*
Sauerstoff-Index	ASTM D 2863		
Glühstab-Verfahren	DIN 53459	2a	
Brandverhalten	DIN 4102		
MVSS			
FAR			

Elektrische Eigenschaften

		Hz	°C		*Probekörper, Form*
Dielektrizitätszahl		50			
		10^3	23	4–6	
		10^6			
Dielektrischer Verlustfaktor tan δ		50			
		10^3	23	0.03–0.04	
		10^6			
Spezifischer Durchgangswiderstand	Ohm · cm		23	1.0*10**12	
Durchschlagfestigkeit	kV/mm		23	80–100	1 mm dick
Oberflächenwiderstand	Ohm		23	1.0*10**11	

Kriechstromfestigkeit KC KB KA
Kriechwegbildung CTI 150–175

Elektrolytische Korrosionswirkung
Lichtbogenfestigkeit nach DIN
nach ASTM s

Beständigkeit *(Chemische Beständigkeit siehe Anhang)*

Wasseraufnahme 23 C 1 d 50–75 mg

Feuchtigkeitsaufnahme Normalklima %
Wetterbeständigkeit

Produktklasse	Phenolharz-Formmasse		**PF**
Handelsname	**Resinol 2716/2/16**		
Hersteller	RASCHIG		
DIN-Bezeichnung *ISO-Bezeichnung*			
Harzbasis	Phenolharz		
Zusätze		*Füllstoffe/ Verstärkung*	Ueberwiegend anorganisch
Bevorzugte Verarbeitung	Pressen; Spritzgiessen	*Lieferform*	Staubarmes Granulat
		Farben	Braun
Besondere Merkmale	Asbestfrei; Aehnliche Eigenschaften wie Typ 12; Abriebarm; Verbesserte elektrische Eigenschaften	*Bevorzugte Anwendungen*	Technisches Formteil in der Elektrotechnik; Haushaltstechnik; Automobilbau; Topfgriff; Pfannenstiel; Ascher

Dichte	g/cm³	1.59–1.64	*Dosierbarkeit*	
Schüttdichte	g/cm³	0.65–0.74	*Tablettierbarkeit*	
Fließeinstellung	Weich; Mittel		*Lagerung*	Kuehl und trocken 12 Monate

Verarbeitungsbedingungen für Pressen

Werkzeugtemperatur	°C	160–170
Pressdruck	bar	350–400
Härtezeit je mm	s	
Schwindung	%	0.5–0.6
Nachschwindung	%	0.1–0.2
Bemerkungen	Hartverchromung der Werkzeuge wird empfohlen	

Verarbeitungsbedingungen für Spritzgießen

Zylindertemperatur	°C	70–90
Düsentemperatur	°C	
Massetemp.	°C	
Werkzeugtemp.	°C	
Spritzdruck	bar	
Härtezeit	s	
Schwindung	%	
Nachschwindung	%	
Bemerkungen		

Zugversuch 23 °C

Probekörper: *Form* *Herstellung*

Zugfestigkeit	N/mm²		*E-Modul*	N/mm²
Reißdehnung	%		*Zeitstandzugfestigkeit*	h N/mm²

Biegeversuch 23 °C DIN 53452;

Probekörper: *Form* NS *Herstellung* Pressen

Biegefestigkeit	N/mm²	70–80	*E-Modul*	N/mm²

Druckversuch 23°C

Probekörper: *Form* *Herstellung*

Druckfestigkeit	N/mm²		*Stauchung*	%

Härte 23 °C *Probekörper:* *Herstellung* Pressen

Kugeldruckhärte N/mm² 250–300 bei N, s

Schlagversuch *Probekörper:* *(1)* U-Kerbe *(2)*

Herstellung Pressen

		°C		°C	°C	*Probekörper-Form*
Schlagzähigkeit	kJ/m²	23	5.5–6.5			NS
Kerbschlagzähigkeit (1)	kJ/m²	23	1.7–2.0			NS
IZOD-Kerbschlag-zähigkeit (2)	J/m					

Abrieb und Reibung

Taber-Abrieb (Reibradverfahren) mm³/100 U
Statische Reibungszahl
Dynamische Reibungszahl (p·v= N/mm²· m/min)
Zulässiger p · v Wert N/mm² · (m/min) v= m/min
v= m/min

Thermische Eigenschaften

Formbeständigkeit in der Wärme	*Verfahren*		°C
	Verfahren		°C
Formbeständigkeit Martens			140–150 °C
Längenausdehnungskoeffizient	*Bereich*	°C	$\cdot 10^{-4} K^{-1}$
	Temperatur		$\cdot 10^{-4} K^{-1}$
Wärmeleitfähigkeit	*Verfahren*		W/(K · m)
Spezifische Wärmekapazität	*Verfahren*		J/(K · g)

Brandverhalten

UL-Test vertikal Dicke 1.6 mm, Wert V-0
Dicke mm, Wert

	Norm	*Bewertung*	*Abmessungen*
Sauerstoff-Index	ASTM D 2863		
Glühstab-Verfahren	DIN 53459	2a	
Brandverhalten	DIN 4102		
MVSS			
FAR			

Elektrische Eigenschaften

		Hz	°C		*Probekörper, Form*
Dielektrizitätszahl		50			
		10^3	23	4–6	
		10^6			
Dielektrischer Verlustfaktor tan δ		50			
		10^3	23	0.03–0.04	
		10^6			
Spezifischer Durchgangs-widerstand	Ohm · cm		23	1.0*10**12	
Durchschlagfestigkeit	kV/mm		23	80–100	1 mm dick
Oberflächenwiderstand	Ohm		23	1.0*10**11	

Kriechstromfestigkeit KC KB KA
Kriechwegbildung CTI 150–175

Elektrolytische Korrosionswirkung
Lichtbogenfestigkeit nach DIN
nach ASTM s

Beständigkeit *(Chemische Beständigkeit siehe Anhang)*

Wasseraufnahme 23 C 1 d 50–75 mg

Feuchtigkeitsaufnahme Normalklima %
Wetterbeständigkeit

Produktklasse	Phenolharz-Formmasse		**PF**
Handelsname	**Resinol Vortyp CD**		
Hersteller	RASCHIG		
DIN-Bezeichnung			
ISO-Bezeichnung			
Harzbasis	Phenolharz		
Zusätze		*Füllstoffe/ Verstärkung*	Anorganische Harztraeger
Bevorzugte Verarbeitung	Pressen; Spritzgiessen	*Lieferform*	Staubarmes Granulat
		Farben	Schwarz; Dunkle Farben
Besondere Merkmale	Asbestfrei; Mit Typ 12 vergleichbar	*Bevorzugte Anwendungen*	Technisches Formteil in der Elektronik; Technisches Formteil im Automobilbau; Lampenfassung; Kontakttraeger; Topfgriff; Pfannenstiel; Ascher

---

Dichte	g/cm³	1.76–1.80	*Dosierbarkeit*	
Schüttdichte	g/cm³	0.80–0.85	*Tablettierbarkeit*	
Fließeinstellung	Weich; Hart		*Lagerung*	Kuehl und trocken 12 Monate

Verarbeitungsbedingungen für Pressen

Werkzeugtemperatur	°C	160–170
Pressdruck	bar	350–400
Härtezeit je mm	s	
Schwindung	%	0.3–0.4
Nachschwindung	%	0.1–0.2
Bemerkungen	Hartverchromung der Werkzeuge wird empfohlen	

Verarbeitungsbedingungen für Spritzgießen

Zylindertemperatur	°C	70–90
Düsentemperatur	°C	
Massetemp.	°C	
Werkzeugtemp.	°C	
Spritzdruck	bar	
Härtezeit	s	
Schwindung	%	
Nachschwindung	%	
Bemerkungen		

Zugversuch 23 °C

Probekörper: *Form* *Herstellung*

Zugfestigkeit	N/mm²		*E-Modul*	N/mm²
Reißdehnung	%		*Zeitstandzugfestigkeit*	h N/mm²

Biegeversuch 23 °C DIN 53452;

Probekörper: *Form* NS *Herstellung* Pressen

Biegefestigkeit	N/mm²	≧50	*E-Modul*	N/mm²

Druckversuch 23°C

Probekörper: *Form* *Herstellung*

Druckfestigkeit	N/mm²		*Stauchung*	%

Härte 23 °C *Probekörper:* *Herstellung* Pressen

Kugeldruckhärte	N/mm² 280–330	bei	N, s	

Schlagversuch *Probekörper:* *(1)* U-Kerbe *(2)*

Herstellung Pressen

		°C		°C	°C	*Probekörper-Form*
Schlagzähigkeit	kJ/m²	23	≧3.5			NS
Kerbschlagzähigkeit (1)	kJ/m²	23	≧2.0			NS
IZOD-Kerbschlagzähigkeit (2)	J/m					

Abrieb und Reibung

Taber-Abrieb (Reibradverfahren) mm³/100 U
Statische Reibungszahl
Dynamische Reibungszahl (p·v= N/mm²· m/min)
Zulässiger p · v Wert N/mm²·(m/min) v= m/min
v= m/min

Thermische Eigenschaften

Formbeständigkeit in der Wärme	*Verfahren*		°C
	Verfahren		°C
Formbeständigkeit Martens			≧150 °C
Längenausdehnungskoeffizient	*Bereich*	°C	$\cdot 10^{-4}K^{-1}$
	Temperatur		$\cdot 10^{-4}K^{-1}$
Wärmeleitfähigkeit	*Verfahren*		W/(K · m)
Spezifische Wärmekapazität	*Verfahren*		J/(K · g)

Brandverhalten

UL-Test vertikal Dicke 1.6 mm, Wert V-0
Dicke mm, Wert

	Norm	*Bewertung*	*Abmessungen*
Sauerstoff-Index	ASTM D 2863		
Glühstab-Verfahren	DIN 53459	≧ 1	
Brandverhalten	DIN 4102		
MVSS			
FAR			

Elektrische Eigenschaften

		Hz	°C		*Probekörper, Form*
Dielektrizitätszahl		50			
		10^3	23	5–6	
		10^6			
Dielektrischer Verlustfaktor tan δ		50			
		10^3	23	0.03–0.06	
		10^6			
Spezifischer Durchgangswiderstand	Ohm · cm		23	1.0*10**11–1.0*10**12	
Durchschlagfestigkeit	kV/mm		23	80–120	1 mm dick
Oberflächenwiderstand	Ohm		23	≧1.0*10**8	

Kriechstromfestigkeit KC KB KA
Kriechwegbildung CTI 150–175

Elektrolytische Korrosionswirkung
Lichtbogenfestigkeit nach DIN
nach ASTM s

Beständigkeit *(Chemische Beständigkeit siehe Anhang)*

Wasseraufnahme 23 C 1 d ≦60 mg

Feuchtigkeitsaufnahme Normalklima %
Wetterbeständigkeit

Produktklasse	Phenolharz-Formmasse		**PF**
Handelsname	**Fibresinol AG/SG**		
Hersteller	RASCHIG		
DIN-Bezeichnung *ISO-Bezeichnung*			
Harzbasis	Phenolharz		
Zusätze		*Füllstoffe/ Verstärkung*	Glasfasern; Anorganische Harztraeger
Bevorzugte Verarbeitung	Pressen; Spritzgiessen	*Lieferform*	Staebchen bzw. Chips
		Farben	Schwarz
Besondere Merkmale	Hochschlagfest; Hohe thermische Belastbarkeit; Witterungsbestaendig; Geringer thermischer Laengenausdehnungskoeffizient; Bestaendig gegen heisses Getriebeoel; UL-Listung	*Bevorzugte Anwendungen*	Chemieapparatebau; Flansch; Maschinenbau; Motorenbau

Dichte	g/cm³	1.88–1.92	*Dosierbarkeit*	
Schüttdichte	g/cm³	0.55–0.60	*Tablettierbarkeit*	
Fließeinstellung	Weich		*Lagerung*	Kuehl und trocken 12 Monate

Verarbeitungsbedingungen für Pressen

Werkzeugtemperatur	°C	160–170
Pressdruck	bar	350–400
Härtezeit je mm	s	
Schwindung	%	0.2–0.3
Nachschwindung	%	0.0–0.1
Bemerkungen	Hartverchromung der Werkzeuge wird empfohlen	

Verarbeitungsbedingungen für Spritzgießen

Zylindertemperatur	°C	60–70
Düsentemperatur	°C	80–90
Massetemp.	°C	
Werkzeugtemp.	°C	170–180
Spritzdruck	bar	
Härtezeit	s	
Schwindung	%	
Nachschwindung	%	
Bemerkungen	Empfohlen wird eine relativ weite Duesenoeffnung (mind 5 mm)	

Zugversuch 23 °C

Probekörper: *Form* *Herstellung*

Zugfestigkeit	N/mm²		*E-Modul*	N/mm²
Reißdehnung	%		*Zeitstandzugfestigkeit*	h N/mm²

Biegeversuch 23 °C DIN 53452;

Probekörper: *Form* NS *Herstellung* Pressen

Biegefestigkeit	N/mm²	65–75	*E-Modul*	N/mm²

Druckversuch 23 °C

Probekörper: *Form* *Herstellung*

Druckfestigkeit	N/mm²		*Stauchung*	%

Härte 23 °C *Probekörper:* *Herstellung* Pressen

Kugeldruckhärte	N/mm²	200–250	bei	N, s

Schlagversuch *Probekörper:* *(1)* U-Kerbe *(2)* | *Herstellung* Pressen

		°C		°C	°C	*Probekörper-Form*
Schlagzähigkeit	kJ/m²	23	18–22			NS
Kerbschlagzähigkeit (1)	kJ/m²	23	18–22			NS
IZOD-Kerbschlagzähigkeit (2)	J/m					

Abrieb und Reibung

Taber-Abrieb (Reibradverfahren) mm³/100 U
Statische Reibungszahl
Dynamische Reibungszahl (p·v= N/mm²· m/min)
Zulässiger p · v Wert N/mm² · (m/min) v= m/min
v= m/min

Thermische Eigenschaften

Formbeständigkeit in der Wärme	*Verfahren*		°C
	Verfahren		°C
Formbeständigkeit Martens			160–180 °C
Längenausdehnungskoeffizient	*Bereich*	°C	$\cdot 10^{-4}K^{-1}$
	Temperatur 23 °C		$0.15 \cdot 10^{-4}K^{-1}$
Wärmeleitfähigkeit	*Verfahren*		W/(K · m)
Spezifische Wärmekapazität	*Verfahren*		J/(K · g)

Brandverhalten

UL-Test vertikal Dicke 1.6 mm, Wert V-0
Dicke mm, Wert

	Norm	*Bewertung*	*Abmessungen*
Sauerstoff-Index	ASTM D 2863		
Glühstab-Verfahren	DIN 53459	1–2a	
Brandverhalten	DIN 4102		
MVSS			
FAR			

Elektrische Eigenschaften

		Hz	°C		*Probekörper, Form*
Dielektrizitätszahl		50			
		10^3	23	5.0–7.0	
		10^6			
Dielektrischer Verlustfaktor tan δ		50			
		10^3	23	0.05–0.10	
		10^6			
Spezifischer Durchgangswiderstand	Ohm · cm		23	1.0*10**11	
Durchschlagfestigkeit	kV/mm		23	120–160	1 mm dick
Oberflächenwiderstand	Ohm		23	1.0*10**10	

Kriechstromfestigkeit KC KB KA
Kriechwegbildung CTI 175

Elektrolytische Korrosionswirkung
Lichtbogenfestigkeit nach DIN
nach ASTM s

Beständigkeit *(Chemische Beständigkeit siehe Anhang)*

Wasseraufnahme 23 C 1 d 40–60 mg

Feuchtigkeitsaufnahme Normalklima %
Wetterbeständigkeit

Produktklasse	Polyesterharz-Formmasse		**UP**
Handelsname	**Resipol 5513/1**		
Hersteller	RASCHIG		
DIN-Bezeichnung			
ISO-Bezeichnung			
Harzbasis	Ungesaettigte Polyesterharze		
Zusätze		*Füllstoffe/ Verstärkung*	Glaskurzfasern; Anorganische Harztraeger
Bevorzugte Verarbeitung	Pressen; Spritzgiessen	*Lieferform*	Staubarmes Granulat
		Farben	Schwarz; Weiss; Rotbraun; RAL 7001; RAL 7035
Besondere Merkmale	Bessere mechanische Eigenschaften und hoehere Waermeformbestaendigkeit als Typ 802/804; Geringste Nachschwindung; Hervorragende Kriechstromfestigkeit; Besonders glutbestaendig	*Bevorzugte Anwendungen*	Elektrotechnisch hochwertiges Formteil; Elektrotechnik; Fernmeldetechnik; Rundfunktechnik; Messtechnik

---

Dichte	g/cm^3	1.95–2.05	*Dosierbarkeit*	
Schüttdichte	g/cm^3	0.7–0.8	*Tablettierbarkeit*	
Fließeinstellung			*Lagerung*	Kuehl und trocken 6 Monate

Verarbeitungsbedingungen für Pressen

Werkzeugtemperatur	°C	160–170
Pressdruck	bar	350–400
Härtezeit je mm	s	
Schwindung	%	0.3–0.5
Nachschwindung	%	0.0–0.1
Bemerkungen	Hartverchromung der Werkzeuge wird empfohlen	

Verarbeitungsbedingungen für Spritzgießen

Zylindertemperatur	°C	50–70
Düsentemperatur	°C	
Massetemp.	°C	
Werkzeugtemp.	°C	
Spritzdruck	bar	
Härtezeit	s	
Schwindung	%	
Nachschwindung	%	
Bemerkungen		

Zugversuch 23 °C

Probekörper: *Form* *Herstellung*

Zugfestigkeit	N/mm^2		*E-Modul*	N/mm^2
Reißdehnung	%		*Zeitstandzugfestigkeit*	h N/mm^2

Biegeversuch 23 °C DIN 53452;

Probekörper: *Form* NS *Herstellung* Pressen

Biegefestigkeit	N/mm^2	55–65	*E-Modul*	N/mm^2

Druckversuch 23 °C

Probekörper: *Form* *Herstellung*

Druckfestigkeit	N/mm^2		*Stauchung*	%

Härte 23 °C *Probekörper:* *Herstellung* Pressen

Kugeldruckhärte N/mm^2 230–260 bei N, s

Schlagversuch *Probekörper:* *(1)* U-Kerbe
(2)
Herstellung Pressen

		°C		°C	°C	*Probekörper-Form*
Schlagzähigkeit	kJ/m²	23	5.0–6.0			NS
Kerbschlagzähigkeit (1)	kJ/m²	23	4.0–4.5			NS
IZOD-Kerbschlag-zähigkeit (2)	J/m					

Abrieb und Reibung

Taber-Abrieb (Reibradverfahren) mm³/100 U
Statische Reibungszahl
Dynamische Reibungszahl (p·v= N/mm²· m/min)
Zulässiger p·v Wert N/mm²·(m/min) v= m/min
v= m/min

Thermische Eigenschaften

Formbeständigkeit in der Wärme	*Verfahren*			°C
	Verfahren			°C
Formbeständigkeit Martens				190–200 °C
Längenausdehnungskoeffizient	*Bereich*	°C		$\cdot 10^{-4} K^{-1}$
	Temperatur			$\cdot 10^{-4} K^{-1}$
Wärmeleitfähigkeit	*Verfahren*			W/(K · m)
Spezifische Wärmekapazität	*Verfahren*			J/(K · g)

Brandverhalten

UL-Test vertikal Dicke 1.6 mm, Wert V-0
Dicke mm, Wert

	Norm	*Bewertung*	*Abmessungen*
Sauerstoff-Index	ASTM D 2863		
Glühstab-Verfahren	DIN 53459	2a	
Brandverhalten	DIN 4102		
MVSS			
FAR			

Elektrische Eigenschaften

		Hz	°C		*Probekörper, Form*
Dielektrizitätszahl		50			
		10^3	23	4.0–6.0	
		10^6			
Dielektrischer Verlustfaktor tan δ		50			
		10^3	23	0.01–0.05	
		10^6			
Spezifischer Durchgangs-widerstand	Ohm · cm		23	1.0*10**14–1.0*10**15	
Durchschlagfestigkeit	kV/mm		23	150–200	1 mm dick
Oberflächenwiderstand	Ohm		23	1.0*10**12–1.0*10**13	

Kriechstromfestigkeit KC KB KA
Kriechwegbildung ≧CTI 600

Elektrolytische Korrosionswirkung
Lichtbogenfestigkeit nach DIN
nach ASTM s

Beständigkeit *(Chemische Beständigkeit siehe Anhang)*

Wasseraufnahme 23 C 1 d 30–40 mg

Feuchtigkeitsaufnahme Normalklima %
Wetterbeständigkeit

PF

Produktklasse	Phenolharz-Formmasse
Handelsname	**Vyncolite 4023 XB**
Hersteller	VYNCKIER
DIN-Bezeichnung	
ISO-Bezeichnung	PF 1C3
Harzbasis	Phenol-Formaldehyd-Harz
Zusätze	
Füllstoffe/ Verstärkung	Mineral; Organische Harztraeger
Bevorzugte Verarbeitung	Spritzpressen; Spritzgiessen
Lieferform	Granulat
Farben	Standard
Besondere Merkmale	Ammoniakfrei; Asbestfreier Substitutionswerkstoff Typ 12
Bevorzugte Anwendungen	Sicherungsfassung; Buegeleisengriff; Thermostatkoerper; Buerstenhalter; Schaltgeraet; Schalterdeckel; Lampenfassung

Dichte	g/cm^3	1.50
Schüttdichte	g/cm^3	0.60–0.70
Fließeinstellung		

Dosierbarkeit
Tablettierbarkeit
Lagerung

Verarbeitungsbedingungen für Pressen

Werkzeugtemperatur	°C	
Pressdruck	bar	
Härtezeit je mm	s	
Schwindung	%	
Nachschwindung	%	
Bemerkungen		

Verarbeitungsbedingungen für Spritzgießen

Zylindertemperatur	°C	70–85
Düsentemperatur	°C	90–100
Massetemp.	°C	
Werkzeugtemp.	°C	160–195
Spritzdruck	bar	1000–2500
Härtezeit	s	10–20
Schwindung	%	
Nachschwindung	%	
Bemerkungen		

Zugversuch 23 °C DIN 53455;
Probekörper: *Form* Nr 3 — *Herstellung* Spritzgiessen

Zugfestigkeit	N/mm^2	40	*E-Modul*	N/mm^2	
Reißdehnung	%		*Zeitstandzugfestigkeit*	h N/mm^2	

Biegeversuch 23 °C DIN 53452; DIN 53457
Probekörper: *Form* 80 x 10 x 4 mm — *Herstellung* Pressen

Biegefestigkeit	N/mm^2	60	*E-Modul*	N/mm^2	8000–11000

Druckversuch 23°C DIN 53454
Probekörper: *Form* — *Herstellung* Pressen

Druckfestigkeit	N/mm^2	200	*Stauchung*	%	

Härte 23 °C *Probekörper:* — *Herstellung*

Kugeldruckhärte N/mm^2 bei N, s

Schlagversuch *Probekörper:* *(1)* U-Kerbe
(2)
Herstellung Pressen

		°C		°C	°C	*Probekörper-Form*
Schlagzähigkeit	kJ/m²	23	5.0			NS
Kerbschlagzähigkeit (1)	kJ/m²	23	2.0			NS
IZOD-Kerbschlagzähigkeit (2)	J/m					

Abrieb und Reibung

Taber-Abrieb (Reibradverfahren) mm³/100 U
Statische Reibungszahl
Dynamische Reibungszahl (p·v= N/mm² · m/min)
Zulässiger p · v Wert N/mm² · (m/min) v= m/min
v= m/min

Thermische Eigenschaften

Formbeständigkeit in der Wärme	*Verfahren* A		155 °C
	Verfahren		°C
Formbeständigkeit Martens			130 °C
Längenausdehnungskoeffizient	*Bereich* °C		$\cdot 10^{-4}K^{-1}$
	Temperatur 23 °C		$0.40–0.50 \cdot 10^{-4}K^{-1}$
Wärmeleitfähigkeit	*Verfahren*	23 °C	0.6 W/(K · m)
Spezifische Wärmekapazität	*Verfahren*		J/(K · g)

Brandverhalten

UL-Test vertikal Dicke 1.6 mm, Wert V-1
Dicke 4.0 mm, Wert V-0

	Norm	*Bewertung*	*Abmessungen*
Sauerstoff-Index	ASTM D 2863		
Glühstab-Verfahren	DIN 53459	2a	
Brandverhalten	DIN 4102		
MVSS			
FAR			

Elektrische Eigenschaften

		Hz	°C		*Probekörper, Form*
Dielektrizitätszahl		50			
		10^3			
		10^6			
Dielektrischer Verlustfaktor tan δ		50			
		10^3			
		10^6			
Spezifischer Durchgangswiderstand	Ohm · cm		23	1. *10**10	
Durchschlagfestigkeit	kV/mm		23	25	1 mm dick
Oberflächenwiderstand	Ohm		23	1. *10**9	

Kriechstromfestigkeit KC 175 KB KA
Kriechwegbildung

Elektrolytische Korrosionswirkung
Lichtbogenfestigkeit nach DIN
nach ASTM s

Beständigkeit *(Chemische Beständigkeit siehe Anhang)*

Wasseraufnahme 23 C 1 d 60 mg

Feuchtigkeitsaufnahme Normalklima %
Wetterbeständigkeit

Produktklasse	Phenolharz-Formmasse		**PF**
Handelsname	**Vyncolite 4451 XB**		
Hersteller	VYNCKIER		
DIN-Bezeichnung			
ISO-Bezeichnung	PF 2C3		
Harzbasis	Phenol-Formaldehyd-Harz		
Zusätze		*Füllstoffe/ Verstärkung*	Mineral; Organische Harztraeger
Bevorzugte Verarbeitung	Pressen; Spritzpressen; Spritzgiessen	*Lieferform*	Granulat
		Farben	Standard
Besondere Merkmale	Asbestfreier Substitutionswerkstoff Typ 12; Verbessertes Schlagverhalten	*Bevorzugte Anwendungen*	Sicherungsfassung; Buegeleisengriff; Thermostatkoerper; Buerstenhalter; Schaltgeraet; Schalterdeckel; Lampenfassung

Dichte	g/cm^3	1.51	*Dosierbarkeit*
Schüttdichte	g/cm^3	0.45–0.55	*Tablettierbarkeit*
Fließeinstellung			*Lagerung*

Verarbeitungsbedingungen für Pressen

Werkzeugtemperatur	°C	160–185
Pressdruck	bar	150–300
Härtezeit je mm	s	30–60
Schwindung	%	0.45–0.55
Nachschwindung	%	0.2–0.3
Bemerkungen		

Verarbeitungsbedingungen für Spritzgießen

Zylindertemperatur	°C	70–85
Düsentemperatur	°C	90–100
Massetemp.	°C	
Werkzeugtemp.	°C	160–195
Spritzdruck	bar	1000–2500
Härtezeit	s	10–20
Schwindung	%	
Nachschwindung	%	
Bemerkungen		

Zugversuch 23 °C DIN 53455;
Probekörper: *Form* Nr 3 *Herstellung* Spritzgiessen

Zugfestigkeit	N/mm^2	50	*E-Modul*	N/mm^2	
Reißdehnung	%		*Zeitstandzugfestigkeit*	h N/mm^2	

Biegeversuch 23 °C DIN 53452; DIN 53457
Probekörper: *Form* 80 x 10 x 4 mm *Herstellung* Pressen

Biegefestigkeit	N/mm^2	70	*E-Modul*	N/mm^2	7000–8000

Druckversuch 23 °C DIN 53454
Probekörper: *Form* *Herstellung* Pressen

Druckfestigkeit	N/mm^2	200	*Stauchung*	%	

Härte 23 °C *Probekörper:* *Herstellung*

Kugeldruckhärte N/mm^2 bei N, s

Schlagversuch *Probekörper:* *(1)* U-Kerbe *(2)* *Herstellung* Pressen

		°C		°C	°C	*Probekörper-Form*
Schlagzähigkeit	kJ/m²	23	6.0			NS
Kerbschlagzähigkeit (1)	kJ/m²	23	4.0			NS
IZOD-Kerbschlagzähigkeit (2)	J/m					

Abrieb und Reibung

Taber-Abrieb (Reibradverfahren) mm³/100 U
Statische Reibungszahl
Dynamische Reibungszahl (p·v= N/mm² · m/min)
Zulässiger p · v Wert N/mm² · (m/min) v= m/min
v= m/min

Thermische Eigenschaften

Formbeständigkeit in der Wärme	*Verfahren* A		165 °C
	Verfahren		°C
Formbeständigkeit Martens			150 °C
Längenausdehnungskoeffizient	*Bereich* °C		$\cdot 10^{-4}K^{-1}$
	Temperatur 23 °C		$0.30–0.40 \cdot 10^{-4}K^{-1}$
Wärmeleitfähigkeit	*Verfahren*	23 °C	0.6 W/(K · m)
Spezifische Wärmekapazität	*Verfahren*		J/(K · g)

Brandverhalten

UL-Test vertikal Dicke 1.6 mm, Wert V-1
Dicke 4.0 mm, Wert V-0

	Norm	*Bewertung*	*Abmessungen*
Sauerstoff-Index	ASTM D 2863		
Glühstab-Verfahren	DIN 53459	2a	
Brandverhalten	DIN 4102		
MVSS			
FAR			

Elektrische Eigenschaften

		Hz	°C			*Probekörper, Form*
Dielektrizitätszahl		50				
		10^3				
		10^6				
Dielektrischer Verlustfaktor tan δ		50				
		10^3				
		10^6				
Spezifischer Durchgangswiderstand	Ohm · cm		23	1. *10**10		
Durchschlagfestigkeit	kV/mm		23	25		1 mm dick
Oberflächenwiderstand	Ohm		23	1. *10**9		
Kriechstromfestigkeit		KC 175		KB	KA	
Kriechwegbildung						

Elektrolytische Korrosionswirkung
Lichtbogenfestigkeit nach DIN
nach ASTM s

Beständigkeit *(Chemische Beständigkeit siehe Anhang)*

Wasseraufnahme 23 C 1 d 80 mg

Feuchtigkeitsaufnahme Normalklima %
Wetterbeständigkeit

Produktklasse	Phenolharz-Formmasse		**PF**
Handelsname	**Vyncolite 2523 W**		
Hersteller	VYNCKIER		
DIN-Bezeichnung			
ISO-Bezeichnung	PF 2C3		
Harzbasis	Phenol-Formaldehyd-Harz		
Zusätze		*Füllstoffe/ Verstärkung*	Mineral; Organische Harztraeger
Bevorzugte Verarbeitung	Pressen; Spritzpressen; Spritzgiessen	*Lieferform*	Granulat
		Farben	Standard
Besondere Merkmale	Asbestfreier Substitutionswerkstoff Typ 12; Hohe Waermeformbestaendigkeit	*Bevorzugte Anwendungen*	Lampenfassung

---

Dichte	g/cm^3	1.65	*Dosierbarkeit*
Schüttdichte	g/cm^3	0.70–0.80	*Tablettierbarkeit*
Fließeinstellung			*Lagerung*

Verarbeitungsbedingungen für Pressen

Werkzeugtemperatur	°C	160–185
Pressdruck	bar	150–300
Härtezeit je mm	s	30–60
Schwindung	%	0.4–0.5
Nachschwindung	%	0.1–0.2
Bemerkungen		

Verarbeitungsbedingungen für Spritzgießen

Zylindertemperatur	°C	70–85
Düsentemperatur	°C	90–100
Massetemp.	°C	
Werkzeugtemp.	°C	160–195
Spritzdruck	bar	1000–2500
Härtezeit	s	10–20
Schwindung	%	
Nachschwindung	%	
Bemerkungen		

Zugversuch 23 °C DIN 53455;
Probekörper: *Form* Nr 3 *Herstellung* Spritzgiessen

Zugfestigkeit	N/mm^2 25	*E-Modul*		N/mm^2
Reißdehnung	%	*Zeitstandzugfestigkeit*	h	N/mm^2

Biegeversuch 23 °C DIN 53452; DIN 53457
Probekörper: *Form* 80 x 10 x 4 mm *Herstellung* Pressen

Biegefestigkeit	N/mm^2 50	*E-Modul*	N/mm^2 7000–9000

Druckversuch 23°C DIN 53454
Probekörper: *Form* *Herstellung* Pressen

Druckfestigkeit	N/mm^2	230	*Stauchung*	%

Härte 23 °C *Probekörper:* *Herstellung*

Kugeldruckhärte N/mm^2 bei N, s

Schlagversuch *Probekörper:* *(1)* U-Kerbe
(2)
Herstellung Pressen

		°C		°C	°C	*Probekörper-Form*
Schlagzähigkeit	kJ/m²	23	3.5			NS
Kerbschlagzähigkeit (1)	kJ/m²	23	2.0			NS
IZOD-Kerbschlagzähigkeit (2)	J/m					

Abrieb und Reibung

Taber-Abrieb (Reibradverfahren) mm³/100 U
Statische Reibungszahl
Dynamische Reibungszahl (p·v= N/mm²· m/min)
Zulässiger p·v Wert N/mm²·(m/min) v= m/min
v= m/min

Thermische Eigenschaften

Formbeständigkeit in der Wärme	*Verfahren* A		175 °C
	Verfahren		°C
Formbeständigkeit Martens			150 °C
Längenausdehnungskoeffizient	*Bereich* °C		$\cdot 10^{-4}K^{-1}$
	Temperatur 23 °C		0.25–0.35 $\cdot 10^{-4}K^{-1}$
Wärmeleitfähigkeit	*Verfahren*	23 °C	0.6 W/(K · m)
Spezifische Wärmekapazität	*Verfahren*		J/(K · g)

Brandverhalten

UL-Test vertikal Dicke 4.0 mm, Wert V-0
Dicke mm, Wert

	Norm	*Bewertung*	*Abmessungen*
Sauerstoff-Index	ASTM D 2863		
Glühstab-Verfahren	DIN 53459	2a	
Brandverhalten	DIN 4102		
MVSS			
FAR			

Elektrische Eigenschaften

		Hz	°C		*Probekörper, Form*
Dielektrizitätszahl		50			
		10^3			
		10^6			
Dielektrischer Verlustfaktor tan δ		50			
		10^3			
		10^6	23	0.05	
Spezifischer Durchgangswiderstand	Ohm · cm		23	1. *10**11	
Durchschlagfestigkeit	kV/mm		23	30	1 mm dick
Oberflächenwiderstand	Ohm		23	1. *10**10	

Kriechstromfestigkeit KC 175 KB KA
Kriechwegbildung

Elektrolytische Korrosionswirkung
Lichtbogenfestigkeit nach DIN
nach ASTM s

Beständigkeit *(Chemische Beständigkeit siehe Anhang)*

Wasseraufnahme 23 C 1 d 25 mg

Feuchtigkeitsaufnahme Normalklima %
Wetterbeständigkeit

PF

Produktklasse	Phenolharz-Formmasse		
Handelsname	**Vyncolite 2723 W**		
Hersteller	VYNCKIER		
DIN-Bezeichnung			
ISO-Bezeichnung	PF 2C3		
Harzbasis	Phenol-Formaldehyd-Harz		
Zusätze		*Füllstoffe/ Verstärkung*	Mineral; Organische Harztraeger
Bevorzugte Verarbeitung	Pressen; Spritzpressen; Spritzgiessen	*Lieferform*	Granulat
		Farben	Standard
Besondere Merkmale	Asbestfreier Substitutionswerkstoff Typ 12; Bessere mechanische Eigenschaften als 2929 W	*Bevorzugte Anwendungen*	Schaltgeraeteunterteil

Dichte	g/cm^3	1.70	*Dosierbarkeit*
Schüttdichte	g/cm^3	0.70–0.80	*Tablettierbarkeit*
Fließeinstellung			*Lagerung*

Verarbeitungsbedingungen für Pressen

Werkzeugtemperatur	°C	160–185
Pressdruck	bar	150–300
Härtezeit je mm	s	30–60
Schwindung	%	0.3–0.45
Nachschwindung	%	0.1–0.2
Bemerkungen		

Verarbeitungsbedingungen für Spritzgießen

Zylindertemperatur	°C	70–85
Düsentemperatur	°C	90–100
Massetemp.	°C	
Werkzeugtemp.	°C	160–195
Spritzdruck	bar	1000–2500
Härtezeit	s	10–20
Schwindung	%	
Nachschwindung	%	
Bemerkungen		

Zugversuch 23 °C DIN 53455;
Probekörper: *Form* Nr 3 *Herstellung* Spritzgiessen

Zugfestigkeit	N/mm^2 50	*E-Modul*		N/mm^2
Reißdehnung	%	*Zeitstandzugfestigkeit*	h	N/mm^2

Biegeversuch 23 °C DIN 53452; DIN 53457
Probekörper: *Form* 80 x 10 x 4 mm *Herstellung* Pressen

Biegefestigkeit	N/mm^2 75	*E-Modul*	N/mm^2 11000–13000

Druckversuch 23°C DIN 53454
Probekörper: *Form* *Herstellung* Pressen

Druckfestigkeit	N/mm^2	200	*Stauchung*	%

Härte 23 °C *Probekörper:* *Herstellung*

Kugeldruckhärte N/mm^2 bei N, s

Schlagversuch *Probekörper:* *(1)* U-Kerbe *(2)*

Herstellung Pressen

		°C		°C	°C	*Probekörper-Form*
Schlagzähigkeit	kJ/m²	23	6.0			NS
Kerbschlagzähigkeit (1)	kJ/m²	23	2.5			NS
IZOD-Kerbschlagzähigkeit (2)	J/m					

Abrieb und Reibung

Taber-Abrieb (Reibradverfahren) mm³/100 U
Statische Reibungszahl
Dynamische Reibungszahl (p·v= N/mm² · m/min)
Zulässiger p · v Wert N/mm² · (m/min) v= m/min
v= m/min

Thermische Eigenschaften

Formbeständigkeit in der Wärme	*Verfahren* A		175 °C
	Verfahren		°C
Formbeständigkeit Martens			150 °C
Längenausdehnungskoeffizient	*Bereich* °C		$\cdot 10^{-4}K^{-1}$
	Temperatur 23 °C		$0.35–0.45 \cdot 10^{-4}K^{-1}$
Wärmeleitfähigkeit	*Verfahren*	23 °C	0.6 W/(K · m)
Spezifische Wärmekapazität	*Verfahren*		J/(K · g)

Brandverhalten

UL-Test vertikal Dicke 1.6 mm, Wert V-0
Dicke 4.0 mm, Wert V-0

	Norm	*Bewertung*	*Abmessungen*
Sauerstoff-Index	ASTM D 2863		
Glühstab-Verfahren	DIN 53459	2a	
Brandverhalten	DIN 4102		
MVSS			
FAR			

Elektrische Eigenschaften

		Hz	°C		*Probekörper, Form*
Dielektrizitätszahl		50			
		10^3			
		10^6			
Dielektrischer Verlustfaktor tan δ		50			
		10^3			
		10^6	23	0.09	
Spezifischer Durchgangswiderstand	Ohm · cm		23	1. *10**10	
Durchschlagfestigkeit	kV/mm		23	25	1 mm dick
Oberflächenwiderstand	Ohm		23	1. *10**10	

Kriechstromfestigkeit KC 175 KB KA
Kriechwegbildung

Elektrolytische Korrosionswirkung
Lichtbogenfestigkeit nach DIN
nach ASTM s

Beständigkeit *(Chemische Beständigkeit siehe Anhang)*

Wasseraufnahme 23 C 1 d 40 mg

Feuchtigkeitsaufnahme Normalklima %
Wetterbeständigkeit

Produktklasse	Phenolharz-Formmasse		**PF**
Handelsname	**Vyncolite 2023 W**		
Hersteller	VYNCKIER		
DIN-Bezeichnung			
ISO-Bezeichnung	PF 1C3		
Harzbasis	Phenol-Formaldehyd-Harz		
Zusätze		*Füllstoffe/ Verstärkung*	Mineral
Bevorzugte Verarbeitung	Spritzpressen; Spritzgiessen	*Lieferform*	Granulat
		Farben	Standard
Besondere Merkmale	Ammoniakfrei; Asbestfreier Substitutionswerkstoff Typ 12; Hohe Waermebestaendigkeit; Gute Spuelmaschinenbestaendigkeit;Ausgezeichnete Dimensionsstabilitaet	*Bevorzugte Anwendungen*	Geschirrbeschlag; Isoliersockel; Buegeleisenteil

---

Dichte	g/cm³	1.80	*Dosierbarkeit*
Schüttdichte	g/cm³	0.75–0.85	*Tablettierbarkeit*
Fließeinstellung			*Lagerung*

Verarbeitungsbedingungen für Pressen

Werkzeugtemperatur	°C	
Pressdruck	bar	
Härtezeit je mm	s	
Schwindung	%	
Nachschwindung	%	
Bemerkungen		

Verarbeitungsbedingungen für Spritzgießen

Zylindertemperatur	°C	70–85
Düsentemperatur	°C	90–100
Massetemp.	°C	
Werkzeugtemp.	°C	160–195
Spritzdruck	bar	1000–2500
Härtezeit	s	10–20
Schwindung	%	
Nachschwindung	%	
Bemerkungen		

Zugversuch 23 °C DIN 53455;
Probekörper: *Form* Nr 3 *Herstellung* Spritzgiessen

Zugfestigkeit	N/mm² 40	*E-Modul*	N/mm²	
Reißdehnung	%	*Zeitstandzugfestigkeit*	h N/mm²	

Biegeversuch 23 °C DIN 53452; DIN 53457
Probekörper: *Form* 80 x 10 x 4 mm *Herstellung* Pressen

Biegefestigkeit	N/mm² 70	*E-Modul*	N/mm² 10000–12000

Druckversuch 23°C DIN 53454
Probekörper: *Form* *Herstellung* Pressen

Druckfestigkeit	N/mm²	200	*Stauchung*	%

Härte 23 °C *Probekörper:* *Herstellung*

Kugeldruckhärte N/mm² bei N, s

Schlagversuch *Probekörper:* *(1)* U-Kerbe
(2)
Herstellung Pressen

		°C		°C	°C	*Probekörper-Form*
Schlagzähigkeit	kJ/m^2	23	5.0			NS
Kerbschlagzähigkeit (1)	kJ/m^2	23	2.2			NS
IZOD-Kerbschlag-zähigkeit (2)	J/m					

Abrieb und Reibung

Taber-Abrieb (Reibradverfahren) mm^3/100 U
Statische Reibungszahl
Dynamische Reibungszahl (p·v= N/mm^2· m/min)
Zulässiger p · v Wert N/mm^2·(m/min) v= m/min
v= m/min

Thermische Eigenschaften

Formbeständigkeit in der Wärme	*Verfahren* A			150 °C
	Verfahren			°C
Formbeständigkeit Martens				130 °C
Längenausdehnungskoeffizient	*Bereich*	°C		$\cdot 10^{-4}K^{-1}$
	Temperatur 23 °C			0.20–0.30 $\cdot 10^{-4}K^{-1}$
Wärmeleitfähigkeit	*Verfahren*		23 °C	0.7 W/(K · m)
Spezifische Wärmekapazität	*Verfahren*			J/(K · g)

Brandverhalten

UL-Test vertikal Dicke 1.6 mm, Wert V-1
Dicke 4.0 mm, Wert V-0

	Norm	*Bewertung*	*Abmessungen*
Sauerstoff-Index	ASTM D 2863		
Glühstab-Verfahren	DIN 53459	2a	
Brandverhalten	DIN 4102		
MVSS			
FAR			

Elektrische Eigenschaften

		Hz	°C		*Probekörper, Form*
Dielektrizitätszahl		50			
		10^3			
		10^6			
Dielektrischer Verlustfaktor tan δ		50			
		10^3			
		10^6	23	0.03	
Spezifischer Durchgangs-widerstand	Ohm · cm		23	1. *10**11	
Durchschlagfestigkeit	kV/mm		23	25	1 mm dick
Oberflächenwiderstand	Ohm		23	1. *10**10	

Kriechstromfestigkeit KC 175 KB KA
Kriechwegbildung

Elektrolytische Korrosionswirkung
Lichtbogenfestigkeit nach DIN
nach ASTM s

Beständigkeit *(Chemische Beständigkeit siehe Anhang)*

Wasseraufnahme 23 C 1 d 30 mg

Feuchtigkeitsaufnahme Normalklima %
Wetterbeständigkeit

Produktklasse	Phenolharz-Formmasse		**PF**
Handelsname	**Vyncolite 3310 M**		
Hersteller	VYNCKIER		
DIN-Bezeichnung			
ISO-Bezeichnung	PF 2C1		
Harzbasis	Phenol-Formaldehyd-Harz		
Zusätze		*Füllstoffe/ Verstärkung*	Glimmer
Bevorzugte Verarbeitung	Pressen; Spritzpressen; Spritzgiessen	*Lieferform*	Granulat
		Farben	Standard
Besondere Merkmale	Waermebestaendig; Masshaltig; Elektrisch hochwertig; Geringe dielektrische Verluste	*Bevorzugte Anwendungen*	Teil fuer HF-Technik; Roehrenfassung; Kollektor; Schleifring

Dichte	g/cm³	1.90	*Dosierbarkeit*
Schüttdichte	g/cm³	0.50–0.70	*Tablettierbarkeit*
Fließeinstellung			*Lagerung*

Verarbeitungsbedingungen für Pressen			**Verarbeitungsbedingungen für Spritzgießen**		
			Zylindertemperatur	°C	70–85
			Düsentemperatur	°C	90–100
			Massetemp.	°C	
Werkzeugtemperatur	°C	160–185	*Werkzeugtemp.*	°C	160–195
Pressdruck	bar	150–300	*Spritzdruck*	bar	1000–2500
Härtezeit je mm	s	30–60	*Härtezeit*	s	10–20
Schwindung	%	0.1–0.2	*Schwindung*	%	
Nachschwindung	%	0.1–0.2	*Nachschwindung*	%	
Bemerkungen			*Bemerkungen*		

Zugversuch 23 °C DIN 53455;
Probekörper: *Form* Nr 3 *Herstellung* Spritzgiessen

Zugfestigkeit	N/mm²	20	*E-Modul*	N/mm²	
Reißdehnung	%		*Zeitstandzugfestigkeit*	h N/mm²	

Biegeversuch 23 °C DIN 53452; DIN 53457
Probekörper: *Form* 80 x 10 x 4 mm *Herstellung* Pressen

Biegefestigkeit	N/mm²	65	*E-Modul*	N/mm²	11000–13000

Druckversuch 23°C DIN 53454
Probekörper: *Form* *Herstellung* Pressen

Druckfestigkeit	N/mm²	120	*Stauchung*	%	

Härte 23 °C *Probekörper:* *Herstellung*

Kugeldruckhärte N/mm² bei N, s

Schlagversuch *Probekörper:* *(1)* U-Kerbe *(2)* *Herstellung* Pressen

		°C		°C		°C		*Probekörper-Form*
Schlagzähigkeit	kJ/m²	23	4.0					NS
Kerbschlagzähigkeit (1)	kJ/m²	23	3.0					NS
IZOD-Kerbschlagzähigkeit (2)	J/m							

Abrieb und Reibung

Taber-Abrieb (Reibradverfahren)	mm³/100 U	
Statische Reibungszahl		
Dynamische Reibungszahl	(p·v= N/mm²· m/min)	
Zulässiger p · v Wert	N/mm² · (m/min)	v= m/min
		v= m/min

Thermische Eigenschaften

Formbeständigkeit in der Wärme	*Verfahren* A		170 °C
	Verfahren		°C
Formbeständigkeit Martens			150 °C
Längenausdehnungskoeffizient	*Bereich* °C		$\cdot 10^{-4} K^{-1}$
	Temperatur		$\cdot 10^{-4} K^{-1}$
Wärmeleitfähigkeit	*Verfahren*	23 °C	0.7 W/(K · m)
Spezifische Wärmekapazität	*Verfahren*		J/(K · g)

Brandverhalten

UL-Test vertikal Dicke 1.6 mm, Wert V-1
Dicke 4.0 mm, Wert V-0

	Norm	*Bewertung*	*Abmessungen*
Sauerstoff-Index	ASTM D 2863		
Glühstab-Verfahren	DIN 53459	1	
Brandverhalten	DIN 4102		
MVSS			
FAR			

Elektrische Eigenschaften

		Hz	°C			*Probekörper, Form*
Dielektrizitätszahl		50				
		10^3				
		10^6				
Dielektrischer Verlustfaktor tan δ		50				
		10^3				
		10^6	23	0.03		
Spezifischer Durchgangswiderstand	Ohm · cm		23	1. *10**12		
Durchschlagfestigkeit	kV/mm		23	20		1 mm dick
Oberflächenwiderstand	Ohm		23	1. *10**11		
Kriechstromfestigkeit		KC 125		KB	KA	
Kriechwegbildung						

Elektrolytische Korrosionswirkung
Lichtbogenfestigkeit nach DIN
nach ASTM s

Beständigkeit *(Chemische Beständigkeit siehe Anhang)*

Wasseraufnahme 23 C 1 d 20 mg

Feuchtigkeitsaufnahme Normalklima . %
Wetterbeständigkeit

PF

Produktklasse	Phenolharz-Formmasse
Handelsname	**Vyncolite RX 680**
Hersteller	VYNCKIER
DIN-Bezeichnung	
ISO-Bezeichnung	PF 2C1
Harzbasis	Phenol-Formaldehyd-Harz
Zusätze	
Füllstoffe/ Verstärkung	Glasfasern
Bevorzugte Verarbeitung	Spritzpressen; Spritzgiessen
Lieferform	Granulat
Farben	Standard
Besondere Merkmale	Gute mechanische Eigenschaften; Gute elektrische Eigenschaften; Gute Dimensionsstabilitaet; Gute Waermeformbestaendigkeit; Gute chemische Bestaendigkeit
Bevorzugte Anwendungen	Duennwandiges kompliziertes Formteil; Isolationsteil; Flansch; Kontaktleiste; Spulenkoerper

---

Dichte	g/cm³	1.68
Schüttdichte	g/cm³	0.55–0.65
Fließeinstellung		
Dosierbarkeit		
Tablettierbarkeit		
Lagerung		

Verarbeitungsbedingungen für Pressen

Werkzeugtemperatur	°C	
Pressdruck	bar	
Härtezeit je mm	s	
Schwindung	%	
Nachschwindung	%	
Bemerkungen		

Verarbeitungsbedingungen für Spritzgießen

Zylindertemperatur	°C	70–85
Düsentemperatur	°C	90–100
Massetemp.	°C	
Werkzeugtemp.	°C	160–195
Spritzdruck	bar	1000–2500
Härtezeit	s	10–20
Schwindung	%	
Nachschwindung	%	
Bemerkungen		

Zugversuch 23 °C DIN 53455;
Probekörper: *Form* Nr 3 *Herstellung* Spritzgiessen

Zugfestigkeit	N/mm²	75	*E-Modul*	N/mm²	
Reißdehnung	%		*Zeitstandzugfestigkeit*	h N/mm²	

Biegeversuch 23 °C DIN 53452; DIN 53457
Probekörper: *Form* 80 x 10 x 4 mm *Herstellung* Pressen

Biegefestigkeit	N/mm²	100	*E-Modul*	N/mm²	11000–13000

Druckversuch 23°C DIN 53454
Probekörper: *Form* *Herstellung* Pressen

Druckfestigkeit	N/mm²	250	*Stauchung*	%	

Härte 23 °C *Probekörper:* *Herstellung*

Kugeldruckhärte N/mm² bei N, s

Schlagversuch *Probekörper:* *(1)* U-Kerbe *(2)* *Herstellung* Pressen

		°C		°C	°C	*Probekörper-Form*
Schlagzähigkeit	kJ/m²	23	6.5			NS
Kerbschlagzähigkeit (1)	kJ/m²	23	3.5			NS
IZOD-Kerbschlagzähigkeit (2)	J/m					

Abrieb und Reibung

Taber-Abrieb (Reibradverfahren) mm³/100 U
Statische Reibungszahl
Dynamische Reibungszahl (p·v= N/mm²· m/min)
Zulässiger p · v Wert N/mm² · (m/min) v= m/min
v= m/min

Thermische Eigenschaften

Formbeständigkeit in der Wärme	*Verfahren* A		180 °C
	Verfahren		°C
Formbeständigkeit Martens			165 °C
Längenausdehnungskoeffizient	*Bereich* °C		$\cdot 10^{-4}K^{-1}$
	Temperatur 23 °C		$0.35 \cdot 10^{-4}K^{-1}$
Wärmeleitfähigkeit	*Verfahren*	23 °C	0.7 W/(K · m)
Spezifische Wärmekapazität	*Verfahren*		J/(K · g)

Brandverhalten

UL-Test vertikal Dicke 1.6 mm, Wert V-1
Dicke 4.0 mm, Wert V-0

	Norm	*Bewertung*	*Abmessungen*
Sauerstoff-Index	ASTM D 2863		
Glühstab-Verfahren	DIN 53459	1	
Brandverhalten	DIN 4102		
MVSS			
FAR			

Elektrische Eigenschaften

		Hz	°C		*Probekörper, Form*
Dielektrizitätszahl		50			
		10^3			
		10^6			
Dielektrischer Verlustfaktor tan δ		50			
		10^3			
		10^6	23	≦0.03	
Spezifischer Durchgangswiderstand	Ohm · cm		23	1. *10**12	
Durchschlagfestigkeit	kV/mm		23	20	1 mm dick
Oberflächenwiderstand	Ohm		23	1. *10**10	

Kriechstromfestigkeit KC 125 KB KA
Kriechwegbildung

Elektrolytische Korrosionswirkung
Lichtbogenfestigkeit nach DIN
nach ASTM s

Beständigkeit *(Chemische Beständigkeit siehe Anhang)*

Wasseraufnahme 23 C 1 d 25 mg

Feuchtigkeitsaufnahme Normalklima %
Wetterbeständigkeit

Produktklasse	Phenolharz-Formmasse		**PF**
Handelsname	**Vyncolite RX 658**		
Hersteller	VYNCKIER		
DIN-Bezeichnung			
ISO-Bezeichnung	PF 2C3		
Harzbasis	Phenol-Formaldehyd-Harz		
Zusätze		*Füllstoffe/ Verstärkung*	Glasfasern
Bevorzugte Verarbeitung	Pressen; Spritzpressen; Spritzgiessen	*Lieferform*	Granulat
		Farben	Standard
Besondere Merkmale	Ausgezeichnete Dimensionsstabilitaet; Sehr hohe Druckfestigkeit; Sehr hohe Waermeformbestaendigkeit; Sehr niedriger Ausdehnungskoeffizient	*Bevorzugte Anwendungen*	Kompliziertes Formteil mit engem Toleranzbereich; Scheibenbremskolben; CD-Geraet-Formteil; Vergaserflansch; Automatikgetriebeteil; Axialscheibe; Anlaufscheibe

Dichte	g/cm³	2.08	*Dosierbarkeit*
Schüttdichte	g/cm³	0.90–1.00	*Tablettierbarkeit*
Fließeinstellung			*Lagerung*

Verarbeitungsbedingungen für Pressen

Werkzeugtemperatur	°C	160–185
Pressdruck	bar	150–300
Härtezeit je mm	s	30–60
Schwindung	%	0.1–0.25
Nachschwindung	%	0.05–0.15
Bemerkungen		

Verarbeitungsbedingungen für Spritzgießen

Zylindertemperatur	°C	70–85
Düsentemperatur	°C	90–100
Massetemp.	°C	
Werkzeugtemp.	°C	160–195
Spritzdruck	bar	1000–2500
Härtezeit	s	10–20
Schwindung	%	
Nachschwindung	%	
Bemerkungen		

Zugversuch 23 °C DIN 53455;
Probekörper: *Form* Nr 3 *Herstellung* Spritzgiessen

Zugfestigkeit	N/mm²	50	*E-Modul*	N/mm²	
Reißdehnung	%		*Zeitstandzugfestigkeit*	h N/mm²	

Biegeversuch 23 °C DIN 53452; DIN 53457
Probekörper: *Form* 80 x 10 x 4 mm *Herstellung* Pressen

Biegefestigkeit	N/mm²	75	*E-Modul*	N/mm²	13000–15000

Druckversuch 23 °C DIN 53454
Probekörper: *Form* *Herstellung* Pressen

Druckfestigkeit	N/mm²	250	*Stauchung*	%	

Härte 23 °C *Probekörper:* *Herstellung*

Kugeldruckhärte N/mm² bei N, s

Schlagversuch *Probekörper:* *(1)* U-Kerbe
(2)
Herstellung Pressen

		°C		°C	°C	*Probekörper-Form*
Schlagzähigkeit	kJ/m²	23	5.0			NS
Kerbschlagzähigkeit (1)	kJ/m²	23	2.4			NS
IZOD-Kerbschlag-zähigkeit (2)	J/m					

Abrieb und Reibung

Taber-Abrieb (Reibradverfahren) mm³/100 U
Statische Reibungszahl
Dynamische Reibungszahl (p·v= N/mm²· m/min)
Zulässiger p · v Wert N/mm²·(m/min) v= m/min
v= m/min

Thermische Eigenschaften

Formbeständigkeit in der Wärme	*Verfahren* A			190 °C
	Verfahren			°C
Formbeständigkeit Martens				180 °C
Längenausdehnungskoeffizient	*Bereich*	°C		$\cdot 10^{-4}K^{-1}$
	Temperatur 23 °C			$0.17–0.22 \cdot 10^{-4}K^{-1}$
Wärmeleitfähigkeit	*Verfahren*		23 °C	0.7 W/(K · m)
Spezifische Wärmekapazität	*Verfahren*			J/(K · g)

Brandverhalten

UL-Test vertikal Dicke 1.6 mm, Wert V-0
Dicke 4.0 mm, Wert V-0

	Norm	*Bewertung*	*Abmessungen*
Sauerstoff-Index	ASTM D 2863		
Glühstab-Verfahren	DIN 53459	1	
Brandverhalten	DIN 4102		
MVSS			
FAR			

Elektrische Eigenschaften

		Hz	°C			*Probekörper, Form*
Dielektrizitätszahl		50				
		10^3				
		10^6				
Dielektrischer Verlustfaktor tan δ		50				
		10^3				
		10^6				
Spezifischer Durchgangs-widerstand	Ohm · cm		23	1. *10**12		
Durchschlagfestigkeit	kV/mm		23	30		1 mm dick
Oberflächenwiderstand	Ohm		23	1. *10**11		

Kriechstromfestigkeit KC 175 KB KA
Kriechwegbildung

Elektrolytische Korrosionswirkung
Lichtbogenfestigkeit nach DIN
nach ASTM s

Beständigkeit *(Chemische Beständigkeit siehe Anhang)*

Wasseraufnahme 23 C 1 d 15 mg

Feuchtigkeitsaufnahme Normalklima %
Wetterbeständigkeit

PF

Produktklasse	Phenolharz-Formmasse
Handelsname	**Vyncolite RX 6050**
Hersteller	VYNCKIER
DIN-Bezeichnung	
ISO-Bezeichnung	PF 2C3
Harzbasis	Phenol-Formaldehyd-Harz
Zusätze	
Füllstoffe/ Verstärkung	Glasfasern
Bevorzugte Verarbeitung	Spritzpressen; Spritzgiessen
Lieferform	Granulat
Farben	Standard
Besondere Merkmale	Erhoehte Zaehigkeit; Sehr niedriger E-Modul; Sehr hohe Reissdehnung; Dynamisch hoch belastbar
Bevorzugte Anwendungen	Anwendung im Motorbereich; Spulenkoerper; Kollektor

Dichte	g/cm^3	1.38
Schüttdichte	g/cm^3	0.45–0.55
Fließeinstellung		
Dosierbarkeit		
Tablettierbarkeit		
Lagerung		

Verarbeitungsbedingungen für Pressen

Werkzeugtemperatur	°C	
Pressdruck	bar	
Härtezeit je mm	s	
Schwindung	%	
Nachschwindung	%	
Bemerkungen		

Verarbeitungsbedingungen für Spritzgießen

Zylindertemperatur	°C	70–85
Düsentemperatur	°C	90–100
Massetemp.	°C	
Werkzeugtemp.	°C	160–195
Spritzdruck	bar	1000–2500
Härtezeit	s	10–20
Schwindung	%	
Nachschwindung	%	
Bemerkungen		

Zugversuch 23 °C DIN 53455;
Probekörper: *Form* Nr 3 *Herstellung* Spritzgiessen

Zugfestigkeit	N/mm^2	65	*E-Modul*	N/mm^2	
Reißdehnung	%		*Zeitstandzugfestigkeit*	h N/mm^2	

Biegeversuch 23 °C DIN 53452; DIN 53457
Probekörper: *Form* 80 x 10 x 4 mm *Herstellung* Pressen

Biegefestigkeit	N/mm^2	60	*E-Modul*	N/mm^2	3000–5000

Druckversuch 23°C DIN 53454
Probekörper: *Form* *Herstellung* Pressen

Druckfestigkeit	N/mm^2	150	*Stauchung*	%	

Härte 23 °C *Probekörper:* *Herstellung*

Kugeldruckhärte N/mm^2 bei N, s

Schlagversuch *Probekörper:* *(1)* U-Kerbe
(2)
Herstellung Pressen

		°C		°C	°C	*Probekörper-Form*
Schlagzähigkeit	kJ/m²	23	8.0			NS
Kerbschlagzähigkeit (1)	kJ/m²	23	3.5			NS
IZOD-Kerbschlagzähigkeit (2)	J/m					

Abrieb und Reibung

Taber-Abrieb (Reibradverfahren) mm³/100 U
Statische Reibungszahl
Dynamische Reibungszahl (p·v= N/mm² · m/min)
Zulässiger p · v Wert N/mm² · (m/min) v= m/min
v= m/min

Thermische Eigenschaften

Formbeständigkeit in der Wärme	*Verfahren* A	165 °C
	Verfahren	°C
Formbeständigkeit Martens		160 °C
Längenausdehnungskoeffizient	*Bereich* °C	$\cdot 10^{-4} K^{-1}$
	Temperatur 23 °C	$0.25 \cdot 10^{-4} K^{-1}$
Wärmeleitfähigkeit	*Verfahren*	W/(K · m)
Spezifische Wärmekapazität	*Verfahren*	J/(K · g)

Brandverhalten

UL-Test vertikal Dicke mm, Wert
Dicke mm, Wert

	Norm	*Bewertung*	*Abmessungen*
Sauerstoff-Index	ASTM D 2863		
Glühstab-Verfahren	DIN 53459	2b	
Brandverhalten	DIN 4102		
MVSS			
FAR			

Elektrische Eigenschaften

		Hz	°C		*Probekörper, Form*
Dielektrizitätszahl		50			
		10^3			
		10^6			
Dielektrischer Verlustfaktor tan δ		50			
		10^3			
		10^6			
Spezifischer Durchgangswiderstand	Ohm · cm		23	1. *10**11	
Durchschlagfestigkeit	kV/mm		23	30	1 mm dick
Oberflächenwiderstand	Ohm		23	1. *10**10	

Kriechstromfestigkeit KC 125 KB KA
Kriechwegbildung

Elektrolytische Korrosionswirkung
Lichtbogenfestigkeit nach DIN
nach ASTM s

Beständigkeit *(Chemische Beständigkeit siehe Anhang)*

Wasseraufnahme 23 C 1 d 40 mg

Feuchtigkeitsaufnahme Normalklima %
Wetterbeständigkeit

Produktklasse	Phenolharz-Formmasse		**PF**
Handelsname	**Vyncolite RX 6140**		
Hersteller	VYNCKIER		
DIN-Bezeichnung			
ISO-Bezeichnung	PF 2C3		
Harzbasis	Phenol-Formaldehyd-Harz		
Zusätze		*Füllstoffe/ Verstärkung*	Glasfasern
Bevorzugte Verarbeitung	Spritzpressen; Spritzgiessen	*Lieferform*	Granulat
		Farben	Standard
Besondere Merkmale	Erhoehte Zaehigkeit; Hohe Bruchdehnung; Gute mechanische Eigenschaften; Dynamisch hoch belastbar; Loetbestaendig 450 C–30 sec	*Bevorzugte Anwendungen*	Anwendung im Motorbereich; Spulenkoerper; Kollektor

Dichte	g/cm^3 1.58	*Dosierbarkeit*	
Schüttdichte	g/cm^3 0.60–0.70	*Tablettierbarkeit*	
Fließeinstellung		*Lagerung*	

Verarbeitungsbedingungen für Pressen

Werkzeugtemperatur	°C	
Pressdruck	bar	
Härtezeit je mm	s	
Schwindung	%	
Nachschwindung	%	
Bemerkungen		

Verarbeitungsbedingungen für Spritzgießen

Zylindertemperatur	°C	70–85
Düsentemperatur	°C	90–100
Massetemp.	°C	
Werkzeugtemp.	°C	160–195
Spritzdruck	bar	1000–2500
Härtezeit	s	10–20
Schwindung	%	
Nachschwindung	%	
Bemerkungen		

Zugversuch 23 °C DIN 53455;
Probekörper: *Form* Nr 3 *Herstellung* Spritzgiessen

Zugfestigkeit	N/mm^2 70	*E-Modul*	N/mm^2
Reißdehnung	%	*Zeitstandzugfestigkeit*	h N/mm^2

Biegeversuch 23 °C DIN 53452; DIN 53457
Probekörper: *Form* 80 x 10 x 4 mm *Herstellung* Pressen

Biegefestigkeit	N/mm^2 60	*E-Modul*	N/mm^2 5000–7000

Druckversuch 23°C DIN 53454
Probekörper: *Form* *Herstellung* Pressen

Druckfestigkeit	N/mm^2 180	*Stauchung*	%

Härte 23 °C *Probekörper:* *Herstellung*

Kugeldruckhärte N/mm^2 bei N, s

Schlagversuch *Probekörper:* *(1)* U-Kerbe
(2)
Herstellung Pressen

		°C		°C	°C	*Probekörper-Form*
Schlagzähigkeit	kJ/m²	23	6.0			NS
Kerbschlagzähigkeit (1)	kJ/m²	23	4.0			NS
IZOD-Kerbschlagzähigkeit (2)	J/m					

Abrieb und Reibung

Taber-Abrieb (Reibradverfahren) mm³/100 U
Statische Reibungszahl
Dynamische Reibungszahl (p·v= N/mm²· m/min)
Zulässiger p · v Wert N/mm² · (m/min) v= m/min
v= m/min

Thermische Eigenschaften

Formbeständigkeit in der Wärme	*Verfahren* A		175 °C
	Verfahren		°C
Formbeständigkeit Martens			160 °C
Längenausdehnungskoeffizient	*Bereich*	°C	$\cdot 10^{-4}K^{-1}$
	Temperatur 23 °C		$0.24 \cdot 10^{-4}K^{-1}$
Wärmeleitfähigkeit	*Verfahren*		W/(K · m)
Spezifische Wärmekapazität	*Verfahren*		J/(K · g)

Brandverhalten

UL-Test vertikal Dicke mm, Wert
Dicke mm, Wert

	Norm	*Bewertung*	*Abmessungen*
Sauerstoff-Index	ASTM D 2863		
Glühstab-Verfahren	DIN 53459	2b	
Brandverhalten	DIN 4102		
MVSS			
FAR			

Elektrische Eigenschaften

		Hz	°C		*Probekörper, Form*
Dielektrizitätszahl		50			
		10^3			
		10^6			
Dielektrischer Verlustfaktor tan δ		50			
		10^3			
		10^6			
Spezifischer Durchgangswiderstand	Ohm · cm		23	1. *10**11	
Durchschlagfestigkeit	kV/mm		23	30	1 mm dick
Oberflächenwiderstand	Ohm		23	1. *10**11	

Kriechstromfestigkeit KC 200 KB KA
Kriechwegbildung

Elektrolytische Korrosionswirkung
Lichtbogenfestigkeit nach DIN
nach ASTM s

Beständigkeit *(Chemische Beständigkeit siehe Anhang)*
Wasseraufnahme 23 C 1 d 30 mg

Feuchtigkeitsaufnahme Normalklima %
Wetterbeständigkeit

PF

Produktklasse	Phenolharz-Formmasse		
Handelsname	**Vyncolite RX 6150**		
Hersteller	VYNCKIER		
DIN-Bezeichnung			
ISO-Bezeichnung	PF 2C3		
Harzbasis	Phenol-Formaldehyd-Harz		
Zusätze		*Füllstoffe/ Verstärkung*	Glasfasern
Bevorzugte Verarbeitung	Spritzpressen; Spritzgiessen	*Lieferform*	Granulat
		Farben	Standard
Besondere Merkmale	Erhoehte Zaehigkeit; Hohe Bruchdehnung; Sehr gute mechanische Eigenschaften; Dynamisch hoch belastbar; Glykolbestaendig	*Bevorzugte Anwendungen*	Anwendung im Motorbereich; Spulenkoerper; Kollektor

Dichte	g/cm³	1.55	*Dosierbarkeit*
Schüttdichte	g/cm³	0.45–0.55	*Tablettierbarkeit*
Fließeinstellung			*Lagerung*

Verarbeitungsbedingungen für Pressen

Werkzeugtemperatur	°C	
Pressdruck	bar	
Härtezeit je mm	s	
Schwindung	%	
Nachschwindung	%	
Bemerkungen		

Verarbeitungsbedingungen für Spritzgießen

Zylindertemperatur	°C	70–85
Düsentemperatur	°C	90–100
Massetemp.	°C	
Werkzeugtemp.	°C	160–195
Spritzdruck	bar	1000–2500
Härtezeit	s	10–20
Schwindung	%	
Nachschwindung	%	
Bemerkungen		

Zugversuch 23 °C DIN 53455;
Probekörper: *Form* Nr 3 *Herstellung* Spritzgiessen

Zugfestigkeit	N/mm² 80	*E-Modul*	N/mm²	
Reißdehnung	%	*Zeitstandzugfestigkeit*	h N/mm²	

Biegeversuch 23 °C DIN 53452; DIN 53457
Probekörper: *Form* 80 x 10 x 4 mm *Herstellung* Pressen

Biegefestigkeit	N/mm² 100	*E-Modul*	N/mm² 7000–8500

Druckversuch 23°C DIN 53454
Probekörper: *Form* *Herstellung* Pressen

Druckfestigkeit	N/mm² 220	*Stauchung*	%

Härte 23 °C *Probekörper:* *Herstellung*

Kugeldruckhärte N/mm² bei N, s

Schlagversuch *Probekörper:* *(1)* U-Kerbe *(2)* *Herstellung* Pressen

		°C		°C	°C	*Probekörper-Form*
Schlagzähigkeit	kJ/m²	23	8.0			NS
Kerbschlagzähigkeit (1)	kJ/m²	23	5.0			NS
IZOD-Kerbschlag-zähigkeit (2)	J/m					

Abrieb und Reibung

Taber-Abrieb (Reibradverfahren) mm³/100 U
Statische Reibungszahl
Dynamische Reibungszahl (p · v = N/mm² · m/min)
Zulässiger p · v Wert N/mm² · (m/min) v = m/min
v = m/min

Thermische Eigenschaften

Formbeständigkeit in der Wärme	*Verfahren* A	185 °C
	Verfahren	°C
Formbeständigkeit Martens		170 °C
Längenausdehnungskoeffizient	*Bereich* °C	$\cdot 10^{-4}K^{-1}$
	Temperatur 23 °C	$0.22 \cdot 10^{-4}K^{-1}$
Wärmeleitfähigkeit	*Verfahren*	W/(K · m)
Spezifische Wärmekapazität	*Verfahren*	J/(K · g)

Brandverhalten

UL-Test vertikal Dicke mm, Wert
Dicke mm, Wert

	Norm	*Bewertung*	*Abmessungen*
Sauerstoff-Index	ASTM D 2863		
Glühstab-Verfahren	DIN 53459	2b	
Brandverhalten	DIN 4102		
MVSS			
FAR			

Elektrische Eigenschaften

		Hz	°C		*Probekörper, Form*
Dielektrizitätszahl		50			
		10^3			
		10^6			
Dielektrischer Verlustfaktor tan δ		50			
		10^3			
		10^6			
Spezifischer Durchgangs-widerstand	Ohm · cm		23	1. *10**12	
Durchschlagfestigkeit	kV/mm		23	30	1 mm dick
Oberflächenwiderstand	Ohm		23	1. *10**11	

Kriechstromfestigkeit KC 175 KB KA
Kriechwegbildung

Elektrolytische Korrosionswirkung
Lichtbogenfestigkeit nach DIN
nach ASTM s

Beständigkeit *(Chemische Beständigkeit siehe Anhang)*

Wasseraufnahme 23 C 1 d 35 mg

Feuchtigkeitsaufnahme Normalklima %
Wetterbeständigkeit

Produktklasse	Phenolharz-Formmasse		**PF**
Handelsname	**Vyncolite RX 6350**		
Hersteller	VYNCKIER		
DIN-Bezeichnung			
ISO-Bezeichnung	PF 2C3		
Harzbasis	Phenol-Formaldehyd-Harz		
Zusätze		*Füllstoffe/ Verstärkung*	Glasfasern
Bevorzugte Verarbeitung	Spritzpressen; Spritzgiessen	*Lieferform*	Granulat
		Farben	Standard
Besondere Merkmale	Erhoehte Zaehigkeit; Hohe Bruchdehnung; Gute mechanische Eigenschaften; Dynamisch hoch belastbar; Niedriger E-Modul	*Bevorzugte Anwendungen*	Anwendung im Motorbereich; Spulenkoerper; Kollektor

Dichte	g/cm³	1.65	*Dosierbarkeit*
Schüttdichte	g/cm³	0.60–0.70	*Tablettierbarkeit*
Fließeinstellung			*Lagerung*

Verarbeitungsbedingungen für Pressen

Werkzeugtemperatur	°C	
Pressdruck	bar	
Härtezeit je mm	s	
Schwindung	%	
Nachschwindung	%	
Bemerkungen		

Verarbeitungsbedingungen für Spritzgießen

Zylindertemperatur	°C	70–85
Düsentemperatur	°C	90–100
Massetemp.	°C	
Werkzeugtemp.	°C	160–195
Spritzdruck	bar	1000–2500
Härtezeit	s	10–20
Schwindung	%	
Nachschwindung	%	
Bemerkungen		

Zugversuch 23 °C DIN 53455;
Probekörper: *Form* Nr 3 *Herstellung* Spritzgiessen

Zugfestigkeit	N/mm²	65	*E-Modul*	N/mm²	
Reißdehnung	%		*Zeitstandzugfestigkeit*	h N/mm²	

Biegeversuch 23 °C DIN 53452; DIN 53457
Probekörper: *Form* 80 x 10 x 4 mm *Herstellung* Pressen

Biegefestigkeit	N/mm²	70	*E-Modul*	N/mm²	8000–10000

Druckversuch 23°C DIN 53454
Probekörper: *Form* *Herstellung* Pressen

Druckfestigkeit	N/mm²	200	*Stauchung*	%	

Härte 23 °C *Probekörper:* *Herstellung*

Kugeldruckhärte N/mm² bei N, s

Schlagversuch *Probekörper:* *(1)* U-Kerbe
(2) *Herstellung* Pressen

		°C		°C	°C	*Probekörper-Form*
Schlagzähigkeit	kJ/m²	23	6.0			NS
Kerbschlagzähigkeit (1)	kJ/m²	23	3.0			NS
IZOD-Kerbschlag-zähigkeit (2)	J/m					

Abrieb und Reibung

Taber-Abrieb (Reibradverfahren) mm³/100 U
Statische Reibungszahl
Dynamische Reibungszahl (p·v= N/mm² · m/min)
Zulässiger p · v Wert N/mm² · (m/min) v= m/min
v= m/min

Thermische Eigenschaften

Formbeständigkeit in der Wärme	*Verfahren* A	185 °C
	Verfahren	°C
Formbeständigkeit Martens		160 °C
Längenausdehnungskoeffizient	*Bereich* °C	$\cdot 10^{-4}K^{-1}$
	Temperatur 23 °C	$0.20 \cdot 10^{-4}K^{-1}$
Wärmeleitfähigkeit	*Verfahren*	W/(K · m)
Spezifische Wärmekapazität	*Verfahren*	J/(K · g)

Brandverhalten

UL-Test vertikal Dicke mm, Wert
Dicke mm, Wert

	Norm	*Bewertung*	*Abmessungen*
Sauerstoff-Index	ASTM D 2863		
Glühstab-Verfahren	DIN 53459	2a	
Brandverhalten	DIN 4102		
MVSS			
FAR			

Elektrische Eigenschaften

		Hz	°C		*Probekörper, Form*
Dielektrizitätszahl		50			
		10^3			
		10^6			
Dielektrischer Verlustfaktor tan δ		50			
		10^3			
		10^6			
Spezifischer Durchgangs-widerstand	Ohm · cm		23	1. *10**11	
Durchschlagfestigkeit	kV/mm		23	30	1 mm dick
Oberflächenwiderstand	Ohm		23	1. *10**11	

Kriechstromfestigkeit KC 175 KB KA
Kriechwegbildung

Elektrolytische Korrosionswirkung
Lichtbogenfestigkeit nach DIN
nach ASTM s

Beständigkeit *(Chemische Beständigkeit siehe Anhang)*

Wasseraufnahme 23 C 1 d 25 mg

Feuchtigkeitsaufnahme Normalklima %
Wetterbeständigkeit

Produktklasse	Phenolharz-Formmasse		**PF**
Handelsname	**Vyncolite G 5120**		
Hersteller	VYNCKIER		
DIN-Bezeichnung			
ISO-Bezeichnung	PF 2D1		
Harzbasis	Phenol-Formaldehyd-Harz		
Zusätze		*Füllstoffe/ Verstärkung*	Cellulose
Bevorzugte Verarbeitung	Pressen; Spritzpressen; Spritzgiessen	*Lieferform*	Granulat
		Farben	Standard
Besondere Merkmale	Schlagfest; Sehr gute elektrische Eigenschaften; Niedrigere Wasseraufnahme als RX 525M	*Bevorzugte Anwendungen*	Technisches Formteil in der Elektrotechnik; Schaltgeraeteteil

Dichte	g/cm³	1.41	*Dosierbarkeit*
Schüttdichte	g/cm³	0.50–0.60	*Tablettierbarkeit*
Fließeinstellung			*Lagerung*

Verarbeitungsbedingungen für Pressen

Werkzeugtemperatur	°C	160–185
Pressdruck	bar	150–300
Härtezeit je mm	s	30–60
Schwindung	%	0.65–0.85
Nachschwindung	%	0.55–0.75
Bemerkungen		

Verarbeitungsbedingungen für Spritzgießen

Zylindertemperatur	°C	70–85
Düsentemperatur	°C	90–100
Massetemp.	°C	
Werkzeugtemp.	°C	160–195
Spritzdruck	bar	1000–2500
Härtezeit	s	10–20
Schwindung	%	
Nachschwindung	%	
Bemerkungen		

Zugversuch 23 °C DIN 53455;
Probekörper: *Form* Nr 3 *Herstellung* Spritzgiessen

Zugfestigkeit	N/mm²	30	*E-Modul*	N/mm²	
Reißdehnung	%		*Zeitstandzugfestigkeit*	h N/mm²	

Biegeversuch 23 °C DIN 53452; DIN 53457
Probekörper: *Form* 80 x 10 x 4 mm *Herstellung* Pressen

Biegefestigkeit	N/mm²	60	*E-Modul*	N/mm²	7500–9000

Druckversuch 23°C DIN 53454
Probekörper: *Form* *Herstellung* Pressen

Druckfestigkeit	N/mm²	160	*Stauchung*	%

Härte 23 °C *Probekörper:* *Herstellung*

Kugeldruckhärte N/mm² bei N, s

Schlagversuch *Probekörper:* *(1)* U-Kerbe *(2)*

Herstellung Pressen

		°C		°C	°C	*Probekörper-Form*
Schlagzähigkeit	kJ/m²	23	5.0			NS
Kerbschlagzähigkeit (1)	kJ/m²	23	2.2			NS
IZOD-Kerbschlag-zähigkeit (2)	J/m					

Abrieb und Reibung

Taber-Abrieb (Reibradverfahren) mm³/100 U
Statische Reibungszahl
Dynamische Reibungszahl (p · v= N/mm² · m/min)
Zulässiger p · v Wert N/mm² · (m/min) v= m/min
v= m/min

Thermische Eigenschaften

Formbeständigkeit in der Wärme	*Verfahren* A			155 °C
	Verfahren			°C
Formbeständigkeit Martens				140 °C
Längenausdehnungskoeffizient	*Bereich*	°C		$\cdot 10^{-4} K^{-1}$
	Temperatur			$\cdot 10^{-4} K^{-1}$
Wärmeleitfähigkeit	*Verfahren*		23 °C	0.3 W/(K · m)
Spezifische Wärmekapazität	*Verfahren*			J/(K · g)

Brandverhalten

UL-Test vertikal Dicke 4.0 mm, Wert V-1
Dicke mm, Wert

	Norm	*Bewertung*	*Abmessungen*
Sauerstoff-Index	ASTM D 2863		
Glühstab-Verfahren	DIN 53459	2a	
Brandverhalten	DIN 4102		
MVSS			
FAR			

Elektrische Eigenschaften

		Hz	°C		*Probekörper, Form*
Dielektrizitätszahl		50			
		10^3			
		10^6			
Dielektrischer Verlustfaktor tan δ		50			
		10^3			
		10^6			
Spezifischer Durchgangs-widerstand	Ohm · cm		23	1. *10**9	
Durchschlagfestigkeit	kV/mm		23	15	1 mm dick
Oberflächenwiderstand	Ohm		23	1. *10**8	

Kriechstromfestigkeit KC 125 KB KA
Kriechwegbildung

Elektrolytische Korrosionswirkung
Lichtbogenfestigkeit nach DIN
nach ASTM s

Beständigkeit *(Chemische Beständigkeit siehe Anhang)*

Wasseraufnahme 23 C 1 d 75 mg

Feuchtigkeitsaufnahme Normalklima %
Wetterbeständigkeit

Produktklasse	Phenolharz-Formmasse			**PF**
Handelsname	**Vyncolite G 2519**			
Hersteller	VYNCKIER			
DIN-Bezeichnung				
ISO-Bezeichnung	PF 2D1			
Harzbasis	Phenol-Formaldehyd-Harz			
Zusätze		*Füllstoffe/ Verstärkung*	Cellulose	
Bevorzugte Verarbeitung	Pressen; Spritzpressen; Spritzgiessen	*Lieferform*	Granulat	
		Farben	Standard	
Besondere Merkmale	Schlagfest; Sehr gute elektrische Eigenschaften; Niedrigere Wasseraufnahme als RX 525M	*Bevorzugte Anwendungen*	Technisches Formteil in der Elektrotechnik; Schaltgeraeteteil	

Dichte	g/cm^3	1.49	*Dosierbarkeit*
Schüttdichte	g/cm^3	0.45–0.55	*Tablettierbarkeit*
Fließeinstellung			*Lagerung*

Verarbeitungsbedingungen für Pressen

Werkzeugtemperatur	°C	160–185
Pressdruck	bar	150–300
Härtezeit je mm	s	30–60
Schwindung	%	0.6–0.8
Nachschwindung	%	0.4–0.6
Bemerkungen		

Verarbeitungsbedingungen für Spritzgießen

Zylindertemperatur	°C	70–85
Düsentemperatur	°C	90–100
Massetemp.	°C	
Werkzeugtemp.	°C	160–195
Spritzdruck	bar	1000–2500
Härtezeit	s	10–20
Schwindung	%	
Nachschwindung	%	
Bemerkungen		

Zugversuch 23 °C DIN 53455;
Probekörper: *Form* Nr 3 *Herstellung* Spritzgiessen

Zugfestigkeit	N/mm^2	30	*E-Modul*	N/mm^2	
Reißdehnung	%		*Zeitstandzugfestigkeit*	h N/mm^2	

Biegeversuch 23 °C DIN 53452; DIN 53457
Probekörper: *Form* 80 x 10 x 4 mm *Herstellung* Pressen

Biegefestigkeit	N/mm^2	55	*E-Modul*	N/mm^2	7500–9000

Druckversuch 23°C DIN 53454
Probekörper: *Form* *Herstellung* Pressen

Druckfestigkeit	N/mm^2	180	*Stauchung*	%

Härte 23 °C *Probekörper:* *Herstellung*

Kugeldruckhärte N/mm^2 bei N, s

Schlagversuch *Probekörper:* *(1)* U-Kerbe
(2)
Herstellung Pressen

		°C		°C	°C	*Probekörper-Form*
Schlagzähigkeit	kJ/m²	23	5.0			NS
Kerbschlagzähigkeit (1)	kJ/m²	23	3.0			NS
IZOD-Kerbschlagzähigkeit (2)	J/m					

Abrieb und Reibung

Taber-Abrieb (Reibradverfahren) mm³/100 U
Statische Reibungszahl
Dynamische Reibungszahl (p·v= N/mm²· m/min)
Zulässiger p · v Wert N/mm² · (m/min) v= m/min
v= m/min

Thermische Eigenschaften

Formbeständigkeit in der Wärme	*Verfahren* A			150 °C
	Verfahren			°C
Formbeständigkeit Martens				125 °C
Längenausdehnungskoeffizient	*Bereich*	°C		$\cdot 10^{-4}K^{-1}$
	Temperatur			$\cdot 10^{-4}K^{-1}$
Wärmeleitfähigkeit	*Verfahren*		23 °C	0.3 W/(K · m)
Spezifische Wärmekapazität	*Verfahren*			J/(K · g)

Brandverhalten

UL-Test vertikal Dicke 4.0 mm, Wert V-1
Dicke mm, Wert

	Norm	*Bewertung*	*Abmessungen*
Sauerstoff-Index	ASTM D 2863		
Glühstab-Verfahren	DIN 53459	2a	
Brandverhalten	DIN 4102		
MVSS			
FAR			

Elektrische Eigenschaften

		Hz	°C		*Probekörper, Form*
Dielektrizitätszahl		50			
		10^3			
		10^6			
Dielektrischer Verlustfaktor tan δ		50			
		10^3			
		10^6			
Spezifischer Durchgangswiderstand	Ohm · cm		23	1. *10**10	
Durchschlagfestigkeit	kV/mm		23	15	1 mm dick
Oberflächenwiderstand	Ohm		23	1. *10**8	

Kriechstromfestigkeit KC 125 KB KA
Kriechwegbildung

Elektrolytische Korrosionswirkung
Lichtbogenfestigkeit nach DIN
nach ASTM s

Beständigkeit *(Chemische Beständigkeit siehe Anhang)*

Wasseraufnahme 23 C 1 d 100 mg

Feuchtigkeitsaufnahme Normalklima %
Wetterbeständigkeit

PF

Produktklasse	Phenolharz-Formmasse
Handelsname	**Vyncolite G 5020**
Hersteller	VYNCKIER
DIN-Bezeichnung	51
ISO-Bezeichnung	PF 2D2
Harzbasis	Phenol-Formaldehyd-Harz
Zusätze	
Füllstoffe/ Verstärkung	Cellulose
Bevorzugte Verarbeitung	Pressen; Spritzpressen; Spritzgiessen
Lieferform	Granulat
Farben	Standard
Besondere Merkmale	Schlagfest; Bessere mechanische und elektrische Eigenschaften als G 5120 und G 2519; Gute Dimensionsstabilitaet
Bevorzugte Anwendungen	Spulenkoerper; Schalterdeckel

Dichte	g/cm³	1.42
Schüttdichte	g/cm³	0.40–0.50
Fließeinstellung		
Dosierbarkeit		
Tablettierbarkeit		
Lagerung		

Verarbeitungsbedingungen für Pressen

Werkzeugtemperatur	°C	160–185
Pressdruck	bar	150–300
Härtezeit je mm	s	30–60
Schwindung	%	0.5–0.7
Nachschwindung	%	0.2–0.4
Bemerkungen		

Verarbeitungsbedingungen für Spritzgießen

Zylindertemperatur	°C	70–85
Düsentemperatur	°C	90–100
Massetemp.	°C	
Werkzeugtemp.	°C	160–195
Spritzdruck	bar	1000–2500
Härtezeit	s	10–20
Schwindung	%	
Nachschwindung	%	
Bemerkungen		

Zugversuch 23 °C DIN 53455;
Probekörper: *Form* Nr 3 *Herstellung* Spritzgiessen

Zugfestigkeit	N/mm²	35	*E-Modul*	N/mm²	
Reißdehnung	%		*Zeitstandzugfestigkeit*	h N/mm²	

Biegeversuch 23 °C DIN 53452; DIN 53457
Probekörper: *Form* 80 x 10 x 4 mm *Herstellung* Pressen

Biegefestigkeit	N/mm²	60	*E-Modul*	N/mm²	6000–8000

Druckversuch 23°C DIN 53454
Probekörper: *Form* *Herstellung* Pressen

Druckfestigkeit	N/mm²	160	*Stauchung*	%	

Härte 23 °C *Probekörper:* *Herstellung*

Kugeldruckhärte N/mm² bei N, s

Schlagversuch *Probekörper:* *(1)* U-Kerbe
(2)

Herstellung Pressen

		°C		°C	°C	*Probekörper-Form*
Schlagzähigkeit	kJ/m²	23	5.5			NS
Kerbschlagzähigkeit (1)	kJ/m²	23	4.2			NS
IZOD-Kerbschlagzähigkeit (2)	J/m					

Abrieb und Reibung

Taber-Abrieb (Reibradverfahren) mm³/100 U
Statische Reibungszahl
Dynamische Reibungszahl (p·v= N/mm² · m/min)
Zulässiger p · v Wert N/mm² · (m/min) v= m/min
v= m/min

Thermische Eigenschaften

Formbeständigkeit in der Wärme	*Verfahren* A			160 °C
	Verfahren			°C
Formbeständigkeit Martens				140 °C
Längenausdehnungskoeffizient	*Bereich*	°C		· $10^{-4}K^{-1}$
	Temperatur			· $10^{-4}K^{-1}$
Wärmeleitfähigkeit	*Verfahren*		23 °C	0.3 W/(K · m)
Spezifische Wärmekapazität	*Verfahren*			J/(K · g)

Brandverhalten

UL-Test vertikal Dicke 4.0 mm, Wert V-1
Dicke mm, Wert

	Norm	*Bewertung*	*Abmessungen*
Sauerstoff-Index	ASTM D 2863		
Glühstab-Verfahren	DIN 53459	2b	
Brandverhalten	DIN 4102		
MVSS			
FAR			

Elektrische Eigenschaften

		Hz	°C		*Probekörper, Form*
Dielektrizitätszahl		50			
		10^3			
		10^6			
Dielektrischer Verlustfaktor tan δ		50			
		10^3			
		10^6			
Spezifischer Durchgangswiderstand	Ohm · cm		23	1. *10**10	
Durchschlagfestigkeit	kV/mm		23	20	1 mm dick
Oberflächenwiderstand	Ohm		23	1. *10**8	

Kriechstromfestigkeit KC 150 KB KA
Kriechwegbildung

Elektrolytische Korrosionswirkung
Lichtbogenfestigkeit nach DIN
nach ASTM s

Beständigkeit *(Chemische Beständigkeit siehe Anhang)*

Wasseraufnahme 23 C 1 d 100 mg

Feuchtigkeitsaufnahme Normalklima %
Wetterbeständigkeit

PF

Produktklasse	Phenolharz-Formmasse
Handelsname	**Vyncolite G 8320**
Hersteller	VYNCKIER
DIN-Bezeichnung	83
ISO-Bezeichnung	PF 2D2
Harzbasis	Phenol-Formaldehyd-Harz

Zusätze		*Füllstoffe/ Verstärkung*	Cellulose
Bevorzugte Verarbeitung	Pressen; Spritzpressen; Spritzgiessen	*Lieferform*	Granulat
		Farben	Standard
Besondere Merkmale	Schlagfest; Gute elektrische Eigenschaften	*Bevorzugte Anwendungen*	Technisches Formteil in der Elektrotechnik

Dichte	g/cm^3	1.41	*Dosierbarkeit*
Schüttdichte	g/cm^3	0.45–0.55	*Tablettierbarkeit*
Fließeinstellung			*Lagerung*

Verarbeitungsbedingungen für Pressen

Werkzeugtemperatur	°C	160–185
Pressdruck	bar	150–300
Härtezeit je mm	s	30–60
Schwindung	%	0.6–0.8
Nachschwindung	%	0.4–0.6
Bemerkungen		

Verarbeitungsbedingungen für Spritzgießen

Zylindertemperatur	°C	70–85
Düsentemperatur	°C	90–100
Massetemp.	°C	
Werkzeugtemp.	°C	160–195
Spritzdruck	bar	1000–2500
Härtezeit	s	10–20
Schwindung	%	
Nachschwindung	%	
Bemerkungen		

Zugversuch 23 °C DIN 53455;
Probekörper: *Form* Nr 3 *Herstellung* Spritzgiessen

Zugfestigkeit	N/mm^2 30	*E-Modul*	N/mm^2	
Reißdehnung	%	*Zeitstandzugfestigkeit*	h N/mm^2	

Biegeversuch 23 °C DIN 53452; DIN 53457
Probekörper: *Form* 80 x 10 x 4 mm *Herstellung* Pressen

Biegefestigkeit	N/mm^2 60	*E-Modul*	N/mm^2 7500–9000

Druckversuch 23°C DIN 53454
Probekörper: *Form* *Herstellung* Pressen

Druckfestigkeit	N/mm^2 150	*Stauchung*	%

Härte 23 °C *Probekörper:* *Herstellung*

Kugeldruckhärte N/mm^2 bei N, s

Schlagversuch *Probekörper:* *(1)* U-Kerbe *(2)* *Herstellung* Pressen

		°C		°C	°C	*Probekörper-Form*
Schlagzähigkeit	kJ/m²	23	5.5			NS
Kerbschlagzähigkeit (1)	kJ/m²	23	3.5			NS
IZOD-Kerbschlagzähigkeit (2)	J/m					

Abrieb und Reibung

Taber-Abrieb (Reibradverfahren) mm³/100 U
Statische Reibungszahl
Dynamische Reibungszahl (p·v= N/mm²· m/min)
Zulässiger p · v Wert N/mm² · (m/min) v= m/min
v= m/min

Thermische Eigenschaften

Formbeständigkeit in der Wärme	*Verfahren* A			150 °C
	Verfahren			°C
Formbeständigkeit Martens				125 °C
Längenausdehnungskoeffizient	*Bereich*	°C		$\cdot 10^{-4}K^{-1}$
	Temperatur			$\cdot 10^{-4}K^{-1}$
Wärmeleitfähigkeit	*Verfahren*		23 °C	0.3 W/(K · m)
Spezifische Wärmekapazität	*Verfahren*			J/(K · g)

Brandverhalten

UL-Test vertikal Dicke 4.0 mm, Wert V-1
Dicke mm, Wert

	Norm	*Bewertung*	*Abmessungen*
Sauerstoff-Index	ASTM D 2863		
Glühstab-Verfahren	DIN 53459	2b	
Brandverhalten	DIN 4102		
MVSS			
FAR			

Elektrische Eigenschaften

		Hz	°C			*Probekörper, Form*
Dielektrizitätszahl		50				
		10^3				
		10^6				
Dielektrischer Verlustfaktor tan δ		50				
		10^3				
		10^6				
Spezifischer Durchgangswiderstand	Ohm · cm		23	1. *10**10		
Durchschlagfestigkeit	kV/mm		23	15		1 mm dick
Oberflächenwiderstand	Ohm		23	1. *10**8		
Kriechstromfestigkeit		KC 125	KB		KA	
Kriechwegbildung						

Elektrolytische Korrosionswirkung
Lichtbogenfestigkeit nach DIN
nach ASTM s

Beständigkeit *(Chemische Beständigkeit siehe Anhang)*

Wasseraufnahme 23 C 1 d 120 mg

Feuchtigkeitsaufnahme Normalklima %
Wetterbeständigkeit

PF

Produktklasse	Phenolharz-Formmasse		
Handelsname	**Vyncolite G 8020**		
Hersteller	VYNCKIER		
DIN-Bezeichnung			
ISO-Bezeichnung	PF 2D2		
Harzbasis	Phenol-Formaldehyd-Harz		
Zusätze		*Füllstoffe/ Verstärkung*	Textilgewebefasern
Bevorzugte Verarbeitung	Pressen; Spritzpressen; Spritzgiessen	*Lieferform*	Granulat
		Farben	Standard
Besondere Merkmale	Schlagfest; Ausgewogene Eigenschaften	*Bevorzugte Anwendungen*	Textilindustrie; Maschinenbau; Elektrotechnik; Zahnrad; Rolle; Gehaeuse; Schalterdeckel; Spulenkoerper

---

Dichte	g/cm^3	1.40	*Dosierbarkeit*
Schüttdichte	g/cm^3	0.45–0.55	*Tablettierbarkeit*
Fließeinstellung			*Lagerung*

Verarbeitungsbedingungen für Pressen

Werkzeugtemperatur	°C	160–185
Pressdruck	bar	150–300
Härtezeit je mm	s	30–60
Schwindung	%	0.5–0.7
Nachschwindung	%	0.5–0.7
Bemerkungen		

Verarbeitungsbedingungen für Spritzgießen

Zylindertemperatur	°C	70–85
Düsentemperatur	°C	90–100
Massetemp.	°C	
Werkzeugtemp.	°C	160–195
Spritzdruck	bar	1000–2500
Härtezeit	s	10–20
Schwindung	%	
Nachschwindung	%	
Bemerkungen		

Zugversuch 23 °C DIN 53455;
Probekörper: *Form* Nr 3 *Herstellung* Spritzgiessen

Zugfestigkeit	N/mm^2	30	*E-Modul*	N/mm^2	
Reißdehnung	%		*Zeitstandzugfestigkeit*	h N/mm^2	

Biegeversuch 23 °C DIN 53452; DIN 53457
Probekörper: *Form* 80 x 10 x 4 mm *Herstellung* Pressen

Biegefestigkeit	N/mm^2	55	*E-Modul*	N/mm^2	6000–7500

Druckversuch 23°C DIN 53454
Probekörper: *Form* *Herstellung* Pressen

Druckfestigkeit	N/mm^2	150	*Stauchung*	%

Härte 23 °C *Probekörper:* *Herstellung*

Kugeldruckhärte N/mm^2 bei N, s

Schlagversuch *Probekörper:* *(1)* U-Kerbe *(2)* *Herstellung* Pressen

		°C		°C	°C	*Probekörper-Form*
Schlagzähigkeit	kJ/m^2	23	5.5			NS
Kerbschlagzähigkeit (1)	kJ/m^2	23	5.5			NS
IZOD-Kerbschlagzähigkeit (2)	J/m					

Abrieb und Reibung

Taber-Abrieb (Reibradverfahren) mm^3/100 U
Statische Reibungszahl
Dynamische Reibungszahl (p·v= N/mm^2· m/min)
Zulässiger p · v Wert N/mm^2 · (m/min) v= m/min
v= m/min

Thermische Eigenschaften

Formbeständigkeit in der Wärme	*Verfahren* A			150 °C
	Verfahren			°C
Formbeständigkeit Martens				125 °C
Längenausdehnungskoeffizient	*Bereich*	°C		$\cdot 10^{-4}K^{-1}$
	Temperatur			$\cdot 10^{-4}K^{-1}$
Wärmeleitfähigkeit	*Verfahren*		23 °C	0.3 W/(K · m)
Spezifische Wärmekapazität	*Verfahren*			J/(K · g)

Brandverhalten

UL-Test vertikal Dicke 4.0 mm, Wert V-1
Dicke mm, Wert

	Norm	*Bewertung*	*Abmessungen*
Sauerstoff-Index	ASTM D 2863		
Glühstab-Verfahren	DIN 53459	2b	
Brandverhalten	DIN 4102		
MVSS			
FAR			

Elektrische Eigenschaften

		Hz	°C		*Probekörper, Form*
Dielektrizitätszahl		50			
		10^3			
		10^6			
Dielektrischer Verlustfaktor tan δ		50			
		10^3			
		10^6			
Spezifischer Durchgangswiderstand	Ohm · cm		23	1. *10**10	
Durchschlagfestigkeit	kV/mm		23	20	1 mm dick
Oberflächenwiderstand	Ohm		23	1. *10**10	

Kriechstromfestigkeit KC 125 KB KA
Kriechwegbildung

Elektrolytische Korrosionswirkung
Lichtbogenfestigkeit nach DIN
nach ASTM s

Beständigkeit *(Chemische Beständigkeit siehe Anhang)*

Wasseraufnahme 23 C 1 d 130 mg

Feuchtigkeitsaufnahme Normalklima %
Wetterbeständigkeit

PF

Produktklasse	Phenolharz-Formmasse
Handelsname	**Vyncolite G 2510**
Hersteller	VYNCKIER
DIN-Bezeichnung	
ISO-Bezeichnung	PF 2D2
Harzbasis	Phenol-Formaldehyd-Harz
Zusätze	
Füllstoffe/ Verstärkung	Textilgewebefasern
Bevorzugte Verarbeitung	Pressen; Spritzpressen; Spritzgiessen
Lieferform	Granulat
Farben	Standard
Besondere Merkmale	Schlagfest; Ausgewogene Eigenschaften
Bevorzugte Anwendungen	Textilindustrie; Maschinenbau; Elektrotechnik; Zahnrad; Rolle; Gehaeuse; Schalterdeckel; Spulenkoerper

Dichte	g/cm^3	1.36
Schüttdichte	g/cm^3	0.40–0.50
Fließeinstellung		
Dosierbarkeit		
Tablettierbarkeit		
Lagerung		

Verarbeitungsbedingungen für Pressen

Werkzeugtemperatur	°C	160–185
Pressdruck	bar	150–300
Härtezeit je mm	s	30–60
Schwindung	%	0.6–0.8
Nachschwindung	%	0.4–0.6
Bemerkungen		

Verarbeitungsbedingungen für Spritzgießen

Zylindertemperatur	°C	70–85
Düsentemperatur	°C	90–100
Massetemp.	°C	
Werkzeugtemp.	°C	160–195
Spritzdruck	bar	1000–2500
Härtezeit	s	10–20
Schwindung	%	
Nachschwindung	%	
Bemerkungen		

Zugversuch 23 °C DIN 53455;
Probekörper: *Form* Nr 3 — *Herstellung* Spritzgiessen

Zugfestigkeit	N/mm^2	35	*E-Modul*	N/mm^2	
Reißdehnung	%		*Zeitstandzugfestigkeit*	h N/mm^2	

Biegeversuch 23 °C DIN 53452; DIN 53457
Probekörper: *Form* 80 x 10 x 4 mm — *Herstellung* Pressen

Biegefestigkeit	N/mm^2	60	*E-Modul*	N/mm^2	7000–8500

Druckversuch 23°C DIN 53454
Probekörper: *Form* — *Herstellung* Pressen

Druckfestigkeit	N/mm^2	150	*Stauchung*	%	

Härte 23 °C *Probekörper:* — *Herstellung*

Kugeldruckhärte N/mm^2 bei N, s

Schlagversuch *Probekörper:* *(1)* U-Kerbe *(2)* *Herstellung* Pressen

		°C		°C	°C	*Probekörper-Form*
Schlagzähigkeit	kJ/m²	23	5.5			NS
Kerbschlagzähigkeit (1)	kJ/m²	23	5.5			NS
IZOD-Kerbschlagzähigkeit (2)	J/m					

Abrieb und Reibung

Taber-Abrieb (Reibradverfahren) mm³/100 U
Statische Reibungszahl
Dynamische Reibungszahl (p·v= N/mm²· m/min)
Zulässiger p · v Wert N/mm² · (m/min) v= m/min
v= m/min

Thermische Eigenschaften

Formbeständigkeit in der Wärme	*Verfahren* A			150 °C
	Verfahren			°C
Formbeständigkeit Martens				135 °C
Längenausdehnungskoeffizient	*Bereich*	°C		· $10^{-4}K^{-1}$
	Temperatur			· $10^{-4}K^{-1}$
Wärmeleitfähigkeit	*Verfahren*		23 °C	0.3 W/(K · m)
Spezifische Wärmekapazität	*Verfahren*			J/(K · g)

Brandverhalten

UL-Test vertikal Dicke 4.0 mm, Wert V-1
Dicke mm, Wert

	Norm	*Bewertung*	*Abmessungen*
Sauerstoff-Index	ASTM D 2863		
Glühstab-Verfahren	DIN 53459	2b	
Brandverhalten	DIN 4102		
MVSS			
FAR			

Elektrische Eigenschaften

		Hz	°C		*Probekörper, Form*
Dielektrizitätszahl		50			
		10^3			
		10^6			
Dielektrischer Verlustfaktor tan δ		50			
		10^3			
		10^6			
Spezifischer Durchgangswiderstand	Ohm · cm		23	1. *10**10	
Durchschlagfestigkeit	kV/mm		23	20	1 mm dick
Oberflächenwiderstand	Ohm		23	1. *10**10	

Kriechstromfestigkeit KC 125 KB KA
Kriechwegbildung

Elektrolytische Korrosionswirkung
Lichtbogenfestigkeit nach DIN
nach ASTM s

Beständigkeit *(Chemische Beständigkeit siehe Anhang)*

Wasseraufnahme 23 C 1 d 150 mg

Feuchtigkeitsaufnahme Normalklima %
Wetterbeständigkeit

PF

Produktklasse	Phenolharz-Formmasse
Handelsname	**Vyncolite G 8120**
Hersteller	VYNCKIER
DIN-Bezeichnung	84
ISO-Bezeichnung	PF 2D2
Harzbasis	Phenol-Formaldehyd-Harz

Zusätze		*Füllstoffe/ Verstärkung*	Textilgewebefasern
Bevorzugte Verarbeitung	Pressen; Spritzpressen; Spritzgiessen	*Lieferform*	Granulat
		Farben	Standard
Besondere Merkmale	Schlagfest; Gute elektrische Eigenschaften	*Bevorzugte Anwendungen*	Textilindustrie; Maschinenbau; Elektrotechnik; Zahnrad; Rolle; Gehaeuse; Schalterdeckel; Spulenkoerper

Dichte	g/cm^3	1.36	*Dosierbarkeit*
Schüttdichte	g/cm^3	0.40–0.50	*Tablettierbarkeit*
Fließeinstellung			*Lagerung*

Verarbeitungsbedingungen für Pressen

Werkzeugtemperatur	°C	160–185
Pressdruck	bar	150–300
Härtezeit je mm	s	30–60
Schwindung	%	0.4–0.6
Nachschwindung	%	0.4–0.6
Bemerkungen		

Verarbeitungsbedingungen für Spritzgießen

Zylindertemperatur	°C	70–85
Düsentemperatur	°C	90–100
Massetemp.	°C	
Werkzeugtemp.	°C	160–195
Spritzdruck	bar	1000–2500
Härtezeit	s	10–20
Schwindung	%	
Nachschwindung	%	
Bemerkungen		

Zugversuch 23 °C DIN 53455;
Probekörper: *Form* Nr 3 *Herstellung* Spritzgiessen

Zugfestigkeit	N/mm^2	30	*E-Modul*	N/mm^2	
Reißdehnung	%		*Zeitstandzugfestigkeit*	h N/mm^2	

Biegeversuch 23 °C DIN 53452; DIN 53457
Probekörper: *Form* 80 x 10 x 4 mm *Herstellung* Pressen

Biegefestigkeit	N/mm^2	60	*E-Modul*	N/mm^2	6000–7500

Druckversuch 23°C DIN 53454
Probekörper: *Form* *Herstellung* Pressen

Druckfestigkeit	N/mm^2	150	*Stauchung*	%

Härte 23 °C *Probekörper:* *Herstellung*

Kugeldruckhärte N/mm^2 bei N, s

Schlagversuch *Probekörper:* *(1)* U-Kerbe
(2)
Herstellung Pressen

		°C		°C	°C	*Probekörper-Form*
Schlagzähigkeit	kJ/m²	23	6.0			NS
Kerbschlagzähigkeit (1)	kJ/m²	23	6.0			NS
IZOD-Kerbschlag-zähigkeit (2)	J/m					

Abrieb und Reibung

Taber-Abrieb (Reibradverfahren) mm³/100 U
Statische Reibungszahl
Dynamische Reibungszahl (p·v= N/mm² · m/min)
Zulässiger p · v Wert N/mm² · (m/min) v= m/min
v= m/min

Thermische Eigenschaften

Formbeständigkeit in der Wärme	*Verfahren* A			150 °C
	Verfahren			°C
Formbeständigkeit Martens				125 °C
Längenausdehnungskoeffizient	*Bereich*	°C		$\cdot 10^{-4}K^{-1}$
	Temperatur			$\cdot 10^{-4}K^{-1}$
Wärmeleitfähigkeit	*Verfahren*		23 °C	0.3 W/(K · m)
Spezifische Wärmekapazität	*Verfahren*			J/(K · g)

Brandverhalten

UL-Test vertikal Dicke 4.0 mm, Wert V-1
Dicke mm, Wert

	Norm	*Bewertung*	*Abmessungen*
Sauerstoff-Index	ASTM D 2863		
Glühstab-Verfahren	DIN 53459	2b	
Brandverhalten	DIN 4102		
MVSS			
FAR			

Elektrische Eigenschaften

		Hz	°C		*Probekörper, Form*
Dielektrizitätszahl		50			
		10^3			
		10^6			
Dielektrischer Verlustfaktor tan δ		50			
		10^3			
		10^6			
Spezifischer Durchgangs-widerstand	Ohm · cm		23	1. *10**10	
Durchschlagfestigkeit	kV/mm		23	20	1 mm dick
Oberflächenwiderstand	Ohm		23	1. *10**8	

Kriechstromfestigkeit KC 125 KB KA
Kriechwegbildung

Elektrolytische Korrosionswirkung
Lichtbogenfestigkeit nach DIN
nach ASTM s

Beständigkeit *(Chemische Beständigkeit siehe Anhang)*

Wasseraufnahme 23 C 1 d 150 mg

Feuchtigkeitsaufnahme Normalklima %
Wetterbeständigkeit

Produktklasse	Phenolharz-Formmasse		**PF**
Handelsname	**Vyncolite 3510 CG**		
Hersteller	VYNCKIER		
DIN-Bezeichnung			
ISO-Bezeichnung	PF 2C1		
Harzbasis	Phenol-Formaldehyd-Harz		
Zusätze	10% Graphit	*Füllstoffe/ Verstärkung*	
Bevorzugte Verarbeitung	Pressen; Spritzpressen; Spritzgiessen	*Lieferform*	Granulat
		Farben	Schwarz
Besondere Merkmale	Niedriger Reibungskoeffizient; Ausgezeichnete Dimensionsstabilitaet	*Bevorzugte Anwendungen*	Gaszaehlerteil

Dichte	g/cm³	1.61	*Dosierbarkeit*
Schüttdichte	g/cm³	0.75–0.85	*Tablettierbarkeit*
Fließeinstellung			*Lagerung*

Verarbeitungsbedingungen für Pressen

Werkzeugtemperatur	°C	160–185
Pressdruck	bar	150–300
Härtezeit je mm	s	30–60
Schwindung	%	0.2–0.5
Nachschwindung	%	0.1–0.2
Bemerkungen		

Verarbeitungsbedingungen für Spritzgießen

Zylindertemperatur	°C	70–85
Düsentemperatur	°C	90–100
Massetemp.	°C	
Werkzeugtemp.	°C	160–195
Spritzdruck	bar	1000–2500
Härtezeit	s	10–20
Schwindung	%	
Nachschwindung	%	
Bemerkungen		

Zugversuch 23 °C DIN 53455;
Probekörper: *Form* Nr 3 *Herstellung* Spritzgiessen

Zugfestigkeit	N/mm²	40	*E-Modul*	N/mm²	
Reißdehnung	%		*Zeitstandzugfestigkeit*	h N/mm²	

Biegeversuch 23 °C DIN 53452; DIN 53457
Probekörper: *Form* 80 x 10 x 4 mm *Herstellung* Pressen

Biegefestigkeit	N/mm²	70	*E-Modul*	N/mm²	11000–13000

Druckversuch 23 °C DIN 53454
Probekörper: *Form* *Herstellung* Pressen

Druckfestigkeit	N/mm²	180	*Stauchung*	%	

Härte 23 °C *Probekörper:* *Herstellung*

Kugeldruckhärte N/mm² bei N, s

Schlagversuch *Probekörper:* *(1)* U-Kerbe *(2)*

Herstellung Pressen

		°C		°C	°C	*Probekörper-Form*
Schlagzähigkeit	kJ/m²	23	5.0			NS
Kerbschlagzähigkeit (1)	kJ/m²	23	1.6			NS
IZOD-Kerbschlag-zähigkeit (2)	J/m					

Abrieb und Reibung

Taber-Abrieb (Reibradverfahren) mm³/100 U
Statische Reibungszahl
Dynamische Reibungszahl (p · v= N/mm² · m/min)
Zulässiger p · v Wert N/mm² · (m/min) v= m/min
v= m/min

Thermische Eigenschaften

Formbeständigkeit in der Wärme	*Verfahren* A		160 °C
	Verfahren		°C
Formbeständigkeit Martens			145 °C
Längenausdehnungskoeffizient	*Bereich*	°C	$\cdot 10^{-4} K^{-1}$
	Temperatur 23 °C		$0.20–0.25 \cdot 10^{-4} K^{-1}$
Wärmeleitfähigkeit	*Verfahren*		W/(K · m)
Spezifische Wärmekapazität	*Verfahren*		J/(K · g)

Brandverhalten

UL-Test vertikal Dicke 1.6 mm, Wert V-1
Dicke 4.0 mm, Wert V-0

	Norm	*Bewertung*	*Abmessungen*
Sauerstoff-Index	ASTM D 2863		
Glühstab-Verfahren	DIN 53459	1	
Brandverhalten	DIN 4102		
MVSS			
FAR			

Elektrische Eigenschaften

		Hz	°C	*Probekörper, Form*
Dielektrizitätszahl		50		
		10^3		
		10^6		
Dielektrischer Verlustfaktor tan δ		50		
		10^3		
		10^6		
Spezifischer Durchgangs-widerstand	Ohm · cm			
Durchschlagfestigkeit	kV/mm			mm dick
Oberflächenwiderstand	Ohm			

Kriechstromfestigkeit KC KB KA
Kriechwegbildung

Elektrolytische Korrosionswirkung
Lichtbogenfestigkeit nach DIN
nach ASTM s

Beständigkeit *(Chemische Beständigkeit siehe Anhang)*

Wasseraufnahme 23 C 1 d 10 mg

Feuchtigkeitsaufnahme Normalklima %
Wetterbeständigkeit

PF

Produktklasse	Phenolharz-Formmasse
Handelsname	**Vyncolite 3515 CG**
Hersteller	VYNCKIER
DIN-Bezeichnung	
ISO-Bezeichnung	PF 2C1
Harzbasis	Phenol-Formaldehyd-Harz
Zusätze	15% Graphit
Füllstoffe/ Verstärkung	
Bevorzugte Verarbeitung	Pressen; Spritzpressen; Spritzgiessen
Lieferform	Granulat
Farben	Schwarz
Besondere Merkmale	Niedriger Reibungskoeffizient; Sehr gute Dimensionsstabilitaet
Bevorzugte Anwendungen	Gaszaehlerteil

Dichte	g/cm³	1.62
Schüttdichte	g/cm³	0.72–0.85
Fließeinstellung		
Dosierbarkeit		
Tablettierbarkeit		
Lagerung		

Verarbeitungsbedingungen für Pressen

Werkzeugtemperatur	°C	160–185
Pressdruck	bar	150–300
Härtezeit je mm	s	30–60
Schwindung	%	0.2–0.5
Nachschwindung	%	0.1–0.2
Bemerkungen		

Verarbeitungsbedingungen für Spritzgießen

Zylindertemperatur	°C	70–85
Düsentemperatur	°C	90–100
Massetemp.	°C	
Werkzeugtemp.	°C	160–195
Spritzdruck	bar	1000–2500
Härtezeit	s	10–20
Schwindung	%	
Nachschwindung	%	
Bemerkungen		

Zugversuch 23 °C DIN 53455;
Probekörper: *Form* Nr 3 *Herstellung* Spritzgiessen

Zugfestigkeit	N/mm²	40	*E-Modul*	N/mm²	
Reißdehnung	%		*Zeitstandzugfestigkeit*	h N/mm²	

Biegeversuch 23 °C DIN 53452; DIN 53457
Probekörper: *Form* 80 x 10 x 4 mm *Herstellung* Pressen

Biegefestigkeit	N/mm²	70	*E-Modul*	N/mm²	11000–13000

Druckversuch 23°C DIN 53454
Probekörper: *Form* *Herstellung* Pressen

Druckfestigkeit	N/mm²	180	*Stauchung*	%	

Härte 23 °C *Probekörper:* *Herstellung*

Kugeldruckhärte N/mm² bei N, s

Schlagversuch *Probekörper:* *(1)* U-Kerbe *(2)* *Herstellung* Pressen

		°C		°C	°C	*Probekörper-Form*
Schlagzähigkeit	kJ/m²	23	5.0			NS
Kerbschlagzähigkeit (1)	kJ/m²	23	1.6			NS
IZOD-Kerbschlag-zähigkeit (2)	J/m					

Abrieb und Reibung

Taber-Abrieb (Reibradverfahren)	mm³/100 U
Statische Reibungszahl	
Dynamische Reibungszahl	(p · v= N/mm² · m/min)
Zulässiger p · v Wert	N/mm² · (m/min) v= m/min
	v= m/min

Thermische Eigenschaften

Formbeständigkeit in der Wärme	*Verfahren* A	160 °C
	Verfahren	°C
Formbeständigkeit Martens		145 °C
Längenausdehnungskoeffizient	*Bereich* °C	$\cdot 10^{-4} K^{-1}$
	Temperatur 23 °C	0.20–0.25 $\cdot 10^{-4} K^{-1}$
Wärmeleitfähigkeit	*Verfahren*	W/(K · m)
Spezifische Wärmekapazität	*Verfahren*	J/(K · g)

Brandverhalten

UL-Test vertikal Dicke 1.6 mm, Wert V-1
Dicke 4.0 mm, Wert V-0

	Norm	*Bewertung*	*Abmessungen*
Sauerstoff-Index	ASTM D 2863		
Glühstab-Verfahren	DIN 53459	1	
Brandverhalten	DIN 4102		
MVSS			
FAR			

Elektrische Eigenschaften

		Hz	°C	*Probekörper, Form*
Dielektrizitätszahl		50		
		10^3		
		10^6		
Dielektrischer Verlustfaktor tan δ		50		
		10^3		
		10^6		
Spezifischer Durchgangs-widerstand	Ohm · cm			
Durchschlagfestigkeit	kV/mm			mm dick
Oberflächenwiderstand	Ohm			

Kriechstromfestigkeit KC KB KA
Kriechwegbildung

Elektrolytische Korrosionswirkung
Lichtbogenfestigkeit nach DIN
nach ASTM s

Beständigkeit *(Chemische Beständigkeit siehe Anhang)*

Wasseraufnahme 23 C 1 d 10 mg

Feuchtigkeitsaufnahme Normalklima %
Wetterbeständigkeit

PF

Produktklasse	Phenolharz-Formmasse
Handelsname	**Vyncolite 3520 CG**
Hersteller	VYNCKIER
DIN-Bezeichnung	
ISO-Bezeichnung	PF 2C1
Harzbasis	Phenol-Formaldehyd-Harz
Zusätze	20% Graphit
Füllstoffe/ Verstärkung	
Bevorzugte Verarbeitung	Pressen; Spritzpressen; Spritzgiessen
Lieferform	Granulat
Farben	Schwarz
Besondere Merkmale	Niedriger Reibungskoeffizient; Sehr gute Dimensionsstabilitaet
Bevorzugte Anwendungen	Gaszaehlerteil

Dichte	g/cm³	1.64
Schüttdichte	g/cm³	0.75–0.90
Fließeinstellung		
Dosierbarkeit		
Tablettierbarkeit		
Lagerung		

Verarbeitungsbedingungen für Pressen

Werkzeugtemperatur	°C	160–185
Pressdruck	bar	150–300
Härtezeit je mm	s	30–60
Schwindung	%	0.3–0.5
Nachschwindung	%	0.1–0.2
Bemerkungen		

Verarbeitungsbedingungen für Spritzgießen

Zylindertemperatur	°C	70–85
Düsentemperatur	°C	90–100
Massetemp.	°C	
Werkzeugtemp.	°C	160–195
Spritzdruck	bar	1000–2500
Härtezeit	s	10–20
Schwindung	%	
Nachschwindung	%	
Bemerkungen		

Zugversuch 23 °C DIN 53455;
Probekörper: *Form* Nr 3 *Herstellung* Spritzgiessen

Zugfestigkeit	N/mm²	40	*E-Modul*	N/mm²	
Reißdehnung	%		*Zeitstandzugfestigkeit*	h N/mm²	

Biegeversuch 23 °C DIN 53452; DIN 53457
Probekörper: *Form* 80 x 10 x 4 mm *Herstellung* Pressen

Biegefestigkeit	N/mm²	70	*E-Modul*	N/mm²	11000–13000

Druckversuch 23°C DIN 53454
Probekörper: *Form* *Herstellung* Pressen

Druckfestigkeit	N/mm²	180	*Stauchung*	%	

Härte 23 °C *Probekörper:* *Herstellung*

Kugeldruckhärte N/mm² bei N, s

Schlagversuch *Probekörper:* *(1)* U-Kerbe *(2)* *Herstellung* Pressen

		°C		°C	°C	*Probekörper-Form*
Schlagzähigkeit	kJ/m²	23	5.0			NS
Kerbschlagzähigkeit (1)	kJ/m²	23	1.6			NS
IZOD-Kerbschlag-zähigkeit (2)	J/m					

Abrieb und Reibung

Taber-Abrieb (Reibradverfahren)	mm³/100 U		
Statische Reibungszahl			
Dynamische Reibungszahl	(p·v= N/mm²·		m/min)
Zulässiger p·v Wert	N/mm²·(m/min)	v=	m/min
		v=	m/min

Thermische Eigenschaften

Formbeständigkeit in der Wärme	*Verfahren* A		160 °C
	Verfahren		°C
Formbeständigkeit Martens			145 °C
Längenausdehnungskoeffizient	*Bereich*	°C	$\cdot 10^{-4} K^{-1}$
	Temperatur 23 °C		$0.20–0.25 \cdot 10^{-4} K^{-1}$
Wärmeleitfähigkeit	*Verfahren*		W/(K·m)
Spezifische Wärmekapazität	*Verfahren*		J/(K·g)

Brandverhalten

UL-Test vertikal Dicke 1.6 mm, Wert V-1
Dicke 4.0 mm, Wert V-0

	Norm	*Bewertung*	*Abmessungen*
Sauerstoff-Index	ASTM D 2863		
Glühstab-Verfahren	DIN 53459	1	
Brandverhalten	DIN 4102		
MVSS			
FAR			

Elektrische Eigenschaften

		Hz	°C		*Probekörper, Form*
Dielektrizitätszahl		50			
		10^3			
		10^6			
Dielektrischer Verlustfaktor tan δ		50			
		10^3			
		10^6			
Spezifischer Durchgangs-widerstand	Ohm·cm				
Durchschlagfestigkeit	kV/mm				mm dick
Oberflächenwiderstand	Ohm				
Kriechstromfestigkeit		KC	KB	KA	
Kriechwegbildung					
Elektrolytische Korrosionswirkung					
Lichtbogenfestigkeit nach DIN					
nach ASTM	s				

Beständigkeit *(Chemische Beständigkeit siehe Anhang)*

Wasseraufnahme 23 C 1 d 10 mg

Feuchtigkeitsaufnahme Normalklima %

Wetterbeständigkeit

PF

Produktklasse	Phenolharz-Formmasse
Handelsname	**Vyncolite 3112**
Hersteller	VYNCKIER
DIN-Bezeichnung	31
ISO-Bezeichnung	PF 2A1
Harzbasis	Phenol-Formaldehyd-Harz

Zusätze		*Füllstoffe/ Verstärkung*	Holzmehl
Bevorzugte Verarbeitung	Pressen; Spritzpressen	*Lieferform*	Granulat
		Farben	Standard
Besondere Merkmale	Standard-Typ fuer normale Beanspruchung	*Bevorzugte Anwendungen*	Bedarfsartikel; Technisches Formteil

---

Dichte	g/cm^3 1.41	*Dosierbarkeit*	
Schüttdichte	g/cm^3 0.55–0.65	*Tablettierbarkeit*	
Fließeinstellung		*Lagerung*	

Verarbeitungsbedingungen für Pressen

Werkzeugtemperatur	°C	160–185
Pressdruck	bar	150–300
Härtezeit je mm	s	30–60
Schwindung	%	0.5–0.8
Nachschwindung	%	0.4–0.7
Bemerkungen		

Verarbeitungsbedingungen für Spritzgießen

Zylindertemperatur	°C	
Düsentemperatur	°C	
Massetemp.	°C	
Werkzeugtemp.	°C	
Spritzdruck	bar	
Härtezeit	s	
Schwindung	%	
Nachschwindung	%	
Bemerkungen		

Zugversuch 23 °C DIN 53455;
Probekörper: *Form* Nr 3 *Herstellung* Spritzgiessen

Zugfestigkeit	N/mm^2 40	*E-Modul*	N/mm^2
Reißdehnung	%	*Zeitstandzugfestigkeit*	h N/mm^2

Biegeversuch 23 °C DIN 53452; DIN 53457
Probekörper: *Form* 80 x 10 x 4 mm *Herstellung* Pressen

Biegefestigkeit	N/mm^2 80	*E-Modul*	N/mm^2 6000–8000

Druckversuch 23°C DIN 53454
Probekörper: *Form* *Herstellung* Pressen

Druckfestigkeit	N/mm^2 200	*Stauchung*	%

Härte 23 °C *Probekörper:* *Herstellung*

Kugeldruckhärte N/mm^2 bei N, s

Schlagversuch *Probekörper:* *(1)* U-Kerbe *(2)*

Herstellung Pressen

		°C		°C	°C	*Probekörper-Form*
Schlagzähigkeit	kJ/m²	23	6.0			NS
Kerbschlagzähigkeit (1)	kJ/m²	23	2.0			NS
IZOD-Kerbschlagzähigkeit (2)	J/m					

Abrieb und Reibung

Taber-Abrieb (Reibradverfahren) mm³/100 U
Statische Reibungszahl
Dynamische Reibungszahl (p·v= N/mm² · m/min)
Zulässiger p · v Wert N/mm² · (m/min) v= m/min
v= m/min

Thermische Eigenschaften

Formbeständigkeit in der Wärme	*Verfahren* A			160 °C
	Verfahren			°C
Formbeständigkeit Martens				130 °C
Längenausdehnungskoeffizient	*Bereich*	°C		$\cdot 10^{-4}K^{-1}$
	Temperatur			$\cdot 10^{-4}K^{-1}$
Wärmeleitfähigkeit	*Verfahren*		23 °C	0.35 W/(K · m)
Spezifische Wärmekapazität	*Verfahren*			J/(K · g)

Brandverhalten

UL-Test vertikal Dicke 4.0 mm, Wert V-1
Dicke mm, Wert

	Norm	*Bewertung*	*Abmessungen*
Sauerstoff-Index	ASTM D 2863		
Glühstab-Verfahren	DIN 53459	2a	
Brandverhalten	DIN 4102		
MVSS			
FAR			

Elektrische Eigenschaften

		Hz	°C		*Probekörper, Form*
Dielektrizitätszahl		50			
		10^3			
		10^6			
Dielektrischer Verlustfaktor tan δ		50			
		10^3			
		10^6			
Spezifischer Durchgangswiderstand	Ohm · cm		23	1. *10**10	
Durchschlagfestigkeit	kV/mm		23	20	1 mm dick
Oberflächenwiderstand	Ohm		23	1. *10**8	

Kriechstromfestigkeit KC KB KA
Kriechwegbildung

Elektrolytische Korrosionswirkung
Lichtbogenfestigkeit nach DIN
nach ASTM s

Beständigkeit *(Chemische Beständigkeit siehe Anhang)*

Wasseraufnahme 23 C 1 d 100 mg

Feuchtigkeitsaufnahme Normalklima %
Wetterbeständigkeit

PF

Produktklasse	Phenolharz-Formmasse		
Handelsname	**Vyncolite 3103 S**		
Hersteller	VYNCKIER		
DIN-Bezeichnung	31		
ISO-Bezeichnung	PF 2A1		
Harzbasis	Phenol-Formaldehyd-Harz		
Zusätze		*Füllstoffe/ Verstärkung*	Holzmehl
Bevorzugte Verarbeitung	Spritzpressen; Spritzgiessen	*Lieferform*	Granulat
		Farben	Standard
Besondere Merkmale	Standard-Typ fuer normale Beanspruchung	*Bevorzugte Anwendungen*	Bedarfsartikel; Technisches Formteil

---

Dichte	g/cm³	1.41	*Dosierbarkeit*		
Schüttdichte	g/cm³	0.55–0.65	*Tablettierbarkeit*		
Fließeinstellung			*Lagerung*		

Verarbeitungsbedingungen für Pressen			**Verarbeitungsbedingungen für Spritzgießen**		
			Zylindertemperatur	°C	70–85
			Düsentemperatur	°C	90–100
			Massetemp.	°C	
Werkzeugtemperatur	°C		*Werkzeugtemp.*	°C	160–195
Pressdruck	bar		*Spritzdruck*	bar	1000–2500
Härtezeit je mm	s		*Härtezeit*	s	10–20
Schwindung	%		*Schwindung*	%	
Nachschwindung	%		*Nachschwindung*	%	
Bemerkungen			*Bemerkungen*		

Zugversuch 23 °C DIN 53455;
Probekörper: *Form* Nr 3 — *Herstellung* Spritzgiessen

Zugfestigkeit	N/mm²	40	*E-Modul*	N/mm²	
Reißdehnung	%		*Zeitstandzugfestigkeit*	h N/mm²	

Biegeversuch 23 °C DIN 53452; DIN 53457
Probekörper: *Form* 80 x 10 x 4 mm — *Herstellung* Pressen

Biegefestigkeit	N/mm²	80	*E-Modul*	N/mm²	6000–8000

Druckversuch 23 °C DIN 53454
Probekörper: *Form* — *Herstellung* Pressen

Druckfestigkeit	N/mm²	200	*Stauchung*	%	

Härte 23 °C *Probekörper:* — *Herstellung*

Kugeldruckhärte N/mm² bei N, s

Schlagversuch *Probekörper:* *(1)* U-Kerbe
(2)
Herstellung Pressen

		°C		°C	°C	*Probekörper-Form*
Schlagzähigkeit	kJ/m²	23	6.0			NS
Kerbschlagzähigkeit (1)	kJ/m²	23	1.8			NS
IZOD-Kerbschlag-zähigkeit (2)	J/m					

Abrieb und Reibung

Taber-Abrieb (Reibradverfahren) mm³/100 U
Statische Reibungszahl
Dynamische Reibungszahl (p·v= N/mm²· m/min)
Zulässiger p · v Wert N/mm² · (m/min) v= m/min
v= m/min

Thermische Eigenschaften

Formbeständigkeit in der Wärme	*Verfahren* A			160 °C
	Verfahren			°C
Formbeständigkeit Martens				130 °C
Längenausdehnungskoeffizient	*Bereich*	°C		$\cdot 10^{-4}K^{-1}$
	Temperatur			$\cdot 10^{-4}K^{-1}$
Wärmeleitfähigkeit	*Verfahren*		23 °C	0.35 W/(K · m)
Spezifische Wärmekapazität	*Verfahren*			J/(K · g)

Brandverhalten

UL-Test vertikal Dicke 4.0 mm, Wert V-1
Dicke mm, Wert

	Norm	*Bewertung*	*Abmessungen*
Sauerstoff-Index	ASTM D 2863		
Glühstab-Verfahren	DIN 53459	2a	
Brandverhalten	DIN 4102		
MVSS			
FAR			

Elektrische Eigenschaften

		Hz	°C		*Probekörper, Form*
Dielektrizitätszahl		50			
		10^3			
		10^6			
Dielektrischer Verlustfaktor tan δ		50			
		10^3			
		10^6			
Spezifischer Durchgangs-widerstand	Ohm · cm		23	1. *10**10	
Durchschlagfestigkeit	kV/mm		23	18	1 mm dick
Oberflächenwiderstand	Ohm		23	1. *10**8	

Kriechstromfestigkeit KC KB KA
Kriechwegbildung

Elektrolytische Korrosionswirkung
Lichtbogenfestigkeit nach DIN
nach ASTM s

Beständigkeit *(Chemische Beständigkeit siehe Anhang)*

Wasseraufnahme 23 C 1 d 100 mg

Feuchtigkeitsaufnahme Normalklima %
Wetterbeständigkeit

Produktklasse	Polyesterharz-Formmasse		**UP**
Handelsname	**Keripol RWF 1511**		
Hersteller	PHOENIX		
DIN-Bezeichnung *ISO-Bezeichnung*			
Harzbasis	Ungesaettigtes Polyesterharz		
Zusätze		*Füllstoffe/ Verstärkung*	Glasfasern
Bevorzugte Verarbeitung	Pressen; Spritzpressen; Spritzgiessen	*Lieferform*	Granulat
		Farben	Natur; Standard
Besondere Merkmale	Hochwaermebestaendig; Sehr nachschwindungsarm; Hohe Glutbestaendigkeit; Keramik-Substitution	*Bevorzugte Anwendungen*	Sicherungssockel

Dichte	g/cm^3	2.1	*Dosierbarkeit*		
Schüttdichte	g/cm^3		*Tablettierbarkeit*		
Fließeinstellung			*Lagerung*	10 C bis 20 C; Stehend lagern; Nicht stapeln; 6 Monate ab Lieferdatum	

Verarbeitungsbedingungen für Pressen

Werkzeugtemperatur	°C	160–180
Pressdruck	bar	250–400
Härtezeit je mm	s	
Schwindung	%	0.2
Nachschwindung	%	0.0
Bemerkungen		

Verarbeitungsbedingungen für Spritzgießen

Zylindertemperatur	°C	50–60
Düsentemperatur	°C	70–90
Massetemp.	°C	90–110
Werkzeugtemp.	°C	160–190
Spritzdruck	bar	600–1800
Härtezeit	s	
Schwindung	%	
Nachschwindung	%	
Bemerkungen		

Zugversuch 23 °C DIN 53455;
Probekörper: *Form* Nr 3 — *Herstellung* Pressen

Zugfestigkeit	N/mm^2	25	*E-Modul*	N/mm^2	
Reißdehnung	%		*Zeitstandzugfestigkeit*	h N/mm^2	

Biegeversuch 23 °C DIN 53452; DIN 53457
Probekörper: *Form* NS — *Herstellung* Pressen

Biegefestigkeit	N/mm^2	70	*E-Modul*	N/mm^2	10000

Druckversuch 23 °C DIN 53454
Probekörper: *Form* — *Herstellung* Pressen

Druckfestigkeit	N/mm^2	160	*Stauchung*	%

Härte 23 °C *Probekörper:* — *Herstellung* Pressen

Kugeldruckhärte	N/mm^2	360	bei	N, s

Schlagversuch *Probekörper:* *(1)* U-Kerbe *(2)*

Herstellung Pressen

		°C		°C	°C	*Probekörper-Form*
Schlagzähigkeit	kJ/m²	23	6			NS
Kerbschlagzähigkeit (1)	kJ/m²	23	3			NS
IZOD-Kerbschlagzähigkeit (2)	J/m					

Abrieb und Reibung

Taber-Abrieb (Reibradverfahren) mm³/100 U
Statische Reibungszahl
Dynamische Reibungszahl (p·v= N/mm²· m/min)
Zulässiger p·v Wert N/mm²·(m/min) v= m/min
v= m/min

Thermische Eigenschaften

Formbeständigkeit in der Wärme	*Verfahren* A		240 °C
	Verfahren		°C
Formbeständigkeit Martens			200 °C
Längenausdehnungskoeffizient	*Bereich*	°C	$\cdot 10^{-4}K^{-1}$
	Temperatur 23 °C		$0.25 \cdot 10^{-4}K^{-1}$
Wärmeleitfähigkeit	*Verfahren*		W/(K·m)
Spezifische Wärmekapazität	*Verfahren*		J/(K·g)

Brandverhalten

UL-Test vertikal Dicke 3.2 mm, Wert V-0
Dicke mm, Wert

	Norm	*Bewertung*	*Abmessungen*
Sauerstoff-Index	ASTM D 2863		
Glühstab-Verfahren	DIN 53459	1a	
Brandverhalten	DIN 4102		
MVSS			
FAR			

Elektrische Eigenschaften

		Hz	°C				*Probekörper, Form*
Dielektrizitätszahl		50					
		10^3	23	4.5			
		10^6					
Dielektrischer Verlustfaktor tan δ		50					
		10^3	23	0.03			
		10^6					
Spezifischer Durchgangswiderstand	Ohm·cm		23	1.0*10**14			
Durchschlagfestigkeit	kV/mm		23	16			1 mm dick
Oberflächenwiderstand	Ohm		23	1.0*10**12			
Kriechstromfestigkeit		KC			KB	KA	
Kriechwegbildung		CTI 600					
Elektrolytische Korrosionswirkung							
Lichtbogenfestigkeit nach DIN							
nach ASTM	s	190					

Beständigkeit *(Chemische Beständigkeit siehe Anhang)*

Wasseraufnahme 23 C 4 d ≦40 mg

Feuchtigkeitsaufnahme Normalklima %
Wetterbeständigkeit

Produktklasse	Polyesterharz-Formmasse		**UP**
Handelsname	**Keripol RT 1121**		
Hersteller	PHOENIX		
DIN-Bezeichnung *ISO-Bezeichnung*			
Harzbasis	Ungesaettigtes Polyesterharz		
Zusätze		*Füllstoffe/ Verstärkung*	Textilfasern
Bevorzugte Verarbeitung	Pressen; Spritzpressen; Spritzgiessen	*Lieferform*	Granulat
		Farben	Natur; Standard
Besondere Merkmale	Standardqualitaet; Substitution nicht-kriechstromfester Massen; Abriebfest; Keramik-Substitution	*Bevorzugte Anwendungen*	Schaltersockel; Gehaeuse; Deckel

---

Dichte	g/cm^3 1.75	*Dosierbarkeit*	
Schüttdichte	g/cm^3	*Tablettierbarkeit*	
Fließeinstellung		*Lagerung*	10 C bis 20 C; Stehend lagern; Nicht stapeln; 6 Monate ab Lieferdatum

Verarbeitungsbedingungen für Pressen

Werkzeugtemperatur	°C	160–180
Pressdruck	bar	250–400
Härtezeit je mm	s	
Schwindung	%	0.7
Nachschwindung	%	0.4
Bemerkungen		

Verarbeitungsbedingungen für Spritzgießen

Zylindertemperatur	°C	50–60
Düsentemperatur	°C	70–90
Massetemp.	°C	90–110
Werkzeugtemp.	°C	160–190
Spritzdruck	bar	600–1800
Härtezeit	s	
Schwindung	%	
Nachschwindung	%	
Bemerkungen		

Zugversuch 23 °C DIN 53455;
Probekörper: *Form* Nr 3 *Herstellung* Pressen

Zugfestigkeit	N/mm^2 35	*E-Modul*	N/mm^2
Reißdehnung	%	*Zeitstandzugfestigkeit*	h N/mm^2

Biegeversuch 23 °C DIN 53452; DIN 53457
Probekörper: *Form* NS *Herstellung* Pressen

Biegefestigkeit	N/mm^2 70	*E-Modul*	N/mm^2 6500

Druckversuch 23°C DIN 53454
Probekörper: *Form* *Herstellung* Pressen

Druckfestigkeit	N/mm^2 230	*Stauchung*	%

Härte 23 °C *Probekörper:* *Herstellung* Pressen

Kugeldruckhärte N/mm^2 230 bei N, s

Schlagversuch *Probekörper:* *(1)* U-Kerbe *(2)* *Herstellung* Pressen

		°C		°C	°C	*Probekörper-Form*
Schlagzähigkeit	kJ/m²	23	7			NS
Kerbschlagzähigkeit (1)	kJ/m²	23	3			NS
IZOD-Kerbschlag-zähigkeit (2)	J/m					

Abrieb und Reibung

Taber-Abrieb (Reibradverfahren) mm³/100 U
Statische Reibungszahl
Dynamische Reibungszahl (p·v= N/mm²· m/min)
Zulässiger p · v Wert N/mm² · (m/min) v= m/min
v= m/min

Thermische Eigenschaften

Formbeständigkeit in der Wärme	*Verfahren* A		180 °C
	Verfahren		°C
Formbeständigkeit Martens			140 °C
Längenausdehnungskoeffizient	*Bereich*	°C	$\cdot 10^{-4}K^{-1}$
	Temperatur 23 °C		$0.35 \cdot 10^{-4}K^{-1}$
Wärmeleitfähigkeit	*Verfahren*		W/(K · m)
Spezifische Wärmekapazität	*Verfahren*		J/(K · g)

Brandverhalten

UL-Test vertikal Dicke mm, Wert
Dicke mm, Wert

	Norm	*Bewertung*	*Abmessungen*
Sauerstoff-Index	ASTM D 2863		
Glühstab-Verfahren	DIN 53459	2b	
Brandverhalten	DIN 4102		
MVSS			
FAR			

Elektrische Eigenschaften

		Hz	°C		*Probekörper, Form*
Dielektrizitätszahl		50			
		10^3	23	6.5	
		10^6			
Dielektrischer Verlustfaktor tan δ		50			
		10^3	23	0.1	
		10^6			
Spezifischer Durchgangs-widerstand	Ohm · cm		23	1.0*10**12	
Durchschlagfestigkeit	kV/mm		23	12	1 mm dick
Oberflächenwiderstand	Ohm		23	1.0*10**11	

Kriechstromfestigkeit KC KB KA
Kriechwegbildung CTI 600

Elektrolytische Korrosionswirkung
Lichtbogenfestigkeit nach DIN
nach ASTM s

Beständigkeit *(Chemische Beständigkeit siehe Anhang)*

Wasseraufnahme 23 C 4 d ≦110 mg

Feuchtigkeitsaufnahme Normalklima %
Wetterbeständigkeit

UP

Produktklasse	Polyesterharz-Formmasse
Handelsname	**Keripol RBT 1122**
Hersteller	PHOENIX
DIN-Bezeichnung	
ISO-Bezeichnung	
Harzbasis	Ungesaettigtes Polyesterharz
Zusätze	
Füllstoffe/ Verstärkung	Textilfasern
Bevorzugte Verarbeitung	Pressen; Spritzpressen; Spritzgiessen
Lieferform	Granulat
Farben	Natur; Standard
Besondere Merkmale	Elastische Einstellung
Bevorzugte Anwendungen	LS-Schalter; FI-Automat; Gehaeuse; Abriebschutz

Dichte	g/cm^3	1.65
Schüttdichte	g/cm^3	
Fließeinstellung		
Dosierbarkeit		
Tablettierbarkeit		
Lagerung		10 C bis 20 C; Stehend lagern; Nicht stapeln; 6 Monate ab Lieferdatum

Verarbeitungsbedingungen für Pressen

Werkzeugtemperatur	°C	160–180
Pressdruck	bar	250–400
Härtezeit je mm	s	
Schwindung	%	0.7
Nachschwindung	%	0.1
Bemerkungen		

Verarbeitungsbedingungen für Spritzgießen

Zylindertemperatur	°C	50–60
Düsentemperatur	°C	70–90
Massetemp.	°C	90–110
Werkzeugtemp.	°C	160–190
Spritzdruck	bar	600–1800
Härtezeit	s	
Schwindung	%	
Nachschwindung	%	
Bemerkungen		

Zugversuch 23 °C DIN 53455;
Probekörper: *Form* Nr 3 *Herstellung* Pressen

Zugfestigkeit	N/mm^2	35	*E-Modul*	N/mm^2	
Reißdehnung	%		*Zeitstandzugfestigkeit*	h N/mm^2	

Biegeversuch 23 °C DIN 53452; DIN 53457
Probekörper: *Form* NS *Herstellung* Pressen

Biegefestigkeit	N/mm^2	60	*E-Modul*	N/mm^2	7000

Druckversuch 23°C DIN 53454
Probekörper: *Form* *Herstellung* Pressen

Druckfestigkeit	N/mm^2	230	*Stauchung*	%	

Härte 23 °C *Probekörper:* *Herstellung* Pressen

Kugeldruckhärte N/mm^2 230 bei N, s

Schlagversuch *Probekörper:* *(1)* U-Kerbe *(2)*

Herstellung Pressen

		°C		°C	°C	*Probekörper-Form*
Schlagzähigkeit	kJ/m²	23	6			NS
Kerbschlagzähigkeit (1)	kJ/m²	23	3.5			NS
IZOD-Kerbschlagzähigkeit (2)	J/m					

Abrieb und Reibung

Taber-Abrieb (Reibradverfahren) mm³/100 U
Statische Reibungszahl
Dynamische Reibungszahl (p·v= N/mm² · m/min)
Zulässiger p · v Wert N/mm² · (m/min) v= m/min
v= m/min

Thermische Eigenschaften

Formbeständigkeit in der Wärme	*Verfahren* A	150 °C
	Verfahren	°C
Formbeständigkeit Martens		100 °C
Längenausdehnungskoeffizient	*Bereich* °C	$\cdot 10^{-4} K^{-1}$
	Temperatur 23 °C	$0.40 \cdot 10^{-4} K^{-1}$
Wärmeleitfähigkeit	*Verfahren*	W/(K · m)
Spezifische Wärmekapazität	*Verfahren*	J/(K · g)

Brandverhalten

UL-Test vertikal Dicke 3.2 mm, Wert V-0
Dicke mm, Wert

	Norm	*Bewertung*	*Abmessungen*
Sauerstoff-Index	ASTM D 2863		
Glühstab-Verfahren	DIN 53459	2a	
Brandverhalten	DIN 4102		
MVSS			
FAR			

Elektrische Eigenschaften

		Hz	°C		*Probekörper, Form*
Dielektrizitätszahl		50			
		10^3	23	5.5	
		10^6			
Dielektrischer Verlustfaktor tan δ		50			
		10^3	23	0.1	
		10^6			
Spezifischer Durchgangswiderstand	Ohm · cm		23	1.0*10**12	
Durchschlagfestigkeit	kV/mm		23	13	1 mm dick
Oberflächenwiderstand	Ohm		23	1.0*10**10	

Kriechstromfestigkeit KC KB KA
Kriechwegbildung CTI 600

Elektrolytische Korrosionswirkung
Lichtbogenfestigkeit nach DIN
nach ASTM s

Beständigkeit *(Chemische Beständigkeit siehe Anhang)*

Wasseraufnahme 23 C 4 d ≦200 mg

Feuchtigkeitsaufnahme Normalklima %
Wetterbeständigkeit

UP

Produktklasse	Polyesterharz-Formmasse
Handelsname	**Keripol RFT 1225A**
Hersteller	PHOENIX
DIN-Bezeichnung	
ISO-Bezeichnung	
Harzbasis	Ungesaettigtes Polyesterharz
Zusätze	
Füllstoffe/ Verstärkung	Textilfasern
Bevorzugte Verarbeitung	Pressen; Spritzpressen; Spritzgiessen
Lieferform	Granulat
Farben	Natur; Standard
Besondere Merkmale	Hochabriebfest
Bevorzugte Anwendungen	Schaltschuetz mit 10 Mio Schaltspielen

Dichte	g/cm^3	1.73
Schüttdichte	g/cm^3	
Fließeinstellung		
Dosierbarkeit		
Tablettierbarkeit		
Lagerung		10 C bis 20 C; Stehend lagern; Nicht stapeln; 6 Monate ab Lieferdatum

Verarbeitungsbedingungen für Pressen

Werkzeugtemperatur	°C	160–180
Pressdruck	bar	250–400
Härtezeit je mm	s	
Schwindung	%	0.6
Nachschwindung	%	0.2
Bemerkungen		

Verarbeitungsbedingungen für Spritzgießen

Zylindertemperatur	°C	50–60
Düsentemperatur	°C	70–90
Massetemp.	°C	90–110
Werkzeugtemp.	°C	160–190
Spritzdruck	bar	600–1800
Härtezeit	s	
Schwindung	%	
Nachschwindung	%	
Bemerkungen		

Zugversuch 23 °C DIN 53455; *Probekörper: Form* Nr 3 *Herstellung* Pressen

Zugfestigkeit	N/mm^2	35	*E-Modul*	N/mm^2	
Reißdehnung	%		*Zeitstandzugfestigkeit*	h N/mm^2	

Biegeversuch 23 °C DIN 53452; DIN 53457 *Probekörper: Form* NS *Herstellung* Pressen

Biegefestigkeit	N/mm^2	65	*E-Modul*	N/mm^2	9000

Druckversuch 23°C DIN 53454 *Probekörper: Form* *Herstellung* Pressen

Druckfestigkeit	N/mm^2	170	*Stauchung*	%	

Härte 23 °C *Probekörper:* *Herstellung* Pressen

Kugeldruckhärte N/mm^2 240 bei N, s

Schlagversuch *Probekörper:* *(1)* U-Kerbe *(2)* *Herstellung* Pressen

		°C		°C		°C		*Probekörper-Form*
Schlagzähigkeit	kJ/m²	23	7.5					NS
Kerbschlagzähigkeit (1)	kJ/m²	23	3					NS
IZOD-Kerbschlagzähigkeit (2)	J/m							

Abrieb und Reibung

Taber-Abrieb (Reibradverfahren) mm³/100 U
Statische Reibungszahl
Dynamische Reibungszahl (p · v = N/mm² · m/min)
Zulässiger p · v Wert N/mm² · (m/min) v = m/min
v = m/min

Thermische Eigenschaften

Formbeständigkeit in der Wärme	*Verfahren* A	200 °C
	Verfahren	°C
Formbeständigkeit Martens		140 °C
Längenausdehnungskoeffizient	*Bereich* °C	$\cdot 10^{-4} K^{-1}$
	Temperatur 23 °C	$0.35 \cdot 10^{-4} K^{-1}$
Wärmeleitfähigkeit	*Verfahren*	W/(K · m)
Spezifische Wärmekapazität	*Verfahren*	J/(K · g)

Brandverhalten

UL-Test vertikal Dicke 1.6 mm, Wert V-0
Dicke mm, Wert

	Norm	*Bewertung*	*Abmessungen*
Sauerstoff-Index	ASTM D 2863		
Glühstab-Verfahren	DIN 53459	1b	
Brandverhalten	DIN 4102		
MVSS			
FAR			

Elektrische Eigenschaften

		Hz	°C		*Probekörper, Form*
Dielektrizitätszahl		50			
		10^3	23	4.5	
		10^6			
Dielektrischer Verlustfaktor tan δ		50			
		10^3	23	0.02	
		10^6			
Spezifischer Durchgangswiderstand	Ohm · cm		23	1.0*10**13	
Durchschlagfestigkeit	kV/mm		23	16	1 mm dick
Oberflächenwiderstand	Ohm		23	1.0*10**12	

Kriechstromfestigkeit KC KB KA
Kriechwegbildung CTI 600

Elektrolytische Korrosionswirkung
Lichtbogenfestigkeit nach DIN
nach ASTM s 190

Beständigkeit *(Chemische Beständigkeit siehe Anhang)*

Wasseraufnahme 23 C 4 d ≦80 mg

Feuchtigkeitsaufnahme Normalklima %
Wetterbeständigkeit

UP

Produktklasse	Polyesterharz-Formmasse
Handelsname	**Keripol RLZ 1341**
Hersteller	PHOENIX
DIN-Bezeichnung	
ISO-Bezeichnung	
Harzbasis	Ungesaettigtes Polyesterharz
Zusätze	
Füllstoffe/ Verstärkung	Cellulose
Bevorzugte Verarbeitung	Pressen; Spritzpressen; Spritzgiessen
Lieferform	Granulat
Farben	Natur; Standard
Besondere Merkmale	Lichtbogenbestaendig
Bevorzugte Anwendungen	Schaltergehaeuse; Loeschkammer

Dichte	g/cm³	1.75
Schüttdichte	g/cm³	
Fließeinstellung		
Dosierbarkeit		
Tablettierbarkeit		
Lagerung		10 C bis 20 C; Stehend lagern; Nicht stapeln; 6 Monate ab Lieferdatum

Verarbeitungsbedingungen für Pressen

Werkzeugtemperatur	°C	160–180
Pressdruck	bar	250–400
Härtezeit je mm	s	
Schwindung	%	0.9
Nachschwindung	%	0.4
Bemerkungen		

Verarbeitungsbedingungen für Spritzgießen

Zylindertemperatur	°C	50–60
Düsentemperatur	°C	70–90
Massetemp.	°C	90–110
Werkzeugtemp.	°C	160–190
Spritzdruck	bar	600–1800
Härtezeit	s	
Schwindung	%	
Nachschwindung	%	
Bemerkungen		

Zugversuch 23 °C DIN 53455; *Probekörper: Form* Nr 3 *Herstellung* Pressen

Zugfestigkeit	N/mm²	35	*E-Modul*	N/mm²	
Reißdehnung	%		*Zeitstandzugfestigkeit*	h N/mm²	

Biegeversuch 23 °C DIN 53452; DIN 53457 *Probekörper: Form* NS *Herstellung* Pressen

Biegefestigkeit	N/mm²	75	*E-Modul*	N/mm²	8500

Druckversuch 23°C DIN 53454 *Probekörper: Form* *Herstellung* Pressen

Druckfestigkeit	N/mm²	230	*Stauchung*	%	

Härte 23 °C *Probekörper:* *Herstellung* Pressen

Kugeldruckhärte N/mm² 230 bei N, s

Schlagversuch *Probekörper:* *(1)* U-Kerbe *(2)* | *Herstellung* Pressen

		°C		°C	°C	*Probekörper-Form*
Schlagzähigkeit	kJ/m²	23	8			NS
Kerbschlagzähigkeit (1)	kJ/m²	23	2.4			NS
IZOD-Kerbschlagzähigkeit (2)	J/m					

Abrieb und Reibung

Taber-Abrieb (Reibradverfahren) mm³/100 U
Statische Reibungszahl
Dynamische Reibungszahl (p · v= N/mm² · m/min)
Zulässiger p · v Wert N/mm² · (m/min) v= m/min
v= m/min

Thermische Eigenschaften

Formbeständigkeit in der Wärme	*Verfahren* A		200 °C
	Verfahren		°C
Formbeständigkeit Martens			130 °C
Längenausdehnungskoeffizient	*Bereich*	°C	$\cdot 10^{-4}K^{-1}$
	Temperatur 23 °C		$0.40 \cdot 10^{-4}K^{-1}$
Wärmeleitfähigkeit	*Verfahren*		W/(K · m)
Spezifische Wärmekapazität	*Verfahren*		J/(K · g)

Brandverhalten

UL-Test vertikal Dicke 1.6 mm, Wert V-0
Dicke mm, Wert

	Norm	*Bewertung*	*Abmessungen*
Sauerstoff-Index	ASTM D 2863		
Glühstab-Verfahren	DIN 53459	1a	
Brandverhalten	DIN 4102		
MVSS			
FAR			

Elektrische Eigenschaften

		Hz	°C		*Probekörper, Form*
Dielektrizitätszahl		50			
		10^3	23	5	
		10^6			
Dielektrischer Verlustfaktor tan δ		50			
		10^3	23	0.03	
		10^6			
Spezifischer Durchgangswiderstand	Ohm · cm		23	1.0*10**13	
Durchschlagfestigkeit	kV/mm		23	15	1 mm dick
Oberflächenwiderstand	Ohm		23	1.0*10**11	

Kriechstromfestigkeit KC KB KA
Kriechwegbildung CTI 600

Elektrolytische Korrosionswirkung
Lichtbogenfestigkeit nach DIN
nach ASTM s 190

Beständigkeit *(Chemische Beständigkeit siehe Anhang)*

Wasseraufnahme 23 C 4 d ≦60 mg

Feuchtigkeitsaufnahme Normalklima %
Wetterbeständigkeit

Produktklasse	Polyesterharz-Formmasse		**UP**
Handelsname	**Keripol K 3131**		
Hersteller	PHOENIX		
DIN-Bezeichnung			
ISO-Bezeichnung			
Harzbasis	Ungesaettigtes Polyesterharz		
Zusätze		*Füllstoffe/ Verstärkung*	Glasfasern
Bevorzugte Verarbeitung	Pressen; Spritzpressen; Spritzgiessen	*Lieferform*	BMC; Kittartig; Teigartig
		Farben	Natur; Standard
Besondere Merkmale	Standardqualitaet	*Bevorzugte Anwendungen*	Schalter; Abdeckung; Gehaeuse

Dichte	g/cm³	1.8	*Dosierbarkeit*	
Schüttdichte	g/cm³		*Tablettierbarkeit*	
Fließeinstellung			*Lagerung*	10 C bis 20 C; Nicht unter 0 C lagern; 6 Monate; Eingefaerbte Massen ca. 3 Monate

Verarbeitungsbedingungen für Pressen

Werkzeugtemperatur	°C	160–180
Pressdruck	bar	60–200
Härtezeit je mm	s	
Schwindung	%	0.2
Nachschwindung	%	0.0
Bemerkungen		

Verarbeitungsbedingungen für Spritzgießen

Zylindertemperatur	°C	20–40
Düsentemperatur	°C	20–60
Massetemp.	°C	30–70
Werkzeugtemp.	°C	160–190
Spritzdruck	bar	300–1800
Härtezeit	s	
Schwindung	%	
Nachschwindung	%	
Bemerkungen		

Zugversuch 23 °C DIN 53455;
Probekörper: *Form* Nr 3 *Herstellung* Pressen

Zugfestigkeit	N/mm²	35	*E-Modul*	N/mm²	
Reißdehnung	%		*Zeitstandzugfestigkeit*	h N/mm²	

Biegeversuch 23 °C DIN 53452; DIN 53457
Probekörper: *Form* NS *Herstellung* Pressen

Biegefestigkeit	N/mm²	80	*E-Modul*	N/mm²	10000

Druckversuch 23°C DIN 53454
Probekörper: *Form* *Herstellung* Pressen

Druckfestigkeit	N/mm²	200	*Stauchung*	%

Härte 23 °C *Probekörper:* *Herstellung* Pressen

Kugeldruckhärte N/mm² 300 bei N, s

Schlagversuch *Probekörper:* *(1)* U-Kerbe
(2)
Herstellung Pressen

		°C		°C	°C	*Probekörper-Form*
Schlagzähigkeit	kJ/m²	23	25			NS
Kerbschlagzähigkeit (1)	kJ/m²	23	17			NS
IZOD-Kerbschlag-zähigkeit (2)	J/m					

Abrieb und Reibung

Taber-Abrieb (Reibradverfahren) mm³/100 U
Statische Reibungszahl
Dynamische Reibungszahl (p·v= N/mm² · m/min)
Zulässiger p · v Wert N/mm² · (m/min) v= m/min
v= m/min

Thermische Eigenschaften

Formbeständigkeit in der Wärme	*Verfahren* A	240 °C
	Verfahren	°C
Formbeständigkeit Martens		180 °C
Längenausdehnungskoeffizient	*Bereich* °C	$\cdot 10^{-4} K^{-1}$
	Temperatur 23 °C	$0.25 \cdot 10^{-4} K^{-1}$
Wärmeleitfähigkeit	*Verfahren*	W/(K · m)
Spezifische Wärmekapazität	*Verfahren*	J/(K · g)

Brandverhalten

UL-Test vertikal Dicke mm, Wert
Dicke mm, Wert

	Norm	*Bewertung*	*Abmessungen*
Sauerstoff-Index	ASTM D 2863		
Glühstab-Verfahren	DIN 53459	2b	
Brandverhalten	DIN 4102		
MVSS			
FAR			

Elektrische Eigenschaften

		Hz	°C		*Probekörper, Form*
Dielektrizitätszahl		50			
		10^3	23	4.5	
		10^6			
Dielektrischer Verlustfaktor tan δ		50			
		10^3	23	0.04	
		10^6			
Spezifischer Durchgangs-widerstand	Ohm · cm		23	1.0*10**14	
Durchschlagfestigkeit	kV/mm		23	14	1 mm dick
Oberflächenwiderstand	Ohm		23	1.0*10**12	

Kriechstromfestigkeit KC KB KA
Kriechwegbildung CTI 600

Elektrolytische Korrosionswirkung
Lichtbogenfestigkeit nach DIN
nach ASTM s 180

Beständigkeit *(Chemische Beständigkeit siehe Anhang)*
Wasseraufnahme 23 C 4 d 40 mg

Feuchtigkeitsaufnahme Normalklima %
Wetterbeständigkeit

UP

Produktklasse	Polyesterharz-Formmasse
Handelsname	**Keripol KF 3134**
Hersteller	PHOENIX
DIN-Bezeichnung	
ISO-Bezeichnung	
Harzbasis	Ungesaettigtes Polyesterharz
Zusätze	
Füllstoffe/ Verstärkung	Glasfasern
Bevorzugte Verarbeitung	Pressen; Spritzpressen; Spritzgiessen
Lieferform	BMC; Kittartig; Teigartig
Farben	Natur; Standard
Besondere Merkmale	Standardqualitaet
Bevorzugte Anwendungen	Schalter; Abdeckung; Gehaeuse

Dichte	g/cm^3	1.8
Schüttdichte	g/cm^3	
Fließeinstellung		

Dosierbarkeit
Tablettierbarkeit
Lagerung 10 C bis 20 C; Nicht unter 0 C lagern; 6 Monate; Eingefaerbte Massen ca. 3 Monate

Verarbeitungsbedingungen für Pressen

Werkzeugtemperatur	°C	160–180
Pressdruck	bar	60–200
Härtezeit je mm	s	
Schwindung	%	0.2
Nachschwindung	%	0.0
Bemerkungen		

Verarbeitungsbedingungen für Spritzgießen

Zylindertemperatur	°C	20–40
Düsentemperatur	°C	20–60
Massetemp.	°C	30–70
Werkzeugtemp.	°C	160–190
Spritzdruck	bar	300–1800
Härtezeit	s	
Schwindung	%	
Nachschwindung	%	
Bemerkungen		

Zugversuch 23 °C DIN 53455;
Probekörper: *Form* Nr 3 *Herstellung* Pressen

Zugfestigkeit	N/mm^2	35	*E-Modul*	N/mm^2	
Reißdehnung	%		*Zeitstandzugfestigkeit*	h N/mm^2	

Biegeversuch 23 °C DIN 53452; DIN 53457
Probekörper: *Form* NS *Herstellung* Pressen

Biegefestigkeit	N/mm^2	80	*E-Modul*	N/mm^2	10000

Druckversuch 23°C DIN 53454
Probekörper: *Form* *Herstellung* Pressen

Druckfestigkeit	N/mm^2	200	*Stauchung*	%	

Härte 23 °C *Probekörper:* *Herstellung* Pressen

Kugeldruckhärte N/mm^2 300 bei N, s

Schlagversuch *Probekörper:* *(1)* U-Kerbe *(2)*

Herstellung Pressen

		°C		°C	°C	*Probekörper-Form*
Schlagzähigkeit	kJ/m²	23	25			NS
Kerbschlagzähigkeit (1)	kJ/m²	23	17			NS
IZOD-Kerbschlagzähigkeit (2)	J/m					

Abrieb und Reibung

Taber-Abrieb (Reibradverfahren) mm³/100 U
Statische Reibungszahl
Dynamische Reibungszahl (p·v= N/mm² · m/min)
Zulässiger p · v Wert N/mm² · (m/min) v= m/min
v= m/min

Thermische Eigenschaften

Formbeständigkeit in der Wärme	*Verfahren* A	240 °C
	Verfahren	°C
Formbeständigkeit Martens		180 °C
Längenausdehnungskoeffizient	*Bereich* °C	$\cdot 10^{-4} K^{-1}$
	Temperatur 23 °C	$0.25 \cdot 10^{-4} K^{-1}$
Wärmeleitfähigkeit	*Verfahren*	W/(K · m)
Spezifische Wärmekapazität	*Verfahren*	J/(K · g)

Brandverhalten

UL-Test vertikal Dicke 3.2 mm, Wert V-0
Dicke mm, Wert

	Norm	*Bewertung*	*Abmessungen*
Sauerstoff-Index	ASTM D 2863		
Glühstab-Verfahren	DIN 53459	2a	
Brandverhalten	DIN 4102		
MVSS			
FAR			

Elektrische Eigenschaften

		Hz	°C		*Probekörper, Form*
Dielektrizitätszahl		50			
		10^3	23	4.5	
		10^6			
Dielektrischer Verlustfaktor tan δ		50			
		10^3	23	0.04	
		10^6			
Spezifischer Durchgangswiderstand	Ohm · cm		23	1.0*10**14	
Durchschlagfestigkeit	kV/mm		23	16	1 mm dick
Oberflächenwiderstand	Ohm		23	1.0*10**12	

Kriechstromfestigkeit KC KB KA
Kriechwegbildung CTI 600

Elektrolytische Korrosionswirkung
Lichtbogenfestigkeit nach DIN
nach ASTM s 190

Beständigkeit *(Chemische Beständigkeit siehe Anhang)*

Wasseraufnahme 23 C 4 d 40 mg

Feuchtigkeitsaufnahme Normalklima %
Wetterbeständigkeit

Produktklasse	Polyesterharz-Formmasse		**UP**
Handelsname	**Keripol K 3151**		
Hersteller	PHOENIX		
DIN-Bezeichnung	801 DIN 16911		
ISO-Bezeichnung			
Harzbasis	Ungesaettigtes Polyesterharz		
Zusätze		*Füllstoffe/ Verstärkung*	Glasfasern
Bevorzugte Verarbeitung	Pressen; Spritzpressen; Spritzgiessen	*Lieferform*	BMC; Kittartig; Teigartig
		Farben	Natur; Standard
Besondere Merkmale	Erhoehte mechanische Festigkeit	*Bevorzugte Anwendungen*	Starkstromschaltergehaeuse; Schaltwelle; Abdeckung

Dichte	g/cm^3	1.8
Schüttdichte	g/cm^3	
Fließeinstellung		

Dosierbarkeit
Tablettierbarkeit
Lagerung 10 C bis 20 C; Nicht unter 0 C lagern; 6 Monate; Eingefaerbte Massen ca. 3 Monate

Verarbeitungsbedingungen für Pressen

Werkzeugtemperatur	°C	160–180
Pressdruck	bar	60–200
Härtezeit je mm	s	
Schwindung	%	0.2
Nachschwindung	%	0.0
Bemerkungen		

Verarbeitungsbedingungen für Spritzgießen

Zylindertemperatur	°C	20–40
Düsentemperatur	°C	20–60
Massetemp.	°C	30–70
Werkzeugtemp.	°C	160–190
Spritzdruck	bar	300–1800
Härtezeit	s	
Schwindung	%	
Nachschwindung	%	
Bemerkungen		

Zugversuch 23 °C DIN 53455;
Probekörper: *Form* Nr 3 *Herstellung* Pressen

Zugfestigkeit	N/mm^2 50		*E-Modul*	N/mm^2
Reißdehnung	%		*Zeitstandzugfestigkeit*	h N/mm^2

Biegeversuch 23 °C DIN 53452; DIN 53457
Probekörper: *Form* NS *Herstellung* Pressen

Biegefestigkeit	N/mm^2 90	*E-Modul*	N/mm^2 10000

Druckversuch 23 °C DIN 53454
Probekörper: *Form* *Herstellung* Pressen

Druckfestigkeit	N/mm^2	190	*Stauchung*	%

Härte 23 °C *Probekörper:* *Herstellung* Pressen

Kugeldruckhärte N/mm^2 280 bei N, s

Schlagversuch *Probekörper:* *(1)* U-Kerbe
(2)

Herstellung Pressen

		°C		°C	°C	*Probekörper-Form*
Schlagzähigkeit	kJ/m²	23	40			NS
Kerbschlagzähigkeit (1)	kJ/m²	23	30			NS
IZOD-Kerbschlagzähigkeit (2)	J/m					

Abrieb und Reibung

Taber-Abrieb (Reibradverfahren)	mm³/100 U		
Statische Reibungszahl			
Dynamische Reibungszahl	(p·v= N/mm² ·		m/min)
Zulässiger p · v Wert	N/mm² · (m/min)	v=	m/min
		v=	m/min

Thermische Eigenschaften

Formbeständigkeit in der Wärme	*Verfahren* A		240 °C
	Verfahren		°C
Formbeständigkeit Martens			200 °C
Längenausdehnungskoeffizient	*Bereich*	°C	$\cdot 10^{-4}K^{-1}$
	Temperatur 23 °C		$0.25 \cdot 10^{-4}K^{-1}$
Wärmeleitfähigkeit	*Verfahren*		W/(K · m)
Spezifische Wärmekapazität	*Verfahren*		J/(K · g)

Brandverhalten

UL-Test vertikal Dicke mm, Wert
Dicke mm, Wert

	Norm	*Bewertung*	*Abmessungen*
Sauerstoff-Index	ASTM D 2863		
Glühstab-Verfahren	DIN 53459	2b	
Brandverhalten	DIN 4102		
MVSS			
FAR			

Elektrische Eigenschaften

		Hz	°C		*Probekörper, Form*
Dielektrizitätszahl		50			
		10^3	23	4.5	
		10^6			
Dielektrischer Verlustfaktor tan δ		50			
		10^3	23	0.04	
		10^6			
Spezifischer Durchgangswiderstand	Ohm · cm		23	1.0*10**14	
Durchschlagfestigkeit	kV/mm		23	13	1 mm dick
Oberflächenwiderstand	Ohm		23	1.0*10**12	

Kriechstromfestigkeit	KC	KB	KA
Kriechwegbildung	CTI 600		

Elektrolytische Korrosionswirkung
Lichtbogenfestigkeit nach DIN
nach ASTM s 180

Beständigkeit *(Chemische Beständigkeit siehe Anhang)*
Wasseraufnahme 23 C 4 d 40 mg

Feuchtigkeitsaufnahme Normalklima %
Wetterbeständigkeit

UP

Produktklasse	Polyesterharz-Formmasse
Handelsname	**Keripol KF 3154**
Hersteller	PHOENIX
DIN-Bezeichnung	803 DIN 16911
ISO-Bezeichnung	
Harzbasis	Ungesaettigtes Polyesterharz
Zusätze	
Füllstoffe/ Verstärkung	Glasfasern
Bevorzugte Verarbeitung	Pressen; Spritzpressen; Spritzgiessen
Lieferform	BMC; Kittartig; Teigartig
Farben	Natur; Standard
Besondere Merkmale	Standardqualitaet; Erhoehte mechanische Festigkeit
Bevorzugte Anwendungen	Schaltanlage; Steckkontakt

Dichte	g/cm³	1.8
Schüttdichte	g/cm³	
Fließeinstellung		

Dosierbarkeit
Tablettierbarkeit
Lagerung 10 C bis 20 C; Nicht unter 0 C lagern; 6 Monate; Eingefaerbte Massen ca. 3 Monate

Verarbeitungsbedingungen für Pressen

Werkzeugtemperatur	°C	160–180
Pressdruck	bar	60–200
Härtezeit je mm	s	
Schwindung	%	0.2
Nachschwindung	%	0.0
Bemerkungen		

Verarbeitungsbedingungen für Spritzgießen

Zylindertemperatur	°C	20–40
Düsentemperatur	°C	20–60
Massetemp.	°C	30–70
Werkzeugtemp.	°C	160–190
Spritzdruck	bar	300–1800
Härtezeit	s	
Schwindung	%	
Nachschwindung	%	
Bemerkungen		

Zugversuch 23 °C DIN 53455;
Probekörper: *Form* Nr 3 *Herstellung* Pressen

Zugfestigkeit	N/mm²	50	*E-Modul*	N/mm²	
Reißdehnung	%		*Zeitstandzugfestigkeit*	h N/mm²	

Biegeversuch 23 °C DIN 53452; DIN 53457
Probekörper: *Form* NS *Herstellung* Pressen

Biegefestigkeit	N/mm²	90	*E-Modul*	N/mm²	10000

Druckversuch 23°C DIN 53454
Probekörper: *Form* *Herstellung* Pressen

Druckfestigkeit	N/mm²	190	*Stauchung*	%

Härte 23 °C *Probekörper:* *Herstellung* Pressen

Kugeldruckhärte N/mm² 280 bei N, s

Schlagversuch *Probekörper:* *(1)* U-Kerbe *(2)* — *Herstellung* Pressen

		°C		°C	°C	*Probekörper-Form*
Schlagzähigkeit	kJ/m²	23	40			NS
Kerbschlagzähigkeit (1)	kJ/m²	23	30			NS
IZOD-Kerbschlag-zähigkeit (2)	J/m					

Abrieb und Reibung

Taber-Abrieb (Reibradverfahren) mm³/100 U
Statische Reibungszahl
Dynamische Reibungszahl (p·v= N/mm²· m/min)
Zulässiger p · v Wert N/mm²·(m/min) v= m/min
v= m/min

Thermische Eigenschaften

Formbeständigkeit in der Wärme	*Verfahren* A	240 °C
	Verfahren	°C
Formbeständigkeit Martens		200 °C
Längenausdehnungskoeffizient	*Bereich* °C	$\cdot 10^{-4} K^{-1}$
	Temperatur 23 °C	$0.25 \cdot 10^{-4} K^{-1}$
Wärmeleitfähigkeit	*Verfahren*	W/(K · m)
Spezifische Wärmekapazität	*Verfahren*	J/(K · g)

Brandverhalten

UL-Test vertikal Dicke 3.2 mm, Wert V-0
Dicke mm, Wert

	Norm	*Bewertung*	*Abmessungen*
Sauerstoff-Index	ASTM D 2863		
Glühstab-Verfahren	DIN 53459	2a	
Brandverhalten	DIN 4102		
MVSS			
FAR			

Elektrische Eigenschaften

		Hz	°C				*Probekörper, Form*
Dielektrizitätszahl		50					
		10^3	23	4.5			
		10^6					
Dielektrischer Verlustfaktor tan δ		50					
		10^3	23	0.04			
		10^6					
Spezifischer Durchgangs-widerstand	Ohm · cm		23	1.0*10**14			
Durchschlagfestigkeit	kV/mm		23	15			1 mm dick
Oberflächenwiderstand	Ohm		23	1.0*10**12			
Kriechstromfestigkeit		KC		KB		KA	
Kriechwegbildung		CTI 600					
Elektrolytische Korrosionswirkung							
Lichtbogenfestigkeit nach DIN							
nach ASTM	s	190					

Beständigkeit *(Chemische Beständigkeit siehe Anhang)*

Wasseraufnahme 23 C 4 d 40 mg

Feuchtigkeitsaufnahme Normalklima %
Wetterbeständigkeit

Produktklasse	Polyesterharz-Formmasse		**UP**
Handelsname	**Keripol K 3232**		
Hersteller	PHOENIX		
DIN-Bezeichnung			
ISO-Bezeichnung			
Harzbasis	Ungesaettigtes Polyesterharz		
Zusätze		*Füllstoffe/ Verstärkung*	Glasfasern
Bevorzugte Verarbeitung	Pressen; Spritzpressen; Spritzgiessen	*Lieferform*	BMC; Kittartig; Teigartig
		Farben	Natur; Standard
Besondere Merkmale	Hohe Waermebelastbarkeit	*Bevorzugte Anwendungen*	Technisches Formteil

Dichte	g/cm^3	2.1
Schüttdichte	g/cm^3	
Fließeinstellung		

Dosierbarkeit
Tablettierbarkeit
Lagerung 10 C bis 20 C; Nicht unter 0 C lagern; 6 Monate; Eingefaerbte Massen ca. 3 Monate

Verarbeitungsbedingungen für Pressen

Werkzeugtemperatur	°C	160–180
Pressdruck	bar	60–200
Härtezeit je mm	s	
Schwindung	%	0.2
Nachschwindung	%	0.0
Bemerkungen		

Verarbeitungsbedingungen für Spritzgießen

Zylindertemperatur	°C	20–40
Düsentemperatur	°C	20–60
Massetemp.	°C	30–70
Werkzeugtemp.	°C	160–190
Spritzdruck	bar	300–1800
Härtezeit	s	
Schwindung	%	
Nachschwindung	%	
Bemerkungen		

Zugversuch 23 °C DIN 53455;
Probekörper: *Form* Nr 3 *Herstellung* Pressen

Zugfestigkeit	N/mm^2	60	*E-Modul*	N/mm^2	
Reißdehnung	%		*Zeitstandzugfestigkeit*	h N/mm^2	

Biegeversuch 23 °C DIN 53452; DIN 53457
Probekörper: *Form* NS *Herstellung* Pressen

Biegefestigkeit	N/mm^2	100	*E-Modul*	N/mm^2	17000

Druckversuch 23°C DIN 53454
Probekörper: *Form* *Herstellung* Pressen

Druckfestigkeit	N/mm^2	110	*Stauchung*	%	

Härte 23 °C *Probekörper:* *Herstellung* Pressen

Kugeldruckhärte N/mm^2 350 bei N, s

Schlagversuch *Probekörper:* *(1)* U-Kerbe
(2)
Herstellung Pressen

		°C		°C	°C	*Probekörper-Form*
Schlagzähigkeit	kJ/m²	23	20			NS
Kerbschlagzähigkeit (1)	kJ/m²	23	15			NS
IZOD-Kerbschlag-zähigkeit (2)	J/m					

Abrieb und Reibung

Taber-Abrieb (Reibradverfahren) mm³/100 U
Statische Reibungszahl
Dynamische Reibungszahl (p·v= N/mm²· m/min)
Zulässiger p·v Wert N/mm²·(m/min) v= m/min
v= m/min

Thermische Eigenschaften

Formbeständigkeit in der Wärme	*Verfahren* A		240 °C
	Verfahren		°C
Formbeständigkeit Martens			200 °C
Längenausdehnungskoeffizient	*Bereich*	°C	$\cdot 10^{-4}K^{-1}$
	Temperatur 23 °C		$0.12 \cdot 10^{-4}K^{-1}$
Wärmeleitfähigkeit	*Verfahren*		W/(K·m)
Spezifische Wärmekapazität	*Verfahren*		J/(K·g)

Brandverhalten

UL-Test vertikal Dicke mm, Wert
Dicke mm, Wert

	Norm	*Bewertung*	*Abmessungen*
Sauerstoff-Index	ASTM D 2863		
Glühstab-Verfahren	DIN 53459	2a	
Brandverhalten	DIN 4102		
MVSS			
FAR			

Elektrische Eigenschaften

		Hz	°C		*Probekörper, Form*
Dielektrizitätszahl		50			
		10^3	23	4.5	
		10^6			
Dielektrischer Verlustfaktor tan δ		50			
		10^3	23	0.02	
		10^6			
Spezifischer Durchgangs-widerstand	Ohm·cm		23	1.0*10**14	
Durchschlagfestigkeit	kV/mm		23	14	1 mm dick
Oberflächenwiderstand	Ohm		23	1.0*10**13	

Kriechstromfestigkeit KC KB KA
Kriechwegbildung CTI 600

Elektrolytische Korrosionswirkung
Lichtbogenfestigkeit nach DIN
nach ASTM s

Beständigkeit *(Chemische Beständigkeit siehe Anhang)*
Wasseraufnahme 23 C 4 d 30 mg

Feuchtigkeitsaufnahme Normalklima %
Wetterbeständigkeit

Produktklasse	Polyesterharz-Formmasse		**UP**
Handelsname	**Keripol KF 3344**		
Hersteller	PHOENIX		
DIN-Bezeichnung	803 DIN 16911		
ISO-Bezeichnung			
Harzbasis	Ungesaettigtes Polyesterharz		
Zusätze		*Füllstoffe/ Verstärkung*	Glasfasern
Bevorzugte Verarbeitung	Pressen; Spritzpressen; Spritzgiessen	*Lieferform*	BMC; Kittartig; Teigartig
		Farben	Natur; Standard
Besondere Merkmale	Glatte Oberflaeche; Sehr druckfest	*Bevorzugte Anwendungen*	Substitution fuer Metalle; Technisches Formteil

Dichte	g/cm³	1.75
Schüttdichte	g/cm³	
Fließeinstellung		

Dosierbarkeit	
Tablettierbarkeit	
Lagerung	10 C bis 20 C; Nicht unter 0 C lagern; 6 Monate; Eingefaerbte Massen ca. 3 Monate

Verarbeitungsbedingungen für Pressen

Werkzeugtemperatur	°C	160–180
Pressdruck	bar	60–200
Härtezeit je mm	s	
Schwindung	%	0.1
Nachschwindung	%	0.0
Bemerkungen		

Verarbeitungsbedingungen für Spritzgießen

Zylindertemperatur	°C	20–40
Düsentemperatur	°C	20–60
Massetemp.	°C	30–70
Werkzeugtemp.	°C	160–190
Spritzdruck	bar	300–1800
Härtezeit	s	
Schwindung	%	
Nachschwindung	%	
Bemerkungen		

Zugversuch 23 °C DIN 53455;
Probekörper: *Form* Nr 3 *Herstellung* Pressen

Zugfestigkeit	N/mm²	50	*E-Modul*	N/mm²	
Reißdehnung	%		*Zeitstandzugfestigkeit*	h N/mm²	

Biegeversuch 23 °C DIN 53452; DIN 53457
Probekörper: *Form* *Herstellung*

Biegefestigkeit	N/mm²	100	*E-Modul*	N/mm²	13000

Druckversuch 23°C DIN 53454
Probekörper: *Form* *Herstellung* Pressen

Druckfestigkeit	N/mm²	250	*Stauchung*	%	

Härte 23 °C *Probekörper:* *Herstellung* Pressen

Kugeldruckhärte N/mm² 350 bei N, s

Schlagversuch *Probekörper:* *(1)* U-Kerbe
(2) *Herstellung* Pressen

		°C		°C	°C	*Probekörper-Form*
Schlagzähigkeit	kJ/m²	23	40			NS
Kerbschlagzähigkeit (1)	kJ/m²	23	40			NS
IZOD-Kerbschlag-zähigkeit (2)	J/m					

Abrieb und Reibung

Taber-Abrieb (Reibradverfahren)	mm³/100 U
Statische Reibungszahl	
Dynamische Reibungszahl	(p·v= N/mm² · m/min)
Zulässiger p · v Wert	N/mm² · (m/min) v= m/min
	v= m/min

Thermische Eigenschaften

Formbeständigkeit in der Wärme	*Verfahren* A		240 °C
	Verfahren		°C
Formbeständigkeit Martens			200 °C
Längenausdehnungskoeffizient	*Bereich*	°C	$\cdot 10^{-4} K^{-1}$
	Temperatur 23 °C		$0.22 \cdot 10^{-4} K^{-1}$
Wärmeleitfähigkeit	*Verfahren*		W/(K · m)
Spezifische Wärmekapazität	*Verfahren*		J/(K · g)

Brandverhalten

UL-Test vertikal Dicke 1.6 mm, Wert V-1
Dicke mm, Wert

	Norm	*Bewertung*	*Abmessungen*
Sauerstoff-Index	ASTM D 2863		
Glühstab-Verfahren	DIN 53459	1b	
Brandverhalten	DIN 4102		
MVSS			
FAR			

Elektrische Eigenschaften

		Hz	°C		*Probekörper, Form*
Dielektrizitätszahl		50			
		10^3	23	4.5	
		10^6			
Dielektrischer Verlustfaktor tan δ		50			
		10^3	23	0.03	
		10^6			
Spezifischer Durchgangs-widerstand	Ohm · cm		23	1.0*10**14	
Durchschlagfestigkeit	kV/mm		23	15	1 mm dick
Oberflächenwiderstand	Ohm		23	1.0*10**12	

Kriechstromfestigkeit	KC	KB	KA
Kriechwegbildung	CTI 600		

Elektrolytische Korrosionswirkung
Lichtbogenfestigkeit nach DIN
nach ASTM s 192

Beständigkeit *(Chemische Beständigkeit siehe Anhang)*

Wasseraufnahme 23 C 4 d 35 mg

Feuchtigkeitsaufnahme Normalklima %
Wetterbeständigkeit

UP

Produktklasse	Polyesterharz-Formmasse		
Handelsname	**Keripol K 3351**		
Hersteller	PHOENIX		
DIN-Bezeichnung			
ISO-Bezeichnung			
Harzbasis	Ungesaettigtes Polyesterharz		
Zusätze		*Füllstoffe/ Verstärkung*	Glasfasern
Bevorzugte Verarbeitung	Pressen; Spritzpressen; Spritzgiessen	*Lieferform*	BMC; Kittartig; Teigartig
		Farben	Natur; Standard
Besondere Merkmale	Extrem glatte Oberflaeche; Nicht einfaerbbar; Mechanisch hochfest; Hohe Steifigkeit	*Bevorzugte Anwendungen*	Sichtteil; Dekorteil

Dichte	g/cm³	1.85
Schüttdichte	g/cm³	
Fließeinstellung		

Dosierbarkeit	
Tablettierbarkeit	
Lagerung	10 C bis 20 C; Nicht unter 0 C lagern; 6 Monate; Eingefaerbte Massen ca. 3 Monate

Verarbeitungsbedingungen für Pressen

Werkzeugtemperatur	°C	160–180
Pressdruck	bar	60–200
Härtezeit je mm	s	
Schwindung	%	0.15
Nachschwindung	%	0.0
Bemerkungen	Schwindung bedeutet hier Dehnung	

Verarbeitungsbedingungen für Spritzgießen

Zylindertemperatur	°C	20–40
Düsentemperatur	°C	20–60
Massetemp.	°C	30–70
Werkzeugtemp.	°C	160–190
Spritzdruck	bar	300–1800
Härtezeit	s	
Schwindung	%	
Nachschwindung	%	
Bemerkungen		

Zugversuch 23 °C DIN 53455;
Probekörper: *Form* Nr 3 — *Herstellung* Pressen

Zugfestigkeit	N/mm² 60	*E-Modul*		N/mm²
Reißdehnung	%	*Zeitstandzugfestigkeit*	h	N/mm²

Biegeversuch 23 °C DIN 53452; DIN 53457
Probekörper: *Form* NS — *Herstellung* Pressen

Biegefestigkeit	N/mm² 140	*E-Modul*	N/mm² 14000

Druckversuch 23°C DIN 53454
Probekörper: *Form* — *Herstellung* Pressen

Druckfestigkeit	N/mm²	180	*Stauchung*	%

Härte 23 °C *Probekörper:* — *Herstellung* Pressen

Kugeldruckhärte N/mm² 330 bei N, s

Schlagversuch *Probekörper:* *(1)* U-Kerbe *(2)*

Herstellung Pressen

		°C		°C	°C	*Probekörper-Form*
Schlagzähigkeit	kJ/m²	23	45			NS
Kerbschlagzähigkeit (1)	kJ/m²	23	45			NS
IZOD-Kerbschlagzähigkeit (2)	J/m					

Abrieb und Reibung

Taber-Abrieb (Reibradverfahren) mm³/100 U
Statische Reibungszahl
Dynamische Reibungszahl (p · v= N/mm² · m/min)
Zulässiger p · v Wert N/mm² · (m/min) v= m/min
v= m/min

Thermische Eigenschaften

Formbeständigkeit in der Wärme	*Verfahren* A	240 °C
	Verfahren	°C
Formbeständigkeit Martens		200 °C
Längenausdehnungskoeffizient	*Bereich* °C	$\cdot 10^{-4}K^{-1}$
	Temperatur 23 °C	$0.15 \cdot 10^{-4}K^{-1}$
Wärmeleitfähigkeit	*Verfahren*	W/(K · m)
Spezifische Wärmekapazität	*Verfahren*	J/(K · g)

Brandverhalten

UL-Test vertikal Dicke mm, Wert
Dicke mm, Wert

	Norm	*Bewertung*	*Abmessungen*
Sauerstoff-Index	ASTM D 2863		
Glühstab-Verfahren	DIN 53459	2b	
Brandverhalten	DIN 4102		
MVSS			
FAR			

Elektrische Eigenschaften

		Hz	°C		*Probekörper, Form*
Dielektrizitätszahl		50			
		10^3	23	4.5	
		10^6			
Dielektrischer Verlustfaktor tan δ		50			
		10^3	23	0.03	
		10^6			
Spezifischer Durchgangswiderstand	Ohm · cm		23	1.0*10**14	
Durchschlagfestigkeit	kV/mm		23	13	1 mm dick
Oberflächenwiderstand	Ohm		23	1.0*10**12	

Kriechstromfestigkeit KC KB KA
Kriechwegbildung CTI 600

Elektrolytische Korrosionswirkung
Lichtbogenfestigkeit nach DIN
nach ASTM s

Beständigkeit *(Chemische Beständigkeit siehe Anhang)*

Wasseraufnahme 23 C 4 d 30 mg

Feuchtigkeitsaufnahme Normalklima %
Wetterbeständigkeit

Produktklasse	Polyesterharz-Formmasse		**UP**
Handelsname	**Keripol KL 3407**		
Hersteller	PHOENIX		
DIN-Bezeichnung *ISO-Bezeichnung*			
Harzbasis	Ungesaettigtes Polyesterharz		
Zusätze		*Füllstoffe/ Verstärkung*	
Bevorzugte Verarbeitung	Pressen; Spritzpressen; Spritzgiessen	*Lieferform*	BMC; Kittartig; Teigartig
		Farben	Natur; Standard
Besondere Merkmale	Sehr gute Gleitabriebbestaendigkeit und Schlagabriebbestaendigkeit; Glasfaserfrei	*Bevorzugte Anwendungen*	Schaltschutzgehaeuse; Kontakttraeger

Dichte	g/cm³	1.65	*Dosierbarkeit*
Schüttdichte	g/cm³		*Tablettierbarkeit*
Fließeinstellung			*Lagerung* 10 C bis 20 C; Nicht unter 0 C lagern; 6 Monate; Eingefaerbte Massen ca. 3 Monate

Verarbeitungsbedingungen für Pressen

Werkzeugtemperatur	°C	160–180
Pressdruck	bar	60–200
Härtezeit je mm	s	
Schwindung	%	0.4
Nachschwindung	%	0.1
Bemerkungen		

Verarbeitungsbedingungen für Spritzgießen

Zylindertemperatur	°C	20–40
Düsentemperatur	°C	20–60
Massetemp.	°C	30–70
Werkzeugtemp.	°C	160–190
Spritzdruck	bar	300–1800
Härtezeit	s	
Schwindung	%	
Nachschwindung	%	
Bemerkungen		

Zugversuch 23 °C DIN 53455;
Probekörper: *Form* Nr 3 *Herstellung* Pressen

Zugfestigkeit	N/mm²	30	*E-Modul*	N/mm²
Reißdehnung	%		*Zeitstandzugfestigkeit*	h N/mm²

Biegeversuch 23 °C DIN 53452; DIN 53457
Probekörper: *Form* NS *Herstellung* Pressen

Biegefestigkeit	N/mm²	50	*E-Modul*	N/mm²	9000

Druckversuch 23°C DIN 53454
Probekörper: *Form* *Herstellung* Pressen

Druckfestigkeit	N/mm²	150	*Stauchung*	%

Härte 23 °C *Probekörper:* *Herstellung* Pressen

Kugeldruckhärte N/mm² 280 bei N, s

Schlagversuch *Probekörper:* *(1)* U-Kerbe *(2)*

Herstellung Pressen

		°C		°C	°C	*Probekörper-Form*
Schlagzähigkeit	kJ/m²	23	6			NS
Kerbschlagzähigkeit (1)	kJ/m²	23	4			NS
IZOD-Kerbschlagzähigkeit (2)	J/m					

Abrieb und Reibung

Taber-Abrieb (Reibradverfahren) mm³/100 U
Statische Reibungszahl
Dynamische Reibungszahl (p · v= N/mm² · m/min)
Zulässiger p · v Wert N/mm² · (m/min) v= m/min
v= m/min

Thermische Eigenschaften

Formbeständigkeit in der Wärme	*Verfahren* A	220 °C
	Verfahren	°C
Formbeständigkeit Martens		150 °C
Längenausdehnungskoeffizient	*Bereich* °C	$\cdot 10^{-4}K^{-1}$
	Temperatur 23 °C	$0.35 \cdot 10^{-4}K^{-1}$
Wärmeleitfähigkeit	*Verfahren*	W/(K · m)
Spezifische Wärmekapazität	*Verfahren*	J/(K · g)

Brandverhalten

UL-Test vertikal Dicke 3.2 mm, Wert V-0
Dicke mm, Wert

	Norm	*Bewertung*	*Abmessungen*
Sauerstoff-Index	ASTM D 2863		
Glühstab-Verfahren	DIN 53459	2a	
Brandverhalten	DIN 4102		
MVSS			
FAR			

Elektrische Eigenschaften

		Hz	°C		*Probekörper, Form*
Dielektrizitätszahl		50			
		10^3	23	4.5	
		10^6			
Dielektrischer Verlustfaktor tan δ		50			
		10^3	23	0.05	
		10^6			
Spezifischer Durchgangswiderstand	Ohm · cm		23	1.0*10**12	
Durchschlagfestigkeit	kV/mm		23	16	1 mm dick
Oberflächenwiderstand	Ohm		23	1.0*10**10	

Kriechstromfestigkeit KC KB KA
Kriechwegbildung CTI 600

Elektrolytische Korrosionswirkung
Lichtbogenfestigkeit nach DIN
nach ASTM s 187

Beständigkeit *(Chemische Beständigkeit siehe Anhang)*

Wasseraufnahme 23 C 4 d 130 mg

Feuchtigkeitsaufnahme Normalklima %
Wetterbeständigkeit

Produktklasse	Polyesterharz-Formmasse		**UP**
Handelsname	**Keripol KL 3437**		
Hersteller	PHOENIX		
DIN-Bezeichnung			
ISO-Bezeichnung			
Harzbasis	Ungesaettigtes Polyesterharz		
Zusätze		*Füllstoffe/ Verstärkung*	Glasfasern
Bevorzugte Verarbeitung	Pressen; Spritzpressen; Spritzgiessen	*Lieferform*	BMC; Kittartig; Teigartig
		Farben	Natur; Standard
Besondere Merkmale	Gute Gleitabriebbestaendigkeit	*Bevorzugte Anwendungen*	Schaltergehaeuse; Kombination Metall/Kunststoff

Dichte	g/cm³	1.73	*Dosierbarkeit*	
Schüttdichte	g/cm³		*Tablettierbarkeit*	
Fließeinstellung			*Lagerung*	10 C bis 20 C; Nicht unter 0 C lagern; 6 Monate; Eingefaerbte Massen ca. 3 Monate

Verarbeitungsbedingungen für Pressen

Werkzeugtemperatur	°C	160–180
Pressdruck	bar	60–200
Härtezeit je mm	s	
Schwindung	%	0.1
Nachschwindung	%	0.0
Bemerkungen		

Verarbeitungsbedingungen für Spritzgießen

Zylindertemperatur	°C	20–40
Düsentemperatur	°C	20–60
Massetemp.	°C	30–70
Werkzeugtemp.	°C	160–190
Spritzdruck	bar	300–1800
Härtezeit	s	
Schwindung	%	
Nachschwindung	%	
Bemerkungen		

Zugversuch 23 °C DIN 53455;
Probekörper: *Form* Nr 3 *Herstellung* Pressen

Zugfestigkeit	N/mm²	35	*E-Modul*	N/mm²	
Reißdehnung	%		*Zeitstandzugfestigkeit*	h N/mm²	

Biegeversuch 23 °C DIN 53452; DIN 53457
Probekörper: *Form* NS *Herstellung* Pressen

Biegefestigkeit	N/mm²	70	*E-Modul*	N/mm²	9000

Druckversuch 23°C DIN 53454
Probekörper: *Form* *Herstellung* Pressen

Druckfestigkeit	N/mm²	130	*Stauchung*	%

Härte 23 °C *Probekörper:* *Herstellung* Pressen

Kugeldruckhärte N/mm² 200 bei N, s

Schlagversuch *Probekörper:* *(1)* U-Kerbe *(2)*   *Herstellung* Pressen

		°C		°C		°C		*Probekörper-Form*
Schlagzähigkeit	kJ/m²	23	22					NS
Kerbschlagzähigkeit (1)	kJ/m²	23	22					NS
IZOD-Kerbschlag-zähigkeit (2)	J/m							

Abrieb und Reibung

Taber-Abrieb (Reibradverfahren) mm³/100 U
Statische Reibungszahl
Dynamische Reibungszahl (p·v= N/mm² · m/min)
Zulässiger p · v Wert N/mm² · (m/min) v= m/min
v= m/min

Thermische Eigenschaften

Formbeständigkeit in der Wärme	*Verfahren* A		240 °C
	Verfahren		°C
Formbeständigkeit Martens			180 °C
Längenausdehnungskoeffizient	*Bereich*	°C	$\cdot 10^{-4}K^{-1}$
	Temperatur 23 °C		$0.30 \cdot 10^{-4}K^{-1}$
Wärmeleitfähigkeit	*Verfahren*		W/(K · m)
Spezifische Wärmekapazität	*Verfahren*		J/(K · g)

Brandverhalten

UL-Test vertikal Dicke 3.2 mm, Wert V-0
Dicke mm, Wert

	Norm	*Bewertung*	*Abmessungen*
Sauerstoff-Index	ASTM D 2863		
Glühstab-Verfahren	DIN 53459	2a	
Brandverhalten	DIN 4102		
MVSS			
FAR			

Elektrische Eigenschaften

		Hz	°C		*Probekörper, Form*
Dielektrizitätszahl		50			
		10^3	23	4.5	
		10^6			
Dielektrischer Verlustfaktor tan δ		50			
		10^3	23	0.03	
		10^6			
Spezifischer Durchgangs-widerstand	Ohm · cm		23	1.0*10**14	
Durchschlagfestigkeit	kV/mm		23	18	1 mm dick
Oberflächenwiderstand	Ohm		23	1.0*10**12	

Kriechstromfestigkeit KC KB KA
Kriechwegbildung CTI 600

Elektrolytische Korrosionswirkung
Lichtbogenfestigkeit nach DIN
nach ASTM s 188

Beständigkeit *(Chemische Beständigkeit siehe Anhang)*
Wasseraufnahme 23 C 4 d 40 mg

Feuchtigkeitsaufnahme Normalklima %
Wetterbeständigkeit

Produktklasse	Polyesterharz-Formmasse		**UP**
Handelsname	**Keripol KFX 3145**		
Hersteller	PHOENIX		
DIN-Bezeichnung	803 DIN 16911		
ISO-Bezeichnung			
Harzbasis	Ungesaettigtes Polyesterharz		
Zusätze		*Füllstoffe/ Verstärkung*	Glasfasern
Bevorzugte Verarbeitung	Pressen; Spritzpressen; Spritzgiessen	*Lieferform*	BMC; Kittartig; Teigartig
		Farben	Natur; Standard
Besondere Merkmale	Standardqualitaet; Hohe Lichtbogenfestigkeit	*Bevorzugte Anwendungen*	Universell einsetzbar; Elektrotechnik

Dichte	g/cm³	1.8	*Dosierbarkeit*	
Schüttdichte	g/cm³		*Tablettierbarkeit*	
Fließeinstellung			*Lagerung*	10 C bis 20 C; Nicht unter 0 C lagern; 6 Monate; Eingefaerbte Massen ca. 3 Monate

Verarbeitungsbedingungen für Pressen			**Verarbeitungsbedingungen für Spritzgießen**		
			Zylindertemperatur	°C	20–40
			Düsentemperatur	°C	20–60
			Massetemp.	°C	30–70
Werkzeugtemperatur	°C	160–180	*Werkzeugtemp.*	°C	160–190
Pressdruck	bar	60–200	*Spritzdruck*	bar	300–1800
Härtezeit je mm	s		*Härtezeit*	s	
Schwindung	%	0.0	*Schwindung*	%	
Nachschwindung	%	0.0	*Nachschwindung*	%	
Bemerkungen			*Bemerkungen*		

Zugversuch 23 °C DIN 53455;
Probekörper: *Form* Nr 3 — *Herstellung* Pressen

Zugfestigkeit	N/mm²	40	*E-Modul*	N/mm²
Reißdehnung	%		*Zeitstandzugfestigkeit*	h N/mm²

Biegeversuch 23 °C DIN 53452; DIN 53457
Probekörper: *Form* NS — *Herstellung* Pressen

Biegefestigkeit	N/mm²	80	*E-Modul*	N/mm²	11000

Druckversuch 23 °C DIN 53454
Probekörper: *Form* — *Herstellung* Pressen

Druckfestigkeit	N/mm²	120	*Stauchung*	%

Härte 23 °C *Probekörper:* — *Herstellung* Pressen

Kugeldruckhärte N/mm² 240 bei N, s

Schlagversuch *Probekörper:* *(1)* U-Kerbe *(2)* *Herstellung* Pressen

		°C		°C	°C	*Probekörper-Form*
Schlagzähigkeit	kJ/m²	23	27			NS
Kerbschlagzähigkeit (1)	kJ/m²	23	25			NS
IZOD-Kerbschlag-zähigkeit (2)	J/m					

Abrieb und Reibung

Taber-Abrieb (Reibradverfahren)	mm³/100 U		
Statische Reibungszahl			
Dynamische Reibungszahl	(p·v= N/mm²· m/min)		
Zulässiger p · v Wert	N/mm² · (m/min)	v=	m/min
		v=	m/min

Thermische Eigenschaften

Formbeständigkeit in der Wärme	*Verfahren* A		240 °C
	Verfahren		°C
Formbeständigkeit Martens			180 °C
Längenausdehnungskoeffizient	*Bereich*	°C	$\cdot 10^{-4}K^{-1}$
	Temperatur 23 °C		$0.20 \cdot 10^{-4}K^{-1}$
Wärmeleitfähigkeit	*Verfahren*		W/(K · m)
Spezifische Wärmekapazität	*Verfahren*		J/(K · g)

Brandverhalten

UL-Test vertikal Dicke 1.6 mm, Wert V-0
Dicke mm, Wert

	Norm	*Bewertung*	*Abmessungen*
Sauerstoff-Index	ASTM D 2863		
Glühstab-Verfahren	DIN 53459	1b	
Brandverhalten	DIN 4102		
MVSS			
FAR			

Elektrische Eigenschaften

		Hz	°C				*Probekörper, Form*
Dielektrizitätszahl		50					
		10³	23	4.3			
		10⁶					
Dielektrischer Verlustfaktor tan δ		50					
		10³	23	0.02			
		10⁶					
Spezifischer Durchgangs-widerstand	Ohm · cm		23	1.0*10**14			
Durchschlagfestigkeit	kV/mm		23	16			1 mm dick
Oberflächenwiderstand	Ohm		23	1.0*10**12			
Kriechstromfestigkeit		KC			KB	KA	
Kriechwegbildung		CTI 600					
Elektrolytische Korrosionswirkung							
Lichtbogenfestigkeit nach DIN							
nach ASTM	s	190					

Beständigkeit *(Chemische Beständigkeit siehe Anhang)*

Wasseraufnahme 23 C 4 d 20 mg

Feuchtigkeitsaufnahme Normalklima %
Wetterbeständigkeit

UP

Produktklasse	Polyesterharz-Formmasse		
Handelsname	**Keripol KLX 3127**		
Hersteller	PHOENIX		
DIN-Bezeichnung			
ISO-Bezeichnung			
Harzbasis	Ungesaettigtes Polyesterharz		
Zusätze		*Füllstoffe/ Verstärkung*	Glasfasern
Bevorzugte Verarbeitung	Pressen; Spritzpressen; Spritzgiessen	*Lieferform*	BMC; Kittartig; Teigartig
		Farben	Natur; Standard
Besondere Merkmale	Hoechste Lichtbogenfestigkeit	*Bevorzugte Anwendungen*	Schaltanlage; Loeschkammer; LS-Schalter

---

Dichte	g/cm³	1.85
Schüttdichte	g/cm³	
Fließeinstellung		

Dosierbarkeit
Tablettierbarkeit
Lagerung 10 C bis 20 C; Nicht unter 0 C lagern; 6 Monate; Eingefaerbte Massen ca. 3 Monate

Verarbeitungsbedingungen für Pressen

Werkzeugtemperatur	°C	160–180
Pressdruck	bar	60–200
Härtezeit je mm	s	
Schwindung	%	0.4
Nachschwindung	%	0.1
Bemerkungen		

Verarbeitungsbedingungen für Spritzgießen

Zylindertemperatur	°C	20–40
Düsentemperatur	°C	20–60
Massetemp.	°C	30–70
Werkzeugtemp.	°C	160–190
Spritzdruck	bar	300–1800
Härtezeit	s	
Schwindung	%	
Nachschwindung	%	
Bemerkungen		

Zugversuch 23 °C DIN 53455;
Probekörper: *Form* Nr 3 *Herstellung* Pressen

Zugfestigkeit	N/mm²	30	*E-Modul*	N/mm²	
Reißdehnung	%		*Zeitstandzugfestigkeit*	h N/mm²	

Biegeversuch 23 °C DIN 53452; DIN 53457
Probekörper: *Form* NS *Herstellung* Pressen

Biegefestigkeit	N/mm²	50	*E-Modul*	N/mm²	12000

Druckversuch 23 °C DIN 53454
Probekörper: *Form* *Herstellung* Pressen

Druckfestigkeit	N/mm²	120	*Stauchung*	%	

Härte 23 °C *Probekörper:* *Herstellung* Pressen

Kugeldruckhärte N/mm² 260 bei N, s

Schlagversuch *Probekörper:* *(1)* U-Kerbe *(2)*

Herstellung Pressen

		°C	°C	°C	*Probekörper-Form*
Schlagzähigkeit	kJ/m²	23 12			NS
Kerbschlagzähigkeit (1)	kJ/m²	23 8			NS
IZOD-Kerbschlagzähigkeit (2)	J/m				

Abrieb und Reibung

Taber-Abrieb (Reibradverfahren) mm³/100 U
Statische Reibungszahl
Dynamische Reibungszahl (p·v= N/mm²· m/min)
Zulässiger p · v Wert N/mm² · (m/min) v= m/min
v= m/min

Thermische Eigenschaften

Formbeständigkeit in der Wärme	*Verfahren* A	240 °C
	Verfahren	°C
Formbeständigkeit Martens		170 °C
Längenausdehnungskoeffizient	*Bereich* °C	$\cdot 10^{-4}K^{-1}$
	Temperatur 23 °C	$0.35 \cdot 10^{-4}K^{-1}$
Wärmeleitfähigkeit	*Verfahren*	W/(K · m)
Spezifische Wärmekapazität	*Verfahren*	J/(K · g)

Brandverhalten

UL-Test vertikal Dicke 0.8 mm, Wert V-0
Dicke mm, Wert

	Norm	*Bewertung*	*Abmessungen*
Sauerstoff-Index	ASTM D 2863		
Glühstab-Verfahren	DIN 53459	1	
Brandverhalten	DIN 4102		
MVSS			
FAR			

Elektrische Eigenschaften

		Hz	°C		*Probekörper, Form*
Dielektrizitätszahl		50			
		10^3	23	4.3	
		10^6			
Dielektrischer Verlustfaktor tan δ		50			
		10^3	23	0.02	
		10^6			
Spezifischer Durchgangswiderstand	Ohm · cm		23	1.0*10**14	
Durchschlagfestigkeit	kV/mm		23	16	1 mm dick
Oberflächenwiderstand	Ohm		23	1.0*10**12	

Kriechstromfestigkeit KC KB KA
Kriechwegbildung CTI 600

Elektrolytische Korrosionswirkung
Lichtbogenfestigkeit nach DIN
nach ASTM s 220

Beständigkeit *(Chemische Beständigkeit siehe Anhang)*

Wasseraufnahme 23 C 4 d 40 mg

Feuchtigkeitsaufnahme Normalklima %
Wetterbeständigkeit

Produktklasse	Polyesterharz-Formmasse		**UP**
Handelsname	**Shimoco FG 203**		
Hersteller	DSM ITALIA		
DIN-Bezeichnung *ISO-Bezeichnung*			
Harzbasis	Ungesaettigter Polyester		
Zusätze		*Füllstoffe/ Verstärkung*	Glasseidenmatte und anorganische Fuellstoffe
Bevorzugte Verarbeitung	Pressen	*Lieferform*	Harzmatte; SMC
		Farben	Natur; Standard
Besondere Merkmale	Ausgezeichnetes Fliessverhalten; Durchschnittliche mechanische Eigenschaften	*Bevorzugte Anwendungen*	Allgemeine Anwendungen

Dichte	g/cm^3	1.70	*Dosierbarkeit*	
Schüttdichte	g/cm^3		*Tablettierbarkeit*	
Fließeinstellung			*Lagerung*	Bei 20 C 2 bis 5 Monate

Verarbeitungsbedingungen für Pressen

Werkzeugtemperatur	°C	145–160
Pressdruck	bar	50–80
Härtezeit je mm	s	30
Schwindung	%	0.20–0.25
Nachschwindung	%	
Bemerkungen		

Verarbeitungsbedingungen für Spritzgießen

Zylindertemperatur	°C	
Düsentemperatur	°C	
Massetemp.	°C	
Werkzeugtemp.	°C	
Spritzdruck	bar	
Härtezeit	s	
Schwindung	%	
Nachschwindung	%	
Bemerkungen		

Zugversuch 23 °C UNI EN 61;
Probekörper: *Form* Nr 3 *Herstellung* Pressen

Zugfestigkeit	N/mm^2	45–55	*E-Modul*	N/mm^2	8000–10000
Reißdehnung	%		*Zeitstandzugfestigkeit*	h N/mm^2	

Biegeversuch 23 °C UNI EN 63;
Probekörper: *Form* NS *Herstellung* Pressen

Biegefestigkeit	N/mm^2	110–140	*E-Modul*	N/mm^2	9000–11000

Druckversuch 23°C UNIPLAST 369
Probekörper: *Form* *Herstellung* Pressen

Druckfestigkeit	N/mm^2	160	*Stauchung*	%	

Härte 23 °C *Probekörper:* *Herstellung*

Kugeldruckhärte N/mm^2 bei N, s

Schlagversuch *Probekörper:* *(1)*
(2) *Herstellung*

		°C	°C	°C	*Probekörper-Form*
Schlagzähigkeit	kJ/m²				
Kerbschlagzähigkeit (1)	kJ/m²				
IZOD-Kerbschlag-zähigkeit (2)	J/m				

Abrieb und Reibung

Taber-Abrieb (Reibradverfahren)	mm³/100 U		
Statische Reibungszahl			
Dynamische Reibungszahl	(p·v= N/mm²·		m/min)
Zulässiger p · v Wert	N/mm² · (m/min)	v=	m/min
		v=	m/min

Thermische Eigenschaften

Formbeständigkeit in der Wärme	*Verfahren* A		≧200 °C
	Verfahren		°C
Formbeständigkeit Martens			°C
Längenausdehnungskoeffizient	*Bereich*	°C	$\cdot 10^{-4}K^{-1}$
	Temperatur 23 °C		$0.2 \cdot 10^{-4}K^{-1}$
Wärmeleitfähigkeit	*Verfahren*		W/(K · m)
Spezifische Wärmekapazität	*Verfahren*		J/(K · g)

Brandverhalten

UL-Test vertikal Dicke mm, Wert
Dicke mm, Wert

	Norm	*Bewertung*	*Abmessungen*
Sauerstoff-Index	ASTM D 2863		
Glühstab-Verfahren			
Brandverhalten	DIN 4102		
MVSS			
FAR			

Elektrische Eigenschaften

		Hz	°C			*Probekörper, Form*
Dielektrizitätszahl		50				
		10^3				
		10^6				
Dielektrischer Verlustfaktor tan δ		50				
		10^3				
		10^6				
Spezifischer Durchgangs-widerstand	Ohm · cm					
Durchschlagfestigkeit	kV/mm					mm dick
Oberflächenwiderstand	Ohm					
Kriechstromfestigkeit		KC		KB	KA	
Kriechwegbildung						
Elektrolytische Korrosionswirkung						
Lichtbogenfestigkeit nach DIN						
nach ASTM	s					

Beständigkeit *(Chemische Beständigkeit siehe Anhang)*

Wasseraufnahme 23 C ≦0.2 %

Feuchtigkeitsaufnahme Normalklima %
Wetterbeständigkeit

Produktklasse	Polyesterharz-Formmasse		**UP**
Handelsname	**Shimoco FG 303**		
Hersteller	DSM ITALIA		
DIN-Bezeichnung			
ISO-Bezeichnung			
Harzbasis	Ungesaettigter Polyester		
Zusätze		*Füllstoffe/ Verstärkung*	Glasseidenmatte und anorganische Fuellstoffe
Bevorzugte Verarbeitung	Pressen	*Lieferform*	Harzmatte; SMC
		Farben	Natur; Standard
Besondere Merkmale	Ausgezeichnetes Fliessverhalten; Gute mechanische Eigenschaften	*Bevorzugte Anwendungen*	Allgemeine Anwendungen

---

Dichte	g/cm³	1.70	*Dosierbarkeit*	
Schüttdichte	g/cm³		*Tablettierbarkeit*	
Fließeinstellung			*Lagerung*	Bei 20 C 2 bis 5 Monate

Verarbeitungsbedingungen für Pressen

Werkzeugtemperatur	°C	150–160
Pressdruck	bar	50–80
Härtezeit je mm	s	30
Schwindung	%	≦0.15
Nachschwindung	%	
Bemerkungen		

Verarbeitungsbedingungen für Spritzgießen

Zylindertemperatur	°C	
Düsentemperatur	°C	
Massetemp.	°C	
Werkzeugtemp.	°C	
Spritzdruck	bar	
Härtezeit	s	
Schwindung	%	
Nachschwindung	%	
Bemerkungen		

Zugversuch 23 °C UNI EN 61;
Probekörper: *Form* Nr 3 *Herstellung* Pressen

Zugfestigkeit	N/mm²	60	*E-Modul*	N/mm²	9000
Reißdehnung	%		*Zeitstandzugfestigkeit*	h N/mm²	

Biegeversuch 23 °C UNI EN 63;
Probekörper: *Form* NS *Herstellung* Pressen

Biegefestigkeit	N/mm²	150	*E-Modul*	N/mm²	10000–11000

Druckversuch 23 °C UNIPLAST 369
Probekörper: *Form* *Herstellung* Pressen

Druckfestigkeit	N/mm²	160	*Stauchung*	%

Härte 23 °C *Probekörper:* *Herstellung*

Kugeldruckhärte N/mm² bei N, s

Schlagversuch *Probekörper: (1)*
(2)

	°C	°C	°C	*Herstellung* *Probekörper-Form*
Schlagzähigkeit kJ/m²				
Kerbschlagzähigkeit (1) kJ/m²				
IZOD-Kerbschlagzähigkeit (2) J/m				

Abrieb und Reibung

Taber-Abrieb (Reibradverfahren) mm³/100 U
Statische Reibungszahl
Dynamische Reibungszahl (p·v= N/mm² · m/min)
Zulässiger p · v Wert N/mm² · (m/min) v= m/min
v= m/min

Thermische Eigenschaften

Formbeständigkeit in der Wärme	*Verfahren* A	≧200 °C
	Verfahren	°C
Formbeständigkeit Martens		°C
Längenausdehnungskoeffizient	*Bereich* °C	· $10^{-4}K^{-1}$
	Temperatur 23 °C	0.2 · $10^{-4}K^{-1}$
Wärmeleitfähigkeit	*Verfahren*	W/(K · m)
Spezifische Wärmekapazität	*Verfahren*	J/(K · g)

Brandverhalten

UL-Test vertikal Dicke mm, Wert
Dicke mm, Wert

	Norm	*Bewertung*	*Abmessungen*
Sauerstoff-Index	ASTM D 2863		
Glühstab-Verfahren			
Brandverhalten	DIN 4102		
MVSS			
FAR			

Elektrische Eigenschaften

	Hz	°C	*Probekörper, Form*
Dielektrizitätszahl	50		
	10^3		
	10^6		
Dielektrischer Verlustfaktor tan δ	50		
	10^3		
	10^6		
Spezifischer Durchgangswiderstand Ohm · cm			
Durchschlagfestigkeit kV/mm			mm dick
Oberflächenwiderstand Ohm			

Kriechstromfestigkeit KC KB KA
Kriechwegbildung

Elektrolytische Korrosionswirkung
Lichtbogenfestigkeit nach DIN
nach ASTM s

Beständigkeit *(Chemische Beständigkeit siehe Anhang)*

Wasseraufnahme 23 C ≦0.2 %

Feuchtigkeitsaufnahme Normalklima %
Wetterbeständigkeit

UP

Produktklasse	Polyesterharz-Formmasse		
Handelsname	**Shimoco FG 313**		
Hersteller	DSM ITALIA		
DIN-Bezeichnung *ISO-Bezeichnung*			
Harzbasis	Ungesaettigter Polyester		
Zusätze		*Füllstoffe/ Verstärkung*	Glasseidenmatte und anorganische Fuellstoffe
Bevorzugte Verarbeitung	Pressen	*Lieferform*	Harzmatte; SMC
		Farben	Natur; Standard
Besondere Merkmale	Ausgezeichnetes Fliessverhalten; Gute mechanische Eigenschaften	*Bevorzugte Anwendungen*	Allgemeine Anwendungen

Dichte	g/cm³	1.70	*Dosierbarkeit*	
Schüttdichte	g/cm³		*Tablettierbarkeit*	
Fließeinstellung			*Lagerung*	Bei 20 C 2 bis 5 Monate

Verarbeitungsbedingungen für Pressen			**Verarbeitungsbedingungen für Spritzgießen**	
			Zylindertemperatur	°C
			Düsentemperatur	°C
			Massetemp.	°C
Werkzeugtemperatur	°C	150–160	*Werkzeugtemp.*	°C
Pressdruck	bar	50–80	*Spritzdruck*	bar
Härtezeit je mm	s	30	*Härtezeit*	s
Schwindung	%	≦0.15	*Schwindung*	%
Nachschwindung	%		*Nachschwindung*	%
Bemerkungen			*Bemerkungen*	

Zugversuch 23 °C UNI EN 61;
Probekörper: *Form* Nr 3 — *Herstellung* Pressen

Zugfestigkeit	N/mm²	65–75	*E-Modul*	N/mm²	9000
Reißdehnung	%		*Zeitstandzugfestigkeit*	h N/mm²	

Biegeversuch 23 °C UNI EN 63;
Probekörper: *Form* NS — *Herstellung* Pressen

Biegefestigkeit	N/mm²	150–160	*E-Modul*	N/mm²	10000–11000

Druckversuch 23 °C UNIPLAST 369
Probekörper: *Form* — *Herstellung* Pressen

Druckfestigkeit	N/mm²	160	*Stauchung*	%

Härte 23 °C *Probekörper:* — *Herstellung*

Kugeldruckhärte N/mm² bei N, s

Schlagversuch *Probekörper:* *(1)*
(2) *Herstellung*

		°C	°C	°C	*Probekörper-Form*
Schlagzähigkeit	kJ/m²				
Kerbschlagzähigkeit (1)	kJ/m²				
IZOD-Kerbschlag-zähigkeit (2)	J/m				

Abrieb und Reibung

Taber-Abrieb (Reibradverfahren) mm³/100 U
Statische Reibungszahl
Dynamische Reibungszahl (p · v= N/mm² · m/min)
Zulässiger p · v Wert N/mm² · (m/min) v= m/min
v= m/min

Thermische Eigenschaften

Formbeständigkeit in der Wärme	*Verfahren* A	≧200 °C
	Verfahren	°C
Formbeständigkeit Martens		°C
Längenausdehnungskoeffizient	*Bereich* °C	$\cdot 10^{-4} K^{-1}$
	Temperatur 23 °C	$0.2 \cdot 10^{-4} K^{-1}$
Wärmeleitfähigkeit	*Verfahren*	W/(K · m)
Spezifische Wärmekapazität	*Verfahren*	J/(K · g)

Brandverhalten

UL-Test vertikal Dicke mm, Wert
Dicke mm, Wert

	Norm	*Bewertung*	*Abmessungen*
Sauerstoff-Index	ASTM D 2863		
Glühstab-Verfahren			
Brandverhalten	DIN 4102		
MVSS			
FAR			

Elektrische Eigenschaften

		Hz	°C	*Probekörper, Form*
Dielektrizitätszahl		50		
		10^3		
		10^6		
Dielektrischer Verlustfaktor tan δ		50		
		10^3		
		10^6		
Spezifischer Durchgangs-widerstand	Ohm · cm			
Durchschlagfestigkeit	kV/mm			mm dick
Oberflächenwiderstand	Ohm			

Kriechstromfestigkeit KC KB KA
Kriechwegbildung

Elektrolytische Korrosionswirkung
Lichtbogenfestigkeit nach DIN
nach ASTM s

Beständigkeit *(Chemische Beständigkeit siehe Anhang)*

Wasseraufnahme 23 C ≦0.2 %

Feuchtigkeitsaufnahme Normalklima %
Wetterbeständigkeit

Produktklasse	Polyesterharz-Formmasse		**UP**
Handelsname	**Shimoco FG 403**		
Hersteller	DSM ITALIA		
DIN-Bezeichnung			
ISO-Bezeichnung			
Harzbasis	Ungesaettigter Polyester		
Zusätze		*Füllstoffe/ Verstärkung*	Glasseidenmatte und anorganische Fuellstoffe
Bevorzugte Verarbeitung	Pressen	*Lieferform*	Harzmatte; SMC
		Farben	Natur; Standard
Besondere Merkmale	Ausgezeichnetes Fliessverhalten; Ausgezeichnete mechanische Eigenschaften	*Bevorzugte Anwendungen*	Allgemeine Anwendungen

---

Dichte	g/cm³	1.70	*Dosierbarkeit*	
Schüttdichte	g/cm³		*Tablettierbarkeit*	
Fließeinstellung			*Lagerung*	Bei 20 C 2 bis 5 Monate

Verarbeitungsbedingungen für Pressen

Werkzeugtemperatur	°C	150–160
Pressdruck	bar	50–80
Härtezeit je mm	s	30
Schwindung	%	≦0.15
Nachschwindung	%	
Bemerkungen		

Verarbeitungsbedingungen für Spritzgießen

Zylindertemperatur	°C	
Düsentemperatur	°C	
Massetemp.	°C	
Werkzeugtemp.	°C	
Spritzdruck	bar	
Härtezeit	s	
Schwindung	%	
Nachschwindung	%	
Bemerkungen		

Zugversuch 23 °C UNI EN 61;
Probekörper: *Form* Nr 3 *Herstellung* Pressen

Zugfestigkeit	N/mm²	75–85	*E-Modul*	N/mm²	9000–10000
Reißdehnung	%		*Zeitstandzugfestigkeit*	h N/mm²	

Biegeversuch 23 °C UNI EN 63;
Probekörper: *Form* NS *Herstellung* Pressen

Biegefestigkeit	N/mm²	150–170	*E-Modul*	N/mm²	11000

Druckversuch 23 °C UNIPLAST 369
Probekörper: *Form* *Herstellung* Pressen

Druckfestigkeit	N/mm²	160	*Stauchung*	%	

Härte 23 °C *Probekörper:* *Herstellung*

Kugeldruckhärte N/mm² bei N, s

Schlagversuch *Probekörper:* *(1)*
(2) *Herstellung*

	°C	°C	°C	*Probekörper-Form*
Schlagzähigkeit kJ/m²				
Kerbschlagzähigkeit (1) kJ/m²				
IZOD-Kerbschlagzähigkeit (2) J/m				

Abrieb und Reibung

Taber-Abrieb (Reibradverfahren) mm³/100 U
Statische Reibungszahl
Dynamische Reibungszahl (p · v= N/mm² · m/min)
Zulässiger p · v Wert N/mm² · (m/min) v= m/min
v= m/min

Thermische Eigenschaften

Formbeständigkeit in der Wärme *Verfahren* A ≧200 °C
Verfahren °C
Formbeständigkeit Martens °C
Längenausdehnungskoeffizient *Bereich* °C $\cdot 10^{-4} K^{-1}$
Temperatur 23 °C $0.2 \cdot 10^{-4} K^{-1}$
Wärmeleitfähigkeit *Verfahren* W/(K · m)

Spezifische Wärmekapazität *Verfahren* J/(K · g)

Brandverhalten

UL-Test vertikal Dicke mm, Wert
Dicke mm, Wert

	Norm	*Bewertung*	*Abmessungen*
Sauerstoff-Index	ASTM D 2863		
Glühstab-Verfahren			
Brandverhalten	DIN 4102		
MVSS			
FAR			

Elektrische Eigenschaften

	Hz	°C	*Probekörper, Form*
Dielektrizitätszahl	50		
	10^3		
	10^6		
Dielektrischer Verlustfaktor tan δ	50		
	10^3		
	10^6		
Spezifischer Durchgangswiderstand Ohm · cm			
Durchschlagfestigkeit kV/mm			mm dick
Oberflächenwiderstand Ohm			

Kriechstromfestigkeit KC KB KA
Kriechwegbildung

Elektrolytische Korrosionswirkung
Lichtbogenfestigkeit nach DIN
nach ASTM s

Beständigkeit *(Chemische Beständigkeit siehe Anhang)*
Wasseraufnahme 23 C ≦0.2 %

Feuchtigkeitsaufnahme Normalklima %
Wetterbeständigkeit

Produktklasse	Polyesterharz-Formmasse		**UP**
Handelsname	**Shimoco FG 413**		
Hersteller	DSM ITALIA		
DIN-Bezeichnung *ISO-Bezeichnung*			
Harzbasis	Ungesaettigter Polyester		
Zusätze		*Füllstoffe/ Verstärkung*	Glasseidenmatte und anorganische Fuellstoffe
Bevorzugte Verarbeitung	Pressen	*Lieferform*	Harzmatte; SMC
		Farben	Natur; Standard
Besondere Merkmale	Ausgezeichnetes Fliessverhalten; Ausgezeichnete mechanische Eigenschaften	*Bevorzugte Anwendungen*	Allgemeine Anwendungen

Dichte	g/cm³	1.70	*Dosierbarkeit*	
Schüttdichte	g/cm³		*Tablettierbarkeit*	
Fließeinstellung			*Lagerung*	Bei 20 C 2 bis 5 Monate

Verarbeitungsbedingungen für Pressen

Werkzeugtemperatur	°C	150–160
Pressdruck	bar	50–80
Härtezeit je mm	s	30
Schwindung	%	≦0.15
Nachschwindung	%	
Bemerkungen		

Verarbeitungsbedingungen für Spritzgießen

Zylindertemperatur	°C
Düsentemperatur	°C
Massetemp.	°C
Werkzeugtemp.	°C
Spritzdruck	bar
Härtezeit	s
Schwindung	%
Nachschwindung	%
Bemerkungen	

Zugversuch 23 °C UNI EN 61;
Probekörper: *Form* Nr 3 — *Herstellung* Pressen

Zugfestigkeit	N/mm²	80–90	*E-Modul*	N/mm²	9000–10000
Reißdehnung	%		*Zeitstandzugfestigkeit*	h N/mm²	

Biegeversuch 23 °C UNI EN 63;
Probekörper: *Form* NS — *Herstellung* Pressen

Biegefestigkeit	N/mm²	160–180	*E-Modul*	N/mm²	11000

Druckversuch 23 °C UNIPLAST 369
Probekörper: *Form* — *Herstellung* Pressen

Druckfestigkeit	N/mm²	160	*Stauchung*	%

Härte 23 °C *Probekörper:* — *Herstellung*

Kugeldruckhärte N/mm² bei N, s

Schlagversuch *Probekörper:* *(1)*
(2) *Herstellung*

	°C	°C	°C	*Probekörper-Form*
Schlagzähigkeit kJ/m²				
Kerbschlagzähigkeit (1) kJ/m²				
IZOD-Kerbschlag-zähigkeit (2) J/m				

Abrieb und Reibung

Taber-Abrieb (Reibradverfahren) mm³/100 U
Statische Reibungszahl
Dynamische Reibungszahl (p·v= N/mm²· m/min)
Zulässiger p · v Wert N/mm² · (m/min) v= m/min
v= m/min

Thermische Eigenschaften

Formbeständigkeit in der Wärme	*Verfahren* A	≧200 °C
	Verfahren	°C
Formbeständigkeit Martens		°C
Längenausdehnungskoeffizient	*Bereich* °C	$\cdot 10^{-4}K^{-1}$
	Temperatur 23 °C	$0.2 \cdot 10^{-4}K^{-1}$
Wärmeleitfähigkeit	*Verfahren*	W/(K · m)
Spezifische Wärmekapazität	*Verfahren*	J/(K · g)

Brandverhalten

UL-Test vertikal Dicke mm, Wert
Dicke mm, Wert

	Norm	*Bewertung*	*Abmessungen*
Sauerstoff-Index	ASTM D 2863		
Glühstab-Verfahren			
Brandverhalten	DIN 4102		
MVSS			
FAR			

Elektrische Eigenschaften

	Hz	°C		*Probekörper, Form*
Dielektrizitätszahl	50			
	10^3			
	10^6			
Dielektrischer Verlustfaktor tan δ	50			
	10^3			
	10^6			
Spezifischer Durchgangs-widerstand Ohm · cm				
Durchschlagfestigkeit kV/mm				mm dick
Oberflächenwiderstand Ohm				
Kriechstromfestigkeit	KC	KB	KA	
Kriechwegbildung				
Elektrolytische Korrosionswirkung				
Lichtbogenfestigkeit nach DIN				
nach ASTM s				

Beständigkeit *(Chemische Beständigkeit siehe Anhang)*

Wasseraufnahme 23 C ≦0.2 %

Feuchtigkeitsaufnahme Normalklima %
Wetterbeständigkeit

Produktklasse	Polyesterharz-Formmasse		**UP**
Handelsname	**Shimoco FG 513**		
Hersteller	DSM ITALIA		
DIN-Bezeichnung			
ISO-Bezeichnung			
Harzbasis	Ungesaettigter Polyester		
Zusätze		*Füllstoffe/ Verstärkung*	Glasseidenmatte und anorganische Fuellstoffe
Bevorzugte Verarbeitung	Pressen	*Lieferform*	Harzmatte; SMC
		Farben	Natur; Standard
Besondere Merkmale	Ausgezeichnetes Fliessverhalten; Hervorragende mechanische Eigenschaften	*Bevorzugte Anwendungen*	Allgemeine Anwendungen

Dichte	g/cm³	1.75	*Dosierbarkeit*	
Schüttdichte	g/cm³		*Tablettierbarkeit*	
Fließeinstellung			*Lagerung*	Bei 20 C 2 bis 5 Monate

Verarbeitungsbedingungen für Pressen

Werkzeugtemperatur	°C	145–155
Pressdruck	bar	80–120
Härtezeit je mm	s	30
Schwindung	%	≦0.15
Nachschwindung	%	
Bemerkungen		

Verarbeitungsbedingungen für Spritzgießen

Zylindertemperatur	°C	
Düsentemperatur	°C	
Massetemp.	°C	
Werkzeugtemp.	°C	
Spritzdruck	bar	
Härtezeit	s	
Schwindung	%	
Nachschwindung	%	
Bemerkungen		

Zugversuch 23 °C UNI EN 61;
Probekörper: *Form* Nr 3 *Herstellung* Pressen

Zugfestigkeit	N/mm²	100–120	*E-Modul*	N/mm²	10000–11000
Reißdehnung	%		*Zeitstandzugfestigkeit*	h N/mm²	

Biegeversuch 23 °C UNI EN 63;
Probekörper: *Form* NS *Herstellung* Pressen

Biegefestigkeit	N/mm²	200–220	*E-Modul*	N/mm²	11000–12000

Druckversuch 23 °C UNIPLAST 369
Probekörper: *Form* *Herstellung* Pressen

Druckfestigkeit	N/mm²	180	*Stauchung*	%

Härte 23 °C *Probekörper:* *Herstellung*

Kugeldruckhärte N/mm² bei N, s

Schlagversuch Probekörper: (1)
(2)

		°C	°C	Herstellung °C	Probekörper-Form
Schlagzähigkeit	kJ/m²				
Kerbschlagzähigkeit (1)	kJ/m²				
IZOD-Kerbschlagzähigkeit (2)	J/m				

Abrieb und Reibung

Taber-Abrieb (Reibradverfahren) mm³/100 U
Statische Reibungszahl
Dynamische Reibungszahl (p·v= N/mm²· m/min)
Zulässiger p·v Wert N/mm²·(m/min) v= m/min
v= m/min

Thermische Eigenschaften

Formbeständigkeit in der Wärme	*Verfahren* A		≧200 °C
	Verfahren		°C
Formbeständigkeit Martens			°C
Längenausdehnungskoeffizient	*Bereich*	°C	$\cdot 10^{-4}K^{-1}$
	Temperatur 23 °C		$0.2 \cdot 10^{-4}K^{-1}$
Wärmeleitfähigkeit	*Verfahren*		W/(K·m)
Spezifische Wärmekapazität	*Verfahren*		J/(K·g)

Brandverhalten

UL-Test vertikal Dicke mm, Wert
Dicke mm, Wert

	Norm	Bewertung	Abmessungen
Sauerstoff-Index	ASTM D 2863		
Glühstab-Verfahren			
Brandverhalten	DIN 4102		
MVSS			
FAR			

Elektrische Eigenschaften

		Hz	°C			Probekörper, Form
Dielektrizitätszahl		50				
		10^3				
		10^6				
Dielektrischer Verlustfaktor tan δ		50				
		10^3				
		10^6				
Spezifischer Durchgangswiderstand	Ohm·cm					
Durchschlagfestigkeit	kV/mm					mm dick
Oberflächenwiderstand	Ohm					
Kriechstromfestigkeit		KC	KB		KA	
Kriechwegbildung						
Elektrolytische Korrosionswirkung						
Lichtbogenfestigkeit nach DIN						
nach ASTM	s					

Beständigkeit *(Chemische Beständigkeit siehe Anhang)*

Wasseraufnahme 23 C ≦0.2 %

Feuchtigkeitsaufnahme Normalklima %
Wetterbeständigkeit

Produktklasse	Polyesterharz-Formmasse		**UP**
Handelsname	**Shimoco FG 304**		
Hersteller	DSM ITALIA		
DIN-Bezeichnung *ISO-Bezeichnung*			
Harzbasis	Ungesaettigter Polyester		
Zusätze		*Füllstoffe/ Verstärkung*	Glasseidenmatte und anorganische Fuellstoffe
Bevorzugte Verarbeitung	Pressen	*Lieferform*	Harzmatte; SMC
		Farben	Natur; Standard
Besondere Merkmale	Ausgezeichnete Oberflaeche; Gut einfaerbbar; Ausgezeichnetes Fliessverhalten	*Bevorzugte Anwendungen*	Allgemeine Anwendungen

---

Dichte	g/cm^3	1.70	*Dosierbarkeit*	
Schüttdichte	g/cm^3		*Tablettierbarkeit*	
Fließeinstellung			*Lagerung*	Bei 20 C 2 bis 5 Monate

Verarbeitungsbedingungen für Pressen

Werkzeugtemperatur	°C	150–160
Pressdruck	bar	50–80
Härtezeit je mm	s	40
Schwindung	%	≦0.15
Nachschwindung	%	
Bemerkungen		

Verarbeitungsbedingungen für Spritzgießen

Zylindertemperatur	°C	
Düsentemperatur	°C	
Massetemp.	°C	
Werkzeugtemp.	°C	
Spritzdruck	bar	
Härtezeit	s	
Schwindung	%	
Nachschwindung	%	
Bemerkungen		

Zugversuch 23 °C UNI EN 61;
Probekörper: *Form* Nr 3 *Herstellung* Pressen

Zugfestigkeit	N/mm^2	60	*E-Modul*	N/mm^2	9000
Reißdehnung	%		*Zeitstandzugfestigkeit*	h N/mm^2	

Biegeversuch 23 °C UNI EN 63;
Probekörper: *Form* NS *Herstellung* Pressen

Biegefestigkeit	N/mm^2	140	*E-Modul*	N/mm^2	10000–11000

Druckversuch 23°C UNIPLAST 369
Probekörper: *Form* *Herstellung* Pressen

Druckfestigkeit	N/mm^2	150	*Stauchung*	%	

Härte 23 °C *Probekörper:* *Herstellung*

Kugeldruckhärte N/mm^2 bei N, s

Schlagversuch *Probekörper: (1)*
(2) *Herstellung*

	°C	°C	°C	*Probekörper-Form*
Schlagzähigkeit kJ/m²				
Kerbschlagzähigkeit (1) kJ/m²				
IZOD-Kerbschlag-zähigkeit (2) J/m				

Abrieb und Reibung

Taber-Abrieb (Reibradverfahren) mm³/100 U
Statische Reibungszahl
Dynamische Reibungszahl (p·v= N/mm²· m/min)
Zulässiger p · v Wert N/mm² · (m/min) v= m/min
v= m/min

Thermische Eigenschaften

Formbeständigkeit in der Wärme *Verfahren* A ≧200 °C
Verfahren °C
Formbeständigkeit Martens °C
Längenausdehnungskoeffizient *Bereich* °C $\cdot 10^{-4}K^{-1}$
Temperatur 23 °C $0.2 \cdot 10^{-4}K^{-1}$
Wärmeleitfähigkeit *Verfahren* W/(K · m)

Spezifische Wärmekapazität *Verfahren* J/(K · g)

Brandverhalten

UL-Test vertikal Dicke mm, Wert
Dicke mm, Wert

	Norm	*Bewertung*	*Abmessungen*
Sauerstoff-Index	ASTM D 2863		
Glühstab-Verfahren			
Brandverhalten	DIN 4102		
MVSS			
FAR			

Elektrische Eigenschaften

	Hz	°C	*Probekörper, Form*
Dielektrizitätszahl	50		
	10^3		
	10^6		
Dielektrischer Verlustfaktor tan δ	50		
	10^3		
	10^6		
Spezifischer Durchgangs-widerstand Ohm · cm			
Durchschlagfestigkeit kV/mm			mm dick
Oberflächenwiderstand Ohm			

Kriechstromfestigkeit KC KB KA
Kriechwegbildung

Elektrolytische Korrosionswirkung
Lichtbogenfestigkeit nach DIN
nach ASTM s

Beständigkeit *(Chemische Beständigkeit siehe Anhang)*

Wasseraufnahme 23 C ≦0.2 %

Feuchtigkeitsaufnahme Normalklima %
Wetterbeständigkeit

Produktklasse	Polyesterharz-Formmasse		**UP**
Handelsname	**Shimoco FG 306**		
Hersteller	DSM ITALIA		
DIN-Bezeichnung			
ISO-Bezeichnung			
Harzbasis	Ungesaettigter Polyester		
Zusätze		*Füllstoffe/ Verstärkung*	Glasseidenmatte und anorganische Fuellstoffe
Bevorzugte Verarbeitung	Pressen	*Lieferform*	Harzmatte; SMC
		Farben	Natur; Standard
Besondere Merkmale	Ausgezeichnetes Fliessverhalten; Ausgezeichnete Oberflaeche; Gut einfaerbbar	*Bevorzugte Anwendungen*	Allgemeine Anwendungen

Dichte	g/cm^3	1.70	*Dosierbarkeit*	
Schüttdichte	g/cm^3		*Tablettierbarkeit*	
Fließeinstellung			*Lagerung*	Bei 20 C 2 bis 5 Monate

Verarbeitungsbedingungen für Pressen

Werkzeugtemperatur	°C	150–160
Pressdruck	bar	50–80
Härtezeit je mm	s	40
Schwindung	%	≦0.15
Nachschwindung	%	
Bemerkungen		

Verarbeitungsbedingungen für Spritzgießen

Zylindertemperatur	°C	
Düsentemperatur	°C	
Massetemp.	°C	
Werkzeugtemp.	°C	
Spritzdruck	bar	
Härtezeit	s	
Schwindung	%	
Nachschwindung	%	
Bemerkungen		

Zugversuch 23 °C UNI EN 61;
Probekörper: *Form* Nr 3 — *Herstellung* Pressen

Zugfestigkeit	N/mm^2 60	*E-Modul*	N/mm^2	9000
Reißdehnung	%	*Zeitstandzugfestigkeit*	h N/mm^2	

Biegeversuch 23 °C UNI EN 63;
Probekörper: *Form* NS — *Herstellung* Pressen

Biegefestigkeit	N/mm^2 140	*E-Modul*	N/mm^2 10000–11000

Druckversuch 23 °C UNIPLAST 369
Probekörper: *Form* — *Herstellung* Pressen

Druckfestigkeit	N/mm^2	150	*Stauchung*	%

Härte 23 °C *Probekörper:* — *Herstellung*

Kugeldruckhärte N/mm^2 bei N, s

Schlagversuch *Probekörper:* *(1)*
(2)

		°C	°C	°C	*Herstellung*	*Probekörper-Form*
Schlagzähigkeit	kJ/m²					
Kerbschlagzähigkeit (1)	kJ/m²					
IZOD-Kerbschlag-zähigkeit (2)	J/m					

Abrieb und Reibung

Taber-Abrieb (Reibradverfahren) mm³/100 U
Statische Reibungszahl
Dynamische Reibungszahl (p·v= N/mm²· m/min)
Zulässiger p · v Wert N/mm² · (m/min) v= m/min
v= m/min

Thermische Eigenschaften

Formbeständigkeit in der Wärme	*Verfahren* A		≧200 °C
	Verfahren		°C
Formbeständigkeit Martens			°C
Längenausdehnungskoeffizient	*Bereich*	°C	$\cdot 10^{-4}K^{-1}$
	Temperatur 23 °C		$0.2 \cdot 10^{-4}K^{-1}$
Wärmeleitfähigkeit	*Verfahren*		W/(K · m)
Spezifische Wärmekapazität	*Verfahren*		J/(K · g)

Brandverhalten

UL-Test vertikal Dicke mm, Wert
Dicke mm, Wert

	Norm	*Bewertung*	*Abmessungen*
Sauerstoff-Index	ASTM D 2863		
Glühstab-Verfahren			
Brandverhalten	DIN 4102		
MVSS			
FAR			

Elektrische Eigenschaften

		Hz	°C	*Probekörper, Form*
Dielektrizitätszahl		50		
		10^3		
		10^6		
Dielektrischer Verlustfaktor tan δ		50		
		10^3		
		10^6		
Spezifischer Durchgangs-widerstand	Ohm · cm			
Durchschlagfestigkeit	kV/mm			mm dick
Oberflächenwiderstand	Ohm			

Kriechstromfestigkeit KC KB KA
Kriechwegbildung

Elektrolytische Korrosionswirkung
Lichtbogenfestigkeit nach DIN
nach ASTM s

Beständigkeit *(Chemische Beständigkeit siehe Anhang)*

Wasseraufnahme 23 C ≦0.2 %

Feuchtigkeitsaufnahme Normalklima %
Wetterbeständigkeit

Produktklasse	Polyesterharz-Formmasse		**UP**
Handelsname	**Shimoco FG 390**		
Hersteller	DSM ITALIA		
DIN-Bezeichnung *ISO-Bezeichnung*			
Harzbasis	Ungesaettigter Polyester		
Zusätze		*Füllstoffe/ Verstärkung*	Glasseidenmatte und anorganische Fuellstoffe
Bevorzugte Verarbeitung	Pressen	*Lieferform*	Harzmatte; SMC
		Farben	Natur; Standard
Besondere Merkmale	Ausgezeichnetes Fliessverhalten; Gute mechanische Eigenschaften	*Bevorzugte Anwendungen*	Allgemeine Anwendungen

Dichte	g/cm³	1.70	*Dosierbarkeit*	
Schüttdichte	g/cm³		*Tablettierbarkeit*	
Fließeinstellung			*Lagerung*	Bei 20 C 2 bis 5 Monate

Verarbeitungsbedingungen für Pressen

Werkzeugtemperatur	°C	150–160
Pressdruck	bar	50–80
Härtezeit je mm	s	40
Schwindung	%	≦0.15
Nachschwindung	%	
Bemerkungen		

Verarbeitungsbedingungen für Spritzgießen

Zylindertemperatur	°C	
Düsentemperatur	°C	
Massetemp.	°C	
Werkzeugtemp.	°C	
Spritzdruck	bar	
Härtezeit	s	
Schwindung	%	
Nachschwindung	%	
Bemerkungen		

Zugversuch 23 °C UNI EN 61;
Probekörper: *Form* Nr 3 — *Herstellung* Pressen

Zugfestigkeit	N/mm²	60	*E-Modul*	N/mm²	9000
Reißdehnung	%		*Zeitstandzugfestigkeit*	h N/mm²	

Biegeversuch 23 °C UNI EN 63;
Probekörper: *Form* NS — *Herstellung* Pressen

Biegefestigkeit	N/mm²	140	*E-Modul*	N/mm²	10000–11000

Druckversuch 23 °C UNIPLAST 369
Probekörper: *Form* — *Herstellung* Pressen

Druckfestigkeit	N/mm²	150	*Stauchung*	%	

Härte 23 °C *Probekörper:* — *Herstellung*

Kugeldruckhärte N/mm² bei N, s

Schlagversuch *Probekörper: (1)*
(2)

		°C	°C	°C	*Probekörper-Form*
Schlagzähigkeit	kJ/m²				
Kerbschlagzähigkeit (1)	kJ/m²				
IZOD-Kerbschlagzähigkeit (2)	J/m				

Herstellung

Abrieb und Reibung

Taber-Abrieb (Reibradverfahren) mm³/100 U
Statische Reibungszahl
Dynamische Reibungszahl (p·v= N/mm² · m/min)
Zulässiger p · v Wert N/mm² · (m/min) v= m/min
v= m/min

Thermische Eigenschaften

Formbeständigkeit in der Wärme	*Verfahren* A		≧200 °C
	Verfahren		°C
Formbeständigkeit Martens			°C
Längenausdehnungskoeffizient	*Bereich*	°C	· $10^{-4}K^{-1}$
	Temperatur 23 °C		0.2 · $10^{-4}K^{-1}$
Wärmeleitfähigkeit	*Verfahren*		W/(K · m)
Spezifische Wärmekapazität	*Verfahren*		J/(K · g)

Brandverhalten

UL-Test vertikal Dicke mm, Wert
Dicke mm, Wert

	Norm	*Bewertung*	*Abmessungen*
Sauerstoff-Index	ASTM D 2863		
Glühstab-Verfahren			
Brandverhalten	DIN 4102		
MVSS			
FAR			

Elektrische Eigenschaften

		Hz	°C			*Probekörper, Form*
Dielektrizitätszahl		50				
		10^3				
		10^6				
Dielektrischer Verlustfaktor tan δ		50				
		10^3				
		10^6				
Spezifischer Durchgangswiderstand	Ohm · cm					
Durchschlagfestigkeit	kV/mm					mm dick
Oberflächenwiderstand	Ohm					
Kriechstromfestigkeit		KC		KB	KA	
Kriechwegbildung						
Elektrolytische Korrosionswirkung						
Lichtbogenfestigkeit nach DIN						
nach ASTM	s					

Beständigkeit *(Chemische Beständigkeit siehe Anhang)*

Wasseraufnahme 23 C ≦0.2 %

Feuchtigkeitsaufnahme Normalklima %
Wetterbeständigkeit

Produktklasse	Polyesterharz-Formmasse		**UP**
Handelsname	**Shimoco FG 323**		
Hersteller	DSM ITALIA		
DIN-Bezeichnung			
ISO-Bezeichnung			
Harzbasis	Ungesaettigter Polyester		
Zusätze		*Füllstoffe/ Verstärkung*	Glasseidenmatte und anorganische Fuellstoffe
Bevorzugte Verarbeitung	Pressen	*Lieferform*	Harzmatte; SMC
		Farben	Natur; Standard
Besondere Merkmale	Ausgezeichnetes Fliessverhalten; Bei niedrigen Pressdruecken verarbeitbar; Gut einfaerbbar	*Bevorzugte Anwendungen*	Allgemeine Anwendungen

Dichte	g/cm^3	1.70	*Dosierbarkeit*	
Schüttdichte	g/cm^3		*Tablettierbarkeit*	
Fließeinstellung			*Lagerung*	Bei 20 C 2 bis 5 Monate

Verarbeitungsbedingungen für Pressen			**Verarbeitungsbedingungen für Spritzgießen**		
			Zylindertemperatur	°C	
			Düsentemperatur	°C	
			Massetemp.	°C	
Werkzeugtemperatur	°C	145–155	*Werkzeugtemp.*	°C	
Pressdruck	bar	15–30	*Spritzdruck*	bar	
Härtezeit je mm	s	40	*Härtezeit*	s	
Schwindung	%	≦0.15	*Schwindung*	%	
Nachschwindung	%		*Nachschwindung*	%	
Bemerkungen			*Bemerkungen*		

Zugversuch 23 °C UNI EN 61;
Probekörper: *Form* Nr 3 *Herstellung* Pressen

Zugfestigkeit	N/mm^2	60	*E-Modul*	N/mm^2	8000–9000
Reißdehnung	%		*Zeitstandzugfestigkeit*	h N/mm^2	

Biegeversuch 23 °C UNI EN 63;
Probekörper: *Form* NS *Herstellung* Pressen

Biegefestigkeit	N/mm^2	140	*E-Modul*	N/mm^2	10000–11000

Druckversuch 23 °C UNIPLAST 369
Probekörper: *Form* Wuerfel 1 cm *Herstellung* Pressen

Druckfestigkeit	N/mm^2	150	*Stauchung*	%

Härte 23 °C *Probekörper:* *Herstellung*

Kugeldruckhärte N/mm^2 bei N, s

Schlagversuch *Probekörper:* *(1)*
(2)

			Herstellung	
	°C	°C	°C	*Probekörper-Form*
Schlagzähigkeit	kJ/m^2			
Kerbschlagzähigkeit (1)	kJ/m^2			
IZOD-Kerbschlag-zähigkeit (2)	J/m			

Abrieb und Reibung

Taber-Abrieb (Reibradverfahren)	$mm^3/100$ U		
Statische Reibungszahl			
Dynamische Reibungszahl	(p·v= N/mm^2 ·		m/min)
Zulässiger p · v Wert	N/mm^2 · (m/min)	v=	m/min
		v=	m/min

Thermische Eigenschaften

Formbeständigkeit in der Wärme	*Verfahren* A		≧200 °C
	Verfahren		°C
Formbeständigkeit Martens			°C
Längenausdehnungskoeffizient	*Bereich*	°C	$\cdot 10^{-4} K^{-1}$
	Temperatur 23 °C		$0.2 \cdot 10^{-4} K^{-1}$
Wärmeleitfähigkeit	*Verfahren*		W/(K · m)
Spezifische Wärmekapazität	*Verfahren*		J/(K · g)

Brandverhalten

UL-Test vertikal	Dicke	mm, Wert	
	Dicke	mm, Wert	

	Norm	*Bewertung*	*Abmessungen*
Sauerstoff-Index	ASTM D 2863		
Glühstab-Verfahren			
Brandverhalten	DIN 4102		
MVSS			
FAR			

Elektrische Eigenschaften

		Hz	°C		*Probekörper, Form*
Dielektrizitätszahl		50			
		10^3			
		10^6			
Dielektrischer Verlustfaktor tan δ		50			
		10^3			
		10^6			
Spezifischer Durchgangs-widerstand	Ohm · cm				
Durchschlagfestigkeit	kV/mm				mm dick
Oberflächenwiderstand	Ohm				
Kriechstromfestigkeit		KC	KB	KA	
Kriechwegbildung					
Elektrolytische Korrosionswirkung					
Lichtbogenfestigkeit nach DIN					
nach ASTM	s				

Beständigkeit *(Chemische Beständigkeit siehe Anhang)*

Wasseraufnahme 23 C ≦0.2 %

Feuchtigkeitsaufnahme Normalklima %

Wetterbeständigkeit

Produktklasse	Polyesterharz-Formmasse		**UP**
Handelsname	**Shimoco LP 300**		
Hersteller	DSM ITALIA		
DIN-Bezeichnung *ISO-Bezeichnung*			
Harzbasis	Ungesaettigter Polyester		
Zusätze		*Füllstoffe/ Verstärkung*	Glasseidenmatte und anorganische Fuellstoffe
Bevorzugte Verarbeitung	Pressen	*Lieferform*	Harzmatte; SMC
		Farben	Natur; Standard
Besondere Merkmale	Keine Verarbeitungsschwindung; Gute mechanische Eigenschaften; Gut lakkierbar; Ausgezeichnetes Fliessverhalten	*Bevorzugte Anwendungen*	Allgemeine Anwendungen im Kfz-Bau

Dichte	g/cm³	1.80	*Dosierbarkeit*	
Schüttdichte	g/cm³		*Tablettierbarkeit*	
Fließeinstellung			*Lagerung*	Bei 20 C 2 bis 5 Monate

Verarbeitungsbedingungen für Pressen

Werkzeugtemperatur	°C	145–160
Pressdruck	bar	80–120
Härtezeit je mm	s	15
Schwindung	%	≦0.05
Nachschwindung	%	
Bemerkungen		

Verarbeitungsbedingungen für Spritzgießen

Zylindertemperatur	°C	
Düsentemperatur	°C	
Massetemp.	°C	
Werkzeugtemp.	°C	
Spritzdruck	bar	
Härtezeit	s	
Schwindung	%	
Nachschwindung	%	
Bemerkungen		

Zugversuch 23 °C UNI EN 61;
Probekörper: *Form* Nr 3 *Herstellung* Pressen

Zugfestigkeit	N/mm²	60–70	*E-Modul*	N/mm²	10000–11000
Reißdehnung	%		*Zeitstandzugfestigkeit*	h N/mm²	

Biegeversuch 23 °C UNI EN 63;
Probekörper: *Form* NS *Herstellung* Pressen

Biegefestigkeit	N/mm²	140–160	*E-Modul*	N/mm²	10000–11000

Druckversuch 23°C UNIPLAST 369
Probekörper: *Form* Wuerfel 1 cm *Herstellung* Pressen

Druckfestigkeit	N/mm²	160	*Stauchung*	%

Härte 23 °C *Probekörper:* *Herstellung*

Kugeldruckhärte N/mm² bei N, s

Schlagversuch *Probekörper: (1)*
(2) *Herstellung*

	°C	°C	°C	*Probekörper-Form*
Schlagzähigkeit kJ/m^2				
Kerbschlagzähigkeit (1) kJ/m^2				
IZOD-Kerbschlagzähigkeit (2) J/m				

Abrieb und Reibung

Taber-Abrieb (Reibradverfahren) mm^3/100 U
Statische Reibungszahl
Dynamische Reibungszahl (p·v= N/mm^2· m/min)
Zulässiger p · v Wert N/mm^2·(m/min) v= m/min
v= m/min

Thermische Eigenschaften

Formbeständigkeit in der Wärme *Verfahren* A ≧200 °C
Verfahren °C
Formbeständigkeit Martens °C
Längenausdehnungskoeffizient *Bereich* °C $\cdot 10^{-4}K^{-1}$
Temperatur 23 °C $0.2 \cdot 10^{-4}K^{-1}$
Wärmeleitfähigkeit *Verfahren* W/(K · m)

Spezifische Wärmekapazität *Verfahren* J/(K · g)

Brandverhalten

UL-Test vertikal Dicke mm, Wert
Dicke mm, Wert

	Norm	*Bewertung*	*Abmessungen*
Sauerstoff-Index	ASTM D 2863		
Glühstab-Verfahren			
Brandverhalten	DIN 4102		
MVSS			
FAR			

Elektrische Eigenschaften

	Hz	°C	*Probekörper, Form*
Dielektrizitätszahl	50		
	10^3		
	10^6		
Dielektrischer Verlustfaktor tan δ	50		
	10^3		
	10^6		

Spezifischer Durchgangswiderstand Ohm · cm
Durchschlagfestigkeit kV/mm mm dick
Oberflächenwiderstand Ohm

Kriechstromfestigkeit KC KB KA
Kriechwegbildung

Elektrolytische Korrosionswirkung
Lichtbogenfestigkeit nach DIN
nach ASTM s

Beständigkeit *(Chemische Beständigkeit siehe Anhang)*

Wasseraufnahme 23 C C ≦0.15 %

Feuchtigkeitsaufnahme Normalklima %
Wetterbeständigkeit

Produktklasse	Polyesterharz-Formmasse		**UP**
Handelsname	**Shimoco LP 350**		
Hersteller	DSM ITALIA		
DIN-Bezeichnung			
ISO-Bezeichnung			
Harzbasis	Ungesaettigter Polyester		
Zusätze		*Füllstoffe/ Verstärkung*	Glasseidenmatte und anorganische Fuellstoffe
Bevorzugte Verarbeitung	Pressen	*Lieferform*	Harzmatte; SMC
		Farben	Natur; Standard
Besondere Merkmale	Keine Verarbeitungsschwindung; Gute mechanische Eigenschaften; Gut lackierbar	*Bevorzugte Anwendungen*	Kfz-Karosserieteil

Dichte	g/cm³	1.85	*Dosierbarkeit*	
Schüttdichte	g/cm³		*Tablettierbarkeit*	
Fließeinstellung			*Lagerung*	Bei 20 C 2 bis 5 Monate

Verarbeitungsbedingungen für Pressen

Werkzeugtemperatur	°C	145–160
Pressdruck	bar	80–120
Härtezeit je mm	s	15
Schwindung	%	0.00–0.03
Nachschwindung	%	
Bemerkungen		

Verarbeitungsbedingungen für Spritzgießen

Zylindertemperatur	°C	
Düsentemperatur	°C	
Massetemp.	°C	
Werkzeugtemp.	°C	
Spritzdruck	bar	
Härtezeit	s	
Schwindung	%	
Nachschwindung	%	
Bemerkungen		

Zugversuch 23 °C UNI EN 61;
Probekörper: *Form* Nr 3 *Herstellung* Pressen

Zugfestigkeit	N/mm²	60–70	*E-Modul*	N/mm²	11000–12000
Reißdehnung	%		*Zeitstandzugfestigkeit*	h N/mm²	

Biegeversuch 23 °C UNI EN 63;
Probekörper: *Form* NS *Herstellung* Pressen

Biegefestigkeit	N/mm²	140–160	*E-Modul*	N/mm²	11000–12000

Druckversuch 23°C UNIPLAST 369
Probekörper: *Form* Wuerfel 1 cm *Herstellung* Pressen

Druckfestigkeit	N/mm²	180	*Stauchung*	%	

Härte 23 °C *Probekörper:* *Herstellung*

Kugeldruckhärte N/mm² bei N, s

Schlagversuch *Probekörper:* *(1)*
(2)

	°C	°C	°C	*Herstellung* *Probekörper-Form*
Schlagzähigkeit kJ/m²				
Kerbschlagzähigkeit (1) kJ/m²				
IZOD-Kerbschlag-zähigkeit (2) J/m				

Abrieb und Reibung

Taber-Abrieb (Reibradverfahren) mm³/100 U
Statische Reibungszahl
Dynamische Reibungszahl (p · v= N/mm² · m/min)
Zulässiger p · v Wert N/mm² · (m/min) v= m/min
v= m/min

Thermische Eigenschaften

Formbeständigkeit in der Wärme *Verfahren* A ≧200 °C
Verfahren °C
Formbeständigkeit Martens °C
Längenausdehnungskoeffizient *Bereich* °C · $10^{-4}K^{-1}$
Temperatur 23 °C 0.2 · $10^{-4}K^{-1}$
Wärmeleitfähigkeit *Verfahren* W/(K · m)

Spezifische Wärmekapazität *Verfahren* J/(K · g)

Brandverhalten

UL-Test vertikal Dicke mm, Wert
Dicke mm, Wert

	Norm	*Bewertung*	*Abmessungen*
Sauerstoff-Index	ASTM D 2863		
Glühstab-Verfahren			
Brandverhalten	DIN 4102		
MVSS			
FAR			

Elektrische Eigenschaften

		Hz	°C	*Probekörper, Form*
Dielektrizitätszahl		50		
		10^3		
		10^6		
Dielektrischer Verlustfaktor tan δ		50		
		10^3		
		10^6		
Spezifischer Durchgangswiderstand	Ohm · cm			
Durchschlagfestigkeit	kV/mm			mm dick
Oberflächenwiderstand	Ohm			

Kriechstromfestigkeit KC KB KA
Kriechwegbildung

Elektrolytische Korrosionswirkung
Lichtbogenfestigkeit nach DIN
nach ASTM s

Beständigkeit *(Chemische Beständigkeit siehe Anhang)*
Wasseraufnahme 23 C ≦0.15 %

Feuchtigkeitsaufnahme Normalklima %
Wetterbeständigkeit

Produktklasse	Polyesterharz-Formmasse		**UP**
Handelsname	**Shimoco LP 380**		
Hersteller	DSM ITALIA		
DIN-Bezeichnung *ISO-Bezeichnung*			
Harzbasis	Ungesaettigter Polyester		
Zusätze		*Füllstoffe/ Verstärkung*	Glasseidenmatte und anorganische Fuellstoffe
Bevorzugte Verarbeitung	Pressen	*Lieferform*	Harzmatte; SMC
		Farben	Natur; Standard
Besondere Merkmale	Keine Verarbeitungsschwindung; Gute mechanische Eigenschaften; Gut lakkierbar	*Bevorzugte Anwendungen*	Kfz-Karosserieteil

Dichte	g/cm³	1.75	*Dosierbarkeit*	
Schüttdichte	g/cm³		*Tablettierbarkeit*	
Fließeinstellung			*Lagerung*	Bei 20 C 2 bis 5 Monate

Verarbeitungsbedingungen für Pressen			**Verarbeitungsbedingungen für Spritzgießen**		
			Zylindertemperatur	°C	
			Düsentemperatur	°C	
			Massetemp.	°C	
Werkzeugtemperatur	°C	145–160	*Werkzeugtemp.*	°C	
Pressdruck	bar	80–120	*Spritzdruck*	bar	
Härtezeit je mm	s	15	*Härtezeit*	s	
Schwindung	%	≦0.05	*Schwindung*	%	
Nachschwindung	%		*Nachschwindung*	%	
Bemerkungen			*Bemerkungen*		

Zugversuch 23 °C	UNI EN 61; *Probekörper:* *Form* Nr 3		*Herstellung*	Pressen	
Zugfestigkeit	N/mm²	60–70	*E-Modul*	N/mm²	8000–9000
Reißdehnung	%		*Zeitstandzugfestigkeit*	h N/mm²	

Biegeversuch 23 °C	UNI EN 63; *Probekörper:* *Form* NS		*Herstellung*	Pressen	
Biegefestigkeit	N/mm²	160–180	*E-Modul*	N/mm²	8000–9000

Druckversuch 23°C	UNIPLAST 369; *Probekörper:* *Form* Wuerfel 1 cm		*Herstellung*	Pressen	
Druckfestigkeit	N/mm²	160	*Stauchung*	%	

Härte 23 °C	*Probekörper:*	*Herstellung*	
Kugeldruckhärte	N/mm²	bei N, s	

Schlagversuch *Probekörper: (1)*
(2)

		°C	°C	°C	*Herstellung* *Probekörper-Form*
Schlagzähigkeit	kJ/m²				
Kerbschlagzähigkeit (1)	kJ/m²				
IZOD-Kerbschlagzähigkeit (2)	J/m				

Abrieb und Reibung

Taber-Abrieb (Reibradverfahren) mm³/100 U
Statische Reibungszahl
Dynamische Reibungszahl (p·v= N/mm²· m/min)
Zulässiger p·v Wert N/mm²·(m/min) v= m/min
v= m/min

Thermische Eigenschaften

Formbeständigkeit in der Wärme	*Verfahren* A		≧200 °C
	Verfahren		°C
Formbeständigkeit Martens			°C
Längenausdehnungskoeffizient	*Bereich*	°C	·10⁻⁴K⁻¹
	Temperatur 23 °C		0.2·10⁻⁴K⁻¹
Wärmeleitfähigkeit	*Verfahren*		W/(K·m)
Spezifische Wärmekapazität	*Verfahren*		J/(K·g)

Brandverhalten

UL-Test vertikal Dicke mm, Wert
Dicke mm, Wert

	Norm	*Bewertung*	*Abmessungen*
Sauerstoff-Index	ASTM D 2863		
Glühstab-Verfahren			
Brandverhalten	DIN 4102		
MVSS			
FAR			

Elektrische Eigenschaften

		Hz	°C	*Probekörper, Form*
Dielektrizitätszahl		50		
		10^3		
		10^6		
Dielektrischer Verlustfaktor tan δ		50		
		10^3		
		10^6		
Spezifischer Durchgangswiderstand	Ohm·cm			
Durchschlagfestigkeit	kV/mm			mm dick
Oberflächenwiderstand	Ohm			

Kriechstromfestigkeit KC KB KA
Kriechwegbildung

Elektrolytische Korrosionswirkung
Lichtbogenfestigkeit nach DIN
nach ASTM s

Beständigkeit *(Chemische Beständigkeit siehe Anhang)*

Wasseraufnahme 23 C ≦0.2 %

Feuchtigkeitsaufnahme Normalklima %
Wetterbeständigkeit

Produktklasse	Polyesterharz-Formmasse		**UP**
Handelsname	**Shimoco FR 120**		
Hersteller	DSM ITALIA		
DIN-Bezeichnung			
ISO-Bezeichnung			
Harzbasis	Ungesaettigter Polyester		
Zusätze		*Füllstoffe/ Verstärkung*	Glasseidenmatte und anorganische Fuellstoffe
Bevorzugte Verarbeitung	Pressen	*Lieferform*	Harzmatte; SMC
		Farben	Natur; Standard
Besondere Merkmale	Ausgezeichnetes Fliessverhalten; Gute Kriechstromfestigkeit; Gute Flammwidrigkeit (UL-Werte nicht gemessen)	*Bevorzugte Anwendungen*	Allgemeine Anwendungen

Dichte	g/cm^3	1.70	*Dosierbarkeit*	
Schüttdichte	g/cm^3		*Tablettierbarkeit*	
Fließeinstellung			*Lagerung*	Bei 20 C 2 bis 5 Monate

Verarbeitungsbedingungen für Pressen			**Verarbeitungsbedingungen für Spritzgießen**	
			Zylindertemperatur	°C
			Düsentemperatur	°C
			Massetemp.	°C
Werkzeugtemperatur	°C	145–155	*Werkzeugtemp.*	°C
Pressdruck	bar	50–80	*Spritzdruck*	bar
Härtezeit je mm	s	40	*Härtezeit*	s
Schwindung	%	≦0.18	*Schwindung*	%
Nachschwindung	%		*Nachschwindung*	%
Bemerkungen			*Bemerkungen*	

Zugversuch 23 °C UNI EN 61;
Probekörper: *Form* Nr 3 *Herstellung* Pressen

Zugfestigkeit	N/mm^2	40	*E-Modul*	N/mm^2	9000–10000
Reißdehnung	%		*Zeitstandzugfestigkeit*	h N/mm^2	

Biegeversuch 23 °C UNI EN 63;
Probekörper: *Form* NS *Herstellung* Pressen

Biegefestigkeit	N/mm^2	100–120	*E-Modul*	N/mm^2	9500–10500

Druckversuch 23°C UNIPLAST 369
Probekörper: *Form* Wuerfel 1 cm *Herstellung* Pressen

Druckfestigkeit	N/mm^2	150	*Stauchung*	%	

Härte 23 °C *Probekörper:* *Herstellung*

Kugeldruckhärte N/mm^2 bei N, s

Schlagversuch Probekörper: (1)
(2)

		°C	°C	°C (Herstellung)	Probekörper-Form
Schlagzähigkeit	kJ/m²				
Kerbschlagzähigkeit (1)	kJ/m²				
IZOD-Kerbschlagzähigkeit (2)	J/m				

Abrieb und Reibung

Taber-Abrieb (Reibradverfahren) mm³/100 U
Statische Reibungszahl
Dynamische Reibungszahl (p·v= N/mm²· m/min)
Zulässiger p · v Wert N/mm² · (m/min) v= m/min
v= m/min

Thermische Eigenschaften

Formbeständigkeit in der Wärme	Verfahren A		≧200 °C
	Verfahren		°C
Formbeständigkeit Martens			°C
Längenausdehnungskoeffizient	Bereich	°C	$\cdot 10^{-4}K^{-1}$
	Temperatur 23 °C		$0.2 \cdot 10^{-4}K^{-1}$
Wärmeleitfähigkeit	Verfahren		W/(K · m)
Spezifische Wärmekapazität	Verfahren		J/(K · g)

Brandverhalten

UL-Test vertikal Dicke mm, Wert
Dicke mm, Wert

	Norm	Bewertung	Abmessungen
Sauerstoff-Index	ASTM D 2863		
Glühstab-Verfahren			
Brandverhalten	DIN 4102		
MVSS			
FAR			

Elektrische Eigenschaften

		Hz	°C			Probekörper, Form
Dielektrizitätszahl		50				
		10^3				
		10^6				
Dielektrischer Verlustfaktor tan δ		50				
		10^3				
		10^6				
Spezifischer Durchgangswiderstand	Ohm · cm					
Durchschlagfestigkeit	kV/mm		23	16		1 mm dick
Oberflächenwiderstand	Ohm					
Kriechstromfestigkeit		KC		KB	KA	
Kriechwegbildung						
Elektrolytische Korrosionswirkung						
Lichtbogenfestigkeit nach DIN						
nach ASTM	s	120–140				

Beständigkeit (Chemische Beständigkeit siehe Anhang)

Wasseraufnahme 23 C ≦0.15 %

Feuchtigkeitsaufnahme Normalklima %
Wetterbeständigkeit

Produktklasse	Polyesterharz-Formmasse		**UP**
Handelsname	**Shimoco FR 220**		
Hersteller	DSM ITALIA		
DIN-Bezeichnung / *ISO-Bezeichnung*			
Harzbasis	Ungesaettigter Polyester		
Zusätze		*Füllstoffe/ Verstärkung*	Glasseidenmatte und anorganische Fuellstoffe
Bevorzugte Verarbeitung	Pressen	*Lieferform*	Harzmatte; SMC
		Farben	Natur; Standard
Besondere Merkmale	Ausgezeichnetes Fliessverhalten; Gute Kriechstromfestigkeit; Gute Flammwidrigkeit (UL-Werte nicht gemessen)	*Bevorzugte Anwendungen*	Allgemeine Anwendungen

Dichte	g/cm^3	1.70	*Dosierbarkeit*	
Schüttdichte	g/cm^3		*Tablettierbarkeit*	
Fließeinstellung			*Lagerung*	Bei 20 C 2 bis 5 Monate

Verarbeitungsbedingungen für Pressen			**Verarbeitungsbedingungen für Spritzgießen**	
			Zylindertemperatur	°C
			Düsentemperatur	°C
			Massetemp.	°C
Werkzeugtemperatur	°C	145–155	*Werkzeugtemp.*	°C
Pressdruck	bar	60–80	*Spritzdruck*	bar
Härtezeit je mm	s	40	*Härtezeit*	s
Schwindung	%	≦0.18	*Schwindung*	%
Nachschwindung	%		*Nachschwindung*	%
Bemerkungen			*Bemerkungen*	

Zugversuch 23 °C UNI EN 61;
Probekörper: *Form* Nr 3 *Herstellung* Pressen

Zugfestigkeit	N/mm^2	50	*E-Modul*	N/mm^2	9000–10000
Reißdehnung	%		*Zeitstandzugfestigkeit*	h N/mm^2	

Biegeversuch 23 °C UNI EN 63;
Probekörper: *Form* NS *Herstellung* Pressen

Biegefestigkeit	N/mm^2	120–140	*E-Modul*	N/mm^2	9500–10500

Druckversuch 23°C UNIPLAST 369
Probekörper: *Form* Wuerfel 1 cm *Herstellung* Pressen

Druckfestigkeit	N/mm^2	150	*Stauchung*	%

Härte 23 °C *Probekörper:* *Herstellung*

Kugeldruckhärte N/mm^2 bei N, s

Schlagversuch *Probekörper: (1)*
(2) *Herstellung*

		°C	°C	°C	*Probekörper-Form*
Schlagzähigkeit	kJ/m²				
Kerbschlagzähigkeit (1)	kJ/m²				
IZOD-Kerbschlagzähigkeit (2)	J/m				

Abrieb und Reibung

Taber-Abrieb (Reibradverfahren)	mm³/100 U	
Statische Reibungszahl		
Dynamische Reibungszahl	(p·v= N/mm²· m/min)	
Zulässiger p · v Wert	N/mm² · (m/min)	v= m/min
		v= m/min

Thermische Eigenschaften

Formbeständigkeit in der Wärme	*Verfahren* A		≧200 °C
	Verfahren		°C
Formbeständigkeit Martens			°C
Längenausdehnungskoeffizient	*Bereich*	°C	$\cdot 10^{-4}K^{-1}$
	Temperatur 23 °C		$0.2 \cdot 10^{-4}K^{-1}$
Wärmeleitfähigkeit	*Verfahren*		W/(K · m)
Spezifische Wärmekapazität	*Verfahren*		J/(K · g)

Brandverhalten

UL-Test vertikal	Dicke	mm, Wert	
	Dicke	mm, Wert	

	Norm	*Bewertung*	*Abmessungen*
Sauerstoff-Index	ASTM D 2863		
Glühstab-Verfahren			
Brandverhalten	DIN 4102		
MVSS			
FAR			

Elektrische Eigenschaften

		Hz	°C		*Probekörper, Form*
Dielektrizitätszahl		50			
		10^3			
		10^6			
Dielektrischer Verlustfaktor tan δ		50			
		10^3			
		10^6			
Spezifischer Durchgangswiderstand	Ohm · cm				
Durchschlagfestigkeit	kV/mm		23	15	1 mm dick
Oberflächenwiderstand	Ohm				

Kriechstromfestigkeit	KC	KB	KA
Kriechwegbildung			

Elektrolytische Korrosionswirkung
Lichtbogenfestigkeit nach DIN
nach ASTM s 120

Beständigkeit *(Chemische Beständigkeit siehe Anhang)*

Wasseraufnahme 23 C ≦0.15 %

Feuchtigkeitsaufnahme Normalklima %
Wetterbeständigkeit

Produktklasse	Polyesterharz-Formmasse		**UP**
Handelsname	**Shimoco FR 320**		
Hersteller	DSM ITALIA		
DIN-Bezeichnung			
ISO-Bezeichnung			
Harzbasis	Ungesaettigter Polyester		
Zusätze		*Füllstoffe/ Verstärkung*	Glasseidenmatte und anorganische Fuellstoffe
Bevorzugte Verarbeitung	Pressen	*Lieferform*	Harzmatte; SMC
		Farben	Natur; Standard
Besondere Merkmale	Ausgezeichnetes Fliessverhalten; Gute Kriechstromfestigkeit; Gute Flammwidrigkeit (UL-Werte nicht gemessen)	*Bevorzugte Anwendungen*	Allgemeine Anwendungen

Dichte	g/cm^3	1.70	*Dosierbarkeit*	
Schüttdichte	g/cm^3		*Tablettierbarkeit*	
Fließeinstellung			*Lagerung*	Bei 20 C 2 bis 5 Monate

Verarbeitungsbedingungen für Pressen

Werkzeugtemperatur	°C	145–155
Pressdruck	bar	60–100
Härtezeit je mm	s	40
Schwindung	%	0.10–0.15
Nachschwindung	%	
Bemerkungen		

Verarbeitungsbedingungen für Spritzgießen

Zylindertemperatur	°C	
Düsentemperatur	°C	
Massetemp.	°C	
Werkzeugtemp.	°C	
Spritzdruck	bar	
Härtezeit	s	
Schwindung	%	
Nachschwindung	%	
Bemerkungen		

Zugversuch 23 °C UNI EN 61;
Probekörper: Form Nr 3 *Herstellung* Pressen

Zugfestigkeit	N/mm^2	60–70	*E-Modul*	N/mm^2	9500–10500
Reißdehnung	%		*Zeitstandzugfestigkeit*	h N/mm^2	

Biegeversuch 23 °C UNI EN 63;
Probekörper: Form NS *Herstellung* Pressen

Biegefestigkeit	N/mm^2	140–160	*E-Modul*	N/mm^2	10000–11000

Druckversuch 23°C UNIPLAST 369
Probekörper: Form Wuerfel 1 cm *Herstellung* Pressen

Druckfestigkeit	N/mm^2	150	*Stauchung*	%	

Härte 23 °C *Probekörper:* *Herstellung*

Kugeldruckhärte N/mm^2 bei N, s

Schlagversuch Probekörper: (1)
(2)

		°C	°C	Herstellung °C	Probekörper-Form
Schlagzähigkeit	kJ/m²				
Kerbschlagzähigkeit (1)	kJ/m²				
IZOD-Kerbschlag-zähigkeit (2)	J/m				

Abrieb und Reibung

Taber-Abrieb (Reibradverfahren) mm³/100 U
Statische Reibungszahl
Dynamische Reibungszahl (p·v= N/mm² · m/min)
Zulässiger p · v Wert N/mm² · (m/min) v= m/min
v= m/min

Thermische Eigenschaften

Formbeständigkeit in der Wärme	Verfahren A		≧200 °C
	Verfahren		°C
Formbeständigkeit Martens			°C
Längenausdehnungskoeffizient	Bereich	°C	· 10⁻⁴K⁻¹
	Temperatur 23 °C		0.2 · 10⁻⁴K⁻¹
Wärmeleitfähigkeit	Verfahren		W/(K · m)
Spezifische Wärmekapazität	Verfahren		J/(K · g)

Brandverhalten

UL-Test vertikal Dicke mm, Wert
Dicke mm, Wert

	Norm	Bewertung	Abmessungen
Sauerstoff-Index	ASTM D 2863		
Glühstab-Verfahren			
Brandverhalten	DIN 4102		
MVSS			
FAR			

Elektrische Eigenschaften

		Hz	°C		Probekörper, Form
Dielektrizitätszahl		50			
		10^3			
		10^6			
Dielektrischer Verlustfaktor tan δ		50			
		10^3			
		10^6			
Spezifischer Durchgangs-widerstand	Ohm · cm				
Durchschlagfestigkeit	kV/mm		23	15	1 mm dick
Oberflächenwiderstand	Ohm				

Kriechstromfestigkeit KC KB KA
Kriechwegbildung

Elektrolytische Korrosionswirkung
Lichtbogenfestigkeit nach DIN
nach ASTM s 120

Beständigkeit (Chemische Beständigkeit siehe Anhang)

Wasseraufnahme 23 C ≦0.15 %

Feuchtigkeitsaufnahme Normalklima %
Wetterbeständigkeit

UP

Produktklasse	Polyesterharz-Formmasse		
Handelsname	**Shimoco FR 403**		
Hersteller	DSM ITALIA		
DIN-Bezeichnung *ISO-Bezeichnung*			
Harzbasis	Ungesaettigter Polyester		
Zusätze		*Füllstoffe/ Verstärkung*	Glasseidenmatte und anorganische Fuellstoffe
Bevorzugte Verarbeitung	Pressen	*Lieferform*	Harzmatte; SMC
		Farben	Natur; Standard
Besondere Merkmale	Ausgezeichnetes Fliessverhalten; Gute Kriechstromfestigkeit; Gute Flammwidrigkeit (UL-Werte nicht gemessen)	*Bevorzugte Anwendungen*	Allgemeine Anwendungen

Dichte	g/cm³	1.75	*Dosierbarkeit*	
Schüttdichte	g/cm³		*Tablettierbarkeit*	
Fließeinstellung			*Lagerung*	Bei 20 C 2 bis 5 Monate

Verarbeitungsbedingungen für Pressen			**Verarbeitungsbedingungen für Spritzgießen**	
			Zylindertemperatur	°C
			Düsentemperatur	°C
			Massetemp.	°C
Werkzeugtemperatur	°C	145–155	*Werkzeugtemp.*	°C
Pressdruck	bar	80–100	*Spritzdruck*	bar
Härtezeit je mm	s	40	*Härtezeit*	s
Schwindung	%	0.10–0.15	*Schwindung*	%
Nachschwindung	%		*Nachschwindung*	%
Bemerkungen			*Bemerkungen*	

Zugversuch 23 °C UNI EN 61;
Probekörper: *Form* Nr 3 *Herstellung* Pressen

Zugfestigkeit	N/mm²	70–80	*E-Modul*	N/mm²	9500–10500
Reißdehnung	%		*Zeitstandzugfestigkeit*	h N/mm²	

Biegeversuch 23 °C UNI EN 63;
Probekörper: *Form* NS *Herstellung* Pressen

Biegefestigkeit	N/mm²	150–170	*E-Modul*	N/mm²	10000–11000

Druckversuch 23°C UNIPLAST 369
Probekörper: *Form* Wuerfel 1 cm *Herstellung* Pressen

Druckfestigkeit	N/mm²	160	*Stauchung*	%

Härte 23 °C *Probekörper:* *Herstellung*

Kugeldruckhärte N/mm² bei N, s

Schlagversuch *Probekörper:* *(1)*
(2) *Herstellung*

	°C	°C	°C	*Probekörper-Form*
Schlagzähigkeit kJ/m²				
Kerbschlagzähigkeit (1) kJ/m²				
IZOD-Kerbschlag-zähigkeit (2) J/m				

Abrieb und Reibung

Taber-Abrieb (Reibradverfahren) mm³/100 U
Statische Reibungszahl
Dynamische Reibungszahl (p·v= N/mm²· m/min)
Zulässiger p · v Wert N/mm² · (m/min) v= m/min
v= m/min

Thermische Eigenschaften

Formbeständigkeit in der Wärme	*Verfahren* A		≧200 °C
	Verfahren		°C
Formbeständigkeit Martens			°C
Längenausdehnungskoeffizient	*Bereich*	°C	$\cdot 10^{-4}K^{-1}$
	Temperatur 23 °C		$0.2 \cdot 10^{-4}K^{-1}$
Wärmeleitfähigkeit	*Verfahren*		W/(K · m)
Spezifische Wärmekapazität	*Verfahren*		J/(K · g)

Brandverhalten

UL-Test vertikal Dicke mm, Wert
Dicke mm, Wert

	Norm	*Bewertung*	*Abmessungen*
Sauerstoff-Index	ASTM D 2863		
Glühstab-Verfahren			
Brandverhalten	DIN 4102		
MVSS			
FAR			

Elektrische Eigenschaften

		Hz	°C			*Probekörper, Form*
Dielektrizitätszahl		50				
		10^3				
		10^6				
Dielektrischer Verlustfaktor tan δ		50				
		10^3				
		10^6				
Spezifischer Durchgangs-widerstand	Ohm · cm					
Durchschlagfestigkeit	kV/mm		23	16		1 mm dick
Oberflächenwiderstand	Ohm					
Kriechstromfestigkeit		KC		KB	KA	
Kriechwegbildung						
Elektrolytische Korrosionswirkung						
Lichtbogenfestigkeit nach DIN						
nach ASTM	s	120				

Beständigkeit *(Chemische Beständigkeit siehe Anhang)*

Wasseraufnahme 23 C ≦0.15 %

Feuchtigkeitsaufnahme Normalklima %
Wetterbeständigkeit

UP

Produktklasse	Polyesterharz-Formmasse
Handelsname	**Shimoco FR 311**
Hersteller	DSM ITALIA
DIN-Bezeichnung	
ISO-Bezeichnung	
Harzbasis	Ungesaettigter Polyester
Zusätze	
Füllstoffe/ Verstärkung	Glasseidenmatte und anorganische Fuellstoffe
Bevorzugte Verarbeitung	Pressen
Lieferform	Harzmatte; SMC
Farben	Natur; Standard
Besondere Merkmale	Ausgezeichnetes Fliessverhalten; Gute Flammwidrigkeit (UL-Werte nicht gemessen)
Bevorzugte Anwendungen	Allgemeine Anwendungen

Dichte	g/cm³	1.70
Schüttdichte	g/cm³	
Fließeinstellung		
Dosierbarkeit		
Tablettierbarkeit		
Lagerung		Bei 20 C 2 bis 5 Monate

Verarbeitungsbedingungen für Pressen

Werkzeugtemperatur	°C	145 155
Pressdruck	bar	60–100
Härtezeit je mm	s	40
Schwindung	%	0.10–0.15
Nachschwindung	%	
Bemerkungen		

Verarbeitungsbedingungen für Spritzgießen

Zylindertemperatur	°C	
Düsentemperatur	°C	
Massetemp.	°C	
Werkzeugtemp.	°C	
Spritzdruck	bar	
Härtezeit	s	
Schwindung	%	
Nachschwindung	%	
Bemerkungen		

Zugversuch 23 °C UNI EN 61; *Probekörper:* *Form* Nr 3 *Herstellung* Pressen

Zugfestigkeit	N/mm²	60–70	*E-Modul*	N/mm²	9500–10500
Reißdehnung	%		*Zeitstandzugfestigkeit*	h N/mm²	

Biegeversuch 23 °C UNI EN 63; *Probekörper:* *Form* NS *Herstellung* Pressen

Biegefestigkeit	N/mm²	140–160	*E-Modul*	N/mm²	10000–11000

Druckversuch 23 °C UNIPLAST 369 *Probekörper:* *Form* Wuerfel 1 cm *Herstellung* Pressen

Druckfestigkeit	N/mm²	150	*Stauchung*	%

Härte 23 °C *Probekörper:* *Herstellung*

Kugeldruckhärte N/mm² bei N, s

Schlagversuch *Probekörper:* *(1)*
(2)

		°C	°C	°C	*Herstellung* *Probekörper-Form*
Schlagzähigkeit	kJ/m²				
Kerbschlagzähigkeit (1)	kJ/m²				
IZOD-Kerbschlag-zähigkeit (2)	J/m				

Abrieb und Reibung

Taber-Abrieb (Reibradverfahren)	mm³/100 U		
Statische Reibungszahl			
Dynamische Reibungszahl	(p·v= N/mm² ·		m/min)
Zulässiger p · v Wert	N/mm² · (m/min)	v=	m/min
		v=	m/min

Thermische Eigenschaften

Formbeständigkeit in der Wärme	*Verfahren* A		≧200 °C
	Verfahren		°C
Formbeständigkeit Martens			°C
Längenausdehnungskoeffizient	*Bereich*	°C	$\cdot 10^{-4}K^{-1}$
	Temperatur 23 °C		$0.2 \cdot 10^{-4}K^{-1}$
Wärmeleitfähigkeit	*Verfahren*		W/(K · m)
Spezifische Wärmekapazität	*Verfahren*		J/(K · g)

Brandverhalten

UL-Test vertikal	Dicke	mm, Wert
	Dicke	mm, Wert

	Norm	*Bewertung*	*Abmessungen*
Sauerstoff-Index	ASTM D 2863		
Glühstab-Verfahren			
Brandverhalten	DIN 4102		
MVSS			
FAR			

Elektrische Eigenschaften

		Hz	°C			*Probekörper, Form*
Dielektrizitätszahl		50				
		10^3				
		10^6				
Dielektrischer Verlustfaktor tan δ		50				
		10^3				
		10^6				
Spezifischer Durchgangs-widerstand	Ohm · cm					
Durchschlagfestigkeit	kV/mm		23	15		1 mm dick
Oberflächenwiderstand	Ohm					
Kriechstromfestigkeit		KC		KB	KA	
Kriechwegbildung						
Elektrolytische Korrosionswirkung						
Lichtbogenfestigkeit nach DIN						
nach ASTM	s	120				

Beständigkeit *(Chemische Beständigkeit siehe Anhang)*

Wasseraufnahme 23 C ≦0.15 %

Feuchtigkeitsaufnahme Normalklima %

Wetterbeständigkeit

Produktklasse	Polyesterharz-Formmasse		**UP**
Handelsname	**Shimoco FR 314**		
Hersteller	DSMITALIA		
DIN-Bezeichnung *ISO-Bezeichnung*			
Harzbasis	Ungesaettigter Polyester		
Zusätze		*Füllstoffe/ Verstärkung*	Glasseidenmatte und anorganische Fuellstoffe
Bevorzugte Verarbeitung	Pressen	*Lieferform*	Harzmatte; SMC
		Farben	Natur; Standard
Besondere Merkmale	Ausgezeichnetes Fliessverhalten; Gute Kriechstromfestigkeit; Gute Flammwidrigkeit (UL-Werte nicht gemessen); Gute Oberflaeche; Gute Flexibilitaet	*Bevorzugte Anwendungen*	Schweisser-Masken

Dichte	g/cm³	1.70	*Dosierbarkeit*	
Schüttdichte	g/cm³		*Tablettierbarkeit*	
Fließeinstellung			*Lagerung*	Bei 20 C 2 bis 5 Monate

Verarbeitungsbedingungen für Pressen

Werkzeugtemperatur	°C	145–155
Pressdruck	bar	60–80
Härtezeit je mm	s	40
Schwindung	%	≦0.15
Nachschwindung	%	
Bemerkungen		

Verarbeitungsbedingungen für Spritzgießen

Zylindertemperatur	°C	
Düsentemperatur	°C	
Massetemp.	°C	
Werkzeugtemp.	°C	
Spritzdruck	bar	
Härtezeit	s	
Schwindung	%	
Nachschwindung	%	
Bemerkungen		

Zugversuch 23 °C UNI EN 61;
Probekörper: *Form* Nr 3 *Herstellung* Pressen

Zugfestigkeit	N/mm²	60–70	*E-Modul*	N/mm²	6000–8000
Reißdehnung	%		*Zeitstandzugfestigkeit*	h N/mm²	

Biegeversuch 23 °C UNI EN 63;
Probekörper: *Form* NS *Herstellung* Pressen

Biegefestigkeit	N/mm²	140–160	*E-Modul*	N/mm²	6000–8000

Druckversuch 23 °C UNIPLAST 369
Probekörper: *Form* Wuerfel 1 cm *Herstellung* Pressen

Druckfestigkeit	N/mm²	150	*Stauchung*	%

Härte 23 °C *Probekörper:* *Herstellung*

Kugeldruckhärte N/mm² bei N, s

Schlagversuch Probekörper: (1)
(2)

		°C	°C	°C Herstellung	Probekörper-Form
Schlagzähigkeit	kJ/m^2				
Kerbschlagzähigkeit (1)	kJ/m^2				
IZOD-Kerbschlag-zähigkeit (2)	J/m				

Abrieb und Reibung

Taber-Abrieb (Reibradverfahren)	mm^3/100 U
Statische Reibungszahl	
Dynamische Reibungszahl	(p·v= N/mm^2· m/min)
Zulässiger p · v Wert	N/mm^2· (m/min) v= m/min
	v= m/min

Thermische Eigenschaften

Formbeständigkeit in der Wärme	Verfahren A		≧200 °C
	Verfahren		°C
Formbeständigkeit Martens			°C
Längenausdehnungskoeffizient	Bereich	°C	$\cdot 10^{-4}K^{-1}$
	Temperatur 23 °C		$0.2 \cdot 10^{-4}K^{-1}$
Wärmeleitfähigkeit	Verfahren		W/(K · m)
Spezifische Wärmekapazität	Verfahren		J/(K · g)

Brandverhalten

UL-Test vertikal	Dicke mm, Wert
	Dicke mm, Wert

	Norm	Bewertung	Abmessungen
Sauerstoff-Index	ASTM D 2863		
Glühstab-Verfahren			
Brandverhalten	DIN 4102		
MVSS			
FAR			

Elektrische Eigenschaften

		Hz	°C			Probekörper, Form
Dielektrizitätszahl		50				
		10^3				
		10^6				
Dielektrischer Verlustfaktor tan δ		50				
		10^3				
		10^6				
Spezifischer Durchgangs-widerstand	Ohm · cm					
Durchschlagfestigkeit	kV/mm		23	15		1 mm dick
Oberflächenwiderstand	Ohm					
Kriechstromfestigkeit		KC		KB	KA	
Kriechwegbildung						
Elektrolytische Korrosionswirkung						
Lichtbogenfestigkeit nach DIN						
nach ASTM	s	120				

Beständigkeit (Chemische Beständigkeit siehe Anhang)

Wasseraufnahme 23 C ≦0.15 %

Feuchtigkeitsaufnahme Normalklima %

Wetterbeständigkeit

Produktklasse	Polyesterharz-Formmasse		**UP**
Handelsname	**Shimoco FR 406**		
Hersteller	DSMITALIA		
DIN-Bezeichnung			
ISO-Bezeichnung			
Harzbasis	Ungesaettigter Polyester		
Zusätze		*Füllstoffe/ Verstärkung*	Glasseidenmatte und anorganische Fuellstoffe
Bevorzugte Verarbeitung	Pressen	*Lieferform*	Harzmatte; SMC
		Farben	Natur; Standard
Besondere Merkmale	Gute Flammwidrigkeit (UL-Werte nicht gemessen); Gute Kriechstromfestigkeit; Sehr gute mechanische Eigenschaften	*Bevorzugte Anwendungen*	Allgemeine Anwendungen

Dichte	g/cm³	1.80	*Dosierbarkeit*	
Schüttdichte	g/cm³		*Tablettierbarkeit*	
Fließeinstellung			*Lagerung*	Bei 20 C 2 bis 5 Monate

Verarbeitungsbedingungen für Pressen			**Verarbeitungsbedingungen für Spritzgießen**		
			Zylindertemperatur	°C	
			Düsentemperatur	°C	
			Massetemp.	°C	
Werkzeugtemperatur	°C	140–155	*Werkzeugtemp.*	°C	
Pressdruck	bar	80–150	*Spritzdruck*	bar	
Härtezeit je mm	s	40	*Härtezeit*	s	
Schwindung	%	0.10–0.15	*Schwindung*	%	
Nachschwindung	%		*Nachschwindung*	%	
Bemerkungen			*Bemerkungen*		

Zugversuch 23 °C UNI EN 61;
Probekörper: *Form* Nr 3 *Herstellung* Pressen

Zugfestigkeit	N/mm²	90	*E-Modul*	N/mm²	10000–11000
Reißdehnung	%		*Zeitstandzugfestigkeit*	h N/mm²	

Biegeversuch 23 °C UNI EN 63;
Probekörper: *Form* NS *Herstellung* Pressen

Biegefestigkeit	N/mm²	170	*E-Modul*	N/mm²	10000–11000

Druckversuch 23 °C UNIPLAST 369
Probekörper: *Form* Wuerfel 1 cm *Herstellung* Pressen

Druckfestigkeit	N/mm²	180	*Stauchung*	%

Härte 23 °C *Probekörper:* *Herstellung*

Kugeldruckhärte N/mm² bei N, s

Schlagversuch *Probekörper:* *(1)*
(2)

		°C	°C	°C *Herstellung*	*Probekörper-Form*
Schlagzähigkeit	kJ/m²				
Kerbschlagzähigkeit (1)	kJ/m²				
IZOD-Kerbschlagzähigkeit (2)	J/m				

Abrieb und Reibung

Taber-Abrieb (Reibradverfahren)	mm³/100 U	
Statische Reibungszahl		
Dynamische Reibungszahl	(p·v= N/mm²· m/min)	
Zulässiger p · v Wert	N/mm² · (m/min)	v= m/min
		v= m/min

Thermische Eigenschaften

Formbeständigkeit in der Wärme	*Verfahren* A		≧200 °C
	Verfahren		°C
Formbeständigkeit Martens			°C
Längenausdehnungskoeffizient	*Bereich*	°C	$\cdot 10^{-4} K^{-1}$
	Temperatur 23 °C		$0.2 \cdot 10^{-4} K^{-1}$
Wärmeleitfähigkeit	*Verfahren*		W/(K · m)
Spezifische Wärmekapazität	*Verfahren*		J/(K · g)

Brandverhalten

UL-Test vertikal Dicke mm, Wert
Dicke mm, Wert

	Norm	*Bewertung*	*Abmessungen*
Sauerstoff-Index	ASTM D 2863		
Glühstab-Verfahren			
Brandverhalten	DIN 4102		
MVSS			
FAR			

Elektrische Eigenschaften

		Hz	°C			*Probekörper, Form*
Dielektrizitätszahl		50				
		10^3				
		10^6				
Dielektrischer Verlustfaktor tan δ		50				
		10^3				
		10^6				
Spezifischer Durchgangswiderstand	Ohm · cm					
Durchschlagfestigkeit	kV/mm		23	18		1 mm dick
Oberflächenwiderstand	Ohm					
Kriechstromfestigkeit		KC		KB	KA	
Kriechwegbildung						
Elektrolytische Korrosionswirkung						
Lichtbogenfestigkeit nach DIN						
nach ASTM	s	180				

Beständigkeit *(Chemische Beständigkeit siehe Anhang)*

Wasseraufnahme 23 C ≦0.15 %

Feuchtigkeitsaufnahme Normalklima %
Wetterbeständigkeit

UP

Produktklasse	Polyesterharz-Formmasse
Handelsname	**Shimoco FR 412**
Hersteller	DSMITALIA
DIN-Bezeichnung	
ISO-Bezeichnung	
Harzbasis	Ungesaettigter Polyester
Zusätze	
Füllstoffe/ Verstärkung	Glasseidenmatte und anorganische Fuellstoffe
Bevorzugte Verarbeitung	Pressen
Lieferform	Harzmatte; SMC
Farben	Natur; Standard
Besondere Merkmale	Gute Flammwidrigkeit (UL-Werte nicht gemessen); Sehr gute Kriechstromfestigkeit; Gute mechanische Eigenschaften
Bevorzugte Anwendungen	Allgemeine Anwendungen

Dichte	g/cm³	1.80
Schüttdichte	g/cm³	
Fließeinstellung		
Dosierbarkeit		
Tablettierbarkeit		
Lagerung		Bei 20 C 2 bis 5 Monate

Verarbeitungsbedingungen für Pressen

Werkzeugtemperatur	°C	140–155
Pressdruck	bar	80–150
Härtezeit je mm	s	40
Schwindung	%	0.08–0.12
Nachschwindung	%	
Bemerkungen		

Verarbeitungsbedingungen für Spritzgießen

Zylindertemperatur	°C
Düsentemperatur	°C
Massetemp.	°C
Werkzeugtemp.	°C
Spritzdruck	bar
Härtezeit	s
Schwindung	%
Nachschwindung	%
Bemerkungen	

Zugversuch 23 °C UNI EN 61; *Probekörper:* *Form* Nr 3 *Herstellung* Pressen

Zugfestigkeit	N/mm²	70–80
Reißdehnung	%	
E-Modul	N/mm²	10000–11000
Zeitstandzugfestigkeit	h N/mm²	

Biegeversuch 23 °C UNI EN 63; *Probekörper:* *Form* NS *Herstellung* Pressen

Biegefestigkeit	N/mm²	150–170
E-Modul	N/mm²	10000–11000

Druckversuch 23°C UNIPLAST 369 *Probekörper:* *Form* Wuerfel 1 cm *Herstellung* Pressen

Druckfestigkeit	N/mm²	180
Stauchung	%	

Härte 23 °C *Probekörper:* *Herstellung*

Kugeldruckhärte N/mm² bei N, s

Schlagversuch *Probekörper:* *(1)*
(2) *Herstellung*

		°C	°C	°C	*Probekörper-Form*
Schlagzähigkeit	kJ/m²				
Kerbschlagzähigkeit (1)	kJ/m²				
IZOD-Kerbschlag-zähigkeit (2)	J/m				

Abrieb und Reibung

Taber-Abrieb (Reibradverfahren) mm³/100 U
Statische Reibungszahl
Dynamische Reibungszahl (p·v= N/mm²· m/min)
Zulässiger p · v Wert N/mm² · (m/min) v= m/min
v= m/min

Thermische Eigenschaften

Formbeständigkeit in der Wärme	*Verfahren* A	≧200 °C
	Verfahren	°C
Formbeständigkeit Martens		°C
Längenausdehnungskoeffizient	*Bereich* °C	$\cdot 10^{-4}K^{-1}$
	Temperatur 23 °C	$0.2 \cdot 10^{-4}K^{-1}$
Wärmeleitfähigkeit	*Verfahren*	W/(K · m)
Spezifische Wärmekapazität	*Verfahren*	J/(K · g)

Brandverhalten

UL-Test vertikal Dicke mm, Wert
Dicke mm, Wert

	Norm	*Bewertung*	*Abmessungen*
Sauerstoff-Index	ASTM D 2863		
Glühstab-Verfahren			
Brandverhalten	DIN 4102		
MVSS			
FAR			

Elektrische Eigenschaften

		Hz	°C			*Probekörper, Form*
Dielektrizitätszahl		50				
		10^3				
		10^6				
Dielektrischer Verlustfaktor tan δ		50				
		10^3				
		10^6				
Spezifischer Durchgangs-widerstand	Ohm · cm					
Durchschlagfestigkeit	kV/mm		23	18		1 mm dick
Oberflächenwiderstand	Ohm					
Kriechstromfestigkeit		KC		KB	KA	
Kriechwegbildung						
Elektrolytische Korrosionswirkung						
Lichtbogenfestigkeit nach DIN						
nach ASTM	s	180				

Beständigkeit *(Chemische Beständigkeit siehe Anhang)*

Wasseraufnahme 23 C ≦0.15 %

Feuchtigkeitsaufnahme Normalklima %
Wetterbeständigkeit

Produktklasse	Polyesterharz-Formmasse		**UP**
Handelsname	**Shimoco FR 416**		
Hersteller	DSMITALIA		
DIN-Bezeichnung *ISO-Bezeichnung*			
Harzbasis	Ungesaettigter Polyester		
Zusätze		*Füllstoffe/ Verstärkung*	Glasseidenmatte und anorganische Fuellstoffe
Bevorzugte Verarbeitung	Pressen	*Lieferform*	Harzmatte; SMC
		Farben	Natur; Standard
Besondere Merkmale	Gute Flammwidrigkeit (UL-Werte nicht gemessen); Gute Kriechstromfestigkeit; Sehr gute mechanische Eigenschaften; Geringe Schwindung	*Bevorzugte Anwendungen*	Allgemeine Anwendungen

---

Dichte	g/cm³	1.80	*Dosierbarkeit*	
Schüttdichte	g/cm³		*Tablettierbarkeit*	
Fließeinstellung			*Lagerung*	Bei 20 C 2 bis 5 Monate

Verarbeitungsbedingungen für Pressen

Werkzeugtemperatur	°C	140–155
Pressdruck	bar	80–150
Härtezeit je mm	s	40
Schwindung	%	0.08–0.12
Nachschwindung	%	
Bemerkungen		

Verarbeitungsbedingungen für Spritzgießen

Zylindertemperatur	°C	
Düsentemperatur	°C	
Massetemp.	°C	
Werkzeugtemp.	°C	
Spritzdruck	bar	
Härtezeit	s	
Schwindung	%	
Nachschwindung	%	
Bemerkungen		

Zugversuch 23 °C UNI EN 61;
Probekörper: *Form* Nr 3 — *Herstellung* Pressen

Zugfestigkeit	N/mm²	70–80	*E-Modul*	N/mm²	10000–11000
Reißdehnung	%		*Zeitstandzugfestigkeit*	h N/mm²	

Biegeversuch 23 °C UNI EN 63;
Probekörper: *Form* NS — *Herstellung* Pressen

Biegefestigkeit	N/mm²	150–170	*E-Modul*	N/mm²	10000–11000

Druckversuch 23°C UNIPLAST 369
Probekörper: *Form* Wuerfel 1 cm — *Herstellung* Pressen

Druckfestigkeit	N/mm²	180	*Stauchung*	%

Härte 23 °C *Probekörper:* — *Herstellung*

Kugeldruckhärte N/mm² bei N, s

Schlagversuch *Probekörper: (1)*
(2) *Herstellung*

	°C	°C	°C	*Probekörper-Form*
Schlagzähigkeit kJ/m²				
Kerbschlagzähigkeit (1) kJ/m²				
IZOD-Kerbschlagzähigkeit (2) J/m				

Abrieb und Reibung

Taber-Abrieb (Reibradverfahren)	mm³/100 U	
Statische Reibungszahl		
Dynamische Reibungszahl	(p·v= N/mm²·	m/min)
Zulässiger p · v Wert	N/mm² · (m/min) v=	m/min
	v=	m/min

Thermische Eigenschaften

Formbeständigkeit in der Wärme	*Verfahren* A		≧200 °C
	Verfahren		°C
Formbeständigkeit Martens			°C
Längenausdehnungskoeffizient	*Bereich*	°C	$\cdot 10^{-4}K^{-1}$
	Temperatur 23 °C		$0.2 \cdot 10^{-4}K^{-1}$
Wärmeleitfähigkeit	*Verfahren*		W/(K · m)
Spezifische Wärmekapazität	*Verfahren*		J/(K · g)

Brandverhalten

UL-Test vertikal	Dicke	mm, Wert
	Dicke	mm, Wert

	Norm	*Bewertung*	*Abmessungen*
Sauerstoff-Index	ASTM D 2863		
Glühstab-Verfahren			
Brandverhalten	DIN 4102		
MVSS			
FAR			

Elektrische Eigenschaften

		Hz	°C			*Probekörper, Form*
Dielektrizitätszahl		50				
		10³				
		10⁶				
Dielektrischer Verlustfaktor tan δ		50				
		10³				
		10⁶				
Spezifischer Durchgangswiderstand	Ohm · cm					
Durchschlagfestigkeit	kV/mm		23	18		1 mm dick
Oberflächenwiderstand	Ohm					
Kriechstromfestigkeit		KC		KB	KA	
Kriechwegbildung						
Elektrolytische Korrosionswirkung						
Lichtbogenfestigkeit nach DIN						
nach ASTM	s	180				

Beständigkeit *(Chemische Beständigkeit siehe Anhang)*

Wasseraufnahme 23 C ≦0.15 %

Feuchtigkeitsaufnahme Normalklima %
Wetterbeständigkeit

Produktklasse	Polyesterharz-Formmasse		**UP**
Handelsname	**Shimoco FR 670**		
Hersteller	DSMITALIA		
DIN-Bezeichnung *ISO-Bezeichnung*			
Harzbasis	Ungesaettigter Polyester		
Zusätze		*Füllstoffe/ Verstärkung*	Glasseidenmatte und anorganische Fuellstoffe
Bevorzugte Verarbeitung	Pressen	*Lieferform*	Harzmatte; SMC
		Farben	Natur; Standard
Besondere Merkmale	Gute Flammwidrigkeit (UL-Werte nicht gemessen); Ausgezeichnete mechanische Eigenschaften	*Bevorzugte Anwendungen*	Allgemeine Anwendungen

Dichte	g/cm³	1.80	*Dosierbarkeit*		
Schüttdichte	g/cm³		*Tablettierbarkeit*		
Fließeinstellung			*Lagerung*		Bei 20 C 2 bis 5 Monate

Verarbeitungsbedingungen für Pressen			**Verarbeitungsbedingungen für Spritzgießen**	
			Zylindertemperatur	°C
			Düsentemperatur	°C
			Massetemp.	°C
Werkzeugtemperatur	°C	140–150	*Werkzeugtemp.*	°C
Pressdruck	bar	80–150	*Spritzdruck*	bar
Härtezeit je mm	s	40	*Härtezeit*	s
Schwindung	%	≦0.15	*Schwindung*	%
Nachschwindung	%		*Nachschwindung*	%
Bemerkungen			*Bemerkungen*	

Zugversuch 23 °C UNI EN 61;
Probekörper: *Form* Nr 3 — *Herstellung* Pressen

Zugfestigkeit	N/mm²	100–120	*E-Modul*	N/mm²	11000–12000
Reißdehnung	%		*Zeitstandzugfestigkeit*	h N/mm²	

Biegeversuch 23 °C UNI EN 63;
Probekörper: *Form* NS — *Herstellung* Pressen

Biegefestigkeit	N/mm²	200–240	*E-Modul*	N/mm²	11000–12000

Druckversuch 23 °C UNIPLAST 369
Probekörper: *Form* Wuerfel 1 cm — *Herstellung* Pressen

Druckfestigkeit	N/mm²	180	*Stauchung*	%

Härte 23 °C *Probekörper:* — *Herstellung*

Kugeldruckhärte N/mm² bei N, s

Schlagversuch *Probekörper:* *(1)* *(2)* *Herstellung*

		°C	°C	°C	*Probekörper-Form*
Schlagzähigkeit	kJ/m^2				
Kerbschlagzähigkeit (1)	kJ/m^2				
IZOD-Kerbschlagzähigkeit (2)	J/m				

Abrieb und Reibung

Taber-Abrieb (Reibradverfahren) $mm^3/100$ U
Statische Reibungszahl
Dynamische Reibungszahl (p·v= N/mm^2· m/min)
Zulässiger p · v Wert N/mm^2 · (m/min) v= m/min
v= m/min

Thermische Eigenschaften

Formbeständigkeit in der Wärme	*Verfahren* A		≧200 °C
	Verfahren		°C
Formbeständigkeit Martens			°C
Längenausdehnungskoeffizient	*Bereich*	°C	$\cdot 10^{-4} K^{-1}$
	Temperatur 23 °C		$0.2 \cdot 10^{-4} K^{-1}$
Wärmeleitfähigkeit	*Verfahren*		W/(K · m)
Spezifische Wärmekapazität	*Verfahren*		J/(K · g)

Brandverhalten

UL-Test vertikal Dicke mm, Wert
Dicke mm, Wert

	Norm	*Bewertung*	*Abmessungen*
Sauerstoff-Index	ASTM D 2863		
Glühstab-Verfahren			
Brandverhalten	DIN 4102		
MVSS			
FAR			

Elektrische Eigenschaften

		Hz	°C			*Probekörper, Form*
Dielektrizitätszahl		50				
		10^3				
		10^6				
Dielektrischer Verlustfaktor tan δ		50				
		10^3				
		10^6				
Spezifischer Durchgangswiderstand	Ohm · cm					
Durchschlagfestigkeit	kV/mm		23	15		1 mm dick
Oberflächenwiderstand	Ohm					
Kriechstromfestigkeit		KC		KB	KA	
Kriechwegbildung						

Elektrolytische Korrosionswirkung
Lichtbogenfestigkeit nach DIN
nach ASTM s

Beständigkeit *(Chemische Beständigkeit siehe Anhang)*

Wasseraufnahme 23 C ≦0.15 %

Feuchtigkeitsaufnahme Normalklima %
Wetterbeständigkeit

Produktklasse	Polyesterharz-Formmasse		**UP**
Handelsname	**Shimoco FR 315**		
Hersteller	DSMITALIA		
DIN-Bezeichnung			
ISO-Bezeichnung			
Harzbasis	Ungesaettigter Polyester		
Zusätze		*Füllstoffe/ Verstärkung*	Glasseidenmatte und anorganische Fuellstoffe
Bevorzugte Verarbeitung	Pressen	*Lieferform*	Harzmatte; SMC
		Farben	Natur; Standard
Besondere Merkmale	Gute Flammwidrigkeit (UL-Werte nicht gemessen); Gute Oberflaeche; Gut einfaerbbar; Sehr gutes Fliessverhalten	*Bevorzugte Anwendungen*	Allgemeine Anwendungen

Dichte	g/cm³	1.70	*Dosierbarkeit*	
Schüttdichte	g/cm³		*Tablettierbarkeit*	
Fließeinstellung			*Lagerung*	Bei 20 C 2 bis 5 Monate

Verarbeitungsbedingungen für Pressen

Werkzeugtemperatur	°C	145–155
Pressdruck	bar	60–100
Härtezeit je mm	s	40
Schwindung	%	≦0.15
Nachschwindung	%	
Bemerkungen		

Verarbeitungsbedingungen für Spritzgießen

Zylindertemperatur	°C	
Düsentemperatur	°C	
Massetemp.	°C	
Werkzeugtemp.	°C	
Spritzdruck	bar	
Härtezeit	s	
Schwindung	%	
Nachschwindung	%	
Bemerkungen		

Zugversuch 23 °C UNI EN 61;
Probekörper: *Form* Nr 3 *Herstellung* Pressen

Zugfestigkeit	N/mm²	60–70	*E-Modul*	N/mm²	9000–10000
Reißdehnung	%		*Zeitstandzugfestigkeit*	h N/mm²	

Biegeversuch 23 °C UNI EN 63;
Probekörper: *Form* NS *Herstellung* Pressen

Biegefestigkeit	N/mm²	140–160	*E-Modul*	N/mm²	9000–10000

Druckversuch 23 °C UNIPLAST 369
Probekörper: *Form* Wuerfel 1 cm *Herstellung* Pressen

Druckfestigkeit	N/mm²	150	*Stauchung*	%

Härte 23 °C *Probekörper:* *Herstellung*

Kugeldruckhärte N/mm² bei N, s

Schlagversuch *Probekörper: (1)*
(2) *Herstellung*

	°C	°C	°C	*Probekörper-Form*
Schlagzähigkeit kJ/m²				
Kerbschlagzähigkeit (1) kJ/m²				
IZOD-Kerbschlagzähigkeit (2) J/m				

Abrieb und Reibung

Taber-Abrieb (Reibradverfahren) mm³/100 U
Statische Reibungszahl
Dynamische Reibungszahl (p·v= N/mm² · m/min)
Zulässiger p · v Wert N/mm² · (m/min) v= m/min
v= m/min

Thermische Eigenschaften

Formbeständigkeit in der Wärme	*Verfahren* A	≧200 °C
	Verfahren	°C
Formbeständigkeit Martens		°C
Längenausdehnungskoeffizient	*Bereich* °C	$\cdot 10^{-4} K^{-1}$
	Temperatur 23 °C	$0.2 \cdot 10^{-4} K^{-1}$
Wärmeleitfähigkeit	*Verfahren*	W/(K · m)
Spezifische Wärmekapazität	*Verfahren*	J/(K · g)

Brandverhalten

UL-Test vertikal Dicke mm, Wert
Dicke mm, Wert

	Norm	*Bewertung*	*Abmessungen*
Sauerstoff-Index	ASTM D 2863		
Glühstab-Verfahren			
Brandverhalten	DIN 4102		
MVSS			
FAR			

Elektrische Eigenschaften

		Hz	°C		*Probekörper, Form*
Dielektrizitätszahl		50			
		10^3			
		10^6			
Dielektrischer Verlustfaktor tan δ		50			
		10^3			
		10^6			
Spezifischer Durchgangswiderstand	Ohm · cm				
Durchschlagfestigkeit	kV/mm		23	15	1 mm dick
Oberflächenwiderstand	Ohm				

Kriechstromfestigkeit KC KB KA
Kriechwegbildung

Elektrolytische Korrosionswirkung
Lichtbogenfestigkeit nach DIN
nach ASTM s

Beständigkeit *(Chemische Beständigkeit siehe Anhang)*

Wasseraufnahme 23 C ≦0.15 %

Feuchtigkeitsaufnahme Normalklima %
Wetterbeständigkeit

Produktklasse	Polyesterharz-Formmasse		**UP**
Handelsname	**Shimoco FR 415**		
Hersteller	DSMITALIA		
DIN-Bezeichnung *ISO-Bezeichnung*			
Harzbasis	Ungesaettigter Polyester		
Zusätze		*Füllstoffe/ Verstärkung*	Glasseidenmatte und anorganische Fuellstoffe
Bevorzugte Verarbeitung	Pressen	*Lieferform*	Harzmatte; SMC
		Farben	Natur; Standard
Besondere Merkmale	Gute Flammwidrigkeit (UL-Werte nicht gemessen); Gute Oberflaeche; Gut einfaerbbar; Ausgezeichnete mechanische Eigenschaften	*Bevorzugte Anwendungen*	Allgemeine Anwendungen

Dichte	g/cm³	1.75	*Dosierbarkeit*	
Schüttdichte	g/cm³		*Tablettierbarkeit*	
Fließeinstellung			*Lagerung*	Bei 20 C 2 bis 5 Monate

Verarbeitungsbedingungen für Pressen			**Verarbeitungsbedingungen für Spritzgießen**		
			Zylindertemperatur	°C	
			Düsentemperatur	°C	
			Massetemp.	°C	
Werkzeugtemperatur	°C	145–155	*Werkzeugtemp.*	°C	
Pressdruck	bar	80–100	*Spritzdruck*	bar	
Härtezeit je mm	s	40	*Härtezeit*	s	
Schwindung	%	0.10–0.15	*Schwindung*	%	
Nachschwindung	%		*Nachschwindung*	%	
Bemerkungen			*Bemerkungen*		

Zugversuch 23 °C UNI EN 61;
Probekörper: *Form* Nr 3 *Herstellung* Pressen

Zugfestigkeit	N/mm²	70–80	*E-Modul*	N/mm²	9500–10500
Reißdehnung	%		*Zeitstandzugfestigkeit*	h N/mm²	

Biegeversuch 23 °C UNI EN 63;
Probekörper: *Form* NS *Herstellung* Pressen

Biegefestigkeit	N/mm²	150–170	*E-Modul*	N/mm²	10000–11000

Druckversuch 23°C UNIPLAST 369
Probekörper: *Form* Wuerfel 1 cm *Herstellung* Pressen

Druckfestigkeit	N/mm²	150	*Stauchung*	%

Härte 23 °C *Probekörper:* *Herstellung*

Kugeldruckhärte N/mm² bei N, s

Schlagversuch *Probekörper: (1)*
(2) *Herstellung*

		°C	°C	°C	*Probekörper-Form*
Schlagzähigkeit	kJ/m²				
Kerbschlagzähigkeit (1)	kJ/m²				
IZOD-Kerbschlag-zähigkeit (2)	J/m				

Abrieb und Reibung

Taber-Abrieb (Reibradverfahren) mm^3/100 U
Statische Reibungszahl
Dynamische Reibungszahl (p·v= N/mm²· m/min)
Zulässiger p·v Wert N/mm²·(m/min) v= m/min
v= m/min

Thermische Eigenschaften

Formbeständigkeit in der Wärme	*Verfahren* A		≧200 °C
	Verfahren		°C
Formbeständigkeit Martens			°C
Längenausdehnungskoeffizient	*Bereich*	°C	$\cdot 10^{-4} K^{-1}$
	Temperatur 23 °C		$0.2 \cdot 10^{-4} K^{-1}$
Wärmeleitfähigkeit	*Verfahren*		W/(K · m)
Spezifische Wärmekapazität	*Verfahren*		J/(K · g)

Brandverhalten

UL-Test vertikal Dicke mm, Wert
Dicke mm, Wert

	Norm	*Bewertung*	*Abmessungen*
Sauerstoff-Index	ASTM D 2863		
Glühstab-Verfahren			
Brandverhalten	DIN 4102		
MVSS			
FAR			

Elektrische Eigenschaften

		Hz	°C		*Probekörper, Form*
Dielektrizitätszahl		50			
		10^3			
		10^6			
Dielektrischer Verlustfaktor tan δ		50			
		10^3			
		10^6			
Spezifischer Durchgangs-widerstand	Ohm · cm				
Durchschlagfestigkeit	kV/mm		23	15	1 mm dick
Oberflächenwiderstand	Ohm				
Kriechstromfestigkeit		KC	KB	KA	
Kriechwegbildung					

Elektrolytische Korrosionswirkung
Lichtbogenfestigkeit nach DIN
nach ASTM s

Beständigkeit *(Chemische Beständigkeit siehe Anhang)*

Wasseraufnahme 23 C ≦0.15 %

Feuchtigkeitsaufnahme Normalklima %
Wetterbeständigkeit

UP

Produktklasse	Polyesterharz-Formmasse
Handelsname	**Shimoco FRLS 317**
Hersteller	DSMITALIA
DIN-Bezeichnung	
ISO-Bezeichnung	
Harzbasis	Ungesaettigter Polyester
Zusätze	
Füllstoffe/ Verstärkung	Glasseidenmatte und anorganische Fuellstoffe
Bevorzugte Verarbeitung	Pressen
Lieferform	Harzmatte; SMC
Farben	Natur; Standard
Besondere Merkmale	Gute Flammwidrigkeit (UL-Werte nicht gemessen); Geringe Schwindung; Ausgezeichnetes Fliessverhalten
Bevorzugte Anwendungen	Allgemeine Anwendungen

Dichte	g/cm^3	1.80
Schüttdichte	g/cm^3	
Fließeinstellung		
Dosierbarkeit		
Tablettierbarkeit		
Lagerung		Bei 20 C 2 bis 5 Monate

Verarbeitungsbedingungen für Pressen

Werkzeugtemperatur	°C	145–155
Pressdruck	bar	80–150
Härtezeit je mm	s	40
Schwindung	%	0.06–0.10
Nachschwindung	%	
Bemerkungen		

Verarbeitungsbedingungen für Spritzgießen

Zylindertemperatur	°C	
Düsentemperatur	°C	
Massetemp.	°C	
Werkzeugtemp.	°C	
Spritzdruck	bar	
Härtezeit	s	
Schwindung	%	
Nachschwindung	%	
Bemerkungen		

Zugversuch 23 °C UNI EN 61;
Probekörper: *Form* Nr 3 *Herstellung* Pressen

Zugfestigkeit	N/mm^2	60–70
Reißdehnung	%	
E-Modul	N/mm^2	10000–11000
Zeitstandzugfestigkeit	h N/mm^2	

Biegeversuch 23 °C UNI EN 63;
Probekörper: *Form* NS *Herstellung* Pressen

Biegefestigkeit	N/mm^2	140–160
E-Modul	N/mm^2	10000–11000

Druckversuch 23 °C UNIPLAST 369
Probekörper: *Form* Wuerfel 1 cm *Herstellung* Pressen

Druckfestigkeit	N/mm^2	150
Stauchung	%	

Härte 23 °C *Probekörper:* *Herstellung*

Kugeldruckhärte N/mm^2 bei N, s

Schlagversuch *Probekörper:* *(1)*
(2) *Herstellung*

		°C	°C	°C	*Probekörper-Form*
Schlagzähigkeit	kJ/m²				
Kerbschlagzähigkeit (1)	kJ/m²				
IZOD-Kerbschlag-zähigkeit (2)	J/m				

Abrieb und Reibung

Taber-Abrieb (Reibradverfahren)	mm³/100 U		
Statische Reibungszahl			
Dynamische Reibungszahl	(p · v= N/mm² · m/min)		
Zulässiger p · v Wert	N/mm² · (m/min)	v=	m/min
		v=	m/min

Thermische Eigenschaften

Formbeständigkeit in der Wärme	*Verfahren* A		≧200 °C
	Verfahren		°C
Formbeständigkeit Martens			°C
Längenausdehnungskoeffizient	*Bereich*	°C	$\cdot 10^{-4} K^{-1}$
	Temperatur 23 °C		$0.2 \cdot 10^{-4} K^{-1}$
Wärmeleitfähigkeit	*Verfahren*		W/(K · m)
Spezifische Wärmekapazität	*Verfahren*		J/(K · g)

Brandverhalten

UL-Test vertikal	Dicke mm, Wert	
	Dicke mm, Wert	

	Norm	*Bewertung*	*Abmessungen*
Sauerstoff-Index	ASTM D 2863		
Glühstab-Verfahren			
Brandverhalten	DIN 4102		
MVSS			
FAR			

Elektrische Eigenschaften

		Hz	°C		*Probekörper, Form*
Dielektrizitätszahl		50			
		10^3			
		10^6			
Dielektrischer Verlustfaktor tan δ		50			
		10^3			
		10^6			
Spezifischer Durchgangs-widerstand	Ohm · cm				
Durchschlagfestigkeit	kV/mm		23	15	1 mm dick
Oberflächenwiderstand	Ohm				

Kriechstromfestigkeit	KC	KB	KA
Kriechwegbildung			

Elektrolytische Korrosionswirkung
Lichtbogenfestigkeit nach DIN
nach ASTM s 120

Beständigkeit *(Chemische Beständigkeit siehe Anhang)*

Wasseraufnahme 23 C ≦0.15 %

Feuchtigkeitsaufnahme Normalklima %
Wetterbeständigkeit

Produktklasse	Polyesterharz-Formmasse		**UP**
Handelsname	**Shimoco FRLS 327**		
Hersteller	DSMITALIA		
DIN-Bezeichnung *ISO-Bezeichnung*			
Harzbasis	Ungesaettigter Polyester		
Zusätze		*Füllstoffe/ Verstärkung*	Glasseidenmatte und anorganische Fuellstoffe
Bevorzugte Verarbeitung	Pressen	*Lieferform*	Harzmatte; SMC
		Farben	Natur; Standard
Besondere Merkmale	Gute Flammwidrigkeit (UL-Werte nicht gemessen); Geringe Schwindung; Ausgezeichnetes Fliessverhalten	*Bevorzugte Anwendungen*	Industrielampengehaeuse

Dichte	g/cm³	1.80	*Dosierbarkeit*	
Schüttdichte	g/cm³		*Tablettierbarkeit*	
Fließeinstellung			*Lagerung*	Bei 20 C 2 bis 5 Monate

Verarbeitungsbedingungen für Pressen

Werkzeugtemperatur	°C	145–155
Pressdruck	bar	80–150
Härtezeit je mm	s	40
Schwindung	%	0.06–0.10
Nachschwindung	%	
Bemerkungen		

Verarbeitungsbedingungen für Spritzgießen

Zylindertemperatur	°C	
Düsentemperatur	°C	
Massetemp.	°C	
Werkzeugtemp.	°C	
Spritzdruck	bar	
Härtezeit	s	
Schwindung	%	
Nachschwindung	%	
Bemerkungen		

Zugversuch 23 °C UNI EN 61;
Probekörper: *Form* Nr 3 — *Herstellung* Pressen

Zugfestigkeit	N/mm²	65–75	*E-Modul*	N/mm²	10000–11000
Reißdehnung	%		*Zeitstandzugfestigkeit*	h N/mm²	

Biegeversuch 23 °C UNI EN 63;
Probekörper: *Form* NS — *Herstellung* Pressen

Biegefestigkeit	N/mm²	150–170	*E-Modul*	N/mm²	10000–11000

Druckversuch 23°C UNIPLAST 369
Probekörper: *Form* Wuerfel 1 cm — *Herstellung* Pressen

Druckfestigkeit	N/mm²	150	*Stauchung*	%

Härte 23 °C *Probekörper:* — *Herstellung*

Kugeldruckhärte N/mm² bei N, s

Schlagversuch *Probekörper:* *(1)*
(2)

		°C	°C	°C	*Probekörper-Form*
Schlagzähigkeit	kJ/m²				
Kerbschlagzähigkeit (1)	kJ/m²				
IZOD-Kerbschlag-zähigkeit (2)	J/m				

Herstellung

Abrieb und Reibung

Taber-Abrieb (Reibradverfahren) mm³/100 U
Statische Reibungszahl
Dynamische Reibungszahl (p·v= N/mm² · m/min)
Zulässiger p · v Wert N/mm² · (m/min) v= m/min
v= m/min

Thermische Eigenschaften

Formbeständigkeit in der Wärme	*Verfahren* A		≧200 °C
	Verfahren		°C
Formbeständigkeit Martens			°C
Längenausdehnungskoeffizient	*Bereich*	°C	$\cdot 10^{-4}K^{-1}$
	Temperatur 23 °C		$0.2 \cdot 10^{-4}K^{-1}$
Wärmeleitfähigkeit	*Verfahren*		W/(K · m)
Spezifische Wärmekapazität	*Verfahren*		J/(K · g)

Brandverhalten

UL-Test vertikal Dicke mm, Wert
Dicke mm, Wert

	Norm	*Bewertung*	*Abmessungen*
Sauerstoff-Index	ASTM D 2863		
Glühstab-Verfahren			
Brandverhalten	DIN 4102		
MVSS			
FAR			

Elektrische Eigenschaften

		Hz	°C		*Probekörper, Form*
Dielektrizitätszahl		50			
		10^3			
		10^6			
Dielektrischer Verlustfaktor tan δ		50			
		10^3			
		10^6			
Spezifischer Durchgangs-widerstand	Ohm · cm				
Durchschlagfestigkeit	kV/mm		23	15	1 mm dick
Oberflächenwiderstand	Ohm				

Kriechstromfestigkeit KC KB KA
Kriechwegbildung

Elektrolytische Korrosionswirkung
Lichtbogenfestigkeit nach DIN
nach ASTM s 120

Beständigkeit *(Chemische Beständigkeit siehe Anhang)*

Wasseraufnahme 23 C ≦0.15 %

Feuchtigkeitsaufnahme Normalklima %
Wetterbeständigkeit

Produktklasse	Polyesterharz-Formmasse		**UP**
Handelsname	**Shimoco FRLS 380**		
Hersteller	DSMITALIA		
DIN-Bezeichnung *ISO-Bezeichnung*			
Harzbasis	Ungesaettigter Polyester		
Zusätze		*Füllstoffe/ Verstärkung*	Glasseidenmatte und anorganische Fuellstoffe
Bevorzugte Verarbeitung	Pressen	*Lieferform*	Harzmatte; SMC
		Farben	Natur; Standard
Besondere Merkmale	Gute Flammwidrigkeit (UL-Werte nicht gemessen); Geringe Schwindung; Ausgezeichnetes Fliessverhalten; Verzugsfrei	*Bevorzugte Anwendungen*	Allgemeine Anwendungen

Dichte	g/cm³	1.80	*Dosierbarkeit*	
Schüttdichte	g/cm³		*Tablettierbarkeit*	
Fließeinstellung			*Lagerung*	Bei 20 C 2 bis 5 Monate

Verarbeitungsbedingungen für Pressen

Werkzeugtemperatur	°C	140–150
Pressdruck	bar	80–150
Härtezeit je mm	s	30
Schwindung	%	0.04–0.08
Nachschwindung	%	
Bemerkungen		

Verarbeitungsbedingungen für Spritzgießen

Zylindertemperatur	°C	
Düsentemperatur	°C	
Massetemp.	°C	
Werkzeugtemp.	°C	
Spritzdruck	bar	
Härtezeit	s	
Schwindung	%	
Nachschwindung	%	
Bemerkungen		

Zugversuch 23 °C UNI EN 61;
Probekörper: *Form* Nr 3 *Herstellung* Pressen

Zugfestigkeit	N/mm²	60–70	*E-Modul*	N/mm²	10000–11000
Reißdehnung	%		*Zeitstandzugfestigkeit*	h N/mm²	

Biegeversuch 23 °C UNI EN 63;
Probekörper: *Form* NS *Herstellung* Pressen

Biegefestigkeit	N/mm²	140–160	*E-Modul*	N/mm²	10000–11000

Druckversuch 23°C UNIPLAST 369
Probekörper: *Form* Wuerfel 1 cm *Herstellung* Pressen

Druckfestigkeit	N/mm²	160	*Stauchung*	%

Härte 23 °C *Probekörper:* *Herstellung*

Kugeldruckhärte N/mm² bei N, s

Schlagversuch *Probekörper:* *(1)*
(2) *Herstellung*

		°C	°C	°C	*Probekörper-Form*
Schlagzähigkeit	kJ/m^2				
Kerbschlagzähigkeit (1)	kJ/m^2				
IZOD-Kerbschlag-zähigkeit (2)	J/m				

Abrieb und Reibung

Taber-Abrieb (Reibradverfahren)	mm^3/100 U		
Statische Reibungszahl			
Dynamische Reibungszahl	(p·v=	N/mm^2 ·	m/min)
Zulässiger p · v Wert	N/mm^2 · (m/min)	v=	m/min
		v=	m/min

Thermische Eigenschaften

Formbeständigkeit in der Wärme	*Verfahren* A		≧200 °C
	Verfahren		°C
Formbeständigkeit Martens			°C
Längenausdehnungskoeffizient	*Bereich*	°C	$\cdot 10^{-4}K^{-1}$
	Temperatur 23 °C		$0.2 \cdot 10^{-4}K^{-1}$
Wärmeleitfähigkeit	*Verfahren*		W/(K · m)
Spezifische Wärmekapazität	*Verfahren*		J/(K · g)

Brandverhalten

UL-Test vertikal Dicke mm, Wert
Dicke mm, Wert

	Norm	*Bewertung*	*Abmessungen*
Sauerstoff-Index	ASTM D 2863		
Glühstab-Verfahren			
Brandverhalten	DIN 4102		
MVSS			
FAR			

Elektrische Eigenschaften

		Hz	°C			*Probekörper, Form*
Dielektrizitätszahl		50				
		10^3				
		10^6				
Dielektrischer Verlustfaktor tan δ		50				
		10^3				
		10^6				
Spezifischer Durchgangs-widerstand	Ohm · cm					
Durchschlagfestigkeit	kV/mm		23	15		1 mm dick
Oberflächenwiderstand	Ohm					
Kriechstromfestigkeit		KC		KB	KA	
Kriechwegbildung						
Elektrolytische Korrosionswirkung						
Lichtbogenfestigkeit nach DIN						
nach ASTM	s	120				

Beständigkeit *(Chemische Beständigkeit siehe Anhang)*

Wasseraufnahme 23 C ≦0.15 %

Feuchtigkeitsaufnahme Normalklima %
Wetterbeständigkeit

UP

Produktklasse	Polyesterharz-Formmasse		
Handelsname	**Shimoco FRLP 310**		
Hersteller	DSMITALIA		
DIN-Bezeichnung			
ISO-Bezeichnung			
Harzbasis	Ungesaettigter Polyester		
Zusätze		*Füllstoffe/ Verstärkung*	Glasseidenmatte und anorganische Fuellstoffe
Bevorzugte Verarbeitung	Pressen	*Lieferform*	Harzmatte; SMC
		Farben	Natur; Standard
Besondere Merkmale	Gute Flammwidrigkeit (UL-Werte nicht gemessen); Schwindungsfrei; Ausgezeichnetes Fliessverhalten	*Bevorzugte Anwendungen*	Allgemeine Anwendungen

Dichte	g/cm^3	1.80	*Dosierbarkeit*	
Schüttdichte	g/cm^3		*Tablettierbarkeit*	
Fließeinstellung			*Lagerung*	Bei 20 C 2 bis 5 Monate

Verarbeitungsbedingungen für Pressen

Werkzeugtemperatur	°C	145–155
Pressdruck	bar	60–150
Härtezeit je mm	s	30
Schwindung	%	≦0.05
Nachschwindung	%	
Bemerkungen		

Verarbeitungsbedingungen für Spritzgießen

Zylindertemperatur	°C	
Düsentemperatur	°C	
Massetemp.	°C	
Werkzeugtemp.	°C	
Spritzdruck	bar	
Härtezeit	s	
Schwindung	%	
Nachschwindung	%	
Bemerkungen		

Zugversuch 23 °C UNI EN 61;
Probekörper: *Form* Nr 3 *Herstellung* Pressen

Zugfestigkeit	N/mm^2	60–70	*E-Modul*	N/mm^2	10000–11000
Reißdehnung	%		*Zeitstandzugfestigkeit*	h N/mm^2	

Biegeversuch 23 °C UNI EN 63;
Probekörper: *Form* NS *Herstellung* Pressen

Biegefestigkeit	N/mm^2	140–160	*E-Modul*	N/mm^2	10000–11000

Druckversuch 23°C UNIPLAST 369
Probekörper: *Form* Wuerfel 1 cm *Herstellung* Pressen

Druckfestigkeit	N/mm^2	160	*Stauchung*	%

Härte 23 °C *Probekörper:* *Herstellung*

Kugeldruckhärte N/mm^2 bei N, s

Schlagversuch *Probekörper:* *(1)*
(2)

		°C	°C	°C *Herstellung*	*Probekörper-Form*
Schlagzähigkeit	kJ/m²				
Kerbschlagzähigkeit (1)	kJ/m²				
IZOD-Kerbschlagzähigkeit (2)	J/m				

Abrieb und Reibung

Taber-Abrieb (Reibradverfahren) mm³/100 U
Statische Reibungszahl
Dynamische Reibungszahl (p·v= N/mm² · m/min)
Zulässiger p · v Wert N/mm² · (m/min) v= m/min
v= m/min

Thermische Eigenschaften

Formbeständigkeit in der Wärme	*Verfahren* A		≧200 °C
	Verfahren		°C
Formbeständigkeit Martens			°C
Längenausdehnungskoeffizient	*Bereich*	°C	$\cdot 10^{-4}K^{-1}$
	Temperatur 23 °C		$0.2 \cdot 10^{-4}K^{-1}$
Wärmeleitfähigkeit	*Verfahren*		W/(K · m)
Spezifische Wärmekapazität	*Verfahren*		J/(K · g)

Brandverhalten

UL-Test vertikal Dicke mm, Wert
Dicke mm, Wert

	Norm	*Bewertung*	*Abmessungen*
Sauerstoff-Index	ASTM D 2863		
Glühstab-Verfahren			
Brandverhalten	DIN 4102		
MVSS			
FAR			

Elektrische Eigenschaften

		Hz	°C		*Probekörper, Form*
Dielektrizitätszahl		50			
		10^3			
		10^6			
Dielektrischer Verlustfaktor tan δ		50			
		10^3			
		10^6			
Spezifischer Durchgangswiderstand	Ohm · cm				
Durchschlagfestigkeit	kV/mm		23	15	1 mm dick
Oberflächenwiderstand	Ohm				
Kriechstromfestigkeit		KC	KB	KA	
Kriechwegbildung					
Elektrolytische Korrosionswirkung					
Lichtbogenfestigkeit nach DIN					
nach ASTM	s	120			

Beständigkeit *(Chemische Beständigkeit siehe Anhang)*

Wasseraufnahme 23 C ≦0.15 %

Feuchtigkeitsaufnahme Normalklima %
Wetterbeständigkeit

Produktklasse	Polyesterharz-Formmasse		**UP**
Handelsname	**Shimoco CR 300**		
Hersteller	DSMITALIA		
DIN-Bezeichnung			
ISO-Bezeichnung			
Harzbasis	Ungesaettigter Polyester		
Zusätze		*Füllstoffe/ Verstärkung*	Glasseidenmatte und anorganische Fuellstoffe
Bevorzugte Verarbeitung	Pressen	*Lieferform*	Harzmatte; SMC
		Farben	Natur; Standard
Besondere Merkmale	Ausgezeichnetes Fliessverhalten; Gute mechanische Eigenschaften; Gute Chemikalienbestaendigkeit	*Bevorzugte Anwendungen*	Allgemeine Anwendungen

Dichte	g/cm³	1.80	*Dosierbarkeit*	
Schüttdichte	g/cm³		*Tablettierbarkeit*	
Fließeinstellung			*Lagerung*	Bei 20 C 2 bis 5 Monate

Verarbeitungsbedingungen für Pressen			**Verarbeitungsbedingungen für Spritzgießen**		
			Zylindertemperatur	°C	
			Düsentemperatur	°C	
			Massetemp.	°C	
Werkzeugtemperatur	°C	140–160	*Werkzeugtemp.*	°C	
Pressdruck	bar	80–150	*Spritzdruck*	bar	
Härtezeit je mm	s	40	*Härtezeit*	s	
Schwindung	%	$\leqq$0.15	*Schwindung*	%	
Nachschwindung	%		*Nachschwindung*	%	
Bemerkungen			*Bemerkungen*		

Zugversuch 23 °C UNI EN 61;
Probekörper: *Form* Nr 3 *Herstellung* Pressen

Zugfestigkeit	N/mm²	70–80	*E-Modul*	N/mm²	10000–11000
Reißdehnung	%		*Zeitstandzugfestigkeit*	h N/mm²	

Biegeversuch 23 °C UNI EN 63;
Probekörper: *Form* NS *Herstellung* Pressen

Biegefestigkeit	N/mm²	150–160	*E-Modul*	N/mm²	10000–11000

Druckversuch 23°C UNIPLAST 369
Probekörper: *Form* Wuerfel 1 cm *Herstellung* Pressen

Druckfestigkeit	N/mm²	160	*Stauchung*	%

Härte 23 °C *Probekörper:* *Herstellung*

Kugeldruckhärte N/mm² bei N, s

Schlagversuch *Probekörper: (1)*
(2) *Herstellung*

	°C	°C	°C	*Probekörper-Form*
Schlagzähigkeit kJ/m²				
Kerbschlagzähigkeit (1) kJ/m²				
IZOD-Kerbschlag-zähigkeit (2) J/m				

Abrieb und Reibung

Taber-Abrieb (Reibradverfahren)	mm³/100 U	
Statische Reibungszahl		
Dynamische Reibungszahl	(p·v= N/mm²· m/min)	
Zulässiger p · v Wert	N/mm² · (m/min)	v= m/min
		v= m/min

Thermische Eigenschaften

Formbeständigkeit in der Wärme	*Verfahren* A		≧200 °C
	Verfahren		°C
Formbeständigkeit Martens			°C
Längenausdehnungskoeffizient	*Bereich*	°C	$\cdot 10^{-4}K^{-1}$
	Temperatur 23 °C		$0.2 \cdot 10^{-4}K^{-1}$
Wärmeleitfähigkeit	*Verfahren*		W/(K · m)
Spezifische Wärmekapazität	*Verfahren*		J/(K · g)

Brandverhalten

UL-Test vertikal Dicke mm, Wert
Dicke mm, Wert

	Norm	*Bewertung*	*Abmessungen*
Sauerstoff-Index	ASTM D 2863		
Glühstab-Verfahren			
Brandverhalten	DIN 4102		
MVSS			
FAR			

Elektrische Eigenschaften

		Hz	°C		*Probekörper, Form*
Dielektrizitätszahl		50			
		10^3			
		10^6			
Dielektrischer Verlustfaktor tan δ		50			
		10^3			
		10^6			
Spezifischer Durchgangswiderstand	Ohm · cm				
Durchschlagfestigkeit	kV/mm				mm dick
Oberflächenwiderstand	Ohm				
Kriechstromfestigkeit		KC	KB	KA	
Kriechwegbildung					
Elektrolytische Korrosionswirkung					
Lichtbogenfestigkeit nach DIN					
nach ASTM	s				

Beständigkeit *(Chemische Beständigkeit siehe Anhang)*

Wasseraufnahme 23 C ≦0.15 %

Feuchtigkeitsaufnahme Normalklima %
Wetterbeständigkeit

UP

Produktklasse	Polyesterharz-Formmasse
Handelsname	**Shimoco LS 302**
Hersteller	DSMITALIA
DIN-Bezeichnung	
ISO-Bezeichnung	
Harzbasis	Ungesaettigter Polyester
Zusätze	
Füllstoffe/ Verstärkung	Glasseidenmatte und anorganische Fuellstoffe
Bevorzugte Verarbeitung	Pressen
Lieferform	Harzmatte; SMC
Farben	Natur; Standard
Besondere Merkmale	Gute mechanische Eigenschaften; Ausgezeichnetes Fliessverhalten
Bevorzugte Anwendungen	Allgemeine Anwendungen

Dichte	g/cm³	1.80
Schüttdichte	g/cm³	
Fließeinstellung		
Dosierbarkeit		
Tablettierbarkeit		
Lagerung		Bei 20 C 2 bis 5 Monate

Verarbeitungsbedingungen für Pressen

Werkzeugtemperatur	°C	140–160
Pressdruck	bar	80–100
Härtezeit je mm	s	20
Schwindung	%	0.06–0.10
Nachschwindung	%	
Bemerkungen		

Verarbeitungsbedingungen für Spritzgießen

Zylindertemperatur	°C	
Düsentemperatur	°C	
Massetemp.	°C	
Werkzeugtemp.	°C	
Spritzdruck	bar	
Härtezeit	s	
Schwindung	%	
Nachschwindung	%	
Bemerkungen		

Zugversuch 23 °C UNI EN 61; *Probekörper:* *Form* Nr 3 *Herstellung* Pressen

Zugfestigkeit	N/mm²	60–70
Reißdehnung	%	
E-Modul	N/mm²	10000–11000
Zeitstandzugfestigkeit	h N/mm²	

Biegeversuch 23 °C UNI EN 63; *Probekörper:* *Form* NS *Herstellung* Pressen

Biegefestigkeit	N/mm²	140–160
E-Modul	N/mm²	10000–11000

Druckversuch 23°C UNIPLAST 369 *Probekörper:* *Form* Wuerfel 1 cm *Herstellung* Pressen

Druckfestigkeit	N/mm²	160
Stauchung	%	

Härte 23 °C *Probekörper:* *Herstellung*

Kugeldruckhärte N/mm² bei N, s

Schlagversuch *Probekörper: (1)*
(2) *Herstellung*

	°C	°C	°C	*Probekörper-Form*
Schlagzähigkeit kJ/m²				
Kerbschlagzähigkeit (1) kJ/m²				
IZOD-Kerbschlagzähigkeit (2) J/m				

Abrieb und Reibung

Taber-Abrieb (Reibradverfahren) mm^3/100 U
Statische Reibungszahl
Dynamische Reibungszahl (p·v= N/mm²· m/min)
Zulässiger p · v Wert N/mm² · (m/min) v= m/min
v= m/min

Thermische Eigenschaften

Formbeständigkeit in der Wärme	*Verfahren* A		≧200 °C
	Verfahren		°C
Formbeständigkeit Martens			°C
Längenausdehnungskoeffizient	*Bereich*	°C	$\cdot 10^{-4}K^{-1}$
	Temperatur 23 °C		$0.2 \cdot 10^{-4}K^{-1}$
Wärmeleitfähigkeit	*Verfahren*		W/(K · m)
Spezifische Wärmekapazität	*Verfahren*		J/(K · g)

Brandverhalten

UL-Test vertikal Dicke mm, Wert
Dicke mm, Wert

	Norm	*Bewertung*	*Abmessungen*
Sauerstoff-Index	ASTM D 2863		
Glühstab-Verfahren			
Brandverhalten	DIN 4102		
MVSS			
FAR			

Elektrische Eigenschaften

	Hz	°C	*Probekörper, Form*
Dielektrizitätszahl	50		
	10^3		
	10^6		
Dielektrischer Verlustfaktor tan δ	50		
	10^3		
	10^6		
Spezifischer Durchgangswiderstand Ohm · cm			
Durchschlagfestigkeit kV/mm			mm dick
Oberflächenwiderstand Ohm			

Kriechstromfestigkeit KC KB KA
Kriechwegbildung

Elektrolytische Korrosionswirkung
Lichtbogenfestigkeit nach DIN
nach ASTM s

Beständigkeit *(Chemische Beständigkeit siehe Anhang)*

Wasseraufnahme 23 C ≦0.15 %

Feuchtigkeitsaufnahme Normalklima %
Wetterbeständigkeit

UP

Produktklasse	Polyesterharz-Formmasse
Handelsname	**Shimoco LS 304**
Hersteller	DSMITALIA
DIN-Bezeichnung	
ISO-Bezeichnung	
Harzbasis	Ungesaettigter Polyester
Zusätze	
Füllstoffe/ Verstärkung	Glasseidenmatte und anorganische Fuellstoffe
Bevorzugte Verarbeitung	Pressen
Lieferform	Harzmatte; SMC
Farben	Natur; Standard
Besondere Merkmale	Ausgezeichnetes Fliessverhalten; Food-grade
Bevorzugte Anwendungen	Allgemeine Anwendungen

Dichte	g/cm^3	1.80
Schüttdichte	g/cm^3	
Fließeinstellung		
Dosierbarkeit		
Tablettierbarkeit		
Lagerung		Bei 20 C 2 bis 5 Monate

Verarbeitungsbedingungen für Pressen

Werkzeugtemperatur	°C	140–150
Pressdruck	bar	50–80
Härtezeit je mm	s	20
Schwindung	%	0.06–0.10
Nachschwindung	%	
Bemerkungen		

Verarbeitungsbedingungen für Spritzgießen

Zylindertemperatur	°C	
Düsentemperatur	°C	
Massetemp.	°C	
Werkzeugtemp.	°C	
Spritzdruck	bar	
Härtezeit	s	
Schwindung	%	
Nachschwindung	%	
Bemerkungen		

Zugversuch 23 °C UNI EN 61;
Probekörper: *Form* Nr 3 *Herstellung* Pressen

Zugfestigkeit	N/mm^2	60–70
Reißdehnung	%	
E-Modul	N/mm^2	10000–11000
Zeitstandzugfestigkeit	h N/mm^2	

Biegeversuch 23 °C UNI EN 63;
Probekörper: *Form* NS *Herstellung* Pressen

Biegefestigkeit	N/mm^2	140–160
E-Modul	N/mm^2	10000–11000

Druckversuch 23°C UNIPLAST 369
Probekörper: *Form* Wuerfel 1 cm *Herstellung* Pressen

Druckfestigkeit	N/mm^2	160
Stauchung	%	

Härte 23 °C *Probekörper:* *Herstellung*

Kugeldruckhärte N/mm^2 bei N, s

Schlagversuch *Probekörper:* *(1)*
(2) *Herstellung*

	°C	°C	°C	*Probekörper-Form*
Schlagzähigkeit kJ/m²				
Kerbschlagzähigkeit (1) kJ/m²				
IZOD-Kerbschlag-zähigkeit (2) J/m				

Abrieb und Reibung

Taber-Abrieb (Reibradverfahren) mm³/100 U
Statische Reibungszahl
Dynamische Reibungszahl (p·v= N/mm²· m/min)
Zulässiger p · v Wert N/mm² · (m/min) v= m/min
v= m/min

Thermische Eigenschaften

Formbeständigkeit in der Wärme	*Verfahren* A	≧200 °C
	Verfahren	°C
Formbeständigkeit Martens		°C
Längenausdehnungskoeffizient	*Bereich* °C	$\cdot 10^{-4}K^{-1}$
	Temperatur 23 °C	$0.2 \cdot 10^{-4}K^{-1}$
Wärmeleitfähigkeit	*Verfahren*	W/(K · m)
Spezifische Wärmekapazität	*Verfahren*	J/(K · g)

Brandverhalten

UL-Test vertikal Dicke mm, Wert
Dicke mm, Wert

	Norm	*Bewertung*	*Abmessungen*
Sauerstoff-Index	ASTM D 2863		
Glühstab-Verfahren			
Brandverhalten	DIN 4102		
MVSS			
FAR			

Elektrische Eigenschaften

	Hz	°C	*Probekörper, Form*
Dielektrizitätszahl	50		
	10^3		
	10^6		
Dielektrischer Verlustfaktor tan δ	50		
	10^3		
	10^6		
Spezifischer Durchgangs-widerstand Ohm · cm			
Durchschlagfestigkeit kV/mm			mm dick
Oberflächenwiderstand Ohm			

Kriechstromfestigkeit KC KB KA
Kriechwegbildung

Elektrolytische Korrosionswirkung
Lichtbogenfestigkeit nach DIN
nach ASTM s

Beständigkeit *(Chemische Beständigkeit siehe Anhang)*

Wasseraufnahme 23 C ≦0.15 %

Feuchtigkeitsaufnahme Normalklima %
Wetterbeständigkeit

MF

Produktklasse	Melaminharz-Formmasse		
Handelsname	**Resart Typ 152.7**		
Hersteller	RESART		
DIN-Bezeichnung	152.7 DIN 7708		
ISO-Bezeichnung			
Harzbasis	Melamin-Harz		
Zusätze		*Füllstoffe/ Verstärkung*	Zellstoff kurzfaserig
Bevorzugte Verarbeitung	Pressen; Spritzpressen; Spritzgiessen	*Lieferform*	Granulat
		Farben	Alle Farbtoene
Besondere Merkmale	Sehr hohe Oberflaechenhaerte	*Bevorzugte Anwendungen*	Bedarfsgegenstand; Essgeschirr; Trinkgeschirr; Kochloeffel

Dichte	g/cm³	1.5–1.6	*Dosierbarkeit*	
Schüttdichte	g/cm³		*Tablettierbarkeit*	
Fließeinstellung			*Lagerung*	Kuehl und trocken mehrere Monate

Verarbeitungsbedingungen für Pressen

Werkzeugtemperatur	°C	
Pressdruck	bar	
Härtezeit je mm	s	
Schwindung	%	0.8
Nachschwindung	%	0.7–1.0
Bemerkungen		

Verarbeitungsbedingungen für Spritzgießen

Zylindertemperatur	°C	
Düsentemperatur	°C	
Massetemp.	°C	
Werkzeugtemp.	°C	
Spritzdruck	bar	
Härtezeit	s	
Schwindung	%	
Nachschwindung	%	
Bemerkungen		

Zugversuch 23 °C DIN 53455; DIN 53457
Probekörper: *Form* Nr 3 — *Herstellung* Pressen

Zugfestigkeit	N/mm²	25–30	*E-Modul*	N/mm²	6000–10000
Reißdehnung	%		*Zeitstandzugfestigkeit*	h N/mm²	

Biegeversuch 23 °C DIN 53452;
Probekörper: *Form* NS — *Herstellung* Pressen

Biegefestigkeit	N/mm²	≧80	*E-Modul*	N/mm²

Druckversuch 23 °C DIN 53454
Probekörper: *Form* Wuerfel 1 cm — *Herstellung* Pressen

Druckfestigkeit	N/mm²	200	*Stauchung*	%

Härte 23 °C *Probekörper:* — *Herstellung*

Kugeldruckhärte N/mm² bei N, s

Schlagversuch *Probekörper:* *(1)* U-Kerbe
(2)
Herstellung Pressen

		°C		°C	°C	*Probekörper-Form*
Schlagzähigkeit	kJ/m²	23	≧7			NS
Kerbschlagzähigkeit (1)	kJ/m²	23	≧1.5			NS
IZOD-Kerbschlagzähigkeit (2)	J/m					

Abrieb und Reibung

Taber-Abrieb (Reibradverfahren) mm³/100 U
Statische Reibungszahl
Dynamische Reibungszahl (p·v= N/mm²· m/min)
Zulässiger p · v Wert N/mm² · (m/min) v= m/min
v= m/min

Thermische Eigenschaften

Formbeständigkeit in der Wärme	*Verfahren*		°C
	Verfahren		°C
Formbeständigkeit Martens			≧120 °C
Längenausdehnungskoeffizient	*Bereich*	°C	$\cdot 10^{-4}K^{-1}$
	Temperatur		$\cdot 10^{-4}K^{-1}$
Wärmeleitfähigkeit	*Verfahren*		W/(K · m)
Spezifische Wärmekapazität	*Verfahren*		J/(K · g)

Brandverhalten

UL-Test vertikal Dicke mm, Wert
Dicke mm, Wert

	Norm	*Bewertung*	*Abmessungen*
Sauerstoff-Index	ASTM D 2863		
Glühstab-Verfahren	DIN 53459	2a	
Brandverhalten	DIN 4102		
MVSS			
FAR			

Elektrische Eigenschaften

		Hz	°C		*Probekörper, Form*
Dielektrizitätszahl		50			
		10^3			
		10^6			
Dielektrischer Verlustfaktor tan δ		50			
		10^3			
		10^6			
Spezifischer Durchgangswiderstand	Ohm · cm				
Durchschlagfestigkeit	kV/mm				mm dick
Oberflächenwiderstand	Ohm		23	≧1.0*10**10	

Kriechstromfestigkeit KC >600 KB KA
Kriechwegbildung

Elektrolytische Korrosionswirkung
Lichtbogenfestigkeit nach DIN
nach ASTM s

Beständigkeit *(Chemische Beständigkeit siehe Anhang)*
Wasseraufnahme 23 C 4 d ≦200 mg

Feuchtigkeitsaufnahme Normalklima %
Wetterbeständigkeit

Produktklasse	Polyesterharz-Formmasse Melamin-modifiziert		**MF**
Handelsname	**Resart MPV 111**		
Hersteller	RESART		
DIN-Bezeichnung	152.7 DIN 7708		
ISO-Bezeichnung			
Harzbasis	Melamin-Harz und Polyester-Harz		
Zusätze		*Füllstoffe/ Verstärkung*	Anorganische Harztraeger
Bevorzugte Verarbeitung	Pressen; Spritzpressen; Spritzgiessen	*Lieferform*	Granulat
		Farben	
Besondere Merkmale	Minimale Nachschwindung; Gute Waermestabilitaet; Hohe Kriechstromfestigkeit; Hohe Durchschlagfestigkeit; Gute Klimabestaendigkeit	*Bevorzugte Anwendungen*	Formteil fuer die Elektrotechnik; Schaltergehaeuse; Endschalter; Mikroschalter

---

Dichte	g/cm^3	1.8	*Dosierbarkeit*	
Schüttdichte	g/cm^3		*Tablettierbarkeit*	
Fließeinstellung			*Lagerung*	Kuehl und trocken mehrere Monate

Verarbeitungsbedingungen für Pressen

Werkzeugtemperatur	°C	
Pressdruck	bar	
Härtezeit je mm	s	
Schwindung	%	0.8
Nachschwindung	%	0.25
Bemerkungen		

Verarbeitungsbedingungen für Spritzgießen

Zylindertemperatur	°C	
Düsentemperatur	°C	
Massetemp.	°C	
Werkzeugtemp.	°C	
Spritzdruck	bar	
Härtezeit	s	
Schwindung	%	
Nachschwindung	%	
Bemerkungen		

Zugversuch 23 °C DIN 53455; DIN 53457
Probekörper: *Form* Nr 3 *Herstellung* Pressen

Zugfestigkeit	N/mm^2	25	*E-Modul*	N/mm^2	10000
Reißdehnung	%		*Zeitstandzugfestigkeit*	h N/mm^2	

Biegeversuch 23 °C DIN 53452;
Probekörper: *Form* NS *Herstellung* Pressen

Biegefestigkeit	N/mm^2	70	*E-Modul*	N/mm^2

Druckversuch 23 °C DIN 53454
Probekörper: *Form* Wuerfel 1 cm *Herstellung* Pressen

Druckfestigkeit	N/mm^2	180	*Stauchung*	%

Härte 23 °C *Probekörper:* *Herstellung* Pressen

Kugeldruckhärte N/mm^2 300 bei N, s

Schlagversuch *Probekörper:* *(1)* U-Kerbe
(2)
Herstellung Pressen

		°C		°C	°C	*Probekörper-Form*
Schlagzähigkeit	kJ/m²	23	6			NS
Kerbschlagzähigkeit (1)	kJ/m²	23	2			NS
IZOD-Kerbschlagzähigkeit (2)	J/m					

Abrieb und Reibung

Taber-Abrieb (Reibradverfahren) mm³/100 U
Statische Reibungszahl
Dynamische Reibungszahl (p·v= N/mm²· m/min)
Zulässiger p · v Wert N/mm² · (m/min) v= m/min
v= m/min

Thermische Eigenschaften

Formbeständigkeit in der Wärme	*Verfahren*		°C
	Verfahren		°C
Formbeständigkeit Martens			140 °C
Längenausdehnungskoeffizient	*Bereich* °C		$\cdot 10^{-4}K^{-1}$
	Temperatur 23 °C		$0.40–0.60 \cdot 10^{-4}K^{-1}$
Wärmeleitfähigkeit	*Verfahren* DIN 52612	23 °C	0.6 W/(K · m)
Spezifische Wärmekapazität	*Verfahren*	23 °C	0.9 J/(K · g)

Brandverhalten

UL-Test vertikal Dicke mm, Wert
Dicke mm, Wert

	Norm	*Bewertung*	*Abmessungen*
Sauerstoff-Index	ASTM D 2863		
Glühstab-Verfahren	DIN 53459	2a	
Brandverhalten	DIN 4102		
MVSS			
FAR			

Elektrische Eigenschaften

		Hz	°C		*Probekörper, Form*
Dielektrizitätszahl		50			
		10^3	23	7	
		10^6			
Dielektrischer Verlustfaktor tan δ		50			
		10^3	23	0.06	
		10^6			
Spezifischer Durchgangswiderstand	Ohm · cm		23	1.0*10**12	
Durchschlagfestigkeit	kV/mm		23	30–35	1 mm dick
Oberflächenwiderstand	Ohm		23	1.0*10**11	

Kriechstromfestigkeit KC >600 KB KA
Kriechwegbildung

Elektrolytische Korrosionswirkung
Lichtbogenfestigkeit nach DIN
nach ASTM s

Beständigkeit *(Chemische Beständigkeit siehe Anhang)*
Wasseraufnahme 23 C 4 d 70 mg

Feuchtigkeitsaufnahme Normalklima %
Wetterbeständigkeit

Produktklasse	Polyesterharz-Formmasse Melamin-modifiziert		**MF-UP**
Handelsname	**Resart MPV**		
Hersteller	RESART		
DIN-Bezeichnung *ISO-Bezeichnung*			
Harzbasis	Melamin-Harz und Polyester-Harz		
Zusätze		*Füllstoffe/ Verstärkung*	Holzmehl
Bevorzugte Verarbeitung	Pressen; Spritzpressen; Spritzgiessen	*Lieferform*	Granulat
		Farben	
Besondere Merkmale		*Bevorzugte Anwendungen*	Bedarfsgegenstand; Technisches Formteil

Dichte	g/cm^3	1.6	*Dosierbarkeit*	
Schüttdichte	g/cm^3		*Tablettierbarkeit*	
Fließeinstellung			*Lagerung*	Kuehl und trocken mehrere Monate

Verarbeitungsbedingungen für Pressen			**Verarbeitungsbedingungen für Spritzgießen**		
			Zylindertemperatur	°C	
			Düsentemperatur	°C	
			Massetemp.	°C	
Werkzeugtemperatur	°C		*Werkzeugtemp.*	°C	
Pressdruck	bar		*Spritzdruck*	bar	
Härtezeit je mm	s		*Härtezeit*	s	
Schwindung	%	0.9	*Schwindung*	%	
Nachschwindung	%	0.3–0.4	*Nachschwindung*	%	
Bemerkungen			*Bemerkungen*		

Zugversuch 23 °C DIN 53455; DIN 53457
Probekörper: *Form* Nr 3 — *Herstellung* Pressen

Zugfestigkeit	N/mm^2	25–30	*E-Modul*	N/mm^2	6000–9000
Reißdehnung	%		*Zeitstandzugfestigkeit*	h N/mm^2	

Biegeversuch 23 °C DIN 53452;
Probekörper: *Form* NS — *Herstellung* Pressen

Biegefestigkeit	N/mm^2	70–80	*E-Modul*	N/mm^2

Druckversuch 23°C DIN 53454
Probekörper: *Form* Wuerfel 1 cm — *Herstellung* Pressen

Druckfestigkeit	N/mm^2	180	*Stauchung*	%

Härte 23 °C *Probekörper:* — *Herstellung*

Kugeldruckhärte N/mm^2 bei N, s

Schlagversuch *Probekörper:* *(1)* U-Kerbe
(2)
Herstellung Pressen

		°C		°C	°C	*Probekörper-Form*
Schlagzähigkeit	kJ/m²	23	7–8			NS
Kerbschlagzähigkeit (1)	kJ/m²	23	2.0–2.5			NS
IZOD-Kerbschlagzähigkeit (2)	J/m					

Abrieb und Reibung

Taber-Abrieb (Reibradverfahren) mm³/100 U
Statische Reibungszahl
Dynamische Reibungszahl (p · v = N/mm² · m/min)
Zulässiger p · v Wert N/mm² · (m/min) v = m/min
v = m/min

Thermische Eigenschaften

Formbeständigkeit in der Wärme	*Verfahren*			°C
	Verfahren			°C
Formbeständigkeit Martens				90–100 °C
Längenausdehnungskoeffizient	*Bereich* °C			$\cdot 10^{-4} K^{-1}$
	Temperatur 23 °C			$0.40–0.70 \cdot 10^{-4} K^{-1}$
Wärmeleitfähigkeit	*Verfahren* DIN 52612		23 °C	0.65 W/(K · m)
Spezifische Wärmekapazität	*Verfahren*		23 °C	1.1 J/(K · g)

Brandverhalten

UL-Test vertikal Dicke mm, Wert
Dicke mm, Wert

	Norm	*Bewertung*	*Abmessungen*
Sauerstoff-Index	ASTM D 2863		
Glühstab-Verfahren	DIN 53459	2b	
Brandverhalten	DIN 4102		
MVSS			
FAR			

Elektrische Eigenschaften

		Hz	°C		*Probekörper, Form*
Dielektrizitätszahl		50			
		10^3	23	6–7	
		10^6			
Dielektrischer Verlustfaktor tan δ		50			
		10^3	23	0.03	
		10^6			
Spezifischer Durchgangswiderstand	Ohm · cm		23	1.0*10**12–1.0*10**13	
Durchschlagfestigkeit	kV/mm		23	10–20	1 mm dick
Oberflächenwiderstand	Ohm		23	≧1.0*10**11	

Kriechstromfestigkeit KC 600 KB KA
Kriechwegbildung

Elektrolytische Korrosionswirkung
Lichtbogenfestigkeit nach DIN
nach ASTM s

Beständigkeit *(Chemische Beständigkeit siehe Anhang)*

Wasseraufnahme 23 C 4 d ≦200 mg

Feuchtigkeitsaufnahme Normalklima %
Wetterbeständigkeit

Produktklasse	Polyesterharz-Formmasse Melamin-modifiziert		**MF-UP**
Handelsname	**Resart MPV-LK**		
Hersteller	RESART		
DIN-Bezeichnung			
ISO-Bezeichnung			
Harzbasis	Melamin-Harz und Polyester-Harz		
Zusätze		*Füllstoffe/ Verstärkung*	
Bevorzugte Verarbeitung	Pressen; Spritzpressen; Spritzgiessen	*Lieferform*	Granulat
		Farben	
Besondere Merkmale	Lichtbogenfest; Funkenloeschend	*Bevorzugte Anwendungen*	Elektrotechnik; Funkenloeschkammer

Dichte	g/cm^3	*Dosierbarkeit*	
Schüttdichte	g/cm^3	*Tablettierbarkeit*	
Fließeinstellung		*Lagerung*	Kuehl und trocken mehrere Monate

Verarbeitungsbedingungen für Pressen

Werkzeugtemperatur	°C	
Pressdruck	bar	
Härtezeit je mm	s	
Schwindung	%	0.61
Nachschwindung	%	0.12
Bemerkungen		

Verarbeitungsbedingungen für Spritzgießen

Zylindertemperatur	°C
Düsentemperatur	°C
Massetemp.	°C
Werkzeugtemp.	°C
Spritzdruck	bar
Härtezeit	s
Schwindung	%
Nachschwindung	%
Bemerkungen	

Zugversuch 23 °C

Probekörper: *Form* *Herstellung*

Zugfestigkeit	N/mm^2	*E-Modul*	N/mm^2
Reißdehnung	%	*Zeitstandzugfestigkeit*	h N/mm^2

Biegeversuch 23 °C DIN 53452;

Probekörper: *Form* NS *Herstellung* Pressen

Biegefestigkeit	N/mm^2 41	*E-Modul*	N/mm^2

Druckversuch 23°C

Probekörper: *Form* *Herstellung*

Druckfestigkeit	N/mm^2	*Stauchung*	%

Härte 23 °C *Probekörper:* *Herstellung*

Kugeldruckhärte N/mm^2 bei N, s

Schlagversuch *Probekörper:* *(1)* U-Kerbe
(2)
Herstellung Pressen

		°C		°C	°C	*Probekörper-Form*
Schlagzähigkeit	kJ/m²	23	3.7			NS
Kerbschlagzähigkeit (1)	kJ/m²	23	2.3			NS
IZOD-Kerbschlag-zähigkeit (2)	J/m					

Abrieb und Reibung

Taber-Abrieb (Reibradverfahren) mm³/100 U
Statische Reibungszahl
Dynamische Reibungszahl (p·v= N/mm² · m/min)
Zulässiger p · v Wert N/mm² · (m/min) v= m/min
v= m/min

Thermische Eigenschaften

Formbeständigkeit in der Wärme *Verfahren* °C
Verfahren °C
Formbeständigkeit Martens 106 °C
Längenausdehnungskoeffizient *Bereich* °C $\cdot 10^{-4}K^{-1}$
Temperatur $\cdot 10^{-4}K^{-1}$
Wärmeleitfähigkeit *Verfahren* W/(K · m)

Spezifische Wärmekapazität *Verfahren* J/(K · g)

Brandverhalten

UL-Test vertikal Dicke mm, Wert
Dicke mm, Wert

	Norm	*Bewertung*	*Abmessungen*
Sauerstoff-Index	ASTM D 2863		
Glühstab-Verfahren	DIN 53459	1	
Brandverhalten	DIN 4102		
MVSS			
FAR			

Elektrische Eigenschaften

		Hz	°C		*Probekörper, Form*
Dielektrizitätszahl		50			
		10^3			
		10^6			
Dielektrischer Verlustfaktor tan δ		50			
		10^3			
		10^6			
Spezifischer Durchgangs-widerstand	Ohm · cm				
Durchschlagfestigkeit	kV/mm				mm dick
Oberflächenwiderstand	Ohm		23	1.0*10**12	

Kriechstromfestigkeit KC >600 KB KA
Kriechwegbildung

Elektrolytische Korrosionswirkung
Lichtbogenfestigkeit nach DIN
nach ASTM s

Beständigkeit *(Chemische Beständigkeit siehe Anhang)*

Wasseraufnahme 23 C 4 d 50 mg

Feuchtigkeitsaufnahme Normalklima %
Wetterbeständigkeit

Produktklasse	Polyesterharz-Formmasse		**UP**
Handelsname	**Bimoco FG; Reihe von 7000 bis 7099**		
Hersteller	DSMITALIA		
DIN-Bezeichnung *ISO-Bezeichnung*			
Harzbasis	Ungesaettigter Polyester		
Zusätze		*Füllstoffe/ Verstärkung*	Glasfasern von 3 bis 25 mm und Mineral
Bevorzugte Verarbeitung	Pressen; Spritzpressen; Spritzgiessen	*Lieferform*	BMC; Rollen und Stricke
		Farben	Natur; Standard
Besondere Merkmale	Ausgezeichnetes Oberflaechenfinish; Ausgezeichnete Einfaerbbarkeit; Ausgezeichnetes Fliessverhalten	*Bevorzugte Anwendungen*	Allgemeine Anwendungen

Dichte	g/cm^3	1.75–1.85	*Dosierbarkeit*	
Schüttdichte	g/cm^3		*Tablettierbarkeit*	
Fließeinstellung			*Lagerung*	Unter 18 C 2 Monate

Verarbeitungsbedingungen für Pressen

Werkzeugtemperatur	°C	
Pressdruck	bar	
Härtezeit je mm	s	
Schwindung	%	0.20–0.30
Nachschwindung	%	
Bemerkungen		

Verarbeitungsbedingungen für Spritzgießen

Zylindertemperatur	°C	
Düsentemperatur	°C	
Massetemp.	°C	
Werkzeugtemp.	°C	
Spritzdruck	bar	
Härtezeit	s	
Schwindung	%	
Nachschwindung	%	
Bemerkungen		

Zugversuch 23 °C UNI EN 61;
Probekörper: *Form* Nr 3 *Herstellung* Pressen

Zugfestigkeit	N/mm^2	30–35	*E-Modul*	N/mm^2	8000–9000
Reißdehnung	%		*Zeitstandzugfestigkeit*	h N/mm^2	

Biegeversuch 23 °C UNI EN 63;
Probekörper: *Form* NS *Herstellung* Pressen

Biegefestigkeit	N/mm^2	60–80	*E-Modul*	N/mm^2	9000–10000

Druckversuch 23°C UNIPLAST 369
Probekörper: *Form* Wuerfel 1 cm *Herstellung* Pressen

Druckfestigkeit	N/mm^2	150	*Stauchung*	%

Härte 23 °C *Probekörper:* *Herstellung*

Kugeldruckhärte N/mm^2 bei N, s

Schlagversuch *Probekörper: (1)*
(2) *Herstellung*

	°C	°C	°C	*Probekörper-Form*
Schlagzähigkeit kJ/m²				
Kerbschlagzähigkeit (1) kJ/m²				
IZOD-Kerbschlagzähigkeit (2) J/m				

Abrieb und Reibung

Taber-Abrieb (Reibradverfahren) mm³/100 U
Statische Reibungszahl
Dynamische Reibungszahl (p·v= N/mm²· m/min)
Zulässiger p · v Wert N/mm² · (m/min) v= m/min
v= m/min

Thermische Eigenschaften

Formbeständigkeit in der Wärme *Verfahren* A ≧200 °C
Verfahren °C
Formbeständigkeit Martens °C
Längenausdehnungskoeffizient *Bereich* °C $\cdot 10^{-4}K^{-1}$
Temperatur 23 °C $0.2 \cdot 10^{-4}K^{-1}$
Wärmeleitfähigkeit *Verfahren* W/(K · m)

Spezifische Wärmekapazität *Verfahren* J/(K · g)

Brandverhalten

UL-Test vertikal Dicke mm, Wert
Dicke mm, Wert

	Norm	*Bewertung*	*Abmessungen*
Sauerstoff-Index	ASTM D 2863		
Glühstab-Verfahren			
Brandverhalten	DIN 4102		
MVSS			
FAR			

Elektrische Eigenschaften

	Hz	°C	*Probekörper, Form*
Dielektrizitätszahl	50		
	10^3		
	10^6		
Dielektrischer Verlustfaktor tan δ	50		
	10^3		
	10^6		
Spezifischer Durchgangswiderstand Ohm · cm			
Durchschlagfestigkeit kV/mm			mm dick
Oberflächenwiderstand Ohm			

Kriechstromfestigkeit KC KB KA
Kriechwegbildung

Elektrolytische Korrosionswirkung
Lichtbogenfestigkeit nach DIN
nach ASTM s

Beständigkeit *(Chemische Beständigkeit siehe Anhang)*

Wasseraufnahme 23 C ≦0.15 %

Feuchtigkeitsaufnahme Normalklima %
Wetterbeständigkeit

Produktklasse	Polyesterharz-Formmasse		**UP**
Handelsname	**Bimoco FG; Reihe von 7100 bis 7199**		
Hersteller	DSMITALIA		
DIN-Bezeichnung			
ISO-Bezeichnung			
Harzbasis	Ungesaettigter Polyester		
Zusätze		*Füllstoffe/ Verstärkung*	Glasfasern von 3 bis 25 mm und Mineral
Bevorzugte Verarbeitung	Pressen; Spritzpressen; Spritzgiessen	*Lieferform*	BMC; Rollen und Stricke
		Farben	Natur; Standard
Besondere Merkmale	Ausgezeichnetes Oberflaechenfinish; Ausgezeichnete Einfaerbbarkeit; Gute mechanische Eigenschaften	*Bevorzugte Anwendungen*	Allgemeine Anwendungen

Dichte	g/cm³	1.80–1.85	*Dosierbarkeit*	
Schüttdichte	g/cm³		*Tablettierbarkeit*	
Fließeinstellung			*Lagerung*	Unter 18 C 2 Monate

Verarbeitungsbedingungen für Pressen

Werkzeugtemperatur	°C	
Pressdruck	bar	
Härtezeit je mm	s	
Schwindung	%	0.20–0.30
Nachschwindung	%	
Bemerkungen		

Verarbeitungsbedingungen für Spritzgießen

Zylindertemperatur	°C
Düsentemperatur	°C
Massetemp.	°C
Werkzeugtemp.	°C
Spritzdruck	bar
Härtezeit	s
Schwindung	%
Nachschwindung	%
Bemerkungen	

Zugversuch 23 °C UNI EN 61;
Probekörper: *Form* Nr 3 *Herstellung* Pressen

Zugfestigkeit	N/mm²	35–40	*E-Modul*	N/mm²	8000–9000
Reißdehnung	%		*Zeitstandzugfestigkeit*	h N/mm²	

Biegeversuch 23 °C UNI EN 63;
Probekörper: *Form* NS *Herstellung* Pressen

Biegefestigkeit	N/mm²	80–100	*E-Modul*	N/mm²	9000–10000

Druckversuch 23 °C UNIPLAST 369
Probekörper: *Form* Wuerfel 1 cm *Herstellung* Pressen

Druckfestigkeit	N/mm²	150	*Stauchung*	%

Härte 23 °C *Probekörper:* *Herstellung*

Kugeldruckhärte N/mm² bei N, s

Schlagversuch *Probekörper: (1)*
(2)

		°C	°C	°C	*Herstellung* *Probekörper-Form*
Schlagzähigkeit	kJ/m^2				
Kerbschlagzähigkeit (1)	kJ/m^2				
IZOD-Kerbschlagzähigkeit (2)	J/m				

Abrieb und Reibung

Taber-Abrieb (Reibradverfahren)	mm^3/100 U
Statische Reibungszahl	
Dynamische Reibungszahl	(p·v= N/mm^2 · m/min)
Zulässiger p · v Wert	N/mm^2 · (m/min) v= m/min
	v= m/min

Thermische Eigenschaften

Formbeständigkeit in der Wärme	*Verfahren* A	≧200 °C
	Verfahren	°C
Formbeständigkeit Martens		°C
Längenausdehnungskoeffizient	*Bereich* °C	$\cdot 10^{-4}K^{-1}$
	Temperatur 23 °C	$0.2 \cdot 10^{-4}K^{-1}$
Wärmeleitfähigkeit	*Verfahren*	W/(K · m)
Spezifische Wärmekapazität	*Verfahren*	J/(K · g)

Brandverhalten

UL-Test vertikal Dicke mm, Wert
Dicke mm, Wert

	Norm	*Bewertung*	*Abmessungen*
Sauerstoff-Index	ASTM D 2863		
Glühstab-Verfahren			
Brandverhalten	DIN 4102		
MVSS			
FAR			

Elektrische Eigenschaften

		Hz	°C		*Probekörper, Form*
Dielektrizitätszahl		50			
		10^3			
		10^6			
Dielektrischer Verlustfaktor tan δ		50			
		10^3			
		10^6			
Spezifischer Durchgangswiderstand	Ohm · cm				
Durchschlagfestigkeit	kV/mm				mm dick
Oberflächenwiderstand	Ohm				
Kriechstromfestigkeit		KC	KB	KA	
Kriechwegbildung					
Elektrolytische Korrosionswirkung					
Lichtbogenfestigkeit nach DIN					
nach ASTM	s				

Beständigkeit *(Chemische Beständigkeit siehe Anhang)*

Wasseraufnahme 23 C ≦0.15 %

Feuchtigkeitsaufnahme Normalklima %
Wetterbeständigkeit

UP

Produktklasse	Polyesterharz-Formmasse		
Handelsname	**Bimoco LP; Reihe von 7200 bis 7299**		
Hersteller	DSMITALIA		
DIN-Bezeichnung			
ISO-Bezeichnung			
Harzbasis	Ungesaettigter Polyester		
Zusätze		*Füllstoffe/ Verstärkung*	Glasfasern von 3 bis 25 mm und Mineral
Bevorzugte Verarbeitung	Pressen; Spritzpressen; Spritzgiessen	*Lieferform*	BMC; Rollen und Stricke
		Farben	Natur; Standard
Besondere Merkmale	Low profile-Typ; Gut lackierbar; Verzugsfrei	*Bevorzugte Anwendungen*	Allgemeine Anwendungen; Bedarfsartikel; Technisches Formteil

Dichte	g/cm³	1.80–1.85	*Dosierbarkeit*	
Schüttdichte	g/cm³		*Tablettierbarkeit*	
Fließeinstellung			*Lagerung*	Unter 18 C 2 Monate

Verarbeitungsbedingungen für Pressen

Werkzeugtemperatur	°C	
Pressdruck	bar	
Härtezeit je mm	s	
Schwindung	%	0.00–0.04
Nachschwindung	%	
Bemerkungen		

Verarbeitungsbedingungen für Spritzgießen

Zylindertemperatur	°C
Düsentemperatur	°C
Massetemp.	°C
Werkzeugtemp.	°C
Spritzdruck	bar
Härtezeit	s
Schwindung	%
Nachschwindung	%
Bemerkungen	

Zugversuch 23 °C UNI EN 61;
Probekörper: *Form* Nr 3 *Herstellung* Pressen

Zugfestigkeit	N/mm²	30–35	*E-Modul*	N/mm²	9000–10000
Reißdehnung	%		*Zeitstandzugfestigkeit*	h N/mm²	

Biegeversuch 23 °C UNI EN 63;
Probekörper: *Form* NS *Herstellung* Pressen

Biegefestigkeit	N/mm²	50–60	*E-Modul*	N/mm²	10000–11000

Druckversuch 23°C UNIPLAST 369
Probekörper: *Form* Wuerfel 1 cm *Herstellung* Pressen

Druckfestigkeit	N/mm²	160–180	*Stauchung*	%

Härte 23 °C *Probekörper:* *Herstellung*

Kugeldruckhärte N/mm² bei N, s

Schlagversuch *Probekörper:* *(1)*
(2)

				Herstellung
	°C	°C	°C	*Probekörper-Form*
Schlagzähigkeit kJ/m²				
Kerbschlagzähigkeit (1) kJ/m²				
IZOD-Kerbschlagzähigkeit (2) J/m				

Abrieb und Reibung

Taber-Abrieb (Reibradverfahren)	mm³/100 U
Statische Reibungszahl	
Dynamische Reibungszahl	(p · v= N/mm² · m/min)
Zulässiger p · v Wert	N/mm² · (m/min) v= m/min
	v= m/min

Thermische Eigenschaften

Formbeständigkeit in der Wärme	*Verfahren* A		≧200 °C
	Verfahren		°C
Formbeständigkeit Martens			°C
Längenausdehnungskoeffizient	*Bereich*	°C	$\cdot 10^{-4}K^{-1}$
	Temperatur 23 °C		$0.2 \cdot 10^{-4}K^{-1}$
Wärmeleitfähigkeit	*Verfahren*		W/(K · m)
Spezifische Wärmekapazität	*Verfahren*		J/(K · g)

Brandverhalten

UL-Test vertikal Dicke mm, Wert
Dicke mm, Wert

	Norm	*Bewertung*	*Abmessungen*
Sauerstoff-Index	ASTM D 2863		
Glühstab-Verfahren			
Brandverhalten	DIN 4102		
MVSS			
FAR			

Elektrische Eigenschaften

		Hz	°C		*Probekörper, Form*
Dielektrizitätszahl		50			
		10^3			
		10^6			
Dielektrischer Verlustfaktor tan δ		50			
		10^3			
		10^6			
Spezifischer Durchgangswiderstand	Ohm · cm				
Durchschlagfestigkeit	kV/mm				mm dick
Oberflächenwiderstand	Ohm				
Kriechstromfestigkeit		KC	KB	KA	
Kriechwegbildung					
Elektrolytische Korrosionswirkung					
Lichtbogenfestigkeit nach DIN					
nach ASTM	s				

Beständigkeit *(Chemische Beständigkeit siehe Anhang)*

Wasseraufnahme 23 C ≦0.15 %

Feuchtigkeitsaufnahme Normalklima %
Wetterbeständigkeit

Produktklasse	Polyesterharz-Formmasse		**UP**
Handelsname	**Bimoco LP; Reihe von 7300 bis 7399**		
Hersteller	DSMITALIA		
DIN-Bezeichnung			
ISO-Bezeichnung			
Harzbasis	Ungesaettigter Polyester		
Zusätze		*Füllstoffe/ Verstärkung*	Glasfasern von 3 bis 25 mm und Mineral
Bevorzugte Verarbeitung	Pressen; Spritzpressen; Spritzgiessen	*Lieferform*	BMC; Rollen und Stricke
		Farben	Natur; Standard
Besondere Merkmale	Low profile-Typ; Gut lackierbar	*Bevorzugte Anwendungen*	Kfz-Karosserieteil

Dichte	g/cm³	1.80–1.90	*Dosierbarkeit*	
Schüttdichte	g/cm³		*Tablettierbarkeit*	
Fließeinstellung			*Lagerung*	Unter 18 C 2 Monate

Verarbeitungsbedingungen für Pressen

Werkzeugtemperatur	°C	
Pressdruck	bar	
Härtezeit je mm	s	
Schwindung	%	0.00–0.01
Nachschwindung	%	
Bemerkungen		

Verarbeitungsbedingungen für Spritzgießen

Zylindertemperatur	°C
Düsentemperatur	°C
Massetemp.	°C
Werkzeugtemp.	°C
Spritzdruck	bar
Härtezeit	s
Schwindung	%
Nachschwindung	%
Bemerkungen	

Zugversuch 23 °C UNI EN 61;
Probekörper: *Form* Nr 3 *Herstellung* Pressen

Zugfestigkeit	N/mm²	30–40	*E-Modul*	N/mm²	9000–10000
Reißdehnung	%		*Zeitstandzugfestigkeit*	h N/mm²	

Biegeversuch 23 °C UNI EN 63;
Probekörper: *Form* NS *Herstellung* Pressen

Biegefestigkeit	N/mm²	60–80	*E-Modul*	N/mm²	10000–11000

Druckversuch 23 °C UNIPLAST 369
Probekörper: *Form* Wuerfel 1 cm *Herstellung* Pressen

Druckfestigkeit	N/mm²	160–180	*Stauchung*	%

Härte 23 °C *Probekörper:* *Herstellung*

Kugeldruckhärte N/mm² bei N, s

Schlagversuch *Probekörper: (1)*
(2) *Herstellung*

		°C	°C	°C	*Probekörper-Form*
Schlagzähigkeit	kJ/m^2				
Kerbschlagzähigkeit (1)	kJ/m^2				
IZOD-Kerbschlag-zähigkeit (2)	J/m				

Abrieb und Reibung

Taber-Abrieb (Reibradverfahren)	mm^3/100 U
Statische Reibungszahl	
Dynamische Reibungszahl	(p·v= N/mm^2· m/min)
Zulässiger p · v Wert	N/mm^2· (m/min) v= m/min
	v= m/min

Thermische Eigenschaften

Formbeständigkeit in der Wärme	*Verfahren* A	≧200 °C
	Verfahren	°C
Formbeständigkeit Martens		°C
Längenausdehnungskoeffizient	*Bereich* °C	$\cdot 10^{-4}K^{-1}$
	Temperatur 23 °C	$0.2 \cdot 10^{-4}K^{-1}$
Wärmeleitfähigkeit	*Verfahren*	W/(K · m)
Spezifische Wärmekapazität	*Verfahren*	J/(K · g)

Brandverhalten

UL-Test vertikal Dicke mm, Wert
Dicke mm, Wert

	Norm	*Bewertung*	*Abmessungen*
Sauerstoff-Index	ASTM D 2863		
Glühstab-Verfahren			
Brandverhalten	DIN 4102		
MVSS			
FAR			

Elektrische Eigenschaften

		Hz	°C		*Probekörper, Form*
Dielektrizitätszahl		50			
		10^3			
		10^6			
Dielektrischer Verlustfaktor tan δ		50			
		10^3			
		10^6			
Spezifischer Durchgangswiderstand	Ohm · cm				
Durchschlagfestigkeit	kV/mm				mm dick
Oberflächenwiderstand	Ohm				
Kriechstromfestigkeit		KC	KB	KA	
Kriechwegbildung					
Elektrolytische Korrosionswirkung					
Lichtbogenfestigkeit nach DIN					
nach ASTM	s				

Beständigkeit *(Chemische Beständigkeit siehe Anhang)*

Wasseraufnahme 23 C ≦0.15 %

Feuchtigkeitsaufnahme Normalklima %
Wetterbeständigkeit

Produktklasse	Polyesterharz-Formmasse		**UP**
Handelsname	**Bimoco LP; Reihe von 7400 bis 7499**		
Hersteller	DSMITALIA		
DIN-Bezeichnung			
ISO-Bezeichnung			
Harzbasis	Ungesaettigter Polyester		
Zusätze		*Füllstoffe/ Verstärkung*	Glasfasern von 3 bis 25 mm und Mineral
Bevorzugte Verarbeitung	Pressen; Spritzpressen; Spritzgiessen	*Lieferform*	BMC; Rollen und Stricke
		Farben	Natur; Standard
Besondere Merkmale	Low profile-Typ; Gut lackierbar; Gute mechanische Eigenschaften	*Bevorzugte Anwendungen*	Allgemeine Anwendungen; Bedarfsartikel; Technisches Formteil

Dichte	g/cm^3	1.80–1.90	*Dosierbarkeit*	
Schüttdichte	g/cm^3		*Tablettierbarkeit*	
Fließeinstellung			*Lagerung*	Unter 18 C 2 Monate

Verarbeitungsbedingungen für Pressen

Werkzeugtemperatur	°C	
Pressdruck	bar	
Härtezeit je mm	s	
Schwindung	%	0.00–0.06
Nachschwindung	%	
Bemerkungen		

Verarbeitungsbedingungen für Spritzgießen

Zylindertemperatur	°C
Düsentemperatur	°C
Massetemp.	°C
Werkzeugtemp.	°C
Spritzdruck	bar
Härtezeit	s
Schwindung	%
Nachschwindung	%
Bemerkungen	

Zugversuch 23 °C UNI EN 61;
Probekörper: *Form* Nr 3 *Herstellung* Pressen

Zugfestigkeit	N/mm^2	35–40	*E-Modul*	N/mm^2	9000–10000
Reißdehnung	%		*Zeitstandzugfestigkeit*	h N/mm^2	

Biegeversuch 23 °C UNI EN 63;
Probekörper: *Form* NS *Herstellung* Pressen

Biegefestigkeit	N/mm^2	80–100	*E-Modul*	N/mm^2	10000–11000

Druckversuch 23°C UNIPLAST 369
Probekörper: *Form* Wuerfel 1 cm *Herstellung* Pressen

Druckfestigkeit	N/mm^2	160–180	*Stauchung*	%

Härte 23 °C *Probekörper:* *Herstellung*

Kugeldruckhärte N/mm^2 bei N, s

Schlagversuch *Probekörper:* *(1)*
(2)

	°C	°C	°C	*Herstellung*	*Probekörper-Form*
Schlagzähigkeit kJ/m²					
Kerbschlagzähigkeit (1) kJ/m²					
IZOD-Kerbschlagzähigkeit (2) J/m					

Abrieb und Reibung

Taber-Abrieb (Reibradverfahren) mm³/100 U
Statische Reibungszahl
Dynamische Reibungszahl (p·v= N/mm²· m/min)
Zulässiger p · v Wert N/mm² · (m/min) v= m/min
v= m/min

Thermische Eigenschaften

Formbeständigkeit in der Wärme	*Verfahren* A		≧200 °C
	Verfahren		°C
Formbeständigkeit Martens			°C
Längenausdehnungskoeffizient	*Bereich*	°C	$\cdot 10^{-4} K^{-1}$
	Temperatur 23 °C		$0.2 \cdot 10^{-4} K^{-1}$
Wärmeleitfähigkeit	*Verfahren*		W/(K · m)
Spezifische Wärmekapazität	*Verfahren*		J/(K · g)

Brandverhalten

UL-Test vertikal Dicke mm, Wert
Dicke mm, Wert

	Norm	*Bewertung*	*Abmessungen*
Sauerstoff-Index	ASTM D 2863		
Glühstab-Verfahren			
Brandverhalten	DIN 4102		
MVSS			
FAR			

Elektrische Eigenschaften

		Hz	°C			*Probekörper, Form*
Dielektrizitätszahl		50				
		10^3				
		10^6				
Dielektrischer Verlustfaktor tan δ		50				
		10^3				
		10^6				
Spezifischer Durchgangswiderstand	Ohm · cm					
Durchschlagfestigkeit	kV/mm					mm dick
Oberflächenwiderstand	Ohm					
Kriechstromfestigkeit		KC		KB	KA	
Kriechwegbildung						
Elektrolytische Korrosionswirkung						
Lichtbogenfestigkeit nach DIN						
nach ASTM	s					

Beständigkeit *(Chemische Beständigkeit siehe Anhang)*

Wasseraufnahme 23 C ≦0.15 %

Feuchtigkeitsaufnahme Normalklima %
Wetterbeständigkeit

UP

Produktklasse	Polyesterharz-Formmasse
Handelsname	**Bimoco LS; Reihe von 7500 bis 7599**
Hersteller	DSMITALIA
DIN-Bezeichnung	
ISO-Bezeichnung	
Harzbasis	Ungesaettigter Polyester
Zusätze	
Füllstoffe/ Verstärkung	Glasfasern von 3 bis 25 mm und Mineral
Bevorzugte Verarbeitung	Pressen; Spritzpressen; Spritzgiessen
Lieferform	BMC; Rollen und Stricke
Farben	Natur; Standard
Besondere Merkmale	Geringe Schwindung; Gut einfaerbbar
Bevorzugte Anwendungen	Allgemeine Anwendungen; Bedarfsartikel; Technisches Formteil

Dichte	g/cm³	1.80–1.85
Schüttdichte	g/cm³	
Fließeinstellung		
Dosierbarkeit		
Tablettierbarkeit		
Lagerung		Unter 18 C 2 Monate

Verarbeitungsbedingungen für Pressen

Werkzeugtemperatur	°C	
Pressdruck	bar	
Härtezeit je mm	s	
Schwindung	%	0.10–0.20
Nachschwindung	%	
Bemerkungen		

Verarbeitungsbedingungen für Spritzgießen

Zylindertemperatur	°C	
Düsentemperatur	°C	
Massetemp.	°C	
Werkzeugtemp.	°C	
Spritzdruck	bar	
Härtezeit	s	
Schwindung	%	
Nachschwindung	%	
Bemerkungen		

Zugversuch 23 °C UNI EN 61;
Probekörper: *Form* Nr 3 *Herstellung* Pressen

Zugfestigkeit	N/mm²	30–35
Reißdehnung	%	
E-Modul	N/mm²	8000–9000
Zeitstandzugfestigkeit	h N/mm²	

Biegeversuch 23 °C UNI EN 63;
Probekörper: *Form* NS *Herstellung* Pressen

Biegefestigkeit	N/mm²	60–80
E-Modul	N/mm²	9000–10000

Druckversuch 23 °C UNIPLAST 369
Probekörper: *Form* Wuerfel 1 cm *Herstellung* Pressen

Druckfestigkeit	N/mm²	150
Stauchung	%	

Härte 23 °C *Probekörper:* *Herstellung*

Kugeldruckhärte N/mm² bei N, s

Schlagversuch *Probekörper: (1)*
(2)

		°C	°C	°C	*Probekörper-Form*
Schlagzähigkeit	kJ/m²				
Kerbschlagzähigkeit (1)	kJ/m²				
IZOD-Kerbschlag-zähigkeit (2)	J/m				

Herstellung

Abrieb und Reibung

Taber-Abrieb (Reibradverfahren) mm³/100 U
Statische Reibungszahl
Dynamische Reibungszahl (p·v= N/mm²· m/min)
Zulässiger p · v Wert N/mm² · (m/min) v= m/min
v= m/min

Thermische Eigenschaften

Formbeständigkeit in der Wärme	*Verfahren* A	≧200 °C
	Verfahren	°C
Formbeständigkeit Martens		°C
Längenausdehnungskoeffizient	*Bereich* °C	$\cdot 10^{-4}K^{-1}$
	Temperatur 23 °C	$0.2 \cdot 10^{-4}K^{-1}$
Wärmeleitfähigkeit	*Verfahren*	W/(K · m)
Spezifische Wärmekapazität	*Verfahren*	J/(K · g)

Brandverhalten

UL-Test vertikal Dicke mm, Wert
Dicke mm, Wert

	Norm	*Bewertung*	*Abmessungen*
Sauerstoff-Index	ASTM D 2863		
Glühstab-Verfahren			
Brandverhalten	DIN 4102		
MVSS			
FAR			

Elektrische Eigenschaften

		Hz	°C	*Probekörper, Form*
Dielektrizitätszahl		50		
		10^3		
		10^6		
Dielektrischer Verlustfaktor tan δ		50		
		10^3		
		10^6		
Spezifischer Durchgangs-widerstand	Ohm · cm			
Durchschlagfestigkeit	kV/mm			mm dick
Oberflächenwiderstand	Ohm			

Kriechstromfestigkeit KC KB KA
Kriechwegbildung

Elektrolytische Korrosionswirkung
Lichtbogenfestigkeit nach DIN
nach ASTM s

Beständigkeit *(Chemische Beständigkeit siehe Anhang)*

Wasseraufnahme 23 C ≦0.15 %

Feuchtigkeitsaufnahme Normalklima %
Wetterbeständigkeit

UP

Produktklasse	Polyesterharz-Formmasse		
Handelsname	**Bimoco LS; Reihe von 7600 bis 7699**		
Hersteller	DSMITALIA		
DIN-Bezeichnung *ISO-Bezeichnung*			
Harzbasis	Ungesaettigter Polyester		
Zusätze		*Füllstoffe/ Verstärkung*	Glasfasern von 3 bis 25 mm und Mineral
Bevorzugte Verarbeitung	Pressen; Spritzpressen; Spritzgiessen	*Lieferform*	BMC; Rollen und Stricke
		Farben	Natur; Standard
Besondere Merkmale	Geringe Schwindung; Gut einfaerbbar; Gute mechanische Eigenschaften	*Bevorzugte Anwendungen*	Allgemeine Anwendungen; Bedarfsartikel; Technisches Formteil

Dichte	g/cm^3	1.80–1.85	*Dosierbarkeit*	
Schüttdichte	g/cm^3		*Tablettierbarkeit*	
Fließeinstellung			*Lagerung*	Unter 18 C 2 Monate

Verarbeitungsbedingungen für Pressen

Werkzeugtemperatur	°C	
Pressdruck	bar	
Härtezeit je mm	s	
Schwindung	%	0.10–0.20
Nachschwindung	%	
Bemerkungen		

Verarbeitungsbedingungen für Spritzgießen

Zylindertemperatur	°C
Düsentemperatur	°C
Massetemp.	°C
Werkzeugtemp.	°C
Spritzdruck	bar
Härtezeit	s
Schwindung	%
Nachschwindung	%
Bemerkungen	

Zugversuch 23 °C UNI EN 61;
Probekörper: *Form* Nr 3 *Herstellung* Pressen

Zugfestigkeit	N/mm^2	35–40	*E-Modul*	N/mm^2	8000–9000
Reißdehnung	%		*Zeitstandzugfestigkeit*	h N/mm^2	

Biegeversuch 23 °C UNI EN 63;
Probekörper: *Form* NS *Herstellung* Pressen

Biegefestigkeit	N/mm^2	80–100	*E-Modul*	N/mm^2	9000–10000

Druckversuch 23 °C UNIPLAST 369
Probekörper: *Form* Wuerfel 1 cm *Herstellung* Pressen

Druckfestigkeit	N/mm^2	150	*Stauchung*	%

Härte 23 °C *Probekörper:* *Herstellung*

Kugeldruckhärte N/mm^2 bei N, s

Schlagversuch *Probekörper:* *(1)*
(2) *Herstellung*

		°C	°C	°C	*Probekörper-Form*
Schlagzähigkeit	kJ/m²				
Kerbschlagzähigkeit (1)	kJ/m²				
IZOD-Kerbschlagzähigkeit (2)	J/m				

Abrieb und Reibung

Taber-Abrieb (Reibradverfahren) mm³/100 U
Statische Reibungszahl
Dynamische Reibungszahl (p · v = N/mm² · m/min)
Zulässiger p · v Wert N/mm² · (m/min) v = m/min
v = m/min

Thermische Eigenschaften

Formbeständigkeit in der Wärme	*Verfahren* A		≧200 °C
	Verfahren		°C
Formbeständigkeit Martens			°C
Längenausdehnungskoeffizient	*Bereich*	°C	$\cdot 10^{-4}K^{-1}$
	Temperatur 23 °C		$0.2 \cdot 10^{-4}K^{-1}$
Wärmeleitfähigkeit	*Verfahren*		W/(K · m)
Spezifische Wärmekapazität	*Verfahren*		J/(K · g)

Brandverhalten

UL-Test vertikal Dicke mm, Wert
Dicke mm, Wert

	Norm	*Bewertung*	*Abmessungen*
Sauerstoff-Index	ASTM D 2863		
Glühstab-Verfahren			
Brandverhalten	DIN 4102		
MVSS			
FAR			

Elektrische Eigenschaften

		Hz	°C	*Probekörper, Form*
Dielektrizitätszahl		50		
		10^3		
		10^6		
Dielektrischer Verlustfaktor tan δ		50		
		10^3		
		10^6		
Spezifischer Durchgangswiderstand	Ohm · cm			
Durchschlagfestigkeit	kV/mm			mm dick
Oberflächenwiderstand	Ohm			

Kriechstromfestigkeit KC KB KA
Kriechwegbildung

Elektrolytische Korrosionswirkung
Lichtbogenfestigkeit nach DIN
nach ASTM s

Beständigkeit *(Chemische Beständigkeit siehe Anhang)*

Wasseraufnahme 23 C ≦0.15 %

Feuchtigkeitsaufnahme Normalklima %
Wetterbeständigkeit

UP

Produktklasse	Polyesterharz-Formmasse		
Handelsname	**Bimoco FR; Reihe von 7700 bis 7799**		
Hersteller	DSMITALIA		
DIN-Bezeichnung			
ISO-Bezeichnung			
Harzbasis	Ungesaettigter Polyester		
Zusätze		*Füllstoffe/ Verstärkung*	Glasfasern von 3 bis 25 mm und Mineral
Bevorzugte Verarbeitung	Pressen; Spritzpressen; Spritzgiessen	*Lieferform*	BMC; Rollen und Stricke
		Farben	Natur; Standard
Besondere Merkmale	Gut einfaerbbar; Gutes Oberflaechenfinish; Ausgezeichnetes Fliessverhalten	*Bevorzugte Anwendungen*	Allgemeine Anwendungen; Bedarfsartikel; Technisches Formteil

Dichte	g/cm³	1.75–1.85	*Dosierbarkeit*	
Schüttdichte	g/cm³		*Tablettierbarkeit*	
Fließeinstellung			*Lagerung*	Unter 18 C 2 Monate

Verarbeitungsbedingungen für Pressen			**Verarbeitungsbedingungen für Spritzgießen**		
			Zylindertemperatur	°C	
			Düsentemperatur	°C	
			Massetemp.	°C	
Werkzeugtemperatur	°C		*Werkzeugtemp.*	°C	
Pressdruck	bar		*Spritzdruck*	bar	
Härtezeit je mm	s		*Härtezeit*	s	
Schwindung	%	0.20–0.30	*Schwindung*	%	
Nachschwindung	%		*Nachschwindung*	%	
Bemerkungen			*Bemerkungen*		

Zugversuch 23 °C UNI EN 61;
Probekörper: *Form* Nr 3 *Herstellung* Pressen

Zugfestigkeit	N/mm²	30–35	*E-Modul*	N/mm²	8000–9000
Reißdehnung	%		*Zeitstandzugfestigkeit*	h N/mm²	

Biegeversuch 23 °C UNI EN 63;
Probekörper: *Form* NS *Herstellung* Pressen

Biegefestigkeit	N/mm²	50–60	*E-Modul*	N/mm²	9000–10000

Druckversuch 23 °C UNIPLAST 369
Probekörper: *Form* Wuerfel 1 cm *Herstellung* Pressen

Druckfestigkeit	N/mm²	150	*Stauchung*	%

Härte 23 °C *Probekörper:* *Herstellung*

Kugeldruckhärte N/mm² bei N, s

Schlagversuch *Probekörper: (1)*
(2) *Herstellung*

		°C	°C	°C	*Probekörper-Form*
Schlagzähigkeit	kJ/m²				
Kerbschlagzähigkeit (1)	kJ/m²				
IZOD-Kerbschlagzähigkeit (2)	J/m				

Abrieb und Reibung

Taber-Abrieb (Reibradverfahren)	mm^3/100 U		
Statische Reibungszahl			
Dynamische Reibungszahl	(p·v= N/mm²·		m/min)
Zulässiger p · v Wert	N/mm² · (m/min)	v=	m/min
		v=	m/min

Thermische Eigenschaften

Formbeständigkeit in der Wärme	*Verfahren* A		≧200 °C
	Verfahren		°C
Formbeständigkeit Martens			°C
Längenausdehnungskoeffizient	*Bereich*	°C	$\cdot 10^{-4}K^{-1}$
	Temperatur 23 °C		$0.2 \cdot 10^{-4}K^{-1}$
Wärmeleitfähigkeit	*Verfahren*		W/(K · m)
Spezifische Wärmekapazität	*Verfahren*		J/(K · g)

Brandverhalten

UL-Test vertikal Dicke 1.6 mm, Wert V-0
Dicke mm, Wert

	Norm	*Bewertung*	*Abmessungen*
Sauerstoff-Index	ASTM D 2863		
Glühstab-Verfahren			
Brandverhalten	DIN 4102		
MVSS			
FAR			

Elektrische Eigenschaften

		Hz	°C			*Probekörper, Form*
Dielektrizitätszahl		50				
		10^3				
		10^6				
Dielektrischer Verlustfaktor tan δ		50				
		10^3				
		10^6				
Spezifischer Durchgangswiderstand	Ohm · cm					
Durchschlagfestigkeit	kV/mm		23	15		1 mm dick
Oberflächenwiderstand	Ohm					
Kriechstromfestigkeit		KC		KB	KA	
Kriechwegbildung						
Elektrolytische Korrosionswirkung						
Lichtbogenfestigkeit nach DIN						
nach ASTM	s	120–150				

Beständigkeit *(Chemische Beständigkeit siehe Anhang)*

Wasseraufnahme 23 C ≦0.15 %

Feuchtigkeitsaufnahme Normalklima %
Wetterbeständigkeit

Produktklasse	Polyesterharz-Formmasse		**UP**
Handelsname	**Bimoco FR; Reihe von 7800 bis 7899**		
Hersteller	DSMITALIA		
DIN-Bezeichnung			
ISO-Bezeichnung			
Harzbasis	Ungesaettigter Polyester		
Zusätze		*Füllstoffe/ Verstärkung*	Glasfasern von 3 bis 25 mm und Mineral
Bevorzugte Verarbeitung	Pressen; Spritzpressen; Spritzgiessen	*Lieferform*	BMC; Rollen und Stricke
		Farben	Natur; Standard
Besondere Merkmale	Gut einfaerbbar; Gutes Oberflaechenfinish; Ausgezeichnetes Fliessverhalten	*Bevorzugte Anwendungen*	Allgemeine Anwendungen; Bedarfsartikel; Technisches Formteil

Dichte	g/cm³	1.80–1.85	*Dosierbarkeit*	
Schüttdichte	g/cm³		*Tablettierbarkeit*	
Fließeinstellung			*Lagerung*	Unter 18 C 2 Monate

Verarbeitungsbedingungen für Pressen

Werkzeugtemperatur	°C	
Pressdruck	bar	
Härtezeit je mm	s	
Schwindung	%	0.20–0.30
Nachschwindung	%	
Bemerkungen		

Verarbeitungsbedingungen für Spritzgießen

Zylindertemperatur	°C	
Düsentemperatur	°C	
Massetemp.	°C	
Werkzeugtemp.	°C	
Spritzdruck	bar	
Härtezeit	s	
Schwindung	%	
Nachschwindung	%	
Bemerkungen		

Zugversuch 23 °C UNI EN 61;
Probekörper: *Form* Nr 3 *Herstellung* Pressen

Zugfestigkeit	N/mm²	30–40	*E-Modul*	N/mm²	8000–9000
Reißdehnung	%		*Zeitstandzugfestigkeit*	h N/mm²	

Biegeversuch 23 °C UNI EN 63;
Probekörper: *Form* NS *Herstellung* Pressen

Biegefestigkeit	N/mm²	60–80	*E-Modul*	N/mm²	9000–10000

Druckversuch 23°C UNIPLAST 369
Probekörper: *Form* Wuerfel 1 cm *Herstellung* Pressen

Druckfestigkeit	N/mm²	150	*Stauchung*	%

Härte 23 °C *Probekörper:* *Herstellung*

Kugeldruckhärte N/mm² bei N, s

Schlagversuch *Probekörper: (1)*
(2) *Herstellung*

		°C	°C	°C	*Probekörper-Form*
Schlagzähigkeit	kJ/m²				
Kerbschlagzähigkeit (1)	kJ/m²				
IZOD-Kerbschlag-zähigkeit (2)	J/m				

Abrieb und Reibung

Taber-Abrieb (Reibradverfahren) mm³/100 U
Statische Reibungszahl
Dynamische Reibungszahl (p·v= N/mm² · m/min)
Zulässiger p · v Wert N/mm² · (m/min) v= m/min
v= m/min

Thermische Eigenschaften

Formbeständigkeit in der Wärme	*Verfahren* A		≧200 °C
	Verfahren		°C
Formbeständigkeit Martens			°C
Längenausdehnungskoeffizient	*Bereich*	°C	$\cdot 10^{-4}K^{-1}$
	Temperatur 23 °C		$0.2 \cdot 10^{-4}K^{-1}$
Wärmeleitfähigkeit	*Verfahren*		W/(K · m)
Spezifische Wärmekapazität	*Verfahren*		J/(K · g)

Brandverhalten

UL-Test vertikal Dicke 1.6 mm, Wert V-0
Dicke mm, Wert

	Norm	*Bewertung*	*Abmessungen*
Sauerstoff-Index	ASTM D 2863		
Glühstab-Verfahren			
Brandverhalten	DIN 4102		
MVSS			
FAR			

Elektrische Eigenschaften

		Hz	°C			*Probekörper, Form*
Dielektrizitätszahl		50				
		10^3				
		10^6				
Dielektrischer Verlustfaktor tan δ		50				
		10^3				
		10^6				
Spezifischer Durchgangs-widerstand	Ohm · cm					
Durchschlagfestigkeit	kV/mm		23	15		1 mm dick
Oberflächenwiderstand	Ohm					
Kriechstromfestigkeit		KC		KB	KA	
Kriechwegbildung						
Elektrolytische Korrosionswirkung						
Lichtbogenfestigkeit nach DIN						
nach ASTM	s	120–150				

Beständigkeit *(Chemische Beständigkeit siehe Anhang)*

Wasseraufnahme 23 C ≦0.15 %

Feuchtigkeitsaufnahme Normalklima %
Wetterbeständigkeit

Produktklasse	Polyesterharz-Formmasse		**UP**
Handelsname	**Bimoco FR; Reihe von 7900 bis 7999**		
Hersteller	DSMITALIA		
DIN-Bezeichnung			
ISO-Bezeichnung			
Harzbasis	Ungesaettigter Polyester		
Zusätze		*Füllstoffe/ Verstärkung*	Glasfasern von 3 bis 25 mm und Mineral
Bevorzugte Verarbeitung	Pressen; Spritzpressen; Spritzgiessen	*Lieferform*	BMC; Rollen und Stricke
		Farben	Natur; Standard
Besondere Merkmale	Gut einfaerbbar; Gutes Oberflaechenfinish; Gute mechanische Eigenschaften	*Bevorzugte Anwendungen*	Allgemeine Anwendungen; Bedarfsartikel; Technisches Formteil

Dichte	g/cm^3	1.80–1.85	*Dosierbarkeit*	
Schüttdichte	g/cm^3		*Tablettierbarkeit*	
Fließeinstellung			*Lagerung*	Unter 18 C 2 Monate

Verarbeitungsbedingungen für Pressen

Werkzeugtemperatur	°C	
Pressdruck	bar	
Härtezeit je mm	s	
Schwindung	%	0.20–0.30
Nachschwindung	%	
Bemerkungen		

Verarbeitungsbedingungen für Spritzgießen

Zylindertemperatur	°C	
Düsentemperatur	°C	
Massetemp.	°C	
Werkzeugtemp.	°C	
Spritzdruck	bar	
Härtezeit	s	
Schwindung	%	
Nachschwindung	%	
Bemerkungen		

Zugversuch 23 °C UNI EN 61;
Probekörper: *Form* Nr 3 *Herstellung* Pressen

Zugfestigkeit	N/mm^2	35–40	*E-Modul*	N/mm^2	8000–9000
Reißdehnung	%		*Zeitstandzugfestigkeit*	h N/mm^2	

Biegeversuch 23 °C UNI EN 63;
Probekörper: *Form* NS *Herstellung* Pressen

Biegefestigkeit	N/mm^2	80–100	*E-Modul*	N/mm^2	9000–10000

Druckversuch 23 °C UNIPLAST 369
Probekörper: *Form* Wuerfel 1 cm *Herstellung* Pressen

Druckfestigkeit	N/mm^2	150	*Stauchung*	%

Härte 23 °C *Probekörper:* *Herstellung*

Kugeldruckhärte N/mm^2 bei N, s

Schlagversuch *Probekörper: (1)*
(2) *Herstellung*

	°C	°C	°C	*Probekörper-Form*
Schlagzähigkeit kJ/m²				
Kerbschlagzähigkeit (1) kJ/m²				
IZOD-Kerbschlagzähigkeit (2) J/m				

Abrieb und Reibung

Taber-Abrieb (Reibradverfahren) mm³/100 U
Statische Reibungszahl
Dynamische Reibungszahl (p · v= N/mm² · m/min)
Zulässiger p · v Wert N/mm² · (m/min) v= m/min
v= m/min

Thermische Eigenschaften

Formbeständigkeit in der Wärme	*Verfahren* A	≧200 °C
	Verfahren	°C
Formbeständigkeit Martens		°C
Längenausdehnungskoeffizient	*Bereich* °C	$\cdot 10^{-4} K^{-1}$
	Temperatur 23 °C	$0.2 \cdot 10^{-4} K^{-1}$
Wärmeleitfähigkeit	*Verfahren*	W/(K · m)
Spezifische Wärmekapazität	*Verfahren*	J/(K · g)

Brandverhalten

UL-Test vertikal Dicke 1.6 mm, Wert V-0
Dicke mm, Wert

	Norm	*Bewertung*	*Abmessungen*
Sauerstoff-Index	ASTM D 2863		
Glühstab-Verfahren			
Brandverhalten	DIN 4102		
MVSS			
FAR			

Elektrische Eigenschaften

		Hz	°C			*Probekörper, Form*	
Dielektrizitätszahl		50					
		10^3					
		10^6					
Dielektrischer Verlustfaktor tan δ		50					
		10^3					
		10^6					
Spezifischer Durchgangswiderstand	Ohm · cm						
Durchschlagfestigkeit	kV/mm		23	15		1	mm dick
Oberflächenwiderstand	Ohm						
Kriechstromfestigkeit		KC		KB	KA		
Kriechwegbildung							
Elektrolytische Korrosionswirkung							
Lichtbogenfestigkeit nach DIN							
nach ASTM	s	120–150					

Beständigkeit *(Chemische Beständigkeit siehe Anhang)*

Wasseraufnahme 23 C ≦0.15 %

Feuchtigkeitsaufnahme Normalklima %
Wetterbeständigkeit

UP

Produktklasse	Polyesterharz-Formmasse		
Handelsname	**Bimoco FRTR; Reihe von 8000 bis 8099**		
Hersteller	DSMITALIA		
DIN-Bezeichnung *ISO-Bezeichnung*			
Harzbasis	Ungesaettigter Polyester		
Zusätze		*Füllstoffe/ Verstärkung*	Glasfasern von 3 bis 25 mm und Mineral
Bevorzugte Verarbeitung	Pressen; Spritzpressen; Spritzgiessen	*Lieferform*	BMC; Rollen und Stricke
		Farben	Natur; Standard
Besondere Merkmale	Gute Kriechstromfestigkeit	*Bevorzugte Anwendungen*	Allgemeine Anwendungen; Bedarfsartikel; Technisches Formteil

Dichte	g/cm³	1.80–1.90	*Dosierbarkeit*	
Schüttdichte	g/cm³		*Tablettierbarkeit*	
Fließeinstellung			*Lagerung*	Unter 18 C 2 Monate

Verarbeitungsbedingungen für Pressen			**Verarbeitungsbedingungen für Spritzgießen**		
			Zylindertemperatur	°C	
			Düsentemperatur	°C	
			Massetemp.	°C	
Werkzeugtemperatur	°C		*Werkzeugtemp.*	°C	
Pressdruck	bar		*Spritzdruck*	bar	
Härtezeit je mm	s		*Härtezeit*	s	
Schwindung	%	0.20–0.30	*Schwindung*	%	
Nachschwindung	%		*Nachschwindung*	%	
Bemerkungen			*Bemerkungen*		

Zugversuch 23 °C UNI EN 61;
Probekörper: *Form* Nr 3 *Herstellung* Pressen

Zugfestigkeit	N/mm²	30–35	*E-Modul*	N/mm²	9000–10000
Reißdehnung	%		*Zeitstandzugfestigkeit*	h N/mm²	

Biegeversuch 23 °C UNI EN 63;
Probekörper: *Form* NS *Herstellung* Pressen

Biegefestigkeit	N/mm²	50–60	*E-Modul*	N/mm²	10000–11000

Druckversuch 23 °C UNIPLAST 369
Probekörper: *Form* Wuerfel 1 cm *Herstellung* Pressen

Druckfestigkeit	N/mm²	160	*Stauchung*	%

Härte 23 °C *Probekörper:* *Herstellung*

Kugeldruckhärte N/mm² bei N, s

Schlagversuch *Probekörper: (1)*
(2)

		°C	°C	°C	*Herstellung*	*Probekörper-Form*
Schlagzähigkeit	kJ/m²					
Kerbschlagzähigkeit (1)	kJ/m²					
IZOD-Kerbschlagzähigkeit (2)	J/m					

Abrieb und Reibung

Taber-Abrieb (Reibradverfahren) mm³/100 U
Statische Reibungszahl
Dynamische Reibungszahl (p·v= N/mm² · m/min)
Zulässiger p · v Wert N/mm² · (m/min) v= m/min
v= m/min

Thermische Eigenschaften

Formbeständigkeit in der Wärme	*Verfahren* A	≧200 °C
	Verfahren	°C
Formbeständigkeit Martens		°C
Längenausdehnungskoeffizient	*Bereich* °C	$\cdot 10^{-4}K^{-1}$
	Temperatur 23 °C	$0.2 \cdot 10^{-4}K^{-1}$
Wärmeleitfähigkeit	*Verfahren*	W/(K · m)
Spezifische Wärmekapazität	*Verfahren*	J/(K · g)

Brandverhalten

UL-Test vertikal Dicke 1.6 mm, Wert V-0
Dicke mm, Wert

	Norm	*Bewertung*	*Abmessungen*
Sauerstoff-Index	ASTM D 2863		
Glühstab-Verfahren			
Brandverhalten	DIN 4102		
MVSS			
FAR			

Elektrische Eigenschaften

		Hz	°C			*Probekörper, Form*
Dielektrizitätszahl		50				
		10^3				
		10^6				
Dielektrischer Verlustfaktor tan δ		50				
		10^3				
		10^6				
Spezifischer Durchgangswiderstand	Ohm · cm					
Durchschlagfestigkeit	kV/mm		23	15		1 mm dick
Oberflächenwiderstand	Ohm					
Kriechstromfestigkeit		KC		KB	KA	
Kriechwegbildung						
Elektrolytische Korrosionswirkung						
Lichtbogenfestigkeit nach DIN						
nach ASTM	s	180				

Beständigkeit *(Chemische Beständigkeit siehe Anhang)*

Wasseraufnahme 23 C ≦0.15 %

Feuchtigkeitsaufnahme Normalklima %
Wetterbeständigkeit

Produktklasse	Polyesterharz-Formmasse		**UP**
Handelsname	**Bimoco FRTR; Reihe von 8100 bis 8199**		
Hersteller	DSMITALIA		
DIN-Bezeichnung			
ISO-Bezeichnung			
Harzbasis	Ungesaettigter Polyester		
Zusätze		*Füllstoffe/ Verstärkung*	Glasfasern von 3 bis 25 mm und Mineral
Bevorzugte Verarbeitung	Pressen; Spritzpressen; Spritzgiessen	*Lieferform*	BMC; Rollen und Stricke
		Farben	Natur; Standard
Besondere Merkmale	Gute Kriechstromfestigkeit	*Bevorzugte Anwendungen*	Allgemeine Anwendungen; Bedarfsartikel; Technisches Formteil

Dichte	g/cm³	1.80–1.90	*Dosierbarkeit*	
Schüttdichte	g/cm³		*Tablettierbarkeit*	
Fließeinstellung			*Lagerung*	Unter 18 C 2 Monate

Verarbeitungsbedingungen für Pressen

Werkzeugtemperatur	°C	
Pressdruck	bar	
Härtezeit je mm	s	
Schwindung	%	0.20–0.30
Nachschwindung	%	
Bemerkungen		

Verarbeitungsbedingungen für Spritzgießen

Zylindertemperatur	°C	
Düsentemperatur	°C	
Massetemp.	°C	
Werkzeugtemp.	°C	
Spritzdruck	bar	
Härtezeit	s	
Schwindung	%	
Nachschwindung	%	
Bemerkungen		

Zugversuch 23 °C UNI EN 61;
Probekörper: *Form* Nr 3 *Herstellung* Pressen

Zugfestigkeit	N/mm²	30–40	*E-Modul*	N/mm²	9000–10000
Reißdehnung	%		*Zeitstandzugfestigkeit*	h N/mm²	

Biegeversuch 23 °C UNI EN 63;
Probekörper: *Form* NS *Herstellung* Pressen

Biegefestigkeit	N/mm²	60–80	*E-Modul*	N/mm²	10000–11000

Druckversuch 23°C UNIPLAST 369
Probekörper: *Form* Wuerfel 1 cm *Herstellung* Pressen

Druckfestigkeit	N/mm²	160	*Stauchung*	%

Härte 23 °C *Probekörper:* *Herstellung*

Kugeldruckhärte N/mm² bei N, s

Schlagversuch *Probekörper: (1)*
(2)

	°C	°C	°C	*Probekörper-Form*
Schlagzähigkeit kJ/m²				
Kerbschlagzähigkeit (1) kJ/m²				
IZOD-Kerbschlagzähigkeit (2) J/m				

Herstellung

Abrieb und Reibung

Taber-Abrieb (Reibradverfahren)	mm³/100 U
Statische Reibungszahl	
Dynamische Reibungszahl	(p·v= N/mm²· m/min)
Zulässiger p · v Wert	N/mm² · (m/min) v= m/min
	v= m/min

Thermische Eigenschaften

Formbeständigkeit in der Wärme	*Verfahren* A		≧200 °C
	Verfahren		°C
Formbeständigkeit Martens			°C
Längenausdehnungskoeffizient	*Bereich*	°C	$\cdot 10^{-4}K^{-1}$
	Temperatur 23 °C		$0.2 \cdot 10^{-4}K^{-1}$
Wärmeleitfähigkeit	*Verfahren*		W/(K · m)
Spezifische Wärmekapazität	*Verfahren*		J/(K · g)

Brandverhalten

UL-Test vertikal Dicke 1.6 mm, Wert V-0
Dicke mm, Wert

	Norm	*Bewertung*	*Abmessungen*
Sauerstoff-Index	ASTM D 2863		
Glühstab-Verfahren			
Brandverhalten	DIN 4102		
MVSS			
FAR			

Elektrische Eigenschaften

		Hz	°C		*Probekörper, Form*
Dielektrizitätszahl		50			
		10^3			
		10^6			
Dielektrischer Verlustfaktor tan δ		50			
		10^3			
		10^6			
Spezifischer Durchgangswiderstand	Ohm · cm				
Durchschlagfestigkeit	kV/mm		23	15	1 mm dick
Oberflächenwiderstand	Ohm				

Kriechstromfestigkeit KC KB KA
Kriechwegbildung

Elektrolytische Korrosionswirkung
Lichtbogenfestigkeit nach DIN
nach ASTM s 180

Beständigkeit *(Chemische Beständigkeit siehe Anhang)*

Wasseraufnahme 23 C ≦0.15 %

Feuchtigkeitsaufnahme Normalklima %
Wetterbeständigkeit

UP

Produktklasse	Polyesterharz-Formmasse
Handelsname	**Bimoco FRTR; Reihe von 8200 bis 8299**
Hersteller	DSMITALIA
DIN-Bezeichnung	
ISO-Bezeichnung	
Harzbasis	Ungesaettigter Polyester
Zusätze	
Füllstoffe/ Verstärkung	Glasfasern von 3 bis 25 mm und Mineral
Bevorzugte Verarbeitung	Pressen; Spritzpressen; Spritzgiessen
Lieferform	BMC; Rollen und Stricke
Farben	Natur; Standard
Besondere Merkmale	Gute Kriechstromfestigkeit; Gute mechanische Eigenschaften
Bevorzugte Anwendungen	Allgemeine Anwendungen; Bedarfsartikel; Technisches Formteil

Dichte	g/cm^3	1.80–1.90
Schüttdichte	g/cm^3	
Fließeinstellung		
Dosierbarkeit		
Tablettierbarkeit		
Lagerung		Unter 18 C 2 Monate

Verarbeitungsbedingungen für Pressen

Werkzeugtemperatur	°C	
Pressdruck	bar	
Härtezeit je mm	s	
Schwindung	%	0.20–0.30
Nachschwindung	%	
Bemerkungen		

Verarbeitungsbedingungen für Spritzgießen

Zylindertemperatur	°C	
Düsentemperatur	°C	
Massetemp.	°C	
Werkzeugtemp.	°C	
Spritzdruck	bar	
Härtezeit	s	
Schwindung	%	
Nachschwindung	%	
Bemerkungen		

Zugversuch 23 °C UNI EN 61;
Probekörper: *Form* Nr 3 *Herstellung* Pressen

Zugfestigkeit	N/mm^2	35–40
Reißdehnung	%	
E-Modul	N/mm^2	9000–10000
Zeitstandzugfestigkeit	h N/mm^2	

Biegeversuch 23 °C UNI EN 63;
Probekörper: *Form* NS *Herstellung* Pressen

Biegefestigkeit	N/mm^2	80–100
E-Modul	N/mm^2	10000–11000

Druckversuch 23°C UNIPLAST 369
Probekörper: *Form* Wuerfel 1 cm *Herstellung* Pressen

Druckfestigkeit	N/mm^2	160
Stauchung	%	

Härte 23 °C *Probekörper:* *Herstellung*

Kugeldruckhärte N/mm^2 bei N, s

Schlagversuch *Probekörper:* *(1)*
(2) *Herstellung*

		°C	°C	°C	*Probekörper-Form*
Schlagzähigkeit	kJ/m²				
Kerbschlagzähigkeit (1)	kJ/m²				
IZOD-Kerbschlag-zähigkeit (2)	J/m				

Abrieb und Reibung

Taber-Abrieb (Reibradverfahren)	mm³/100 U
Statische Reibungszahl	
Dynamische Reibungszahl	(p·v= N/mm²· m/min)
Zulässiger p · v Wert	N/mm² · (m/min) v= m/min
	v= m/min

Thermische Eigenschaften

Formbeständigkeit in der Wärme	*Verfahren* A		≧200 °C
	Verfahren		°C
Formbeständigkeit Martens			°C
Längenausdehnungskoeffizient	*Bereich*	°C	$\cdot 10^{-4}K^{-1}$
	Temperatur 23 °C		$0.2 \cdot 10^{-4}K^{-1}$
Wärmeleitfähigkeit	*Verfahren*		W/(K · m)
Spezifische Wärmekapazität	*Verfahren*		J/(K · g)

Brandverhalten

UL-Test vertikal Dicke 1.6 mm, Wert V-0
Dicke mm, Wert

	Norm	*Bewertung*	*Abmessungen*
Sauerstoff-Index	ASTM D 2863		
Glühstab-Verfahren			
Brandverhalten	DIN 4102		
MVSS			
FAR			

Elektrische Eigenschaften

		Hz	°C		*Probekörper, Form*
Dielektrizitätszahl		50			
		10^3			
		10^6			
Dielektrischer Verlustfaktor tan δ		50			
		10^3			
		10^6			
Spezifischer Durchgangs-widerstand	Ohm · cm				
Durchschlagfestigkeit	kV/mm		23	15	1 mm dick
Oberflächenwiderstand	Ohm				
Kriechstromfestigkeit		KC	KB	KA	
Kriechwegbildung					
Elektrolytische Korrosionswirkung					
Lichtbogenfestigkeit nach DIN					
nach ASTM	s	180			

Beständigkeit *(Chemische Beständigkeit siehe Anhang)*

Wasseraufnahme 23 C ≦0.15 %

Feuchtigkeitsaufnahme Normalklima %
Wetterbeständigkeit

UP

Produktklasse	Polyesterharz-Formmasse		
Handelsname	**Bimoco FRLS; Reihe von 8300 bis 8399**		
Hersteller	DSMITALIA		
DIN-Bezeichnung			
ISO-Bezeichnung			
Harzbasis	Ungesaettigter Polyester		
Zusätze		*Füllstoffe/ Verstärkung*	Glasfasern von 3 bis 25 mm und Mineral
Bevorzugte Verarbeitung	Pressen; Spritzpressen; Spritzgiessen	*Lieferform*	BMC; Rollen und Stricke
		Farben	Natur; Standard
Besondere Merkmale	Schwindungsarm; Ausgezeichnetes Fliessverhalten	*Bevorzugte Anwendungen*	Allgemeine Anwendungen; Bedarfsartikel; Technisches Formteil

Dichte	g/cm³	1.80–1.85	*Dosierbarkeit*	
Schüttdichte	g/cm³		*Tablettierbarkeit*	
Fließeinstellung			*Lagerung*	Unter 18 C 2 Monate

Verarbeitungsbedingungen für Pressen

Werkzeugtemperatur	°C	
Pressdruck	bar	
Härtezeit je mm	s	
Schwindung	%	0.10–0.20
Nachschwindung	%	
Bemerkungen		

Verarbeitungsbedingungen für Spritzgießen

Zylindertemperatur	°C	
Düsentemperatur	°C	
Massetemp.	°C	
Werkzeugtemp.	°C	
Spritzdruck	bar	
Härtezeit	s	
Schwindung	%	
Nachschwindung	%	
Bemerkungen		

Zugversuch 23 °C UNI EN 61;
Probekörper: *Form* Nr 3 *Herstellung* Pressen

Zugfestigkeit	N/mm²	30–35	*E-Modul*	N/mm²	9000–10000
Reißdehnung	%		*Zeitstandzugfestigkeit*	h N/mm²	

Biegeversuch 23 °C UNI EN 63;
Probekörper: *Form* NS *Herstellung* Pressen

Biegefestigkeit	N/mm²	50–60	*E-Modul*	N/mm²	10000–11000

Druckversuch 23 °C UNIPLAST 369
Probekörper: *Form* Wuerfel 1 cm *Herstellung* Pressen

Druckfestigkeit	N/mm²	160	*Stauchung*	%	

Härte 23 °C *Probekörper:* *Herstellung*

Kugeldruckhärte N/mm² bei N, s

Schlagversuch *Probekörper: (1)*
(2) *Herstellung*

	°C	°C	°C	*Probekörper-Form*
Schlagzähigkeit kJ/m²				
Kerbschlagzähigkeit (1) kJ/m²				
IZOD-Kerbschlagzähigkeit (2) J/m				

Abrieb und Reibung

Taber-Abrieb (Reibradverfahren) mm³/100 U
Statische Reibungszahl
Dynamische Reibungszahl (p·v= N/mm²· m/min)
Zulässiger p · v Wert N/mm² · (m/min) v= m/min
v= m/min

Thermische Eigenschaften

Formbeständigkeit in der Wärme	*Verfahren* A		≧200 °C
	Verfahren		°C
Formbeständigkeit Martens			°C
Längenausdehnungskoeffizient	*Bereich*	°C	$\cdot 10^{-4}K^{-1}$
	Temperatur 23 °C		$0.2 \cdot 10^{-4}K^{-1}$
Wärmeleitfähigkeit	*Verfahren*		W/(K · m)
Spezifische Wärmekapazität	*Verfahren*		J/(K · g)

Brandverhalten

UL-Test vertikal Dicke 1.6 mm, Wert V-0
Dicke mm, Wert

	Norm	*Bewertung*	*Abmessungen*
Sauerstoff-Index	ASTM D 2863		
Glühstab-Verfahren			
Brandverhalten	DIN 4102		
MVSS			
FAR			

Elektrische Eigenschaften

		Hz	°C		*Probekörper, Form*
Dielektrizitätszahl		50			
		10^3			
		10^6			
Dielektrischer Verlustfaktor tan δ		50			
		10^3			
		10^6			
Spezifischer Durchgangswiderstand	Ohm · cm				
Durchschlagfestigkeit	kV/mm		23	15	1 mm dick
Oberflächenwiderstand	Ohm				

Kriechstromfestigkeit KC KB KA
Kriechwegbildung

Elektrolytische Korrosionswirkung
Lichtbogenfestigkeit nach DIN
nach ASTM s 120–150

Beständigkeit *(Chemische Beständigkeit siehe Anhang)*

Wasseraufnahme 23 C ≦0.15 %

Feuchtigkeitsaufnahme Normalklima %
Wetterbeständigkeit

UP

Produktklasse	Polyesterharz-Formmasse
Handelsname	**Bimoco FRLS; Reihe von 8400 bis 8499**
Hersteller	DSMITALIA
DIN-Bezeichnung	
ISO-Bezeichnung	
Harzbasis	Ungesaettigter Polyester

Zusätze		*Füllstoffe/ Verstärkung*	Glasfasern von 3 bis 25 mm und Mineral
Bevorzugte Verarbeitung	Pressen; Spritzpressen; Spritzgiessen	*Lieferform*	BMC; Rollen und Stricke
		Farben	Natur; Standard
Besondere Merkmale	Schwindungsarm; Ausgezeichnetes Fliessverhalten	*Bevorzugte Anwendungen*	Allgemeine Anwendungen; Bedarfsartikel; Technisches Formteil

Dichte	g/cm³	1.80–1.90	*Dosierbarkeit*	
Schüttdichte	g/cm³		*Tablettierbarkeit*	
Fließeinstellung			*Lagerung*	Unter 18 C 2 Monate

Verarbeitungsbedingungen für Pressen

Werkzeugtemperatur	°C	
Pressdruck	bar	
Härtezeit je mm	s	
Schwindung	%	0.10–0.20
Nachschwindung	%	
Bemerkungen		

Verarbeitungsbedingungen für Spritzgießen

Zylindertemperatur	°C
Düsentemperatur	°C
Massetemp.	°C
Werkzeugtemp.	°C
Spritzdruck	bar
Härtezeit	s
Schwindung	%
Nachschwindung	%
Bemerkungen	

Zugversuch 23 °C UNI EN 61;
Probekörper: *Form* Nr 3 *Herstellung* Pressen

Zugfestigkeit	N/mm²	30–40	*E-Modul*	N/mm²	9000–10000
Reißdehnung	%		*Zeitstandzugfestigkeit*	h N/mm²	

Biegeversuch 23 °C UNI EN 63;
Probekörper: *Form* NS *Herstellung* Pressen

Biegefestigkeit	N/mm²	60–80	*E-Modul*	N/mm²	10000–11000

Druckversuch 23°C UNIPLAST 369
Probekörper: *Form* Wuerfel 1 cm *Herstellung* Pressen

Druckfestigkeit	N/mm²	160	*Stauchung*	%

Härte 23 °C *Probekörper:* *Herstellung*

Kugeldruckhärte N/mm² bei N, s

Schlagversuch *Probekörper:* *(1)*
(2)

		°C	°C	°C	*Herstellung* *Probekörper-Form*
Schlagzähigkeit	kJ/m^2				
Kerbschlagzähigkeit (1)	kJ/m^2				
IZOD-Kerbschlagzähigkeit (2)	J/m				

Abrieb und Reibung

Taber-Abrieb (Reibradverfahren)	mm^3/100 U		
Statische Reibungszahl			
Dynamische Reibungszahl	(p·v=	N/mm^2·	m/min)
Zulässiger p · v Wert	N/mm^2 · (m/min)	v=	m/min
		v=	m/min

Thermische Eigenschaften

Formbeständigkeit in der Wärme	*Verfahren* A		≧200 °C
	Verfahren		°C
Formbeständigkeit Martens			°C
Längenausdehnungskoeffizient	*Bereich*	°C	$\cdot 10^{-4}K^{-1}$
	Temperatur 23 °C		$0.2 \cdot 10^{-4}K^{-1}$
Wärmeleitfähigkeit	*Verfahren*		W/(K · m)
Spezifische Wärmekapazität	*Verfahren*		J/(K · g)

Brandverhalten

UL-Test vertikal Dicke 1.6 mm, Wert V-0
Dicke mm, Wert

	Norm	*Bewertung*	*Abmessungen*
Sauerstoff-Index	ASTM D 2863		
Glühstab-Verfahren			
Brandverhalten	DIN 4102		
MVSS			
FAR			

Elektrische Eigenschaften

		Hz	°C			*Probekörper, Form*
Dielektrizitätszahl		50				
		10^3				
		10^6				
Dielektrischer Verlustfaktor tan δ		50				
		10^3				
		10^6				
Spezifischer Durchgangswiderstand	Ohm · cm					
Durchschlagfestigkeit	kV/mm		23	15		1 mm dick
Oberflächenwiderstand	Ohm					
Kriechstromfestigkeit		KC		KB	KA	
Kriechwegbildung						
Elektrolytische Korrosionswirkung						
Lichtbogenfestigkeit nach DIN						
nach ASTM	s	120–150				

Beständigkeit *(Chemische Beständigkeit siehe Anhang)*

Wasseraufnahme 23 C ≦0.15 %

Feuchtigkeitsaufnahme Normalklima %
Wetterbeständigkeit

Produktklasse	Polyesterharz-Formmasse		**UP**
Handelsname	**Bimoco FRLS; Reihe von 8500 bis 8599**		
Hersteller	DSMITALIA		
DIN-Bezeichnung			
ISO-Bezeichnung			
Harzbasis	Ungesaettigter Polyester		
Zusätze		*Füllstoffe/ Verstärkung*	Glasfasern von 3 bis 25 mm und Mineral
Bevorzugte Verarbeitung	Pressen; Spritzpressen; Spritzgiessen	*Lieferform*	BMC; Rollen und Stricke
		Farben	Natur; Standard
Besondere Merkmale	Schwindungsarm; Gute mechanische Eigenschaften	*Bevorzugte Anwendungen*	Allgemeine Anwendungen; Bedarfsartikel; Technisches Formteil

Dichte	g/cm^3	1.80–1.90	*Dosierbarkeit*	
Schüttdichte	g/cm^3		*Tablettierbarkeit*	
Fließeinstellung			*Lagerung*	Unter 18 C 2 Monate

Verarbeitungsbedingungen für Pressen			**Verarbeitungsbedingungen für Spritzgießen**	
			Zylindertemperatur	°C
			Düsentemperatur	°C
			Massetemp.	°C
Werkzeugtemperatur	°C		*Werkzeugtemp.*	°C
Pressdruck	bar		*Spritzdruck*	bar
Härtezeit je mm	s		*Härtezeit*	s
Schwindung	%	0.10–0.20	*Schwindung*	%
Nachschwindung	%		*Nachschwindung*	%
Bemerkungen			*Bemerkungen*	

Zugversuch 23 °C UNI EN 61;
Probekörper: *Form* Nr 3 *Herstellung* Pressen

Zugfestigkeit	N/mm^2	35–40	*E-Modul*	N/mm^2	9000–10000
Reißdehnung	%		*Zeitstandzugfestigkeit*	h N/mm^2	

Biegeversuch 23 °C UNI EN 63;
Probekörper: *Form* NS *Herstellung* Pressen

Biegefestigkeit	N/mm^2	80–100	*E-Modul*	N/mm^2	10000–11000

Druckversuch 23°C UNIPLAST 369
Probekörper: *Form* Wuerfel 1 cm *Herstellung* Pressen

Druckfestigkeit	N/mm^2	160	*Stauchung*	%

Härte 23 °C *Probekörper:* *Herstellung*

Kugeldruckhärte N/mm^2 bei N, s

Schlagversuch *Probekörper:* *(1)*
(2) *Herstellung*

	°C	°C	°C	*Probekörper-Form*
Schlagzähigkeit kJ/m²				
Kerbschlagzähigkeit (1) kJ/m²				
IZOD-Kerbschlag-zähigkeit (2) J/m				

Abrieb und Reibung

Taber-Abrieb (Reibradverfahren) mm³/100 U
Statische Reibungszahl
Dynamische Reibungszahl (p·v= N/mm²· m/min)
Zulässiger p · v Wert N/mm² · (m/min) v= m/min
v= m/min

Thermische Eigenschaften

Formbeständigkeit in der Wärme	*Verfahren* A		≧200 °C
	Verfahren		°C
Formbeständigkeit Martens			°C
Längenausdehnungskoeffizient	*Bereich*	°C	$\cdot 10^{-4} K^{-1}$
	Temperatur 23 °C		$0.2 \cdot 10^{-4} K^{-1}$
Wärmeleitfähigkeit	*Verfahren*		W/(K · m)
Spezifische Wärmekapazität	*Verfahren*		J/(K · g)

Brandverhalten

UL-Test vertikal Dicke 1.6 mm, Wert V-0
Dicke mm, Wert

	Norm	*Bewertung*	*Abmessungen*
Sauerstoff-Index	ASTM D 2863		
Glühstab-Verfahren			
Brandverhalten	DIN 4102		
MVSS			
FAR			

Elektrische Eigenschaften

		Hz	°C		*Probekörper, Form*
Dielektrizitätszahl		50			
		10^3			
		10^6			
Dielektrischer Verlustfaktor tan δ		50			
		10^3			
		10^6			
Spezifischer Durchgangs-widerstand	Ohm · cm				
Durchschlagfestigkeit	kV/mm		23	15	1 mm dick
Oberflächenwiderstand	Ohm				

Kriechstromfestigkeit KC KB KA
Kriechwegbildung

Elektrolytische Korrosionswirkung
Lichtbogenfestigkeit nach DIN
nach ASTM s 120–150

Beständigkeit *(Chemische Beständigkeit siehe Anhang)*

Wasseraufnahme 23 C ≦0.15 %

Feuchtigkeitsaufnahme Normalklima %
Wetterbeständigkeit

Produktklasse	Polyesterharz-Formmasse		**UP**
Handelsname	**Bimoco FRLP; Reihe von 8600 bis 8699**		
Hersteller	DSMITALIA		
DIN-Bezeichnung *ISO-Bezeichnung*			
Harzbasis	Ungesaettigter Polyester		
Zusätze		*Füllstoffe/ Verstärkung*	Glasfasern von 3 bis 25 mm und Mineral
Bevorzugte Verarbeitung	Pressen; Spritzpressen; Spritzgiessen	*Lieferform*	BMC; Rollen und Stricke
		Farben	Natur; Standard
Besondere Merkmale	Low Profile-Typ; Ausgezeichnetes Fliessverhalten	*Bevorzugte Anwendungen*	Allgemeine Anwendungen; Bedarfsartikel; Technisches Formteil

Dichte	g/cm³	1.80–1.90	*Dosierbarkeit*	
Schüttdichte	g/cm³		*Tablettierbarkeit*	
Fließeinstellung			*Lagerung*	Unter 18 C 2 Monate

Verarbeitungsbedingungen für Pressen

Werkzeugtemperatur	°C	
Pressdruck	bar	
Härtezeit je mm	s	
Schwindung	%	0.00–0.08
Nachschwindung	%	
Bemerkungen		

Verarbeitungsbedingungen für Spritzgießen

Zylindertemperatur	°C	
Düsentemperatur	°C	
Massetemp.	°C	
Werkzeugtemp.	°C	
Spritzdruck	bar	
Härtezeit	s	
Schwindung	%	
Nachschwindung	%	
Bemerkungen		

Zugversuch 23 °C UNI EN 61;
Probekörper: *Form* Nr 3 *Herstellung* Pressen

Zugfestigkeit	N/mm²	30–35	*E-Modul*	N/mm²	9000–10000
Reißdehnung	%		*Zeitstandzugfestigkeit*	h N/mm²	

Biegeversuch 23 °C UNI EN 63;
Probekörper: *Form* NS *Herstellung* Pressen

Biegefestigkeit	N/mm²	60–80	*E-Modul*	N/mm²	10000–11000

Druckversuch 23°C UNIPLAST 369
Probekörper: *Form* Wuerfel 1 cm *Herstellung* Pressen

Druckfestigkeit	N/mm²	160	*Stauchung*	%

Härte 23 °C *Probekörper:* *Herstellung*

Kugeldruckhärte N/mm² bei N, s

Schlagversuch *Probekörper: (1)*
(2)

		°C	°C	°C	*Probekörper-Form*
Schlagzähigkeit	kJ/m²				
Kerbschlagzähigkeit (1)	kJ/m²				
IZOD-Kerbschlagzähigkeit (2)	J/m				

Herstellung

Abrieb und Reibung

Taber-Abrieb (Reibradverfahren) mm³/100 U
Statische Reibungszahl
Dynamische Reibungszahl (p·v= N/mm²· m/min)
Zulässiger p · v Wert N/mm² · (m/min) v= m/min
v= m/min

Thermische Eigenschaften

Formbeständigkeit in der Wärme	*Verfahren* A		≧200 °C
	Verfahren		°C
Formbeständigkeit Martens			°C
Längenausdehnungskoeffizient	*Bereich*	°C	$\cdot 10^{-4}K^{-1}$
	Temperatur 23 °C		$0.2 \cdot 10^{-4}K^{-1}$
Wärmeleitfähigkeit	*Verfahren*		W/(K · m)
Spezifische Wärmekapazität	*Verfahren*		J/(K · g)

Brandverhalten

UL-Test vertikal Dicke 1.6 mm, Wert V-0
Dicke mm, Wert

	Norm	*Bewertung*	*Abmessungen*
Sauerstoff-Index	ASTM D 2863		
Glühstab-Verfahren			
Brandverhalten	DIN 4102		
MVSS			
FAR			

Elektrische Eigenschaften

		Hz	°C			*Probekörper, Form*
Dielektrizitätszahl		50				
		10^3				
		10^6				
Dielektrischer Verlustfaktor tan δ		50				
		10^3				
		10^6				
Spezifischer Durchgangswiderstand	Ohm · cm					
Durchschlagfestigkeit	kV/mm		23	15		1 mm dick
Oberflächenwiderstand	Ohm					
Kriechstromfestigkeit		KC		KB	KA	
Kriechwegbildung						

Elektrolytische Korrosionswirkung
Lichtbogenfestigkeit nach DIN
nach ASTM s 120–150

Beständigkeit *(Chemische Beständigkeit siehe Anhang)*

Wasseraufnahme 23 C ≦0.15 %

Feuchtigkeitsaufnahme Normalklima %
Wetterbeständigkeit

Produktklasse	Polyesterharz-Formmasse		**UP**
Handelsname	**Bimoco FRLP; Reihe von 8700 bis 8799**		
Hersteller	DSMITALIA		
DIN-Bezeichnung			
ISO-Bezeichnung			
Harzbasis	Ungesaettigter Polyester		
Zusätze		*Füllstoffe/ Verstärkung*	Glasfasern von 3 bis 25 mm und Mineral
Bevorzugte Verarbeitung	Pressen; Spritzpressen; Spritzgiessen	*Lieferform*	BMC; Rollen und Stricke
		Farben	Natur; Standard
Besondere Merkmale	Low Profile-Typ; Gute mechanische Eigenschaften	*Bevorzugte Anwendungen*	Allgemeine Anwendungen; Bedarfsartikel; Technisches Formteil

Dichte	g/cm^3	1.80–1.90	*Dosierbarkeit*	
Schüttdichte	g/cm^3		*Tablettierbarkeit*	
Fließeinstellung			*Lagerung*	Unter 18 C 2 Monate

Verarbeitungsbedingungen für Pressen

Werkzeugtemperatur	°C	
Pressdruck	bar	
Härtezeit je mm	s	
Schwindung	%	0.00–0.08
Nachschwindung	%	
Bemerkungen		

Verarbeitungsbedingungen für Spritzgießen

Zylindertemperatur	°C	
Düsentemperatur	°C	
Massetemp.	°C	
Werkzeugtemp.	°C	
Spritzdruck	bar	
Härtezeit	s	
Schwindung	%	
Nachschwindung	%	
Bemerkungen		

Zugversuch 23 °C UNI EN 61;
Probekörper: *Form* Nr 3 *Herstellung* Pressen

Zugfestigkeit	N/mm^2	35–40	*E-Modul*	N/mm^2	9000–10000
Reißdehnung	%		*Zeitstandzugfestigkeit*	h N/mm^2	

Biegeversuch 23 °C UNI EN 63;
Probekörper: *Form* NS *Herstellung* Pressen

Biegefestigkeit	N/mm^2	80–100	*E-Modul*	N/mm^2	10000–11000

Druckversuch 23 °C UNIPLAST 369
Probekörper: *Form* Wuerfel 1 cm *Herstellung* Pressen

Druckfestigkeit	N/mm^2	160	*Stauchung*	%	

Härte 23 °C *Probekörper:* *Herstellung*

Kugeldruckhärte N/mm^2 bei N, s

Schlagversuch *Probekörper: (1)*
(2)

		°C	°C	°C	*Herstellung*	*Probekörper-Form*
Schlagzähigkeit	kJ/m^2					
Kerbschlagzähigkeit (1)	kJ/m^2					
IZOD-Kerbschlag-zähigkeit (2)	J/m					

Abrieb und Reibung

Taber-Abrieb (Reibradverfahren)	mm^3/100 U
Statische Reibungszahl	
Dynamische Reibungszahl	(p·v= N/mm^2 · m/min)
Zulässiger p · v Wert	N/mm^2 · (m/min) v= m/min
	v= m/min

Thermische Eigenschaften

Formbeständigkeit in der Wärme	*Verfahren* A		≧200 °C
	Verfahren		°C
Formbeständigkeit Martens			°C
Längenausdehnungskoeffizient	*Bereich*	°C	$\cdot 10^{-4}K^{-1}$
	Temperatur 23 °C		$0.2 \cdot 10^{-4}K^{-1}$
Wärmeleitfähigkeit	*Verfahren*		W/(K · m)
Spezifische Wärmekapazität	*Verfahren*		J/(K · g)

Brandverhalten

UL-Test vertikal Dicke 1.6 mm, Wert V-0
Dicke mm, Wert

	Norm	*Bewertung*	*Abmessungen*
Sauerstoff-Index	ASTM D 2863		
Glühstab-Verfahren			
Brandverhalten	DIN 4102		
MVSS			
FAR			

Elektrische Eigenschaften

		Hz	°C			*Probekörper, Form*
Dielektrizitätszahl		50				
		10^3				
		10^6				
Dielektrischer Verlustfaktor tan δ		50				
		10^3				
		10^6				
Spezifischer Durchgangs-widerstand	Ohm · cm					
Durchschlagfestigkeit	kV/mm		23	15		1 mm dick
Oberflächenwiderstand	Ohm					
Kriechstromfestigkeit		KC		KB	KA	
Kriechwegbildung						
Elektrolytische Korrosionswirkung						
Lichtbogenfestigkeit nach DIN						
nach ASTM	s	120–150				

Beständigkeit *(Chemische Beständigkeit siehe Anhang)*

Wasseraufnahme 23 C ≦0.15 %

Feuchtigkeitsaufnahme Normalklima %
Wetterbeständigkeit

UP

Produktklasse	Polyesterharz-Formmasse		
Handelsname	**Bimoco CR; Reihe von 8800 bis 8849**		
Hersteller	DSMITALIA		
DIN-Bezeichnung *ISO-Bezeichnung*			
Harzbasis	Ungesaettigter Polyester		
Zusätze		*Füllstoffe/ Verstärkung*	Glasfasern von 3 bis 25 mm und Mineral
Bevorzugte Verarbeitung	Pressen; Spritzpressen; Spritzgiessen	*Lieferform*	BMC; Rollen und Stricke
		Farben	Natur; Standard
Besondere Merkmale	Gute chemische Bestaendigkeit; Gute mechanische Eigenschaften; Ausgezeichnetes Fliessverhalten	*Bevorzugte Anwendungen*	Allgemeine Anwendungen; Bedarfsartikel; Technisches Formteil

Dichte	g/cm³	1.80–1.85	*Dosierbarkeit*	
Schüttdichte	g/cm³		*Tablettierbarkeit*	
Fließeinstellung			*Lagerung*	Unter 18 C 2 Monate

Verarbeitungsbedingungen für Pressen

Werkzeugtemperatur	°C	
Pressdruck	bar	
Härtezeit je mm	s	
Schwindung	%	0.20–0.30
Nachschwindung	%	
Bemerkungen		

Verarbeitungsbedingungen für Spritzgießen

Zylindertemperatur	°C	
Düsentemperatur	°C	
Massetemp.	°C	
Werkzeugtemp.	°C	
Spritzdruck	bar	
Härtezeit	s	
Schwindung	%	
Nachschwindung	%	
Bemerkungen		

Zugversuch 23 °C UNI EN 61;
Probekörper: *Form* Nr 3 *Herstellung* Pressen

Zugfestigkeit	N/mm²	30–35	*E-Modul*	N/mm²	9000–10000
Reißdehnung	%		*Zeitstandzugfestigkeit*	h N/mm²	

Biegeversuch 23 °C UNI EN 63;
Probekörper: *Form* NS *Herstellung* Pressen

Biegefestigkeit	N/mm²	60–80	*E-Modul*	N/mm²	10000–11000

Druckversuch 23°C UNIPLAST 369
Probekörper: *Form* Wuerfel 1 cm *Herstellung* Pressen

Druckfestigkeit	N/mm²	160	*Stauchung*	%

Härte 23 °C *Probekörper:* *Herstellung*

Kugeldruckhärte N/mm² bei N, s

Schlagversuch *Probekörper: (1)* *(2)* *Herstellung*

		°C	°C	°C	*Probekörper-Form*
Schlagzähigkeit	kJ/m²				
Kerbschlagzähigkeit (1)	kJ/m²				
IZOD-Kerbschlag-zähigkeit (2)	J/m				

Abrieb und Reibung

Taber-Abrieb (Reibradverfahren)	mm^3/100 U	
Statische Reibungszahl		
Dynamische Reibungszahl	(p·v= N/mm²	m/min)
Zulässiger p · v Wert	N/mm² · (m/min) v=	m/min
	v=	m/min

Thermische Eigenschaften

Formbeständigkeit in der Wärme	*Verfahren* A		≧200 °C
	Verfahren		°C
Formbeständigkeit Martens			°C
Längenausdehnungskoeffizient	*Bereich*	°C	$\cdot 10^{-4}K^{-1}$
	Temperatur 23 °C		$0.2 \cdot 10^{-4}K^{-1}$
Wärmeleitfähigkeit	*Verfahren*		W/(K · m)
Spezifische Wärmekapazität	*Verfahren*		J/(K · g)

Brandverhalten

UL-Test vertikal Dicke mm, Wert
Dicke mm, Wert

	Norm	*Bewertung*	*Abmessungen*
Sauerstoff-Index	ASTM D 2863		
Glühstab-Verfahren			
Brandverhalten	DIN 4102		
MVSS			
FAR			

Elektrische Eigenschaften

		Hz	°C		*Probekörper, Form*
Dielektrizitätszahl		50			
		10^3			
		10^6			
Dielektrischer Verlustfaktor tan δ		50			
		10^3			
		10^6			
Spezifischer Durchgangs-widerstand	Ohm · cm				
Durchschlagfestigkeit	kV/mm				mm dick
Oberflächenwiderstand	Ohm				
Kriechstromfestigkeit		KC	KB	KA	
Kriechwegbildung					
Elektrolytische Korrosionswirkung					
Lichtbogenfestigkeit nach DIN					
nach ASTM	s				

Beständigkeit *(Chemische Beständigkeit siehe Anhang)*

Wasseraufnahme 23 C ≦0.15 %

Feuchtigkeitsaufnahme Normalklima %

Wetterbeständigkeit

Produktklasse	Polyesterharz-Formmasse		**UP**
Handelsname	**Bimoco CR; Reihe von 8850 bis 8899**		
Hersteller	DSMITALIA		
DIN-Bezeichnung			
ISO-Bezeichnung			
Harzbasis	Ungesaettigter Polyester		
Zusätze		*Füllstoffe/ Verstärkung*	Glasfasern von 3 bis 25 mm und Mineral
Bevorzugte Verarbeitung	Pressen; Spritzpressen; Spritzgiessen	*Lieferform*	BMC; Rollen und Stricke
		Farben	Natur; Standard
Besondere Merkmale	Gute chemische Bestaendigkeit; Gute mechanische Eigenschaften; Ausgezeichnetes Fliessverhalten	*Bevorzugte Anwendungen*	Allgemeine Anwendungen; Bedarfsartikel; Technisches Formteil

Dichte	g/cm³	1.80–1.90	*Dosierbarkeit*	
Schüttdichte	g/cm³		*Tablettierbarkeit*	
Fließeinstellung			*Lagerung*	Unter 18 C 2 Monate

Verarbeitungsbedingungen für Pressen

Werkzeugtemperatur	°C	
Pressdruck	bar	
Härtezeit je mm	s	
Schwindung	%	0.20–0.30
Nachschwindung	%	
Bemerkungen		

Verarbeitungsbedingungen für Spritzgießen

Zylindertemperatur	°C	
Düsentemperatur	°C	
Massetemp.	°C	
Werkzeugtemp.	°C	
Spritzdruck	bar	
Härtezeit	s	
Schwindung	%	
Nachschwindung	%	
Bemerkungen		

Zugversuch 23 °C UNI EN 61;
Probekörper: *Form* Nr 3 *Herstellung* Pressen

Zugfestigkeit	N/mm²	35–40	*E-Modul*	N/mm²	9000–10000
Reißdehnung	%		*Zeitstandzugfestigkeit*	h N/mm²	

Biegeversuch 23 °C UNI EN 63;
Probekörper: *Form* NS *Herstellung* Pressen

Biegefestigkeit	N/mm²	80–100	*E-Modul*	N/mm²	10000–11000

Druckversuch 23 °C UNIPLAST 369
Probekörper: *Form* Wuerfel 1 cm *Herstellung* Pressen

Druckfestigkeit	N/mm²	160	*Stauchung*	%

Härte 23 °C *Probekörper:* *Herstellung*

Kugeldruckhärte N/mm² bei N, s

Schlagversuch *Probekörper:* *(1)*
(2) *Herstellung*

		°C	°C	°C	*Probekörper-Form*
Schlagzähigkeit	kJ/m^2				
Kerbschlagzähigkeit (1)	kJ/m^2				
IZOD-Kerbschlag-zähigkeit (2)	J/m				

Abrieb und Reibung

Taber-Abrieb (Reibradverfahren)	mm^3/100 U
Statische Reibungszahl	
Dynamische Reibungszahl	(p·v= N/mm^2· m/min)
Zulässiger p · v Wert	N/mm^2·(m/min) v= m/min
	v= m/min

Thermische Eigenschaften

Formbeständigkeit in der Wärme	*Verfahren* A		≧200 °C
	Verfahren		°C
Formbeständigkeit Martens			°C
Längenausdehnungskoeffizient	*Bereich*	°C	$\cdot 10^{-4}K^{-1}$
	Temperatur 23 °C		$0.2 \cdot 10^{-4}K^{-1}$
Wärmeleitfähigkeit	*Verfahren*		W/(K · m)
Spezifische Wärmekapazität	*Verfahren*		J/(K · g)

Brandverhalten

UL-Test vertikal Dicke mm, Wert
Dicke mm, Wert

	Norm	*Bewertung*	*Abmessungen*
Sauerstoff-Index	ASTM D 2863		
Glühstab-Verfahren			
Brandverhalten	DIN 4102		
MVSS			
FAR			

Elektrische Eigenschaften

		Hz	°C		*Probekörper, Form*
Dielektrizitätszahl		50			
		10^3			
		10^6			
Dielektrischer Verlustfaktor tan δ		50			
		10^3			
		10^6			
Spezifischer Durchgangs-widerstand	Ohm · cm				
Durchschlagfestigkeit	kV/mm				mm dick
Oberflächenwiderstand	Ohm				
Kriechstromfestigkeit		KC	KB	KA	
Kriechwegbildung					
Elektrolytische Korrosionswirkung					
Lichtbogenfestigkeit nach DIN					
nach ASTM	s				

Beständigkeit *(Chemische Beständigkeit siehe Anhang)*

Wasseraufnahme 23 C ≦0.15 %

Feuchtigkeitsaufnahme Normalklima %
Wetterbeständigkeit

Produktklasse	Polyesterharz-Formmasse		**UP**
Handelsname	**Bimoco CRFR; Reihe von 8900 bis 8924**		
Hersteller	DSMITALIA		
DIN-Bezeichnung			
ISO-Bezeichnung			
Harzbasis	Ungesaettigter Polyester		
Zusätze		*Füllstoffe/ Verstärkung*	Glasfasern von 3 bis 25 mm und Mineral
Bevorzugte Verarbeitung	Pressen; Spritzpressen; Spritzgiessen	*Lieferform*	BMC; Rollen und Stricke
		Farben	Natur; Standard
Besondere Merkmale	Gute chemische Bestaendigkeit; Ausgezeichnetes Fliessverhalten	*Bevorzugte Anwendungen*	Allgemeine Anwendungen; Bedarfsartikel; Technisches Formteil

Dichte	g/cm³	1.80–1.90	*Dosierbarkeit*	
Schüttdichte	g/cm³		*Tablettierbarkeit*	
Fließeinstellung			*Lagerung*	Unter 18 C 2 Monate

Verarbeitungsbedingungen für Pressen

Werkzeugtemperatur	°C	
Pressdruck	bar	
Härtezeit je mm	s	
Schwindung	%	0.20–0.30
Nachschwindung	%	
Bemerkungen		

Verarbeitungsbedingungen für Spritzgießen

Zylindertemperatur	°C	
Düsentemperatur	°C	
Massetemp.	°C	
Werkzeugtemp.	°C	
Spritzdruck	bar	
Härtezeit	s	
Schwindung	%	
Nachschwindung	%	
Bemerkungen		

Zugversuch 23 °C UNI EN 61;
Probekörper: *Form* Nr 3 *Herstellung* Pressen

Zugfestigkeit	N/mm²	30–35	*E-Modul*	N/mm²	9000–10000
Reißdehnung	%		*Zeitstandzugfestigkeit*	h N/mm²	

Biegeversuch 23 °C UNI EN 63;
Probekörper: *Form* NS *Herstellung* Pressen

Biegefestigkeit	N/mm²	60–80	*E-Modul*	N/mm²	10000–11000

Druckversuch 23°C UNIPLAST 369
Probekörper: *Form* Wuerfel 1 cm *Herstellung* Pressen

Druckfestigkeit	N/mm²	160	*Stauchung*	%

Härte 23 °C *Probekörper:* *Herstellung*

Kugeldruckhärte N/mm² bei N, s

Schlagversuch *Probekörper:* *(1)*
(2)

		°C	°C	°C *Herstellung*	*Probekörper-Form*
Schlagzähigkeit	kJ/m²				
Kerbschlagzähigkeit (1)	kJ/m²				
IZOD-Kerbschlagzähigkeit (2)	J/m				

Abrieb und Reibung

Taber-Abrieb (Reibradverfahren) mm³/100 U
Statische Reibungszahl
Dynamische Reibungszahl (p·v= N/mm² · m/min)
Zulässiger p · v Wert N/mm² · (m/min) v= m/min
v= m/min

Thermische Eigenschaften

Formbeständigkeit in der Wärme	*Verfahren* A	≧200 °C
	Verfahren	°C
Formbeständigkeit Martens		°C
Längenausdehnungskoeffizient	*Bereich* °C	$\cdot 10^{-4}K^{-1}$
	Temperatur 23 °C	$0.2 \cdot 10^{-4}K^{-1}$
Wärmeleitfähigkeit	*Verfahren*	W/(K · m)
Spezifische Wärmekapazität	*Verfahren*	J/(K · g)

Brandverhalten

UL-Test vertikal Dicke 1.6 mm, Wert V-0
Dicke mm, Wert

	Norm	*Bewertung*	*Abmessungen*
Sauerstoff-Index	ASTM D 2863		
Glühstab-Verfahren			
Brandverhalten	DIN 4102		
MVSS			
FAR			

Elektrische Eigenschaften

		Hz	°C		*Probekörper, Form*
Dielektrizitätszahl		50			
		10^3			
		10^6			
Dielektrischer Verlustfaktor tan δ		50			
		10^3			
		10^6			
Spezifischer Durchgangswiderstand	Ohm · cm				
Durchschlagfestigkeit	kV/mm		23	15	1 mm dick
Oberflächenwiderstand	Ohm				

Kriechstromfestigkeit KC KB KA
Kriechwegbildung

Elektrolytische Korrosionswirkung
Lichtbogenfestigkeit nach DIN
nach ASTM s 120–150

Beständigkeit *(Chemische Beständigkeit siehe Anhang)*

Wasseraufnahme 23 C ≦0.15 %

Feuchtigkeitsaufnahme Normalklima %
Wetterbeständigkeit

Produktklasse	Polyesterharz-Formmasse		**UP**
Handelsname	**Bimoco CRFR; Reihe von 8925 bis 8949**		
Hersteller	DSMITALIA		
DIN-Bezeichnung			
ISO-Bezeichnung			
Harzbasis	Ungesaettigter Polyester		
Zusätze		*Füllstoffe/ Verstärkung*	Glasfasern von 3 bis 25 mm und Mineral
Bevorzugte Verarbeitung	Pressen; Spritzpressen; Spritzgiessen	*Lieferform*	BMC; Rollen und Stricke
		Farben	Natur; Standard
Besondere Merkmale	Gute chemische Bestaendigkeit; Gute mechanische Eigenschaften	*Bevorzugte Anwendungen*	Allgemeine Anwendungen; Bedarfsartikel; Technisches Formteil

Dichte	g/cm³	1.80–1.95	*Dosierbarkeit*	
Schüttdichte	g/cm³		*Tablettierbarkeit*	
Fließeinstellung			*Lagerung*	Unter 18 C 2 Monate

Verarbeitungsbedingungen für Pressen

Werkzeugtemperatur	°C	
Pressdruck	bar	
Härtezeit je mm	s	
Schwindung	%	0.20–0.30
Nachschwindung	%	
Bemerkungen		

Verarbeitungsbedingungen für Spritzgießen

Zylindertemperatur	°C	
Düsentemperatur	°C	
Massetemp.	°C	
Werkzeugtemp.	°C	
Spritzdruck	bar	
Härtezeit	s	
Schwindung	%	
Nachschwindung	%	
Bemerkungen		

Zugversuch 23 °C UNI EN 61;
Probekörper: *Form* Nr 3 *Herstellung* Pressen

Zugfestigkeit	N/mm²	30–40	*E-Modul*	N/mm²	9000–10000
Reißdehnung	%		*Zeitstandzugfestigkeit*	h N/mm²	

Biegeversuch 23 °C UNI EN 63;
Probekörper: *Form* NS *Herstellung* Pressen

Biegefestigkeit	N/mm²	80–100	*E-Modul*	N/mm²	10000–11000

Druckversuch 23 °C UNIPLAST 369
Probekörper: *Form* Wuerfel 1 cm *Herstellung* Pressen

Druckfestigkeit	N/mm²	160	*Stauchung*	%

Härte 23 °C *Probekörper:* *Herstellung*

Kugeldruckhärte N/mm² bei N, s

Schlagversuch *Probekörper: (1)*
(2)

		°C	°C	°C	*Herstellung* *Probekörper-Form*
Schlagzähigkeit	kJ/m²				
Kerbschlagzähigkeit (1)	kJ/m²				
IZOD-Kerbschlagzähigkeit (2)	J/m				

Abrieb und Reibung

Taber-Abrieb (Reibradverfahren)	mm³/100 U		
Statische Reibungszahl			
Dynamische Reibungszahl	(p · v= N/mm² ·		m/min)
Zulässiger p · v Wert	N/mm² · (m/min)	v=	m/min
		v=	m/min

Thermische Eigenschaften

Formbeständigkeit in der Wärme	*Verfahren* A		≧200 °C
	Verfahren		°C
Formbeständigkeit Martens			°C
Längenausdehnungskoeffizient	*Bereich*	°C	$\cdot 10^{-4}K^{-1}$
	Temperatur 23 °C		$0.2 \cdot 10^{-4}K^{-1}$
Wärmeleitfähigkeit	*Verfahren*		W/(K · m)
Spezifische Wärmekapazität	*Verfahren*		J/(K · g)

Brandverhalten

UL-Test vertikal	Dicke 1.6	mm, Wert V-0
	Dicke	mm, Wert

	Norm	*Bewertung*	*Abmessungen*
Sauerstoff-Index	ASTM D 2863		
Glühstab-Verfahren			
Brandverhalten	DIN 4102		
MVSS			
FAR			

Elektrische Eigenschaften

		Hz	°C			*Probekörper, Form*
Dielektrizitätszahl		50				
		10^3				
		10^6				
Dielektrischer Verlustfaktor tan δ		50				
		10^3				
		10^6				
Spezifischer Durchgangswiderstand	Ohm · cm					
Durchschlagfestigkeit	kV/mm		23	15		1 mm dick
Oberflächenwiderstand	Ohm					
Kriechstromfestigkeit		KC		KB	KA	
Kriechwegbildung						
Elektrolytische Korrosionswirkung						
Lichtbogenfestigkeit nach DIN						
nach ASTM	s	120–150				

Beständigkeit *(Chemische Beständigkeit siehe Anhang)*

Wasseraufnahme 23 C ≦0.15 %

Feuchtigkeitsaufnahme Normalklima %

Wetterbeständigkeit

Produktklasse	Polyesterharz-Formmasse		**UP**
Handelsname	**Bimoco CRLS; Reihe von 8950 bis 8974**		
Hersteller	DSMITALIA		
DIN-Bezeichnung			
ISO-Bezeichnung			
Harzbasis	Ungesaettigter Polyester		
Zusätze		*Füllstoffe/ Verstärkung*	Glasfasern von 3 bis 25 mm und Mineral
Bevorzugte Verarbeitung	Pressen; Spritzpressen; Spritzgiessen	*Lieferform*	BMC; Rollen und Stricke
		Farben	Natur; Standard
Besondere Merkmale	Gute chemische Bestaendigkeit; Schwindungsarm; Ausgezeichnetes Fliessverhalten	*Bevorzugte Anwendungen*	Allgemeine Anwendungen; Bedarfsartikel; Technisches Formteil

Dichte	g/cm³	1.80–1.90	*Dosierbarkeit*		
Schüttdichte	g/cm³		*Tablettierbarkeit*		
Fließeinstellung			*Lagerung*		Unter 18 C 2 Monate

Verarbeitungsbedingungen für Pressen

Werkzeugtemperatur	°C	
Pressdruck	bar	
Härtezeit je mm	s	
Schwindung	%	0.10–0.20
Nachschwindung	%	
Bemerkungen		

Verarbeitungsbedingungen für Spritzgießen

Zylindertemperatur	°C	
Düsentemperatur	°C	
Massetemp.	°C	
Werkzeugtemp.	°C	
Spritzdruck	bar	
Härtezeit	s	
Schwindung	%	
Nachschwindung	%	
Bemerkungen		

Zugversuch 23 °C UNI EN 61;
Probekörper: *Form* Nr 3 *Herstellung* Pressen

Zugfestigkeit	N/mm²	30–35	*E-Modul*	N/mm²	9000–11000
Reißdehnung	%		*Zeitstandzugfestigkeit*	h N/mm²	

Biegeversuch 23 °C UNI EN 63;
Probekörper: *Form* NS *Herstellung* Pressen

Biegefestigkeit	N/mm²	60–80	*E-Modul*	N/mm²	10000–11000

Druckversuch 23 °C UNIPLAST 369
Probekörper: *Form* Wuerfel 1 cm *Herstellung* Pressen

Druckfestigkeit	N/mm²	160	*Stauchung*	%	

Härte 23 °C *Probekörper:* *Herstellung*

Kugeldruckhärte N/mm² bei N, s

Schlagversuch *Probekörper:* *(1)*
(2) *Herstellung*

	°C	°C	°C	*Probekörper-Form*
Schlagzähigkeit kJ/m²				
Kerbschlagzähigkeit (1) kJ/m²				
IZOD-Kerbschlag-zähigkeit (2) J/m				

Abrieb und Reibung

Taber-Abrieb (Reibradverfahren) mm³/100 U
Statische Reibungszahl
Dynamische Reibungszahl (p·v= N/mm²· m/min)
Zulässiger p · v Wert N/mm² · (m/min) v= m/min
v= m/min

Thermische Eigenschaften

Formbeständigkeit in der Wärme	*Verfahren* A	≧200 °C
	Verfahren	°C
Formbeständigkeit Martens		°C
Längenausdehnungskoeffizient	*Bereich* °C	$\cdot 10^{-4}K^{-1}$
	Temperatur 23 °C	$0.2 \cdot 10^{-4}K^{-1}$
Wärmeleitfähigkeit	*Verfahren*	W/(K · m)
Spezifische Wärmekapazität	*Verfahren*	J/(K · g)

Brandverhalten

UL-Test vertikal Dicke mm, Wert
Dicke mm, Wert

	Norm	*Bewertung*	*Abmessungen*
Sauerstoff-Index	ASTM D 2863		
Glühstab-Verfahren			
Brandverhalten	DIN 4102		
MVSS			
FAR			

Elektrische Eigenschaften

	Hz	°C	*Probekörper, Form*
Dielektrizitätszahl	50		
	10^3		
	10^6		
Dielektrischer Verlustfaktor tan δ	50		
	10^3		
	10^6		
Spezifischer Durchgangswiderstand Ohm · cm			
Durchschlagfestigkeit kV/mm			mm dick
Oberflächenwiderstand Ohm			
Kriechstromfestigkeit	KC	KB	KA
Kriechwegbildung			
Elektrolytische Korrosionswirkung			
Lichtbogenfestigkeit nach DIN			
nach ASTM s			

Beständigkeit *(Chemische Beständigkeit siehe Anhang)*

Wasseraufnahme 23 C ≦0.15 %

Feuchtigkeitsaufnahme Normalklima %
Wetterbeständigkeit

Produktklasse	Polyesterharz-Formmasse		**UP**
Handelsname	**Bimoco CRLS; Reihe von 8975 bis 8999**		
Hersteller	DSMITALIA		
DIN-Bezeichnung			
ISO-Bezeichnung			
Harzbasis	Ungesaettigter Polyester		
Zusätze		*Füllstoffe/ Verstärkung*	Glasfasern von 3 bis 25 mm und Mineral
Bevorzugte Verarbeitung	Pressen; Spritzpressen; Spritzgiessen	*Lieferform*	BMC; Rollen und Stricke
		Farben	Natur; Standard
Besondere Merkmale	Gute chemische Bestaendigkeit; Gute mechanische Eigenschaften; Schwindungsarm	*Bevorzugte Anwendungen*	Allgemeine Anwendungen; Bedarfsartikel; Technisches Formteil

Dichte	g/cm^3	1.80–1.95	*Dosierbarkeit*	
Schüttdichte	g/cm^3		*Tablettierbarkeit*	
Fließeinstellung			*Lagerung*	Unter 18 C 2 Monate

Verarbeitungsbedingungen für Pressen

Werkzeugtemperatur	°C	
Pressdruck	bar	
Härtezeit je mm	s	
Schwindung	%	0.10–0.20
Nachschwindung	%	
Bemerkungen		

Verarbeitungsbedingungen für Spritzgießen

Zylindertemperatur	°C	
Düsentemperatur	°C	
Massetemp.	°C	
Werkzeugtemp.	°C	
Spritzdruck	bar	
Härtezeit	s	
Schwindung	%	
Nachschwindung	%	
Bemerkungen		

Zugversuch 23 °C UNI EN 61;
Probekörper: *Form* Nr 3 *Herstellung* Pressen

Zugfestigkeit	N/mm^2	30–40	*E-Modul*	N/mm^2	9000–11000
Reißdehnung	%		*Zeitstandzugfestigkeit*	h N/mm^2	

Biegeversuch 23 °C UNI EN 63;
Probekörper: *Form* NS *Herstellung* Pressen

Biegefestigkeit	N/mm^2	80–100	*E-Modul*	N/mm^2	10000–11000

Druckversuch 23 °C UNIPLAST 369
Probekörper: *Form* Wuerfel 1 cm *Herstellung* Pressen

Druckfestigkeit	N/mm^2	160	*Stauchung*	%

Härte 23 °C *Probekörper:* *Herstellung*

Kugeldruckhärte N/mm^2 bei N, s

Schlagversuch *Probekörper:* *(1)*
(2) *Herstellung*

		°C	°C	°C	*Probekörper-Form*
Schlagzähigkeit	kJ/m²				
Kerbschlagzähigkeit (1)	kJ/m²				
IZOD-Kerbschlag-zähigkeit (2)	J/m				

Abrieb und Reibung

Taber-Abrieb (Reibradverfahren)	mm³/100 U	
Statische Reibungszahl		
Dynamische Reibungszahl	(p·v= N/mm² · m/min)	
Zulässiger p · v Wert	N/mm² · (m/min)	v= m/min
		v= m/min

Thermische Eigenschaften

Formbeständigkeit in der Wärme	*Verfahren* A		≧200 °C
	Verfahren		°C
Formbeständigkeit Martens			°C
Längenausdehnungskoeffizient	*Bereich*	°C	$\cdot 10^{-4} K^{-1}$
	Temperatur 23 °C		$0.2 \cdot 10^{-4} K^{-1}$
Wärmeleitfähigkeit	*Verfahren*		W/(K · m)
Spezifische Wärmekapazität	*Verfahren*		J/(K · g)

Brandverhalten

UL-Test vertikal Dicke mm, Wert
Dicke mm, Wert

	Norm	*Bewertung*	*Abmessungen*
Sauerstoff-Index	ASTM D 2863		
Glühstab-Verfahren			
Brandverhalten	DIN 4102		
MVSS			
FAR			

Elektrische Eigenschaften

		Hz	°C		*Probekörper, Form*
Dielektrizitätszahl		50			
		10^3			
		10^6			
Dielektrischer Verlustfaktor tan δ		50			
		10^3			
		10^6			
Spezifischer Durchgangs-widerstand	Ohm · cm				
Durchschlagfestigkeit	kV/mm				mm dick
Oberflächenwiderstand	Ohm				
Kriechstromfestigkeit		KC	KB	KA	
Kriechwegbildung					
Elektrolytische Korrosionswirkung					
Lichtbogenfestigkeit nach DIN					
nach ASTM	s				

Beständigkeit *(Chemische Beständigkeit siehe Anhang)*

Wasseraufnahme 23 C ≦0.15 %

Feuchtigkeitsaufnahme Normalklima %
Wetterbeständigkeit

Produktklasse	Polyesterharz-Formmasse		**UP**
Handelsname	**Illandur UP 802**		
Hersteller	ILLING		
DIN-Bezeichnung	802 DIN 16911		
ISO-Bezeichnung			
Harzbasis	Ungesaettigtes Polyesterharz		
Zusätze		*Füllstoffe/ Verstärkung*	Glasfasern und Mineral
Bevorzugte Verarbeitung	Pressen; Spritzpressen; Spritgiessen	*Lieferform*	Granulat
		Farben	Standard; Sonderfarben
Besondere Merkmale	Gute mechanische Festigkeit; Hohe thermische Belastbarkeit; Sehr hohe Kriechstromfestigkeit; Gute elektrische Isoliereigenschaften; Styrolfrei	*Bevorzugte Anwendungen*	Elektrotechnik; Elektronik; Kfz-Elektrik; Installationstechnik; Leuchtengehaeuse; Herdleiste

Dichte	g/cm³	1.7–1.9	*Dosierbarkeit*	
Schüttdichte	g/cm³	0.8–0.9	*Tablettierbarkeit*	
Fließeinstellung			*Lagerung*	10 bis 20 C; Trocken; Mindestens 6 Monate

Verarbeitungsbedingungen für Pressen

Werkzeugtemperatur	°C	160–180
Pressdruck	bar	≧100
Härtezeit je mm	s	≧10
Schwindung	%	0.4–0.7
Nachschwindung	%	≦0.1
Bemerkungen		

Verarbeitungsbedingungen für Spritzgießen

Zylindertemperatur	°C	50–100
Düsentemperatur	°C	
Massetemp.	°C	
Werkzeugtemp.	°C	155–180
Spritzdruck	bar	≧400
Härtezeit	s	
Schwindung	%	
Nachschwindung	%	
Bemerkungen		

Zugversuch 23 °C DIN 53455;
Probekörper: *Form* Nr 3 *Herstellung* Pressen

Zugfestigkeit	N/mm² 30	*E-Modul*		N/mm²
Reißdehnung	%	*Zeitstandzugfestigkeit*	h	N/mm²

Biegeversuch 23 °C DIN 53452; DIN 53457
Probekörper: *Form* 80 x 10 x 4 mm *Herstellung* Pressen

Biegefestigkeit	N/mm² 55	*E-Modul*	N/mm² 7000

Druckversuch 23°C
Probekörper: *Form* *Herstellung*

Druckfestigkeit	N/mm²	*Stauchung*	%

Härte 23 °C *Probekörper:* *Herstellung* Pressen

Kugeldruckhärte N/mm² 270 bei N, s

Schlagversuch *Probekörper:* *(1)* U-Kerbe *(2)* *Herstellung* Pressen

		°C		°C	°C	*Probekörper-Form*
Schlagzähigkeit	kJ/m^2	23	4.5			NS
Kerbschlagzähigkeit (1)	kJ/m^2	23	3			
IZOD-Kerbschlagzähigkeit (2)	J/m					

Abrieb und Reibung

Taber-Abrieb (Reibradverfahren) mm^3/100 U
Statische Reibungszahl
Dynamische Reibungszahl (p·v= N/mm^2 · m/min)
Zulässiger p · v Wert N/mm^2 · (m/min) v= m/min
v= m/min

Thermische Eigenschaften

Formbeständigkeit in der Wärme	*Verfahren*		°C
	Verfahren		°C
Formbeständigkeit Martens			140 °C
Längenausdehnungskoeffizient	*Bereich*	°C	$\cdot 10^{-4}K^{-1}$
	Temperatur		$\cdot 10^{-4}K^{-1}$
Wärmeleitfähigkeit	*Verfahren*		W/(K · m)
Spezifische Wärmekapazität	*Verfahren*		J/(K · g)

Brandverhalten

UL-Test vertikal Dicke mm, Wert
Dicke mm, Wert

	Norm	*Bewertung*	*Abmessungen*
Sauerstoff-Index	ASTM D 2863		
Glühstab-Verfahren	DIN 53459	2c	
Brandverhalten	DIN 4102		
MVSS			
FAR			

Elektrische Eigenschaften

		Hz	°C		*Probekörper, Form*
Dielektrizitätszahl		50			
		10^3			
		10^6			
Dielektrischer Verlustfaktor tan δ		50			
		10^3	23	0.03	
		10^6			
Spezifischer Durchgangswiderstand	Ohm · cm		23	1. *10**12	
Durchschlagfestigkeit	kV/mm		23	15	1 mm dick
Oberflächenwiderstand	Ohm		23	1. *10**10	

Kriechstromfestigkeit KC >600 KB KA
Kriechwegbildung

Elektrolytische Korrosionswirkung
Lichtbogenfestigkeit nach DIN
nach ASTM s

Beständigkeit *(Chemische Beständigkeit siehe Anhang)*

Wasseraufnahme 23 C 4 d 45 mg

Feuchtigkeitsaufnahme Normalklima %
Wetterbeständigkeit

UP

Produktklasse	Polyesterharz-Formmasse		
Handelsname	**Durodet-Prepreg HMS**		
Hersteller	FLACHGLAS		
DIN-Bezeichnung			
ISO-Bezeichnung			
Harzbasis	Ungesaettigter Polyester		
Zusätze		*Füllstoffe/ Verstärkung*	Glasmatte
Bevorzugte Verarbeitung	Pressen	*Lieferform*	Harzmatte
		Farben	
Besondere Merkmale	Ausgezeichnete Oberflaechenqualitaet; Hohe Fliessfaehigkeit; Sehr hohe Festigkeit; Gute elektrische Isolationseigenschaften; Gute Witterungsbestaendikeit	*Bevorzugte Anwendungen*	Fahrzeugbau; Elektrotechnik; Chemische Industrie; Keramische Industrie; Papierindustrie; Textilindustrie; Maschinenbau

---

Dichte	g/cm³	1.65–1.85	*Dosierbarkeit*	
Schüttdichte	g/cm³		*Tablettierbarkeit*	
Fließeinstellung			*Lagerung*	20 bis 25 C 6 Monate

Verarbeitungsbedingungen für Pressen

Werkzeugtemperatur	°C	145–160
Pressdruck	bar	25–150
Härtezeit je mm	s	30–60
Schwindung	%	
Nachschwindung	%	
Bemerkungen	Gesamtschwindung 0.02 bis 0.08 % bei LP-Einstellung	

Verarbeitungsbedingungen für Spritzgießen

Zylindertemperatur	°C	
Düsentemperatur	°C	
Massetemp.	°C	
Werkzeugtemp.	°C	
Spritzdruck	bar	
Härtezeit	s	
Schwindung	%	
Nachschwindung	%	
Bemerkungen		

Zugversuch 23 °C

Probekörper: *Form* *Herstellung*

Zugfestigkeit	N/mm²	*E-Modul*	N/mm²
Reißdehnung	%	*Zeitstandzugfestigkeit*	h N/mm²

Biegeversuch 23 °C DIN 53452; DIN 53457

Probekörper: *Form* 80x10x4 mm *Herstellung* Pressen

Biegefestigkeit	N/mm² 110–130	*E-Modul*	N/mm² 10000–12000

Druckversuch 23°C

Probekörper: *Form* *Herstellung*

Druckfestigkeit	N/mm²	*Stauchung*	%

Härte 23 °C *Probekörper:* *Herstellung*

Kugeldruckhärte N/mm² bei N, s

Schlagversuch *Probekörper:* *(1)* U-Kerbe *(2)*

Herstellung Pressen

		°C		°C	°C	*Probekörper-Form*
Schlagzähigkeit	kJ/m²	23	60–80			NS
Kerbschlagzähigkeit (1)	kJ/m²	23	50–70			NS
IZOD-Kerbschlagzähigkeit (2)	J/m					

Abrieb und Reibung

Taber-Abrieb (Reibradverfahren) mm³/100 U
Statische Reibungszahl
Dynamische Reibungszahl (p·v= N/mm² · m/min)
Zulässiger p · v Wert N/mm² · (m/min) v= m/min
v= m/min

Thermische Eigenschaften

Formbeständigkeit in der Wärme	*Verfahren*		°C
	Verfahren		°C
Formbeständigkeit Martens			≧200 °C
Längenausdehnungskoeffizient	*Bereich*	°C	$\cdot 10^{-4}K^{-1}$
	Temperatur 23 °C		$0.25–0.30 \cdot 10^{-4}K^{-1}$
Wärmeleitfähigkeit	*Verfahren*		W/(K · m)
Spezifische Wärmekapazität	*Verfahren*		J/(K · g)

Brandverhalten

UL-Test vertikal Dicke mm, Wert
Dicke mm, Wert

	Norm	*Bewertung*	*Abmessungen*
Sauerstoff-Index	ASTM D 2863		
Glühstab-Verfahren	DIN 53459	2	120x10x4 mm
Brandverhalten	DIN 4102		
MVSS			
FAR			

Elektrische Eigenschaften

		Hz	°C		*Probekörper, Form*
Dielektrizitätszahl		50			
		10^3			
		10^6			
Dielektrischer Verlustfaktor tan δ		50			
		10^3	23	≦0.05	
		10^6			
Spezifischer Durchgangswiderstand	Ohm · cm		23	1. *10**15	
Durchschlagfestigkeit	kV/mm		23	20	1 mm dick
Oberflächenwiderstand	Ohm		23	1. *10**11–1. *10**13	

Kriechstromfestigkeit KC KB KA 3c
Kriechwegbildung

Elektrolytische Korrosionswirkung
Lichtbogenfestigkeit nach DIN
nach ASTM s

Beständigkeit *(Chemische Beständigkeit siehe Anhang)*

Wasseraufnahme 23 C 4 d ≦100 mg

Feuchtigkeitsaufnahme Normalklima %
Wetterbeständigkeit

Produktklasse	Polyesterharz-Formmasse		**UP**
Handelsname	**Durodet-Prepreg HMW**		
Hersteller	FLACHGLAS		
DIN-Bezeichnung *ISO-Bezeichnung*			
Harzbasis	Ungesaettigter Polyester		
Zusätze		*Füllstoffe/ Verstärkung*	Glasmatte
Bevorzugte Verarbeitung	Pressen	*Lieferform*	Harzmatte
		Farben	
Besondere Merkmale	Ausgezeichnete Oberflaechenqualitaet; Hohe Fliessfaehigkeit; Sehr hohe Festigkeit; Gute elektrische Isolationseigenschaften; Gute Witterungsbestaendigkeit	*Bevorzugte Anwendungen*	Fahrzeugbau; Elektrotechnik; Chemische Industrie; Keramische Industrie; Papierindustrie; Textilindustrie; Maschinenbau

---

Dichte	g/cm^3	1.65–1.85	*Dosierbarkeit*	
Schüttdichte	g/cm^3		*Tablettierbarkeit*	
Fließeinstellung			*Lagerung*	20 bis 25 C 6 Monate

Verarbeitungsbedingungen für Pressen			**Verarbeitungsbedingungen für Spritzgießen**	
			Zylindertemperatur	°C
			Düsentemperatur	°C
			Massetemp.	°C
Werkzeugtemperatur	°C	145–160	*Werkzeugtemp.*	°C
Pressdruck	bar	25–150	*Spritzdruck*	bar
Härtezeit je mm	s	30–60	*Härtezeit*	s
Schwindung	%		*Schwindung*	%
Nachschwindung	%		*Nachschwindung*	%
Bemerkungen	Gesamtschwindung 0.02 bis 0.08 % bei LP-Einstellung		*Bemerkungen*	

Zugversuch 23 °C

Probekörper: *Form* *Herstellung*

Zugfestigkeit	N/mm^2	*E-Modul*	N/mm^2
Reißdehnung	%	*Zeitstandzugfestigkeit*	h N/mm^2

Biegeversuch 23 °C DIN 53452; DIN 53457

Probekörper: *Form* 80x10x4 mm *Herstellung* Pressen

Biegefestigkeit	N/mm^2 140–160	*E-Modul*	N/mm^2 10000–12000

Druckversuch 23 °C

Probekörper: *Form* *Herstellung*

Druckfestigkeit	N/mm^2	*Stauchung*	%

Härte 23 °C *Probekörper:* *Herstellung*

Kugeldruckhärte N/mm^2 bei N, s

Schlagversuch *Probekörper:* *(1)* U-Kerbe
(2)
Herstellung Pressen

		°C		°C	°C	*Probekörper-Form*
Schlagzähigkeit	kJ/m²	23	70–90			NS
Kerbschlagzähigkeit (1)	kJ/m²	23	50–70			NS
IZOD-Kerbschlag-zähigkeit (2)	J/m					

Abrieb und Reibung

Taber-Abrieb (Reibradverfahren) mm³/100 U
Statische Reibungszahl
Dynamische Reibungszahl (p · v= N/mm² · m/min)
Zulässiger p · v Wert N/mm² · (m/min) v= m/min
v= m/min

Thermische Eigenschaften

Formbeständigkeit in der Wärme	*Verfahren*		°C
	Verfahren		°C
Formbeständigkeit Martens			≧200 °C
Längenausdehnungskoeffizient	*Bereich*	°C	· $10^{-4}K^{-1}$
	Temperatur 23 °C		0.20–0.30 · $10^{-4}K^{-1}$
Wärmeleitfähigkeit	*Verfahren*		W/(K · m)
Spezifische Wärmekapazität	*Verfahren*		J/(K · g)

Brandverhalten

UL-Test vertikal Dicke mm, Wert
Dicke mm, Wert

	Norm	*Bewertung*	*Abmessungen*
Sauerstoff-Index	ASTM D 2863		
Glühstab-Verfahren	DIN 53459	3	120x10x4 mm
Brandverhalten	DIN 4102		
MVSS			
FAR			

Elektrische Eigenschaften

		Hz	°C		*Probekörper, Form*
Dielektrizitätszahl		50			
		10^3			
		10^6			
Dielektrischer Verlustfaktor tan δ		50			
		10^3	23	≦0.05	
		10^6			
Spezifischer Durchgangswiderstand	Ohm · cm		23	1. *10**15	
Durchschlagfestigkeit	kV/mm		23	20	1 mm dick
Oberflächenwiderstand	Ohm		23	1. *10**11–1. *10**13	
Kriechstromfestigkeit		KC		KB	KA 3c
Kriechwegbildung					

Elektrolytische Korrosionswirkung
Lichtbogenfestigkeit nach DIN
nach ASTM s

Beständigkeit *(Chemische Beständigkeit siehe Anhang)*

Wasseraufnahme 23 C 4 d 50–70 mg

Feuchtigkeitsaufnahme Normalklima %
Wetterbeständigkeit

UP

Produktklasse	Polyesterharz-Formmasse
Handelsname	**Durodet-Prepreg HME**
Hersteller	FLACHGLAS
DIN-Bezeichnung	
ISO-Bezeichnung	
Harzbasis	Ungesaettigter Polyester
Zusätze	
Füllstoffe/ Verstärkung	Glasmatte
Bevorzugte Verarbeitung	Pressen
Lieferform	Harzmatte
Farben	
Besondere Merkmale	Ausgezeichnete Oberflaechenqualitaet; Hohe Fliessfaehigkeit; Sehr hohe Festigkeit; Gute elektrische Isolationseigenschaften; Gute Witterungsbestaendigkeit
Bevorzugte Anwendungen	Fahrzeugbau; Elektrotechnik; Chemische Industrie; Keramische Industrie; Papierindustrie; Textilindustrie; Maschinenbau

---

Dichte	g/cm³	1.60–1.80
Schüttdichte	g/cm³	
Fließeinstellung		
Dosierbarkeit		
Tablettierbarkeit		
Lagerung		20 bis 25 C 6 Monate

Verarbeitungsbedingungen für Pressen

Werkzeugtemperatur	°C	145–160
Pressdruck	bar	25–150
Härtezeit je mm	s	30–60
Schwindung	%	
Nachschwindung	%	
Bemerkungen		Gesamtschwindung 0.02 bis 0.08 % bei LP-Einstellung

Verarbeitungsbedingungen für Spritzgießen

Zylindertemperatur	°C
Düsentemperatur	°C
Massetemp.	°C
Werkzeugtemp.	°C
Spritzdruck	bar
Härtezeit	s
Schwindung	%
Nachschwindung	%
Bemerkungen	

Zugversuch 23 °C

Probekörper: *Form* *Herstellung*

Zugfestigkeit	N/mm²	
Reißdehnung	%	
E-Modul	N/mm²	
Zeitstandzugfestigkeit	h N/mm²	

Biegeversuch 23 °C DIN 53452; DIN 53457

Probekörper: *Form* 80x10x4 mm *Herstellung* Pressen

Biegefestigkeit	N/mm²	140–160
E-Modul	N/mm²	10000–12000

Druckversuch 23°C

Probekörper: *Form* *Herstellung*

Druckfestigkeit	N/mm²	
Stauchung	%	

Härte 23 °C *Probekörper:* *Herstellung*

Kugeldruckhärte N/mm² bei N, s

Schlagversuch *Probekörper:* *(1)* U-Kerbe *(2)* *Herstellung* Pressen

		°C		°C	°C	*Probekörper-Form*
Schlagzähigkeit	kJ/m²	23	60–80			NS
Kerbschlagzähigkeit (1)	kJ/m²	23	50–70			NS
IZOD-Kerbschlagzähigkeit (2)	J/m					

Abrieb und Reibung

Taber-Abrieb (Reibradverfahren) mm³/100 U
Statische Reibungszahl
Dynamische Reibungszahl (p·v= N/mm² · m/min)
Zulässiger p · v Wert N/mm² · (m/min) v= m/min
v= m/min

Thermische Eigenschaften

Formbeständigkeit in der Wärme	*Verfahren*		°C
	Verfahren		°C
Formbeständigkeit Martens			≧200 °C
Längenausdehnungskoeffizient	*Bereich*	°C	$\cdot 10^{-4} K^{-1}$
	Temperatur 23 °C		$0.20–0.30 \cdot 10^{-4} K^{-1}$
Wärmeleitfähigkeit	*Verfahren*		W/(K · m)
Spezifische Wärmekapazität	*Verfahren*		J/(K · g)

Brandverhalten

UL-Test vertikal Dicke mm, Wert
Dicke mm, Wert

	Norm	*Bewertung*	*Abmessungen*
Sauerstoff-Index	ASTM D 2863		
Glühstab-Verfahren	DIN 53459	3	120x10x4 mm
Brandverhalten	DIN 4102		
MVSS			
FAR			

Elektrische Eigenschaften

		Hz	°C		*Probekörper, Form*
Dielektrizitätszahl		50			
		10^3			
		10^6			
Dielektrischer Verlustfaktor tan δ		50			
		10^3	23	0.02	
		10^6			
Spezifischer Durchgangswiderstand	Ohm · cm		23	1. *10**15	
Durchschlagfestigkeit	kV/mm		23	25	1 mm dick
Oberflächenwiderstand	Ohm		23	1. *10**12–1. *10**13	

Kriechstromfestigkeit KC KB KA 3c
Kriechwegbildung

Elektrolytische Korrosionswirkung
Lichtbogenfestigkeit nach DIN
nach ASTM s

Beständigkeit *(Chemische Beständigkeit siehe Anhang)*

Wasseraufnahme 23 C 4 d 40–60 mg

Feuchtigkeitsaufnahme Normalklima %
Wetterbeständigkeit

UP

Produktklasse	Polyesterharz-Formmasse		
Handelsname	**Durodet-Prepreg HMM**		
Hersteller	FLACHGLAS		
DIN-Bezeichnung *ISO-Bezeichnung*			
Harzbasis	Ungesaettigter Polyester		
Zusätze		*Füllstoffe/ Verstärkung*	Glasmatte
Bevorzugte Verarbeitung	Pressen	*Lieferform*	Harzmatte
		Farben	
Besondere Merkmale	Ausgezeichnete Oberflaechenqualitaet; Hohe Fliessfaehigkeit; Sehr hohe Festigkeit; Gute elektrische Isolationseigenschaften; Gute Witterungsbestaendigkeit	*Bevorzugte Anwendungen*	Fahrzeugbau; Elektrotechnik; Chemische Industrie; Keramische Industrie; Papierindustrie; Textilindustrie; Maschinenbau

Dichte	g/cm³	1.65–1.85	*Dosierbarkeit*	
Schüttdichte	g/cm³		*Tablettierbarkeit*	
Fließeinstellung			*Lagerung*	20 bis 25 C 6 Monate

Verarbeitungsbedingungen für Pressen

Werkzeugtemperatur	°C	145–160
Pressdruck	bar	25–150
Härtezeit je mm	s	30–60
Schwindung	%	
Nachschwindung	%	
Bemerkungen	Gesamtschwindung 0.02 bis 0.08 % bei LP-Einstellung	

Verarbeitungsbedingungen für Spritzgießen

Zylindertemperatur	°C
Düsentemperatur	°C
Massetemp.	°C
Werkzeugtemp.	°C
Spritzdruck	bar
Härtezeit	s
Schwindung	%
Nachschwindung	%
Bemerkungen	

Zugversuch 23 °C

Probekörper: *Form* *Herstellung*

Zugfestigkeit	N/mm²	*E-Modul*	N/mm²
Reißdehnung	%	*Zeitstandzugfestigkeit*	h N/mm²

Biegeversuch 23 °C DIN 53452; DIN 53457

Probekörper: *Form* 80x10x4 mm *Herstellung* Pressen

Biegefestigkeit	N/mm² 170–200	*E-Modul*	N/mm² 11000–13000

Druckversuch 23°C

Probekörper: *Form* *Herstellung*

Druckfestigkeit	N/mm²	*Stauchung*	%

Härte 23 °C *Probekörper:* *Herstellung*

Kugeldruckhärte N/mm² bei N, s

Schlagversuch *Probekörper:* *(1)* U-Kerbe *(2)*

Herstellung Pressen

		°C		°C	°C	*Probekörper-Form*
Schlagzähigkeit	kJ/m²	23	90–110			NS
Kerbschlagzähigkeit (1)	kJ/m²	23	80–100			NS
IZOD-Kerbschlagzähigkeit (2)	J/m					

Abrieb und Reibung

Taber-Abrieb (Reibradverfahren) mm³/100 U
Statische Reibungszahl
Dynamische Reibungszahl (p·v= N/mm²· m/min)
Zulässiger p·v Wert N/mm²·(m/min) v= m/min
v= m/min

Thermische Eigenschaften

Formbeständigkeit in der Wärme	*Verfahren*		°C
	Verfahren		°C
Formbeständigkeit Martens			≧200 °C
Längenausdehnungskoeffizient	*Bereich*	°C	$\cdot 10^{-4}K^{-1}$
	Temperatur 23 °C		$0.20–0.30 \cdot 10^{-4}K^{-1}$
Wärmeleitfähigkeit	*Verfahren*		W/(K·m)
Spezifische Wärmekapazität	*Verfahren*		J/(K·g)

Brandverhalten

UL-Test vertikal Dicke mm, Wert
Dicke mm, Wert

	Norm	*Bewertung*	*Abmessungen*
Sauerstoff-Index	ASTM D 2863		
Glühstab-Verfahren	DIN 53459	2	120x10x4 mm
Brandverhalten	DIN 4102		
MVSS			
FAR			

Elektrische Eigenschaften

		Hz	°C		*Probekörper, Form*
Dielektrizitätszahl		50			
		10^3			
		10^6			
Dielektrischer Verlustfaktor tan δ		50			
		10^3	23	0.02	
		10^6			
Spezifischer Durchgangswiderstand	Ohm·cm		23	1. *10**15	
Durchschlagfestigkeit	kV/mm		23	20	1 mm dick
Oberflächenwiderstand	Ohm		23	1. *10**11–1. *10**13	

Kriechstromfestigkeit KC KB KA 3c
Kriechwegbildung

Elektrolytische Korrosionswirkung
Lichtbogenfestigkeit nach DIN
nach ASTM s

Beständigkeit *(Chemische Beständigkeit siehe Anhang)*

Wasseraufnahme 23 C 4 d ≦100 mg

Feuchtigkeitsaufnahme Normalklima %
Wetterbeständigkeit

UP

Produktklasse	Polyesterharz-Formmasse
Handelsname	**Durodet-Prepreg HMC**
Hersteller	FLACHGLAS
DIN-Bezeichnung	
ISO-Bezeichnung	
Harzbasis	Ungesaettigter Polyester
Zusätze	
Füllstoffe/ Verstärkung	Glasmatte
Bevorzugte Verarbeitung	Pressen
Lieferform	Harzmatte
Farben	
Besondere Merkmale	Ausgezeichnete Oberflaechenqualitaet; Hohe Fliessfaehigkeit; Sehr hohe Festigkeit; Gute elektrische Isolationseigenschaften; Gute Witterungsbestaendigkeit
Bevorzugte Anwendungen	Fahrzeugbau; Elektrotechnik; Chemische Industrie; Keramische Industrie; Papierindustrie; Textilindustrie; Maschinenbau

---

Dichte	g/cm^3	1.55–1.75
Schüttdichte	g/cm^3	
Fließeinstellung		
Dosierbarkeit		
Tablettierbarkeit		
Lagerung		20 bis 25 C 6 Monate

Verarbeitungsbedingungen für Pressen

Werkzeugtemperatur	°C	145–160
Pressdruck	bar	25–150
Härtezeit je mm	s	30–60
Schwindung	%	
Nachschwindung	%	
Bemerkungen		Gesamtschwindung 0.02 bis 0.08 % bei LP-Einstellung

Verarbeitungsbedingungen für Spritzgießen

Zylindertemperatur	°C	
Düsentemperatur	°C	
Massetemp.	°C	
Werkzeugtemp.	°C	
Spritzdruck	bar	
Härtezeit	s	
Schwindung	%	
Nachschwindung	%	
Bemerkungen		

Zugversuch 23 °C

Probekörper: *Form* — *Herstellung*

Zugfestigkeit	N/mm^2		*E-Modul*	N/mm^2	
Reißdehnung	%		*Zeitstandzugfestigkeit*	h N/mm^2	

Biegeversuch 23 °C DIN 53452; DIN 53457

Probekörper: *Form* 80x10x4 mm — *Herstellung* Pressen

Biegefestigkeit	N/mm^2	110–130	*E-Modul*	N/mm^2	8000–10000

Druckversuch 23°C

Probekörper: *Form* — *Herstellung*

Druckfestigkeit	N/mm^2		*Stauchung*	%	

Härte 23 °C

Probekörper: — *Herstellung*

Kugeldruckhärte N/mm^2 bei N, s

Schlagversuch *Probekörper:* *(1)* U-Kerbe *(2)* *Herstellung* Pressen

		°C		°C		°C		*Probekörper-Form*
Schlagzähigkeit	kJ/m²	23	50–70					NS
Kerbschlagzähigkeit (1)	kJ/m²	23	30–50					NS
IZOD-Kerbschlagzähigkeit (2)	J/m							

Abrieb und Reibung

Taber-Abrieb (Reibradverfahren)	mm³/100 U		
Statische Reibungszahl			
Dynamische Reibungszahl	(p·v= N/mm²·		m/min)
Zulässiger p · v Wert	N/mm² · (m/min)	v=	m/min
		v=	m/min

Thermische Eigenschaften

Formbeständigkeit in der Wärme	*Verfahren*		°C
	Verfahren		°C
Formbeständigkeit Martens			≧200 °C
Längenausdehnungskoeffizient	*Bereich*	°C	$\cdot 10^{-4} K^{-1}$
	Temperatur 23 °C		0.25–0.30 $\cdot 10^{-4} K^{-1}$
Wärmeleitfähigkeit	*Verfahren*		W/(K · m)
Spezifische Wärmekapazität	*Verfahren*		J/(K · g)

Brandverhalten

UL-Test vertikal	Dicke	mm, Wert
	Dicke	mm, Wert

	Norm	*Bewertung*	*Abmessungen*
Sauerstoff-Index	ASTM D 2863		
Glühstab-Verfahren	DIN 53459	2	120x10x4 mm
Brandverhalten	DIN 4102		
MVSS			
FAR			

Elektrische Eigenschaften

		Hz	°C			*Probekörper, Form*
Dielektrizitätszahl		50				
		10^3				
		10^6				
Dielektrischer Verlustfaktor tan δ		50				
		10^3	23	0.02		
		10^6				
Spezifischer Durchgangswiderstand	Ohm · cm		23	1. *10**15		
Durchschlagfestigkeit	kV/mm		23	20		1 mm dick
Oberflächenwiderstand	Ohm		23	1. *10**11–1. *10**13		
Kriechstromfestigkeit		KC		KB	KA 3c	
Kriechwegbildung						
Elektrolytische Korrosionswirkung						
Lichtbogenfestigkeit nach DIN						
nach ASTM	s					

Beständigkeit *(Chemische Beständigkeit siehe Anhang)*

Wasseraufnahme 23 C 4 d 20–40 mg

Feuchtigkeitsaufnahme Normalklima %

Wetterbeständigkeit

Produktklasse	Polyesterharz-Formmasse		**UP**
Handelsname	**Durodet-Premix PMS**		
Hersteller	FLACHGLAS		
DIN-Bezeichnung *ISO-Bezeichnung*			
Harzbasis	Ungesaettigter Polyester		
Zusätze		*Füllstoffe/ Verstärkung*	Glasfasern
Bevorzugte Verarbeitung	Pressen; Spritzpressen	*Lieferform*	BMC
		Farben	
Besondere Merkmale	Geringere Festigkeit als Prepregs; Gute elektrische Isolationseigenschaften; Gute Witterungsbestaendigkeit	*Bevorzugte Anwendungen*	Fahrzeugbau; Elektrotechnik; Chemische Industrie; Keramische Industrie; Papierindustrie; Textilindustrie; Maschinenbau

---

Dichte	g/cm³	1.8–2.0	*Dosierbarkeit*	
Schüttdichte	g/cm³		*Tablettierbarkeit*	
Fließeinstellung			*Lagerung*	20 bis 25 C 6 Monate

Verarbeitungsbedingungen für Pressen

Werkzeugtemperatur	°C	145–160
Pressdruck	bar	25–150
Härtezeit je mm	s	30–60
Schwindung	%	
Nachschwindung	%	
Bemerkungen	Gesamtschwindung 0.05 bis 0.21 %	

Verarbeitungsbedingungen für Spritzgießen

Zylindertemperatur	°C	
Düsentemperatur	°C	
Massetemp.	°C	
Werkzeugtemp.	°C	
Spritzdruck	bar	
Härtezeit	s	
Schwindung	%	
Nachschwindung	%	
Bemerkungen		

Zugversuch 23 °C

Probekörper: *Form* *Herstellung*

Zugfestigkeit	N/mm²	*E-Modul*	N/mm²
Reißdehnung	%	*Zeitstandzugfestigkeit*	h N/mm²

Biegeversuch 23 °C DIN 53452; DIN 53457

Probekörper: *Form* 80x10x4 mm *Herstellung* Pressen

Biegefestigkeit	N/mm² 60–80	*E-Modul*	N/mm² 13000–15000

Druckversuch 23°C

Probekörper: *Form* *Herstellung*

Druckfestigkeit	N/mm²	*Stauchung*	%

Härte 23 °C *Probekörper:* *Herstellung*

Kugeldruckhärte N/mm² bei N, s

Schlagversuch *Probekörper:* *(1)* U-Kerbe *(2)*

Herstellung Pressen

		°C		°C	°C	*Probekörper-Form*
Schlagzähigkeit	kJ/m²	23	20–25			NS
Kerbschlagzähigkeit (1)	kJ/m²	23	20–25			NS
IZOD-Kerbschlagzähigkeit (2)	J/m					

Abrieb und Reibung

Taber-Abrieb (Reibradverfahren) mm³/100 U
Statische Reibungszahl
Dynamische Reibungszahl (p · v= N/mm² · m/min)
Zulässiger p · v Wert N/mm² · (m/min) v= m/min
v= m/min

Thermische Eigenschaften

Formbeständigkeit in der Wärme	*Verfahren*		°C
	Verfahren		°C
Formbeständigkeit Martens			≧125 °C
Längenausdehnungskoeffizient	*Bereich*	°C	$\cdot 10^{-4} K^{-1}$
	Temperatur 23 °C		$0.20–0.25 \cdot 10^{-4} K^{-1}$
Wärmeleitfähigkeit	*Verfahren*		W/(K · m)
Spezifische Wärmekapazität	*Verfahren*		J/(K · g)

Brandverhalten

UL-Test vertikal Dicke mm, Wert
Dicke mm, Wert

	Norm	*Bewertung*	*Abmessungen*
Sauerstoff-Index	ASTM D 2863		
Glühstab-Verfahren	DIN 53459	3a	120x10x4 mm
Brandverhalten	DIN 4102		
MVSS			
FAR			

Elektrische Eigenschaften

		Hz	°C		*Probekörper, Form*
Dielektrizitätszahl		50			
		10^3			
		10^6			
Dielektrischer Verlustfaktor tan δ		50			
		10^3	23	0.02	
		10^6			
Spezifischer Durchgangswiderstand	Ohm · cm		23	1. *10**13	
Durchschlagfestigkeit	kV/mm				mm dick
Oberflächenwiderstand	Ohm		23	1. *10**11–1. *10**13	

Kriechstromfestigkeit KC >600 KB KA
Kriechwegbildung

Elektrolytische Korrosionswirkung
Lichtbogenfestigkeit nach DIN
nach ASTM s

Beständigkeit *(Chemische Beständigkeit siehe Anhang)*

Wasseraufnahme 23 C 4 d 50 mg

Feuchtigkeitsaufnahme Normalklima %
Wetterbeständigkeit

Produktklasse	Polyesterharz-Formmasse		**UP**
Handelsname	**Durodet-Premix PMW**		
Hersteller	FLACHGLAS		
DIN-Bezeichnung			
ISO-Bezeichnung			
Harzbasis	Ungesaettigter Polyester		
Zusätze		*Füllstoffe/ Verstärkung*	Glasfasern
Bevorzugte Verarbeitung	Pressen; Spritzpressen	*Lieferform*	BMC
		Farben	
Besondere Merkmale	Geringere Festigkeit als Prepregs; Gute elektrische Isolationseigenschaften; Gute Witterungsbestaendigkeit	*Bevorzugte Anwendungen*	Fahrzeugbau; Elektrotechnik; Chemische Industrie; Keramische Industrie; Papierindustrie; Textilindustrie; Maschinenbau

Dichte	g/cm³	1.6–1.9	*Dosierbarkeit*	
Schüttdichte	g/cm³		*Tablettierbarkeit*	
Fließeinstellung			*Lagerung*	20 bis 25 C 6 Monate

Verarbeitungsbedingungen für Pressen

Werkzeugtemperatur	°C	145–160
Pressdruck	bar	25–150
Härtezeit je mm	s	30–60
Schwindung	%	
Nachschwindung	%	
Bemerkungen	Gesamtschwindung 0.05 bis 0.21 %	

Verarbeitungsbedingungen für Spritzgießen

Zylindertemperatur	°C
Düsentemperatur	°C
Massetemp.	°C
Werkzeugtemp.	°C
Spritzdruck	bar
Härtezeit	s
Schwindung	%
Nachschwindung	%
Bemerkungen	

Zugversuch 23 °C

Probekörper: *Form* *Herstellung*

Zugfestigkeit	N/mm²	*E-Modul*	N/mm²
Reißdehnung	%	*Zeitstandzugfestigkeit*	h N/mm²

Biegeversuch 23 °C DIN 53452; DIN 53457

Probekörper: *Form* 80x10x4 mm *Herstellung* Pressen

Biegefestigkeit	N/mm² 60–80	*E-Modul*	N/mm² 10000–12000

Druckversuch 23°C

Probekörper: *Form* *Herstellung*

Druckfestigkeit	N/mm²	*Stauchung*	%

Härte 23 °C *Probekörper:* *Herstellung*

Kugeldruckhärte N/mm² bei N, s

Schlagversuch *Probekörper:* *(1)* U-Kerbe *(2)*

Herstellung Pressen

		°C		°C	°C	*Probekörper-Form*
Schlagzähigkeit	kJ/m²	23	22–30			NS
Kerbschlagzähigkeit (1)	kJ/m²	23	22–30			NS
IZOD-Kerbschlag-zähigkeit (2)	J/m					

Abrieb und Reibung

Taber-Abrieb (Reibradverfahren) mm³/100 U
Statische Reibungszahl
Dynamische Reibungszahl (p·v= N/mm²· m/min)
Zulässiger p · v Wert N/mm²·(m/min) v= m/min
v= m/min

Thermische Eigenschaften

Formbeständigkeit in der Wärme	*Verfahren*		°C
	Verfahren		°C
Formbeständigkeit Martens			≧125 °C
Längenausdehnungskoeffizient	*Bereich*	°C	$\cdot 10^{-4}K^{-1}$
	Temperatur 23 °C		$0.25–0.30 \cdot 10^{-4}K^{-1}$
Wärmeleitfähigkeit	*Verfahren*		W/(K · m)
Spezifische Wärmekapazität	*Verfahren*		J/(K · g)

Brandverhalten

UL-Test vertikal Dicke mm, Wert
Dicke mm, Wert

	Norm	*Bewertung*	*Abmessungen*
Sauerstoff-Index	ASTM D 2863		
Glühstab-Verfahren	DIN 53459	3a	120x10x4 mm
Brandverhalten	DIN 4102		
MVSS			
FAR			

Elektrische Eigenschaften

		Hz	°C			*Probekörper, Form*
Dielektrizitätszahl		50				
		10^3				
		10^6				
Dielektrischer Verlustfaktor tan δ		50				
		10^3	23	0.02		
		10^6				
Spezifischer Durchgangs-widerstand	Ohm · cm		23	1. *10**13		
Durchschlagfestigkeit	kV/mm					mm dick
Oberflächenwiderstand	Ohm		23	1. *10**11–1. *10**13		
Kriechstromfestigkeit		KC >600		KB	KA	
Kriechwegbildung						

Elektrolytische Korrosionswirkung
Lichtbogenfestigkeit nach DIN
nach ASTM s

Beständigkeit *(Chemische Beständigkeit siehe Anhang)*

Wasseraufnahme 23 C 4 d 50 mg

Feuchtigkeitsaufnahme Normalklima %
Wetterbeständigkeit

Produktklasse	Polyesterharz-Formmasse		**UP**
Handelsname	**Durodet-Premix PME**		
Hersteller	FLACHGLAS		
DIN-Bezeichnung			
ISO-Bezeichnung			
Harzbasis	Ungesaettigter Polyester		
Zusätze		*Füllstoffe/ Verstärkung*	Glasfasern
Bevorzugte Verarbeitung	Pressen; Spritzpressen	*Lieferform*	BMC
		Farben	
Besondere Merkmale	Geringere Festigkeit als Prepregs; Gute elektrische Isolationseigenschaften; Gute Witterungsbestaendigkeit	*Bevorzugte Anwendungen*	Fahrzeugbau; Elektrotechnik; Chemische Industrie; Keramische Industrie; Papierindustrie; Textilindustrie; Maschinenbau

Dichte	g/cm³	1.7–1.9	*Dosierbarkeit*	
Schüttdichte	g/cm³		*Tablettierbarkeit*	
Fließeinstellung			*Lagerung*	20 bis 25 C 6 Monate

Verarbeitungsbedingungen für Pressen

Werkzeugtemperatur	°C	145–160
Pressdruck	bar	25–150
Härtezeit je mm	s	30–60
Schwindung	%	
Nachschwindung	%	
Bemerkungen	Gesamtschwindung 0.05 bis 0.21 %	

Verarbeitungsbedingungen für Spritzgießen

Zylindertemperatur	°C
Düsentemperatur	°C
Massetemp.	°C
Werkzeugtemp.	°C
Spritzdruck	bar
Härtezeit	s
Schwindung	%
Nachschwindung	%
Bemerkungen	

Zugversuch 23 °C

Probekörper: *Form* *Herstellung*

Zugfestigkeit	N/mm²	*E-Modul*	N/mm²
Reißdehnung	%	*Zeitstandzugfestigkeit*	h N/mm²

Biegeversuch 23 °C DIN 53452; DIN 53457

Probekörper: *Form* 80x10x4 mm *Herstellung* Pressen

Biegefestigkeit	N/mm² ≧60	*E-Modul*	N/mm² 11000–14000

Druckversuch 23 °C

Probekörper: *Form* *Herstellung*

Druckfestigkeit	N/mm²	*Stauchung*	%

Härte 23 °C *Probekörper:* *Herstellung*

Kugeldruckhärte N/mm² bei N, s

Schlagversuch *Probekörper:* *(1)* U-Kerbe *(2)*
Herstellung Pressen

		°C		°C	°C	*Probekörper-Form*
Schlagzähigkeit	kJ/m²	23	≧22			NS
Kerbschlagzähigkeit (1)	kJ/m²	23	≧22			NS
IZOD-Kerbschlag-zähigkeit (2)	J/m					

Abrieb und Reibung

Taber-Abrieb (Reibradverfahren) mm³/100 U
Statische Reibungszahl
Dynamische Reibungszahl (p·v= N/mm²· m/min)
Zulässiger p · v Wert N/mm² · (m/min) v= m/min
v= m/min

Thermische Eigenschaften

Formbeständigkeit in der Wärme	*Verfahren*		°C
	Verfahren		°C
Formbeständigkeit Martens			≧125 °C
Längenausdehnungskoeffizient	*Bereich*	°C	$\cdot 10^{-4}K^{-1}$
	Temperatur 23 °C		$0.20–0.25 \cdot 10^{-4}K^{-1}$
Wärmeleitfähigkeit	*Verfahren*		W/(K · m)
Spezifische Wärmekapazität	*Verfahren*		J/(K · g)

Brandverhalten

UL-Test vertikal Dicke mm, Wert
Dicke mm, Wert

	Norm	*Bewertung*	*Abmessungen*
Sauerstoff-Index	ASTM D 2863		
Glühstab-Verfahren	DIN 53459	2a	120x10x4 mm
Brandverhalten	DIN 4102		
MVSS			
FAR			

Elektrische Eigenschaften

		Hz	°C		*Probekörper, Form*
Dielektrizitätszahl		50			
		10^3			
		10^6			
Dielektrischer Verlustfaktor tan δ		50			
		10^3	23	0.02	
		10^6			
Spezifischer Durchgangs-widerstand	Ohm · cm		23	1. *10**14	
Durchschlagfestigkeit	kV/mm				mm dick
Oberflächenwiderstand	Ohm		23	1. *10**13	

Kriechstromfestigkeit KC >600 KB KA
Kriechwegbildung

Elektrolytische Korrosionswirkung
Lichtbogenfestigkeit nach DIN
nach ASTM s

Beständigkeit *(Chemische Beständigkeit siehe Anhang)*

Wasseraufnahme 23 C 4 d 50 mg

Feuchtigkeitsaufnahme Normalklima %
Wetterbeständigkeit

Produktklasse	Polyesterharz-Formmasse		**UP**
Handelsname	**Durodet-Premix PMM**		
Hersteller	FLACHGLAS		
DIN-Bezeichnung			
ISO-Bezeichnung			
Harzbasis	Ungesaettigter Polyester		
Zusätze		*Füllstoffe/ Verstärkung*	Glasfasern
Bevorzugte Verarbeitung	Pressen; Spritzpressen	*Lieferform*	BMC
		Farben	
Besondere Merkmale	Geringere Festigkeit als Prepregs; Gute elektrische Isolationseigenschaften; Gute Witterungsbestaendigkeit	*Bevorzugte Anwendungen*	Fahrzeugbau; Elektrotechnik; Chemische Industrie; Keramische Industrie; Papierindustrie; Textilindustrie; Maschinenbau

Dichte	g/cm^3	1.7–1.9	*Dosierbarkeit*	
Schüttdichte	g/cm^3		*Tablettierbarkeit*	
Fließeinstellung			*Lagerung*	20 bis 25 C 6 Monate

Verarbeitungsbedingungen für Pressen

Werkzeugtemperatur	°C	145–160
Pressdruck	bar	25–150
Härtezeit je mm	s	30–60
Schwindung	%	
Nachschwindung	%	
Bemerkungen	Gesamtschwindung 0.05 bis 0.21 %	

Verarbeitungsbedingungen für Spritzgießen

Zylindertemperatur	°C	
Düsentemperatur	°C	
Massetemp.	°C	
Werkzeugtemp.	°C	
Spritzdruck	bar	
Härtezeit	s	
Schwindung	%	
Nachschwindung	%	
Bemerkungen		

Zugversuch 23 °C

Probekörper: *Form* *Herstellung*

Zugfestigkeit	N/mm^2	*E-Modul*	N/mm^2	
Reißdehnung	%	*Zeitstandzugfestigkeit*	h N/mm^2	

Biegeversuch 23 °C DIN 53452; DIN 53457

Probekörper: *Form* 80x10x4 mm *Herstellung* Pressen

Biegefestigkeit	N/mm^2 80–100	*E-Modul*	N/mm^2	10000–12000

Druckversuch 23°C

Probekörper: *Form* *Herstellung*

Druckfestigkeit	N/mm^2	*Stauchung*	%

Härte 23 °C

Probekörper: *Herstellung*

Kugeldruckhärte N/mm^2 bei N, s

Schlagversuch *Probekörper:* *(1)* U-Kerbe *(2)* *Herstellung* Pressen

		°C		°C	°C	*Probekörper-Form*
Schlagzähigkeit	kJ/m²	23	40–60			NS
Kerbschlagzähigkeit (1)	kJ/m²	23	30–50			NS
IZOD-Kerbschlag-zähigkeit (2)	J/m					

Abrieb und Reibung

Taber-Abrieb (Reibradverfahren)	mm³/100 U	
Statische Reibungszahl		
Dynamische Reibungszahl	(p · v= N/mm² · m/min)	
Zulässiger p · v Wert	N/mm² · (m/min)	v= m/min
		v= m/min

Thermische Eigenschaften

Formbeständigkeit in der Wärme	*Verfahren*		°C
	Verfahren		°C
Formbeständigkeit Martens			≧125 °C
Längenausdehnungskoeffizient	*Bereich*	°C	$\cdot 10^{-4}K^{-1}$
	Temperatur 23 °C		0.20–0.25 $\cdot 10^{-4}K^{-1}$
Wärmeleitfähigkeit	*Verfahren*		W/(K · m)
Spezifische Wärmekapazität	*Verfahren*		J/(K · g)

Brandverhalten

UL-Test vertikal Dicke mm, Wert
Dicke mm, Wert

	Norm	*Bewertung*	*Abmessungen*
Sauerstoff-Index	ASTM D 2863		
Glühstab-Verfahren	DIN 53459	2a	120x10x4 mm
Brandverhalten	DIN 4102		
MVSS			
FAR			

Elektrische Eigenschaften

		Hz	°C			*Probekörper, Form*
Dielektrizitätszahl		50				
		10^3				
		10^6				
Dielektrischer Verlustfaktor tan δ		50				
		10^3	23	0.02		
		10^6				
Spezifischer Durchgangs-widerstand	Ohm · cm		23	1. *10**13		
Durchschlagfestigkeit	kV/mm					mm dick
Oberflächenwiderstand	Ohm		23	1. *10**11–1. *10**13		
Kriechstromfestigkeit		KC >600		KB	KA	
Kriechwegbildung						

Elektrolytische Korrosionswirkung
Lichtbogenfestigkeit nach DIN
nach ASTM s

Beständigkeit *(Chemische Beständigkeit siehe Anhang)*

Wasseraufnahme 23 C 4 d 70 mg

Feuchtigkeitsaufnahme Normalklima %
Wetterbeständigkeit

Produktklasse	Polyesterharz-Formmasse		**UP**
Handelsname	**Durodet-Premix PMC**		
Hersteller	FLACHGLAS		
DIN-Bezeichnung *ISO-Bezeichnung*			
Harzbasis	Ungesaettigter Polyester		
Zusätze		*Füllstoffe/ Verstärkung*	Glasfasern
Bevorzugte Verarbeitung	Pressen; Spritzpressen	*Lieferform*	BMC
		Farben	
Besondere Merkmale	Geringere Festigkeit als Prepregs; Gute elektrische Isolationseigenschaften; Gute Witterungsbestaendigkeit	*Bevorzugte Anwendungen*	Fahrzeugbau; Elektrotechnik; Chemische Industrie; Keramische Industrie; Papierindustrie; Textilindustrie; Maschinenbau

Dichte	g/cm^3	1.7–1.9	*Dosierbarkeit*	
Schüttdichte	g/cm^3		*Tablettierbarkeit*	
Fließeinstellung			*Lagerung*	20 bis 25 C 6 Monate

Verarbeitungsbedingungen für Pressen

Werkzeugtemperatur	°C	145–160
Pressdruck	bar	25–150
Härtezeit je mm	s	30–60
Schwindung	%	
Nachschwindung	%	
Bemerkungen	Gesamtschwindung 0.05 bis 0.21 %	

Verarbeitungsbedingungen für Spritzgießen

Zylindertemperatur	°C
Düsentemperatur	°C
Massetemp.	°C
Werkzeugtemp.	°C
Spritzdruck	bar
Härtezeit	s
Schwindung	%
Nachschwindung	%
Bemerkungen	

Zugversuch 23 °C

Probekörper: *Form* *Herstellung*

Zugfestigkeit	N/mm^2	*E-Modul*	N/mm^2
Reißdehnung	%	*Zeitstandzugfestigkeit*	h N/mm^2

Biegeversuch 23 °C DIN 53452; DIN 53457

Probekörper: *Form* 80x10x4 mm *Herstellung* Pressen

Biegefestigkeit	N/mm^2 $\geqq 60$	*E-Modul*	N/mm^2 9000–12000

Druckversuch 23 °C

Probekörper: *Form* *Herstellung*

Druckfestigkeit	N/mm^2	*Stauchung*	%

Härte 23 °C *Probekörper:* *Herstellung*

Kugeldruckhärte N/mm^2 bei N, s

Schlagversuch *Probekörper:* *(1)* U-Kerbe
(2)
Herstellung Pressen

		°C		°C	°C	*Probekörper-Form*
Schlagzähigkeit	kJ/m²	23	≧22			NS
Kerbschlagzähigkeit (1)	kJ/m²	23	≧22			NS
IZOD-Kerbschlagzähigkeit (2)	J/m					

Abrieb und Reibung

Taber-Abrieb (Reibradverfahren) mm³/100 U
Statische Reibungszahl
Dynamische Reibungszahl (p·v= N/mm² · m/min)
Zulässiger p · v Wert N/mm² · (m/min) v= m/min
v= m/min

Thermische Eigenschaften

Formbeständigkeit in der Wärme	*Verfahren*		°C
	Verfahren		°C
Formbeständigkeit Martens			≧125 °C
Längenausdehnungskoeffizient	*Bereich*	°C	$\cdot 10^{-4}K^{-1}$
	Temperatur 23 °C		$0.25\text{–}0.30 \cdot 10^{-4}K^{-1}$
Wärmeleitfähigkeit	*Verfahren*		W/(K · m)
Spezifische Wärmekapazität	*Verfahren*		J/(K · g)

Brandverhalten

UL-Test vertikal Dicke mm, Wert
Dicke mm, Wert

	Norm	*Bewertung*	*Abmessungen*
Sauerstoff-Index	ASTM D 2863		
Glühstab-Verfahren	DIN 53459	3a	120x10x4 mm
Brandverhalten	DIN 4102		
MVSS			
FAR			

Elektrische Eigenschaften

		Hz	°C		*Probekörper, Form*
Dielektrizitätszahl		50			
		10^3			
		10^6			
Dielektrischer Verlustfaktor tan δ		50			
		10^3	23	0.02	
		10^6			
Spezifischer Durchgangswiderstand	Ohm · cm		23	1. *10**13	
Durchschlagfestigkeit	kV/mm				mm dick
Oberflächenwiderstand	Ohm		23	1. *10**12	

Kriechstromfestigkeit KC >600 KB KA
Kriechwegbildung

Elektrolytische Korrosionswirkung
Lichtbogenfestigkeit nach DIN
nach ASTM s

Beständigkeit *(Chemische Beständigkeit siehe Anhang)*

Wasseraufnahme 23 C 4 d ≦100 mg

Feuchtigkeitsaufnahme Normalklima %
Wetterbeständigkeit

Produktklasse	Polyesterharz-Formmasse		**UP**
Handelsname	**Draimoco FG; Reihe von 7000 bis 7099**		
Hersteller	DSMITALIA		
DIN-Bezeichnung	802 DIN 16911		
ISO-Bezeichnung			
Harzbasis	Ungesaettigter Polyester		
Zusätze		*Füllstoffe/ Verstärkung*	Glasfasern und andere anorganische Harztraeger
Bevorzugte Verarbeitung	Pressen	*Lieferform*	Mahlgranulat
		Farben	Natur; Standard
Besondere Merkmale	Mittlere Fliessfaehigkeit; Leichtes Vorformen; Ausgezeichnete Einfaerbbarkeit auch bei hellen Farben	*Bevorzugte Anwendungen*	Bedarfsartikel; Technisches Formteil

---

Dichte	g/cm^3	1.9–2.0	*Dosierbarkeit*	
Schüttdichte	g/cm^3		*Tablettierbarkeit*	
Fließeinstellung			*Lagerung*	Unter 20 C; Mindestens 6 Monate

Verarbeitungsbedingungen für Pressen

Werkzeugtemperatur	°C	150–170
Pressdruck	bar	≧80
Härtezeit je mm	s	15–30
Schwindung	%	0.4–0.7
Nachschwindung	%	≦0.1
Bemerkungen		

Verarbeitungsbedingungen für Spritzgießen

Zylindertemperatur	°C	
Düsentemperatur	°C	
Massetemp.	°C	
Werkzeugtemp.	°C	
Spritzdruck	bar	
Härtezeit	s	
Schwindung	%	
Nachschwindung	%	
Bemerkungen		

Zugversuch 23 °C DIN 53455;
Probekörper: *Form* Nr 3 *Herstellung* Pressen

Zugfestigkeit	N/mm^2	35	*E-Modul*	N/mm^2	
Reißdehnung	%		*Zeitstandzugfestigkeit*	h N/mm^2	

Biegeversuch 23 °C DIN 53452; DIN 53457
Probekörper: *Form* NS *Herstellung* Pressen

Biegefestigkeit	N/mm^2	60–70	*E-Modul*	N/mm^2	9000–11000

Druckversuch 23°C DIN 53454
Probekörper: *Form* Wuerfel 1 cm *Herstellung* Pressen

Druckfestigkeit	N/mm^2	≧230	*Stauchung*	%

Härte 23 °C *Probekörper:* *Herstellung* Pressen

Kugeldruckhärte N/mm^2 230–300 bei N, s

Schlagversuch *Probekörper:* *(1)* U-Kerbe *(2)*

Herstellung Pressen

		°C		°C	°C	*Probekörper-Form*
Schlagzähigkeit	kJ/m²	23	≧4.5			NS
Kerbschlagzähigkeit (1)	kJ/m²	23	≧3			NS
IZOD-Kerbschlagzähigkeit (2)	J/m					

Abrieb und Reibung

Taber-Abrieb (Reibradverfahren) mm³/100 U
Statische Reibungszahl
Dynamische Reibungszahl (p·v= N/mm² · m/min)
Zulässiger p · v Wert N/mm² · (m/min) v= m/min
v= m/min

Thermische Eigenschaften

Formbeständigkeit in der Wärme	*Verfahren*			°C
	Verfahren			°C
Formbeständigkeit Martens				≧140 °C
Längenausdehnungskoeffizient	*Bereich*	°C		$\cdot 10^{-4} K^{-1}$
	Temperatur 23 °C			$0.20–0.40 \cdot 10^{-4} K^{-1}$
Wärmeleitfähigkeit	*Verfahren* DIN 52612		23 °C	0.7 W/(K · m)
Spezifische Wärmekapazität	*Verfahren*		23 °C	1.2 J/(K · g)

Brandverhalten

UL-Test vertikal Dicke mm, Wert
Dicke mm, Wert

	Norm	*Bewertung*	*Abmessungen*
Sauerstoff-Index	ASTM D 2863		
Glühstab-Verfahren	DIN 53459	2c	
Brandverhalten	DIN 4102		
MVSS			
FAR			

Elektrische Eigenschaften

		Hz	°C		*Probekörper, Form*
Dielektrizitätszahl		50			
		10^3	23	4–6	
		10^6			
Dielektrischer Verlustfaktor tan δ		50			
		10^3	23	0.03	
		10^6			
Spezifischer Durchgangswiderstand	Ohm · cm		23	≧1.0*10**12	
Durchschlagfestigkeit	kV/mm		23	10–15	1 mm dick
Oberflächenwiderstand	Ohm		23	≧1.0*10**12	

Kriechstromfestigkeit KC >600 KB KA
Kriechwegbildung

Elektrolytische Korrosionswirkung
Lichtbogenfestigkeit nach DIN
nach ASTM s

Beständigkeit *(Chemische Beständigkeit siehe Anhang)*

Wasseraufnahme 23 C ≦45 mg

Feuchtigkeitsaufnahme Normalklima %
Wetterbeständigkeit

Produktklasse	Polyesterharz-Formmasse		**UP**
Handelsname	**Draimoco FR; Reihe von 7100 bis 7199**		
Hersteller	DSMITALIA		
DIN-Bezeichnung	804 DIN 16911		
ISO-Bezeichnung			
Harzbasis	Ungesaettigter Polyester		
Zusätze		*Füllstoffe/ Verstärkung*	Glasfasern und andere anorganische Harztraeger
Bevorzugte Verarbeitung	Pressen	*Lieferform*	Mahlgranulat
		Farben	Natur; Standard
Besondere Merkmale	Mittlere Fliessfaehigkeit; Leichtes Vorformen; Ausgezeichnete Einfaerbbarkeit auch bei hellen Farben	*Bevorzugte Anwendungen*	Bedarfsartikel; Technisches Formteil

Dichte	g/cm³	2.0–2.1	*Dosierbarkeit*	
Schüttdichte	g/cm³		*Tablettierbarkeit*	
Fließeinstellung			*Lagerung*	Unter 20 C; Mindestens 6 Monate

Verarbeitungsbedingungen für Pressen

Werkzeugtemperatur	°C	150–170
Pressdruck	bar	≧80
Härtezeit je mm	s	15–30
Schwindung	%	0.4–0.7
Nachschwindung	%	≦0.1
Bemerkungen		

Verarbeitungsbedingungen für Spritzgießen

Zylindertemperatur	°C	
Düsentemperatur	°C	
Massetemp.	°C	
Werkzeugtemp.	°C	
Spritzdruck	bar	
Härtezeit	s	
Schwindung	%	
Nachschwindung	%	
Bemerkungen		

Zugversuch 23 °C DIN 53455;
Probekörper: *Form* Nr 3 — *Herstellung* Pressen

Zugfestigkeit	N/mm²	35	*E-Modul*	N/mm²
Reißdehnung	%		*Zeitstandzugfestigkeit*	h N/mm²

Biegeversuch 23 °C DIN 53452; DIN 53457
Probekörper: *Form* NS — *Herstellung* Pressen

Biegefestigkeit	N/mm²	60–70	*E-Modul*	N/mm² 9000–11000

Druckversuch 23°C DIN 53454
Probekörper: *Form* Wuerfel 1 cm — *Herstellung* Pressen

Druckfestigkeit	N/mm²	≧230	*Stauchung*	%

Härte 23 °C *Probekörper:* — *Herstellung* Pressen

Kugeldruckhärte N/mm² 280–300 bei N, s

Schlagversuch *Probekörper:* *(1)* U-Kerbe *(2)* *Herstellung* Pressen

		°C		°C		°C		*Probekörper-Form*
Schlagzähigkeit	kJ/m²	23	≧4.5					NS
Kerbschlagzähigkeit (1)	kJ/m²	23	≧3					NS
IZOD-Kerbschlag-zähigkeit (2)	J/m							

Abrieb und Reibung

Taber-Abrieb (Reibradverfahren)	mm³/100 U
Statische Reibungszahl	
Dynamische Reibungszahl	(p·v= N/mm²· m/min)
Zulässiger p · v Wert	N/mm² · (m/min) v= m/min
	v= m/min

Thermische Eigenschaften

Formbeständigkeit in der Wärme	*Verfahren*			°C
	Verfahren			°C
Formbeständigkeit Martens				≧140 °C
Längenausdehnungskoeffizient	*Bereich* °C			· 10⁻⁴K⁻¹
	Temperatur 23 °C			0.20–0.40 · 10⁻⁴K⁻¹
Wärmeleitfähigkeit	*Verfahren* DIN 52612		23 °C	0.7 W/(K · m)
Spezifische Wärmekapazität	*Verfahren*		23 °C	1.2 J/(K · g)

Brandverhalten

UL-Test vertikal Dicke 1.6 mm, Wert V-1
Dicke 3.2 mm, Wert V-0

	Norm	*Bewertung*	*Abmessungen*
Sauerstoff-Index	ASTM D 2863		
Glühstab-Verfahren	DIN 53459	2a	
Brandverhalten	DIN 4102		
MVSS			
FAR			

Elektrische Eigenschaften

		Hz	°C			*Probekörper, Form*
Dielektrizitätszahl		50				
		10^3	23	4–6		
		10^6				
Dielektrischer Verlustfaktor tan δ		50				
		10^3	23	0.03		
		10^6				
Spezifischer Durchgangs-widerstand	Ohm · cm		23	≧1.0*10**12		
Durchschlagfestigkeit	kV/mm		23	10–15		1 mm dick
Oberflächenwiderstand	Ohm		23	≧1.0*10**12		
Kriechstromfestigkeit		KC >600		KB	KA	
Kriechwegbildung						

Elektrolytische Korrosionswirkung
Lichtbogenfestigkeit nach DIN
nach ASTM s

Beständigkeit *(Chemische Beständigkeit siehe Anhang)*

Wasseraufnahme 23 C ≦45 mg

Feuchtigkeitsaufnahme Normalklima %
Wetterbeständigkeit

Produktklasse	Polyesterharz-Formmasse		**UP**
Handelsname	**Draimoco FG; Reihe von 7200 bis 7249**		
Hersteller	DSMITALIA		
DIN-Bezeichnung	802 DIN 16911		
ISO-Bezeichnung			
Harzbasis	Ungesaettigter Polyester		
Zusätze		*Füllstoffe/ Verstärkung*	Glasfasern und andere anorganische Harztraeger
Bevorzugte Verarbeitung	Spritzpressen	*Lieferform*	Mahlgranulat
		Farben	Natur; Standard
Besondere Merkmale	Gute Fliessfaehigkeit; Leichtes Vorformen; Ausgezeichnete Einfaerbbarkeit auch bei hellen Farben	*Bevorzugte Anwendungen*	Bedarfsartikel; Technisches Formteil

Dichte	g/cm^3	2.0–2.1	*Dosierbarkeit*	
Schüttdichte	g/cm^3		*Tablettierbarkeit*	
Fließeinstellung			*Lagerung*	Unter 20 C; Mindestens 6 Monate

Verarbeitungsbedingungen für Pressen		**Verarbeitungsbedingungen für Spritzgießen**	
		Zylindertemperatur	°C
		Düsentemperatur	°C
		Massetemp.	°C
Werkzeugtemperatur	°C	*Werkzeugtemp.*	°C
Pressdruck	bar	*Spritzdruck*	bar
Härtezeit je mm	s	*Härtezeit*	s
Schwindung	%	*Schwindung*	%
Nachschwindung	%	*Nachschwindung*	%
Bemerkungen		*Bemerkungen*	

Zugversuch 23 °C DIN 53455;
Probekörper: *Form* Nr 3 *Herstellung* Pressen

Zugfestigkeit	N/mm^2	30	*E-Modul*	N/mm^2	
Reißdehnung	%		*Zeitstandzugfestigkeit*	h N/mm^2	

Biegeversuch 23 °C DIN 53452; DIN 53457
Probekörper: *Form* NS *Herstellung* Pressen

Biegefestigkeit	N/mm^2	55–65	*E-Modul*	N/mm^2	9000–11000

Druckversuch 23°C DIN 53454
Probekörper: *Form* Wuerfel 1 cm *Herstellung* Pressen

Druckfestigkeit	N/mm^2	$\geqq 230$	*Stauchung*	%	

Härte 23 °C *Probekörper:* *Herstellung* Pressen

Kugeldruckhärte N/mm^2 230–300 bei N, s

Schlagversuch *Probekörper:* *(1)* U-Kerbe *(2)*   *Herstellung* Pressen

		°C		°C	°C	*Probekörper-Form*
Schlagzähigkeit	kJ/m²	23	≧4.5			NS
Kerbschlagzähigkeit (1)	kJ/m²	23	≧3			NS
IZOD-Kerbschlag-zähigkeit (2)	J/m					

Abrieb und Reibung

Taber-Abrieb (Reibradverfahren) mm³/100 U
Statische Reibungszahl
Dynamische Reibungszahl (p·v= N/mm² · m/min)
Zulässiger p · v Wert N/mm² · (m/min) v= m/min
v= m/min

Thermische Eigenschaften

Formbeständigkeit in der Wärme	*Verfahren*			°C
	Verfahren			°C
Formbeständigkeit Martens				≧140 °C
Längenausdehnungskoeffizient	*Bereich* °C			$\cdot 10^{-4} K^{-1}$
	Temperatur 23 °C			$0.20–0.40 \cdot 10^{-4} K^{-1}$
Wärmeleitfähigkeit	*Verfahren* DIN 52612		23 °C	0.7 W/(K · m)
Spezifische Wärmekapazität	*Verfahren*		23 °C	1.2 J/(K · g)

Brandverhalten

UL-Test vertikal Dicke mm, Wert
Dicke mm, Wert

	Norm	*Bewertung*	*Abmessungen*
Sauerstoff-Index	ASTM D 2863		
Glühstab-Verfahren	DIN 53459	2c	
Brandverhalten	DIN 4102		
MVSS			
FAR			

Elektrische Eigenschaften

		Hz	°C		*Probekörper, Form*
Dielektrizitätszahl		50			
		10^3	23	4–6	
		10^6			
Dielektrischer Verlustfaktor tan δ		50			
		10^3	23	0.03	
		10^6			
Spezifischer Durchgangs-widerstand	Ohm · cm		23	≧1.0*10**12	
Durchschlagfestigkeit	kV/mm		23	10–15	1 mm dick
Oberflächenwiderstand	Ohm		23	≧1.0*10**12	

Kriechstromfestigkeit KC >600 KB KA
Kriechwegbildung

Elektrolytische Korrosionswirkung
Lichtbogenfestigkeit nach DIN
nach ASTM s

Beständigkeit *(Chemische Beständigkeit siehe Anhang)*
Wasseraufnahme 23 C ≦45 mg

Feuchtigkeitsaufnahme Normalklima %
Wetterbeständigkeit

Produktklasse	Polyesterharz-Formmasse		**UP**
Handelsname	**Draimoco FR; Reihe von 7250 bis 7299**		
Hersteller	DSMITALIA		
DIN-Bezeichnung	804 DIN 16911		
ISO-Bezeichnung			
Harzbasis	Ungesaettigter Polyester		
Zusätze		*Füllstoffe/ Verstärkung*	Glasfasern und andere anorganische Harztraeger
Bevorzugte Verarbeitung	Spritzpressen	*Lieferform*	Mahlgranulat
		Farben	Natur; Standard
Besondere Merkmale	Gute Fliessfaehigkeit; Leichtes Vorformen; Ausgezeichnete Einfaerbbarkeit auch bei hellen Farben	*Bevorzugte Anwendungen*	Bedarfsartikel; Technisches Formteil

Dichte	g/cm³ 2.0–2.1	*Dosierbarkeit*	
Schüttdichte	g/cm³	*Tablettierbarkeit*	
Fließeinstellung		*Lagerung*	Unter 20 C; Mindestens 6 Monate

Verarbeitungsbedingungen für Pressen		**Verarbeitungsbedingungen für Spritzgießen**	
		Zylindertemperatur	°C
		Düsentemperatur	°C
		Massetemp.	°C
Werkzeugtemperatur	°C	*Werkzeugtemp.*	°C
Pressdruck	bar	*Spritzdruck*	bar
Härtezeit je mm	s	*Härtezeit*	s
Schwindung	%	*Schwindung*	%
Nachschwindung	%	*Nachschwindung*	%
Bemerkungen		*Bemerkungen*	

Zugversuch 23 °C DIN 53455;
Probekörper: *Form* Nr 3 — *Herstellung* Pressen

Zugfestigkeit	N/mm² 30	*E-Modul*	N/mm²
Reißdehnung	%	*Zeitstandzugfestigkeit*	h N/mm²

Biegeversuch 23 °C DIN 53452; DIN 53457
Probekörper: *Form* NS — *Herstellung* Pressen

Biegefestigkeit	N/mm² 55–65	*E-Modul*	N/mm² 9000–11000

Druckversuch 23°C DIN 53454
Probekörper: *Form* Wuerfel 1 cm — *Herstellung* Pressen

Druckfestigkeit	N/mm² ≧230	*Stauchung*	%

Härte 23 °C *Probekörper:* — *Herstellung* Pressen

Kugeldruckhärte N/mm² 280–300 bei N, s

Schlagversuch *Probekörper:* *(1)* U-Kerbe *(2)*

Herstellung Pressen

		°C		°C	°C	*Probekörper-Form*
Schlagzähigkeit	kJ/m²	23	≧4.5			NS
Kerbschlagzähigkeit (1)	kJ/m²	23	≧3			NS
IZOD-Kerbschlagzähigkeit (2)	J/m					

Abrieb und Reibung

Taber-Abrieb (Reibradverfahren) $mm^3/100$ U
Statische Reibungszahl
Dynamische Reibungszahl (p·v= N/mm²· m/min)
Zulässiger p · v Wert N/mm² · (m/min) v= m/min
v= m/min

Thermische Eigenschaften

Formbeständigkeit in der Wärme	*Verfahren*			°C
	Verfahren			°C
Formbeständigkeit Martens				≧140 °C
Längenausdehnungskoeffizient	*Bereich* °C			$\cdot 10^{-4}K^{-1}$
	Temperatur 23 °C			$0.20–0.40 \cdot 10^{-4}K^{-1}$
Wärmeleitfähigkeit	*Verfahren* DIN 52612		23 °C	0.7 W/(K · m)
Spezifische Wärmekapazität	*Verfahren*		23 °C	1.2 J/(K · g)

Brandverhalten

UL-Test vertikal Dicke 1.6 mm, Wert V-1
Dicke 3.2 mm, Wert V-0

	Norm	*Bewertung*	*Abmessungen*
Sauerstoff-Index	ASTM D 2863		
Glühstab-Verfahren	DIN 53459	2a	
Brandverhalten	DIN 4102		
MVSS			
FAR			

Elektrische Eigenschaften

		Hz	°C			*Probekörper, Form*
Dielektrizitätszahl		50				
		10^3	23	4–6		
		10^6				
Dielektrischer Verlustfaktor tan δ		50				
		10^3	23	0.03		
		10^6				
Spezifischer Durchgangswiderstand	Ohm · cm		23	≧1.0*10**12		
Durchschlagfestigkeit	kV/mm		23	10–15		1 mm dick
Oberflächenwiderstand	Ohm		23	≧1.0*10**12		
Kriechstromfestigkeit		KC >600		KB	KA	
Kriechwegbildung						

Elektrolytische Korrosionswirkung
Lichtbogenfestigkeit nach DIN
nach ASTM s

Beständigkeit *(Chemische Beständigkeit siehe Anhang)*

Wasseraufnahme 23 C ≦45 mg

Feuchtigkeitsaufnahme Normalklima %
Wetterbeständigkeit

Produktklasse	Polyesterharz-Formmasse		**UP**
Handelsname	**Draimoco FG; Reihe von 7300 bis 7399**		
Hersteller	DSMITALIA		
DIN-Bezeichnung	802 DIN 16911		
ISO-Bezeichnung			
Harzbasis	Ungesaettigter Polyester		
Zusätze		*Füllstoffe/ Verstärkung*	Glasfasern und andere anorganische Harztraeger
Bevorzugte Verarbeitung	Spritzgiessen	*Lieferform*	Granulat
		Farben	Natur; Standard
Besondere Merkmale	Ausgezeichnete Fliessfaehigkeit; Ausgezeichnete Einfaerbbarkeit auch bei hellen Farben	*Bevorzugte Anwendungen*	Bedarfsartikel; Technisches Formteil

Dichte	g/cm^3	2.0–2.1	*Dosierbarkeit*	
Schüttdichte	g/cm^3		*Tablettierbarkeit*	
Fließeinstellung			*Lagerung*	Unter 20 C; Mindestens 6 Monate

Verarbeitungsbedingungen für Pressen

Werkzeugtemperatur	°C	
Pressdruck	bar	
Härtezeit je mm	s	
Schwindung	%	
Nachschwindung	%	
Bemerkungen		

Verarbeitungsbedingungen für Spritzgießen

Zylindertemperatur	°C	50–90
Düsentemperatur	°C	60–100
Massetemp.	°C	
Werkzeugtemp.	°C	160–180
Spritzdruck	bar	500–2500
Härtezeit	s	15–25
Schwindung	%	0.5–0.8
Nachschwindung	%	≦0.1
Bemerkungen		

Zugversuch 23 °C DIN 53455; *Probekörper:* *Form* Nr 3 *Herstellung* Pressen

Zugfestigkeit	N/mm^2	30	*E-Modul*	N/mm^2	
Reißdehnung	%		*Zeitstandzugfestigkeit*	h N/mm^2	

Biegeversuch 23 °C DIN 53452; DIN 53457 *Probekörper:* *Form* NS *Herstellung* Pressen

Biegefestigkeit	N/mm^2	55–65	*E-Modul*	N/mm^2	9000–11000

Druckversuch 23°C DIN 53454 *Probekörper:* *Form* Wuerfel 1 cm *Herstellung* Pressen

Druckfestigkeit	N/mm^2	≧230	*Stauchung*	%

Härte 23 °C *Probekörper:* *Herstellung* Pressen

Kugeldruckhärte N/mm^2 230–300 bei N, s

Schlagversuch *Probekörper:* *(1)* U-Kerbe
(2)
Herstellung Pressen

		°C		°C	°C	*Probekörper-Form*
Schlagzähigkeit	kJ/m²	23	≧4.5			NS
Kerbschlagzähigkeit (1)	kJ/m²	23	≧3			NS
IZOD-Kerbschlag-zähigkeit (2)	J/m					

Abrieb und Reibung

Taber-Abrieb (Reibradverfahren)	mm³/100 U	
Statische Reibungszahl		
Dynamische Reibungszahl	(p·v= N/mm²· m/min)	
Zulässiger p · v Wert	N/mm² · (m/min)	v= m/min
		v= m/min

Thermische Eigenschaften

Formbeständigkeit in der Wärme	*Verfahren*			°C
	Verfahren			°C
Formbeständigkeit Martens				≧140 °C
Längenausdehnungskoeffizient	*Bereich* °C			$\cdot 10^{-4}K^{-1}$
	Temperatur 23 °C			$0.20–0.40 \cdot 10^{-4}K^{-1}$
Wärmeleitfähigkeit	*Verfahren* DIN 52612		23 °C	0.7 W/(K · m)
Spezifische Wärmekapazität	*Verfahren*		23 °C	1.2 J/(K · g)

Brandverhalten

UL-Test vertikal	Dicke	mm, Wert
	Dicke	mm, Wert

	Norm	*Bewertung*	*Abmessungen*
Sauerstoff-Index	ASTM D 2863		
Glühstab-Verfahren	DIN 53459	2c	
Brandverhalten	DIN 4102		
MVSS			
FAR			

Elektrische Eigenschaften

		Hz	°C			*Probekörper, Form*
Dielektrizitätszahl		50				
		10^3	23	4–6		
		10^6				
Dielektrischer Verlustfaktor tan δ		50				
		10^3	23	0.03		
		10^6				
Spezifischer Durchgangs-widerstand	Ohm · cm		23	≧1.0*10**12		
Durchschlagfestigkeit	kV/mm		23	10–15		1 mm dick
Oberflächenwiderstand	Ohm		23	≧1.0*10**12		
Kriechstromfestigkeit		KC >600		KB	KA	
Kriechwegbildung						
Elektrolytische Korrosionswirkung						
Lichtbogenfestigkeit nach DIN						
nach ASTM	s					

Beständigkeit *(Chemische Beständigkeit siehe Anhang)*

Wasseraufnahme 23 C ≦45 mg

Feuchtigkeitsaufnahme Normalklima %

Wetterbeständigkeit

UP

Produktklasse	Polyesterharz-Formmasse		
Handelsname	**Draimoco FR; Reihe von 7400 bis 7499**		
Hersteller	DSMITALIA		
DIN-Bezeichnung *ISO-Bezeichnung*	804 DIN 16911		
Harzbasis	Ungesaettigter Polyester		
Zusätze		*Füllstoffe/ Verstärkung*	Glasfasern und andere anorganische Harztraeger
Bevorzugte Verarbeitung	Spritzgiessen	*Lieferform*	Granulat
		Farben	Natur; Standard
Besondere Merkmale	Sehr gute Fliessfaehigkeit; Ausgezeichnete Einfaerbbarkeit auch bei hellen Farben	*Bevorzugte Anwendungen*	Bedarfsartikel; Technisches Formteil

Dichte	g/cm^3	2.0–2.1	*Dosierbarkeit*	
Schüttdichte	g/cm^3		*Tablettierbarkeit*	
Fließeinstellung			*Lagerung*	Unter 20 C; Mindestens 6 Monate

Verarbeitungsbedingungen für Pressen

Werkzeugtemperatur	°C	
Pressdruck	bar	
Härtezeit je mm	s	
Schwindung	%	
Nachschwindung	%	
Bemerkungen		

Verarbeitungsbedingungen für Spritzgießen

Zylindertemperatur	°C	50–90
Düsentemperatur	°C	60–100
Massetemp.	°C	
Werkzeugtemp.	°C	160–180
Spritzdruck	bar	500–2500
Härtezeit	s	15–25
Schwindung	%	0.5–0.8
Nachschwindung	%	≦0.1
Bemerkungen		

Zugversuch 23 °C DIN 53455; *Probekörper:* *Form* Nr 3 *Herstellung* Pressen

Zugfestigkeit	N/mm^2	30	*E-Modul*	N/mm^2
Reißdehnung	%		*Zeitstandzugfestigkeit*	h N/mm^2

Biegeversuch 23 °C DIN 53452; DIN 53457 *Probekörper:* *Form* NS *Herstellung* Pressen

Biegefestigkeit	N/mm^2	55–65	*E-Modul*	N/mm^2	9000–11000

Druckversuch 23 °C DIN 53454 *Probekörper:* *Form* Wuerfel 1 cm *Herstellung* Pressen

Druckfestigkeit	N/mm^2	≧230	*Stauchung*	%

Härte 23 °C *Probekörper:* *Herstellung* Pressen

Kugeldruckhärte N/mm^2 280–300 bei N, s

Schlagversuch *Probekörper:* *(1)* U-Kerbe *(2)*   *Herstellung* Pressen

		°C		°C	°C	*Probekörper-Form*
Schlagzähigkeit	kJ/m²	23	≧4.5			NS
Kerbschlagzähigkeit (1)	kJ/m²	23	≧3			NS
IZOD-Kerbschlagzähigkeit (2)	J/m					

Abrieb und Reibung

Taber-Abrieb (Reibradverfahren) mm³/100 U
Statische Reibungszahl
Dynamische Reibungszahl (p·v= N/mm² · m/min)
Zulässiger p · v Wert N/mm² · (m/min) v= m/min
v= m/min

Thermische Eigenschaften

Formbeständigkeit in der Wärme	*Verfahren*			°C
	Verfahren			°C
Formbeständigkeit Martens				≧140 °C
Längenausdehnungskoeffizient	*Bereich* °C			$\cdot 10^{-4} K^{-1}$
	Temperatur 23 °C			$0.20–0.40 \cdot 10^{-4} K^{-1}$
Wärmeleitfähigkeit	*Verfahren* DIN 52612		23 °C	0.7 W/(K · m)
Spezifische Wärmekapazität	*Verfahren*		23 °C	1.2 J/(K · g)

Brandverhalten

UL-Test vertikal Dicke 1.6 mm, Wert V-1
Dicke 3.2 mm, Wert V-0

	Norm	*Bewertung*	*Abmessungen*
Sauerstoff-Index	ASTM D 2863		
Glühstab-Verfahren	DIN 53459	2a	
Brandverhalten	DIN 4102		
MVSS			
FAR			

Elektrische Eigenschaften

		Hz	°C		*Probekörper, Form*
Dielektrizitätszahl		50			
		10^3	23	4–6	
		10^6			
Dielektrischer Verlustfaktor tan δ		50			
		10^3	23	0.03	
		10^6			
Spezifischer Durchgangswiderstand	Ohm · cm		23	≧1.0*10**12	
Durchschlagfestigkeit	kV/mm		23	10–15	1 mm dick
Oberflächenwiderstand	Ohm		23	≧1.0*10**12	

Kriechstromfestigkeit KC >600 KB KA
Kriechwegbildung

Elektrolytische Korrosionswirkung
Lichtbogenfestigkeit nach DIN
nach ASTM s

Beständigkeit *(Chemische Beständigkeit siehe Anhang)*

Wasseraufnahme 23 C ≦45 mg

Feuchtigkeitsaufnahme Normalklima %
Wetterbeständigkeit

Produktklasse	Polyesterharz-Formmasse		**UP**
Handelsname	**Draimoco FG; Reihe von 7500 bis 7599**		
Hersteller	DSMITALIA		
DIN-Bezeichnung	DIN 16911		
ISO-Bezeichnung			
Harzbasis	Ungesaettigter Polyester		
Zusätze		*Füllstoffe/ Verstärkung*	Organische Harztraeger
Bevorzugte Verarbeitung	Pressen	*Lieferform*	Mahlgranulat
		Farben	Natur; Standard
Besondere Merkmale	Mittlere Fliessfaehigkeit; Leichtes Vorformen; Ausgezeichnete Einfaerbbarkeit auch bei hellen Farben; Geringer Abrieb; Ausgezeichnetes Oberflaechenfinish	*Bevorzugte Anwendungen*	Bedarfsartikel; Technisches Formteil

Dichte	g/cm^3	1.85–1.95	*Dosierbarkeit*	
Schüttdichte	g/cm^3		*Tablettierbarkeit*	
Fließeinstellung			*Lagerung*	Unter 20 C; Mindestens 6 Monate

Verarbeitungsbedingungen für Pressen			**Verarbeitungsbedingungen für Spritzgießen**		
			Zylindertemperatur	°C	
			Düsentemperatur	°C	
			Massetemp.	°C	
Werkzeugtemperatur	°C	150–170	*Werkzeugtemp.*	°C	
Pressdruck	bar	≧80	*Spritzdruck*	bar	
Härtezeit je mm	s	15–30	*Härtezeit*	s	
Schwindung	%	0.8–1.1	*Schwindung*	%	
Nachschwindung	%	0.1–0.2	*Nachschwindung*	%	
Bemerkungen			*Bemerkungen*		

Zugversuch 23 °C	DIN 53455; *Probekörper:* *Form* Nr 3		*Herstellung*	Pressen	
Zugfestigkeit	N/mm^2	35	*E-Modul*	N/mm^2	
Reißdehnung	%		*Zeitstandzugfestigkeit*	h N/mm^2	
Biegeversuch 23 °C	DIN 53452; DIN 53457 *Probekörper:* *Form* NS		*Herstellung*	Pressen	
Biegefestigkeit	N/mm^2	60–70	*E-Modul*	N/mm^2	9000–10000
Druckversuch 23 °C	DIN 53454 *Probekörper:* *Form* Wuerfel 1 cm		*Herstellung*	Pressen	
Druckfestigkeit	N/mm^2	150–180	*Stauchung*	%	
Härte 23 °C	*Probekörper:*		*Herstellung*	Pressen	
Kugeldruckhärte	N/mm^2	200–230 bei N, s			

Schlagversuch *Probekörper:* *(1)* U-Kerbe
(2)
Herstellung Pressen

		°C		°C	°C	*Probekörper-Form*
Schlagzähigkeit	kJ/m²	23	4–6			NS
Kerbschlagzähigkeit (1)	kJ/m²	23	2.5–3.5			NS
IZOD-Kerbschlag-zähigkeit (2)	J/m					

Abrieb und Reibung

Taber-Abrieb (Reibradverfahren) mm³/100 U
Statische Reibungszahl
Dynamische Reibungszahl (p·v= N/mm² · m/min)
Zulässiger p · v Wert N/mm² · (m/min) v= m/min
v= m/min

Thermische Eigenschaften

Formbeständigkeit in der Wärme	*Verfahren*			°C
	Verfahren			°C
Formbeständigkeit Martens				≧100 °C
Längenausdehnungskoeffizient	*Bereich* °C			· 10⁻⁴K⁻¹
	Temperatur 23 °C			0.30–0.50 · 10⁻⁴K⁻¹
Wärmeleitfähigkeit	*Verfahren* DIN 52612		23 °C	0.8 W/(K · m)
Spezifische Wärmekapazität	*Verfahren*		23 °C	1.2 J/(K · g)

Brandverhalten

UL-Test vertikal Dicke mm, Wert
Dicke mm, Wert

	Norm	*Bewertung*	*Abmessungen*
Sauerstoff-Index	ASTM D 2863		
Glühstab-Verfahren	DIN 53459	2c	
Brandverhalten	DIN 4102		
MVSS			
FAR			

Elektrische Eigenschaften

		Hz	°C		*Probekörper, Form*
Dielektrizitätszahl		50			
		10^3	23	4–6	
		10^6			
Dielektrischer Verlustfaktor tan δ		50			
		10^3	23	0.03	
		10^6			
Spezifischer Durchgangs-widerstand	Ohm · cm		23	≧1.0*10**12	
Durchschlagfestigkeit	kV/mm		23	10–15	1 mm dick
Oberflächenwiderstand	Ohm		23	≧1.0*10**10	

Kriechstromfestigkeit KC >600 KB KA
Kriechwegbildung

Elektrolytische Korrosionswirkung
Lichtbogenfestigkeit nach DIN
nach ASTM s

Beständigkeit *(Chemische Beständigkeit siehe Anhang)*

Wasseraufnahme 23 C ≦120 mg

Feuchtigkeitsaufnahme Normalklima %
Wetterbeständigkeit

Produktklasse	Polyesterharz-Formmasse		**UP**
Handelsname	**Draimoco FR; Reihe von 7600 bis 7699**		
Hersteller	DSMITALIA		
DIN-Bezeichnung *ISO-Bezeichnung*			
Harzbasis	Ungesaettigter Polyester		
Zusätze		*Füllstoffe/ Verstärkung*	Organische Harztraeger
Bevorzugte Verarbeitung	Pressen	*Lieferform*	Mahlgranulat
		Farben	Natur; Standard
Besondere Merkmale	Mittlere Fliessfaehigkeit; Leichtes Vorformen; Ausgezeichnete Einfaerbbarkeit auch bei hellen Farben; Geringer Abrieb; Ausgezeichnetes Oberflaechenfinish	*Bevorzugte Anwendungen*	Bedarfsartikel; Technisches Formteil

---

Dichte	g/cm³	1.85–1.95	*Dosierbarkeit*	
Schüttdichte	g/cm³		*Tablettierbarkeit*	
Fließeinstellung			*Lagerung*	Unter 20 C; Mindestens 6 Monate

Verarbeitungsbedingungen für Pressen

Werkzeugtemperatur	°C	150–170
Pressdruck	bar	≧80
Härtezeit je mm	s	15–30
Schwindung	%	0.8–1.1
Nachschwindung	%	0.1–0.2
Bemerkungen		

Verarbeitungsbedingungen für Spritzgießen

Zylindertemperatur	°C	
Düsentemperatur	°C	
Massetemp.	°C	
Werkzeugtemp.	°C	
Spritzdruck	bar	
Härtezeit	s	
Schwindung	%	
Nachschwindung	%	
Bemerkungen		

Zugversuch 23 °C DIN 53455; *Probekörper:* *Form* Nr 3 — *Herstellung* Pressen

Zugfestigkeit	N/mm² 35	*E-Modul*		N/mm²
Reißdehnung	%	*Zeitstandzugfestigkeit*	h	N/mm²

Biegeversuch 23 °C DIN 53452; DIN 53457 *Probekörper:* *Form* NS — *Herstellung* Pressen

Biegefestigkeit	N/mm² 60–70	*E-Modul*	N/mm² 9000–10000

Druckversuch 23 °C DIN 53454 *Probekörper:* *Form* Wuerfel 1 cm — *Herstellung* Pressen

Druckfestigkeit	N/mm²	150–180	*Stauchung*	%

Härte 23 °C *Probekörper:* — *Herstellung* Pressen

Kugeldruckhärte	N/mm² 210–250	bei	N, s

Schlagversuch *Probekörper:* *(1)* U-Kerbe *(2)*

Herstellung Pressen

		°C		°C	°C	*Probekörper-Form*
Schlagzähigkeit	kJ/m²	23	4–6			NS
Kerbschlagzähigkeit (1)	kJ/m²	23	2.5–3.5			NS
IZOD-Kerbschlagzähigkeit (2)	J/m					

Abrieb und Reibung

Taber-Abrieb (Reibradverfahren) mm³/100 U
Statische Reibungszahl
Dynamische Reibungszahl (p·v= N/mm²· m/min)
Zulässiger p · v Wert N/mm² · (m/min) v= m/min
v= m/min

Thermische Eigenschaften

Formbeständigkeit in der Wärme	*Verfahren*			°C
	Verfahren			°C
Formbeständigkeit Martens				≧100 °C
Längenausdehnungskoeffizient	*Bereich* °C			$\cdot 10^{-4}K^{-1}$
	Temperatur 23 °C			0.30–0.50 $\cdot 10^{-4}K^{-1}$
Wärmeleitfähigkeit	*Verfahren* DIN 52612		23 °C	0.8 W/(K · m)
Spezifische Wärmekapazität	*Verfahren*		23 °C	1.2 J/(K · g)

Brandverhalten

UL-Test vertikal Dicke 1.6 mm, Wert V-1
Dicke 3.2 mm, Wert V-0

	Norm	*Bewertung*	*Abmessungen*
Sauerstoff-Index	ASTM D 2863		
Glühstab-Verfahren	DIN 53459	2a	
Brandverhalten	DIN 4102		
MVSS			
FAR			

Elektrische Eigenschaften

		Hz	°C		*Probekörper, Form*
Dielektrizitätszahl		50			
		10^3	23	4–6	
		10^6			
Dielektrischer Verlustfaktor tan δ		50			
		10^3	23	0.03	
		10^6			
Spezifischer Durchgangswiderstand	Ohm · cm		23	≧1.0*10**12	
Durchschlagfestigkeit	kV/mm		23	10–15	1 mm dick
Oberflächenwiderstand	Ohm		23	≧1.0*10**10	

Kriechstromfestigkeit KC >600 KB KA
Kriechwegbildung

Elektrolytische Korrosionswirkung
Lichtbogenfestigkeit nach DIN
nach ASTM s

Beständigkeit *(Chemische Beständigkeit siehe Anhang)*

Wasseraufnahme 23 C ≦120 mg

Feuchtigkeitsaufnahme Normalklima %
Wetterbeständigkeit

Produktklasse	Polyesterharz-Formmasse		**UP**
Handelsname	**Dralmoco FG; Reihe von 7700 bis 7749**		
Hersteller	DSMITALIA		
DIN-Bezeichnung			
ISO-Bezeichnung			
Harzbasis	Ungesaettigter Polyester		
Zusätze		*Füllstoffe/ Verstärkung*	Organische Harztraeger
Bevorzugte Verarbeitung	Spritzpressen	*Lieferform*	Mahlgranulat
		Farben	Natur; Standard
Besondere Merkmale	Gute Fliessfaehigkeit; Leichtes Vorformen; Ausgezeichnete Einfaerbbarkeit auch bei hellen Farben; Geringer Abrieb; Ausgezeichnetes Oberflaechenfinish	*Bevorzugte Anwendungen*	Bedarfsartikel; Technisches Formteil

Dichte	g/cm³	1.85–1.95	*Dosierbarkeit*	
Schüttdichte	g/cm³		*Tablettierbarkeit*	
Fließeinstellung			*Lagerung*	Unter 20 C; Mindestens 6 Monate

Verarbeitungsbedingungen für Pressen		**Verarbeitungsbedingungen für Spritzgießen**	
		Zylindertemperatur	°C
		Düsentemperatur	°C
		Massetemp.	°C
Werkzeugtemperatur	°C	*Werkzeugtemp.*	°C
Pressdruck	bar	*Spritzdruck*	bar
Härtezeit je mm	s	*Härtezeit*	s
Schwindung	%	*Schwindung*	%
Nachschwindung	%	*Nachschwindung*	%
Bemerkungen		*Bemerkungen*	

Zugversuch 23 °C DIN 53455; *Probekörper:* *Form* Nr 3 *Herstellung* Pressen

Zugfestigkeit	N/mm²	30	*E-Modul*	N/mm²	
Reißdehnung	%		*Zeitstandzugfestigkeit*	h N/mm²	

Biegeversuch 23 °C DIN 53452; DIN 53457 *Probekörper:* *Form* NS *Herstellung* Pressen

Biegefestigkeit	N/mm²	55–65	*E-Modul*	N/mm²	9000–10000

Druckversuch 23°C DIN 53454 *Probekörper:* *Form* Wuerfel 1 cm *Herstellung* Pressen

Druckfestigkeit	N/mm²	150–180	*Stauchung*	%

Härte 23 °C *Probekörper:* *Herstellung* Pressen

Kugeldruckhärte	N/mm²	200–230	bei	N, s

Schlagversuch *Probekörper:* *(1)* U-Kerbe
(2)
Herstellung Pressen

		°C		°C	°C	*Probekörper-Form*
Schlagzähigkeit	kJ/m²	23	4–6			NS
Kerbschlagzähigkeit (1)	kJ/m²	23	2.5–3.5			NS
IZOD-Kerbschlag-zähigkeit (2)	J/m					

Abrieb und Reibung

Taber-Abrieb (Reibradverfahren) mm³/100 U
Statische Reibungszahl
Dynamische Reibungszahl (p·v= N/mm²· m/min)
Zulässiger p · v Wert N/mm² · (m/min) v= m/min
v= m/min

Thermische Eigenschaften

Formbeständigkeit in der Wärme	*Verfahren*			°C
	Verfahren			°C
Formbeständigkeit Martens				≧100 °C
Längenausdehnungskoeffizient	*Bereich*	°C		$\cdot 10^{-4} K^{-1}$
	Temperatur 23 °C			0.30–0.50 $\cdot 10^{-4} K^{-1}$
Wärmeleitfähigkeit	*Verfahren* DIN 52612		23 °C	0.8 W/(K · m)
Spezifische Wärmekapazität	*Verfahren*		23 °C	1.2 J/(K · g)

Brandverhalten

UL-Test vertikal Dicke mm, Wert
Dicke mm, Wert

	Norm	*Bewertung*	*Abmessungen*
Sauerstoff-Index	ASTM D 2863		
Glühstab-Verfahren	DIN 53459	2c	
Brandverhalten	DIN 4102		
MVSS			
FAR			

Elektrische Eigenschaften

		Hz	°C		*Probekörper, Form*
Dielektrizitätszahl		50			
		10^3	23	4–6	
		10^6			
Dielektrischer Verlustfaktor tan δ		50			
		10^3	23	0.03	
		10^6			
Spezifischer Durchgangs-widerstand	Ohm · cm		23	≧1.0*10**12	
Durchschlagfestigkeit	kV/mm		23	10–15	1 mm dick
Oberflächenwiderstand	Ohm		23	≧1.0*10**10	

Kriechstromfestigkeit KC >600 KB KA
Kriechwegbildung

Elektrolytische Korrosionswirkung
Lichtbogenfestigkeit nach DIN
nach ASTM s

Beständigkeit *(Chemische Beständigkeit siehe Anhang)*

Wasseraufnahme 23 C ≦120 mg

Feuchtigkeitsaufnahme Normalklima %
Wetterbeständigkeit

Produktklasse	Polyesterharz-Formmasse		**UP**
Handelsname	**Draimoco FR; Reihe von 7750 bis 7799**		
Hersteller	DSMITALIA		
DIN-Bezeichnung			
ISO-Bezeichnung			
Harzbasis	Ungesaettigter Polyester		
Zusätze		*Füllstoffe/ Verstärkung*	Organische Harztraeger
Bevorzugte Verarbeitung	Spritzpressen	*Lieferform*	Mahlgranulat
		Farben	Natur; Standard
Besondere Merkmale	Gute Fliessfaehigkeit; Leichtes Vorformen; Ausgezeichnete Einfaerbbarkeit auch bei hellen Farben; Geringer Abrieb; Ausgezeichnetes Oberflaechenfinish	*Bevorzugte Anwendungen*	Bedarfsartikel; Technisches Formteil

---

Dichte	g/cm³	1.85–1.95	*Dosierbarkeit*	
Schüttdichte	g/cm³		*Tablettierbarkeit*	
Fließeinstellung			*Lagerung*	Unter 20 C; Mindestens 6 Monate

Verarbeitungsbedingungen für Pressen		**Verarbeitungsbedingungen für Spritzgießen**	
		Zylindertemperatur	°C
		Düsentemperatur	°C
		Massetemp.	°C
Werkzeugtemperatur	°C	*Werkzeugtemp.*	°C
Pressdruck	bar	*Spritzdruck*	bar
Härtezeit je mm	s	*Härtezeit*	s
Schwindung	%	*Schwindung*	%
Nachschwindung	%	*Nachschwindung*	%
Bemerkungen		*Bemerkungen*	

Zugversuch 23 °C DIN 53455; *Probekörper:* *Form* Nr 3 *Herstellung* Pressen

Zugfestigkeit	N/mm²	30	*E-Modul*	N/mm²	
Reißdehnung	%		*Zeitstandzugfestigkeit*	h N/mm²	

Biegeversuch 23 °C DIN 53452; DIN 53457 *Probekörper:* *Form* NS *Herstellung* Pressen

Biegefestigkeit	N/mm²	55–65	*E-Modul*	N/mm²	9000–10000

Druckversuch 23 °C DIN 53454 *Probekörper:* *Form* Wuerfel 1 cm *Herstellung* Pressen

Druckfestigkeit	N/mm²	150–180	*Stauchung*	%

Härte 23 °C *Probekörper:* *Herstellung* Pressen

Kugeldruckhärte N/mm² 210–250 bei N, s

Schlagversuch *Probekörper:* *(1)* U-Kerbe *(2)* *Herstellung* Pressen

		°C		°C		°C		*Probekörper-Form*
Schlagzähigkeit	kJ/m^2	23	4–6					NS
Kerbschlagzähigkeit (1)	kJ/m^2	23	2.5–3.5					NS
IZOD-Kerbschlag-zähigkeit (2)	J/m							

Abrieb und Reibung

Taber-Abrieb (Reibradverfahren) mm^3/100 U
Statische Reibungszahl
Dynamische Reibungszahl (p·v= N/mm^2 · m/min)
Zulässiger p · v Wert N/mm^2 · (m/min) v= m/min
v= m/min

Thermische Eigenschaften

Formbeständigkeit in der Wärme	*Verfahren*			°C
	Verfahren			°C
Formbeständigkeit Martens				≧100 °C
Längenausdehnungskoeffizient	*Bereich*	°C		$\cdot 10^{-4} K^{-1}$
	Temperatur 23 °C			0.30–0.50 $\cdot 10^{-4} K^{-1}$
Wärmeleitfähigkeit	*Verfahren* DIN 52612		23 °C	0.8 W/(K · m)
Spezifische Wärmekapazität	*Verfahren*		23 °C	1.2 J/(K · g)

Brandverhalten

UL-Test vertikal Dicke 1.6 mm, Wert V-1
Dicke 3.2 mm, Wert V-0

	Norm	*Bewertung*	*Abmessungen*
Sauerstoff-Index	ASTM D 2863		
Glühstab-Verfahren	DIN 53459	2a	
Brandverhalten	DIN 4102		
MVSS			
FAR			

Elektrische Eigenschaften

		Hz	°C		*Probekörper, Form*
Dielektrizitätszahl		50			
		10^3	23	4–6	
		10^6			
Dielektrischer Verlustfaktor tan δ		50			
		10^3	23	0.03	
		10^6			
Spezifischer Durchgangs-widerstand	Ohm · cm		23	≧1.0*10**12	
Durchschlagfestigkeit	kV/mm		23	10–15	1 mm dick
Oberflächenwiderstand	Ohm		23	≧1.0*10**10	

Kriechstromfestigkeit KC >600 KB KA
Kriechwegbildung

Elektrolytische Korrosionswirkung
Lichtbogenfestigkeit nach DIN
nach ASTM s

Beständigkeit *(Chemische Beständigkeit siehe Anhang)*

Wasseraufnahme 23 C ≦120 mg

Feuchtigkeitsaufnahme Normalklima %
Wetterbeständigkeit

Produktklasse	Polyesterharz-Formmasse		**UP**
Handelsname	**Draimoco FG; Reihe von 7800 bis 7899**		
Hersteller	DSMITALIA		
DIN-Bezeichnung			
ISO-Bezeichnung			
Harzbasis	Ungesaettigter Polyester		
Zusätze		*Füllstoffe/ Verstärkung*	Organische Harztraeger
Bevorzugte Verarbeitung	Spritzgiessen	*Lieferform*	Granulat
		Farben	Natur; Standard
Besondere Merkmale	Ausgezeichnetes Fliessverhalten; Ausgezeichnete Einfaerbbarkeit auch bei hellen Farben; Geringer Abrieb; Ausgezeichnetes Oberflaechenfinish	*Bevorzugte Anwendungen*	Bedarfsartikel; Technisches Formteil

Dichte	g/cm³	1.85–1.95	*Dosierbarkeit*	
Schüttdichte	g/cm³		*Tablettierbarkeit*	
Fließeinstellung			*Lagerung*	Unter 20 C; Mindestens 6 Monate

Verarbeitungsbedingungen für Pressen

Werkzeugtemperatur	°C	
Pressdruck	bar	
Härtezeit je mm	s	
Schwindung	%	
Nachschwindung	%	
Bemerkungen		

Verarbeitungsbedingungen für Spritzgießen

Zylindertemperatur	°C	50–90
Düsentemperatur	°C	60–100
Massetemp.	°C	
Werkzeugtemp.	°C	160–180
Spritzdruck	bar	500–2500
Härtezeit	s	15–25
Schwindung	%	1.0–1.4
Nachschwindung	%	0.1–0.2
Bemerkungen		

Zugversuch 23 °C DIN 53455;
Probekörper: *Form* Nr 3 *Herstellung* Pressen

Zugfestigkeit	N/mm²	30	*E-Modul*	N/mm²	
Reißdehnung	%		*Zeitstandzugfestigkeit* h	N/mm²	

Biegeversuch 23 °C DIN 53452; DIN 53457
Probekörper: *Form* NS *Herstellung* Pressen

Biegefestigkeit	N/mm²	55–65	*E-Modul*	N/mm²	9000–10000

Druckversuch 23°C DIN 53454
Probekörper: *Form* Wuerfel 1 cm *Herstellung* Pressen

Druckfestigkeit	N/mm²	150–180	*Stauchung*	%

Härte 23 °C *Probekörper:* *Herstellung* Pressen

Kugeldruckhärte N/mm² 200–230 bei N, s

Schlagversuch *Probekörper:* *(1)* U-Kerbe *(2)* *Herstellung* Pressen

		°C		°C	°C	*Probekörper-Form*
Schlagzähigkeit	kJ/m^2	23	4–6			NS
Kerbschlagzähigkeit (1)	kJ/m^2	23	2.5–3.5			NS
IZOD-Kerbschlag-zähigkeit (2)	J/m					

Abrieb und Reibung

Taber-Abrieb (Reibradverfahren) $mm^3/100$ U
Statische Reibungszahl
Dynamische Reibungszahl (p·v= N/mm^2· m/min)
Zulässiger p · v Wert N/mm^2 · (m/min) v= m/min
v= m/min

Thermische Eigenschaften

Formbeständigkeit in der Wärme	*Verfahren*			°C
	Verfahren			°C
Formbeständigkeit Martens				≧100 °C
Längenausdehnungskoeffizient	*Bereich* °C			$\cdot 10^{-4} K^{-1}$
	Temperatur 23 °C			0.30–0.50 $\cdot 10^{-4} K^{-1}$
Wärmeleitfähigkeit	*Verfahren* DIN 52612		23 °C	0.8 W/(K · m)
Spezifische Wärmekapazität	*Verfahren*		23 °C	1.2 J/(K · g)

Brandverhalten

UL-Test vertikal Dicke mm, Wert
Dicke mm, Wert

	Norm	*Bewertung*	*Abmessungen*
Sauerstoff-Index	ASTM D 2863		
Glühstab-Verfahren	DIN 53459	2c	
Brandverhalten	DIN 4102		
MVSS			
FAR			

Elektrische Eigenschaften

		Hz	°C		*Probekörper, Form*
Dielektrizitätszahl		50			
		10^3	23	4–6	
		10^6			
Dielektrischer Verlustfaktor tan δ		50			
		10^3	23	0.03	
		10^6			
Spezifischer Durchgangs-widerstand	Ohm · cm		23	≧1.0*10**12	
Durchschlagfestigkeit	kV/mm		23	10–15	1 mm dick
Oberflächenwiderstand	Ohm		23	≧1.0*10**10	

Kriechstromfestigkeit KC >600 KB KA
Kriechwegbildung

Elektrolytische Korrosionswirkung
Lichtbogenfestigkeit nach DIN
nach ASTM s

Beständigkeit *(Chemische Beständigkeit siehe Anhang)*

Wasseraufnahme 23 C ≦120 mg

Feuchtigkeitsaufnahme Normalklima %
Wetterbeständigkeit

Produktklasse	Polyesterharz-Formmasse		**UP**
Handelsname	**Draimoco FR; Reihe von 7900 bis 7999**		
Hersteller	DSMITALIA		
DIN-Bezeichnung *ISO-Bezeichnung*			
Harzbasis	Ungesaettigter Polyester		
Zusätze		*Füllstoffe/ Verstärkung*	Organische Harztraeger
Bevorzugte Verarbeitung	Spritzgiessen	*Lieferform*	Granulat
		Farben	Natur; Standard
Besondere Merkmale	Ausgezeichnetes Fliessverhalten; Ausgezeichnete Einfaerbbarkeit auch bei hellen Farben; Geringer Abrieb; Ausgezeichnetes Oberflaechenfinish	*Bevorzugte Anwendungen*	Bedarfsartikel; Technisches Formteil

Dichte	g/cm^3	1.85–1.95	*Dosierbarkeit*	
Schüttdichte	g/cm^3		*Tablettierbarkeit*	
Fließeinstellung			*Lagerung*	Unter 20 C; Mindestens 6 Monate

Verarbeitungsbedingungen für Pressen

Werkzeugtemperatur	°C	
Pressdruck	bar	
Härtezeit je mm	s	
Schwindung	%	
Nachschwindung	%	
Bemerkungen		

Verarbeitungsbedingungen für Spritzgießen

Zylindertemperatur	°C	50–90
Düsentemperatur	°C	60–100
Massetemp.	°C	
Werkzeugtemp.	°C	160–180
Spritzdruck	bar	500–2500
Härtezeit	s	15–25
Schwindung	%	1.0–1.4
Nachschwindung	%	0.1–0.2
Bemerkungen		

Zugversuch 23 °C DIN 53455;
Probekörper: *Form* Nr 3 *Herstellung* Pressen

Zugfestigkeit	N/mm^2 30	*E-Modul*		N/mm^2
Reißdehnung	%	*Zeitstandzugfestigkeit*	h	N/mm^2

Biegeversuch 23 °C DIN 53452; DIN 53457
Probekörper: *Form* NS *Herstellung* Pressen

Biegefestigkeit	N/mm^2 55–65	*E-Modul*	N/mm^2 9000–10000

Druckversuch 23°C DIN 53454
Probekörper: *Form* Wuerfel 1 cm *Herstellung* Pressen

Druckfestigkeit	N/mm^2	150–180	*Stauchung*	%

Härte 23 °C *Probekörper:* *Herstellung* Pressen

Kugeldruckhärte N/mm^2 210–250 bei N, s

Schlagversuch *Probekörper:* *(1)* U-Kerbe *(2)* *Herstellung* Pressen

		°C		°C	°C	*Probekörper-Form*
Schlagzähigkeit	kJ/m²	23	4–6			NS
Kerbschlagzähigkeit (1)	kJ/m²	23	2.5–3.5			NS
IZOD-Kerbschlagzähigkeit (2)	J/m					

Abrieb und Reibung

Taber-Abrieb (Reibradverfahren) mm³/100 U
Statische Reibungszahl
Dynamische Reibungszahl (p·v= N/mm² · m/min)
Zulässiger p · v Wert N/mm² · (m/min) v= m/min
v= m/min

Thermische Eigenschaften

Formbeständigkeit in der Wärme	*Verfahren*			°C
	Verfahren			°C
Formbeständigkeit Martens				≧100 °C
Längenausdehnungskoeffizient	*Bereich* °C			$\cdot 10^{-4}K^{-1}$
	Temperatur 23 °C			$0.30–0.50 \cdot 10^{-4}K^{-1}$
Wärmeleitfähigkeit	*Verfahren* DIN 52612		23 °C	0.8 W/(K · m)
Spezifische Wärmekapazität	*Verfahren*		23 °C	1.2 J/(K · g)

Brandverhalten

UL-Test vertikal Dicke 1.6 mm, Wert V-1
Dicke 3.2 mm, Wert V-0

	Norm	*Bewertung*	*Abmessungen*
Sauerstoff-Index	ASTM D 2863		
Glühstab-Verfahren	DIN 53459	2a	
Brandverhalten	DIN 4102		
MVSS			
FAR			

Elektrische Eigenschaften

		Hz	°C		*Probekörper, Form*
Dielektrizitätszahl		50			
		10^3	23	4–6	
		10^6			
Dielektrischer Verlustfaktor tan δ		50			
		10^3	23	0.03	
		10^6			
Spezifischer Durchgangswiderstand	Ohm · cm		23	≧1.0*10**12	
Durchschlagfestigkeit	kV/mm		23	10–15	1 mm dick
Oberflächenwiderstand	Ohm		23	≧1.0*10**10	

Kriechstromfestigkeit KC >600 KB KA
Kriechwegbildung

Elektrolytische Korrosionswirkung
Lichtbogenfestigkeit nach DIN
nach ASTM s

Beständigkeit *(Chemische Beständigkeit siehe Anhang)*

Wasseraufnahme 23 C ≦120 mg

Feuchtigkeitsaufnahme Normalklima %
Wetterbeständigkeit

UP

Produktklasse	Polyesterharz-Formmasse
Handelsname	**Ampal PG 310**
Hersteller	CIBA MA
DIN-Bezeichnung	802 DIN 16911
ISO-Bezeichnung	
Harzbasis	Ungesaettigter Polyester
Zusätze	
Füllstoffe/ Verstärkung	Kurzglasfasern und Gesteinsmehl
Bevorzugte Verarbeitung	Spritzgiessen; Pressen
Lieferform	Mahlgranulat
Farben	Natur; Standard
Besondere Merkmale	Niedrige Nachschwindung; Halogenfrei; Schwermetallfrei
Bevorzugte Anwendungen	Elektronik; Autoelektrik; Starkstromtechnik; Schwachstromtechnik; Schalterteil; Schaltergehaeuse; Verteilergehaeuse

Dichte	g/cm³	1.9–2.0
Schüttdichte	g/cm³	0.8–0.95
Fließeinstellung		
Dosierbarkeit		
Tablettierbarkeit		
Lagerung		

Verarbeitungsbedingungen für Pressen

Werkzeugtemperatur	°C	170–185
Pressdruck	bar	
Härtezeit je mm	s	
Schwindung	%	0.3–0.5
Nachschwindung	%	0.0–0.1
Bemerkungen		

Verarbeitungsbedingungen für Spritzgießen

Zylindertemperatur	°C	70–90
Düsentemperatur	°C	80–100
Massetemp.	°C	
Werkzeugtemp.	°C	170–185
Spritzdruck	bar	
Härtezeit	s	
Schwindung	%	0.4–0.8
Nachschwindung	%	0.0–0.1
Bemerkungen		

Zugversuch 23 °C DIN 53455; DIN 53457
Probekörper: *Form* *Herstellung* Spritzgiessen

Zugfestigkeit	N/mm²	60–70
Reißdehnung	%	0.8–1.0
E-Modul	N/mm²	12000–13000
Zeitstandzugfestigkeit	h N/mm²	

Biegeversuch 23 °C DIN 53452; DIN 53457
Probekörper: *Form* NS *Herstellung* Pressen

Biegefestigkeit	N/mm²	60–80
E-Modul	N/mm²	9000–11000

Druckversuch 23 °C DIN 53454
Probekörper: *Form* *Herstellung* Pressen

Druckfestigkeit	N/mm²	160–210
Stauchung	%	

Härte 23 °C *Probekörper:* *Herstellung* Pressen

Kugeldruckhärte N/mm² 250–300 bei N, s

Schlagversuch *Probekörper:* *(1)* U-Kerbe
(2)
Herstellung Pressen

		°C		°C		°C		*Probekörper-Form*
Schlagzähigkeit	kJ/m²	80	5–7	23	5–7	-40	4–6	NS
Kerbschlagzähigkeit (1)	kJ/m²	80	2.5–3.0	23	2.5–3.0	-40	2.5–3.0	NS
IZOD-Kerbschlagzähigkeit (2)	J/m							

Abrieb und Reibung

Taber-Abrieb (Reibradverfahren) mm³/100 U
Statische Reibungszahl
Dynamische Reibungszahl (p·v= N/mm²· m/min)
Zulässiger p · v Wert N/mm² · (m/min) v= m/min
v= m/min

Thermische Eigenschaften

Formbeständigkeit in der Wärme	*Verfahren* A			180–200 °C
	Verfahren B			220–240 °C
Formbeständigkeit Martens				140–160 °C
Längenausdehnungskoeffizient	*Bereich* -30–30 °C			$0.2–0.3 \cdot 10^{-4}K^{-1}$
	Temperatur °C			$\cdot 10^{-4}K^{-1}$
Wärmeleitfähigkeit	*Verfahren* DIN 52612		23 °C	0.6–0.7 W/(K · m)
Spezifische Wärmekapazität	*Verfahren*			J/(K · g)

Brandverhalten

UL-Test vertikal Dicke mm, Wert
Dicke mm, Wert

	Norm	*Bewertung*	*Abmessungen*
Sauerstoff-Index	ASTM D 2863	25 %	
Glühstab-Verfahren	DIN 53459	2b	80x10x4 mm
Brandverhalten	DIN 4102		
MVSS			
FAR			

Elektrische Eigenschaften

		Hz	°C		*Probekörper, Form*
Dielektrizitätszahl		50	23	5–6	
		10^3	23	5–6	
		10^6	23	4–5	
Dielektrischer Verlustfaktor tan δ		50	23	0.02–0.03	
		10^3	23	0.02–0.03	
		10^6	23	0.01–0.02	
Spezifischer Durchgangswiderstand	Ohm · cm		23	1. *10**14–1. *10**15	
Durchschlagfestigkeit	kV/mm		23	12–15	1 mm dick
Oberflächenwiderstand	Ohm		23	1. *10**12–1. *10**13	

Kriechstromfestigkeit KC KB KA
Kriechwegbildung ≧CTI 600
≧CTI 600M
Elektrolytische Korrosionswirkung AN 1.2 Platte 50 × 50 × 4 mm
Lichtbogenfestigkeit nach DIN
nach ASTM s 150–160

Beständigkeit *(Chemische Beständigkeit siehe Anhang)*

Wasseraufnahme 23 C 4 d ≦0.2 %

Feuchtigkeitsaufnahme Normalklima %
Wetterbeständigkeit

Produktklasse	Polyesterharz-Formmasse		**UP**
Handelsname	**Ampal PG 315**		
Hersteller	CIBA MA		
DIN-Bezeichnung *ISO-Bezeichnung*			
Harzbasis	Ungesaettigter Polyester		
Zusätze		*Füllstoffe/ Verstärkung*	Kurzglasfasern und Gesteinsmehl
Bevorzugte Verarbeitung	Spritzgiessen; Pressen	*Lieferform*	Mahlgranulat
		Farben	Natur; Standard
Besondere Merkmale	Niedrige Nachschwindung; Halogenfrei; Schwermetallfrei	*Bevorzugte Anwendungen*	Elektronik; Autoelektrik; Starkstromtechnik; Schwachstromtechnik; Schalterteil; Schaltergehaeuse; Verteilergehaeuse; Sicherungsgehaeuse; Steckverbinder; Kontakttraeger; Relais

Dichte	g/cm^3	1.9–2.0	*Dosierbarkeit*
Schüttdichte	g/cm^3	0.8–0.95	*Tablettierbarkeit*
Fließeinstellung			*Lagerung*

Verarbeitungsbedingungen für Pressen

Werkzeugtemperatur	°C	170–185
Pressdruck	bar	
Härtezeit je mm	s	
Schwindung	%	0.3–0.5
Nachschwindung	%	0.0–0.1
Bemerkungen		

Verarbeitungsbedingungen für Spritzgießen

Zylindertemperatur	°C	70–90
Düsentemperatur	°C	80–100
Massetemp.	°C	
Werkzeugtemp.	°C	170–185
Spritzdruck	bar	
Härtezeit	s	
Schwindung	%	0.4–0.8
Nachschwindung	%	0.0–0.1
Bemerkungen		

Zugversuch 23 °C DIN 53455; DIN 53457
Probekörper: *Form* — *Herstellung* Spritzgiessen

Zugfestigkeit	N/mm^2	60–70	*E-Modul*	N/mm^2	12000–13000
Reißdehnung	%	0.8–1.0	*Zeitstandzugfestigkeit*	h N/mm^2	

Biegeversuch 23 °C DIN 53452; DIN 53457
Probekörper: *Form* NS — *Herstellung* Pressen

Biegefestigkeit	N/mm^2	60–80	*E-Modul*	N/mm^2	9000–11000

Druckversuch 23°C DIN 53454
Probekörper: *Form* — *Herstellung* Pressen

Druckfestigkeit	N/mm^2	160–210	*Stauchung*	%	

Härte 23 °C *Probekörper:* — *Herstellung* Pressen

Kugeldruckhärte N/mm^2 250–300 bei N, s

Schlagversuch *Probekörper:* *(1)* U-Kerbe *(2)* *Herstellung* Pressen

		°C		°C		°C		*Probekörper-Form*
Schlagzähigkeit	kJ/m²	80	5–7	23	5–7	-40	4–6	NS
Kerbschlagzähigkeit (1)	kJ/m²	80	2.5–3.0	23	2.5–3.0	-40	2.5–3.0	NS
IZOD-Kerbschlagzähigkeit (2)	J/m							

Abrieb und Reibung

Taber-Abrieb (Reibradverfahren) mm³/100 U

Statische Reibungszahl

Dynamische Reibungszahl (p·v= N/mm² · m/min)

Zulässiger p · v Wert N/mm² · (m/min) v= m/min

v= m/min

Thermische Eigenschaften

Formbeständigkeit in der Wärme	*Verfahren*	A			180–200 °C
	Verfahren	B			220–240 °C
Formbeständigkeit Martens					140–160 °C
Längenausdehnungskoeffizient	*Bereich*	-30–30	°C		$0.2–0.3 \cdot 10^{-4} K^{-1}$
	Temperatur	°C			$\cdot 10^{-4} K^{-1}$
Wärmeleitfähigkeit	*Verfahren*	DIN 52612		23 °C	0.6–0.7 W/(K · m)
Spezifische Wärmekapazität	*Verfahren*				J/(K · g)

Brandverhalten

UL-Test vertikal Dicke 1.6 mm, Wert V-0

Dicke mm, Wert

	Norm	*Bewertung*	*Abmessungen*
Sauerstoff-Index	ASTM D 2863	50 %	
Glühstab-Verfahren	DIN 53459	2a	80x10x4 mm
Brandverhalten	DIN 4102		
MVSS			
FAR			

Elektrische Eigenschaften

		Hz	°C		*Probekörper, Form*
Dielektrizitätszahl		50	23	5–6	
		10^3	23	5–6	
		10^6	23	4–5	
Dielektrischer Verlustfaktor tan δ		50	23	0.02–0.03	
		10^3	23	0.02–0.03	
		10^6	23	0.01–0.02	
Spezifischer Durchgangswiderstand	Ohm · cm		23	1. *10**12–1. *10**13	
Durchschlagfestigkeit	kV/mm		23	12–15	1 mm dick
Oberflächenwiderstand	Ohm		23	1. *10**10–1. *10**11	

Kriechstromfestigkeit KC KB KA

Kriechwegbildung ≧ CTI 600

≧ CTI 600 M

Elektrolytische Korrosionswirkung AN 1.2 Platte 50 × 50 × 4 mm

Lichtbogenfestigkeit nach DIN

nach ASTM s 160–170

Beständigkeit *(Chemische Beständigkeit siehe Anhang)*

Wasseraufnahme 23 C 4 d ≦0.2 %

Feuchtigkeitsaufnahme Normalklima %

Wetterbeständigkeit

Produktklasse	Polyesterharz-Formmasse		**UP**
Handelsname	**Ampal PG 325**		
Hersteller	CIBA MA		
DIN-Bezeichnung			
ISO-Bezeichnung			
Harzbasis	Ungesaettigter Polyester		
Zusätze		*Füllstoffe/ Verstärkung*	Langglasfasern, organische Fasern und Gesteinsmehl
Bevorzugte Verarbeitung	Spritzgiessen; Pressen	*Lieferform*	Zylindergranulat
		Farben	Natur; Standard
Besondere Merkmale	Sehr kleine Nachschwindung; Halogenfrei; Schwermetallfrei; Hohe mechanische Festigkeit; Gute Gleiteigenschaften	*Bevorzugte Anwendungen*	Elektronik; Starkstromtechnik; Schwachstromtechnik; Kontakttraeger; Schalterteil; Schaltergehaeuse; Verteilergehaeuse; Sicherungsgehaeuse; Steckverbinder

Dichte	g/cm^3	1.7–1.8	*Dosierbarkeit*
Schüttdichte	g/cm^3	0.25–0.35	*Tablettierbarkeit*
Fließeinstellung			*Lagerung*

Verarbeitungsbedingungen für Pressen

Werkzeugtemperatur	°C	170–185
Pressdruck	bar	
Härtezeit je mm	s	
Schwindung	%	0.4–0.6
Nachschwindung	%	0.0–0.1
Bemerkungen		

Verarbeitungsbedingungen für Spritzgießen

Zylindertemperatur	°C	70–90
Düsentemperatur	°C	80–100
Massetemp.	°C	
Werkzeugtemp.	°C	170–185
Spritzdruck	bar	
Härtezeit	s	
Schwindung	%	0.8–1.2
Nachschwindung	%	0.0–0.1
Bemerkungen		

Zugversuch 23 °C DIN 53455;
Probekörper: *Form* — *Herstellung* Pressen

Zugfestigkeit	N/mm^2		*E-Modul*	N/mm^2	
Reißdehnung	%	0.7–0.9	*Zeitstandzugfestigkeit*	h N/mm^2	

Biegeversuch 23 °C DIN 53452; DIN 53457
Probekörper: *Form* NS — *Herstellung* Pressen

Biegefestigkeit	N/mm^2	60–80	*E-Modul*	N/mm^2	6000–8000

Druckversuch 23°C DIN 53454
Probekörper: *Form* — *Herstellung* Pressen

Druckfestigkeit	N/mm^2	160–210	*Stauchung*	%	

Härte 23 °C *Probekörper:* — *Herstellung* Pressen

Kugeldruckhärte N/mm^2 200–250 bei N, s

Schlagversuch *Probekörper:* *(1)* U-Kerbe *(2)* *Herstellung* Pressen

		°C		°C		°C		*Probekörper-Form*
Schlagzähigkeit	kJ/m²	80	7–9	23	7–9	-40	6–8	NS
Kerbschlagzähigkeit (1)	kJ/m²	80	6.5–7.5	23	6.5–7.5	-40	5.5–6.5	NS
IZOD-Kerbschlagzähigkeit (2)	J/m							

Abrieb und Reibung

Taber-Abrieb (Reibradverfahren) mm³/100 U
Statische Reibungszahl
Dynamische Reibungszahl (p·v= N/mm²· m/min)
Zulässiger p · v Wert N/mm² · (m/min) v= m/min
v= m/min

Thermische Eigenschaften

Formbeständigkeit in der Wärme	*Verfahren* A			160–180 °C
	Verfahren B			200–220 °C
Formbeständigkeit Martens				130–160 °C
Längenausdehnungskoeffizient	*Bereich* -30–30 °C			$0.3–0.4 \cdot 10^{-4}K^{-1}$
	Temperatur °C			$\cdot 10^{-4}K^{-1}$
Wärmeleitfähigkeit	*Verfahren* DIN 52612		23 °C	0.6–0.7 W/(K · m)
Spezifische Wärmekapazität	*Verfahren*			J/(K · g)

Brandverhalten

UL-Test vertikal Dicke 3.2 mm, Wert V-0
Dicke mm, Wert

	Norm	*Bewertung*	*Abmessungen*
Sauerstoff-Index	ASTM D 2863	50 %	
Glühstab-Verfahren	DIN 53459	2a	80x10x4 mm
Brandverhalten	DIN 4102		
MVSS			
FAR			

Elektrische Eigenschaften

		Hz	°C		*Probekörper, Form*
Dielektrizitätszahl		50	23	5–6	
		10^3	23	5–6	
		10^6	23	4–5	
Dielektrischer Verlustfaktor tan δ		50	23	0.02–0.03	
		10^3	23	0.02–0.03	
		10^6	23	0.01–0.02	
Spezifischer Durchgangswiderstand	Ohm · cm		23	1. *10**12–1. *10**13	
Durchschlagfestigkeit	kV/mm		23	14–17	1 mm dick
Oberflächenwiderstand	Ohm		23	1. *10**10–1. *10**11	

Kriechstromfestigkeit KC KB KA
Kriechwegbildung ≧CTI 600
≧CTI 600 M
Elektrolytische Korrosionswirkung AN 1.2 Platte 50 × 50 × 4 mm
Lichtbogenfestigkeit nach DIN
nach ASTM s 150–160

Beständigkeit *(Chemische Beständigkeit siehe Anhang)*

Wasseraufnahme 23 C 4 d ≦0.6 %

Feuchtigkeitsaufnahme Normalklima %
Wetterbeständigkeit

Produktklasse	Polyesterharz-Formmasse		**UP**
Handelsname	**Ampal PM 350**		
Hersteller	CIBA MA		
DIN-Bezeichnung *ISO-Bezeichnung*			
Harzbasis	Ungesaettigter Polyester		
Zusätze		*Füllstoffe/ Verstärkung*	Cellulose und Gesteinsmehl
Bevorzugte Verarbeitung	Spritzgiessen; Pressen	*Lieferform*	Mahlgranulat
		Farben	Natur; Standard
Besondere Merkmale	Kleine Formschwindung; Kleine Nachschwindung; Halogenfrei; Schwermetallfrei; Gute Oberflaeche; Gutes Abriebverhalten	*Bevorzugte Anwendungen*	Schwachstromtechnik; Schalterteil; Schaltergehaeuse; Verteilergehaeuse

Dichte	g/cm³	1.7–1.8	*Dosierbarkeit*
Schüttdichte	g/cm³	0.6–0.75	*Tablettierbarkeit*
Fließeinstellung			*Lagerung*

Verarbeitungsbedingungen für Pressen

Werkzeugtemperatur	°C	170–185
Pressdruck	bar	
Härtezeit je mm	s	
Schwindung	%	0.6–0.8
Nachschwindung	%	0.2–0.3
Bemerkungen		

Verarbeitungsbedingungen für Spritzgießen

Zylindertemperatur	°C	70–90
Düsentemperatur	°C	80–100
Massetemp.	°C	
Werkzeugtemp.	°C	170–185
Spritzdruck	bar	
Härtezeit	s	
Schwindung	%	0.9–1.2
Nachschwindung	%	0.2–0.4
Bemerkungen		

Zugversuch 23 °C DIN 53455; DIN 53457
Probekörper: *Form* — *Herstellung* Spritzgiessen

Zugfestigkeit	N/mm²	50–60	*E-Modul*	N/mm²	8000–9000
Reißdehnung	%	0.8–1.0	*Zeitstandzugfestigkeit*	h N/mm²	

Biegeversuch 23 °C DIN 53452; DIN 53457
Probekörper: *Form* NS — *Herstellung* Pressen

Biegefestigkeit	N/mm²	60–80	*E-Modul*	N/mm²	7000–9000

Druckversuch 23°C DIN 53454
Probekörper: *Form* — *Herstellung* Pressen

Druckfestigkeit	N/mm²	170–220	*Stauchung*	%

Härte 23 °C *Probekörper:* — *Herstellung* Pressen

Kugeldruckhärte N/mm² 200–250 bei N, s

Schlagversuch *Probekörper:* *(1)* U-Kerbe *(2)* *Herstellung* Pressen

		°C		°C		°C		*Probekörper-Form*
Schlagzähigkeit	kJ/m²	80	6–8	23	6–8	-40	5–7	NS
Kerbschlagzähigkeit (1)	kJ/m²	80	2.0–2.5	23	2.0–2.5	-40	2.0–2.5	NS
IZOD-Kerbschlag-zähigkeit (2)	J/m							

Abrieb und Reibung

Taber-Abrieb (Reibradverfahren) mm³/100 U
Statische Reibungszahl
Dynamische Reibungszahl (p·v= N/mm² · m/min)
Zulässiger p · v Wert N/mm² · (m/min) v= m/min
v= m/min

Thermische Eigenschaften

Formbeständigkeit in der Wärme	*Verfahren* A			140–160 °C
	Verfahren B			180–200 °C
Formbeständigkeit Martens				100–120 °C
Längenausdehnungskoeffizient	*Bereich* -30–30 °C			0.3–0.4 · $10^{-4}K^{-1}$
	Temperatur °C			· $10^{-4}K^{-1}$
Wärmeleitfähigkeit	*Verfahren* DIN 52612		23 °C	0.5–0.6 W/(K · m)
Spezifische Wärmekapazität	*Verfahren*			J/(K · g)

Brandverhalten

UL-Test vertikal Dicke mm, Wert
Dicke mm, Wert

	Norm	*Bewertung*	*Abmessungen*
Sauerstoff-Index	ASTM D 2863	23 %	
Glühstab-Verfahren	DIN 53459	2b	80x10x4 mm
Brandverhalten	DIN 4102		
MVSS			
FAR			

Elektrische Eigenschaften

		Hz	°C		*Probekörper, Form*
Dielektrizitätszahl		50	23	6–7	
		10^3	23	6–7	
		10^6	23	5–6	
Dielektrischer Verlustfaktor tan δ		50	23	0.02–0.03	
		10^3	23	0.02–0.03	
		10^6	23	0.01–0.02	
Spezifischer Durchgangs-widerstand	Ohm · cm		23	1. *10**12–1. *10**13	
Durchschlagfestigkeit	kV/mm		23	14–17	1 mm dick
Oberflächenwiderstand	Ohm		23	1. *10**10–1. *10**13	

Kriechstromfestigkeit KC KB KA
Kriechwegbildung ≧CTI 600
≧CTI 600 M
Elektrolytische Korrosionswirkung AN 1.2 Platte 50 × 50 × 4 mm
Lichtbogenfestigkeit nach DIN
nach ASTM s 120–130

Beständigkeit *(Chemische Beständigkeit siehe Anhang)*

Wasseraufnahme 23 C 4 d ≦0.9 %

Feuchtigkeitsaufnahme Normalklima %
Wetterbeständigkeit

Produktklasse	Polyesterharz-Formmasse		**UP**
Handelsname	**Ampal PM 355**		
Hersteller	CIBA MA		
DIN-Bezeichnung			
ISO-Bezeichnung			
Harzbasis	Ungesaettigter Polyester		
Zusätze		*Füllstoffe/ Verstärkung*	Cellulose und Gesteinsmehl
Bevorzugte Verarbeitung	Spritzgiessen; Pressen	*Lieferform*	Mahlgranulat
		Farben	Natur; Standard
Besondere Merkmale	Kleine Formschwindung; Kleine Nachschwindung; Sehr gute und gleichmaessige Oberflaeche; Halogenfrei; Schwermetallfrei; Gutes Abriebverhalten	*Bevorzugte Anwendungen*	Elektronik; Starkstromtechnik; Schwachstromtechnik; Buegeleisen; Schalterteil; Schaltergehaeuse; Verteilergehaeuse; Gehaeuse fuer Kuechenmaschinen; Lampengehaeuse

Dichte	g/cm^3	1.7–1.8	*Dosierbarkeit*		
Schüttdichte	g/cm^3	0.6–0.75	*Tablettierbarkeit*		
Fließeinstellung			*Lagerung*		

Verarbeitungsbedingungen für Pressen			**Verarbeitungsbedingungen für Spritzgießen**		
			Zylindertemperatur	°C	70–90
			Düsentemperatur	°C	80–100
			Massetemp.	°C	
Werkzeugtemperatur	°C	170–185	*Werkzeugtemp.*	°C	170–185
Pressdruck	bar		*Spritzdruck*	bar	
Härtezeit je mm	s		*Härtezeit*	s	
Schwindung	%	0.6–0.8	*Schwindung*	%	0.9–1.2
Nachschwindung	%	0.2–0.3	*Nachschwindung*	%	0.2–0.4
Bemerkungen			*Bemerkungen*		

Zugversuch 23 °C DIN 53455; DIN 53457
Probekörper: *Form* — *Herstellung* Spritzgiessen

Zugfestigkeit	N/mm^2	50–60	*E-Modul*	N/mm^2	8000–9000
Reißdehnung	%	0.8–1.0	*Zeitstandzugfestigkeit*	h N/mm^2	

Biegeversuch 23 °C DIN 53452; DIN 53457
Probekörper: *Form* NS — *Herstellung* Pressen

Biegefestigkeit	N/mm^2	60–80	*E-Modul*	N/mm^2	7000–9000

Druckversuch 23 °C DIN 53454
Probekörper: *Form* — *Herstellung* Pressen

Druckfestigkeit	N/mm^2	170–220	*Stauchung*	%	

Härte 23 °C *Probekörper:* — *Herstellung* Pressen

Kugeldruckhärte N/mm^2 200–250 bei N, s

Schlagversuch *Probekörper:* *(1)* U-Kerbe *(2)* *Herstellung* Pressen

		°C		°C		°C		*Probekörper-Form*
Schlagzähigkeit	kJ/m²	80	6–8	23	6–8	-40	5–7	NS
Kerbschlagzähigkeit (1)	kJ/m²	80	2.0–2.5	23	2.0–2.5	-40	2.0–2.5	NS
IZOD-Kerbschlagzähigkeit (2)	J/m							

Abrieb und Reibung

Taber-Abrieb (Reibradverfahren) mm³/100 U
Statische Reibungszahl
Dynamische Reibungszahl (p·v= N/mm²· m/min)
Zulässiger p·v Wert N/mm²·(m/min) v= m/min
v= m/min

Thermische Eigenschaften

Formbeständigkeit in der Wärme	*Verfahren* A			140–160 °C
	Verfahren B			180–200 °C
Formbeständigkeit Martens				100–120 °C
Längenausdehnungskoeffizient	*Bereich* -30–30 °C			$0.3–0.4 \cdot 10^{-4} K^{-1}$
	Temperatur °C			$\cdot 10^{-4} K^{-1}$
Wärmeleitfähigkeit	*Verfahren* DIN 52612		23 °C	0.5–0.6 W/(K·m)
Spezifische Wärmekapazität	*Verfahren*			J/(K·g)

Brandverhalten

UL-Test vertikal Dicke 3.2 mm, Wert V-0
Dicke mm, Wert

	Norm	*Bewertung*	*Abmessungen*
Sauerstoff-Index	ASTM D 2863	40 %	
Glühstab-Verfahren	DIN 53459	2a	80x10x4 mm
Brandverhalten	DIN 4102		
MVSS			
FAR			

Elektrische Eigenschaften

		Hz	°C		*Probekörper, Form*
Dielektrizitätszahl		50	23	6–7	
		10^3	23	6–7	
		10^6	23	5–6	
Dielektrischer Verlustfaktor tan δ		50	23	0.02–0.03	
		10^3	23	0.02–0.03	
		10^6	23	0.01–0.02	
Spezifischer Durchgangswiderstand	Ohm·cm		23	1. *10**12–1. *10**13	
Durchschlagfestigkeit	kV/mm		23	14–17	1 mm dick
Oberflächenwiderstand	Ohm		23	1. *10**10–1. *10**13	

Kriechstromfestigkeit KC KB KA
Kriechwegbildung ≧CTI 600
≧CTI 600 M
Elektrolytische Korrosionswirkung AN 1.2 Platte 50 × 50 × 4 mm
Lichtbogenfestigkeit nach DIN
nach ASTM s 120–130

Beständigkeit *(Chemische Beständigkeit siehe Anhang)*

Wasseraufnahme 23 C 4 d ≦0.9 %

Feuchtigkeitsaufnahme Normalklima %
Wetterbeständigkeit

Produktklasse	Polyesterharz-Formmasse		**UP**
Handelsname	**Ampal PM 365**		
Hersteller	CIBA MA		
DIN-Bezeichnung *ISO-Bezeichnung*			
Harzbasis	Ungesaettigter Polyester		
Zusätze		*Füllstoffe/ Verstärkung*	Cellulose; Gesteinsmehl; Kurzglasfasern
Bevorzugte Verarbeitung	Spritzgiessen; Pressen	*Lieferform*	Mahlgranulat
		Farben	Natur; Standard
Besondere Merkmale	Kleine Formschwindung; Sehr kleine Nachschwindung; Halogenfrei; Schwermetallfrei	*Bevorzugte Anwendungen*	Elektronik; Starkstromtechnik; Schwachstromtechnik; Buegeleisen; Schalterteil; Schaltergehaeuse; Verteilergehaeuse; Steckerleiste; Kontakttraeger

Dichte	g/cm^3	1.8–1.9	*Dosierbarkeit*
Schüttdichte	g/cm^3	0.7–0.85	*Tablettierbarkeit*
Fließeinstellung			*Lagerung*

Verarbeitungsbedingungen für Pressen

Werkzeugtemperatur	°C	170–185
Pressdruck	bar	
Härtezeit je mm	s	
Schwindung	%	0.6–0.8
Nachschwindung	%	0.0–0.1
Bemerkungen		

Verarbeitungsbedingungen für Spritzgießen

Zylindertemperatur	°C	70–90
Düsentemperatur	°C	100–110
Massetemp.	°C	
Werkzeugtemp.	°C	160–180
Spritzdruck	bar	
Härtezeit	s	
Schwindung	%	0.8–1.0
Nachschwindung	%	0.0–0.1
Bemerkungen		

Zugversuch 23 °C DIN 53455; DIN 53457
Probekörper: *Form* — *Herstellung* Spritzgiessen

Zugfestigkeit	N/mm^2	50–60	*E-Modul*	N/mm^2	11000–12000
Reißdehnung	%	0.8–1.0	*Zeitstandzugfestigkeit*	h N/mm^2	

Biegeversuch 23 °C DIN 53452; DIN 53457
Probekörper: *Form* NS — *Herstellung* Pressen

Biegefestigkeit	N/mm^2	70–90	*E-Modul*	N/mm^2	7000–9000

Druckversuch 23 °C DIN 53454
Probekörper: *Form* — *Herstellung* Pressen

Druckfestigkeit	N/mm^2	180–220	*Stauchung*	%

Härte 23 °C *Probekörper:* — *Herstellung* Pressen

Kugeldruckhärte N/mm^2 200–250 bei N, s

Schlagversuch *Probekörper:* *(1)* U-Kerbe
(2)
Herstellung Pressen

		°C		°C		°C		*Probekörper-Form*
Schlagzähigkeit	kJ/m²	80	6–8	23	6–8	-40	5–7	NS
Kerbschlagzähigkeit (1)	kJ/m²	80	2.0–2.5	23	2.0–2.5	-40	2.0–2.5	NS
IZOD-Kerbschlag-zähigkeit (2)	J/m							

Abrieb und Reibung

Taber-Abrieb (Reibradverfahren) mm³/100 U
Statische Reibungszahl
Dynamische Reibungszahl (p·v= N/mm²· m/min)
Zulässiger p · v Wert N/mm² · (m/min) v= m/min
v= m/min

Thermische Eigenschaften

Formbeständigkeit in der Wärme	*Verfahren*	A		160–180 °C
	Verfahren	B		220–240 °C
Formbeständigkeit Martens				100–120 °C
Längenausdehnungskoeffizient	*Bereich*	-30–30 °C		0.3–0.4 · $10^{-4}K^{-1}$
	Temperatur	°C		· $10^{-4}K^{-1}$
Wärmeleitfähigkeit	*Verfahren*	DIN 52612	23 °C	0.6–0.7 W/(K · m)
Spezifische Wärmekapazität	*Verfahren*			J/(K · g)

Brandverhalten

UL-Test vertikal Dicke 1.6 mm, Wert V-0
Dicke mm, Wert

	Norm	*Bewertung*	*Abmessungen*
Sauerstoff-Index	ASTM D 2863	40 %	
Glühstab-Verfahren	DIN 53459	2a	80x10x4 mm
Brandverhalten	DIN 4102		
MVSS			
FAR			

Elektrische Eigenschaften

		Hz	°C		*Probekörper, Form*
Dielektrizitätszahl		50	23	5–6	
		10^3	23	5–6	
		10^6	23	4–5	
Dielektrischer Verlustfaktor tan δ		50	23	0.05–0.06	
		10^3	23	0.04–0.05	
		10^6	23	0.02–0.03	
Spezifischer Durchgangs-widerstand	Ohm · cm		23	1. *10**13–1. *10**14	
Durchschlagfestigkeit	kV/mm		23	14–17	1 mm dick
Oberflächenwiderstand	Ohm		23	1. *10**11–1. *10**12	

Kriechstromfestigkeit KC KB KA
Kriechwegbildung ≧CTI 600
≧CTI 600 M
Elektrolytische Korrosionswirkung AN 1.2 Platte 50 × 50 × 4 mm
Lichtbogenfestigkeit nach DIN
nach ASTM s 120–130

Beständigkeit *(Chemische Beständigkeit siehe Anhang)*

Wasseraufnahme 23 C 4 d ≦0.6 %

Feuchtigkeitsaufnahme Normalklima %
Wetterbeständigkeit

Produktklasse	Polyesterharz-Formmasse		**UP**
Handelsname	**Ampal PT 375**		
Hersteller	CIBA MA		
DIN-Bezeichnung			
ISO-Bezeichnung			
Harzbasis	Ungesaettigter Polyester		
Zusätze		*Füllstoffe/ Verstärkung*	Textilfasern und Gesteinsmehl
Bevorzugte Verarbeitung	Spritzgiessen; Pressen	*Lieferform*	Mahlgranulat
		Farben	Natur; Standard
Besondere Merkmale	Gute elektrische Isolationseigenschaften; Sehr gutes Abriebverhalten; Halogenfrei; Schwermetallfrei	*Bevorzugte Anwendungen*	Elektronik; Starkstromtechnik; Schwachstromtechnik; Sicherungsgehaeuse; Schaltergehaeuse; Verteilergehaeuse; Schalterteil

Dichte	g/cm^3	1.7–1.8	*Dosierbarkeit*
Schüttdichte	g/cm^3	0.55–0.7	*Tablettierbarkeit*
Fließeinstellung			*Lagerung*

Verarbeitungsbedingungen für Pressen

Werkzeugtemperatur	°C	170–185
Pressdruck	bar	
Härtezeit je mm	s	
Schwindung	%	0.8–1.0
Nachschwindung	%	0.0–0.1
Bemerkungen		

Verarbeitungsbedingungen für Spritzgießen

Zylindertemperatur	°C	70–90
Düsentemperatur	°C	100–110
Massetemp.	°C	
Werkzeugtemp.	°C	160–180
Spritzdruck	bar	
Härtezeit	s	
Schwindung	%	1.4–1.8
Nachschwindung	%	0.0–0.1
Bemerkungen		

Zugversuch 23 °C DIN 53455; DIN 53457
Probekörper: *Form* — *Herstellung* Spritzgiessen

Zugfestigkeit	N/mm^2	30–40	*E-Modul*	N/mm^2	7000–8000
Reißdehnung	%	1.0–1.2	*Zeitstandzugfestigkeit*	h N/mm^2	

Biegeversuch 23 °C DIN 53452; DIN 53457
Probekörper: *Form* NS — *Herstellung* Pressen

Biegefestigkeit	N/mm^2	60–80	*E-Modul*	N/mm^2	6000–8000

Druckversuch 23 °C DIN 53454
Probekörper: *Form* — *Herstellung* Pressen

Druckfestigkeit	N/mm^2	150–200	*Stauchung*	%	

Härte 23 °C *Probekörper:* — *Herstellung* Pressen

Kugeldruckhärte N/mm^2 150–200 bei N, s

Schlagversuch *Probekörper:* *(1)* U-Kerbe
(2) *Herstellung* Pressen

		°C		°C		°C		*Probekörper-Form*
Schlagzähigkeit	kJ/m²	80	6–8	23	6–8	-40	5–7	NS
Kerbschlagzähigkeit (1)	kJ/m²	80	3.0–3.5	23	3.0–3.5	-40	2.5–3.5	NS
IZOD-Kerbschlag-zähigkeit (2)	J/m							

Abrieb und Reibung

Taber-Abrieb (Reibradverfahren) mm³/100 U
Statische Reibungszahl
Dynamische Reibungszahl (p·v= N/mm²· m/min)
Zulässiger p · v Wert N/mm² · (m/min) v= m/min
v= m/min

Thermische Eigenschaften

Formbeständigkeit in der Wärme	*Verfahren* A			100–130 °C
	Verfahren B			120–150 °C
Formbeständigkeit Martens				90–150 °C
Längenausdehnungskoeffizient	*Bereich* -30–30 °C			0.3–0.4 · $10^{-4}K^{-1}$
	Temperatur °C			· $10^{-4}K^{-1}$
Wärmeleitfähigkeit	*Verfahren* DIN 52612		23 °C	0.5–0.6 W/(K · m)
Spezifische Wärmekapazität	*Verfahren*			J/(K · g)

Brandverhalten

UL-Test vertikal Dicke 3.2 mm, Wert V-0
Dicke mm, Wert

	Norm	*Bewertung*	*Abmessungen*
Sauerstoff-Index	ASTM D 2863	40 %	
Glühstab-Verfahren	DIN 53459	2a	80x10x4 mm
Brandverhalten	DIN 4102		
MVSS			
FAR			

Elektrische Eigenschaften

		Hz	°C		*Probekörper, Form*
Dielektrizitätszahl		50	23	5–6	
		10^3	23	5–6	
		10^6	23	4–5	
Dielektrischer Verlustfaktor tan δ		50	23	0.04–0.05	
		10^3	23	0.03–0.04	
		10^6	23	0.01–0.02	
Spezifischer Durchgangs-widerstand	Ohm · cm		23	1. *10**13–1. *10**14	
Durchschlagfestigkeit	kV/mm		23	15–18	1 mm dick
Oberflächenwiderstand	Ohm		23	1. *10**11–1. *10**12	

Kriechstromfestigkeit KC KB KA
Kriechwegbildung ≧CTI 600
≧CTI 600 M
Elektrolytische Korrosionswirkung AN 1.2 Platte 50 × 50 × 4 mm
Lichtbogenfestigkeit nach DIN
nach ASTM s 140–150

Beständigkeit *(Chemische Beständigkeit siehe Anhang)*

Wasseraufnahme 23 C 4 d ≦0.6 %

Feuchtigkeitsaufnahme Normalklima %
Wetterbeständigkeit

Produktklasse	Polyesterharz-Formmasse		**UP**
Handelsname	**Ampal PK 380**		
Hersteller	CIBA MA		
DIN-Bezeichnung *ISO-Bezeichnung*			
Harzbasis	Ungesaettigter Polyester		
Zusätze		*Füllstoffe/ Verstärkung*	Gesteinsmehl
Bevorzugte Verarbeitung	Spritzgiessen; Pressen	*Lieferform*	Mahlgranulat
		Farben	Natur; Standard
Besondere Merkmale	Sehr niedrige Formschwindung; Sehr niedrige Nachschwindung; Gute elektrische Werte; Sehr hohe Lichtbogenfestigkeit; Sehr gute mechanische Festigkeit	*Bevorzugte Anwendungen*	Starkstromtechnik; Schwachstromtechnik; Schalterteil; Schaltergehaeuse; Verteilergehaeuse; Lampengehaeuse

Dichte	g/cm³	2.0–2.1	*Dosierbarkeit*		
Schüttdichte	g/cm³	0.8–0.95	*Tablettierbarkeit*		
Fließeinstellung			*Lagerung*		

Verarbeitungsbedingungen für Pressen

Werkzeugtemperatur	°C	170–185
Pressdruck	bar	
Härtezeit je mm	s	
Schwindung	%	0.4–0.5
Nachschwindung	%	0.0–0.1
Bemerkungen		

Verarbeitungsbedingungen für Spritzgießen

Zylindertemperatur	°C	70–90
Düsentemperatur	°C	100–110
Massetemp.	°C	
Werkzeugtemp.	°C	160–180
Spritzdruck	bar	
Härtezeit	s	
Schwindung	%	0.5–0.9
Nachschwindung	%	0.0–0.1
Bemerkungen		

Zugversuch 23 °C DIN 53455; DIN 53457
Probekörper: *Form* — *Herstellung* Spritzgiessen

Zugfestigkeit	N/mm²	60–70	*E-Modul*	N/mm²	12000–14000
Reißdehnung	%	0.9–1.1	*Zeitstandzugfestigkeit*	h N/mm²	

Biegeversuch 23 °C DIN 53452; DIN 53457
Probekörper: *Form* NS — *Herstellung* Pressen

Biegefestigkeit	N/mm²	80–100	*E-Modul*	N/mm²	7000–9000

Druckversuch 23°C DIN 53454
Probekörper: *Form* — *Herstellung* Pressen

Druckfestigkeit	N/mm²	160–210	*Stauchung*	%

Härte 23 °C
Probekörper: — *Herstellung* Pressen

Kugeldruckhärte N/mm² 250–300 bei N, s

Schlagversuch *Probekörper:* *(1)* U-Kerbe
(2)
Herstellung Pressen

		°C		°C		°C		*Probekörper-Form*
Schlagzähigkeit	kJ/m^2	80	7–9	23	6–8	-40	6–8	NS
Kerbschlagzähigkeit (1)	kJ/m^2	80	3.5–4.0	23	3.5–4.0	-40	3.0–3.5	NS
IZOD-Kerbschlag-zähigkeit (2)	J/m							

Abrieb und Reibung

Taber-Abrieb (Reibradverfahren) mm^3/100 U
Statische Reibungszahl
Dynamische Reibungszahl (p·v= N/mm^2· m/min)
Zulässiger p · v Wert N/mm^2·(m/min) v= m/min
v= m/min

Thermische Eigenschaften

Formbeständigkeit in der Wärme	*Verfahren* A			250–270 °C
	Verfahren B			270–290 °C
Formbeständigkeit Martens				200–220 °C
Längenausdehnungskoeffizient	*Bereich* -30–30 °C			$0.2–0.3 \cdot 10^{-4} K^{-1}$
	Temperatur °C			$\cdot 10^{-4} K^{-1}$
Wärmeleitfähigkeit	*Verfahren* DIN 52612		23 °C	0.8–0.9 W/(K · m)
Spezifische Wärmekapazität	*Verfahren*			J/(K · g)

Brandverhalten

UL-Test vertikal Dicke mm, Wert
Dicke mm, Wert

	Norm	*Bewertung*	*Abmessungen*
Sauerstoff-Index	ASTM D 2863	30 %	
Glühstab-Verfahren	DIN 53459	2b	80x10x4 mm
Brandverhalten	DIN 4102		
MVSS			
FAR			

Elektrische Eigenschaften

		Hz	°C		*Probekörper, Form*
Dielektrizitätszahl		50	23	6–7	
		10^3	23	6–7	
		10^6	23	5–7	
Dielektrischer Verlustfaktor tan δ		50	23	0.04–0.05	
		10^3	23	0.03–0.04	
		10^6	23	0.01–0.02	
Spezifischer Durchgangs-widerstand	Ohm · cm		23	1. *10**14–1. *10**15	
Durchschlagfestigkeit	kV/mm		23	17–19	1 mm dick
Oberflächenwiderstand	Ohm		23	1. *10**12–1. *10**13	

Kriechstromfestigkeit KC KB KA
Kriechwegbildung ≧CTI 600
≧CTI 600 M
Elektrolytische Korrosionswirkung AN 1.2 Platte 50 × 50 × 4 mm
Lichtbogenfestigkeit nach DIN
nach ASTM s 170–180

Beständigkeit *(Chemische Beständigkeit siehe Anhang)*

Wasseraufnahme 23 C 4 d ≦0.4 %

Feuchtigkeitsaufnahme Normalklima %
Wetterbeständigkeit

Produktklasse	Polyesterharz-Formmasse		**UP**
Handelsname	**Ampal PK 385**		
Hersteller	CIBA MA		
DIN-Bezeichnung			
ISO-Bezeichnung			
Harzbasis	Ungesaettigter Polyester		
Zusätze		*Füllstoffe/ Verstärkung*	Kurzglasfasern und Gesteinsmehl
Bevorzugte Verarbeitung	Spritzgiessen; Pressen	*Lieferform*	Mahlgranulat
		Farben	Natur; Standard
Besondere Merkmale	Sehr niedrige Formschwindung; Sehr niedrige Nachschwindung; Gute elektrische Isolationseigenschaften; Sehr hohe Lichtbogenfestigkeit; Sehr gute mechanische Festigkeit	*Bevorzugte Anwendungen*	Elektronik; Starkstromtechnik; Schwachstromtechnik; Autoelektrik; Gehaeuse; Buegeleisen; Steckverbinder; Kontakttraeger; Spulenkoerper; Herdgriffleiste; Herdknopf; Lampensockel

Dichte	g/cm^3	2.0–2.1	*Dosierbarkeit*
Schüttdichte	g/cm^3	0.8–0.95	*Tablettierbarkeit*
Fließeinstellung			*Lagerung*

Verarbeitungsbedingungen für Pressen

Werkzeugtemperatur	°C	170–185
Pressdruck	bar	
Härtezeit je mm	s	
Schwindung	%	0.3–0.5
Nachschwindung	%	0.0–0.1
Bemerkungen		

Verarbeitungsbedingungen für Spritzgießen

Zylindertemperatur	°C	70–90
Düsentemperatur	°C	100–110
Massetemp.	°C	
Werkzeugtemp.	°C	160–180
Spritzdruck	bar	
Härtezeit	s	
Schwindung	%	0.4–0.8
Nachschwindung	%	0.0–0.1
Bemerkungen		

Zugversuch 23 °C DIN 53455; DIN 53457
Probekörper: *Form* — *Herstellung* Spritzgiessen

Zugfestigkeit	N/mm^2	60–70	*E-Modul*	N/mm^2	12000–14000
Reißdehnung	%	0.9–1.1	*Zeitstandzugfestigkeit*	h N/mm^2	

Biegeversuch 23 °C DIN 53452; DIN 53457
Probekörper: *Form* NS — *Herstellung* Pressen

Biegefestigkeit	N/mm^2	80–100	*E-Modul*	N/mm^2	7000–9000

Druckversuch 23°C DIN 53454
Probekörper: *Form* — *Herstellung* Pressen

Druckfestigkeit	N/mm^2	170–220	*Stauchung*	%	

Härte 23 °C
Probekörper: — *Herstellung* Pressen

Kugeldruckhärte N/mm^2 250–300 bei N, s

Schlagversuch *Probekörper:* *(1)* U-Kerbe *(2)* *Herstellung* Pressen

		°C		°C		°C		*Probekörper-Form*
Schlagzähigkeit	kJ/m²	80	7–9	23	6–8	-40	6–8	NS
Kerbschlagzähigkeit (1)	kJ/m²	80	3.5–4.0	23	3.5–4.0	-40	3.0–3.5	NS
IZOD-Kerbschlagzähigkeit (2)	J/m							

Abrieb und Reibung

Taber-Abrieb (Reibradverfahren)	mm³/100 U		
Statische Reibungszahl			
Dynamische Reibungszahl	(p·v= N/mm²·		m/min)
Zulässiger p · v Wert	N/mm² · (m/min)	v=	m/min
		v=	m/min

Thermische Eigenschaften

Formbeständigkeit in der Wärme	*Verfahren*	A			250–270 °C
	Verfahren	B			270–290 °C
Formbeständigkeit Martens					200–220 °C
Längenausdehnungskoeffizient	*Bereich*	-30–30 °C			0.2–0.3 · $10^{-4}K^{-1}$
	Temperatur	°C			· $10^{-4}K^{-1}$
Wärmeleitfähigkeit	*Verfahren*	DIN 52612		23 °C	0.8–0.9 W/(K · m)
Spezifische Wärmekapazität	*Verfahren*				J/(K · g)

Brandverhalten

UL-Test vertikal Dicke 0.8 mm, Wert V-0
Dicke mm, Wert

	Norm	*Bewertung*	*Abmessungen*
Sauerstoff-Index	ASTM D 2863	60 %	
Glühstab-Verfahren	DIN 53459	2a	80x10x4 mm
Brandverhalten	DIN 4102		
MVSS			
FAR			

Elektrische Eigenschaften

		Hz	°C		*Probekörper, Form*
Dielektrizitätszahl		50	23	6–7	
		10^3	23	6–7	
		10^6	23	5–6	
Dielektrischer Verlustfaktor tan δ		50	23	0.02–0.03	
		10^3	23	0.02–0.03	
		10^6	23	0.01–0.02	
Spezifischer Durchgangswiderstand	Ohm · cm		23	1. *10**14–1. *10**15	
Durchschlagfestigkeit	kV/mm		23	17–19	1 mm dick
Oberflächenwiderstand	Ohm		23	1. *10**12–1. *10**13	

Kriechstromfestigkeit		KC	KB	KA	
Kriechwegbildung		≧CTI 600			
		≧CTI 600 M			
Elektrolytische Korrosionswirkung		AN 1.2			Platte 50 × 50 × 4 mm
Lichtbogenfestigkeit nach DIN					
nach ASTM	s	170–180			

Beständigkeit *(Chemische Beständigkeit siehe Anhang)*

Wasseraufnahme 23 C 4 d ≦0.2 %

Feuchtigkeitsaufnahme Normalklima %
Wetterbeständigkeit

Produktklasse	Epoxidharz-Formmasse		**EP**
Handelsname	**Araldit NU 471**		
Hersteller	CIBA BA		
DIN-Bezeichnung *ISO-Bezeichnung*			
Harzbasis	Epoxid		
Zusätze		*Füllstoffe/ Verstärkung*	Mineral
Bevorzugte Verarbeitung	Pressen; Spritzpressen	*Lieferform*	Staubarmes Granulat
		Farben	Vorwiegend schwarz; Sonderfarben auf Anfrage
Besondere Merkmale	Hohe Kriechstromfestigkeit; Hohe Lichtbogenfestigkeit; Gute Gleiteigenschaften; Geringer Abrieb	*Bevorzugte Anwendungen*	Elektrotechnik; Autoelektrik; Schaltschuetz; Relaissockel; Thermostatsockel; Reihenklemme; Durchfuehrung; Leistungsdiodengehaeuse

---

Dichte	g/cm³	1.9	*Dosierbarkeit*	
Schüttdichte	g/cm³		*Tablettierbarkeit*	
Fließeinstellung			*Lagerung*	Bei 8 C 12 Monate

Verarbeitungsbedingungen für Pressen

Werkzeugtemperatur	°C	150–190
Pressdruck	bar	
Härtezeit je mm	s	≧30
Schwindung	%	0.6–0.8
Nachschwindung	%	
Bemerkungen		

Verarbeitungsbedingungen für Spritzgießen

Zylindertemperatur	°C	
Düsentemperatur	°C	
Massetemp.	°C	
Werkzeugtemp.	°C	
Spritzdruck	bar	
Härtezeit	s	
Schwindung	%	
Nachschwindung	%	
Bemerkungen		

Zugversuch 23 °C ISO 527;
Probekörper: *Form* Nr. 3 — *Herstellung* Pressen

Zugfestigkeit	N/mm²	45	*E-Modul*	N/mm²	
Reißdehnung	%		*Zeitstandzugfestigkeit*	h N/mm²	

Biegeversuch 23 °C ISO 178;
Probekörper: *Form* NS — *Herstellung* Pressen

Biegefestigkeit	N/mm²	90	*E-Modul*	N/mm²	10000

Druckversuch 23°C
Probekörper: *Form* — *Herstellung*

Druckfestigkeit	N/mm²		*Stauchung*	%

Härte 23 °C *Probekörper:* — *Herstellung*

Kugeldruckhärte N/mm² bei N, s

Schlagversuch *Probekörper:* *(1)* U-Kerbe *(2)*

Herstellung Pressen

		°C		°C	°C	*Probekörper-Form*
Schlagzähigkeit	kJ/m²	23	6			NS
Kerbschlagzähigkeit (1)	kJ/m²	23	2			NS
IZOD-Kerbschlagzähigkeit (2)	J/m					

Abrieb und Reibung

Taber-Abrieb (Reibradverfahren)	mm³/100 U		
Statische Reibungszahl			
Dynamische Reibungszahl	(p·v= N/mm²·		m/min)
Zulässiger p · v Wert	N/mm² · (m/min)	v=	m/min
		v=	m/min

Thermische Eigenschaften

Formbeständigkeit in der Wärme	*Verfahren*	A			140 °C
	Verfahren				°C
Formbeständigkeit Martens					°C
Längenausdehnungskoeffizient	*Bereich*	20–100 °C			$0.3 \cdot 10^{-4} K^{-1}$
	Temperatur				$\cdot 10^{-4} K^{-1}$
Wärmeleitfähigkeit	*Verfahren*	DIN 52612		25 °C	0.8 W/(K · m)
Spezifische Wärmekapazität	*Verfahren*				J/(K · g)

Brandverhalten

UL-Test vertikal	Dicke	mm, Wert
	Dicke	mm, Wert

	Norm	*Bewertung*	*Abmessungen*
Sauerstoff-Index	ASTM D 2863	32 %	
Glühstab-Verfahren	DIN 53459	2a	
Brandverhalten	DIN 4102		
MVSS			
FAR			

Elektrische Eigenschaften

		Hz	°C		*Probekörper, Form*
Dielektrizitätszahl		50	23	6	
		10^3			
		10^6			
Dielektrischer Verlustfaktor tan δ		50	23	0.02	
		10^3			
		10^6			
Spezifischer Durchgangswiderstand	Ohm · cm		23	1.0*10**14	
Durchschlagfestigkeit	kV/mm		23	13	2.0 mm dick
Oberflächenwiderstand	Ohm		23	1.0*10**14	

Kriechstromfestigkeit	KC 600	KB 600	KA
Kriechwegbildung			

Elektrolytische Korrosionswirkung
Lichtbogenfestigkeit nach DIN
nach ASTM s

Beständigkeit *(Chemische Beständigkeit siehe Anhang)*

Wasseraufnahme

Feuchtigkeitsaufnahme Normalklima %

Wetterbeständigkeit

Produktklasse	Epoxidharz-Formmasse		**EP**
Handelsname	**Araldit NU 481**		
Hersteller	CIBA BA		
DIN-Bezeichnung			
ISO-Bezeichnung			
Harzbasis	Epoxid		
Zusätze		*Füllstoffe/ Verstärkung*	Mineral
Bevorzugte Verarbeitung	Spritzgiessen	*Lieferform*	Staubarmes Granulat
		Farben	Vorwiegend schwarz; Sonderfarben auf Anfrage
Besondere Merkmale	Hohe Kriechstromfestigkeit; Hohe Lichtbogenfestigkeit; Gute Gleiteigenschaften; Geringer Abrieb; Gute mechanische Eigenschaften	*Bevorzugte Anwendungen*	Elektrotechnik; Autoelektrik; Schaltschuetz; Relaissockel; Thermostatsokkel; Reihenklemme; Durchfuehrung; Leistungsdiodengehaeuse

Dichte	g/cm^3	1.9	*Dosierbarkeit*	
Schüttdichte	g/cm^3		*Tablettierbarkeit*	
Fließeinstellung			*Lagerung*	Bei 8 C 12 Monate

Verarbeitungsbedingungen für Pressen

Werkzeugtemperatur	°C	
Pressdruck	bar	
Härtezeit je mm	s	
Schwindung	%	
Nachschwindung	%	
Bemerkungen		

Verarbeitungsbedingungen für Spritzgießen

Zylindertemperatur	°C	20–60
Düsentemperatur	°C	80–90
Massetemp.	°C	80–100
Werkzeugtemp.	°C	160–220
Spritzdruck	bar	
Härtezeit	s	≧20
Schwindung	%	0.6–0.9
Nachschwindung	%	0.01
Bemerkungen		

Zugversuch 23 °C ISO 527; *Probekörper:* *Form* Nr. 3 *Herstellung* Pressen

Zugfestigkeit	N/mm^2	45	*E-Modul*	N/mm^2	
Reißdehnung	%		*Zeitstandzugfestigkeit*	h N/mm^2	

Biegeversuch 23 °C ISO 178; *Probekörper:* *Form* NS *Herstellung* Pressen

Biegefestigkeit	N/mm^2	90	*E-Modul*	N/mm^2	10000

Druckversuch 23°C *Probekörper:* *Form* *Herstellung*

Druckfestigkeit	N/mm^2	*Stauchung*	%

Härte 23 °C *Probekörper:* *Herstellung*

Kugeldruckhärte N/mm^2 bei N, s

Schlagversuch *Probekörper:* *(1)* U-Kerbe *(2)* *Herstellung* Pressen

		°C		°C		°C		*Probekörper-Form*
Schlagzähigkeit	kJ/m²	23	6					NS
Kerbschlagzähigkeit (1)	kJ/m²	23	2					NS
IZOD-Kerbschlagzähigkeit (2)	J/m							

Abrieb und Reibung

Taber-Abrieb (Reibradverfahren) mm³/100 U
Statische Reibungszahl
Dynamische Reibungszahl (p·v= N/mm²· m/min)
Zulässiger p · v Wert N/mm² · (m/min) v= m/min
v= m/min

Thermische Eigenschaften

Formbeständigkeit in der Wärme	*Verfahren*	A			140 °C
	Verfahren				°C
Formbeständigkeit Martens					°C
Längenausdehnungskoeffizient	*Bereich*	20–100	°C		$0.3 \cdot 10^{-4} K^{-1}$
	Temperatur				$\cdot 10^{-4} K^{-1}$
Wärmeleitfähigkeit	*Verfahren*	DIN 52612		25 °C	0.8 W/(K · m)
Spezifische Wärmekapazität	*Verfahren*				J/(K · g)

Brandverhalten

UL-Test vertikal Dicke mm, Wert
Dicke mm, Wert

	Norm	*Bewertung*	*Abmessungen*
Sauerstoff-Index	ASTM D 2863	32 %	
Glühstab-Verfahren	DIN 53459	2a	
Brandverhalten	DIN 4102		
MVSS			
FAR			

Elektrische Eigenschaften

		Hz	°C		*Probekörper, Form*
Dielektrizitätszahl		50	23	6	
		10^3			
		10^6			
Dielektrischer Verlustfaktor	tan δ	50	23	0.02	
		10^3			
		10^6			
Spezifischer Durchgangswiderstand	Ohm · cm		23	1.0*10**14	
Durchschlagfestigkeit	kV/mm		23	13	2.0 mm dick
Oberflächenwiderstand	Ohm		23	1.0*10**14	

Kriechstromfestigkeit KC 600 KB 600 KA
Kriechwegbildung

Elektrolytische Korrosionswirkung
Lichtbogenfestigkeit nach DIN
nach ASTM s

Beständigkeit *(Chemische Beständigkeit siehe Anhang)*
Wasseraufnahme

Feuchtigkeitsaufnahme Normalklima %
Wetterbeständigkeit

Produktklasse	Epoxidharz-Formmasse		**EP**
Handelsname	**EMC XB 3097**		
Hersteller	CIBA BA		
DIN-Bezeichnung *ISO-Bezeichnung*			
Harzbasis	Epoxid		
Zusätze		*Füllstoffe/ Verstärkung*	Mineral
Bevorzugte Verarbeitung	Spritzgiessen	*Lieferform*	Staubarmes Granulat
		Farben	Vorwiegend schwarz; Sonderfarben auf Anfrage
Besondere Merkmale	Hohe Dimensionsstabilitaet; Hohe Dauergebrauchstemperatur; Gute Chemikalienbestaendigkeit; Geringer Abrieb	*Bevorzugte Anwendungen*	Mechanik; Technisches Formteil; Vakuumpumpenfluegel

Dichte	g/cm^3	2	*Dosierbarkeit*	
Schüttdichte	g/cm^3		*Tablettierbarkeit*	
Fließeinstellung			*Lagerung*	Bei 8 C 12 Monate

Verarbeitungsbedingungen für Pressen

Werkzeugtemperatur	°C	
Pressdruck	bar	
Härtezeit je mm	s	
Schwindung	%	
Nachschwindung	%	
Bemerkungen		

Verarbeitungsbedingungen für Spritzgießen

Zylindertemperatur	°C	50–60
Düsentemperatur	°C	70–100
Massetemp.	°C	90–110
Werkzeugtemp.	°C	180–200
Spritzdruck	bar	
Härtezeit	s	40
Schwindung	%	0.6–0.8
Nachschwindung	%	0.01
Bemerkungen		

Zugversuch 23 °C ISO 527;
Probekörper: *Form* Nr. 3 *Herstellung* Pressen

Zugfestigkeit	N/mm^2 45	*E-Modul*		N/mm^2
Reißdehnung	%	*Zeitstandzugfestigkeit*	h	N/mm^2

Biegeversuch 23 °C ISO 178;
Probekörper: *Form* NS *Herstellung* Pressen

Biegefestigkeit	N/mm^2 110	*E-Modul*	N/mm^2 15000

Druckversuch 23 °C
Probekörper: *Form* *Herstellung*

Druckfestigkeit	N/mm^2	*Stauchung*	%

Härte 23 °C *Probekörper:* *Herstellung*

Kugeldruckhärte N/mm^2 bei N, s

Schlagversuch *Probekörper:* *(1)* U-Kerbe
(2)

Herstellung Pressen

		°C		°C		°C		*Probekörper-Form*
Schlagzähigkeit	kJ/m²	23	5					NS
Kerbschlagzähigkeit (1)	kJ/m²	23	2					NS
IZOD-Kerbschlagzähigkeit (2)	J/m							

Abrieb und Reibung

Taber-Abrieb (Reibradverfahren)	mm³/100 U
Statische Reibungszahl	
Dynamische Reibungszahl	(p·v= N/mm² · m/min)
Zulässiger p · v Wert	N/mm² · (m/min) v= m/min
	v= m/min

Thermische Eigenschaften

Formbeständigkeit in der Wärme	*Verfahren*	A			190 °C
	Verfahren				°C
Formbeständigkeit Martens					°C
Längenausdehnungskoeffizient	*Bereich*	20–100	°C		$0.18 \cdot 10^{-4}K^{-1}$
	Temperatur				$\cdot 10^{-4}K^{-1}$
Wärmeleitfähigkeit	*Verfahren*	DIN 52612		25 °C	0.7 W/(K · m)
Spezifische Wärmekapazität	*Verfahren*				J/(K · g)

Brandverhalten

UL-Test vertikal Dicke mm, Wert
Dicke mm, Wert

	Norm	*Bewertung*	*Abmessungen*
Sauerstoff-Index	ASTM D 2863	35 %	
Glühstab-Verfahren			
Brandverhalten	DIN 4102		
MVSS			
FAR			

Elektrische Eigenschaften

		Hz	°C		*Probekörper, Form*
Dielektrizitätszahl		50	23	5.1	
		10^3			
		10^6			
Dielektrischer Verlustfaktor tan δ		50	23	0.01	
		10^3			
		10^6			
Spezifischer Durchgangswiderstand	Ohm · cm		23	1.0*10**15	
Durchschlagfestigkeit	kV/mm		23	13	2.0 mm dick
Oberflächenwiderstand	Ohm		23	1.0*10**14	

Kriechstromfestigkeit KC 325 KB 275 KA
Kriechwegbildung

Elektrolytische Korrosionswirkung
Lichtbogenfestigkeit nach DIN
nach ASTM s

Beständigkeit *(Chemische Beständigkeit siehe Anhang)*
Wasseraufnahme

Feuchtigkeitsaufnahme Normalklima %
Wetterbeständigkeit

Produktklasse	Epoxidharz-Formmasse		**EP**
Handelsname	**EMC XB 3132**		
Hersteller	CIBA BA		
DIN-Bezeichnung			
ISO-Bezeichnung			
Harzbasis	Epoxid		
Zusätze		*Füllstoffe/ Verstärkung*	Mineral
Bevorzugte Verarbeitung	Spritzgiessen	*Lieferform*	Staubarmes Granulat
		Farben	Vorwiegend schwarz; Sonderfarben auf Anfrage
Besondere Merkmale	Hohe Kriechstromfestigkeit; Hohe Lichtbogenfestigkeit; Geringer Abrieb; Gute Gleiteigenschaften; Hoehere Kerbschlagzaehigkeit als Araldit NU 481	*Bevorzugte Anwendungen*	Elektrotechnik; Autoelektrik; Schaltschuetz; Relaissockel; Thermostatsokkel; Reihenklemme; Durchfuehrung; Leistungsdiodengehaeuse

Dichte	g/cm^3	1.85	*Dosierbarkeit*	
Schüttdichte	g/cm^3		*Tablettierbarkeit*	
Fließeinstellung			*Lagerung*	Bei 8 C 12 Monate

Verarbeitungsbedingungen für Pressen

Werkzeugtemperatur	°C	
Pressdruck	bar	
Härtezeit je mm	s	
Schwindung	%	
Nachschwindung	%	
Bemerkungen		

Verarbeitungsbedingungen für Spritzgießen

Zylindertemperatur	°C	20–60
Düsentemperatur	°C	80–90
Massetemp.	°C	80–100
Werkzeugtemp.	°C	160–220
Spritzdruck	bar	
Härtezeit	s	40
Schwindung	%	0.6–0.9
Nachschwindung	%	0.01
Bemerkungen		

Zugversuch 23 °C ISO 527;
Probekörper: *Form* Nr. 3 *Herstellung* Pressen

Zugfestigkeit	N/mm^2	45	*E-Modul*	N/mm^2	
Reißdehnung	%		*Zeitstandzugfestigkeit*	h N/mm^2	

Biegeversuch 23 °C ISO 178;
Probekörper: *Form* NS *Herstellung* Pressen

Biegefestigkeit	N/mm^2	85	*E-Modul*	N/mm^2	10000

Druckversuch 23°C
Probekörper: *Form* *Herstellung*

Druckfestigkeit	N/mm^2	*Stauchung*	%

Härte 23 °C *Probekörper:* *Herstellung*

Kugeldruckhärte N/mm^2 bei N, s

Schlagversuch *Probekörper:* *(1)* U-Kerbe *(2)* *Herstellung* Pressen

		°C		°C	°C	*Probekörper-Form*
Schlagzähigkeit	kJ/m²	23	8			NS
Kerbschlagzähigkeit (1)	kJ/m²	23	3			NS
IZOD-Kerbschlagzähigkeit (2)	J/m					

Abrieb und Reibung

Taber-Abrieb (Reibradverfahren)	mm³/100 U	
Statische Reibungszahl		
Dynamische Reibungszahl	(p·v= N/mm² · m/min)	
Zulässiger p · v Wert	N/mm² · (m/min)	v= m/min
		v= m/min

Thermische Eigenschaften

Formbeständigkeit in der Wärme	*Verfahren*	A			130 °C
	Verfahren				°C
Formbeständigkeit Martens					°C
Längenausdehnungskoeffizient	*Bereich*	20–100	°C		$0.3 \cdot 10^{-4} K^{-1}$
	Temperatur				$\cdot 10^{-4} K^{-1}$
Wärmeleitfähigkeit	*Verfahren*	DIN 52612		25 °C	0.8 W/(K · m)
Spezifische Wärmekapazität	*Verfahren*				J/(K · g)

Brandverhalten

UL-Test vertikal Dicke mm, Wert
Dicke mm, Wert

	Norm	*Bewertung*	*Abmessungen*
Sauerstoff-Index	ASTM D 2863	28 %	
Glühstab-Verfahren			
Brandverhalten	DIN 4102		
MVSS			
FAR			

Elektrische Eigenschaften

		Hz	°C		*Probekörper, Form*
Dielektrizitätszahl		50	23	6.3	
		10^3			
		10^6			
Dielektrischer Verlustfaktor tan δ		50	23	0.02	
		10^3			
		10^6			
Spezifischer Durchgangswiderstand	Ohm · cm		23	1.0*10**14	
Durchschlagfestigkeit	kV/mm		23	13	2.0 mm dick
Oberflächenwiderstand	Ohm		23	1.0*10**13	

Kriechstromfestigkeit KC 600 KB 600 KA
Kriechwegbildung

Elektrolytische Korrosionswirkung
Lichtbogenfestigkeit nach DIN
nach ASTM s

Beständigkeit *(Chemische Beständigkeit siehe Anhang)*
Wasseraufnahme

Feuchtigkeitsaufnahme Normalklima %
Wetterbeständigkeit

Produktklasse	Epoxidharz-Formmasse		**EP**
Handelsname	**EMC XB 3170**		
Hersteller	CIBA BA		
DIN-Bezeichnung *ISO-Bezeichnung*			
Harzbasis	Epoxid		
Zusätze		*Füllstoffe/ Verstärkung*	Mineral
Bevorzugte Verarbeitung	Spritzgiessen	*Lieferform*	Staubarmes Granulat
		Farben	Vorwiegend schwarz; Sonderfarben auf Anfrage
Besondere Merkmale	Hohe Kriechstromfestigkeit; Hohe Lichtbogenfestigkeit; Gute Gleiteigenschaften; Gringer Abrieb	*Bevorzugte Anwendungen*	Elektrotechnik; Autoelektrik; Schaltschuetz; Relaissockel; Thermostatsokkel; Reihenklemme; Durchfuehrung; Leistungsdiodengehaeuse

Dichte	g/cm³	1.9	*Dosierbarkeit*	
Schüttdichte	g/cm³		*Tablettierbarkeit*	
Fließeinstellung			*Lagerung*	Bei 8 C 12 Monate

Verarbeitungsbedingungen für Pressen

Werkzeugtemperatur	°C	
Pressdruck	bar	
Härtezeit je mm	s	
Schwindung	%	
Nachschwindung	%	
Bemerkungen		

Verarbeitungsbedingungen für Spritzgießen

Zylindertemperatur	°C	20–60
Düsentemperatur	°C	80–90
Massetemp.	°C	80–100
Werkzeugtemp.	°C	160–220
Spritzdruck	bar	
Härtezeit	s	40
Schwindung	%	0.7–0.9
Nachschwindung	%	0.01
Bemerkungen		

Zugversuch 23 °C ISO 527;
Probekörper: *Form* Nr. 3 *Herstellung* Pressen

Zugfestigkeit	N/mm²	45	*E-Modul*	N/mm²	
Reißdehnung	%		*Zeitstandzugfestigkeit*	h N/mm²	

Biegeversuch 23 °C ISO 178;
Probekörper: *Form* NS *Herstellung* Pressen

Biegefestigkeit	N/mm²	85	*E-Modul*	N/mm²	10000

Druckversuch 23°C
Probekörper: *Form* *Herstellung*

Druckfestigkeit	N/mm²	*Stauchung*	%

Härte 23 °C *Probekörper:* *Herstellung*

Kugeldruckhärte N/mm² bei N, s

Schlagversuch *Probekörper:* *(1)* U-Kerbe *(2)* *Herstellung* Pressen

		°C		°C	°C	*Probekörper-Form*
Schlagzähigkeit	kJ/m²	23	6			NS
Kerbschlagzähigkeit (1)	kJ/m²	23	2			NS
IZOD-Kerbschlagzähigkeit (2)	J/m					

Abrieb und Reibung

Taber-Abrieb (Reibradverfahren) mm³/100 U
Statische Reibungszahl
Dynamische Reibungszahl (p·v= N/mm² · m/min)
Zulässiger p · v Wert N/mm² · (m/min) v= m/min
v= m/min

Thermische Eigenschaften

Formbeständigkeit in der Wärme	*Verfahren*	A			140 °C
	Verfahren				°C
Formbeständigkeit Martens					°C
Längenausdehnungskoeffizient	*Bereich*	20–100	°C		$0.3 \cdot 10^{-4} K^{-1}$
	Temperatur				$\cdot 10^{-4} K^{-1}$
Wärmeleitfähigkeit	*Verfahren*	DIN 52612		25 °C	0.8 W/(K · m)
Spezifische Wärmekapazität	*Verfahren*				J/(K · g)

Brandverhalten

UL-Test vertikal Dicke mm, Wert V-0
Dicke mm, Wert

	Norm	*Bewertung*	*Abmessungen*
Sauerstoff-Index	ASTM D 2863	37 %	
Glühstab-Verfahren			
Brandverhalten	DIN 4102		
MVSS			
FAR			

Elektrische Eigenschaften

		Hz	°C		*Probekörper, Form*
Dielektrizitätszahl		50	23	6	
		10^3			
		10^6			
Dielektrischer Verlustfaktor tan δ		50	23	0.02	
		10^3			
		10^6			
Spezifischer Durchgangswiderstand	Ohm · cm		23	1.0*10**14	
Durchschlagfestigkeit	kV/mm		23	13	2.0 mm dick
Oberflächenwiderstand	Ohm		23	1.0*10**14	

Kriechstromfestigkeit KC 600 KB 600 KA
Kriechwegbildung

Elektrolytische Korrosionswirkung
Lichtbogenfestigkeit nach DIN
nach ASTM s

Beständigkeit *(Chemische Beständigkeit siehe Anhang)*
Wasseraufnahme

Feuchtigkeitsaufnahme Normalklima %
Wetterbeständigkeit

Produktklasse	Epoxidharz-Formmasse		**EP**
Handelsname	**EMC XB 3424**		
Hersteller	CIBA BA		
DIN-Bezeichnung *ISO-Bezeichnung*			
Harzbasis	Epoxid		
Zusätze		*Füllstoffe/ Verstärkung*	Mineral
Bevorzugte Verarbeitung	Spritzpressen	*Lieferform*	Staubarmes Granulat
		Farben	Vorwiegend schwarz; Sonderfarben auf Anfrage
Besondere Merkmale	Gute Rissbestaendigkeit; Hohe Fliessfaehigkeit	*Bevorzugte Anwendungen*	Umhuellungsmasse; Magnetspule; Kleintrafo; Printermagnet; Sensor; Stator fuer E-Motor; Scheibenlaeuferrotor

Dichte	g/cm³	2.0	*Dosierbarkeit*	
Schüttdichte	g/cm³		*Tablettierbarkeit*	
Fließeinstellung			*Lagerung*	Bei 8 C 12 Monate

Verarbeitungsbedingungen für Pressen

Werkzeugtemperatur	°C	
Pressdruck	bar	
Härtezeit je mm	s	
Schwindung	%	
Nachschwindung	%	
Bemerkungen		

Verarbeitungsbedingungen für Spritzgießen

Zylindertemperatur	°C	50–70
Düsentemperatur	°C	70–90
Massetemp.	°C	70–100
Werkzeugtemp.	°C	160–190
Spritzdruck	bar	
Härtezeit	s	110
Schwindung	%	0.5–0.7
Nachschwindung	%	0.01
Bemerkungen		

Zugversuch 23 °C ISO 527;
Probekörper: *Form* Nr. 3 *Herstellung* Pressen

Zugfestigkeit	N/mm² 85	*E-Modul*		N/mm²
Reißdehnung	%	*Zeitstandzugfestigkeit*	h	N/mm²

Biegeversuch 23 °C ISO 178;
Probekörper: *Form* NS *Herstellung* Pressen

Biegefestigkeit	N/mm² 160	*E-Modul*	N/mm² 17000

Druckversuch 23°C
Probekörper: *Form* *Herstellung*

Druckfestigkeit	N/mm²	*Stauchung*	%

Härte 23 °C *Probekörper:* *Herstellung*

Kugeldruckhärte N/mm² bei N, s

Schlagversuch *Probekörper:* *(1)* U-Kerbe *(2)* *Herstellung* Pressen

		°C		°C		°C		*Probekörper-Form*
Schlagzähigkeit	kJ/m²	23	10					NS
Kerbschlagzähigkeit (1)	kJ/m²	23	2					NS
IZOD-Kerbschlag-zähigkeit (2)	J/m							

Abrieb und Reibung

Taber-Abrieb (Reibradverfahren)	mm³/100 U
Statische Reibungszahl	
Dynamische Reibungszahl	(p·v= N/mm² · m/min)
Zulässiger p · v Wert	N/mm² · (m/min) v= m/min
	v= m/min

Thermische Eigenschaften

Formbeständigkeit in der Wärme	*Verfahren*	A			120 °C
	Verfahren				°C
Formbeständigkeit Martens					°C
Längenausdehnungskoeffizient	*Bereich*	20–100	°C		$0.18 \cdot 10^{-4}K^{-1}$
	Temperatur				$\cdot 10^{-4}K^{-1}$
Wärmeleitfähigkeit	*Verfahren*	DIN 52612		25 °C	0.7 W/(K · m)
Spezifische Wärmekapazität	*Verfahren*				J/(K · g)

Brandverhalten

UL-Test vertikal	Dicke	mm, Wert
	Dicke	mm, Wert

	Norm	*Bewertung*	*Abmessungen*
Sauerstoff-Index	ASTM D 2863	38 %	
Glühstab-Verfahren	DIN 53459	2b	
Brandverhalten	DIN 4102		
MVSS			
FAR			

Elektrische Eigenschaften

		Hz	°C			*Probekörper, Form*
Dielektrizitätszahl		50	23	5.5		
		10^3				
		10^6				
Dielektrischer Verlustfaktor	tan δ	50	23	0.02		
		10^3				
		10^6				
Spezifischer Durchgangs-widerstand	Ohm · cm		23	1.0*10**15		
Durchschlagfestigkeit	kV/mm		23	14		2.0 mm dick
Oberflächenwiderstand	Ohm		23	1.0*10**14		
Kriechstromfestigkeit		KC 275		KB 250	KA	
Kriechwegbildung						
Elektrolytische Korrosionswirkung						
Lichtbogenfestigkeit nach DIN						
nach ASTM	s					

Beständigkeit *(Chemische Beständigkeit siehe Anhang)*

Wasseraufnahme

Feuchtigkeitsaufnahme Normalklima %

Wetterbeständigkeit

Produktklasse	Epoxidharz-Formmasse		**EP**
Handelsname	**Araldit NU 460**		
Hersteller	CIBA BA		
DIN-Bezeichnung *ISO-Bezeichnung*			
Harzbasis	Epoxid		
Zusätze		*Füllstoffe/ Verstärkung*	Glasfaser; Mineral
Bevorzugte Verarbeitung	Spritzpressen	*Lieferform*	Staubarmes Granulat
		Farben	Vorwiegend schwarz; Sonderfarben auf Anfrage
Besondere Merkmale	Sehr gute Rissbestaendigkeit; Gute mechanische Eigenschaften	*Bevorzugte Anwendungen*	Umhuellungsmasse; Magnetspule; Kleintrafo; Printermagnet; Sensor; Stator fuer E-Motor; Scheibenlaeuferrotor

Dichte	g/cm^3	2.0	*Dosierbarkeit*	
Schüttdichte	g/cm^3		*Tablettierbarkeit*	
Fließeinstellung			*Lagerung*	Bei 8 C 12 Monate

Verarbeitungsbedingungen für Pressen

Werkzeugtemperatur	°C	
Pressdruck	bar	
Härtezeit je mm	s	
Schwindung	%	
Nachschwindung	%	
Bemerkungen		

Verarbeitungsbedingungen für Spritzgießen

Zylindertemperatur	°C	50–70
Düsentemperatur	°C	70–100
Massetemp.	°C	80–110
Werkzeugtemp.	°C	160–180
Spritzdruck	bar	
Härtezeit	s	35
Schwindung	%	0.4–0.6
Nachschwindung	%	0.01
Bemerkungen		

Zugversuch 23 °C ISO 527; *Probekörper:* *Form* Nr. 3 *Herstellung* Pressen

Zugfestigkeit	N/mm^2	80	*E-Modul*	N/mm^2	
Reißdehnung	%		*Zeitstandzugfestigkeit*	h N/mm^2	

Biegeversuch 23 °C ISO 178; *Probekörper:* *Form* NS *Herstellung* Pressen

Biegefestigkeit	N/mm^2	130	*E-Modul*	N/mm^2	15000

Druckversuch 23°C *Probekörper:* *Form* *Herstellung*

Druckfestigkeit	N/mm^2		*Stauchung*	%

Härte 23 °C *Probekörper:* *Herstellung*

Kugeldruckhärte N/mm^2 bei N, s

Schlagversuch *Probekörper:* *(1)* U-Kerbe *(2)* *Herstellung* Pressen

		°C		°C	°C	*Probekörper-Form*
Schlagzähigkeit	kJ/m²	23	20			NS
Kerbschlagzähigkeit (1)	kJ/m²	23	3			NS
IZOD-Kerbschlagzähigkeit (2)	J/m					

Abrieb und Reibung

Taber-Abrieb (Reibradverfahren) mm³/100 U
Statische Reibungszahl
Dynamische Reibungszahl (p·v= N/mm² · m/min)
Zulässiger p · v Wert N/mm² · (m/min) v= m/min
v= m/min

Thermische Eigenschaften

Formbeständigkeit in der Wärme	*Verfahren*	A		110 °C
	Verfahren			°C
Formbeständigkeit Martens				°C
Längenausdehnungskoeffizient	*Bereich*	20–100 °C		$0.23 \cdot 10^{-4} K^{-1}$
	Temperatur			$\cdot 10^{-4} K^{-1}$
Wärmeleitfähigkeit	*Verfahren*	DIN 52612	25 °C	0.7 W/(K · m)
Spezifische Wärmekapazität	*Verfahren*			J/(K · g)

Brandverhalten

UL-Test vertikal Dicke mm, Wert
Dicke mm, Wert

	Norm	*Bewertung*	*Abmessungen*
Sauerstoff-Index	ASTM D 2863	29 %	
Glühstab-Verfahren	DIN 53459	2b	
Brandverhalten	DIN 4102		
MVSS			
FAR			

Elektrische Eigenschaften

		Hz	°C		*Probekörper, Form*
Dielektrizitätszahl		50	23	6	
		10^3			
		10^6			
Dielektrischer Verlustfaktor tan δ		50	23	0.02	
		10^3			
		10^6			
Spezifischer Durchgangswiderstand	Ohm · cm		23	1.0*10**15	
Durchschlagfestigkeit	kV/mm		23	13	2.0 mm dick
Oberflächenwiderstand	Ohm		23	1.0*10**14	

Kriechstromfestigkeit KC 275 KB 250 KA
Kriechwegbildung

Elektrolytische Korrosionswirkung
Lichtbogenfestigkeit nach DIN
nach ASTM s

Beständigkeit *(Chemische Beständigkeit siehe Anhang)*

Wasseraufnahme

Feuchtigkeitsaufnahme Normalklima %
Wetterbeständigkeit

Produktklasse	Epoxidharz-Formmasse		**EP**
Handelsname	**Araldit NU 461**		
Hersteller	CIBA BA		
DIN-Bezeichnung			
ISO-Bezeichnung			
Harzbasis	Epoxid		
Zusätze		*Füllstoffe/ Verstärkung*	Glasfaser; Mineral
Bevorzugte Verarbeitung	Spritzgiessen	*Lieferform*	Staubarmes Granulat
		Farben	Vorwiegend schwarz; Sonderfarben auf Anfrage
Besondere Merkmale	Sehr gute Rissbestaendigkeit; Gute mechanische Eigenschaften; Hohe Dauerwaermebestaendigkeit; Schnelle Haertung	*Bevorzugte Anwendungen*	Umhuellungsmasse; Magnetspule; Kleintrafo; Printermagnet; Sensor; Stator fuer E-Motor; Scheibenlaeuferrotor

---

Dichte	g/cm³	2.0	*Dosierbarkeit*	
Schüttdichte	g/cm³		*Tablettierbarkeit*	
Fließeinstellung			*Lagerung*	Bei 8 C 12 Monate

Verarbeitungsbedingungen für Pressen

Werkzeugtemperatur	°C	
Pressdruck	bar	
Härtezeit je mm	s	
Schwindung	%	
Nachschwindung	%	
Bemerkungen		

Verarbeitungsbedingungen für Spritzgießen

Zylindertemperatur	°C	20–70
Düsentemperatur	°C	70–90
Massetemp.	°C	80–100
Werkzeugtemp.	°C	160–190
Spritzdruck	bar	
Härtezeit	s	20
Schwindung	%	0.4–0.7
Nachschwindung	%	0.01
Bemerkungen		

Zugversuch 23 °C ISO 527;
Probekörper: *Form* Nr. 3 *Herstellung* Pressen

Zugfestigkeit	N/mm²	70	*E-Modul*	N/mm²	
Reißdehnung	%		*Zeitstandzugfestigkeit*	h N/mm²	

Biegeversuch 23 °C ISO 178;
Probekörper: *Form* NS *Herstellung* Pressen

Biegefestigkeit	N/mm²	110	*E-Modul*	N/mm²	15000

Druckversuch 23 °C
Probekörper: *Form* *Herstellung*

Druckfestigkeit	N/mm²	*Stauchung*	%

Härte 23 °C *Probekörper:* *Herstellung*

Kugeldruckhärte N/mm² bei N, s

Schlagversuch *Probekörper:* *(1)* U-Kerbe *(2)* *Herstellung* Pressen

		°C		°C	°C	*Probekörper-Form*
Schlagzähigkeit	kJ/m²	23	10			NS
Kerbschlagzähigkeit (1)	kJ/m²	23	2			NS
IZOD-Kerbschlag-zähigkeit (2)	J/m					

Abrieb und Reibung

Taber-Abrieb (Reibradverfahren) mm³/100 U
Statische Reibungszahl
Dynamische Reibungszahl (p·v= N/mm²· m/min)
Zulässiger p · v Wert N/mm² · (m/min) v= m/min
v= m/min

Thermische Eigenschaften

Formbeständigkeit in der Wärme	*Verfahren* A			°C
	Verfahren			°C
Formbeständigkeit Martens				°C
Längenausdehnungskoeffizient	*Bereich* 20–100 °C			$0.25 \cdot 10^{-4} K^{-1}$
	Temperatur			$\cdot 10^{-4} K^{-1}$
Wärmeleitfähigkeit	*Verfahren* DIN 52612		25 °C	0.6 W/(K · m)
Spezifische Wärmekapazität	*Verfahren*			J/(K · g)

Brandverhalten

UL-Test vertikal Dicke mm, Wert
Dicke mm, Wert

	Norm	*Bewertung*	*Abmessungen*
Sauerstoff-Index	ASTM D 2863	29 %	
Glühstab-Verfahren	DIN 53459	2a	
Brandverhalten	DIN 4102		
MVSS			
FAR			

Elektrische Eigenschaften

		Hz	°C		*Probekörper, Form*
Dielektrizitätszahl		50	23	6	
		10^3			
		10^6			
Dielektrischer Verlustfaktor tan δ		50	23	0.015	
		10^3			
		10^6			
Spezifischer Durchgangs-widerstand	Ohm · cm		23	1.0*10**15	
Durchschlagfestigkeit	kV/mm		23	14	2.0 mm dick
Oberflächenwiderstand	Ohm		23	1.0*10**14	

Kriechstromfestigkeit KC 325 KB 275 KA
Kriechwegbildung

Elektrolytische Korrosionswirkung
Lichtbogenfestigkeit nach DIN
nach ASTM s

Beständigkeit *(Chemische Beständigkeit siehe Anhang)*
Wasseraufnahme

Feuchtigkeitsaufnahme Normalklima %
Wetterbeständigkeit

Produktklasse	Epoxidharz-Formmasse		**EP**
Handelsname	**Araldit NU 475**		
Hersteller	CIBA BA		
DIN-Bezeichnung *ISO-Bezeichnung*			
Harzbasis	Epoxid		
Zusätze		*Füllstoffe/ Verstärkung*	Glasfaser; Mineral
Bevorzugte Verarbeitung	Pressen; Spritzpressen	*Lieferform*	Staubarmes Granulat
		Farben	Vorwiegend schwarz; Sonderfarben auf Anfrage
Besondere Merkmale	Hohe Kriechstromfestigkeit; Hohe Lichtbogenfestigkeit	*Bevorzugte Anwendungen*	Elektrotechnik; Autoelektrik; Schaltschuetz; Relaissockel; Thermostatsockel; Reihenklemme; Durchfuehrung; Leistungsdiodengehaeuse

Dichte	g/cm^3	1.8	*Dosierbarkeit*	
Schüttdichte	g/cm^3		*Tablettierbarkeit*	
Fließeinstellung			*Lagerung*	Bei 8 C 12 Monate

Verarbeitungsbedingungen für Pressen

Werkzeugtemperatur	°C	150–190
Pressdruck	bar	
Härtezeit je mm	s	≧30
Schwindung	%	0.6–0.8
Nachschwindung	%	
Bemerkungen		

Verarbeitungsbedingungen für Spritzgießen

Zylindertemperatur	°C
Düsentemperatur	°C
Massetemp.	°C
Werkzeugtemp.	°C
Spritzdruck	bar
Härtezeit	s
Schwindung	%
Nachschwindung	%
Bemerkungen	

Zugversuch 23 °C ISO 527;
Probekörper: *Form* Nr. 3 *Herstellung* Pressen

Zugfestigkeit	N/mm^2 60	*E-Modul*		N/mm^2
Reißdehnung	%	*Zeitstandzugfestigkeit*	h	N/mm^2

Biegeversuch 23 °C ISO 178;
Probekörper: *Form* NS *Herstellung* Pressen

Biegefestigkeit	N/mm^2 100	*E-Modul*	N/mm^2 11000

Druckversuch 23°C
Probekörper: *Form* *Herstellung*

Druckfestigkeit	N/mm^2	*Stauchung*	%

Härte 23 °C *Probekörper:* *Herstellung*

Kugeldruckhärte N/mm^2 bei N, s

Schlagversuch *Probekörper:* *(1)* U-Kerbe *(2)*

Herstellung Pressen

		°C		°C	°C	*Probekörper-Form*
Schlagzähigkeit	kJ/m²	23	10			NS
Kerbschlagzähigkeit (1)	kJ/m²	23	2			NS
IZOD-Kerbschlag-zähigkeit (2)	J/m					

Abrieb und Reibung

Taber-Abrieb (Reibradverfahren) mm³/100 U
Statische Reibungszahl
Dynamische Reibungszahl (p·v= N/mm²· m/min)
Zulässiger p·v Wert N/mm²·(m/min) v= m/min
v= m/min

Thermische Eigenschaften

Formbeständigkeit in der Wärme	*Verfahren*	A			150 °C
	Verfahren				°C
Formbeständigkeit Martens					°C
Längenausdehnungskoeffizient	*Bereich*	20–100 °C			$0.24 \cdot 10^{-4} K^{-1}$
	Temperatur				$\cdot 10^{-4} K^{-1}$
Wärmeleitfähigkeit	*Verfahren*	DIN 52612		25 °C	0.7 W/(K·m)
Spezifische Wärmekapazität	*Verfahren*				J/(K·g)

Brandverhalten

UL-Test vertikal Dicke mm, Wert
Dicke mm, Wert

	Norm	*Bewertung*	*Abmessungen*
Sauerstoff-Index	ASTM D 2863	28 %	
Glühstab-Verfahren	DIN 53459	2a	
Brandverhalten	DIN 4102		
MVSS			
FAR			

Elektrische Eigenschaften

		Hz	°C			*Probekörper, Form*
Dielektrizitätszahl		50	23	6		
		10^3				
		10^6				
Dielektrischer Verlustfaktor tan δ		50	23	0.02		
		10^3				
		10^6				
Spezifischer Durchgangs-widerstand	Ohm·cm		23	1.0*10**14		
Durchschlagfestigkeit	kV/mm		23	13		2.0 mm dick
Oberflächenwiderstand	Ohm		23	1.0*10**14		
Kriechstromfestigkeit		KC 600		KB 475	KA	
Kriechwegbildung						

Elektrolytische Korrosionswirkung
Lichtbogenfestigkeit nach DIN
nach ASTM s

Beständigkeit *(Chemische Beständigkeit siehe Anhang)*

Wasseraufnahme

Feuchtigkeitsaufnahme Normalklima %
Wetterbeständigkeit

EP

Produktklasse	Epoxidharz-Formmasse		
Handelsname	**Araldit NU 480**		
Hersteller	CIBA BA		
DIN-Bezeichnung			
ISO-Bezeichnung			
Harzbasis	Epoxid		
Zusätze		*Füllstoffe/ Verstärkung*	Glasfaser; Mineral
Bevorzugte Verarbeitung	Spritzgiessen	*Lieferform*	Staubarmes Granulat
		Farben	Vorwiegend schwarz; Sonderfarben auf Anfrage
Besondere Merkmale	Hohe Kriechstromfestigkeit; Hohe Lichtbogenfestigkeit; Gute mechanische Eigenschaften	*Bevorzugte Anwendungen*	Elektrotechnik; Autoelektrik; Schaltschuetz; Relaissockel; Thermostatsokkel; Reihenklemme; Durchfuehrung; Leistungsdiodengehaeuse

---

Dichte	g/cm^3	1.8	*Dosierbarkeit*	
Schüttdichte	g/cm^3		*Tablettierbarkeit*	
Fließeinstellung			*Lagerung*	Bei 8 C 12 Monate

Verarbeitungsbedingungen für Pressen

Werkzeugtemperatur	°C	
Pressdruck	bar	
Härtezeit je mm	s	
Schwindung	%	
Nachschwindung	%	
Bemerkungen		

Verarbeitungsbedingungen für Spritzgießen

Zylindertemperatur	°C	20–60
Düsentemperatur	°C	80–90
Massetemp.	°C	80–100
Werkzeugtemp.	°C	160–220
Spritzdruck	bar	
Härtezeit	s	15
Schwindung	%	0.3–0.8
Nachschwindung	%	0.01
Bemerkungen		

Zugversuch 23 °C ISO 527;
Probekörper: *Form* Nr. 3 *Herstellung* Pressen

Zugfestigkeit	N/mm^2	60	*E-Modul*	N/mm^2	
Reißdehnung	%		*Zeitstandzugfestigkeit*	h N/mm^2	

Biegeversuch 23 °C ISO 178;
Probekörper: *Form* NS *Herstellung* Pressen

Biegefestigkeit	N/mm^2	100	*E-Modul*	N/mm^2	11000

Druckversuch 23°C
Probekörper: *Form* *Herstellung*

Druckfestigkeit	N/mm^2		*Stauchung*	%

Härte 23 °C *Probekörper:* *Herstellung*

Kugeldruckhärte N/mm^2 bei N, s

Schlagversuch *Probekörper:* *(1)* U-Kerbe *(2)* *Herstellung* Pressen

		°C		°C	°C	*Probekörper-Form*
Schlagzähigkeit	kJ/m²	23	10			NS
Kerbschlagzähigkeit (1)	kJ/m²	23	2			NS
IZOD-Kerbschlagzähigkeit (2)	J/m					

Abrieb und Reibung

Taber-Abrieb (Reibradverfahren) mm³/100 U
Statische Reibungszahl
Dynamische Reibungszahl (p·v= N/mm² · m/min)
Zulässiger p · v Wert N/mm² · (m/min) v= m/min
v= m/min

Thermische Eigenschaften

Formbeständigkeit in der Wärme	*Verfahren*	A			150 °C
	Verfahren				°C
Formbeständigkeit Martens					°C
Längenausdehnungskoeffizient	*Bereich*	20–100	°C		$0.24 \cdot 10^{-4} K^{-1}$
	Temperatur				$\cdot 10^{-4} K^{-1}$
Wärmeleitfähigkeit	*Verfahren*	DIN 52612		25 °C	0.7 W/(K · m)
Spezifische Wärmekapazität	*Verfahren*				J/(K · g)

Brandverhalten

UL-Test vertikal Dicke mm, Wert
Dicke mm, Wert

	Norm	*Bewertung*	*Abmessungen*
Sauerstoff-Index	ASTM D 2863	28 %	
Glühstab-Verfahren	DIN 53459	2a	
Brandverhalten	DIN 4102		
MVSS			
FAR			

Elektrische Eigenschaften

		Hz	°C		*Probekörper, Form*
Dielektrizitätszahl		50	23	6	
		10^3			
		10^6			
Dielektrischer Verlustfaktor tan δ		50	23	0.02	
		10^3			
		10^6			
Spezifischer Durchgangswiderstand	Ohm · cm		23	1.0*10**14	
Durchschlagfestigkeit	kV/mm		23	13	2.0 mm dick
Oberflächenwiderstand	Ohm		23	1.0*10**14	

Kriechstromfestigkeit KC 600 KB 475 KA
Kriechwegbildung

Elektrolytische Korrosionswirkung
Lichtbogenfestigkeit nach DIN
nach ASTM s

Beständigkeit *(Chemische Beständigkeit siehe Anhang)*
Wasseraufnahme

Feuchtigkeitsaufnahme Normalklima %
Wetterbeständigkeit

EP

Produktklasse	Epoxidharz-Formmasse
Handelsname	**EMC XB 3183**
Hersteller	CIBA BA
DIN-Bezeichnung	
ISO-Bezeichnung	
Harzbasis	Epoxid
Zusätze	
Füllstoffe/ Verstärkung	Glasfaser; Mineral
Bevorzugte Verarbeitung	Spritzgiessen
Lieferform	Staubarmes Granulat
Farben	Vorwiegend schwarz; Sonderfarben auf Anfrage
Besondere Merkmale	Sehr gute mechanische Eigenschaften; Hohe Waermeformbestaendigkeit; Hohe Dimensionsstabilitaet; Gute Chemikalienbestaendigkeit
Bevorzugte Anwendungen	Mechanik; Technisches Formteil; Ankerwellenisolation; Lagerschild

Dichte	g/cm³	2.0
Schüttdichte	g/cm³	
Fließeinstellung		
Dosierbarkeit		
Tablettierbarkeit		
Lagerung		Bei 8 C 12 Monate

Verarbeitungsbedingungen für Pressen

Werkzeugtemperatur	°C	
Pressdruck	bar	
Härtezeit je mm	s	
Schwindung	%	
Nachschwindung	%	
Bemerkungen		

Verarbeitungsbedingungen für Spritzgießen

Zylindertemperatur	°C	50–60
Düsentemperatur	°C	70–100
Massetemp.	°C	80–100
Werkzeugtemp.	°C	180–190
Spritzdruck	bar	
Härtezeit	s	20
Schwindung	%	0.5–0.7
Nachschwindung	%	0.01
Bemerkungen		

Zugversuch 23 °C ISO 527;
Probekörper: *Form* Nr. 3 — *Herstellung* Pressen

Zugfestigkeit	N/mm²	90
Reißdehnung	%	
E-Modul	N/mm²	
Zeitstandzugfestigkeit	h N/mm²	

Biegeversuch 23 °C ISO 178;
Probekörper: *Form* NS — *Herstellung* Pressen

Biegefestigkeit	N/mm²	160
E-Modul	N/mm²	18000

Druckversuch 23 °C
Probekörper: *Form* — *Herstellung*

Druckfestigkeit	N/mm²	
Stauchung	%	

Härte 23 °C
Probekörper: — *Herstellung*

Kugeldruckhärte N/mm² bei N, s

Schlagversuch *Probekörper:* *(1)* U-Kerbe
(2)

Herstellung Pressen

		°C		°C	°C	*Probekörper-Form*
Schlagzähigkeit	kJ/m²	23	11			NS
Kerbschlagzähigkeit (1)	kJ/m²	23	4			NS
IZOD-Kerbschlagzähigkeit (2)	J/m					

Abrieb und Reibung

Taber-Abrieb (Reibradverfahren) mm³/100 U
Statische Reibungszahl
Dynamische Reibungszahl (p · v = N/mm² · m/min)
Zulässiger p · v Wert N/mm² · (m/min) v = m/min
v = m/min

Thermische Eigenschaften

Formbeständigkeit in der Wärme	*Verfahren* A			150 °C
	Verfahren			°C
Formbeständigkeit Martens				°C
Längenausdehnungskoeffizient	*Bereich* 20–100	°C		0.2 · $10^{-4}K^{-1}$
	Temperatur			· $10^{-4}K^{-1}$
Wärmeleitfähigkeit	*Verfahren* DIN 52612		25 °C	0.7 W/(K · m)
Spezifische Wärmekapazität	*Verfahren*			J/(K · g)

Brandverhalten

UL-Test vertikal Dicke mm, Wert
Dicke mm, Wert

	Norm	*Bewertung*	*Abmessungen*
Sauerstoff-Index	ASTM D 2863	26 %	
Glühstab-Verfahren	DIN 53459	2a	
Brandverhalten	DIN 4102		
MVSS			
FAR			

Elektrische Eigenschaften

		Hz	°C		*Probekörper, Form*
Dielektrizitätszahl		50	23	6	
		10^3			
		10^6			
Dielektrischer Verlustfaktor tan δ		50	23	0.01	
		10^3			
		10^6			
Spezifischer Durchgangswiderstand	Ohm · cm		23	1.0*10**15	
Durchschlagfestigkeit	kV/mm		23	13	2.0 mm dick
Oberflächenwiderstand	Ohm		23	1.0*10**14	

Kriechstromfestigkeit KC 275 KB 250 KA
Kriechwegbildung

Elektrolytische Korrosionswirkung
Lichtbogenfestigkeit nach DIN
nach ASTM s

Beständigkeit *(Chemische Beständigkeit siehe Anhang)*
Wasseraufnahme

Feuchtigkeitsaufnahme Normalklima %
Wetterbeständigkeit

Produktklasse	Epoxidharz-Formmasse		**EP**
Handelsname	**EMC XB 3372**		
Hersteller	CIBA BA		
DIN-Bezeichnung			
ISO-Bezeichnung			
Harzbasis	Epoxid		
Zusätze		*Füllstoffe/ Verstärkung*	Glasfaser; Mineral
Bevorzugte Verarbeitung	Spritzpressen	*Lieferform*	Staubarmes Granulat
		Farben	Vorwiegend schwarz; Sonderfarben auf Anfrage
Besondere Merkmale	Sehr gute Rissbestaendigkeit; Gute mechanische Eigenschaften; Schnelle Haertung	*Bevorzugte Anwendungen*	Umhuellungsmasse; Magnetspule; Kleintrafo; Printermagnet; Sensor; Stator fuer E-Motor; Scheibenlaeuferrotor

Dichte	g/cm^3	2.0	*Dosierbarkeit*	
Schüttdichte	g/cm^3		*Tablettierbarkeit*	
Fließeinstellung			*Lagerung*	Bei 8 C 12 Monate

Verarbeitungsbedingungen für Pressen		**Verarbeitungsbedingungen für Spritzgießen**	
		Zylindertemperatur	°C
		Düsentemperatur	°C
		Massetemp.	°C
Werkzeugtemperatur	°C	*Werkzeugtemp.*	°C
Pressdruck	bar	*Spritzdruck*	bar
Härtezeit je mm	s	*Härtezeit*	s
Schwindung	%	*Schwindung*	%
Nachschwindung	%	*Nachschwindung*	%
Bemerkungen		*Bemerkungen*	

Zugversuch 23 °C ISO 527;
Probekörper: *Form* Nr. 3 — *Herstellung* Pressen

Zugfestigkeit	N/mm^2	90	*E-Modul*	N/mm^2	
Reißdehnung	%		*Zeitstandzugfestigkeit*	h N/mm^2	

Biegeversuch 23 °C ISO 178;
Probekörper: *Form* NS — *Herstellung* Pressen

Biegefestigkeit	N/mm^2	150	*E-Modul*	N/mm^2	15000

Druckversuch 23°C
Probekörper: *Form* — *Herstellung*

Druckfestigkeit	N/mm^2	*Stauchung*	%

Härte 23 °C *Probekörper:* — *Herstellung*

Kugeldruckhärte N/mm^2 bei N, s

Schlagversuch *Probekörper:* *(1)* U-Kerbe
(2)
Herstellung Pressen

		°C		°C	°C	*Probekörper-Form*
Schlagzähigkeit	kJ/m^2	23	12			NS
Kerbschlagzähigkeit (1)	kJ/m^2	23	4			NS
IZOD-Kerbschlag-zähigkeit (2)	J/m					

Abrieb und Reibung

Taber-Abrieb (Reibradverfahren) mm^3/100 U
Statische Reibungszahl
Dynamische Reibungszahl (p · v = N/mm^2 · m/min)
Zulässiger p · v Wert N/mm^2 · (m/min) v = m/min
v = m/min

Thermische Eigenschaften

Formbeständigkeit in der Wärme	*Verfahren*	A			130 °C
	Verfahren				°C
Formbeständigkeit Martens					°C
Längenausdehnungskoeffizient	*Bereich*	20–100	°C		$0.2 \cdot 10^{-4} K^{-1}$
	Temperatur				$\cdot 10^{-4} K^{-1}$
Wärmeleitfähigkeit	*Verfahren*	DIN 52612		25 °C	0.6 W/(K · m)
Spezifische Wärmekapazität	*Verfahren*				J/(K · g)

Brandverhalten

UL-Test vertikal Dicke mm, Wert
Dicke mm, Wert

	Norm	*Bewertung*	*Abmessungen*
Sauerstoff-Index	ASTM D 2863	36 %	
Glühstab-Verfahren	DIN 53459	2a	
Brandverhalten	DIN 4102		
MVSS			
FAR			

Elektrische Eigenschaften

		Hz	°C			*Probekörper, Form*
Dielektrizitätszahl		50	23	6		
		10^3				
		10^6				
Dielektrischer Verlustfaktor tan δ		50	23	0.015		
		10^3				
		10^6				
Spezifischer Durchgangs-widerstand	Ohm · cm		23	1.0*10**15		
Durchschlagfestigkeit	kV/mm		23	14		2.0 mm dick
Oberflächenwiderstand	Ohm		23	1.0*10**14		
Kriechstromfestigkeit		KC 325		KB 275	KA	
Kriechwegbildung						

Elektrolytische Korrosionswirkung
Lichtbogenfestigkeit nach DIN
nach ASTM s

Beständigkeit *(Chemische Beständigkeit siehe Anhang)*
Wasseraufnahme

Feuchtigkeitsaufnahme Normalklima %
Wetterbeständigkeit

EP

Produktklasse	Epoxidharz-Formmasse		
Handelsname	**EMC XB 3394**		
Hersteller	CIBA BA		
DIN-Bezeichnung			
ISO-Bezeichnung			
Harzbasis	Epoxid		
Zusätze		*Füllstoffe/ Verstärkung*	Glasfaser; Mineral
Bevorzugte Verarbeitung	Spritzgiessen	*Lieferform*	Staubarmes Granulat
		Farben	Vorwiegend schwarz; Sonderfarben auf Anfrage
Besondere Merkmale	Sehr gute Rissbestaendigkeit; Gute mechanische Eigenschaften; Schnelle Haertung; Hohe Dauergebrauchstemperat	*Bevorzugte Anwendungen*	Umhuellungsmasse; Magnetspule; Kleintrafo; Printermagnet; Sensor; Stator fuer E-Motor; Scheibenlaeuferrotor

Dichte	g/cm³	2.0	*Dosierbarkeit*	
Schüttdichte	g/cm³		*Tablettierbarkeit*	
Fließeinstellung			*Lagerung*	Bei 8 C 12 Monate

Verarbeitungsbedingungen für Pressen

Werkzeugtemperatur	°C	
Pressdruck	bar	
Härtezeit je mm	s	
Schwindung	%	
Nachschwindung	%	
Bemerkungen		

Verarbeitungsbedingungen für Spritzgießen

Zylindertemperatur	°C	20–70
Düsentemperatur	°C	70–90
Massetemp.	°C	80–100
Werkzeugtemp.	°C	160–190
Spritzdruck	bar	
Härtezeit	s	20
Schwindung	%	0.4–0.6
Nachschwindung	%	0.01
Bemerkungen		

Zugversuch 23 °C ISO 527;
Probekörper: *Form* Nr. 3 *Herstellung* Pressen

Zugfestigkeit	N/mm²	90	*E-Modul*	N/mm²	
Reißdehnung	%		*Zeitstandzugfestigkeit*	h N/mm²	

Biegeversuch 23 °C ISO 178;
Probekörper: *Form* *Herstellung* Pressen

Biegefestigkeit	N/mm²	150	*E-Modul*	N/mm²	15000

Druckversuch 23°C
Probekörper: *Form* *Herstellung*

Druckfestigkeit	N/mm²		*Stauchung*	%

Härte 23 °C *Probekörper:* *Herstellung*

Kugeldruckhärte N/mm² bei N, s

Schlagversuch *Probekörper:* *(1)* U-Kerbe
(2)
Herstellung Pressen

		°C		°C	°C	*Probekörper-Form*
Schlagzähigkeit	kJ/m²	23	12			NS
Kerbschlagzähigkeit (1)	kJ/m²	23	4			NS
IZOD-Kerbschlag-zähigkeit (2)	J/m					

Abrieb und Reibung

Taber-Abrieb (Reibradverfahren) mm³/100 U
Statische Reibungszahl
Dynamische Reibungszahl (p·v= N/mm² · m/min)
Zulässiger p · v Wert N/mm² · (m/min) v= m/min
v= m/min

Thermische Eigenschaften

Formbeständigkeit in der Wärme	*Verfahren* A			130 °C
	Verfahren			°C
Formbeständigkeit Martens				°C
Längenausdehnungskoeffizient	*Bereich*	20–100 °C		$0.2 \cdot 10^{-4} K^{-1}$
	Temperatur			$\cdot 10^{-4} K^{-1}$
Wärmeleitfähigkeit	*Verfahren*	DIN 52612	25 °C	0.6 W/(K · m)
Spezifische Wärmekapazität	*Verfahren*			J/(K · g)

Brandverhalten

UL-Test vertikal Dicke mm, Wert
Dicke mm, Wert

	Norm	*Bewertung*	*Abmessungen*
Sauerstoff-Index	ASTM D 2863	36 %	
Glühstab-Verfahren	DIN 53459	2a	
Brandverhalten	DIN 4102		
MVSS			
FAR			

Elektrische Eigenschaften

		Hz	°C		*Probekörper, Form*
Dielektrizitätszahl		50	23	6	
		10^3			
		10^6			
Dielektrischer Verlustfaktor tan δ		50	23	0.015	
		10^3			
		10^6			
Spezifischer Durchgangs-widerstand	Ohm · cm		23	1.0*10**15	
Durchschlagfestigkeit	kV/mm		23	14	2.0 mm dick
Oberflächenwiderstand	Ohm		23	1.0*10**14	

Kriechstromfestigkeit KC 325 KB 275 KA
Kriechwegbildung

Elektrolytische Korrosionswirkung
Lichtbogenfestigkeit nach DIN
nach ASTM s

Beständigkeit *(Chemische Beständigkeit siehe Anhang)*
Wasseraufnahme

Feuchtigkeitsaufnahme Normalklima %
Wetterbeständigkeit

UP

Produktklasse	Polyesterharz-Formmasse		
Handelsname	**Illandur UP 804**		
Hersteller	ILLING		
DIN-Bezeichnung	804 DIN 16911		
ISO-Bezeichnung			
Harzbasis	Ungesaettigter Polyester		
Zusätze		*Füllstoffe/ Verstärkung*	Glasfaser; Mineral
Bevorzugte Verarbeitung	Pressen; Spritzpressen; Spritzgiessen	*Lieferform*	Granulat
		Farben	Standard; Sonderfarben
Besondere Merkmale	Gute mechanische Eigenschaften; Hohe thermische Belastbarkeit; Sehr gute elektrische Eigenschaften; Hohe Dimensionsstabilitaet; Niedrige Wasseraufnahme; Hohe Glutbestaendigkeit	*Bevorzugte Anwendungen*	Starkstromtechnik; Nachrichtentechnik; Elektronik; Schalterbau; Kraftfahrzeugtechnik

Dichte	g/cm³	1.8–1.9	*Dosierbarkeit*	Manuell oder vollautomatisch
Schüttdichte	g/cm³	0.7–0.8	*Tablettierbarkeit*	
Fließeinstellung			*Lagerung*	10 bis 20 C; Trocken; in geschlossener Verpackung ≧ 6 Monate

Verarbeitungsbedingungen für Pressen

Werkzeugtemperatur	°C	160–180
Pressdruck	bar	≧100
Härtezeit je mm	s	≧10
Schwindung	%	0.4–0.7
Nachschwindung	%	≦0.1
Bemerkungen		

Verarbeitungsbedingungen für Spritzgießen

Zylindertemperatur	°C	50–100
Düsentemperatur	°C	
Massetemp.	°C	
Werkzeugtemp.	°C	155–180
Spritzdruck	bar	≧400
Härtezeit	s	≧5
Schwindung	%	
Nachschwindung	%	≦0.1
Bemerkungen	Verarbeitung im Kaltkanalverfahren moeglich	

Zugversuch 23 °C DIN 53455;
Probekörper: *Form* *Herstellung* DIN 53470

Zugfestigkeit	N/mm²	30	*E-Modul*	N/mm²	
Reißdehnung	%		*Zeitstandzugfestigkeit*	h N/mm²	

Biegeversuch 23 °C DIN 53452; DIN 53457
Probekörper: *Form* *Herstellung* DIN 53470

Biegefestigkeit	N/mm²	55	*E-Modul*	N/mm²	7000

Druckversuch 23°C
Probekörper: *Form* *Herstellung*

Druckfestigkeit	N/mm²		*Stauchung*	%

Härte 23 °C *Probekörper:* *Herstellung* DIN 53470

Kugeldruckhärte N/mm² 280 bei N, 30 s

Schlagversuch *Probekörper:* *(1)* U-Kerbe *(2)* *Herstellung* DIN 53470

		°C		°C	°C	*Probekörper-Form*
Schlagzähigkeit	kJ/m²	23	4.5			
Kerbschlagzähigkeit (1)	kJ/m²	23	3			
IZOD-Kerbschlag-zähigkeit (2)	J/m					

Abrieb und Reibung

Taber-Abrieb (Reibradverfahren) mm³/100 U
Statische Reibungszahl
Dynamische Reibungszahl (p·v= N/mm²· m/min)
Zulässiger p · v Wert N/mm² · (m/min) v= m/min
v= m/min

Thermische Eigenschaften

Formbeständigkeit in der Wärme	*Verfahren*		°C
	Verfahren		°C
Formbeständigkeit Martens			≧140 °C
Längenausdehnungskoeffizient	*Bereich*	°C	$\cdot 10^{-4}K^{-1}$
	Temperatur		$\cdot 10^{-4}K^{-1}$
Wärmeleitfähigkeit	*Verfahren*		W/(K · m)
Spezifische Wärmekapazität	*Verfahren*		J/(K · g)

Brandverhalten

UL-Test vertikal Dicke 1.6 mm, Wert V-0
Dicke mm, Wert

	Norm	*Bewertung*	*Abmessungen*
Sauerstoff-Index	ASTM D 2863		
Glühstab-Verfahren	DIN 53459	2a	
Brandverhalten	DIN 4102		
MVSS			
FAR			

Elektrische Eigenschaften

		Hz	°C		*Probekörper, Form*
Dielektrizitätszahl		50			
		10^3			
		10^6			
Dielektrischer Verlustfaktor tan δ		50			
		10^3	23	≦0.03	
		10^6			
Spezifischer Durchgangs-widerstand	Ohm · cm		23	1.0*10**12	
Durchschlagfestigkeit	kV/mm		23	15	mm dick
Oberflächenwiderstand	Ohm		23	1.0*10**12	

Kriechstromfestigkeit KC >600 KB KA
Kriechwegbildung

Elektrolytische Korrosionswirkung
Lichtbogenfestigkeit nach DIN
nach ASTM s

Beständigkeit *(Chemische Beständigkeit siehe Anhang)*

Wasseraufnahme 4 d ≦45 mg

Feuchtigkeitsaufnahme Normalklima %
Wetterbeständigkeit

Produktklasse	Polyesterharz-Formmasse		**UP**
Handelsname	**Illandur UPK**		
Hersteller	ILLING		
DIN-Bezeichnung	804 DIN 16911		
ISO-Bezeichnung			
Harzbasis	Ungesaettigter Polyester		
Zusätze		*Füllstoffe/ Verstärkung*	Glasfaser; Mineral
Bevorzugte Verarbeitung	Pressen; Spritzpressen; Spritzgiessen	*Lieferform*	Granulat
		Farben	Standard; Sonderfarben
Besondere Merkmale	Keramikersatz; Hochtemperaturbestaendig; Gute mechanische Eigenschaften; Sehr gute elektrische Eigenschaften; Hohe Dimensionsstabilitaet; Niedrige Wasseraufnahme	*Bevorzugte Anwendungen*	Starkstromtechnik; Nachrichtentechnik; Elektronik; Schalterbau; Kraftfahrzeugtechnik

Dichte	g/cm³	2.1–2.2	*Dosierbarkeit*	Manuell oder vollautomatisch
Schüttdichte	g/cm³	0.8–1.0	*Tablettierbarkeit*	
Fließeinstellung			*Lagerung*	10 bis 20 C; Trocken; in geschlossener Verpackung ≧ 6 Monate

Verarbeitungsbedingungen für Pressen

Werkzeugtemperatur	°C	160–180
Pressdruck	bar	≧100
Härtezeit je mm	s	≧10
Schwindung	%	0.3
Nachschwindung	%	≦0.1
Bemerkungen		

Verarbeitungsbedingungen für Spritzgießen

Zylindertemperatur	°C	50–100
Düsentemperatur	°C	
Massetemp.	°C	
Werkzeugtemp.	°C	155–180
Spritzdruck	bar	≧400
Härtezeit	s	≧5
Schwindung	%	
Nachschwindung	%	≦0.1
Bemerkungen	Verarbeitung im Kaltkanalverfahren moeglich	

Zugversuch 23 °C DIN 53455; *Probekörper:* *Form* — *Herstellung* DIN 53470

Zugfestigkeit	N/mm²	30–35	*E-Modul*	N/mm²	
Reißdehnung	%		*Zeitstandzugfestigkeit*	h N/mm²	

Biegeversuch 23 °C DIN 53452; DIN 53457 *Probekörper:* *Form* — *Herstellung* DIN 53470

Biegefestigkeit	N/mm²	55–60	*E-Modul*	N/mm²	8000

Druckversuch 23°C *Probekörper:* *Form* — *Herstellung*

Druckfestigkeit	N/mm²		*Stauchung*	%

Härte 23 °C *Probekörper:* — *Herstellung* DIN 53470

Kugeldruckhärte	N/mm² 300	bei		N, 30 s

Schlagversuch *Probekörper:* *(1)* U-Kerbe *(2)* *Herstellung* DIN 53470

		°C		°C	°C	*Probekörper-Form*
Schlagzähigkeit	kJ/m²	23	5–7			
Kerbschlagzähigkeit (1)	kJ/m²	23	4–5			
IZOD-Kerbschlagzähigkeit (2)	J/m					

Abrieb und Reibung

Taber-Abrieb (Reibradverfahren) mm³/100 U
Statische Reibungszahl
Dynamische Reibungszahl (p · v = N/mm² · m/min)
Zulässiger p · v Wert N/mm² · (m/min) v = m/min
v = m/min

Thermische Eigenschaften

Formbeständigkeit in der Wärme	*Verfahren*		°C
	Verfahren		°C
Formbeständigkeit Martens			≧230 °C
Längenausdehnungskoeffizient	*Bereich*	°C	$\cdot 10^{-4}K^{-1}$
	Temperatur		$\cdot 10^{-4}K^{-1}$
Wärmeleitfähigkeit	*Verfahren*		W/(K · m)
Spezifische Wärmekapazität	*Verfahren*		J/(K · g)

Brandverhalten

UL-Test vertikal Dicke mm, Wert
Dicke mm, Wert

	Norm	*Bewertung*	*Abmessungen*
Sauerstoff-Index	ASTM D 2863		
Glühstab-Verfahren	DIN 53459	1b	
Brandverhalten	DIN 4102		
MVSS			
FAR			

Elektrische Eigenschaften

		Hz	°C		*Probekörper, Form*
Dielektrizitätszahl		50			
		10^3			
		10^6			
Dielektrischer Verlustfaktor tan δ		50			
		10^3	23	≦0.03	
		10^6			
Spezifischer Durchgangswiderstand	Ohm · cm		23	1.0*10**12	
Durchschlagfestigkeit	kV/mm		23	15	mm dick
Oberflächenwiderstand	Ohm		23	1.0*10**13	

Kriechstromfestigkeit KC >600 KB KA
Kriechwegbildung

Elektrolytische Korrosionswirkung
Lichtbogenfestigkeit nach DIN
nach ASTM s

Beständigkeit *(Chemische Beständigkeit siehe Anhang)*

Wasseraufnahme 4 d 25 mg

Feuchtigkeitsaufnahme Normalklima %
Wetterbeständigkeit

Produktklasse	Polyesterharz-Formmasse		**UP**
Handelsname	**Illandur UPK-F**		
Hersteller	ILLING		
DIN-Bezeichnung	804 DIN 16911		
ISO-Bezeichnung			
Harzbasis	Ungesaettigter Polyester		
Zusätze		*Füllstoffe/ Verstärkung*	Glasfaser; Mineral
Bevorzugte Verarbeitung	Pressen; Spritzpressen; Spritzgiessen	*Lieferform*	Granulat
		Farben	Standard; Sonderfarben
Besondere Merkmale	Keramikersatz; Hochtemperaturbestaendig; Selbstverloeschend; Gute mechanische Eigenschaften; Sehr gute elektrische Eigenschaften; Hohe Dimensionsstabilitaet	*Bevorzugte Anwendungen*	Starkstromtechnik; Nachrichtentechnik; Elektronik; Schalterbau; Kraftfahrzeugtechnik

Dichte	g/cm³	2.1	*Dosierbarkeit*	Manuell oder vollautomatisch
Schüttdichte	g/cm³	0.8–1.0	*Tablettierbarkeit*	
Fließeinstellung			*Lagerung*	10 bis 20 C; Trocken; in geschlossener Verpackung ≧ 6 Monate

Verarbeitungsbedingungen für Pressen

Werkzeugtemperatur	°C	160–180
Pressdruck	bar	≧100
Härtezeit je mm	s	≧10
Schwindung	%	0.3–0.4
Nachschwindung	%	≦0.1
Bemerkungen		

Verarbeitungsbedingungen für Spritzgießen

Zylindertemperatur	°C	50–100
Düsentemperatur	°C	
Massetemp.	°C	
Werkzeugtemp.	°C	155–180
Spritzdruck	bar	≧400
Härtezeit	s	≧5
Schwindung	%	
Nachschwindung	%	≦0.1
Bemerkungen	Verarbeitung im Kaltkanalverfahren moeglich	

Zugversuch 23 °C DIN 53455;
Probekörper: *Form* *Herstellung* DIN 53470

Zugfestigkeit	N/mm²	30	*E-Modul*	N/mm²	
Reißdehnung	%		*Zeitstandzugfestigkeit*	h N/mm²	

Biegeversuch 23 °C DIN 53452; DIN 53457
Probekörper: *Form* *Herstellung* DIN 53470

Biegefestigkeit	N/mm²	55–60	*E-Modul*	N/mm²	7000

Druckversuch 23 °C
Probekörper: *Form* *Herstellung*

Druckfestigkeit	N/mm²		*Stauchung*	%

Härte 23 °C *Probekörper:* *Herstellung* DIN 53470

Kugeldruckhärte N/mm² 290 bei N, 30 s

Schlagversuch *Probekörper:* *(1)* U-Kerbe *(2)* *Herstellung* DIN 53470

		°C		°C	°C	*Probekörper-Form*
Schlagzähigkeit	kJ/m²	23	5–7			
Kerbschlagzähigkeit (1)	kJ/m²	23	3.5–4			
IZOD-Kerbschlag-zähigkeit (2)	J/m					

Abrieb und Reibung

Taber-Abrieb (Reibradverfahren) mm³/100 U
Statische Reibungszahl
Dynamische Reibungszahl (p·v= N/mm² · m/min)
Zulässiger p · v Wert N/mm² · (m/min) v= m/min
v= m/min

Thermische Eigenschaften

Formbeständigkeit in der Wärme	*Verfahren*		°C
	Verfahren		°C
Formbeständigkeit Martens			210–220 °C
Längenausdehnungskoeffizient	*Bereich*	°C	$\cdot 10^{-4}K^{-1}$
	Temperatur		$\cdot 10^{-4}K^{-1}$
Wärmeleitfähigkeit	*Verfahren*		W/(K · m)
Spezifische Wärmekapazität	*Verfahren*		J/(K · g)

Brandverhalten

UL-Test vertikal Dicke 1.6 mm, Wert V-0
Dicke mm, Wert

	Norm	*Bewertung*	*Abmessungen*
Sauerstoff-Index	ASTM D 2863		
Glühstab-Verfahren	DIN 53459	1b	
Brandverhalten	DIN 4102		
MVSS			
FAR			

Elektrische Eigenschaften

		Hz	°C		*Probekörper, Form*
Dielektrizitätszahl		50			
		10^3			
		10^6			
Dielektrischer Verlustfaktor tan δ		50			
		10^3	23	≦0.03	
		10^6			
Spezifischer Durchgangs-widerstand	Ohm · cm		23	1.0*10**12	
Durchschlagfestigkeit	kV/mm		23	15	mm dick
Oberflächenwiderstand	Ohm		23	1.0*10**13	

Kriechstromfestigkeit KC >600 KB KA
Kriechwegbildung

Elektrolytische Korrosionswirkung
Lichtbogenfestigkeit nach DIN
nach ASTM s

Beständigkeit *(Chemische Beständigkeit siehe Anhang)*

Wasseraufnahme 4 d 25 mg

Feuchtigkeitsaufnahme Normalklima %
Wetterbeständigkeit

Produktklasse	Polyesterharz-Formmasse		**UP**
Handelsname	**Illandur UPM**		
Hersteller	ILLING		
DIN-Bezeichnung *ISO-Bezeichnung*			
Harzbasis	Ungesaettigter Polyester		
Zusätze		*Füllstoffe/ Verstärkung*	Cellulose; Mineral
Bevorzugte Verarbeitung	Pressen; Spritzpressen; Spritzgiessen	*Lieferform*	Granulat
		Farben	Standard; Sonderfarben
Besondere Merkmale	Melaminharzmodifiziert; Sehr gute elektrische Eigenschaften; Hohe Glutbestaendigkeit; Selbstverloeschend	*Bevorzugte Anwendungen*	Elektrotechnik; Nachrichtentechnik; Elektromotorengehaeuse; Stecker; Gehaeuse fuer Kuechengeraet; Buegeleisengehaeuse; Isolierkoerper

Dichte	g/cm³	1.7	*Dosierbarkeit*	Manuell oder vollautomatisch
Schüttdichte	g/cm³	0.6–0.8	*Tablettierbarkeit*	
Fließeinstellung			*Lagerung*	10 bis 20 C; Trocken; in geschlossener Verpackung ≧ 6 Monate

Verarbeitungsbedingungen für Pressen

Werkzeugtemperatur	°C	160–180
Pressdruck	bar	≧120
Härtezeit je mm	s	≧10
Schwindung	%	1.0
Nachschwindung	%	0.3
Bemerkungen		

Verarbeitungsbedingungen für Spritzgießen

Zylindertemperatur	°C	50–90
Düsentemperatur	°C	
Massetemp.	°C	
Werkzeugtemp.	°C	155–180
Spritzdruck	bar	≧450
Härtezeit	s	≧5
Schwindung	%	
Nachschwindung	%	0.3
Bemerkungen		

Zugversuch 23 °C DIN 53455;
Probekörper: *Form* *Herstellung* DIN 53470

Zugfestigkeit	N/mm²	25–28	*E-Modul*	N/mm²	
Reißdehnung	%		*Zeitstandzugfestigkeit*	h N/mm²	

Biegeversuch 23 °C DIN 53452; DIN 53457
Probekörper: *Form* *Herstellung* DIN 53470

Biegefestigkeit	N/mm²	65	*E-Modul*	N/mm²	6000–8000

Druckversuch 23°C
Probekörper: *Form* *Herstellung*

Druckfestigkeit	N/mm²	*Stauchung*	%

Härte 23 °C *Probekörper:* *Herstellung*

Kugeldruckhärte N/mm² bei N, s

Schlagversuch *Probekörper:* *(1)* U-Kerbe
(2)
Herstellung DIN 53470

		°C		°C	°C	*Probekörper-Form*
Schlagzähigkeit	kJ/m²	23	6			
Kerbschlagzähigkeit (1)	kJ/m²	23	2			
IZOD-Kerbschlagzähigkeit (2)	J/m					

Abrieb und Reibung

Taber-Abrieb (Reibradverfahren)	mm³/100 U
Statische Reibungszahl	
Dynamische Reibungszahl	(p·v= N/mm²· m/min)
Zulässiger p · v Wert	N/mm² · (m/min) v= m/min
	v= m/min

Thermische Eigenschaften

Formbeständigkeit in der Wärme	*Verfahren*		°C
	Verfahren		°C
Formbeständigkeit Martens			100 °C
Längenausdehnungskoeffizient	*Bereich*	°C	$\cdot 10^{-4} K^{-1}$
	Temperatur		$\cdot 10^{-4} K^{-1}$
Wärmeleitfähigkeit	*Verfahren* ·		W/(K · m)
Spezifische Wärmekapazität	*Verfahren*		J/(K · g)

Brandverhalten

UL-Test vertikal Dicke 1.6 mm, Wert V-0
Dicke mm, Wert

	Norm	*Bewertung*	*Abmessungen*
Sauerstoff-Index	ASTM D 2863		
Glühstab-Verfahren	DIN 53459	2a	
Brandverhalten	DIN 4102		
MVSS			
FAR			

Elektrische Eigenschaften

		Hz	°C			*Probekörper, Form*
Dielektrizitätszahl		50				
		10^3				
		10^6				
Dielektrischer Verlustfaktor tan δ		50				
		10^3	23	$\leqq$0.03		
		10^6				
Spezifischer Durchgangswiderstand	Ohm · cm		23	1.0*10**12		
Durchschlagfestigkeit	kV/mm		23	20		mm dick
Oberflächenwiderstand	Ohm		23	1.0*10**12		
Kriechstromfestigkeit		KC >600		KB	KA	
Kriechwegbildung						
Elektrolytische Korrosionswirkung						
Lichtbogenfestigkeit nach DIN						
nach ASTM	s					

Beständigkeit *(Chemische Beständigkeit siehe Anhang)*

Wasseraufnahme 4 d 150 mg

Feuchtigkeitsaufnahme Normalklima %
Wetterbeständigkeit

Produktklasse	Melaminharz-Formmasse		**MF**
Handelsname	**Melopas N**		
Hersteller	CIBA MA		
DIN-Bezeichnung	152 DIN 7708		
ISO-Bezeichnung			
Harzbasis	Melamin		
Zusätze		*Füllstoffe/ Verstärkung*	Cellulose
Bevorzugte Verarbeitung	Spritzgiessen; Pressen	*Lieferform*	Mahlgranulat
		Farben	Natur; Standard
Besondere Merkmale	Halogenfrei; Schwermetallfrei; Kriechstromfest; Lichtbogenbestaendig; Sehr gute Lichtechtheit	*Bevorzugte Anwendungen*	Schwachstromtechnik; Schalterbauteil; Reglergehaeuse; Schaltergehaeuse; Sicherungsgehaeuse; Gehaeuse fuer Kuechengeraete

Dichte	g/cm^3	1.5–1.6	*Dosierbarkeit*	
Schüttdichte	g/cm^3	0.6–0.75	*Tablettierbarkeit*	
Fließeinstellung			*Lagerung*	Kuehl und trocken; Mehrere Monate

Verarbeitungsbedingungen für Pressen

Werkzeugtemperatur	°C	160–180
Pressdruck	bar	
Härtezeit je mm	s	
Schwindung	%	0.4–0.6
Nachschwindung	%	0.9–1.2
Bemerkungen		

Verarbeitungsbedingungen für Spritzgießen

Zylindertemperatur	°C	70–90
Düsentemperatur	°C	100–110
Massetemp.	°C	
Werkzeugtemp.	°C	160–180
Spritzdruck	bar	
Härtezeit	s	
Schwindung	%	0.5–0.8
Nachschwindung	%	1.2–1.5
Bemerkungen		

Zugversuch 23 °C DIN 53455; DIN 53457
Probekörper: *Form* — *Herstellung* Spritzgiessen

Zugfestigkeit	N/mm^2	80–90	*E-Modul*	N/mm^2	10000–11000
Reißdehnung	%	1.4–1.6	*Zeitstandzugfestigkeit*	h N/mm^2	

Biegeversuch 23 °C DIN 53452; DIN 53457
Probekörper: *Form* NS — *Herstellung* Pressen

Biegefestigkeit	N/mm^2	90–110	*E-Modul*	N/mm^2	8000–9000

Druckversuch 23°C DIN 53454
Probekörper: *Form* — *Herstellung* Pressen

Druckfestigkeit	N/mm^2	250–300	*Stauchung*	%

Härte 23 °C *Probekörper:* — *Herstellung* Pressen

Kugeldruckhärte N/mm^2 300–350 bei N, s

Schlagversuch *Probekörper:* *(1)* U-Kerbe *(2)*

Herstellung Pressen

		°C		°C		°C		*Probekörper-Form*
Schlagzähigkeit	kJ/m²	80	7–9	23	7–9	-40	6–8	NS
Kerbschlagzähigkeit (1)	kJ/m²	80	1.5–2	23	1.5–2	-40	1.5–2	NS
IZOD-Kerbschlagzähigkeit (2)	J/m							

Abrieb und Reibung

Taber-Abrieb (Reibradverfahren) mm³/100 U
Statische Reibungszahl
Dynamische Reibungszahl (p·v= N/mm² · m/min)
Zulässiger p · v Wert N/mm² · (m/min) v= m/min
v= m/min

Thermische Eigenschaften

Formbeständigkeit in der Wärme	*Verfahren*	A		160–180 °C
	Verfahren	B		200–220 °C
Formbeständigkeit Martens				120–130 °C
Längenausdehnungskoeffizient	*Bereich*	-30–30 °C		0.4–0.45 · $10^{-4}K^{-1}$
	Temperatur	°C		· $10^{-4}K^{-1}$
Wärmeleitfähigkeit	*Verfahren*	DIN 52612	23 °C	0.4–0.5 W/(K · m)
Spezifische Wärmekapazität	*Verfahren*			J/(K · g)

Brandverhalten

UL-Test vertikal Dicke 1.6 mm, Wert V-0
Dicke mm, Wert

	Norm	*Bewertung*	*Abmessungen*
Sauerstoff-Index	ASTM D 2863	42 %	
Glühstab-Verfahren	DIN 53459	2a	80x10x4 mm
Brandverhalten	DIN 4102		
MVSS			
FAR			

Elektrische Eigenschaften

		Hz	°C		*Probekörper, Form*
Dielektrizitätszahl		50	23	15–20	
		10^3	23	8–9	
		10^6	23	7–8	
Dielektrischer Verlustfaktor tan δ		50	23	0.20–0.40	
		10^3	23	0.06–0.08	
		10^6	23	0.05–0.07	
Spezifischer Durchgangswiderstand	Ohm · cm		23	1. *10**12–1. *10**13	
Durchschlagfestigkeit	kV/mm		23	9–12	2 mm dick
Oberflächenwiderstand	Ohm		23	1. *10**10–1. *10**11	

Kriechstromfestigkeit KC KB KA
Kriechwegbildung ≧CTI 600
≧CTI 600 M
Elektrolytische Korrosionswirkung AN 1.8 Platte 50x50x4 mm
Lichtbogenfestigkeit nach DIN
nach ASTM s 125–135

Beständigkeit *(Chemische Beständigkeit siehe Anhang)*

Wasseraufnahme 23 C 1 d ≦0.6 %

Feuchtigkeitsaufnahme Normalklima %
Wetterbeständigkeit

Produktklasse	Melamin-Phenolharz-Formmasse		**MP**
Handelsname	**Melopas MPL**		
Hersteller	CIBA MA		
DIN-Bezeichnung	181.5 DIN 7708		
ISO-Bezeichnung			
Harzbasis	Melamin-Phenol		
Zusätze		*Füllstoffe/ Verstärkung*	Cellulose
Bevorzugte Verarbeitung	Spritzgiessen; Pressen	*Lieferform*	Mahlgranulat
		Farben	Natur; Standard
Besondere Merkmale	Halogenfrei; Schwermetallfrei; Sehr gute Kriechstromfestigkeit; Mechanisch weniger steif als Typ 180	*Bevorzugte Anwendungen*	Elektronik; Schwachstromtechnik; Schalterbauteil; Gehaeuse; E-Kleinmotorengehaeuse; Lampengehaeuse; Buegeleisengriff; Reglerknopf; Gehaeuse fuer Kuechengeraete

Dichte	g/cm³	1.6–1.7	*Dosierbarkeit*	
Schüttdichte	g/cm³	0.6–0.75	*Tablettierbarkeit*	
Fließeinstellung			*Lagerung*	Kuehl und trocken; Mehrere Monate

Verarbeitungsbedingungen für Pressen			**Verarbeitungsbedingungen für Spritzgießen**		
			Zylindertemperatur	°C	70–90
			Düsentemperatur	°C	100–110
			Massetemp.	°C	
Werkzeugtemperatur	°C	160–175	*Werkzeugtemp.*	°C	160–180
Pressdruck	bar		*Spritzdruck*	bar	
Härtezeit je mm	s		*Härtezeit*	s	
Schwindung	%	0.4–0.6	*Schwindung*	%	0.5–0.8
Nachschwindung	%	0.9–1.2	*Nachschwindung*	%	1.2–1.5
Bemerkungen			*Bemerkungen*		

Zugversuch 23 °C DIN 53455; DIN 53457
Probekörper: *Form* — *Herstellung* Spritzgiessen

Zugfestigkeit	N/mm²	80–90	*E-Modul*	N/mm²	10000–11000
Reißdehnung	%	1.2–1.4	*Zeitstandzugfestigkeit*	h N/mm²	

Biegeversuch 23 °C DIN 53452; DIN 53457
Probekörper: *Form* NS — *Herstellung* Pressen

Biegefestigkeit	N/mm²	90–110	*E-Modul*	N/mm²	8000–9000

Druckversuch 23 °C DIN 53454
Probekörper: *Form* — *Herstellung* Pressen

Druckfestigkeit	N/mm²	250–300	*Stauchung*	%

Härte 23 °C *Probekörper:* — *Herstellung* Pressen

Kugeldruckhärte	N/mm²	300–350	bei	N, s

Schlagversuch *Probekörper:* *(1)* U-Kerbe *(2)*

Herstellung Pressen

		°C		°C		°C		*Probekörper-Form*
Schlagzähigkeit	kJ/m²	80	7–9	23	7–9	-40	5–7	NS
Kerbschlagzähigkeit (1)	kJ/m²	80	1.5–2	23	1.5–2	-40	1.5–2	NS
IZOD-Kerbschlag-zähigkeit (2)	J/m							

Abrieb und Reibung

Taber-Abrieb (Reibradverfahren) mm³/100 U
Statische Reibungszahl
Dynamische Reibungszahl (p·v= N/mm² · m/min)
Zulässiger p · v Wert N/mm² · (m/min) v= m/min
v= m/min

Thermische Eigenschaften

Formbeständigkeit in der Wärme	*Verfahren*	A		160–180 °C
	Verfahren	B		200–220 °C
Formbeständigkeit Martens				120–130 °C
Längenausdehnungskoeffizient	*Bereich*	-30–30 °C		0.35–0.4 · $10^{-4}K^{-1}$
	Temperatur	°C		· $10^{-4}K^{-1}$
Wärmeleitfähigkeit	*Verfahren*	DIN 52612	23 °C	0.4–0.5 W/(K · m)
Spezifische Wärmekapazität	*Verfahren*			J/(K · g)

Brandverhalten

UL-Test vertikal Dicke 0.8 mm, Wert V-0
Dicke mm, Wert

	Norm	*Bewertung*	*Abmessungen*
Sauerstoff-Index	ASTM D 2863	42 %	
Glühstab-Verfahren	DIN 53459	2a	80x10x4 mm
Brandverhalten	DIN 4102		
MVSS			
FAR			

Elektrische Eigenschaften

		Hz	°C		*Probekörper, Form*
Dielektrizitätszahl		50	23	15–20	
		10^3	23	8–9	
		10^6	23	7–8	
Dielektrischer Verlustfaktor tan δ		50	23	0.20–0.40	
		10^3	23	0.04–0.06	
		10^6	23	0.03–0.05	
Spezifischer Durchgangs-widerstand	Ohm · cm		23	1. *10**12–1. *10**13	
Durchschlagfestigkeit	kV/mm		23	11–14	2 mm dick
Oberflächenwiderstand	Ohm		23	1. *10**10–1. *10**11	

Kriechstromfestigkeit KC KB KA
Kriechwegbildung ≧CTI 600
≧CTI 600 M
Elektrolytische Korrosionswirkung AN 1.8 Platte 50x50x4 mm
Lichtbogenfestigkeit nach DIN
nach ASTM s 125–135

Beständigkeit *(Chemische Beständigkeit siehe Anhang)*

Wasseraufnahme 23 C 1 d ≦0.4 %

Feuchtigkeitsaufnahme Normalklima %
Wetterbeständigkeit

Produktklasse	Melamin-Phenolharz-Formmasse		**MP**
Handelsname	**Melopas BMPL**		
Hersteller	CIBA MA		
DIN-Bezeichnung	182 DIN 7708		
ISO-Bezeichnung			
Harzbasis	Melamin-Phenol		
Zusätze		*Füllstoffe/ Verstärkung*	Holzmehl und Gesteinsmehl
Bevorzugte Verarbeitung	Spritzgiessen; Pressen	*Lieferform*	Mahlgranulat
		Farben	Natur; Standard
Besondere Merkmale	Halogenfrei; Schwermetallfrei; Sehr gute Kriechstromfestigkeit; Waermebestaendig	*Bevorzugte Anwendungen*	Elektronik; Schwachstromtechnik; Schalterbauteil; Verteilergehaeuse

Dichte	g/cm^3	1.6–1.7	*Dosierbarkeit*	
Schüttdichte	g/cm^3	0.6–0.75	*Tablettierbarkeit*	
Fließeinstellung			*Lagerung*	Kuehl und trocken; Mehrere Monate

Verarbeitungsbedingungen für Pressen

Werkzeugtemperatur	°C	160–175
Pressdruck	bar	
Härtezeit je mm	s	
Schwindung	%	0.4–0.6
Nachschwindung	%	0.9–1.2
Bemerkungen		

Verarbeitungsbedingungen für Spritzgießen

Zylindertemperatur	°C	70–90
Düsentemperatur	°C	100–110
Massetemp.	°C	
Werkzeugtemp.	°C	160–180
Spritzdruck	bar	
Härtezeit	s	
Schwindung	%	0.5–0.8
Nachschwindung	%	1.3–1.6
Bemerkungen		

Zugversuch 23 °C DIN 53455; DIN 53457
Probekörper: *Form* *Herstellung* Spritzgiessen

Zugfestigkeit	N/mm^2	80–90	*E-Modul*	N/mm^2	10000–11000
Reißdehnung	%	1.1–1.3	*Zeitstandzugfestigkeit*	h N/mm^2	

Biegeversuch 23 °C DIN 53452; DIN 53457
Probekörper: *Form* NS *Herstellung* Pressen

Biegefestigkeit	N/mm^2	80–100	*E-Modul*	N/mm^2	7000–8000

Druckversuch 23 °C DIN 53454
Probekörper: *Form* *Herstellung* Pressen

Druckfestigkeit	N/mm^2	250–300	*Stauchung*	%

Härte 23 °C *Probekörper:* *Herstellung* Pressen

Kugeldruckhärte N/mm^2 300–350 bei N, s

Schlagversuch *Probekörper:* *(1)* U-Kerbe *(2)* *Herstellung* Pressen

		°C		°C		°C		*Probekörper-Form*
Schlagzähigkeit	kJ/m²	80	5–7	23	5–7	-40	4–6	NS
Kerbschlagzähigkeit (1)	kJ/m²	80	1.3–1.8	23	1.3–1.8	-40	1.3–1.8	NS
IZOD-Kerbschlag-zähigkeit (2)	J/m							

Abrieb und Reibung

Taber-Abrieb (Reibradverfahren)	mm³/100 U	
Statische Reibungszahl		
Dynamische Reibungszahl	(p·v= N/mm²· m/min)	
Zulässiger p · v Wert	N/mm² · (m/min)	v= m/min
		v= m/min

Thermische Eigenschaften

Formbeständigkeit in der Wärme	*Verfahren*	A			160–180 °C
	Verfahren	B			220–240 °C
Formbeständigkeit Martens					120–130 °C
Längenausdehnungskoeffizient	*Bereich*	-30–30	°C		0.35–0.4 · $10^{-4}K^{-1}$
	Temperatur	°C			· $10^{-4}K^{-1}$
Wärmeleitfähigkeit	*Verfahren*	DIN 52612		23 °C	0.4–0.5 W/(K · m)
Spezifische Wärmekapazität	*Verfahren*				J/(K · g)

Brandverhalten

UL-Test vertikal Dicke 0.8 mm, Wert V-0
Dicke mm, Wert

	Norm	*Bewertung*	*Abmessungen*
Sauerstoff-Index	ASTM D 2863	38 %	
Glühstab-Verfahren	DIN 53459	2a	80x10x4 mm
Brandverhalten	DIN 4102		
MVSS			
FAR			

Elektrische Eigenschaften

		Hz	°C		*Probekörper, Form*
Dielektrizitätszahl		50	23	15–20	
		10^3	23	8–9	
		10^6	23	7–8	
Dielektrischer Verlustfaktor tan δ		50	23	0.20–0.40	
		10^3	23	0.04–0.06	
		10^6	23	0.03–0.05	
Spezifischer Durchgangs-widerstand	Ohm · cm		23	1. *10**12–1. *10**13	
Durchschlagfestigkeit	kV/mm		23	10–13	2 mm dick
Oberflächenwiderstand	Ohm		23	1. *10**10–1. *10**11	

Kriechstromfestigkeit		KC	KB	KA	
Kriechwegbildung		≧CTI 600			
		≧CTI 600 M			
Elektrolytische Korrosionswirkung		AN 1.8			Platte 50x50x4 mm
Lichtbogenfestigkeit nach DIN					
nach ASTM	s	120–130			

Beständigkeit *(Chemische Beständigkeit siehe Anhang)*

Wasseraufnahme 23 C 1 d ≦0.4 %

Feuchtigkeitsaufnahme Normalklima %
Wetterbeständigkeit

Produktklasse	Melamin-Phenolharz-Formmasse		**MP**
Handelsname	**Melopas AMPL**		
Hersteller	CIBA MA		
DIN-Bezeichnung	183 DIN 7708		
ISO-Bezeichnung			
Harzbasis	Melamin-Phenol		
Zusätze		*Füllstoffe/ Verstärkung*	Cellulose und Gesteinsmehl
Bevorzugte Verarbeitung	Spritzgiessen; Pressen	*Lieferform*	Mahlgranulat
		Farben	Natur; Standard
Besondere Merkmale	Halogenfrei; Schwermetallfrei; Sehr gute Kriechstromfestigkeit; Waermebestaendig	*Bevorzugte Anwendungen*	Elektronik; Schwachstromtechnik; Schalterbauteil; Gehaeuse; E-Kleinmotorengehaeuse; Lampengehaeuse; Buegeleisengriff

Dichte	g/cm³	1.6–1.7	*Dosierbarkeit*	
Schüttdichte	g/cm³	0.6–0.75	*Tablettierbarkeit*	
Fließeinstellung			*Lagerung*	Kuehl und trocken; Mehrere Monate

Verarbeitungsbedingungen für Pressen			**Verarbeitungsbedingungen für Spritzgießen**		
			Zylindertemperatur	°C	70–90
			Düsentemperatur	°C	100–110
			Massetemp.	°C	
Werkzeugtemperatur	°C	160–175	*Werkzeugtemp.*	°C	160–180
Pressdruck	bar		*Spritzdruck*	bar	
Härtezeit je mm	s		*Härtezeit*	s	
Schwindung	%	0.4–0.6	*Schwindung*	%	0.5–0.8
Nachschwindung	%	0.9–1.2	*Nachschwindung*	%	1.3–1.5
Bemerkungen			*Bemerkungen*		

Zugversuch 23 °C DIN 53455; DIN 53457
Probekörper: *Form* — *Herstellung* Spritzgiessen

Zugfestigkeit	N/mm²	80–90	*E-Modul*	N/mm²	10000–11000
Reißdehnung	%	1.2–1.4	*Zeitstandzugfestigkeit*	h N/mm²	

Biegeversuch 23 °C DIN 53452; DIN 53457
Probekörper: *Form* NS — *Herstellung* Pressen

Biegefestigkeit	N/mm²	80–100	*E-Modul*	N/mm²	8000–9000

Druckversuch 23°C DIN 53454
Probekörper: *Form* — *Herstellung* Pressen

Druckfestigkeit	N/mm²	250–300	*Stauchung*	%	

Härte 23 °C *Probekörper:* — *Herstellung* Pressen

Kugeldruckhärte N/mm² 300–350 bei N, s

Schlagversuch *Probekörper:* *(1)* U-Kerbe *(2)*

Herstellung Pressen

		°C		°C		°C		*Probekörper-Form*
Schlagzähigkeit	kJ/m²	80	6–8	23	6–8	-40	5–7	NS
Kerbschlagzähigkeit (1)	kJ/m²	80	1.5–2	23	1.5–2	-40	1.5–2	NS
IZOD-Kerbschlag-zähigkeit (2)	J/m							

Abrieb und Reibung

Taber-Abrieb (Reibradverfahren) mm³/100 U
Statische Reibungszahl
Dynamische Reibungszahl (p·v= N/mm² · m/min)
Zulässiger p · v Wert N/mm² · (m/min) v= m/min
v= m/min

Thermische Eigenschaften

Formbeständigkeit in der Wärme	*Verfahren*	A		160–180 °C
	Verfahren	B		200–220 °C
Formbeständigkeit Martens				120–130 °C
Längenausdehnungskoeffizient	*Bereich*	-30–30 °C		0.35–0.4 · $10^{-4}K^{-1}$
	Temperatur	°C		· $10^{-4}K^{-1}$
Wärmeleitfähigkeit	*Verfahren*	DIN 52612	23 °C	0.4–0.5 W/(K · m)
Spezifische Wärmekapazität	*Verfahren*			J/(K · g)

Brandverhalten

UL-Test vertikal Dicke 0.8 mm, Wert V-0
Dicke mm, Wert

	Norm	*Bewertung*	*Abmessungen*
Sauerstoff-Index	ASTM D 2863	42 %	
Glühstab-Verfahren	DIN 53459	2a	80x10x4 mm
Brandverhalten	DIN 4102		
MVSS			
FAR			

Elektrische Eigenschaften

		Hz	°C		*Probekörper, Form*
Dielektrizitätszahl		50	23	15–20	
		10^3	23	8–9	
		10^6	23	7–8	
Dielektrischer Verlustfaktor tan δ		50	23	0.20–0.40	
		10^3	23	0.04–0.06	
		10^6	23	0.03–0.05	
Spezifischer Durchgangs-widerstand	Ohm · cm		23	1. *10**12–1. *10**13	
Durchschlagfestigkeit	kV/mm		23	11–14	2 mm dick
Oberflächenwiderstand	Ohm		23	1. *10**10–1. *10**11	

Kriechstromfestigkeit KC KB KA
Kriechwegbildung ≧CTI 600
≧CTI 600 M
Elektrolytische Korrosionswirkung AN 1.8 Platte 50x50x4 mm
Lichtbogenfestigkeit nach DIN
nach ASTM s 130–140

Beständigkeit *(Chemische Beständigkeit siehe Anhang)*

Wasseraufnahme 23 C 1 d ≦0.4 %

Feuchtigkeitsaufnahme Normalklima %
Wetterbeständigkeit

MF

Produktklasse	Melaminharz-Formmasse
Handelsname	**Melopas BN**
Hersteller	CIBA MA
DIN-Bezeichnung	150 DIN 7708
ISO-Bezeichnung	
Harzbasis	Melamin
Zusätze	
Füllstoffe/ Verstärkung	Holzmehl
Bevorzugte Verarbeitung	Spritzgiessen; Pressen
Lieferform	Mahlgranulat
Farben	Natur; Standard
Besondere Merkmale	Halogenfrei; Schwermetallfrei; Standardmasse; Vergleichbar mit Typ 31, aber bessere Kriechstromfestigkeit; Lichtbogenbestaendig
Bevorzugte Anwendungen	Schwachstromtechnik; Schalterbauteil

Dichte	g/cm^3	1.5–1.6
Schüttdichte	g/cm^3	0.6–0.75
Fließeinstellung		

Dosierbarkeit	
Tablettierbarkeit	
Lagerung	Kuehl und trocken; Mehrere Monate

Verarbeitungsbedingungen für Pressen

Werkzeugtemperatur	°C	160–180
Pressdruck	bar	
Härtezeit je mm	s	
Schwindung	%	0.4–0.6
Nachschwindung	%	0.9–1.2
Bemerkungen		

Verarbeitungsbedingungen für Spritzgießen

Zylindertemperatur	°C	70–90
Düsentemperatur	°C	100–110
Massetemp.	°C	
Werkzeugtemp.	°C	160–180
Spritzdruck	bar	
Härtezeit	s	
Schwindung	%	0.5–0.8
Nachschwindung	%	1.3–1.6
Bemerkungen		

Zugversuch 23 °C DIN 53455; DIN 53457
Probekörper: *Form* — *Herstellung* Spritzgiessen

Zugfestigkeit	N/mm^2	80–90	*E-Modul*	N/mm^2	10000–11000
Reißdehnung	%	1.1–1.3	*Zeitstandzugfestigkeit*	h N/mm^2	

Biegeversuch 23 °C DIN 53452; DIN 53457
Probekörper: *Form* NS — *Herstellung* Pressen

Biegefestigkeit	N/mm^2	90–110	*E-Modul*	N/mm^2	8000–9000

Druckversuch 23 °C DIN 53454
Probekörper: *Form* — *Herstellung* Pressen

Druckfestigkeit	N/mm^2	250–300	*Stauchung*	%	

Härte 23 °C *Probekörper:* — *Herstellung* Pressen

Kugeldruckhärte	N/mm^2	300–350	bei	N, s

Schlagversuch *Probekörper:* *(1)* U-Kerbe *(2)* *Herstellung* Pressen

		°C		°C		°C		*Probekörper-Form*
Schlagzähigkeit	kJ/m²	80	6–8	23	6–8	-40	5–7	NS
Kerbschlagzähigkeit (1)	kJ/m²	80	1.3–1.8	23	1.3–1.8	-40	1.3–1.8	NS
IZOD-Kerbschlagzähigkeit (2)	J/m							

Abrieb und Reibung

Taber-Abrieb (Reibradverfahren) mm³/100 U
Statische Reibungszahl
Dynamische Reibungszahl (p·v= N/mm²· m/min)
Zulässiger p · v Wert N/mm² · (m/min) v= m/min
v= m/min

Thermische Eigenschaften

Formbeständigkeit in der Wärme	*Verfahren*	A		160–180 °C
	Verfahren	B		220–240 °C
Formbeständigkeit Martens				120–130 °C
Längenausdehnungskoeffizient	*Bereich*	-30–30 °C		$0.4–0.45 \cdot 10^{-4} K^{-1}$
	Temperatur	°C		$\cdot 10^{-4} K^{-1}$
Wärmeleitfähigkeit	*Verfahren*	DIN 52612	23 °C	0.4–0.5 W/(K · m)
Spezifische Wärmekapazität	*Verfahren*			J/(K · g)

Brandverhalten

UL-Test vertikal Dicke 1.6 mm, Wert V-0
Dicke mm, Wert

	Norm	*Bewertung*	*Abmessungen*
Sauerstoff-Index	ASTM D 2863	38 %	
Glühstab-Verfahren	DIN 53459	2a	80x10x4 mm
Brandverhalten	DIN 4102		
MVSS			
FAR			

Elektrische Eigenschaften

		Hz	°C		*Probekörper, Form*
Dielektrizitätszahl		50	23	15–20	
		10^3	23	8–9	
		10^6	23	7–8	
Dielektrischer Verlustfaktor tan δ		50	23	0.20–0.40	
		10^3	23	0.04–0.06	
		10^6	23	0.03–0.05	
Spezifischer Durchgangswiderstand	Ohm · cm		23	1. *10**12–1. *10**13	
Durchschlagfestigkeit	kV/mm		23	9–12	2 mm dick
Oberflächenwiderstand	Ohm		23	1. *10**10–1. *10**11	

Kriechstromfestigkeit KC KB KA
Kriechwegbildung ≧CTI 600
≧CTI 600 M
Elektrolytische Korrosionswirkung AN 1.8 Platte 50x50x4 mm
Lichtbogenfestigkeit nach DIN
nach ASTM s 115–125

Beständigkeit *(Chemische Beständigkeit siehe Anhang)*

Wasseraufnahme 23 C 1 d ≦0.7 %

Feuchtigkeitsaufnahme Normalklima %
Wetterbeständigkeit

Produktklasse	Melaminharz-Formmasse		**MF**
Handelsname	**Melopas XMB 2003**		
Hersteller	CIBA MA		
DIN-Bezeichnung *ISO-Bezeichnung*			
Harzbasis	Melamin		
Zusätze		*Füllstoffe/ Verstärkung*	Cellulose und Gesteinsmehl
Bevorzugte Verarbeitung	Pressen	*Lieferform*	Mahlgranulat
		Farben	Natur; Standard
Besondere Merkmale	Halogenfrei; Schwermetallfrei; Sehr gute elektrische Isolationseigenschaften	*Bevorzugte Anwendungen*	Elektronik; Schwachstromtechnik; Starkstromtechnik; Gehaeuse; Lampengehaeuse; Buegeleisengriff; Reglerknopf

Dichte	g/cm³	1.65–1.75	*Dosierbarkeit*	
Schüttdichte	g/cm³	0.6–0.75	*Tablettierbarkeit*	
Fließeinstellung			*Lagerung*	Kuehl und trocken; Mehrere Monate

Verarbeitungsbedingungen für Pressen

Werkzeugtemperatur	°C	160–180
Pressdruck	bar	
Härtezeit je mm	s	
Schwindung	%	0.2–0.4
Nachschwindung	%	0.7–0.9
Bemerkungen		

Verarbeitungsbedingungen für Spritzgießen

Zylindertemperatur	°C	
Düsentemperatur	°C	
Massetemp.	°C	
Werkzeugtemp.	°C	160–180
Spritzdruck	bar	
Härtezeit	s	
Schwindung	%	
Nachschwindung	%	
Bemerkungen		

Zugversuch 23 °C DIN 53455; DIN 53457
Probekörper: *Form* — *Herstellung* Pressen

Zugfestigkeit	N/mm²	80–90	*E-Modul*	N/mm²	9000–10000
Reißdehnung	%	1.1–1.3	*Zeitstandzugfestigkeit*	h N/mm²	

Biegeversuch 23 °C DIN 53452; DIN 53457
Probekörper: *Form* NS — *Herstellung* Pressen

Biegefestigkeit	N/mm²	80–100	*E-Modul*	N/mm²	9000–10000

Druckversuch 23 °C DIN 53454
Probekörper: *Form* — *Herstellung* Pressen

Druckfestigkeit	N/mm²	250–300	*Stauchung*	%

Härte 23 °C *Probekörper:* — *Herstellung* Pressen

Kugeldruckhärte	N/mm²	300–350	bei	N, s

Schlagversuch *Probekörper:* *(1)* U-Kerbe *(2)*

Herstellung Pressen

		°C		°C		°C		*Probekörper-Form*
Schlagzähigkeit	kJ/m²	80	6–8	23	6–8	-40	5–7	NS
Kerbschlagzähigkeit (1)	kJ/m²	80	1.7–2.2	23	1.7–2.2	-40	1.7–2.2	NS
IZOD-Kerbschlagzähigkeit (2)	J/m							

Abrieb und Reibung

Taber-Abrieb (Reibradverfahren) mm³/100 U
Statische Reibungszahl
Dynamische Reibungszahl (p·v= N/mm² · m/min)
Zulässiger p · v Wert N/mm² · (m/min) v= m/min
v= m/min

Thermische Eigenschaften

Formbeständigkeit in der Wärme	*Verfahren* A			170–190 °C
	Verfahren B			230–250 °C
Formbeständigkeit Martens				125–140 °C
Längenausdehnungskoeffizient	*Bereich* -30–30 °C			0.35–0.4 · $10^{-4}K^{-1}$
	Temperatur °C			· $10^{-4}K^{-1}$
Wärmeleitfähigkeit	*Verfahren* DIN 52612		23 °C	0.4–0.5 W/(K · m)
Spezifische Wärmekapazität	*Verfahren*			J/(K · g)

Brandverhalten

UL-Test vertikal Dicke 0.8 mm, Wert V-0
Dicke mm, Wert

	Norm	*Bewertung*	*Abmessungen*
Sauerstoff-Index	ASTM D 2863	42 %	
Glühstab-Verfahren	DIN 53459	2a	80x10x4 mm
Brandverhalten	DIN 4102		
MVSS			
FAR			

Elektrische Eigenschaften

		Hz	°C		*Probekörper, Form*
Dielektrizitätszahl		50	23	15–20	
		10^3	23	8–9	
		10^6	23	7–8	
Dielektrischer Verlustfaktor tan δ		50	23	0.20–0.40	
		10^3	23	0.04–0.06	
		10^6	23	0.03–0.05	
Spezifischer Durchgangswiderstand	Ohm · cm		23	1. *10**12–1. *10**13	
Durchschlagfestigkeit	kV/mm		23	11–14	2 mm dick
Oberflächenwiderstand	Ohm		23	1. *10**10–1. *10**11	

Kriechstromfestigkeit	KC	KB	KA	
Kriechwegbildung	≧CTI 600			
	≧CTI 600 M			
Elektrolytische Korrosionswirkung	AN 1.8			Platte 50x50x4 mm
Lichtbogenfestigkeit nach DIN				
nach ASTM s	130–140			

Beständigkeit *(Chemische Beständigkeit siehe Anhang)*

Wasseraufnahme 23 C 1 d ≦0.4 %

Feuchtigkeitsaufnahme Normalklima %
Wetterbeständigkeit

MF

Produktklasse	Melaminharz-Formmasse
Handelsname	**Melopas GLS**
Hersteller	CIBA MA
DIN-Bezeichnung	
ISO-Bezeichnung	
Harzbasis	Melamin

Zusätze		*Füllstoffe/ Verstärkung*	Langglasfasern und Gesteinsmehl
Bevorzugte Verarbeitung	Pressen	*Lieferform*	Mahlgranulat
		Farben	Natur; Standard
Besondere Merkmale	Halogenfrei; Schwermetallfrei; Gute elektrische Isolationswerte; Hohe Lichtbogenfestigkeit; Sehr gute Schlagzaehigkeit	*Bevorzugte Anwendungen*	Elektronik; Schwachstromtechnik; Starkstromtechnik; Schalterbauteil

---

Dichte	g/cm^3	1.8–1.9	*Dosierbarkeit*	
Schüttdichte	g/cm^3	0.4–0.55	*Tablettierbarkeit*	
Fließeinstellung			*Lagerung*	Kuehl und trocken; Mehrere Monate

Verarbeitungsbedingungen für Pressen

Werkzeugtemperatur	°C	160–180
Pressdruck	bar	
Härtezeit je mm	s	
Schwindung	%	0.1–0.3
Nachschwindung	%	0.2–0.5
Bemerkungen		

Verarbeitungsbedingungen für Spritzgießen

Zylindertemperatur	°C	
Düsentemperatur	°C	
Massetemp.	°C	
Werkzeugtemp.	°C	160–180
Spritzdruck	bar	
Härtezeit	s	
Schwindung	%	
Nachschwindung	%	
Bemerkungen		

Zugversuch 23 °C DIN 53455; *Probekörper:* *Form* *Herstellung* Pressen

Zugfestigkeit	N/mm^2		*E-Modul*	N/mm^2	
Reißdehnung	%	0.5–0.7	*Zeitstandzugfestigkeit*	h N/mm^2	

Biegeversuch 23 °C DIN 53452; DIN 53457 *Probekörper:* *Form* NS *Herstellung* Pressen

Biegefestigkeit	N/mm^2	60–80	*E-Modul*	N/mm^2	9000–11000

Druckversuch 23 °C DIN 53454 *Probekörper:* *Form* *Herstellung* Pressen

Druckfestigkeit	N/mm^2	250–300	*Stauchung*	%

Härte 23 °C *Probekörper:* *Herstellung* Pressen

Kugeldruckhärte N/mm^2 300–350 bei N, s

Schlagversuch *Probekörper:* *(1)* U-Kerbe *(2)* *Herstellung* Pressen

		°C		°C		°C		*Probekörper-Form*
Schlagzähigkeit	kJ/m²	80	10–12	23	10–12	-40	8–10	NS
Kerbschlagzähigkeit (1)	kJ/m²	80	10–12	23	10–12	-40	8–10	NS
IZOD-Kerbschlag-zähigkeit (2)	J/m							

Abrieb und Reibung

Taber-Abrieb (Reibradverfahren) mm³/100 U
Statische Reibungszahl
Dynamische Reibungszahl (p·v= N/mm² · m/min)
Zulässiger p · v Wert N/mm² · (m/min) v= m/min
v= m/min

Thermische Eigenschaften

Formbeständigkeit in der Wärme	*Verfahren* A			170–190 °C
	Verfahren			°C
Formbeständigkeit Martens				140–160 °C
Längenausdehnungskoeffizient	*Bereich* -30–30	°C		0.2–0.25 · $10^{-4}K^{-1}$
	Temperatur °C			· $10^{-4}K^{-1}$
Wärmeleitfähigkeit	*Verfahren* DIN 52612		23 °C	0.4–0.5 W/(K · m)
Spezifische Wärmekapazität	*Verfahren*			J/(K · g)

Brandverhalten

UL-Test vertikal Dicke 0.8 mm, Wert V-0
Dicke mm, Wert

	Norm	*Bewertung*	*Abmessungen*
Sauerstoff-Index	ASTM D 2863	46 %	
Glühstab-Verfahren	DIN 53459	2a	80x10x4 mm
Brandverhalten	DIN 4102		
MVSS			
FAR			

Elektrische Eigenschaften

		Hz	°C		*Probekörper, Form*
Dielektrizitätszahl		50	23	9–10	
		10^3	23	8–9	
		10^6	23	7–8	
Dielektrischer Verlustfaktor tan δ		50	23	0.10–0.20	
		10^3	23	0.04–0.06	
		10^6	23	0.03–0.05	
Spezifischer Durchgangs-widerstand	Ohm · cm		23	1. *10**12–1. *10**13	
Durchschlagfestigkeit	kV/mm		23	11–14	2 mm dick
Oberflächenwiderstand	Ohm		23	1. *10**10–1. *10**11	

Kriechstromfestigkeit KC KB KA
Kriechwegbildung ≧CTI 600
≧CTI 600 M
Elektrolytische Korrosionswirkung AN 1.2 Platte 50x50x4 mm
Lichtbogenfestigkeit nach DIN
nach ASTM s 160–180

Beständigkeit *(Chemische Beständigkeit siehe Anhang)*
Wasseraufnahme 23 C 1 d ≦0.3 %

Feuchtigkeitsaufnahme Normalklima %
Wetterbeständigkeit

Produktklasse	Melaminharz-Formmasse		**MF**
Handelsname	**Melopas HT**		
Hersteller	CIBA MA		
DIN-Bezeichnung *ISO-Bezeichnung*			
Harzbasis	Melamin		
Zusätze		*Füllstoffe/ Verstärkung*	Gesteinsmehl
Bevorzugte Verarbeitung	Spritzgiessen; Pressen	*Lieferform*	Mahlgranulat
		Farben	Natur; Standard
Besondere Merkmale	Halogenfrei; Schwermetallfrei; Niedrige Verarbeitungsschwindung; Niedrige Nachschwindung; Verbesserte Waermeformbestaendigkeit	*Bevorzugte Anwendungen*	Bedarfsartikel; Technisches Formteil

Dichte	g/cm³	1.8–2.0	*Dosierbarkeit*	
Schüttdichte	g/cm³	0.8–0.95	*Tablettierbarkeit*	
Fließeinstellung			*Lagerung*	Kuehl und trocken; Mehrere Monate

Verarbeitungsbedingungen für Pressen

Werkzeugtemperatur	°C	160–170
Pressdruck	bar	
Härtezeit je mm	s	
Schwindung	%	0.2–0.4
Nachschwindung	%	0.5–0.9
Bemerkungen		

Verarbeitungsbedingungen für Spritzgießen

Zylindertemperatur	°C	70–90
Düsentemperatur	°C	100–110
Massetemp.	°C	
Werkzeugtemp.	°C	160–170
Spritzdruck	bar	
Härtezeit	s	
Schwindung	%	0.3–0.6
Nachschwindung	%	0.6–1.0
Bemerkungen		

Zugversuch 23 °C DIN 53455; DIN 53457
Probekörper: *Form* — *Herstellung* Spritzgiessen

Zugfestigkeit	N/mm²	40–50	*E-Modul*	N/mm²	12000–18000
Reißdehnung	%	0.4–0.6	*Zeitstandzugfestigkeit*	h N/mm²	

Biegeversuch 23 °C DIN 53452; DIN 53457
Probekörper: *Form* NS — *Herstellung* Pressen

Biegefestigkeit	N/mm²	70–90	*E-Modul*	N/mm²	8000–9000

Druckversuch 23°C DIN 53454
Probekörper: *Form* — *Herstellung* Pressen

Druckfestigkeit	N/mm²	150–200	*Stauchung*	%	

Härte 23 °C *Probekörper:* — *Herstellung* Pressen

Kugeldruckhärte N/mm² 350–400 bei N, s

Schlagversuch *Probekörper:* *(1)* U-Kerbe *(2)*

Herstellung Pressen

		°C		°C		°C		*Probekörper-Form*
Schlagzähigkeit	kJ/m²	80	3–5	23	3–5	-40	3–5	NS
Kerbschlagzähigkeit (1)	kJ/m²	80	1.5–2	23	1.5–2	-40	1.5–2	NS
IZOD-Kerbschlagzähigkeit (2)	J/m							

Abrieb und Reibung

Taber-Abrieb (Reibradverfahren) mm³/100 U

Statische Reibungszahl

Dynamische Reibungszahl (p · v= N/mm² · m/min)

Zulässiger p · v Wert N/mm² · (m/min) v= m/min

v= m/min

Thermische Eigenschaften

Formbeständigkeit in der Wärme	*Verfahren* A			180–200 °C
	Verfahren B			220–240 °C
Formbeständigkeit Martens				140–160 °C
Längenausdehnungskoeffizient	*Bereich* -30–30 °C			0.25–0.3 · $10^{-4}K^{-1}$
	Temperatur °C			· $10^{-4}K^{-1}$
Wärmeleitfähigkeit	*Verfahren* DIN 52612		23 °C	0.4–0.5 W/(K · m)
Spezifische Wärmekapazität	*Verfahren*			J/(K · g)

Brandverhalten

UL-Test vertikal Dicke 1.6 mm, Wert V-0

Dicke mm, Wert

	Norm	*Bewertung*	*Abmessungen*
Sauerstoff-Index	ASTM D 2863	45 %	
Glühstab-Verfahren	DIN 53459	2a	80x10x4 mm
Brandverhalten	DIN 4102		
MVSS			
FAR			

Elektrische Eigenschaften

		Hz	°C		*Probekörper, Form*
Dielektrizitätszahl		50	23	10–15	
		10^3	23	8–9	
		10^6	23	7–8	
Dielektrischer Verlustfaktor tan δ		50	23	0.20–0.30	
		10^3	23	0.04–0.06	
		10^6	23	0.03–0.05	
Spezifischer Durchgangswiderstand	Ohm · cm		23	1. *10**12–1. *10**13	
Durchschlagfestigkeit	kV/mm		23	15–20	2 mm dick
Oberflächenwiderstand	Ohm		23	1. *10**10–1. *10**11	

Kriechstromfestigkeit KC KB KA

Kriechwegbildung ≧CTI 600

≧CTI 600 M

Elektrolytische Korrosionswirkung AN 1.2 Platte 50x50x4 mm

Lichtbogenfestigkeit nach DIN

nach ASTM s 180–200

Beständigkeit *(Chemische Beständigkeit siehe Anhang)*

Wasseraufnahme 23 C 1 d ≦0.6 %

Feuchtigkeitsaufnahme Normalklima %

Wetterbeständigkeit

Produktklasse	Melaminharz-Formmasse UP-modifiziert		**MF**
Handelsname	**Melopas XMB 2005**		
Hersteller	CIBA MA		
DIN-Bezeichnung			
ISO-Bezeichnung			
Harzbasis	Melamin; Ungesaettigter Polyester		
Zusätze		*Füllstoffe/ Verstärkung*	Cellulose und Gesteinsmehl
Bevorzugte Verarbeitung	Spritzgiessen; Pressen	*Lieferform*	Mahlgranulat
		Farben	Natur; Standard
Besondere Merkmale	Halogenfrei; Schwermetallfrei; Gutes Fliessverhalten; Verzugsarm; Geringer Abrieb	*Bevorzugte Anwendungen*	Bedarfsartikel; Technisches Formteil

Dichte	g/cm³	1.65–1.75	*Dosierbarkeit*	
Schüttdichte	g/cm³	0.6–0.75	*Tablettierbarkeit*	
Fließeinstellung			*Lagerung*	Kuehl und trocken; Mehrere Monate

Verarbeitungsbedingungen für Pressen

Werkzeugtemperatur	°C	160–180
Pressdruck	bar	
Härtezeit je mm	s	
Schwindung	%	0.3–0.5
Nachschwindung	%	0.8–1.0
Bemerkungen		

Verarbeitungsbedingungen für Spritzgießen

Zylindertemperatur	°C	70–90
Düsentemperatur	°C	100–110
Massetemp.	°C	
Werkzeugtemp.	°C	160–180
Spritzdruck	bar	
Härtezeit	s	
Schwindung	%	0.4–0.6
Nachschwindung	%	1.1–1.4
Bemerkungen		

Zugversuch 23 °C DIN 53455; DIN 53457
Probekörper: *Form* *Herstellung* Spritzgiessen

Zugfestigkeit	N/mm²	70–80	*E-Modul*	N/mm²	9000–10000
Reißdehnung	%	1.2–1.4	*Zeitstandzugfestigkeit*	h N/mm²	

Biegeversuch 23 °C DIN 53452; DIN 53457
Probekörper: *Form* NS *Herstellung* Pressen

Biegefestigkeit	N/mm²	70–90	*E-Modul*	N/mm²	9000–10000

Druckversuch 23 °C DIN 53454
Probekörper: *Form* *Herstellung* Pressen

Druckfestigkeit	N/mm²	250–300	*Stauchung*	%

Härte 23 °C *Probekörper:* *Herstellung* Pressen

Kugeldruckhärte N/mm² 300–350 bei N, s

Schlagversuch *Probekörper:* *(1)* U-Kerbe *(2)* *Herstellung* Pressen

		°C		°C		°C		*Probekörper-Form*
Schlagzähigkeit	kJ/m^2	80	7–9	23	7–9	-40	5–7	NS
Kerbschlagzähigkeit (1)	kJ/m^2	80	1.8–2.2	23	1.8–2.2	-40	1.7–2.1	NS
IZOD-Kerbschlagzähigkeit (2)	J/m							

Abrieb und Reibung

Taber-Abrieb (Reibradverfahren) $mm^3/100$ U
Statische Reibungszahl
Dynamische Reibungszahl (p·v= N/mm²· m/min)
Zulässiger p·v Wert N/mm²·(m/min) v= m/min
v= m/min

Thermische Eigenschaften

Formbeständigkeit in der Wärme	*Verfahren* A			160–180 °C
	Verfahren B			200–220 °C
Formbeständigkeit Martens				120–130 °C
Längenausdehnungskoeffizient	*Bereich* -30–30 °C			$0.35–0.4 \cdot 10^{-4} K^{-1}$
	Temperatur °C			$\cdot 10^{-4} K^{-1}$
Wärmeleitfähigkeit	*Verfahren* DIN 52612		23 °C	0.4–0.5 W/(K · m)
Spezifische Wärmekapazität	*Verfahren*			J/(K · g)

Brandverhalten

UL-Test vertikal Dicke 1.6 mm, Wert V-0
Dicke mm, Wert

	Norm	*Bewertung*	*Abmessungen*
Sauerstoff-Index	ASTM D 2863	35 %	
Glühstab-Verfahren	DIN 53459	2a	80x10x4 mm
Brandverhalten	DIN 4102		
MVSS			
FAR			

Elektrische Eigenschaften

		Hz	°C		*Probekörper, Form*
Dielektrizitätszahl		50	23	15–20	
		10^3	23	8–9	
		10^6	23	7–8	
Dielektrischer Verlustfaktor tan δ		50	23	0.20–0.40	
		10^3	23	0.04–0.06	
		10^6	23	0.03–0.05	
Spezifischer Durchgangswiderstand	Ohm · cm		23	1. *10**12–1. *10**13	
Durchschlagfestigkeit	kV/mm		23	10–13	2 mm dick
Oberflächenwiderstand	Ohm		23	1. *10**10–1. *10**11	

Kriechstromfestigkeit KC KB KA
Kriechwegbildung ≧CTI 600
≧CTI 600 M
Elektrolytische Korrosionswirkung AN 1.8 Platte 50x50x4 mm
Lichtbogenfestigkeit nach DIN
nach ASTM s 125–135

Beständigkeit *(Chemische Beständigkeit siehe Anhang)*

Wasseraufnahme 23 C 1 d ≦0.4 %

Feuchtigkeitsaufnahme Normalklima %
Wetterbeständigkeit

Produktklasse	Polyesterharz-Formmasse		**UP**
Handelsname	**Menzolit 5568/05**		
Hersteller	MENZOLIT		
DIN-Bezeichnung *ISO-Bezeichnung*			
Harzbasis	Ungesaettigter Polyester		
Zusätze		*Füllstoffe/ Verstärkung*	
Bevorzugte Verarbeitung	Pressen	*Lieferform*	BMC; Kittartig
		Farben	Natur; Standard
Besondere Merkmale	Standard-Typ	*Bevorzugte Anwendungen*	Elektrotechnik; Funktionsteil auch mit grossen Wanddicken; Gehaeuse; Schalter

Dichte	g/cm^3	1.8	*Dosierbarkeit*	
Schüttdichte	g/cm^3		*Tablettierbarkeit*	
Fließeinstellung			*Lagerung*	Ca. 20 C; Mehrere Monate

Verarbeitungsbedingungen für Pressen

Werkzeugtemperatur	°C	145–155
Pressdruck	bar	
Härtezeit je mm	s	
Schwindung	%	
Nachschwindung	%	
Bemerkungen		

Verarbeitungsbedingungen für Spritzgießen

Zylindertemperatur	°C	
Düsentemperatur	°C	
Massetemp.	°C	
Werkzeugtemp.	°C	
Spritzdruck	bar	
Härtezeit	s	
Schwindung	%	
Nachschwindung	%	
Bemerkungen		

Zugversuch 23 °C

Probekörper: *Form* *Herstellung*

Zugfestigkeit	N/mm^2		*E-Modul*	N/mm^2
Reißdehnung	%		*Zeitstandzugfestigkeit*	h N/mm^2

Biegeversuch 23 °C DIN 53452; DIN 53457

Probekörper: *Form* NS *Herstellung* Pressen

Biegefestigkeit	N/mm^2 75–90		*E-Modul*	N/mm^2 10000

Druckversuch 23°C

Probekörper: *Form* *Herstellung*

Druckfestigkeit	N/mm^2	*Stauchung*	%

Härte 23 °C *Probekörper:* *Herstellung*

Kugeldruckhärte N/mm^2 bei N, s

Schlagversuch *Probekörper:* *(1)*
(2)
Herstellung Pressen

		°C	°C	°C	*Probekörper-Form*
Schlagzähigkeit	kJ/m^2	23	15–25		NS
Kerbschlagzähigkeit (1)	kJ/m^2				
IZOD-Kerbschlagzähigkeit (2)	J/m				

Abrieb und Reibung

Taber-Abrieb (Reibradverfahren) mm^3/100 U
Statische Reibungszahl
Dynamische Reibungszahl (p·v= N/mm^2· m/min)
Zulässiger p · v Wert N/mm^2·(m/min) v= m/min
v= m/min

Thermische Eigenschaften

Formbeständigkeit in der Wärme	*Verfahren*		°C
	Verfahren		°C
Formbeständigkeit Martens			°C
Längenausdehnungskoeffizient	*Bereich*	°C	$\cdot 10^{-4}K^{-1}$
	Temperatur		$\cdot 10^{-4}K^{-1}$
Wärmeleitfähigkeit	*Verfahren*		W/(K · m)
Spezifische Wärmekapazität	*Verfahren*		J/(K · g)

Brandverhalten

UL-Test vertikal Dicke mm, Wert
Dicke mm, Wert

	Norm	*Bewertung*	*Abmessungen*
Sauerstoff-Index	ASTM D 2863		
Glühstab-Verfahren			
Brandverhalten	DIN 4102		
MVSS			
FAR			

Elektrische Eigenschaften

		Hz	°C	*Probekörper, Form*
Dielektrizitätszahl		50		
		10^3		
		10^6		
Dielektrischer Verlustfaktor tan δ		50		
		10^3		
		10^6		
Spezifischer Durchgangswiderstand	Ohm · cm			
Durchschlagfestigkeit	kV/mm			mm dick
Oberflächenwiderstand	Ohm			

Kriechstromfestigkeit KC KB KA
Kriechwegbildung

Elektrolytische Korrosionswirkung
Lichtbogenfestigkeit nach DIN
nach ASTM s

Beständigkeit *(Chemische Beständigkeit siehe Anhang)*
Wasseraufnahme

Feuchtigkeitsaufnahme Normalklima %
Wetterbeständigkeit

UP

Produktklasse	Polyesterharz-Formmasse		
Handelsname	**Menzolit 2873/01**		
Hersteller	MENZOLIT		
DIN-Bezeichnung	801 DIN 16911		
ISO-Bezeichnung			
Harzbasis	Ungesaettigter Polyester		
Zusätze		*Füllstoffe/ Verstärkung*	
Bevorzugte Verarbeitung	Pressen	*Lieferform*	BMC; Kittartig
		Farben	Natur; Standard
Besondere Merkmale	Hohe mechanische Festigkeit; Gute elektrische Eigenschaften	*Bevorzugte Anwendungen*	Elektrotechnik

Dichte	g/cm^3	1.7	*Dosierbarkeit*	
Schüttdichte	g/cm^3		*Tablettierbarkeit*	
Fließeinstellung			*Lagerung*	Ca. 20 C; Mehrere Monate

Verarbeitungsbedingungen für Pressen

Werkzeugtemperatur	°C	140–160
Pressdruck	bar	
Härtezeit je mm	s	
Schwindung	%	
Nachschwindung	%	
Bemerkungen		

Verarbeitungsbedingungen für Spritzgießen

Zylindertemperatur	°C
Düsentemperatur	°C
Massetemp.	°C
Werkzeugtemp.	°C
Spritzdruck	bar
Härtezeit	s
Schwindung	%
Nachschwindung	%
Bemerkungen	

Zugversuch 23 °C

Probekörper: *Form* *Herstellung*

Zugfestigkeit	N/mm^2	*E-Modul*	N/mm^2
Reißdehnung	%	*Zeitstandzugfestigkeit*	h N/mm^2

Biegeversuch 23 °C DIN 53452; DIN 53457

Probekörper: *Form* NS *Herstellung* Pressen

Biegefestigkeit	N/mm^2 80–130	*E-Modul*	N/mm^2 9000–11000

Druckversuch 23 °C

Probekörper: *Form* *Herstellung*

Druckfestigkeit	N/mm^2	*Stauchung*	%

Härte 23 °C *Probekörper:* *Herstellung*

Kugeldruckhärte N/mm^2 bei N, s

Schlagversuch *Probekörper:* *(1)* *(2)* *Herstellung* Pressen

		°C	°C	°C	*Probekörper-Form*
Schlagzähigkeit	kJ/m²	23 35–50			NS
Kerbschlagzähigkeit (1)	kJ/m²				
IZOD-Kerbschlagzähigkeit (2)	J/m				

Abrieb und Reibung

Taber-Abrieb (Reibradverfahren) mm³/100 U
Statische Reibungszahl
Dynamische Reibungszahl (p · v= N/mm² · m/min)
Zulässiger p · v Wert N/mm² · (m/min) v= m/min
v= m/min

Thermische Eigenschaften

Formbeständigkeit in der Wärme *Verfahren* °C
Verfahren °C
Formbeständigkeit Martens °C
Längenausdehnungskoeffizient *Bereich* °C $\cdot 10^{-4}K^{-1}$
Temperatur $\cdot 10^{-4}K^{-1}$
Wärmeleitfähigkeit *Verfahren* W/(K · m)

Spezifische Wärmekapazität *Verfahren* J/(K · g)

Brandverhalten

UL-Test vertikal Dicke mm, Wert
Dicke mm, Wert

	Norm	*Bewertung*	*Abmessungen*
Sauerstoff-Index	ASTM D 2863		
Glühstab-Verfahren			
Brandverhalten	DIN 4102		
MVSS			
FAR			

Elektrische Eigenschaften

		Hz	°C	*Probekörper, Form*
Dielektrizitätszahl		50		
		10^3		
		10^6		
Dielektrischer Verlustfaktor tan δ		50		
		10^3		
		10^6		
Spezifischer Durchgangswiderstand	Ohm · cm			
Durchschlagfestigkeit	kV/mm			mm dick
Oberflächenwiderstand	Ohm			

Kriechstromfestigkeit KC KB KA
Kriechwegbildung

Elektrolytische Korrosionswirkung
Lichtbogenfestigkeit nach DIN
nach ASTM s

Beständigkeit *(Chemische Beständigkeit siehe Anhang)*
Wasseraufnahme

Feuchtigkeitsaufnahme Normalklima %
Wetterbeständigkeit

UP

Produktklasse	Polyesterharz-Formmasse
Handelsname	**Menzolit 3464/40**
Hersteller	MENZOLIT
DIN-Bezeichnung	
ISO-Bezeichnung	
Harzbasis	Ungesaettigter Polyester
Zusätze	
Füllstoffe/ Verstärkung	
Bevorzugte Verarbeitung	Pressen
Lieferform	BMC; Kittartig
Farben	Natur; Standard
Besondere Merkmale	Geringe Schwindung
Bevorzugte Anwendungen	Elektrotechnik

Dichte	g/cm^3	1.85
Schüttdichte	g/cm^3	
Fließeinstellung		
Dosierbarkeit		
Tablettierbarkeit		
Lagerung		Ca. 20 C; Mehrere Monate

Verarbeitungsbedingungen für Pressen

Werkzeugtemperatur	°C	130–170
Pressdruck	bar	
Härtezeit je mm	s	
Schwindung	%	
Nachschwindung	%	
Bemerkungen		

Verarbeitungsbedingungen für Spritzgießen

Zylindertemperatur	°C	
Düsentemperatur	°C	
Massetemp.	°C	
Werkzeugtemp.	°C	
Spritzdruck	bar	
Härtezeit	s	
Schwindung	%	
Nachschwindung	%	
Bemerkungen		

Zugversuch 23 °C

Probekörper: *Form* — *Herstellung*

Zugfestigkeit	N/mm^2	
Reißdehnung	%	
E-Modul	N/mm^2	
Zeitstandzugfestigkeit	h N/mm^2	

Biegeversuch 23 °C DIN 53452; DIN 53457

Probekörper: *Form* NS — *Herstellung* Pressen

Biegefestigkeit	N/mm^2	90–100
E-Modul	N/mm^2	6000–8000

Druckversuch 23°C

Probekörper: *Form* — *Herstellung*

Druckfestigkeit	N/mm^2	
Stauchung	%	

Härte 23 °C *Probekörper:* — *Herstellung*

Kugeldruckhärte N/mm^2 bei N, s

Schlagversuch *Probekörper:* *(1)* *(2)* *Herstellung* Pressen

		°C		°C	°C	*Probekörper-Form*
Schlagzähigkeit	kJ/m²	23	25–30			NS
Kerbschlagzähigkeit (1)	kJ/m²					
IZOD-Kerbschlag-zähigkeit (2)	J/m					

Abrieb und Reibung

Taber-Abrieb (Reibradverfahren) mm³/100 U
Statische Reibungszahl
Dynamische Reibungszahl (p·v= N/mm² · m/min)
Zulässiger p · v Wert N/mm² · (m/min) v= m/min
v= m/min

Thermische Eigenschaften

Formbeständigkeit in der Wärme *Verfahren* °C
Verfahren °C
Formbeständigkeit Martens °C
Längenausdehnungskoeffizient *Bereich* °C $\cdot 10^{-4}K^{-1}$
Temperatur $\cdot 10^{-4}K^{-1}$
Wärmeleitfähigkeit *Verfahren* W/(K · m)
Spezifische Wärmekapazität *Verfahren* J/(K · g)

Brandverhalten

UL-Test vertikal Dicke mm, Wert
Dicke mm, Wert

	Norm	*Bewertung*	*Abmessungen*
Sauerstoff-Index	ASTM D 2863	30%	
Glühstab-Verfahren			
Brandverhalten	DIN 4102		
MVSS			
FAR			

Elektrische Eigenschaften

		Hz	°C	*Probekörper, Form*
Dielektrizitätszahl		50		
		10^3		
		10^6		
Dielektrischer Verlustfaktor tan δ		50		
		10^3		
		10^6		
Spezifischer Durchgangs-widerstand	Ohm · cm			
Durchschlagfestigkeit	kV/mm			mm dick
Oberflächenwiderstand	Ohm			

Kriechstromfestigkeit KC KB KA
Kriechwegbildung

Elektrolytische Korrosionswirkung
Lichtbogenfestigkeit nach DIN
nach ASTM s

Beständigkeit *(Chemische Beständigkeit siehe Anhang)*

Wasseraufnahme

Feuchtigkeitsaufnahme Normalklima %
Wetterbeständigkeit

Produktklasse	Polyesterharz-Formmasse		**UP**
Handelsname	**Menzolit 4987/03**		
Hersteller	MENZOLIT		
DIN-Bezeichnung / *ISO-Bezeichnung*			
Harzbasis	Ungesaettigter Polyester		
Zusätze		*Füllstoffe/ Verstärkung*	
Bevorzugte Verarbeitung	Spritzgiessen	*Lieferform*	Harzmatte
		Farben	Natur; Standard
Besondere Merkmale	Lichtbogenfest; Temperaturbestaendig; Rissfreies Gefuege	*Bevorzugte Anwendungen*	Elektrotechnik; Funkenloeschkammer; Lichtbogenkammer; Isolator; Gehaeuse; Schalter

Dichte	g/cm^3	1.7	*Dosierbarkeit*	
Schüttdichte	g/cm^3		*Tablettierbarkeit*	
Fließeinstellung			*Lagerung*	Ca. 20 C; Mehrere Monate

Verarbeitungsbedingungen für Pressen			**Verarbeitungsbedingungen für Spritzgießen**		
			Zylindertemperatur	°C	
			Düsentemperatur	°C	
			Massetemp.	°C	
Werkzeugtemperatur	°C	140–160	*Werkzeugtemp.*	°C	140–160
Pressdruck	bar		*Spritzdruck*	bar	
Härtezeit je mm	s		*Härtezeit*	s	
Schwindung	%		*Schwindung*	%	
Nachschwindung	%		*Nachschwindung*	%	
Bemerkungen			*Bemerkungen*		

Zugversuch 23 °C

Probekörper: *Form* *Herstellung*

Zugfestigkeit	N/mm^2		*E-Modul*	N/mm^2
Reißdehnung	%		*Zeitstandzugfestigkeit*	h N/mm^2

Biegeversuch 23 °C DIN 53452; DIN 53457

Probekörper: *Form* NS *Herstellung* Pressen

Biegefestigkeit	N/mm^2	80–100	*E-Modul*	N/mm^2	6000–9000

Druckversuch 23°C

Probekörper: *Form* *Herstellung*

Druckfestigkeit	N/mm^2	*Stauchung*	%

Härte 23 °C *Probekörper:* *Herstellung*

Kugeldruckhärte N/mm^2 bei N, s

Schlagversuch *Probekörper:* *(1)*
(2) *Herstellung* Pressen

		°C	°C	°C	*Probekörper-Form*
Schlagzähigkeit	kJ/m²	23	30–40		NS
Kerbschlagzähigkeit (1)	kJ/m²				
IZOD-Kerbschlagzähigkeit (2)	J/m				

Abrieb und Reibung
Taber-Abrieb (Reibradverfahren) mm³/100 U
Statische Reibungszahl
Dynamische Reibungszahl (p·v= N/mm²· m/min)
Zulässiger p · v Wert N/mm² · (m/min) v= m/min
v= m/min

Thermische Eigenschaften
Formbeständigkeit in der Wärme *Verfahren* °C
Verfahren °C
Formbeständigkeit Martens °C
Längenausdehnungskoeffizient *Bereich* °C $\cdot 10^{-4}K^{-1}$
Temperatur $\cdot 10^{-4}K^{-1}$
Wärmeleitfähigkeit *Verfahren* W/(K · m)
Spezifische Wärmekapazität *Verfahren* J/(K · g)

Brandverhalten
UL-Test vertikal Dicke mm, Wert
Dicke mm, Wert

	Norm	*Bewertung*	*Abmessungen*
Sauerstoff-Index	ASTM D 2863		
Glühstab-Verfahren			
Brandverhalten	DIN 4102		
MVSS			
FAR			

Elektrische Eigenschaften

		Hz	°C	*Probekörper, Form*
Dielektrizitätszahl		50		
		10^3		
		10^6		
Dielektrischer Verlustfaktor tan δ		50		
		10^3		
		10^6		
Spezifischer Durchgangswiderstand	Ohm · cm			
Durchschlagfestigkeit	kV/mm			mm dick
Oberflächenwiderstand	Ohm			

Kriechstromfestigkeit KC KB KA
Kriechwegbildung

Elektrolytische Korrosionswirkung
Lichtbogenfestigkeit nach DIN
nach ASTM s

Beständigkeit *(Chemische Beständigkeit siehe Anhang)*
Wasseraufnahme

Feuchtigkeitsaufnahme Normalklima %
Wetterbeständigkeit

UP

Produktklasse	Polyesterharz-Formmasse
Handelsname	**Menzolit 3080/04**
Hersteller	MENZOLIT
DIN-Bezeichnung	
ISO-Bezeichnung	
Harzbasis	Ungesaettigter Polyester

Zusätze		*Füllstoffe/ Verstärkung*	
Bevorzugte Verarbeitung	Spritzgiessen	*Lieferform*	Harzmatte
		Farben	Natur; Standard
Besondere Merkmale	Geringe Nachschwindung; Gute Oberflaeche	*Bevorzugte Anwendungen*	Elektrotechnik; Kabelverteiler; Schaltkasten; Schalter; Sockel

Dichte	g/cm³	1.7	*Dosierbarkeit*	
Schüttdichte	g/cm³		*Tablettierbarkeit*	
Fließeinstellung			*Lagerung*	Ca. 20 C; Mehrere Monate

Verarbeitungsbedingungen für Pressen

Werkzeugtemperatur	°C	140–160
Pressdruck	bar	
Härtezeit je mm	s	
Schwindung	%	
Nachschwindung	%	
Bemerkungen		

Verarbeitungsbedingungen für Spritzgießen

Zylindertemperatur	°C	
Düsentemperatur	°C	
Massetemp.	°C	
Werkzeugtemp.	°C	140–160
Spritzdruck	bar	
Härtezeit	s	
Schwindung	%	
Nachschwindung	%	
Bemerkungen		

Zugversuch 23 °C

Probekörper: *Form* *Herstellung*

Zugfestigkeit	N/mm²	*E-Modul*	N/mm²
Reißdehnung	%	*Zeitstandzugfestigkeit*	h N/mm²

Biegeversuch 23 °C DIN 53452; DIN 53457

Probekörper: *Form* NS *Herstellung* Pressen

Biegefestigkeit	N/mm² 70–120	*E-Modul*	N/mm² 7000–13000

Druckversuch 23°C

Probekörper: *Form* *Herstellung*

Druckfestigkeit	N/mm²	*Stauchung*	%

Härte 23 °C *Probekörper:* *Herstellung*

Kugeldruckhärte N/mm² bei N, s

Schlagversuch *Probekörper: (1)*
(2) *Herstellung* Pressen

		°C		°C	°C	*Probekörper-Form*
Schlagzähigkeit	kJ/m²	23	20–40			NS
Kerbschlagzähigkeit (1)	kJ/m²					
IZOD-Kerbschlag-zähigkeit (2)	J/m					

Abrieb und Reibung

Taber-Abrieb (Reibradverfahren) mm³/100 U
Statische Reibungszahl
Dynamische Reibungszahl (p·v= N/mm² · m/min)
Zulässiger p · v Wert N/mm² · (m/min) v= m/min
v= m/min

Thermische Eigenschaften

Formbeständigkeit in der Wärme *Verfahren* °C
Verfahren °C
Formbeständigkeit Martens °C
Längenausdehnungskoeffizient *Bereich* °C · $10^{-4}K^{-1}$
Temperatur · $10^{-4}K^{-1}$
Wärmeleitfähigkeit *Verfahren* W/(K · m)

Spezifische Wärmekapazität *Verfahren* J/(K · g)

Brandverhalten

UL-Test vertikal Dicke mm, Wert
Dicke mm, Wert

	Norm	*Bewertung*	*Abmessungen*
Sauerstoff-Index	ASTM D 2863		
Glühstab-Verfahren			
Brandverhalten	DIN 4102		
MVSS			
FAR			

Elektrische Eigenschaften

		Hz	°C	*Probekörper, Form*
Dielektrizitätszahl		50		
		10^3		
		10^6		
Dielektrischer Verlustfaktor tan δ		50		
		10^3		
		10^6		
Spezifischer Durchgangswiderstand	Ohm · cm			
Durchschlagfestigkeit	kV/mm			mm dick
Oberflächenwiderstand	Ohm			

Kriechstromfestigkeit KC KB KA
Kriechwegbildung

Elektrolytische Korrosionswirkung
Lichtbogenfestigkeit nach DIN
nach ASTM s

Beständigkeit *(Chemische Beständigkeit siehe Anhang)*
Wasseraufnahme

Feuchtigkeitsaufnahme Normalklima %
Wetterbeständigkeit

UP

Produktklasse	Polyesterharz-Formmasse		
Handelsname	**Menzolit 5328/..**		
Hersteller	MENZOLIT		
DIN-Bezeichnung			
ISO-Bezeichnung			
Harzbasis	Ungesaettigter Polyester		
Zusätze		*Füllstoffe/ Verstärkung*	
Bevorzugte Verarbeitung	Spritzgiessen	*Lieferform*	Harzmatte
		Farben	Natur; Standard
Besondere Merkmale	Gute elektrische Eigenschaften; Gute mechanische Eigenschaften	*Bevorzugte Anwendungen*	Elektrotechnik; Schalter; Gehaeuse; Sicherungssockel; Langfeldleuchte

Dichte	g/cm³	1.8	*Dosierbarkeit*	
Schüttdichte	g/cm³		*Tablettierbarkeit*	
Fließeinstellung			*Lagerung*	Ca. 20 C; Mehrere Monate

Verarbeitungsbedingungen für Pressen

Werkzeugtemperatur	°C	130–180
Pressdruck	bar	
Härtezeit je mm	s	
Schwindung	%	
Nachschwindung	%	
Bemerkungen		

Verarbeitungsbedingungen für Spritzgießen

Zylindertemperatur	°C	
Düsentemperatur	°C	
Massetemp.	°C	
Werkzeugtemp.	°C	130–180
Spritzdruck	bar	
Härtezeit	s	
Schwindung	%	
Nachschwindung	%	
Bemerkungen		

Zugversuch 23 °C

Probekörper: *Form* *Herstellung*

Zugfestigkeit	N/mm²	*E-Modul*	N/mm²	
Reißdehnung	%	*Zeitstandzugfestigkeit*	h N/mm²	

Biegeversuch 23 °C DIN 53452; DIN 53457

Probekörper: *Form* NS *Herstellung* Pressen

Biegefestigkeit	N/mm² 90–110	*E-Modul*	N/mm²	8000–9000

Druckversuch 23°C

Probekörper: *Form* *Herstellung*

Druckfestigkeit	N/mm²	*Stauchung*	%

Härte 23 °C *Probekörper:* *Herstellung*

Kugeldruckhärte N/mm² bei N, s

Schlagversuch *Probekörper:* *(1)* *(2)* *Herstellung* Pressen

		°C	°C	°C	*Probekörper-Form*
Schlagzähigkeit	kJ/m²	23 40–50			NS
Kerbschlagzähigkeit (1)	kJ/m²				
IZOD-Kerbschlagzähigkeit (2)	J/m				

Abrieb und Reibung

Taber-Abrieb (Reibradverfahren) mm³/100 U
Statische Reibungszahl
Dynamische Reibungszahl (p · v= N/mm² · m/min)
Zulässiger p · v Wert N/mm² · (m/min) v= m/min
v= m/min

Thermische Eigenschaften

Formbeständigkeit in der Wärme	*Verfahren*		°C
	Verfahren		°C
Formbeständigkeit Martens			°C
Längenausdehnungskoeffizient	*Bereich*	°C	$\cdot 10^{-4} K^{-1}$
	Temperatur		$\cdot 10^{-4} K^{-1}$
Wärmeleitfähigkeit	*Verfahren*		W/(K · m)
Spezifische Wärmekapazität	*Verfahren*		J/(K · g)

Brandverhalten

UL-Test vertikal Dicke mm, Wert
Dicke mm, Wert

	Norm	*Bewertung*	*Abmessungen*
Sauerstoff-Index	ASTM D 2863		
Glühstab-Verfahren			
Brandverhalten	DIN 4102		
MVSS			
FAR			

Elektrische Eigenschaften

		Hz	°C		*Probekörper, Form*
Dielektrizitätszahl		50			
		10^3			
		10^6			
Dielektrischer Verlustfaktor tan δ		50			
		10^3			
		10^6			
Spezifischer Durchgangswiderstand	Ohm · cm				
Durchschlagfestigkeit	kV/mm				mm dick
Oberflächenwiderstand	Ohm				
Kriechstromfestigkeit		KC	KB	KA	
Kriechwegbildung					
Elektrolytische Korrosionswirkung					
Lichtbogenfestigkeit nach DIN					
nach ASTM	s				

Beständigkeit *(Chemische Beständigkeit siehe Anhang)*

Wasseraufnahme

Feuchtigkeitsaufnahme Normalklima %
Wetterbeständigkeit

Produktklasse	Polyesterharz-Formmasse		**UP**
Handelsname	**Menzolit 5379/05**		
Hersteller	MENZOLIT		
DIN-Bezeichnung			
ISO-Bezeichnung			
Harzbasis	Ungesaettigter Polyester		
Zusätze		*Füllstoffe/ Verstärkung*	
Bevorzugte Verarbeitung	Spritzgiessen	*Lieferform*	Harzmatte
		Farben	Natur; Standard
Besondere Merkmale	Gute Lichtbogenfestigkeit	*Bevorzugte Anwendungen*	Elektrotechnik; Funkenloeschkammer; Lichtbogenkammer; Isolator; Schalter

Dichte	g/cm^3	1.8	*Dosierbarkeit*	
Schüttdichte	g/cm^3		*Tablettierbarkeit*	
Fließeinstellung			*Lagerung*	Ca. 20 C; Mehrere Monate

Verarbeitungsbedingungen für Pressen

Werkzeugtemperatur	°C	130–170
Pressdruck	bar	
Härtezeit je mm	s	
Schwindung	%	
Nachschwindung	%	
Bemerkungen		

Verarbeitungsbedingungen für Spritzgießen

Zylindertemperatur	°C	
Düsentemperatur	°C	
Massetemp.	°C	
Werkzeugtemp.	°C	130–170
Spritzdruck	bar	
Härtezeit	s	
Schwindung	%	
Nachschwindung	%	
Bemerkungen		

Zugversuch 23 °C

Probekörper: *Form* *Herstellung*

Zugfestigkeit	N/mm^2	*E-Modul*	N/mm^2
Reißdehnung	%	*Zeitstandzugfestigkeit*	h N/mm^2

Biegeversuch 23 °C DIN 53452; DIN 53457

Probekörper: *Form* NS *Herstellung* Pressen

Biegefestigkeit	N/mm^2 90–100	*E-Modul*	N/mm^2 6000–9000

Druckversuch 23°C

Probekörper: *Form* *Herstellung*

Druckfestigkeit	N/mm^2	*Stauchung*	%

Härte 23 °C *Probekörper:* *Herstellung*

Kugeldruckhärte N/mm^2 bei N, s

Schlagversuch *Probekörper: (1)*
(2) *Herstellung* Pressen

		°C		°C	°C	*Probekörper-Form*
Schlagzähigkeit	kJ/m²	23	20–30			NS
Kerbschlagzähigkeit (1)	kJ/m²					
IZOD-Kerbschlagzähigkeit (2)	J/m					

Abrieb und Reibung

Taber-Abrieb (Reibradverfahren) mm³/100 U
Statische Reibungszahl
Dynamische Reibungszahl (p·v= N/mm² · m/min)
Zulässiger p · v Wert N/mm² · (m/min) v= m/min
v= m/min

Thermische Eigenschaften

Formbeständigkeit in der Wärme	*Verfahren*		°C
	Verfahren		°C
Formbeständigkeit Martens			°C
Längenausdehnungskoeffizient	*Bereich*	°C	· $10^{-4}K^{-1}$
	Temperatur		· $10^{-4}K^{-1}$
Wärmeleitfähigkeit	*Verfahren*		W/(K · m)
Spezifische Wärmekapazität	*Verfahren*		J/(K · g)

Brandverhalten

UL-Test vertikal Dicke mm, Wert
Dicke mm, Wert

	Norm	*Bewertung*	*Abmessungen*
Sauerstoff-Index	ASTM D 2863		
Glühstab-Verfahren			
Brandverhalten	DIN 4102		
MVSS			
FAR			

Elektrische Eigenschaften

		Hz	°C		*Probekörper, Form*
Dielektrizitätszahl		50			
		10^3			
		10^6			
Dielektrischer Verlustfaktor tan δ		50			
		10^3			
		10^6			
Spezifischer Durchgangswiderstand	Ohm · cm				
Durchschlagfestigkeit	kV/mm				mm dick
Oberflächenwiderstand	Ohm				
Kriechstromfestigkeit		KC	KB	KA	
Kriechwegbildung					
Elektrolytische Korrosionswirkung					
Lichtbogenfestigkeit nach DIN					
nach ASTM	s				

Beständigkeit *(Chemische Beständigkeit siehe Anhang)*

Wasseraufnahme

Feuchtigkeitsaufnahme Normalklima %
Wetterbeständigkeit

UP

Produktklasse	Polyesterharz-Formmasse
Handelsname	**Menzolit 3847/6F**
Hersteller	MENZOLIT
DIN-Bezeichnung	
ISO-Bezeichnung	
Harzbasis	Ungesaettigter Polyester
Zusätze	
Füllstoffe/ Verstärkung	
Bevorzugte Verarbeitung	Spritzgiessen
Lieferform	Harzmatte
Farben	Natur; Standard
Besondere Merkmale	Keramiksubstitution
Bevorzugte Anwendungen	Elektrotechnik; Kfz-Bau; Sicherung; Kohlebuerstenhalter; Sockel

Dichte	g/cm^3	1.8
Schüttdichte	g/cm^3	
Fließeinstellung		
Dosierbarkeit		
Tablettierbarkeit		
Lagerung		Ca. 20 C; Mehrere Monate

Verarbeitungsbedingungen für Pressen

Werkzeugtemperatur	°C	130–160
Pressdruck	bar	
Härtezeit je mm	s	
Schwindung	%	
Nachschwindung	%	
Bemerkungen		

Verarbeitungsbedingungen für Spritzgießen

Zylindertemperatur	°C	
Düsentemperatur	°C	
Massetemp.	°C	
Werkzeugtemp.	°C	130–160
Spritzdruck	bar	
Härtezeit	s	
Schwindung	%	
Nachschwindung	%	
Bemerkungen		

Zugversuch 23 °C

Probekörper: *Form* *Herstellung*

Zugfestigkeit	N/mm^2		*E-Modul*	N/mm^2	
Reißdehnung	%		*Zeitstandzugfestigkeit*	h N/mm^2	

Biegeversuch 23 °C DIN 53452; DIN 53457

Probekörper: *Form* NS *Herstellung* Pressen

Biegefestigkeit	N/mm^2	90–100	*E-Modul*	N/mm^2	7000–9000

Druckversuch 23 °C

Probekörper: *Form* *Herstellung*

Druckfestigkeit	N/mm^2		*Stauchung*	%	

Härte 23 °C

Probekörper: *Herstellung*

Kugeldruckhärte N/mm^2 bei N, s

Schlagversuch Probekörper: (1) (2)

		°C	°C	°C	Herstellung: Pressen Probekörper-Form
Schlagzähigkeit	kJ/m^2	23 20–25			NS
Kerbschlagzähigkeit (1)	kJ/m^2				
IZOD-Kerbschlagzähigkeit (2)	J/m				

Abrieb und Reibung

Taber-Abrieb (Reibradverfahren) mm^3/100 U
Statische Reibungszahl
Dynamische Reibungszahl (p·v= N/mm^2· m/min)
Zulässiger p · v Wert N/mm^2·(m/min) v= m/min
v= m/min

Thermische Eigenschaften

Formbeständigkeit in der Wärme	*Verfahren*		°C
	Verfahren		°C
Formbeständigkeit Martens			°C
Längenausdehnungskoeffizient	*Bereich*	°C	$\cdot 10^{-4}K^{-1}$
	Temperatur		$\cdot 10^{-4}K^{-1}$
Wärmeleitfähigkeit	*Verfahren*		W/(K · m)
Spezifische Wärmekapazität	*Verfahren*		J/(K · g)

Brandverhalten

UL-Test vertikal Dicke mm, Wert
Dicke mm, Wert

	Norm	*Bewertung*	*Abmessungen*
Sauerstoff-Index	ASTM D 2863		
Glühstab-Verfahren			
Brandverhalten	DIN 4102		
MVSS			
FAR			

Elektrische Eigenschaften

		Hz	°C		*Probekörper, Form*
Dielektrizitätszahl		50			
		10^3			
		10^6			
Dielektrischer Verlustfaktor tan δ		50			
		10^3			
		10^6			
Spezifischer Durchgangswiderstand	Ohm · cm				
Durchschlagfestigkeit	kV/mm				mm dick
Oberflächenwiderstand	Ohm				
Kriechstromfestigkeit		KC	KB	KA	
Kriechwegbildung					

Elektrolytische Korrosionswirkung
Lichtbogenfestigkeit nach DIN
nach ASTM s

Beständigkeit *(Chemische Beständigkeit siehe Anhang)*

Wasseraufnahme

Feuchtigkeitsaufnahme Normalklima %
Wetterbeständigkeit

Produktklasse	Polyesterharz-Formmasse		**UP**
Handelsname	**Menzolit 2945/58**		
Hersteller	MENZOLIT		
DIN-Bezeichnung *ISO-Bezeichnung*			
Harzbasis	Ungesaettigter Polyester		
Zusätze		*Füllstoffe/ Verstärkung*	
Bevorzugte Verarbeitung	Spritzgiessen	*Lieferform*	Harzmatte
		Farben	Natur; Standard
Besondere Merkmale	Hohe Festigkeit; Oelbestaendig	*Bevorzugte Anwendungen*	Kfz-Bau; Motoranbauteil; Zylinderkopfdeckel; Abdeckung; Pumpenteil; Saugrohr

Dichte	g/cm³	1.7	*Dosierbarkeit*		
Schüttdichte	g/cm³		*Tablettierbarkeit*		
Fließeinstellung			*Lagerung*		Ca. 20 C; Mehrere Monate

Verarbeitungsbedingungen für Pressen			**Verarbeitungsbedingungen für Spritzgießen**		
			Zylindertemperatur	°C	
			Düsentemperatur	°C	
			Massetemp.	°C	
Werkzeugtemperatur	°C	130–160	*Werkzeugtemp.*	°C	130–160
Pressdruck	bar		*Spritzdruck*	bar	
Härtezeit je mm	s		*Härtezeit*	s	
Schwindung	%		*Schwindung*	%	
Nachschwindung	%		*Nachschwindung*	%	
Bemerkungen			*Bemerkungen*		

Zugversuch 23 °C

Probekörper: *Form* *Herstellung*

Zugfestigkeit	N/mm²	*E-Modul*	N/mm²
Reißdehnung	%	*Zeitstandzugfestigkeit*	h N/mm²

Biegeversuch 23 °C DIN 53452; DIN 53457

Probekörper: *Form* NS *Herstellung* Pressen

Biegefestigkeit	N/mm² 90–130	*E-Modul*	N/mm² 9000–11000

Druckversuch 23°C

Probekörper: *Form* *Herstellung*

Druckfestigkeit	N/mm²	*Stauchung*	%

Härte 23 °C *Probekörper:* *Herstellung*

Kugeldruckhärte N/mm² bei N, s

Schlagversuch *Probekörper: (1)*
(2) *Herstellung* Pressen

		°C	°C	°C	*Probekörper-Form*
Schlagzähigkeit	kJ/m^2	23 35–50			NS
Kerbschlagzähigkeit (1)	kJ/m^2				
IZOD-Kerbschlagzähigkeit (2)	J/m				

Abrieb und Reibung

Taber-Abrieb (Reibradverfahren) mm^3/100 U
Statische Reibungszahl
Dynamische Reibungszahl (p·v= N/mm^2· m/min)
Zulässiger p · v Wert N/mm^2·(m/min) v= m/min
v= m/min

Thermische Eigenschaften

Formbeständigkeit in der Wärme	*Verfahren*		°C
	Verfahren		°C
Formbeständigkeit Martens			°C
Längenausdehnungskoeffizient	*Bereich*	°C	$\cdot 10^{-4}K^{-1}$
	Temperatur		$\cdot 10^{-4}K^{-1}$
Wärmeleitfähigkeit	*Verfahren*		W/(K · m)
Spezifische Wärmekapazität	*Verfahren*		J/(K · g)

Brandverhalten

UL-Test vertikal Dicke mm, Wert
Dicke mm, Wert

	Norm	*Bewertung*	*Abmessungen*
Sauerstoff-Index	ASTM D 2863		
Glühstab-Verfahren			
Brandverhalten	DIN 4102		
MVSS			
FAR			

Elektrische Eigenschaften

		Hz	°C		*Probekörper, Form*
Dielektrizitätszahl		50			
		10^3			
		10^6			
Dielektrischer Verlustfaktor tan δ		50			
		10^3			
		10^6			
Spezifischer Durchgangswiderstand	Ohm · cm				
Durchschlagfestigkeit	kV/mm				mm dick
Oberflächenwiderstand	Ohm				
Kriechstromfestigkeit		KC	KB	KA	
Kriechwegbildung					
Elektrolytische Korrosionswirkung					
Lichtbogenfestigkeit nach DIN					
nach ASTM	s				

Beständigkeit *(Chemische Beständigkeit siehe Anhang)*

Wasseraufnahme

Feuchtigkeitsaufnahme Normalklima %
Wetterbeständigkeit

UP

Produktklasse	Polyesterharz-Formmasse		
Handelsname	**Menzolit 3459/48**		
Hersteller	MENZOLIT		
DIN-Bezeichnung			
ISO-Bezeichnung			
Harzbasis	Ungesaettigter Polyester		
Zusätze		*Füllstoffe/ Verstärkung*	
Bevorzugte Verarbeitung	Spritzgiessen	*Lieferform*	Harzmatte
		Farben	Natur; Standard
Besondere Merkmale	Gute Oberflaeche; Temperaturbestaendig	*Bevorzugte Anwendungen*	Kfz-Bau; Scheinwerferreflektor; Buegeleisengehaeuse; Haushaltsgeraet

Dichte	g/cm³	2.0	*Dosierbarkeit*		
Schüttdichte	g/cm³		*Tablettierbarkeit*		
Fließeinstellung			*Lagerung*		Ca. 20 C; Mehrere Monate

Verarbeitungsbedingungen für Pressen			**Verarbeitungsbedingungen für Spritzgießen**		
			Zylindertemperatur	°C	
			Düsentemperatur	°C	
			Massetemp.	°C	
Werkzeugtemperatur	°C	140–170	*Werkzeugtemp.*	°C	140–170
Pressdruck	bar		*Spritzdruck*	bar	
Härtezeit je mm	s		*Härtezeit*	s	
Schwindung	%		*Schwindung*	%	
Nachschwindung	%		*Nachschwindung*	%	
Bemerkungen			*Bemerkungen*		

Zugversuch 23 °C

Probekörper: *Form* *Herstellung*

Zugfestigkeit	N/mm²	*E-Modul*	N/mm²	
Reißdehnung	%	*Zeitstandzugfestigkeit*	h N/mm²	

Biegeversuch 23 °C DIN 53452; DIN 53457

Probekörper: *Form* NS *Herstellung* Pressen

Biegefestigkeit	N/mm²	80–120	*E-Modul*	N/mm²	11000–13000

Druckversuch 23 °C

Probekörper: *Form* *Herstellung*

Druckfestigkeit	N/mm²	*Stauchung*	%

Härte 23 °C *Probekörper:* *Herstellung*

Kugeldruckhärte N/mm² bei N, s

Schlagversuch *Probekörper:* *(1)*
(2) *Herstellung* Pressen

		°C	°C	°C	*Probekörper-Form*
Schlagzähigkeit	kJ/m²	23 20–30			NS
Kerbschlagzähigkeit (1)	kJ/m²				
IZOD-Kerbschlagzähigkeit (2)	J/m				

Abrieb und Reibung

Taber-Abrieb (Reibradverfahren) mm³/100 U
Statische Reibungszahl
Dynamische Reibungszahl (p·v= N/mm²· m/min)
Zulässiger p · v Wert N/mm² · (m/min) v= m/min
v= m/min

Thermische Eigenschaften

Formbeständigkeit in der Wärme *Verfahren* °C
Verfahren °C
Formbeständigkeit Martens °C
Längenausdehnungskoeffizient *Bereich* °C $\cdot 10^{-4}K^{-1}$
Temperatur $\cdot 10^{-4}K^{-1}$
Wärmeleitfähigkeit *Verfahren* W/(K · m)

Spezifische Wärmekapazität *Verfahren* J/(K · g)

Brandverhalten

UL-Test vertikal Dicke mm, Wert
Dicke mm, Wert

	Norm	*Bewertung*	*Abmessungen*
Sauerstoff-Index	ASTM D 2863		
Glühstab-Verfahren			
Brandverhalten	DIN 4102		
MVSS			
FAR			

Elektrische Eigenschaften

		Hz	°C	*Probekörper, Form*
Dielektrizitätszahl		50		
		10^3		
		10^6		
Dielektrischer Verlustfaktor tan δ		50		
		10^3		
		10^6		
Spezifischer Durchgangswiderstand	Ohm · cm			
Durchschlagfestigkeit	kV/mm			mm dick
Oberflächenwiderstand	Ohm			

Kriechstromfestigkeit KC KB KA
Kriechwegbildung

Elektrolytische Korrosionswirkung
Lichtbogenfestigkeit nach DIN
nach ASTM s

Beständigkeit *(Chemische Beständigkeit siehe Anhang)*
Wasseraufnahme

Feuchtigkeitsaufnahme Normalklima %
Wetterbeständigkeit

UP

Produktklasse	Polyesterharz-Formmasse
Handelsname	**Menzolit 6058/01**
Hersteller	MENZOLIT
DIN-Bezeichnung	
ISO-Bezeichnung	
Harzbasis	Ungesaettigter Polyester
Zusätze	
Füllstoffe/ Verstärkung	
Bevorzugte Verarbeitung	Spritzgiessen
Lieferform	Harzmatte
Farben	Natur; Standard
Besondere Merkmale	Gute Oberflaeche; Lackierfaehig
Bevorzugte Anwendungen	Kfz-Bau; Karosserieteil

Dichte	g/cm^3	1.8
Schüttdichte	g/cm^3	
Fließeinstellung		
Dosierbarkeit		
Tablettierbarkeit		
Lagerung		Ca. 20 C; Mehrere Monate

Verarbeitungsbedingungen für Pressen

Werkzeugtemperatur	°C	140–170
Pressdruck	bar	
Härtezeit je mm	s	
Schwindung	%	
Nachschwindung	%	
Bemerkungen		

Verarbeitungsbedingungen für Spritzgießen

Zylindertemperatur	°C	
Düsentemperatur	°C	
Massetemp.	°C	
Werkzeugtemp.	°C	140–170
Spritzdruck	bar	
Härtezeit	s	
Schwindung	%	
Nachschwindung	%	
Bemerkungen		

Zugversuch 23 °C

Probekörper: *Form* *Herstellung*

Zugfestigkeit	N/mm^2	
Reißdehnung	%	
E-Modul	N/mm^2	
Zeitstandzugfestigkeit	h N/mm^2	

Biegeversuch 23 °C DIN 53452; DIN 53457

Probekörper: *Form* NS *Herstellung* Pressen

Biegefestigkeit	N/mm^2	80–100
E-Modul	N/mm^2	7000–9000

Druckversuch 23 °C

Probekörper: *Form* *Herstellung*

Druckfestigkeit	N/mm^2	
Stauchung	%	

Härte 23 °C *Probekörper:* *Herstellung*

Kugeldruckhärte N/mm^2 bei N, s

Schlagversuch *Probekörper:* *(1)*
(2) *Herstellung*

	°C	°C	°C	*Probekörper-Form*
Schlagzähigkeit kJ/m^2				
Kerbschlagzähigkeit (1) kJ/m^2				
IZOD-Kerbschlag-zähigkeit (2) J/m				

Abrieb und Reibung

Taber-Abrieb (Reibradverfahren) mm^3/100 U
Statische Reibungszahl
Dynamische Reibungszahl (p·v= N/mm^2· m/min)
Zulässiger p · v Wert N/mm^2 · (m/min) v= m/min
v= m/min

Thermische Eigenschaften

Formbeständigkeit in der Wärme *Verfahren* °C
Verfahren °C
Formbeständigkeit Martens °C
Längenausdehnungskoeffizient *Bereich* °C $\cdot 10^{-4}K^{-1}$
Temperatur $\cdot 10^{-4}K^{-1}$
Wärmeleitfähigkeit *Verfahren* W/(K · m)
Spezifische Wärmekapazität *Verfahren* J/(K · g)

Brandverhalten

UL-Test vertikal Dicke mm, Wert
Dicke mm, Wert

	Norm	*Bewertung*	*Abmessungen*
Sauerstoff-Index	ASTM D 2863		
Glühstab-Verfahren			
Brandverhalten	DIN 4102		
MVSS			
FAR			

Elektrische Eigenschaften

	Hz	°C	*Probekörper, Form*
Dielektrizitätszahl	50		
	10^3		
	10^6		
Dielektrischer Verlustfaktor tan δ	50		
	10^3		
	10^6		
Spezifischer Durchgangs-widerstand Ohm · cm			
Durchschlagfestigkeit kV/mm			mm dick
Oberflächenwiderstand Ohm			

Kriechstromfestigkeit KC KB KA
Kriechwegbildung

Elektrolytische Korrosionswirkung
Lichtbogenfestigkeit nach DIN
nach ASTM s

Beständigkeit *(Chemische Beständigkeit siehe Anhang)*
Wasseraufnahme

Feuchtigkeitsaufnahme Normalklima %
Wetterbeständigkeit

Produktklasse	Polyesterharz-Formmasse		**UP**
Handelsname	**Menzolit 5110/10**		
Hersteller	MENZOLIT		
DIN-Bezeichnung *ISO-Bezeichnung*			
Harzbasis	Ungesaettigter Polyester		
Zusätze		*Füllstoffe/ Verstärkung*	
Bevorzugte Verarbeitung	Pressen	*Lieferform*	Harzmatte
		Farben	Natur; Standard
Besondere Merkmale	Geringe Dichte	*Bevorzugte Anwendungen*	Flugzeugeinbauteil; Gehaeuse; Koffer; Klimaanlage

Dichte	g/cm³	1.3–1.4	*Dosierbarkeit*	
Schüttdichte	g/cm³		*Tablettierbarkeit*	
Fließeinstellung			*Lagerung*	Ca. 20 C; Mehrere Monate

Verarbeitungsbedingungen für Pressen

Werkzeugtemperatur	°C	135–155
Pressdruck	bar	
Härtezeit je mm	s	
Schwindung	%	
Nachschwindung	%	
Bemerkungen		

Verarbeitungsbedingungen für Spritzgießen

Zylindertemperatur	°C
Düsentemperatur	°C
Massetemp.	°C
Werkzeugtemp.	°C
Spritzdruck	bar
Härtezeit	s
Schwindung	%
Nachschwindung	%
Bemerkungen	

Zugversuch 23 °C

Probekörper: *Form* *Herstellung*

Zugfestigkeit	N/mm²	*E-Modul*	N/mm²
Reißdehnung	%	*Zeitstandzugfestigkeit*	h N/mm²

Biegeversuch 23 °C DIN 53452; DIN 53457

Probekörper: *Form* NS *Herstellung* Pressen

Biegefestigkeit	N/mm² 83–100	*E-Modul*	N/mm² 4300–4800

Druckversuch 23°C

Probekörper: *Form* *Herstellung*

Druckfestigkeit	N/mm²	*Stauchung*	%

Härte 23 °C *Probekörper:* *Herstellung*

Kugeldruckhärte N/mm² bei N, s

Schlagversuch *Probekörper:* *(1)* *(2)* *Herstellung* Pressen

		°C		°C	°C	*Probekörper-Form*
Schlagzähigkeit	kJ/m²	23	35			NS
Kerbschlagzähigkeit (1)	kJ/m²					
IZOD-Kerbschlagzähigkeit (2)	J/m					

Abrieb und Reibung

Taber-Abrieb (Reibradverfahren) mm³/100 U
Statische Reibungszahl
Dynamische Reibungszahl (p·v= N/mm² · m/min)
Zulässiger p · v Wert N/mm² · (m/min) v= m/min
v= m/min

Thermische Eigenschaften

Formbeständigkeit in der Wärme *Verfahren* °C
Verfahren °C
Formbeständigkeit Martens °C
Längenausdehnungskoeffizient *Bereich* °C $\cdot 10^{-4}K^{-1}$
Temperatur $\cdot 10^{-4}K^{-1}$
Wärmeleitfähigkeit *Verfahren* W/(K · m)

Spezifische Wärmekapazität *Verfahren* J/(K · g)

Brandverhalten

UL-Test vertikal Dicke mm, Wert
Dicke mm, Wert

	Norm	*Bewertung*	*Abmessungen*
Sauerstoff-Index	ASTM D 2863		
Glühstab-Verfahren			
Brandverhalten	DIN 4102		
MVSS			
FAR			

Elektrische Eigenschaften

		Hz	°C	*Probekörper, Form*
Dielektrizitätszahl		50		
		10^3		
		10^6		
Dielektrischer Verlustfaktor tan δ		50		
		10^3		
		10^6		
Spezifischer Durchgangswiderstand	Ohm · cm			
Durchschlagfestigkeit	kV/mm			mm dick
Oberflächenwiderstand	Ohm			

Kriechstromfestigkeit KC KB KA
Kriechwegbildung

Elektrolytische Korrosionswirkung
Lichtbogenfestigkeit nach DIN
nach ASTM s

Beständigkeit *(Chemische Beständigkeit siehe Anhang)*
Wasseraufnahme

Feuchtigkeitsaufnahme Normalklima %
Wetterbeständigkeit

Produktklasse	Polyesterharz-Formmasse		**UP**
Handelsname	**Menzolit 5087/21**		
Hersteller	MENZOLIT		
DIN-Bezeichnung *ISO-Bezeichnung*			
Harzbasis	Ungesaettigter Polyester		
Zusätze		*Füllstoffe/ Verstärkung*	
Bevorzugte Verarbeitung	Pressen	*Lieferform*	Harzmatte
		Farben	Natur; Standard
Besondere Merkmale	Chemikalienbestaendig	*Bevorzugte Anwendungen*	Abwassertechnik; Sanitaertechnik; Pumpe; Ventil; Armatur; Behaelter; Chemische Industrie

Dichte	g/cm^3	1.7	*Dosierbarkeit*		
Schüttdichte	g/cm^3		*Tablettierbarkeit*		
Fließeinstellung			*Lagerung*		Ca. 20 C; Mehrere Monate

Verarbeitungsbedingungen für Pressen			**Verarbeitungsbedingungen für Spritzgießen**		
			Zylindertemperatur	°C	
			Düsentemperatur	°C	
			Massetemp.	°C	
Werkzeugtemperatur	°C	135–155	*Werkzeugtemp.*	°C	
Pressdruck	bar		*Spritzdruck*	bar	
Härtezeit je mm	s		*Härtezeit*	s	
Schwindung	%		*Schwindung*	%	
Nachschwindung	%		*Nachschwindung*	%	
Bemerkungen			*Bemerkungen*		

Zugversuch 23 °C

Probekörper: *Form* *Herstellung*

Zugfestigkeit	N/mm^2	*E-Modul*	N/mm^2	
Reißdehnung	%	*Zeitstandzugfestigkeit*	h N/mm^2	

Biegeversuch 23 °C DIN 53452; DIN 53457

Probekörper: *Form* NS *Herstellung* Pressen

Biegefestigkeit	N/mm^2 130–150	*E-Modul*	N/mm^2	7500–8000

Druckversuch 23°C

Probekörper: *Form* *Herstellung*

Druckfestigkeit	N/mm^2	*Stauchung*	%

Härte 23 °C *Probekörper:* *Herstellung*

Kugeldruckhärte N/mm^2 bei N, s

Schlagversuch *Probekörper: (1)* *(2)* *Herstellung* Pressen

		°C	°C	°C	*Probekörper-Form*
Schlagzähigkeit	kJ/m^2	23 70–80			NS
Kerbschlagzähigkeit (1)	kJ/m^2				
IZOD-Kerbschlagzähigkeit (2)	J/m				

Abrieb und Reibung

Taber-Abrieb (Reibradverfahren) mm^3/100 U
Statische Reibungszahl
Dynamische Reibungszahl (p·v= N/mm^2· m/min)
Zulässiger p · v Wert N/mm^2·(m/min) v= m/min
v= m/min

Thermische Eigenschaften

Formbeständigkeit in der Wärme	*Verfahren*		°C
	Verfahren		°C
Formbeständigkeit Martens			°C
Längenausdehnungskoeffizient	*Bereich*	°C	$\cdot 10^{-4}K^{-1}$
	Temperatur		$\cdot 10^{-4}K^{-1}$
Wärmeleitfähigkeit	*Verfahren*		W/(K · m)
Spezifische Wärmekapazität	*Verfahren*		J/(K · g)

Brandverhalten

UL-Test vertikal Dicke mm, Wert
Dicke mm, Wert

	Norm	*Bewertung*	*Abmessungen*
Sauerstoff-Index	ASTM D 2863		
Glühstab-Verfahren			
Brandverhalten	DIN 4102		
MVSS			
FAR			

Elektrische Eigenschaften

		Hz	°C			*Probekörper, Form*
Dielektrizitätszahl		50				
		10^3				
		10^6				
Dielektrischer Verlustfaktor tan δ		50				
		10^3				
		10^6				
Spezifischer Durchgangswiderstand	Ohm · cm					
Durchschlagfestigkeit	kV/mm					mm dick
Oberflächenwiderstand	Ohm					
Kriechstromfestigkeit		KC		KB	KA	
Kriechwegbildung						
Elektrolytische Korrosionswirkung						
Lichtbogenfestigkeit nach DIN						
nach ASTM	s					

Beständigkeit *(Chemische Beständigkeit siehe Anhang)*

Wasseraufnahme

Feuchtigkeitsaufnahme Normalklima %
Wetterbeständigkeit

UP

Produktklasse	Polyesterharz-Formmasse		
Handelsname	**Menzolit 5839/02**		
Hersteller	MENZOLIT		
DIN-Bezeichnung			
ISO-Bezeichnung			
Harzbasis	Ungesaettigter Polyester		
Zusätze		*Füllstoffe/ Verstärkung*	
Bevorzugte Verarbeitung	Pressen	*Lieferform*	Harzmatte
		Farben	Natur; Standard
Besondere Merkmale	Abriebfest	*Bevorzugte Anwendungen*	Tablett; Essgeschirr; Haushaltsgeraet

Dichte	g/cm^3	1.8	*Dosierbarkeit*	
Schüttdichte	g/cm^3		*Tablettierbarkeit*	
Fließeinstellung			*Lagerung*	Ca. 20 C; Mehrere Monate

Verarbeitungsbedingungen für Pressen			**Verarbeitungsbedingungen für Spritzgießen**		
			Zylindertemperatur	°C	
			Düsentemperatur	°C	
			Massetemp.	°C	
Werkzeugtemperatur	°C	135–155	*Werkzeugtemp.*	°C	
Pressdruck	bar		*Spritzdruck*	bar	
Härtezeit je mm	s		*Härtezeit*	s	
Schwindung	%		*Schwindung*	%	
Nachschwindung	%		*Nachschwindung*	%	
Bemerkungen			*Bemerkungen*		

Zugversuch 23 °C

Probekörper: *Form* *Herstellung*

Zugfestigkeit	N/mm^2		*E-Modul*	N/mm^2
Reißdehnung	%		*Zeitstandzugfestigkeit*	h N/mm^2

Biegeversuch 23 °C DIN 53452; DIN 53457

Probekörper: *Form* NS *Herstellung* Pressen

Biegefestigkeit	N/mm^2 125–150		*E-Modul*	N/mm^2 7500–8500

Druckversuch 23 °C

Probekörper: *Form* *Herstellung*

Druckfestigkeit	N/mm^2		*Stauchung*	%

Härte 23 °C *Probekörper:* *Herstellung*

Kugeldruckhärte N/mm^2 bei N, s

Schlagversuch *Probekörper: (1)* *(2)*

		°C	°C	°C	*Herstellung* Pressen *Probekörper-Form*
Schlagzähigkeit	kJ/m²	23 65–75			NS
Kerbschlagzähigkeit (1)	kJ/m²				
IZOD-Kerbschlag-zähigkeit (2)	J/m				

Abrieb und Reibung

Taber-Abrieb (Reibradverfahren)	mm³/100 U	
Statische Reibungszahl		
Dynamische Reibungszahl	(p·v= N/mm²·	m/min)
Zulässiger p · v Wert	N/mm² · (m/min) v=	m/min
	v=	m/min

Thermische Eigenschaften

Formbeständigkeit in der Wärme	*Verfahren*		°C
	Verfahren		°C
Formbeständigkeit Martens			°C
Längenausdehnungskoeffizient	*Bereich*	°C	$\cdot 10^{-4}K^{-1}$
	Temperatur		$\cdot 10^{-4}K^{-1}$
Wärmeleitfähigkeit	*Verfahren*		W/(K · m)
Spezifische Wärmekapazität	*Verfahren*		J/(K · g)

Brandverhalten

UL-Test vertikal Dicke mm, Wert
Dicke mm, Wert

	Norm	*Bewertung*	*Abmessungen*
Sauerstoff-Index	ASTM D 2863		
Glühstab-Verfahren			
Brandverhalten	DIN 4102		
MVSS			
FAR			

Elektrische Eigenschaften

		Hz	°C			*Probekörper, Form*
Dielektrizitätszahl		50				
		10^3				
		10^6				
Dielektrischer Verlustfaktor tan δ		50				
		10^3				
		10^6				
Spezifischer Durchgangs-widerstand	Ohm · cm					
Durchschlagfestigkeit	kV/mm					mm dick
Oberflächenwiderstand	Ohm					
Kriechstromfestigkeit		KC		KB	KA	
Kriechwegbildung						
Elektrolytische Korrosionswirkung						
Lichtbogenfestigkeit nach DIN						
nach ASTM	s					

Beständigkeit *(Chemische Beständigkeit siehe Anhang)*

Wasseraufnahme

Feuchtigkeitsaufnahme Normalklima %

Wetterbeständigkeit

Produktklasse	Polyesterharz-Formmasse		**UP**
Handelsname	**Menzolit 5603/01**		
Hersteller	MENZOLIT		
DIN-Bezeichnung			
ISO-Bezeichnung			
Harzbasis	Ungesaettigter Polyester		
Zusätze		*Füllstoffe/ Verstärkung*	
Bevorzugte Verarbeitung	Pressen	*Lieferform*	Harzmatte
		Farben	Natur; Standard
Besondere Merkmale	Gute Oberflaeche; Lackierfaehig; Geringe Schwindung	*Bevorzugte Anwendungen*	Moebelteil; Haushaltsgeraet; Bueroeinrichtung; Sanitaereinrichtung; Technisches Formteil; Telefonzelle; Bueromoebel; Industriemoebel

Dichte	g/cm³	1.7	*Dosierbarkeit*	
Schüttdichte	g/cm³		*Tablettierbarkeit*	
Fließeinstellung			*Lagerung*	Ca. 20 C; Mehrere Monate

Verarbeitungsbedingungen für Pressen

Werkzeugtemperatur	°C	135–155
Pressdruck	bar	
Härtezeit je mm	s	
Schwindung	%	
Nachschwindung	%	
Bemerkungen		

Verarbeitungsbedingungen für Spritzgießen

Zylindertemperatur	°C	
Düsentemperatur	°C	
Massetemp.	°C	
Werkzeugtemp.	°C	
Spritzdruck	bar	
Härtezeit	s	
Schwindung	%	
Nachschwindung	%	
Bemerkungen		

Zugversuch 23 °C

Probekörper: *Form* *Herstellung*

Zugfestigkeit	N/mm²		*E-Modul*	N/mm²
Reißdehnung	%		*Zeitstandzugfestigkeit*	h N/mm²

Biegeversuch 23 °C DIN 53452; DIN 53457

Probekörper: *Form* NS *Herstellung* Pressen

Biegefestigkeit	N/mm²	150–160	*E-Modul*	N/mm²	8000–8500

Druckversuch 23°C

Probekörper: *Form* *Herstellung*

Druckfestigkeit	N/mm²	*Stauchung*	%

Härte 23 °C *Probekörper:* *Herstellung*

Kugeldruckhärte N/mm² bei N, s

Schlagversuch *Probekörper:* *(1)* *(2)* *Herstellung* Pressen

		°C	°C	°C	*Probekörper-Form*
Schlagzähigkeit	kJ/m²	23 80–90			NS
Kerbschlagzähigkeit (1)	kJ/m²				
IZOD-Kerbschlagzähigkeit (2)	J/m				

Abrieb und Reibung

Taber-Abrieb (Reibradverfahren) mm³/100 U
Statische Reibungszahl
Dynamische Reibungszahl (p·v= N/mm² · m/min)
Zulässiger p · v Wert N/mm² · (m/min) v= m/min
v= m/min

Thermische Eigenschaften

Formbeständigkeit in der Wärme *Verfahren* °C
Verfahren °C
Formbeständigkeit Martens °C
Längenausdehnungskoeffizient *Bereich* °C $\cdot 10^{-4}K^{-1}$
Temperatur $\cdot 10^{-4}K^{-1}$
Wärmeleitfähigkeit *Verfahren* W/(K · m)
Spezifische Wärmekapazität *Verfahren* J/(K · g)

Brandverhalten

UL-Test vertikal Dicke mm, Wert
Dicke mm, Wert

	Norm	*Bewertung*	*Abmessungen*
Sauerstoff-Index	ASTM D 2863		
Glühstab-Verfahren			
Brandverhalten	DIN 4102		
MVSS			
FAR			

Elektrische Eigenschaften

		Hz	°C	*Probekörper, Form*
Dielektrizitätszahl		50		
		10^3		
		10^6		
Dielektrischer Verlustfaktor tan δ		50		
		10^3		
		10^6		
Spezifischer Durchgangswiderstand	Ohm · cm			
Durchschlagfestigkeit	kV/mm			mm dick
Oberflächenwiderstand	Ohm			

Kriechstromfestigkeit KC KB KA
Kriechwegbildung

Elektrolytische Korrosionswirkung
Lichtbogenfestigkeit nach DIN
nach ASTM s

Beständigkeit *(Chemische Beständigkeit siehe Anhang)*
Wasseraufnahme

Feuchtigkeitsaufnahme Normalklima %
Wetterbeständigkeit

Produktklasse	Polyesterharz-Formmasse		**UP**
Handelsname	**Menzolit 3006/17**		
Hersteller	MENZOLIT		
DIN-Bezeichnung			
ISO-Bezeichnung			
Harzbasis	Ungesaettigter Polyester		
Zusätze		*Füllstoffe/ Verstärkung*	
Bevorzugte Verarbeitung	Pressen	*Lieferform*	Harzmatte
		Farben	Natur; Standard
Besondere Merkmale	Leichte Verarbeitbarkeit	*Bevorzugte Anwendungen*	Kfz-Bau; Grossflaechiges Formteil; Sandwichdeckschicht; Traktordach; Lueftergehaeuse; Beplankung

Dichte	g/cm³	1.7	*Dosierbarkeit*	
Schüttdichte	g/cm³		*Tablettierbarkeit*	
Fließeinstellung			*Lagerung*	Ca. 20 C; Mehrere Monate

Verarbeitungsbedingungen für Pressen

Werkzeugtemperatur	°C	120–160
Pressdruck	bar	
Härtezeit je mm	s	
Schwindung	%	
Nachschwindung	%	
Bemerkungen		

Verarbeitungsbedingungen für Spritzgießen

Zylindertemperatur	°C	
Düsentemperatur	°C	
Massetemp.	°C	
Werkzeugtemp.	°C	
Spritzdruck	bar	
Härtezeit	s	
Schwindung	%	
Nachschwindung	%	
Bemerkungen		

Zugversuch 23 °C

Probekörper: *Form* *Herstellung*

Zugfestigkeit	N/mm²	*E-Modul*	N/mm²
Reißdehnung	%	*Zeitstandzugfestigkeit*	h N/mm²

Biegeversuch 23 °C DIN 53452; DIN 53457

Probekörper: *Form* NS *Herstellung* Pressen

Biegefestigkeit	N/mm² 150–160	*E-Modul*	N/mm² 8000–8500

Druckversuch 23°C

Probekörper: *Form* *Herstellung*

Druckfestigkeit	N/mm²	*Stauchung*	%

Härte 23 °C *Probekörper:* *Herstellung*

Kugeldruckhärte N/mm² bei N, s

Schlagversuch *Probekörper:* *(1)* *(2)* *Herstellung* Pressen

		°C	°C	°C	*Probekörper-Form*
Schlagzähigkeit	kJ/m²	23 60–70			NS
Kerbschlagzähigkeit (1)	kJ/m²				
IZOD-Kerbschlag-zähigkeit (2)	J/m				

Abrieb und Reibung

Taber-Abrieb (Reibradverfahren) mm³/100 U
Statische Reibungszahl
Dynamische Reibungszahl (p·v= N/mm²· m/min)
Zulässiger p · v Wert N/mm² · (m/min) v= m/min
v= m/min

Thermische Eigenschaften

Formbeständigkeit in der Wärme	*Verfahren*		°C
	Verfahren		°C
Formbeständigkeit Martens			°C
Längenausdehnungskoeffizient	*Bereich*	°C	$\cdot 10^{-4}K^{-1}$
	Temperatur		$\cdot 10^{-4}K^{-1}$
Wärmeleitfähigkeit	*Verfahren*		W/(K · m)
Spezifische Wärmekapazität	*Verfahren*		J/(K · g)

Brandverhalten

UL-Test vertikal Dicke mm, Wert
Dicke mm, Wert

	Norm	*Bewertung*	*Abmessungen*
Sauerstoff-Index	ASTM D 2863		
Glühstab-Verfahren			
Brandverhalten	DIN 4102		
MVSS			
FAR			

Elektrische Eigenschaften

		Hz	°C		*Probekörper, Form*
Dielektrizitätszahl		50			
		10^3			
		10^6			
Dielektrischer Verlustfaktor tan δ		50			
		10^3			
		10^6			
Spezifischer Durchgangs-widerstand	Ohm · cm				
Durchschlagfestigkeit	kV/mm				mm dick
Oberflächenwiderstand	Ohm				
Kriechstromfestigkeit		KC	KB	KA	
Kriechwegbildung					
Elektrolytische Korrosionswirkung					
Lichtbogenfestigkeit nach DIN					
nach ASTM	s				

Beständigkeit *(Chemische Beständigkeit siehe Anhang)*

Wasseraufnahme

Feuchtigkeitsaufnahme Normalklima %
Wetterbeständigkeit

Produktklasse	Polyesterharz-Formmasse		**UP**
Handelsname	**Menzolit 4227**		
Hersteller	MENZOLIT		
DIN-Bezeichnung			
ISO-Bezeichnung			
Harzbasis	Ungesaettigter Polyester		
Zusätze		*Füllstoffe/ Verstärkung*	
Bevorzugte Verarbeitung	Pressen	*Lieferform*	Harzmatte
		Farben	Natur
Besondere Merkmale	Hervorragende Oberflaeche; Lackierfaehig; Sehr geringe Schwindung	*Bevorzugte Anwendungen*	Kfz-Bau; Karosserieteil fuer PKW; Karosserieteil fuer LKW

Dichte	g/cm^3	1.85	*Dosierbarkeit*	
Schüttdichte	g/cm^3		*Tablettierbarkeit*	
Fließeinstellung			*Lagerung*	Ca. 20 C; Mehrere Monate

Verarbeitungsbedingungen für Pressen

Werkzeugtemperatur	°C	140–155
Pressdruck	bar	
Härtezeit je mm	s	
Schwindung	%	
Nachschwindung	%	
Bemerkungen		

Verarbeitungsbedingungen für Spritzgießen

Zylindertemperatur	°C	
Düsentemperatur	°C	
Massetemp.	°C	
Werkzeugtemp.	°C	
Spritzdruck	bar	
Härtezeit	s	
Schwindung	%	
Nachschwindung	%	
Bemerkungen		

Zugversuch 23 °C

Probekörper: *Form* — *Herstellung*

Zugfestigkeit	N/mm^2	*E-Modul*	N/mm^2	
Reißdehnung	%	*Zeitstandzugfestigkeit*	h N/mm^2	

Biegeversuch 23 °C DIN 53452; DIN 53457

Probekörper: *Form* NS — *Herstellung* Pressen

Biegefestigkeit	N/mm^2	135–190	*E-Modul*	N/mm^2 7500–14000

Druckversuch 23°C

Probekörper: *Form* — *Herstellung*

Druckfestigkeit	N/mm^2	*Stauchung*	%

Härte 23 °C *Probekörper:* — *Herstellung*

Kugeldruckhärte N/mm^2 bei N, s

Schlagversuch *Probekörper:* *(1)*
(2) *Herstellung* Pressen

		°C	°C	°C	*Probekörper-Form*
Schlagzähigkeit	kJ/m²	23 80–100			NS
Kerbschlagzähigkeit (1)	kJ/m²				
IZOD-Kerbschlag-zähigkeit (2)	J/m				

Abrieb und Reibung

Taber-Abrieb (Reibradverfahren) mm³/100 U
Statische Reibungszahl
Dynamische Reibungszahl (p·v= N/mm² · m/min)
Zulässiger p · v Wert N/mm² · (m/min) v= m/min
v= m/min

Thermische Eigenschaften

Formbeständigkeit in der Wärme *Verfahren* °C
Verfahren °C
Formbeständigkeit Martens °C
Längenausdehnungskoeffizient *Bereich* °C $\cdot 10^{-4}K^{-1}$
Temperatur $\cdot 10^{-4}K^{-1}$
Wärmeleitfähigkeit *Verfahren* W/(K · m)

Spezifische Wärmekapazität *Verfahren* J/(K · g)

Brandverhalten

UL-Test vertikal Dicke mm, Wert
Dicke mm, Wert

	Norm	*Bewertung*	*Abmessungen*
Sauerstoff-Index	ASTM D 2863		
Glühstab-Verfahren			
Brandverhalten	DIN 4102		
MVSS			
FAR			

Elektrische Eigenschaften

		Hz	°C	*Probekörper, Form*
Dielektrizitätszahl		50		
		10^3		
		10^6		
Dielektrischer Verlustfaktor tan δ		50		
		10^3		
		10^6		
Spezifischer Durchgangs-widerstand	Ohm · cm			
Durchschlagfestigkeit	kV/mm			mm dick
Oberflächenwiderstand	Ohm			

Kriechstromfestigkeit KC KB KA
Kriechwegbildung

Elektrolytische Korrosionswirkung
Lichtbogenfestigkeit nach DIN
nach ASTM s

Beständigkeit *(Chemische Beständigkeit siehe Anhang)*
Wasseraufnahme

Feuchtigkeitsaufnahme Normalklima %
Wetterbeständigkeit

UP

Produktklasse	Polyesterharz-Formmasse		
Handelsname	**Menzolit 4363/..**		
Hersteller	MENZOLIT		
DIN-Bezeichnung			
ISO-Bezeichnung			
Harzbasis	Ungesaettigter Polyester		
Zusätze		*Füllstoffe/ Verstärkung*	
Bevorzugte Verarbeitung	Pressen	*Lieferform*	Harzmatte
		Farben	Natur; Standard
Besondere Merkmale	Standardmaterial	*Bevorzugte Anwendungen*	Kfz-Bau; Technisches Funktionsteil; Geraeuschkapsel; Luftansaugkanal; Abdeckung; Aerodynamikhilfe

Dichte	g/cm^3	1.7	*Dosierbarkeit*	
Schüttdichte	g/cm^3		*Tablettierbarkeit*	
Fließeinstellung			*Lagerung*	Ca. 20 C; Mehrere Monate

Verarbeitungsbedingungen für Pressen

Werkzeugtemperatur	°C	130–155
Pressdruck	bar	
Härtezeit je mm	s	
Schwindung	%	
Nachschwindung	%	
Bemerkungen		

Verarbeitungsbedingungen für Spritzgießen

Zylindertemperatur	°C	
Düsentemperatur	°C	
Massetemp.	°C	
Werkzeugtemp.	°C	
Spritzdruck	bar	
Härtezeit	s	
Schwindung	%	
Nachschwindung	%	
Bemerkungen		

Zugversuch 23 °C

Probekörper: *Form* *Herstellung*

Zugfestigkeit	N/mm^2		*E-Modul*	N/mm^2
Reißdehnung	%		*Zeitstandzugfestigkeit*	h N/mm^2

Biegeversuch 23 °C DIN 53452; DIN 53457

Probekörper: *Form* NS *Herstellung* Pressen

Biegefestigkeit	N/mm^2 150–180		*E-Modul*	N/mm^2 7000–10000

Druckversuch 23°C

Probekörper: *Form* *Herstellung*

Druckfestigkeit	N/mm^2	*Stauchung*	%

Härte 23 °C *Probekörper:* *Herstellung*

Kugeldruckhärte N/mm^2 bei N, s

Schlagversuch *Probekörper:* *(1)*
(2) *Herstellung* Pressen

		°C	°C	°C	*Probekörper-Form*
Schlagzähigkeit	kJ/m^2	23 65–80			NS
Kerbschlagzähigkeit (1)	kJ/m^2				
IZOD-Kerbschlag-zähigkeit (2)	J/m				

Abrieb und Reibung

Taber-Abrieb (Reibradverfahren) mm^3/100 U
Statische Reibungszahl
Dynamische Reibungszahl (p·v= N/mm^2· m/min)
Zulässiger p · v Wert N/mm^2 · (m/min) v= m/min
v= m/min

Thermische Eigenschaften

Formbeständigkeit in der Wärme *Verfahren* °C
Verfahren °C
Formbeständigkeit Martens °C
Längenausdehnungskoeffizient *Bereich* °C $\cdot 10^{-4}K^{-1}$
Temperatur $\cdot 10^{-4}K^{-1}$
Wärmeleitfähigkeit *Verfahren* W/(K · m)

Spezifische Wärmekapazität *Verfahren* J/(K · g)

Brandverhalten

UL-Test vertikal Dicke mm, Wert
Dicke mm, Wert

	Norm	*Bewertung*	*Abmessungen*
Sauerstoff-Index	ASTM D 2863		
Glühstab-Verfahren			
Brandverhalten	DIN 4102		
MVSS			
FAR			

Elektrische Eigenschaften

		Hz	°C	*Probekörper, Form*
Dielektrizitätszahl		50		
		10^3		
		10^6		
Dielektrischer Verlustfaktor tan δ		50		
		10^3		
		10^6		
Spezifischer Durchgangs-widerstand	Ohm · cm			
Durchschlagfestigkeit	kV/mm			mm dick
Oberflächenwiderstand	Ohm			

Kriechstromfestigkeit KC KB KA
Kriechwegbildung

Elektrolytische Korrosionswirkung
Lichtbogenfestigkeit nach DIN
nach ASTM s

Beständigkeit *(Chemische Beständigkeit siehe Anhang)*
Wasseraufnahme

Feuchtigkeitsaufnahme Normalklima %
Wetterbeständigkeit

Produktklasse	Polyesterharz-Formmasse		**UP**
Handelsname	**Menzolit 5094/2c**		
Hersteller	MENZOLIT		
DIN-Bezeichnung *ISO-Bezeichnung*			
Harzbasis	Ungesaettigter Polyester		
Zusätze		*Füllstoffe/ Verstärkung*	
Bevorzugte Verarbeitung	Pressen	*Lieferform*	Harzmatte
		Farben	Natur
Besondere Merkmale	Hohe Festigkeit und Steifigkeit in einer Vorzugsrichtung; Geringe Schwindung	*Bevorzugte Anwendungen*	Kfz-Bau; Stossfaenger; Strukturteil

Dichte	g/cm^3	1.7	*Dosierbarkeit*	
Schüttdichte	g/cm^3		*Tablettierbarkeit*	
Fließeinstellung			*Lagerung*	Ca. 20 C; Mehrere Monate

Verarbeitungsbedingungen für Pressen

Werkzeugtemperatur	°C	130–155
Pressdruck	bar	
Härtezeit je mm	s	
Schwindung	%	
Nachschwindung	%	
Bemerkungen		

Verarbeitungsbedingungen für Spritzgießen

Zylindertemperatur	°C	
Düsentemperatur	°C	
Massetemp.	°C	
Werkzeugtemp.	°C	
Spritzdruck	bar	
Härtezeit	s	
Schwindung	%	
Nachschwindung	%	
Bemerkungen		

Zugversuch 23 °C

Probekörper: *Form* *Herstellung*

Zugfestigkeit	N/mm^2		*E-Modul*	N/mm^2
Reißdehnung	%		*Zeitstandzugfestigkeit*	h N/mm^2

Biegeversuch 23 °C DIN 53452; DIN 53457

Probekörper: *Form* NS *Herstellung* Pressen

Biegefestigkeit	N/mm^2 680–740	*E-Modul*	N/mm^2 21000–23000

Druckversuch 23 °C

Probekörper: *Form* *Herstellung*

Druckfestigkeit	N/mm^2	*Stauchung*	%

Härte 23 °C *Probekörper:* *Herstellung*

Kugeldruckhärte N/mm^2 bei N, s

Schlagversuch *Probekörper: (1) (2)* *Herstellung* Pressen

		°C	°C	°C	*Probekörper-Form*
Schlagzähigkeit	kJ/m^2	23 290–300			NS
Kerbschlagzähigkeit (1)	kJ/m^2				
IZOD-Kerbschlag-zähigkeit (2)	J/m				

Abrieb und Reibung

Taber-Abrieb (Reibradverfahren) mm^3/100 U
Statische Reibungszahl
Dynamische Reibungszahl (p · v= N/mm^2 · m/min)
Zulässiger p · v Wert N/mm^2 · (m/min) v= m/min
v= m/min

Thermische Eigenschaften

Formbeständigkeit in der Wärme	*Verfahren*		°C
	Verfahren		°C
Formbeständigkeit Martens			°C
Längenausdehnungskoeffizient	*Bereich*	°C	$\cdot 10^{-4}K^{-1}$
	Temperatur		$\cdot 10^{-4}K^{-1}$
Wärmeleitfähigkeit	*Verfahren*		W/(K · m)
Spezifische Wärmekapazität	*Verfahren*		J/(K · g)

Brandverhalten

UL-Test vertikal Dicke mm, Wert
Dicke mm, Wert

	Norm	*Bewertung*	*Abmessungen*
Sauerstoff-Index	ASTM D 2863		
Glühstab-Verfahren			
Brandverhalten	DIN 4102		
MVSS			
FAR			

Elektrische Eigenschaften

		Hz	°C		*Probekörper, Form*
Dielektrizitätszahl		50			
		10^3			
		10^6			
Dielektrischer Verlustfaktor tan δ		50			
		10^3			
		10^6			
Spezifischer Durchgangs-widerstand	Ohm · cm				
Durchschlagfestigkeit	kV/mm				mm dick
Oberflächenwiderstand	Ohm				
Kriechstromfestigkeit		KC	KB	KA	
Kriechwegbildung					
Elektrolytische Korrosionswirkung					
Lichtbogenfestigkeit nach DIN					
nach ASTM	s				

Beständigkeit *(Chemische Beständigkeit siehe Anhang)*

Wasseraufnahme

Feuchtigkeitsaufnahme Normalklima %
Wetterbeständigkeit

Produktklasse	Polyesterharz-Formmasse		**UP**
Handelsname	**Menzolit 5875/01**		
Hersteller	MENZOLIT		
DIN-Bezeichnung *ISO-Bezeichnung*			
Harzbasis	Ungesaettigter Polyester		
Zusätze		*Füllstoffe/ Verstärkung*	
Bevorzugte Verarbeitung	Pressen	*Lieferform*	Harzmatte
		Farben	Natur; Standard
Besondere Merkmale	Gute Oberflaeche; Witterungsstabil; Geringe Schwindung	*Bevorzugte Anwendungen*	Elektrotechnik; Leuchtengehaeuse; Schaltschrank; Kabelverteiler; Reflektor

Dichte	g/cm³	1.7	*Dosierbarkeit*	
Schüttdichte	g/cm³		*Tablettierbarkeit*	
Fließeinstellung			*Lagerung*	Ca. 20 C; Mehrere Monate

Verarbeitungsbedingungen für Pressen			**Verarbeitungsbedingungen für Spritzgießen**	
			Zylindertemperatur	°C
			Düsentemperatur	°C
			Massetemp.	°C
Werkzeugtemperatur	°C	135–155	*Werkzeugtemp.*	°C
Pressdruck	bar		*Spritzdruck*	bar
Härtezeit je mm	s		*Härtezeit*	s
Schwindung	%		*Schwindung*	%
Nachschwindung	%		*Nachschwindung*	%
Bemerkungen			*Bemerkungen*	

Zugversuch 23 °C

Probekörper: *Form* *Herstellung*

Zugfestigkeit	N/mm²	*E-Modul*	N/mm²
Reißdehnung	%	*Zeitstandzugfestigkeit*	h N/mm²

Biegeversuch 23 °C DIN 53452; DIN 53457

Probekörper: *Form* NS *Herstellung* Pressen

Biegefestigkeit	N/mm² 160–170	*E-Modul*	N/mm² 8000–10000

Druckversuch 23°C

Probekörper: *Form* *Herstellung*

Druckfestigkeit	N/mm²	*Stauchung*	%

Härte 23 °C *Probekörper:* *Herstellung*

Kugeldruckhärte N/mm² bei N, s

Schlagversuch *Probekörper:* *(1)* *(2)* *Herstellung* Pressen

		°C	°C	°C	*Probekörper-Form*
Schlagzähigkeit	kJ/m^2	23 70–80			NS
Kerbschlagzähigkeit (1)	kJ/m^2				
IZOD-Kerbschlag-zähigkeit (2)	J/m				

Abrieb und Reibung

Taber-Abrieb (Reibradverfahren) mm^3/100 U
Statische Reibungszahl
Dynamische Reibungszahl (p·v= N/mm^2· m/min)
Zulässiger p · v Wert N/mm^2· (m/min) v= m/min
v= m/min

Thermische Eigenschaften

Formbeständigkeit in der Wärme	*Verfahren*		°C
	Verfahren		°C
Formbeständigkeit Martens			°C
Längenausdehnungskoeffizient	*Bereich*	°C	$\cdot 10^{-4}K^{-1}$
	Temperatur		$\cdot 10^{-4}K^{-1}$
Wärmeleitfähigkeit	*Verfahren*		W/(K · m)
Spezifische Wärmekapazität	*Verfahren*		J/(K · g)

Brandverhalten

UL-Test vertikal Dicke mm, Wert
Dicke mm, Wert

	Norm	*Bewertung*	*Abmessungen*
Sauerstoff-Index	ASTM D 2863		
Glühstab-Verfahren			
Brandverhalten	DIN 4102		
MVSS			
FAR			

Elektrische Eigenschaften

		Hz	°C	*Probekörper, Form*
Dielektrizitätszahl		50		
		10^3		
		10^6		
Dielektrischer Verlustfaktor tan δ		50		
		10^3		
		10^6		
Spezifischer Durchgangs-widerstand	Ohm · cm			
Durchschlagfestigkeit	kV/mm			mm dick
Oberflächenwiderstand	Ohm			

Kriechstromfestigkeit KC KB KA
Kriechwegbildung

Elektrolytische Korrosionswirkung
Lichtbogenfestigkeit nach DIN
nach ASTM s

Beständigkeit *(Chemische Beständigkeit siehe Anhang)*
Wasseraufnahme

Feuchtigkeitsaufnahme Normalklima %
Wetterbeständigkeit

Produktklasse	Polyesterharz-Formmasse		**UP**
Handelsname	**Menzolit 5787/..**		
Hersteller	MENZOLIT		
DIN-Bezeichnung *ISO-Bezeichnung*			
Harzbasis	Ungesaettigter Polyester		
Zusätze		*Füllstoffe/ Verstärkung*	
Bevorzugte Verarbeitung	Pressen	*Lieferform*	Harzmatte
		Farben	Natur; Standard
Besondere Merkmale	Geringe Schwindung	*Bevorzugte Anwendungen*	Elektrotechnik; Gehaeuse; Schalter; Deckel; Sockel; Kabelverteiler

---

Dichte	g/cm³	1.7	*Dosierbarkeit*		
Schüttdichte	g/cm³		*Tablettierbarkeit*		
Fließeinstellung			*Lagerung*		Ca. 20 C; Mehrere Monate

Verarbeitungsbedingungen für Pressen

Werkzeugtemperatur	°C	135–155
Pressdruck	bar	
Härtezeit je mm	s	
Schwindung	%	
Nachschwindung	%	
Bemerkungen		

Verarbeitungsbedingungen für Spritzgießen

Zylindertemperatur	°C	
Düsentemperatur	°C	
Massetemp.	°C	
Werkzeugtemp.	°C	
Spritzdruck	bar	
Härtezeit	s	
Schwindung	%	
Nachschwindung	%	
Bemerkungen		

Zugversuch 23 °C

Probekörper: *Form* *Herstellung*

Zugfestigkeit	N/mm²	*E-Modul*	N/mm²	
Reißdehnung	%	*Zeitstandzugfestigkeit*	h N/mm²	

Biegeversuch 23 °C DIN 53452; DIN 53457

Probekörper: *Form* NS *Herstellung* Pressen

Biegefestigkeit	N/mm² 130–150	*E-Modul*	N/mm²	8000–9000

Druckversuch 23°C

Probekörper: *Form* *Herstellung*

Druckfestigkeit	N/mm²	*Stauchung*	%

Härte 23 °C *Probekörper:* *Herstellung*

Kugeldruckhärte N/mm² bei N, s

Schlagversuch *Probekörper:* *(1)* *(2)* *Herstellung* Pressen

		°C	°C	°C	*Probekörper-Form*
Schlagzähigkeit	kJ/m²	23 45–65			NS
Kerbschlagzähigkeit (1)	kJ/m²				
IZOD-Kerbschlagzähigkeit (2)	J/m				

Abrieb und Reibung

Taber-Abrieb (Reibradverfahren) mm³/100 U
Statische Reibungszahl
Dynamische Reibungszahl (p·v= N/mm²· m/min)
Zulässiger p · v Wert N/mm² · (m/min) v= m/min
v= m/min

Thermische Eigenschaften

Formbeständigkeit in der Wärme *Verfahren* °C
Verfahren °C
Formbeständigkeit Martens °C
Längenausdehnungskoeffizient *Bereich* °C $\cdot 10^{-4}K^{-1}$
Temperatur $\cdot 10^{-4}K^{-1}$
Wärmeleitfähigkeit *Verfahren* W/(K · m)

Spezifische Wärmekapazität *Verfahren* J/(K · g)

Brandverhalten

UL-Test vertikal Dicke mm, Wert
Dicke mm, Wert

	Norm	*Bewertung*	*Abmessungen*
Sauerstoff-Index	ASTM D 2863		
Glühstab-Verfahren			
Brandverhalten	DIN 4102		
MVSS			
FAR			

Elektrische Eigenschaften

		Hz	°C			*Probekörper, Form*
Dielektrizitätszahl		50				
		10^3				
		10^6				
Dielektrischer Verlustfaktor tan δ		50				
		10^3				
		10^6				
Spezifischer Durchgangswiderstand	Ohm · cm					
Durchschlagfestigkeit	kV/mm					mm dick
Oberflächenwiderstand	Ohm					
Kriechstromfestigkeit		KC		KB	KA	
Kriechwegbildung						
Elektrolytische Korrosionswirkung						
Lichtbogenfestigkeit nach DIN						
nach ASTM	s					

Beständigkeit *(Chemische Beständigkeit siehe Anhang)*

Wasseraufnahme

Feuchtigkeitsaufnahme Normalklima %
Wetterbeständigkeit

UP

Produktklasse	Polyesterharz-Formmasse
Handelsname	**Menzolit 5740/01**
Hersteller	MENZOLIT
DIN-Bezeichnung	
ISO-Bezeichnung	
Harzbasis	Ungesaettigter Polyester
Zusätze	
Füllstoffe/ Verstärkung	
Bevorzugte Verarbeitung	Pressen
Lieferform	Harzmatte
Farben	Natur; Standard
Besondere Merkmale	Standardqualitaet
Bevorzugte Anwendungen	Elektrotechnik; Schaltergehause; Sicherungssockel; Isolator; Deckel; Klappe; Beplankungsteil fuer oeffentliche Transportmittel; Bahn; Flugzeug

Dichte	g/cm³	1.7
Schüttdichte	g/cm³	
Fließeinstellung		
Dosierbarkeit		
Tablettierbarkeit		
Lagerung		Ca. 20 C; Mehrere Monate

Verarbeitungsbedingungen für Pressen

Werkzeugtemperatur	°C	130–150
Pressdruck	bar	
Härtezeit je mm	s	
Schwindung	%	
Nachschwindung	%	
Bemerkungen		

Verarbeitungsbedingungen für Spritzgießen

Zylindertemperatur	°C	
Düsentemperatur	°C	
Massetemp.	°C	
Werkzeugtemp.	°C	
Spritzdruck	bar	
Härtezeit	s	
Schwindung	%	
Nachschwindung	%	
Bemerkungen		

Zugversuch 23 °C

Probekörper: *Form* *Herstellung*

Zugfestigkeit	N/mm²	
Reißdehnung	%	
E-Modul	N/mm²	
Zeitstandzugfestigkeit	h N/mm²	

Biegeversuch 23 °C DIN 53452; DIN 53457

Probekörper: *Form* NS *Herstellung* Pressen

Biegefestigkeit	N/mm²	130–150
E-Modul	N/mm²	8000–9000

Druckversuch 23°C

Probekörper: *Form* *Herstellung*

Druckfestigkeit	N/mm²	
Stauchung	%	

Härte 23 °C *Probekörper:* *Herstellung*

Kugeldruckhärte N/mm² bei N, s

Schlagversuch *Probekörper: (1)*
(2) *Herstellung* Pressen

		°C	°C	°C	*Probekörper-Form*
Schlagzähigkeit	kJ/m^2	23 50–60			NS
Kerbschlagzähigkeit (1)	kJ/m^2				
IZOD-Kerbschlagzähigkeit (2)	J/m				

Abrieb und Reibung

Taber-Abrieb (Reibradverfahren) mm^3/100 U
Statische Reibungszahl
Dynamische Reibungszahl (p·v= N/mm^2· m/min)
Zulässiger p · v Wert N/mm^2·(m/min) v= m/min
v= m/min

Thermische Eigenschaften

Formbeständigkeit in der Wärme	*Verfahren*		°C
	Verfahren		°C
Formbeständigkeit Martens			°C
Längenausdehnungskoeffizient	*Bereich*	°C	$\cdot 10^{-4}K^{-1}$
	Temperatur		$\cdot 10^{-4}K^{-1}$
Wärmeleitfähigkeit	*Verfahren*		W/(K · m)
Spezifische Wärmekapazität	*Verfahren*		J/(K · g)

Brandverhalten

UL-Test vertikal Dicke mm, Wert
Dicke mm, Wert

	Norm	*Bewertung*	*Abmessungen*
Sauerstoff-Index	ASTM D 2863		
Glühstab-Verfahren			
Brandverhalten	DIN 4102		
MVSS			
FAR			

Elektrische Eigenschaften

		Hz	°C		*Probekörper, Form*
Dielektrizitätszahl		50			
		10^3			
		10^6			
Dielektrischer Verlustfaktor tan δ		50			
		10^3			
		10^6			
Spezifischer Durchgangswiderstand	Ohm · cm				
Durchschlagfestigkeit	kV/mm				mm dick
Oberflächenwiderstand	Ohm				
Kriechstromfestigkeit		KC	KB	KA	
Kriechwegbildung					
Elektrolytische Korrosionswirkung					
Lichtbogenfestigkeit nach DIN					
nach ASTM	s				

Beständigkeit *(Chemische Beständigkeit siehe Anhang)*

Wasseraufnahme

Feuchtigkeitsaufnahme Normalklima %
Wetterbeständigkeit

Produktklasse	Polyesterharz-Formmasse		**UP**
Handelsname	**Menzolit 5756/14**		
Hersteller	MENZOLIT		
DIN-Bezeichnung *ISO-Bezeichnung*			
Harzbasis	Ungesaettigter Polyester		
Zusätze		*Füllstoffe/ Verstärkung*	
Bevorzugte Verarbeitung	Pressen	*Lieferform*	Harzmatte
		Farben	Natur; Standard
Besondere Merkmale	Hoher Oberflaechenwiderstand; Rissfreies Gefuege	*Bevorzugte Anwendungen*	Elektrotechnik; Isolator; Isolator fuer Hochspannungsanlagen

Dichte	g/cm³	1.7	*Dosierbarkeit*	
Schüttdichte	g/cm³		*Tablettierbarkeit*	
Fließeinstellung			*Lagerung*	Ca. 20 C; Mehrere Monate

Verarbeitungsbedingungen für Pressen			**Verarbeitungsbedingungen für Spritzgießen**	
			Zylindertemperatur	°C
			Düsentemperatur	°C
			Massetemp.	°C
Werkzeugtemperatur	°C	140–160	*Werkzeugtemp.*	°C
Pressdruck	bar		*Spritzdruck*	bar
Härtezeit je mm	s		*Härtezeit*	s
Schwindung	%		*Schwindung*	%
Nachschwindung	%		*Nachschwindung*	%
Bemerkungen			*Bemerkungen*	

Zugversuch 23 °C

Probekörper: *Form* *Herstellung*

Zugfestigkeit	N/mm²	*E-Modul*	N/mm²
Reißdehnung	%	*Zeitstandzugfestigkeit*	h N/mm²

Biegeversuch 23 °C DIN 53452; DIN 53457

Probekörper: *Form* NS *Herstellung* Pressen

Biegefestigkeit	N/mm² 150–170	*E-Modul*	N/mm² 8000–10000

Druckversuch 23 °C

Probekörper: *Form* *Herstellung*

Druckfestigkeit	N/mm²	*Stauchung*	%

Härte 23 °C *Probekörper:* *Herstellung*

Kugeldruckhärte N/mm² bei N, s

Schlagversuch *Probekörper:* *(1)*
(2)

		°C		°C	°C	*Herstellung* Pressen / *Probekörper-Form*
Schlagzähigkeit	kJ/m^2	23	60–75			NS
Kerbschlagzähigkeit (1)	kJ/m^2					
IZOD-Kerbschlagzähigkeit (2)	J/m					

Abrieb und Reibung

Taber-Abrieb (Reibradverfahren) mm^3/100 U
Statische Reibungszahl
Dynamische Reibungszahl (p·v= N/mm^2· m/min)
Zulässiger p · v Wert N/mm^2 · (m/min) v= m/min
v= m/min

Thermische Eigenschaften

Formbeständigkeit in der Wärme *Verfahren* °C
Verfahren °C
Formbeständigkeit Martens °C
Längenausdehnungskoeffizient *Bereich* °C $\cdot 10^{-4}K^{-1}$
Temperatur $\cdot 10^{-4}K^{-1}$
Wärmeleitfähigkeit *Verfahren* W/(K · m)

Spezifische Wärmekapazität *Verfahren* J/(K · g)

Brandverhalten

UL-Test vertikal Dicke mm, Wert
Dicke mm, Wert

	Norm	*Bewertung*	*Abmessungen*
Sauerstoff-Index	ASTM D 2863		
Glühstab-Verfahren			
Brandverhalten	DIN 4102		
MVSS			
FAR			

Elektrische Eigenschaften

		Hz	°C	*Probekörper, Form*
Dielektrizitätszahl		50		
		10^3		
		10^6		
Dielektrischer Verlustfaktor tan δ		50		
		10^3		
		10^6		
Spezifischer Durchgangswiderstand	Ohm · cm			
Durchschlagfestigkeit	kV/mm			mm dick
Oberflächenwiderstand	Ohm			

Kriechstromfestigkeit KC KB KA
Kriechwegbildung

Elektrolytische Korrosionswirkung
Lichtbogenfestigkeit nach DIN
nach ASTM s

Beständigkeit *(Chemische Beständigkeit siehe Anhang)*
Wasseraufnahme

Feuchtigkeitsaufnahme Normalklima %
Wetterbeständigkeit

Produktklasse	Polyesterharz-Formmasse		**UP**
Handelsname	**Menzolit 5308/20**		
Hersteller	MENZOLIT		
DIN-Bezeichnung *ISO-Bezeichnung*			
Harzbasis	Ungesaettigter Polyester		
Zusätze		*Füllstoffe/ Verstärkung*	
Bevorzugte Verarbeitung	Pressen	*Lieferform*	Harzmatte
		Farben	Schwarz; Sonderfarben auf Anfrage
Besondere Merkmale	Geringer Oberflaechenwiderstand	*Bevorzugte Anwendungen*	Elektrotechnik; Gehaeuse; Verkleidung; Abdeckung fuer elektronische Geraete

---

Dichte	g/cm³	1.7	*Dosierbarkeit*	
Schüttdichte	g/cm³		*Tablettierbarkeit*	
Fließeinstellung			*Lagerung*	Ca. 20 C; Mehrere Monate

Verarbeitungsbedingungen für Pressen

Werkzeugtemperatur	°C	135–155
Pressdruck	bar	
Härtezeit je mm	s	
Schwindung	%	
Nachschwindung	%	
Bemerkungen		

Verarbeitungsbedingungen für Spritzgießen

Zylindertemperatur	°C	
Düsentemperatur	°C	
Massetemp.	°C	
Werkzeugtemp.	°C	
Spritzdruck	bar	
Härtezeit	s	
Schwindung	%	
Nachschwindung	%	
Bemerkungen		

Zugversuch 23 °C

Probekörper: *Form* *Herstellung*

Zugfestigkeit	N/mm²	*E-Modul*	N/mm²	
Reißdehnung	%	*Zeitstandzugfestigkeit*	h N/mm²	

Biegeversuch 23 °C DIN 53452; DIN 53457

Probekörper: *Form* NS *Herstellung* Pressen

Biegefestigkeit	N/mm²	130–160	*E-Modul*	N/mm²	7000–8000

Druckversuch 23°C

Probekörper: *Form* *Herstellung*

Druckfestigkeit	N/mm²	*Stauchung*	%

Härte 23 °C *Probekörper:* *Herstellung*

Kugeldruckhärte N/mm² bei N, s

Schlagversuch *Probekörper:* *(1)*
(2) *Herstellung* Pressen

		°C	°C	°C	*Probekörper-Form*
Schlagzähigkeit	kJ/m²	23 60–80			NS
Kerbschlagzähigkeit (1)	kJ/m²				
IZOD-Kerbschlag-zähigkeit (2)	J/m				

Abrieb und Reibung

Taber-Abrieb (Reibradverfahren) mm³/100 U
Statische Reibungszahl
Dynamische Reibungszahl (p·v= N/mm²· m/min)
Zulässiger p · v Wert N/mm² · (m/min) v= m/min
v= m/min

Thermische Eigenschaften

Formbeständigkeit in der Wärme	*Verfahren*		°C
	Verfahren		°C
Formbeständigkeit Martens			°C
Längenausdehnungskoeffizient	*Bereich*	°C	$\cdot 10^{-4}K^{-1}$
	Temperatur		$\cdot 10^{-4}K^{-1}$
Wärmeleitfähigkeit	*Verfahren*		W/(K · m)
Spezifische Wärmekapazität	*Verfahren*		J/(K · g)

Brandverhalten

UL-Test vertikal Dicke mm, Wert
Dicke mm, Wert

	Norm	*Bewertung*	*Abmessungen*
Sauerstoff-Index	ASTM D 2863		
Glühstab-Verfahren			
Brandverhalten	DIN 4102		
MVSS			
FAR			

Elektrische Eigenschaften

		Hz	°C			*Probekörper, Form*
Dielektrizitätszahl		50				
		10^3				
		10^6				
Dielektrischer Verlustfaktor tan δ		50				
		10^3				
		10^6				
Spezifischer Durchgangswiderstand	Ohm · cm					
Durchschlagfestigkeit	kV/mm					mm dick
Oberflächenwiderstand	Ohm		23	1. *10**6–1. *10**9		
Kriechstromfestigkeit		KC		KB	KA	
Kriechwegbildung						

Elektrolytische Korrosionswirkung
Lichtbogenfestigkeit nach DIN
nach ASTM s

Beständigkeit *(Chemische Beständigkeit siehe Anhang)*
Wasseraufnahme

Feuchtigkeitsaufnahme Normalklima %
Wetterbeständigkeit

UP

Produktklasse	Polyesterharz-Formmasse
Handelsname	**Menzolit 5773/13**
Hersteller	MENZOLIT
DIN-Bezeichnung	
ISO-Bezeichnung	
Harzbasis	Ungesaettigter Polyester
Zusätze	
Füllstoffe/ Verstärkung	
Bevorzugte Verarbeitung	Pressen
Lieferform	Harzmatte
Farben	Natur; Standard
Besondere Merkmale	Gute Lichtbogenfestigkeit
Bevorzugte Anwendungen	Funkenloeschkammer; Lichtbogenkammer; Schalterteil

Dichte	g/cm³	1.7
Schüttdichte	g/cm³	
Fließeinstellung		
Dosierbarkeit		
Tablettierbarkeit		
Lagerung		Ca. 20 C; Mehrere Monate

Verarbeitungsbedingungen für Pressen

Werkzeugtemperatur	°C	130–150
Pressdruck	bar	
Härtezeit je mm	s	
Schwindung	%	
Nachschwindung	%	
Bemerkungen		

Verarbeitungsbedingungen für Spritzgießen

Zylindertemperatur	°C	
Düsentemperatur	°C	
Massetemp.	°C	
Werkzeugtemp.	°C	
Spritzdruck	bar	
Härtezeit	s	
Schwindung	%	
Nachschwindung	%	
Bemerkungen		

Zugversuch 23 °C

Probekörper: *Form* *Herstellung*

Zugfestigkeit	N/mm²		*E-Modul*	N/mm²	
Reißdehnung	%		*Zeitstandzugfestigkeit*	h N/mm²	

Biegeversuch 23 °C DIN 53452; DIN 53457

Probekörper: *Form* NS *Herstellung* Pressen

Biegefestigkeit	N/mm²	120–150	*E-Modul*	N/mm²	8000

Druckversuch 23°C

Probekörper: *Form* *Herstellung*

Druckfestigkeit	N/mm²		*Stauchung*	%	

Härte 23 °C *Probekörper:* *Herstellung*

Kugeldruckhärte N/mm² bei N, s

Schlagversuch *Probekörper:* *(1)*
(2) *Herstellung* Pressen

		°C	°C	°C	*Probekörper-Form*
Schlagzähigkeit	kJ/m²	23 40–50			NS
Kerbschlagzähigkeit (1)	kJ/m²				
IZOD-Kerbschlagzähigkeit (2)	J/m				

Abrieb und Reibung

Taber-Abrieb (Reibradverfahren) mm³/100 U
Statische Reibungszahl
Dynamische Reibungszahl (p·v= N/mm²· m/min)
Zulässiger p·v Wert N/mm²·(m/min) v= m/min
v= m/min

Thermische Eigenschaften

Formbeständigkeit in der Wärme *Verfahren* °C
Verfahren °C
Formbeständigkeit Martens °C
Längenausdehnungskoeffizient *Bereich* °C $\cdot 10^{-4}K^{-1}$
Temperatur $\cdot 10^{-4}K^{-1}$
Wärmeleitfähigkeit *Verfahren* W/(K·m)

Spezifische Wärmekapazität *Verfahren* J/(K·g)

Brandverhalten

UL-Test vertikal Dicke mm, Wert
Dicke mm, Wert

	Norm	*Bewertung*	*Abmessungen*
Sauerstoff-Index	ASTM D 2863		
Glühstab-Verfahren			
Brandverhalten	DIN 4102		
MVSS			
FAR			

Elektrische Eigenschaften

		Hz	°C	*Probekörper, Form*
Dielektrizitätszahl		50		
		10^3		
		10^6		
Dielektrischer Verlustfaktor tan δ		50		
		10^3		
		10^6		
Spezifischer Durchgangswiderstand	Ohm·cm			
Durchschlagfestigkeit	kV/mm			mm dick
Oberflächenwiderstand	Ohm			

Kriechstromfestigkeit KC KB KA
Kriechwegbildung

Elektrolytische Korrosionswirkung
Lichtbogenfestigkeit nach DIN
nach ASTM s

Beständigkeit *(Chemische Beständigkeit siehe Anhang)*
Wasseraufnahme

Feuchtigkeitsaufnahme Normalklima %
Wetterbeständigkeit

Produktklasse	Polyesterharz-Formmasse		**UP**
Handelsname	**Menzolit 5369/01**		
Hersteller	MENZOLIT		
DIN-Bezeichnung			
ISO-Bezeichnung			
Harzbasis	Ungesaettigter Polyester		
Zusätze		*Füllstoffe/ Verstärkung*	
Bevorzugte Verarbeitung	Pressen	*Lieferform*	Harzmatte
		Farben	Natur; Standard
Besondere Merkmale	Ausgewogene Eigenschaften	*Bevorzugte Anwendungen*	Bedarfsartikel

Dichte	g/cm^3	1.7	*Dosierbarkeit*	
Schüttdichte	g/cm^3		*Tablettierbarkeit*	
Fließeinstellung			*Lagerung*	Ca. 20 C; Mehrere Monate

Verarbeitungsbedingungen für Pressen

Werkzeugtemperatur	°C	130–150
Pressdruck	bar	
Härtezeit je mm	s	
Schwindung	%	
Nachschwindung	%	
Bemerkungen		

Verarbeitungsbedingungen für Spritzgießen

Zylindertemperatur	°C	
Düsentemperatur	°C	
Massetemp.	°C	
Werkzeugtemp.	°C	
Spritzdruck	bar	
Härtezeit	s	
Schwindung	%	
Nachschwindung	%	
Bemerkungen		

Zugversuch 23 °C

Probekörper: *Form* — *Herstellung*

Zugfestigkeit	N/mm^2		*E-Modul*	N/mm^2	
Reißdehnung	%		*Zeitstandzugfestigkeit*	h N/mm^2	

Biegeversuch 23 °C DIN 53452; DIN 53457

Probekörper: *Form* NS — *Herstellung* Pressen

Biegefestigkeit	N/mm^2	120–150	*E-Modul*	N/mm^2	8000–10000

Druckversuch 23°C

Probekörper: *Form* — *Herstellung*

Druckfestigkeit	N/mm^2		*Stauchung*	%

Härte 23 °C *Probekörper:* — *Herstellung*

Kugeldruckhärte N/mm^2 bei N, s

Schlagversuch *Probekörper:* *(1)*
(2) *Herstellung* Pressen

		°C	°C	°C	*Probekörper-Form*
Schlagzähigkeit	kJ/m^2	23 40			NS
Kerbschlagzähigkeit (1)	kJ/m^2				
IZOD-Kerbschlagzähigkeit (2)	J/m				

Abrieb und Reibung

Taber-Abrieb (Reibradverfahren) $mm^3/100$ U
Statische Reibungszahl
Dynamische Reibungszahl (p · v= N/mm^2 · m/min)
Zulässiger p · v Wert N/mm^2 · (m/min) v= m/min
v= m/min

Thermische Eigenschaften

Formbeständigkeit in der Wärme	*Verfahren*		°C
	Verfahren		°C
Formbeständigkeit Martens			°C
Längenausdehnungskoeffizient	*Bereich*	°C	$\cdot 10^{-4} K^{-1}$
	Temperatur		$\cdot 10^{-4} K^{-1}$
Wärmeleitfähigkeit	*Verfahren*		W/(K · m)
Spezifische Wärmekapazität	*Verfahren*		J/(K · g)

Brandverhalten

UL-Test vertikal Dicke mm, Wert
Dicke mm, Wert

	Norm	*Bewertung*	*Abmessungen*
Sauerstoff-Index	ASTM D 2863		
Glühstab-Verfahren			
Brandverhalten	DIN 4102		
MVSS			
FAR			

Elektrische Eigenschaften

		Hz	°C		*Probekörper, Form*
Dielektrizitätszahl		50			
		10^3			
		10^6			
Dielektrischer Verlustfaktor tan δ		50			
		10^3			
		10^6			
Spezifischer Durchgangswiderstand	Ohm · cm				
Durchschlagfestigkeit	kV/mm				mm dick
Oberflächenwiderstand	Ohm				
Kriechstromfestigkeit		KC	KB	KA	
Kriechwegbildung					
Elektrolytische Korrosionswirkung					
Lichtbogenfestigkeit nach DIN					
nach ASTM	s				

Beständigkeit *(Chemische Beständigkeit siehe Anhang)*

Wasseraufnahme

Feuchtigkeitsaufnahme Normalklima %
Wetterbeständigkeit

Produktklasse	Polyesterharz-Formmasse		**UP**
Handelsname	**Menzolit 4981/02**		
Hersteller	MENZOLIT		
DIN-Bezeichnung *ISO-Bezeichnung*			
Harzbasis	Ungesaettigter Polyester		
Zusätze		*Füllstoffe/ Verstärkung*	
Bevorzugte Verarbeitung	Pressen	*Lieferform*	Harzmatte
		Farben	Natur; Standard
Besondere Merkmale	Geringe Verzugsneigung	*Bevorzugte Anwendungen*	Bedarfsartikel; Technisches Formteil

Dichte	g/cm^3	1.85	*Dosierbarkeit*		
Schüttdichte	g/cm^3		*Tablettierbarkeit*		
Fließeinstellung			*Lagerung*		Ca. 20 C; Mehrere Monate

Verarbeitungsbedingungen für Pressen

Werkzeugtemperatur	°C	135–155
Pressdruck	bar	
Härtezeit je mm	s	
Schwindung	%	
Nachschwindung	%	
Bemerkungen		

Verarbeitungsbedingungen für Spritzgießen

Zylindertemperatur	°C
Düsentemperatur	°C
Massetemp.	°C
Werkzeugtemp.	°C
Spritzdruck	bar
Härtezeit	s
Schwindung	%
Nachschwindung	%
Bemerkungen	

Zugversuch 23 °C

Probekörper: *Form* *Herstellung*

Zugfestigkeit	N/mm^2	*E-Modul*	N/mm^2
Reißdehnung	%	*Zeitstandzugfestigkeit*	h N/mm^2

Biegeversuch 23 °C DIN 53452; DIN 53457

Probekörper: *Form* NS *Herstellung* Pressen

Biegefestigkeit	N/mm^2 150–160	*E-Modul*	N/mm^2 8000–8500

Druckversuch 23°C

Probekörper: *Form* *Herstellung*

Druckfestigkeit	N/mm^2	*Stauchung*	%

Härte 23 °C *Probekörper:* *Herstellung*

Kugeldruckhärte N/mm^2 bei N, s

Schlagversuch *Probekörper: (1) (2)*

		°C	°C	°C	*Herstellung* Pressen *Probekörper-Form*
Schlagzähigkeit	kJ/m²	23 80–90			NS
Kerbschlagzähigkeit (1)	kJ/m²				
IZOD-Kerbschlagzähigkeit (2)	J/m				

Abrieb und Reibung

Taber-Abrieb (Reibradverfahren) mm³/100 U
Statische Reibungszahl
Dynamische Reibungszahl (p·v= N/mm²· m/min)
Zulässiger p · v Wert N/mm² · (m/min) v= m/min
v= m/min

Thermische Eigenschaften

Formbeständigkeit in der Wärme	*Verfahren*		°C
	Verfahren		°C
Formbeständigkeit Martens			°C
Längenausdehnungskoeffizient	*Bereich*	°C	$\cdot 10^{-4}K^{-1}$
	Temperatur		$\cdot 10^{-4}K^{-1}$
Wärmeleitfähigkeit	*Verfahren*		W/(K · m)
Spezifische Wärmekapazität	*Verfahren*		J/(K · g)

Brandverhalten

UL-Test vertikal Dicke mm, Wert
Dicke mm, Wert

	Norm	*Bewertung*	*Abmessungen*
Sauerstoff-Index	ASTM D 2863		
Glühstab-Verfahren			
Brandverhalten	DIN 4102		
MVSS			
FAR			

Elektrische Eigenschaften

		Hz	°C		*Probekörper, Form*
Dielektrizitätszahl		50			
		10^3			
		10^6			
Dielektrischer Verlustfaktor tan δ		50			
		10^3			
		10^6			
Spezifischer Durchgangswiderstand	Ohm · cm				
Durchschlagfestigkeit	kV/mm				mm dick
Oberflächenwiderstand	Ohm				
Kriechstromfestigkeit		KC	KB	KA	
Kriechwegbildung					
Elektrolytische Korrosionswirkung					
Lichtbogenfestigkeit nach DIN					
nach ASTM	s				

Beständigkeit *(Chemische Beständigkeit siehe Anhang)*

Wasseraufnahme

Feuchtigkeitsaufnahme Normalklima %
Wetterbeständigkeit

Datenbank-Nr. **H05620** *Merkblatt-Nr.* **228**

UP

Produktklasse	Polyesterharz-Formmasse		
Handelsname	**Menzolit 5476/02**		
Hersteller	MENZOLIT		
DIN-Bezeichnung			
ISO-Bezeichnung			
Harzbasis	Ungesaettigter Polyester		
Zusätze		*Füllstoffe/ Verstärkung*	
Bevorzugte Verarbeitung	Pressen	*Lieferform*	Harzmatte
		Farben	Natur; Standard
Besondere Merkmale	Gute Oberflaeche; Geringe Schwindung	*Bevorzugte Anwendungen*	Bedarfsartikel; Moebel; Gehaeuse; Koffer; Tuer; Bueromaschinengehause

Dichte	g/cm³	1.7	*Dosierbarkeit*	
Schüttdichte	g/cm³		*Tablettierbarkeit*	
Fließeinstellung			*Lagerung*	Ca. 20 C; Mehrere Monate

Verarbeitungsbedingungen für Pressen

Werkzeugtemperatur	°C	135–155
Pressdruck	bar	
Härtezeit je mm	s	
Schwindung	%	
Nachschwindung	%	
Bemerkungen		

Verarbeitungsbedingungen für Spritzgießen

Zylindertemperatur	°C	
Düsentemperatur	°C	
Massetemp.	°C	
Werkzeugtemp.	°C	
Spritzdruck	bar	
Härtezeit	s	
Schwindung	%	
Nachschwindung	%	
Bemerkungen		

Zugversuch 23 °C

Probekörper: *Form* *Herstellung*

Zugfestigkeit	N/mm²		*E-Modul*	N/mm²	
Reißdehnung	%		*Zeitstandzugfestigkeit*	h N/mm²	

Biegeversuch 23 °C DIN 53452; DIN 53457

Probekörper: *Form* NS *Herstellung* Pressen

Biegefestigkeit	N/mm²	110–160	*E-Modul*	N/mm²	8000–8500

Druckversuch 23°C

Probekörper: *Form* *Herstellung*

Druckfestigkeit	N/mm²		*Stauchung*	%	

Härte 23 °C *Probekörper:* *Herstellung*

Kugeldruckhärte N/mm² bei N, s

Schlagversuch *Probekörper:* *(1)*
(2) *Herstellung* Pressen

		°C	°C	°C	*Probekörper-Form*
Schlagzähigkeit	kJ/m²	23 60–90			NS
Kerbschlagzähigkeit (1)	kJ/m²				
IZOD-Kerbschlagzähigkeit (2)	J/m				

Abrieb und Reibung

Taber-Abrieb (Reibradverfahren) mm³/100 U
Statische Reibungszahl
Dynamische Reibungszahl (p·v= N/mm² · m/min)
Zulässiger p · v Wert N/mm² · (m/min) v= m/min
v= m/min

Thermische Eigenschaften

Formbeständigkeit in der Wärme	*Verfahren*		°C
	Verfahren		°C
Formbeständigkeit Martens			°C
Längenausdehnungskoeffizient	*Bereich*	°C	$\cdot 10^{-4}K^{-1}$
	Temperatur		$\cdot 10^{-4}K^{-1}$
Wärmeleitfähigkeit	*Verfahren*		W/(K · m)
Spezifische Wärmekapazität	*Verfahren*		J/(K · g)

Brandverhalten

UL-Test vertikal Dicke mm, Wert
Dicke mm, Wert

	Norm	*Bewertung*	*Abmessungen*
Sauerstoff-Index	ASTM D 2863		
Glühstab-Verfahren			
Brandverhalten	DIN 4102		
MVSS			
FAR			

Elektrische Eigenschaften

		Hz	°C		*Probekörper, Form*
Dielektrizitätszahl		50			
		10^3			
		10^6			
Dielektrischer Verlustfaktor tan δ		50			
		10^3			
		10^6			
Spezifischer Durchgangswiderstand	Ohm · cm				
Durchschlagfestigkeit	kV/mm				mm dick
Oberflächenwiderstand	Ohm				
Kriechstromfestigkeit		KC	KB	KA	
Kriechwegbildung					
Elektrolytische Korrosionswirkung					
Lichtbogenfestigkeit nach DIN					
nach ASTM	s				

Beständigkeit *(Chemische Beständigkeit siehe Anhang)*

Wasseraufnahme

Feuchtigkeitsaufnahme Normalklima %
Wetterbeständigkeit

Produktklasse	Polyesterharz-Formmasse		**UP**
Handelsname	**Plastopreg HUP 10/30**		
Hersteller	DUROFORM		
DIN-Bezeichnung			
ISO-Bezeichnung			
Harzbasis	Ungesaettigter Polyester		
Zusätze		*Füllstoffe/ Verstärkung*	Glasseidenmatte
Bevorzugte Verarbeitung	Pressen	*Lieferform*	Harzmatte; SMC
		Farben	
Besondere Merkmale	Standardqualitaet; Leichtfliessend; Styrolmodifiziert; Hohe mechanische Festigkeit; Glatte Oberflaeche	*Bevorzugte Anwendungen*	Grossflaechiges Formteil; Leuchtenabdeckung; Kabelverteilerschrank; Oelbrennerhaube; Aussenlautsprecher; Steckkupplung; Kabelendverschluss; Ventilatorfluegel; Flansch; Bauprofil

Dichte	g/cm^3	1.6	*Dosierbarkeit*	
Schüttdichte	g/cm^3		*Tablettierbarkeit*	
Fließeinstellung			*Lagerung*	Bei 18 C bis 22 C 5 bis 6 Monate; Schnellhaertende 8 bis 10 Wochen

Verarbeitungsbedingungen für Pressen

Werkzeugtemperatur	°C	140–150
Pressdruck	bar	50
Härtezeit je mm	s	30–40
Schwindung	%	0.2
Nachschwindung	%	0.03
Bemerkungen		

Verarbeitungsbedingungen für Spritzgießen

Zylindertemperatur	°C	
Düsentemperatur	°C	
Massetemp.	°C	
Werkzeugtemp.	°C	
Spritzdruck	bar	
Härtezeit	s	
Schwindung	%	
Nachschwindung	%	
Bemerkungen		

Zugversuch 23 °C

Probekörper: *Form* *Herstellung*

Zugfestigkeit	N/mm^2		*E-Modul*	N/mm^2
Reißdehnung	%		*Zeitstandzugfestigkeit*	h N/mm^2

Biegeversuch 23 °C DIN 53452; DIN 53457

Probekörper: *Form* NS *Herstellung* Pressen

Biegefestigkeit	N/mm^2	160	*E-Modul*	N/mm^2	9000

Druckversuch 23°C

Probekörper: *Form* *Herstellung*

Druckfestigkeit	N/mm^2	*Stauchung*	%

Härte 23 °C *Probekörper:* *Herstellung* Pressen

Kugeldruckhärte N/mm^2 164 bei N, s

Schlagversuch *Probekörper:* *(1)* U-Kerbe
(2)
Herstellung Pressen

		°C		°C	°C	*Probekörper-Form*
Schlagzähigkeit	kJ/m²	23	70			NS
Kerbschlagzähigkeit (1)	kJ/m²	23	65			NS
IZOD-Kerbschlagzähigkeit (2)	J/m					

Abrieb und Reibung

Taber-Abrieb (Reibradverfahren) mm³/100 U
Statische Reibungszahl
Dynamische Reibungszahl (p·v= N/mm² · m/min)
Zulässiger p · v Wert N/mm² · (m/min) v= m/min
v= m/min

Thermische Eigenschaften

Formbeständigkeit in der Wärme	*Verfahren*		°C
	Verfahren		°C
Formbeständigkeit Martens			≧200 °C
Längenausdehnungskoeffizient	*Bereich*	°C	$\cdot 10^{-4}K^{-1}$
	Temperatur		$\cdot 10^{-4}K^{-1}$
Wärmeleitfähigkeit	*Verfahren*		W/(K · m)
Spezifische Wärmekapazität	*Verfahren*		J/(K · g)

Brandverhalten

UL-Test vertikal Dicke mm, Wert
Dicke mm, Wert

	Norm	*Bewertung*	*Abmessungen*
Sauerstoff-Index	ASTM D 2863		
Glühstab-Verfahren	DIN 53459	3a	120 x 10 x 4 mm
Brandverhalten	DIN 4102		
MVSS			
FAR			

Elektrische Eigenschaften

		Hz	°C		*Probekörper, Form*
Dielektrizitätszahl		50			
		10^3	23	4.7	
		10^6			
Dielektrischer Verlustfaktor tan δ		50			
		10^3	23	0.02	
		10^6			
Spezifischer Durchgangswiderstand	Ohm · cm		23	1.0*10**14	
Durchschlagfestigkeit	kV/mm		23	25	1 mm dick
Oberflächenwiderstand	Ohm		23	1.0*10**11–1.0*10**14	

Kriechstromfestigkeit KC >600 KB KA
Kriechwegbildung

Elektrolytische Korrosionswirkung
Lichtbogenfestigkeit nach DIN
nach ASTM s

Beständigkeit *(Chemische Beständigkeit siehe Anhang)*

Wasseraufnahme 23 C 4 d 45 mg

Feuchtigkeitsaufnahme Normalklima %
Wetterbeständigkeit

UP

Produktklasse	Polyesterharz-Formmasse
Handelsname	**Plastopreg HUP 11/30**
Hersteller	DUROFORM
DIN-Bezeichnung	
ISO-Bezeichnung	
Harzbasis	Ungesaettigter Polyester
Zusätze	
Füllstoffe/ Verstärkung	Glasseidenmatte
Bevorzugte Verarbeitung	Pressen
Lieferform	Harzmatte; SMC
Farben	Natur; Standard; Auch nach Vorlagen und RAL
Besondere Merkmale	Standardqualitaet; Leichtfliessend; Styrolmodifiziert; Hohe mechanische Festigkeit; Glatte Oberflaeche; Selbstverloeschend (keine UL-Werte gemessen)
Bevorzugte Anwendungen	Grossflaechiges Formteil; Leuchtenabdeckung; Kabelverteilerschrank; Oelbrennerhaube; Aussenlautsprecher; Steckkupplung; Kabelendverschluss; Ventilatorfluegel; Flansch; Bauprofil

---

Dichte	g/cm^3	1.7
Schüttdichte	g/cm^3	
Fließeinstellung		

Dosierbarkeit
Tablettierbarkeit
Lagerung Bei 18 C bis 22 C 5 bis 6 Monate; Schnellhaertende 8 bis 10 Wochen

Verarbeitungsbedingungen für Pressen

Werkzeugtemperatur	°C	140–150
Pressdruck	bar	50
Härtezeit je mm	s	30–40
Schwindung	%	0.2
Nachschwindung	%	0.04
Bemerkungen		

Verarbeitungsbedingungen für Spritzgießen

Zylindertemperatur	°C	
Düsentemperatur	°C	
Massetemp.	°C	
Werkzeugtemp.	°C	
Spritzdruck	bar	
Härtezeit	s	
Schwindung	%	
Nachschwindung	%	
Bemerkungen		

Zugversuch 23 °C
Probekörper: Form *Herstellung*

Zugfestigkeit	N/mm^2		*E-Modul*	N/mm^2
Reißdehnung	%		*Zeitstandzugfestigkeit*	h N/mm^2

Biegeversuch 23 °C DIN 53452; DIN 53457
Probekörper: Form NS *Herstellung* Pressen

Biegefestigkeit	N/mm^2 160		*E-Modul*	N/mm^2 9000

Druckversuch 23 °C
Probekörper: Form *Herstellung*

Druckfestigkeit	N/mm^2		*Stauchung*	%

Härte 23 °C *Probekörper:* *Herstellung* Pressen

Kugeldruckhärte N/mm^2 168 bei N, s

Schlagversuch *Probekörper:* *(1)* U-Kerbe *(2)* | *Herstellung* Pressen

		°C		°C	°C	*Probekörper-Form*
Schlagzähigkeit	kJ/m²	23	70			NS
Kerbschlagzähigkeit (1)	kJ/m²	23	65			NS
IZOD-Kerbschlagzähigkeit (2)	J/m					

Abrieb und Reibung

Taber-Abrieb (Reibradverfahren) mm³/100 U
Statische Reibungszahl
Dynamische Reibungszahl (p·v= N/mm²· m/min)
Zulässiger p · v Wert N/mm² · (m/min) v= m/min
v= m/min

Thermische Eigenschaften

Formbeständigkeit in der Wärme	*Verfahren*		°C
	Verfahren		°C
Formbeständigkeit Martens			≧200 °C
Längenausdehnungskoeffizient	*Bereich*	°C	$\cdot 10^{-4}K^{-1}$
	Temperatur		$\cdot 10^{-4}K^{-1}$
Wärmeleitfähigkeit	*Verfahren*		W/(K · m)
Spezifische Wärmekapazität	*Verfahren*		J/(K · g)

Brandverhalten

UL-Test vertikal Dicke mm, Wert
Dicke mm, Wert

	Norm	*Bewertung*	*Abmessungen*
Sauerstoff-Index	ASTM D 2863		
Glühstab-Verfahren	DIN 53459	2a	120 x 10 x 4 mm
Brandverhalten	DIN 4102		
MVSS			
FAR			

Elektrische Eigenschaften

		Hz	°C		*Probekörper, Form*
Dielektrizitätszahl		50			
		10^3	23	4.5	
		10^6			
Dielektrischer Verlustfaktor tan δ		50			
		10^3	23	0.02	
		10^6			
Spezifischer Durchgangswiderstand	Ohm · cm		23	1.0*10**12	
Durchschlagfestigkeit	kV/mm		23	21	1 mm dick
Oberflächenwiderstand	Ohm		23	1.0*10**10–1.0*10**13	

Kriechstromfestigkeit KC >600 KB KA
Kriechwegbildung

Elektrolytische Korrosionswirkung
Lichtbogenfestigkeit nach DIN
nach ASTM s

Beständigkeit *(Chemische Beständigkeit siehe Anhang)*

Wasseraufnahme 23 C 4 d 50 mg

Feuchtigkeitsaufnahme Normalklima %
Wetterbeständigkeit

Produktklasse	Polyesterharz-Formmasse		**UP**
Handelsname	**Plastopreg HUP 19/30**		
Hersteller	DUROFORM		
DIN-Bezeichnung *ISO-Bezeichnung*			
Harzbasis	Ungesaettigter Polyester		
Zusätze		*Füllstoffe/ Verstärkung*	Glasseidenmatte
Bevorzugte Verarbeitung	Pressen	*Lieferform*	Harzmatte; SMC
		Farben	Natur; Standard; Auch nach Vorlagen und RAL
Besondere Merkmale	Standardqualitaet; Leichtfliessend; Styrolmodifiziert; Hohe mechanische Festigkeit; Glatte Oberflaeche; Selbstverloeschend (keine UL-Werte gemessen); Halogenfrei; Raucharm	*Bevorzugte Anwendungen*	Grossflaechiges Formteil; Leuchtenabdeckung; Kabelverteilerschrank; Oelbrennerhaube; Aussenlautsprecher; Steckkupplung; Kabelendverschluss; Ventilatorfluegel; Flansch; Bauprofil

Dichte	g/cm³	1.7	*Dosierbarkeit*	
Schüttdichte	g/cm³		*Tablettierbarkeit*	
Fließeinstellung			*Lagerung*	Bei 18 C bis 22 C 5 bis 6 Monate; Schnellhaertende 8 bis 10 Wochen

Verarbeitungsbedingungen für Pressen			**Verarbeitungsbedingungen für Spritzgießen**	
			Zylindertemperatur	°C
			Düsentemperatur	°C
			Massetemp.	°C
Werkzeugtemperatur	°C	140–150	*Werkzeugtemp.*	°C
Pressdruck	bar	50	*Spritzdruck*	bar
Härtezeit je mm	s	30–40	*Härtezeit*	s
Schwindung	%	0.2	*Schwindung*	%
Nachschwindung	%	0.04	*Nachschwindung*	%
Bemerkungen			*Bemerkungen*	

Zugversuch 23 °C

Probekörper: *Form* *Herstellung*

Zugfestigkeit	N/mm²	*E-Modul*	N/mm²
Reißdehnung	%	*Zeitstandzugfestigkeit*	h N/mm²

Biegeversuch 23 °C DIN 53452; DIN 53457

Probekörper: *Form* NS *Herstellung* Pressen

Biegefestigkeit	N/mm² 160	*E-Modul*	N/mm² 9000

Druckversuch 23°C

Probekörper: *Form* *Herstellung*

Druckfestigkeit	N/mm²	*Stauchung*	%

Härte 23 °C *Probekörper:* *Herstellung* Pressen

Kugeldruckhärte N/mm² 168 bei N, s

Schlagversuch *Probekörper:* *(1)* U-Kerbe
(2)
Herstellung Pressen

		°C		°C	°C	*Probekörper-Form*
Schlagzähigkeit	kJ/m²	23	70			NS
Kerbschlagzähigkeit (1)	kJ/m²	23	65			NS
IZOD-Kerbschlag-zähigkeit (2)	J/m					

Abrieb und Reibung

Taber-Abrieb (Reibradverfahren) mm³/100 U
Statische Reibungszahl
Dynamische Reibungszahl (p·v= N/mm²· m/min)
Zulässiger p · v Wert N/mm²·(m/min) v= m/min
v= m/min

Thermische Eigenschaften

Formbeständigkeit in der Wärme *Verfahren* °C
Verfahren °C
Formbeständigkeit Martens ≧200 °C
Längenausdehnungskoeffizient *Bereich* °C $\cdot 10^{-4}K^{-1}$
Temperatur $\cdot 10^{-4}K^{-1}$
Wärmeleitfähigkeit *Verfahren* W/(K · m)

Spezifische Wärmekapazität *Verfahren* J/(K · g)

Brandverhalten

UL-Test vertikal Dicke mm, Wert
Dicke mm, Wert

	Norm	*Bewertung*	*Abmessungen*
Sauerstoff-Index	ASTM D 2863		
Glühstab-Verfahren	DIN 53459	2a	120 x 10 x 4 mm
Brandverhalten	DIN 4102		
MVSS			
FAR			

Elektrische Eigenschaften

		Hz	°C		*Probekörper, Form*
Dielektrizitätszahl		50			
		10^3	23	4.5	
		10^6			
Dielektrischer Verlustfaktor tan δ		50			
		10^3	23	0.02	
		10^6			
Spezifischer Durchgangs-widerstand	Ohm · cm		23	1.0*10**12	
Durchschlagfestigkeit	kV/mm		23	21	1 mm dick
Oberflächenwiderstand	Ohm		23	1.0*10**10–1.0*10**13	

Kriechstromfestigkeit KC >600 KB KA
Kriechwegbildung

Elektrolytische Korrosionswirkung
Lichtbogenfestigkeit nach DIN
nach ASTM s

Beständigkeit *(Chemische Beständigkeit siehe Anhang)*

Wasseraufnahme 23 C 4 d 50 mg

Feuchtigkeitsaufnahme Normalklima %
Wetterbeständigkeit

UP

Produktklasse	Polyesterharz-Formmasse		
Handelsname	**Plastopreg HUP 12/30**		
Hersteller	DUROFORM		
DIN-Bezeichnung			
ISO-Bezeichnung			
Harzbasis	Ungesaettigter Polyester		
Zusätze		*Füllstoffe/ Verstärkung*	Glasseidenmatte
Bevorzugte Verarbeitung	Pressen	*Lieferform*	Harzmatte; SMC
		Farben	Nicht homogen einfaerbbar
Besondere Merkmale	Schwindungsfrei; Lackierfaehig ohne besondere Vorbereitung der Oberflaeche; Glatte Oberflaeche	*Bevorzugte Anwendungen*	Autokarosserieteil

Dichte	g/cm^3	1.6	*Dosierbarkeit*	
Schüttdichte	g/cm^3		*Tablettierbarkeit*	
Fließeinstellung			*Lagerung*	Bei 18 C bis 22 C 3 Monate

Verarbeitungsbedingungen für Pressen

Werkzeugtemperatur	°C	140–150
Pressdruck	bar	50
Härtezeit je mm	s	30–40
Schwindung	%	0.02
Nachschwindung	%	
Bemerkungen		

Verarbeitungsbedingungen für Spritzgießen

Zylindertemperatur	°C
Düsentemperatur	°C
Massetemp.	°C
Werkzeugtemp.	°C
Spritzdruck	bar
Härtezeit	s
Schwindung	%
Nachschwindung	%
Bemerkungen	

Zugversuch 23 °C

Probekörper: *Form* *Herstellung*

Zugfestigkeit	N/mm^2	*E-Modul*	N/mm^2
Reißdehnung	%	*Zeitstandzugfestigkeit*	h N/mm^2

Biegeversuch 23 °C DIN 53452; DIN 53457

Probekörper: *Form* NS *Herstellung* Pressen

Biegefestigkeit	N/mm^2 190	*E-Modul*	N/mm^2 12000

Druckversuch 23°C

Probekörper: *Form* *Herstellung*

Druckfestigkeit	N/mm^2	*Stauchung*	%

Härte 23 °C *Probekörper:* *Herstellung* Pressen

Kugeldruckhärte N/mm^2 165 bei N, s

Schlagversuch *Probekörper: (1)*
(2) *Herstellung* Pressen

		°C	°C	°C	*Probekörper-Form*
Schlagzähigkeit	kJ/m^2	23 100			NS
Kerbschlagzähigkeit (1)	kJ/m^2				
IZOD-Kerbschlag-zähigkeit (2)	J/m				

Abrieb und Reibung

Taber-Abrieb (Reibradverfahren) mm^3/100 U
Statische Reibungszahl
Dynamische Reibungszahl (p·v= N/mm^2· m/min)
Zulässiger p · v Wert N/mm^2 · (m/min) v= m/min
v= m/min

Thermische Eigenschaften

Formbeständigkeit in der Wärme	*Verfahren*		°C
	Verfahren		°C
Formbeständigkeit Martens			≧200 °C
Längenausdehnungskoeffizient	*Bereich*	°C	$\cdot 10^{-4}K^{-1}$
	Temperatur		$\cdot 10^{-4}K^{-1}$
Wärmeleitfähigkeit	*Verfahren*		W/(K · m)
Spezifische Wärmekapazität	*Verfahren*		J/(K · g)

Brandverhalten

UL-Test vertikal Dicke mm, Wert
Dicke mm, Wert

	Norm	*Bewertung*	*Abmessungen*
Sauerstoff-Index	ASTM D 2863		
Glühstab-Verfahren	DIN 53459	3a	120 x 10 x 4 mm
Brandverhalten	DIN 4102		
MVSS			
FAR			

Elektrische Eigenschaften

		Hz	°C		*Probekörper, Form*
Dielektrizitätszahl		50			
		10^3	23	4.6	
		10^6			
Dielektrischer Verlustfaktor tan δ		50			
		10^3	23	0.02	
		10^6			
Spezifischer Durchgangs-widerstand	Ohm · cm		23	1.0*10**14	
Durchschlagfestigkeit	kV/mm		23	21	1 mm dick
Oberflächenwiderstand	Ohm		23	1.0*10**12–1.0*10**14	

Kriechstromfestigkeit KC >600 KB KA
Kriechwegbildung

Elektrolytische Korrosionswirkung
Lichtbogenfestigkeit nach DIN
nach ASTM s

Beständigkeit *(Chemische Beständigkeit siehe Anhang)*

Wasseraufnahme 23 C 4 d 50 mg

Feuchtigkeitsaufnahme Normalklima %
Wetterbeständigkeit

UP

Produktklasse	Polyesterharz-Formmasse
Handelsname	**Plastopreg HUP 13/30**
Hersteller	DUROFORM
DIN-Bezeichnung	
ISO-Bezeichnung	
Harzbasis	Ungesaettigter Polyester
Zusätze	
Füllstoffe/ Verstärkung	Glasseidenmatte
Bevorzugte Verarbeitung	Pressen
Lieferform	Harzmatte; SMC
Farben	Nicht homogen einfaerbbar
Besondere Merkmale	Schwindungsfrei; Lackierbar ohne Vorbereitung der Oberflaeche; Glatte Oberflaeche; Selbstverloeschend (UL-Werte nicht gemessen)
Bevorzugte Anwendungen	Autokarosserieteil

Dichte	g/cm³	1.6
Schüttdichte	g/cm³	
Fließeinstellung		
Dosierbarkeit		
Tablettierbarkeit		
Lagerung		Bei 18 C bis 22 C 3 Monate

Verarbeitungsbedingungen für Pressen

Werkzeugtemperatur	°C	140–150
Pressdruck	bar	50
Härtezeit je mm	s	30–40
Schwindung	%	0.02
Nachschwindung	%	
Bemerkungen		

Verarbeitungsbedingungen für Spritzgießen

Zylindertemperatur	°C	
Düsentemperatur	°C	
Massetemp.	°C	
Werkzeugtemp.	°C	
Spritzdruck	bar	
Härtezeit	s	
Schwindung	%	
Nachschwindung	%	
Bemerkungen		

Zugversuch 23 °C

Probekörper: *Form* *Herstellung*

Zugfestigkeit	N/mm²		*E-Modul*	N/mm²	
Reißdehnung	%		*Zeitstandzugfestigkeit*	h N/mm²	

Biegeversuch 23 °C DIN 53452; DIN 53457

Probekörper: *Form* NS *Herstellung* Pressen

Biegefestigkeit	N/mm²	190	*E-Modul*	N/mm²	12000

Druckversuch 23 °C

Probekörper: *Form* *Herstellung*

Druckfestigkeit	N/mm²		*Stauchung*	%	

Härte 23 °C *Probekörper:* *Herstellung* Pressen

Kugeldruckhärte N/mm² 166 bei N, s

Schlagversuch *Probekörper:* *(1)* *(2)* *Herstellung* Pressen

		°C		°C	°C	*Probekörper-Form*
Schlagzähigkeit	kJ/m^2	23	100			NS
Kerbschlagzähigkeit (1)	kJ/m^2					
IZOD-Kerbschlagzähigkeit (2)	J/m					

Abrieb und Reibung

Taber-Abrieb (Reibradverfahren) mm^3/100 U
Statische Reibungszahl
Dynamische Reibungszahl (p·v= N/mm^2· m/min)
Zulässiger p · v Wert N/mm^2 · (m/min) v= m/min
v= m/min

Thermische Eigenschaften

Formbeständigkeit in der Wärme	*Verfahren*		°C
	Verfahren		°C
Formbeständigkeit Martens			≧200 °C
Längenausdehnungskoeffizient	*Bereich*	°C	$\cdot 10^{-4}K^{-1}$
	Temperatur		$\cdot 10^{-4}K^{-1}$
Wärmeleitfähigkeit	*Verfahren*		W/(K · m)
Spezifische Wärmekapazität	*Verfahren*		J/(K · g)

Brandverhalten

UL-Test vertikal Dicke mm, Wert
Dicke mm, Wert

	Norm	*Bewertung*	*Abmessungen*
Sauerstoff-Index	ASTM D 2863		
Glühstab-Verfahren	DIN 53459	2a	120 x 10 x 4 mm
Brandverhalten	DIN 4102		
MVSS			
FAR			

Elektrische Eigenschaften

		Hz	°C		*Probekörper, Form*
Dielektrizitätszahl		50			
		10^3	23	4.6	
		10^6			
Dielektrischer Verlustfaktor tan δ		50			
		10^3	23	0.02	
		10^6			
Spezifischer Durchgangswiderstand	Ohm · cm		23	1.0*10**12	
Durchschlagfestigkeit	kV/mm		23	20	1 mm dick
Oberflächenwiderstand	Ohm		23	1.0*10**11–1.0*10**14	

Kriechstromfestigkeit KC >600 KB KA
Kriechwegbildung

Elektrolytische Korrosionswirkung
Lichtbogenfestigkeit nach DIN
nach ASTM s

Beständigkeit *(Chemische Beständigkeit siehe Anhang)*

Wasseraufnahme 23 C 4 d 55 mg

Feuchtigkeitsaufnahme Normalklima %
Wetterbeständigkeit

UP

Produktklasse	Polyesterharz-Formmasse		
Handelsname	**Plastopreg HUP 14/30**		
Hersteller	DUROFORM		
DIN-Bezeichnung			
ISO-Bezeichnung			
Harzbasis	Ungesaettigter Polyester		
Zusätze		*Füllstoffe/ Verstärkung*	Glasseidenmatte
Bevorzugte Verarbeitung	Pressen	*Lieferform*	Harzmatte; SMC
		Farben	Natur; Standard; Auch nach Vorlagen und RAL
Besondere Merkmale	Gleichmaessiges Fliessverhalten auch nach langer Lagerzeit; Gute Dauerwaermebestaendigkeit; Geringe Schwindung; Geringe Delaminierungstendenz	*Bevorzugte Anwendungen*	Elektrosektor; Schaltelement; Technisches Formteil

Dichte	g/cm³	1.6	*Dosierbarkeit*	
Schüttdichte	g/cm³		*Tablettierbarkeit*	
Fließeinstellung			*Lagerung*	Bei 18 C bis 22 C 4 Monate

Verarbeitungsbedingungen für Pressen

Werkzeugtemperatur	°C	≧160
Pressdruck	bar	50
Härtezeit je mm	s	30–40
Schwindung	%	0.15
Nachschwindung	%	0.03
Bemerkungen		

Verarbeitungsbedingungen für Spritzgießen

Zylindertemperatur	°C	
Düsentemperatur	°C	
Massetemp.	°C	
Werkzeugtemp.	°C	
Spritzdruck	bar	
Härtezeit	s	
Schwindung	%	
Nachschwindung	%	
Bemerkungen		

Zugversuch 23 °C

Probekörper: *Form* *Herstellung*

Zugfestigkeit	N/mm²	*E-Modul*	N/mm²	
Reißdehnung	%	*Zeitstandzugfestigkeit*	h N/mm²	

Biegeversuch 23 °C DIN 53452; DIN 53457

Probekörper: *Form* NS *Herstellung* Pressen

Biegefestigkeit	N/mm² 180	*E-Modul*	N/mm²	6000

Druckversuch 23°C

Probekörper: *Form* *Herstellung*

Druckfestigkeit	N/mm²	*Stauchung*	%

Härte 23 °C *Probekörper:* *Herstellung* Pressen

Kugeldruckhärte N/mm² 180 bei N, s

Schlagversuch *Probekörper:* *(1)* U-Kerbe
(2)
Herstellung Pressen

		°C		°C	°C	*Probekörper-Form*
Schlagzähigkeit	kJ/m²	23	90			NS
Kerbschlagzähigkeit (1)	kJ/m²	23	85			NS
IZOD-Kerbschlagzähigkeit (2)	J/m					

Abrieb und Reibung

Taber-Abrieb (Reibradverfahren) mm³/100 U
Statische Reibungszahl
Dynamische Reibungszahl (p·v= N/mm²· m/min)
Zulässiger p · v Wert N/mm² · (m/min) v= m/min
v= m/min

Thermische Eigenschaften

Formbeständigkeit in der Wärme	*Verfahren*		°C
	Verfahren		°C
Formbeständigkeit Martens			≧200 °C
Längenausdehnungskoeffizient	*Bereich*	°C	$\cdot 10^{-4}K^{-1}$
	Temperatur		$\cdot 10^{-4}K^{-1}$
Wärmeleitfähigkeit	*Verfahren*		W/(K · m)
Spezifische Wärmekapazität	*Verfahren*		J/(K · g)

Brandverhalten

UL-Test vertikal Dicke mm, Wert
Dicke mm, Wert

	Norm	*Bewertung*	*Abmessungen*
Sauerstoff-Index	ASTM D 2863		
Glühstab-Verfahren	DIN 53459	3a	120 x 10 x 4 mm
Brandverhalten	DIN 4102		
MVSS			
FAR			

Elektrische Eigenschaften

		Hz	°C		*Probekörper, Form*
Dielektrizitätszahl		50			
		10^3	23	4.6	
		10^6			
Dielektrischer Verlustfaktor tan δ		50			
		10^3	23	0.035	
		10^6			
Spezifischer Durchgangswiderstand	Ohm · cm		23	1.0*10**14	
Durchschlagfestigkeit	kV/mm		23	25	1 mm dick
Oberflächenwiderstand	Ohm		23	1.0*10**12–1.0*10**14	

Kriechstromfestigkeit KC >600 KB KA
Kriechwegbildung

Elektrolytische Korrosionswirkung
Lichtbogenfestigkeit nach DIN
nach ASTM s

Beständigkeit *(Chemische Beständigkeit siehe Anhang)*

Wasseraufnahme 23 C 4 d 85 mg

Feuchtigkeitsaufnahme Normalklima %
Wetterbeständigkeit

UP

Produktklasse	Polyesterharz-Formmasse
Handelsname	**Plastopreg HUP 15/30**
Hersteller	DUROFORM
DIN-Bezeichnung	
ISO-Bezeichnung	
Harzbasis	Ungesaettigter Polyester

Zusätze		*Füllstoffe/ Verstärkung*	Glasseidenmatte
Bevorzugte Verarbeitung	Pressen	*Lieferform*	Harzmatte; SMC
		Farben	Natur; Standard; Auch nach Vorlagen und RAL
Besondere Merkmale	Gleichmaessiges Fliessverhalten auch nach langer Lagerzeit; Gute Dauerwaermebestaendigkeit; Geringe Schwindung; Geringe Delaminierungstendenz; Selbstverloeschend (UL nicht gemessen	*Bevorzugte Anwendungen*	Elektrosektor; Schaltelement; Technisches Formteil

Dichte	g/cm³	1.6	*Dosierbarkeit*	
Schüttdichte	g/cm³		*Tablettierbarkeit*	
Fließeinstellung			*Lagerung*	Bei 18 C bis 22 C 4 Monate

Verarbeitungsbedingungen für Pressen

Werkzeugtemperatur	°C	≥150
Pressdruck	bar	50
Härtezeit je mm	s	30–40
Schwindung	%	0.15
Nachschwindung	%	0.03
Bemerkungen		

Verarbeitungsbedingungen für Spritzgießen

Zylindertemperatur	°C	
Düsentemperatur	°C	
Massetemp.	°C	
Werkzeugtemp.	°C	
Spritzdruck	bar	
Härtezeit	s	
Schwindung	%	
Nachschwindung	%	
Bemerkungen		

Zugversuch 23 °C

Probekörper: *Form* *Herstellung*

Zugfestigkeit	N/mm²	*E-Modul*	N/mm²	
Reißdehnung	%	*Zeitstandzugfestigkeit*	h N/mm²	

Biegeversuch 23 °C DIN 53452; DIN 53457

Probekörper: *Form* NS *Herstellung* Pressen

Biegefestigkeit	N/mm² 180	*E-Modul*	N/mm²	6000

Druckversuch 23°C

Probekörper: *Form* *Herstellung*

Druckfestigkeit	N/mm²	*Stauchung*	%

Härte 23 °C *Probekörper:* *Herstellung* Pressen

Kugeldruckhärte N/mm² 180 bei N, s

Schlagversuch *Probekörper:* *(1)* U-Kerbe *(2)*

Herstellung Pressen

		°C		°C	°C	*Probekörper-Form*
Schlagzähigkeit	kJ/m²	23	90			NS
Kerbschlagzähigkeit (1)	kJ/m²	23	85			NS
IZOD-Kerbschlag-zähigkeit (2)	J/m					

Abrieb und Reibung

Taber-Abrieb (Reibradverfahren) mm³/100 U
Statische Reibungszahl
Dynamische Reibungszahl (p·v= N/mm² · m/min)
Zulässiger p · v Wert N/mm² · (m/min) v= m/min
v= m/min

Thermische Eigenschaften

Formbeständigkeit in der Wärme	*Verfahren*		°C
	Verfahren		°C
Formbeständigkeit Martens			≧200 °C
Längenausdehnungskoeffizient	*Bereich*	°C	$\cdot 10^{-4} K^{-1}$
	Temperatur		$\cdot 10^{-4} K^{-1}$
Wärmeleitfähigkeit	*Verfahren*		W/(K · m)
Spezifische Wärmekapazität	*Verfahren*		J/(K · g)

Brandverhalten

UL-Test vertikal Dicke mm, Wert
Dicke mm, Wert

	Norm	*Bewertung*	*Abmessungen*
Sauerstoff-Index	ASTM D 2863		
Glühstab-Verfahren	DIN 53459	2a	120 x 10 x 4 mm
Brandverhalten	DIN 4102		
MVSS			
FAR			

Elektrische Eigenschaften

		Hz	°C		*Probekörper, Form*
Dielektrizitätszahl		50			
		10^3	23	4.6	
		10^6			
Dielektrischer Verlustfaktor tan δ		50			
		10^3	23	0.038	
		10^6			
Spezifischer Durchgangs-widerstand	Ohm · cm		23	1.0*10**13	
Durchschlagfestigkeit	kV/mm		23	24	1 mm dick
Oberflächenwiderstand	Ohm		23	1.0*10**12–1.0*10**14	

Kriechstromfestigkeit KC >600 KB KA
Kriechwegbildung

Elektrolytische Korrosionswirkung
Lichtbogenfestigkeit nach DIN
nach ASTM s

Beständigkeit *(Chemische Beständigkeit siehe Anhang)*

Wasseraufnahme 23 C 4 d 90 mg

Feuchtigkeitsaufnahme Normalklima %
Wetterbeständigkeit

Produktklasse	Polyesterharz-Formmasse		**UP**
Handelsname	**Plastopreg HUP 16/30**		
Hersteller	DUROFORM		
DIN-Bezeichnung			
ISO-Bezeichnung			
Harzbasis	Ungesaettigter Polyester		
Zusätze		*Füllstoffe/ Verstärkung*	Glasseidenmatte
Bevorzugte Verarbeitung	Pressen	*Lieferform*	Harzmatte; SMC
		Farben	Natur; Standard; Auch nach Vorlagen und RAL
Besondere Merkmale	Nahezu schwindungsfrei; Ausgezeichnet entformbar; Glatte und glaenzende Oberflaechen; Lackierbar ohne Vorbereitung der Oberflaeche	*Bevorzugte Anwendungen*	Moebel; Stuhl; Sitzschale; Schultisch; Gartentisch; Autokarosserieteil

Dichte	g/cm^3	1.6	*Dosierbarkeit*	
Schüttdichte	g/cm^3		*Tablettierbarkeit*	
Fließeinstellung			*Lagerung*	Bei 18 C bis 22 C 3 Monate

Verarbeitungsbedingungen für Pressen

Werkzeugtemperatur	°C	140–150
Pressdruck	bar	50
Härtezeit je mm	s	20–30
Schwindung	%	0.05
Nachschwindung	%	
Bemerkungen		

Verarbeitungsbedingungen für Spritzgießen

Zylindertemperatur	°C	
Düsentemperatur	°C	
Massetemp.	°C	
Werkzeugtemp.	°C	
Spritzdruck	bar	
Härtezeit	s	
Schwindung	%	
Nachschwindung	%	
Bemerkungen		

Zugversuch 23 °C

Probekörper: *Form* *Herstellung*

Zugfestigkeit	N/mm^2	*E-Modul*	N/mm^2
Reißdehnung	%	*Zeitstandzugfestigkeit*	h N/mm^2

Biegeversuch 23 °C DIN 53452; DIN 53457

Probekörper: *Form* NS *Herstellung* Pressen

Biegefestigkeit	N/mm^2 180	*E-Modul*	N/mm^2 10000

Druckversuch 23°C

Probekörper: *Form* *Herstellung*

Druckfestigkeit	N/mm^2	*Stauchung*	%

Härte 23 °C

Probekörper: *Herstellung* Pressen

Kugeldruckhärte N/mm^2 216 bei N, s

Schlagversuch *Probekörper:* *(1)* U-Kerbe *(2)*

Herstellung Pressen

		°C		°C	°C	*Probekörper-Form*
Schlagzähigkeit	kJ/m^2	23	90			NS
Kerbschlagzähigkeit (1)	kJ/m^2	23	80			NS
IZOD-Kerbschlagzähigkeit (2)	J/m					

Abrieb und Reibung

Taber-Abrieb (Reibradverfahren) mm^3/100 U
Statische Reibungszahl
Dynamische Reibungszahl (p·v= N/mm^2· m/min)
Zulässiger p · v Wert N/mm^2 · (m/min) v= m/min
v= m/min

Thermische Eigenschaften

Formbeständigkeit in der Wärme	*Verfahren*		°C
	Verfahren		°C
Formbeständigkeit Martens			≧200 °C
Längenausdehnungskoeffizient	*Bereich*	°C	$\cdot 10^{-4} K^{-1}$
	Temperatur		$\cdot 10^{-4} K^{-1}$
Wärmeleitfähigkeit	*Verfahren*		W/(K · m)
Spezifische Wärmekapazität	*Verfahren*		J/(K · g)

Brandverhalten

UL-Test vertikal Dicke mm, Wert
Dicke mm, Wert

	Norm	*Bewertung*	*Abmessungen*
Sauerstoff-Index	ASTM D 2863		
Glühstab-Verfahren	DIN 53459	3a	120 x 10 x 4 mm
Brandverhalten	DIN 4102		
MVSS			
FAR			

Elektrische Eigenschaften

		Hz	°C		*Probekörper, Form*
Dielektrizitätszahl		50			
		10^3	23	4.6	
		10^6			
Dielektrischer Verlustfaktor tan δ		50			
		10^3	23	0.02	
		10^6			
Spezifischer Durchgangswiderstand	Ohm · cm		23	1.0*10**14	
Durchschlagfestigkeit	kV/mm		23	24	1 mm dick
Oberflächenwiderstand	Ohm		23	1.0*10**12–1.0*10**14	

Kriechstromfestigkeit KC >600 KB KA
Kriechwegbildung

Elektrolytische Korrosionswirkung
Lichtbogenfestigkeit nach DIN
nach ASTM s

Beständigkeit *(Chemische Beständigkeit siehe Anhang)*

Wasseraufnahme 23 C 4 d 45 mg

Feuchtigkeitsaufnahme Normalklima %
Wetterbeständigkeit

Produktklasse	Polyesterharz-Formmasse		**UP**
Handelsname	**Plastopreg HUP 17/30**		
Hersteller	DUROFORM		
DIN-Bezeichnung			
ISO-Bezeichnung			
Harzbasis	Ungesaettigter Polyester		
Zusätze		*Füllstoffe/ Verstärkung*	Glasseidenmatte
Bevorzugte Verarbeitung	Pressen	*Lieferform*	Harzmatte; SMC
		Farben	Natur; Standard; Auch nach Vorlagen und RAL
Besondere Merkmale	Nahezu schwindungsfrei; Ausgezeichnet entformbar; Glatte und glaenzende Oberflaechen; Lackierbar ohne Vorbereitung der Oberflaeche; Selbstverloeschend (UL-Werte nicht gemessen)	*Bevorzugte Anwendungen*	Moebel; Stuhl; Sitzschale; Schultisch; Gartentisch; Autokarosserieteil

Dichte	g/cm³	1.7	*Dosierbarkeit*	
Schüttdichte	g/cm³		*Tablettierbarkeit*	
Fließeinstellung			*Lagerung*	Bei 18 C bis 22 C 3 Monate

Verarbeitungsbedingungen für Pressen

Werkzeugtemperatur	°C	140–150
Pressdruck	bar	50
Härtezeit je mm	s	20–30
Schwindung	%	0.05
Nachschwindung	%	
Bemerkungen		

Verarbeitungsbedingungen für Spritzgießen

Zylindertemperatur	°C	
Düsentemperatur	°C	
Massetemp.	°C	
Werkzeugtemp.	°C	
Spritzdruck	bar	
Härtezeit	s	
Schwindung	%	
Nachschwindung	%	
Bemerkungen		

Zugversuch 23 °C

Probekörper: *Form* — *Herstellung*

Zugfestigkeit	N/mm²		*E-Modul*	N/mm²
Reißdehnung	%		*Zeitstandzugfestigkeit*	h N/mm²

Biegeversuch 23 °C DIN 53452; DIN 53457

Probekörper: *Form* NS — *Herstellung* Pressen

Biegefestigkeit	N/mm²	180	*E-Modul*	N/mm²	10000

Druckversuch 23°C

Probekörper: *Form* — *Herstellung*

Druckfestigkeit	N/mm²	*Stauchung*	%

Härte 23 °C

Probekörper: — *Herstellung* Pressen

Kugeldruckhärte N/mm² 213 bei N, s

Schlagversuch *Probekörper:* *(1)* U-Kerbe *(2)*

Herstellung Pressen

		°C		°C	°C	*Probekörper-Form*
Schlagzähigkeit	kJ/m²	23	90			NS
Kerbschlagzähigkeit (1)	kJ/m²	23	80			NS
IZOD-Kerbschlagzähigkeit (2)	J/m					

Abrieb und Reibung

Taber-Abrieb (Reibradverfahren) mm³/100 U
Statische Reibungszahl
Dynamische Reibungszahl (p · v= N/mm² · m/min)
Zulässiger p · v Wert N/mm² · (m/min) v= m/min
v= m/min

Thermische Eigenschaften

Formbeständigkeit in der Wärme *Verfahren* °C
Verfahren °C
Formbeständigkeit Martens ≧200 °C
Längenausdehnungskoeffizient *Bereich* °C $\cdot 10^{-4}K^{-1}$
Temperatur $\cdot 10^{-4}K^{-1}$
Wärmeleitfähigkeit *Verfahren* W/(K · m)

Spezifische Wärmekapazität *Verfahren* J/(K · g)

Brandverhalten

UL-Test vertikal Dicke mm, Wert
Dicke mm, Wert

	Norm	*Bewertung*	*Abmessungen*
Sauerstoff-Index	ASTM D 2863		
Glühstab-Verfahren	DIN 53459	2a	120 x 10 x 4 mm
Brandverhalten	DIN 4102		
MVSS			
FAR			

Elektrische Eigenschaften

		Hz	°C		*Probekörper, Form*
Dielektrizitätszahl		50			
		10³	23	4.6	
		10⁶			
Dielektrischer Verlustfaktor tan δ		50			
		10³	23	0.02	
		10⁶			
Spezifischer Durchgangswiderstand	Ohm · cm		23	1.0*10**12	
Durchschlagfestigkeit	kV/mm		23	21	1 mm dick
Oberflächenwiderstand	Ohm		23	1.0*10**11–1.0*10**14	

Kriechstromfestigkeit KC >600 KB KA
Kriechwegbildung

Elektrolytische Korrosionswirkung
Lichtbogenfestigkeit nach DIN
nach ASTM s

Beständigkeit *(Chemische Beständigkeit siehe Anhang)*

Wasseraufnahme 23 C 4 d 50 mg

Feuchtigkeitsaufnahme Normalklima %
Wetterbeständigkeit

UP

Produktklasse	Polyesterharz-Formmasse		
Handelsname	**Plastopreg HUP 18/30**		
Hersteller	DUROFORM		
DIN-Bezeichnung			
ISO-Bezeichnung			
Harzbasis	Ungesaettigter Polyester		
Zusätze		*Füllstoffe/ Verstärkung*	Glasseidenmatte
Bevorzugte Verarbeitung	Pressen	*Lieferform*	Harzmatte; SMC
		Farben	Natur; Standard; Auch nach Vorlagen und RAL
Besondere Merkmale	Gute Chemikalienbestaendigkeit; Gute Heisswasserbestaendigkeit; Hohe mechanische Festigkeit; Glatte Oberflaeche; Gute Witterungsbestaendigkeit	*Bevorzugte Anwendungen*	Grossflaechiges Formteil; Bedarfsartikel; Technisches Formteil; Kabelmuffe; Waschtrog; Tablett; Maschinenabdekkung; Rohrflansch; Bundbuechse; Bauprofil; Warenkorb

Dichte	g/cm^3	1.65	*Dosierbarkeit*	
Schüttdichte	g/cm^3		*Tablettierbarkeit*	
Fließeinstellung			*Lagerung*	Bei 18 C bis 22 C 5 bis 6 Monate; Schnellhaertende 8 bis 10 Wochen

Verarbeitungsbedingungen für Pressen			**Verarbeitungsbedingungen für Spritzgießen**	
			Zylindertemperatur	°C
			Düsentemperatur	°C
			Massetemp.	°C
Werkzeugtemperatur	°C	140–150	*Werkzeugtemp.*	°C
Pressdruck	bar	50	*Spritzdruck*	bar
Härtezeit je mm	s	30–40	*Härtezeit*	s
Schwindung	%	0.2	*Schwindung*	%
Nachschwindung	%	0.03	*Nachschwindung*	%
Bemerkungen			*Bemerkungen*	

Zugversuch 23 °C

Probekörper: *Form* *Herstellung*

Zugfestigkeit	N/mm^2	*E-Modul*	N/mm^2
Reißdehnung	%	*Zeitstandzugfestigkeit*	h N/mm^2

Biegeversuch 23 °C DIN 53452; DIN 53457

Probekörper: *Form* NS *Herstellung* Pressen

Biegefestigkeit	N/mm^2 180	*E-Modul*	N/mm^2 9000

Druckversuch 23 °C

Probekörper: *Form* *Herstellung*

Druckfestigkeit	N/mm^2	*Stauchung*	%

Härte 23 °C *Probekörper:* *Herstellung* Pressen

Kugeldruckhärte N/mm^2 190 bei N, s

Schlagversuch *Probekörper:* *(1)* U-Kerbe
(2)

Herstellung Pressen

		°C		°C	°C	*Probekörper-Form*
Schlagzähigkeit	kJ/m²	23	70			NS
Kerbschlagzähigkeit (1)	kJ/m²	23	65			NS
IZOD-Kerbschlag-zähigkeit (2)	J/m					

Abrieb und Reibung

Taber-Abrieb (Reibradverfahren) mm³/100 U
Statische Reibungszahl
Dynamische Reibungszahl (p·v= N/mm²· m/min)
Zulässiger p · v Wert N/mm² · (m/min) v= m/min
v= m/min

Thermische Eigenschaften

Formbeständigkeit in der Wärme	*Verfahren*		°C
	Verfahren		°C
Formbeständigkeit Martens			≧200 °C
Längenausdehnungskoeffizient	*Bereich*	°C	$\cdot 10^{-4} K^{-1}$
	Temperatur		$\cdot 10^{-4} K^{-1}$
Wärmeleitfähigkeit	*Verfahren*		W/(K · m)
Spezifische Wärmekapazität	*Verfahren*		J/(K · g)

Brandverhalten

UL-Test vertikal Dicke mm, Wert
Dicke mm, Wert

	Norm	*Bewertung*	*Abmessungen*
Sauerstoff-Index	ASTM D 2863		
Glühstab-Verfahren	DIN 53459	3a	120 x 10 x 4 mm
Brandverhalten	DIN 4102		
MVSS			
FAR			

Elektrische Eigenschaften

		Hz	°C		*Probekörper, Form*
Dielektrizitätszahl		50			
		10^3	23	4.7	
		10^6			
Dielektrischer Verlustfaktor tan δ		50			
		10^3	23	0.02	
		10^6			
Spezifischer Durchgangs-widerstand	Ohm · cm		23	1.0*10**14	
Durchschlagfestigkeit	kV/mm		23	25	1 mm dick
Oberflächenwiderstand	Ohm		23	1.0*10**12–1.0*10**14	

Kriechstromfestigkeit KC >600 KB KA
Kriechwegbildung

Elektrolytische Korrosionswirkung
Lichtbogenfestigkeit nach DIN
nach ASTM s

Beständigkeit *(Chemische Beständigkeit siehe Anhang)*

Wasseraufnahme 23 C 4 d 45 mg

Feuchtigkeitsaufnahme Normalklima %
Wetterbeständigkeit

Produktklasse	Polyesterharz-Formmasse		**UP**
Handelsname	**Plastopreg HUP 20/25**		
Hersteller	DUROFORM		
DIN-Bezeichnung *ISO-Bezeichnung*			
Harzbasis	Ungesaettigter Polyester		
Zusätze		*Füllstoffe/ Verstärkung*	Glasseidenmatte
Bevorzugte Verarbeitung	Pressen; Spritzgiessen	*Lieferform*	Harzmatte; SMC
		Farben	Natur; Standard; Auch nach Vorlagen und RAL
Besondere Merkmale	Gutes Fliessvermoegen; Hohe Reaktivitaet; Selbstverloeschend (UL-Werte nicht gemessen)	*Bevorzugte Anwendungen*	Elektrotechnik; Steckkupplung; Schalthebel; Verteilerdose; Kabelendverschluss; Kabelmuffe; Bauprofil

---

Dichte	g/cm^3	1.6	*Dosierbarkeit*	
Schüttdichte	g/cm^3		*Tablettierbarkeit*	
Fließeinstellung			*Lagerung*	Bei 18 C bis 22 C 8 bis 10 Wochen

Verarbeitungsbedingungen für Pressen

Werkzeugtemperatur	°C	150–170
Pressdruck	bar	
Härtezeit je mm	s	20
Schwindung	%	0.05
Nachschwindung	%	
Bemerkungen		

Verarbeitungsbedingungen für Spritzgießen

Zylindertemperatur	°C	
Düsentemperatur	°C	
Massetemp.	°C	
Werkzeugtemp.	°C	
Spritzdruck	bar	
Härtezeit	s	
Schwindung	%	
Nachschwindung	%	
Bemerkungen		

Zugversuch 23 °C

Probekörper: *Form* *Herstellung*

Zugfestigkeit	N/mm^2	*E-Modul*	N/mm^2
Reißdehnung	%	*Zeitstandzugfestigkeit*	h N/mm^2

Biegeversuch 23 °C DIN 53452; DIN 53457

Probekörper: *Form* NS *Herstellung* Pressen

Biegefestigkeit	N/mm^2 160	*E-Modul*	N/mm^2 10000

Druckversuch 23°C

Probekörper: *Form* *Herstellung*

Druckfestigkeit	N/mm^2	*Stauchung*	%

Härte 23 °C *Probekörper:* *Herstellung* Pressen

Kugeldruckhärte N/mm^2 190 bei N, s

Schlagversuch *Probekörper:* *(1)* U-Kerbe *(2)*

Herstellung Pressen

		°C		°C	°C	*Probekörper-Form*
Schlagzähigkeit	kJ/m²	23	60			NS
Kerbschlagzähigkeit (1)	kJ/m²	23	55			NS
IZOD-Kerbschlagzähigkeit (2)	J/m					

Abrieb und Reibung

Taber-Abrieb (Reibradverfahren) mm³/100 U
Statische Reibungszahl
Dynamische Reibungszahl (p·v= N/mm²· m/min)
Zulässiger p · v Wert N/mm² · (m/min) v= m/min
v= m/min

Thermische Eigenschaften

Formbeständigkeit in der Wärme	*Verfahren*		°C
	Verfahren		°C
Formbeständigkeit Martens			≧200 °C
Längenausdehnungskoeffizient	*Bereich*	°C	$\cdot 10^{-4}K^{-1}$
	Temperatur		$\cdot 10^{-4}K^{-1}$
Wärmeleitfähigkeit	*Verfahren*		W/(K · m)
Spezifische Wärmekapazität	*Verfahren*		J/(K · g)

Brandverhalten

UL-Test vertikal Dicke mm, Wert
Dicke mm, Wert

	Norm	*Bewertung*	*Abmessungen*
Sauerstoff-Index	ASTM D 2863		
Glühstab-Verfahren	DIN 53459	3a	120 x 10 x 4 mm
Brandverhalten	DIN 4102		
MVSS			
FAR			

Elektrische Eigenschaften

		Hz	°C		*Probekörper, Form*
Dielektrizitätszahl		50			
		10^3	23	4.5	
		10^6			
Dielektrischer Verlustfaktor tan δ		50			
		10^3	23	0.02	
		10^6			
Spezifischer Durchgangswiderstand	Ohm · cm		23	1.0*10**14	
Durchschlagfestigkeit	kV/mm		23	21	1 mm dick
Oberflächenwiderstand	Ohm		23	1.0*10**11–1.0*10**14	

Kriechstromfestigkeit KC >600 KB KA
Kriechwegbildung

Elektrolytische Korrosionswirkung
Lichtbogenfestigkeit nach DIN
nach ASTM s

Beständigkeit *(Chemische Beständigkeit siehe Anhang)*

Wasseraufnahme 23 C 4 d 45 mg

Feuchtigkeitsaufnahme Normalklima %
Wetterbeständigkeit

Produktklasse	Polyesterharz-Formmasse		**UP**
Handelsname	**Plastopreg HUP 21/25**		
Hersteller	DUROFORM		
DIN-Bezeichnung			
ISO-Bezeichnung			
Harzbasis	Ungesaettigter Polyester		
Zusätze		*Füllstoffe/ Verstärkung*	Glasseidenmatte
Bevorzugte Verarbeitung	Pressen; Spritzgiessen	*Lieferform*	Harzmatte; SMC
		Farben	Natur; Standard; Auch nach Vorlagen und RAL
Besondere Merkmale	Gutes Fliessvermoegen; Hohe Reaktivitaet; selbstverloeschend (UL-Werte nicht gemessen)	*Bevorzugte Anwendungen*	Elektrotechnik; Steckkupplung; Schalthebel; Verteilerdose; Kabelendverschluss; Kabelmuffe; Bauprofil; Leuchtengehaeuse bis 150 cm Laenge

---

Dichte	g/cm³	1.7	*Dosierbarkeit*	
Schüttdichte	g/cm³		*Tablettierbarkeit*	
Fließeinstellung			*Lagerung*	Bei 18 C bis 22 C 8 bis 10 Wochen

Verarbeitungsbedingungen für Pressen

Werkzeugtemperatur	°C	150 170
Pressdruck	bar	
Härtezeit je mm	s	20
Schwindung	%	0.05
Nachschwindung	%	
Bemerkungen		

Verarbeitungsbedingungen für Spritzgießen

Zylindertemperatur	°C
Düsentemperatur	°C
Massetemp.	°C
Werkzeugtemp.	°C
Spritzdruck	bar
Härtezeit	s
Schwindung	%
Nachschwindung	%
Bemerkungen	

Zugversuch 23 °C

Probekörper: *Form* *Herstellung*

Zugfestigkeit	N/mm²	*E-Modul*	N/mm²
Reißdehnung	%	*Zeitstandzugfestigkeit*	h N/mm²

Biegeversuch 23 °C DIN 53452; DIN 53457

Probekörper: *Form* NS *Herstellung* Pressen

Biegefestigkeit	N/mm² 160	*E-Modul*	N/mm² 10000

Druckversuch 23 °C

Probekörper: *Form* *Herstellung*

Druckfestigkeit	N/mm²	*Stauchung*	%

Härte 23 °C *Probekörper:* *Herstellung* Pressen

Kugeldruckhärte N/mm² 185 bei N, s

Schlagversuch *Probekörper:* *(1)* U-Kerbe *(2)*

Herstellung Pressen

		°C		°C	°C	*Probekörper-Form*
Schlagzähigkeit	kJ/m²	23	60			NS
Kerbschlagzähigkeit (1)	kJ/m²	23	55			NS
IZOD-Kerbschlagzähigkeit (2)	J/m					

Abrieb und Reibung

Taber-Abrieb (Reibradverfahren) mm³/100 U
Statische Reibungszahl
Dynamische Reibungszahl (p·v= N/mm²· m/min)
Zulässiger p · v Wert N/mm² · (m/min) v= m/min
v= m/min

Thermische Eigenschaften

Formbeständigkeit in der Wärme	*Verfahren*		°C
	Verfahren		°C
Formbeständigkeit Martens			≧200 °C
Längenausdehnungskoeffizient	*Bereich*	°C	$\cdot 10^{-4} K^{-1}$
	Temperatur		$\cdot 10^{-4} K^{-1}$
Wärmeleitfähigkeit	*Verfahren*		W/(K · m)
Spezifische Wärmekapazität	*Verfahren*		J/(K · g)

Brandverhalten

UL-Test vertikal Dicke mm, Wert
Dicke mm, Wert

	Norm	*Bewertung*	*Abmessungen*
Sauerstoff-Index	ASTM D 2863		
Glühstab-Verfahren	DIN 53459	2a	120 x 10 x 4 mm
Brandverhalten	DIN 4102		
MVSS			
FAR			

Elektrische Eigenschaften

		Hz	°C		*Probekörper, Form*
Dielektrizitätszahl		50			
		10^3	23	4.5	
		10^6			
Dielektrischer Verlustfaktor tan δ		50			
		10^3	23	0.02	
		10^6			
Spezifischer Durchgangswiderstand	Ohm · cm		23	1.0*10**12	
Durchschlagfestigkeit	kV/mm		23	20	1 mm dick
Oberflächenwiderstand	Ohm		23	1.0*10**10–1.0*10**13	

Kriechstromfestigkeit KC >600 KB KA
Kriechwegbildung

Elektrolytische Korrosionswirkung
Lichtbogenfestigkeit nach DIN
nach ASTM s

Beständigkeit *(Chemische Beständigkeit siehe Anhang)*

Wasseraufnahme 23 C 4 d 50 mg

Feuchtigkeitsaufnahme Normalklima %
Wetterbeständigkeit

Produktklasse	Polyesterharz-Formmasse		**UP**
Handelsname	**Plastopreg HUP 22/40**		
Hersteller	DUROFORM		
DIN-Bezeichnung			
ISO-Bezeichnung			
Harzbasis	Ungesaettigter Polyester		
Zusätze		*Füllstoffe/ Verstärkung*	Glasseidenmatte
Bevorzugte Verarbeitung	Pressen	*Lieferform*	Harzmatte; SMC
		Farben	Natur; Standard; Auch nach Vorlagen und RAL
Besondere Merkmale	Gutes Fliessvermoegen; Hohe Reaktivitaet; Hohe mechanische Festigkeiten; Glatte Oberflaeche; Relativ gute Witterungsbestaendigkeit	*Bevorzugte Anwendungen*	Grossflaechiges Formteil; Technisches Formteil; Automobil-Stossfaenger

Dichte	g/cm³	1.83	*Dosierbarkeit*	
Schüttdichte	g/cm³		*Tablettierbarkeit*	
Fließeinstellung			*Lagerung*	Bei 18 C bis 22 C 5 bis 6 Monate; Schnellhaertende 8 bis 10 Wochen

Verarbeitungsbedingungen für Pressen

Werkzeugtemperatur	°C	140–150
Pressdruck	bar	50
Härtezeit je mm	s	30–40
Schwindung	%	0.2
Nachschwindung	%	0.03
Bemerkungen		

Verarbeitungsbedingungen für Spritzgießen

Zylindertemperatur	°C	
Düsentemperatur	°C	
Massetemp.	°C	
Werkzeugtemp.	°C	
Spritzdruck	bar	
Härtezeit	s	
Schwindung	%	
Nachschwindung	%	
Bemerkungen		

Zugversuch 23 °C

Probekörper: *Form* *Herstellung*

Zugfestigkeit	N/mm²		*E-Modul*	N/mm²
Reißdehnung	%		*Zeitstandzugfestigkeit*	h N/mm²

Biegeversuch 23 °C DIN 53452; DIN 53457

Probekörper: *Form* NS *Herstellung* Pressen

Biegefestigkeit	N/mm² 240		*E-Modul*	N/mm² 13000

Druckversuch 23°C

Probekörper: *Form* *Herstellung*

Druckfestigkeit	N/mm²	*Stauchung*	%

Härte 23 °C

Probekörper: *Herstellung* Pressen

Kugeldruckhärte N/mm² 190 bei N, s

Schlagversuch *Probekörper:* *(1)* U-Kerbe *(2)* *Herstellung* Pressen

		°C		°C	°C	*Probekörper-Form*
Schlagzähigkeit	kJ/m²	23	125			NS
Kerbschlagzähigkeit (1)	kJ/m²	23	120			NS
IZOD-Kerbschlag-zähigkeit (2)	J/m					

Abrieb und Reibung

Taber-Abrieb (Reibradverfahren) mm³/100 U
Statische Reibungszahl
Dynamische Reibungszahl (p·v= N/mm² · m/min)
Zulässiger p · v Wert N/mm² · (m/min) v= m/min
v= m/min

Thermische Eigenschaften

Formbeständigkeit in der Wärme	*Verfahren*		°C
	Verfahren		°C
Formbeständigkeit Martens			≧200 °C
Längenausdehnungskoeffizient	*Bereich*	°C	$\cdot 10^{-4}K^{-1}$
	Temperatur		$\cdot 10^{-4}K^{-1}$
Wärmeleitfähigkeit	*Verfahren*		W/(K · m)
Spezifische Wärmekapazität	*Verfahren*		J/(K · g)

Brandverhalten

UL-Test vertikal Dicke mm, Wert
Dicke mm, Wert

	Norm	*Bewertung*	*Abmessungen*
Sauerstoff-Index	ASTM D 2863		
Glühstab-Verfahren	DIN 53459	3a	120 x 10 x 4 mm
Brandverhalten	DIN 4102		
MVSS			
FAR			

Elektrische Eigenschaften

		Hz	°C		*Probekörper, Form*
Dielektrizitätszahl		50			
		10^3			
		10^6			
Dielektrischer Verlustfaktor tan δ		50			
		10^3			
		10^6			
Spezifischer Durchgangs-widerstand	Ohm · cm				
Durchschlagfestigkeit	kV/mm				mm dick
Oberflächenwiderstand	Ohm		23	1.0*10**11–1.0*10**14	

Kriechstromfestigkeit KC >600 KB KA
Kriechwegbildung

Elektrolytische Korrosionswirkung
Lichtbogenfestigkeit nach DIN
nach ASTM s

Beständigkeit *(Chemische Beständigkeit siehe Anhang)*

Wasseraufnahme 23 C 4 d 45 mg

Feuchtigkeitsaufnahme Normalklima %
Wetterbeständigkeit

UP

Produktklasse	Polyesterharz-Formmasse		
Handelsname	**Plastopreg HUP 23/40**		
Hersteller	DUROFORM		
DIN-Bezeichnung			
ISO-Bezeichnung			
Harzbasis	Ungesaettigter Polyester		
Zusätze		*Füllstoffe/ Verstärkung*	Glasseidenmatte
Bevorzugte Verarbeitung	Pressen	*Lieferform*	Harzmatte; SMC
		Farben	Natur; Standard; Auch nach Vorlagen und RAL
Besondere Merkmale	Gutes Fliessvermoegen; Hohe Reaktivitaet; Hohe mechanische Festigkeiten; Glatte Oberflaeche; Relativ gute Witterungsbestaendigkeit; Selbstverloeschend (UL-Werte nicht gemessen)	*Bevorzugte Anwendungen*	Grossflaechiges Formteil; Technisches Formteil; Automobil-Stossfaenger

Dichte	g/cm^3	1.86	*Dosierbarkeit*	
Schüttdichte	g/cm^3		*Tablettierbarkeit*	
Fließeinstellung			*Lagerung*	Bei 18 C bis 22 C 5 bis 6 Monate; Schnellhaertende 8 bis 10 Wochen

Verarbeitungsbedingungen für Pressen			**Verarbeitungsbedingungen für Spritzgießen**	
			Zylindertemperatur	°C
			Düsentemperatur	°C
			Massetemp.	°C
Werkzeugtemperatur	°C	140 150	*Werkzeugtemp.*	°C
Pressdruck	bar	50	*Spritzdruck*	bar
Härtezeit je mm	s	30–40	*Härtezeit*	s
Schwindung	%	0.2	*Schwindung*	%
Nachschwindung	%	0.03	*Nachschwindung*	%
Bemerkungen			*Bemerkungen*	

Zugversuch 23 °C

Probekörper: *Form* *Herstellung*

Zugfestigkeit	N/mm^2	*E-Modul*	N/mm^2
Reißdehnung	%	*Zeitstandzugfestigkeit*	h N/mm^2

Biegeversuch 23 °C DIN 53452; DIN 53457

Probekörper: *Form* NS *Herstellung* Pressen

Biegefestigkeit	N/mm^2 240	*E-Modul*	N/mm^2 13000

Druckversuch 23°C

Probekörper: *Form* *Herstellung*

Druckfestigkeit	N/mm^2	*Stauchung*	%

Härte 23 °C *Probekörper:* *Herstellung* Pressen

Kugeldruckhärte N/mm^2 185 bei N, s

Schlagversuch *Probekörper:* *(1)* U-Kerbe
(2)

Herstellung Pressen

		°C		°C	°C	*Probekörper-Form*
Schlagzähigkeit	kJ/m²	23	125			NS
Kerbschlagzähigkeit (1)	kJ/m²	23	120			NS
IZOD-Kerbschlagzähigkeit (2)	J/m					

Abrieb und Reibung

Taber-Abrieb (Reibradverfahren) mm³/100 U
Statische Reibungszahl
Dynamische Reibungszahl (p · v= N/mm² · m/min)
Zulässiger p · v Wert N/mm² · (m/min) v= m/min
v= m/min

Thermische Eigenschaften

Formbeständigkeit in der Wärme	*Verfahren*		°C
	Verfahren		°C
Formbeständigkeit Martens			≧200 °C
Längenausdehnungskoeffizient	*Bereich*	°C	$\cdot 10^{-4} K^{-1}$
	Temperatur		$\cdot 10^{-4} K^{-1}$
Wärmeleitfähigkeit	*Verfahren*		W/(K · m)
Spezifische Wärmekapazität	*Verfahren*		J/(K · g)

Brandverhalten

UL-Test vertikal Dicke mm, Wert
Dicke mm, Wert

	Norm	*Bewertung*	*Abmessungen*
Sauerstoff-Index	ASTM D 2863		
Glühstab-Verfahren	DIN 53459	2a	120 x 10 x 4 mm
Brandverhalten	DIN 4102		
MVSS			
FAR			

Elektrische Eigenschaften

		Hz	°C		*Probekörper, Form*
Dielektrizitätszahl		50			
		10^3			
		10^6			
Dielektrischer Verlustfaktor tan δ		50			
		10^3			
		10^6			
Spezifischer Durchgangswiderstand	Ohm · cm				
Durchschlagfestigkeit	kV/mm				mm dick
Oberflächenwiderstand	Ohm		23	1.0*10**10–1.0*10**13	

Kriechstromfestigkeit KC >600 KB KA
Kriechwegbildung

Elektrolytische Korrosionswirkung
Lichtbogenfestigkeit nach DIN
nach ASTM s

Beständigkeit *(Chemische Beständigkeit siehe Anhang)*

Wasseraufnahme 23 C 4 d 50 mg

Feuchtigkeitsaufnahme Normalklima %
Wetterbeständigkeit

Produktklasse	Polyesterharz-Formmasse		**UP**
Handelsname	**Plastopreg PUP 30/30**		
Hersteller	DUROFORM		
DIN-Bezeichnung			
ISO-Bezeichnung			
Harzbasis	Ungesaettigter Polyester		
Zusätze		*Füllstoffe/ Verstärkung*	Glasfasern
Bevorzugte Verarbeitung	Pressen	*Lieferform*	BMC; Strohartig
		Farben	Natur; Standard
Besondere Merkmale	Sehr gutes Fliessvermoegen; Sehr gute mechanische Eigenschaften; Sehr gute elektrische Eigenschaften	*Bevorzugte Anwendungen*	Bedarfsartikel; Technisches Formteil

Dichte	g/cm³	1.6	*Dosierbarkeit*	
Schüttdichte	g/cm³		*Tablettierbarkeit*	
Fließeinstellung			*Lagerung*	Bei 18 C bis 22 C 5 bis 6 Monate; Schnellhaertende 8 bis 10 Wochen

Verarbeitungsbedingungen für Pressen

Werkzeugtemperatur	°C	140–155
Pressdruck	bar	≧50
Härtezeit je mm	s	30–40
Schwindung	%	0.2
Nachschwindung	%	0.03
Bemerkungen		

Verarbeitungsbedingungen für Spritzgießen

Zylindertemperatur	°C	
Düsentemperatur	°C	
Massetemp.	°C	
Werkzeugtemp.	°C	
Spritzdruck	bar	
Härtezeit	s	
Schwindung	%	
Nachschwindung	%	
Bemerkungen		

Zugversuch 23 °C

Probekörper: *Form* *Herstellung*

Zugfestigkeit	N/mm²	*E-Modul*	N/mm²
Reißdehnung	%	*Zeitstandzugfestigkeit*	h N/mm²

Biegeversuch 23 °C DIN 53452; DIN 53457

Probekörper: *Form* NS *Herstellung* Pressen

Biegefestigkeit	N/mm² 85	*E-Modul*	N/mm² 7000

Druckversuch 23°C

Probekörper: *Form* *Herstellung*

Druckfestigkeit	N/mm²	*Stauchung*	%

Härte 23 °C *Probekörper:* *Herstellung* Pressen

Kugeldruckhärte N/mm² 175 bei N, s

Schlagversuch *Probekörper:* *(1)* U-Kerbe *(2)* *Herstellung* Pressen

		°C		°C	°C	*Probekörper-Form*
Schlagzähigkeit	kJ/m²	23	25			NS
Kerbschlagzähigkeit (1)	kJ/m²	23	25			NS
IZOD-Kerbschlagzähigkeit (2)	J/m					

Abrieb und Reibung

Taber-Abrieb (Reibradverfahren) mm³/100 U
Statische Reibungszahl
Dynamische Reibungszahl (p·v= N/mm² · m/min)
Zulässiger p · v Wert N/mm² · (m/min) v= m/min
v= m/min

Thermische Eigenschaften

Formbeständigkeit in der Wärme	*Verfahren*		°C
	Verfahren		°C
Formbeständigkeit Martens			≧200 °C
Längenausdehnungskoeffizient	*Bereich*	°C	$\cdot 10^{-4} K^{-1}$
	Temperatur		$\cdot 10^{-4} K^{-1}$
Wärmeleitfähigkeit	*Verfahren*		W/(K · m)
Spezifische Wärmekapazität	*Verfahren*		J/(K · g)

Brandverhalten

UL-Test vertikal Dicke mm, Wert
Dicke mm, Wert

	Norm	*Bewertung*	*Abmessungen*
Sauerstoff-Index	ASTM D 2863		
Glühstab-Verfahren	DIN 53459	3a	120 x 10 x 4 mm
Brandverhalten	DIN 4102		
MVSS			
FAR			

Elektrische Eigenschaften

		Hz	°C		*Probekörper, Form*
Dielektrizitätszahl		50			
		10^3	23	4.5	
		10^6			
Dielektrischer Verlustfaktor tan δ		50			
		10^3	23	0.02	
		10^6			
Spezifischer Durchgangswiderstand	Ohm · cm		23	1.0*10**12	
Durchschlagfestigkeit	kV/mm		23	15	1 mm dick
Oberflächenwiderstand	Ohm		23	1.0*10**10–1.0*10**13	

Kriechstromfestigkeit KC >600 KB KA
Kriechwegbildung

Elektrolytische Korrosionswirkung
Lichtbogenfestigkeit nach DIN
nach ASTM s

Beständigkeit *(Chemische Beständigkeit siehe Anhang)*

Wasseraufnahme 23 C 4 d 55 mg

Feuchtigkeitsaufnahme Normalklima %
Wetterbeständigkeit

Produktklasse	Polyesterharz-Formmasse		**UP**
Handelsname	**Plastopreg PUP 31/30**		
Hersteller	DUROFORM		
DIN-Bezeichnung			
ISO-Bezeichnung			
Harzbasis	Ungesaettigter Polyester		
Zusätze		*Füllstoffe/ Verstärkung*	Glasfasern
Bevorzugte Verarbeitung	Pressen	*Lieferform*	BMC; Strohartig
		Farben	Natur; Standard
Besondere Merkmale	Sehr gutes Fliessvermoegen; Sehr gute mechanische Eigenschaften; Sehr gute elektrische Eigenschaften; Selbstverloeschend (UL-Werte nicht gemessen)	*Bevorzugte Anwendungen*	Bedarfsartikel; Technisches Formteil

Dichte	g/cm^3	1.7	*Dosierbarkeit*	
Schüttdichte	g/cm^3		*Tablettierbarkeit*	
Fließeinstellung			*Lagerung*	Bei 18 C bis 22 C 5 bis 6 Monate; Schnellhaertende 8 bis 10 Wochen

Verarbeitungsbedingungen für Pressen

Werkzeugtemperatur	°C	140–155
Pressdruck	bar	≧50
Härtezeit je mm	s	30–40
Schwindung	%	0.2
Nachschwindung	%	0.03
Bemerkungen		

Verarbeitungsbedingungen für Spritzgießen

Zylindertemperatur	°C	
Düsentemperatur	°C	
Massetemp.	°C	
Werkzeugtemp.	°C	
Spritzdruck	bar	
Härtezeit	s	
Schwindung	%	
Nachschwindung	%	
Bemerkungen		

Zugversuch 23 °C

Probekörper: *Form* — *Herstellung*

Zugfestigkeit	N/mm^2		*E-Modul*	N/mm^2
Reißdehnung	%		*Zeitstandzugfestigkeit*	h N/mm^2

Biegeversuch 23 °C DIN 53452; DIN 53457

Probekörper: *Form* NS — *Herstellung* Pressen

Biegefestigkeit	N/mm^2 75		*E-Modul*	N/mm^2 6500

Druckversuch 23°C

Probekörper: *Form* — *Herstellung*

Druckfestigkeit	N/mm^2	*Stauchung*	%

Härte 23 °C *Probekörper:* — *Herstellung* Pressen

Kugeldruckhärte N/mm^2 170 bei N, s

Schlagversuch *Probekörper:* *(1)* U-Kerbe *(2)* *Herstellung* Pressen

		°C		°C	°C	*Probekörper-Form*
Schlagzähigkeit	kJ/m²	23	25			NS
Kerbschlagzähigkeit (1)	kJ/m²	23	25			NS
IZOD-Kerbschlagzähigkeit (2)	J/m					

Abrieb und Reibung

Taber-Abrieb (Reibradverfahren) mm³/100 U
Statische Reibungszahl
Dynamische Reibungszahl (p·v= N/mm²· m/min)
Zulässiger p · v Wert N/mm² · (m/min) v= m/min
v= m/min

Thermische Eigenschaften

Formbeständigkeit in der Wärme	*Verfahren*		°C
	Verfahren		°C
Formbeständigkeit Martens			≧200 °C
Längenausdehnungskoeffizient	*Bereich*	°C	$\cdot 10^{-4} K^{-1}$
	Temperatur		$\cdot 10^{-4} K^{-1}$
Wärmeleitfähigkeit	*Verfahren*		W/(K · m)
Spezifische Wärmekapazität	*Verfahren*		J/(K · g)

Brandverhalten

UL-Test vertikal Dicke mm, Wert
Dicke mm, Wert

	Norm	*Bewertung*	*Abmessungen*
Sauerstoff-Index	ASTM D 2863		
Glühstab-Verfahren	DIN 53459	2a	120 x 10 x 4 mm
Brandverhalten	DIN 4102		
MVSS			
FAR			

Elektrische Eigenschaften

		Hz	°C		*Probekörper, Form*
Dielektrizitätszahl		50			
		10^3	23	4.5	
		10^6			
Dielektrischer Verlustfaktor tan δ		50			
		10^3	23	0.03	
		10^6			
Spezifischer Durchgangswiderstand	Ohm · cm		23	1.0*10**12	
Durchschlagfestigkeit	kV/mm		23	14	1 mm dick
Oberflächenwiderstand	Ohm		23	1.0*10**10–1.0*10**13	

Kriechstromfestigkeit KC >600 KB KA
Kriechwegbildung

Elektrolytische Korrosionswirkung
Lichtbogenfestigkeit nach DIN
nach ASTM s

Beständigkeit *(Chemische Beständigkeit siehe Anhang)*
Wasseraufnahme 23 C 4 d 60 mg

Feuchtigkeitsaufnahme Normalklima %
Wetterbeständigkeit

Produktklasse	Polyesterharz-Formmasse		**UP**
Handelsname	**Plastopreg PUP 32/20**		
Hersteller	DUROFORM		
DIN-Bezeichnung *ISO-Bezeichnung*			
Harzbasis	Ungesaettigter Polyester		
Zusätze		*Füllstoffe/ Verstärkung*	Glasfasern
Bevorzugte Verarbeitung	Pressen; Spritzgiessen	*Lieferform*	BMC; Teigartig
		Farben	Natur; Standard
Besondere Merkmale	Fliesst bereits unter sehr niedrigen Pressdruecken; Sehr gute Oberflaechenqualitaet; Geringe Wasseraufnahme; Gute Dimensionsstabilitaet	*Bevorzugte Anwendungen*	Bedarfsartikel; Technisches Formteil

Dichte	g/cm³	1.75	*Dosierbarkeit*	
Schüttdichte	g/cm³		*Tablettierbarkeit*	
Fließeinstellung			*Lagerung*	Bei 18 C bis 22 C 5 bis 6 Monate; Schnellhaertende 8 bis 10 Wochen

Verarbeitungsbedingungen für Pressen

Werkzeugtemperatur	°C	145
Pressdruck	bar	≧20
Härtezeit je mm	s	30–40
Schwindung	%	0.2
Nachschwindung	%	0.02
Bemerkungen		

Verarbeitungsbedingungen für Spritzgießen

Zylindertemperatur	°C	
Düsentemperatur	°C	
Massetemp.	°C	
Werkzeugtemp.	°C	
Spritzdruck	bar	
Härtezeit	s	
Schwindung	%	
Nachschwindung	%	
Bemerkungen		

Zugversuch 23 °C

Probekörper: *Form* *Herstellung*

Zugfestigkeit	N/mm²	*E-Modul*	N/mm²
Reißdehnung	%	*Zeitstandzugfestigkeit*	h N/mm²

Biegeversuch 23 °C DIN 53452;

Probekörper: *Form* NS *Herstellung* Pressen

Biegefestigkeit	N/mm² 70	*E-Modul*	N/mm²

Druckversuch 23°C

Probekörper: *Form* *Herstellung*

Druckfestigkeit	N/mm²	*Stauchung*	%

Härte 23 °C *Probekörper:* *Herstellung* Pressen

Kugeldruckhärte N/mm² 155 bei N, s

Schlagversuch *Probekörper:* *(1)* U-Kerbe
(2)
Herstellung Pressen

		°C		°C	°C	*Probekörper-Form*
Schlagzähigkeit	kJ/m²	23	22			NS
Kerbschlagzähigkeit (1)	kJ/m²	23	22			NS
IZOD-Kerbschlagzähigkeit (2)	J/m					

Abrieb und Reibung

Taber-Abrieb (Reibradverfahren) mm³/100 U
Statische Reibungszahl
Dynamische Reibungszahl (p·v= N/mm² · m/min)
Zulässiger p · v Wert N/mm² · (m/min) v= m/min
v= m/min

Thermische Eigenschaften

Formbeständigkeit in der Wärme	*Verfahren*		°C
	Verfahren		°C
Formbeständigkeit Martens			180 °C
Längenausdehnungskoeffizient	*Bereich*	°C	$\cdot 10^{-4}K^{-1}$
	Temperatur		$\cdot 10^{-4}K^{-1}$
Wärmeleitfähigkeit	*Verfahren*		W/(K · m)
Spezifische Wärmekapazität	*Verfahren*		J/(K · g)

Brandverhalten

UL-Test vertikal Dicke mm, Wert
Dicke mm, Wert

	Norm	*Bewertung*	*Abmessungen*
Sauerstoff-Index	ASTM D 2863		
Glühstab-Verfahren	DIN 53459	2b	120 x 10 x 4 mm
Brandverhalten	DIN 4102		
MVSS			
FAR			

Elektrische Eigenschaften

		Hz	°C		*Probekörper, Form*
Dielektrizitätszahl		50			
		10^3	23	5.1	
		10^6			
Dielektrischer Verlustfaktor tan δ		50			
		10^3	23	0.05	
		10^6			
Spezifischer Durchgangswiderstand	Ohm · cm		23	1.0*10**12	
Durchschlagfestigkeit	kV/mm		23	17	1 mm dick
Oberflächenwiderstand	Ohm		23	1.0*10**10–1.0*10**13	

Kriechstromfestigkeit KC >600 KB KA
Kriechwegbildung

Elektrolytische Korrosionswirkung
Lichtbogenfestigkeit nach DIN
nach ASTM s

Beständigkeit *(Chemische Beständigkeit siehe Anhang)*

Wasseraufnahme 23 C 4 d 30 mg

Feuchtigkeitsaufnahme Normalklima %
Wetterbeständigkeit

UP

Produktklasse	Polyesterharz-Formmasse		
Handelsname	**Plastopreg PUP 33/20**		
Hersteller	DUROFORM		
DIN-Bezeichnung			
ISO-Bezeichnung			
Harzbasis	Ungesaettigter Polyester		
Zusätze		*Füllstoffe/ Verstärkung*	Glasfasern
Bevorzugte Verarbeitung	Pressen; Spritzgiessen	*Lieferform*	BMC; Teigartig
		Farben	Natur; Standard
Besondere Merkmale	Fliesst bereits unter sehr niedrigen Pressdruecken; Sehr gute Oberflaechenqualitaet; Geringe Wasseraufnahme; Gute Dimensionsstabilitaet; Selbstverloeschend (UL-Werte nicht gemessen	*Bevorzugte Anwendungen*	Bedarfsartikel; Technisches Formteil

Dichte	g/cm³	1.80	*Dosierbarkeit*	
Schüttdichte	g/cm³		*Tablettierbarkeit*	
Fließeinstellung			*Lagerung*	Bei 18 C bis 22 C 5 bis 6 Monate; Schnellhaertende 8 bis 10 Wochen

Verarbeitungsbedingungen für Pressen

Werkzeugtemperatur	°C	145
Pressdruck	bar	≧20
Härtezeit je mm	s	30–40
Schwindung	%	0.2
Nachschwindung	%	0.02
Bemerkungen		

Verarbeitungsbedingungen für Spritzgießen

Zylindertemperatur	°C	
Düsentemperatur	°C	
Massetemp.	°C	
Werkzeugtemp.	°C	
Spritzdruck	bar	
Härtezeit	s	
Schwindung	%	
Nachschwindung	%	
Bemerkungen		

Zugversuch 23 °C

Probekörper: *Form* *Herstellung*

Zugfestigkeit	N/mm²		*E-Modul*	N/mm²
Reißdehnung	%		*Zeitstandzugfestigkeit*	h N/mm²

Biegeversuch 23 °C DIN 53452;

Probekörper: *Form* NS *Herstellung* Pressen

Biegefestigkeit	N/mm²	68	*E-Modul*	N/mm²

Druckversuch 23°C

Probekörper: *Form* *Herstellung*

Druckfestigkeit	N/mm²		*Stauchung*	%

Härte 23 °C *Probekörper:* *Herstellung* Pressen

Kugeldruckhärte N/mm² 150 bei N, s

Schlagversuch *Probekörper:* *(1)* U-Kerbe *(2)*

Herstellung Pressen

		°C		°C	°C	*Probekörper-Form*
Schlagzähigkeit	kJ/m²	23	22			NS
Kerbschlagzähigkeit (1)	kJ/m²	23	22			NS
IZOD-Kerbschlagzähigkeit (2)	J/m					

Abrieb und Reibung

Taber-Abrieb (Reibradverfahren) mm³/100 U
Statische Reibungszahl
Dynamische Reibungszahl (p·v= N/mm²· m/min)
Zulässiger p · v Wert N/mm² · (m/min) v= m/min
v= m/min

Thermische Eigenschaften

Formbeständigkeit in der Wärme	*Verfahren*		°C
	Verfahren		°C
Formbeständigkeit Martens			180 °C
Längenausdehnungskoeffizient	*Bereich*	°C	$\cdot 10^{-4} K^{-1}$
	Temperatur		$\cdot 10^{-4} K^{-1}$
Wärmeleitfähigkeit	*Verfahren*		W/(K · m)
Spezifische Wärmekapazität	*Verfahren*		J/(K · g)

Brandverhalten

UL-Test vertikal Dicke mm, Wert
Dicke mm, Wert

	Norm	*Bewertung*	*Abmessungen*
Sauerstoff-Index	ASTM D 2863		
Glühstab-Verfahren	DIN 53459	2a	120 x 10 x 4 mm
Brandverhalten	DIN 4102		
MVSS			
FAR			

Elektrische Eigenschaften

		Hz	°C		*Probekörper, Form*
Dielektrizitätszahl		50			
		10^3	23	5.1	
		10^6			
Dielektrischer Verlustfaktor tan δ		50			
		10^3	23	0.06	
		10^6			
Spezifischer Durchgangswiderstand	Ohm · cm		23	1.0*10**12	
Durchschlagfestigkeit	kV/mm		23	13	1 mm dick
Oberflächenwiderstand	Ohm		23	1.0*10**10–1.0*10**13	

Kriechstromfestigkeit KC >600 KB KA
Kriechwegbildung

Elektrolytische Korrosionswirkung
Lichtbogenfestigkeit nach DIN
nach ASTM s

Beständigkeit *(Chemische Beständigkeit siehe Anhang)*

Wasseraufnahme 23 C 4 d 30 mg

Feuchtigkeitsaufnahme Normalklima %
Wetterbeständigkeit

Produktklasse	Polyesterharz-Formmasse		**UP**
Handelsname	**Plastopreg PUP 34/30**		
Hersteller	DUROFORM		
DIN-Bezeichnung			
ISO-Bezeichnung			
Harzbasis	Ungesaettigter Polyester		
Zusätze		*Füllstoffe/ Verstärkung*	Glasfasern
Bevorzugte Verarbeitung	Pressen	*Lieferform*	BMC; Strohartig
		Farben	Natur; Standard
Besondere Merkmale	Diallylphthalatmodifiziert; Sehr gute mechanische Eigenschaften; Sehr gute elektrische Eigenschaften; Gute Verarbeitbarkeit	*Bevorzugte Anwendungen*	Bedarfsartikel; Technisches Formteil

Dichte	g/cm³	1.60	*Dosierbarkeit*	
Schüttdichte	g/cm³		*Tablettierbarkeit*	
Fließeinstellung			*Lagerung*	Bei 18 C bis 22 C 5 bis 6 Monate; Schnellhaertende 8 bis 10 Wochen

Verarbeitungsbedingungen für Pressen

Werkzeugtemperatur	°C	≧150
Pressdruck	bar	≧50
Härtezeit je mm	s	30–40
Schwindung	%	0.15
Nachschwindung	%	0.01
Bemerkungen		

Verarbeitungsbedingungen für Spritzgießen

Zylindertemperatur	°C	
Düsentemperatur	°C	
Massetemp.	°C	
Werkzeugtemp.	°C	
Spritzdruck	bar	
Härtezeit	s	
Schwindung	%	
Nachschwindung	%	
Bemerkungen		

Zugversuch 23 °C

Probekörper: *Form* *Herstellung*

Zugfestigkeit	N/mm²		*E-Modul*	N/mm²
Reißdehnung	%		*Zeitstandzugfestigkeit*	h N/mm²

Biegeversuch 23 °C DIN 53452; DIN 53457

Probekörper: *Form* NS *Herstellung* Pressen

Biegefestigkeit	N/mm²	95	*E-Modul*	N/mm²	7500

Druckversuch 23°C

Probekörper: *Form* *Herstellung*

Druckfestigkeit	N/mm²	*Stauchung*	%

Härte 23 °C *Probekörper:* *Herstellung* Pressen

Kugeldruckhärte N/mm² 155 bei N, s

Schlagversuch *Probekörper:* *(1)* U-Kerbe *(2)* — *Herstellung* Pressen

		°C		°C	°C	*Probekörper-Form*
Schlagzähigkeit	kJ/m²	23	25			NS
Kerbschlagzähigkeit (1)	kJ/m²	23	25			NS
IZOD-Kerbschlag-zähigkeit (2)	J/m					

Abrieb und Reibung

Taber-Abrieb (Reibradverfahren) mm³/100 U
Statische Reibungszahl
Dynamische Reibungszahl (p·v= N/mm²· m/min)
Zulässiger p · v Wert N/mm² · (m/min) v= m/min
v= m/min

Thermische Eigenschaften

Formbeständigkeit in der Wärme	*Verfahren*		°C
	Verfahren		°C
Formbeständigkeit Martens			≧200 °C
Längenausdehnungskoeffizient	*Bereich*	°C	$\cdot 10^{-4}K^{-1}$
	Temperatur		$\cdot 10^{-4}K^{-1}$
Wärmeleitfähigkeit	*Verfahren*		W/(K · m)
Spezifische Wärmekapazität	*Verfahren*		J/(K · g)

Brandverhalten

UL-Test vertikal Dicke mm, Wert
Dicke mm, Wert

	Norm	*Bewertung*	*Abmessungen*
Sauerstoff-Index	ASTM D 2863		
Glühstab-Verfahren	DIN 53459	3a	120 x 10 x 4 mm
Brandverhalten	DIN 4102		
MVSS			
FAR			

Elektrische Eigenschaften

		Hz	°C		*Probekörper, Form*
Dielektrizitätszahl		50			
		10^3	23	4.8	
		10^6			
Dielektrischer Verlustfaktor tan δ		50			
		10^3	23	0.04	
		10^6			
Spezifischer Durchgangs-widerstand	Ohm · cm		23	1.0*10**12	
Durchschlagfestigkeit	kV/mm		23	18	1 mm dick
Oberflächenwiderstand	Ohm		23	1.0*10**10	

Kriechstromfestigkeit KC >600 KB KA
Kriechwegbildung

Elektrolytische Korrosionswirkung
Lichtbogenfestigkeit nach DIN
nach ASTM s

Beständigkeit *(Chemische Beständigkeit siehe Anhang)*

Wasseraufnahme 23 C 4 d 60 mg

Feuchtigkeitsaufnahme Normalklima %
Wetterbeständigkeit

Produktklasse	Polyesterharz-Formmasse		**UP**
Handelsname	**Plastopreg PUP 35/30**		
Hersteller	DUROFORM		
DIN-Bezeichnung *ISO-Bezeichnung*			
Harzbasis	Ungesaettigter Polyester		
Zusätze		*Füllstoffe/ Verstärkung*	Glasfasern
Bevorzugte Verarbeitung	Pressen	*Lieferform*	BMC; Strohartig
		Farben	Natur; Standard
Besondere Merkmale	Diallylphthalatmodifiziert; Sehr gute mechanische Eigenschaften; Sehr gute elektrische Eigenschaften; Gute Verarbeitbarkeit; Selbstverloeschend (UL-Werte nicht gemessen)	*Bevorzugte Anwendungen*	Bedarfsartikel; Technisches Formteil

Dichte	g/cm^3	1.70	*Dosierbarkeit*	
Schüttdichte	g/cm^3		*Tablettierbarkeit*	
Fließeinstellung			*Lagerung*	Bei 18 C bis 22 C 5 bis 6 Monate; Schnellhaertende 8 bis 10 Wochen

Verarbeitungsbedingungen für Pressen

Werkzeugtemperatur	°C	≧150
Pressdruck	bar	≧50
Härtezeit je mm	s	30–40
Schwindung	%	0.15
Nachschwindung	%	0.01
Bemerkungen		

Verarbeitungsbedingungen für Spritzgießen

Zylindertemperatur	°C	
Düsentemperatur	°C	
Massetemp.	°C	
Werkzeugtemp.	°C	
Spritzdruck	bar	
Härtezeit	s	
Schwindung	%	
Nachschwindung	%	
Bemerkungen		

Zugversuch 23 °C

Probekörper: *Form* *Herstellung*

Zugfestigkeit	N/mm^2	*E-Modul*		N/mm^2
Reißdehnung	%	*Zeitstandzugfestigkeit*	h	N/mm^2

Biegeversuch 23 °C DIN 53452; DIN 53457

Probekörper: *Form* NS *Herstellung* Pressen

Biegefestigkeit	N/mm^2	90	*E-Modul*	N/mm^2	7000

Druckversuch 23 °C

Probekörper: *Form* *Herstellung*

Druckfestigkeit	N/mm^2	*Stauchung*	%

Härte 23 °C *Probekörper:* *Herstellung* Pressen

Kugeldruckhärte N/mm^2 150 bei N, s

Schlagversuch *Probekörper:* *(1)* U-Kerbe *(2)* *Herstellung* Pressen

		°C		°C	°C	*Probekörper-Form*
Schlagzähigkeit	kJ/m²	23	25			NS
Kerbschlagzähigkeit (1)	kJ/m²	23	25			NS
IZOD-Kerbschlag-zähigkeit (2)	J/m					

Abrieb und Reibung

Taber-Abrieb (Reibradverfahren) mm³/100 U
Statische Reibungszahl
Dynamische Reibungszahl (p·v= N/mm²· m/min)
Zulässiger p · v Wert N/mm² · (m/min) v= m/min
v= m/min

Thermische Eigenschaften

Formbeständigkeit in der Wärme *Verfahren* °C
Verfahren °C
Formbeständigkeit Martens ≧200 °C
Längenausdehnungskoeffizient *Bereich* °C $\cdot 10^{-4} K^{-1}$
Temperatur $\cdot 10^{-4} K^{-1}$
Wärmeleitfähigkeit *Verfahren* W/(K · m)
Spezifische Wärmekapazität *Verfahren* J/(K · g)

Brandverhalten

UL-Test vertikal Dicke mm, Wert
Dicke mm, Wert

	Norm	*Bewertung*	*Abmessungen*
Sauerstoff-Index	ASTM D 2863		
Glühstab-Verfahren	DIN 53459	2a	120 x 10 x 4 mm
Brandverhalten	DIN 4102		
MVSS			
FAR			

Elektrische Eigenschaften

		Hz	°C		*Probekörper, Form*
Dielektrizitätszahl		50			
		10^3	23	4.9	
		10^6			
Dielektrischer Verlustfaktor tan δ		50			
		10^3	23	0.04	
		10^6			
Spezifischer Durchgangs-widerstand	Ohm · cm		23	1.0*10**12	
Durchschlagfestigkeit	kV/mm		23	15	1 mm dick
Oberflächenwiderstand	Ohm		23	1.0*10**10	

Kriechstromfestigkeit KC >600 KB KA
Kriechwegbildung

Elektrolytische Korrosionswirkung
Lichtbogenfestigkeit nach DIN
nach ASTM s

Beständigkeit *(Chemische Beständigkeit siehe Anhang)*

Wasseraufnahme 23 C 4 d 60 mg

Feuchtigkeitsaufnahme Normalklima %
Wetterbeständigkeit

Produktklasse	Polyesterharz-Formmasse		**UP**
Handelsname	**Plastopreg PUP 36/20**		
Hersteller	DUROFORM		
DIN-Bezeichnung *ISO-Bezeichnung*			
Harzbasis	Ungesaettigter Polyester		
Zusätze		*Füllstoffe/ Verstärkung*	Textilfasern
Bevorzugte Verarbeitung	Pressen	*Lieferform*	BMC; Teigartig
		Farben	Natur; Standard
Besondere Merkmale	Aussergewoehnlich gutes Fliessvermoegen; Sehr glatte Oberflaeche; Geringe Wasseraufnahme; Niedrigere mechanische Eigenschaften	*Bevorzugte Anwendungen*	Bedarfsartikel; Technisches Formteil

Dichte	g/cm³	1.50	*Dosierbarkeit*	
Schüttdichte	g/cm³		*Tablettierbarkeit*	
Fließeinstellung			*Lagerung*	Bei 18 C bis 22 C 5 bis 6 Monate; Schnellhaertende 8 bis 10 Wochen

Verarbeitungsbedingungen für Pressen

Werkzeugtemperatur	°C	140–155
Pressdruck	bar	≧20
Härtezeit je mm	s	30–40
Schwindung	%	0.7
Nachschwindung	%	0.02
Bemerkungen		

Verarbeitungsbedingungen für Spritzgießen

Zylindertemperatur	°C
Düsentemperatur	°C
Massetemp.	°C
Werkzeugtemp.	°C
Spritzdruck	bar
Härtezeit	s
Schwindung	%
Nachschwindung	%
Bemerkungen	

Zugversuch 23 °C

Probekörper: *Form* *Herstellung*

Zugfestigkeit	N/mm²	*E-Modul*	N/mm²
Reißdehnung	%	*Zeitstandzugfestigkeit*	h N/mm²

Biegeversuch 23 °C DIN 53452;

Probekörper: *Form* NS *Herstellung* Pressen

Biegefestigkeit	N/mm² 40	*E-Modul*	N/mm²

Druckversuch 23°C

Probekörper: *Form* *Herstellung*

Druckfestigkeit	N/mm²	*Stauchung*	%

Härte 23 °C *Probekörper:* *Herstellung* Pressen

Kugeldruckhärte N/mm² 138 bei N, s

Schlagversuch *Probekörper:* *(1)* U-Kerbe *(2)*

Herstellung Pressen

		°C		°C	°C	*Probekörper-Form*
Schlagzähigkeit	kJ/m²	23	9			NS
Kerbschlagzähigkeit (1)	kJ/m²	23	7.5			NS
IZOD-Kerbschlagzähigkeit (2)	J/m					

Abrieb und Reibung

Taber-Abrieb (Reibradverfahren) mm³/100 U
Statische Reibungszahl
Dynamische Reibungszahl (p·v= N/mm²· m/min)
Zulässiger p·v Wert N/mm²·(m/min) v= m/min
v= m/min

Thermische Eigenschaften

Formbeständigkeit in der Wärme	*Verfahren*		°C
	Verfahren		°C
Formbeständigkeit Martens			125 °C
Längenausdehnungskoeffizient	*Bereich*	°C	$\cdot 10^{-4} K^{-1}$
	Temperatur		$\cdot 10^{-4} K^{-1}$
Wärmeleitfähigkeit	*Verfahren*		W/(K·m)
Spezifische Wärmekapazität	*Verfahren*		J/(K·g)

Brandverhalten

UL-Test vertikal Dicke mm, Wert
Dicke mm, Wert

	Norm	*Bewertung*	*Abmessungen*
Sauerstoff-Index	ASTM D 2863		
Glühstab-Verfahren	DIN 53459	3a	120 x 10 x 4 mm
Brandverhalten	DIN 4102		
MVSS			
FAR			

Elektrische Eigenschaften

		Hz	°C		*Probekörper, Form*
Dielektrizitätszahl		50			
		10^3	23	3.8	
		10^6			
Dielektrischer Verlustfaktor tan δ		50			
		10^3	23	0.04	
		10^6			
Spezifischer Durchgangswiderstand	Ohm·cm		23	1.0*10**12	
Durchschlagfestigkeit	kV/mm		23	11	1 mm dick
Oberflächenwiderstand	Ohm		23	1.0*10**8	

Kriechstromfestigkeit KC >600 KB KA
Kriechwegbildung

Elektrolytische Korrosionswirkung
Lichtbogenfestigkeit nach DIN
nach ASTM s

Beständigkeit *(Chemische Beständigkeit siehe Anhang)*

Wasseraufnahme 23 C 4 d 180 mg

Feuchtigkeitsaufnahme Normalklima %
Wetterbeständigkeit

UP

Produktklasse	Polyesterharz-Formmasse		
Handelsname	**Plastopreg PUP 37/20**		
Hersteller	DUROFORM		
DIN-Bezeichnung			
ISO-Bezeichnung			
Harzbasis	Ungesaettigter Polyester		
Zusätze		*Füllstoffe/ Verstärkung*	Textilfasern
Bevorzugte Verarbeitung	Pressen	*Lieferform*	BMC; Teigartig
		Farben	Natur; Standard
Besondere Merkmale	Aussergewoehnliches Fliessvermoegen; Sehr glatte Oberflaeche; Geringe Wasseraufnahme; Niedrigere mechanische Eigenschaften; Selbstverloeschend (UL-Werte nicht gemessen)	*Bevorzugte Anwendungen*	Bedarfsartikel; Technisches Formteil

---

Dichte	g/cm³	1.55	*Dosierbarkeit*	
Schüttdichte	g/cm³		*Tablettierbarkeit*	
Fließeinstellung			*Lagerung*	Bei 18 C bis 22 C 5 bis 6 Monate; Schnellhaertende 8 bis 10 Wochen

Verarbeitungsbedingungen für Pressen

Werkzeugtemperatur	°C	140–155
Pressdruck	bar	≧20
Härtezeit je mm	s	30–40
Schwindung	%	0.7
Nachschwindung	%	0.02
Bemerkungen		

Verarbeitungsbedingungen für Spritzgießen

Zylindertemperatur	°C	
Düsentemperatur	°C	
Massetemp.	°C	
Werkzeugtemp.	°C	
Spritzdruck	bar	
Härtezeit	s	
Schwindung	%	
Nachschwindung	%	
Bemerkungen		

Zugversuch 23 °C

Probekörper: *Form* *Herstellung*

Zugfestigkeit	N/mm²		*E-Modul*	N/mm²
Reißdehnung	%		*Zeitstandzugfestigkeit*	h N/mm²

Biegeversuch 23 °C DIN 53452;

Probekörper: *Form* NS *Herstellung* Pressen

Biegefestigkeit	N/mm²	37	*E-Modul*	N/mm²

Druckversuch 23°C

Probekörper: *Form* *Herstellung*

Druckfestigkeit	N/mm²		*Stauchung*	%

Härte 23 °C *Probekörper:* *Herstellung* Pressen

Kugeldruckhärte N/mm² 130 bei N, s

Schlagversuch *Probekörper:* *(1)* U-Kerbe *(2)* *Herstellung* Pressen

		°C		°C	°C	*Probekörper-Form*
Schlagzähigkeit	kJ/m²	23	9			NS
Kerbschlagzähigkeit (1)	kJ/m²	23	7.5			NS
IZOD-Kerbschlag-zähigkeit (2)	J/m					

Abrieb und Reibung

Taber-Abrieb (Reibradverfahren) mm³/100 U
Statische Reibungszahl
Dynamische Reibungszahl (p·v= N/mm²· m/min)
Zulässiger p · v Wert N/mm² · (m/min) v= m/min
v= m/min

Thermische Eigenschaften

Formbeständigkeit in der Wärme	*Verfahren*		°C
	Verfahren		°C
Formbeständigkeit Martens			120 °C
Längenausdehnungskoeffizient	*Bereich*	°C	· $10^{-4}K^{-1}$
	Temperatur		· $10^{-4}K^{-1}$
Wärmeleitfähigkeit	*Verfahren*		W/(K · m)
Spezifische Wärmekapazität	*Verfahren*		J/(K · g)

Brandverhalten

UL-Test vertikal Dicke mm, Wert
Dicke mm, Wert

	Norm	*Bewertung*	*Abmessungen*
Sauerstoff-Index	ASTM D 2863		
Glühstab-Verfahren	DIN 53459	2b	120 x 10 x 4 mm
Brandverhalten	DIN 4102		
MVSS			
FAR			

Elektrische Eigenschaften

		Hz	°C		*Probekörper, Form*
Dielektrizitätszahl		50			
		10^3	23	3.8	
		10^6			
Dielektrischer Verlustfaktor tan δ		50			
		10^3	23	0.04	
		10^6			
Spezifischer Durchgangs-widerstand	Ohm · cm		23	1.0*10**12	
Durchschlagfestigkeit	kV/mm		23	10	1 mm dick
Oberflächenwiderstand	Ohm		23	1.0*10**8	

Kriechstromfestigkeit KC >600 KB KA
Kriechwegbildung

Elektrolytische Korrosionswirkung
Lichtbogenfestigkeit nach DIN
nach ASTM s

Beständigkeit *(Chemische Beständigkeit siehe Anhang)*
Wasseraufnahme 23 C 4 d 200 mg

Feuchtigkeitsaufnahme Normalklima %
Wetterbeständigkeit

Produktklasse	Polyesterharz-Formmasse		**UP**
Handelsname	**Plastopreg PUP 38/30**		
Hersteller	DUROFORM		
DIN-Bezeichnung			
ISO-Bezeichnung			
Harzbasis	Ungesaettigter Polyester		
Zusätze		*Füllstoffe/ Verstärkung*	Synthesefasern
Bevorzugte Verarbeitung	Pressen	*Lieferform*	BMC
		Farben	Natur; Standard
Besondere Merkmale	Hohe Zaehelastizitaet; Geringer Abrieb; Hervorragende Oberflaeche	*Bevorzugte Anwendungen*	Bedarfsartikel; Technisches Formteil

---

Dichte	g/cm³	1.60	*Dosierbarkeit*	
Schüttdichte	g/cm³		*Tablettierbarkeit*	
Fließeinstellung			*Lagerung*	Bei 18 C bis 22 C 5 bis 6 Monate; Schnellhaertende 8 bis 10 Wochen

Verarbeitungsbedingungen für Pressen

Werkzeugtemperatur	°C	140–155
Pressdruck	bar	≧50
Härtezeit je mm	s	30–40
Schwindung	%	0.2
Nachschwindung	%	0.03
Bemerkungen		

Verarbeitungsbedingungen für Spritzgießen

Zylindertemperatur	°C	
Düsentemperatur	°C	
Massetemp.	°C	
Werkzeugtemp.	°C	
Spritzdruck	bar	
Härtezeit	s	
Schwindung	%	
Nachschwindung	%	
Bemerkungen		

Zugversuch 23 °C

Probekörper: *Form* *Herstellung*

Zugfestigkeit	N/mm²		*E-Modul*	N/mm²
Reißdehnung	%		*Zeitstandzugfestigkeit*	h N/mm²

Biegeversuch 23 °C DIN 53452; DIN 53457

Probekörper: *Form* NS *Herstellung* Pressen

Biegefestigkeit	N/mm²	70	*E-Modul*	N/mm² 4000

Druckversuch 23°C

Probekörper: *Form* *Herstellung*

Druckfestigkeit	N/mm²		*Stauchung*	%

Härte 23 °C

Probekörper: *Herstellung* Pressen

Kugeldruckhärte N/mm² 160 bei N, s

Schlagversuch *Probekörper:* *(1)* U-Kerbe *(2)* *Herstellung* Pressen

		°C		°C	°C	*Probekörper-Form*
Schlagzähigkeit	kJ/m²	23	35			NS
Kerbschlagzähigkeit (1)	kJ/m²	23	30			NS
IZOD-Kerbschlag-zähigkeit (2)	J/m					

Abrieb und Reibung

Taber-Abrieb (Reibradverfahren) mm³/100 U
Statische Reibungszahl
Dynamische Reibungszahl (p·v= N/mm²· m/min)
Zulässiger p · v Wert N/mm² · (m/min) v= m/min
v= m/min

Thermische Eigenschaften

Formbeständigkeit in der Wärme	*Verfahren*		°C
	Verfahren		°C
Formbeständigkeit Martens			110 °C
Längenausdehnungskoeffizient	*Bereich*	°C	$\cdot 10^{-4}K^{-1}$
	Temperatur		$\cdot 10^{-4}K^{-1}$
Wärmeleitfähigkeit	*Verfahren*		W/(K · m)
Spezifische Wärmekapazität	*Verfahren*		J/(K · g)

Brandverhalten

UL-Test vertikal Dicke mm, Wert
Dicke mm, Wert

	Norm	*Bewertung*	*Abmessungen*
Sauerstoff-Index	ASTM D 2863		
Glühstab-Verfahren	DIN 53459	3a	120 x 10 x 4 mm
Brandverhalten	DIN 4102		
MVSS			
FAR			

Elektrische Eigenschaften

		Hz	°C		*Probekörper, Form*
Dielektrizitätszahl		50			
		10^3	23	4.2	
		10^6			
Dielektrischer Verlustfaktor tan δ		50			
		10^3	23	0.02	
		10^6			
Spezifischer Durchgangs-widerstand	Ohm · cm		23	1.0*10**12	
Durchschlagfestigkeit	kV/mm		23	15	1 mm dick
Oberflächenwiderstand	Ohm		23	1.0*10**10–1.0*10**13	

Kriechstromfestigkeit KC >600 KB KA
Kriechwegbildung

Elektrolytische Korrosionswirkung
Lichtbogenfestigkeit nach DIN
nach ASTM s

Beständigkeit *(Chemische Beständigkeit siehe Anhang)*

Wasseraufnahme 23 C 4 d 80 mg

Feuchtigkeitsaufnahme Normalklima %
Wetterbeständigkeit

UP

Produktklasse	Polyesterharz-Formmasse
Handelsname	**Plastopreg PUP 39/30**
Hersteller	DUROFORM
DIN-Bezeichnung	
ISO-Bezeichnung	
Harzbasis	Ungesaettigter Polyester
Zusätze	
Füllstoffe/ Verstärkung	Synthesefasern
Bevorzugte Verarbeitung	Pressen
Lieferform	BMC
Farben	Natur; Standard
Besondere Merkmale	Hohe Zaehelastizitaet; Geringer Abrieb; Hervorragende Oberflaeche; Selbstverloeschend (UL-Werte nicht gemessen)
Bevorzugte Anwendungen	Bedarfsartikel; Technisches Formteil

Dichte	g/cm³	1.70
Schüttdichte	g/cm³	
Fließeinstellung		
Dosierbarkeit		
Tablettierbarkeit		
Lagerung		Bei 18 C bis 22 C 5 bis 6 Monate; Schnellhaertende 8 bis 10 Wochen

Verarbeitungsbedingungen für Pressen

Werkzeugtemperatur	°C	140–150
Pressdruck	bar	≧50
Härtezeit je mm	s	30–40
Schwindung	%	0.2
Nachschwindung	%	0.03
Bemerkungen		

Verarbeitungsbedingungen für Spritzgießen

Zylindertemperatur	°C	
Düsentemperatur	°C	
Massetemp.	°C	
Werkzeugtemp.	°C	
Spritzdruck	bar	
Härtezeit	s	
Schwindung	%	
Nachschwindung	%	
Bemerkungen		

Zugversuch 23 °C

Probekörper: *Form* *Herstellung*

Zugfestigkeit	N/mm²		*E-Modul*	N/mm²	
Reißdehnung	%		*Zeitstandzugfestigkeit*	h N/mm²	

Biegeversuch 23 °C DIN 53452; DIN 53457

Probekörper: *Form* NS *Herstellung* Pressen

Biegefestigkeit	N/mm²	63	*E-Modul*	N/mm²	4000

Druckversuch 23°C

Probekörper: *Form* *Herstellung*

Druckfestigkeit	N/mm²		*Stauchung*	%	

Härte 23 °C *Probekörper:* *Herstellung* Pressen

Kugeldruckhärte N/mm² 160 bei N, s

Schlagversuch *Probekörper:* *(1)* U-Kerbe *(2)*

Herstellung Pressen

		°C		°C	°C	*Probekörper-Form*
Schlagzähigkeit	kJ/m²	23	35			NS
Kerbschlagzähigkeit (1)	kJ/m²	23	30			NS
IZOD-Kerbschlagzähigkeit (2)	J/m					

Abrieb und Reibung

Taber-Abrieb (Reibradverfahren) mm³/100 U
Statische Reibungszahl
Dynamische Reibungszahl (p·v= N/mm²· m/min)
Zulässiger p · v Wert N/mm² · (m/min) v= m/min
v= m/min

Thermische Eigenschaften

Formbeständigkeit in der Wärme *Verfahren* °C
Verfahren °C
Formbeständigkeit Martens 110 °C
Längenausdehnungskoeffizient *Bereich* °C $\cdot 10^{-4}K^{-1}$
Temperatur $\cdot 10^{-4}K^{-1}$
Wärmeleitfähigkeit *Verfahren* W/(K · m)

Spezifische Wärmekapazität *Verfahren* J/(K · g)

Brandverhalten

UL-Test vertikal Dicke mm, Wert
Dicke mm, Wert

	Norm	*Bewertung*	*Abmessungen*
Sauerstoff-Index	ASTM D 2863		
Glühstab-Verfahren	DIN 53459	2b	120 x 10 x 4 mm
Brandverhalten	DIN 4102		
MVSS			
FAR			

Elektrische Eigenschaften

		Hz	°C		*Probekörper, Form*
Dielektrizitätszahl		50			
		10^3	23	4.4	
		10^6			
Dielektrischer Verlustfaktor tan δ		50			
		10^3	23	0.03	
		10^6			
Spezifischer Durchgangswiderstand	Ohm · cm		23	1.0*10**12	
Durchschlagfestigkeit	kV/mm		23	11	1 mm dick
Oberflächenwiderstand	Ohm		23	1.0*10**10–1.0*10**13	

Kriechstromfestigkeit KC >600 KB KA
Kriechwegbildung

Elektrolytische Korrosionswirkung
Lichtbogenfestigkeit nach DIN
nach ASTM s

Beständigkeit *(Chemische Beständigkeit siehe Anhang)*

Wasseraufnahme 23 C 4 d 85 mg

Feuchtigkeitsaufnahme Normalklima %
Wetterbeständigkeit

Produktklasse	Polyesterharz-Formmasse		**UP**
Handelsname	**Plastopreg PUP 40/30**		
Hersteller	DUROFORM		
DIN-Bezeichnung *ISO-Bezeichnung*			
Harzbasis	Ungesaettigter Polyester		
Zusätze		*Füllstoffe/ Verstärkung*	Glasfasern
Bevorzugte Verarbeitung	Pressen	*Lieferform*	BMC
		Farben	Natur; Standard
Besondere Merkmale	Schrumpfarm; Hohe Oberflaechenguete	*Bevorzugte Anwendungen*	Bedarfsartikel; Technisches Formteil

Dichte	g/cm^3	1.54	*Dosierbarkeit*	
Schüttdichte	g/cm^3		*Tablettierbarkeit*	
Fließeinstellung			*Lagerung*	Bei 18 C bis 22 C 5 bis 6 Monate; Schnellhaertende 8 bis 10 Wochen

Verarbeitungsbedingungen für Pressen

Werkzeugtemperatur	°C	140–155
Pressdruck	bar	≧50
Härtezeit je mm	s	30–40
Schwindung	%	0.1
Nachschwindung	%	0.03
Bemerkungen		

Verarbeitungsbedingungen für Spritzgießen

Zylindertemperatur	°C	
Düsentemperatur	°C	
Massetemp.	°C	
Werkzeugtemp.	°C	
Spritzdruck	bar	
Härtezeit	s	
Schwindung	%	
Nachschwindung	%	
Bemerkungen		

Zugversuch 23 °C

Probekörper: *Form* *Herstellung*

Zugfestigkeit	N/mm^2		*E-Modul*	N/mm^2
Reißdehnung	%		*Zeitstandzugfestigkeit*	h N/mm^2

Biegeversuch 23 °C DIN 53452; DIN 53457

Probekörper: *Form* NS *Herstellung* Pressen

Biegefestigkeit	N/mm^2	75	*E-Modul*	N/mm^2	7000

Druckversuch 23°C

Probekörper: *Form* *Herstellung*

Druckfestigkeit	N/mm^2	*Stauchung*	%

Härte 23 °C *Probekörper:* *Herstellung* Pressen

Kugeldruckhärte N/mm^2 135 bei N, s

Schlagversuch *Probekörper:* *(1)* U-Kerbe
(2)
Herstellung Pressen

		°C		°C		°C		*Probekörper-Form*
Schlagzähigkeit	kJ/m^2	23	25					NS
Kerbschlagzähigkeit (1)	kJ/m^2	23	25					NS
IZOD-Kerbschlagzähigkeit (2)	J/m							

Abrieb und Reibung

Taber-Abrieb (Reibradverfahren) mm^3/100 U
Statische Reibungszahl
Dynamische Reibungszahl (p·v= N/mm^2 · m/min)
Zulässiger p · v Wert N/mm^2 · (m/min) v= m/min
v= m/min

Thermische Eigenschaften

Formbeständigkeit in der Wärme	*Verfahren*		°C
	Verfahren		°C
Formbeständigkeit Martens			200 °C
Längenausdehnungskoeffizient	*Bereich*	°C	$\cdot 10^{-4} K^{-1}$
	Temperatur		$\cdot 10^{-4} K^{-1}$
Wärmeleitfähigkeit	*Verfahren*		W/(K · m)
Spezifische Wärmekapazität	*Verfahren*		J/(K · g)

Brandverhalten

UL-Test vertikal Dicke mm, Wert
Dicke mm, Wert

	Norm	*Bewertung*	*Abmessungen*
Sauerstoff-Index	ASTM D 2863		
Glühstab-Verfahren	DIN 53459	3a	120 x 10 x 4 mm
Brandverhalten	DIN 4102		
MVSS			
FAR			

Elektrische Eigenschaften

		Hz	°C		*Probekörper, Form*
Dielektrizitätszahl		50			
		10^3	23	4.5	
		10^6			
Dielektrischer Verlustfaktor tan δ		50			
		10^3	23	0.03	
		10^6			
Spezifischer Durchgangswiderstand	Ohm · cm		23	1.0*10**12	
Durchschlagfestigkeit	kV/mm		23	15	1 mm dick
Oberflächenwiderstand	Ohm		23	1.0*10**10–1.0*10**13	

Kriechstromfestigkeit KC >600 KB KA
Kriechwegbildung

Elektrolytische Korrosionswirkung
Lichtbogenfestigkeit nach DIN
nach ASTM s

Beständigkeit *(Chemische Beständigkeit siehe Anhang)*
Wasseraufnahme 23 C 4 d 100 mg

Feuchtigkeitsaufnahme Normalklima %
Wetterbeständigkeit

UP

Produktklasse	Polyesterharz-Formmasse
Handelsname	**Plastopreg PUP 41/30**
Hersteller	DUROFORM
DIN-Bezeichnung	
ISO-Bezeichnung	
Harzbasis	Ungesaettigter Polyester
Zusätze	
Füllstoffe/ Verstärkung	Glasfasern
Bevorzugte Verarbeitung	Pressen
Lieferform	BMC
Farben	Natur; Standard
Besondere Merkmale	Schrumpfarm; Hohe Oberflaechengue-te; Selbstverloeschend (UL-Werte nicht gemessen)
Bevorzugte Anwendungen	Bedarfsartikel; Technisches Formteil

Dichte	g/cm³	1.60
Schüttdichte	g/cm³	
Fließeinstellung		
Dosierbarkeit		
Tablettierbarkeit		
Lagerung		Bei 18 C bis 22 C 5 bis 6 Monate; Schnellhaertende 8 bis 10 Wochen

Verarbeitungsbedingungen für Pressen

Werkzeugtemperatur	°C	140–155
Pressdruck	bar	≧50
Härtezeit je mm	s	30–40
Schwindung	%	0.1
Nachschwindung	%	0.03
Bemerkungen		

Verarbeitungsbedingungen für Spritzgießen

Zylindertemperatur	°C	
Düsentemperatur	°C	
Massetemp.	°C	
Werkzeugtemp	°C	
Spritzdruck	bar	
Härtezeit	s	
Schwindung	%	
Nachschwindung	%	
Bemerkungen		

Zugversuch 23 °C

Probekörper: *Form* *Herstellung*

Zugfestigkeit	N/mm²		*E-Modul*	N/mm²
Reißdehnung	%		*Zeitstandzugfestigkeit*	h N/mm²

Biegeversuch 23 °C DIN 53452; DIN 53457

Probekörper: *Form* NS *Herstellung* Pressen

Biegefestigkeit	N/mm² 85		*E-Modul*	N/mm² 7000

Druckversuch 23°C

Probekörper: *Form* *Herstellung*

Druckfestigkeit	N/mm²		*Stauchung*	%

Härte 23 °C *Probekörper:* *Herstellung* Pressen

Kugeldruckhärte N/mm² 160 bei N, s

Schlagversuch *Probekörper:* *(1)* U-Kerbe
(2) *Herstellung* Pressen

		°C		°C	°C	*Probekörper-Form*
Schlagzähigkeit	kJ/m²	23	25			NS
Kerbschlagzähigkeit (1)	kJ/m²	23	25			NS
IZOD-Kerbschlag-zähigkeit (2)	J/m					

Abrieb und Reibung

Taber-Abrieb (Reibradverfahren) mm³/100 U
Statische Reibungszahl
Dynamische Reibungszahl (p·v= N/mm² · m/min)
Zulässiger p · v Wert N/mm² · (m/min) v= m/min
v= m/min

Thermische Eigenschaften

Formbeständigkeit in der Wärme	*Verfahren*		°C
	Verfahren		°C
Formbeständigkeit Martens			200 °C
Längenausdehnungskoeffizient	*Bereich*	°C	$\cdot 10^{-4}K^{-1}$
	Temperatur		$\cdot 10^{-4}K^{-1}$
Wärmeleitfähigkeit	*Verfahren*		W/(K · m)
Spezifische Wärmekapazität	*Verfahren*		J/(K · g)

Brandverhalten

UL-Test vertikal Dicke mm, Wert
Dicke mm, Wert

	Norm	*Bewertung*	*Abmessungen*
Sauerstoff-Index	ASTM D 2863		
Glühstab-Verfahren	DIN 53459	2a	120 x 10 x 4 mm
Brandverhalten	DIN 4102		
MVSS			
FAR			

Elektrische Eigenschaften

		Hz	°C		*Probekörper, Form*
Dielektrizitätszahl		50			
		10^3	23	4.5	
		10^6			
Dielektrischer Verlustfaktor tan δ		50			
		10^3	23	0.02	
		10^6			
Spezifischer Durchgangs-widerstand	Ohm · cm		23	1.0*10**12	
Durchschlagfestigkeit	kV/mm		23	15	1 mm dick
Oberflächenwiderstand	Ohm		23	1.0*10**10–1.0*10**13	

Kriechstromfestigkeit KC >600 KB KA
Kriechwegbildung

Elektrolytische Korrosionswirkung
Lichtbogenfestigkeit nach DIN
nach ASTM s

Beständigkeit *(Chemische Beständigkeit siehe Anhang)*

Wasseraufnahme 23 C 4 d 55 mg

Feuchtigkeitsaufnahme Normalklima %
Wetterbeständigkeit

Produktklasse	Polyesterharz-Formmasse		**UP**
Handelsname	**Plastopreg PUP 42/30**		
Hersteller	DUROFORM		
DIN-Bezeichnung *ISO-Bezeichnung*			
Harzbasis	Ungesaettigter Polyester		
Zusätze		*Füllstoffe/ Verstärkung*	Glasfasern
Bevorzugte Verarbeitung	Pressen	*Lieferform*	BMC
		Farben	Natur; Standard
Besondere Merkmale	Schrumpffrei; Nicht homogen einfaerbbar; Hervorragende Oberflaechenbeschaffenheit	*Bevorzugte Anwendungen*	Bedarfsartikel; Technisches Formteil

Dichte	g/cm³	1.75	*Dosierbarkeit*	
Schüttdichte	g/cm³		*Tablettierbarkeit*	
Fließeinstellung			*Lagerung*	Bei 18 C bis 22 C 5 bis 6 Monate; Schnellhaertende 8 bis 10 Wochen

Verarbeitungsbedingungen für Pressen

Werkzeugtemperatur	°C	140–155
Pressdruck	bar	≧50
Härtezeit je mm	s	30–40
Schwindung	%	0.05
Nachschwindung	%	
Bemerkungen		

Verarbeitungsbedingungen für Spritzgießen

Zylindertemperatur	°C
Düsentemperatur	°C
Massetemp.	°C
Werkzeugtemp.	°C
Spritzdruck	bar
Härtezeit	s
Schwindung	%
Nachschwindung	%
Bemerkungen	

Zugversuch 23 °C

Probekörper: *Form* *Herstellung*

Zugfestigkeit	N/mm²	*E-Modul*	N/mm²
Reißdehnung	%	*Zeitstandzugfestigkeit*	h N/mm²

Biegeversuch 23 °C DIN 53452; DIN 53457

Probekörper: *Form* NS *Herstellung* Pressen

Biegefestigkeit	N/mm² 85	*E-Modul*	N/mm² 7000

Druckversuch 23 °C

Probekörper: *Form* *Herstellung*

Druckfestigkeit	N/mm²	*Stauchung*	%

Härte 23 °C *Probekörper:* *Herstellung* Pressen

Kugeldruckhärte N/mm² 160 bei N, s

Schlagversuch *Probekörper:* *(1)* U-Kerbe
(2)
Herstellung Pressen

		°C		°C	°C	*Probekörper-Form*
Schlagzähigkeit	kJ/m²	23	30			NS
Kerbschlagzähigkeit (1)	kJ/m²	23	30			NS
IZOD-Kerbschlag-zähigkeit (2)	J/m					

Abrieb und Reibung

Taber-Abrieb (Reibradverfahren) mm³/100 U
Statische Reibungszahl
Dynamische Reibungszahl (p·v= N/mm²· m/min)
Zulässiger p · v Wert N/mm²·(m/min) v= m/min
v= m/min

Thermische Eigenschaften

Formbeständigkeit in der Wärme	*Verfahren*		°C
	Verfahren		°C
Formbeständigkeit Martens			200 °C
Längenausdehnungskoeffizient	*Bereich*	°C	$\cdot 10^{-4} K^{-1}$
	Temperatur		$\cdot 10^{-4} K^{-1}$
Wärmeleitfähigkeit	*Verfahren*		W/(K · m)
Spezifische Wärmekapazität	*Verfahren*		J/(K · g)

Brandverhalten

UL-Test vertikal Dicke mm, Wert
Dicke mm, Wert

	Norm	*Bewertung*	*Abmessungen*
Sauerstoff-Index	ASTM D 2863		
Glühstab-Verfahren	DIN 53459	3a	120 x 10 x 4 mm
Brandverhalten	DIN 4102		
MVSS			
FAR			

Elektrische Eigenschaften

		Hz	°C		*Probekörper, Form*
Dielektrizitätszahl		50			
		10^3	23	4.5	
		10^6			
Dielektrischer Verlustfaktor tan δ		50			
		10^3	23	0.03	
		10^6			
Spezifischer Durchgangs-widerstand	Ohm · cm		23	1.0*10**12	
Durchschlagfestigkeit	kV/mm		23	14	1 mm dick
Oberflächenwiderstand	Ohm		23	1.0*10**10–1.0*10**13	

Kriechstromfestigkeit KC >600 KB KA
Kriechwegbildung

Elektrolytische Korrosionswirkung
Lichtbogenfestigkeit nach DIN
nach ASTM s

Beständigkeit *(Chemische Beständigkeit siehe Anhang)*

Wasseraufnahme 23 C 4 d 60 mg

Feuchtigkeitsaufnahme Normalklima %
Wetterbeständigkeit

				UP
Produktklasse	Polyesterharz-Formmasse			
Handelsname	**Plastopreg PUP 43/30**			
Hersteller	DUROFORM			
DIN-Bezeichnung				
ISO-Bezeichnung				
Harzbasis	Ungesaettigter Polyester			
Zusätze		*Füllstoffe/ Verstärkung*	Glasfasern	
Bevorzugte Verarbeitung	Pressen	*Lieferform*	BMC	
		Farben	Natur; Standard	
Besondere Merkmale	Schrumpffrei; Nicht homogen einfaerbbar; Hervorragende Oberflaechenbeschaffenheit; Selbstverloeschend (UL-Werte nicht gemessen)	*Bevorzugte Anwendungen*	Bedarfsartikel; Technisches Formteil	

Dichte	g/cm³	1.75	*Dosierbarkeit*	
Schüttdichte	g/cm³		*Tablettierbarkeit*	
Fließeinstellung			*Lagerung*	Bei 18 C bis 22 C 5 bis 6 Monate; Schnellhaertende 8 bis 10 Wochen

Verarbeitungsbedingungen für Pressen

Werkzeugtemperatur	°C	140–155
Pressdruck	bar	≧50
Härtezeit je mm	s	30–40
Schwindung	%	0.05
Nachschwindung	%	
Bemerkungen		

Verarbeitungsbedingungen für Spritzgießen

Zylindertemperatur	°C	
Düsentemperatur	°C	
Massetemp.	°C	
Werkzeugtemp.	°C	
Spritzdruck	bar	
Härtezeit	s	
Schwindung	%	
Nachschwindung	%	
Bemerkungen		

Zugversuch 23 °C

Probekörper: *Form* *Herstellung*

Zugfestigkeit	N/mm²		*E-Modul*	N/mm²
Reißdehnung	%		*Zeitstandzugfestigkeit*	h N/mm²

Biegeversuch 23 °C DIN 53452; DIN 53457

Probekörper: *Form* NS *Herstellung* Pressen

Biegefestigkeit	N/mm²	85	*E-Modul*	N/mm²	7000

Druckversuch 23°C

Probekörper: *Form* *Herstellung*

Druckfestigkeit	N/mm²	*Stauchung*	%

Härte 23 °C *Probekörper:* *Herstellung* Pressen

Kugeldruckhärte	N/mm²	160	bei	N, s

Schlagversuch *Probekörper:* *(1)* U-Kerbe
(2)
Herstellung Pressen

		°C		°C	°C	*Probekörper-Form*
Schlagzähigkeit	kJ/m²	23	30			NS
Kerbschlagzähigkeit (1)	kJ/m²	23	30			NS
IZOD-Kerbschlag-zähigkeit (2)	J/m					

Abrieb und Reibung

Taber-Abrieb (Reibradverfahren) mm³/100 U
Statische Reibungszahl
Dynamische Reibungszahl (p · v= N/mm² · m/min)
Zulässiger p · v Wert N/mm² · (m/min) v= m/min
v= m/min

Thermische Eigenschaften

Formbeständigkeit in der Wärme	*Verfahren*		°C
	Verfahren		°C
Formbeständigkeit Martens			200 °C
Längenausdehnungskoeffizient	*Bereich*	°C	$\cdot 10^{-4}K^{-1}$
	Temperatur		$\cdot 10^{-4}K^{-1}$
Wärmeleitfähigkeit	*Verfahren*		W/(K · m)
Spezifische Wärmekapazität	*Verfahren*		J/(K · g)

Brandverhalten

UL-Test vertikal Dicke mm, Wert
Dicke mm, Wert

	Norm	*Bewertung*	*Abmessungen*
Sauerstoff-Index	ASTM D 2863		
Glühstab-Verfahren	DIN 53459	2a	120 x 10 x 4 mm
Brandverhalten	DIN 4102		
MVSS			
FAR			

Elektrische Eigenschaften

		Hz	°C		*Probekörper, Form*
Dielektrizitätszahl		50			
		10^3	23	4.5	
		10^6			
Dielektrischer Verlustfaktor tan δ		50			
		10^3	23	0.03	
		10^6			
Spezifischer Durchgangs-widerstand	Ohm · cm		23	1.0*10**12	
Durchschlagfestigkeit	kV/mm		23	14	1 mm dick
Oberflächenwiderstand	Ohm		23	1.0*10**10–1.0*10**13	

Kriechstromfestigkeit KC >600 KB KA
Kriechwegbildung

Elektrolytische Korrosionswirkung
Lichtbogenfestigkeit nach DIN
nach ASTM s

Beständigkeit *(Chemische Beständigkeit siehe Anhang)*

Wasseraufnahme 23 C 4 d 60 mg

Feuchtigkeitsaufnahme Normalklima %
Wetterbeständigkeit

Produktklasse	Phenolharz-Formmasse		**PF**
Handelsname	**Supraplast Typ 31/1400**		
Hersteller	SUED WEST		
DIN-Bezeichnung	31.1400 DIN 7708		
ISO-Bezeichnung			
Harzbasis	Phenol		
Zusätze		*Füllstoffe/ Verstärkung*	Holzmehl
Bevorzugte Verarbeitung	Pressen; Spritzpressen; Spritzgiessen	*Lieferform*	Staubarmes Granulat
		Farben	Schwarz; Elektrobraun
Besondere Merkmale	Vielseitige Masse; Gute Verarbeitungseigenschaften; Gute Pressteiloberflaeche	*Bevorzugte Anwendungen*	Bedarfsartikel; Technisches Formteil

---

Dichte	g/cm³	1.35–1.40	*Dosierbarkeit*	
Schüttdichte	g/cm³	0.55–0.65	*Tablettierbarkeit*	
Fließeinstellung			*Lagerung*	Kuehl und trocken 12 Monate

Verarbeitungsbedingungen für Pressen

Werkzeugtemperatur	°C	160–175
Pressdruck	bar	250–400
Härtezeit je mm	s	
Schwindung	%	
Nachschwindung	%	0.2–0.4
Bemerkungen		

Verarbeitungsbedingungen für Spritzgießen

Zylindertemperatur	°C	70
Düsentemperatur	°C	80–90
Massetemp.	°C	
Werkzeugtemp.	°C	165–170
Spritzdruck	bar	1200 2200
Härtezeit	s	
Schwindung	%	0.5–0.7
Nachschwindung	%	0.2–0.4
Bemerkungen		

Zugversuch 23 °C

Probekörper: *Form* *Herstellung*

Zugfestigkeit	N/mm²	*E-Modul*	N/mm²
Reißdehnung	%	*Zeitstandzugfestigkeit*	h N/mm²

Biegeversuch 23 °C DIN 53452;

Probekörper: *Form* NS *Herstellung* Pressen

Biegefestigkeit	N/mm² ≧70	*E-Modul*	N/mm²

Druckversuch 23°C

Probekörper: *Form* *Herstellung*

Druckfestigkeit	N/mm²	*Stauchung*	%

Härte 23 °C *Probekörper:* *Herstellung*

Kugeldruckhärte N/mm² bei N, s

Schlagversuch *Probekörper:* *(1)* U-Kerbe *(2)* *Herstellung* Pressen

		°C		°C	°C	*Probekörper-Form*
Schlagzähigkeit	kJ/m²	23	≧6.0			NS
Kerbschlagzähigkeit (1)	kJ/m²	23	≧1.5			NS
IZOD-Kerbschlagzähigkeit (2)	J/m					

Abrieb und Reibung

Taber-Abrieb (Reibradverfahren) mm³/100 U
Statische Reibungszahl
Dynamische Reibungszahl (p · v= N/mm² · m/min)
Zulässiger p · v Wert N/mm² · (m/min) v= m/min
v= m/min

Thermische Eigenschaften

Formbeständigkeit in der Wärme	*Verfahren*		°C
	Verfahren		°C
Formbeständigkeit Martens			≧125 °C
Längenausdehnungskoeffizient	*Bereich*	°C	$\cdot 10^{-4} K^{-1}$
	Temperatur		$\cdot 10^{-4} K^{-1}$
Wärmeleitfähigkeit	*Verfahren*		W/(K · m)
Spezifische Wärmekapazität	*Verfahren*		J/(K · g)

Brandverhalten

UL-Test vertikal Dicke mm, Wert
Dicke mm, Wert

	Norm	*Bewertung*	*Abmessungen*
Sauerstoff-Index	ASTM D 2863		
Glühstab-Verfahren	DIN 53459	2a	
Brandverhalten	DIN 4102		
MVSS			
FAR			

Elektrische Eigenschaften

		Hz	°C		*Probekörper, Form*
Dielektrizitätszahl		50			
		10^3			
		10^6			
Dielektrischer Verlustfaktor tan δ		50			
		10^3			
		10^6			
Spezifischer Durchgangswiderstand	Ohm · cm				
Durchschlagfestigkeit	kV/mm				mm dick
Oberflächenwiderstand	Ohm		23	≧1. *10**8	

Kriechstromfestigkeit KC KB KA
Kriechwegbildung

Elektrolytische Korrosionswirkung
Lichtbogenfestigkeit nach DIN
nach ASTM s

Beständigkeit *(Chemische Beständigkeit siehe Anhang)*

Wasseraufnahme 23 C 4 d ≦150 mg

Feuchtigkeitsaufnahme Normalklima %
Wetterbeständigkeit

PF

Produktklasse	Phenolharz-Formmasse
Handelsname	**Supraplast Typ 51 DIN 7708**
Hersteller	SUED WEST
DIN-Bezeichnung	51 DIN 7708
ISO-Bezeichnung	
Harzbasis	Phenol
Zusätze	
Füllstoffe/ Verstärkung	Cellulose
Bevorzugte Verarbeitung	Pressen; Spritzpressen; Spritzgiessen
Lieferform	Staubarmes Granulat
Farben	Schwarz
Besondere Merkmale	Gute mechanische Eigenschaften; Gute Gleiteigenschaften Kunststoff auf Kunststoff
Bevorzugte Anwendungen	Bedarfsartikel; Technisches Formteil

Dichte	g/cm³	1.40–1.42
Schüttdichte	g/cm³	0.42–0.48
Fließeinstellung		
Dosierbarkeit		
Tablettierbarkeit		
Lagerung		Kuehl und trocken 12 Monate

Verarbeitungsbedingungen für Pressen

Werkzeugtemperatur	°C	160 175
Pressdruck	bar	250–400
Härtezeit je mm	s	
Schwindung	%	
Nachschwindung	%	0.2–0.4
Bemerkungen		

Verarbeitungsbedingungen für Spritzgießen

Zylindertemperatur	°C	70
Düsentemperatur	°C	80–90
Massetemp.	°C	
Werkzeugtemp.	°C	165–170
Spritzdruck	bar	1200–2200
Härtezeit	s	
Schwindung	%	0.5–0.7
Nachschwindung	%	0.4–0.6
Bemerkungen		

Zugversuch 23 °C

Probekörper: *Form* *Herstellung*

Zugfestigkeit	N/mm²		*E-Modul*	N/mm²
Reißdehnung	%		*Zeitstandzugfestigkeit*	h N/mm²

Biegeversuch 23 °C DIN 53452;

Probekörper: *Form* NS *Herstellung* Pressen

Biegefestigkeit	N/mm²	≧60	*E-Modul*	N/mm²

Druckversuch 23 °C

Probekörper: *Form* *Herstellung*

Druckfestigkeit	N/mm²	*Stauchung*	%

Härte 23 °C *Probekörper:* *Herstellung*

Kugeldruckhärte N/mm² bei N, s

Schlagversuch *Probekörper:* *(1)* U-Kerbe *(2)* *Herstellung* Pressen

		°C		°C	°C	*Probekörper-Form*
Schlagzähigkeit	kJ/m²	23	≧5.0			NS
Kerbschlagzähigkeit (1)	kJ/m²	23	≧3.5			NS
IZOD-Kerbschlagzähigkeit (2)	J/m					

Abrieb und Reibung

Taber-Abrieb (Reibradverfahren) mm³/100 U
Statische Reibungszahl
Dynamische Reibungszahl (p·v= N/mm²· m/min)
Zulässiger p·v Wert N/mm²·(m/min) v= m/min
v= m/min

Thermische Eigenschaften

Formbeständigkeit in der Wärme	*Verfahren*		°C
	Verfahren		°C
Formbeständigkeit Martens			≧125 °C
Längenausdehnungskoeffizient	*Bereich*	°C	$\cdot 10^{-4}K^{-1}$
	Temperatur		$\cdot 10^{-4}K^{-1}$
Wärmeleitfähigkeit	*Verfahren*		W/(K · m)
Spezifische Wärmekapazität	*Verfahren*		J/(K · g)

Brandverhalten

UL-Test vertikal Dicke mm, Wert
Dicke mm, Wert

	Norm	*Bewertung*	*Abmessungen*
Sauerstoff-Index	ASTM D 2863		
Glühstab-Verfahren	DIN 53459	2b	
Brandverhalten	DIN 4102		
MVSS			
FAR			

Elektrische Eigenschaften

		Hz	°C		*Probekörper, Form*
Dielektrizitätszahl		50			
		10^3			
		10^6			
Dielektrischer Verlustfaktor tan δ		50			
		10^3			
		10^6			
Spezifischer Durchgangswiderstand	Ohm · cm				
Durchschlagfestigkeit	kV/mm				mm dick
Oberflächenwiderstand	Ohm		23	1. *10**7	

Kriechstromfestigkeit KC KB KA
Kriechwegbildung

Elektrolytische Korrosionswirkung
Lichtbogenfestigkeit nach DIN
nach ASTM s

Beständigkeit *(Chemische Beständigkeit siehe Anhang)*

Wasseraufnahme 23 C 4 d ≦300 mg

Feuchtigkeitsaufnahme Normalklima %
Wetterbeständigkeit

Produktklasse	Phenolharz-Formmasse		**PF**
Handelsname	**Supraplast P 3096 GRN 7708**		
Hersteller	SUED WEST		
DIN-Bezeichnung *ISO-Bezeichnung*			
Harzbasis	Phenol		
Zusätze		*Füllstoffe/ Verstärkung*	Graphit
Bevorzugte Verarbeitung	Pressen; Spritzpressen; Spritzgiessen	*Lieferform*	Granulat
		Farben	Schwarz
Besondere Merkmale	Gute Gleiteigenschaften	*Bevorzugte Anwendungen*	Technisches Formteil

Dichte	g/cm³	1.6–1.7	*Dosierbarkeit*	
Schüttdichte	g/cm³	0.70–0.80	*Tablettierbarkeit*	
Fließeinstellung			*Lagerung*	Kuehl und trocken; 12 Monate

Verarbeitungsbedingungen für Pressen

Werkzeugtemperatur	°C	160–175
Pressdruck	bar	250–400
Härtezeit je mm	s	
Schwindung	%	
Nachschwindung	%	0.2–0.4
Bemerkungen		

Verarbeitungsbedingungen für Spritzgießen

Zylindertemperatur	°C	70
Düsentemperatur	°C	80–90
Massetemp.	°C	
Werkzeugtemp.	°C	165–170
Spritzdruck	bar	1200 2200
Härtezeit	s	
Schwindung	%	0.2–0.4
Nachschwindung	%	0.1–0.2
Bemerkungen		

Zugversuch 23 °C

Probekörper: *Form* *Herstellung*

Zugfestigkeit	N/mm²	*E-Modul*	N/mm²
Reißdehnung	%	*Zeitstandzugfestigkeit*	h N/mm²

Biegeversuch 23 °C DIN 53452;

Probekörper: *Form* NS *Herstellung* Pressen

Biegefestigkeit	N/mm² 50–60	*E-Modul*	N/mm²

Druckversuch 23°C

Probekörper: *Form* *Herstellung*

Druckfestigkeit	N/mm²	*Stauchung*	%

Härte 23 °C *Probekörper:* *Herstellung*

Kugeldruckhärte N/mm² bei N, s

Schlagversuch *Probekörper:* *(1)* U-Kerbe *(2)* *Herstellung* Pressen

		°C		°C		°C		*Probekörper-Form*
Schlagzähigkeit	kJ/m²	23	2.5–3.0					NS
Kerbschlagzähigkeit (1)	kJ/m²	23	1.8–2.2					NS
IZOD-Kerbschlagzähigkeit (2)	J/m							

Abrieb und Reibung

Taber-Abrieb (Reibradverfahren) mm³/100 U
Statische Reibungszahl
Dynamische Reibungszahl (p·v= N/mm² · m/min)
Zulässiger p · v Wert N/mm² · (m/min) v= m/min
v= m/min

Thermische Eigenschaften

Formbeständigkeit in der Wärme	*Verfahren*		°C
	Verfahren		°C
Formbeständigkeit Martens			130–150 °C
Längenausdehnungskoeffizient	*Bereich*	°C	$\cdot 10^{-4} K^{-1}$
	Temperatur		$\cdot 10^{-4} K^{-1}$
Wärmeleitfähigkeit	*Verfahren*		W/(K · m)
Spezifische Wärmekapazität	*Verfahren*		J/(K · g)

Brandverhalten

UL-Test vertikal Dicke mm, Wert
Dicke mm, Wert

	Norm	*Bewertung*	*Abmessungen*
Sauerstoff-Index	ASTM D 2863		
Glühstab-Verfahren	DIN 53459	2a	
Brandverhalten	DIN 4102		
MVSS			
FAR			

Elektrische Eigenschaften

		Hz	°C		*Probekörper, Form*
Dielektrizitätszahl		50			
		10^3			
		10^6			
Dielektrischer Verlustfaktor tan δ		50			
		10^3			
		10^6			
Spezifischer Durchgangswiderstand	Ohm · cm				
Durchschlagfestigkeit	kV/mm				mm dick
Oberflächenwiderstand	Ohm		23	≦1. *10**7	

Kriechstromfestigkeit KC KB KA
Kriechwegbildung

Elektrolytische Korrosionswirkung
Lichtbogenfestigkeit nach DIN
nach ASTM s

Beständigkeit *(Chemische Beständigkeit siehe Anhang)*

Wasseraufnahme 23 C 4 d ≦30 mg

Feuchtigkeitsaufnahme Normalklima %
Wetterbeständigkeit

Datenbank-Nr. **H00001** Merkblatt-Nr. **260**

PF

Produktklasse	Phenolharz-Formmasse		
Handelsname	**Bakelite-Formmasse PF 12**		
Hersteller	BAKELITE		
DIN-Bezeichnung	12 DIN 7708		
ISO-Bezeichnung	PF 2 C 1		
Harzbasis	≧35.0% Phenol		
Zusätze		*Füllstoffe/ Verstärkung*	Asbestfaser, kurz
Bevorzugte Verarbeitung	Pressen; Spritzpressen; Spritzgiessen	*Lieferform*	Mahlung; Staubarmes Granulat
		Farben	Natur; Braun; Schwarz
Besondere Merkmale	Waermeformbestaendig; Masshaltig	*Bevorzugte Anwendungen*	Armatur; Pumpenteil; Dichtungsflansch; Isolationskappe; Elektrisches Schaltgeraet; Lampenfassung

Dichte	g/cm³	1.8	*Dosierbarkeit*	Rieselfaehig; Schuettbar
Schüttdichte	g/cm³	0.4–0.8	*Tablettierbarkeit*	
Fließeinstellung			*Lagerung*	> 24 Monate

Verarbeitungsbedingungen für Pressen

Werkzeugtemperatur	°C	165–185
Pressdruck	bar	≧150
Härtezeit je mm	s	30–60
Schwindung	%	0.2–0.4
Nachschwindung	%	0.0–0.2
Bemerkungen		

Verarbeitungsbedingungen für Spritzgießen

Zylindertemperatur	°C	65–85
Düsentemperatur	°C	85–120
Massetemp.	°C	110–140
Werkzeugtemp.	°C	160–195
Spritzdruck	bar	800–2500
Härtezeit	s	15–80
Schwindung	%	0.8–1.2
Nachschwindung	%	
Bemerkungen		

Zugversuch 23 °C

Probekörper: *Form* *Herstellung*

Zugfestigkeit	N/mm²		*E-Modul*	N/mm²
Reißdehnung	%		*Zeitstandzugfestigkeit*	h N/mm²

Biegeversuch 23 °C DIN 53452; DIN 53457

Probekörper: *Form* *Herstellung* DIN 53470

Biegefestigkeit	N/mm²	50–70	*E-Modul*	N/mm² 9000–15000

Druckversuch 23 °C DIN 53454

Probekörper: *Form* *Herstellung* DIN 53470

Druckfestigkeit	N/mm²	≧120	*Stauchung*	%

Härte 23 °C *Probekörper:* *Herstellung* DIN 53470

Kugeldruckhärte N/mm² 210–380 bei N, 30 s

Schlagversuch *Probekörper:* *(1)* U-Kerbe
(2)
Herstellung DIN 53470

		°C		°C	°C	*Probekörper-Form*
Schlagzähigkeit	kJ/m²	23	3.5–5			NS
Kerbschlagzähigkeit (1)	kJ/m²	23	2–2.5			NS
IZOD-Kerbschlag-zähigkeit (2)	J/m					

Abrieb und Reibung

Taber-Abrieb (Reibradverfahren) mm³/100 U
Statische Reibungszahl
Dynamische Reibungszahl (p·v= N/mm²· m/min)
Zulässiger p · v Wert N/mm²·(m/min) v= m/min
v= m/min

Thermische Eigenschaften

Formbeständigkeit in der Wärme	*Verfahren* A		180–200 °C
	Verfahren		°C
Formbeständigkeit Martens			150–180 °C
Längenausdehnungskoeffizient	*Bereich* °C		$\cdot 10^{-4} K^{-1}$
	Temperatur 23 °C		$0.20–0.30 \cdot 10^{-4} K^{-1}$
Wärmeleitfähigkeit	*Verfahren*	23 °C	≧0.7 W/(K · m)
Spezifische Wärmekapazität	*Verfahren*		J/(K · g)

Brandverhalten

UL-Test vertikal Dicke 1.6 mm, Wert V-0
Dicke mm, Wert

	Norm	*Bewertung*	*Abmessungen*
Sauerstoff-Index	ASTM D 2863		
Glühstab-Verfahren	DIN 53459	1	
Brandverhalten	DIN 4102		
MVSS			
FAR			

Elektrische Eigenschaften

		Hz	°C		*Probekörper, Form*
Dielektrizitätszahl		50			
		10^3	23	6–20	
		10^6			
Dielektrischer Verlustfaktor tan δ		50			
		10^3	23	≦0.5	
		10^6			
Spezifischer Durchgangs-widerstand	Ohm · cm		23	≧1.0*10**9	
Durchschlagfestigkeit	kV/mm		23	4–7	mm dick
Oberflächenwiderstand	Ohm		23	≧1.0*10**08	

Kriechstromfestigkeit KC 150-175 KB 200 KA
Kriechwegbildung CTI 175
CTI 200 M

Elektrolytische Korrosionswirkung
Lichtbogenfestigkeit nach DIN
nach ASTM s

Beständigkeit *(Chemische Beständigkeit siehe Anhang)*

Wasseraufnahme 4 d ≦60 mg

Feuchtigkeitsaufnahme Normalklima %
Wetterbeständigkeit

PF

Produktklasse	Phenolharz-Formmasse
Handelsname	**Bakelite-Formmasse PF Vortyp CD**
Hersteller	BAKELITE
DIN-Bezeichnung	
ISO-Bezeichnung	
Harzbasis	Phenol
Zusätze	
Füllstoffe/ Verstärkung	Anorganische Fasern
Bevorzugte Verarbeitung	Pressen; Spritzpressen; Spritzgiessen
Lieferform	Automatengranulat; Mahlung
Farben	
Besondere Merkmale	Waermeformbestaendig; Masshaltig; Asbestfrei
Bevorzugte Anwendungen	Armatur; Pumpenteil; Dichtungsflansch; Isolationskappe; Elektrisches Schaltgeraet; Lampenfassung; Topfgriff

---

Dichte	g/cm^3	1.7
Schüttdichte	g/cm^3	0.85
Fließeinstellung		

Dosierbarkeit	Rieselfaehig
Tablettierbarkeit	
Lagerung	

Verarbeitungsbedingungen für Pressen

Werkzeugtemperatur	°C	165–185
Pressdruck	bar	≧150
Härtezeit je mm	s	30–60
Schwindung	%	0.2–0.3
Nachschwindung	%	0.0–0.1
Bemerkungen		

Verarbeitungsbedingungen für Spritzgießen

Zylindertemperatur	°C	65–85
Düsentemperatur	°C	85–120
Massetemp.	°C	110–140
Werkzeugtemp.	°C	160–195
Spritzdruck	bar	800–2500
Härtezeit	s	15–80
Schwindung	%	0.8–1.2
Nachschwindung	%	
Bemerkungen		

Zugversuch 23 °C

Probekörper: *Form* *Herstellung*

Zugfestigkeit	N/mm^2		*E-Modul*	N/mm^2
Reißdehnung	%		*Zeitstandzugfestigkeit*	h N/mm^2

Biegeversuch 23 °C DIN 53452; DIN 53457

Probekörper: *Form* *Herstellung* DIN 53470

Biegefestigkeit	N/mm^2 50–70		*E-Modul*	N/mm^2 8000–15000

Druckversuch 23°C DIN 53452

Probekörper: *Form* *Herstellung* DIN 53470

Druckfestigkeit	N/mm^2 ≧120		*Stauchung*	%

Härte 23 °C *Probekörper:* *Herstellung* DIN 53470

Kugeldruckhärte N/mm^2 280–350 bei N, 30 s

Schlagversuch *Probekörper:* *(1)* U-Kerbe
(2)
Herstellung DIN 53470

		°C		°C	°C	*Probekörper-Form*
Schlagzähigkeit	kJ/m²	23	3.5–5			NS
Kerbschlagzähigkeit (1)	kJ/m²	23	2–2.5			NS
IZOD-Kerbschlag-zähigkeit (2)	J/m					

Abrieb und Reibung

Taber-Abrieb (Reibradverfahren) mm³/100 U
Statische Reibungszahl
Dynamische Reibungszahl (p·v= N/mm²· m/min)
Zulässiger p · v Wert N/mm² · (m/min) v= m/min
v= m/min

Thermische Eigenschaften

Formbeständigkeit in der Wärme	*Verfahren* A		180–200 °C
	Verfahren		°C
Formbeständigkeit Martens			150–180 °C
Längenausdehnungskoeffizient	*Bereich* °C		$\cdot 10^{-4}K^{-1}$
	Temperatur 23 °C		$0.20–0.30 \cdot 10^{-4}K^{-1}$
Wärmeleitfähigkeit	*Verfahren*	23 °C	0.7 W/(K · m)
Spezifische Wärmekapazität	*Verfahren*		J/(K · g)

Brandverhalten

UL-Test vertikal Dicke 1.6 mm, Wert V-0
Dicke mm, Wert

	Norm	*Bewertung*	*Abmessungen*
Sauerstoff-Index	ASTM D 2863		
Glühstab-Verfahren	DIN 53459	1	
Brandverhalten	DIN 4102		
MVSS			
FAR			

Elektrische Eigenschaften

		Hz	°C		*Probekörper, Form*
Dielektrizitätszahl		50			
		10^3	23	5–8	
		10^6			
Dielektrischer Verlustfaktor tan δ		50			
		10^3	23	≦0.1	
		10^6			
Spezifischer Durchgangs-widerstand	Ohm · cm		23	≧1.0*10**11	
Durchschlagfestigkeit	kV/mm		23	12–16	mm dick
Oberflächenwiderstand	Ohm		23	≧1.0*10**10	

Kriechstromfestigkeit KC 175 KB 200 KA
Kriechwegbildung CTI 175
CTI 200 M

Elektrolytische Korrosionswirkung
Lichtbogenfestigkeit nach DIN
nach ASTM s

Beständigkeit *(Chemische Beständigkeit siehe Anhang)*

Wasseraufnahme 4 d ≦60 mg

Feuchtigkeitsaufnahme Normalklima %
Wetterbeständigkeit

PF

Produktklasse	Phenolharz-Formmasse		
Handelsname	**Bakelite-Formmasse PF 1040**		
Hersteller	BAKELITE		
DIN-Bezeichnung			
ISO-Bezeichnung			
Harzbasis	Phenol		
Zusätze		*Füllstoffe/ Verstärkung*	Asbest; Spezielle Verstaerkungsstoffe
Bevorzugte Verarbeitung	Pressen; Spritzpressen; Spritzgiessen	*Lieferform*	Automatengranulat
		Farben	Braun; Schwarz
Besondere Merkmale	Besonders waermeformbestaendig, 280 C; Spuelmittelbestaendig; Masshaltig	*Bevorzugte Anwendungen*	Geschirrbeschlag; Backofenbeschlag

Dichte	g/cm³	1.75	*Dosierbarkeit*	Rieselfaehig
Schüttdichte	g/cm³	0.75	*Tablettierbarkeit*	
Fließeinstellung			*Lagerung*	

Verarbeitungsbedingungen für Pressen

Werkzeugtemperatur	°C	105–105
Pressdruck	bar	≧150
Härtezeit je mm	s	30–60
Schwindung	%	0.1–0.3
Nachschwindung	%	0.0–0.1
Bemerkungen		

Verarbeitungsbedingungen für Spritzgießen

Zylindertemperatur	°C	65–85
Düsentemperatur	°C	85–120
Massetemp.	°C	110–140
Werkzeugtemp	°C	160–195
Spritzdruck	bar	800–2500
Härtezeit	s	15–80
Schwindung	%	0.8–1.2
Nachschwindung	%	
Bemerkungen		

Zugversuch 23 °C

Probekörper: *Form* *Herstellung*

Zugfestigkeit	N/mm²	*E-Modul*	N/mm²
Reißdehnung	%	*Zeitstandzugfestigkeit*	h N/mm²

Biegeversuch 23 °C DIN 53452; DIN 53457

Probekörper: *Form* *Herstellung* DIN 53470

Biegefestigkeit	N/mm² 50–70	*E-Modul*	N/mm² 9000–15000

Druckversuch 23°C DIN 53454

Probekörper: *Form* *Herstellung* DIN 53470

Druckfestigkeit	N/mm² ≧120	*Stauchung*	%

Härte 23 °C *Probekörper:* *Herstellung* DIN 53470

Kugeldruckhärte N/mm² 300–450 bei N, 30 s

Schlagversuch *Probekörper:* *(1)* U-Kerbe *(2)* *Herstellung* DIN 53470

		°C		°C	°C	*Probekörper-Form*
Schlagzähigkeit	kJ/m²	23	3.5–5			NS
Kerbschlagzähigkeit (1)	kJ/m²	23	2–2.5			NS
IZOD-Kerbschlag-zähigkeit (2)	J/m					

Abrieb und Reibung

Taber-Abrieb (Reibradverfahren) mm³/100 U
Statische Reibungszahl
Dynamische Reibungszahl (p·v= N/mm²· m/min)
Zulässiger p · v Wert N/mm² · (m/min) v= m/min
v= m/min

Thermische Eigenschaften

Formbeständigkeit in der Wärme	*Verfahren* A			200–230 °C
	Verfahren			°C
Formbeständigkeit Martens				170–200 °C
Längenausdehnungskoeffizient	*Bereich*	°C		$\cdot 10^{-4}K^{-1}$
	Temperatur 23 °C			$0.20–0.25 \cdot 10^{-4}K^{-1}$
Wärmeleitfähigkeit	*Verfahren*		23 °C	0.7 W/(K · m)
Spezifische Wärmekapazität	*Verfahren*			J/(K · g)

Brandverhalten

UL-Test vertikal Dicke 1.6 mm, Wert V-0
Dicke mm, Wert

	Norm	*Bewertung*	*Abmessungen*
Sauerstoff-Index	ASTM D 2863		
Glühstab-Verfahren	DIN 53459	2a	
Brandverhalten	DIN 4102		
MVSS			
FAR			

Elektrische Eigenschaften

		Hz	°C		*Probekörper, Form*
Dielektrizitätszahl		50			
		10^3	23	4–6	
		10^6			
Dielektrischer Verlustfaktor tan δ		50			
		10^3	23	0.3	
		10^6			
Spezifischer Durchgangs-widerstand	Ohm · cm		23	1.0*10**09	
Durchschlagfestigkeit	kV/mm				mm dick
Oberflächenwiderstand	Ohm		23	1.0*10**08	

Kriechstromfestigkeit KC 175 KB 200 KA
Kriechwegbildung CTI 175
CTI 200 M

Elektrolytische Korrosionswirkung
Lichtbogenfestigkeit nach DIN
nach ASTM s

Beständigkeit *(Chemische Beständigkeit siehe Anhang)*

Wasseraufnahme 4 d 20 mg

Feuchtigkeitsaufnahme Normalklima %
Wetterbeständigkeit

PF

Produktklasse	Phenolharz-Formmasse
Handelsname	**Bakelite-Formmasse PF 1041**
Hersteller	BAKELITE
DIN-Bezeichnung	
ISO-Bezeichnung	
Harzbasis	Phenol
Zusätze	
Füllstoffe/ Verstärkung	Asbest; Holzmehl
Bevorzugte Verarbeitung	Pressen; Spritzpressen; Spritzgiessen
Lieferform	Automatengranulat
Farben	
Besondere Merkmale	Waermeformbestaendig, 260 C; Spuelmittelbestaendig; Masshaltig
Bevorzugte Anwendungen	Geschirrbeschlag; Backofenbeschlag

Dichte	g/cm³	1.7
Schüttdichte	g/cm³	0.65
Fließeinstellung		

Dosierbarkeit	Rieselfaehig
Tablettierbarkeit	
Lagerung	

Verarbeitungsbedingungen für Pressen

Werkzeugtemperatur	°C	165–185
Pressdruck	bar	≧150
Härtezeit je mm	s	30–60
Schwindung	%	0.1–0.3
Nachschwindung	%	0.0–0.1
Bemerkungen		

Verarbeitungsbedingungen für Spritzgießen

Zylindertemperatur	°C	65–85
Düsentemperatur	°C	85–120
Massetemp.	°C	110–140
Werkzeugtemp.	°C	160–195
Spritzdruck	bar	800–2500
Härtezeit	s	15–80
Schwindung	%	0.8–1.2
Nachschwindung	%	
Bemerkungen		

Zugversuch 23 °C

Probekörper: *Form* *Herstellung*

Zugfestigkeit	N/mm²		*E-Modul*	N/mm²	
Reißdehnung	%		*Zeitstandzugfestigkeit*	h N/mm²	

Biegeversuch 23 °C DIN 53452; DIN 53457

Probekörper: *Form* *Herstellung* DIN 53470

Biegefestigkeit	N/mm²	70–80	*E-Modul*	N/mm²	8000–12000

Druckversuch 23 °C DIN 53454

Probekörper: *Form* *Herstellung* DIN 53470

Druckfestigkeit	N/mm²	≧110	*Stauchung*	%	

Härte 23 °C *Probekörper:* *Herstellung* DIN 53470

Kugeldruckhärte N/mm² 300–350 bei N, 30 s

Schlagversuch *Probekörper:* *(1)* U-Kerbe *(2)* *Herstellung* DIN 53470

		°C		°C	°C	*Probekörper-Form*
Schlagzähigkeit	kJ/m²	23	4–6			NS
Kerbschlagzähigkeit (1)	kJ/m²	23	2–2.5			NS
IZOD-Kerbschlagzähigkeit (2)	J/m					

Abrieb und Reibung

Taber-Abrieb (Reibradverfahren) mm³/100 U
Statische Reibungszahl
Dynamische Reibungszahl (p·v= N/mm²· m/min)
Zulässiger p · v Wert N/mm² · (m/min) v= m/min
v= m/min

Thermische Eigenschaften

Formbeständigkeit in der Wärme	*Verfahren* A			200–230 °C
	Verfahren			°C
Formbeständigkeit Martens				170–200 °C
Längenausdehnungskoeffizient	*Bereich*	°C		$\cdot 10^{-4} K^{-1}$
	Temperatur 23 °C			$0.20–0.30 \cdot 10^{-4} K^{-1}$
Wärmeleitfähigkeit	*Verfahren*		23 °C	0.7 W/(K · m)
Spezifische Wärmekapazität	*Verfahren*			J/(K · g)

Brandverhalten

UL-Test vertikal Dicke 1.6 mm, Wert V-0
Dicke mm, Wert

	Norm	*Bewertung*	*Abmessungen*
Sauerstoff-Index	ASTM D 2863		
Glühstab-Verfahren	DIN 53459	2a	
Brandverhalten	DIN 4102		
MVSS			
FAR			

Elektrische Eigenschaften

		Hz	°C			*Probekörper, Form*
Dielektrizitätszahl		50				
		10^3	23	4–6		
		10^6				
Dielektrischer Verlustfaktor tan δ		50				
		10^3	23	0.3		
		10^6				
Spezifischer Durchgangswiderstand	Ohm · cm		23	1.0*10**09		
Durchschlagfestigkeit	kV/mm					mm dick
Oberflächenwiderstand	Ohm		23	1.0*10**08		
Kriechstromfestigkeit		KC 175		KB 200	KA	
Kriechwegbildung		CTI 175				
		CTI 200 M				
Elektrolytische Korrosionswirkung						
Lichtbogenfestigkeit nach DIN						
nach ASTM	s					

Beständigkeit *(Chemische Beständigkeit siehe Anhang)*

Wasseraufnahme 4 d 20 mg

Feuchtigkeitsaufnahme Normalklima %
Wetterbeständigkeit

PF

Produktklasse	Phenolharz-Formmasse		
Handelsname	**Bakelite-Formmasse PF 1150**		
Hersteller	BAKELITE		
DIN-Bezeichnung			
ISO-Bezeichnung			
Harzbasis	Phenol		
Zusätze		*Füllstoffe/ Verstärkung*	Anorganischer Harztraeger; Organischer Harztraeger
Bevorzugte Verarbeitung	Pressen; Spritzpressen; Spritzgiessen	*Lieferform*	Automatengranulat
		Farben	
Besondere Merkmale	Asbestfrei; Waermeformbestaendig, 260 C; Spuelmittelbestaendig; Masshaltig	*Bevorzugte Anwendungen*	Geschirrbeschlag; Backofenbeschlag

Dichte	g/cm³	1.5	*Dosierbarkeit*	Rieselfaehig
Schüttdichte	g/cm³	0.7	*Tablettierbarkeit*	
Fließeinstellung			*Lagerung*	

Verarbeitungsbedingungen für Pressen

Werkzeugtemperatur	°C	105–105
Pressdruck	bar	≧150
Härtezeit je mm	s	30–60
Schwindung	%	0.1–0.3
Nachschwindung	%	0.0–0.1
Bemerkungen		

Verarbeitungsbedingungen für Spritzgießen

Zylindertemperatur	°C	65–85
Düsentemperatur	°C	85–120
Massetemp.	°C	110–140
Werkzeugtemp	°C	160–195
Spritzdruck	bar	800–2500
Härtezeit	s	15–80
Schwindung	%	0.8–1.2
Nachschwindung	%	
Bemerkungen		

Zugversuch 23 °C

Probekörper: *Form* *Herstellung*

Zugfestigkeit	N/mm²		*E-Modul*	N/mm²
Reißdehnung	%		*Zeitstandzugfestigkeit*	h N/mm²

Biegeversuch 23 °C DIN 53452; DIN 53457

Probekörper: *Form* *Herstellung* DIN 53470

Biegefestigkeit	N/mm²	60–70	*E-Modul*	N/mm² 9000–15000

Druckversuch 23 °C DIN 53454

Probekörper: *Form* *Herstellung* DIN 53470

Druckfestigkeit	N/mm²	≧120	*Stauchung*	%

Härte 23 °C *Probekörper:* *Herstellung* DIN 53470

Kugeldruckhärte N/mm² 340–360 bei N, 30 s

Schlagversuch *Probekörper:* *(1)* U-Kerbe *(2)* *Herstellung* DIN 53470

		°C		°C		°C		*Probekörper-Form*
Schlagzähigkeit	kJ/m^2	23	4–6					NS
Kerbschlagzähigkeit (1)	kJ/m^2	23	1.5–2					NS
IZOD-Kerbschlag-zähigkeit (2)	J/m							

Abrieb und Reibung

Taber-Abrieb (Reibradverfahren) mm^3/100 U
Statische Reibungszahl
Dynamische Reibungszahl (p·v= N/mm^2· m/min)
Zulässiger p · v Wert N/mm^2 · (m/min) v= m/min
v= m/min

Thermische Eigenschaften

Formbeständigkeit in der Wärme	*Verfahren* A			200–230 °C
	Verfahren			°C
Formbeständigkeit Martens				170–200 °C
Längenausdehnungskoeffizient	*Bereich*	°C		$\cdot 10^{-4} K^{-1}$
	Temperatur 23 °C			$0.2–0.3 \cdot 10^{-4} K^{-1}$
Wärmeleitfähigkeit	*Verfahren*		23 °C	0.7 W/(K · m)
Spezifische Wärmekapazität	*Verfahren*			J/(K · g)

Brandverhalten

UL-Test vertikal Dicke 1.6 mm, Wert V-0
Dicke mm, Wert

	Norm	*Bewertung*	*Abmessungen*
Sauerstoff-Index	ASTM D 2863		
Glühstab-Verfahren	DIN 53459	2a	
Brandverhalten	DIN 4102		
MVSS			
FAR			

Elektrische Eigenschaften

		Hz	°C		*Probekörper, Form*
Dielektrizitätszahl		50			
		10^3	23	4–6	
		10^6			
Dielektrischer Verlustfaktor tan δ		50			
		10^3	23	$\leqq 0.1$	
		10^6			
Spezifischer Durchgangs-widerstand	Ohm · cm				
Durchschlagfestigkeit	kV/mm				mm dick
Oberflächenwiderstand	Ohm		23	1.0*10**10	

Kriechstromfestigkeit KC KB KA
Kriechwegbildung

Elektrolytische Korrosionswirkung
Lichtbogenfestigkeit nach DIN
nach ASTM s

Beständigkeit *(Chemische Beständigkeit siehe Anhang)*
Wasseraufnahme 4 d 20 mg

Feuchtigkeitsaufnahme Normalklima %
Wetterbeständigkeit

Produktklasse	Phenolharz-Formmasse		**PF**
Handelsname	**Bakelite-Formmasse PF 2736**		
Hersteller	BAKELITE		
DIN-Bezeichnung *ISO-Bezeichnung*			
Harzbasis	Phenol		
Zusätze		*Füllstoffe/ Verstärkung*	Anorganischer Harztraeger; Organischer Harztraeger
Bevorzugte Verarbeitung	Pressen; Spritzpressen; Spritzgiessen	*Lieferform*	Automatengranulat
		Farben	Schwarz
Besondere Merkmale	Asbestfrei; Waermeformbestaendig; Masshaltig; Erhoehte Kriechstromfestigkeit	*Bevorzugte Anwendungen*	Armatur; Pumpenteil; Dichtungsflansch; Isolationskappe; Elektrisches Schaltgeraet; Lampenfassung; Topfgriff

Dichte	g/cm^3	1.55	*Dosierbarkeit*	Rieselfaehig
Schüttdichte	g/cm^3	0.65	*Tablettierbarkeit*	
Fließeinstellung			*Lagerung*	

Verarbeitungsbedingungen für Pressen

Werkzeugtemperatur	°C	165–185
Pressdruck	bar	≧150
Härtezeit je mm	s	30–60
Schwindung	%	0.4–0.6
Nachschwindung	%	0.1–0.3
Bemerkungen		

Verarbeitungsbedingungen für Spritzgießen

Zylindertemperatur	°C	65–85
Düsentemperatur	°C	85–120
Massetemp.	°C	110–140
Werkzeugtemp.	°C	160–195
Spritzdruck	bar	800–2500
Härtezeit	s	15–80
Schwindung	%	0.8–1.1
Nachschwindung	%	
Bemerkungen		

Zugversuch 23 °C
Probekörper: *Form* *Herstellung*

Zugfestigkeit	N/mm^2	*E-Modul*	N/mm^2
Reißdehnung	%	*Zeitstandzugfestigkeit*	h N/mm^2

Biegeversuch 23 °C DIN 53452; DIN 53457
Probekörper: *Form* *Herstellung* DIN 53470

Biegefestigkeit	N/mm^2 70–90	*E-Modul*	N/mm^2 6000–8000

Druckversuch 23°C DIN 53454
Probekörper: *Form* *Herstellung* DIN 53470

Druckfestigkeit	N/mm^2	≧180	*Stauchung*	%

Härte 23 °C *Probekörper:* *Herstellung* DIN 53470

Kugeldruckhärte N/mm^2 150–250 bei N, 30 s

Schlagversuch *Probekörper:* *(1)* U-Kerbe
(2) *Herstellung* DIN 53470

		°C		°C		°C		*Probekörper-Form*
Schlagzähigkeit	kJ/m²	23	6–8					NS
Kerbschlagzähigkeit (1)	kJ/m²	23	1.8–2.2					NS
IZOD-Kerbschlagzähigkeit (2)	J/m							

Abrieb und Reibung

Taber-Abrieb (Reibradverfahren) mm³/100 U
Statische Reibungszahl
Dynamische Reibungszahl (p·v= N/mm² · m/min)
Zulässiger p · v Wert N/mm² · (m/min) v= m/min
v= m/min

Thermische Eigenschaften

Formbeständigkeit in der Wärme	*Verfahren* A			180–200 °C
	Verfahren			°C
Formbeständigkeit Martens				150–180 °C
Längenausdehnungskoeffizient	*Bereich*	°C		$\cdot 10^{-4} K^{-1}$
	Temperatur 23 °C			$0.2–0.3 \cdot 10^{-4} K^{-1}$
Wärmeleitfähigkeit	*Verfahren*		23 °C	0.35 W/(K · m)
Spezifische Wärmekapazität	*Verfahren*			J/(K · g)

Brandverhalten

UL-Test vertikal Dicke 1.6 mm, Wert V-0
Dicke mm, Wert

	Norm	*Bewertung*	*Abmessungen*
Sauerstoff-Index	ASTM D 2863		
Glühstab-Verfahren	DIN 53459	2a	
Brandverhalten	DIN 4102		
MVSS			
FAR			

Elektrische Eigenschaften

		Hz	°C		*Probekörper, Form*
Dielektrizitätszahl		50			
		10^3	23	4–6	
		10^6			
Dielektrischer Verlustfaktor tan δ		50			
		10^3	23	0.1	
		10^6			
Spezifischer Durchgangswiderstand	Ohm · cm		23	1.0*10**11	
Durchschlagfestigkeit	kV/mm		23	10–15	mm dick
Oberflächenwiderstand	Ohm		23	1.0*10**10	

Kriechstromfestigkeit KC 175 KB 200 KA
Kriechwegbildung CTI 175
CTI 200 M
Elektrolytische Korrosionswirkung
Lichtbogenfestigkeit nach DIN
nach ASTM s

Beständigkeit *(Chemische Beständigkeit siehe Anhang)*

Wasseraufnahme 4 d 80 mg

Feuchtigkeitsaufnahme Normalklima %
Wetterbeständigkeit

PF

Produktklasse	Phenolharz-Formmasse
Handelsname	**Bakelite-Formmasse PF 2035**
Hersteller	BAKELITE
DIN-Bezeichnung	
ISO-Bezeichnung	
Harzbasis	Phenol
Zusätze	
Füllstoffe/ Verstärkung	Asbest; Holzmehl
Bevorzugte Verarbeitung	Pressen; Spritzpressen; Spritzgiessen
Lieferform	Automatengranulat
Farben	Schwarz
Besondere Merkmale	Mittlere Waermeformbestaendigkeit; Wasserdampfbestaendig
Bevorzugte Anwendungen	Dampftopfventil; Topfbeschlag

Dichte	g/cm^3	1.6
Schüttdichte	g/cm^3	0.65
Fließeinstellung		

Dosierbarkeit	Rieselfaehig
Tablettierbarkeit	
Lagerung	

Verarbeitungsbedingungen für Pressen

Werkzeugtemperatur	°C	105–105
Pressdruck	bar	≧150
Härtezeit je mm	s	30–60
Schwindung	%	0.2–0.4
Nachschwindung	%	0.0–0.1
Bemerkungen		

Verarbeitungsbedingungen für Spritzgießen

Zylindertemperatur	°C	65–85
Düsentemperatur	°C	85–120
Massetemp.	°C	110–140
Werkzeugtemp	°C	160–195
Spritzdruck	bar	800–2500
Härtezeit	s	15–80
Schwindung	%	0.8–1.2
Nachschwindung	%	
Bemerkungen		

Zugversuch 23 °C

Probekörper: *Form* *Herstellung*

Zugfestigkeit	N/mm^2		*E-Modul*	N/mm^2	
Reißdehnung	%		*Zeitstandzugfestigkeit*	h N/mm^2	

Biegeversuch 23 °C DIN 53452; DIN 53457

Probekörper: *Form* *Herstellung* DIN 53470

Biegefestigkeit	N/mm^2	70–90	*E-Modul*	N/mm^2	8000–12000

Druckversuch 23 °C DIN 53454

Probekörper: *Form* *Herstellung* DIN 53470

Druckfestigkeit	N/mm^2	≧140	*Stauchung*	%	

Härte 23 °C *Probekörper:* *Herstellung* DIN 53470

Kugeldruckhärte N/mm^2 300–400 bei N, 30 s

Schlagversuch *Probekörper:* *(1)* U-Kerbe *(2)* *Herstellung* DIN 53470

		°C		°C	°C	*Probekörper-Form*
Schlagzähigkeit	kJ/m²	23	5–7			NS
Kerbschlagzähigkeit (1)	kJ/m²	23	2–2.5			NS
IZOD-Kerbschlag-zähigkeit (2)	J/m					

Abrieb und Reibung

Taber-Abrieb (Reibradverfahren) mm³/100 U
Statische Reibungszahl
Dynamische Reibungszahl (p·v= N/mm²· m/min)
Zulässiger p · v Wert N/mm² · (m/min) v= m/min
v= m/min

Thermische Eigenschaften

Formbeständigkeit in der Wärme *Verfahren* A 180–200 °C
Verfahren °C
Formbeständigkeit Martens 150–180 °C
Längenausdehnungskoeffizient *Bereich* °C $\cdot 10^{-4}K^{-1}$
Temperatur 23 °C 0.20–0.30 $\cdot 10^{-4}K^{-1}$
Wärmeleitfähigkeit *Verfahren* 23 °C 0.6 W/(K · m)

Spezifische Wärmekapazität *Verfahren* J/(K · g)

Brandverhalten

UL-Test vertikal Dicke 1.6 mm, Wert V-0
Dicke mm, Wert

	Norm	*Bewertung*	*Abmessungen*
Sauerstoff-Index	ASTM D 2863		
Glühstab-Verfahren	DIN 53459	2a	
Brandverhalten	DIN 4102		
MVSS			
FAR			

Elektrische Eigenschaften

		Hz	°C		*Probekörper, Form*
Dielektrizitätszahl		50			
		10^3	23	10–12	
		10^6			
Dielektrischer Verlustfaktor tan δ		50			
		10^3	23	0.4	
		10^6			
Spezifischer Durchgangs-widerstand	Ohm · cm		23	1.0*10**10	
Durchschlagfestigkeit	kV/mm				mm dick
Oberflächenwiderstand	Ohm		23	1.0*10**09	

Kriechstromfestigkeit KC 150 KB 175 KA
Kriechwegbildung CTI 150
CTI 175 M

Elektrolytische Korrosionswirkung
Lichtbogenfestigkeit nach DIN
nach ASTM s

Beständigkeit *(Chemische Beständigkeit siehe Anhang)*

Wasseraufnahme 4 d 80 mg

Feuchtigkeitsaufnahme Normalklima %
Wetterbeständigkeit

Produktklasse	Phenolharz-Formmasse		**PF**
Handelsname	**Bakelite-Formmasse PF 2535**		
Hersteller	BAKELITE		
DIN-Bezeichnung			
ISO-Bezeichnung			
Harzbasis	Phenol		
Zusätze		*Füllstoffe/ Verstärkung*	Anorganischer Harztraeger; Holzmehl
Bevorzugte Verarbeitung	Pressen; Spritzpressen; Spritzgiessen	*Lieferform*	Automatengranulat; Mahlung
		Farben	Schwarz
Besondere Merkmale	Asbestfrei; Mittlere Waermeformbestaendigkeit; Wasserdampfbestaendig	*Bevorzugte Anwendungen*	Dampftopfventil; Topfbeschlag

Dichte	g/cm³	1.5	*Dosierbarkeit*	Rieselfaehig
Schüttdichte	g/cm³	0.65	*Tablettierbarkeit*	
Fließeinstellung			*Lagerung*	

Verarbeitungsbedingungen für Pressen

Werkzeugtemperatur	°C	165–185
Pressdruck	bar	≧150
Härtezeit je mm	s	30–60
Schwindung	%	0.4–0.6
Nachschwindung	%	0.2–0.3
Bemerkungen		

Verarbeitungsbedingungen für Spritzgießen

Zylindertemperatur	°C	65–85
Düsentemperatur	°C	85–120
Massetemp.	°C	110–140
Werkzeugtemp.	°C	160–195
Spritzdruck	bar	800–2500
Härtezeit	s	15–80
Schwindung	%	0.9–1.4
Nachschwindung	%	
Bemerkungen		

Zugversuch 23 °C

Probekörper: *Form* *Herstellung*

Zugfestigkeit	N/mm²	*E-Modul*	N/mm²
Reißdehnung	%	*Zeitstandzugfestigkeit*	h N/mm²

Biegeversuch 23 °C DIN 53452; DIN 53457

Probekörper: *Form* *Herstellung* DIN 53470

Biegefestigkeit	N/mm² 70–90	*E-Modul*	N/mm² 7000–10000

Druckversuch 23 °C DIN 53454

Probekörper: *Form* *Herstellung* DIN 53470

Druckfestigkeit	N/mm² ≧140	*Stauchung*	%

Härte 23 °C

Probekörper: *Herstellung* DIN 53470

Kugeldruckhärte N/mm² 300–350 bei N, 30 s

Schlagversuch *Probekörper:* *(1)* U-Kerbe *(2)* *Herstellung* DIN 53470

		°C		°C	°C	*Probekörper-Form*
Schlagzähigkeit	kJ/m²	23	5–7			NS
Kerbschlagzähigkeit (1)	kJ/m²	23	1.8–2			NS
IZOD-Kerbschlagzähigkeit (2)	J/m					

Abrieb und Reibung

Taber-Abrieb (Reibradverfahren) mm³/100 U
Statische Reibungszahl
Dynamische Reibungszahl (p·v= N/mm²· m/min)
Zulässiger p · v Wert N/mm² · (m/min) v= m/min
v= m/min

Thermische Eigenschaften

Formbeständigkeit in der Wärme	*Verfahren* A			180–200 °C
	Verfahren			°C
Formbeständigkeit Martens				150–180 °C
Längenausdehnungskoeffizient	*Bereich*	°C		$\cdot 10^{-4} K^{-1}$
	Temperatur 23 °C			$0.20–0.30 \cdot 10^{-4} K^{-1}$
Wärmeleitfähigkeit	*Verfahren*		23 °C	0.6 W/(K · m)
Spezifische Wärmekapazität	*Verfahren*			J/(K · g)

Brandverhalten

UL-Test vertikal Dicke 1.6 mm, Wert V-0
Dicke mm, Wert

	Norm	*Bewertung*	*Abmessungen*
Sauerstoff-Index	ASTM D 2863		
Glühstab-Verfahren	DIN 53459	2a	
Brandverhalten	DIN 4102		
MVSS			
FAR			

Elektrische Eigenschaften

		Hz	°C			*Probekörper, Form*
Dielektrizitätszahl		50				
		10^3	23	10–12		
		10^6				
Dielektrischer Verlustfaktor tan δ		50				
		10^3	23	0.4		
		10^6				
Spezifischer Durchgangswiderstand	Ohm · cm		23	1.0*10**11		
Durchschlagfestigkeit	kV/mm		23	5		2 mm dick
Oberflächenwiderstand	Ohm		23	1.0*10**09		
Kriechstromfestigkeit		KC 150		KB 175	KA	
Kriechwegbildung		CTI 150				
		CTI 150 M				
Elektrolytische Korrosionswirkung						
Lichtbogenfestigkeit nach DIN						
nach ASTM	s					

Beständigkeit *(Chemische Beständigkeit siehe Anhang)*

Wasseraufnahme 4 d 80 mg

Feuchtigkeitsaufnahme Normalklima %
Wetterbeständigkeit

Produktklasse	Phenolharz-Formmasse		**PF**
Handelsname	**Bakelite-Formmasse PF 2577**		
Hersteller	BAKELITE		
DIN-Bezeichnung			
ISO-Bezeichnung			
Harzbasis	Phenol		
Zusätze		*Füllstoffe/ Verstärkung*	Holzmehl; Anorganischer Harztraeger
Bevorzugte Verarbeitung	Pressen; Spritzpressen; Spritzgiessen	*Lieferform*	Automatengranulat
		Farben	Schwarz
Besondere Merkmale	Asbestfrei; Waermeformbestaendig; Geringere Wasseraufnahme als PF 31	*Bevorzugte Anwendungen*	Leuchtengehauese; Lampenfassung; Topfbeschlag; Herdgriffleiste

Dichte	g/cm³	1.5	*Dosierbarkeit*	Rieselfaehig
Schüttdichte	g/cm³	0.63	*Tablettierbarkeit*	
Fließeinstellung			*Lagerung*	

Verarbeitungsbedingungen für Pressen

Werkzeugtemperatur	°C	165 185
Pressdruck	bar	≧150
Härtezeit je mm	s	30–60
Schwindung	%	0.4–0.6
Nachschwindung	%	0.1–0.2
Bemerkungen		

Verarbeitungsbedingungen für Spritzgießen

Zylindertemperatur	°C	65–85
Düsentemperatur	°C	85–120
Massetemp.	°C	110–140
Werkzeugtemp.	°C	160–195
Spritzdruck	bar	800–2500
Härtezeit	s	15–80
Schwindung	%	0.8–1.2
Nachschwindung	%	
Bemerkungen		

Zugversuch 23 °C

Probekörper: *Form* *Herstellung*

Zugfestigkeit	N/mm²	*E-Modul*		N/mm²
Reißdehnung	%	*Zeitstandzugfestigkeit*	h	N/mm²

Biegeversuch 23 °C DIN 53452; DIN 53457

Probekörper: *Form* *Herstellung* DIN 53470

Biegefestigkeit	N/mm² 60–80	*E-Modul*	N/mm² 6000–8000

Druckversuch 23°C DIN 53454

Probekörper: *Form* *Herstellung* DIN 53470

Druckfestigkeit	N/mm²	≧140	*Stauchung*	%

Härte 23 °C *Probekörper:* *Herstellung* DIN 53470

Kugeldruckhärte N/mm² 180–250 bei N, 30 s

Schlagversuch *Probekörper:* *(1)* U-Kerbe
(2)

Herstellung DIN 53470

		°C		°C	°C	*Probekörper-Form*
Schlagzähigkeit	kJ/m²	23	5–7			NS
Kerbschlagzähigkeit (1)	kJ/m²	23	1.7–2			NS
IZOD-Kerbschlag-zähigkeit (2)	J/m					

Abrieb und Reibung

Taber-Abrieb (Reibradverfahren) mm³/100 U
Statische Reibungszahl
Dynamische Reibungszahl (p·v= N/mm²· m/min)
Zulässiger p · v Wert N/mm² · (m/min) v= m/min
v= m/min

Thermische Eigenschaften

Formbeständigkeit in der Wärme	*Verfahren* A			170–190 °C
	Verfahren			°C
Formbeständigkeit Martens				140–170 °C
Längenausdehnungskoeffizient	*Bereich*	°C		$\cdot 10^{-4} K^{-1}$
	Temperatur 23 °C			$0.20–0.30 \cdot 10^{-4} K^{-1}$
Wärmeleitfähigkeit	*Verfahren*		23 °C	0.4 W/(K · m)
Spezifische Wärmekapazität	*Verfahren*			J/(K · g)

Brandverhalten

UL-Test vertikal Dicke 1.6 mm, Wert V-1
Dicke mm, Wert

	Norm	*Bewertung*	*Abmessungen*
Sauerstoff-Index	ASTM D 2863		
Glühstab-Verfahren	DIN 53459	2a	
Brandverhalten	DIN 4102		
MVSS			
FAR			

Elektrische Eigenschaften

		Hz	°C			*Probekörper, Form*
Dielektrizitätszahl		50				
		10^3	23	5–7		
		10^6				
Dielektrischer Verlustfaktor tan δ		50				
		10^3	23	0.2		
		10^6				
Spezifischer Durchgangs-widerstand	Ohm · cm		23	1.0*10**12		
Durchschlagfestigkeit	kV/mm		23	5–10		mm dick
Oberflächenwiderstand	Ohm		23	1.0*10**10		
Kriechstromfestigkeit		KC 150		KB 175	KA	
Kriechwegbildung		CTI 150				
		CTI 175 M				
Elektrolytische Korrosionswirkung						
Lichtbogenfestigkeit nach DIN						
nach ASTM	s					

Beständigkeit *(Chemische Beständigkeit siehe Anhang)*

Wasseraufnahme 4 d 70 mg

Feuchtigkeitsaufnahme Normalklima %
Wetterbeständigkeit

PF

Produktklasse	Phenolharz-Formmasse
Handelsname	**Bakelite-Formmasse PF 31**
Hersteller	BAKELITE
DIN-Bezeichnung	31 DIN 7708
ISO-Bezeichnung	PF 2 A 1
Harzbasis	≧45% Phenol
Zusätze	
Füllstoffe/ Verstärkung	Holzmehl
Bevorzugte Verarbeitung	Pressen; Spritzpressen; Spritzgiessen
Lieferform	Automatengranulat; Mahlung
Farben	Braun; Rot; Gruen; Schwarz
Besondere Merkmale	Standardformmasse fuer normale Beanspruchung
Bevorzugte Anwendungen	Schraubverschluss; Gehaeuse; Elektroinstallationsmaterial; Griffschale; Topfgriff; Bueglergriff; Toasterteil; Kolben fuer Bremskraftverstaerker

---

Dichte	g/cm³	1.4
Schüttdichte	g/cm³	0.6
Fließeinstellung		
Dosierbarkeit		Rieselfaehig
Tablettierbarkeit		
Lagerung		

Verarbeitungsbedingungen für Pressen

Werkzeugtemperatur	°C	165–185
Pressdruck	bar	≧150
Härtezeit je mm	s	30–60
Schwindung	%	0.5–0.8
Nachschwindung	%	0.2–0.4
Bemerkungen		

Verarbeitungsbedingungen für Spritzgießen

Zylindertemperatur	°C	65–85
Düsentemperatur	°C	85–120
Massetemp.	°C	110–140
Werkzeugtemp.	°C	160–195
Spritzdruck	bar	800–2500
Härtezeit	s	15–80
Schwindung	%	1.1–1.7
Nachschwindung	%	
Bemerkungen		

Zugversuch 23 °C

Probekörper: *Form* *Herstellung*

Zugfestigkeit	N/mm²		*E-Modul*	N/mm²	
Reißdehnung	%		*Zeitstandzugfestigkeit*	h N/mm²	

Biegeversuch 23 °C DIN 53452; DIN 53457

Probekörper: *Form* *Herstellung* DIN 53470

Biegefestigkeit	N/mm²	70–90	*E-Modul*	N/mm²	6000–8000

Druckversuch 23°C DIN 53454

Probekörper: *Form* *Herstellung* DIN 53470

Druckfestigkeit	N/mm²	≧200	*Stauchung*	%	

Härte 23 °C *Probekörper:* *Herstellung* DIN 53470

Kugeldruckhärte N/mm² 250–320 bei N, 30 s

Schlagversuch *Probekörper:* *(1)* U-Kerbe *(2)* *Herstellung* DIN 53470

		°C		°C	°C	*Probekörper-Form*
Schlagzähigkeit	kJ/m²	23	6–8			NS
Kerbschlagzähigkeit (1)	kJ/m²	23	1.5–2			NS
IZOD-Kerbschlag-zähigkeit (2)	J/m					

Abrieb und Reibung

Taber-Abrieb (Reibradverfahren) mm³/100 U
Statische Reibungszahl
Dynamische Reibungszahl (p·v= N/mm² · m/min)
Zulässiger p · v Wert N/mm² · (m/min) v= m/min
v= m/min

Thermische Eigenschaften

Formbeständigkeit in der Wärme	*Verfahren* A			140–170 °C
	Verfahren			°C
Formbeständigkeit Martens				125–150 °C
Längenausdehnungskoeffizient	*Bereich*	°C		· 10⁻⁴K⁻¹
	Temperatur 23 °C			0.3–0.4 · 10⁻⁴K⁻¹
Wärmeleitfähigkeit	*Verfahren*		23 °C	0.3 W/(K · m)
Spezifische Wärmekapazität	*Verfahren*			J/(K · g)

Brandverhalten

UL-Test vertikal Dicke 1.6 mm, Wert V-1
Dicke mm, Wert

	Norm	*Bewertung*	*Abmessungen*
Sauerstoff-Index	ASTM D 2863		
Glühstab-Verfahren	DIN 53459	2a	
Brandverhalten	DIN 4102		
MVSS			
FAR			

Elektrische Eigenschaften

		Hz	°C			*Probekörper, Form*
Dielektrizitätszahl		50				
		10³	23	6–9		
		10⁶				
Dielektrischer Verlustfaktor tan δ		50				
		10³	23	≦0.3		
		10⁶				
Spezifischer Durchgangs-widerstand	Ohm · cm		23	≧1.0*10**10		
Durchschlagfestigkeit	kV/mm		23	5–10		mm dick
Oberflächenwiderstand	Ohm		23	≧1.0*10**08		
Kriechstromfestigkeit		KC 125		KB 150-175	KA	
Kriechwegbildung		CTI 125				

Elektrolytische Korrosionswirkung
Lichtbogenfestigkeit nach DIN
nach ASTM s

Beständigkeit *(Chemische Beständigkeit siehe Anhang)*

Wasseraufnahme 4 d ≦150 mg

Feuchtigkeitsaufnahme Normalklima %
Wetterbeständigkeit

PF

Produktklasse	Phenolharz-Formmasse		
Handelsname	**Bakelite-Formmasse PF 51**		
Hersteller	BAKELITE		
DIN-Bezeichnung	51 DIN 7708		
ISO-Bezeichnung	PF 2 D 2		
Harzbasis	≧45% Phenol		
Zusätze		*Füllstoffe/ Verstärkung*	Zellstoff
Bevorzugte Verarbeitung	Pressen; Spritzpressen; Spritzgiessen	*Lieferform*	Automatengranulat; Zylindergranulat
		Farben	Natur
Besondere Merkmale	Kerbunempfindlicher als PF 31	*Bevorzugte Anwendungen*	Schalterdeckel; Rolle; Griff; Griffschale; Klemmstueck; Spulenkoerper

---

Dichte	g/cm³	1.4	*Dosierbarkeit*	Schuettbar
Schüttdichte	g/cm³	0.3–0.6	*Tablettierbarkeit*	
Fließeinstellung			*Lagerung*	

Verarbeitungsbedingungen für Pressen

Werkzeugtemperatur	°C	105–105
Pressdruck	bar	≧150
Härtezeit je mm	s	30–60
Schwindung	%	0.3–0.6
Nachschwindung	%	0.2–0.4
Bemerkungen		

Verarbeitungsbedingungen für Spritzgießen

Zylindertemperatur	°C	65–85
Düsentemperatur	°C	85–120
Massetemp.	°C	110–140
Werkzeugtemp.	°C	160–195
Spritzdruck	bar	800–2500
Härtezeit	s	15–80
Schwindung	%	0.9–1.5
Nachschwindung	%	
Bemerkungen		

Zugversuch 23 °C

Probekörper: *Form* *Herstellung*

Zugfestigkeit	N/mm²		*E-Modul*	N/mm²
Reißdehnung	%		*Zeitstandzugfestigkeit*	h N/mm²

Biegeversuch 23 °C DIN 53452; DIN 53457

Probekörper: *Form* *Herstellung* DIN 53470

Biegefestigkeit	N/mm²	60–80	*E-Modul*	N/mm² 4000–8000

Druckversuch 23 °C DIN 53454

Probekörper: *Form* *Herstellung* DIN 53470

Druckfestigkeit	N/mm²	≧140	*Stauchung*	%

Härte 23 °C *Probekörper:* *Herstellung* DIN 53470

Kugeldruckhärte	N/mm²	200–280	bei	N, 30 s

Schlagversuch *Probekörper:* *(1)* U-Kerbe
(2)
Herstellung DIN 53470

		°C		°C		°C		*Probekörper-Form*
Schlagzähigkeit	kJ/m^2	23	5–8					NS
Kerbschlagzähigkeit (1)	kJ/m^2	23	3.5–4.5					NS
IZOD-Kerbschlag-zähigkeit (2)	J/m							

Abrieb und Reibung

Taber-Abrieb (Reibradverfahren) mm^3/100 U
Statische Reibungszahl
Dynamische Reibungszahl (p·v= N/mm^2· m/min)
Zulässiger p · v Wert N/mm^2 · (m/min) v= m/min
v= m/min

Thermische Eigenschaften

Formbeständigkeit in der Wärme	*Verfahren* A			140–170 °C
	Verfahren			°C
Formbeständigkeit Martens				125–150 °C
Längenausdehnungskoeffizient	*Bereich*	°C		$\cdot 10^{-4} K^{-1}$
	Temperatur 23 °C			0.30–0.40 $\cdot 10^{-4} K^{-1}$
Wärmeleitfähigkeit	*Verfahren*		23 °C	0.3 W/(K · m)
Spezifische Wärmekapazität	*Verfahren*			J/(K · g)

Brandverhalten

UL-Test vertikal Dicke mm, Wert
Dicke mm, Wert

	Norm	*Bewertung*	*Abmessungen*
Sauerstoff-Index	ASTM D 2863		
Glühstab-Verfahren	DIN 53459	2b	
Brandverhalten	DIN 4102		
MVSS			
FAR			

Elektrische Eigenschaften

		Hz	°C			*Probekörper, Form*
Dielektrizitätszahl		50				
		10^3	23	5–8		
		10^6				
Dielektrischer Verlustfaktor tan δ		50				
		10^3	23	≦0.5		
		10^6				
Spezifischer Durchgangs-widerstand	Ohm · cm		23	≧1.0*10**08		
Durchschlagfestigkeit	kV/mm		23	5–10		mm dick
Oberflächenwiderstand	Ohm		23	≧1.0*10**07		
Kriechstromfestigkeit		KC 125		KB 150-175	KA	
Kriechwegbildung		CTI 125				
		CTI 150 M				

Elektrolytische Korrosionswirkung
Lichtbogenfestigkeit nach DIN
nach ASTM s

Beständigkeit *(Chemische Beständigkeit siehe Anhang)*

Wasseraufnahme 4 d ≦300 mg

Feuchtigkeitsaufnahme Normalklima %
Wetterbeständigkeit

Produktklasse	Phenolharz-Formmasse		**PF**
Handelsname	**Bakelite-Formmasse PF 51 HF**		
Hersteller	BAKELITE		
DIN-Bezeichnung	51-1500 DIN 7708		
ISO-Bezeichnung	PF 2 D 2		
Harzbasis	≧45% Phenol		
Zusätze		*Füllstoffe/ Verstärkung*	Spezialholzfaser
Bevorzugte Verarbeitung	Pressen; Spritzpressen; Spritzgiessen	*Lieferform*	Spezial-Granulat
		Farben	Natur; Schwarz
Besondere Merkmale	Kerbunempfindlicher als PF 31	*Bevorzugte Anwendungen*	Schalterdeckel; Rolle; Griff; Griffschale; Klemmstueck; Spulenkoerper

Dichte	g/cm³	1.4	*Dosierbarkeit*	Rieselfaehig
Schüttdichte	g/cm³	0.4	*Tablettierbarkeit*	
Fließeinstellung			*Lagerung*	

Verarbeitungsbedingungen für Pressen

Werkzeugtemperatur	°C	165–185
Pressdruck	bar	≧150
Härtezeit je mm	s	30–60
Schwindung	%	0.3–0.6
Nachschwindung	%	0.2–0.4
Bemerkungen		

Verarbeitungsbedingungen für Spritzgießen

Zylindertemperatur	°C	65–85
Düsentemperatur	°C	85–120
Massetemp.	°C	110–140
Werkzeugtemp.	°C	160–195
Spritzdruck	bar	800–2500
Härtezeit	s	15–80
Schwindung	%	0.9–1.5
Nachschwindung	%	
Bemerkungen		

Zugversuch 23 °C

Probekörper: *Form* *Herstellung*

Zugfestigkeit	N/mm²	*E-Modul*	N/mm²
Reißdehnung	%	*Zeitstandzugfestigkeit*	h N/mm²

Biegeversuch 23 °C DIN 53452; DIN 53457

Probekörper: *Form* *Herstellung* DIN 53470

Biegefestigkeit	N/mm² 60–80	*E-Modul*	N/mm² 4000–8000

Druckversuch 23 °C DIN 53454

Probekörper: *Form* *Herstellung* DIN 53470

Druckfestigkeit	N/mm² ≧140	*Stauchung*	%

Härte 23 °C *Probekörper:* *Herstellung* DIN 53470

Kugeldruckhärte N/mm² 160–340 bei N, 30 s

Schlagversuch *Probekörper:* *(1)* U-Kerbe *(2)*   *Herstellung* DIN 53470

		°C		°C		°C		*Probekörper-Form*
Schlagzähigkeit	kJ/m²	23	5–8					NS
Kerbschlagzähigkeit (1)	kJ/m²	23	3.5–4.5					NS
IZOD-Kerbschlagzähigkeit (2)	J/m							

Abrieb und Reibung

Taber-Abrieb (Reibradverfahren) mm³/100 U
Statische Reibungszahl
Dynamische Reibungszahl (p·v= N/mm² · m/min)
Zulässiger p · v Wert N/mm² · (m/min) v= m/min
v= m/min

Thermische Eigenschaften

Formbeständigkeit in der Wärme	*Verfahren* A		140–170 °C
	Verfahren		°C
Formbeständigkeit Martens			125–150 °C
Längenausdehnungskoeffizient	*Bereich* °C		$\cdot 10^{-4}K^{-1}$
	Temperatur 23 °C		$0.30–0.40 \cdot 10^{-4}K^{-1}$
Wärmeleitfähigkeit	*Verfahren*	23 °C	0.3 W/(K · m)
Spezifische Wärmekapazität	*Verfahren*		J/(K · g)

Brandverhalten

UL-Test vertikal Dicke mm, Wert
Dicke mm, Wert

	Norm	*Bewertung*	*Abmessungen*
Sauerstoff-Index	ASTM D 2863		
Glühstab-Verfahren	DIN 53459	2b	
Brandverhalten	DIN 4102		
MVSS			
FAR			

Elektrische Eigenschaften

		Hz	°C			*Probekörper, Form*
Dielektrizitätszahl		50				
		10^3	23	5–8		
		10^6				
Dielektrischer Verlustfaktor tan δ		50				
		10^3	23	≦0.5		
		10^6				
Spezifischer Durchgangswiderstand	Ohm · cm		23	≧1.0*10**08		
Durchschlagfestigkeit	kV/mm		23	5–10		mm dick
Oberflächenwiderstand	Ohm		23	≧1.0*10**07		
Kriechstromfestigkeit		KC 125		KB 150-175	KA	
Kriechwegbildung		CTI 125				
		CTI 150 M				
Elektrolytische Korrosionswirkung						
Lichtbogenfestigkeit nach DIN						
nach ASTM	s					

Beständigkeit *(Chemische Beständigkeit siehe Anhang)*

Wasseraufnahme 4 d ≦300 mg

Feuchtigkeitsaufnahme Normalklima %
Wetterbeständigkeit

Produktklasse	Phenolharz-Formmasse		**PF**
Handelsname	**Bakelite-Formmasse PF 71**		
Hersteller	BAKELITE		
DIN-Bezeichnung	71 DIN 7708		
ISO-Bezeichnung	PF 2 D 3		
Harzbasis	≧45% Phenol		
Zusätze		*Füllstoffe/ Verstärkung*	Baumwollfaser
Bevorzugte Verarbeitung	Pressen; Spritzpressen; Spritzgiessen	*Lieferform*	Sonderausfuehrung; Zylindergranulat
		Farben	Natur; Schwarz
Besondere Merkmale	Hohe Kerbschlagzaehigkeit; Hohe Festigkeit	*Bevorzugte Anwendungen*	Gehaeuse; Rolle; Zahnrad; Lager; Gleitfuehrung

Dichte	g/cm^3	1.4	*Dosierbarkeit*	Schuettbar; Von Hand
Schüttdichte	g/cm^3	0.2–0.5	*Tablettierbarkeit*	
Fließeinstellung			*Lagerung*	

Verarbeitungsbedingungen für Pressen

Werkzeugtemperatur	°C	165–185
Pressdruck	bar	≧150
Härtezeit je mm	s	30–60
Schwindung	%	0.3–0.6
Nachschwindung	%	0.3–0.5
Bemerkungen		

Verarbeitungsbedingungen für Spritzgießen

Zylindertemperatur	°C	65–85
Düsentemperatur	°C	85–120
Massetemp.	°C	110–140
Werkzeugtemp	°C	160–195
Spritzdruck	bar	800–2500
Härtezeit	s	15–80
Schwindung	%	0.8–1.4
Nachschwindung	%	
Bemerkungen		

Zugversuch 23 °C

Probekörper: *Form* *Herstellung*

Zugfestigkeit	N/mm^2		*E-Modul*	N/mm^2	
Reißdehnung	%		*Zeitstandzugfestigkeit*	h N/mm^2	

Biegeversuch 23 °C DIN 53452; DIN 53457

Probekörper: *Form* *Herstellung* DIN 53470

Biegefestigkeit	N/mm^2	60–80	*E-Modul*	N/mm^2	6000–9000

Druckversuch 23 °C DIN 53454

Probekörper: *Form* *Herstellung* DIN 53470

Druckfestigkeit	N/mm^2	≧140	*Stauchung*	%	

Härte 23 °C *Probekörper:* *Herstellung* DIN 53470

Kugeldruckhärte N/mm^2 180–260 bei N, 30 s

Schlagversuch *Probekörper:* *(1)* U-Kerbe *(2)* *Herstellung* DIN 53470

		°C		°C	°C	*Probekörper-Form*
Schlagzähigkeit	kJ/m²	23	6–9			NS
Kerbschlagzähigkeit (1)	kJ/m²	23	6–9			NS
IZOD-Kerbschlag-zähigkeit (2)	J/m					

Abrieb und Reibung

Taber-Abrieb (Reibradverfahren) mm³/100 U
Statische Reibungszahl
Dynamische Reibungszahl (p·v= N/mm²· m/min)
Zulässiger p · v Wert N/mm² · (m/min) v= m/min
v= m/min

Thermische Eigenschaften

Formbeständigkeit in der Wärme	*Verfahren* A			140–170 °C
	Verfahren			°C
Formbeständigkeit Martens				125–150 °C
Längenausdehnungskoeffizient	*Bereich*	°C		$\cdot 10^{-4}K^{-1}$
	Temperatur 23 °C			$0.30–0.40 \cdot 10^{-4}K^{-1}$
Wärmeleitfähigkeit	*Verfahren*		23 °C	0.3 W/(K · m)
Spezifische Wärmekapazität	*Verfahren*			J/(K · g)

Brandverhalten

UL-Test vertikal Dicke mm, Wert
Dicke mm, Wert

	Norm	*Bewertung*	*Abmessungen*
Sauerstoff-Index	ASTM D 2863		
Glühstab-Verfahren	DIN 53459	2b	
Brandverhalten	DIN 4102		
MVSS			
FAR			

Elektrische Eigenschaften

		Hz	°C		*Probekörper, Form*
Dielektrizitätszahl		50			
		10^3	23	6–10	
		10^6			
Dielektrischer Verlustfaktor tan δ		50			
		10^3	23	≦0.4	
		10^6			
Spezifischer Durchgangs-widerstand	Ohm · cm		23	≧1.0*10**08	
Durchschlagfestigkeit	kV/mm		23	5–10	mm dick
Oberflächenwiderstand	Ohm		23	≧1.0*10**07	

Kriechstromfestigkeit KC 125 KB 175-200 KA
Kriechwegbildung CTI 125
CTI 175 M

Elektrolytische Korrosionswirkung
Lichtbogenfestigkeit nach DIN
nach ASTM s

Beständigkeit *(Chemische Beständigkeit siehe Anhang)*

Wasseraufnahme 4 d ≦250 mg

Feuchtigkeitsaufnahme Normalklima %
Wetterbeständigkeit

PF

Produktklasse	Phenolharz-Formmasse
Handelsname	**Bakelite-Formmasse PF 74**
Hersteller	BAKELITE
DIN-Bezeichnung	74 DIN 7708
ISO-Bezeichnung	PF 2 D 4
Harzbasis	≧45% Phenol
Zusätze	
Füllstoffe/ Verstärkung	Baumwollgewebeschnitzel
Bevorzugte Verarbeitung	Pressen; Spritzpressen; Spritzgiessen
Lieferform	Sonderausfuehrung
Farben	Natur; Schwarz
Besondere Merkmale	Hohe Kerbschlagzaehigkeit; Hohe Festigkeit
Bevorzugte Anwendungen	Gehaeuse; Rolle; Zahnrad; Lager; Gleitfuehrung

Dichte	g/cm³	1.4
Schüttdichte	g/cm³	0.15
Fließeinstellung		
Dosierbarkeit		Von Hand
Tablettierbarkeit		
Lagerung		

Verarbeitungsbedingungen für Pressen

Werkzeugtemperatur	°C	165–185
Pressdruck	bar	≧150
Härtezeit je mm	s	30–60
Schwindung	%	0.3–0.6
Nachschwindung	%	0.3–0.5
Bemerkungen		

Verarbeitungsbedingungen für Spritzgießen

Zylindertemperatur	°C	65–85
Düsentemperatur	°C	85–120
Massetemp.	°C	110–140
Werkzeugtemp.	°C	160–195
Spritzdruck	bar	800–2500
Härtezeit	s	15–80
Schwindung	%	0.8–1.4
Nachschwindung	%	
Bemerkungen		

Zugversuch 23 °C

Probekörper: *Form* *Herstellung*

Zugfestigkeit	N/mm²		*E-Modul*	N/mm²	
Reißdehnung	%		*Zeitstandzugfestigkeit*	h N/mm²	

Biegeversuch 23 °C DIN 53452; DIN 53457

Probekörper: *Form* *Herstellung* DIN 53470

Biegefestigkeit	N/mm²	60–80	*E-Modul*	N/mm²	7000–10000

Druckversuch 23 °C DIN 53454

Probekörper: *Form* *Herstellung* DIN 53470

Druckfestigkeit	N/mm²	≧140	*Stauchung*	%	

Härte 23 °C *Probekörper:* *Herstellung* DIN 53470

Kugeldruckhärte N/mm² 160–300 bei N, 30 s

Schlagversuch *Probekörper:* *(1)* U-Kerbe *(2)* *Herstellung* DIN 53470

		°C		°C	°C	*Probekörper-Form*
Schlagzähigkeit	kJ/m²	23	12–14			NS
Kerbschlagzähigkeit (1)	kJ/m²	23	12–14			NS
IZOD-Kerbschlag-zähigkeit (2)	J/m					

Abrieb und Reibung

Taber-Abrieb (Reibradverfahren) mm³/100 U
Statische Reibungszahl
Dynamische Reibungszahl (p·v= N/mm²· m/min)
Zulässiger p · v Wert N/mm² · (m/min) v= m/min
v= m/min

Thermische Eigenschaften

Formbeständigkeit in der Wärme	*Verfahren* A			140–170 °C
	Verfahren			°C
Formbeständigkeit Martens				125–150 °C
Längenausdehnungskoeffizient	*Bereich*	°C		$\cdot 10^{-4}K^{-1}$
	Temperatur 23 °C			$0.30–0.40 \cdot 10^{-4}K^{-1}$
Wärmeleitfähigkeit	*Verfahren*		23 °C	0.3 W/(K · m)
Spezifische Wärmekapazität	*Verfahren*			J/(K · g)

Brandverhalten

UL-Test vertikal Dicke mm, Wert
Dicke mm, Wert

	Norm	*Bewertung*	*Abmessungen*
Sauerstoff-Index	ASTM D 2863		
Glühstab-Verfahren	DIN 53459	2b	
Brandverhalten	DIN 4102		
MVSS			
FAR			

Elektrische Eigenschaften

		Hz	°C		*Probekörper, Form*
Dielektrizitätszahl		50			
		10^3	23	6–10	
		10^6			
Dielektrischer Verlustfaktor tan δ		50			
		10^3	23	≦0.4	
		10^6			
Spezifischer Durchgangs-widerstand	Ohm · cm		23	≧1.0*10**08	
Durchschlagfestigkeit	kV/mm		23	5–10	mm dick
Oberflächenwiderstand	Ohm		23	≧1.0*10**07	

Kriechstromfestigkeit KC 125 KB 175-200 KA
Kriechwegbildung CTI 125
CTI 175 M

Elektrolytische Korrosionswirkung
Lichtbogenfestigkeit nach DIN
nach ASTM s

Beständigkeit *(Chemische Beständigkeit siehe Anhang)*

Wasseraufnahme 4 d ≦300 mg

Feuchtigkeitsaufnahme Normalklima %
Wetterbeständigkeit

Produktklasse	Phenolharz-Formmasse		**PF**
Handelsname	**Bakelite-Formmasse PF 83**		
Hersteller	BAKELITE		
DIN-Bezeichnung	83 DIN 7708		
ISO-Bezeichnung	PF 2 D 2		
Harzbasis	≧45% Phenol		
Zusätze		*Füllstoffe/ Verstärkung*	Baumwollfaser; Holzmehl
Bevorzugte Verarbeitung	Pressen; Spritzpressen; Spritzgiessen	*Lieferform*	Automatengranulat; Zylindergranulat
		Farben	Schwarz
Besondere Merkmale	Kerbunempfindlicher als PF 31	*Bevorzugte Anwendungen*	Schalterdeckel; Rolle; Griff; Griffschale; Klemmstueck; Spulenkoerper

Dichte	g/cm^3	1.4	*Dosierbarkeit*	Schuettbar; Von Hand
Schüttdichte	g/cm^3	0.2–0.6	*Tablettierbarkeit*	
Fließeinstellung			*Lagerung*	

Verarbeitungsbedingungen für Pressen

Werkzeugtemperatur	°C	165–185
Pressdruck	bar	≧150
Härtezeit je mm	s	30–60
Schwindung	%	0.2–0.5
Nachschwindung	%	0.3–0.5
Bemerkungen		

Verarbeitungsbedingungen für Spritzgießen

Zylindertemperatur	°C	65–85
Düsentemperatur	°C	85–120
Massetemp.	°C	110–140
Werkzeugtemp.	°C	160–195
Spritzdruck	bar	800–2500
Härtezeit	s	15–80
Schwindung	%	0.9–1.5
Nachschwindung	%	
Bemerkungen		

Zugversuch 23 °C
Probekörper: *Form* *Herstellung*

Zugfestigkeit	N/mm^2		*E-Modul*	N/mm^2	
Reißdehnung	%		*Zeitstandzugfestigkeit*	h N/mm^2	

Biegeversuch 23 °C DIN 53452; DIN 53457
Probekörper: *Form* *Herstellung* DIN 53470

Biegefestigkeit	N/mm^2	60–80	*E-Modul*	N/mm^2	6000–9000

Druckversuch 23°C DIN 53454
Probekörper: *Form* *Herstellung* DIN 53470

Druckfestigkeit	N/mm^2	≧140	*Stauchung*	%	

Härte 23 °C *Probekörper:* *Herstellung* DIN 53470

Kugeldruckhärte N/mm^2 180–280 bei N, 30 s

Schlagversuch *Probekörper:* *(1)* U-Kerbe *(2)* *Herstellung* DIN 53470

		°C		°C		°C		*Probekörper-Form*
Schlagzähigkeit	kJ/m²	23	5–7					NS
Kerbschlagzähigkeit (1)	kJ/m²	23	3.5–4.5					NS
IZOD-Kerbschlagzähigkeit (2)	J/m							

Abrieb und Reibung

Taber-Abrieb (Reibradverfahren)	mm³/100 U		
Statische Reibungszahl			
Dynamische Reibungszahl	(p·v= N/mm²·		m/min)
Zulässiger p · v Wert	N/mm² · (m/min)	v=	m/min
		v=	m/min

Thermische Eigenschaften

Formbeständigkeit in der Wärme	*Verfahren* A			140–170 °C
	Verfahren			°C
Formbeständigkeit Martens				125–150 °C
Längenausdehnungskoeffizient	*Bereich*	°C		$\cdot 10^{-4} K^{-1}$
	Temperatur 23 °C			$0.30–0.40 \cdot 10^{-4} K^{-1}$
Wärmeleitfähigkeit	*Verfahren*		23 °C	0.3 W/(K · m)
Spezifische Wärmekapazität	*Verfahren*			J/(K · g)

Brandverhalten

UL-Test vertikal Dicke mm, Wert
Dicke mm, Wert

	Norm	*Bewertung*	*Abmessungen*
Sauerstoff-Index	ASTM D 2863		
Glühstab-Verfahren	DIN 53459	2b	
Brandverhalten	DIN 4102		
MVSS			
FAR			

Elektrische Eigenschaften

		Hz	°C			*Probekörper, Form*
Dielektrizitätszahl		50				
		10^3	23	8–15		
		10^6				
Dielektrischer Verlustfaktor tan δ		50				
		10^3	23	≦0.3		
		10^6				
Spezifischer Durchgangswiderstand	Ohm · cm		23	≧1.0*10**09		
Durchschlagfestigkeit	kV/mm		23	5–9		mm dick
Oberflächenwiderstand	Ohm		23	≧1.0*10**08		
Kriechstromfestigkeit		KC 125		KB 175-200	KA	
Kriechwegbildung		CTI 125				
		CTI 175 M				
Elektrolytische Korrosionswirkung						
Lichtbogenfestigkeit nach DIN						
nach ASTM	s					

Beständigkeit *(Chemische Beständigkeit siehe Anhang)*

Wasseraufnahme 4 d ≦180 mg

Feuchtigkeitsaufnahme Normalklima %

Wetterbeständigkeit

PF

Produktklasse	Phenolharz-Formmasse		
Handelsname	**Bakelite-Formmasse PF 84**		
Hersteller	BAKELITE		
DIN-Bezeichnung	84 DIN 7708		
ISO-Bezeichnung	PF 2 D 3		
Harzbasis	≧45% Phenol		
Zusätze		*Füllstoffe/ Verstärkung*	Baumwollschnitzel; Zellstoff
Bevorzugte Verarbeitung	Pressen; Spritzpressen; Spritzgiessen	*Lieferform*	Sonderausfuehrung; Zylindergranulat
		Farben	Schwarz
Besondere Merkmale	Hohe Kerbschlagzaehigkeit; Geringe Wasseraufnahme	*Bevorzugte Anwendungen*	Gehaeuse; Rolle; Zahnrad; Lager; Gleitfuehrung

Dichte	g/cm³	1.4	*Dosierbarkeit*	Schuettbar; Von Hand
Schüttdichte	g/cm³	0.3–0.6	*Tablettierbarkeit*	
Fließeinstellung			*Lagerung*	

Verarbeitungsbedingungen für Pressen

Werkzeugtemperatur	°C	165–185
Pressdruck	bar	≧150
Härtezeit je mm	s	30–60
Schwindung	%	0.2–0.5
Nachschwindung	%	0.2–0.5
Bemerkungen		

Verarbeitungsbedingungen für Spritzgießen

Zylindertemperatur	°C	65–85
Düsentemperatur	°C	85–120
Massetemp.	°C	110–140
Werkzeugtemp.	°C	160–195
Spritzdruck	bar	800–2500
Härtezeit	s	15–80
Schwindung	%	0.8–1.4
Nachschwindung	%	
Bemerkungen		

Zugversuch 23 °C

Probekörper: *Form* *Herstellung*

Zugfestigkeit	N/mm²		*E-Modul*	N/mm²
Reißdehnung	%		*Zeitstandzugfestigkeit*	h N/mm²

Biegeversuch 23 °C DIN 53452; DIN 53457

Probekörper: *Form* *Herstellung* DIN 53470

Biegefestigkeit	N/mm²	60–90	*E-Modul*	N/mm²	6000–9000

Druckversuch 23 °C DIN 53454

Probekörper: *Form* *Herstellung* DIN 53470

Druckfestigkeit	N/mm²	≧140	*Stauchung*	%

Härte 23 °C *Probekörper:* *Herstellung* DIN 53470

Kugeldruckhärte N/mm² 200–320 bei N, 30 s

Schlagversuch *Probekörper:* *(1)* U-Kerbe *(2)* *Herstellung* DIN 53470

		°C		°C	°C	*Probekörper-Form*
Schlagzähigkeit	kJ/m²	23	6–9			NS
Kerbschlagzähigkeit (1)	kJ/m²	23	6–9			NS
IZOD-Kerbschlag-zähigkeit (2)	J/m					

Abrieb und Reibung

Taber-Abrieb (Reibradverfahren) mm³/100 U
Statische Reibungszahl
Dynamische Reibungszahl (p · v = N/mm² · m/min)
Zulässiger p · v Wert N/mm² · (m/min) v = m/min
v = m/min

Thermische Eigenschaften

Formbeständigkeit in der Wärme	*Verfahren* A		140–170 °C
	Verfahren		°C
Formbeständigkeit Martens			125–150 °C
Längenausdehnungskoeffizient	*Bereich* °C		· $10^{-4}K^{-1}$
	Temperatur 23 °C		0.30–0.40 · $10^{-4}K^{-1}$
Wärmeleitfähigkeit	*Verfahren*	23 °C	0.3 W/(K · m)
Spezifische Wärmekapazität	*Verfahren*		J/(K · g)

Brandverhalten

UL-Test vertikal Dicke mm, Wert
Dicke mm, Wert

	Norm	*Bewertung*	*Abmessungen*
Sauerstoff-Index	ASTM D 2863		
Glühstab-Verfahren	DIN 53459	2b	
Brandverhalten	DIN 4102		
MVSS			
FAR			

Elektrische Eigenschaften

		Hz	°C		*Probekörper, Form*
Dielektrizitätszahl		50			
		10^3	23	5–9	
		10^6			
Dielektrischer Verlustfaktor tan δ		50			
		10^3	23	≦0.4	
		10^6			
Spezifischer Durchgangs-widerstand	Ohm · cm		23	≧1.0*10**08	
Durchschlagfestigkeit	kV/mm		23	5–10	mm dick
Oberflächenwiderstand	Ohm		23	≧1.0*10**08	

Kriechstromfestigkeit KC 125 KB 175-200 KA
Kriechwegbildung CTI 125
CTI 175 M

Elektrolytische Korrosionswirkung
Lichtbogenfestigkeit nach DIN
nach ASTM s

Beständigkeit *(Chemische Beständigkeit siehe Anhang)*

Wasseraufnahme 4 d ≦150 mg

Feuchtigkeitsaufnahme Normalklima %
Wetterbeständigkeit

Produktklasse	Phenolharz-Formmasse		**PF**
Handelsname	**Bakelite-Formmasse PF 85**		
Hersteller	BAKELITE		
DIN-Bezeichnung	85 DIN 7708		
ISO-Bezeichnung	PF 2 D 1		
Harzbasis	≧45% Phenol		
Zusätze		*Füllstoffe/ Verstärkung*	Holzmehl; Zellstoffaser
Bevorzugte Verarbeitung	Pressen; Spritzpressen; Spritzgiessen	*Lieferform*	Automatengranulat
		Farben	Schwarz
Besondere Merkmale	Kerbunempfindlicher als PF 31	*Bevorzugte Anwendungen*	Rolle; Griff; Griffschale; Klemmstueck; Spulenkoerper

---

Dichte	g/cm^3	1.4	*Dosierbarkeit*	Rieselfaehig
Schüttdichte	g/cm^3	0.5	*Tablettierbarkeit*	
Fließeinstellung			*Lagerung*	

Verarbeitungsbedingungen für Pressen			**Verarbeitungsbedingungen für Spritzgießen**		
			Zylindertemperatur	°C	65–85
			Düsentemperatur	°C	85–120
			Massetemp.	°C	110–140
Werkzeugtemperatur	°C	165–185	*Werkzeugtemp.*	°C	160–195
Pressdruck	bar	≧150	*Spritzdruck*	bar	800–2500
Härtezeit je mm	s	30–60	*Härtezeit*	s	15–80
Schwindung	%	0.5–0.8	*Schwindung*	%	1.1–1.4
Nachschwindung	%	0.1–0.4	*Nachschwindung*	%	
Bemerkungen			*Bemerkungen*		

Zugversuch 23 °C

Probekörper: *Form* *Herstellung*

Zugfestigkeit	N/mm^2	*E-Modul*	N/mm^2	
Reißdehnung	%	*Zeitstandzugfestigkeit*	h N/mm^2	

Biegeversuch 23 °C DIN 53452; DIN 53457

Probekörper: *Form* *Herstellung* DIN 53470

Biegefestigkeit	N/mm^2 70–90	*E-Modul*	N/mm^2 6000–8000	

Druckversuch 23°C DIN 53454

Probekörper: *Form* *Herstellung* DIN 53470

Druckfestigkeit	N/mm^2	≧140	*Stauchung*	%

Härte 23 °C *Probekörper:* *Herstellung* DIN 53470

Kugeldruckhärte N/mm^2 180–300 bei N, 30 s

Schlagversuch *Probekörper:* *(1)* U-Kerbe
(2)

		°C		°C		°C	Herstellung: DIN 53470 / *Probekörper-Form*
Schlagzähigkeit	kJ/m²	23	5–7				NS
Kerbschlagzähigkeit (1)	kJ/m²	23	2.5–3				NS
IZOD-Kerbschlagzähigkeit (2)	J/m						

Abrieb und Reibung

Taber-Abrieb (Reibradverfahren) mm³/100 U
Statische Reibungszahl
Dynamische Reibungszahl (p·v= N/mm²· m/min)
Zulässiger p · v Wert N/mm² · (m/min) v= m/min
• v= m/min

Thermische Eigenschaften

Formbeständigkeit in der Wärme	*Verfahren* A		140–170 °C
	Verfahren		°C
Formbeständigkeit Martens			125–150 °C
Längenausdehnungskoeffizient	*Bereich* °C		$\cdot 10^{-4} K^{-1}$
	Temperatur 23 °C		$0.30–0.40 \cdot 10^{-4} K^{-1}$
Wärmeleitfähigkeit	*Verfahren*	23 °C	0.3 W/(K · m)
Spezifische Wärmekapazität	*Verfahren*		J/(K · g)

Brandverhalten

UL-Test vertikal Dicke mm, Wert
Dicke mm, Wert

	Norm	*Bewertung*	*Abmessungen*
Sauerstoff-Index	ASTM D 2863		
Glühstab-Verfahren	DIN 53459	2a	
Brandverhalten	DIN 4102		
MVSS			
FAR			

Elektrische Eigenschaften

		Hz	°C			*Probekörper, Form*
Dielektrizitätszahl		50				
		10^3	23	6–10		
		10^6				
Dielektrischer Verlustfaktor tan δ		50				
		10^3	23	≦0.3		
		10^6				
Spezifischer Durchgangswiderstand	Ohm · cm		23	≧1.0*10**11		
Durchschlagfestigkeit	kV/mm		23	8–12		mm dick
Oberflächenwiderstand	Ohm		23	≧1.0*10**08		
Kriechstromfestigkeit		KC 125		KB 150-175	KA	
Kriechwegbildung		CTI 125				
		CTI 150 M				
Elektrolytische Korrosionswirkung						
Lichtbogenfestigkeit nach DIN						
nach ASTM	s					

Beständigkeit *(Chemische Beständigkeit siehe Anhang)*

Wasseraufnahme 4 d ≦200 mg

Feuchtigkeitsaufnahme Normalklima %
Wetterbeständigkeit

Produktklasse	Phenolharz-Formmasse		**PF**
Handelsname	**Bakelite-Formmasse PF 5455**		
Hersteller	BAKELITE		
DIN-Bezeichnung *ISO-Bezeichnung*			
Harzbasis	Phenol		
Zusätze		*Füllstoffe/ Verstärkung*	Glasfaser, lang
Bevorzugte Verarbeitung	Pressen; Spritzpressen	*Lieferform*	Sonderausfuehrung
		Farben	Gelb; Natur
Besondere Merkmale	Waermeformbestaendig; Sehr schlagfest	*Bevorzugte Anwendungen*	Hochfeste Druckkoerper; Gehaeuse; Handgriff

Dichte	g/cm³	1.6	*Dosierbarkeit*	Schuettbar
Schüttdichte	g/cm³	0.2	*Tablettierbarkeit*	
Fließeinstellung			*Lagerung*	

Verarbeitungsbedingungen für Pressen

Werkzeugtemperatur	°C	165–185
Pressdruck	bar	≧150
Härtezeit je mm	s	30–60
Schwindung	%	0.1–0.3
Nachschwindung	%	0.0–0.2
Bemerkungen		

Verarbeitungsbedingungen für Spritzgießen

Zylindertemperatur	°C	
Düsentemperatur	°C	
Massetemp.	°C	
Werkzeugtemp.	°C	
Spritzdruck	bar	
Härtezeit	s	
Schwindung	%	
Nachschwindung	%	
Bemerkungen		

Zugversuch 23 °C

Probekörper: *Form* *Herstellung*

Zugfestigkeit	N/mm²		*E-Modul*	N/mm²
Reißdehnung	%		*Zeitstandzugfestigkeit*	h N/mm²

Biegeversuch 23 °C DIN 53452; DIN 53457

Probekörper: *Form* *Herstellung* DIN 53470

Biegefestigkeit	N/mm² 70–100		*E-Modul*	N/mm² 7000–10000

Druckversuch 23 °C DIN 53454

Probekörper: *Form* *Herstellung* DIN 53470

Druckfestigkeit	N/mm²	≧180	*Stauchung*	%

Härte 23 °C *Probekörper:* *Herstellung* DIN 53470

Kugeldruckhärte	N/mm² 240–300	bei	N, 30 s

Schlagversuch *Probekörper:* *(1)* U-Kerbe *(2)*

Herstellung DIN 53470

		°C		°C	°C	*Probekörper-Form*
Schlagzähigkeit	kJ/m²	23	18–25			NS
Kerbschlagzähigkeit (1)	kJ/m²	23	18–25			NS
IZOD-Kerbschlag-zähigkeit (2)	J/m					

Abrieb und Reibung

Taber-Abrieb (Reibradverfahren) mm³/100 U
Statische Reibungszahl
Dynamische Reibungszahl (p·v= N/mm² · m/min)
Zulässiger p · v Wert N/mm² · (m/min) v= m/min
v= m/min

Thermische Eigenschaften

Formbeständigkeit in der Wärme	*Verfahren* A			220–240 °C
	Verfahren			°C
Formbeständigkeit Martens				190–240 °C
Längenausdehnungskoeffizient	*Bereich*	°C		$\cdot 10^{-4}K^{-1}$
	Temperatur 23 °C			$0.18–0.25 \cdot 10^{-4}K^{-1}$
Wärmeleitfähigkeit	*Verfahren*		23 °C	0.6 W/(K · m)
Spezifische Wärmekapazität	*Verfahren*			J/(K · g)

Brandverhalten

UL-Test vertikal Dicke 1.6 mm, Wert V-0
Dicke mm, Wert

	Norm	*Bewertung*	*Abmessungen*
Sauerstoff-Index	ASTM D 2863		
Glühstab-Verfahren	DIN 53459	2a	
Brandverhalten	DIN 4102		
MVSS			
FAR			

Elektrische Eigenschaften

		Hz	°C			*Probekörper, Form*
Dielektrizitätszahl		50				
		10^3	23	5–7		
		10^6				
Dielektrischer Verlustfaktor tan δ		50				
		10^3	23	0.1		
		10^6				
Spezifischer Durchgangs-widerstand	Ohm · cm		23	1.0*10**10		
Durchschlagfestigkeit	kV/mm		23	7–11		mm dick
Oberflächenwiderstand	Ohm		23	1.0*10**10		
Kriechstromfestigkeit		KC 125		KB 175-200	KA	
Kriechwegbildung		CTI 125				
		CTI 175 M				
Elektrolytische Korrosionswirkung						
Lichtbogenfestigkeit nach DIN						
nach ASTM	s					

Beständigkeit *(Chemische Beständigkeit siehe Anhang)*

Wasseraufnahme 4 d 30 mg

Feuchtigkeitsaufnahme Normalklima %
Wetterbeständigkeit

PF

Produktklasse	Phenolharz-Formmasse
Handelsname	**Bakelite-Formmasse PF 7114**
Hersteller	BAKELITE
DIN-Bezeichnung	
ISO-Bezeichnung	
Harzbasis	Phenol
Zusätze	
Füllstoffe/ Verstärkung	Holzmehl; Kautschuk
Bevorzugte Verarbeitung	Pressen; Spritzpressen; Spritzgiessen
Lieferform	Mahlung
Farben	Schwarz
Besondere Merkmale	Kautschukmodifiziert
Bevorzugte Anwendungen	Handrad; Kraftstecker; Besteckgriff

Dichte	g/cm^3	1.3
Schüttdichte	g/cm^3	0.5
Fließeinstellung		
Dosierbarkeit		Rieselfaehig
Tablettierbarkeit		
Lagerung		

Verarbeitungsbedingungen für Pressen

Werkzeugtemperatur	°C	165–185
Pressdruck	bar	≧150
Härtezeit je mm	s	30–60
Schwindung	%	0.5–0.8
Nachschwindung	%	0.3–0.5
Bemerkungen		

Verarbeitungsbedingungen für Spritzgießen

Zylindertemperatur	°C	65–85
Düsentemperatur	°C	85–120
Massetemp.	°C	110–140
Werkzeugtemp.	°C	160–195
Spritzdruck	bar	800–2500
Härtezeit	s	15–80
Schwindung	%	1.1–1.7
Nachschwindung	%	
Bemerkungen		

Zugversuch 23 °C

Probekörper: *Form* *Herstellung*

Zugfestigkeit	N/mm^2		*E-Modul*	N/mm^2	
Reißdehnung	%		*Zeitstandzugfestigkeit*	h N/mm^2	

Biegeversuch 23 °C DIN 53452; DIN 53457

Probekörper: *Form* *Herstellung* DIN 53470

Biegefestigkeit	N/mm^2	35–50	*E-Modul*	N/mm^2	1000–3000

Druckversuch 23 °C DIN 53454

Probekörper: *Form* *Herstellung* DIN 53470

Druckfestigkeit	N/mm^2	≧80	*Stauchung*	%	

Härte 23 °C *Probekörper:* *Herstellung* DIN 53470

Kugeldruckhärte N/mm^2 80–120 bei N, 30 s

Schlagversuch *Probekörper:* *(1)* U-Kerbe *(2)* *Herstellung* DIN 53470

		°C		°C		°C		*Probekörper-Form*
Schlagzähigkeit	kJ/m²	23	10–12					NS
Kerbschlagzähigkeit (1)	kJ/m²	23	3.5–4					NS
IZOD-Kerbschlag-zähigkeit (2)	J/m							

Abrieb und Reibung

Taber-Abrieb (Reibradverfahren) mm³/100 U
Statische Reibungszahl
Dynamische Reibungszahl (p·v= N/mm² · m/min)
Zulässiger p · v Wert N/mm² · (m/min) v= m/min
v= m/min

Thermische Eigenschaften

Formbeständigkeit in der Wärme	*Verfahren* A			80–110 °C
	Verfahren			°C
Formbeständigkeit Martens				70–100 °C
Längenausdehnungskoeffizient	*Bereich*	°C		$\cdot 10^{-4}K^{-1}$
	Temperatur 23 °C			$0.30–0.50 \cdot 10^{-4}K^{-1}$
Wärmeleitfähigkeit	*Verfahren*		23 °C	0.4 W/(K · m)
Spezifische Wärmekapazität	*Verfahren*			J/(K · g)

Brandverhalten

UL-Test vertikal Dicke mm, Wert
Dicke mm, Wert

	Norm	*Bewertung*	*Abmessungen*
Sauerstoff-Index	ASTM D 2863		
Glühstab-Verfahren	DIN 53459	2b	
Brandverhalten	DIN 4102		
MVSS			
FAR			

Elektrische Eigenschaften

		Hz	°C			*Probekörper, Form*
Dielektrizitätszahl		50				
		10^3	23	8–10		
		10^6				
Dielektrischer Verlustfaktor tan δ		50				
		10^3	23	0.3		
		10^6				
Spezifischer Durchgangs-widerstand	Ohm · cm		23	1.0*10**09		
Durchschlagfestigkeit	kV/mm		23	9–14		mm dick
Oberflächenwiderstand	Ohm		23	1.0*10**08		
Kriechstromfestigkeit		KC 125		KB 150-175	KA	
Kriechwegbildung		CTI 125				
		CTI 150 M				
Elektrolytische Korrosionswirkung						
Lichtbogenfestigkeit nach DIN						
nach ASTM	s					

Beständigkeit *(Chemische Beständigkeit siehe Anhang)*

Wasseraufnahme 4 d 250 mg

Feuchtigkeitsaufnahme Normalklima %
Wetterbeständigkeit

Produktklasse	Phenolharz-Formmasse		**PF**
Handelsname	**Bakelite-Formmasse PF 13**		
Hersteller	BAKELITE		
DIN-Bezeichnung	13 DIN 7708		
ISO-Bezeichnung			
Harzbasis	≧ 35.0% Phenol		
Zusätze		*Füllstoffe/ Verstärkung*	Glimmer
Bevorzugte Verarbeitung	Pressen; Spritzpressen	*Lieferform*	Mahlung
		Farben	Natur; Braun; Schwarz
Besondere Merkmale	Waermeformbestaendig; Masshaltig; Elektrisch hochwertig; Dielektrisch verlustarm	*Bevorzugte Anwendungen*	Kollektor; Schleifringkoerper; Teil fuer Hochfrequenztechnik; Roehrensockel; Spulentraeger

Dichte	g/cm^3	1.9	*Dosierbarkeit*	Rieselfaehig
Schüttdichte	g/cm^3	0.85	*Tablettierbarkeit*	
Fließeinstellung			*Lagerung*	

Verarbeitungsbedingungen für Pressen

Werkzeugtemperatur	°C	165–185
Pressdruck	bar	≧150
Härtezeit je mm	s	30–60
Schwindung	%	0.0–0.3
Nachschwindung	%	0.0–0.1
Bemerkungen		

Verarbeitungsbedingungen für Spritzgießen

Zylindertemperatur	°C	
Düsentemperatur	°C	
Massetemp.	°C	
Werkzeugtemp.	°C	
Spritzdruck	bar	
Härtezeit	s	
Schwindung	%	0.5–0.8
Nachschwindung	%	
Bemerkungen		

Zugversuch 23 °C

Probekörper: *Form* *Herstellung*

Zugfestigkeit	N/mm^2		*E-Modul*	N/mm^2
Reißdehnung	%		*Zeitstandzugfestigkeit*	h N/mm^2

Biegeversuch 23 °C DIN 53452; DIN 53457

Probekörper: *Form* *Herstellung* DIN 53470

Biegefestigkeit	N/mm^2 50–70	*E-Modul*	N/mm^2	7000–12000

Druckversuch 23°C DIN 53454

Probekörper: *Form* *Herstellung* DIN 53470

Druckfestigkeit	N/mm^2	≧120	*Stauchung*	%

Härte 23 °C *Probekörper:* *Herstellung* DIN 53470

Kugeldruckhärte N/mm^2 170–300 bei N, 30 s

Schlagversuch *Probekörper:* *(1)* U-Kerbe *(2)* — *Herstellung* DIN 53470

		°C		°C	°C	*Probekörper-Form*
Schlagzähigkeit	kJ/m^2	23	3–4.5			NS
Kerbschlagzähigkeit (1)	kJ/m^2	23	2–2.5			NS
IZOD-Kerbschlagzähigkeit (2)	J/m					

Abrieb und Reibung

Taber-Abrieb (Reibradverfahren) mm^3/100 U
Statische Reibungszahl
Dynamische Reibungszahl (p · v= N/mm^2 · m/min)
Zulässiger p · v Wert N/mm^2 · (m/min) v= m/min
v= m/min

Thermische Eigenschaften

Formbeständigkeit in der Wärme	*Verfahren* A		180–200 °C
	Verfahren		°C
Formbeständigkeit Martens			150–180 °C
Längenausdehnungskoeffizient	*Bereich* °C		$\cdot 10^{-4}K^{-1}$
	Temperatur 23 °C		$0.2–0.30 \cdot 10^{-4}K^{-1}$
Wärmeleitfähigkeit	*Verfahren*	23 °C	0.7 W/(K · m)
Spezifische Wärmekapazität	*Verfahren*		J/(K · g)

Brandverhalten

UL-Test vertikal Dicke 1.6 mm, Wert V-0
Dicke mm, Wert

	Norm	*Bewertung*	*Abmessungen*
Sauerstoff-Index	ASTM D 2863		
Glühstab-Verfahren	DIN 53459	1	
Brandverhalten	DIN 4102		
MVSS			
FAR			

Elektrische Eigenschaften

		Hz	°C		*Probekörper, Form*
Dielektrizitätszahl		50			
		10^3	23	4–6	
		10^6			
Dielektrischer Verlustfaktor tan δ		50			
		10^3	23	$\leqq$0.1	
		10^6			
Spezifischer Durchgangswiderstand	Ohm · cm		23	$\geqq$1.0*10**12	
Durchschlagfestigkeit	kV/mm		23	12–20	mm dick
Oberflächenwiderstand	Ohm		23	$\geqq$1.0*10**10	

Kriechstromfestigkeit KC 175 KB 225 KA
Kriechwegbildung CTI 175
CTI 225 M

Elektrolytische Korrosionswirkung
Lichtbogenfestigkeit nach DIN
nach ASTM s

Beständigkeit *(Chemische Beständigkeit siehe Anhang)*

Wasseraufnahme 4 d $\leqq$20 mg

Feuchtigkeitsaufnahme Normalklima %
Wetterbeständigkeit

Produktklasse	Phenolharz-Formmasse		**PF**
Handelsname	**Bakelite-Formmasse**		
Hersteller	BAKELITE		
DIN-Bezeichnung	13.5 DIN 7708		
ISO-Bezeichnung	PF 2 E 1		
Harzbasis	≧35% Phenol		
Zusätze		*Füllstoffe/ Verstärkung*	Glimmer
Bevorzugte Verarbeitung	Pressen; Spritzpressen	*Lieferform*	Mahlung
		Farben	Gelb; Natur
Besondere Merkmale	Waermeformbestaendig; Masshaltig; Elektrisch hochwertig; Dielektrisch verlustarm	*Bevorzugte Anwendungen*	Kollektor; Schleifringkoerper; Teil fuer Hochfrequenztechnik; Roehrensockel; Spulentraeger

Dichte	g/cm³	1.9	*Dosierbarkeit*	Rieselfaehig
Schüttdichte	g/cm³	0.85	*Tablettierbarkeit*	
Fließeinstellung			*Lagerung*	

Verarbeitungsbedingungen für Pressen			**Verarbeitungsbedingungen für Spritzgießen**		
			Zylindertemperatur	°C	
			Düsentemperatur	°C	
			Massetemp.	°C	
Werkzeugtemperatur	°C	165–185	*Werkzeugtemp.*	°C	
Pressdruck	bar	≧150	*Spritzdruck*	bar	
Härtezeit je mm	s	30–60	*Härtezeit*	s	
Schwindung	%	0.1–0.4	*Schwindung*	%	0.5–0.8
Nachschwindung	%	0.0–0.1	*Nachschwindung*	%	
Bemerkungen			*Bemerkungen*		

Zugversuch 23 °C
Probekörper: *Form* *Herstellung*

Zugfestigkeit	N/mm²		*E-Modul*	N/mm²
Reißdehnung	%		*Zeitstandzugfestigkeit*	h N/mm²

Biegeversuch 23 °C DIN 53452; DIN 53457
Probekörper: *Form* *Herstellung* DIN 53470

Biegefestigkeit	N/mm² 50–70		*E-Modul*	N/mm² 7000–12000

Druckversuch 23°C DIN 53454
Probekörper: *Form* *Herstellung* DIN 53470

Druckfestigkeit	N/mm²	120	*Stauchung*	%

Härte 23 °C *Probekörper:* *Herstellung* DIN 53470

Kugeldruckhärte N/mm² 170–300 bei N, 30 s

Schlagversuch *Probekörper:* *(1)* U-Kerbe
(2)
Herstellung DIN 53470

		°C		°C	°C	*Probekörper-Form*
Schlagzähigkeit	kJ/m²	23	3–4.5			NS
Kerbschlagzähigkeit (1)	kJ/m²	23	2–2.5			NS
IZOD-Kerbschlag-zähigkeit (2)	J/m					

Abrieb und Reibung

Taber-Abrieb (Reibradverfahren) mm³/100 U
Statische Reibungszahl
Dynamische Reibungszahl (p·v= N/mm² · m/min)
Zulässiger p · v Wert N/mm² · (m/min) v= m/min
v= m/min

Thermische Eigenschaften

Formbeständigkeit in der Wärme	*Verfahren* A			180–200 °C
	Verfahren			°C
Formbeständigkeit Martens				150–180 °C
Längenausdehnungskoeffizient	*Bereich*	°C		$\cdot 10^{-4}K^{-1}$
	Temperatur 23 °C			$0.2–0.30 \cdot 10^{-4}K^{-1}$
Wärmeleitfähigkeit	*Verfahren*		23 °C	0.7 W/(K · m)
Spezifische Wärmekapazität	*Verfahren*			J/(K · g)

Brandverhalten

UL-Test vertikal Dicke 1.6 mm, Wert V-0
Dicke mm, Wert

	Norm	*Bewertung*	*Abmessungen*
Sauerstoff-Index	ASTM D 2863		
Glühstab-Verfahren	DIN 53459	1	
Brandverhalten	DIN 4102		
MVSS			
FAR			

Elektrische Eigenschaften

		Hz	°C		*Probekörper, Form*
Dielektrizitätszahl		50			
		10^3	23	4–6	
		10^6			
Dielektrischer Verlustfaktor tan δ		50			
		10^3	23	≦0.03	
		10^6			
Spezifischer Durchgangs-widerstand	Ohm · cm		23	≧1.0*10**12	
Durchschlagfestigkeit	kV/mm		23	12–20	mm dick
Oberflächenwiderstand	Ohm		23	≧1.0*10**11	

Kriechstromfestigkeit KC 175 KB 225 KA
Kriechwegbildung CTI 175
CTI 225 M

Elektrolytische Korrosionswirkung
Lichtbogenfestigkeit nach DIN
nach ASTM s

Beständigkeit *(Chemische Beständigkeit siehe Anhang)*

Wasseraufnahme 4 d ≦20 mg

Feuchtigkeitsaufnahme Normalklima %
Wetterbeständigkeit

Produktklasse	Phenolharz-Formmasse		**PF**
Handelsname	**Bakelite-Formmasse PF 31.5**		
Hersteller	BAKELITE		
DIN-Bezeichnung	31.5 DIN 7708		
ISO-Bezeichnung	PF 2 A 2		
Harzbasis	≧50% Phenol		
Zusätze		*Füllstoffe/ Verstärkung*	Holzmehl
Bevorzugte Verarbeitung	Pressen; Spritzpressen; Spritzgiessen	*Lieferform*	Automatengranulat; Mahlung
		Farben	Gelb; Natur; Schwarz
Besondere Merkmale	Wie PF 31; Elektrisch hochwertig	*Bevorzugte Anwendungen*	Kraftfahrzeugtechnik; Verteilerfinger; Zuendkerzenstecker; Elektrotechnik; Kontaktleiste; Sockelplatte; Gehaeuse; Einbauteil

Dichte	g/cm³	1.4	*Dosierbarkeit*	Rieselfaehig
Schüttdichte	g/cm³	0.6	*Tablettierbarkeit*	
Fließeinstellung			*Lagerung*	

Verarbeitungsbedingungen für Pressen

Werkzeugtemperatur	°C	165–185
Pressdruck	bar	≧150
Härtezeit je mm	s	30–60
Schwindung	%	0.5–0.8
Nachschwindung	%	0.2–0.4
Bemerkungen		

Verarbeitungsbedingungen für Spritzgießen

Zylindertemperatur	°C	65–85
Düsentemperatur	°C	85–120
Massetemp.	°C	110–140
Werkzeugtemp.	°C	160–195
Spritzdruck	bar	800–2500
Härtezeit	s	15–80
Schwindung	%	1.1–1.7
Nachschwindung	%	
Bemerkungen		

Zugversuch 23 °C

Probekörper: *Form* *Herstellung*

Zugfestigkeit	N/mm²	*E-Modul*	N/mm²
Reißdehnung	%	*Zeitstandzugfestigkeit*	h N/mm²

Biegeversuch 23 °C DIN 53452; DIN 53457

Probekörper: *Form* *Herstellung* DIN 53470

Biegefestigkeit	N/mm² 70–90	*E-Modul*	N/mm² 6000–8000

Druckversuch 23°C DIN 53454

Probekörper: *Form* *Herstellung* DIN 53470

Druckfestigkeit	N/mm²	≧200	*Stauchung*	%

Härte 23 °C *Probekörper:* *Herstellung* DIN 53470

Kugeldruckhärte N/mm² 250–320 bei N, 30 s

Schlagversuch *Probekörper:* *(1)* U-Kerbe *(2)* *Herstellung* DIN 53470

		°C		°C	°C	*Probekörper-Form*
Schlagzähigkeit	kJ/m²	23	6–8			NS
Kerbschlagzähigkeit (1)	kJ/m²	23	1.5–2			NS
IZOD-Kerbschlag-zähigkeit (2)	J/m					

Abrieb und Reibung

Taber-Abrieb (Reibradverfahren) mm³/100 U
Statische Reibungszahl
Dynamische Reibungszahl (p·v= N/mm² m/min)
Zulässiger p · v Wert N/mm² · (m/min) v= m/min
v= m/min

Thermische Eigenschaften

Formbeständigkeit in der Wärme	*Verfahren* A		140–170 °C
	Verfahren		°C
Formbeständigkeit Martens			125–150 °C
Längenausdehnungskoeffizient	*Bereich* °C		$\cdot 10^{-4} K^{-1}$
	Temperatur 23 °C		$0.3–0.4 \cdot 10^{-4} K^{-1}$
Wärmeleitfähigkeit	*Verfahren*	23 °C	0.3 W/(K · m)
Spezifische Wärmekapazität	*Verfahren*		J/(K · g)

Brandverhalten

UL-Test vertikal Dicke 1.6 mm, Wert V-1
Dicke mm, Wert

	Norm	*Bewertung*	*Abmessungen*
Sauerstoff-Index	ASTM D 2863		
Glühstab-Verfahren	DIN 53459	2a	
Brandverhalten	DIN 4102		
MVSS			
FAR			

Elektrische Eigenschaften

		Hz	°C		*Probekörper, Form*
Dielektrizitätszahl		50			
		10^3	23	6–9	
		10^6			
Dielektrischer Verlustfaktor tan δ		50			
		10^3	23	≦0.1	
		10^6			
Spezifischer Durchgangs-widerstand	Ohm · cm		23	≧1.0*10**11	
Durchschlagfestigkeit	kV/mm		23	8–15	mm dick
Oberflächenwiderstand	Ohm		23	≧1.0*10**10	

Kriechstromfestigkeit KC 125 KB 150-175 KA
Kriechwegbildung CTI 125
CTI 150 M
Elektrolytische Korrosionswirkung
Lichtbogenfestigkeit nach DIN
nach ASTM s

Beständigkeit *(Chemische Beständigkeit siehe Anhang)*

Wasseraufnahme 4 d ≦150 mg

Feuchtigkeitsaufnahme Normalklima %
Wetterbeständigkeit

Produktklasse	Phenolharz-Formmasse		**PF**
Handelsname	**Bakelite-Formmasse PF 4412**		
Hersteller	BAKELITE		
DIN-Bezeichnung			
ISO-Bezeichnung			
Harzbasis	Phenol		
Zusätze		*Füllstoffe/ Verstärkung*	Glimmer; Glasfaser
Bevorzugte Verarbeitung	Pressen; Spritzpressen	*Lieferform*	Automatengranulat
		Farben	
Besondere Merkmale	Wie PF 13; Elektrisch hochwertig bei hoher Temperatur	*Bevorzugte Anwendungen*	Kollektor; Schleifringkoerper

---

Dichte	g/cm³	2.0	*Dosierbarkeit*	Rieselfaehig
Schüttdichte	g/cm³	0.75	*Tablettierbarkeit*	
Fließeinstellung			*Lagerung*	

Verarbeitungsbedingungen für Pressen

Werkzeugtemperatur	°C	105–105
Pressdruck	bar	≧150
Härtezeit je mm	s	30–60
Schwindung	%	0.1–0.2
Nachschwindung	%	0.0–0.0
Bemerkungen		

Verarbeitungsbedingungen für Spritzgießen

Zylindertemperatur	°C	
Düsentemperatur	°C	
Massetemp.	°C	
Werkzeugtemp.	°C	
Spritzdruck	bar	
Härtezeit	s	
Schwindung	%	0.1–0.3
Nachschwindung	%	
Bemerkungen		

Zugversuch 23 °C

Probekörper: *Form* *Herstellung*

Zugfestigkeit	N/mm²		*E-Modul*	N/mm²	
Reißdehnung	%		*Zeitstandzugfestigkeit*	h N/mm²	

Biegeversuch 23 °C DIN 53452; DIN 53457

Probekörper: *Form* *Herstellung* DIN 53470

Biegefestigkeit	N/mm²	70–90	*E-Modul*	N/mm²	6000–9000

Druckversuch 23 °C DIN 53454

Probekörper: *Form* *Herstellung* DIN 53470

Druckfestigkeit	N/mm²	≧140	*Stauchung*	%

Härte 23 °C *Probekörper:* *Herstellung* DIN 53470

Kugeldruckhärte N/mm² 300–340 bei N, 30 s

Schlagversuch *Probekörper:* *(1)* U-Kerbe
(2)
Herstellung DIN 53470

		°C		°C	°C	*Probekörper-Form*
Schlagzähigkeit	kJ/m²	23	4–6			NS
Kerbschlagzähigkeit (1)	kJ/m²	23	3–3.5			NS
IZOD-Kerbschlag-zähigkeit (2)	J/m					

Abrieb und Reibung

Taber-Abrieb (Reibradverfahren) mm³/100 U
Statische Reibungszahl
Dynamische Reibungszahl (p·v= N/mm²· m/min)
Zulässiger p · v Wert N/mm² · (m/min) v= m/min
v= m/min

Thermische Eigenschaften

Formbeständigkeit in der Wärme	*Verfahren* A		180–200 °C
	Verfahren		°C
Formbeständigkeit Martens			150–180 °C
Längenausdehnungskoeffizient	*Bereich* °C		$\cdot 10^{-4}K^{-1}$
	Temperatur 23 °C		$0.20–0.25 \cdot 10^{-4}K^{-1}$
Wärmeleitfähigkeit	*Verfahren*	23 °C	0.7 W/(K · m)
Spezifische Wärmekapazität	*Verfahren*		J/(K · g)

Brandverhalten

UL-Test vertikal Dicke mm, Wert
Dicke mm, Wert

	Norm	*Bewertung*	*Abmessungen*
Sauerstoff-Index	ASTM D 2863		
Glühstab-Verfahren	DIN 53459	2a	
Brandverhalten	DIN 4102		
MVSS			
FAR			

Elektrische Eigenschaften

		Hz	°C		*Probekörper, Form*
Dielektrizitätszahl		50			
		10^3	23	4–6	
		10^6			
Dielektrischer Verlustfaktor tan δ		50			
		10^3	23	0.03	
		10^6			
Spezifischer Durchgangs-widerstand	Ohm · cm		23	1.0*10**13	
Durchschlagfestigkeit	kV/mm		23	25–30	mm dick
Oberflächenwiderstand	Ohm		23	1.0*10**11	

Kriechstromfestigkeit KC 250 KB 300 KA
Kriechwegbildung CTI 250
CTI 300 M

Elektrolytische Korrosionswirkung
Lichtbogenfestigkeit nach DIN
nach ASTM s

Beständigkeit *(Chemische Beständigkeit siehe Anhang)*

Wasseraufnahme 4 d 50 mg

Feuchtigkeitsaufnahme Normalklima %
Wetterbeständigkeit

Produktklasse	Phenolharz-Formmasse		**PF**
Handelsname	**Bakelite-Formmasse PF 31 A**		
Hersteller	BAKELITE		
DIN-Bezeichnung	31 DIN 7708		
ISO-Bezeichnung			
Harzbasis	≧ 50% Phenol		
Zusätze		*Füllstoffe/ Verstärkung*	Organischer Harztraeger
Bevorzugte Verarbeitung	Pressen; Spritzpressen; Spritzgiessen	*Lieferform*	Automatengranulat; Mahlung
		Farben	Schwarz
Besondere Merkmale	Wie PF 31; In feuchtwarmem Klima nicht korrosiv (Plattierte Eisenteile)	*Bevorzugte Anwendungen*	Elektrotechnik; Nachrichtentechnik; Autoelektrik; Kontaktleiste; Sockelplatte; Gehaeuse; Einbauteil; Kfz-Zuendanlage

Dichte	g/cm³	1.4	*Dosierbarkeit*	Rieselfaehig
Schüttdichte	g/cm³	0.5	*Tablettierbarkeit*	
Fließeinstellung			*Lagerung*	

Verarbeitungsbedingungen für Pressen

Werkzeugtemperatur	°C	165–185
Pressdruck	bar	≧150
Härtezeit je mm	s	30–60
Schwindung	%	0.5–0.8
Nachschwindung	%	0.2–0.4
Bemerkungen		

Verarbeitungsbedingungen für Spritzgießen

Zylindertemperatur	°C	65–85
Düsentemperatur	°C	85–120
Massetemp.	°C	110–140
Werkzeugtemp.	°C	160–195
Spritzdruck	bar	800–2500
Härtezeit	s	15–80
Schwindung	%	1.1–1.7
Nachschwindung	%	
Bemerkungen		

Zugversuch 23 °C

Probekörper: *Form* *Herstellung*

Zugfestigkeit	N/mm²	*E-Modul*	N/mm²
Reißdehnung	%	*Zeitstandzugfestigkeit*	h N/mm²

Biegeversuch 23 °C DIN 53452; DIN 53457

Probekörper: *Form* *Herstellung* DIN 53470

Biegefestigkeit	N/mm² 70–90	*E-Modul*	N/mm² 6000–8000

Druckversuch 23 °C DIN 53454

Probekörper: *Form* *Herstellung* DIN 53470

Druckfestigkeit	N/mm² ≧200	*Stauchung*	%

Härte 23 °C *Probekörper:* *Herstellung* DIN 53470

Kugeldruckhärte N/mm² 250–320 bei N, 30 s

Schlagversuch *Probekörper:* *(1)* U-Kerbe *(2)*

Herstellung DIN 53470

		°C		°C		°C		*Probekörper-Form*
Schlagzähigkeit	kJ/m²	23	6–8					NS
Kerbschlagzähigkeit (1)	kJ/m²	23	1.5–2					NS
IZOD-Kerbschlagzähigkeit (2)	J/m							

Abrieb und Reibung

Taber-Abrieb (Reibradverfahren) mm³/100 U
Statische Reibungszahl
Dynamische Reibungszahl (p · v = N/mm² · m/min)
Zulässiger p · v Wert N/mm² · (m/min) v = m/min
v = m/min

Thermische Eigenschaften

Formbeständigkeit in der Wärme	*Verfahren* A		140–170 °C
	Verfahren		°C
Formbeständigkeit Martens			125–150 °C
Längenausdehnungskoeffizient	*Bereich* °C		$\cdot 10^{-4} K^{-1}$
	Temperatur 23 °C		$0.3–0.4 \cdot 10^{-4} K^{-1}$
Wärmeleitfähigkeit	*Verfahren*	23 °C	0.3 W/(K · m)
Spezifische Wärmekapazität	*Verfahren*		J/(K · g)

Brandverhalten

UL-Test vertikal Dicke 1.6 mm, Wert V-1
Dicke mm, Wert

	Norm	*Bewertung*	*Abmessungen*
Sauerstoff-Index	ASTM D 2863		
Glühstab-Verfahren	DIN 53459	2a	
Brandverhalten	DIN 4102		
MVSS			
FAR			

Elektrische Eigenschaften

		Hz	°C		*Probekörper, Form*
Dielektrizitätszahl		50			
		10^3	23	6–9	
		10^6			
Dielektrischer Verlustfaktor tan δ		50			
		10^3	23	≦0.3	
		10^6			
Spezifischer Durchgangswiderstand	Ohm · cm		23	≧1.0*10**10	
Durchschlagfestigkeit	kV/mm		23	5–10	mm dick
Oberflächenwiderstand	Ohm		23	≧1.0*10**08	

Kriechstromfestigkeit KC 125 KB 150-175 KA
Kriechwegbildung CTI 125
CTI 150 M

Elektrolytische Korrosionswirkung
Lichtbogenfestigkeit nach DIN
nach ASTM s

Beständigkeit *(Chemische Beständigkeit siehe Anhang)*

Wasseraufnahme 4 d ≦150 mg

Feuchtigkeitsaufnahme Normalklima %
Wetterbeständigkeit

PF

Produktklasse	Phenolharz-Formmasse
Handelsname	**Bakelite-Formmasse PF 31.9**
Hersteller	BAKELITE
DIN-Bezeichnung	31.9 DIN 7708
ISO-Bezeichnung	PF 1 A 1
Harzbasis	≧45% Phenol
Zusätze	
Füllstoffe/ Verstärkung	Holzmehl
Bevorzugte Verarbeitung	Pressen; Spritzpressen; Spritzgiessen
Lieferform	Automatengranulat
Farben	Gruen
Besondere Merkmale	Wie PF 31; Als Formstoff praktisch ammoniakfrei
Bevorzugte Anwendungen	Elektrotechnik; Nachrichtentechnik; Autoelektrik; Kontaktleiste; Sockelplatte; Gehaeuse; Einbauteil; Kfz-Zuendanlage

Dichte	g/cm³	1.4
Schüttdichte	g/cm³	0.6
Fließeinstellung		
Dosierbarkeit		Rieselfaehig
Tablettierbarkeit		
Lagerung		

Verarbeitungsbedingungen für Pressen

Werkzeugtemperatur	°C	165–185
Pressdruck	bar	≧150
Härtezeit je mm	s	30–60
Schwindung	%	0.5–0.8
Nachschwindung	%	0.2–0.4
Bemerkungen		

Verarbeitungsbedingungen für Spritzgießen

Zylindertemperatur	°C	65–85
Düsentemperatur	°C	85–120
Massetemp.	°C	110–140
Werkzeugtemp.	°C	160–195
Spritzdruck	bar	800–2500
Härtezeit	s	15–80
Schwindung	%	1.1–1.7
Nachschwindung	%	
Bemerkungen		

Zugversuch 23 °C

Probekörper: *Form* *Herstellung*

Zugfestigkeit	N/mm²	
Reißdehnung	%	
E-Modul	N/mm²	
Zeitstandzugfestigkeit	h N/mm²	

Biegeversuch 23 °C DIN 53452; DIN 53457

Probekörper: *Form* *Herstellung* DIN 53470

Biegefestigkeit	N/mm²	70–80
E-Modul	N/mm²	6000–8000

Druckversuch 23°C DIN 53454

Probekörper: *Form* *Herstellung* DIN 53470

Druckfestigkeit	N/mm²	≧200
Stauchung	%	

Härte 23 °C

Probekörper: *Herstellung* DIN 53470

Kugeldruckhärte N/mm² 250–320 bei N, 30 s

Schlagversuch *Probekörper:* *(1)* U-Kerbe
(2)
Herstellung DIN 53470

		°C		°C	°C	*Probekörper-Form*
Schlagzähigkeit	kJ/m²	23	6–8			NS
Kerbschlagzähigkeit (1)	kJ/m²	23	1.5–2			NS
IZOD-Kerbschlagzähigkeit (2)	J/m					

Abrieb und Reibung

Taber-Abrieb (Reibradverfahren) mm³/100 U
Statische Reibungszahl
Dynamische Reibungszahl (p·v= N/mm² · m/min)
Zulässiger p · v Wert N/mm² · (m/min) v= m/min
v= m/min

Thermische Eigenschaften

Formbeständigkeit in der Wärme *Verfahren* A 140–170 °C
Verfahren °C
Formbeständigkeit Martens 125–150 °C
Längenausdehnungskoeffizient *Bereich* °C $\cdot 10^{-4}K^{-1}$
Temperatur 23 °C 0.3–0.4 $\cdot 10^{-4}K^{-1}$
Wärmeleitfähigkeit *Verfahren* 23 °C 0.3 W/(K · m)

Spezifische Wärmekapazität *Verfahren* J/(K · g)

Brandverhalten

UL-Test vertikal Dicke 1.6 mm, Wert V-1
Dicke mm, Wert

	Norm	*Bewertung*	*Abmessungen*
Sauerstoff-Index	ASTM D 2863		
Glühstab-Verfahren	DIN 53459	2a	
Brandverhalten	DIN 4102		
MVSS			
FAR			

Elektrische Eigenschaften

		Hz	°C		*Probekörper, Form*
Dielektrizitätszahl		50			
		10^3	23	6–9	
		10^6			
Dielektrischer Verlustfaktor tan δ		50			
		10^3	23	≦0.3	
		10^6			
Spezifischer Durchgangswiderstand	Ohm · cm		23	≧1.0*10**10	
Durchschlagfestigkeit	kV/mm		23	5–10	mm dick
Oberflächenwiderstand	Ohm		23	≧1.0*10**08	

Kriechstromfestigkeit KC 125 KB 150-175 KA
Kriechwegbildung CTI 125
CTI 150 M

Elektrolytische Korrosionswirkung
Lichtbogenfestigkeit nach DIN
nach ASTM s

Beständigkeit *(Chemische Beständigkeit siehe Anhang)*

Wasseraufnahme 4 d ≦150 mg

Feuchtigkeitsaufnahme Normalklima %
Wetterbeständigkeit

PF

Produktklasse	Phenolharz-Formmasse
Handelsname	**Bakelite-Formmasse PF 6504**
Hersteller	BAKELITE
DIN-Bezeichnung	
ISO-Bezeichnung	
Harzbasis	Phenol
Zusätze	
Füllstoffe/ Verstärkung	Glasfaser
Bevorzugte Verarbeitung	Pressen; Spritzpressen; Spritzgiessen
Lieferform	Automatengranulat
Farben	
Besondere Merkmale	Geringe Schwindung; Geringe Nachschwindung; Waermeformbestaendig
Bevorzugte Anwendungen	Technisches Formteil; Vergaserflansch

Dichte	g/cm³	1.6
Schüttdichte	g/cm³	0.7
Fließeinstellung		
Dosierbarkeit		Rieselfaehig
Tablettierbarkeit		
Lagerung		

Verarbeitungsbedingungen für Pressen

Werkzeugtemperatur	°C	165–185
Pressdruck	bar	≧150
Härtezeit je mm	s	30–60
Schwindung	%	0.1–0.3
Nachschwindung	%	0.0–0.1
Bemerkungen		

Verarbeitungsbedingungen für Spritzgießen

Zylindertemperatur	°C	65–85
Düsentemperatur	°C	85–120
Massetemp.	°C	110–140
Werkzeugtemp.	°C	160–195
Spritzdruck	bar	800–2500
Härtezeit	s	15–80
Schwindung	%	0.5–1.0
Nachschwindung	%	
Bemerkungen		

Zugversuch 23 °C

Probekörper: *Form* *Herstellung*

Zugfestigkeit	N/mm²	
Reißdehnung	%	
E-Modul	N/mm²	
Zeitstandzugfestigkeit	h N/mm²	

Biegeversuch 23 °C DIN 53452; DIN 53457

Probekörper: *Form* *Herstellung* DIN 53470

Biegefestigkeit	N/mm²	90–110
E-Modul	N/mm²	5000–8000

Druckversuch 23°C DIN 53454

Probekörper: *Form* *Herstellung* DIN 53470

Druckfestigkeit	N/mm²	≧180
Stauchung	%	

Härte 23 °C

Probekörper: *Herstellung* DIN 53470

Kugeldruckhärte N/mm² 200–300 bei N, 30 s

Schlagversuch *Probekörper:* *(1)* U-Kerbe *(2)* *Herstellung* DIN 53470

		°C		°C		°C		*Probekörper-Form*
Schlagzähigkeit	kJ/m²	23	7–9					NS
Kerbschlagzähigkeit (1)	kJ/m²	23	2.3–2.8					NS
IZOD-Kerbschlagzähigkeit (2)	J/m							

Abrieb und Reibung

Taber-Abrieb (Reibradverfahren) mm³/100 U
Statische Reibungszahl
Dynamische Reibungszahl (p·v= N/mm²· m/min)
Zulässiger p · v Wert N/mm² · (m/min) v= m/min
v= m/min

Thermische Eigenschaften

Formbeständigkeit in der Wärme	*Verfahren* A		200–230 °C
	Verfahren		°C
Formbeständigkeit Martens			170–200 °C
Längenausdehnungskoeffizient	*Bereich* °C		$\cdot 10^{-4}K^{-1}$
	Temperatur 23 °C		$0.2–0.3 \cdot 10^{-4}K^{-1}$
Wärmeleitfähigkeit	*Verfahren*	23 °C	0.7 W/(K · m)
Spezifische Wärmekapazität	*Verfahren*		J/(K · g)

Brandverhalten

UL-Test vertikal Dicke 1.6 mm, Wert V-1
Dicke mm, Wert

	Norm	*Bewertung*	*Abmessungen*
Sauerstoff-Index	ASTM D 2863		
Glühstab-Verfahren	DIN 53459	2a	
Brandverhalten	DIN 4102		
MVSS			
FAR			

Elektrische Eigenschaften

		Hz	°C		*Probekörper, Form*
Dielektrizitätszahl		50			
		10^3	23	6–10	
		10^6			
Dielektrischer Verlustfaktor tan δ		50			
		10^3	23	0.3	
		10^6			
Spezifischer Durchgangswiderstand	Ohm · cm		23	1.0*10**11	
Durchschlagfestigkeit	kV/mm		23	5–10	mm dick
Oberflächenwiderstand	Ohm		23	1.0*10**10	

Kriechstromfestigkeit KC 150 KB 175 KA
Kriechwegbildung CTI 150
CTI 175 M

Elektrolytische Korrosionswirkung
Lichtbogenfestigkeit nach DIN
nach ASTM s

Beständigkeit *(Chemische Beständigkeit siehe Anhang)*

Wasseraufnahme 4 d 50 mg

Feuchtigkeitsaufnahme Normalklima %
Wetterbeständigkeit

Produktklasse	Phenolharz-Formmasse		**PF**
Handelsname	**Bakelite-Formmasse PF 4081**		
Hersteller	BAKELITE		
DIN-Bezeichnung			
ISO-Bezeichnung			
Harzbasis	Phenol		
Zusätze		*Füllstoffe/ Verstärkung*	Asbestfaser
Bevorzugte Verarbeitung	Pressen; Spritzpressen; Spritzgiessen	*Lieferform*	Mahlung
		Farben	Natur
Besondere Merkmale	Waermeformbestaendig; Masshaltig; Elektrisch hochwertig	*Bevorzugte Anwendungen*	Kollektor; Schleifringkoerper

Dichte	g/cm^3	1.7	*Dosierbarkeit*	Rieselfaehig, schuettbar
Schüttdichte	g/cm^3	0.6	*Tablettierbarkeit*	
Fließeinstellung			*Lagerung*	

Verarbeitungsbedingungen für Pressen

Werkzeugtemperatur	°C	165–185
Pressdruck	bar	≧150
Härtezeit je mm	s	30–60
Schwindung	%	0.2–0.4
Nachschwindung	%	0.0–0.1
Bemerkungen		

Verarbeitungsbedingungen für Spritzgießen

Zylindertemperatur	°C	65–85
Düsentemperatur	°C	85–120
Massetemp.	°C	110–140
Werkzeugtemp	°C	160–195
Spritzdruck	bar	800–2500
Härtezeit	s	15–80
Schwindung	%	0.6–1.0
Nachschwindung	%	
Bemerkungen		

Zugversuch 23 °C

Probekörper: *Form* *Herstellung*

Zugfestigkeit	N/mm^2	*E-Modul*	N/mm^2	
Reißdehnung	%	*Zeitstandzugfestigkeit*	h N/mm^2	

Biegeversuch 23 °C DIN 53452; DIN 53457

Probekörper: *Form* *Herstellung* DIN 53470

Biegefestigkeit	N/mm^2 50–60	*E-Modul*	N/mm^2	10000–15000

Druckversuch 23 °C DIN 53454

Probekörper: *Form* *Herstellung* DIN 53470

Druckfestigkeit	N/mm^2	≧100	*Stauchung*	%

Härte 23 °C *Probekörper:* *Herstellung* DIN 53470

Kugeldruckhärte N/mm^2 280–320 bei N, 30 s

Schlagversuch *Probekörper:* *(1)* U-Kerbe
(2)
Herstellung DIN 53470

		°C		°C	°C	*Probekörper-Form*
Schlagzähigkeit	kJ/m²	23	4–5			NS
Kerbschlagzähigkeit (1)	kJ/m²	23	4–5			NS
IZOD-Kerbschlagzähigkeit (2)	J/m					

Abrieb und Reibung

Taber-Abrieb (Reibradverfahren) mm³/100 U
Statische Reibungszahl
Dynamische Reibungszahl (p·v= N/mm² · m/min)
Zulässiger p · v Wert N/mm² · (m/min) v= m/min
v= m/min

Thermische Eigenschaften

Formbeständigkeit in der Wärme	*Verfahren*			170–190 °C
	Verfahren			°C
Formbeständigkeit Martens				140–170 °C
Längenausdehnungskoeffizient	*Bereich*	°C		$\cdot 10^{-4} K^{-1}$
	Temperatur 23 °C			$0.20–0.30 \cdot 10^{-4} K^{-1}$
Wärmeleitfähigkeit	*Verfahren*		23 °C	0.7 W/(K · m)
Spezifische Wärmekapazität	*Verfahren*			J/(K · g)

Brandverhalten

UL-Test vertikal Dicke 1.6 mm, Wert V-0
Dicke mm, Wert

	Norm	*Bewertung*	*Abmessungen*
Sauerstoff-Index	ASTM D 2863		
Glühstab-Verfahren	DIN 53459	2a	
Brandverhalten	DIN 4102		
MVSS			
FAR			

Elektrische Eigenschaften

		Hz	°C		*Probekörper, Form*
Dielektrizitätszahl		50			
		10^3	23	20–30	
		10^6			
Dielektrischer Verlustfaktor tan δ		50			
		10^3	23	0.5	
		10^6			
Spezifischer Durchgangswiderstand	Ohm · cm		23	1.0*10**11	
Durchschlagfestigkeit	kV/mm		23	4–7	mm dick
Oberflächenwiderstand	Ohm		23	1.0*10**09	

Kriechstromfestigkeit KC 175 KB 200 KA
Kriechwegbildung CTI 175
CTI 200 M

Elektrolytische Korrosionswirkung
Lichtbogenfestigkeit nach DIN
nach ASTM s

Beständigkeit *(Chemische Beständigkeit siehe Anhang)*

Wasseraufnahme 4 d 60 mg

Feuchtigkeitsaufnahme Normalklima %
Wetterbeständigkeit

PF

Produktklasse	Phenolharz-Formmasse		
Handelsname	**Bakelite-Formmasse PF 4080**		
Hersteller	BAKELITE		
DIN-Bezeichnung			
ISO-Bezeichnung			
Harzbasis	Phenol		
Zusätze		*Füllstoffe/ Verstärkung*	Asbestfaser
Bevorzugte Verarbeitung	Pressen; Spritzpressen; Spritzgiessen	*Lieferform*	Mahlung
		Farben	Natur
Besondere Merkmale	Waermeformbestaendig; Masshaltig; Elektrisch hochwertig	*Bevorzugte Anwendungen*	Kollektor; Schleifringkoerper

Dichte	g/cm³	1.7	*Dosierbarkeit*	Rieselfaehig, schuettbar
Schüttdichte	g/cm³	0.6	*Tablettierbarkeit*	
Fließeinstellung			*Lagerung*	

Verarbeitungsbedingungen für Pressen

Werkzeugtemperatur	°C	165–185
Pressdruck	bar	≧150
Härtezeit je mm	s	30–60
Schwindung	%	0.1–0.3
Nachschwindung	%	0.0–0.1
Bemerkungen		

Verarbeitungsbedingungen für Spritzgießen

Zylindertemperatur	°C	65–85
Düsentemperatur	°C	85–120
Massetemp.	°C	110–140
Werkzeugtemp.	°C	160–195
Spritzdruck	bar	800–2500
Härtezeit	s	15–80
Schwindung	%	0.5–0.9
Nachschwindung	%	
Bemerkungen		

Zugversuch 23 °C

Probekörper: *Form* *Herstellung*

Zugfestigkeit	N/mm²		*E-Modul*	N/mm²
Reißdehnung	%		*Zeitstandzugfestigkeit*	h N/mm²

Biegeversuch 23 °C DIN 53452; DIN 53457

Probekörper: *Form* *Herstellung* DIN 53470

Biegefestigkeit	N/mm²	45–60	*E-Modul*	N/mm²	10000–15000

Druckversuch 23 °C DIN 53454

Probekörper: *Form* *Herstellung* DIN 53470

Druckfestigkeit	N/mm²	≧100	*Stauchung*	%

Härte 23 °C *Probekörper:* *Herstellung* DIN 53470

Kugeldruckhärte N/mm² 280–320 bei N, 30 s

Schlagversuch *Probekörper:* *(1)* U-Kerbe *(2)* *Herstellung* DIN 53470

		°C		°C	°C	*Probekörper-Form*
Schlagzähigkeit	kJ/m²	23	4–5			NS
Kerbschlagzähigkeit (1)	kJ/m²	23	3.5–5			NS
IZOD-Kerbschlagzähigkeit (2)	J/m					

Abrieb und Reibung

Taber-Abrieb (Reibradverfahren) mm³/100 U
Statische Reibungszahl
Dynamische Reibungszahl (p·v= N/mm² · m/min)
Zulässiger p · v Wert N/mm² · (m/min) v= m/min
v= m/min

Thermische Eigenschaften

Formbeständigkeit in der Wärme	*Verfahren*			170–190 °C
	Verfahren			°C
Formbeständigkeit Martens				140–170 °C
Längenausdehnungskoeffizient	*Bereich* °C			$\cdot 10^{-4}K^{-1}$
	Temperatur 23 °C			0.20–0.30 $\cdot 10^{-4}K^{-1}$
Wärmeleitfähigkeit	*Verfahren*		23 °C	0.7 W/(K · m)
Spezifische Wärmekapazität	*Verfahren*			J/(K · g)

Brandverhalten

UL-Test vertikal Dicke 1.6 mm, Wert V-0
Dicke mm, Wert

	Norm	*Bewertung*	*Abmessungen*
Sauerstoff-Index	ASTM D 2863		
Glühstab-Verfahren	DIN 53459	2a	
Brandverhalten	DIN 4102		
MVSS			
FAR			

Elektrische Eigenschaften

		Hz	°C		*Probekörper, Form*
Dielektrizitätszahl		50			
		10^3	23	25–35	
		10^6			
Dielektrischer Verlustfaktor tan δ		50			
		10^3	23	0.5	
		10^6			
Spezifischer Durchgangswiderstand	Ohm · cm		23	1.0*10**10	
Durchschlagfestigkeit	kV/mm		23	4–7	mm dick
Oberflächenwiderstand	Ohm		23	1.0*10**08	

Kriechstromfestigkeit KC 175 KB 200 KA
Kriechwegbildung CTI 175
CTI 200 M

Elektrolytische Korrosionswirkung
Lichtbogenfestigkeit nach DIN
nach ASTM s

Beständigkeit *(Chemische Beständigkeit siehe Anhang)*

Wasseraufnahme 4 d 60 mg

Feuchtigkeitsaufnahme Normalklima %
Wetterbeständigkeit

Produktklasse	Phenolharz-Formmasse		**PF**
Handelsname	**Bakelite-Formmasse PF 7550**		
Hersteller	BAKELITE		
DIN-Bezeichnung			
ISO-Bezeichnung			
Harzbasis	Phenol		
Zusätze		*Füllstoffe/ Verstärkung*	Organische Faser; Mineralmehl
Bevorzugte Verarbeitung	Pressen; Spritzpressen	*Lieferform*	Automatengranulat
		Farben	Schwarz
Besondere Merkmale	Galvanisierbar	*Bevorzugte Anwendungen*	Leuchte; Abdeckung; Schreibmaschinenkugelkopf

Dichte	g/cm^3	1.5	*Dosierbarkeit*	Rieselfaehig
Schüttdichte	g/cm^3	0.6	*Tablettierbarkeit*	
Fließeinstellung			*Lagerung*	

Verarbeitungsbedingungen für Pressen			**Verarbeitungsbedingungen für Spritzgießen**		
			Zylindertemperatur	°C	
			Düsentemperatur	°C	
			Massetemp.	°C	
Werkzeugtemperatur	°C	105–105	*Werkzeugtemp.*	°C	
Pressdruck	bar	≧150	*Spritzdruck*	bar	
Härtezeit je mm	s	30–60	*Härtezeit*	s	
Schwindung	%	0.6–0.8	*Schwindung*	%	1.1–1.6
Nachschwindung	%	0.6–0.9	*Nachschwindung*	%	
Bemerkungen			*Bemerkungen*		

Zugversuch 23 °C
Probekörper: *Form* *Herstellung*

Zugfestigkeit	N/mm^2	*E-Modul*	N/mm^2
Reißdehnung	%	*Zeitstandzugfestigkeit*	h N/mm^2

Biegeversuch 23 °C DIN 53452; DIN 53457
Probekörper: *Form* *Herstellung* DIN 53470

Biegefestigkeit	N/mm^2 75–90	*E-Modul*	N/mm^2 7000–10000

Druckversuch 23°C DIN 53454
Probekörper: *Form* *Herstellung* DIN 53470

Druckfestigkeit	N/mm^2	≧180	*Stauchung*	%

Härte 23 °C *Probekörper:* *Herstellung* DIN 53470

Kugeldruckhärte N/mm^2 250–350 bei N, 30 s

Schlagversuch *Probekörper:* *(1)* U-Kerbe
(2)
Herstellung DIN 53470

		°C		°C		°C		*Probekörper-Form*
Schlagzähigkeit	kJ/m²	23	6–8					NS
Kerbschlagzähigkeit (1)	kJ/m²	23	1.8–2					NS
IZOD-Kerbschlag-zähigkeit (2)	J/m							

Abrieb und Reibung

Taber-Abrieb (Reibradverfahren) mm³/100 U
Statische Reibungszahl
Dynamische Reibungszahl (p · v = N/mm² · m/min)
Zulässiger p · v Wert N/mm² · (m/min) v = m/min
v = m/min

Thermische Eigenschaften

Formbeständigkeit in der Wärme	*Verfahren*		140–160 °C
	Verfahren		°C
Formbeständigkeit Martens			120–140 °C
Längenausdehnungskoeffizient	*Bereich* °C		$\cdot 10^{-4} K^{-1}$
	Temperatur 23 °C		$0.3–0.4 \cdot 10^{-4} K^{-1}$
Wärmeleitfähigkeit	*Verfahren*	23 °C	0.35 W/(K · m)
Spezifische Wärmekapazität	*Verfahren*		J/(K · g)

Brandverhalten

UL-Test vertikal Dicke 1.6 mm, Wert V-0
Dicke mm, Wert

	Norm	*Bewertung*	*Abmessungen*
Sauerstoff-Index	ASTM D 2863		
Glühstab-Verfahren	DIN 53459	2a	
Brandverhalten	DIN 4102		
MVSS			
FAR			

Elektrische Eigenschaften

		Hz	°C		*Probekörper, Form*
Dielektrizitätszahl		50			
		10^3	23	10–20	
		10^6			
Dielektrischer Verlustfaktor tan δ		50			
		10^3	23	0.2	
		10^6			
Spezifischer Durchgangs-widerstand	Ohm · cm		23	1.0*10**11	
Durchschlagfestigkeit	kV/mm		23	8–15	mm dick
Oberflächenwiderstand	Ohm		23	1.0*10**10	

Kriechstromfestigkeit KC 125 KB 150-175 KA
Kriechwegbildung CTI 125
CTI 150 M

Elektrolytische Korrosionswirkung
Lichtbogenfestigkeit nach DIN
nach ASTM s

Beständigkeit *(Chemische Beständigkeit siehe Anhang)*

Wasseraufnahme 4 d 100 mg

Feuchtigkeitsaufnahme Normalklima %
Wetterbeständigkeit

UF

Produktklasse	Harnstoffharz-Formmasse
Handelsname	**Bakelite-Formmasse UF 131.5**
Hersteller	BAKELITE
DIN-Bezeichnung	131.5 DIN 7708
ISO-Bezeichnung	UF A 10
Harzbasis	Harnstoff-Formaldehyd

Zusätze		*Füllstoffe/ Verstärkung*	Zellstoff
Bevorzugte Verarbeitung	Pressen; Spritzpressen; Spritzgiessen	*Lieferform*	Mahlung; Automatengranulat
		Farben	Weiss-elfenbein; Gelb-orange; Grau; Schwarz
Besondere Merkmale	Hellfarbig; Lichtecht; Elektrisch hochwertig	*Bevorzugte Anwendungen*	Haube; Abdeckung; Grundplatte; Schraubverschluss; Elektroinstallationsmaterial

Dichte	g/cm³	1.5	*Dosierbarkeit*	Rieselfaehig
Schüttdichte	g/cm³	0.7	*Tablettierbarkeit*	
Fließeinstellung			*Lagerung*	

Verarbeitungsbedingungen für Pressen

Werkzeugtemperatur	°C	140–155
Pressdruck	bar	>200
Härtezeit je mm	s	20–35
Schwindung	%	0.5–0.8
Nachschwindung	%	0.9–1.1
Bemerkungen		

Verarbeitungsbedingungen für Spritzgießen

Zylindertemperatur	°C	
Düsentemperatur	°C	
Massetemp.	°C	
Werkzeugtemp.	°C	160–195
Spritzdruck	bar	1000–2500
Härtezeit	s	15–80
Schwindung	%	1.0–1.5
Nachschwindung	%	
Bemerkungen		

Zugversuch 23 °C

Probekörper: *Form* *Herstellung*

Zugfestigkeit	N/mm²		*E-Modul*	N/mm²
Reißdehnung	%		*Zeitstandzugfestigkeit*	h N/mm²

Biegeversuch 23 °C DIN 53452; DIN 53457

Probekörper: *Form* *Herstellung* DIN 53470

Biegefestigkeit	N/mm²	80–100	*E-Modul*	N/mm² 6000–10000

Druckversuch 23°C DIN 53454

Probekörper: *Form* *Herstellung* DIN 53470

Druckfestigkeit	N/mm²	≧200	*Stauchung*	%

Härte 23 °C *Probekörper:* *Herstellung* DIN 53470

Kugeldruckhärte N/mm² 260–350 bei N, 30 s

Schlagversuch *Probekörper:* *(1)* U-Kerbe *(2)* *Herstellung* DIN 53470

		°C		°C	°C	*Probekörper-Form*
Schlagzähigkeit	kJ/m²	23	6.5–8			NS
Kerbschlagzähigkeit (1)	kJ/m²	23	1.5–2			NS
IZOD-Kerbschlag-zähigkeit (2)	J/m					

Abrieb und Reibung

Taber-Abrieb (Reibradverfahren) mm³/100 U
Statische Reibungszahl
Dynamische Reibungszahl (p·v= N/mm² · m/min)
Zulässiger p · v Wert N/mm² · (m/min) v= m/min
v= m/min

Thermische Eigenschaften

Formbeständigkeit in der Wärme	*Verfahren*		110–125 °C
	Verfahren		°C
Formbeständigkeit Martens			100–110 °C
Längenausdehnungskoeffizient	*Bereich* °C		$\cdot 10^{-4} K^{-1}$
	Temperatur 23 °C		$0.4–0.5 \cdot 10^{-4} K^{-1}$
Wärmeleitfähigkeit	*Verfahren*	23 °C	0.35 W/(K · m)
Spezifische Wärmekapazität	*Verfahren*		J/(K · g)

Brandverhalten

UL-Test vertikal Dicke 1.6 mm, Wert V-0
Dicke mm, Wert

	Norm	*Bewertung*	*Abmessungen*
Sauerstoff-Index	ASTM D 2863		
Glühstab-Verfahren	DIN 53459	2a	
Brandverhalten	DIN 4102		
MVSS			
FAR			

Elektrische Eigenschaften

		Hz	°C		*Probekörper, Form*
Dielektrizitätszahl		50			
		10^3	23	6–7	
		10^6			
Dielektrischer Verlustfaktor tan δ		50			
		10^3	23	≦0.1	
		10^6			
Spezifischer Durchgangs-widerstand	Ohm · cm		23	≧1.0*10**11	
Durchschlagfestigkeit	kV/mm		23	8–15	mm dick
Oberflächenwiderstand	Ohm		23	≧1.0*10**10	

Kriechstromfestigkeit KC 600 KB 600 KA
Kriechwegbildung CTI 600
CTI 600 M
Elektrolytische Korrosionswirkung
Lichtbogenfestigkeit nach DIN
nach ASTM s

Beständigkeit *(Chemische Beständigkeit siehe Anhang)*

Wasseraufnahme 4 d ≦300 mg

Feuchtigkeitsaufnahme Normalklima %
Wetterbeständigkeit

Produktklasse	Melaminharz-Formmasse		**MF**
Handelsname	**Bakelite-Formmasse MF 150**		
Hersteller	BAKELITE		
DIN-Bezeichnung	150 DIN 7708		
ISO-Bezeichnung	MF B 20		
Harzbasis	Melamin		
Zusätze		*Füllstoffe/ Verstärkung*	Holzmehl
Bevorzugte Verarbeitung	Pressen; Spritzpressen; Spritzgiessen	*Lieferform*	Automatengranulat
		Farben	Natur; Grau; Schwarz
Besondere Merkmale	Standardtyp; Kriechstromfest; Lichtbogenfestigkeit	*Bevorzugte Anwendungen*	Klemme; Kontaktklammer; Schaltelement; Klemmbrett

Dichte	g/cm³	1.5	*Dosierbarkeit*	Rieselfaehig
Schüttdichte	g/cm³	0.55	*Tablettierbarkeit*	
Fließeinstellung			*Lagerung*	

Verarbeitungsbedingungen für Pressen

Werkzeugtemperatur	°C	150 170
Pressdruck	bar	≧150
Härtezeit je mm	s	20–40
Schwindung	%	0.5–0.8
Nachschwindung	%	1.0–1.9
Bemerkungen		

Verarbeitungsbedingungen für Spritzgießen

Zylindertemperatur	°C	65–80
Düsentemperatur	°C	85–110
Massetemp.	°C	120–140
Werkzeugtemp.	°C	155–180
Spritzdruck	bar	1000–2500
Härtezeit	s	15–80
Schwindung	%	1.3–1.9
Nachschwindung	%	
Bemerkungen		

Zugversuch 23 °C

Probekörper: *Form* *Herstellung*

Zugfestigkeit	N/mm²		*E-Modul*	N/mm²
Reißdehnung	%		*Zeitstandzugfestigkeit*	h N/mm²

Biegeversuch 23 °C DIN 53452; DIN 53457

Probekörper: *Form* *Herstellung* DIN 53470

Biegefestigkeit	N/mm² 70–90		*E-Modul*	N/mm² 6000–7000

Druckversuch 23°C DIN 53454

Probekörper: *Form* *Herstellung* DIN 53470

Druckfestigkeit	N/mm²	≧170	*Stauchung*	%

Härte 23 °C *Probekörper:* *Herstellung* DIN 53470

Kugeldruckhärte N/mm² 230–320 bei N, 30 s

Schlagversuch *Probekörper:* *(1)* U-Kerbe
(2) *Herstellung* DIN 53470

		°C		°C	°C	*Probekörper-Form*
Schlagzähigkeit	kJ/m²	23	6–8			NS
Kerbschlagzähigkeit (1)	kJ/m²	23	1.5–2			NS
IZOD-Kerbschlagzähigkeit (2)	J/m					

Abrieb und Reibung

Taber-Abrieb (Reibradverfahren) mm³/100 U
Statische Reibungszahl
Dynamische Reibungszahl (p·v= N/mm²· m/min)
Zulässiger p · v Wert N/mm² · (m/min) v= m/min
v= m/min

Thermische Eigenschaften

Formbeständigkeit in der Wärme	*Verfahren*			140–160 °C
	Verfahren			°C
Formbeständigkeit Martens				120–140 °C
Längenausdehnungskoeffizient	*Bereich*	°C		$\cdot 10^{-4}K^{-1}$
	Temperatur 23 °C			$0.4–0.5 \cdot 10^{-4}K^{-1}$
Wärmeleitfähigkeit	*Verfahren*		23 °C	0.35 W/(K · m)
Spezifische Wärmekapazität	*Verfahren*			J/(K · g)

Brandverhalten

UL-Test vertikal Dicke 1.6 mm, Wert V-0
Dicke mm, Wert

	Norm	*Bewertung*	*Abmessungen*
Sauerstoff-Index	ASTM D 2863		
Glühstab-Verfahren	DIN 53459	2a	
Brandverhalten	DIN 4102		
MVSS			
FAR			

Elektrische Eigenschaften

		Hz	°C		*Probekörper, Form*
Dielektrizitätszahl		50			
		10^3	23	6–12	
		10^6			
Dielektrischer Verlustfaktor tan δ		50			
		10^3	23	≦0.3	
		10^6			
Spezifischer Durchgangswiderstand	Ohm · cm		23	≧1.0*10**10	
Durchschlagfestigkeit	kV/mm		23	5–14	mm dick
Oberflächenwiderstand	Ohm		23	≧1.0*10**10	

Kriechstromfestigkeit KC 600 KB 600 KA
Kriechwegbildung CTI 600
CTI 600 M

Elektrolytische Korrosionswirkung
Lichtbogenfestigkeit nach DIN
nach ASTM s

Beständigkeit *(Chemische Beständigkeit siehe Anhang)*

Wasseraufnahme 4 d 250 mg

Feuchtigkeitsaufnahme Normalklima %
Wetterbeständigkeit

Produktklasse	Melaminharz-Formmasse		**MF**
Handelsname	**Bakelite-Formmasse MF 156**		
Hersteller	BAKELITE		
DIN-Bezeichnung	156 DIN 7708		
ISO-Bezeichnung	MF C 10		
Harzbasis	Melamin		
Zusätze		*Füllstoffe/ Verstärkung*	Mineralische Faser
Bevorzugte Verarbeitung	Pressen; Spritzpressen; Spritzgiessen	*Lieferform*	Mahlung; Automatengranulat
		Farben	Natur; Grau
Besondere Merkmale	Erhoehte Waermeformbestaendigkeit; Kriechstromfest	*Bevorzugte Anwendungen*	Schalter; Grundplatte fuer Schaltgeraet

Dichte	g/cm³	1.8	*Dosierbarkeit*	Rieselfaehig
Schüttdichte	g/cm³	0.7	*Tablettierbarkeit*	
Fließeinstellung			*Lagerung*	

Verarbeitungsbedingungen für Pressen

Werkzeugtemperatur	°C	150–170
Pressdruck	bar	≧150
Härtezeit je mm	s	20–40
Schwindung	%	0.2–0.5
Nachschwindung	%	0.8–1.3
Bemerkungen		

Verarbeitungsbedingungen für Spritzgießen

Zylindertemperatur	°C	65–80
Düsentemperatur	°C	85–110
Massetemp.	°C	120–140
Werkzeugtemp.	°C	155–180
Spritzdruck	bar	1000–2500
Härtezeit	s	15–80
Schwindung	%	0.9–1.2
Nachschwindung	%	
Bemerkungen		

Zugversuch 23 °C

Probekörper: *Form* *Herstellung*

Zugfestigkeit	N/mm²	*E-Modul*		N/mm²
Reißdehnung	%	*Zeitstandzugfestigkeit*	h	N/mm²

Biegeversuch 23 °C DIN 53452; DIN 53457

Probekörper: *Form* *Herstellung* DIN 53470

Biegefestigkeit	N/mm²	50–70	*E-Modul*	N/mm²	10000–13000

Druckversuch 23 °C DIN 53454

Probekörper: *Form* *Herstellung* DIN 53470

Druckfestigkeit	N/mm²	≧150	*Stauchung*	%

Härte 23 °C *Probekörper:* *Herstellung* DIN 53470

Kugeldruckhärte N/mm² 250–480 bei N, 30 s

Schlagversuch *Probekörper:* *(1)* U-Kerbe *(2)* *Herstellung* DIN 53470

		°C		°C	°C	*Probekörper-Form*
Schlagzähigkeit	kJ/m²	23	3.5–5			NS
Kerbschlagzähigkeit (1)	kJ/m²	23	2–2.5			NS
IZOD-Kerbschlagzähigkeit (2)	J/m					

Abrieb und Reibung

Taber-Abrieb (Reibradverfahren) mm³/100 U
Statische Reibungszahl
Dynamische Reibungszahl (p·v= N/mm²· m/min)
Zulässiger p·v Wert N/mm²·(m/min) v= m/min
v= m/min

Thermische Eigenschaften

Formbeständigkeit in der Wärme	*Verfahren*			160–180 °C
	Verfahren			°C
Formbeständigkeit Martens				140–170 °C
Längenausdehnungskoeffizient	*Bereich*	°C		$\cdot 10^{-4}K^{-1}$
	Temperatur 23 °C			$0.2–0.3 \cdot 10^{-4}K^{-1}$
Wärmeleitfähigkeit	*Verfahren*		23 °C	0.7 W/(K·m)
Spezifische Wärmekapazität	*Verfahren*			J/(K·g)

Brandverhalten

UL-Test vertikal Dicke 1.6 mm, Wert V-0
Dicke mm, Wert

	Norm	*Bewertung*	*Abmessungen*
Sauerstoff-Index	ASTM D 2863		
Glühstab-Verfahren	DIN 53459	2a	
Brandverhalten	DIN 4102		
MVSS			
FAR			

Elektrische Eigenschaften

		Hz	°C			*Probekörper, Form*
Dielektrizitätszahl		50				
		10^3	23	10–20		
		10^6				
Dielektrischer Verlustfaktor tan δ		50				
		10^3	23	≦0.5		
		10^6				
Spezifischer Durchgangswiderstand	Ohm·cm		23	≧1.0*10**08		
Durchschlagfestigkeit	kV/mm		23	3–5		mm dick
Oberflächenwiderstand	Ohm		23	≧1.0*10**08		
Kriechstromfestigkeit		KC 600		KB 600	KA	
Kriechwegbildung		CTI 600				
		CTI 600 M				
Elektrolytische Korrosionswirkung						
Lichtbogenfestigkeit nach DIN						
nach ASTM	s					

Beständigkeit *(Chemische Beständigkeit siehe Anhang)*

Wasseraufnahme 4 d ≦200 mg

Feuchtigkeitsaufnahme Normalklima %
Wetterbeständigkeit

MF

Produktklasse	Melaminharz-Formmasse
Handelsname	**Bakelite-Formmasse MF 2939**
Hersteller	BAKELITE
DIN-Bezeichnung	
ISO-Bezeichnung	
Harzbasis	Melamin
Zusätze	
Füllstoffe/ Verstärkung	Anorganischer Harztraeger; Organischer Harztraeger
Bevorzugte Verarbeitung	Pressen; Spritzpressen; Spritzgiessen
Lieferform	Automatengranulat
Farben	
Besondere Merkmale	Erhoehte Waermeformbestaendigkeit; Kriechstromfest; Schwer brennbar
Bevorzugte Anwendungen	Schalter; Grundplatte fuer Schaltgeraet; Asbestfrei; Substitutionswerkstoff fuer MF 156 und MF 157

Dichte	g/cm³	1.7
Schüttdichte	g/cm³	0.7
Fließeinstellung		
Dosierbarkeit		Rieselfaehig
Tablettierbarkeit		
Lagerung		

Verarbeitungsbedingungen für Pressen

Werkzeugtemperatur	°C	150–170
Pressdruck	bar	≧150
Härtezeit je mm	s	20–40
Schwindung	%	0.3–0.4
Nachschwindung	%	1.0–1.3
Bemerkungen		

Verarbeitungsbedingungen für Spritzgießen

Zylindertemperatur	°C	65–80
Düsentemperatur	°C	85–110
Massetemp.	°C	120–140
Werkzeugtemp.	°C	155–180
Spritzdruck	bar	1000–2500
Härtezeit	s	15–80
Schwindung	%	0.9–1.2
Nachschwindung	%	
Bemerkungen		

Zugversuch 23 °C

Probekörper: *Form* *Herstellung*

Zugfestigkeit	N/mm²		*E-Modul*	N/mm²	
Reißdehnung	%		*Zeitstandzugfestigkeit*	h N/mm²	

Biegeversuch 23 °C DIN 53452; DIN 53457

Probekörper: *Form* *Herstellung* DIN 53470

Biegefestigkeit	N/mm²	70–90	*E-Modul*	N/mm²	5000–8000

Druckversuch 23 °C DIN 53454

Probekörper: *Form* *Herstellung* DIN 53470

Druckfestigkeit	N/mm²	≧150	*Stauchung*	%	

Härte 23 °C *Probekörper:* *Herstellung* DIN 53470

Kugeldruckhärte N/mm² 250–350 bei N, 30 s

Schlagversuch *Probekörper:* *(1)* U-Kerbe
(2)
Herstellung DIN 53470

		°C		°C	°C	*Probekörper-Form*
Schlagzähigkeit	kJ/m²	23	4–6			NS
Kerbschlagzähigkeit (1)	kJ/m²	23	1.2–1.8			NS
IZOD-Kerbschlag-zähigkeit (2)	J/m					

Abrieb und Reibung

Taber-Abrieb (Reibradverfahren) mm³/100 U
Statische Reibungszahl
Dynamische Reibungszahl (p·v= N/mm² · m/min)
Zulässiger p · v Wert N/mm² · (m/min) v= m/min
v= m/min

Thermische Eigenschaften

Formbeständigkeit in der Wärme	*Verfahren*			150–170 °C
	Verfahren			°C
Formbeständigkeit Martens				130–150 °C
Längenausdehnungskoeffizient	*Bereich*	°C		$\cdot 10^{-4} K^{-1}$
	Temperatur 23 °C			$0.2–0.3 \cdot 10^{-4} K^{-1}$
Wärmeleitfähigkeit	*Verfahren*		23 °C	0.6 W/(K · m)
Spezifische Wärmekapazität	*Verfahren*			J/(K · g)

Brandverhalten

UL-Test vertikal Dicke 1.6 mm, Wert V-0
Dicke mm, Wert

	Norm	*Bewertung*	*Abmessungen*
Sauerstoff-Index	ASTM D 2863		
Glühstab-Verfahren	DIN 53459	2a	
Brandverhalten	DIN 4102		
MVSS			
FAR			

Elektrische Eigenschaften

		Hz	°C			*Probekörper, Form*
Dielektrizitätszahl		50				
		10^3	23	5–8		
		10^6				
Dielektrischer Verlustfaktor tan δ		50				
		10^3	23	0.2		
		10^6				
Spezifischer Durchgangs-widerstand	Ohm · cm		23	1.0*10**11		
Durchschlagfestigkeit	kV/mm		23	10–15		mm dick
Oberflächenwiderstand	Ohm		23	1.0*10**09		
Kriechstromfestigkeit		KC 600		KB 600	KA	
Kriechwegbildung		CTI 600				
		CTI 600 M				
Elektrolytische Korrosionswirkung						
Lichtbogenfestigkeit nach DIN						
nach ASTM	s					

Beständigkeit *(Chemische Beständigkeit siehe Anhang)*

Wasseraufnahme 4 d 160 mg

Feuchtigkeitsaufnahme Normalklima %
Wetterbeständigkeit

Produktklasse	Melaminharz-Formmasse		**MF**
Handelsname	**Bakelite-Formmasse MF 152**		
Hersteller	BAKELITE		
DIN-Bezeichnung	152 DIN 7708		
ISO-Bezeichnung	MF B 10		
Harzbasis	Melamin		
Zusätze		*Füllstoffe/ Verstärkung*	Zellstoff
Bevorzugte Verarbeitung	Pressen; Spritzpressen; Spritzgiessen	*Lieferform*	Mahlung; Automatengranulat
		Farben	Grau
Besondere Merkmale	Elektrisch hochwertig; Kriechstromfest	*Bevorzugte Anwendungen*	Formteil in der Elektrotechnik

Dichte	g/cm³	1.5	*Dosierbarkeit*	Rieselfaehig
Schüttdichte	g/cm³	0.6	*Tablettierbarkeit*	
Fließeinstellung			*Lagerung*	

Verarbeitungsbedingungen für Pressen

Werkzeugtemperatur	°C	150–170
Pressdruck	bar	≧150
Härtezeit je mm	s	20–40
Schwindung	%	0.5–0.8
Nachschwindung	%	0.8–1.5
Bemerkungen		

Verarbeitungsbedingungen für Spritzgießen

Zylindertemperatur	°C	65–80
Düsentemperatur	°C	85–110
Massetemp.	°C	120–140
Werkzeugtemp.	°C	155–180
Spritzdruck	bar	1000 2500
Härtezeit	s	15–80
Schwindung	%	1.3–1.7
Nachschwindung	%	
Bemerkungen		

Zugversuch 23 °C

Probekörper: *Form* *Herstellung*

Zugfestigkeit	N/mm²	*E-Modul*	N/mm²
Reißdehnung	%	*Zeitstandzugfestigkeit*	h N/mm²

Biegeversuch 23 °C DIN 53452; DIN 53457

Probekörper: *Form* *Herstellung* DIN 53470

Biegefestigkeit	N/mm² 80–100	*E-Modul*	N/mm² 8000–10000

Druckversuch 23°C DIN 53454

Probekörper: *Form* *Herstellung* DIN 53470

Druckfestigkeit	N/mm² ≧200	*Stauchung*	%

Härte 23 °C *Probekörper:* *Herstellung* DIN 53470

Kugeldruckhärte N/mm² 260–410 bei N, 30 s

Schlagversuch *Probekörper:* *(1)* U-Kerbe *(2)* *Herstellung* DIN 53470

		°C		°C		°C		*Probekörper-Form*
Schlagzähigkeit	kJ/m²	23	7–9					NS
Kerbschlagzähigkeit (1)	kJ/m²	23	1.5–2					NS
IZOD-Kerbschlagzähigkeit (2)	J/m							

Abrieb und Reibung

Taber-Abrieb (Reibradverfahren) mm³/100 U
Statische Reibungszahl
Dynamische Reibungszahl (p · v = N/mm² · m/min)
Zulässiger p · v Wert N/mm² · (m/min) v = m/min
v = m/min

Thermische Eigenschaften

Formbeständigkeit in der Wärme	*Verfahren*		140–160 °C
	Verfahren		°C
Formbeständigkeit Martens			120–140 °C
Längenausdehnungskoeffizient	*Bereich* °C		$\cdot 10^{-4} K^{-1}$
	Temperatur 23 °C		$0.3–0.5 \cdot 10^{-4} K^{-1}$
Wärmeleitfähigkeit	*Verfahren*	23 °C	0.35 W/(K · m)
Spezifische Wärmekapazität	*Verfahren*		J/(K · g)

Brandverhalten

UL-Test vertikal Dicke 1.6 mm, Wert V-0
Dicke mm, Wert

	Norm	*Bewertung*	*Abmessungen*
Sauerstoff-Index	ASTM D 2863		
Glühstab-Verfahren	DIN 53459	2a	
Brandverhalten	DIN 4102		
MVSS			
FAR			

Elektrische Eigenschaften

		Hz	°C		*Probekörper, Form*
Dielektrizitätszahl		50			
		10^3	23	6–10	
		10^6			
Dielektrischer Verlustfaktor tan δ		50			
		10^3	23	≦0.3	
		10^6			
Spezifischer Durchgangswiderstand	Ohm · cm		23	≧1.0*10**11	
Durchschlagfestigkeit	kV/mm		23	8–15	mm dick
Oberflächenwiderstand	Ohm		23	≧1.0*10**10	

Kriechstromfestigkeit KC 600 KB 600 KA
Kriechwegbildung CTI 600
CTI 600 M
Elektrolytische Korrosionswirkung
Lichtbogenfestigkeit nach DIN
nach ASTM s

Beständigkeit *(Chemische Beständigkeit siehe Anhang)*

Wasseraufnahme 4 d ≦200 mg

Feuchtigkeitsaufnahme Normalklima %
Wetterbeständigkeit

MF

Produktklasse	Melaminharz-Formmasse
Handelsname	**Bakelite-Formmasse MF 152.7**
Hersteller	BAKELITE
DIN-Bezeichnung	152.7 DIN 7708
ISO-Bezeichnung	MF B 11
Harzbasis	Melamin
Zusätze	
Füllstoffe/ Verstärkung	Zellstoff
Bevorzugte Verarbeitung	Pressen; Spritzpressen; Spritzgiessen
Lieferform	Automatengranulat
Farben	Weiss-elfenbein
Besondere Merkmale	Nach Lebensmittelgesetz zugelassen
Bevorzugte Anwendungen	Bedarfsgegenstand

Dichte	g/cm³	1.5
Schüttdichte	g/cm³	0.6
Fließeinstellung		
Dosierbarkeit		Rieselfaehig
Tablettierbarkeit		
Lagerung		

Verarbeitungsbedingungen für Pressen

Werkzeugtemperatur	°C	150–170
Pressdruck	bar	≧150
Härtezeit je mm	s	20–40
Schwindung	%	0.5–0.8
Nachschwindung	%	0.8–1.5
Bemerkungen		

Verarbeitungsbedingungen für Spritzgießen

Zylindertemperatur	°C	65–80
Düsentemperatur	°C	85–110
Massetemp.	°C	120–140
Werkzeugtemp.	°C	155–180
Spritzdruck	bar	1000–2500
Härtezeit	s	15–80
Schwindung	%	1.3–1.7
Nachschwindung	%	
Bemerkungen		

Zugversuch 23 °C
Probekörper: *Form* *Herstellung*

Zugfestigkeit	N/mm²	
Reißdehnung	%	
E-Modul	N/mm²	
Zeitstandzugfestigkeit	h N/mm²	

Biegeversuch 23 °C DIN 53452; DIN 53457
Probekörper: *Form* *Herstellung* DIN 53470

Biegefestigkeit	N/mm²	80–100
E-Modul	N/mm²	8000–10000

Druckversuch 23 °C DIN 53454
Probekörper: *Form* *Herstellung* DIN 53470

Druckfestigkeit	N/mm²	≧200
Stauchung	%	

Härte 23 °C *Probekörper:* *Herstellung* DIN 53470

Kugeldruckhärte N/mm² 260–410 bei N, 30 s

Schlagversuch *Probekörper:* *(1)* U-Kerbe
(2)

Herstellung DIN 53470

		°C		°C	°C	*Probekörper-Form*
Schlagzähigkeit	kJ/m²	23	7–9			NS
Kerbschlagzähigkeit (1)	kJ/m²	23	1.5–2			NS
IZOD-Kerbschlagzähigkeit (2)	J/m					

Abrieb und Reibung

Taber-Abrieb (Reibradverfahren) mm³/100 U
Statische Reibungszahl
Dynamische Reibungszahl (p·v= N/mm² · m/min)
Zulässiger p · v Wert N/mm² · (m/min) v= m/min
v= m/min

Thermische Eigenschaften

Formbeständigkeit in der Wärme	*Verfahren*			140–160 °C
	Verfahren			°C
Formbeständigkeit Martens				120–140 °C
Längenausdehnungskoeffizient	*Bereich*	°C		$\cdot 10^{-4} K^{-1}$
	Temperatur 23 °C			$0.3–0.5 \cdot 10^{-4} K^{-1}$
Wärmeleitfähigkeit	*Verfahren*		23 °C	0.35 W/(K · m)
Spezifische Wärmekapazität	*Verfahren*			J/(K · g)

Brandverhalten

UL-Test vertikal Dicke 1.6 mm, Wert V-0
Dicke mm, Wert

	Norm	*Bewertung*	*Abmessungen*
Sauerstoff-Index	ASTM D 2863		
Glühstab-Verfahren	DIN 53459	2a	
Brandverhalten	DIN 4102		
MVSS			
FAR			

Elektrische Eigenschaften

		Hz	°C		*Probekörper, Form*
Dielektrizitätszahl		50			
		10^3	23	6–10	
		10^6			
Dielektrischer Verlustfaktor tan δ		50			
		10^3	23	≦0.3	
		10^6			
Spezifischer Durchgangswiderstand	Ohm · cm		23	≧1.0*10**10	
Durchschlagfestigkeit	kV/mm		23	8–15	mm dick
Oberflächenwiderstand	Ohm		23	≧1.0*10**10	

Kriechstromfestigkeit KC 600 KB 600 KA
Kriechwegbildung CTI 600
CTI 600 M

Elektrolytische Korrosionswirkung
Lichtbogenfestigkeit nach DIN
nach ASTM s

Beständigkeit *(Chemische Beständigkeit siehe Anhang)*

Wasseraufnahme 4 d ≦200 mg

Feuchtigkeitsaufnahme Normalklima %
Wetterbeständigkeit

Produktklasse	Melamin-Phenolharz-Formmasse		**MPF**
Handelsname	**Bakelite-Formmasse MP 180**		
Hersteller	BAKELITE		
DIN-Bezeichnung	180 DIN 7708		
ISO-Bezeichnung	MPF A 20		
Harzbasis	Melamin; Phenol		
Zusätze		*Füllstoffe/ Verstärkung*	Holzmehl
Bevorzugte Verarbeitung	Pressen; Spritzpressen; Spritzgiessen	*Lieferform*	Automatengranulat
		Farben	Weiss-elfenbein
Besondere Merkmale	Standardmasse fuer normale Beanspruchung	*Bevorzugte Anwendungen*	Formteil in der Elektrotechnik

Dichte	g/cm³	1.5	*Dosierbarkeit*	Rieselfaehig
Schüttdichte	g/cm³	0.65	*Tablettierbarkeit*	
Fließeinstellung			*Lagerung*	

Verarbeitungsbedingungen für Pressen

Werkzeugtemperatur	°C	150–170
Pressdruck	bar	≧150
Härtezeit je mm	s	20–40
Schwindung	%	0.5–0.8
Nachschwindung	%	0.8–1.2
Bemerkungen		

Verarbeitungsbedingungen für Spritzgießen

Zylindertemperatur	°C	65–80
Düsentemperatur	°C	85–110
Massetemp.	°C	120–140
Werkzeugtemp.	°C	155–180
Spritzdruck	bar	1000–2500
Härtezeit	s	15–80
Schwindung	%	1.3–1.7
Nachschwindung	%	
Bemerkungen		

Zugversuch 23 °C

Probekörper: *Form* *Herstellung*

Zugfestigkeit	N/mm²		*E-Modul*	N/mm²
Reißdehnung	%		*Zeitstandzugfestigkeit*	h N/mm²

Biegeversuch 23 °C DIN 53452; DIN 53457

Probekörper: *Form* *Herstellung* DIN 53470

Biegefestigkeit	N/mm² 80–100		*E-Modul*	N/mm² 7000–10000

Druckversuch 23°C DIN 53454

Probekörper: *Form* *Herstellung* DIN 53470

Druckfestigkeit	N/mm²	≧200	*Stauchung*	%

Härte 23 °C *Probekörper:* *Herstellung* DIN 53470

Kugeldruckhärte N/mm² 230–290 bei N, 30 s

Schlagversuch *Probekörper:* *(1)* U-Kerbe *(2)* *Herstellung* DIN 53470

		°C		°C		°C		*Probekörper-Form*
Schlagzähigkeit	kJ/m²	23	6–8					NS
Kerbschlagzähigkeit (1)	kJ/m²	23	1.5–2					NS
IZOD-Kerbschlagzähigkeit (2)	J/m							

Abrieb und Reibung

Taber-Abrieb (Reibradverfahren)	mm³/100 U
Statische Reibungszahl	
Dynamische Reibungszahl	(p·v= N/mm² · m/min)
Zulässiger p · v Wert	N/mm² · (m/min) v= m/min
	v= m/min

Thermische Eigenschaften

Formbeständigkeit in der Wärme	*Verfahren*			140–160 °C
	Verfahren			°C
Formbeständigkeit Martens				120–140 °C
Längenausdehnungskoeffizient	*Bereich*	°C		$\cdot 10^{-4} K^{-1}$
	Temperatur 23 °C			$0.3–0.4 \cdot 10^{-4} K^{-1}$
Wärmeleitfähigkeit	*Verfahren*		23 °C	0.35 W/(K · m)
Spezifische Wärmekapazität	*Verfahren*			J/(K · g)

Brandverhalten

UL-Test vertikal	Dicke 1.6 mm, Wert V-0
	Dicke mm, Wert

	Norm	*Bewertung*	*Abmessungen*
Sauerstoff-Index	ASTM D 2863		
Glühstab-Verfahren	DIN 53459	2a	
Brandverhalten	DIN 4102		
MVSS			
FAR			

Elektrische Eigenschaften

		Hz	°C		*Probekörper, Form*
Dielektrizitätszahl		50			
		10^3	23	6–15	
		10^6			
Dielektrischer Verlustfaktor tan δ		50			
		10^3	23	≦0.3	
		10^6			
Spezifischer Durchgangswiderstand	Ohm · cm		23	≧1.0*10**09	
Durchschlagfestigkeit	kV/mm		23	10–20	mm dick
Oberflächenwiderstand	Ohm		23	≧1.0*10**10	

Kriechstromfestigkeit	KC 175	KB 225	KA
Kriechwegbildung	CTI 175		
	CTI 225 M		
Elektrolytische Korrosionswirkung			
Lichtbogenfestigkeit nach DIN			
nach ASTM s			

Beständigkeit *(Chemische Beständigkeit siehe Anhang)*

Wasseraufnahme 4 d ≦180 mg

Feuchtigkeitsaufnahme Normalklima %

Wetterbeständigkeit

MPF

Produktklasse	Melamin-Phenolharz-Formmasse
Handelsname	**Bakelite-Formmasse MP 181**
Hersteller	BAKELITE
DIN-Bezeichnung	181 DIN 7708
ISO-Bezeichnung	MPF A 11
Harzbasis	Melamin; Phenol
Zusätze	
Füllstoffe/ Verstärkung	Zellstoff
Bevorzugte Verarbeitung	Pressen; Spritzpressen; Spritzgiessen
Lieferform	Mahlung; Automatengranulat
Farben	Grau; Schwarz
Besondere Merkmale	Standardmasse mit besseren elektrischen Eigenschaften als MP 180
Bevorzugte Anwendungen	Gehaeuse fuer Haushaltsgeraet; Topfbeschlag

Dichte	g/cm³	1.6
Schüttdichte	g/cm³	0.6
Fließeinstellung		
Dosierbarkeit		Rieselfaehig
Tablettierbarkeit		
Lagerung		

Verarbeitungsbedingungen für Pressen

Werkzeugtemperatur	°C	160 170
Pressdruck	bar	≧150
Härtezeit je mm	s	20–40
Schwindung	%	0.5–0.8
Nachschwindung	%	0.8–1.2
Bemerkungen		

Verarbeitungsbedingungen für Spritzgießen

Zylindertemperatur	°C	65–80
Düsentemperatur	°C	85–110
Massetemp.	°C	120–140
Werkzeugtemp.	°C	155–180
Spritzdruck	bar	1000–2500
Härtezeit	s	15–80
Schwindung	%	1.3–1.7
Nachschwindung	%	
Bemerkungen		

Zugversuch 23 °C

Probekörper: *Form* *Herstellung*

Zugfestigkeit	N/mm²	
Reißdehnung	%	
E-Modul	N/mm²	
Zeitstandzugfestigkeit	h N/mm²	

Biegeversuch 23 °C DIN 53452; DIN 53457

Probekörper: *Form* *Herstellung* DIN 53470

Biegefestigkeit	N/mm²	80–100
E-Modul	N/mm²	6000–7000

Druckversuch 23 °C DIN 53454

Probekörper: *Form* *Herstellung* DIN 53470

Druckfestigkeit	N/mm²	≧200
Stauchung	%	

Härte 23 °C *Probekörper:* *Herstellung* DIN 53470

Kugeldruckhärte N/mm² 250–280 bei N, 30 s

Schlagversuch *Probekörper:* *(1)* U-Kerbe *(2)* *Herstellung* DIN 53470

		°C		°C	°C	*Probekörper-Form*
Schlagzähigkeit	kJ/m²	23	7–9			NS
Kerbschlagzähigkeit (1)	kJ/m²	23	1.5–2			NS
IZOD-Kerbschlagzähigkeit (2)	J/m					

Abrieb und Reibung

Taber-Abrieb (Reibradverfahren) mm³/100 U
Statische Reibungszahl
Dynamische Reibungszahl (p·v= N/mm² · m/min)
Zulässiger p · v Wert N/mm² · (m/min) v= m/min
v= m/min

Thermische Eigenschaften

Formbeständigkeit in der Wärme	*Verfahren*			140–160 °C
	Verfahren			°C
Formbeständigkeit Martens				120–140 °C
Längenausdehnungskoeffizient	*Bereich*	°C		$\cdot 10^{-4}K^{-1}$
	Temperatur 23 °C			$0.3–0.4 \cdot 10^{-4}K^{-1}$
Wärmeleitfähigkeit	*Verfahren*		23 °C	0.35 W/(K · m)
Spezifische Wärmekapazität	*Verfahren*			J/(K · g)

Brandverhalten

UL-Test vertikal Dicke 1.6 mm, Wert V-0
Dicke mm, Wert

	Norm	*Bewertung*	*Abmessungen*
Sauerstoff-Index	ASTM D 2863		
Glühstab-Verfahren	DIN 53459	2a	
Brandverhalten	DIN 4102		
MVSS			
FAR			

Elektrische Eigenschaften

		Hz	°C		*Probekörper, Form*
Dielektrizitätszahl		50			
		10^3	23	6–15	
		10^6			
Dielektrischer Verlustfaktor tan δ		50			
		10^3	23	≦0.2	
		10^6			
Spezifischer Durchgangswiderstand	Ohm · cm		23	≧1.0*10**10	
Durchschlagfestigkeit	kV/mm		23	10–20	mm dick
Oberflächenwiderstand	Ohm		23	≧1.0*10**10	

Kriechstromfestigkeit KC 350 KB 350 KA
Kriechwegbildung CTI 250
CTI 350 M

Elektrolytische Korrosionswirkung
Lichtbogenfestigkeit nach DIN
nach ASTM s

Beständigkeit *(Chemische Beständigkeit siehe Anhang)*
Wasseraufnahme 4 d ≦150 mg

Feuchtigkeitsaufnahme Normalklima %
Wetterbeständigkeit

Produktklasse	Melamin-Phenolharz-Formmasse		**MPF**
Handelsname	**Bakelite-Formmasse MP 181.5**		
Hersteller	BAKELITE		
DIN-Bezeichnung	181.5 DIN 7708		
ISO-Bezeichnung	MPF A 10		
Harzbasis	Melamin; Phenol		
Zusätze		*Füllstoffe/ Verstärkung*	Zellstoff
Bevorzugte Verarbeitung	Pressen; Spritzpressen; Spritzgiessen	*Lieferform*	Mahlung; Automatengranulat
		Farben	Weiss-elfenbein; Grau; Braun; Schwarz
Besondere Merkmale	Wie MP 181; Erhoehte Kriechstromfestigkeit	*Bevorzugte Anwendungen*	Gehaeuse fuer Haushaltsgeraet; Topfbeschlag

Dichte	g/cm³	1.6	*Dosierbarkeit*	Rieselfaehig
Schüttdichte	g/cm³	0.6	*Tablettierbarkeit*	
Fließeinstellung			*Lagerung*	

Verarbeitungsbedingungen für Pressen

Werkzeugtemperatur	°C	150–170
Pressdruck	bar	≧150
Härtezeit je mm	s	20–40
Schwindung	%	0.5–0.8
Nachschwindung	%	0.8–1.2
Bemerkungen		

Verarbeitungsbedingungen für Spritzgießen

Zylindertemperatur	°C	65–80
Düsentemperatur	°C	85–110
Massetemp.	°C	120–140
Werkzeugtemp.	°C	155–180
Spritzdruck	bar	1000 2500
Härtezeit	s	15–80
Schwindung	%	1.3–1.7
Nachschwindung	%	
Bemerkungen		

Zugversuch 23 °C

Probekörper: *Form* *Herstellung*

Zugfestigkeit	N/mm²	*E-Modul*	N/mm²
Reißdehnung	%	*Zeitstandzugfestigkeit*	h N/mm²

Biegeversuch 23 °C DIN 53452; DIN 53457

Probekörper: *Form* *Herstellung* DIN 53470

Biegefestigkeit	N/mm² 80–100	*E-Modul*	N/mm² 6000–7000

Druckversuch 23 °C DIN 53454

Probekörper: *Form* *Herstellung* DIN 53470

Druckfestigkeit	N/mm² ≧200	*Stauchung*	%

Härte 23 °C *Probekörper:* *Herstellung* DIN 53470

Kugeldruckhärte N/mm² 250–280 bei N, 30 s

Schlagversuch *Probekörper:* *(1)* U-Kerbe
(2)
Herstellung DIN 53470

		°C		°C		°C		*Probekörper-Form*
Schlagzähigkeit	kJ/m²	23	7–9					NS
Kerbschlagzähigkeit (1)	kJ/m²	23	1.5–2					NS
IZOD-Kerbschlag-zähigkeit (2)	J/m							

Abrieb und Reibung

Taber-Abrieb (Reibradverfahren) mm³/100 U
Statische Reibungszahl
Dynamische Reibungszahl (p·v= N/mm²· m/min)
Zulässiger p · v Wert N/mm² · (m/min) v= m/min
v= m/min

Thermische Eigenschaften

Formbeständigkeit in der Wärme	*Verfahren*			140–160 °C
	Verfahren			°C
Formbeständigkeit Martens				120–140 °C
Längenausdehnungskoeffizient	*Bereich* °C			$\cdot 10^{-4}K^{-1}$
	Temperatur 23 °C			$0.3–0.4 \cdot 10^{-4}K^{-1}$
Wärmeleitfähigkeit	*Verfahren*		23 °C	0.35 W/(K · m)
Spezifische Wärmekapazität	*Verfahren*			J/(K · g)

Brandverhalten

UL-Test vertikal Dicke 1.6 mm, Wert V-0
Dicke mm, Wert

	Norm	*Bewertung*	*Abmessungen*
Sauerstoff-Index	ASTM D 2863		
Glühstab-Verfahren	DIN 53459	2a	
Brandverhalten	DIN 4102		
MVSS			
FAR			

Elektrische Eigenschaften

		Hz	°C		*Probekörper, Form*
Dielektrizitätszahl		50			
		10^3	23	6–15	
		10^6			
Dielektrischer Verlustfaktor tan δ		50			
		10^3	23	≦0.2	
		10^6			
Spezifischer Durchgangs-widerstand	Ohm · cm		23	≧1.0*10**10	
Durchschlagfestigkeit	kV/mm		23	10–20	mm dick
Oberflächenwiderstand	Ohm		23	≧1.0*10**10	

Kriechstromfestigkeit KC 600 KB 600 KA
Kriechwegbildung CTI 600
CTI 600 M

Elektrolytische Korrosionswirkung
Lichtbogenfestigkeit nach DIN
nach ASTM s

Beständigkeit *(Chemische Beständigkeit siehe Anhang)*

Wasseraufnahme 4 d ≦150 mg

Feuchtigkeitsaufnahme Normalklima %
Wetterbeständigkeit

MPF

Produktklasse	Melamin-Phenolharz-Formmasse
Handelsname	**Bakelite-Formmasse MP 182**
Hersteller	BAKELITE
DIN-Bezeichnung	182 DIN 7708
ISO-Bezeichnung	MPF C 20
Harzbasis	Melamin; Phenol
Zusätze	
Füllstoffe/ Verstärkung	Holzmehl; Gesteinsmehl
Bevorzugte Verarbeitung	Pressen; Spritzpressen; Spritzgiessen
Lieferform	Mahlung; Automatengranulat
Farben	Weiss-elfenbein
Besondere Merkmale	Wie MP 181; Erhoehte Kriechstromfestigkeit; Waermeformbestaendiger
Bevorzugte Anwendungen	Schraubverschluss

Dichte	g/cm^3	1.6
Schüttdichte	g/cm^3	0.6
Fließeinstellung		
Dosierbarkeit		Rieselfaehig
Tablettierbarkeit		
Lagerung		

Verarbeitungsbedingungen für Pressen

Werkzeugtemperatur	°C	150–170
Pressdruck	bar	≧150
Härtezeit je mm	s	20–40
Schwindung	%	0.5–0.8
Nachschwindung	%	0.8–1.4
Bemerkungen		

Verarbeitungsbedingungen für Spritzgießen

Zylindertemperatur	°C	65–80
Düsentemperatur	°C	85–110
Massetemp.	°C	120–140
Werkzeugtemp.	°C	155–180
Spritzdruck	bar	1000–2500
Härtezeit	s	15–80
Schwindung	%	1.1–1.5
Nachschwindung	%	
Bemerkungen		

Zugversuch 23 °C

Probekörper: *Form* *Herstellung*

Zugfestigkeit	N/mm^2		*E-Modul*	N/mm^2
Reißdehnung	%		*Zeitstandzugfestigkeit*	h N/mm^2

Biegeversuch 23 °C DIN 53452; DIN 53457

Probekörper: *Form* *Herstellung* DIN 53470

Biegefestigkeit	N/mm^2	70–90	*E-Modul*	N/mm^2 6000–8000

Druckversuch 23 °C DIN 53454

Probekörper: *Form* *Herstellung* DIN 53470

Druckfestigkeit	N/mm^2	≧200	*Stauchung*	%

Härte 23 °C *Probekörper:* *Herstellung* DIN 53470

Kugeldruckhärte N/mm^2 230–330 bei N, 30 s

Schlagversuch *Probekörper:* *(1)* U-Kerbe *(2)*

Herstellung DIN 53470

		°C		°C	°C	*Probekörper-Form*
Schlagzähigkeit	kJ/m²	23	4–6			NS
Kerbschlagzähigkeit (1)	kJ/m²	23	1.2–1.8			NS
IZOD-Kerbschlag-zähigkeit (2)	J/m					

Abrieb und Reibung

Taber-Abrieb (Reibradverfahren) mm³/100 U
Statische Reibungszahl
Dynamische Reibungszahl (p·v= N/mm² · m/min)
Zulässiger p · v Wert N/mm² · (m/min) v= m/min
v= m/min

Thermische Eigenschaften

Formbeständigkeit in der Wärme	*Verfahren*			140–160 °C
	Verfahren			°C
Formbeständigkeit Martens				120–140 °C
Längenausdehnungskoeffizient	*Bereich*	°C		$\cdot 10^{-4} K^{-1}$
	Temperatur 23 °C			$0.3–0.4 \cdot 10^{-4} K^{-1}$
Wärmeleitfähigkeit	*Verfahren*		23 °C	0.35 W/(K · m)
Spezifische Wärmekapazität	*Verfahren*			J/(K · g)

Brandverhalten

UL-Test vertikal Dicke 1.6 mm, Wert V-0
Dicke mm, Wert

	Norm	*Bewertung*	*Abmessungen*
Sauerstoff-Index	ASTM D 2863		
Glühstab-Verfahren	DIN 53459	2a	
Brandverhalten	DIN 4102		
MVSS			
FAR			

Elektrische Eigenschaften

		Hz	°C		*Probekörper, Form*
Dielektrizitätszahl		50			
		10^3	23	6–15	
		10^6			
Dielektrischer Verlustfaktor tan δ		50			
		10^3	23	≦0.2	
		10^6			
Spezifischer Durchgangs-widerstand	Ohm · cm		23	≧1.0*10**10	
Durchschlagfestigkeit	kV/mm		23	10–20	mm dick
Oberflächenwiderstand	Ohm		23	≧1.0*10**10	

Kriechstromfestigkeit KC 600 KB 600 KA
Kriechwegbildung CTI 600
CTI 600 M

Elektrolytische Korrosionswirkung
Lichtbogenfestigkeit nach DIN
nach ASTM s

Beständigkeit *(Chemische Beständigkeit siehe Anhang)*

Wasseraufnahme 4 d ≦120 mg

Feuchtigkeitsaufnahme Normalklima %
Wetterbeständigkeit

MPF

Produktklasse	Melamin-Phenolharz-Formmasse
Handelsname	**Bakelite-Formmasse MP 183**
Hersteller	BAKELITE
DIN-Bezeichnung	183 DIN 7708
ISO-Bezeichnung	MPF C 10
Harzbasis	Melamin; Phenol
Zusätze	
Füllstoffe/ Verstärkung	Zellstoff; Gesteinsmehl
Bevorzugte Verarbeitung	Pressen; Spritzpressen; Spritzgiessen
Lieferform	Mahlung; Automatengranulat
Farben	Natur; Weiss-elfenbein
Besondere Merkmale	Wie MP 181; Erhoehte Kriechstromfestigkeit; Waermeformbestaendiger
Bevorzugte Anwendungen	Formteil in der Elektrotechnik

Dichte	g/cm³	1.6
Schüttdichte	g/cm³	0.65
Fließeinstellung		
Dosierbarkeit		Rieselfaehig
Tablettierbarkeit		
Lagerung		

Verarbeitungsbedingungen für Pressen

Werkzeugtemperatur	°C	150–170
Pressdruck	bar	≧150
Härtezeit je mm	s	20–40
Schwindung	%	0.5–0.8
Nachschwindung	%	0.8–1.3
Bemerkungen		

Verarbeitungsbedingungen für Spritzgießen

Zylindertemperatur	°C	65–80
Düsentemperatur	°C	85–110
Massetemp.	°C	120–140
Werkzeugtemp.	°C	155–180
Spritzdruck	bar	1000 2500
Härtezeit	s	15–80
Schwindung	%	1.1–1.5
Nachschwindung	%	
Bemerkungen		

Zugversuch 23 °C

Probekörper: *Form* *Herstellung*

Zugfestigkeit	N/mm²	
Reißdehnung	%	
E-Modul	N/mm²	
Zeitstandzugfestigkeit	h N/mm²	

Biegeversuch 23 °C DIN 53452; DIN 53457

Probekörper: *Form* *Herstellung* DIN 53470

Biegefestigkeit	N/mm²	70–90
E-Modul	N/mm²	6000–8000

Druckversuch 23 °C DIN 53454

Probekörper: *Form* *Herstellung* DIN 53470

Druckfestigkeit	N/mm²	≧200
Stauchung	%	

Härte 23 °C *Probekörper:* *Herstellung* DIN 53470

Kugeldruckhärte N/mm² 230–330 bei N, 30 s

Schlagversuch *Probekörper:* *(1)* U-Kerbe *(2)*

Herstellung DIN 53470

		°C		°C	°C	*Probekörper-Form*
Schlagzähigkeit	kJ/m²	23	5–7			NS
Kerbschlagzähigkeit (1)	kJ/m²	23	1.5–2			NS
IZOD-Kerbschlagzähigkeit (2)	J/m					

Abrieb und Reibung

Taber-Abrieb (Reibradverfahren) mm³/100 U
Statische Reibungszahl
Dynamische Reibungszahl (p · v= N/mm² · m/min)
Zulässiger p · v Wert N/mm² · (m/min) v= m/min
v= m/min

Thermische Eigenschaften

Formbeständigkeit in der Wärme	*Verfahren*		140–160 °C
	Verfahren		°C
Formbeständigkeit Martens			120–140 °C
Längenausdehnungskoeffizient	*Bereich* °C		$\cdot 10^{-4} K^{-1}$
	Temperatur 23 °C		$0.3–0.4 \cdot 10^{-4} K^{-1}$
Wärmeleitfähigkeit	*Verfahren*	23 °C	0.35 W/(K · m)
Spezifische Wärmekapazität	*Verfahren*		J/(K · g)

Brandverhalten

UL-Test vertikal Dicke 1.6 mm, Wert V-0
Dicke mm, Wert

	Norm	*Bewertung*	*Abmessungen*
Sauerstoff-Index	ASTM D 2863		
Glühstab-Verfahren	DIN 53459	2a	
Brandverhalten	DIN 4102		
MVSS			
FAR			

Elektrische Eigenschaften

		Hz	°C			*Probekörper, Form*
Dielektrizitätszahl		50				
		10^3	23	6–15		
		10^6				
Dielektrischer Verlustfaktor tan δ		50				
		10^3	23	≦0.2		
		10^6				
Spezifischer Durchgangswiderstand	Ohm · cm		23	≧1.0*10**10		
Durchschlagfestigkeit	kV/mm		23	10–20		mm dick
Oberflächenwiderstand	Ohm		23	≧1.0*10**10		
Kriechstromfestigkeit		KC 600		KB 600	KA	
Kriechwegbildung		CTI 600				
		CTI 600 M				
Elektrolytische Korrosionswirkung						
Lichtbogenfestigkeit nach DIN						
nach ASTM	s					

Beständigkeit *(Chemische Beständigkeit siehe Anhang)*

Wasseraufnahme 4 d ≦120 mg

Feuchtigkeitsaufnahme Normalklima %
Wetterbeständigkeit

MPF

Produktklasse	Melamin-Phenolharz-Formmasse		
Handelsname	**Bakelite-Formmasse MP 6605**		
Hersteller	BAKELITE		
DIN-Bezeichnung			
ISO-Bezeichnung			
Harzbasis	Melamin; Phenol		
Zusätze		*Füllstoffe/ Verstärkung*	Zellstoff; Organische Faser
Bevorzugte Verarbeitung	Pressen; Spritzpressen	*Lieferform*	Automatengranulat
		Farben	Schwarz
Besondere Merkmale	Abriebfest; Kerbempfindlicher als MP 180 und MP 181	*Bevorzugte Anwendungen*	Gleitelement

Dichte	g/cm³	1.55	*Dosierbarkeit*	Rieselfaehig
Schüttdichte	g/cm³	0.5	*Tablettierbarkeit*	
Fließeinstellung			*Lagerung*	

Verarbeitungsbedingungen für Pressen			**Verarbeitungsbedingungen für Spritzgießen**	
			Zylindertemperatur	°C
			Düsentemperatur	°C
			Massetemp.	°C
Werkzeugtemperatur	°C	150–170	*Werkzeugtemp.*	°C
Pressdruck	bar	≧150	*Spritzdruck*	bar
Härtezeit je mm	s	20–40	*Härtezeit*	s
Schwindung	%	0.5–0.7	*Schwindung*	%
Nachschwindung	%	0.8–1.3	*Nachschwindung*	%
Bemerkungen			*Bemerkungen*	

Zugversuch 23 °C

Probekörper: *Form* *Herstellung*

Zugfestigkeit	N/mm²		*E-Modul*	N/mm²
Reißdehnung	%		*Zeitstandzugfestigkeit*	h N/mm²

Biegeversuch 23 °C DIN 53452; DIN 53457

Probekörper: *Form* *Herstellung* DIN 53470

Biegefestigkeit	N/mm²	70–90	*E-Modul*	N/mm²	8000–10000

Druckversuch 23 °C DIN 53454

Probekörper: *Form* *Herstellung* DIN 53470

Druckfestigkeit	N/mm²	≧200	*Stauchung*	%

Härte 23 °C *Probekörper:* *Herstellung* DIN 53470

Kugeldruckhärte N/mm² 200–250 bei N, 30 s

Schlagversuch *Probekörper:* *(1)* U-Kerbe
(2)
Herstellung DIN 53470

		°C		°C		°C		*Probekörper-Form*
Schlagzähigkeit	kJ/m²	23	7–9					NS
Kerbschlagzähigkeit (1)	kJ/m²	23	2.5–2.8					NS
IZOD-Kerbschlag-zähigkeit (2)	J/m							

Abrieb und Reibung

Taber-Abrieb (Reibradverfahren)	mm³/100 U
Statische Reibungszahl	
Dynamische Reibungszahl	(p·v= N/mm²· m/min)
Zulässiger p · v Wert	N/mm² · (m/min) v= m/min
	v= m/min

Thermische Eigenschaften

Formbeständigkeit in der Wärme	*Verfahren*			140–160 °C
	Verfahren			°C
Formbeständigkeit Martens				120–140 °C
Längenausdehnungskoeffizient	*Bereich*	°C		$\cdot 10^{-4}K^{-1}$
	Temperatur 23 °C			$0.3–0.4 \cdot 10^{-4}K^{-1}$
Wärmeleitfähigkeit	*Verfahren*		23 °C	0.4 W/(K · m)
Spezifische Wärmekapazität	*Verfahren*			J/(K · g)

Brandverhalten

UL-Test vertikal Dicke 1.6 mm, Wert V-0
Dicke mm, Wert

	Norm	*Bewertung*	*Abmessungen*
Sauerstoff-Index	ASTM D 2863		
Glühstab-Verfahren	DIN 53459	2a	
Brandverhalten	DIN 4102		
MVSS			
FAR			

Elektrische Eigenschaften

		Hz	°C			*Probekörper, Form*
Dielektrizitätszahl		50				
		10^3	23	8–11		
		10^6				
Dielektrischer Verlustfaktor tan δ		50				
		10^3	23	0.2		
		10^6				
Spezifischer Durchgangs-widerstand	Ohm · cm		23	1.0*10**12		
Durchschlagfestigkeit	kV/mm		23	7–10		mm dick
Oberflächenwiderstand	Ohm		23	1.0*10**11		
Kriechstromfestigkeit		KC 600		KB 600	KA	
Kriechwegbildung		CTI 600				
		CTI 600 M				
Elektrolytische Korrosionswirkung						
Lichtbogenfestigkeit nach DIN						
nach ASTM	s					

Beständigkeit *(Chemische Beständigkeit siehe Anhang)*

Wasseraufnahme 4 d 180 mg

Feuchtigkeitsaufnahme Normalklima %
Wetterbeständigkeit

UP

Produktklasse	Polyesterharz-Formmasse
Handelsname	**Bakelite-Formmasse UP 802**
Hersteller	BAKELITE
DIN-Bezeichnung	802 DIN 16911
ISO-Bezeichnung	
Harzbasis	Ungesaettigter Polyester

Zusätze		*Füllstoffe/ Verstärkung*	Glasfaser; Mineralmehl
Bevorzugte Verarbeitung	Pressen; Spritzpressen; Spritzgiessen	*Lieferform*	Automatengranulat
		Farben	Natur; Weiss-elfenbein; Gelb-orange; Grau; Braun
Besondere Merkmale	Standardtyp; Masshaltig; Elektrisch hochwertig; Kriechstromfest	*Bevorzugte Anwendungen*	Elektroisolationsteil; Gehaeuse fuer Haushaltsgeraet

Dichte	g/cm^3	2.0	*Dosierbarkeit*	Rieselfaehig
Schüttdichte	g/cm^3	0.9	*Tablettierbarkeit*	
Fließeinstellung			*Lagerung*	

Verarbeitungsbedingungen für Pressen

Werkzeugtemperatur	°C	150–175
Pressdruck	bar	≧100
Härtezeit je mm	s	10
Schwindung	%	0.3–0.5
Nachschwindung	%	0.0–0.1
Bemerkungen		

Verarbeitungsbedingungen für Spritzgießen

Zylindertemperatur	°C	30–60
Düsentemperatur	°C	60–100
Massetemp.	°C	100–140
Werkzeugtemp.	°C	155–175
Spritzdruck	bar	500–2500
Härtezeit	s	10–100
Schwindung	%	0.4–0.8
Nachschwindung	%	
Bemerkungen		

Zugversuch 23 °C

Probekörper: *Form* — *Herstellung*

Zugfestigkeit	N/mm^2	*E-Modul*	N/mm^2
Reißdehnung	%	*Zeitstandzugfestigkeit*	h N/mm^2

Biegeversuch 23 °C DIN 53452; DIN 53457

Probekörper: *Form* — *Herstellung* DIN 53470

Biegefestigkeit	N/mm^2 55–80	*E-Modul*	N/mm^2 9000–11000

Druckversuch 23 °C DIN 53454

Probekörper: *Form* — *Herstellung* DIN 53470

Druckfestigkeit	N/mm^2	≧230	*Stauchung*	%

Härte 23 °C *Probekörper:* — *Herstellung* DIN 53470

Kugeldruckhärte N/mm^2 240–280 bei N, 30 s

Schlagversuch *Probekörper:* *(1)* U-Kerbe *(2)* *Herstellung* DIN 53470

		°C		°C	°C	*Probekörper-Form*
Schlagzähigkeit	kJ/m^2	23	4.5–7			NS
Kerbschlagzähigkeit (1)	kJ/m^2	23	3–3.5			NS
IZOD-Kerbschlagzähigkeit (2)	J/m					

Abrieb und Reibung

Taber-Abrieb (Reibradverfahren) mm^3/100 U
Statische Reibungszahl
Dynamische Reibungszahl (p·v= N/mm^2· m/min)
Zulässiger p · v Wert N/mm^2 · (m/min) v= m/min
v= m/min

Thermische Eigenschaften

Formbeständigkeit in der Wärme	*Verfahren*		160–190 °C
	Verfahren		°C
Formbeständigkeit Martens			140–170 °C
Längenausdehnungskoeffizient	*Bereich* °C		$\cdot 10^{-4} K^{-1}$
	Temperatur 23 °C		$0.2–0.3 \cdot 10^{-4} K^{-1}$
Wärmeleitfähigkeit	*Verfahren*	23 °C	0.7 W/(K · m)
Spezifische Wärmekapazität	*Verfahren*		J/(K · g)

Brandverhalten

UL-Test vertikal Dicke mm, Wert
Dicke mm, Wert

	Norm	*Bewertung*	*Abmessungen*
Sauerstoff-Index	ASTM D 2863		
Glühstab-Verfahren	DIN 53459	2c	
Brandverhalten	DIN 4102		
MVSS			
FAR			

Elektrische Eigenschaften

		Hz	°C		*Probekörper, Form*
Dielektrizitätszahl		50			
		10^3	23	4–6	
		10^6			
Dielektrischer Verlustfaktor tan δ		50			
		10^3	23	$\leqq$0.03	
		10^6			
Spezifischer Durchgangswiderstand	Ohm · cm		23	$\geqq$1.0*10**12	
Durchschlagfestigkeit	kV/mm		23	10–15	mm dick
Oberflächenwiderstand	Ohm		23	$\geqq$1.0*10**12	

Kriechstromfestigkeit KC 600 KB 600 KA
Kriechwegbildung CTI 600
CTI 600 M

Elektrolytische Korrosionswirkung
Lichtbogenfestigkeit nach DIN
nach ASTM s

Beständigkeit *(Chemische Beständigkeit siehe Anhang)*

Wasseraufnahme 4 d $\leqq$45 mg

Feuchtigkeitsaufnahme Normalklima %
Wetterbeständigkeit

UP

Produktklasse	Polyesterharz-Formmasse		
Handelsname	**Bakelite-Formmasse UP 804**		
Hersteller	BAKELITE		
DIN-Bezeichnung *ISO-Bezeichnung*	804 DIN 16911		
Harzbasis	Ungesaettigter Polyester		
Zusätze		*Füllstoffe/ Verstärkung*	Glasfaser; Mineralmehl
Bevorzugte Verarbeitung	Pressen; Spritzpressen; Spritzgiessen	*Lieferform*	Automatengranulat
		Farben	Weiss-elfenbein; Grau
Besondere Merkmale	Wie UP 802, mit hoeherer Glutbestaendigkeit	*Bevorzugte Anwendungen*	Ex-geschuetzter Schalter

Dichte	g/cm³	2.0	*Dosierbarkeit*	Rieselfaehig
Schüttdichte	g/cm³	0.9	*Tablettierbarkeit*	
Fließeinstellung			*Lagerung*	

Verarbeitungsbedingungen für Pressen

Werkzeugtemperatur	°C	150–175
Pressdruck	bar	≧100
Härtezeit je mm	s	10
Schwindung	%	0.3–0.5
Nachschwindung	%	0.0–0.1
Bemerkungen		

Verarbeitungsbedingungen für Spritzgießen

Zylindertemperatur	°C	30–60
Düsentemperatur	°C	60–100
Massetemp.	°C	100–140
Werkzeugtemp.	°C	155–175
Spritzdruck	bar	500–2500
Härtezeit	s	10–100
Schwindung	%	0.4–0.8
Nachschwindung	%	
Bemerkungen		

Zugversuch 23 °C

Probekörper: *Form* *Herstellung*

Zugfestigkeit	N/mm²		*E-Modul*	N/mm²	
Reißdehnung	%		*Zeitstandzugfestigkeit*	h N/mm²	

Biegeversuch 23 °C DIN 53452; DIN 53457

Probekörper: *Form* *Herstellung* DIN 53470

Biegefestigkeit	N/mm²	55–80	*E-Modul*	N/mm²	9000–11000

Druckversuch 23 °C DIN 53454

Probekörper: *Form* *Herstellung* DIN 53470

Druckfestigkeit	N/mm²	≧230	*Stauchung*	%	

Härte 23 °C *Probekörper:* *Herstellung* DIN 53470

Kugeldruckhärte N/mm² 240–280 bei N, 30 s

Schlagversuch *Probekörper:* *(1)* U-Kerbe *(2)* *Herstellung* DIN 53470

		°C		°C	°C	*Probekörper-Form*
Schlagzähigkeit	kJ/m²	23	4.5–7			NS
Kerbschlagzähigkeit (1)	kJ/m²	23	3–3.5			NS
IZOD-Kerbschlagzähigkeit (2)	J/m					

Abrieb und Reibung

Taber-Abrieb (Reibradverfahren) mm³/100 U
Statische Reibungszahl
Dynamische Reibungszahl (p·v= N/mm²· m/min)
Zulässiger p · v Wert N/mm² · (m/min) v= m/min
v= m/min

Thermische Eigenschaften

Formbeständigkeit in der Wärme	*Verfahren*			160–190 °C
	Verfahren			°C
Formbeständigkeit Martens				140–170 °C
Längenausdehnungskoeffizient	*Bereich*	°C		$\cdot 10^{-4} K^{-1}$
	Temperatur 23 °C			$0.2–0.3 \cdot 10^{-4} K^{-1}$
Wärmeleitfähigkeit	*Verfahren*		23 °C	0.7 W/(K · m)
Spezifische Wärmekapazität	*Verfahren*			J/(K · g)

Brandverhalten

UL-Test vertikal Dicke 1.6 mm, Wert V-0
Dicke mm, Wert

	Norm	*Bewertung*	*Abmessungen*
Sauerstoff-Index	ASTM D 2863		
Glühstab-Verfahren	DIN 53459	2a	
Brandverhalten	DIN 4102		
MVSS			
FAR			

Elektrische Eigenschaften

		Hz	°C		*Probekörper, Form*
Dielektrizitätszahl		50			
		10^3	23	4–6	
		10^6			
Dielektrischer Verlustfaktor tan δ		50			
		10^3	23	≦0.03	
		10^6			
Spezifischer Durchgangswiderstand	Ohm · cm		23	≧1.0*10**12	
Durchschlagfestigkeit	kV/mm		23	10–15	mm dick
Oberflächenwiderstand	Ohm		23	≧1.0*10**12	

Kriechstromfestigkeit KC 600 KB 600 KA
Kriechwegbildung CTI 600
CTI 600 M

Elektrolytische Korrosionswirkung
Lichtbogenfestigkeit nach DIN
nach ASTM s

Beständigkeit *(Chemische Beständigkeit siehe Anhang)*

Wasseraufnahme 4 d ≦45 mg

Feuchtigkeitsaufnahme Normalklima %
Wetterbeständigkeit

UP

Produktklasse	Polyesterharz-Formmasse		
Handelsname	**Bakelite-Formmasse UP 3115**		
Hersteller	BAKELITE		
DIN-Bezeichnung *ISO-Bezeichnung*			
Harzbasis	Ungesaettigter Polyester		
Zusätze		*Füllstoffe/ Verstärkung*	Glasfaser; Mineralmehl
Bevorzugte Verarbeitung	Pressen; Spritzpressen; Spritzgiessen	*Lieferform*	Automatengranulat
		Farben	Natur; Schwarz
Besondere Merkmale	Aehnlich UP 802, mit hoeherer Glutbestaendigkeit	*Bevorzugte Anwendungen*	Schaltergehaeuse

Dichte	g/cm³	2.1	*Dosierbarkeit*	Rieselfaehig
Schüttdichte	g/cm³	0.95	*Tablettierbarkeit*	
Fließeinstellung			*Lagerung*	

Verarbeitungsbedingungen für Pressen

Werkzeugtemperatur	°C	150–175
Pressdruck	bar	≧100
Härtezeit je mm	s	10
Schwindung	%	0.3–0.5
Nachschwindung	%	0.0–0.1
Bemerkungen		

Verarbeitungsbedingungen für Spritzgießen

Zylindertemperatur	°C	30–60
Düsentemperatur	°C	60–100
Massetemp.	°C	100–140
Werkzeugtemp.	°C	155–175
Spritzdruck	bar	500–2500
Härtezeit	s	10–100
Schwindung	%	0.4–0.8
Nachschwindung	%	
Bemerkungen		

Zugversuch 23 °C

Probekörper: *Form* *Herstellung*

Zugfestigkeit	N/mm²	*E-Modul*	N/mm²
Reißdehnung	%	*Zeitstandzugfestigkeit*	h N/mm²

Biegeversuch 23 °C DIN 53452; DIN 53457

Probekörper: *Form* *Herstellung* DIN 53470

Biegefestigkeit	N/mm² 60–80	*E-Modul*	N/mm² 7000–10000

Druckversuch 23 °C DIN 53454

Probekörper: *Form* *Herstellung* DIN 53470

Druckfestigkeit	N/mm² ≧230	*Stauchung*	%

Härte 23 °C *Probekörper:* *Herstellung* DIN 53470

Kugeldruckhärte N/mm² 240–280 bei N, 30 s

Schlagversuch *Probekörper:* *(1)* U-Kerbe *(2)* *Herstellung* DIN 53470

		°C		°C		°C		*Probekörper-Form*
Schlagzähigkeit	kJ/m²	23	4–6					NS
Kerbschlagzähigkeit (1)	kJ/m²	23	3–3.5					NS
IZOD-Kerbschlagzähigkeit (2)	J/m							

Abrieb und Reibung

Taber-Abrieb (Reibradverfahren) mm³/100 U
Statische Reibungszahl
Dynamische Reibungszahl (p·v= N/mm² · m/min)
Zulässiger p · v Wert N/mm² · (m/min) v= m/min
v= m/min

Thermische Eigenschaften

Formbeständigkeit in der Wärme	*Verfahren*			160–190 °C
	Verfahren			°C
Formbeständigkeit Martens				140–170 °C
Längenausdehnungskoeffizient	*Bereich*	°C		$\cdot 10^{-4}K^{-1}$
	Temperatur 23 °C			$0.2–0.3 \cdot 10^{-4}K^{-1}$
Wärmeleitfähigkeit	*Verfahren*		23 °C	0.7 W/(K · m)
Spezifische Wärmekapazität	*Verfahren*			J/(K · g)

Brandverhalten

UL-Test vertikal Dicke mm, Wert
Dicke mm, Wert

	Norm	*Bewertung*	*Abmessungen*
Sauerstoff-Index	ASTM D 2863		
Glühstab-Verfahren	DIN 53459	2a	
Brandverhalten	DIN 4102		
MVSS			
FAR			

Elektrische Eigenschaften

		Hz	°C		*Probekörper, Form*
Dielektrizitätszahl		50			
		10^3	23	4–6	
		10^6			
Dielektrischer Verlustfaktor tan δ		50			
		10^3	23	0.02	
		10^6			
Spezifischer Durchgangswiderstand	Ohm · cm		23	≧1.0*10**13	
Durchschlagfestigkeit	kV/mm		23	10–15	mm dick
Oberflächenwiderstand	Ohm		23	1.0*10**12	

Kriechstromfestigkeit KC 600 KB 600 KA
Kriechwegbildung CTI 600
CTI 600 M

Elektrolytische Korrosionswirkung
Lichtbogenfestigkeit nach DIN
nach ASTM s

Beständigkeit *(Chemische Beständigkeit siehe Anhang)*

Wasseraufnahme 4 d 50 mg

Feuchtigkeitsaufnahme Normalklima %
Wetterbeständigkeit

Produktklasse	Polyesterharz-Formmasse		**UP**
Handelsname	**Bakelite-Formmasse UP 3215**		
Hersteller	BAKELITE		
DIN-Bezeichnung			
ISO-Bezeichnung			
Harzbasis	Ungesaettigter Polyester		
Zusätze		*Füllstoffe/ Verstärkung*	Glasfaser; Mineralmehl
Bevorzugte Verarbeitung	Pressen; Spritzpressen; Spritzgiessen	*Lieferform*	Automatengranulat
		Farben	Grau
Besondere Merkmale	Masshaltig; Elektrisch hochwertig; Kriechstromfest	*Bevorzugte Anwendungen*	Funkenloeschkammer; Sicherungsautomat

Dichte	g/cm³	2.0	*Dosierbarkeit*	Rieselfaehig
Schüttdichte	g/cm³	0.85	*Tablettierbarkeit*	
Fließeinstellung			*Lagerung*	

Verarbeitungsbedingungen für Pressen

Werkzeugtemperatur	°C	150–175
Pressdruck	bar	≧100
Härtezeit je mm	s	10
Schwindung	%	0.5–0.6
Nachschwindung	%	0.0–0.1
Bemerkungen		

Verarbeitungsbedingungen für Spritzgießen

Zylindertemperatur	°C	30–60
Düsentemperatur	°C	60–100
Massetemp.	°C	100–140
Werkzeugtemp	°C	155–175
Spritzdruck	bar	500–2500
Härtezeit	s	10–100
Schwindung	%	0.5–1.0
Nachschwindung	%	
Bemerkungen		

Zugversuch 23 °C

Probekörper: *Form* *Herstellung*

Zugfestigkeit	N/mm²	*E-Modul*		N/mm²
Reißdehnung	%	*Zeitstandzugfestigkeit*	h	N/mm²

Biegeversuch 23 °C DIN 53452; DIN 53457

Probekörper: *Form* *Herstellung* DIN 53470

Biegefestigkeit	N/mm²	60–80	*E-Modul*	N/mm²	6000–8000

Druckversuch 23 °C DIN 53454

Probekörper: *Form* *Herstellung* DIN 53470

Druckfestigkeit	N/mm²	≧200	*Stauchung*	%

Härte 23 °C *Probekörper:* *Herstellung* DIN 53470

Kugeldruckhärte N/mm² 240–280 bei N, 30 s

Schlagversuch *Probekörper:* *(1)* U-Kerbe
(2)
Herstellung DIN 53470

		°C		°C		°C		*Probekörper-Form*
Schlagzähigkeit	kJ/m²	23	4–6					NS
Kerbschlagzähigkeit (1)	kJ/m²	23	3–3.5					NS
IZOD-Kerbschlagzähigkeit (2)	J/m							

Abrieb und Reibung

Taber-Abrieb (Reibradverfahren) mm³/100 U
Statische Reibungszahl
Dynamische Reibungszahl (p·v= N/mm² · m/min)
Zulässiger p · v Wert N/mm² · (m/min) v= m/min
v= m/min

Thermische Eigenschaften

Formbeständigkeit in der Wärme	*Verfahren*			180–220 °C
	Verfahren			°C
Formbeständigkeit Martens				150–190 °C
Längenausdehnungskoeffizient	*Bereich*	°C		$\cdot 10^{-4} K^{-1}$
	Temperatur 23 °C			$0.2–0.3 \cdot 10^{-4} K^{-1}$
Wärmeleitfähigkeit	*Verfahren*		23 °C	0.8 W/(K · m)
Spezifische Wärmekapazität	*Verfahren*			J/(K · g)

Brandverhalten

UL-Test vertikal Dicke 0.8 mm, Wert V-0
Dicke mm, Wert

	Norm	*Bewertung*	*Abmessungen*
Sauerstoff-Index	ASTM D 2863	96 %	
Glühstab-Verfahren	DIN 53459	2a	
Brandverhalten	DIN 4102		
MVSS			
FAR			

Elektrische Eigenschaften

		Hz	°C		*Probekörper, Form*
Dielektrizitätszahl		50			
		10^3	23	4–6	
		10^6			
Dielektrischer Verlustfaktor tan δ		50			
		10^3	23	0.02	
		10^6			
Spezifischer Durchgangswiderstand	Ohm · cm		23	1.0*10**13	
Durchschlagfestigkeit	kV/mm		23	10–15	mm dick
Oberflächenwiderstand	Ohm		23	1.0*10**12	

Kriechstromfestigkeit KC 600 KB 600 KA
Kriechwegbildung CTI 600
CTI 600 M
Elektrolytische Korrosionswirkung
Lichtbogenfestigkeit nach DIN
nach ASTM s

Beständigkeit *(Chemische Beständigkeit siehe Anhang)*

Wasseraufnahme 4 d 40 mg

Feuchtigkeitsaufnahme Normalklima %
Wetterbeständigkeit

UP

Produktklasse	Polyesterharz-Formmasse		
Handelsname	**Bakelite-Formmasse UP 3315**		
Hersteller	BAKELITE		
DIN-Bezeichnung *ISO-Bezeichnung*			
Harzbasis	Ungesaettigter Polyester		
Zusätze		*Füllstoffe/ Verstärkung*	Glasfaser; Mineralmehl
Bevorzugte Verarbeitung	Pressen; Spritzpressen; Spritzgiessen	*Lieferform*	Automatengranulat
		Farben	Grau
Besondere Merkmale	Verarbeitungsschwindung wie Phenolharz-Formmassen; Masshaltig; Elektrisch hochwertig; Kriechstromfest	*Bevorzugte Anwendungen*	Niveauschalter fuer Waschmaschine und Spuelmaschine

Dichte	g/cm³	1.85	*Dosierbarkeit*	Rieselfaehig
Schüttdichte	g/cm³	0.8	*Tablettierbarkeit*	
Fließeinstellung			*Lagerung*	

Verarbeitungsbedingungen für Pressen

Werkzeugtemperatur	°C	150–175
Pressdruck	bar	≧100
Härtezeit je mm	s	10
Schwindung	%	0.6–0.8
Nachschwindung	%	0.0–0.1
Bemerkungen		

Verarbeitungsbedingungen für Spritzgießen

Zylindertemperatur	°C	30–60
Düsentemperatur	°C	60–100
Massetemp.	°C	100–140
Werkzeugtemp.	°C	155–175
Spritzdruck	bar	500–2500
Härtezeit	s	10–100
Schwindung	%	0.6–1.0
Nachschwindung	%	
Bemerkungen		

Zugversuch 23 °C

Probekörper: *Form* *Herstellung*

Zugfestigkeit	N/mm²	*E-Modul*	N/mm²	
Reißdehnung	%	*Zeitstandzugfestigkeit*	h N/mm²	

Biegeversuch 23 °C DIN 53452; DIN 53457

Probekörper: *Form* *Herstellung* DIN 53470

Biegefestigkeit	N/mm²	70–90	*E-Modul*	N/mm²	6000–7000

Druckversuch 23 °C DIN 53454

Probekörper: *Form* *Herstellung* DIN 53470

Druckfestigkeit	N/mm²	≧200	*Stauchung*	%

Härte 23 °C *Probekörper:* *Herstellung* DIN 53470

Kugeldruckhärte N/mm² 180–200 bei N, 30 s

Schlagversuch *Probekörper:* *(1)* U-Kerbe
(2)
Herstellung DIN 53470

		°C		°C	°C	*Probekörper-Form*
Schlagzähigkeit	kJ/m²	23	6–8			NS
Kerbschlagzähigkeit (1)	kJ/m²	23	2.5–3			NS
IZOD-Kerbschlagzähigkeit (2)	J/m					

Abrieb und Reibung

Taber-Abrieb (Reibradverfahren) mm³/100 U
Statische Reibungszahl
Dynamische Reibungszahl (p·v= N/mm² · m/min)
Zulässiger p · v Wert N/mm² · (m/min) v= m/min
v= m/min

Thermische Eigenschaften

Formbeständigkeit in der Wärme	*Verfahren*			120–150 °C
	Verfahren			°C
Formbeständigkeit Martens				100–130 °C
Längenausdehnungskoeffizient	*Bereich* °C			$\cdot 10^{-4}K^{-1}$
	Temperatur 23 °C			$0.3–0.4 \cdot 10^{-4}K^{-1}$
Wärmeleitfähigkeit	*Verfahren*		23 °C	0.7 W/(K · m)
Spezifische Wärmekapazität	*Verfahren*			J/(K · g)

Brandverhalten

UL-Test vertikal Dicke mm, Wert
Dicke mm, Wert

	Norm	*Bewertung*	*Abmessungen*
Sauerstoff-Index	ASTM D 2863		
Glühstab-Verfahren	DIN 53459	2b	
Brandverhalten	DIN 4102		
MVSS			
FAR			

Elektrische Eigenschaften

		Hz	°C		*Probekörper, Form*
Dielektrizitätszahl		50			
		10^3	23	4–6	
		10^6			
Dielektrischer Verlustfaktor tan δ		50			
		10^3	23	0.03	
		10^6			
Spezifischer Durchgangswiderstand	Ohm · cm		23	1.0*10**12	
Durchschlagfestigkeit	kV/mm		23	10–15	mm dick
Oberflächenwiderstand	Ohm		23	1.0*10**11	

Kriechstromfestigkeit KC 600 KB 600 KA
Kriechwegbildung CTI 600
CTI 600 M

Elektrolytische Korrosionswirkung
Lichtbogenfestigkeit nach DIN
nach ASTM s

Beständigkeit *(Chemische Beständigkeit siehe Anhang)*

Wasseraufnahme 4 d 120 mg

Feuchtigkeitsaufnahme Normalklima %
Wetterbeständigkeit

Produktklasse	Polyesterharz-Formmasse		**UP**
Handelsname	**Bakelite-Formmasse UP 3410**		
Hersteller	BAKELITE		
DIN-Bezeichnung			
ISO-Bezeichnung			
Harzbasis	Ungesaettigter Polyester		
Zusätze		*Füllstoffe/ Verstärkung*	Glasfaser; Mineralmehl
Bevorzugte Verarbeitung	Pressen; Spritzpressen; Spritzgiessen	*Lieferform*	Automatengranulat
		Farben	Natur; Grau; Schwarz
Besondere Merkmale	Keramikartig; Sehr hohe Waermeformbestaendigkeit; Masshaltig; Elektrisch hochwertig; Kriechstromfest	*Bevorzugte Anwendungen*	Gehaeuseteil; Elektrotechnik; Keramiksubstitution

Dichte	g/cm^3	2.1	*Dosierbarkeit*	Rieselfaehig
Schüttdichte	g/cm^3	0.85	*Tablettierbarkeit*	
Fließeinstellung			*Lagerung*	

Verarbeitungsbedingungen für Pressen

Werkzeugtemperatur	°C	150 175
Pressdruck	bar	≧100
Härtezeit je mm	s	10
Schwindung	%	0.4–0.5
Nachschwindung	%	0.0–0.1
Bemerkungen		

Verarbeitungsbedingungen für Spritzgießen

Zylindertemperatur	°C	30–60
Düsentemperatur	°C	60–100
Massetemp.	°C	100–140
Werkzeugtemp.	°C	155–175
Spritzdruck	bar	500–2500
Härtezeit	s	10–100
Schwindung	%	0.5–0.9
Nachschwindung	%	
Bemerkungen		

Zugversuch 23 °C

Probekörper: *Form* *Herstellung*

Zugfestigkeit	N/mm^2	*E-Modul*	N/mm^2	
Reißdehnung	%	*Zeitstandzugfestigkeit*	h N/mm^2	

Biegeversuch 23 °C DIN 53452; DIN 53457

Probekörper: *Form* *Herstellung* DIN 53470

Biegefestigkeit	N/mm^2	80–100	*E-Modul*	N/mm^2	5000–7000

Druckversuch 23°C DIN 53454

Probekörper: *Form* *Herstellung* DIN 53470

Druckfestigkeit	N/mm^2	≧200	*Stauchung*	%

Härte 23 °C *Probekörper:* *Herstellung* DIN 53470

Kugeldruckhärte N/mm^2 240–280 bei N, 30 s

Schlagversuch *Probekörper:* *(1)* U-Kerbe
(2)
Herstellung DIN 53470

		°C		°C	°C	*Probekörper-Form*
Schlagzähigkeit	kJ/m²	23	6–8			NS
Kerbschlagzähigkeit (1)	kJ/m²	23	4–5			NS
IZOD-Kerbschlagzähigkeit (2)	J/m					

Abrieb und Reibung

Taber-Abrieb (Reibradverfahren) mm³/100 U
Statische Reibungszahl
Dynamische Reibungszahl (p·v= N/mm²· m/min)
Zulässiger p · v Wert N/mm² · (m/min) v= m/min
v= m/min

Thermische Eigenschaften

Formbeständigkeit in der Wärme	*Verfahren*			230–250 °C
	Verfahren			°C
Formbeständigkeit Martens				200–220 °C
Längenausdehnungskoeffizient	*Bereich*	°C		$\cdot 10^{-4} K^{-1}$
	Temperatur 23 °C			$0.20–0.30 \cdot 10^{-4} K^{-1}$
Wärmeleitfähigkeit	*Verfahren*		23 °C	0.9 W/(K · m)
Spezifische Wärmekapazität	*Verfahren*			J/(K · g)

Brandverhalten

UL-Test vertikal Dicke mm, Wert
Dicke mm, Wert

	Norm	*Bewertung*	*Abmessungen*
Sauerstoff-Index	ASTM D 2863		
Glühstab-Verfahren	DIN 53459	2c	
Brandverhalten	DIN 4102		
MVSS			
FAR			

Elektrische Eigenschaften

		Hz	°C		*Probekörper, Form*
Dielektrizitätszahl		50			
		10^3	23	4–6	
		10^6			
Dielektrischer Verlustfaktor tan δ		50			
		10^3	23	0.02	
		10^6			
Spezifischer Durchgangswiderstand	Ohm · cm		23	1.0*10**13	
Durchschlagfestigkeit	kV/mm		23	15–20	mm dick
Oberflächenwiderstand	Ohm		23	1.0*10**12	

Kriechstromfestigkeit KC 600 KB 600 KA
Kriechwegbildung CTI 600
CTI 600 M

Elektrolytische Korrosionswirkung
Lichtbogenfestigkeit nach DIN
nach ASTM s

Beständigkeit *(Chemische Beständigkeit siehe Anhang)*

Wasseraufnahme 4 d 80 mg

Feuchtigkeitsaufnahme Normalklima %
Wetterbeständigkeit

UP

Produktklasse	Polyesterharz-Formmasse
Handelsname	**Bakelite-Formmasse UP 3415**
Hersteller	BAKELITE
DIN-Bezeichnung	
ISO-Bezeichnung	
Harzbasis	Ungesaettigter Polyester
Zusätze	
Füllstoffe/ Verstärkung	Glasfaser; Mineralmehl
Bevorzugte Verarbeitung	Pressen; Spritzpressen; Spritzgiessen
Lieferform	Automatengranulat
Farben	Natur; Grau; Schwarz
Besondere Merkmale	Wie UP 3410; Keramikartig
Bevorzugte Anwendungen	Gehaeuseteil; Elektrotechnik; Keramiksubstitution

Dichte	g/cm³	2.1
Schüttdichte	g/cm³	0.85
Fließeinstellung		
Dosierbarkeit		Rieselfaehig
Tablettierbarkeit		
Lagerung		

Verarbeitungsbedingungen für Pressen

Werkzeugtemperatur	°C	150–175
Pressdruck	bar	≧100
Härtezeit je mm	s	10
Schwindung	%	0.3–0.5
Nachschwindung	%	0.0–0.1
Bemerkungen		

Verarbeitungsbedingungen für Spritzgießen

Zylindertemperatur	°C	30–60
Düsentemperatur	°C	60–100
Massetemp.	°C	100–140
Werkzeugtemp.	°C	155–175
Spritzdruck	bar	500–2500
Härtezeit	s	10–100
Schwindung	%	0.4–0.8
Nachschwindung	%	
Bemerkungen		

Zugversuch 23 °C

Probekörper: *Form* *Herstellung*

Zugfestigkeit	N/mm²		*E-Modul*	N/mm²	
Reißdehnung	%		*Zeitstandzugfestigkeit*	h N/mm²	

Biegeversuch 23 °C DIN 53452; DIN 53457

Probekörper: *Form* *Herstellung* DIN 53470

Biegefestigkeit	N/mm²	80–100	*E-Modul*	N/mm²	5000–7000

Druckversuch 23 °C DIN 53454

Probekörper: *Form* *Herstellung* DIN 53470

Druckfestigkeit	N/mm²	≧200	*Stauchung*	%

Härte 23 °C *Probekörper:* *Herstellung* DIN 53470

Kugeldruckhärte N/mm² 240–280 bei N, 30 s

Schlagversuch *Probekörper:* *(1)* U-Kerbe *(2)* *Herstellung* DIN 53470

		°C		°C		°C		*Probekörper-Form*
Schlagzähigkeit	kJ/m²	23	6–8					NS
Kerbschlagzähigkeit (1)	kJ/m²	23	4–5					NS
IZOD-Kerbschlagzähigkeit (2)	J/m							

Abrieb und Reibung

Taber-Abrieb (Reibradverfahren) mm³/100 U
Statische Reibungszahl
Dynamische Reibungszahl (p·v= N/mm²· m/min)
Zulässiger p · v Wert N/mm² · (m/min) v= m/min
v= m/min

Thermische Eigenschaften

Formbeständigkeit in der Wärme	*Verfahren*			230–250 °C
	Verfahren			°C
Formbeständigkeit Martens				200–220 °C
Längenausdehnungskoeffizient	*Bereich*	°C		$\cdot 10^{-4}K^{-1}$
	Temperatur 23 °C			0.20–0.30 $\cdot 10^{-4}K^{-1}$
Wärmeleitfähigkeit	*Verfahren*		23 °C	0.9 W/(K · m)
Spezifische Wärmekapazität	*Verfahren*			J/(K · g)

Brandverhalten

UL-Test vertikal Dicke 0.8 mm, Wert V-0
Dicke mm, Wert

	Norm	*Bewertung*	*Abmessungen*
Sauerstoff-Index	ASTM D 2863		
Glühstab-Verfahren	DIN 53459	2a	
Brandverhalten	DIN 4102		
MVSS			
FAR			

Elektrische Eigenschaften

		Hz	°C			*Probekörper, Form*
Dielektrizitätszahl		50				
		10^3	23	4–6		
		10^6				
Dielektrischer Verlustfaktor tan δ		50				
		10^3	23	0.02		
		10^6				
Spezifischer Durchgangswiderstand	Ohm · cm		23	1.0*10**13		
Durchschlagfestigkeit	kV/mm		23	15–20		mm dick
Oberflächenwiderstand	Ohm		23	1.0*10**12		
Kriechstromfestigkeit		KC 600		KB 600	KA	
Kriechwegbildung		CTI 600				
		CTI 600 M				
Elektrolytische Korrosionswirkung						
Lichtbogenfestigkeit nach DIN						
nach ASTM	s					

Beständigkeit *(Chemische Beständigkeit siehe Anhang)*

Wasseraufnahme 4 d 50 mg

Feuchtigkeitsaufnahme Normalklima %
Wetterbeständigkeit

Produktklasse	Polyesterharz-Formmasse		**UP**
Handelsname	**Bakelite-Formmasse UP 3620**		
Hersteller	BAKELITE		
DIN-Bezeichnung			
ISO-Bezeichnung			
Harzbasis	Ungesaettigter Polyester		
Zusätze		*Füllstoffe/ Verstärkung*	Organische Faser; Mineralmehl
Bevorzugte Verarbeitung	Pressen; Spritzpressen; Spritzgiessen	*Lieferform*	Automatengranulat
		Farben	
Besondere Merkmale	Thermisch belastbar; Masshaltig; Elektrisch hochwertig; Kriechstromfest	*Bevorzugte Anwendungen*	Leuchte; Herdleiste; Haushaltsgeraet

Dichte	g/cm^3	1.75	*Dosierbarkeit*	Rieselfaehig
Schüttdichte	g/cm^3	0.65	*Tablettierbarkeit*	
Fließeinstellung			*Lagerung*	

Verarbeitungsbedingungen für Pressen

Werkzeugtemperatur	°C	160 175
Pressdruck	bar	≧100
Härtezeit je mm	s	10
Schwindung	%	0.6–0.8
Nachschwindung	%	0.2–0.4
Bemerkungen		

Verarbeitungsbedingungen für Spritzgießen

Zylindertemperatur	°C	30–60
Düsentemperatur	°C	60–100
Massetemp.	°C	100–140
Werkzeugtemp.	°C	155–175
Spritzdruck	bar	500–2500
Härtezeit	s	10–100
Schwindung	%	0.9–1.2
Nachschwindung	%	
Bemerkungen		

Zugversuch 23 °C

Probekörper: *Form* *Herstellung*

Zugfestigkeit	N/mm^2	*E-Modul*	N/mm^2	
Reißdehnung	%	*Zeitstandzugfestigkeit*	h N/mm^2	

Biegeversuch 23 °C DIN 53452; DIN 53457

Probekörper: *Form* *Herstellung* DIN 53470

Biegefestigkeit	N/mm^2	60–80	*E-Modul*	N/mm^2	5000–8000

Druckversuch 23 °C DIN 53454

Probekörper: *Form* *Herstellung* DIN 53470

Druckfestigkeit	N/mm^2	≧150	*Stauchung*	%

Härte 23 °C

Probekörper: *Herstellung* DIN 53470

Kugeldruckhärte N/mm^2 180–240 bei N, 30 s

Schlagversuch *Probekörper:* *(1)* U-Kerbe
(2) *Herstellung* DIN 53470

		°C		°C		°C		*Probekörper-Form*
Schlagzähigkeit	kJ/m²	23	6–8					NS
Kerbschlagzähigkeit (1)	kJ/m²	23	2–2.5					NS
IZOD-Kerbschlagzähigkeit (2)	J/m							

Abrieb und Reibung

Taber-Abrieb (Reibradverfahren)	mm³/100 U		
Statische Reibungszahl			
Dynamische Reibungszahl	(p·v= N/mm² ·		m/min)
Zulässiger p · v Wert	N/mm² · (m/min)	v=	m/min
		v=	m/min

Thermische Eigenschaften

Formbeständigkeit in der Wärme	*Verfahren*			120–150 °C
	Verfahren			°C
Formbeständigkeit Martens				100–130 °C
Längenausdehnungskoeffizient	*Bereich*	°C		$\cdot 10^{-4} K^{-1}$
	Temperatur 23 °C			$0.3–0.4 \cdot 10^{-4} K^{-1}$
Wärmeleitfähigkeit	*Verfahren*		23 °C	0.6 W/(K · m)
Spezifische Wärmekapazität	*Verfahren*			J/(K · g)

Brandverhalten

UL-Test vertikal	Dicke 3.2	mm, Wert V-0	
	Dicke	mm, Wert	

	Norm	*Bewertung*	*Abmessungen*
Sauerstoff-Index	ASTM D 2863		
Glühstab-Verfahren	DIN 53459	2a	
Brandverhalten	DIN 4102		
MVSS			
FAR			

Elektrische Eigenschaften

		Hz	°C			*Probekörper, Form*
Dielektrizitätszahl		50				
		10^3	23	4–6		
		10^6				
Dielektrischer Verlustfaktor tan δ		50				
		10^3	23	0.03		
		10^6				
Spezifischer Durchgangswiderstand	Ohm · cm		23	1.0*10**12		
Durchschlagfestigkeit	kV/mm		23	10–15		mm dick
Oberflächenwiderstand	Ohm		23	1.0*10**10		
Kriechstromfestigkeit		KC 600		KB 600	KA	
Kriechwegbildung		CTI 600				
		CTI 600 M				
Elektrolytische Korrosionswirkung						
Lichtbogenfestigkeit nach DIN						
nach ASTM	s					

Beständigkeit *(Chemische Beständigkeit siehe Anhang)*

Wasseraufnahme 4 d 150 mg

Feuchtigkeitsaufnahme Normalklima %

Wetterbeständigkeit

Produktklasse	Polyesterharz-Formmasse		**UP**
Handelsname	**Bakelite-Formmasse UP 3630**		
Hersteller	BAKELITE		
DIN-Bezeichnung *ISO-Bezeichnung*			
Harzbasis	Ungesaettigter Polyester		
Zusätze		*Füllstoffe/ Verstärkung*	Organische Faser; Mineralmehl
Bevorzugte Verarbeitung	Pressen; Spritzpressen; Spritzgiessen	*Lieferform*	Automatengranulat
		Farben	Natur; Weiss-elfenbein; Gelb-orange; Rot; Braun
Besondere Merkmale	Verarbeitungsschwindung wie PF- oder MF-Formmassen	*Bevorzugte Anwendungen*	Kleinschalter; Haushaltsgeraet

Dichte	g/cm³	1.7	*Dosierbarkeit*	Rieselfaehig
Schüttdichte	g/cm³	0.75	*Tablettierbarkeit*	
Fließeinstellung			*Lagerung*	

Verarbeitungsbedingungen für Pressen

Werkzeugtemperatur	°C	150–175
Pressdruck	bar	≧100
Härtezeit je mm	s	10
Schwindung	%	0.8–1.1
Nachschwindung	%	0.2–0.3
Bemerkungen		

Verarbeitungsbedingungen für Spritzgießen

Zylindertemperatur	°C	30–60
Düsentemperatur	°C	60–100
Massetemp.	°C	100–140
Werkzeugtemp.	°C	155–175
Spritzdruck	bar	500–2500
Härtezeit	s	10–100
Schwindung	%	1.5–2.0
Nachschwindung	%	
Bemerkungen		

Zugversuch 23 °C

Probekörper: *Form* *Herstellung*

Zugfestigkeit	N/mm²	*E-Modul*	N/mm²
Reißdehnung	%	*Zeitstandzugfestigkeit*	h N/mm²

Biegeversuch 23 °C DIN 53452; DIN 53457

Probekörper: *Form* *Herstellung* DIN 53470

Biegefestigkeit	N/mm² 60–80	*E-Modul*	N/mm² 5000–8000

Druckversuch 23 °C DIN 53454

Probekörper: *Form* *Herstellung* DIN 53470

Druckfestigkeit	N/mm² ≧150	*Stauchung*	%

Härte 23 °C *Probekörper:* *Herstellung* DIN 53470

Kugeldruckhärte N/mm² 180–240 bei N, 30 s

Schlagversuch *Probekörper:* *(1)* U-Kerbe *(2)* *Herstellung* DIN 53470

		°C		°C		°C		*Probekörper-Form*
Schlagzähigkeit	kJ/m²	23	7–9					NS
Kerbschlagzähigkeit (1)	kJ/m²	23	2–2.5					NS
IZOD-Kerbschlagzähigkeit (2)	J/m							

Abrieb und Reibung

Taber-Abrieb (Reibradverfahren) mm³/100 U
Statische Reibungszahl
Dynamische Reibungszahl (p·v= N/mm²· m/min)
Zulässiger p·v Wert N/mm²·(m/min) v= m/min
v= m/min

Thermische Eigenschaften

Formbeständigkeit in der Wärme	*Verfahren*			120–150 °C
	Verfahren			°C
Formbeständigkeit Martens				100–130 °C
Längenausdehnungskoeffizient	*Bereich*	°C		$\cdot 10^{-4}K^{-1}$
	Temperatur 23 °C			$0.3–0.4 \cdot 10^{-4}K^{-1}$
Wärmeleitfähigkeit	*Verfahren*		23 °C	0.6 W/(K · m)
Spezifische Wärmekapazität	*Verfahren*			J/(K · g)

Brandverhalten

UL-Test vertikal Dicke mm, Wert
Dicke mm, Wert

	Norm	*Bewertung*	*Abmessungen*
Sauerstoff-Index	ASTM D 2863		
Glühstab-Verfahren	DIN 53459	3a	
Brandverhalten	DIN 4102		
MVSS			
FAR			

Elektrische Eigenschaften

		Hz	°C			*Probekörper, Form*
Dielektrizitätszahl		50				
		10^3	23	5–7		
		10^6				
Dielektrischer Verlustfaktor tan *δ*		50				
		10^3	23	0.03		
		10^6				
Spezifischer Durchgangswiderstand	Ohm · cm		23	1.0*10**11		
Durchschlagfestigkeit	kV/mm		23	10–15		mm dick
Oberflächenwiderstand	Ohm		23	1.0*10**10		
Kriechstromfestigkeit		KC 600		KB 600	KA	
Kriechwegbildung		CTI 600				
		CTI 600 M				
Elektrolytische Korrosionswirkung						
Lichtbogenfestigkeit nach DIN						
nach ASTM	s					

Beständigkeit *(Chemische Beständigkeit siehe Anhang)*

Wasseraufnahme 4 d 200 mg

Feuchtigkeitsaufnahme Normalklima %
Wetterbeständigkeit

UP

Produktklasse	Polyesterharz-Formmasse		
Handelsname	**Bakelite-Formmasse UP 3710**		
Hersteller	BAKELITE		
DIN-Bezeichnung			
ISO-Bezeichnung			
Harzbasis	Ungesaettigter Polyester		
Zusätze		*Füllstoffe/ Verstärkung*	Organische Faser; Anorganische Faser; Mineralmehl
Bevorzugte Verarbeitung	Pressen; Spritzpressen; Spritzgiessen	*Lieferform*	Automatengranulat
		Farben	Grau
Besondere Merkmale	Geringer Abrieb	*Bevorzugte Anwendungen*	Gleitelement; Sicherungsautomat

Dichte	g/cm^3	1.75	*Dosierbarkeit*	Rieselfaehig
Schüttdichte	g/cm^3	0.6	*Tablettierbarkeit*	
Fließeinstellung			*Lagerung*	

Verarbeitungsbedingungen für Pressen

Werkzeugtemperatur	°C	150–175
Pressdruck	bar	≧100
Härtezeit je mm	s	10
Schwindung	%	0.8–1.0
Nachschwindung	%	0.1–0.2
Bemerkungen		

Verarbeitungsbedingungen für Spritzgießen

Zylindertemperatur	°C	30–60
Düsentemperatur	°C	60–100
Massetemp.	°C	100–140
Werkzeugtemp.	°C	155–175
Spritzdruck	bar	500–2500
Härtezeit	s	10–100
Schwindung	%	1.4–1.8
Nachschwindung	%	
Bemerkungen		

Zugversuch 23 °C

Probekörper: *Form* *Herstellung*

Zugfestigkeit	N/mm^2		*E-Modul*	N/mm^2
Reißdehnung	%		*Zeitstandzugfestigkeit*	h N/mm^2

Biegeversuch 23 °C DIN 53452; DIN 53457

Probekörper: *Form* *Herstellung* DIN 53470

Biegefestigkeit	N/mm^2	60–80	*E-Modul*	N/mm^2 5000–8000

Druckversuch 23 °C DIN 53454

Probekörper: *Form* *Herstellung* DIN 53470

Druckfestigkeit	N/mm^2	≧150	*Stauchung*	%

Härte 23 °C *Probekörper:* *Herstellung* DIN 53470

Kugeldruckhärte N/mm^2 180–240 bei N, 30 s

Schlagversuch *Probekörper:* *(1)* U-Kerbe
(2) *Herstellung* DIN 53470

		°C		°C	°C	*Probekörper-Form*
Schlagzähigkeit	kJ/m²	23	6–8			NS
Kerbschlagzähigkeit (1)	kJ/m²	23	3–3.5			NS
IZOD-Kerbschlagzähigkeit (2)	J/m					

Abrieb und Reibung

Taber-Abrieb (Reibradverfahren)	mm³/100 U		
Statische Reibungszahl			
Dynamische Reibungszahl	(p·v= N/mm²·		m/min)
Zulässiger p · v Wert	N/mm² · (m/min)	v=	m/min
		v=	m/min

Thermische Eigenschaften

Formbeständigkeit in der Wärme	*Verfahren*			100–130 °C
	Verfahren			°C
Formbeständigkeit Martens				90–110 °C
Längenausdehnungskoeffizient	*Bereich*	°C		$\cdot 10^{-4} K^{-1}$
	Temperatur 23 °C			$0.3–0.4 \cdot 10^{-4} K^{-1}$
Wärmeleitfähigkeit	*Verfahren*		23 °C	0.6 W/(K · m)
Spezifische Wärmekapazität	*Verfahren*			J/(K · g)

Brandverhalten

UL-Test vertikal Dicke 3.2 mm, Wert V-0
Dicke mm, Wert

	Norm	*Bewertung*	*Abmessungen*
Sauerstoff-Index	ASTM D 2863		
Glühstab-Verfahren	DIN 53459	2a	
Brandverhalten	DIN 4102		
MVSS			
FAR			

Elektrische Eigenschaften

		Hz	°C			*Probekörper, Form*
Dielektrizitätszahl		50				
		10^3	23	4–6		
		10^6				
Dielektrischer Verlustfaktor tan δ		50				
		10^3	23	0.02		
		10^6				
Spezifischer Durchgangswiderstand	Ohm · cm		23	1.0*10**12		
Durchschlagfestigkeit	kV/mm		23	10–15		mm dick
Oberflächenwiderstand	Ohm		23	1.0*10**11		
Kriechstromfestigkeit		KC 600		KB 600	KA	
Kriechwegbildung		CTI 600				
		CTI 600 M				
Elektrolytische Korrosionswirkung						
Lichtbogenfestigkeit nach DIN						
nach ASTM	s					

Beständigkeit *(Chemische Beständigkeit siehe Anhang)*

Wasseraufnahme 4 d 100 mg

Feuchtigkeitsaufnahme Normalklima %
Wetterbeständigkeit

UP

Produktklasse	Polyesterharz-Formmasse		
Handelsname	**Bakelite-Formmasse UP 3925**		
Hersteller	BAKELITE		
DIN-Bezeichnung *ISO-Bezeichnung*			
Harzbasis	Ungesaettigter Polyester		
Zusätze		*Füllstoffe/ Verstärkung*	Organische Faser; Anorganische Faser
Bevorzugte Verarbeitung	Pressen; Spritzpressen	*Lieferform*	Schollen
		Farben	
Besondere Merkmale	Kerbunempfindlich; Masshaltig; Elektrisch hochwertig; Kriechstromfest	*Bevorzugte Anwendungen*	Technisches Formteil

Dichte	g/cm^3	1.75	*Dosierbarkeit*	Von Hand
Schüttdichte	g/cm^3	0.2	*Tablettierbarkeit*	
Fließeinstellung			*Lagerung*	

Verarbeitungsbedingungen für Pressen

Werkzeugtemperatur	°C	150–175
Pressdruck	bar	≧100
Härtezeit je mm	s	10
Schwindung	%	0.5–0.6
Nachschwindung	%	0.0–0.1
Bemerkungen		

Verarbeitungsbedingungen für Spritzgießen

Zylindertemperatur	°C	
Düsentemperatur	°C	
Massetemp.	°C	
Werkzeugtemp.	°C	
Spritzdruck	bar	
Härtezeit	s	
Schwindung	%	
Nachschwindung	%	
Bemerkungen		

Zugversuch 23 °C

Probekörper: *Form* *Herstellung*

Zugfestigkeit	N/mm^2		*E-Modul*	N/mm^2
Reißdehnung	%		*Zeitstandzugfestigkeit*	h N/mm^2

Biegeversuch 23 °C DIN 53452; DIN 53457

Probekörper: *Form* *Herstellung* DIN 53470

Biegefestigkeit	N/mm^2	60–80	*E-Modul*	N/mm^2 4000–7000

Druckversuch 23°C DIN 53454

Probekörper: *Form* *Herstellung* DIN 53470

Druckfestigkeit	N/mm^2	≧150	*Stauchung*	%

Härte 23 °C *Probekörper:* *Herstellung* DIN 53470

Kugeldruckhärte N/mm^2 200–250 bei N, 30 s

Schlagversuch *Probekörper:* *(1)* U-Kerbe *(2)* — *Herstellung* DIN 53470

		°C		°C	°C	*Probekörper-Form*
Schlagzähigkeit	kJ/m²	23	6–10			NS
Kerbschlagzähigkeit (1)	kJ/m²	23	6–8			NS
IZOD-Kerbschlag-zähigkeit (2)	J/m					

Abrieb und Reibung

Taber-Abrieb (Reibradverfahren) mm³/100 U
Statische Reibungszahl
Dynamische Reibungszahl (p·v= N/mm²· m/min)
Zulässiger p · v Wert N/mm² · (m/min) v= m/min
v= m/min

Thermische Eigenschaften

Formbeständigkeit in der Wärme	*Verfahren*			130–180 °C
	Verfahren			°C
Formbeständigkeit Martens				110–160 °C
Längenausdehnungskoeffizient	*Bereich* °C			$\cdot 10^{-4}K^{-1}$
	Temperatur 23 °C			$0.3–0.4 \cdot 10^{-4}K^{-1}$
Wärmeleitfähigkeit	*Verfahren*		23 °C	0.7 W/(K · m)
Spezifische Wärmekapazität	*Verfahren*			J/(K · g)

Brandverhalten

UL-Test vertikal Dicke 3.2 mm, Wert V-0
Dicke mm, Wert

	Norm	*Bewertung*	*Abmessungen*
Sauerstoff-Index	ASTM D 2863		
Glühstab-Verfahren	DIN 53459	2a	
Brandverhalten	DIN 4102		
MVSS			
FAR			

Elektrische Eigenschaften

		Hz	°C			*Probekörper, Form*
Dielektrizitätszahl		50				
		10^3	23	4–6		
		10^6				
Dielektrischer Verlustfaktor tan δ		50				
		10^3	23	0.03		
		10^6				
Spezifischer Durchgangs-widerstand	Ohm · cm		23	1.0*10**12		
Durchschlagfestigkeit	kV/mm		23	10–15		mm dick
Oberflächenwiderstand	Ohm		23	1.0*10**10		
Kriechstromfestigkeit		KC 600		KB 600	KA	
Kriechwegbildung		CTI 600				
		CTI 600 M				
Elektrolytische Korrosionswirkung						
Lichtbogenfestigkeit nach DIN						
nach ASTM	s					

Beständigkeit *(Chemische Beständigkeit siehe Anhang)*

Wasseraufnahme 4 d 90 mg

Feuchtigkeitsaufnahme Normalklima %
Wetterbeständigkeit

Produktklasse	Polyesterharz-Formmasse		**UP**
Handelsname	**Bakelite-Formmasse UP 3925 Z**		
Hersteller	BAKELITE		
DIN-Bezeichnung			
ISO-Bezeichnung			
Harzbasis	Ungesaettigter Polyester		
Zusätze		*Füllstoffe/ Verstärkung*	Organische Faser; Anorganische Faser
Bevorzugte Verarbeitung	Pressen; Spritzpressen; Spritzgiessen	*Lieferform*	Zylindergranulat
		Farben	
Besondere Merkmale	Kerbunempfindlich; Masshaltig; Elektrisch hochwertig; Kriechstromfest	*Bevorzugte Anwendungen*	Technisches Formteil

Dichte	g/cm^3	1.75	*Dosierbarkeit*	Schuettbar
Schüttdichte	g/cm^3	0.65	*Tablettierbarkeit*	
Fließeinstellung			*Lagerung*	

Verarbeitungsbedingungen für Pressen

Werkzeugtemperatur	°C	150–175
Pressdruck	bar	≧100
Härtezeit je mm	s	10
Schwindung	%	0.5–0.6
Nachschwindung	%	0.0–0.1
Bemerkungen		

Verarbeitungsbedingungen für Spritzgießen

Zylindertemperatur	°C	30–60
Düsentemperatur	°C	60–100
Massetemp.	°C	100–140
Werkzeugtemp.	°C	155–175
Spritzdruck	bar	500–2500
Härtezeit	s	10–100
Schwindung	%	0.8–1.3
Nachschwindung	%	
Bemerkungen		

Zugversuch 23 °C
Probekörper: *Form* *Herstellung*

Zugfestigkeit	N/mm^2		*E-Modul*	N/mm^2	
Reißdehnung	%		*Zeitstandzugfestigkeit*	h N/mm^2	

Biegeversuch 23 °C DIN 53452; DIN 53457
Probekörper: *Form* *Herstellung* DIN 53470

Biegefestigkeit	N/mm^2	60–80	*E-Modul*	N/mm^2	4000–7000

Druckversuch 23 °C DIN 53454
Probekörper: *Form* *Herstellung* DIN 53470

Druckfestigkeit	N/mm^2	≧150	*Stauchung*	%	

Härte 23 °C *Probekörper:* *Herstellung* DIN 53470

Kugeldruckhärte	N/mm^2	200–250	bei	N, 30 s

Schlagversuch *Probekörper:* *(1)* U-Kerbe
(2)

Herstellung DIN 53470

		°C		°C	°C	*Probekörper-Form*
Schlagzähigkeit	kJ/m²	23	6–10			NS
Kerbschlagzähigkeit (1)	kJ/m²	23	6–8			NS
IZOD-Kerbschlag-zähigkeit (2)	J/m					

Abrieb und Reibung

Taber-Abrieb (Reibradverfahren) mm³/100 U
Statische Reibungszahl
Dynamische Reibungszahl (p·v= N/mm²· m/min)
Zulässiger p · v Wert N/mm² · (m/min) v= m/min
v= m/min

Thermische Eigenschaften

Formbeständigkeit in der Wärme	*Verfahren*			130–180 °C
	Verfahren			°C
Formbeständigkeit Martens				110–160 °C
Längenausdehnungskoeffizient	*Bereich*	°C		$\cdot 10^{-4}K^{-1}$
	Temperatur 23 °C			$0.3–0.4 \cdot 10^{-4}K^{-1}$
Wärmeleitfähigkeit	*Verfahren*		23 °C	0.7 W/(K · m)
Spezifische Wärmekapazität	*Verfahren*			J/(K · g)

Brandverhalten

UL-Test vertikal Dicke 3.2 mm, Wert V-0
Dicke mm, Wert

	Norm	*Bewertung*	*Abmessungen*
Sauerstoff-Index	ASTM D 2863		
Glühstab-Verfahren	DIN 53459	2a	
Brandverhalten	DIN 4102		
MVSS			
FAR			

Elektrische Eigenschaften

		Hz	°C		*Probekörper, Form*
Dielektrizitätszahl		50			
		10^3	23	4–6	
		10^6			
Dielektrischer Verlustfaktor tan δ		50			
		10^3	23	0.03	
		10^6			
Spezifischer Durchgangs-widerstand	Ohm · cm		23	1.0*10**12	
Durchschlagfestigkeit	kV/mm		23	10–15	mm dick
Oberflächenwiderstand	Ohm		23	1.0*10**10	

Kriechstromfestigkeit KC 600 KB 600 KA
Kriechwegbildung CTI 600
CTI 600 M

Elektrolytische Korrosionswirkung
Lichtbogenfestigkeit nach DIN
nach ASTM s

Beständigkeit *(Chemische Beständigkeit siehe Anhang)*

Wasseraufnahme 4 d 150 mg

Feuchtigkeitsaufnahme Normalklima %
Wetterbeständigkeit

PF

Produktklasse	Phenolharz-Formmasse		
Handelsname	**Supraplast-Formmasse P 3210**		
Hersteller	SUED WEST		
DIN-Bezeichnung *ISO-Bezeichnung*			
Harzbasis	Phenolharznovolak		
Zusätze		*Füllstoffe/ Verstärkung*	Anorganischer Harztraeger
Bevorzugte Verarbeitung	Pressen; Spritzpressen; Spritzgiessen	*Lieferform*	Stranggranulat 2,5 mm
		Farben	Schwarz; Natur (olivgruen)
Besondere Merkmale	Asbestfrei; Ersatz fuer Typ 12; Erhoehte Waermeformbestaendigkeit	*Bevorzugte Anwendungen*	Technisches Formteil; Bedarfsartikel

Dichte	g/cm³	1.6–1.7	*Dosierbarkeit*	
Schüttdichte	g/cm³	0.52–0.56	*Tablettierbarkeit*	
Fließeinstellung			*Lagerung*	Kuehl und trocken; 12 Monate

Verarbeitungsbedingungen für Pressen

Werkzeugtemperatur	°C	
Pressdruck	bar	
Härtezeit je mm	s	
Schwindung	%	0.2–0.4
Nachschwindung	%	0.1–0.3
Bemerkungen		

Verarbeitungsbedingungen für Spritzgießen

Zylindertemperatur	°C	70–80
Düsentemperatur	°C	80–90
Massetemp.	°C	
Werkzeugtemp.	°C	165–170
Spritzdruck	bar	
Härtezeit	s	
Schwindung	%	
Nachschwindung	%	
Bemerkungen		

Zugversuch 23 °C
Probekörper: *Form* *Herstellung*

Zugfestigkeit	N/mm²	*E-Modul*	N/mm²
Reißdehnung	%	*Zeitstandzugfestigkeit*	h N/mm²

Biegeversuch 23 °C DIN 53452;
Probekörper: *Form* *Herstellung* DIN 53470

Biegefestigkeit	N/mm² 6–7	*E-Modul*	N/mm²

Druckversuch 23°C
Probekörper: *Form* *Herstellung*

Druckfestigkeit	N/mm²	*Stauchung*	%

Härte 23 °C *Probekörper:* *Herstellung*

Kugeldruckhärte N/mm² bei N, s

Schlagversuch *Probekörper:* *(1)* U-Kerbe
(2) *Herstellung* DIN 53470

		°C		°C	°C	*Probekörper-Form*
Schlagzähigkeit	kJ/m²	23	4.5–5.5			NS
Kerbschlagzähigkeit (1)	kJ/m²	23	2–2.2			NS
IZOD-Kerbschlag-zähigkeit (2)	J/m					

Abrieb und Reibung

Taber-Abrieb (Reibradverfahren) mm³/100 U
Statische Reibungszahl
Dynamische Reibungszahl (p·v= N/mm² · m/min)
Zulässiger p · v Wert N/mm² · (m/min) v= m/min
v= m/min

Thermische Eigenschaften

Formbeständigkeit in der Wärme	*Verfahren*		°C
	Verfahren		°C
Formbeständigkeit Martens			≧150 °C
Längenausdehnungskoeffizient	*Bereich*	°C	$\cdot 10^{-4} K^{-1}$
	Temperatur		$\cdot 10^{-4} K^{-1}$
Wärmeleitfähigkeit	*Verfahren*		W/(K · m)
Spezifische Wärmekapazität	*Verfahren*		J/(K · g)

Brandverhalten

UL-Test vertikal Dicke mm, Wert
Dicke mm, Wert

	Norm	*Bewertung*	*Abmessungen*
Sauerstoff-Index	ASTM D 2863		
Glühstab-Verfahren	DIN 53459	1	
Brandverhalten	DIN 4102		
MVSS			
FAR			

Elektrische Eigenschaften

		Hz	°C		*Probekörper, Form*
Dielektrizitätszahl		50			
		10^3			
		10^6			
Dielektrischer Verlustfaktor tan δ		50			
		10^3			
		10^6			
Spezifischer Durchgangswiderstand	Ohm · cm				
Durchschlagfestigkeit	kV/mm				mm dick
Oberflächenwiderstand	Ohm		23	1.0*10**09	

Kriechstromfestigkeit KC 175 KB KA
Kriechwegbildung

Elektrolytische Korrosionswirkung
Lichtbogenfestigkeit nach DIN
nach ASTM s

Beständigkeit *(Chemische Beständigkeit siehe Anhang)*

Wasseraufnahme 4 d ≦60 mg

Feuchtigkeitsaufnahme Normalklima %
Wetterbeständigkeit

Produktklasse	Phenolharz-Formmasse		**PF**
Handelsname	**Supraplast-Formmasse P 3210/49 B**		
Hersteller	SUED WEST		
DIN-Bezeichnung			
ISO-Bezeichnung			
Harzbasis	Phenolharznovolak		
Zusätze		*Füllstoffe/ Verstärkung*	Anorganischer Harztraeger
Bevorzugte Verarbeitung	Pressen; Spritzpressen; Spritzgiessen	*Lieferform*	Stranggranulat 2,5 mm
		Farben	Schwarz
Besondere Merkmale	Asbestfrei; Aehnlich Typ 12; Verbesserte mechanische Festigkeitseigenschaften; Erhoehte Waermebestaendigkeit	*Bevorzugte Anwendungen*	Fuer Formteile mit erhoehter Waermebestaendigkeit

Dichte	g/cm^3	1.70–1.75	*Dosierbarkeit*	
Schüttdichte	g/cm^3	0.56–0.60	*Tablettierbarkeit*	
Fließeinstellung			*Lagerung*	Kuehl und trocken; 12 Monate

Verarbeitungsbedingungen für Pressen

Werkzeugtemperatur	°C	
Pressdruck	bar	
Härtezeit je mm	s	
Schwindung	%	0.05–0.35
Nachschwindung	%	0.05–0.15
Bemerkungen		

Verarbeitungsbedingungen für Spritzgießen

Zylindertemperatur	°C	70–80
Düsentemperatur	°C	80–90
Massetemp.	°C	
Werkzeugtemp.	°C	165–170
Spritzdruck	bar	
Härtezeit	s	
Schwindung	%	
Nachschwindung	%	
Bemerkungen		

Zugversuch 23 °C

Probekörper: *Form* *Herstellung*

Zugfestigkeit	N/mm^2	*E-Modul*	N/mm^2
Reißdehnung	%	*Zeitstandzugfestigkeit*	h N/mm^2

Biegeversuch 23 °C DIN 53452;

Probekörper: *Form* *Herstellung* DIN 53470

Biegefestigkeit	N/mm^2 80–90	*E-Modul*	N/mm^2

Druckversuch 23°C

Probekörper: *Form* *Herstellung*

Druckfestigkeit	N/mm^2	*Stauchung*	%

Härte 23 °C *Probekörper:* *Herstellung*

Kugeldruckhärte N/mm^2 bei N, s

Schlagversuch *Probekörper:* *(1)* U-Kerbe
(2) *Herstellung* DIN 53470

		°C		°C	°C	*Probekörper-Form*
Schlagzähigkeit	kJ/m²	23	5.5–6.5			NS
Kerbschlagzähigkeit (1)	kJ/m²	23	4.0–4.5			NS
IZOD-Kerbschlagzähigkeit (2)	J/m					

Abrieb und Reibung

Taber-Abrieb (Reibradverfahren)	mm³/100 U		
Statische Reibungszahl			
Dynamische Reibungszahl	(p·v= N/mm²·		m/min)
Zulässiger p · v Wert	N/mm² · (m/min)	v=	m/min
		v=	m/min

Thermische Eigenschaften

Formbeständigkeit in der Wärme	*Verfahren*		°C
	Verfahren		°C
Formbeständigkeit Martens			160–180 °C
Längenausdehnungskoeffizient	*Bereich*	°C	$\cdot 10^{-4} K^{-1}$
	Temperatur		$\cdot 10^{-4} K^{-1}$
Wärmeleitfähigkeit	*Verfahren*		W/(K · m)
Spezifische Wärmekapazität	*Verfahren*		J/(K · g)

Brandverhalten

UL-Test vertikal Dicke mm, Wert
Dicke mm, Wert

	Norm	*Bewertung*	*Abmessungen*
Sauerstoff-Index	ASTM D 2863		
Glühstab-Verfahren	DIN 53459	1	
Brandverhalten	DIN 4102		
MVSS			
FAR			

Elektrische Eigenschaften

		Hz	°C		*Probekörper, Form*
Dielektrizitätszahl		50			
		10^3			
		10^6			
Dielektrischer Verlustfaktor tan δ		50			
		10^3			
		10^6			
Spezifischer Durchgangswiderstand	Ohm · cm				
Durchschlagfestigkeit	kV/mm				mm dick
Oberflächenwiderstand	Ohm		23	1.0*10**09–1.0*10**10	
Kriechstromfestigkeit		KC 175	KB	KA	
Kriechwegbildung					
Elektrolytische Korrosionswirkung					
Lichtbogenfestigkeit nach DIN					
nach ASTM	s				

Beständigkeit *(Chemische Beständigkeit siehe Anhang)*

Wasseraufnahme 4 d ≦40 mg

Feuchtigkeitsaufnahme Normalklima %
Wetterbeständigkeit

Produktklasse	Phenolharz-Formmasse		**PF**
Handelsname	**Supraplast-Formmasse P 3140**		
Hersteller	SUED WEST		
DIN-Bezeichnung			
ISO-Bezeichnung			
Harzbasis	Phenolharznovolak		
Zusätze		*Füllstoffe/ Verstärkung*	Organische Faser; Anorganische Faser
Bevorzugte Verarbeitung	Pressen; Spritzpressen; Spritzgiessen	*Lieferform*	Stranggranulat 3,0 mm
		Farben	Schwarz
Besondere Merkmale	Besonders gute thermische und mechanische Eigenschaften; Aehnlich Typ 12 asbestfrei; Glasfrei	*Bevorzugte Anwendungen*	Technisches Formteil; Reflektorgehaeuse fuer Photolampen

Dichte	g/cm³	1.5–1.6	*Dosierbarkeit*	
Schüttdichte	g/cm³	0.5–0.55	*Tablettierbarkeit*	Gut
Fließeinstellung	Extra weich, weich, mittel		*Lagerung*	Kuehl und trocken 12 Monate

Verarbeitungsbedingungen für Pressen

Werkzeugtemperatur	°C	160–175
Pressdruck	bar	250–400
Härtezeit je mm	s	
Schwindung	%	0.2–0.4
Nachschwindung	%	0.1–0.2
Bemerkungen		

Verarbeitungsbedingungen für Spritzgießen

Zylindertemperatur	°C	70–80
Düsentemperatur	°C	80–90
Massetemp.	°C	
Werkzeugtemp.	°C	165–170
Spritzdruck	bar	1200–2200
Härtezeit	s	
Schwindung	%	
Nachschwindung	%	
Bemerkungen		

Zugversuch 23 °C

Probekörper: *Form* *Herstellung*

Zugfestigkeit	N/mm²	*E-Modul*	N/mm²
Reißdehnung	%	*Zeitstandzugfestigkeit*	h N/mm²

Biegeversuch 23 °C DIN 53452;

Probekörper: *Form* *Herstellung* DIN 53470

Biegefestigkeit	N/mm² 50–60	*E-Modul*	N/mm²

Druckversuch 23 °C

Probekörper: *Form* *Herstellung*

Druckfestigkeit	N/mm²	*Stauchung*	%

Härte 23 °C *Probekörper:* *Herstellung*

Kugeldruckhärte N/mm² bei N, s

Schlagversuch *Probekörper:* *(1)* U-Kerbe *(2)* *Herstellung* DIN 53470

		°C		°C	°C	*Probekörper-Form*
Schlagzähigkeit	kJ/m²	23	4–5			NS
Kerbschlagzähigkeit (1)	kJ/m²	23	3–3.5			NS
IZOD-Kerbschlag-zähigkeit (2)	J/m					

Abrieb und Reibung

Taber-Abrieb (Reibradverfahren) mm³/100 U
Statische Reibungszahl
Dynamische Reibungszahl (p·v= N/mm²· m/min)
Zulässiger p · v Wert N/mm² · (m/min) v= m/min
v= m/min

Thermische Eigenschaften

Formbeständigkeit in der Wärme *Verfahren* °C
Verfahren °C
Formbeständigkeit Martens ≧155 °C
Längenausdehnungskoeffizient *Bereich* °C $\cdot 10^{-4}K^{-1}$
Temperatur $\cdot 10^{-4}K^{-1}$
Wärmeleitfähigkeit *Verfahren* W/(K · m)

Spezifische Wärmekapazität *Verfahren* J/(K · g)

Brandverhalten

UL-Test vertikal Dicke mm, Wert
Dicke mm, Wert

	Norm	*Bewertung*	*Abmessungen*
Sauerstoff-Index	ASTM D 2863		
Glühstab-Verfahren	DIN 53459	1	
Brandverhalten	DIN 4102		
MVSS			
FAR			

Elektrische Eigenschaften

		Hz	°C		*Probekörper, Form*
Dielektrizitätszahl		50			
		10^3			
		10^6			
Dielektrischer Verlustfaktor tan δ		50			
		10^3			
		10^6			
Spezifischer Durchgangs-widerstand	Ohm · cm				
Durchschlagfestigkeit	kV/mm				mm dick
Oberflächenwiderstand	Ohm		23	1.0*10**09	

Kriechstromfestigkeit KC KB KA 1
Kriechwegbildung

Elektrolytische Korrosionswirkung
Lichtbogenfestigkeit nach DIN
nach ASTM s

Beständigkeit *(Chemische Beständigkeit siehe Anhang)*

Wasseraufnahme 4 d ≦90 mg

Feuchtigkeitsaufnahme Normalklima %
Wetterbeständigkeit

Produktklasse	Phenolharz-Formmasse		**PF**
Handelsname	**Supraplast-Formmasse Typ 31/1649/P 2933 A**		
Hersteller	SUED WEST		
DIN-Bezeichnung	31 DIN 7708		
ISO-Bezeichnung			
Harzbasis	≧50 % Phenolharznovolak		
Zusätze		*Füllstoffe/ Verstärkung*	Alpha-Cellulose in Pulverform
Bevorzugte Verarbeitung	Pressen; Spritzpressen; Spritzgiessen	*Lieferform*	Stranggranulat 1,5 mm
		Farben	Schwarz
Besondere Merkmale	Korrosionsneutral; Erfuellt Siemens-Norm 057520, Pruefung A	*Bevorzugte Anwendungen*	Technisches Formteil

Dichte	g/cm³	1.4–1.45	*Dosierbarkeit*	
Schüttdichte	g/cm³	0.5–0.6	*Tablettierbarkeit*	
Fließeinstellung			*Lagerung*	Kuehl und trocken; 12 Monate

Verarbeitungsbedingungen für Pressen

Werkzeugtemperatur	°C	
Pressdruck	bar	
Härtezeit je mm	s	
Schwindung	%	0.4–0.7
Nachschwindung	%	0.1–0.3
Bemerkungen		

Verarbeitungsbedingungen für Spritzgießen

Zylindertemperatur	°C	80–85
Düsentemperatur	°C	90–95
Massetemp.	°C	
Werkzeugtemp.	°C	165–170
Spritzdruck	bar	
Härtezeit	s	
Schwindung	%	
Nachschwindung	%	
Bemerkungen		

Zugversuch 23 °C

Probekörper: *Form* *Herstellung*

Zugfestigkeit	N/mm²	*E-Modul*	N/mm²
Reißdehnung	%	*Zeitstandzugfestigkeit*	h N/mm²

Biegeversuch 23 °C DIN 53452;

Probekörper: *Form* *Herstellung* DIN 53470

Biegefestigkeit	N/mm² ≧70	*E-Modul*	N/mm²

Druckversuch 23°C

Probekörper: *Form* *Herstellung*

Druckfestigkeit	N/mm²	*Stauchung*	%

Härte 23 °C

Probekörper: *Herstellung*

Kugeldruckhärte N/mm² bei N, s

Schlagversuch *Probekörper:* *(1)* U-Kerbe
(2)
Herstellung DIN 53470

		°C		°C	°C	*Probekörper-Form*
Schlagzähigkeit	kJ/m²	23	≧6			NS
Kerbschlagzähigkeit (1)	kJ/m²	23	≧1.5			NS
IZOD-Kerbschlag-zähigkeit (2)	J/m					

Abrieb und Reibung

Taber-Abrieb (Reibradverfahren) mm³/100 U
Statische Reibungszahl
Dynamische Reibungszahl (p·v= N/mm² · m/min)
Zulässiger p · v Wert N/mm² · (m/min) v= m/min
v= m/min

Thermische Eigenschaften

Formbeständigkeit in der Wärme *Verfahren* °C
Verfahren °C
Formbeständigkeit Martens ≧125 °C
Längenausdehnungskoeffizient *Bereich* °C $\cdot 10^{-4}K^{-1}$
Temperatur $\cdot 10^{-4}K^{-1}$
Wärmeleitfähigkeit *Verfahren* W/(K · m)

Spezifische Wärmekapazität *Verfahren* J/(K · g)

Brandverhalten

UL-Test vertikal Dicke mm, Wert
Dicke mm, Wert

	Norm	*Bewertung*	*Abmessungen*
Sauerstoff-Index	ASTM D 2863		
Glühstab-Verfahren	DIN 53459	2a	
Brandverhalten	DIN 4102		
MVSS			
FAR			

Elektrische Eigenschaften

		Hz	°C		*Probekörper, Form*
Dielektrizitätszahl		50			
		10^3			
		10^6			
Dielektrischer Verlustfaktor tan δ		50			
		10^3			
		10^6			
Spezifischer Durchgangs-widerstand	Ohm · cm				
Durchschlagfestigkeit	kV/mm				mm dick
Oberflächenwiderstand	Ohm		23	1.0*10**08–1.0*10**09	

Kriechstromfestigkeit KC KB KA
Kriechwegbildung

Elektrolytische Korrosionswirkung
Lichtbogenfestigkeit nach DIN
nach ASTM s

Beständigkeit *(Chemische Beständigkeit siehe Anhang)*
Wasseraufnahme 4 d ≦150 mg

Feuchtigkeitsaufnahme Normalklima %
Wetterbeständigkeit

Produktklasse	Phenolharz-Formmasse		**PF**
Handelsname	**Supraplast-Formmasse Typ 51**		
Hersteller	SUED WEST		
DIN-Bezeichnung	51 DIN 7708		
ISO-Bezeichnung			
Harzbasis	Phenolharznovolak		
Zusätze		*Füllstoffe/ Verstärkung*	Cellulose
Bevorzugte Verarbeitung	Pressen; Spritzpressen; Spritzgiessen	*Lieferform*	Staubarmes Stranggranulat 2,0 mm
		Farben	Schwarz; Natur
Besondere Merkmale	Korrosionsneutral; Gute mechanische Eigenschaften; Gutes Gleitverhalten Kunststoff auf Kunststoff	*Bevorzugte Anwendungen*	Technisches Formteil

Dichte	g/cm^3	1.40–1.42	*Dosierbarkeit*	
Schüttdichte	g/cm^3	0.42–0.48	*Tablettierbarkeit*	Gut
Fließeinstellung	Extra weich, weich, mittel		*Lagerung*	Kuehl und trocken; 12 Monate

Verarbeitungsbedingungen für Pressen

Werkzeugtemperatur	°C	165–170
Pressdruck	bar	200–350
Härtezeit je mm	s	
Schwindung	%	0.5–0.7
Nachschwindung	%	0.4–0.6
Bemerkungen		

Verarbeitungsbedingungen für Spritzgießen

Zylindertemperatur	°C	70–80
Düsentemperatur	°C	80–90
Massetemp.	°C	
Werkzeugtemp.	°C	165–170
Spritzdruck	bar	1200–2200
Härtezeit	s	
Schwindung	%	
Nachschwindung	%	
Bemerkungen		

Zugversuch 23 °C

Probekörper: *Form* *Herstellung*

Zugfestigkeit	N/mm^2	*E-Modul*	N/mm^2
Reißdehnung	%	*Zeitstandzugfestigkeit*	h N/mm^2

Biegeversuch 23 °C DIN 53452;

Probekörper: *Form* *Herstellung* DIN 53470

Biegefestigkeit	N/mm^2 $\geqq 60$	*E-Modul*	N/mm^2

Druckversuch 23°C

Probekörper: *Form* *Herstellung*

Druckfestigkeit	N/mm^2	*Stauchung*	%

Härte 23 °C *Probekörper:* *Herstellung*

Kugeldruckhärte N/mm^2 bei N, s

Schlagversuch *Probekörper:* *(1)* U-Kerbe
(2) *Herstellung* DIN 53470

		°C		°C	°C	*Probekörper-Form*
Schlagzähigkeit	kJ/m²	23	≧5			NS
Kerbschlagzähigkeit (1)	kJ/m²	23	≧3.5			NS
IZOD-Kerbschlagzähigkeit (2)	J/m					

Abrieb und Reibung

Taber-Abrieb (Reibradverfahren) mm³/100 U
Statische Reibungszahl
Dynamische Reibungszahl (p · v = N/mm² · m/min)
Zulässiger p · v Wert N/mm² · (m/min) v= m/min
v= m/min

Thermische Eigenschaften

Formbeständigkeit in der Wärme	*Verfahren*		°C
	Verfahren		°C
Formbeständigkeit Martens			≧125 °C
Längenausdehnungskoeffizient	*Bereich*	°C	$\cdot 10^{-4}K^{-1}$
	Temperatur		$\cdot 10^{-4}K^{-1}$
Wärmeleitfähigkeit	*Verfahren*		W/(K · m)
Spezifische Wärmekapazität	*Verfahren*		J/(K · g)

Brandverhalten

UL-Test vertikal Dicke mm, Wert
Dicke mm, Wert

	Norm	*Bewertung*	*Abmessungen*
Sauerstoff-Index	ASTM D 2863		
Glühstab-Verfahren	DIN 53459	2b	
Brandverhalten	DIN 4102		
MVSS			
FAR			

Elektrische Eigenschaften

		Hz	°C			*Probekörper, Form*
Dielektrizitätszahl		50				
		10^3				
		10^6				
Dielektrischer Verlustfaktor tan δ		50				
		10^3				
		10^6				
Spezifischer Durchgangswiderstand	Ohm · cm					
Durchschlagfestigkeit	kV/mm					mm dick
Oberflächenwiderstand	Ohm		23	1.0*10**07		
Kriechstromfestigkeit		KC	KB		KA 1	
Kriechwegbildung						
Elektrolytische Korrosionswirkung						
Lichtbogenfestigkeit nach DIN						
nach ASTM	s					

Beständigkeit *(Chemische Beständigkeit siehe Anhang)*

Wasseraufnahme 4 d ≦300 mg

Feuchtigkeitsaufnahme Normalklima %
Wetterbeständigkeit

PF

Produktklasse	Phenolharz-Formmasse		
Handelsname	**Supraplast-Formmasse P 2075**		
Hersteller	SUED WEST		
DIN-Bezeichnung	31.5 DIN 7708		
ISO-Bezeichnung			
Harzbasis	Phenolharznovolak		
Zusätze		*Füllstoffe/ Verstärkung*	Spezielle Fuellstoffkombination
Bevorzugte Verarbeitung	Pressen; Spritzpressen; Spritzgiessen	*Lieferform*	Standardgranulat 3,0 mm und feiner
		Farben	Schwarz; Natur
Besondere Merkmale	Wie Typ 31.5; Zusaetzlich korrosionsneutral; Elektrisch hochwertig; Erfuellt Siemens-Norm 057520, Pruefung A	*Bevorzugte Anwendungen*	Technisches Formteil

Dichte	g/cm^3	1.45–1.5	*Dosierbarkeit*	
Schüttdichte	g/cm^3	0.55–0.60	*Tablettierbarkeit*	Gut
Fließeinstellung	Extra weich, weich, mittel, hart		*Lagerung*	Kuehl und trocken; 12 Monate

Verarbeitungsbedingungen für Pressen

Werkzeugtemperatur	°C	165–170
Pressdruck	bar	200–350
Härtezeit je mm	s	
Schwindung	%	0.4–0.6
Nachschwindung	%	0.3–0.4
Bemerkungen		

Verarbeitungsbedingungen für Spritzgießen

Zylindertemperatur	°C	70
Düsentemperatur	°C	80–90
Massetemp.	°C	
Werkzeugtemp.	°C	165–170
Spritzdruck	bar	1000–2200
Härtezeit	s	
Schwindung	%	
Nachschwindung	%	
Bemerkungen		

Zugversuch 23 °C

Probekörper: *Form* *Herstellung*

Zugfestigkeit	N/mm^2	*E-Modul*	N/mm^2
Reißdehnung	%	*Zeitstandzugfestigkeit*	h N/mm^2

Biegeversuch 23 °C DIN 53452;

Probekörper: *Form* *Herstellung* DIN 53470

Biegefestigkeit	N/mm^2 75–90	*E-Modul*	N/mm^2

Druckversuch 23°C

Probekörper: *Form* *Herstellung*

Druckfestigkeit	N/mm^2	*Stauchung*	%

Härte 23 °C *Probekörper:* *Herstellung*

Kugeldruckhärte N/mm^2 bei N, s

Schlagversuch *Probekörper:* *(1)* U-Kerbe *(2)* *Herstellung* DIN 53470

		°C		°C		°C		*Probekörper-Form*
Schlagzähigkeit	kJ/m²	23	6–8					NS
Kerbschlagzähigkeit (1)	kJ/m²	23	1.8–2.2					NS
IZOD-Kerbschlagzähigkeit (2)	J/m							

Abrieb und Reibung

Taber-Abrieb (Reibradverfahren) mm³/100 U
Statische Reibungszahl
Dynamische Reibungszahl (p·v= N/mm² · m/min)
Zulässiger p · v Wert N/mm² · (m/min) v= m/min
v= m/min

Thermische Eigenschaften

Formbeständigkeit in der Wärme	*Verfahren*		°C
	Verfahren		°C
Formbeständigkeit Martens			≧150 °C
Längenausdehnungskoeffizient	*Bereich*	°C	$\cdot 10^{-4}K^{-1}$
	Temperatur		$\cdot 10^{-4}K^{-1}$
Wärmeleitfähigkeit	*Verfahren*		W/(K · m)
Spezifische Wärmekapazität	*Verfahren*		J/(K · g)

Brandverhalten

UL-Test vertikal Dicke mm, Wert
Dicke mm, Wert

	Norm	*Bewertung*	*Abmessungen*
Sauerstoff-Index	ASTM D 2863		
Glühstab-Verfahren	DIN 53459	2a	
Brandverhalten	DIN 4102		
MVSS			
FAR			

Elektrische Eigenschaften

		Hz	°C			*Probekörper, Form*
Dielektrizitätszahl		50				
		10^3				
		10^6				
Dielektrischer Verlustfaktor tan δ		50				
		10^3				
		10^6				
Spezifischer Durchgangswiderstand	Ohm · cm					
Durchschlagfestigkeit	kV/mm					mm dick
Oberflächenwiderstand	Ohm		23	1.0*10**10		
Kriechstromfestigkeit		KC		KB	KA 1	
Kriechwegbildung						
Elektrolytische Korrosionswirkung						
Lichtbogenfestigkeit nach DIN						
nach ASTM	s					

Beständigkeit *(Chemische Beständigkeit siehe Anhang)*

Wasseraufnahme 4 d ≦70 mg

Feuchtigkeitsaufnahme Normalklima %
Wetterbeständigkeit

PF

Produktklasse	Phenolharz-Formmasse
Handelsname	**Supraplast-Formmasse P 1231/3207**
Hersteller	SUED WEST
DIN-Bezeichnung	
ISO-Bezeichnung	
Harzbasis	Phenolharznovolak
Zusätze	
Füllstoffe/ Verstärkung	Holzfaser; Mineralischer Fuellstoff
Bevorzugte Verarbeitung	Pressen; Spritzpressen; Spritzgiessen
Lieferform	Staubarmes Stranggranulat 2,5 mm
Farben	Schwarz
Besondere Merkmale	Asbestfrei; Gutes Abriebverhalten; Gegenueber Typ 31 verbesserte Waermebestaendigkeit
Bevorzugte Anwendungen	Elektrotechnik; Technisches Formteil; Schutzgehaeuse

Dichte	g/cm³	1.5
Schüttdichte	g/cm³	0.55–0.65
Fließeinstellung		
Dosierbarkeit		
Tablettierbarkeit		
Lagerung		Kuehl und trocken; 12 Monate

Verarbeitungsbedingungen für Pressen

Werkzeugtemperatur	°C	
Pressdruck	bar	
Härtezeit je mm	s	
Schwindung	%	0.4–0.6
Nachschwindung	%	0.3–0.45
Bemerkungen		

Verarbeitungsbedingungen für Spritzgießen

Zylindertemperatur	°C	70
Düsentemperatur	°C	80–90
Massetemp.	°C	
Werkzeugtemp.	°C	165–170
Spritzdruck	bar	
Härtezeit	s	
Schwindung	%	
Nachschwindung	%	
Bemerkungen		

Zugversuch 23 °C

Probekörper: *Form* *Herstellung*

Zugfestigkeit	N/mm²	
Reißdehnung	%	
E-Modul	N/mm²	
Zeitstandzugfestigkeit	h N/mm²	

Biegeversuch 23 °C DIN 53452;

Probekörper: *Form* *Herstellung* DIN 53470

Biegefestigkeit	N/mm²	60–70
E-Modul	N/mm²	

Druckversuch 23°C

Probekörper: *Form* *Herstellung*

Druckfestigkeit	N/mm²	
Stauchung	%	

Härte 23 °C *Probekörper:* *Herstellung*

Kugeldruckhärte N/mm² bei N, s

Schlagversuch *Probekörper:* *(1)* U-Kerbe *(2)* *Herstellung* DIN 53470

		°C		°C	°C	*Probekörper-Form*
Schlagzähigkeit	kJ/m²	23	5–6			NS
Kerbschlagzähigkeit (1)	kJ/m²	23	2–2.2			NS
IZOD-Kerbschlagzähigkeit (2)	J/m					

Abrieb und Reibung

Taber-Abrieb (Reibradverfahren) mm³/100 U

Statische Reibungszahl

Dynamische Reibungszahl (p·v= N/mm²· m/min)

Zulässiger p·v Wert N/mm²·(m/min) v= m/min

v= m/min

Thermische Eigenschaften

Formbeständigkeit in der Wärme	*Verfahren*		°C
	Verfahren		°C
Formbeständigkeit Martens			130–150 °C
Längenausdehnungskoeffizient	*Bereich*	°C	$\cdot 10^{-4} K^{-1}$
	Temperatur		$\cdot 10^{-4} K^{-1}$
Wärmeleitfähigkeit	*Verfahren*		W/(K·m)
Spezifische Wärmekapazität	*Verfahren*		J/(K·g)

Brandverhalten

UL-Test vertikal Dicke mm, Wert

Dicke mm, Wert

	Norm	*Bewertung*	*Abmessungen*
Sauerstoff-Index	ASTM D 2863		
Glühstab-Verfahren	DIN 53459	2a	
Brandverhalten	DIN 4102		
MVSS			
FAR			

Elektrische Eigenschaften

		Hz	°C		*Probekörper, Form*
Dielektrizitätszahl		50			
		10^3			
		10^6			
Dielektrischer Verlustfaktor tan δ		50			
		10^3			
		10^6			
Spezifischer Durchgangswiderstand	Ohm·cm				
Durchschlagfestigkeit	kV/mm				mm dick
Oberflächenwiderstand	Ohm		23	1.0*10**09–1.0*10**10	

Kriechstromfestigkeit KC KB KA

Kriechwegbildung

Elektrolytische Korrosionswirkung

Lichtbogenfestigkeit nach DIN

nach ASTM s

Beständigkeit *(Chemische Beständigkeit siehe Anhang)*

Wasseraufnahme 4 d ≦90 mg

Feuchtigkeitsaufnahme Normalklima %

Wetterbeständigkeit

PF

Produktklasse	Phenolharz-Formmasse
Handelsname	**Supraplast-Formmasse Typ 11.5 N**
Hersteller	SUED WEST
DIN-Bezeichnung	11.5 DIN 7708
ISO-Bezeichnung	
Harzbasis	Phenolharznovolak
Zusätze	
Füllstoffe/ Verstärkung	Spezielle Fuellstoffkombination
Bevorzugte Verarbeitung	Pressen; Spritzpressen; Spritzgiessen
Lieferform	Granulat 3 mm und feiner
Farben	Schwarz
Besondere Merkmale	Waermeformbestaendig; Masshaltig; Elektrisch hochwertig
Bevorzugte Anwendungen	Technisches Formteil

Dichte	g/cm³	1.65–1.7
Schüttdichte	g/cm³	0.7–0.8
Fließeinstellung	Extra weich, weich, mittel	
Dosierbarkeit		
Tablettierbarkeit	Gut	
Lagerung	Kuehl und trocken; 12 Monate	

Verarbeitungsbedingungen für Pressen

Werkzeugtemperatur	°C	160–175
Pressdruck	bar	200–350
Härtezeit je mm	s	
Schwindung	%	0.2–0.4
Nachschwindung	%	0.1–0.2
Bemerkungen		

Verarbeitungsbedingungen für Spritzgießen

Zylindertemperatur	°C	70
Düsentemperatur	°C	80–90
Massetemp.	°C	
Werkzeugtemp.	°C	165–170
Spritzdruck	bar	1200–2200
Härtezeit	s	
Schwindung	%	
Nachschwindung	%	
Bemerkungen		

Zugversuch 23 °C

Probekörper: *Form* *Herstellung*

Zugfestigkeit	N/mm²	*E-Modul*	N/mm²
Reißdehnung	%	*Zeitstandzugfestigkeit*	h N/mm²

Biegeversuch 23 °C DIN 53452;

Probekörper: *Form* *Herstellung* DIN 53470

Biegefestigkeit	N/mm²	≧50	*E-Modul*	N/mm²

Druckversuch 23 °C

Probekörper: *Form* *Herstellung*

Druckfestigkeit	N/mm²	*Stauchung*	%

Härte 23 °C *Probekörper:* *Herstellung*

Kugeldruckhärte N/mm² bei N, s

Schlagversuch *Probekörper:* *(1)* U-Kerbe
(2)
Herstellung DIN 53470

		°C		°C	°C	*Probekörper-Form*
Schlagzähigkeit	kJ/m²	23	≧3.5			NS
Kerbschlagzähigkeit (1)	kJ/m²	23	≧1			NS
IZOD-Kerbschlag-zähigkeit (2)	J/m					

Abrieb und Reibung

Taber-Abrieb (Reibradverfahren) mm³/100 U
Statische Reibungszahl
Dynamische Reibungszahl (p·v= N/mm²· m/min)
Zulässiger p · v Wert N/mm² · (m/min) v= m/min
v= m/min

Thermische Eigenschaften

Formbeständigkeit in der Wärme	*Verfahren*		°C
	Verfahren		°C
Formbeständigkeit Martens			≧150 °C
Längenausdehnungskoeffizient	*Bereich*	°C	$\cdot 10^{-4}K^{-1}$
	Temperatur		$\cdot 10^{-4}K^{-1}$
Wärmeleitfähigkeit	*Verfahren*		W/(K · m)
Spezifische Wärmekapazität	*Verfahren*		J/(K · g)

Brandverhalten

UL-Test vertikal Dicke mm, Wert
Dicke mm, Wert

	Norm	*Bewertung*	*Abmessungen*
Sauerstoff-Index	ASTM D 2863		
Glühstab-Verfahren	DIN 53459	1	
Brandverhalten	DIN 4102		
MVSS			
FAR			

Elektrische Eigenschaften

		Hz	°C			*Probekörper, Form*
Dielektrizitätszahl		50				
		10^3				
		10^6				
Dielektrischer Verlustfaktor tan δ		50				
		10^3	23	≦0.1		
		10^6				
Spezifischer Durchgangs-widerstand	Ohm · cm		23	≧1.0*10**11		
Durchschlagfestigkeit	kV/mm					mm dick
Oberflächenwiderstand	Ohm		23	1.0*10**10		
Kriechstromfestigkeit		KC 175		KB	KA 1	
Kriechwegbildung						

Elektrolytische Korrosionswirkung
Lichtbogenfestigkeit nach DIN
nach ASTM s

Beständigkeit *(Chemische Beständigkeit siehe Anhang)*

Wasseraufnahme 4 d ≦45 mg

Feuchtigkeitsaufnahme Normalklima %
Wetterbeständigkeit

Produktklasse	Phenolharz-Formmasse		**PF**
Handelsname	**Supraplast-Formmasse Typ 31.5/1600**		
Hersteller	SUED WEST		
DIN-Bezeichnung	31.5-1600 DIN 7708		
ISO-Bezeichnung			
Harzbasis	≧50 % Phenolharznovolak		
Zusätze		*Füllstoffe/ Verstärkung*	Holzmehl
Bevorzugte Verarbeitung	Pressen; Spritzpressen; Spritzgiessen	*Lieferform*	Staubarmes Stranggranulat 1,5 mm
		Farben	Schwarz; Natur; Lederbraun
Besondere Merkmale	Gute elektrische Eigenschaften	*Bevorzugte Anwendungen*	Technisches Formteil; Autoelektrik; Zuendverteiler

Dichte	g/cm^3	1.35–1.4	*Dosierbarkeit*	
Schüttdichte	g/cm^3	0.5–0.6	*Tablettierbarkeit*	Gut
Fließeinstellung	Extra weich, weich, mittel, hart		*Lagerung*	Kuehl und trocken; 12 Monate

Verarbeitungsbedingungen für Pressen

Werkzeugtemperatur	°C	165–170
Pressdruck	bar	200–350
Härtezeit je mm	s	
Schwindung	%	0.6–0.8
Nachschwindung	%	0.3–0.4
Bemerkungen		

Verarbeitungsbedingungen für Spritzgießen

Zylindertemperatur	°C	70–80
Düsentemperatur	°C	80–90
Massetemp.	°C	
Werkzeugtemp.	°C	165–170
Spritzdruck	bar	1000–2200
Härtezeit	s	
Schwindung	%	
Nachschwindung	%	
Bemerkungen		

Zugversuch 23 °C

Probekörper: *Form* *Herstellung*

Zugfestigkeit	N/mm^2	*E-Modul*	N/mm^2
Reißdehnung	%	*Zeitstandzugfestigkeit*	h N/mm^2

Biegeversuch 23 °C DIN 53452;

Probekörper: *Form* *Herstellung* DIN 53470

Biegefestigkeit	N/mm^2 ≧70	*E-Modul*	N/mm^2

Druckversuch 23°C

Probekörper: *Form* *Herstellung*

Druckfestigkeit	N/mm^2	*Stauchung*	%

Härte 23 °C

Probekörper: *Herstellung*

Kugeldruckhärte N/mm^2 bei N, s

Schlagversuch *Probekörper:* *(1)* U-Kerbe *(2)* *Herstellung* DIN 53470

		°C		°C		°C		*Probekörper-Form*
Schlagzähigkeit	kJ/m^2	23	≧6					NS
Kerbschlagzähigkeit (1)	kJ/m^2	23	≧1.5					NS
IZOD-Kerbschlag-zähigkeit (2)	J/m							

Abrieb und Reibung

Taber-Abrieb (Reibradverfahren) mm^3/100 U
Statische Reibungszahl
Dynamische Reibungszahl (p · v= N/mm^2 · m/min)
Zulässiger p · v Wert N/mm^2 · (m/min) v= m/min
v= m/min

Thermische Eigenschaften

Formbeständigkeit in der Wärme	*Verfahren*		°C
	Verfahren		°C
Formbeständigkeit Martens			≧125 °C
Längenausdehnungskoeffizient	*Bereich*	°C	$\cdot 10^{-4}K^{-1}$
	Temperatur		$\cdot 10^{-4}K^{-1}$
Wärmeleitfähigkeit	*Verfahren*		W/(K · m)
Spezifische Wärmekapazität	*Verfahren*		J/(K · g)

Brandverhalten

UL-Test vertikal Dicke mm, Wert
Dicke mm, Wert

	Norm	*Bewertung*	*Abmessungen*
Sauerstoff-Index	ASTM D 2863		
Glühstab-Verfahren	DIN 53459	2a	
Brandverhalten	DIN 4102		
MVSS			
FAR			

Elektrische Eigenschaften

		Hz	°C			*Probekörper, Form*
Dielektrizitätszahl		50				
		10^3				
		10^6				
Dielektrischer Verlustfaktor tan δ		50				
		10^3	23	≦0.1		
		10^6				
Spezifischer Durchgangs-widerstand	Ohm · cm		23	≧1.0*10**11		
Durchschlagfestigkeit	kV/mm					mm dick
Oberflächenwiderstand	Ohm		23	1.0*10**10		
Kriechstromfestigkeit		KC		KB	KA 1	
Kriechwegbildung						

Elektrolytische Korrosionswirkung
Lichtbogenfestigkeit nach DIN
nach ASTM s

Beständigkeit *(Chemische Beständigkeit siehe Anhang)*

Wasseraufnahme 4 d ≦150 mg

Feuchtigkeitsaufnahme Normalklima %
Wetterbeständigkeit

PF

Produktklasse	Phenolharz-Formmasse
Handelsname	**Supraplast-Formmasse P 3141**
Hersteller	SUED WEST
DIN-Bezeichnung	
ISO-Bezeichnung	
Harzbasis	Phenolharznovolak
Zusätze	
Füllstoffe/ Verstärkung	Glasfaser; Spezieller Fuellstoff
Bevorzugte Verarbeitung	Pressen; Spritzpressen; Spritzgiessen
Lieferform	Granulat 3 mm und feiner
Farben	Schwarz
Besondere Merkmale	Elektrisch hochwertig; Gute Waermeformbestaendigkeit
Bevorzugte Anwendungen	Technisches Formteil

Dichte	g/cm^3	1.67–1.7
Schüttdichte	g/cm^3	0.60–0.65
Fließeinstellung	Extra weich, weich, mittel	
Dosierbarkeit		
Tablettierbarkeit	Gut	
Lagerung	Kuehl und trocken; 12 Monate	

Verarbeitungsbedingungen für Pressen

Werkzeugtemperatur	°C	160–175
Pressdruck	bar	200–350
Härtezeit je mm	s	
Schwindung	%	0.2–0.3
Nachschwindung	%	0.05–0.1
Bemerkungen		

Verarbeitungsbedingungen für Spritzgießen

Zylindertemperatur	°C	70
Düsentemperatur	°C	80–90
Massetemp.	°C	
Werkzeugtemp.	°C	165–170
Spritzdruck	bar	1200–2200
Härtezeit	s	
Schwindung	%	
Nachschwindung	%	
Bemerkungen		

Zugversuch 23 °C

Probekörper: *Form* *Herstellung*

Zugfestigkeit	N/mm^2	*E-Modul*	N/mm^2
Reißdehnung	%	*Zeitstandzugfestigkeit*	h N/mm^2

Biegeversuch 23 °C DIN 53452;

Probekörper: *Form* *Herstellung* DIN 53470

Biegefestigkeit	N/mm^2 90–100	*E-Modul*	N/mm^2

Druckversuch 23°C

Probekörper: *Form* *Herstellung*

Druckfestigkeit	N/mm^2	*Stauchung*	%

Härte 23 °C *Probekörper:* *Herstellung*

Kugeldruckhärte N/mm^2 bei N, s

Schlagversuch *Probekörper:* *(1)* U-Kerbe
(2)
Herstellung DIN 53470

		°C		°C	°C	*Probekörper-Form*
Schlagzähigkeit	kJ/m²	23	7–8			NS
Kerbschlagzähigkeit (1)	kJ/m²	23	3.4–3.8			NS
IZOD-Kerbschlag-zähigkeit (2)	J/m					

Abrieb und Reibung

Taber-Abrieb (Reibradverfahren) mm³/100 U
Statische Reibungszahl
Dynamische Reibungszahl (p · v = N/mm² · m/min)
Zulässiger p · v Wert N/mm² · (m/min) v = m/min
v = m/min

Thermische Eigenschaften

Formbeständigkeit in der Wärme	*Verfahren*		°C
	Verfahren		°C
Formbeständigkeit Martens			≧150 °C
Längenausdehnungskoeffizient	*Bereich*	°C	$\cdot 10^{-4} K^{-1}$
	Temperatur		$\cdot 10^{-4} K^{-1}$
Wärmeleitfähigkeit	*Verfahren*		W/(K · m)
Spezifische Wärmekapazität	*Verfahren*		J/(K · g)

Brandverhalten

UL-Test vertikal Dicke mm, Wert
Dicke mm, Wert

	Norm	*Bewertung*	*Abmessungen*
Sauerstoff-Index	ASTM D 2863		
Glühstab-Verfahren	DIN 53459	1	
Brandverhalten	DIN 4102		
MVSS			
FAR			

Elektrische Eigenschaften

		Hz	°C		*Probekörper, Form*
Dielektrizitätszahl		50			
		10^3			
		10^6			
Dielektrischer Verlustfaktor tan δ		50			
		10^3			
		10^6			
Spezifischer Durchgangswiderstand	Ohm · cm				
Durchschlagfestigkeit	kV/mm				mm dick
Oberflächenwiderstand	Ohm		23	1.0*10**10	

Kriechstromfestigkeit KC 175 KB KA 1
Kriechwegbildung

Elektrolytische Korrosionswirkung
Lichtbogenfestigkeit nach DIN
nach ASTM s

Beständigkeit *(Chemische Beständigkeit siehe Anhang)*

Wasseraufnahme 4 d ≦25 mg

Feuchtigkeitsaufnahme Normalklima %
Wetterbeständigkeit

PF

Produktklasse	Phenolharz-Formmasse
Handelsname	**Supraplast-Formmasse P 3175**
Hersteller	SUED WEST
DIN-Bezeichnung	
ISO-Bezeichnung	
Harzbasis	Phenolharznovolak
Zusätze	
Füllstoffe/ Verstärkung	Spezielle Fuellstoffkombination mit Glasfaser
Bevorzugte Verarbeitung	Pressen; Spritzpressen; Spritzgiessen
Lieferform	Standardgranulat 3 mm und feiner
Farben	Schwarz
Besondere Merkmale	Elektrisch hochwertig; Geringe Wasseraufnahme; Sehr gute mechanische Eigenschaften
Bevorzugte Anwendungen	Technisches Formteil

Dichte	g/cm³	1.75–1.77
Schüttdichte	g/cm³	0.55–0.60
Fließeinstellung		Extra weich, weich, mittel
Dosierbarkeit		
Tablettierbarkeit		Gut
Lagerung		Kuehl und trocken; 12 Monate

Verarbeitungsbedingungen für Pressen

Werkzeugtemperatur	°C	160–175
Pressdruck	bar	200–350
Härtezeit je mm	s	
Schwindung	%	0.1–0.2
Nachschwindung	%	0.05–0.1
Bemerkungen		

Verarbeitungsbedingungen für Spritzgießen

Zylindertemperatur	°C	70
Düsentemperatur	°C	80–90
Massetemp.	°C	
Werkzeugtemp.	°C	165–170
Spritzdruck	bar	1200–2200
Härtezeit	s	
Schwindung	%	
Nachschwindung	%	
Bemerkungen		

Zugversuch 23 °C

Probekörper: *Form* *Herstellung*

Zugfestigkeit	N/mm²	*E-Modul*	N/mm²
Reißdehnung	%	*Zeitstandzugfestigkeit*	h N/mm²

Biegeversuch 23 °C DIN 53452;

Probekörper: *Form* *Herstellung* DIN 53470

Biegefestigkeit	N/mm² 90–100	*E-Modul*	N/mm²

Druckversuch 23 °C

Probekörper: *Form* *Herstellung*

Druckfestigkeit	N/mm²	*Stauchung*	%

Härte 23 °C *Probekörper:* *Herstellung*

Kugeldruckhärte N/mm² bei N, s

Schlagversuch *Probekörper:* *(1)* U-Kerbe
(2)
Herstellung DIN 53470

		°C		°C	°C	*Probekörper-Form*
Schlagzähigkeit	kJ/m²	23	5.5–6.5			NS
Kerbschlagzähigkeit (1)	kJ/m²	23	3–3.5			NS
IZOD-Kerbschlagzähigkeit (2)	J/m					

Abrieb und Reibung

Taber-Abrieb (Reibradverfahren) mm³/100 U
Statische Reibungszahl
Dynamische Reibungszahl (p·v= N/mm² · m/min)
Zulässiger p · v Wert N/mm² · (m/min) v= m/min
v= m/min

Thermische Eigenschaften

Formbeständigkeit in der Wärme	*Verfahren*		°C
	Verfahren		°C
Formbeständigkeit Martens			≧165 °C
Längenausdehnungskoeffizient	*Bereich*	°C	$\cdot 10^{-4} K^{-1}$
	Temperatur		$\cdot 10^{-4} K^{-1}$
Wärmeleitfähigkeit	*Verfahren*		W/(K · m)
Spezifische Wärmekapazität	*Verfahren*		J/(K · g)

Brandverhalten

UL-Test vertikal Dicke mm, Wert
Dicke mm, Wert

	Norm	*Bewertung*	*Abmessungen*
Sauerstoff-Index	ASTM D 2863		
Glühstab-Verfahren	DIN 53459	1	
Brandverhalten	DIN 4102		
MVSS			
FAR			

Elektrische Eigenschaften

		Hz	°C		*Probekörper, Form*
Dielektrizitätszahl		50			
		10^3			
		10^6			
Dielektrischer Verlustfaktor tan δ		50			
		10^3			
		10^6			
Spezifischer Durchgangswiderstand	Ohm · cm				
Durchschlagfestigkeit	kV/mm				mm dick
Oberflächenwiderstand	Ohm		23	1.0*10**10–1.0*10**11	

Kriechstromfestigkeit KC 175 KB KA 1
Kriechwegbildung

Elektrolytische Korrosionswirkung
Lichtbogenfestigkeit nach DIN
nach ASTM s

Beständigkeit *(Chemische Beständigkeit siehe Anhang)*

Wasseraufnahme 4 d ≦20 mg

Feuchtigkeitsaufnahme Normalklima %
Wetterbeständigkeit

PF

Produktklasse	Phenolharz-Formmasse
Handelsname	**Supraplast-Formmasse Typ 71**
Hersteller	SUED WEST
DIN-Bezeichnung	71 DIN 7708
ISO-Bezeichnung	
Harzbasis	Phenolharznovolak
Zusätze	
Füllstoffe/Verstärkung	Textilfaser
Bevorzugte Verarbeitung	Pressen; Spritzpressen; Spritzgiessen
Lieferform	Staubarmes Stranggranulat 3,0 mm
Farben	Schwarz
Besondere Merkmale	Gute Festigkeitseigenschaften; Schlagfest
Bevorzugte Anwendungen	Technisches Formteil

Dichte	g/cm^3	1.35–1.40
Schüttdichte	g/cm^3	0.37–0.47
Fließeinstellung	Extra weich, weich, mittel	
Dosierbarkeit		
Tablettierbarkeit	Gut	
Lagerung	Kuehl und trocken; 12 Monate	

Verarbeitungsbedingungen für Pressen

Werkzeugtemperatur	°C	165–170
Pressdruck	bar	200–350
Härtezeit je mm	s	
Schwindung	%	0.3–0.5
Nachschwindung	%	0.3–0.4
Bemerkungen		

Verarbeitungsbedingungen für Spritzgießen

Zylindertemperatur	°C	70
Düsentemperatur	°C	80–90
Massetemp.	°C	
Werkzeugtemp.	°C	165–170
Spritzdruck	bar	1200–2200
Härtezeit	s	
Schwindung	%	
Nachschwindung	%	
Bemerkungen		

Zugversuch 23 °C

Probekörper: *Form* *Herstellung*

Zugfestigkeit	N/mm^2		*E-Modul*	N/mm^2
Reißdehnung	%		*Zeitstandzugfestigkeit*	h N/mm^2

Biegeversuch 23 °C DIN 53452;

Probekörper: *Form* *Herstellung* DIN 53470

Biegefestigkeit	N/mm^2	$\geqq 60$	*E-Modul*	N/mm^2

Druckversuch 23 °C

Probekörper: *Form* *Herstellung*

Druckfestigkeit	N/mm^2	*Stauchung*	%

Härte 23 °C

Probekörper: *Herstellung*

Kugeldruckhärte N/mm^2 bei N, s

Schlagversuch *Probekörper:* *(1)* U-Kerbe
(2)
Herstellung DIN 53470

		°C		°C	°C	*Probekörper-Form*
Schlagzähigkeit	kJ/m²	23	≧6			NS
Kerbschlagzähigkeit (1)	kJ/m²	23	≧6			NS
IZOD-Kerbschlagzähigkeit (2)	J/m					

Abrieb und Reibung

Taber-Abrieb (Reibradverfahren) mm³/100 U
Statische Reibungszahl
Dynamische Reibungszahl (p·v= N/mm² · m/min)
Zulässiger p · v Wert N/mm² · (m/min) v= m/min
v= m/min

Thermische Eigenschaften

Formbeständigkeit in der Wärme	*Verfahren*		°C
	Verfahren		°C
Formbeständigkeit Martens			≧125 °C
Längenausdehnungskoeffizient	*Bereich*	°C	· $10^{-4}K^{-1}$
	Temperatur		· $10^{-4}K^{-1}$
Wärmeleitfähigkeit	*Verfahren*		W/(K · m)
Spezifische Wärmekapazität	*Verfahren*		J/(K · g)

Brandverhalten

UL-Test vertikal Dicke mm, Wert
Dicke mm, Wert

	Norm	*Bewertung*	*Abmessungen*
Sauerstoff-Index	ASTM D 2863		
Glühstab-Verfahren	DIN 53459	2b	
Brandverhalten	DIN 4102		
MVSS			
FAR			

Elektrische Eigenschaften

		Hz	°C		*Probekörper, Form*
Dielektrizitätszahl		50			
		10^3			
		10^6			
Dielektrischer Verlustfaktor tan δ		50			
		10^3			
		10^6			
Spezifischer Durchgangswiderstand	Ohm · cm				
Durchschlagfestigkeit	kV/mm				mm dick
Oberflächenwiderstand	Ohm		23	1.0*10**07	

Kriechstromfestigkeit KC KB KA 1
Kriechwegbildung

Elektrolytische Korrosionswirkung
Lichtbogenfestigkeit nach DIN
nach ASTM s

Beständigkeit *(Chemische Beständigkeit siehe Anhang)*

Wasseraufnahme 4 d ≦250 mg

Feuchtigkeitsaufnahme Normalklima %
Wetterbeständigkeit

Produktklasse	Phenolharz-Formmasse		**PF**
Handelsname	**Supraplast-Formmasse Typ 83**		
Hersteller	SUED WEST		
DIN-Bezeichnung	83		
ISO-Bezeichnung			
Harzbasis	Phenolharznovolak		
Zusätze		*Füllstoffe/ Verstärkung*	Holzmehl; Textilfaser
Bevorzugte Verarbeitung	Pressen; Spritzpressen; Spritzgiessen	*Lieferform*	Staubarmes Stranggranulat 2,0 mm
		Farben	Schwarz; Natur
Besondere Merkmale	Gute Festigkeitseigenschaften; Aehnlich Typ 51; Geringe Wasseraufnahme	*Bevorzugte Anwendungen*	Fuer Formteil mit verbesserten mechanischen Eigenschaften

Dichte	g/cm^3	1.36–1.40	*Dosierbarkeit*	
Schüttdichte	g/cm^3	0.4–0.5	*Tablettierbarkeit*	Gut
Fließeinstellung	Extra weich, weich, mittel		*Lagerung*	Kuehl und trocken; 12 Monate

Verarbeitungsbedingungen für Pressen

Werkzeugtemperatur	°C	165–170
Pressdruck	bar	200–350
Härtezeit je mm	s	
Schwindung	%	0.4–0.6
Nachschwindung	%	0.3–0.5
Bemerkungen		

Verarbeitungsbedingungen für Spritzgießen

Zylindertemperatur	°C	70
Düsentemperatur	°C	80–90
Massetemp.	°C	
Werkzeugtemp.	°C	165–170
Spritzdruck	bar	1200–2200
Härtezeit	s	
Schwindung	%	
Nachschwindung	%	
Bemerkungen		

Zugversuch 23 °C

Probekörper: *Form* *Herstellung*

Zugfestigkeit	N/mm^2	*E-Modul*	N/mm^2
Reißdehnung	%	*Zeitstandzugfestigkeit*	h N/mm^2

Biegeversuch 23 °C DIN 53452;

Probekörper: *Form* *Herstellung* DIN 53470

Biegefestigkeit	N/mm^2 $\geqq 60$	*E-Modul*	N/mm^2

Druckversuch 23 °C

Probekörper: *Form* *Herstellung*

Druckfestigkeit	N/mm^2	*Stauchung*	%

Härte 23 °C *Probekörper:* *Herstellung*

Kugeldruckhärte N/mm^2 bei N, s

Schlagversuch *Probekörper:* *(1)* U-Kerbe
(2) *Herstellung* DIN 53470

		°C		°C	°C	*Probekörper-Form*
Schlagzähigkeit	kJ/m²	23	≧5			NS
Kerbschlagzähigkeit (1)	kJ/m²	23	≧3.5			NS
IZOD-Kerbschlag-zähigkeit (2)	J/m					

Abrieb und Reibung

Taber-Abrieb (Reibradverfahren) mm³/100 U
Statische Reibungszahl
Dynamische Reibungszahl (p·v= N/mm² · m/min)
Zulässiger p · v Wert N/mm² · (m/min) v= m/min
v= m/min

Thermische Eigenschaften

Formbeständigkeit in der Wärme *Verfahren* °C
Verfahren °C
Formbeständigkeit Martens ≧125 °C
Längenausdehnungskoeffizient *Bereich* °C $\cdot 10^{-4}K^{-1}$
Temperatur $\cdot 10^{-4}K^{-1}$
Wärmeleitfähigkeit *Verfahren* W/(K · m)

Spezifische Wärmekapazität *Verfahren* J/(K · g)

Brandverhalten

UL-Test vertikal Dicke mm, Wert
Dicke mm, Wert

	Norm	*Bewertung*	*Abmessungen*
Sauerstoff-Index	ASTM D 2863		
Glühstab-Verfahren	DIN 53459	2b	
Brandverhalten	DIN 4102		
MVSS			
FAR			

Elektrische Eigenschaften

		Hz	°C		*Probekörper, Form*
Dielektrizitätszahl		50			
		10^3			
		10^6			
Dielektrischer Verlustfaktor tan δ		50			
		10^3			
		10^6			
Spezifischer Durchgangs-widerstand	Ohm · cm				
Durchschlagfestigkeit	kV/mm				mm dick
Oberflächenwiderstand	Ohm		23	1.0*10**08	

Kriechstromfestigkeit KC KB KA 1
Kriechwegbildung

Elektrolytische Korrosionswirkung
Lichtbogenfestigkeit nach DIN
nach ASTM s

Beständigkeit *(Chemische Beständigkeit siehe Anhang)*
Wasseraufnahme 4 d ≦180 mg

Feuchtigkeitsaufnahme Normalklima %
Wetterbeständigkeit

Produktklasse	Phenolharz-Formmasse		**PF**
Handelsname	**Supraplast-Formmasse Typ 84 N**		
Hersteller	SUED WEST		
DIN-Bezeichnung	84 DIN 7708		
ISO-Bezeichnung			
Harzbasis	Phenolharznovolak		
Zusätze		*Füllstoffe/ Verstärkung*	Zellstoff; Textilfaser
Bevorzugte Verarbeitung	Pressen; Spritzpressen; Spritzgiessen	*Lieferform*	Staubarmes Stranggranulat 3,5 mm
		Farben	Schwarz; Natur
Besondere Merkmale	Gute Festigkeitseigenschaften; Geringe Wasseraufnahme; Verbesserte elektrische Eigenschaften gegenueber Typ 71	*Bevorzugte Anwendungen*	Technisches Formteil

Dichte	g/cm³	1.36–1.39	*Dosierbarkeit*	
Schüttdichte	g/cm³	0.37–0.47	*Tablettierbarkeit*	Gut
Fließeinstellung	Extra weich, weich, mittel		*Lagerung*	Kuehl und trocken; 12 Monate

Verarbeitungsbedingungen für Pressen

Werkzeugtemperatur	°C	165–175
Pressdruck	bar	250–400
Härtezeit je mm	s	
Schwindung	%	0.2–0.4
Nachschwindung	%	0.3–0.5
Bemerkungen		

Verarbeitungsbedingungen für Spritzgießen

Zylindertemperatur	°C	70
Düsentemperatur	°C	80–90
Massetemp.	°C	
Werkzeugtemp.	°C	165–170
Spritzdruck	bar	1200–2200
Härtezeit	s	
Schwindung	%	
Nachschwindung	%	
Bemerkungen		

Zugversuch 23 °C

Probekörper: *Form* *Herstellung*

Zugfestigkeit	N/mm²	*E-Modul*	N/mm²
Reißdehnung	%	*Zeitstandzugfestigkeit*	h N/mm²

Biegeversuch 23 °C DIN 52452;

Probekörper: *Form* *Herstellung* DIN 53470

Biegefestigkeit	N/mm² ≧60	*E-Modul*	N/mm²

Druckversuch 23 °C

Probekörper: *Form* *Herstellung*

Druckfestigkeit	N/mm²	*Stauchung*	%

Härte 23 °C *Probekörper:* *Herstellung*

Kugeldruckhärte N/mm² bei N, s

Schlagversuch *Probekörper:* *(1)* U-Kerbe
(2)
Herstellung DIN 53470

		°C		°C	°C	*Probekörper-Form*
Schlagzähigkeit	kJ/m²	23	≧6			NS
Kerbschlagzähigkeit (1)	kJ/m²	23	≧6			NS
IZOD-Kerbschlagzähigkeit (2)	J/m					

Abrieb und Reibung

Taber-Abrieb (Reibradverfahren) mm³/100 U
Statische Reibungszahl
Dynamische Reibungszahl (p·v= N/mm² · m/min)
Zulässiger p · v Wert N/mm² · (m/min) v= m/min
v= m/min

Thermische Eigenschaften

Formbeständigkeit in der Wärme	*Verfahren*		°C
	Verfahren		°C
Formbeständigkeit Martens			≧125 °C
Längenausdehnungskoeffizient	*Bereich*	°C	$\cdot 10^{-4} K^{-1}$
	Temperatur		$\cdot 10^{-4} K^{-1}$
Wärmeleitfähigkeit	*Verfahren*		W/(K · m)
Spezifische Wärmekapazität	*Verfahren*		J/(K · g)

Brandverhalten

UL-Test vertikal Dicke mm, Wert
Dicke mm, Wert

	Norm	*Bewertung*	*Abmessungen*
Sauerstoff-Index	ASTM D 2863		
Glühstab-Verfahren	DIN 53459	2b	
Brandverhalten	DIN 4102		
MVSS			
FAR			

Elektrische Eigenschaften

		Hz	°C			*Probekörper, Form*
Dielektrizitätszahl		50				
		10^3				
		10^6				
Dielektrischer Verlustfaktor tan δ		50				
		10^3				
		10^6				
Spezifischer Durchgangswiderstand	Ohm · cm					
Durchschlagfestigkeit	kV/mm			≦10		mm dick
Oberflächenwiderstand	Ohm		23	1.0*10**08		
Kriechstromfestigkeit		KC		KB	KA 1	
Kriechwegbildung						

Elektrolytische Korrosionswirkung
Lichtbogenfestigkeit nach DIN
nach ASTM s

Beständigkeit *(Chemische Beständigkeit siehe Anhang)*
Wasseraufnahme 4 d ≦150 mg

Feuchtigkeitsaufnahme Normalklima %
Wetterbeständigkeit

Produktklasse	Phenolharz-Formmasse		**PF**
Handelsname	**Supraplast-Formmasse Typ 85 N**		
Hersteller	SUED WEST		
DIN-Bezeichnung	85 DIN 7708		
ISO-Bezeichnung			
Harzbasis	Phenolharznovolak		
Zusätze		*Füllstoffe/ Verstärkung*	Zellstoff; Holzmehl
Bevorzugte Verarbeitung	Pressen; Spritzpressen; Spritzgiessen	*Lieferform*	Staubarmes Stranggranulat 2,0 mm
		Farben	Schwarz
Besondere Merkmale	Verbesserte mechanische Festigkeitseigenschaften gegenueber Tpy 31; Erhoehte Kerbschlagzaehigkeit	*Bevorzugte Anwendungen*	Technisches Formteil

Dichte	g/cm³	1.39–1.43	*Dosierbarkeit*	
Schüttdichte	g/cm³	0.43–0.48	*Tablettierbarkeit*	Gut
Fließeinstellung	Extra weich, weich, mittel		*Lagerung*	Kuehl und trocken; 12 Monate

Verarbeitungsbedingungen für Pressen

Werkzeugtemperatur	°C	165–170
Pressdruck	bar	300–400
Härtezeit je mm	s	
Schwindung	%	0.3–0.5
Nachschwindung	%	0.2–0.3
Bemerkungen		

Verarbeitungsbedingungen für Spritzgießen

Zylindertemperatur	°C	70
Düsentemperatur	°C	80–90
Massetemp.	°C	
Werkzeugtemp.	°C	165–170
Spritzdruck	bar	1200–2200
Härtezeit	s	
Schwindung	%	
Nachschwindung	%	
Bemerkungen		

Zugversuch 23 °C

Probekörper: *Form* *Herstellung*

Zugfestigkeit	N/mm²	*E-Modul*	N/mm²
Reißdehnung	%	*Zeitstandzugfestigkeit*	h N/mm²

Biegeversuch 23 °C DIN 53452;

Probekörper: *Form* *Herstellung* DIN 53470

Biegefestigkeit	N/mm² ≧70	*E-Modul*	N/mm²

Druckversuch 23 °C

Probekörper: *Form* *Herstellung*

Druckfestigkeit	N/mm²	*Stauchung*	%

Härte 23 °C *Probekörper:* *Herstellung*

Kugeldruckhärte N/mm² bei N, s

Schlagversuch *Probekörper:* *(1)* U-Kerbe
(2)

Herstellung DIN 53470

		°C		°C	°C	*Probekörper-Form*
Schlagzähigkeit	kJ/m²	23	≧5			NS
Kerbschlagzähigkeit (1)	kJ/m²	23	≧2.5			NS
IZOD-Kerbschlagzähigkeit (2)	J/m					

Abrieb und Reibung

Taber-Abrieb (Reibradverfahren) mm³/100 U
Statische Reibungszahl
Dynamische Reibungszahl (p · v= N/mm² · m/min)
Zulässiger p · v Wert N/mm² · (m/min) v= m/min
v= m/min

Thermische Eigenschaften

Formbeständigkeit in der Wärme *Verfahren* °C
Verfahren °C
Formbeständigkeit Martens ≧125 °C
Längenausdehnungskoeffizient *Bereich* °C $\cdot 10^{-4}K^{-1}$
Temperatur $\cdot 10^{-4}K^{-1}$
Wärmeleitfähigkeit *Verfahren* W/(K · m)
Spezifische Wärmekapazität *Verfahren* J/(K · g)

Brandverhalten

UL-Test vertikal Dicke mm, Wert
Dicke mm, Wert

	Norm	*Bewertung*	*Abmessungen*
Sauerstoff-Index	ASTM D 2863		
Glühstab-Verfahren	DIN 53459	2a	
Brandverhalten	DIN 4102		
MVSS			
FAR			

Elektrische Eigenschaften

		Hz	°C		*Probekörper, Form*
Dielektrizitätszahl		50			
		10^3			
		10^6			
Dielektrischer Verlustfaktor tan δ		50			
		10^3			
		10^6			
Spezifischer Durchgangswiderstand	Ohm · cm				
Durchschlagfestigkeit	kV/mm				mm dick
Oberflächenwiderstand	Ohm		23	1.0*10**07	

Kriechstromfestigkeit KC KB KA 1
Kriechwegbildung

Elektrolytische Korrosionswirkung
Lichtbogenfestigkeit nach DIN
nach ASTM s

Beständigkeit *(Chemische Beständigkeit siehe Anhang)*

Wasseraufnahme 4 d ≦200 mg

Feuchtigkeitsaufnahme Normalklima %
Wetterbeständigkeit

Produktklasse	Phenolharz-Formmasse		**PF**
Handelsname	**Supraplast-Formmasse P 3118**		
Hersteller	SUED WEST		
DIN-Bezeichnung			
ISO-Bezeichnung			
Harzbasis	Phenolharznovolak		
Zusätze		*Füllstoffe/ Verstärkung*	Baumwollgewebeschnitzel (synthetikfrei)
Bevorzugte Verarbeitung	Pressen; Spritzpressen; Spritzgiessen	*Lieferform*	Stranggranulat 13 mm
		Farben	Schwarz; Natur
Besondere Merkmale	Hochschlagfest; Aehnlich Typ 74	*Bevorzugte Anwendungen*	Elektrotechnik; Kfz-Bau; Maschinenbau; Stirnrad fuer Kfz; Laufrad; Seilrolle; Lagerschale; Stromverteilerkasten; Kontaktscheibe

Dichte	g/cm³	1.35–1.4	*Dosierbarkeit*	
Schüttdichte	g/cm³	0.30–0.35	*Tablettierbarkeit*	Gut
Fließeinstellung	Extra weich, weich, mittel		*Lagerung*	Kuehl und trocken; 12 Monate

Verarbeitungsbedingungen für Pressen

Werkzeugtemperatur	°C	165–170
Pressdruck	bar	250–400
Härtezeit je mm	s	
Schwindung	%	0.5–0.7
Nachschwindung	%	0.3–0.4
Bemerkungen		

Verarbeitungsbedingungen für Spritzgießen

Zylindertemperatur	°C	60–95
Düsentemperatur	°C	80–110
Massetemp.	°C	
Werkzeugtemp.	°C	160–180
Spritzdruck	bar	1200–2200
Härtezeit	s	
Schwindung	%	
Nachschwindung	%	
Bemerkungen		

Zugversuch 23 °C

Probekörper: *Form* *Herstellung*

Zugfestigkeit	N/mm²	*E-Modul*	N/mm²
Reißdehnung	%	*Zeitstandzugfestigkeit*	h N/mm²

Biegeversuch 23 °C DIN 53452;

Probekörper: *Form* *Herstellung* DIN 53470

Biegefestigkeit	N/mm² 55–65	*E-Modul*	N/mm²

Druckversuch 23 °C

Probekörper: *Form* *Herstellung*

Druckfestigkeit	N/mm²	*Stauchung*	%

Härte 23 °C *Probekörper:* *Herstellung*

Kugeldruckhärte N/mm² bei N, s

Schlagversuch *Probekörper:* *(1)* U-Kerbe
(2)
Herstellung DIN 53470

		°C		°C	°C	*Probekörper-Form*
Schlagzähigkeit	kJ/m²	23	9–11			NS
Kerbschlagzähigkeit (1)	kJ/m²	23	9–11			NS
IZOD-Kerbschlag-zähigkeit (2)	J/m					

Abrieb und Reibung

Taber-Abrieb (Reibradverfahren) mm³/100 U
Statische Reibungszahl
Dynamische Reibungszahl (p·v= N/mm²· m/min)
Zulässiger p · v Wert N/mm² · (m/min) v= m/min
v= m/min

Thermische Eigenschaften

Formbeständigkeit in der Wärme *Verfahren* °C
Verfahren °C
Formbeständigkeit Martens 125–140 °C
Längenausdehnungskoeffizient *Bereich* °C $\cdot 10^{-4}K^{-1}$
Temperatur $\cdot 10^{-4}K^{-1}$
Wärmeleitfähigkeit *Verfahren* W/(K · m)

Spezifische Wärmekapazität *Verfahren* J/(K · g)

Brandverhalten

UL-Test vertikal Dicke mm, Wert
Dicke mm, Wert

	Norm	*Bewertung*	*Abmessungen*
Sauerstoff-Index	ASTM D 2863		
Glühstab-Verfahren	DIN 53459	2a-2b	
Brandverhalten	DIN 4102		
MVSS			
FAR			

Elektrische Eigenschaften

		Hz	°C		*Probekörper, Form*
Dielektrizitätszahl		50			
		10^3			
		10^6			
Dielektrischer Verlustfaktor tan δ		50			
		10^3			
		10^6			
Spezifischer Durchgangs-widerstand	Ohm · cm				
Durchschlagfestigkeit	kV/mm				mm dick
Oberflächenwiderstand	Ohm		23	1.0*10**08–1.0*10**09	

Kriechstromfestigkeit KC KB KA 1
Kriechwegbildung

Elektrolytische Korrosionswirkung
Lichtbogenfestigkeit nach DIN
nach ASTM s

Beständigkeit *(Chemische Beständigkeit siehe Anhang)*

Wasseraufnahme 4 d ≦250 mg

Feuchtigkeitsaufnahme Normalklima %
Wetterbeständigkeit

Produktklasse	Phenolharz-Formmasse		**PF**
Handelsname	**Supraplast-Formmasse P 3119**		
Hersteller	SUED WEST		
DIN-Bezeichnung *ISO-Bezeichnung*			
Harzbasis	Phenolharznovolak		
Zusätze		*Füllstoffe/ Verstärkung*	Textilfaser; Holzmehl
Bevorzugte Verarbeitung	Pressen; Spritzpressen; Spritzgiessen	*Lieferform*	Staubarmes Stranggranulat 2,5 mm
		Farben	Schwarz
Besondere Merkmale	Aehnlich Typ 83	*Bevorzugte Anwendungen*	Einbauteil fuer die Elektrotechnik; Buerstenhalter fuer Bohnermaschinen

Dichte	g/cm³	1.39–1.41	*Dosierbarkeit*	
Schüttdichte	g/cm³	0.40–0.47	*Tablettierbarkeit*	Gut
Fließeinstellung	Extra weich, weich, mittel		*Lagerung*	Kuehl und trocken; 12 Monate

Verarbeitungsbedingungen für Pressen

Werkzeugtemperatur	°C	165–170
Pressdruck	bar	200–350
Härtezeit je mm	s	
Schwindung	%	0.4–0.6
Nachschwindung	%	0.2–0.4
Bemerkungen		

Verarbeitungsbedingungen für Spritzgießen

Zylindertemperatur	°C	70–80
Düsentemperatur	°C	80–90
Massetemp.	°C	
Werkzeugtemp.	°C	165–170
Spritzdruck	bar	1200–2200
Härtezeit	s	
Schwindung	%	
Nachschwindung	%	
Bemerkungen		

Zugversuch 23 °C

Probekörper: *Form* — *Herstellung*

Zugfestigkeit	N/mm²		*E-Modul*	N/mm²
Reißdehnung	%		*Zeitstandzugfestigkeit*	h N/mm²

Biegeversuch 23 °C DIN 53452;

Probekörper: *Form* — *Herstellung* DIN 53470

Biegefestigkeit	N/mm²	60–70	*E-Modul*	N/mm²

Druckversuch 23°C

Probekörper: *Form* — *Herstellung*

Druckfestigkeit	N/mm²		*Stauchung*	%

Härte 23 °C *Probekörper:* — *Herstellung*

Kugeldruckhärte N/mm² bei N, s

Schlagversuch *Probekörper:* *(1)* U-Kerbe
(2) *Herstellung* DIN 53470

		°C		°C		°C		*Probekörper-Form*
Schlagzähigkeit	kJ/m^2	23	5–6					NS
Kerbschlagzähigkeit (1)	kJ/m^2	23	3.0–4.0					NS
IZOD-Kerbschlag-zähigkeit (2)	J/m							

Abrieb und Reibung

Taber-Abrieb (Reibradverfahren) mm^3/100 U
Statische Reibungszahl
Dynamische Reibungszahl (p·v= N/mm^2· m/min)
Zulässiger p · v Wert N/mm^2· (m/min) v= m/min
v= m/min

Thermische Eigenschaften

Formbeständigkeit in der Wärme	*Verfahren*		°C
	Verfahren		°C
Formbeständigkeit Martens			≧130 °C
Längenausdehnungskoeffizient	*Bereich*	°C	$\cdot 10^{-4}K^{-1}$
	Temperatur		$\cdot 10^{-4}K^{-1}$
Wärmeleitfähigkeit	*Verfahren*		W/(K · m)
Spezifische Wärmekapazität	*Verfahren*		J/(K · g)

Brandverhalten

UL-Test vertikal Dicke mm, Wert
Dicke mm, Wert

	Norm	*Bewertung*	*Abmessungen*
Sauerstoff-Index	ASTM D 2863		
Glühstab-Verfahren	DIN 53459	2a-2b	
Brandverhalten	DIN 4102		
MVSS			
FAR			

Elektrische Eigenschaften

		Hz	°C		*Probekörper, Form*
Dielektrizitätszahl		50			
		10^3			
		10^6			
Dielektrischer Verlustfaktor tan δ		50			
		10^3			
		10^6			
Spezifischer Durchgangs-widerstand	Ohm · cm				
Durchschlagfestigkeit	kV/mm				mm dick
Oberflächenwiderstand	Ohm		23	1.0*10**08–1.0*10**09	

Kriechstromfestigkeit KC KB KA 1
Kriechwegbildung

Elektrolytische Korrosionswirkung
Lichtbogenfestigkeit nach DIN
nach ASTM s

Beständigkeit *(Chemische Beständigkeit siehe Anhang)*

Wasseraufnahme 4 d ≦170 mg

Feuchtigkeitsaufnahme Normalklima %
Wetterbeständigkeit

Produktklasse	Phenolharz-Formmasse		**PF**
Handelsname	**Supraplast-Formmasse P 3120**		
Hersteller	SUED WEST		
DIN-Bezeichnung			
ISO-Bezeichnung			
Harzbasis	Phenolharznovolak		
Zusätze		*Füllstoffe/ Verstärkung*	Textilfaser; Holzmehl
Bevorzugte Verarbeitung	Pressen; Spritzpressen; Spritzgiessen	*Lieferform*	Staubarmes Stranggranulat 3,0 mm
		Farben	Schwarz
Besondere Merkmale	Aehnlich Typ 84	*Bevorzugte Anwendungen*	Elektrotechnik; Maschinenbau; Rad; Rolle; Schaltschutz

Dichte	g/cm³	1.4–1.42	*Dosierbarkeit*	
Schüttdichte	g/cm³	0.40–0.50	*Tablettierbarkeit*	Gut
Fließeinstellung	Extra weich, weich, mittel		*Lagerung*	Kuehl und trocken; 12 Monate

Verarbeitungsbedingungen für Pressen

Werkzeugtemperatur	°C	165–170
Pressdruck	bar	200–350
Härtezeit je mm	s	
Schwindung	%	0.4–0.6
Nachschwindung	%	0.2–0.4
Bemerkungen		

Verarbeitungsbedingungen für Spritzgießen

Zylindertemperatur	°C	70–80
Düsentemperatur	°C	80–90
Massetemp.	°C	
Werkzeugtemp.	°C	165–170
Spritzdruck	bar	1200–2200
Härtezeit	s	
Schwindung	%	
Nachschwindung	%	
Bemerkungen		

Zugversuch 23 °C

Probekörper: *Form* *Herstellung*

Zugfestigkeit	N/mm²	*E-Modul*	N/mm²
Reißdehnung	%	*Zeitstandzugfestigkeit*	h N/mm²

Biegeversuch 23 °C DIN 53452;

Probekörper: *Form* *Herstellung* DIN 53470

Biegefestigkeit	N/mm² 55–65	*E-Modul*	N/mm²

Druckversuch 23°C

Probekörper: *Form* *Herstellung*

Druckfestigkeit	N/mm²	*Stauchung*	%

Härte 23 °C *Probekörper:* *Herstellung*

Kugeldruckhärte N/mm² bei N, s

Schlagversuch *Probekörper:* *(1)* U-Kerbe
(2) *Herstellung* DIN 53470

		°C		°C	°C	*Probekörper-Form*
Schlagzähigkeit	kJ/m²	23	4–6			NS
Kerbschlagzähigkeit (1)	kJ/m²	23	4–6			NS
IZOD-Kerbschlagzähigkeit (2)	J/m					

Abrieb und Reibung

Taber-Abrieb (Reibradverfahren) mm³/100 U
Statische Reibungszahl
Dynamische Reibungszahl (p·v= N/mm² · m/min)
Zulässiger p · v Wert N/mm² · (m/min) v= m/min
v= m/min

Thermische Eigenschaften

Formbeständigkeit in der Wärme	*Verfahren*		°C
	Verfahren		°C
Formbeständigkeit Martens			≧130 °C
Längenausdehnungskoeffizient	*Bereich*	°C	$\cdot 10^{-4}K^{-1}$
	Temperatur		$\cdot 10^{-4}K^{-1}$
Wärmeleitfähigkeit	*Verfahren*		W/(K · m)
Spezifische Wärmekapazität	*Verfahren*		J/(K · g)

Brandverhalten

UL-Test vertikal Dicke mm, Wert
Dicke mm, Wert

	Norm	*Bewertung*	*Abmessungen*
Sauerstoff-Index	ASTM D 2863		
Glühstab-Verfahren	DIN 53459	2a-2b	
Brandverhalten	DIN 4102		
MVSS			
FAR			

Elektrische Eigenschaften

		Hz	°C		*Probekörper, Form*
Dielektrizitätszahl		50			
		10^3			
		10^6			
Dielektrischer Verlustfaktor tan δ		50			
		10^3			
		10^6			
Spezifischer Durchgangswiderstand	Ohm · cm				
Durchschlagfestigkeit	kV/mm				mm dick
Oberflächenwiderstand	Ohm		23	1.0*10**08–1.0*10**09	

Kriechstromfestigkeit KC KB KA 1
Kriechwegbildung

Elektrolytische Korrosionswirkung
Lichtbogenfestigkeit nach DIN
nach ASTM s

Beständigkeit *(Chemische Beständigkeit siehe Anhang)*

Wasseraufnahme 4 d ≦180 mg

Feuchtigkeitsaufnahme Normalklima %
Wetterbeständigkeit

Produktklasse	Melaminharz-Formmasse		**MF**
Handelsname	**Supraplast-Formmasse Typ 156**		
Hersteller	SUED WEST		
DIN-Bezeichnung	156 DIN 7708		
ISO-Bezeichnung			
Harzbasis	Melaminharz		
Zusätze		*Füllstoffe/ Verstärkung*	Asbestfaser
Bevorzugte Verarbeitung	Pressen; Spritzpressen; Spritzgiessen	*Lieferform*	Zylindergranulat; Standardgranulat
		Farben	Auf Anfrage
Besondere Merkmale	Hohe Waermeformbestaendigkeit; Asbesthaltig	*Bevorzugte Anwendungen*	Bedarfsartikel; Technisches Formteil

Dichte	g/cm³	1.7–1.8	*Dosierbarkeit*	
Schüttdichte	g/cm³	0.6–0.7	*Tablettierbarkeit*	Gut
Fließeinstellung	Extra weich, weich, mittel, hart		*Lagerung*	Kuehl und trocken; 6 Monate

Verarbeitungsbedingungen für Pressen

Werkzeugtemperatur	°C	150–165
Pressdruck	bar	≧250
Härtezeit je mm	s	
Schwindung	%	0.5–0.6
Nachschwindung	%	0.8–1.0
Bemerkungen		

Verarbeitungsbedingungen für Spritzgießen

Zylindertemperatur	°C	60–90
Düsentemperatur	°C	95–110
Massetemp.	°C	
Werkzeugtemp.	°C	155–175
Spritzdruck	bar	1200–2200
Härtezeit	s	
Schwindung	%	
Nachschwindung	%	
Bemerkungen		

Zugversuch 23 °C

Probekörper: *Form* *Herstellung*

Zugfestigkeit	N/mm²	*E-Modul*	N/mm²
Reißdehnung	%	*Zeitstandzugfestigkeit*	h N/mm²

Biegeversuch 23 °C DIN 53452;

Probekörper: *Form* *Herstellung* DIN 53470

Biegefestigkeit	N/mm² ≧50	*E-Modul*	N/mm²

Druckversuch 23°C

Probekörper: *Form* *Herstellung*

Druckfestigkeit	N/mm²	*Stauchung*	%

Härte 23 °C *Probekörper:* *Herstellung*

Kugeldruckhärte N/mm² bei N, s

Schlagversuch *Probekörper:* *(1)* U-Kerbe *(2)* *Herstellung* DIN 53470

		°C		°C	°C	*Probekörper-Form*
Schlagzähigkeit	kJ/m²	23	≧3.5			NS
Kerbschlagzähigkeit (1)	kJ/m²	23	≧2			NS
IZOD-Kerbschlagzähigkeit (2)	J/m					

Abrieb und Reibung

Taber-Abrieb (Reibradverfahren) mm³/100 U
Statische Reibungszahl
Dynamische Reibungszahl (p·v= N/mm²· m/min)
Zulässiger p · v Wert N/mm² · (m/min) v= m/min
v= m/min

Thermische Eigenschaften

Formbeständigkeit in der Wärme	*Verfahren*		°C
	Verfahren		°C
Formbeständigkeit Martens			≧140 °C
Längenausdehnungskoeffizient	*Bereich*	°C	· 10⁻⁴K⁻¹
	Temperatur		· 10⁻⁴K⁻¹
Wärmeleitfähigkeit	*Verfahren*		W/(K · m)
Spezifische Wärmekapazität	*Verfahren*		J/(K · g)

Brandverhalten

UL-Test vertikal Dicke mm, Wert
Dicke mm, Wert

	Norm	*Bewertung*	*Abmessungen*
Sauerstoff-Index	ASTM D 2863		
Glühstab-Verfahren	DIN 53459	1	
Brandverhalten	DIN 4102		
MVSS			
FAR			

Elektrische Eigenschaften

		Hz	°C			*Probekörper, Form*
Dielektrizitätszahl		50				
		10^3				
		10^6				
Dielektrischer Verlustfaktor tan δ		50				
		10^3				
		10^6				
Spezifischer Durchgangswiderstand	Ohm · cm					
Durchschlagfestigkeit	kV/mm					mm dick
Oberflächenwiderstand	Ohm		23	≧1.0*10**08		
Kriechstromfestigkeit		KC 600		KB >600	KA 3c	
Kriechwegbildung						

Elektrolytische Korrosionswirkung
Lichtbogenfestigkeit nach DIN
nach ASTM s

Beständigkeit *(Chemische Beständigkeit siehe Anhang)*

Wasseraufnahme 4 d ≦200 mg

Feuchtigkeitsaufnahme Normalklima %
Wetterbeständigkeit

Produktklasse	Melaminharz-Formmasse		**MF**
Handelsname	**Supraplast-Formmasse Typ 157**		
Hersteller	SUED WEST		
DIN-Bezeichnung	157 DIN 7708		
ISO-Bezeichnung			
Harzbasis	Melaminharz		
Zusätze		*Füllstoffe/ Verstärkung*	Holzmehl; Asbestfaser
Bevorzugte Verarbeitung	Pressen; Spritzpressen; Spritzgiessen	*Lieferform*	Zylindergranulat; Standardgranulat
		Farben	Auf Anfrage
Besondere Merkmale	Gute Waermeformbestaendigkeit; Elektrisch verbessert	*Bevorzugte Anwendungen*	Technisches Formteil; Bedarfsartikel

Dichte	g/cm^3	1.6–1.7	*Dosierbarkeit*	
Schüttdichte	g/cm^3	0.65–0.75	*Tablettierbarkeit*	Gut
Fließeinstellung	Extra weich, weich, mittel, hart		*Lagerung*	Kuehl und trocken; 6 Monate

Verarbeitungsbedingungen für Pressen

Werkzeugtemperatur	°C	150–165
Pressdruck	bar	≧250
Härtezeit je mm	s	
Schwindung	%	0.5–0.7
Nachschwindung	%	1.2–1.5
Bemerkungen		

Verarbeitungsbedingungen für Spritzgießen

Zylindertemperatur	°C	60–90
Düsentemperatur	°C	95–110
Massetemp.	°C	
Werkzeugtemp.	°C	155–175
Spritzdruck	bar	1200–2200
Härtezeit	s	
Schwindung	%	
Nachschwindung	%	
Bemerkungen		

Zugversuch 23 °C
Probekörper: *Form* *Herstellung*

Zugfestigkeit	N/mm^2	*E-Modul*	N/mm^2
Reißdehnung	%	*Zeitstandzugfestigkeit*	h N/mm^2

Biegeversuch 23 °C DIN 53452;
Probekörper: *Form* *Herstellung* DIN 53470

Biegefestigkeit	N/mm^2 ≧60	*E-Modul*	N/mm^2

Druckversuch 23°C
Probekörper: *Form* *Herstellung*

Druckfestigkeit	N/mm^2	*Stauchung*	%

Härte 23 °C *Probekörper:* *Herstellung*

Kugeldruckhärte N/mm^2 bei N, s

Schlagversuch *Probekörper:* *(1)* U-Kerbe
(2)

Herstellung DIN 53470

		°C		°C	°C	*Probekörper-Form*
Schlagzähigkeit	kJ/m²	23	≧4.5			NS
Kerbschlagzähigkeit (1)	kJ/m²	23	≧1.5			NS
IZOD-Kerbschlagzähigkeit (2)	J/m					

Abrieb und Reibung

Taber-Abrieb (Reibradverfahren) mm³/100 U
Statische Reibungszahl
Dynamische Reibungszahl (p·v= N/mm² · m/min)
Zulässiger p · v Wert N/mm² · (m/min) v= m/min
v= m/min

Thermische Eigenschaften

Formbeständigkeit in der Wärme *Verfahren* °C
Verfahren °C
Formbeständigkeit Martens ≧140 °C
Längenausdehnungskoeffizient *Bereich* °C · 10⁻⁴K⁻¹
Temperatur · 10⁻⁴K⁻¹
Wärmeleitfähigkeit *Verfahren* W/(K · m)
Spezifische Wärmekapazität *Verfahren* J/(K · g)

Brandverhalten

UL-Test vertikal Dicke mm, Wert
Dicke mm, Wert

	Norm	*Bewertung*	*Abmessungen*
Sauerstoff-Index	ASTM D 2863		
Glühstab-Verfahren	DIN 53459	1	
Brandverhalten	DIN 4102		
MVSS			
FAR			

Elektrische Eigenschaften

		Hz	°C		*Probekörper, Form*
Dielektrizitätszahl		50			
		10³			
		10⁶			
Dielektrischer Verlustfaktor tan δ		50			
		10³			
		10⁶			
Spezifischer Durchgangswiderstand	Ohm · cm				
Durchschlagfestigkeit	kV/mm				mm dick
Oberflächenwiderstand	Ohm		23	≧1.0*10**09	

Kriechstromfestigkeit KC 600 KB >600 KA 3c
Kriechwegbildung

Elektrolytische Korrosionswirkung
Lichtbogenfestigkeit nach DIN
nach ASTM s

Beständigkeit *(Chemische Beständigkeit siehe Anhang)*
Wasseraufnahme 4 d ≦200 mg

Feuchtigkeitsaufnahme Normalklima %
Wetterbeständigkeit

Produktklasse	Melaminharz-Formmasse		**MF**
Handelsname	**Supraplast-Formmasse AFM-14**		
Hersteller	SUED WEST		
DIN-Bezeichnung *ISO-Bezeichnung*			
Harzbasis	Melaminharz		
Zusätze		*Füllstoffe/ Verstärkung*	Organische Faser; Anorganische Faser
Bevorzugte Verarbeitung	Pressen; Spritzpressen; Spritzgiessen	*Lieferform*	Zylindergranulat; Standardgranulat
		Farben	Alle Farben lieferbar
Besondere Merkmale	Asbestfrei; Mechanisch hochwertig; Ersatz fuer Typ 156 und Typ 157	*Bevorzugte Anwendungen*	Elektrotechnik; Technisches Formteil

Dichte	g/cm^3	1.6–1.7	*Dosierbarkeit*	
Schüttdichte	g/cm^3	0.6–0.7	*Tablettierbarkeit*	
Fließeinstellung			*Lagerung*	Kuehl und trocken; 6 Monate

Verarbeitungsbedingungen für Pressen

Werkzeugtemperatur	°C	
Pressdruck	bar	
Härtezeit je mm	s	
Schwindung	%	0.3–0.6
Nachschwindung	%	1.5–1.8
Bemerkungen		

Verarbeitungsbedingungen für Spritzgießen

Zylindertemperatur	°C	80–95
Düsentemperatur	°C	90
Massetemp.	°C	
Werkzeugtemp.	°C	160–180
Spritzdruck	bar	
Härtezeit	s	
Schwindung	%	
Nachschwindung	%	
Bemerkungen		

Zugversuch 23 °C

Probekörper: *Form* *Herstellung*

Zugfestigkeit	N/mm^2	*E-Modul*	N/mm^2
Reißdehnung	%	*Zeitstandzugfestigkeit*	h N/mm^2

Biegeversuch 23 °C DIN 53452;

Probekörper: *Form* *Herstellung* DIN 53470

Biegefestigkeit	N/mm^2 60–80	*E-Modul*	N/mm^2

Druckversuch 23°C

Probekörper: *Form* *Herstellung*

Druckfestigkeit	N/mm^2	*Stauchung*	%

Härte 23 °C *Probekörper:* *Herstellung*

Kugeldruckhärte N/mm^2 bei N, s

Schlagversuch *Probekörper:* *(1)* U-Kerbe *(2)* *Herstellung* DIN 53470

		°C		°C	°C	*Probekörper-Form*
Schlagzähigkeit	kJ/m²	23	5–6			NS
Kerbschlagzähigkeit (1)	kJ/m²	23	2–2.5			NS
IZOD-Kerbschlagzähigkeit (2)	J/m					

Abrieb und Reibung

Taber-Abrieb (Reibradverfahren) mm³/100 U
Statische Reibungszahl
Dynamische Reibungszahl (p·v= N/mm²· m/min)
Zulässiger p·v Wert N/mm²·(m/min) v= m/min
v= m/min

Thermische Eigenschaften

Formbeständigkeit in der Wärme	*Verfahren*		°C
	Verfahren		°C
Formbeständigkeit Martens			≧140 °C
Längenausdehnungskoeffizient	*Bereich*	°C	·10⁻⁴K⁻¹
	Temperatur		·10⁻⁴K⁻¹
Wärmeleitfähigkeit	*Verfahren*		W/(K·m)
Spezifische Wärmekapazität	*Verfahren*		J/(K·g)

Brandverhalten

UL-Test vertikal Dicke mm, Wert
Dicke mm, Wert

	Norm	*Bewertung*	*Abmessungen*
Sauerstoff-Index	ASTM D 2863		
Glühstab-Verfahren	DIN 53459	1	
Brandverhalten	DIN 4102		
MVSS			
FAR			

Elektrische Eigenschaften

		Hz	°C		*Probekörper, Form*
Dielektrizitätszahl		50			
		10^3			
		10^6			
Dielektrischer Verlustfaktor tan δ		50			
		10^3			
		10^6			
Spezifischer Durchgangswiderstand	Ohm·cm				
Durchschlagfestigkeit	kV/mm				mm dick
Oberflächenwiderstand	Ohm		23	≧1.0*10**10	

Kriechstromfestigkeit KC 600 KB KA
Kriechwegbildung

Elektrolytische Korrosionswirkung
Lichtbogenfestigkeit nach DIN
nach ASTM s

Beständigkeit *(Chemische Beständigkeit siehe Anhang)*

Wasseraufnahme 4 d 200 mg

Feuchtigkeitsaufnahme Normalklima %
Wetterbeständigkeit

MF

Produktklasse	Aminoplast-Formmasse
Handelsname	**Supraplast-Formmasse AFM-57**
Hersteller	SUED WEST
DIN-Bezeichnung	57 DIN 7708
ISO-Bezeichnung	
Harzbasis	Melaminharz
Zusätze	
Füllstoffe/ Verstärkung	Organische Faser; Anorganische Faser
Bevorzugte Verarbeitung	Pressen; Spritzpressen; Spritzgiessen
Lieferform	Zylindergranulat; Standardgranulat
Farben	Auf Anfrage
Besondere Merkmale	Asbestfrei; Stark verringerte Nachschwindung; Erfuellt Typen 156 und 157
Bevorzugte Anwendungen	Elektrotechnik

Dichte	g/cm^3	1.7–1.8
Schüttdichte	g/cm^3	0.6–0.7
Fließeinstellung		
Dosierbarkeit		
Tablettierbarkeit		
Lagerung		Kuehl und trocken; 6 Monate

Verarbeitungsbedingungen für Pressen

Werkzeugtemperatur	°C	
Pressdruck	bar	
Härtezeit je mm	s	
Schwindung	%	0.5–0.6
Nachschwindung	%	0.8–1.0
Bemerkungen		

Verarbeitungsbedingungen für Spritzgießen

Zylindertemperatur	°C	60–90
Düsentemperatur	°C	95–110
Massetemp.	°C	
Werkzeugtemp.	°C	155–175
Spritzdruck	bar	
Härtezeit	s	
Schwindung	%	
Nachschwindung	%	
Bemerkungen		

Zugversuch 23 °C

Probekörper: *Form* *Herstellung*

Zugfestigkeit	N/mm^2		*E-Modul*	N/mm^2
Reißdehnung	%		*Zeitstandzugfestigkeit*	h N/mm^2

Biegeversuch 23 °C DIN 53452;

Probekörper: *Form* *Herstellung* DIN 53470

Biegefestigkeit	N/mm^2	≧60	*E-Modul*	N/mm^2

Druckversuch 23°C

Probekörper: *Form* *Herstellung*

Druckfestigkeit	N/mm^2	*Stauchung*	%

Härte 23 °C *Probekörper:* *Herstellung*

Kugeldruckhärte N/mm^2 bei N, s

Schlagversuch *Probekörper:* *(1)* U-Kerbe
(2)

Herstellung DIN 53470

		°C		°C	°C	*Probekörper-Form*
Schlagzähigkeit	kJ/m²	23	≧4.5			NS
Kerbschlagzähigkeit (1)	kJ/m²	23	≧2			NS
IZOD-Kerbschlag-zähigkeit (2)	J/m					

Abrieb und Reibung

Taber-Abrieb (Reibradverfahren) mm³/100 U
Statische Reibungszahl
Dynamische Reibungszahl (p·v= N/mm² · m/min)
Zulässiger p · v Wert N/mm² · (m/min) v= m/min
v= m/min

Thermische Eigenschaften

Formbeständigkeit in der Wärme *Verfahren* °C
Verfahren °C
Formbeständigkeit Martens ≧140 °C
Längenausdehnungskoeffizient *Bereich* °C $\cdot 10^{-4}K^{-1}$
Temperatur $\cdot 10^{-4}K^{-1}$
Wärmeleitfähigkeit *Verfahren* W/(K · m)

Spezifische Wärmekapazität *Verfahren* J/(K · g)

Brandverhalten

UL-Test vertikal Dicke mm, Wert
Dicke mm, Wert

	Norm	*Bewertung*	*Abmessungen*
Sauerstoff-Index	ASTM D 2863		
Glühstab-Verfahren	DIN 53459	1	
Brandverhalten	DIN 4102		
MVSS			
FAR			

Elektrische Eigenschaften

		Hz	°C			*Probekörper, Form*
Dielektrizitätszahl		50				
		10^3				
		10^6				
Dielektrischer Verlustfaktor tan δ		50				
		10^3				
		10^6				
Spezifischer Durchgangs-widerstand	Ohm · cm					
Durchschlagfestigkeit	kV/mm					mm dick
Oberflächenwiderstand	Ohm		23	≧1.0*10**08		
Kriechstromfestigkeit		KC 600		KB	KA	
Kriechwegbildung						

Elektrolytische Korrosionswirkung
Lichtbogenfestigkeit nach DIN
nach ASTM s

Beständigkeit *(Chemische Beständigkeit siehe Anhang)*

Wasseraufnahme 4 d ≦200 mg

Feuchtigkeitsaufnahme Normalklima %
Wetterbeständigkeit

MPF

Produktklasse	Melamin-Phenolharz-Formmasse
Handelsname	**Supraplast-Formmasse Typ 181.5**
Hersteller	SUED WEST
DIN-Bezeichnung	181.5 DIN 7708
ISO-Bezeichnung	
Harzbasis	Melamin-Phenolharz
Zusätze	
Füllstoffe/ Verstärkung	Zellstoff
Bevorzugte Verarbeitung	Pressen; Spritzpressen; Spritzgiessen
Lieferform	Zylindergranulat; Standardgranulat
Farben	Alle Farben lieferbar
Besondere Merkmale	Gute elektrische Eigenschaften; Mechanisch hochwertig
Bevorzugte Anwendungen	Fuer mechanisch stark beanspruchte Formteile

Dichte	g/cm^3	1.55–1.7
Schüttdichte	g/cm^3	0.6–0.7
Fließeinstellung		
Dosierbarkeit		
Tablettierbarkeit		
Lagerung		Kuehl und trocken; 6 Monate

Verarbeitungsbedingungen für Pressen

Werkzeugtemperatur	°C	
Pressdruck	bar	
Härtezeit je mm	s	
Schwindung	%	0.75–0.85
Nachschwindung	%	1.2–1.5
Bemerkungen		

Verarbeitungsbedingungen für Spritzgießen

Zylindertemperatur	°C	80–95
Düsentemperatur	°C	90
Massetemp.	°C	
Werkzeugtemp.	°C	160–180
Spritzdruck	bar	
Härtezeit	s	
Schwindung	%	
Nachschwindung	%	
Bemerkungen		

Zugversuch 23 °C

Probekörper: *Form* *Herstellung*

Zugfestigkeit	N/mm^2	*E-Modul*	N/mm^2
Reißdehnung	%	*Zeitstandzugfestigkeit*	h N/mm^2

Biegeversuch 23 °C DIN 53452;

Probekörper: *Form* *Herstellung* DIN 53470

Biegefestigkeit	N/mm^2 $\geqq 80$	*E-Modul*	N/mm^2

Druckversuch 23°C

Probekörper: *Form* *Herstellung*

Druckfestigkeit	N/mm^2	*Stauchung*	%

Härte 23 °C *Probekörper:* *Herstellung*

Kugeldruckhärte N/mm^2 bei N, s

Schlagversuch *Probekörper:* *(1)* U-Kerbe *(2)*

Herstellung DIN 53470

		°C		°C	°C	*Probekörper-Form*
Schlagzähigkeit	kJ/m²	23	≧7			NS
Kerbschlagzähigkeit (1)	kJ/m²	23	≧1.5			NS
IZOD-Kerbschlagzähigkeit (2)	J/m					

Abrieb und Reibung

Taber-Abrieb (Reibradverfahren) mm³/100 U
Statische Reibungszahl
Dynamische Reibungszahl (p · v = N/mm² · m/min)
Zulässiger p · v Wert N/mm² · (m/min) v = m/min
v = m/min

Thermische Eigenschaften

Formbeständigkeit in der Wärme	*Verfahren*		°C
	Verfahren		°C
Formbeständigkeit Martens			≧120 °C
Längenausdehnungskoeffizient	*Bereich*	°C	$\cdot 10^{-4}K^{-1}$
	Temperatur		$\cdot 10^{-4}K^{-1}$
Wärmeleitfähigkeit	*Verfahren*		W/(K · m)
Spezifische Wärmekapazität	*Verfahren*		J/(K · g)

Brandverhalten

UL-Test vertikal Dicke mm, Wert
Dicke mm, Wert

	Norm	*Bewertung*	*Abmessungen*
Sauerstoff-Index	ASTM D 2863		
Glühstab-Verfahren	DIN 53459	2a	
Brandverhalten	DIN 4102		
MVSS			
FAR			

Elektrische Eigenschaften

		Hz	°C			*Probekörper, Form*
Dielektrizitätszahl		50				
		10^3				
		10^6				
Dielektrischer Verlustfaktor tan δ		50				
		10^3				
		10^6				
Spezifischer Durchgangswiderstand	Ohm · cm					
Durchschlagfestigkeit	kV/mm					mm dick
Oberflächenwiderstand	Ohm		23	≧1.0*10**10		
Kriechstromfestigkeit		KC 600		KB	KA	
Kriechwegbildung						
Elektrolytische Korrosionswirkung						
Lichtbogenfestigkeit nach DIN						
nach ASTM	s					

Beständigkeit *(Chemische Beständigkeit siehe Anhang)*

Wasseraufnahme 4 d ≦150 mg

Feuchtigkeitsaufnahme Normalklima %
Wetterbeständigkeit

Produktklasse	Melamin-Phenolharz-Formmasse		**MPF**
Handelsname	**Supraplast-Formmasse Typ 182**		
Hersteller	SUED WEST		
DIN-Bezeichnung	182 DIN 7708		
ISO-Bezeichnung			
Harzbasis	Melamin-Phenolharz		
Zusätze		*Füllstoffe/ Verstärkung*	Holzmehl; Mineralischer Fuellstoff
Bevorzugte Verarbeitung	Pressen; Spritzpressen; Spritzgiessen	*Lieferform*	Zylindergranulat; Standardgranulat
		Farben	Alle Farben lieferbar
Besondere Merkmale	Verbesserte elektrische Eigenschaften; Geringe Wasseraufnahme	*Bevorzugte Anwendungen*	Elektrotechnik; Technisches Formteil

Dichte	g/cm³	1.55–1.65	*Dosierbarkeit*	
Schüttdichte	g/cm³	0.6–0.75	*Tablettierbarkeit*	Gut
Fließeinstellung	Extra weich, weich, mittel, hart		*Lagerung*	Kuehl und trocken; 6 Monate

Verarbeitungsbedingungen für Pressen

Werkzeugtemperatur	°C	150–165
Pressdruck	bar	≧200
Härtezeit je mm	s	
Schwindung	%	0.6–0.8
Nachschwindung	%	0.8–1.0
Bemerkungen		

Verarbeitungsbedingungen für Spritzgießen

Zylindertemperatur	°C	60–90
Düsentemperatur	°C	95–110
Massetemp.	°C	
Werkzeugtemp.	°C	155–175
Spritzdruck	bar	1200–2200
Härtezeit	s	
Schwindung	%	
Nachschwindung	%	
Bemerkungen		

Zugversuch 23 °C

Probekörper: *Form* *Herstellung*

Zugfestigkeit	N/mm²		*E-Modul*	N/mm²
Reißdehnung	%		*Zeitstandzugfestigkeit*	h N/mm²

Biegeversuch 23 °C DIN 53452;

Probekörper: *Form* *Herstellung* DIN 53470

Biegefestigkeit	N/mm²	≧70	*E-Modul*	N/mm²	6000–8000

Druckversuch 23 °C

Probekörper: *Form* *Herstellung*

Druckfestigkeit	N/mm²	*Stauchung*	%

Härte 23 °C *Probekörper:* *Herstellung*

Kugeldruckhärte N/mm² bei N, s

Schlagversuch *Probekörper:* *(1)* U-Kerbe
(2)
Herstellung DIN 53470

		°C		°C	°C	*Probekörper-Form*
Schlagzähigkeit	kJ/m²	23	≧4			NS
Kerbschlagzähigkeit (1)	kJ/m²	23	≧1.2			NS
IZOD-Kerbschlag-zähigkeit (2)	J/m					

Abrieb und Reibung

Taber-Abrieb (Reibradverfahren) mm³/100 U
Statische Reibungszahl
Dynamische Reibungszahl (p·v= N/mm²· m/min)
Zulässiger p · v Wert N/mm² · (m/min) v= m/min
v= m/min

Thermische Eigenschaften

Formbeständigkeit in der Wärme	*Verfahren*		°C
	Verfahren		°C
Formbeständigkeit Martens			≧120 °C
Längenausdehnungskoeffizient	*Bereich*	°C	$\cdot 10^{-4} K^{-1}$
	Temperatur		$\cdot 10^{-4} K^{-1}$
Wärmeleitfähigkeit	*Verfahren*		W/(K · m)
Spezifische Wärmekapazität	*Verfahren*		J/(K · g)

Brandverhalten

UL-Test vertikal Dicke mm, Wert
Dicke mm, Wert

	Norm	*Bewertung*	*Abmessungen*
Sauerstoff-Index	ASTM D 2863		
Glühstab-Verfahren	DIN 53459	2a	
Brandverhalten	DIN 4102		
MVSS			
FAR			

Elektrische Eigenschaften

		Hz	°C			*Probekörper, Form*
Dielektrizitätszahl		50				
		10^3				
		10^6				
Dielektrischer Verlustfaktor tan δ		50				
		10^3				
		10^6				
Spezifischer Durchgangs-widerstand	Ohm · cm					
Durchschlagfestigkeit	kV/mm					mm dick
Oberflächenwiderstand	Ohm		23	≧1.0*10**10		
Kriechstromfestigkeit		KC 600		KB >600	KA 3c	
Kriechwegbildung						

Elektrolytische Korrosionswirkung
Lichtbogenfestigkeit nach DIN
nach ASTM s

Beständigkeit *(Chemische Beständigkeit siehe Anhang)*

Wasseraufnahme 4 d ≦120 mg

Feuchtigkeitsaufnahme Normalklima %
Wetterbeständigkeit

Produktklasse	Melamin-Phenolharz-Formmasse		**MPF**
Handelsname	**Supraplast-Formmasse Typ 183**		
Hersteller	SUED WEST		
DIN-Bezeichnung	183 DIN 7708		
ISO-Bezeichnung			
Harzbasis	Melamin; Phenol		
Zusätze		*Füllstoffe/ Verstärkung*	Zellstoff; Mineralischer Fuellstoff
Bevorzugte Verarbeitung	Pressen; Spritzpressen; Spritzgiessen	*Lieferform*	Zylindergranulat; Standardgranulat
		Farben	Alle Farben lieferbar
Besondere Merkmale	Gute elektrische Eigenschaften; Gute Oberflaechendurchfaerbung	*Bevorzugte Anwendungen*	Elektrotechnik; Technisches Formteil

Dichte	g/cm^3	1.55–1.65	*Dosierbarkeit*	
Schüttdichte	g/cm^3	0.6–0.7	*Tablettierbarkeit*	Gut
Fließeinstellung	Extra weich, weich, mittel, hart		*Lagerung*	Kuehl und trocken; 6 Monate

Verarbeitungsbedingungen für Pressen

Werkzeugtemperatur	°C	150–165
Pressdruck	bar	≧200
Härtezeit je mm	s	
Schwindung	%	0.6–0.8
Nachschwindung	%	0.8–1.0
Bemerkungen		

Verarbeitungsbedingungen für Spritzgießen

Zylindertemperatur	°C	60–90
Düsentemperatur	°C	95–110
Massetemp.	°C	
Werkzeugtemp.	°C	155–175
Spritzdruck	bar	1200–2200
Härtezeit	s	
Schwindung	%	
Nachschwindung	%	
Bemerkungen		

Zugversuch 23 °C

Probekörper: *Form* *Herstellung*

Zugfestigkeit	N/mm^2	*E-Modul*	N/mm^2
Reißdehnung	%	*Zeitstandzugfestigkeit*	h N/mm^2

Biegeversuch 23 °C DIN 53452;

Probekörper: *Form* *Herstellung* DIN 53470

Biegefestigkeit	N/mm^2 ≧70	*E-Modul*	N/mm^2

Druckversuch 23°C

Probekörper: *Form* *Herstellung*

Druckfestigkeit	N/mm^2	*Stauchung*	%

Härte 23 °C

Probekörper: *Herstellung*

Kugeldruckhärte N/mm^2 bei N, s

Schlagversuch *Probekörper:* *(1)* U-Kerbe
(2) *Herstellung* DIN 53470

		°C		°C		°C		*Probekörper-Form*
Schlagzähigkeit	kJ/m²	23	≧5					NS
Kerbschlagzähigkeit (1)	kJ/m²	23	≧1.2					NS
IZOD-Kerbschlag-zähigkeit (2)	J/m							

Abrieb und Reibung

Taber-Abrieb (Reibradverfahren)	mm³/100 U
Statische Reibungszahl	
Dynamische Reibungszahl	(p · v = N/mm² · m/min)
Zulässiger p · v Wert	N/mm² · (m/min) v = m/min
	v = m/min

Thermische Eigenschaften

Formbeständigkeit in der Wärme	*Verfahren*		°C
	Verfahren		°C
Formbeständigkeit Martens			≧120 °C
Längenausdehnungskoeffizient	*Bereich*	°C	$\cdot 10^{-4}K^{-1}$
	Temperatur		$\cdot 10^{-4}K^{-1}$
Wärmeleitfähigkeit	*Verfahren*		W/(K · m)
Spezifische Wärmekapazität	*Verfahren*		J/(K · g)

Brandverhalten

UL-Test vertikal Dicke mm, Wert
Dicke mm, Wert

	Norm	*Bewertung*	*Abmessungen*
Sauerstoff-Index	ASTM D 2863		
Glühstab-Verfahren	DIN 53459	2a	
Brandverhalten	DIN 4102		
MVSS			
FAR			

Elektrische Eigenschaften

		Hz	°C		*Probekörper, Form*
Dielektrizitätszahl		50			
		10^3			
		10^6			
Dielektrischer Verlustfaktor tan δ		50			
		10^3			
		10^6			
Spezifischer Durchgangs-widerstand	Ohm · cm				
Durchschlagfestigkeit	kV/mm				mm dick
Oberflächenwiderstand	Ohm		23	≧1.0*10**10	
Kriechstromfestigkeit		KC 600	KB >600	KA 3c	
Kriechwegbildung					
Elektrolytische Korrosionswirkung					
Lichtbogenfestigkeit nach DIN					
nach ASTM	s				

Beständigkeit *(Chemische Beständigkeit siehe Anhang)*

Wasseraufnahme 4 d ≦120 mg

Feuchtigkeitsaufnahme Normalklima %
Wetterbeständigkeit

MF

Produktklasse	Melaminharz-Formmasse
Handelsname	**Supraplast-Formmasse Typ 150**
Hersteller	SUED WEST
DIN-Bezeichnung	150 DIN 7708
ISO-Bezeichnung	
Harzbasis	Melaminharz
Zusätze	
Füllstoffe/ Verstärkung	Holzmehl
Bevorzugte Verarbeitung	Pressen; Spritzpressen; Spritzgiessen
Lieferform	Zylindergranulat; Standardgranulat
Farben	Alle Farben lieferbar
Besondere Merkmale	Kriechstromfest
Bevorzugte Anwendungen	Elektrotechnik

Dichte	g/cm^3	1.4–1.6
Schüttdichte	g/cm^3	0.6–0.7
Fließeinstellung	Extra weich, weich, mittel, hart	
Dosierbarkeit		
Tablettierbarkeit	Gut	
Lagerung	Kuehl und trocken; 6 Monate	

Verarbeitungsbedingungen für Pressen

Werkzeugtemperatur	°C	150–165
Pressdruck	bar	≧200
Härtezeit je mm	s	
Schwindung	%	0.5–0.7
Nachschwindung	%	1.5–2.0
Bemerkungen		

Verarbeitungsbedingungen für Spritzgießen

Zylindertemperatur	°C	60–90
Düsentemperatur	°C	95–110
Massetemp.	°C	
Werkzeugtemp.	°C	155–175
Spritzdruck	bar	1200–2200
Härtezeit	s	
Schwindung	%	
Nachschwindung	%	
Bemerkungen		

Zugversuch 23 °C

Probekörper: *Form* *Herstellung*

Zugfestigkeit	N/mm^2	*E-Modul*	N/mm^2
Reißdehnung	%	*Zeitstandzugfestigkeit*	h N/mm^2

Biegeversuch 23 °C DIN 53452;

Probekörper: *Form* *Herstellung* DIN 53470

Biegefestigkeit	N/mm^2 ≧70	*E-Modul*	N/mm^2

Druckversuch 23 °C

Probekörper: *Form* *Herstellung*

Druckfestigkeit	N/mm^2	*Stauchung*	%

Härte 23 °C *Probekörper:* *Herstellung*

Kugeldruckhärte N/mm^2 bei N, s

Schlagversuch *Probekörper:* *(1)* U-Kerbe
(2)
Herstellung DIN 53470

		°C		°C	°C	*Probekörper-Form*
Schlagzähigkeit	kJ/m²	23	≧6			NS
Kerbschlagzähigkeit (1)	kJ/m²	23	≧1.5			NS
IZOD-Kerbschlagzähigkeit (2)	J/m					

Abrieb und Reibung

Taber-Abrieb (Reibradverfahren) mm³/100 U
Statische Reibungszahl
Dynamische Reibungszahl (p·v= N/mm² · m/min)
Zulässiger p · v Wert N/mm² · (m/min) v= m/min
v= m/min

Thermische Eigenschaften

Formbeständigkeit in der Wärme	*Verfahren*		°C
	Verfahren		°C
Formbeständigkeit Martens			≧120 °C
Längenausdehnungskoeffizient	*Bereich*	°C	$\cdot 10^{-4} K^{-1}$
	Temperatur		$\cdot 10^{-4} K^{-1}$
Wärmeleitfähigkeit	*Verfahren*		W/(K · m)
Spezifische Wärmekapazität	*Verfahren*		J/(K · g)

Brandverhalten

UL-Test vertikal Dicke mm, Wert
Dicke mm, Wert

	Norm	*Bewertung*	*Abmessungen*
Sauerstoff-Index	ASTM D 2863		
Glühstab-Verfahren	DIN 53459	2a	
Brandverhalten	DIN 4102		
MVSS			
FAR			

Elektrische Eigenschaften

		Hz	°C			*Probekörper, Form*
Dielektrizitätszahl		50				
		10^3				
		10^6				
Dielektrischer Verlustfaktor tan δ		50				
		10^3				
		10^6				
Spezifischer Durchgangswiderstand	Ohm · cm					
Durchschlagfestigkeit	kV/mm					mm dick
Oberflächenwiderstand	Ohm		23	1.0*10**10		
Kriechstromfestigkeit		KC 600		KB >600	KA 3b	
Kriechwegbildung						
Elektrolytische Korrosionswirkung						
Lichtbogenfestigkeit nach DIN						
nach ASTM	s					

Beständigkeit *(Chemische Beständigkeit siehe Anhang)*

Wasseraufnahme 4 d ≦250 mg

Feuchtigkeitsaufnahme Normalklima %
Wetterbeständigkeit

Produktklasse	Melaminharz-Formmasse		**MF**
Handelsname	**Supraplast-Formmasse GF**		
Hersteller	SUED WEST		
DIN-Bezeichnung *ISO-Bezeichnung*			
Harzbasis	Melaminharz		
Zusätze		*Füllstoffe/ Verstärkung*	Glasfaser
Bevorzugte Verarbeitung	Pressen; Spritzpressen	*Lieferform*	Brocken
		Farben	
Besondere Merkmale	Sehr gute elektrische und thermische Eigenschaften; Hohe mechanische Festigkeit; Schlagzaeh	*Bevorzugte Anwendungen*	Elektrotechnik; Maschinenbau; Technisches Formteil

Dichte	g/cm^3	1.9–2.0	*Dosierbarkeit*	
Schüttdichte	g/cm^3		*Tablettierbarkeit*	Nicht automatisch
Fließeinstellung	Weich, mittel, hart		*Lagerung*	Kuehl und trocken; 6 Monate

Verarbeitungsbedingungen für Pressen

Werkzeugtemperatur	°C	150–165
Pressdruck	bar	300–600
Härtezeit je mm	s	
Schwindung	%	0.16–0.19
Nachschwindung	%	0.25–0.35
Bemerkungen		

Verarbeitungsbedingungen für Spritzgießen

Zylindertemperatur	°C	
Düsentemperatur	°C	
Massetemp.	°C	
Werkzeugtemp.	°C	
Spritzdruck	bar	
Härtezeit	s	
Schwindung	%	
Nachschwindung	%	
Bemerkungen		

Zugversuch 23 °C

Probekörper: *Form* *Herstellung*

Zugfestigkeit	N/mm^2	*E-Modul*	N/mm^2
Reißdehnung	%	*Zeitstandzugfestigkeit*	h N/mm^2

Biegeversuch 23 °C DIN 53452;

Probekörper: *Form* *Herstellung* DIN 53470

Biegefestigkeit	N/mm^2 70–90	*E-Modul*	N/mm^2

Druckversuch 23 °C

Probekörper: *Form* *Herstellung*

Druckfestigkeit	N/mm^2	*Stauchung*	%

Härte 23 °C *Probekörper:* *Herstellung*

Kugeldruckhärte N/mm^2 bei N, s

Schlagversuch *Probekörper:* *(1)* U-Kerbe
(2)
Herstellung DIN 53470

		°C		°C	°C	*Probekörper-Form*
Schlagzähigkeit	kJ/m²	23	14–18			NS
Kerbschlagzähigkeit (1)	kJ/m²	23	12–17			NS
IZOD-Kerbschlag-zähigkeit (2)	J/m					

Abrieb und Reibung

Taber-Abrieb (Reibradverfahren) mm³/100 U
Statische Reibungszahl
Dynamische Reibungszahl (p·v= N/mm² · m/min)
Zulässiger p · v Wert N/mm² · (m/min) v= m/min
v= m/min

Thermische Eigenschaften

Formbeständigkeit in der Wärme *Verfahren* °C
Verfahren °C
Formbeständigkeit Martens 150–160 °C
Längenausdehnungskoeffizient *Bereich* °C $\cdot 10^{-4}K^{-1}$
Temperatur $\cdot 10^{-4}K^{-1}$
Wärmeleitfähigkeit *Verfahren* W/(K · m)

Spezifische Wärmekapazität *Verfahren* J/(K · g)

Brandverhalten

UL-Test vertikal Dicke mm, Wert
Dicke mm, Wert

	Norm	*Bewertung*	*Abmessungen*
Sauerstoff-Index	ASTM D 2863		
Glühstab-Verfahren	DIN 53459	1	
Brandverhalten	DIN 4102		
MVSS			
FAR			

Elektrische Eigenschaften

		Hz	°C		*Probekörper, Form*
Dielektrizitätszahl		50			
		10^3			
		10^6			
Dielektrischer Verlustfaktor tan δ		50			
		10^3			
		10^6			
Spezifischer Durchgangs-widerstand	Ohm · cm		23	1.0*10**10	
Durchschlagfestigkeit	kV/mm				mm dick
Oberflächenwiderstand	Ohm		23	≧1.0*10**10	

Kriechstromfestigkeit KC >600 KB . KA
Kriechwegbildung

Elektrolytische Korrosionswirkung
Lichtbogenfestigkeit nach DIN
nach ASTM s 180

Beständigkeit *(Chemische Beständigkeit siehe Anhang)*

Wasseraufnahme 4 d 100–150 mg

Feuchtigkeitsaufnahme Normalklima %
Wetterbeständigkeit

PF

Produktklasse	Phenolharz-Formmasse
Handelsname	**Supraplast-Formmasse GFP/09 T**
Hersteller	SUED WEST
DIN-Bezeichnung	
ISO-Bezeichnung	
Harzbasis	Phenolharz
Zusätze	
Füllstoffe/ Verstärkung	Glasfaser
Bevorzugte Verarbeitung	Pressen
Lieferform	Faserig
Farben	
Besondere Merkmale	Sehr hohe mechanische Festigkeit; Hohe Waermeformbestaendigkeit; Geringe Schwindung und Nachschwindung; Schlagzaeh
Bevorzugte Anwendungen	Teil fuer Textilmaschine; Laufrolle; Lenkrolle; Gehaeuseteil; Bandage

Dichte	g/cm^3	1.8–1.9
Schüttdichte	g/cm^3	
Fließeinstellung		

Dosierbarkeit	
Tablettierbarkeit	Nicht automatisch
Lagerung	Kuehl und trocken; 6 Monate

Verarbeitungsbedingungen für Pressen

Werkzeugtemperatur	°C	160–175
Pressdruck	bar	350–500
Härtezeit je mm	s	
Schwindung	%	0.15–0.20
Nachschwindung	%	0.05–0.10
Bemerkungen		

Verarbeitungsbedingungen für Spritzgießen

Zylindertemperatur	°C
Düsentemperatur	°C
Massetemp.	°C
Werkzeugtemp.	°C
Spritzdruck	bar
Härtezeit	s
Schwindung	%
Nachschwindung	%
Bemerkungen	

Zugversuch 23 °C

Probekörper: *Form* *Herstellung*

Zugfestigkeit	N/mm^2	*E-Modul*	N/mm^2
Reißdehnung	%	*Zeitstandzugfestigkeit*	h N/mm^2

Biegeversuch 23 °C DIN 53452;

Probekörper: *Form* *Herstellung* DIN 53470

Biegefestigkeit	N/mm^2 60–70	*E-Modul*	N/mm^2

Druckversuch 23 °C

Probekörper: *Form* *Herstellung*

Druckfestigkeit	N/mm^2	*Stauchung*	%

Härte 23 °C *Probekörper:* *Herstellung*

Kugeldruckhärte N/mm^2 bei N, s

Schlagversuch *Probekörper:* *(1)* U-Kerbe *(2)* *Herstellung* DIN 53470

		°C		°C	°C	*Probekörper-Form*
Schlagzähigkeit	kJ/m²	23	15–17			NS
Kerbschlagzähigkeit (1)	kJ/m²	23	10–15			NS
IZOD-Kerbschlag-zähigkeit (2)	J/m					

Abrieb und Reibung

Taber-Abrieb (Reibradverfahren) mm³/100 U
Statische Reibungszahl
Dynamische Reibungszahl (p·v= N/mm²· m/min)
Zulässiger p · v Wert N/mm² · (m/min) v= m/min
v= m/min

Thermische Eigenschaften

Formbeständigkeit in der Wärme	*Verfahren*		°C
	Verfahren		°C
Formbeständigkeit Martens			170–180 °C
Längenausdehnungskoeffizient	*Bereich*	°C	$\cdot 10^{-4}K^{-1}$
	Temperatur		$\cdot 10^{-4}K^{-1}$
Wärmeleitfähigkeit	*Verfahren*		W/(K · m)
Spezifische Wärmekapazität	*Verfahren*		J/(K · g)

Brandverhalten

UL-Test vertikal Dicke mm, Wert
Dicke mm, Wert

	Norm	*Bewertung*	*Abmessungen*
Sauerstoff-Index	ASTM D 2863		
Glühstab-Verfahren	DIN 53459	2a	
Brandverhalten	DIN 4102		
MVSS			
FAR			

Elektrische Eigenschaften

		Hz	°C		*Probekörper, Form*
Dielektrizitätszahl		50			
		10^3			
		10^6			
Dielektrischer Verlustfaktor tan δ		50			
		10^3			
		10^6			
Spezifischer Durchgangs-widerstand	Ohm · cm		23	1.0*10**11	
Durchschlagfestigkeit	kV/mm				mm dick
Oberflächenwiderstand	Ohm		23	1.0*10**11	

Kriechstromfestigkeit KC <175 KB KA
Kriechwegbildung

Elektrolytische Korrosionswirkung
Lichtbogenfestigkeit nach DIN
nach ASTM s

Beständigkeit *(Chemische Beständigkeit siehe Anhang)*

Wasseraufnahme 4 d 20–30 mg

Feuchtigkeitsaufnahme Normalklima %
Wetterbeständigkeit

Produktklasse	Phenolharz-Formmasse		**PF**
Handelsname	**Supraplast-Formmasse GFP/49 D**		
Hersteller	SUED WEST		
DIN-Bezeichnung			
ISO-Bezeichnung			
Harzbasis	Phenolharz		
Zusätze		*Füllstoffe/ Verstärkung*	Glasfaser
Bevorzugte Verarbeitung	Pressen	*Lieferform*	Faserig
		Farben	
Besondere Merkmale	Sehr hohe mechanische Festigkeit; Hohe Waermeformbestaendigkeit; Geringe Schwindung und Nachschwindung; Schlagzaeh	*Bevorzugte Anwendungen*	Teil fuer Schweissgeraet; Elektrogeraeteteil

Dichte	g/cm^3	1.7–1.8	*Dosierbarkeit*	
Schüttdichte	g/cm^3		*Tablettierbarkeit*	Nicht automatisch
Fließeinstellung			*Lagerung*	Kuehl und trocken; 6 Monate

Verarbeitungsbedingungen für Pressen

Werkzeugtemperatur	°C	160–175
Pressdruck	bar	350–500
Härtezeit je mm	s	
Schwindung	%	0.10–0.20
Nachschwindung	%	0.05–0.10
Bemerkungen		

Verarbeitungsbedingungen für Spritzgießen

Zylindertemperatur	°C	
Düsentemperatur	°C	
Massetemp.	°C	
Werkzeugtemp.	°C	
Spritzdruck	bar	
Härtezeit	s	
Schwindung	%	
Nachschwindung	%	
Bemerkungen		

Zugversuch 23 °C

Probekörper: *Form* *Herstellung*

Zugfestigkeit	N/mm^2	*E-Modul*	N/mm^2
Reißdehnung	%	*Zeitstandzugfestigkeit*	h N/mm^2

Biegeversuch 23 °C DIN 53452;

Probekörper: *Form* *Herstellung* DIN 53470

Biegefestigkeit	N/mm^2 60–70	*E-Modul*	N/mm^2

Druckversuch 23°C

Probekörper: *Form* *Herstellung*

Druckfestigkeit	N/mm^2	*Stauchung*	%

Härte 23 °C *Probekörper:* *Herstellung*

Kugeldruckhärte N/mm^2 bei N, s

Schlagversuch *Probekörper:* *(1)* U-Kerbe *(2)* *Herstellung* DIN 53470

		°C		°C	°C	*Probekörper-Form*
Schlagzähigkeit	kJ/m²	23	15–17			NS
Kerbschlagzähigkeit (1)	kJ/m²	23	10–15			NS
IZOD-Kerbschlag-zähigkeit (2)	J/m					

Abrieb und Reibung

Taber-Abrieb (Reibradverfahren) mm³/100 U
Statische Reibungszahl
Dynamische Reibungszahl (p·v= N/mm²· m/min)
Zulässiger p · v Wert N/mm² · (m/min) v= m/min
v= m/min

Thermische Eigenschaften

Formbeständigkeit in der Wärme	*Verfahren*		°C
	Verfahren		°C
Formbeständigkeit Martens			160–170 °C
Längenausdehnungskoeffizient	*Bereich*	°C	$\cdot 10^{-4} K^{-1}$
	Temperatur		$\cdot 10^{-4} K^{-1}$
Wärmeleitfähigkeit	*Verfahren*		W/(K · m)
Spezifische Wärmekapazität	*Verfahren*		J/(K · g)

Brandverhalten

UL-Test vertikal Dicke mm, Wert
Dicke mm, Wert

	Norm	*Bewertung*	*Abmessungen*
Sauerstoff-Index	ASTM D 2863		
Glühstab-Verfahren	DIN 53459	2a	
Brandverhalten	DIN 4102		
MVSS			
FAR			

Elektrische Eigenschaften

		Hz	°C		*Probekörper, Form*
Dielektrizitätszahl		50			
		10^3			
		10^6			
Dielektrischer Verlustfaktor tan δ		50			
		10^3			
		10^6			
Spezifischer Durchgangs-widerstand	Ohm · cm		23	1.0*10**08–1.0*10**09	
Durchschlagfestigkeit	kV/mm				mm dick
Oberflächenwiderstand	Ohm		23	1.0*10**09–1.0*10**10	

Kriechstromfestigkeit KC <175 KB KA
Kriechwegbildung

Elektrolytische Korrosionswirkung
Lichtbogenfestigkeit nach DIN
nach ASTM s

Beständigkeit *(Chemische Beständigkeit siehe Anhang)*

Wasseraufnahme 4 d 20–30 mg

Feuchtigkeitsaufnahme Normalklima %
Wetterbeständigkeit

Produktklasse	Phenolharz-Formmasse		**PF**
Handelsname	**Supraplast-Formmasse GFP/478**		
Hersteller	SUED WEST		
DIN-Bezeichnung			
ISO-Bezeichnung			
Harzbasis	Phenolharz		
Zusätze		*Füllstoffe/ Verstärkung*	Glasfaser
Bevorzugte Verarbeitung	Pressen	*Lieferform*	Faserig
		Farben	
Besondere Merkmale	Hohe mechanische Festigkeit; Sehr gute thermische Bestaendigkeit; Ammoniakfrei; Schlaegzaeh	*Bevorzugte Anwendungen*	Elektrotechnik; Maschinenbau; Motorduese; Laufrolle

Dichte	g/cm^3	1.7–1.8	*Dosierbarkeit*	
Schüttdichte	g/cm^3		*Tablettierbarkeit*	Nicht automatisch
Fließeinstellung			*Lagerung*	Kuehl und trocken; 6 Monate

Verarbeitungsbedingungen für Pressen

Werkzeugtemperatur	°C	160–175
Pressdruck	bar	350–500
Härtezeit je mm	s	
Schwindung	%	0.05–0.10
Nachschwindung	%	0.20–0.30
Bemerkungen	Formmasse kann ausschliesslich auf verchromten Werkzeugen verarbeitet werden	

Verarbeitungsbedingungen für Spritzgießen

Zylindertemperatur	°C
Düsentemperatur	°C
Massetemp.	°C
Werkzeugtemp.	°C
Spritzdruck	bar
Härtezeit	s
Schwindung	%
Nachschwindung	%
Bemerkungen	

Zugversuch 23 °C

Probekörper: *Form* *Herstellung*

Zugfestigkeit	N/mm^2	*E-Modul*		N/mm^2
Reißdehnung	%	*Zeitstandzugfestigkeit*	h	N/mm^2

Biegeversuch 23 °C DIN 53452;

Probekörper: *Form* *Herstellung* DIN 53470

Biegefestigkeit	N/mm^2	60–80	*E-Modul*	N/mm^2

Druckversuch 23°C

Probekörper: *Form* *Herstellung*

Druckfestigkeit	N/mm^2	*Stauchung*	%

Härte 23 °C *Probekörper:* *Herstellung*

Kugeldruckhärte N/mm^2 bei N, s

Schlagversuch *Probekörper:* *(1)* U-Kerbe *(2)*

Herstellung DIN 53470

		°C		°C	°C	*Probekörper-Form*
Schlagzähigkeit	kJ/m²	23	10–15			NS
Kerbschlagzähigkeit (1)	kJ/m²	23	10–15			NS
IZOD-Kerbschlagzähigkeit (2)	J/m					

Abrieb und Reibung

Taber-Abrieb (Reibradverfahren) mm³/100 U
Statische Reibungszahl
Dynamische Reibungszahl (p·v= N/mm²· m/min)
Zulässiger p · v Wert N/mm² · (m/min) v= m/min
v= m/min

Thermische Eigenschaften

Formbeständigkeit in der Wärme	*Verfahren*		°C
	Verfahren		°C
Formbeständigkeit Martens			≧200 °C
Längenausdehnungskoeffizient	*Bereich*	°C	$\cdot 10^{-4}K^{-1}$
	Temperatur		$\cdot 10^{-4}K^{-1}$
Wärmeleitfähigkeit	*Verfahren*		W/(K · m)
Spezifische Wärmekapazität	*Verfahren*		J/(K · g)

Brandverhalten

UL-Test vertikal Dicke mm, Wert
Dicke mm, Wert

	Norm	*Bewertung*	*Abmessungen*
Sauerstoff-Index	ASTM D 2863		
Glühstab-Verfahren	DIN 53459	2a	
Brandverhalten	DIN 4102		
MVSS			
FAR			

Elektrische Eigenschaften

		Hz	°C		*Probekörper, Form*
Dielektrizitätszahl		50			
		10^3			
		10^6			
Dielektrischer Verlustfaktor tan δ		50			
		10^3			
		10^6			
Spezifischer Durchgangswiderstand	Ohm · cm		23	1.0*10**08–1.0*10**09	
Durchschlagfestigkeit	kV/mm				mm dick
Oberflächenwiderstand	Ohm		23	1.0*10**09	

Kriechstromfestigkeit KC 150 KB KA
Kriechwegbildung

Elektrolytische Korrosionswirkung
Lichtbogenfestigkeit nach DIN
nach ASTM s

Beständigkeit *(Chemische Beständigkeit siehe Anhang)*

Wasseraufnahme 4 d 100–150 mg

Feuchtigkeitsaufnahme Normalklima %
Wetterbeständigkeit

Produktklasse	Melamin-Phenolharz-Formmasse		**MPF**
Handelsname	**Supraplast-Formmasse MP 1050 P**		
Hersteller	SUED WEST		
DIN-Bezeichnung *ISO-Bezeichnung*			
Harzbasis	Melamin-Phenolharz		
Zusätze		*Füllstoffe/ Verstärkung*	Asbestfaser
Bevorzugte Verarbeitung	Pressen; Spritzpressen; Spritzgiessen	*Lieferform*	Granulat
		Farben	
Besondere Merkmale	Gute Festigkeitseigenschaften; Gute elektrische Isolationseigenschaften ; Kupferadhaesiv	*Bevorzugte Anwendungen*	Isolationsteil; Elektrischer Schalter; Kollektor; Grundplatte fuer Schaltgeraete

Dichte	g/cm³	1.8–1.9	*Dosierbarkeit*	Rieselfaehig
Schüttdichte	g/cm³	0.5–0.6	*Tablettierbarkeit*	Gut
Fließeinstellung	Extra weich, weich, mittel, hart		*Lagerung*	Raumtemperatur, trocken; 6 Monate

Verarbeitungsbedingungen für Pressen

Werkzeugtemperatur	°C	155–170
Pressdruck	bar	250–500
Härtezeit je mm	s	
Schwindung	%	0.1–0.2
Nachschwindung	%	
Bemerkungen		

Verarbeitungsbedingungen für Spritzgießen

Zylindertemperatur	°C	65–90
Düsentemperatur	°C	90–120
Massetemp.	°C	
Werkzeugtemp.	°C	160–190
Spritzdruck	bar	1200–2200
Härtezeit	s	
Schwindung	%	
Nachschwindung	%	
Bemerkungen		

Zugversuch 23 °C DIN 53455;
Probekörper: *Form* Nr.3 *Herstellung* DIN 53470

Zugfestigkeit	N/mm²	20–25	*E-Modul*	N/mm²	
Reißdehnung	%		*Zeitstandzugfestigkeit*	h N/mm²	

Biegeversuch 23 °C DIN 53452; DIN 53457
Probekörper: *Form* *Herstellung* DIN 53470

Biegefestigkeit	N/mm²	50–55	*E-Modul*	N/mm²	8000–9000

Druckversuch 23°C
Probekörper: *Form* *Herstellung*

Druckfestigkeit	N/mm²	*Stauchung*	%

Härte 23 °C *Probekörper:* *Herstellung*

Kugeldruckhärte N/mm² bei N, s

Schlagversuch *Probekörper:* *(1)* U-Kerbe
(2) *Herstellung* DIN 53470

		°C		°C		°C		*Probekörper-Form*
Schlagzähigkeit	kJ/m^2	23	5–6					NS
Kerbschlagzähigkeit (1)	kJ/m^2	23	5–6					NS
IZOD-Kerbschlag-zähigkeit (2)	J/m							

Abrieb und Reibung

Taber-Abrieb (Reibradverfahren) $mm^3/100$ U
Statische Reibungszahl
Dynamische Reibungszahl (p·v= N/mm^2· m/min)
Zulässiger p · v Wert N/mm^2 · (m/min) v= m/min
v= m/min

Thermische Eigenschaften

Formbeständigkeit in der Wärme	*Verfahren*		°C
	Verfahren		°C
Formbeständigkeit Martens			150–160 °C
Längenausdehnungskoeffizient	*Bereich*	°C	$\cdot 10^{-4}K^{-1}$
	Temperatur		$\cdot 10^{-4}K^{-1}$
Wärmeleitfähigkeit	*Verfahren*		W/(K · m)
Spezifische Wärmekapazität	*Verfahren*		J/(K · g)

Brandverhalten

UL-Test vertikal Dicke mm, Wert V-0
Dicke mm, Wert

	Norm	*Bewertung*	*Abmessungen*
Sauerstoff-Index	ASTM D 2863		
Glühstab-Verfahren	DIN 53459	1	
Brandverhalten	DIN 4102		
MVSS			
FAR			

Elektrische Eigenschaften

		Hz	°C		*Probekörper, Form*
Dielektrizitätszahl		50			
		10^3			
		10^6			
Dielektrischer Verlustfaktor tan δ		50			
		10^3			
		10^6			
Spezifischer Durchgangs-widerstand	Ohm · cm		23	1.0*10**10	
Durchschlagfestigkeit	kV/mm				mm dick
Oberflächenwiderstand	Ohm		23	1.0*10**09–1.0*10**10	

Kriechstromfestigkeit KC >600 KB KA
Kriechwegbildung CTI 600

Elektrolytische Korrosionswirkung
Lichtbogenfestigkeit nach DIN
nach ASTM s

Beständigkeit *(Chemische Beständigkeit siehe Anhang)*

Wasseraufnahme Ungetempert 4 d 120–150 mg
Nach 16 h bei 180 C 4 d 240–250 mg
Feuchtigkeitsaufnahme Normalklima %
Wetterbeständigkeit

Produktklasse	Melamin-Phenolharz-Formmasse		**MPF**
Handelsname	**Supraplast-Formmasse MP 1055 P**		
Hersteller	SUED WEST		
DIN-Bezeichnung *ISO-Bezeichnung*			
Harzbasis	Melamin; Phenol		
Zusätze		*Füllstoffe/ Verstärkung*	Asbestfaser
Bevorzugte Verarbeitung	Pressen; Spritzpressen	*Lieferform*	Granulat
		Farben	
Besondere Merkmale	Gute Festigkeitseigenschaften; Gute elektrische Isolationseigenschaften; Kupferadhaesiv	*Bevorzugte Anwendungen*	Korbkollektor

Dichte	g/cm^3	1.8–1.9	*Dosierbarkeit*	Rieselfaehig
Schüttdichte	g/cm^3		*Tablettierbarkeit*	Gut
Fließeinstellung			*Lagerung*	Raumtemperatur, trocken; 6 Monate

Verarbeitungsbedingungen für Pressen			**Verarbeitungsbedingungen für Spritzgießen**		
			Zylindertemperatur	°C	
			Düsentemperatur	°C	
			Massetemp.	°C	
Werkzeugtemperatur	°C	155–170	*Werkzeugtemp.*	°C	
Pressdruck	bar	250–500	*Spritzdruck*	bar	
Härtezeit je mm	s		*Härtezeit*	s	
Schwindung	%	0.1–0.2	*Schwindung*	%	
Nachschwindung	%		*Nachschwindung*	%	
Bemerkungen			*Bemerkungen*		

Zugversuch 23 °C DIN 53455;
Probekörper: *Form* Nr.3 — *Herstellung* DIN 53470

Zugfestigkeit	N/mm^2	15–20	*E-Modul*	N/mm^2	
Reißdehnung	%		*Zeitstandzugfestigkeit*	h N/mm^2	

Biegeversuch 23 °C DIN 53452; DIN 53457
Probekörper: *Form* NS — *Herstellung* DIN 53470

Biegefestigkeit	N/mm^2	40–50	*E-Modul*	N/mm^2	7000–8000

Druckversuch 23°C
Probekörper: *Form* — *Herstellung*

Druckfestigkeit	N/mm^2		*Stauchung*	%

Härte 23 °C *Probekörper:* — *Herstellung*

Kugeldruckhärte N/mm^2 bei N, s

Schlagversuch *Probekörper:* *(1)* U-Kerbe
(2)

Herstellung DIN 53470

		°C		°C	°C	*Probekörper-Form*
Schlagzähigkeit	kJ/m^2	23	4–5			NS
Kerbschlagzähigkeit (1)	kJ/m^2	23	4–5			NS
IZOD-Kerbschlag-zähigkeit (2)	J/m					

Abrieb und Reibung

Taber-Abrieb (Reibradverfahren) mm^3/100 U
Statische Reibungszahl
Dynamische Reibungszahl (p·v= N/mm^2· m/min)
Zulässiger p · v Wert N/mm^2·(m/min) v= m/min
v= m/min

Thermische Eigenschaften

Formbeständigkeit in der Wärme	*Verfahren*		°C
	Verfahren		°C
Formbeständigkeit Martens			150–160 °C
Längenausdehnungskoeffizient	*Bereich*	°C	$\cdot 10^{-4}K^{-1}$
	Temperatur		$\cdot 10^{-4}K^{-1}$
Wärmeleitfähigkeit	*Verfahren*		W/(K · m)
Spezifische Wärmekapazität	*Verfahren*		J/(K · g)

Brandverhalten

UL-Test vertikal Dicke mm, Wert V-0
Dicke mm, Wert

	Norm	*Bewertung*	*Abmessungen*
Sauerstoff-Index	ASTM D 2863		
Glühstab-Verfahren	DIN 53459	1	
Brandverhalten	DIN 4102		
MVSS			
FAR			

Elektrische Eigenschaften

		Hz	°C		*Probekörper, Form*
Dielektrizitätszahl		50			
		10^3			
		10^6			
Dielektrischer Verlustfaktor tan δ		50			
		10^3			
		10^6			
Spezifischer Durchgangs-widerstand	Ohm · cm		23	1.0*10**10	
Durchschlagfestigkeit	kV/mm				mm dick
Oberflächenwiderstand	Ohm		23	1.0*10**09–1.0*10**10	

Kriechstromfestigkeit KC >600 KB KA
Kriechwegbildung CTI 600

Elektrolytische Korrosionswirkung
Lichtbogenfestigkeit nach DIN
nach ASTM s

Beständigkeit *(Chemische Beständigkeit siehe Anhang)*

Wasseraufnahme Ungetempert 4 d 120–150 mg
Nach 16 h bei 180 C 4 d 240–250 mg
Feuchtigkeitsaufnahme Normalklima %
Wetterbeständigkeit

Produktklasse	Melamin-Phenolharz-Formmasse		**MPF**
Handelsname	**Supraplast-Formmasse MP 1041**		
Hersteller	SUED WEST		
DIN-Bezeichnung *ISO-Bezeichnung*			
Harzbasis	Melamin; Phenol		
Zusätze		*Füllstoffe/ Verstärkung*	Magnetitarme Asbestfaser
Bevorzugte Verarbeitung	Pressen; Spritzpressen	*Lieferform*	Granulat
		Farben	
Besondere Merkmale	Gute Festigkeitseigenschaften; Sehr gute elektrische Isolationseigenschaften; Kupferadhaesiv	*Bevorzugte Anwendungen*	Kleiner Kollektor; Rohrkollektor mit Haken

Dichte	g/cm³	1.9–2.0	*Dosierbarkeit*	Rieselfaehig
Schüttdichte	g/cm³		*Tablettierbarkeit*	Gut
Fließeinstellung	Extra weich, weich, mittel, hart		*Lagerung*	Verschlossen, kuehl; 6 Monate

Verarbeitungsbedingungen für Pressen

Werkzeugtemperatur	°C	155–170
Pressdruck	bar	250–500
Härtezeit je mm	s	
Schwindung	%	0.2–0.3
Nachschwindung	%	
Bemerkungen		

Verarbeitungsbedingungen für Spritzgießen

Zylindertemperatur	°C	
Düsentemperatur	°C	
Massetemp.	°C	
Werkzeugtemp.	°C	
Spritzdruck	bar	
Härtezeit	s	
Schwindung	%	
Nachschwindung	%	
Bemerkungen		

Zugversuch 23 °C DIN 53455;
Probekörper: *Form* Nr.3 *Herstellung* DIN 53470

Zugfestigkeit	N/mm²	20–25	*E-Modul*	N/mm²	
Reißdehnung	%		*Zeitstandzugfestigkeit*	h N/mm²	

Biegeversuch 23 °C DIN 53452; DIN 53457
Probekörper: *Form* NS *Herstellung* DIN 53470

Biegefestigkeit	N/mm²	45–55	*E-Modul*	N/mm²	8000–9000

Druckversuch 23 °C
Probekörper: *Form* *Herstellung*

Druckfestigkeit	N/mm²		*Stauchung*	%

Härte 23 °C *Probekörper:* *Herstellung*

Kugeldruckhärte N/mm² bei N, s

Schlagversuch *Probekörper:* *(1)* U-Kerbe *(2)* *Herstellung* DIN 53470

		°C		°C	°C	*Probekörper-Form*
Schlagzähigkeit	kJ/m²	23	4.5–5.5			NS
Kerbschlagzähigkeit (1)	kJ/m²	23	4.5–5			NS
IZOD-Kerbschlagzähigkeit (2)	J/m					

Abrieb und Reibung

Taber-Abrieb (Reibradverfahren) mm³/100 U
Statische Reibungszahl
Dynamische Reibungszahl (p · v= N/mm² · m/min)
Zulässiger p · v Wert N/mm² · (m/min) v= m/min
v= m/min

Thermische Eigenschaften

Formbeständigkeit in der Wärme	*Verfahren*		°C
	Verfahren		°C
Formbeständigkeit Martens			160–170 °C
Längenausdehnungskoeffizient	*Bereich*	°C	$\cdot 10^{-4}K^{-1}$
	Temperatur		$\cdot 10^{-4}K^{-1}$
Wärmeleitfähigkeit	*Verfahren*		W/(K · m)
Spezifische Wärmekapazität	*Verfahren*		J/(K · g)

Brandverhalten

UL-Test vertikal Dicke mm, Wert V-0
Dicke mm, Wert

	Norm	*Bewertung*	*Abmessungen*
Sauerstoff-Index	ASTM D 2863		
Glühstab-Verfahren	DIN 53459	1	
Brandverhalten	DIN 4102		
MVSS			
FAR			

Elektrische Eigenschaften

		Hz	°C			*Probekörper, Form*
Dielektrizitätszahl		50				
		10^3				
		10^6				
Dielektrischer Verlustfaktor tan δ		50				
		10^3				
		10^6				
Spezifischer Durchgangswiderstand	Ohm · cm		23	1.0*10**10		
Durchschlagfestigkeit	kV/mm					mm dick
Oberflächenwiderstand	Ohm		23	1.0*10**09–1.0*10**10		
Kriechstromfestigkeit		KC 600		KB	KA	
Kriechwegbildung		CTI 600				

Elektrolytische Korrosionswirkung
Lichtbogenfestigkeit nach DIN
nach ASTM s

Beständigkeit *(Chemische Beständigkeit siehe Anhang)*

Wasseraufnahme Ungetempert 4 d 150–175 mg
Nach 16 h bei 180 C 4 d 240–260 mg
Feuchtigkeitsaufnahme Normalklima %
Wetterbeständigkeit

Produktklasse	Melamin-Phenolharz-Formmasse		**MPF**
Handelsname	**Supraplast-Formmasse MP 1050 S**		
Hersteller	SUED WEST		
DIN-Bezeichnung			
ISO-Bezeichnung			
Harzbasis	Melamin; Phenol		
Zusätze		*Füllstoffe/ Verstärkung*	Magnetitarme Asbestfaser
Bevorzugte Verarbeitung	Pressen; Spritzpressen; Spritzgiessen	*Lieferform*	Granulat
		Farben	
Besondere Merkmale	Gute Festigkeitseigenschaften; Sehr gute elektrische Isolationseigenschaften; Kupferadhaesiv	*Bevorzugte Anwendungen*	Kollektor

Dichte	g/cm³	1.8–1.9	*Dosierbarkeit*	Rieselfaehig
Schüttdichte	g/cm³		*Tablettierbarkeit*	Gut
Fließeinstellung	Extra weich, weich, mittel, hart		*Lagerung*	Verschlossen, kuehl; 6 Monate

Verarbeitungsbedingungen für Pressen

Werkzeugtemperatur	°C	155–170
Pressdruck	bar	250–500
Härtezeit je mm	s	
Schwindung	%	0.2–0.3
Nachschwindung	%	
Bemerkungen		

Verarbeitungsbedingungen für Spritzgießen

Zylindertemperatur	°C	65–90
Düsentemperatur	°C	90–120
Massetemp.	°C	
Werkzeugtemp.	°C	160–190
Spritzdruck	bar	1300–2000
Härtezeit	s	
Schwindung	%	0.2–0.3
Nachschwindung	%	0.35–0.40
Bemerkungen		

Zugversuch 23 °C DIN 53455;
Probekörper: Form Nr.3 *Herstellung* DIN 53470

Zugfestigkeit	N/mm²	20–25	*E-Modul*	N/mm²	
Reißdehnung	%		*Zeitstandzugfestigkeit*	h N/mm²	

Biegeversuch 23 °C DIN 53452; DIN 53457
Probekörper: Form NS *Herstellung* DIN 53470

Biegefestigkeit	N/mm²	40–50	*E-Modul*	N/mm²	8000–9000

Druckversuch 23°C
Probekörper: Form *Herstellung*

Druckfestigkeit	N/mm²	*Stauchung*	%

Härte 23 °C *Probekörper:* *Herstellung*

Kugeldruckhärte N/mm² bei N, s

Schlagversuch *Probekörper:* *(1)* U-Kerbe
(2) *Herstellung* DIN 53470

		°C		°C	°C	*Probekörper-Form*
Schlagzähigkeit	kJ/m²	23	4.5–5.0			NS
Kerbschlagzähigkeit (1)	kJ/m²	23	4.5–5.0			NS
IZOD-Kerbschlag-zähigkeit (2)	J/m					

Abrieb und Reibung

Taber-Abrieb (Reibradverfahren) mm³/100 U
Statische Reibungszahl
Dynamische Reibungszahl (p·v= N/mm²· m/min)
Zulässiger p · v Wert N/mm² · (m/min) v= m/min
v= m/min

Thermische Eigenschaften

Formbeständigkeit in der Wärme	*Verfahren*		°C
	Verfahren		°C
Formbeständigkeit Martens			160–170 °C
Längenausdehnungskoeffizient	*Bereich*	°C	$\cdot 10^{-4}K^{-1}$
	Temperatur		$\cdot 10^{-4}K^{-1}$
Wärmeleitfähigkeit	*Verfahren*		W/(K · m)
Spezifische Wärmekapazität	*Verfahren*		J/(K · g)

Brandverhalten

UL-Test vertikal Dicke mm, Wert V-0
Dicke mm, Wert

	Norm	*Bewertung*	*Abmessungen*
Sauerstoff-Index	ASTM D 2863		
Glühstab-Verfahren	DIN 53459	1	
Brandverhalten	DIN 4102		
MVSS			
FAR			

Elektrische Eigenschaften

		Hz	°C		*Probekörper, Form*
Dielektrizitätszahl		50			
		10^3			
		10^6			
Dielektrischer Verlustfaktor tan δ		50			
		10^3			
		10^6			
Spezifischer Durchgangs-widerstand	Ohm · cm		23	1.0*10**10	
Durchschlagfestigkeit	kV/mm				mm dick
Oberflächenwiderstand	Ohm		23	1.0*10**09–1.0*10**10	

Kriechstromfestigkeit KC >600 KB KA
Kriechwegbildung CTI 600

Elektrolytische Korrosionswirkung
Lichtbogenfestigkeit nach DIN
nach ASTM s

Beständigkeit *(Chemische Beständigkeit siehe Anhang)*

Wasseraufnahme Ungetempert 4 d 160–180 mg
Nach 16 h bei 180 C 4 d 250–270 mg
Feuchtigkeitsaufnahme Normalklima %
Wetterbeständigkeit

MPF

Produktklasse	Melamin-Phenolharz-Formmasse
Handelsname	**Supraplast-Formmasse AE 1023**
Hersteller	SUED WEST
DIN-Bezeichnung	
ISO-Bezeichnung	
Harzbasis	Melamin; Phenol
Zusätze	
Füllstoffe/ Verstärkung	Glimmer; Glasfaser
Bevorzugte Verarbeitung	Pressen; Spritzpressen
Lieferform	Granulat
Farben	
Besondere Merkmale	Gute elektrische Isolationseigenschaften; Extremes Fliessvermoegen; Kupferadhaesiv
Bevorzugte Anwendungen	Ringarmierter Kollektor

Dichte	g/cm³	1.9–2.0
Schüttdichte	g/cm³	
Fließeinstellung		

Dosierbarkeit	Rieselfaehig
Tablettierbarkeit	Gut
Lagerung	Raumtemperatur, trocken; 6 Monate

Verarbeitungsbedingungen für Pressen

Werkzeugtemperatur	°C	150–170
Pressdruck	bar	200–500
Härtezeit je mm	s	30
Schwindung	%	0.03–0.07
Nachschwindung	%	
Bemerkungen		

Verarbeitungsbedingungen für Spritzgießen

Zylindertemperatur	°C	
Düsentemperatur	°C	
Massetemp.	°C	
Werkzeugtemp.	°C	
Spritzdruck	bar	
Härtezeit	s	
Schwindung	%	
Nachschwindung	%	
Bemerkungen		

Zugversuch 23 °C DIN 53455;
Probekörper: *Form* Nr.3 *Herstellung* DIN 53470

Zugfestigkeit	N/mm²	15–20	*E-Modul*	N/mm²	
Reißdehnung	%		*Zeitstandzugfestigkeit*	h N/mm²	

Biegeversuch 23 °C DIN 53452; DIN 53457
Probekörper: *Form* NS *Herstellung* DIN 53470

Biegefestigkeit	N/mm²	35–45	*E-Modul*	N/mm²	6000–7000

Druckversuch 23°C
Probekörper: *Form* *Herstellung*

Druckfestigkeit	N/mm²		*Stauchung*	%	

Härte 23 °C *Probekörper:* *Herstellung*

Kugeldruckhärte N/mm² bei N, s

Schlagversuch *Probekörper:* *(1)* U-Kerbe
(2)
Herstellung DIN 53470

		°C		°C	°C	*Probekörper-Form*
Schlagzähigkeit	kJ/m²	23	3.0–4.0			NS
Kerbschlagzähigkeit (1)	kJ/m²	23	3.0–4.0			NS
IZOD-Kerbschlagzähigkeit (2)	J/m					

Abrieb und Reibung

Taber-Abrieb (Reibradverfahren) mm³/100 U
Statische Reibungszahl
Dynamische Reibungszahl (p·v= N/mm²· m/min)
Zulässiger p · v Wert N/mm² · (m/min) v= m/min
v= m/min

Thermische Eigenschaften

Formbeständigkeit in der Wärme	*Verfahren*		°C
	Verfahren		°C
Formbeständigkeit Martens			130–140 °C
Längenausdehnungskoeffizient	*Bereich*	°C	$\cdot 10^{-4} K^{-1}$
	Temperatur		$\cdot 10^{-4} K^{-1}$
Wärmeleitfähigkeit	*Verfahren*		W/(K · m)
Spezifische Wärmekapazität	*Verfahren*		J/(K · g)

Brandverhalten

UL-Test vertikal Dicke mm, Wert V-0
Dicke mm, Wert

	Norm	*Bewertung*	*Abmessungen*
Sauerstoff-Index	ASTM D 2863		
Glühstab-Verfahren	DIN 53459	1	
Brandverhalten	DIN 4102		
MVSS			
FAR			

Elektrische Eigenschaften

		Hz	°C			*Probekörper, Form*
Dielektrizitätszahl		50				
		10^3				
		10^6				
Dielektrischer Verlustfaktor tan δ		50				
		10^3				
		10^6				
Spezifischer Durchgangswiderstand	Ohm · cm		23	≧1.0*10**08		
Durchschlagfestigkeit	kV/mm					mm dick
Oberflächenwiderstand	Ohm		23	1.0*10**10–1.0*10**11		
Kriechstromfestigkeit		KC 300	KB		KA	
Kriechwegbildung		CTI 600				

Elektrolytische Korrosionswirkung
Lichtbogenfestigkeit nach DIN
nach ASTM s

Beständigkeit *(Chemische Beständigkeit siehe Anhang)*

Wasseraufnahme Ungetempert 4 d 70–80 mg
Nach 16 h bei 180 C 4 d 90–110 mg
Feuchtigkeitsaufnahme Normalklima %
Wetterbeständigkeit

Produktklasse	Melamin-Phenolharz-Formmasse		**MPF**
Handelsname	**Supraplast-Formmasse AE 1050 S**		
Hersteller	SUED WEST		
DIN-Bezeichnung			
ISO-Bezeichnung			
Harzbasis	Melamin; Phenol		
Zusätze		*Füllstoffe/ Verstärkung*	Glasfaser; Aramidfaser
Bevorzugte Verarbeitung	Pressen; Spritzpressen; Spritzgiessen	*Lieferform*	Granulat
		Farben	
Besondere Merkmale	Gute Festigkeitseigenschaften; Gute elektrische Isolationseigenschaften; Kupferadhaesiv	*Bevorzugte Anwendungen*	Kollektor

Dichte	g/cm^3	2.1–2.2	*Dosierbarkeit*	Rieselfaehig
Schüttdichte	g/cm^3		*Tablettierbarkeit*	Gut
Fließeinstellung			*Lagerung*	Raumtemperatur, trocken; 6 Monate

Verarbeitungsbedingungen für Pressen

Werkzeugtemperatur	°C	
Pressdruck	bar	
Härtezeit je mm	s	
Schwindung	%	0.03–0.07
Nachschwindung	%	
Bemerkungen		

Verarbeitungsbedingungen für Spritzgießen

Zylindertemperatur	°C	
Düsentemperatur	°C	
Massetemp.	°C	
Werkzeugtemp.	°C	
Spritzdruck	bar	
Härtezeit	s	
Schwindung	%	
Nachschwindung	%	
Bemerkungen		

Zugversuch 23 °C DIN 53455;
Probekörper: *Form* Nr.3 *Herstellung* DIN 53470

Zugfestigkeit	N/mm^2	20–25	*E-Modul*	N/mm^2	
Reißdehnung	%		*Zeitstandzugfestigkeit*	h N/mm^2	

Biegeversuch 23 °C DIN 53452; DIN 53457
Probekörper: *Form* NS *Herstellung* DIN 53470

Biegefestigkeit	N/mm^2	50–60	*E-Modul*	N/mm^2	6000–7000

Druckversuch 23 °C
Probekörper: *Form* *Herstellung*

Druckfestigkeit	N/mm^2		*Stauchung*	%

Härte 23 °C *Probekörper:* *Herstellung*

Kugeldruckhärte N/mm^2 bei N, s

Schlagversuch *Probekörper:* *(1)* U-Kerbe
(2) *Herstellung* DIN 53470

		°C		°C	°C	*Probekörper-Form*
Schlagzähigkeit	kJ/m²	23	3.0–4.0			NS
Kerbschlagzähigkeit (1)	kJ/m²	23	3.0–4.0			NS
IZOD-Kerbschlagzähigkeit (2)	J/m					

Abrieb und Reibung

Taber-Abrieb (Reibradverfahren) mm³/100 U
Statische Reibungszahl
Dynamische Reibungszahl (p · v = N/mm² · m/min)
Zulässiger p · v Wert N/mm² · (m/min) v = m/min
v = m/min

Thermische Eigenschaften

Formbeständigkeit in der Wärme	*Verfahren*		°C
	Verfahren		°C
Formbeständigkeit Martens			130–150 °C
Längenausdehnungskoeffizient	*Bereich*	°C	$\cdot 10^{-4} K^{-1}$
	Temperatur		$\cdot 10^{-4} K^{-1}$
Wärmeleitfähigkeit	*Verfahren*		W/(K · m)
Spezifische Wärmekapazität	*Verfahren*		J/(K · g)

Brandverhalten

UL-Test vertikal Dicke mm, Wert V-0
Dicke mm, Wert

	Norm	*Bewertung*	*Abmessungen*
Sauerstoff-Index	ASTM D 2863		
Glühstab-Verfahren	DIN 53459	1	
Brandverhalten	DIN 4102		
MVSS			
FAR			

Elektrische Eigenschaften

		Hz	°C		*Probekörper, Form*
Dielektrizitätszahl		50			
		10^3			
		10^6			
Dielektrischer Verlustfaktor tan δ		50			
		10^3			
		10^6			
Spezifischer Durchgangswiderstand	Ohm · cm		23	≧1.0*10**09	
Durchschlagfestigkeit	kV/mm				mm dick
Oberflächenwiderstand	Ohm		23	1.0*10**07–1.0*10**08	

Kriechstromfestigkeit KC 600 KB KA
Kriechwegbildung CTI 600

Elektrolytische Korrosionswirkung
Lichtbogenfestigkeit nach DIN
nach ASTM s

Beständigkeit *(Chemische Beständigkeit siehe Anhang)*

Wasseraufnahme Ungetempert 4 d 70–80 mg
Nach 16 h bei 180 C 4 d 120–150 mg
Feuchtigkeitsaufnahme Normalklima %
Wetterbeständigkeit

PF

Produktklasse	Phenolharz-Formmasse
Handelsname	**Supraplast-Formmasse P 1037 N**
Hersteller	SUED WEST
DIN-Bezeichnung	
ISO-Bezeichnung	
Harzbasis	Phenol

Zusätze		*Füllstoffe/ Verstärkung*	Asbestfaser
Bevorzugte Verarbeitung	Pressen; Spritzpressen	*Lieferform*	Granulat
		Farben	
Besondere Merkmale	Gute Festigkeitseigenschaften; Gute Dornaufziehfestigkeit	*Bevorzugte Anwendungen*	Rohrkollektor; Hakenkollektor; Schleifringkoerper

---

Dichte	g/cm³	1.8–1.9	*Dosierbarkeit*	Rieselfaehig
Schüttdichte	g/cm³		*Tablettierbarkeit*	Gut
Fließeinstellung			*Lagerung*	Raumtemperatur, trocken; 6 Monate

Verarbeitungsbedingungen für Pressen

Werkzeugtemperatur	°C	160–175
Pressdruck	bar	350–500
Härtezeit je mm	s	30
Schwindung	%	0.05–0.10
Nachschwindung	%	
Bemerkungen		

Verarbeitungsbedingungen für Spritzgießen

Zylindertemperatur	°C	
Düsentemperatur	°C	
Massetemp.	°C	
Werkzeugtemp.	°C	
Spritzdruck	bar	
Härtezeit	s	
Schwindung	%	
Nachschwindung	%	
Bemerkungen		

Zugversuch 23 °C DIN 53455;
Probekörper: *Form* Nr.3 — *Herstellung* DIN 53470

Zugfestigkeit	N/mm²	25–30	*E-Modul*	N/mm²	
Reißdehnung	%		*Zeitstandzugfestigkeit*	h N/mm²	

Biegeversuch 23 °C DIN 53452; DIN 53457
Probekörper: *Form* NS — *Herstellung* DIN 53470

Biegefestigkeit	N/mm²	55–65	*E-Modul*	N/mm²	9000–10000

Druckversuch 23°C
Probekörper: *Form* — *Herstellung*

Druckfestigkeit	N/mm²		*Stauchung*	%	

Härte 23 °C *Probekörper:* — *Herstellung*

Kugeldruckhärte N/mm² bei N, s

Schlagversuch *Probekörper:* *(1)* U-Kerbe *(2)* *Herstellung* DIN 53470

		°C		°C	°C	*Probekörper-Form*
Schlagzähigkeit	kJ/m²	23	5–6			NS
Kerbschlagzähigkeit (1)	kJ/m²	23	5–6			NS
IZOD-Kerbschlag-zähigkeit (2)	J/m					

Abrieb und Reibung

Taber-Abrieb (Reibradverfahren) mm³/100 U
Statische Reibungszahl
Dynamische Reibungszahl (p·v= N/mm²· m/min)
Zulässiger p·v Wert N/mm²·(m/min) v= m/min
v= m/min

Thermische Eigenschaften

Formbeständigkeit in der Wärme	*Verfahren*		°C
	Verfahren		°C
Formbeständigkeit Martens			155–165 °C
Längenausdehnungskoeffizient	*Bereich*	°C	$\cdot 10^{-4} K^{-1}$
	Temperatur		$\cdot 10^{-4} K^{-1}$
Wärmeleitfähigkeit	*Verfahren*		W/(K · m)
Spezifische Wärmekapazität	*Verfahren*		J/(K · g)

Brandverhalten

UL-Test vertikal Dicke mm, Wert V-0
Dicke mm, Wert

	Norm	*Bewertung*	*Abmessungen*
Sauerstoff-Index	ASTM D 2863		
Glühstab-Verfahren	DIN 53459	1-2a	
Brandverhalten	DIN 4102		
MVSS			
FAR			

Elektrische Eigenschaften

		Hz	°C				*Probekörper, Form*
Dielektrizitätszahl		50					
		10^3					
		10^6					
Dielektrischer Verlustfaktor tan δ		50					
		10^3					
		10^6					
Spezifischer Durchgangs-widerstand	Ohm · cm		23	1.0*10**10			
Durchschlagfestigkeit	kV/mm						mm dick
Oberflächenwiderstand	Ohm		23	1.0*10**09			
Kriechstromfestigkeit		KC 175		KB		KA	
Kriechwegbildung		CTI 175					

Elektrolytische Korrosionswirkung
Lichtbogenfestigkeit nach DIN
nach ASTM s

Beständigkeit *(Chemische Beständigkeit siehe Anhang)*

Wasseraufnahme Ungetempert 4 d 70–80 mg
Nach 16 h bei 180 C 4 d 100–120 mg
Feuchtigkeitsaufnahme Normalklima %
Wetterbeständigkeit

PF

Produktklasse	Phenolharz-Formmasse
Handelsname	**Supraplast-Formmasse P 1038 SG**
Hersteller	SUED WEST
DIN-Bezeichnung	
ISO-Bezeichnung	
Harzbasis	Phenol
Zusätze	
Füllstoffe/ Verstärkung	Asbestfaser
Bevorzugte Verarbeitung	Pressen; Spritzpressen; Spritzgiessen
Lieferform	Granulat
Farben	
Besondere Merkmale	Gute Festigkeitseigenschaften; Gute Dornaufziehfestigkeit
Bevorzugte Anwendungen	Rohrkollektor; Hakenkollektor; Schleifringkoerper

---

Dichte	g/cm³	1.75–1.85
Schüttdichte	g/cm³	
Fließeinstellung		

Dosierbarkeit	Rieselfaehig
Tablettierbarkeit	Gut
Lagerung	Raumtemperatur, trocken; 6 Monate

Verarbeitungsbedingungen für Pressen

Werkzeugtemperatur	°C	
Pressdruck	bar	
Härtezeit je mm	s	
Schwindung	%	0.05–0.15
Nachschwindung	%	
Bemerkungen		

Verarbeitungsbedingungen für Spritzgießen

Zylindertemperatur	°C	75–85
Düsentemperatur	°C	80–100
Massetemp.	°C	
Werkzeugtemp.	°C	160–190
Spritzdruck	bar	1200–2200
Härtezeit	s	
Schwindung	%	
Nachschwindung	%	
Bemerkungen		

Zugversuch 23 °C DIN 53455;
Probekörper: *Form* Nr.3 *Herstellung* DIN 53470

Zugfestigkeit	N/mm²	15–20	*E-Modul*	N/mm²	
Reißdehnung	%		*Zeitstandzugfestigkeit*	h N/mm²	

Biegeversuch 23 °C DIN 53452; DIN 53457
Probekörper: *Form* NS *Herstellung* DIN 53470

Biegefestigkeit	N/mm²	50–60	*E-Modul*	N/mm²	8000–9000

Druckversuch 23°C
Probekörper: *Form* *Herstellung*

Druckfestigkeit	N/mm²		*Stauchung*	%	

Härte 23 °C *Probekörper:* *Herstellung*

Kugeldruckhärte N/mm² bei N, s

Schlagversuch *Probekörper:* *(1)* U-Kerbe
(2)
Herstellung DIN 53470

		°C		°C	°C	*Probekörper-Form*
Schlagzähigkeit	kJ/m²	23	5–6			NS
Kerbschlagzähigkeit (1)	kJ/m²	23	5–6			NS
IZOD-Kerbschlag-zähigkeit (2)	J/m					

Abrieb und Reibung

Taber-Abrieb (Reibradverfahren) mm³/100 U
Statische Reibungszahl
Dynamische Reibungszahl (p · v= N/mm² · m/min)
Zulässiger p · v Wert N/mm² · (m/min) v= m/min
v= m/min

Thermische Eigenschaften

Formbeständigkeit in der Wärme	*Verfahren*		°C
	Verfahren		°C
Formbeständigkeit Martens			150–160 °C
Längenausdehnungskoeffizient	*Bereich*	°C	$\cdot 10^{-4} K^{-1}$
	Temperatur		$\cdot 10^{-4} K^{-1}$
Wärmeleitfähigkeit	*Verfahren*		W/(K · m)
Spezifische Wärmekapazität	*Verfahren*		J/(K · g)

Brandverhalten

UL-Test vertikal Dicke mm, Wert V-0
Dicke mm, Wert

	Norm	*Bewertung*	*Abmessungen*
Sauerstoff-Index	ASTM D 2863		
Glühstab-Verfahren	DIN 53459	1-2a	
Brandverhalten	DIN 4102		
MVSS			
FAR			

Elektrische Eigenschaften

		Hz	°C			*Probekörper, Form*
Dielektrizitätszahl		50				
		10^3				
		10^6				
Dielektrischer Verlustfaktor tan δ		50				
		10^3				
		10^6				
Spezifischer Durchgangs-widerstand	Ohm · cm		23	1.0*10**10		
Durchschlagfestigkeit	kV/mm					mm dick
Oberflächenwiderstand	Ohm		23	1.0*10**09		
Kriechstromfestigkeit		KC 175		KB	KA	
Kriechwegbildung		CTI 175				

Elektrolytische Korrosionswirkung
Lichtbogenfestigkeit nach DIN
nach ASTM s

Beständigkeit *(Chemische Beständigkeit siehe Anhang)*

Wasseraufnahme Ungetempert 4 d 80–90 mg
Nach 16 h bei 180 C 4 d 100–130 mg
Feuchtigkeitsaufnahme Normalklima %
Wetterbeständigkeit

PF

Produktklasse	Phenolharz-Formmasse
Handelsname	**Supraplast-Formmasse V 479/09 K natur**
Hersteller	SUED WEST
DIN-Bezeichnung	
ISO-Bezeichnung	
Harzbasis	Phenol

Zusätze		*Füllstoffe/ Verstärkung*	Asbestfaser
Bevorzugte Verarbeitung	Pressen	*Lieferform*	Granulat
		Farben	Natur
Besondere Merkmale	Hochhitzebestaendig; Aeusserst geringe Schwindung und Nachschwindung; Gute Kupferadhaesivitaet	*Bevorzugte Anwendungen*	Kollektor; Schleifringkoerper

Dichte	g/cm³	1.85–1.9	*Dosierbarkeit*	Rieselfaehig
Schüttdichte	g/cm³		*Tablettierbarkeit*	Gut
Fließeinstellung			*Lagerung*	Raumtemperatur, trocken; 6 Monate

Verarbeitungsbedingungen für Pressen

Werkzeugtemperatur	°C	160–170
Pressdruck	bar	200–350
Härtezeit je mm	s	30
Schwindung	%	0.05–0.1
Nachschwindung	%	
Bemerkungen	Formmasse kann nur auf voellig verchromten Werkzeugen verarbeitet werden	

Verarbeitungsbedingungen für Spritzgießen

Zylindertemperatur	°C
Düsentemperatur	°C
Massetemp.	°C
Werkzeugtemp.	°C
Spritzdruck	bar
Härtezeit	s
Schwindung	%
Nachschwindung	%
Bemerkungen	

Zugversuch 23 °C DIN 53455;
Probekörper: *Form* Nr.3 *Herstellung* DIN 53470

Zugfestigkeit	N/mm² 20–25	*E-Modul*	N/mm²	
Reißdehnung	%	*Zeitstandzugfestigkeit*	h N/mm²	

Biegeversuch 23 °C DIN 53452; DIN 53457
Probekörper: *Form* NS *Herstellung* DIN 53470

Biegefestigkeit	N/mm² 45–55	*E-Modul*	N/mm² 8000–9000

Druckversuch 23 °C
Probekörper: *Form* *Herstellung*

Druckfestigkeit	N/mm²	*Stauchung*	%

Härte 23 °C *Probekörper:* *Herstellung*

Kugeldruckhärte N/mm² bei N, s

Schlagversuch *Probekörper:* *(1)* U-Kerbe *(2)* *Herstellung* DIN 53470

		°C		°C		°C		*Probekörper-Form*
Schlagzähigkeit	kJ/m^2	23	5.5–6.5					NS
Kerbschlagzähigkeit (1)	kJ/m^2	23	5.5–6.5					NS
IZOD-Kerbschlagzähigkeit (2)	J/m							

Abrieb und Reibung

Taber-Abrieb (Reibradverfahren) mm^3/100 U
Statische Reibungszahl
Dynamische Reibungszahl (p·v= N/mm^2· m/min)
Zulässiger p · v Wert N/mm^2·(m/min) v= m/min
v= m/min

Thermische Eigenschaften

Formbeständigkeit in der Wärme	*Verfahren*		°C
	Verfahren		°C
Formbeständigkeit Martens			160 °C
Längenausdehnungskoeffizient	*Bereich*	°C	$\cdot 10^{-4}K^{-1}$
	Temperatur		$\cdot 10^{-4}K^{-1}$
Wärmeleitfähigkeit	*Verfahren*		W/(K · m)
Spezifische Wärmekapazität	*Verfahren*		J/(K · g)

Brandverhalten

UL-Test vertikal Dicke mm, Wert V-0
Dicke mm, Wert

	Norm	*Bewertung*	*Abmessungen*
Sauerstoff-Index	ASTM D 2863		
Glühstab-Verfahren	DIN 53459	1	
Brandverhalten	DIN 4102		
MVSS			
FAR			

Elektrische Eigenschaften

		Hz	°C		*Probekörper, Form*
Dielektrizitätszahl		50			
		10^3			
		10^6			
Dielektrischer Verlustfaktor tan δ		50			
		10^3			
		10^6			
Spezifischer Durchgangswiderstand	Ohm · cm		23	≧1.0*10**11	
Durchschlagfestigkeit	kV/mm				mm dick
Oberflächenwiderstand	Ohm		23	1.0*10**07–1.0*10**08	

Kriechstromfestigkeit KC 175 KB KA
Kriechwegbildung CTI 175

Elektrolytische Korrosionswirkung
Lichtbogenfestigkeit nach DIN
nach ASTM s

Beständigkeit *(Chemische Beständigkeit siehe Anhang)*

Wasseraufnahme Ungetempert 4 d 150–200 mg
Nach 16 h bei 180 C 4 d 150–200 mg
Feuchtigkeitsaufnahme Normalklima %
Wetterbeständigkeit

Produktklasse	Polyesterharz-Formmasse		**UP**
Handelsname	**Supraplast-Formmasse Typ 802**		
Hersteller	SUED WEST		
DIN-Bezeichnung	802 DIN 16911		
ISO-Bezeichnung			
Harzbasis	Ungesaettigter Polyester		
Zusätze		*Füllstoffe/ Verstärkung*	Glaskurzfaser
Bevorzugte Verarbeitung	Pressen; Spritzpressen; Spritzgiessen	*Lieferform*	Zylindergranulat; Standardgranulat
		Farben	Natur; Beliebig einfaerbbar
Besondere Merkmale	Elektrisch hochwertig; Thermisch hochwertig	*Bevorzugte Anwendungen*	Standardtyp

Dichte	g/cm³	1.9–2.1	*Dosierbarkeit*	Rieselfaehig
Schüttdichte	g/cm³	0.7–0.8	*Tablettierbarkeit*	
Fließeinstellung	Extra weich, weich, mittel		*Lagerung*	Kuehl und trocken; 6 Monate

Verarbeitungsbedingungen für Pressen

Werkzeugtemperatur	°C	160–180
Pressdruck	bar	150–400
Härtezeit je mm	s	
Schwindung	%	0.3–0.5
Nachschwindung	%	0.1
Bemerkungen		

Verarbeitungsbedingungen für Spritzgießen

Zylindertemperatur	°C	70–90
Düsentemperatur	°C	90
Massetemp.	°C	
Werkzeugtemp.	°C	160–180
Spritzdruck	bar	600–1200
Härtezeit	s	
Schwindung	%	
Nachschwindung	%	
Bemerkungen		

Zugversuch 23 °C

Probekörper: *Form* *Herstellung*

Zugfestigkeit	N/mm²	*E-Modul*	N/mm²
Reißdehnung	%	*Zeitstandzugfestigkeit*	h N/mm²

Biegeversuch 23 °C DIN 53452;

Probekörper: *Form* *Herstellung* DIN 53470

Biegefestigkeit	N/mm² 55	*E-Modul*	N/mm²

Druckversuch 23°C DIN 53454

Probekörper: *Form* *Herstellung* DIN 53470

Druckfestigkeit	N/mm²	*Stauchung*	%

Härte 23 °C *Probekörper:* *Herstellung* DIN 53470

Kugeldruckhärte N/mm² 240 bei N, 30 s

Schlagversuch *Probekörper:* *(1)* U-Kerbe
(2)
Herstellung DIN 53470

		°C		°C	°C	*Probekörper-Form*
Schlagzähigkeit	kJ/m²	23	4.5			NS
Kerbschlagzähigkeit (1)	kJ/m²	23	3.0			NS
IZOD-Kerbschlag-zähigkeit (2)	J/m					

Abrieb und Reibung

Taber-Abrieb (Reibradverfahren) mm³/100 U
Statische Reibungszahl
Dynamische Reibungszahl (p·v= N/mm² · m/min)
Zulässiger p · v Wert N/mm² · (m/min) v= m/min
v= m/min

Thermische Eigenschaften

Formbeständigkeit in der Wärme	*Verfahren*		°C
	Verfahren		°C
Formbeständigkeit Martens			140 °C
Längenausdehnungskoeffizient	*Bereich*	°C	$\cdot 10^{-4} K^{-1}$
	Temperatur		$\cdot 10^{-4} K^{-1}$
Wärmeleitfähigkeit	*Verfahren*		W/(K · m)
Spezifische Wärmekapazität	*Verfahren*		J/(K · g)

Brandverhalten

UL-Test vertikal Dicke mm, Wert
Dicke mm, Wert

	Norm	*Bewertung*	*Abmessungen*
Sauerstoff-Index	ASTM D 2863		
Glühstab-Verfahren	DIN 53459	3	
Brandverhalten	DIN 4102		
MVSS			
FAR			

Elektrische Eigenschaften

		Hz	°C		*Probekörper, Form*
Dielektrizitätszahl		50			
		10^3	23	5.1	
		10^6			
Dielektrischer Verlustfaktor tan δ		50			
		10^3	23	0.03	
		10^6			
Spezifischer Durchgangs-widerstand	Ohm · cm		23	1.0*10**12	
Durchschlagfestigkeit	kV/mm		23	12	mm dick
Oberflächenwiderstand	Ohm		23	1.0*10**12	

Kriechstromfestigkeit KC >600 KB >600 KA 3c
Kriechwegbildung

Elektrolytische Korrosionswirkung
Lichtbogenfestigkeit nach DIN
nach ASTM s

Beständigkeit *(Chemische Beständigkeit siehe Anhang)*
Wasseraufnahme 4 d 45 mg

Feuchtigkeitsaufnahme Normalklima %
Wetterbeständigkeit

Produktklasse	Polyesterharz-Formmasse		**UP**
Handelsname	**Supraplast-Formmasse Typ 804**		
Hersteller	SUED WEST		
DIN-Bezeichnung *ISO-Bezeichnung*	804 DIN 16911		
Harzbasis	Ungesaettigter Polyester		
Zusätze		*Füllstoffe/ Verstärkung*	Glaskurzfaser
Bevorzugte Verarbeitung	Pressen; Spritzpressen; Spritzgiessen	*Lieferform*	Zylindergranulat; Standardgranulat
		Farben	Natur; Beliebig einfaerbbar
Besondere Merkmale	Elektrisch hochwertig; Thermisch hochwertig	*Bevorzugte Anwendungen*	Standardtyp

---

Dichte	g/cm^3	1.9–2.1	*Dosierbarkeit*	Rieselfaehig
Schüttdichte	g/cm^3	0.7–0.8	*Tablettierbarkeit*	
Fließeinstellung	Extra weich, weich, mittel		*Lagerung*	Kuehl und trocken; 6 Monate

Verarbeitungsbedingungen für Pressen			**Verarbeitungsbedingungen für Spritzgießen**		
			Zylindertemperatur	°C	70–90
			Düsentemperatur	°C	90
			Massetemp.	°C	
Werkzeugtemperatur	°C	160–180	*Werkzeugtemp.*	°C	160–180
Pressdruck	bar	150–400	*Spritzdruck*	bar	600–1200
Härtezeit je mm	s		*Härtezeit*	s	
Schwindung	%	0.3–0.5	*Schwindung*	%	
Nachschwindung	%	0.1	*Nachschwindung*	%	
Bemerkungen			*Bemerkungen*		

Zugversuch 23 °C

Probekörper: *Form* *Herstellung*

Zugfestigkeit	N/mm^2	*E-Modul*	N/mm^2
Reißdehnung	%	*Zeitstandzugfestigkeit*	h N/mm^2

Biegeversuch 23 °C DIN 53452;

Probekörper: *Form* *Herstellung* DIN 53470

Biegefestigkeit	N/mm^2 55	*E-Modul*	N/mm^2

Druckversuch 23 °C DIN 53454

Probekörper: *Form* *Herstellung* DIN 53470

Druckfestigkeit	N/mm^2	230	*Stauchung*	%

Härte 23 °C *Probekörper:* *Herstellung* DIN 53470

Kugeldruckhärte N/mm^2 240 bei N, 30 s

Schlagversuch *Probekörper:* *(1)* U-Kerbe
(2)
Herstellung DIN 53470

		°C		°C	°C	*Probekörper-Form*
Schlagzähigkeit	kJ/m²	23	4.5			NS
Kerbschlagzähigkeit (1)	kJ/m²	23	3.0			NS
IZOD-Kerbschlag-zähigkeit (2)	J/m					

Abrieb und Reibung

Taber-Abrieb (Reibradverfahren) mm³/100 U
Statische Reibungszahl
Dynamische Reibungszahl (p · v= N/mm² · m/min)
Zulässiger p · v Wert N/mm² · (m/min) v= m/min
v= m/min

Thermische Eigenschaften

Formbeständigkeit in der Wärme	*Verfahren*		°C
	Verfahren		°C
Formbeständigkeit Martens			140 °C
Längenausdehnungskoeffizient	*Bereich*	°C	$\cdot 10^{-4}K^{-1}$
	Temperatur		$\cdot 10^{-4}K^{-1}$
Wärmeleitfähigkeit	*Verfahren*		W/(K · m)
Spezifische Wärmekapazität	*Verfahren*		J/(K · g)

Brandverhalten

UL-Test vertikal Dicke mm, Wert
Dicke mm, Wert

	Norm	*Bewertung*	*Abmessungen*
Sauerstoff-Index	ASTM D 2863		
Glühstab-Verfahren	DIN 53459	4	
Brandverhalten	DIN 4102		
MVSS			
FAR			

Elektrische Eigenschaften

		Hz	°C		*Probekörper, Form*
Dielektrizitätszahl		50			
		10^3	23	5.1	
		10^6			
Dielektrischer Verlustfaktor tan δ		50			
		10^3	23	0.03	
		10^6			
Spezifischer Durchgangs-widerstand	Ohm · cm		23	1.0*10**12	
Durchschlagfestigkeit	kV/mm		23	12	mm dick
Oberflächenwiderstand	Ohm		23	1.0*10**12	

Kriechstromfestigkeit KC >600 KB >600 KA 3c
Kriechwegbildung

Elektrolytische Korrosionswirkung
Lichtbogenfestigkeit nach DIN
nach ASTM s

Beständigkeit *(Chemische Beständigkeit siehe Anhang)*

Wasseraufnahme 4 d 45 mg

Feuchtigkeitsaufnahme Normalklima %
Wetterbeständigkeit

Produktklasse	Polyesterharz-Formmasse		**UP**
Handelsname	**Supraplast-Formmasse UPT 117**		
Hersteller	SUED WEST		
DIN-Bezeichnung			
ISO-Bezeichnung			
Harzbasis	Ungesaettigter Polyester		
Zusätze		*Füllstoffe/ Verstärkung*	Organische Faser
Bevorzugte Verarbeitung	Pressen; Spritzpressen; Spritzgiessen	*Lieferform*	Zylindergranulat; Standardgranulat
		Farben	Natur; Beliebig einfaerbbar
Besondere Merkmale	Asbestfrei; Geringer Abrieb	*Bevorzugte Anwendungen*	Bewegliches Schuetzteil; Elektrotechnik

---

Dichte	g/cm^3	1.6–1.75	*Dosierbarkeit*	Rieselfaehig
Schüttdichte	g/cm^3		*Tablettierbarkeit*	
Fließeinstellung			*Lagerung*	6 Monate

Verarbeitungsbedingungen für Pressen

Werkzeugtemperatur	°C	160–180
Pressdruck	bar	150–400
Härtezeit je mm	s	
Schwindung	%	0.4–0.5
Nachschwindung	%	≦0.2
Bemerkungen		

Verarbeitungsbedingungen für Spritzgießen

Zylindertemperatur	°C	60–80
Düsentemperatur	°C	90
Massetemp.	°C	
Werkzeugtemp.	°C	160–180
Spritzdruck	bar	600–1200
Härtezeit	s	
Schwindung	%	
Nachschwindung	%	
Bemerkungen		

Zugversuch 23 °C

Probekörper: *Form* *Herstellung*

Zugfestigkeit	N/mm^2	*E-Modul*	N/mm^2
Reißdehnung	%	*Zeitstandzugfestigkeit*	h N/mm^2

Biegeversuch 23 °C DIN 53452;

Probekörper: *Form* *Herstellung* DIN 53470

Biegefestigkeit	N/mm^2 50–60	*E-Modul*	N/mm^2

Druckversuch 23 °C DIN 53454

Probekörper: *Form* *Herstellung* DIN 53470

Druckfestigkeit	N/mm^2	≧180	*Stauchung*	%

Härte 23 °C *Probekörper:* *Herstellung* DIN 53470

Kugeldruckhärte N/mm^2 ≧150 bei N, 30 s

Schlagversuch *Probekörper:* *(1)* U-Kerbe
(2) *Herstellung* DIN 53470

		°C		°C		°C		*Probekörper-Form*
Schlagzähigkeit	kJ/m²	23	5–6					NS
Kerbschlagzähigkeit (1)	kJ/m²	23	2.5					NS
IZOD-Kerbschlagzähigkeit (2)	J/m							

Abrieb und Reibung
Taber-Abrieb (Reibradverfahren) mm³/100 U
Statische Reibungszahl
Dynamische Reibungszahl (p·v= N/mm²· m/min)
Zulässiger p · v Wert N/mm² · (m/min) v= m/min
v= m/min

Thermische Eigenschaften

Formbeständigkeit in der Wärme	*Verfahren*		°C
	Verfahren		°C
Formbeständigkeit Martens			≧100 °C
Längenausdehnungskoeffizient	*Bereich*	°C	$\cdot 10^{-4}K^{-1}$
	Temperatur		$\cdot 10^{-4}K^{-1}$
Wärmeleitfähigkeit	*Verfahren*		W/(K · m)
Spezifische Wärmekapazität	*Verfahren*		J/(K · g)

Brandverhalten
UL-Test vertikal Dicke mm, Wert
Dicke mm, Wert

	Norm	*Bewertung*	*Abmessungen*
Sauerstoff-Index	ASTM D 2863		
Glühstab-Verfahren	DIN 53459	2a-2b	
Brandverhalten	DIN 4102		
MVSS			
FAR			

Elektrische Eigenschaften

		Hz	°C			*Probekörper, Form*
Dielektrizitätszahl		50				
		10^3	23	5.0		
		10^6				
Dielektrischer Verlustfaktor tan δ		50				
		10^3	23	0.02		
		10^6				
Spezifischer Durchgangswiderstand	Ohm · cm		23	1.0*10**13		
Durchschlagfestigkeit	kV/mm		23	≧15		mm dick
Oberflächenwiderstand	Ohm		23	1.0*10**11		

Kriechstromfestigkeit KC 600 KB 600 KA
Kriechwegbildung

Elektrolytische Korrosionswirkung
Lichtbogenfestigkeit nach DIN
nach ASTM s

Beständigkeit *(Chemische Beständigkeit siehe Anhang)*
Wasseraufnahme 4 d ≦200 mg

Feuchtigkeitsaufnahme Normalklima %
Wetterbeständigkeit

UP

Produktklasse	Polyesterharz-Formmasse		
Handelsname	**Supraplast-Formmasse UPT 118**		
Hersteller	SUED WEST		
DIN-Bezeichnung *ISO-Bezeichnung*			
Harzbasis	Ungesaettigter Polyester		
Zusätze		*Füllstoffe/ Verstärkung*	Organische Faser
Bevorzugte Verarbeitung	Pressen; Spritzpressen; Spritzgiessen	*Lieferform*	Zylindergranulat; Standardgranulat
		Farben	Natur; Beliebig einfaerbbar
Besondere Merkmale	Asbestfrei; Halogenfrei; Geringer Abrieb	*Bevorzugte Anwendungen*	Bewegliches Schuetzteil; Elektrotechnik

Dichte	g/cm³	1.6–1.75	*Dosierbarkeit*	Rieselfaehig
Schüttdichte	g/cm³		*Tablettierbarkeit*	
Fließeinstellung			*Lagerung*	6 Monate

Verarbeitungsbedingungen für Pressen

Werkzeugtemperatur	°C	160–180
Pressdruck	bar	150–400
Härtezeit je mm	s	
Schwindung	%	0.5–0.7
Nachschwindung	%	≦0.2
Bemerkungen		

Verarbeitungsbedingungen für Spritzgießen

Zylindertemperatur	°C	60–90
Düsentemperatur	°C	90
Massetemp.	°C	
Werkzeugtemp.	°C	160–180
Spritzdruck	bar	600–1200
Härtezeit	s	
Schwindung	%	
Nachschwindung	%	
Bemerkungen		

Zugversuch 23 °C

Probekörper: *Form* *Herstellung*

Zugfestigkeit	N/mm²		*E-Modul*	N/mm²
Reißdehnung	%		*Zeitstandzugfestigkeit*	h N/mm²

Biegeversuch 23 °C DIN 53452;

Probekörper: *Form* *Herstellung* DIN 53470

Biegefestigkeit	N/mm²	55–70	*E-Modul*	N/mm²

Druckversuch 23 °C DIN 53454

Probekörper: *Form* *Herstellung* DIN 53470

Druckfestigkeit	N/mm²	≧180	*Stauchung*	%

Härte 23 °C *Probekörper:* *Herstellung* DIN 53470

Kugeldruckhärte N/mm² ≧150 bei N, 30 s

Schlagversuch *Probekörper:* *(1)* U-Kerbe *(2)* *Herstellung* DIN 53470

		°C		°C		°C		*Probekörper-Form*
Schlagzähigkeit	kJ/m²	23	5–7					NS
Kerbschlagzähigkeit (1)	kJ/m²	23	2.5–3.5					NS
IZOD-Kerbschlagzähigkeit (2)	J/m							

Abrieb und Reibung

Taber-Abrieb (Reibradverfahren)	mm³/100 U
Statische Reibungszahl	
Dynamische Reibungszahl	(p·v= N/mm² · m/min)
Zulässiger p · v Wert	N/mm² · (m/min) v= m/min
	v= m/min

Thermische Eigenschaften

Formbeständigkeit in der Wärme	*Verfahren*		°C
	Verfahren		°C
Formbeständigkeit Martens			≧100 °C
Längenausdehnungskoeffizient	*Bereich*	°C	· $10^{-4}K^{-1}$
	Temperatur		· $10^{-4}K^{-1}$
Wärmeleitfähigkeit	*Verfahren*		W/(K · m)
Spezifische Wärmekapazität	*Verfahren*		J/(K · g)

Brandverhalten

UL-Test vertikal Dicke mm, Wert V-1
Dicke mm, Wert

	Norm	*Bewertung*	*Abmessungen*
Sauerstoff-Index	ASTM D 2863		
Glühstab-Verfahren	DIN 53459	2a	
Brandverhalten	DIN 4102		
MVSS			
FAR			

Elektrische Eigenschaften

		Hz	°C		*Probekörper, Form*
Dielektrizitätszahl		50			
		10^3	23	4.0–5.0	
		10^6			
Dielektrischer Verlustfaktor tan δ		50			
		10^3	23	0.05	
		10^6			
Spezifischer Durchgangswiderstand	Ohm · cm		23	1.0*10**13	
Durchschlagfestigkeit	kV/mm		23	≧15	mm dick
Oberflächenwiderstand	Ohm		23	1.0*10**10–1.0*10**11	

Kriechstromfestigkeit KC 600 KB 600 KA
Kriechwegbildung

Elektrolytische Korrosionswirkung
Lichtbogenfestigkeit nach DIN
nach ASTM s

Beständigkeit *(Chemische Beständigkeit siehe Anhang)*

Wasseraufnahme 4 d 100–150 mg

Feuchtigkeitsaufnahme Normalklima %
Wetterbeständigkeit

UP

Produktklasse	Polyesterharz-Formmasse
Handelsname	**Supraplast-Formmasse UPT 119**
Hersteller	SUED WEST
DIN-Bezeichnung	
ISO-Bezeichnung	
Harzbasis	Ungesaettigter Polyester
Zusätze	
Füllstoffe/ Verstärkung	Organische Faser
Bevorzugte Verarbeitung	Pressen; Spritzpressen; Spritzgiessen
Lieferform	Zylindergranulat; Standardgranulat
Farben	Natur; Beliebig einfaerbbar
Besondere Merkmale	Asbestfrei; Mechanisch hochwertig; Geringer Abrieb
Bevorzugte Anwendungen	Bewegliches Schuetzteil; Elektrotechnik

Dichte	g/cm³	1.6–1.75
Schüttdichte	g/cm³	
Fließeinstellung		

Dosierbarkeit	Rieselfaehig
Tablettierbarkeit	
Lagerung	6 Monate

Verarbeitungsbedingungen für Pressen

Werkzeugtemperatur	°C	160–180
Pressdruck	bar	150–400
Härtezeit je mm	s	
Schwindung	%	0.5–0.7
Nachschwindung	%	≦0.2
Bemerkungen		

Verarbeitungsbedingungen für Spritzgießen

Zylindertemperatur	°C	60–90
Düsentemperatur	°C	90
Massetemp.	°C	
Werkzeugtemp.	°C	160–180
Spritzdruck	bar	600–1200
Härtezeit	s	
Schwindung	%	
Nachschwindung	%	
Bemerkungen		

Zugversuch 23 °C

Probekörper: *Form* *Herstellung*

Zugfestigkeit	N/mm²	*E-Modul*	N/mm²
Reißdehnung	%	*Zeitstandzugfestigkeit*	h N/mm²

Biegeversuch 23 °C DIN 53452;
Probekörper: *Form* *Herstellung* DIN 53470

Biegefestigkeit	N/mm² 55–70	*E-Modul*	N/mm²

Druckversuch 23 °C DIN 53454
Probekörper: *Form* *Herstellung* DIN 53470

Druckfestigkeit	N/mm² ≧180	*Stauchung*	%

Härte 23 °C *Probekörper:* *Herstellung* DIN 53470

Kugeldruckhärte N/mm² ≧150 bei N, 30 s

Schlagversuch *Probekörper:* *(1)* U-Kerbe
(2)
Herstellung DIN 53470

		°C		°C		°C		*Probekörper-Form*
Schlagzähigkeit	kJ/m²	23	5–7					NS
Kerbschlagzähigkeit (1)	kJ/m²	23	2.7–3.5					NS
IZOD-Kerbschlagzähigkeit (2)	J/m							

Abrieb und Reibung

Taber-Abrieb (Reibradverfahren) mm³/100 U
Statische Reibungszahl
Dynamische Reibungszahl (p·v= N/mm²· m/min)
Zulässiger p · v Wert N/mm² · (m/min) v= m/min
v= m/min

Thermische Eigenschaften

Formbeständigkeit in der Wärme	*Verfahren*		°C
	Verfahren		°C
Formbeständigkeit Martens			130–160 °C
Längenausdehnungskoeffizient	*Bereich*	°C	$\cdot 10^{-4}K^{-1}$
	Temperatur		$\cdot 10^{-4}K^{-1}$
Wärmeleitfähigkeit	*Verfahren*		W/(K · m)
Spezifische Wärmekapazität	*Verfahren*		J/(K · g)

Brandverhalten

UL-Test vertikal Dicke mm, Wert V-0
Dicke mm, Wert

	Norm	*Bewertung*	*Abmessungen*
Sauerstoff-Index	ASTM D 2863		
Glühstab-Verfahren	DIN 53459	2a	
Brandverhalten	DIN 4102		
MVSS			
FAR			

Elektrische Eigenschaften

		Hz	°C			*Probekörper, Form*
Dielektrizitätszahl		50				
		10^3	23	4.0–5.0		
		10^6				
Dielektrischer Verlustfaktor tan δ		50				
		10^3	23	0.05		
		10^6				
Spezifischer Durchgangswiderstand	Ohm · cm		23	1.0*10**13		
Durchschlagfestigkeit	kV/mm		23	≧15		mm dick
Oberflächenwiderstand	Ohm		23	1.0*10**10–1.0*10**11		
Kriechstromfestigkeit		KC 600		KB 600	KA	
Kriechwegbildung						
Elektrolytische Korrosionswirkung						
Lichtbogenfestigkeit nach DIN						
nach ASTM	s					

Beständigkeit *(Chemische Beständigkeit siehe Anhang)*

Wasseraufnahme 4 d 150 mg

Feuchtigkeitsaufnahme Normalklima %
Wetterbeständigkeit

UP

Produktklasse	Polyesterharz-Formmasse		
Handelsname	**Supraplast-Formmasse MPO 3112**		
Hersteller	SUED WEST		
DIN-Bezeichnung *ISO-Bezeichnung*			
Harzbasis	Ungesaettigter Polyester; Melamin		
Zusätze		*Füllstoffe/ Verstärkung*	Organische Faser; Asbest
Bevorzugte Verarbeitung	Pressen; Spritzpressen	*Lieferform*	Standardgranulat
		Farben	Natur; Beliebig einfaerbbar
Besondere Merkmale	Sehr gute Abriebfestigkeit	*Bevorzugte Anwendungen*	Formteil fuer die Elektrotechnik mit sehr hoher Schaltleistung

Dichte	g/cm³	1.75–1.77	*Dosierbarkeit*	Rieselfaehig
Schüttdichte	g/cm³	0.52–0.56	*Tablettierbarkeit*	
Fließeinstellung			*Lagerung*	6 Monate

Verarbeitungsbedingungen für Pressen

Werkzeugtemperatur	°C	150–170
Pressdruck	bar	150–400
Härtezeit je mm	s	
Schwindung	%	0.35–0.45
Nachschwindung	%	0.18–0.25
Bemerkungen		

Verarbeitungsbedingungen für Spritzgießen

Zylindertemperatur	°C	
Düsentemperatur	°C	
Massetemp.	°C	
Werkzeugtemp.	°C	
Spritzdruck	bar	
Härtezeit	s	
Schwindung	%	
Nachschwindung	%	
Bemerkungen		

Zugversuch 23 °C *Probekörper:* *Form* *Herstellung*

Zugfestigkeit	N/mm²		*E-Modul*	N/mm²
Reißdehnung	%		*Zeitstandzugfestigkeit*	h N/mm²

Biegeversuch 23 °C DIN 53452; *Probekörper:* *Form* *Herstellung* DIN 53470

Biegefestigkeit	N/mm²	55–60	*E-Modul*	N/mm²

Druckversuch 23°C DIN 53454 *Probekörper:* *Form* *Herstellung* DIN 53470

Druckfestigkeit	N/mm²	≧200	*Stauchung*	%

Härte 23 °C *Probekörper:* *Herstellung* DIN 53470

Kugeldruckhärte N/mm² ≧280 bei N, 30 s

Schlagversuch *Probekörper:* *(1)* U-Kerbe
(2) *Herstellung* DIN 53470

		°C		°C		°C		*Probekörper-Form*
Schlagzähigkeit	kJ/m²	23	3.7–4.2					NS
Kerbschlagzähigkeit (1)	kJ/m²	23	3.0–3.5					NS
IZOD-Kerbschlagzähigkeit (2)	J/m							

Abrieb und Reibung

Taber-Abrieb (Reibradverfahren) mm³/100 U
Statische Reibungszahl
Dynamische Reibungszahl (p·v= N/mm²· m/min)
Zulässiger p · v Wert N/mm² · (m/min) v= m/min
v= m/min

Thermische Eigenschaften

Formbeständigkeit in der Wärme	*Verfahren*		°C
	Verfahren		°C
Formbeständigkeit Martens			160–170 °C
Längenausdehnungskoeffizient	*Bereich*	°C	$\cdot 10^{-4}K^{-1}$
	Temperatur		$\cdot 10^{-4}K^{-1}$
Wärmeleitfähigkeit	*Verfahren*		W/(K · m)
Spezifische Wärmekapazität	*Verfahren*		J/(K · g)

Brandverhalten

UL-Test vertikal Dicke mm, Wert
Dicke mm, Wert

	Norm	*Bewertung*	*Abmessungen*
Sauerstoff-Index	ASTM D 2863		
Glühstab-Verfahren	DIN 53459	2a-2b	
Brandverhalten	DIN 4102		
MVSS			
FAR			

Elektrische Eigenschaften

		Hz	°C		*Probekörper, Form*
Dielektrizitätszahl		50			
		10^3			
		10^6			
Dielektrischer Verlustfaktor tan δ		50			
		10^3	23	≦0.15	
		10^6			
Spezifischer Durchgangswiderstand	Ohm · cm		23	1.0*10**11	
Durchschlagfestigkeit	kV/mm		23	≧10	mm dick
Oberflächenwiderstand	Ohm		23	≧1.0*10**09	

Kriechstromfestigkeit KC >600 KB >600 KA
Kriechwegbildung

Elektrolytische Korrosionswirkung
Lichtbogenfestigkeit nach DIN
nach ASTM s

Beständigkeit *(Chemische Beständigkeit siehe Anhang)*
Wasseraufnahme 4 d 100–120 mg

Feuchtigkeitsaufnahme Normalklima %
Wetterbeständigkeit

UP

Produktklasse	Polyesterharz-Formmasse
Handelsname	**Supraplast-Formmasse UPA 53 K**
Hersteller	SUED WEST
DIN-Bezeichnung	802 DIN 16911
ISO-Bezeichnung	
Harzbasis	Ungesaettigter Polyester
Zusätze	
Füllstoffe/ Verstärkung	Glasfaser
Bevorzugte Verarbeitung	Pressen; Spritzpressen; Spritzgiessen
Lieferform	Zylindergranulat; Standardgranulat
Farben	Natur; Beliebig einfaerbbar
Besondere Merkmale	Keramiksubstitution; Hochwaermebestaendig; Gute Vergilbungsresistenz
Bevorzugte Anwendungen	Lampensockel; Sicherungselement; Elektrotechnik

Dichte	g/cm^3	2.1
Schüttdichte	g/cm^3	
Fließeinstellung		
Dosierbarkeit		Rieselfaehig
Tablettierbarkeit		
Lagerung		6 Monate

Verarbeitungsbedingungen für Pressen

Werkzeugtemperatur	°C	160–180
Pressdruck	bar	150–300
Härtezeit je mm	s	
Schwindung	%	0.2–0.3
Nachschwindung	%	0.0
Bemerkungen		

Verarbeitungsbedingungen für Spritzgießen

Zylindertemperatur	°C	60–80
Düsentemperatur	°C	90
Massetemp.	°C	
Werkzeugtemp.	°C	160–180
Spritzdruck	bar	500–1000
Härtezeit	s	
Schwindung	%	
Nachschwindung	%	
Bemerkungen		

Zugversuch 23 °C

Probekörper: *Form* *Herstellung*

Zugfestigkeit	N/mm^2		*E-Modul*	N/mm^2
Reißdehnung	%		*Zeitstandzugfestigkeit*	h N/mm^2

Biegeversuch 23 °C DIN 53452;

Probekörper: *Form* *Herstellung* DIN 53470

Biegefestigkeit	N/mm^2	55–65	*E-Modul*	N/mm^2

Druckversuch 23 °C DIN 53454

Probekörper: *Form* *Herstellung* DIN 53470

Druckfestigkeit	N/mm^2	160–220	*Stauchung*	%

Härte 23 °C *Probekörper:* *Herstellung* DIN 53470

Kugeldruckhärte	N/mm^2	$\geqq 160$	bei	N, 30 s

Schlagversuch *Probekörper:* *(1)* U-Kerbe
(2)

Herstellung DIN 53470

		°C		°C	°C	*Probekörper-Form*
Schlagzähigkeit	kJ/m²	23	5–6			NS
Kerbschlagzähigkeit (1)	kJ/m²	23	3–4			NS
IZOD-Kerbschlag-zähigkeit (2)	J/m					

Abrieb und Reibung

Taber-Abrieb (Reibradverfahren) mm³/100 U
Statische Reibungszahl
Dynamische Reibungszahl (p·v= N/mm² · m/min)
Zulässiger p · v Wert N/mm² · (m/min) v= m/min
v= m/min

Thermische Eigenschaften

Formbeständigkeit in der Wärme	*Verfahren*		°C
	Verfahren		°C
Formbeständigkeit Martens			≧220 °C
Längenausdehnungskoeffizient	*Bereich*	°C	$\cdot 10^{-4} K^{-1}$
	Temperatur		$\cdot 10^{-4} K^{-1}$
Wärmeleitfähigkeit	*Verfahren*		W/(K · m)
Spezifische Wärmekapazität	*Verfahren*		J/(K · g)

Brandverhalten

UL-Test vertikal Dicke mm, Wert
Dicke mm, Wert

	Norm	*Bewertung*	*Abmessungen*
Sauerstoff-Index	ASTM D 2863		
Glühstab-Verfahren	DIN 53459	2a	
Brandverhalten	DIN 4102		
MVSS			
FAR			

Elektrische Eigenschaften

		Hz	°C		*Probekörper, Form*
Dielektrizitätszahl		50			
		10^3	23	5.0	
		10^6			
Dielektrischer Verlustfaktor tan δ		50			
		10^3	23	≦0.02	
		10^6			
Spezifischer Durchgangs-widerstand	Ohm · cm		23	1.0*10**14	
Durchschlagfestigkeit	kV/mm		23	≧17	mm dick
Oberflächenwiderstand	Ohm		23	1.0*10**13	

Kriechstromfestigkeit KC 600 KB 600 KA
Kriechwegbildung

Elektrolytische Korrosionswirkung
Lichtbogenfestigkeit nach DIN
nach ASTM s

Beständigkeit *(Chemische Beständigkeit siehe Anhang)*

Wasseraufnahme 4 d ≦30 mg

Feuchtigkeitsaufnahme Normalklima %
Wetterbeständigkeit

UP

Produktklasse	Polyesterharz-Formmasse
Handelsname	**Supraplast-Formmasse UPA 53 SW**
Hersteller	SUED WEST
DIN-Bezeichnung	804 DIN 16911
ISO-Bezeichnung	
Harzbasis	Ungesaettigter Polyester

Zusätze		*Füllstoffe/ Verstärkung*	Glaskurzfaser
Bevorzugte Verarbeitung	Pressen; Spritzpressen; Spritzgiessen	*Lieferform*	Zylindergranulat; Standardgranulat
		Farben	Natur; Beliebig einfaerbbar
Besondere Merkmale	Hochwaermebestaendig; Lichtbogenfest	*Bevorzugte Anwendungen*	Lampensockel; Sicherungselement; Elektrotechnik

---

Dichte	g/cm³	2.1	*Dosierbarkeit*	Rieselfaehig
Schüttdichte	g/cm³	0.7–0.8	*Tablettierbarkeit*	
Fließeinstellung			*Lagerung*	6 Monate

Verarbeitungsbedingungen für Pressen

Werkzeugtemperatur	°C	160–180
Pressdruck	bar	150–400
Härtezeit je mm	s	
Schwindung	%	0.2–0.4
Nachschwindung	%	0.0
Bemerkungen		

Verarbeitungsbedingungen für Spritzgießen

Zylindertemperatur	°C	60–80
Düsentemperatur	°C	90
Massetemp.	°C	
Werkzeugtemp.	°C	160–180
Spritzdruck	bar	600–1200
Härtezeit	s	
Schwindung	%	
Nachschwindung	%	
Bemerkungen		

Zugversuch 23 °C

Probekörper: *Form* *Herstellung*

Zugfestigkeit	N/mm²	*E-Modul*	N/mm²
Reißdehnung	%	*Zeitstandzugfestigkeit*	h N/mm²

Biegeversuch 23 °C DIN 53452;

Probekörper: *Form* *Herstellung* DIN 53470

Biegefestigkeit	N/mm² 70–80	*E-Modul*	N/mm²

Druckversuch 23°C DIN 53454

Probekörper: *Form* *Herstellung* DIN 53470

Druckfestigkeit	N/mm²	≧200	*Stauchung*	%

Härte 23 °C *Probekörper:* *Herstellung* DIN 53470

Kugeldruckhärte N/mm² ≧200 bei N, 30 s

Schlagversuch *Probekörper:* *(1)* U-Kerbe
(2)
Herstellung DIN 53470

		°C		°C		°C		*Probekörper-Form*
Schlagzähigkeit	kJ/m²	23	5–7					NS
Kerbschlagzähigkeit (1)	kJ/m²	23	3.5–4.5					NS
IZOD-Kerbschlagzähigkeit (2)	J/m							

Abrieb und Reibung

Taber-Abrieb (Reibradverfahren) mm³/100 U
Statische Reibungszahl
Dynamische Reibungszahl (p · v = N/mm² · m/min)
Zulässiger p · v Wert N/mm² · (m/min) v = m/min
v = m/min

Thermische Eigenschaften

Formbeständigkeit in der Wärme	*Verfahren*		°C
	Verfahren		°C
Formbeständigkeit Martens			≧245 °C
Längenausdehnungskoeffizient	*Bereich*	°C	$\cdot 10^{-4}K^{-1}$
	Temperatur		$\cdot 10^{-4}K^{-1}$
Wärmeleitfähigkeit	*Verfahren*		W/(K · m)
Spezifische Wärmekapazität	*Verfahren*		J/(K · g)

Brandverhalten

UL-Test vertikal Dicke mm, Wert
Dicke mm, Wert

	Norm	*Bewertung*	*Abmessungen*
Sauerstoff-Index	ASTM D 2863		
Glühstab-Verfahren	DIN 53459	2a-1	
Brandverhalten	DIN 4102		
MVSS			
FAR			

Elektrische Eigenschaften

		Hz	°C		*Probekörper, Form*
Dielektrizitätszahl		50			
		10^3	23	5.0	
		10^6			
Dielektrischer Verlustfaktor tan δ		50			
		10^3	23	≦0.02	
		10^6			
Spezifischer Durchgangswiderstand	Ohm · cm		23	1.0*10**14	
Durchschlagfestigkeit	kV/mm		23	15–20	mm dick
Oberflächenwiderstand	Ohm		23	1.0*10**13	

Kriechstromfestigkeit KC 600 KB 600 KA
Kriechwegbildung

Elektrolytische Korrosionswirkung
Lichtbogenfestigkeit nach DIN
nach ASTM s

Beständigkeit *(Chemische Beständigkeit siehe Anhang)*

Wasseraufnahme 4 d ≦30 mg

Feuchtigkeitsaufnahme Normalklima %
Wetterbeständigkeit

Produktklasse	Polyesterharz-Formmasse		**UP**
Handelsname	**Supraplast-Formmasse UPA 53 S**		
Hersteller	SUED WEST		
DIN-Bezeichnung	804 DIN 16911		
ISO-Bezeichnung			
Harzbasis	Ungesaettigter Polyester		
Zusätze		*Füllstoffe/ Verstärkung*	Glaskurzfaser
Bevorzugte Verarbeitung	Pressen; Spritzpressen; Spritzgiessen	*Lieferform*	Zylindergranulat; Standardgranulat
		Farben	Natur; Beliebig einfaerbbar
Besondere Merkmale	Hochflammfest; Lichtbogenfest; Mechanisch hochwertig	*Bevorzugte Anwendungen*	Lichtbogenschirm; Ex-geschuetzter Schalter; Schalterelement; Elektrotechnik

Dichte	g/cm³	1.9–2.1	*Dosierbarkeit*	Rieselfaehig
Schüttdichte	g/cm³	0.7–0.8	*Tablettierbarkeit*	
Fließeinstellung			*Lagerung*	6 Monate

Verarbeitungsbedingungen für Pressen

Werkzeugtemperatur	°C	160–180
Pressdruck	bar	150–400
Härtezeit je mm	s	
Schwindung	%	0.3–0.6
Nachschwindung	%	≦0.1
Bemerkungen		

Verarbeitungsbedingungen für Spritzgießen

Zylindertemperatur	°C	70–90
Düsentemperatur	°C	90
Massetemp.	°C	
Werkzeugtemp.	°C	160–180
Spritzdruck	bar	600–1200
Härtezeit	s	
Schwindung	%	
Nachschwindung	%	
Bemerkungen		

Zugversuch 23 °C
Probekörper: *Form* *Herstellung*

Zugfestigkeit	N/mm²	*E-Modul*	N/mm²
Reißdehnung	%	*Zeitstandzugfestigkeit*	h N/mm²

Biegeversuch 23 °C DIN 53452;
Probekörper: *Form* *Herstellung* DIN 53470

Biegefestigkeit	N/mm² 70–80	*E-Modul*	N/mm²

Druckversuch 23°C DIN 53454
Probekörper: *Form* *Herstellung* DIN 53470

Druckfestigkeit	N/mm²	180–230	*Stauchung*	%

Härte 23 °C *Probekörper:* *Herstellung* DIN 53470

Kugeldruckhärte N/mm² ≧200 bei N, 30 s

Schlagversuch *Probekörper:* *(1)* U-Kerbe
(2) *Herstellung* DIN 53470

		°C		°C	°C	*Probekörper-Form*
Schlagzähigkeit	kJ/m²	23	5.5–7.0			NS
Kerbschlagzähigkeit (1)	kJ/m²	23	3.8–4.5			NS
IZOD-Kerbschlagzähigkeit (2)	J/m					

Abrieb und Reibung

Taber-Abrieb (Reibradverfahren) mm³/100 U
Statische Reibungszahl
Dynamische Reibungszahl (p·v= N/mm²· m/min)
Zulässiger p·v Wert N/mm²·(m/min) v= m/min
v= m/min

Thermische Eigenschaften

Formbeständigkeit in der Wärme	*Verfahren*		°C
	Verfahren		°C
Formbeständigkeit Martens			≧175 °C
Längenausdehnungskoeffizient	*Bereich*	°C	$\cdot 10^{-4}K^{-1}$
	Temperatur		$\cdot 10^{-4}K^{-1}$
Wärmeleitfähigkeit	*Verfahren*		W/(K · m)
Spezifische Wärmekapazität	*Verfahren*		J/(K · g)

Brandverhalten

UL-Test vertikal Dicke mm, Wert
Dicke mm, Wert

	Norm	*Bewertung*	*Abmessungen*
Sauerstoff-Index	ASTM D 2863		
Glühstab-Verfahren	DIN 53459	2a-1	
Brandverhalten	DIN 4102		
MVSS			
FAR			

Elektrische Eigenschaften

		Hz	°C		*Probekörper, Form*
Dielektrizitätszahl		50			
		10^3	23	5.0	
		10^6			
Dielektrischer Verlustfaktor tan δ		50			
		10^3	23	≦0.02	
		10^6			
Spezifischer Durchgangswiderstand	Ohm · cm		23	1.0*10**14	
Durchschlagfestigkeit	kV/mm		23	15–20	mm dick
Oberflächenwiderstand	Ohm		23	1.0*10**13	

Kriechstromfestigkeit KC 600 KB 600 KA
Kriechwegbildung

Elektrolytische Korrosionswirkung
Lichtbogenfestigkeit nach DIN
nach ASTM s

Beständigkeit *(Chemische Beständigkeit siehe Anhang)*
Wasseraufnahme 4 d ≦30 mg

Feuchtigkeitsaufnahme Normalklima %
Wetterbeständigkeit

Produktklasse	Polyesterharz-Formmasse		**UP**
Handelsname	**Supraplast-Formmasse UPA 54**		
Hersteller	SUED WEST		
DIN-Bezeichnung	804 DIN 16911		
ISO-Bezeichnung			
Harzbasis	Ungesaettigter Polyester		
Zusätze		*Füllstoffe/ Verstärkung*	Glaskurzfaser
Bevorzugte Verarbeitung	Pressen; Spritzpressen; Spritzgiessen	*Lieferform*	Zylindergranulat; Standardgranulat
		Farben	Natur; Beliebig einfaerbbar
Besondere Merkmale	Hochflammfest; Lichtbogenfest; Mechanisch hochwertig; Halogenfrei	*Bevorzugte Anwendungen*	Lichtbogenschirm; Ex-geschuetzter Schalter; Schalterelement; Elektrotechnik

Dichte	g/cm^3	1.9–2.1	*Dosierbarkeit*	Rieselfaehig
Schüttdichte	g/cm^3	0.7–0.8	*Tablettierbarkeit*	
Fließeinstellung	Extra weich, weich, mittel		*Lagerung*	Kuehl und trocken; 6 Monate

Verarbeitungsbedingungen für Pressen

Werkzeugtemperatur	°C	160–180
Pressdruck	bar	120–300
Härtezeit je mm	s	
Schwindung	%	0.1–0.5
Nachschwindung	%	≦0.1
Bemerkungen		

Verarbeitungsbedingungen für Spritzgießen

Zylindertemperatur	°C	70–90
Düsentemperatur	°C	90
Massetemp.	°C	
Werkzeugtemp.	°C	160–180
Spritzdruck	bar	600–1200
Härtezeit	s	
Schwindung	%	
Nachschwindung	%	
Bemerkungen		

Zugversuch 23 °C

Probekörper: *Form* *Herstellung*

Zugfestigkeit	N/mm^2	*E-Modul*	N/mm^2
Reißdehnung	%	*Zeitstandzugfestigkeit*	h N/mm^2

Biegeversuch 23 °C DIN 53452;

Probekörper: *Form* *Herstellung* DIN 53470

Biegefestigkeit	N/mm^2 70–80	*E-Modul*	N/mm^2

Druckversuch 23°C DIN 53454

Probekörper: *Form* *Herstellung* DIN 53470

Druckfestigkeit	N/mm^2	≧180	*Stauchung*	%

Härte 23 °C *Probekörper:* *Herstellung* DIN 53470

Kugeldruckhärte N/mm^2 ≧180 bei N, 30 s

Schlagversuch *Probekörper:* *(1)* U-Kerbe
(2)
Herstellung DIN 53470

		°C		°C	°C	*Probekörper-Form*
Schlagzähigkeit	kJ/m²	23	4.5–6.0			NS
Kerbschlagzähigkeit (1)	kJ/m²	23	3.5–4.5			NS
IZOD-Kerbschlagzähigkeit (2)	J/m					

Abrieb und Reibung

Taber-Abrieb (Reibradverfahren) mm³/100 U
Statische Reibungszahl
Dynamische Reibungszahl (p·v= N/mm² · m/min)
Zulässiger p · v Wert N/mm² · (m/min) v= m/min
v= m/min

Thermische Eigenschaften

Formbeständigkeit in der Wärme	*Verfahren*		°C
	Verfahren		°C
Formbeständigkeit Martens			≧180 °C
Längenausdehnungskoeffizient	*Bereich*	°C	$\cdot 10^{-4} K^{-1}$
	Temperatur		$\cdot 10^{-4} K^{-1}$
Wärmeleitfähigkeit	*Verfahren*		W/(K · m)
Spezifische Wärmekapazität	*Verfahren*		J/(K · g)

Brandverhalten

UL-Test vertikal Dicke 1.6 mm, Wert V-0
Dicke mm, Wert

	Norm	*Bewertung*	*Abmessungen*
Sauerstoff-Index	ASTM D 2863		
Glühstab-Verfahren	DIN 53459	1	
Brandverhalten	DIN 4102		
MVSS			
FAR			

Elektrische Eigenschaften

		Hz	°C		*Probekörper, Form*
Dielektrizitätszahl		50			
		10^3	23	5.0	
		10^6			
Dielektrischer Verlustfaktor tan δ		50			
		10^3	23	≦0.02	
		10^6			
Spezifischer Durchgangswiderstand	Ohm · cm		23	1.0*10**14	
Durchschlagfestigkeit	kV/mm		23	≧17	mm dick
Oberflächenwiderstand	Ohm		23	1.0*10**13	

Kriechstromfestigkeit KC 600 KB 600 KA
Kriechwegbildung

Elektrolytische Korrosionswirkung
Lichtbogenfestigkeit nach DIN
nach ASTM s

Beständigkeit *(Chemische Beständigkeit siehe Anhang)*

Wasseraufnahme 4 d 25 mg

Feuchtigkeitsaufnahme Normalklima %
Wetterbeständigkeit

UP

Produktklasse	Polyesterharz-Formmasse
Handelsname	**Supraplast-Formmasse Typ 801/1225 U**
Hersteller	SUED WEST
DIN-Bezeichnung	801 DIN 16911
ISO-Bezeichnung	
Harzbasis	Ungesaettigter Polyester
Zusätze	
Füllstoffe/ Verstärkung	Glasfaser; Anorganischer Harztraeger
Bevorzugte Verarbeitung	Pressen; Spritzpressen; Spritzgiessen
Lieferform	Teigartig; BMC
Farben	Natur; Standard
Besondere Merkmale	Standardtyp; Sehr gute mechanische Eigenschaften; Kriechstromfest
Bevorzugte Anwendungen	Elektrotechnik; Gehaeuse; Kollektor; Trennschalter; Kabelmuffe; Chemieanlagenbau; Bauindustrie; Moebelindustrie

Dichte	g/cm³	1.78
Schüttdichte	g/cm³	
Fließeinstellung	Extra weich, weich, mittel	
Dosierbarkeit	Von Hand	
Tablettierbarkeit		
Lagerung	Kuehl und trocken; 3 Monate	

Verarbeitungsbedingungen für Pressen

Werkzeugtemperatur	°C	140–160
Pressdruck	bar	
Härtezeit je mm	s	
Schwindung	%	0.2
Nachschwindung	%	0.0
Bemerkungen		

Verarbeitungsbedingungen für Spritzgießen

Zylindertemperatur	°C	20–50
Düsentemperatur	°C	50–80
Massetemp.	°C	
Werkzeugtemp.	°C	150–170
Spritzdruck	bar	
Härtezeit	s	
Schwindung	%	
Nachschwindung	%	
Bemerkungen		

Zugversuch 23 °C

Probekörper: *Form* *Herstellung*

Zugfestigkeit	N/mm²	*E-Modul*	N/mm²
Reißdehnung	%	*Zeitstandzugfestigkeit*	h N/mm²

Biegeversuch 23 °C DIN 53452;

Probekörper: *Form* *Herstellung* DIN 53470

Biegefestigkeit	N/mm² ≧90	*E-Modul*	N/mm²

Druckversuch 23 °C

Probekörper: *Form* *Herstellung*

Druckfestigkeit	N/mm²	*Stauchung*	%

Härte 23 °C *Probekörper:* *Herstellung*

Kugeldruckhärte N/mm² bei N, s

Schlagversuch *Probekörper:* *(1)* U-Kerbe
(2)
Herstellung DIN 53470

		°C		°C	°C	*Probekörper-Form*
Schlagzähigkeit	kJ/m²	23	30			NS
Kerbschlagzähigkeit (1)	kJ/m²	23	26			NS
IZOD-Kerbschlagzähigkeit (2)	J/m					

Abrieb und Reibung

Taber-Abrieb (Reibradverfahren) mm³/100 U
Statische Reibungszahl
Dynamische Reibungszahl (p·v= N/mm²· m/min)
Zulässiger p · v Wert N/mm² · (m/min) v= m/min
v= m/min

Thermische Eigenschaften

Formbeständigkeit in der Wärme *Verfahren* °C
Verfahren °C
Formbeständigkeit Martens 240 °C
Längenausdehnungskoeffizient *Bereich* °C $\cdot 10^{-4}K^{-1}$
Temperatur $\cdot 10^{-4}K^{-1}$
Wärmeleitfähigkeit *Verfahren* W/(K · m)

Spezifische Wärmekapazität *Verfahren* J/(K · g)

Brandverhalten

UL-Test vertikal Dicke mm, Wert
Dicke mm, Wert

	Norm	*Bewertung*	*Abmessungen*
Sauerstoff-Index	ASTM D 2863		
Glühstab-Verfahren	DIN 53459	2b-3a	
Brandverhalten	DIN 4102		
MVSS			
FAR			

Elektrische Eigenschaften

		Hz	°C		*Probekörper, Form*
Dielektrizitätszahl		50			
		10^3			
		10^6			
Dielektrischer Verlustfaktor tan δ		50			
		10^3	23	≦0.02	
		10^6			
Spezifischer Durchgangswiderstand	Ohm · cm		23	1.0*10**14–1.0*10**15	
Durchschlagfestigkeit	kV/mm				mm dick
Oberflächenwiderstand	Ohm		23	1.0*10**12–1.0*10**13	

Kriechstromfestigkeit KC >600 KB >600 KA
Kriechwegbildung

Elektrolytische Korrosionswirkung
Lichtbogenfestigkeit nach DIN
nach ASTM s

Beständigkeit *(Chemische Beständigkeit siehe Anhang)*

Wasseraufnahme 4 d ≦40 mg

Feuchtigkeitsaufnahme Normalklima %
Wetterbeständigkeit

Produktklasse	Polyesterharz-Formmasse		**UP**
Handelsname	**Supraplast-Formmasse Typ 803/1225 UF**		
Hersteller	SUED WEST		
DIN-Bezeichnung	803 DIN 16911		
ISO-Bezeichnung			
Harzbasis	Ungesaettigter Polyester		
Zusätze		*Füllstoffe/ Verstärkung*	
Bevorzugte Verarbeitung	Pressen; Spritzpressen; Spritzgiessen	*Lieferform*	Teigartig; BMC
		Farben	Natur; Standard
Besondere Merkmale	Standardtyp; Sehr gute mechanische Eigenschaften; Kriechstromfest; Bessere Glutfestigkeit als Typ 801	*Bevorzugte Anwendungen*	Elektrotechnik; Gehaeuse; Kollektor; Trennschalter; Kabelmuffe; Chemieanlagenbau; Bauindustrie; Moebelindustrie

Dichte	g/cm^3	1.75	*Dosierbarkeit*	Von Hand
Schüttdichte	g/cm^3		*Tablettierbarkeit*	
Fließeinstellung	Extra weich, weich, mittel		*Lagerung*	Kuehl und trocken; 3 Monate

Verarbeitungsbedingungen für Pressen

Werkzeugtemperatur	°C	140–160
Pressdruck	bar	
Härtezeit je mm	s	
Schwindung	%	0.2
Nachschwindung	%	0.0
Bemerkungen		

Verarbeitungsbedingungen für Spritzgießen

Zylindertemperatur	°C	20–50
Düsentemperatur	°C	50–80
Massetemp.	°C	
Werkzeugtemp.	°C	150–170
Spritzdruck	bar	
Härtezeit	s	
Schwindung	%	
Nachschwindung	%	
Bemerkungen		

Zugversuch 23 °C

Probekörper: *Form* *Herstellung*

Zugfestigkeit	N/mm^2	*E-Modul*	N/mm^2
Reißdehnung	%	*Zeitstandzugfestigkeit*	h N/mm^2

Biegeversuch 23 °C DIN 53452;

Probekörper: *Form* *Herstellung* DIN 53470

Biegefestigkeit	N/mm^2 ≧90	*E-Modul*	N/mm^2

Druckversuch 23°C

Probekörper: *Form* *Herstellung*

Druckfestigkeit	N/mm^2	*Stauchung*	%

Härte 23 °C *Probekörper:* *Herstellung*

Kugeldruckhärte N/mm^2 bei N, s

Schlagversuch *Probekörper:* *(1)* U-Kerbe *(2)* *Herstellung* DIN 53470

		°C		°C	°C	*Probekörper-Form*
Schlagzähigkeit	kJ/m²	23	30			NS
Kerbschlagzähigkeit (1)	kJ/m²	23	26			NS
IZOD-Kerbschlag-zähigkeit (2)	J/m					

Abrieb und Reibung

Taber-Abrieb (Reibradverfahren) mm³/100 U
Statische Reibungszahl
Dynamische Reibungszahl (p · v = N/mm² · m/min)
Zulässiger p · v Wert N/mm² · (m/min) v = m/min
v = m/min

Thermische Eigenschaften

Formbeständigkeit in der Wärme	*Verfahren*		°C
	Verfahren		°C
Formbeständigkeit Martens			≧200 °C
Längenausdehnungskoeffizient	*Bereich*	°C	$\cdot 10^{-4}K^{-1}$
	Temperatur		$\cdot 10^{-4}K^{-1}$
Wärmeleitfähigkeit	*Verfahren*		W/(K · m)
Spezifische Wärmekapazität	*Verfahren*		J/(K · g)

Brandverhalten

UL-Test vertikal Dicke mm, Wert
Dicke mm, Wert

	Norm	*Bewertung*	*Abmessungen*
Sauerstoff-Index	ASTM D 2863		
Glühstab-Verfahren	DIN 53459	2a	
Brandverhalten	DIN 4102		
MVSS			
FAR			

Elektrische Eigenschaften

		Hz	°C		*Probekörper, Form*
Dielektrizitätszahl		50			
		10^3			
		10^6			
Dielektrischer Verlustfaktor tan δ		50			
		10^3	23	≦0.02	
		10^6			
Spezifischer Durchgangs-widerstand	Ohm · cm		23	1.0*10**14–1.0*10**15	
Durchschlagfestigkeit	kV/mm				mm dick
Oberflächenwiderstand	Ohm		23	1.0*10**12–1.0*10**13	
Kriechstromfestigkeit		KC >600		KB >600	KA
Kriechwegbildung		CTI 600			

Elektrolytische Korrosionswirkung
Lichtbogenfestigkeit nach DIN
nach ASTM s

Beständigkeit *(Chemische Beständigkeit siehe Anhang)*

Wasseraufnahme 4 d ≦40 mg

Feuchtigkeitsaufnahme Normalklima %
Wetterbeständigkeit

UP

Produktklasse	Polyesterharz-Formmasse
Handelsname	**Supraplast-Formmasse UP 1415 U**
Hersteller	SUED WEST
DIN-Bezeichnung	
ISO-Bezeichnung	
Harzbasis	Ungesaettigter Polyester
Zusätze	
Füllstoffe/ Verstärkung	
Bevorzugte Verarbeitung	Pressen; Spritzpressen; Spritzgiessen
Lieferform	BMC
Farben	
Besondere Merkmale	Preisguenstige Einstellung; Gute mechanische Eigenschaften; Gute elektrische Eigenschaften; Gute thermische Eigenschaften
Bevorzugte Anwendungen	Elektrotechnik; Formteil mit grossen Wanddicken

---

Dichte	g/cm³	1.7
Schüttdichte	g/cm³	
Fließeinstellung		
Dosierbarkeit		Von Hand
Tablettierbarkeit		
Lagerung		

Verarbeitungsbedingungen für Pressen

Werkzeugtemperatur	°C	140–160
Pressdruck	bar	
Härtezeit je mm	s	
Schwindung	%	0.2
Nachschwindung	%	0.0
Bemerkungen		

Verarbeitungsbedingungen für Spritzgießen

Zylindertemperatur	°C	20–50
Düsentemperatur	°C	50–80
Massetemp.	°C	
Werkzeugtemp.	°C	150–170
Spritzdruck	bar	
Härtezeit	s	
Schwindung	%	
Nachschwindung	%	
Bemerkungen		

Zugversuch 23 °C

Probekörper: *Form* *Herstellung*

Zugfestigkeit	N/mm²	*E-Modul*		N/mm²
Reißdehnung	%	*Zeitstandzugfestigkeit*	h	N/mm²

Biegeversuch 23 °C DIN 53452;

Probekörper: *Form* *Herstellung* DIN 53470

Biegefestigkeit	N/mm²	60	*E-Modul*	N/mm²

Druckversuch 23°C

Probekörper: *Form* *Herstellung*

Druckfestigkeit	N/mm²	*Stauchung*	%

Härte 23 °C *Probekörper:* *Herstellung*

Kugeldruckhärte N/mm² bei N, s

Schlagversuch *Probekörper:* *(1)* U-Kerbe
(2)
Herstellung DIN 53470

		°C		°C	°C	*Probekörper-Form*
Schlagzähigkeit	kJ/m²	23	15			NS
Kerbschlagzähigkeit (1)	kJ/m²	23	13			NS
IZOD-Kerbschlagzähigkeit (2)	J/m					

Abrieb und Reibung

Taber-Abrieb (Reibradverfahren) mm³/100 U
Statische Reibungszahl
Dynamische Reibungszahl (p·v= N/mm²· m/min)
Zulässiger p · v Wert N/mm² · (m/min) v= m/min
v= m/min

Thermische Eigenschaften

Formbeständigkeit in der Wärme	*Verfahren*		°C
	Verfahren		°C
Formbeständigkeit Martens			180 °C
Längenausdehnungskoeffizient	*Bereich*	°C	$\cdot 10^{-4} K^{-1}$
	Temperatur		$\cdot 10^{-4} K^{-1}$
Wärmeleitfähigkeit	*Verfahren*		W/(K · m)
Spezifische Wärmekapazität	*Verfahren*		J/(K · g)

Brandverhalten

UL-Test vertikal Dicke mm, Wert
Dicke mm, Wert

	Norm	*Bewertung*	*Abmessungen*
Sauerstoff-Index	ASTM D 2863		
Glühstab-Verfahren	DIN 53459	2c	
Brandverhalten	DIN 4102		
MVSS			
FAR			

Elektrische Eigenschaften

		Hz	°C		*Probekörper, Form*
Dielektrizitätszahl		50			
		10^3			
		10^6			
Dielektrischer Verlustfaktor tan δ		50			
		10^3	23	≦0.02	
		10^6			
Spezifischer Durchgangswiderstand	Ohm · cm		23	1.0*10**14	
Durchschlagfestigkeit	kV/mm		23	≧15	mm dick
Oberflächenwiderstand	Ohm		23	1.0*10**13	

Kriechstromfestigkeit KC >600 KB KA
Kriechwegbildung CTI 600

Elektrolytische Korrosionswirkung
Lichtbogenfestigkeit nach DIN
nach ASTM s

Beständigkeit *(Chemische Beständigkeit siehe Anhang)*
Wasseraufnahme 4 d ≦50 mg

Feuchtigkeitsaufnahme Normalklima %
Wetterbeständigkeit

Produktklasse	Polyesterharz-Formmasse		**UP**
Handelsname	**Supraplast-Formmasse UP 1415 UF**		
Hersteller	SUED WEST		
DIN-Bezeichnung *ISO-Bezeichnung*			
Harzbasis	Ungesaettigter Polyester		
Zusätze		*Füllstoffe/ Verstärkung*	
Bevorzugte Verarbeitung	Pressen; Spritzpressen; Spritzgiessen	*Lieferform*	BMC
		Farben	Natur; Standard
Besondere Merkmale	Gute mechanische Eigenschaften; Gute elektrische Eigenschaften; Gute thermische Eigenschaften	*Bevorzugte Anwendungen*	Elektrotechnik; Formteil mit grossen Wanddicken

Dichte	g/cm³	1.7	*Dosierbarkeit*	Von Hand
Schüttdichte	g/cm³		*Tablettierbarkeit*	
Fließeinstellung			*Lagerung*	

Verarbeitungsbedingungen für Pressen

Werkzeugtemperatur	°C	140–160
Pressdruck	bar	
Härtezeit je mm	s	
Schwindung	%	0.2
Nachschwindung	%	0.0
Bemerkungen		

Verarbeitungsbedingungen für Spritzgießen

Zylindertemperatur	°C	20–50
Düsentemperatur	°C	50–80
Massetemp.	°C	
Werkzeugtemp.	°C	150–170
Spritzdruck	bar	
Härtezeit	s	
Schwindung	%	
Nachschwindung	%	
Bemerkungen		

Zugversuch 23 °C

Probekörper: *Form* *Herstellung*

Zugfestigkeit	N/mm²	*E-Modul*	N/mm²
Reißdehnung	%	*Zeitstandzugfestigkeit*	h N/mm²

Biegeversuch 23 °C DIN 53452;

Probekörper: *Form* *Herstellung* DIN 53470

Biegefestigkeit	N/mm² 60	*E-Modul*	N/mm²

Druckversuch 23°C

Probekörper: *Form* *Herstellung*

Druckfestigkeit	N/mm²	*Stauchung*	%

Härte 23 °C *Probekörper:* *Herstellung*

Kugeldruckhärte N/mm² bei N, s

Schlagversuch *Probekörper:* *(1)* U-Kerbe *(2)* *Herstellung* DIN 53470

		°C		°C	°C	*Probekörper-Form*
Schlagzähigkeit	kJ/m²	23	15			NS
Kerbschlagzähigkeit (1)	kJ/m²	23	13			NS
IZOD-Kerbschlag-zähigkeit (2)	J/m					

Abrieb und Reibung

Taber-Abrieb (Reibradverfahren) mm³/100 U
Statische Reibungszahl
Dynamische Reibungszahl (p·v= N/mm²· m/min)
Zulässiger p · v Wert N/mm² · (m/min) v= m/min
v= m/min

Thermische Eigenschaften

Formbeständigkeit in der Wärme	*Verfahren*		°C
	Verfahren		°C
Formbeständigkeit Martens			180 °C
Längenausdehnungskoeffizient	*Bereich*	°C	$\cdot 10^{-4}K^{-1}$
	Temperatur		$\cdot 10^{-4}K^{-1}$
Wärmeleitfähigkeit	*Verfahren*		W/(K · m)
Spezifische Wärmekapazität	*Verfahren*		J/(K · g)

Brandverhalten

UL-Test vertikal Dicke 3.2 mm, Wert V-0
Dicke mm, Wert

	Norm	*Bewertung*	*Abmessungen*
Sauerstoff-Index	ASTM D 2863		
Glühstab-Verfahren	DIN 53459	2a	
Brandverhalten	DIN 4102		
MVSS			
FAR			

Elektrische Eigenschaften

		Hz	°C		*Probekörper, Form*
Dielektrizitätszahl		50			
		10^3			
		10^6			
Dielektrischer Verlustfaktor tan δ		50			
		10^3	23	≦0.02	
		10^6			
Spezifischer Durchgangs-widerstand	Ohm · cm		23	1.0*10**14	
Durchschlagfestigkeit	kV/mm		23	≧15	mm dick
Oberflächenwiderstand	Ohm		23	1.0*10**13	

Kriechstromfestigkeit KC >600 KB KA
Kriechwegbildung CTI 600

Elektrolytische Korrosionswirkung
Lichtbogenfestigkeit nach DIN
nach ASTM s ≧180

Beständigkeit *(Chemische Beständigkeit siehe Anhang)*
Wasseraufnahme 4 d ≦50 mg

Feuchtigkeitsaufnahme Normalklima %
Wetterbeständigkeit

Produktklasse	Polyesterharz-Formmasse		**UP**
Handelsname	**Supraplast-Formmasse UP 1420 U**		
Hersteller	SUED WEST		
DIN-Bezeichnung			
ISO-Bezeichnung			
Harzbasis	Ungesaettigter Polyester		
Zusätze		*Füllstoffe/ Verstärkung*	
Bevorzugte Verarbeitung	Spritzgiessen	*Lieferform*	BMC
		Farben	Natur; Standard
Besondere Merkmale	Sehr gute mechanische Eigenschaften; Sehr gute elektrische Eigenschaften; Sehr gute thermische Eigenschaften; Sehr gute optische Eigenschaften	*Bevorzugte Anwendungen*	Elektrotechnik; Technisches Formteil; Bedarfsartikel

Dichte	g/cm³	1.75	*Dosierbarkeit*	Von Hand
Schüttdichte	g/cm³		*Tablettierbarkeit*	
Fließeinstellung			*Lagerung*	

Verarbeitungsbedingungen für Pressen

Werkzeugtemperatur	°C	140–160
Pressdruck	bar	
Härtezeit je mm	s	
Schwindung	%	0.2
Nachschwindung	%	0.0
Bemerkungen		

Verarbeitungsbedingungen für Spritzgießen

Zylindertemperatur	°C	20–50
Düsentemperatur	°C	50–80
Massetemp.	°C	
Werkzeugtemp.	°C	150–170
Spritzdruck	bar	
Härtezeit	s	
Schwindung	%	
Nachschwindung	%	
Bemerkungen		

Zugversuch 23 °C

Probekörper: *Form* *Herstellung*

Zugfestigkeit	N/mm²	*E-Modul*	N/mm²
Reißdehnung	%	*Zeitstandzugfestigkeit*	h N/mm²

Biegeversuch 23 °C DIN 53452;

Probekörper: *Form* *Herstellung* DIN 53470

Biegefestigkeit	N/mm² 80	*E-Modul*	N/mm²

Druckversuch 23°C

Probekörper: *Form* *Herstellung*

Druckfestigkeit	N/mm²	*Stauchung*	%

Härte 23 °C *Probekörper:* *Herstellung*

Kugeldruckhärte N/mm² bei N, s

Schlagversuch *Probekörper:* *(1)* U-Kerbe
(2)
Herstellung DIN 53470

		°C		°C	°C	*Probekörper-Form*
Schlagzähigkeit	kJ/m²	23	26			NS
Kerbschlagzähigkeit (1)	kJ/m²	23	24			NS
IZOD-Kerbschlag-zähigkeit (2)	J/m					

Abrieb und Reibung

Taber-Abrieb (Reibradverfahren) mm³/100 U
Statische Reibungszahl
Dynamische Reibungszahl (p·v= N/mm²· m/min)
Zulässiger p · v Wert N/mm² · (m/min) v= m/min
v= m/min

Thermische Eigenschaften

Formbeständigkeit in der Wärme	*Verfahren*		°C
	Verfahren		°C
Formbeständigkeit Martens			200 °C
Längenausdehnungskoeffizient	*Bereich*	°C	$\cdot 10^{-4} K^{-1}$
	Temperatur		$\cdot 10^{-4} K^{-1}$
Wärmeleitfähigkeit	*Verfahren*		W/(K · m)
Spezifische Wärmekapazität	*Verfahren*		J/(K · g)

Brandverhalten

UL-Test vertikal Dicke mm, Wert
Dicke mm, Wert

	Norm	*Bewertung*	*Abmessungen*
Sauerstoff-Index	ASTM D 2863		
Glühstab-Verfahren	DIN 53459	2c	
Brandverhalten	DIN 4102		
MVSS			
FAR			

Elektrische Eigenschaften

		Hz	°C		*Probekörper, Form*
Dielektrizitätszahl		50			
		10^3			
		10^6			
Dielektrischer Verlustfaktor tan δ		50			
		10^3	23	$\leqq$0.02	
		10^6			
Spezifischer Durchgangs-widerstand	Ohm · cm		23	1.0*10**14	
Durchschlagfestigkeit	kV/mm		23	$\geqq$15	mm dick
Oberflächenwiderstand	Ohm		23	1.0*10**13	

Kriechstromfestigkeit KC >600 KB KA
Kriechwegbildung CTI 600

Elektrolytische Korrosionswirkung
Lichtbogenfestigkeit nach DIN
nach ASTM s

Beständigkeit *(Chemische Beständigkeit siehe Anhang)*

Wasseraufnahme 4 d $\leqq$50 mg

Feuchtigkeitsaufnahme Normalklima %
Wetterbeständigkeit

UP

Produktklasse	Polyesterharz-Formmasse
Handelsname	**Supraplast-Formmasse UP 1420 UF**
Hersteller	SUED WEST
DIN-Bezeichnung	
ISO-Bezeichnung	
Harzbasis	Ungesaettigter Polyester
Zusätze	
Füllstoffe/ Verstärkung	
Bevorzugte Verarbeitung	Pressen; Spritzpressen; Spritzgiessen
Lieferform	BMC
Farben	Natur; Standard
Besondere Merkmale	Sehr gute mechanische Eigenschaften; Sehr gute elektrische Eigenschaften; Sehr gute thermische Eigenschaften; Sehr gute optische Eigenschaften; Flammfest
Bevorzugte Anwendungen	Besonders geeignet fuer Spritzgiessen

Dichte	g/cm³	1.78
Schüttdichte	g/cm³	
Fließeinstellung		
Dosierbarkeit		Von Hand
Tablettierbarkeit		
Lagerung		

Verarbeitungsbedingungen für Pressen

Werkzeugtemperatur	°C	140–160
Pressdruck	bar	
Härtezeit je mm	s	
Schwindung	%	0.25
Nachschwindung	%	0.0
Bemerkungen		

Verarbeitungsbedingungen für Spritzgießen

Zylindertemperatur	°C	20–50
Düsentemperatur	°C	50–80
Massetemp.	°C	
Werkzeugtemp.	°C	150–170
Spritzdruck	bar	
Härtezeit	s	
Schwindung	%	
Nachschwindung	%	
Bemerkungen		

Zugversuch 23 °C

Probekörper: *Form* *Herstellung*

Zugfestigkeit	N/mm²		*E-Modul*	N/mm²
Reißdehnung	%		*Zeitstandzugfestigkeit*	h N/mm²

Biegeversuch 23 °C DIN 53452;

Probekörper: *Form* *Herstellung* DIN 53470

Biegefestigkeit	N/mm²	90	*E-Modul*	N/mm²

Druckversuch 23°C

Probekörper: *Form* *Herstellung*

Druckfestigkeit	N/mm²		*Stauchung*	%

Härte 23 °C

Probekörper: *Herstellung*

Kugeldruckhärte N/mm² bei N, s

Schlagversuch *Probekörper:* *(1)* U-Kerbe
(2) *Herstellung* DIN 53470

		°C		°C	°C	*Probekörper-Form*
Schlagzähigkeit	kJ/m^2	23	40			NS
Kerbschlagzähigkeit (1)	kJ/m^2	23	30			NS
IZOD-Kerbschlagzähigkeit (2)	J/m					

Abrieb und Reibung

Taber-Abrieb (Reibradverfahren) mm^3/100 U
Statische Reibungszahl
Dynamische Reibungszahl (p·v= N/mm^2· m/min)
Zulässiger p · v Wert N/mm^2·(m/min) v= m/min
v= m/min

Thermische Eigenschaften

Formbeständigkeit in der Wärme	*Verfahren*		°C
	Verfahren		°C
Formbeständigkeit Martens			180 °C
Längenausdehnungskoeffizient	*Bereich*	°C	$\cdot 10^{-4}K^{-1}$
	Temperatur		$\cdot 10^{-4}K^{-1}$
Wärmeleitfähigkeit	*Verfahren*		W/(K · m)
Spezifische Wärmekapazität	*Verfahren*		J/(K · g)

Brandverhalten

UL-Test vertikal Dicke 3.2 mm, Wert V-0
Dicke mm, Wert

	Norm	*Bewertung*	*Abmessungen*
Sauerstoff-Index	ASTM D 2863		
Glühstab-Verfahren	DIN 53459	2a	
Brandverhalten	DIN 4102		
MVSS			
FAR			

Elektrische Eigenschaften

		Hz	°C		*Probekörper, Form*
Dielektrizitätszahl		50			
		10^3			
		10^6			
Dielektrischer Verlustfaktor tan δ		50			
		10^3	23	$\leqq$0.02	
		10^6			
Spezifischer Durchgangswiderstand	Ohm · cm		23	1.0*10**13–1.0*10**14	
Durchschlagfestigkeit	kV/mm		23	$\geqq$15	mm dick
Oberflächenwiderstand	Ohm		23	1.0*10**12–1.0*10**13	

Kriechstromfestigkeit KC >600 KB KA
Kriechwegbildung CTI 600

Elektrolytische Korrosionswirkung
Lichtbogenfestigkeit nach DIN
nach ASTM s $\geqq$180

Beständigkeit *(Chemische Beständigkeit siehe Anhang)*

Wasseraufnahme 4 d $\leqq$80 mg

Feuchtigkeitsaufnahme Normalklima %
Wetterbeständigkeit

UP

Produktklasse	Polyesterharz-Formmasse		
Handelsname	**Supraplast-Formmasse UP 1430 U**		
Hersteller	SUED WEST		
DIN-Bezeichnung			
ISO-Bezeichnung			
Harzbasis	Ungesaettigter Polyester		
Zusätze		*Füllstoffe/ Verstärkung*	
Bevorzugte Verarbeitung	Pressen; Spritzpressen; Spritzgiessen	*Lieferform*	BMC
		Farben	Natur; Standard
Besondere Merkmale	Hohe mechanische Festigkeit; Gute optische Eigenschaften	*Bevorzugte Anwendungen*	Bedarfsartikel; Technisches Formteil

Dichte	g/cm³	1.8	*Dosierbarkeit*	Von Hand
Schüttdichte	g/cm³		*Tablettierbarkeit*	
Fließeinstellung			*Lagerung*	

Verarbeitungsbedingungen für Pressen

Werkzeugtemperatur	°C	140–160
Pressdruck	bar	
Härtezeit je mm	s	
Schwindung	%	0.2
Nachschwindung	%	0.0
Bemerkungen		

Verarbeitungsbedingungen für Spritzgießen

Zylindertemperatur	°C	20–50
Düsentemperatur	°C	50–80
Massetemp.	°C	
Werkzeugtemp.	°C	150–170
Spritzdruck	bar	
Härtezeit	s	
Schwindung	%	
Nachschwindung	%	
Bemerkungen		

Zugversuch 23 °C

Probekörper: *Form* *Herstellung*

Zugfestigkeit	N/mm²		*E-Modul*	N/mm²
Reißdehnung	%		*Zeitstandzugfestigkeit*	h N/mm²

Biegeversuch 23 °C DIN 53452;

Probekörper: *Form* *Herstellung* DIN 53470

Biegefestigkeit	N/mm²	90	*E-Modul*	N/mm²

Druckversuch 23°C

Probekörper: *Form* *Herstellung*

Druckfestigkeit	N/mm²		*Stauchung*	%

Härte 23 °C *Probekörper:* *Herstellung*

Kugeldruckhärte N/mm² bei N, s

Schlagversuch *Probekörper:* *(1)* U-Kerbe *(2)* *Herstellung* DIN 53470

		°C		°C	°C	*Probekörper-Form*
Schlagzähigkeit	kJ/m²	23	34			NS
Kerbschlagzähigkeit (1)	kJ/m²	23	30			NS
IZOD-Kerbschlagzähigkeit (2)	J/m					

Abrieb und Reibung

Taber-Abrieb (Reibradverfahren) mm³/100 U
Statische Reibungszahl
Dynamische Reibungszahl (p·v= N/mm²· m/min)
Zulässiger p · v Wert N/mm² · (m/min) v= m/min
v= m/min

Thermische Eigenschaften

Formbeständigkeit in der Wärme *Verfahren* °C
Verfahren °C
Formbeständigkeit Martens ≧200 °C
Längenausdehnungskoeffizient *Bereich* °C $\cdot 10^{-4}K^{-1}$
Temperatur $\cdot 10^{-4}K^{-1}$
Wärmeleitfähigkeit *Verfahren* W/(K · m)

Spezifische Wärmekapazität *Verfahren* J/(K · g)

Brandverhalten

UL-Test vertikal Dicke mm, Wert
Dicke mm, Wert

	Norm	*Bewertung*	*Abmessungen*
Sauerstoff-Index	ASTM D 2863		
Glühstab-Verfahren	DIN 53459	2c	
Brandverhalten	DIN 4102		
MVSS			
FAR			

Elektrische Eigenschaften

		Hz	°C		*Probekörper, Form*
Dielektrizitätszahl		50			
		10³			
		10⁶			
Dielektrischer Verlustfaktor tan δ		50			
		10³	23	≦0.02	
		10⁶			
Spezifischer Durchgangswiderstand	Ohm · cm		23	1.0*10**14	
Durchschlagfestigkeit	kV/mm		23	≧15	mm dick
Oberflächenwiderstand	Ohm		23	1.0*10**13	

Kriechstromfestigkeit KC >600 KB KA
Kriechwegbildung CTI 600

Elektrolytische Korrosionswirkung
Lichtbogenfestigkeit nach DIN
nach ASTM s

Beständigkeit *(Chemische Beständigkeit siehe Anhang)*

Wasseraufnahme 4 d ≦50 mg

Feuchtigkeitsaufnahme Normalklima %
Wetterbeständigkeit

UP

Produktklasse	Polyesterharz-Formmasse
Handelsname	**Supraplast-Formmasse UP 1430 UF**
Hersteller	SUED WEST
DIN-Bezeichnung	
ISO-Bezeichnung	
Harzbasis	Ungesaettigter Polyester
Zusätze	
Füllstoffe/ Verstärkung	
Bevorzugte Verarbeitung	Pressen; Spritzpressen; Spritzgiessen
Lieferform	BMC
Farben	Natur; Standard
Besondere Merkmale	Hohe mechanische Festigkeit; Gute optische Eigenschaften
Bevorzugte Anwendungen	Bedarfsartikel; Technisches Formteil

Dichte	g/cm^3	1.8
Schüttdichte	g/cm^3	
Fließeinstellung		
Dosierbarkeit		Von Hand
Tablettierbarkeit		
Lagerung		

Verarbeitungsbedingungen für Pressen

Werkzeugtemperatur	°C	140–160
Pressdruck	bar	
Härtezeit je mm	s	
Schwindung	%	0.2
Nachschwindung	%	0.0
Bemerkungen		

Verarbeitungsbedingungen für Spritzgießen

Zylindertemperatur	°C	20–50
Düsentemperatur	°C	50–80
Massetemp.	°C	
Werkzeugtemp.	°C	150–170
Spritzdruck	bar	
Härtezeit	s	
Schwindung	%	
Nachschwindung	%	
Bemerkungen		

Zugversuch 23 °C

Probekörper: *Form* *Herstellung*

Zugfestigkeit	N/mm^2		*E-Modul*	N/mm^2
Reißdehnung	%		*Zeitstandzugfestigkeit*	h N/mm^2

Biegeversuch 23 °C DIN 53452;

Probekörper: *Form* *Herstellung* DIN 53470

Biegefestigkeit	N/mm^2	90	*E-Modul*	N/mm^2

Druckversuch 23°C

Probekörper: *Form* *Herstellung*

Druckfestigkeit	N/mm^2		*Stauchung*	%

Härte 23 °C *Probekörper:* *Herstellung*

Kugeldruckhärte N/mm^2 bei N, s

Schlagversuch *Probekörper:* *(1)* U-Kerbe *(2)*

Herstellung DIN 53470

		°C		°C	°C	*Probekörper-Form*
Schlagzähigkeit	kJ/m²	23	34			NS
Kerbschlagzähigkeit (1)	kJ/m²	23	30			NS
IZOD-Kerbschlag-zähigkeit (2)	J/m					

Abrieb und Reibung

Taber-Abrieb (Reibradverfahren) mm³/100 U
Statische Reibungszahl
Dynamische Reibungszahl (p·v= N/mm²· m/min)
Zulässiger p·v Wert N/mm²·(m/min) v= m/min
v= m/min

Thermische Eigenschaften

Formbeständigkeit in der Wärme	*Verfahren*		°C
	Verfahren		°C
Formbeständigkeit Martens			≧200 °C
Längenausdehnungskoeffizient	*Bereich*	°C	$\cdot 10^{-4}K^{-1}$
	Temperatur		$\cdot 10^{-4}K^{-1}$
Wärmeleitfähigkeit	*Verfahren*		W/(K·m)
Spezifische Wärmekapazität	*Verfahren*		J/(K·g)

Brandverhalten

UL-Test vertikal Dicke 3.2 mm, Wert V-0
Dicke mm, Wert

	Norm	*Bewertung*	*Abmessungen*
Sauerstoff-Index	ASTM D 2863		
Glühstab-Verfahren	DIN 53459	2a	
Brandverhalten	DIN 4102		
MVSS			
FAR			

Elektrische Eigenschaften

		Hz	°C		*Probekörper, Form*
Dielektrizitätszahl		50			
		10^3			
		10^6			
Dielektrischer Verlustfaktor tan δ		50			
		10^3	23	≦0.02	
		10^6			
Spezifischer Durchgangs-widerstand	Ohm·cm		23	1.0*10**14	
Durchschlagfestigkeit	kV/mm		23	≧15	mm dick
Oberflächenwiderstand	Ohm		23	1.0*10**13	

Kriechstromfestigkeit KC >600 KB KA
Kriechwegbildung CTI 600

Elektrolytische Korrosionswirkung
Lichtbogenfestigkeit nach DIN
nach ASTM s ≧180

Beständigkeit *(Chemische Beständigkeit siehe Anhang)*

Wasseraufnahme 4 d ≦50 mg

Feuchtigkeitsaufnahme Normalklima %
Wetterbeständigkeit

UP

Produktklasse	Polyesterharz-Formmasse		
Handelsname	**Supraplast-Formmasse UP 1225 UF**		
Hersteller	SUED WEST		
DIN-Bezeichnung			
ISO-Bezeichnung			
Harzbasis	Ungesaettigter Polyester		
Zusätze		*Füllstoffe/ Verstärkung*	
Bevorzugte Verarbeitung	Pressen; Spritzpressen; Spritzgiessen	*Lieferform*	Teigartig; BMC
		Farben	Natur; Standard
Besondere Merkmale	Mechanisch hochwertig	*Bevorzugte Anwendungen*	Bedarfsartikel; Technisches Formteil

Dichte	g/cm^3	1.75	*Dosierbarkeit*	Von Hand
Schüttdichte	g/cm^3		*Tablettierbarkeit*	
Fließeinstellung	Extra weich, weich, mittel		*Lagerung*	Kuehl und trocken; 3 Monate

Verarbeitungsbedingungen für Pressen

Werkzeugtemperatur	°C	140–160
Pressdruck	bar	
Härtezeit je mm	s	
Schwindung	%	0.2
Nachschwindung	%	0.0
Bemerkungen		

Verarbeitungsbedingungen für Spritzgießen

Zylindertemperatur	°C	20–50
Düsentemperatur	°C	50–80
Massetemp.	°C	
Werkzeugtemp.	°C	150–170
Spritzdruck	bar	
Härtezeit	s	
Schwindung	%	
Nachschwindung	%	
Bemerkungen		

Zugversuch 23 °C

Probekörper: *Form* *Herstellung*

Zugfestigkeit	N/mm^2	*E-Modul*	N/mm^2
Reißdehnung	%	*Zeitstandzugfestigkeit*	h N/mm^2

Biegeversuch 23 °C DIN 53452;

Probekörper: *Form* *Herstellung* DIN 53470

Biegefestigkeit	N/mm^2 $\geqq 80$	*E-Modul*	N/mm^2

Druckversuch 23°C

Probekörper: *Form* *Herstellung*

Druckfestigkeit	N/mm^2	*Stauchung*	%

Härte 23 °C *Probekörper:* *Herstellung*

Kugeldruckhärte N/mm^2 bei N, s

Schlagversuch *Probekörper:* *(1)* U-Kerbe *(2)* *Herstellung* DIN 53470

		°C		°C	°C	*Probekörper-Form*
Schlagzähigkeit	kJ/m²	23	30			NS
Kerbschlagzähigkeit (1)	kJ/m²	23	26			NS
IZOD-Kerbschlagzähigkeit (2)	J/m					

Abrieb und Reibung

Taber-Abrieb (Reibradverfahren) mm³/100 U
Statische Reibungszahl
Dynamische Reibungszahl (p·v= N/mm² · m/min)
Zulässiger p · v Wert N/mm² · (m/min) v= m/min
v= m/min

Thermische Eigenschaften

Formbeständigkeit in der Wärme	*Verfahren*		°C
	Verfahren		°C
Formbeständigkeit Martens			200 °C
Längenausdehnungskoeffizient	*Bereich*	°C	$\cdot 10^{-4} K^{-1}$
	Temperatur		$\cdot 10^{-4} K^{-1}$
Wärmeleitfähigkeit	*Verfahren*		W/(K · m)
Spezifische Wärmekapazität	*Verfahren*		J/(K · g)

Brandverhalten

UL-Test vertikal Dicke 3.2 mm, Wert V-0
Dicke mm, Wert

	Norm	*Bewertung*	*Abmessungen*
Sauerstoff-Index	ASTM D 2863		
Glühstab-Verfahren	DIN 53459	2a	
Brandverhalten	DIN 4102		
MVSS			
FAR			

Elektrische Eigenschaften

		Hz	°C		*Probekörper, Form*
Dielektrizitätszahl		50			
		10^3			
		10^6			
Dielektrischer Verlustfaktor tan δ		50			
		10^3			
		10^6			
Spezifischer Durchgangswiderstand	Ohm · cm		23	1.0*10**14	
Durchschlagfestigkeit	kV/mm				mm dick
Oberflächenwiderstand	Ohm		23	1.0*10**13	

Kriechstromfestigkeit KC >600 KB KA
Kriechwegbildung CTI 600

Elektrolytische Korrosionswirkung
Lichtbogenfestigkeit nach DIN
nach ASTM s

Beständigkeit *(Chemische Beständigkeit siehe Anhang)*

Wasseraufnahme 4 d ≦50 mg

Feuchtigkeitsaufnahme Normalklima %
Wetterbeständigkeit

Produktklasse	Polyesterharz-Formmasse		**UP**
Handelsname	**Supraplast-Formmasse UP 1225 UF/R 8**		
Hersteller	SUED WEST		
DIN-Bezeichnung *ISO-Bezeichnung*			
Harzbasis	Ungesaettigter Polyester		
Zusätze		*Füllstoffe/ Verstärkung*	
Bevorzugte Verarbeitung	Pressen; Spritzpressen; Spritzgiessen	*Lieferform*	Teigartig; BMC
		Farben	Natur; Standard
Besondere Merkmale	Reduzierter Oberflaechenwiderstand	*Bevorzugte Anwendungen*	Technisches Formteil

Dichte	g/cm³	1.75	*Dosierbarkeit*	Von Hand
Schüttdichte	g/cm³		*Tablettierbarkeit*	
Fließeinstellung	Extra weich, weich, mittel		*Lagerung*	Kuehl und trocken; 3 Monate

Verarbeitungsbedingungen für Pressen

Werkzeugtemperatur	°C	140–160
Pressdruck	bar	
Härtezeit je mm	s	
Schwindung	%	0.2
Nachschwindung	%	0.0
Bemerkungen		

Verarbeitungsbedingungen für Spritzgießen

Zylindertemperatur	°C	20–50
Düsentemperatur	°C	50–80
Massetemp.	°C	
Werkzeugtemp.	°C	150–170
Spritzdruck	bar	
Härtezeit	s	
Schwindung	%	
Nachschwindung	%	
Bemerkungen		

Zugversuch 23 °C

Probekörper: *Form* *Herstellung*

Zugfestigkeit	N/mm²	*E-Modul*	N/mm²
Reißdehnung	%	*Zeitstandzugfestigkeit*	h N/mm²

Biegeversuch 23 °C DIN 53452;

Probekörper: *Form* *Herstellung* DIN 53470

Biegefestigkeit	N/mm² 80	*E-Modul*	N/mm²

Druckversuch 23°C

Probekörper: *Form* *Herstellung*

Druckfestigkeit	N/mm²	*Stauchung*	%

Härte 23 °C *Probekörper:* *Herstellung*

Kugeldruckhärte N/mm² bei N, s

Schlagversuch *Probekörper:* *(1)* U-Kerbe *(2)* *Herstellung* DIN 53470

		°C		°C	°C	*Probekörper-Form*
Schlagzähigkeit	kJ/m²	23	30			NS
Kerbschlagzähigkeit (1)	kJ/m²	23	26			NS
IZOD-Kerbschlagzähigkeit (2)	J/m					

Abrieb und Reibung

Taber-Abrieb (Reibradverfahren) mm³/100 U
Statische Reibungszahl
Dynamische Reibungszahl (p·v= N/mm² · m/min)
Zulässiger p · v Wert N/mm² · (m/min) v= m/min
v= m/min

Thermische Eigenschaften

Formbeständigkeit in der Wärme	*Verfahren*		°C
	Verfahren		°C
Formbeständigkeit Martens			≧180 °C
Längenausdehnungskoeffizient	*Bereich*	°C	$\cdot 10^{-4}K^{-1}$
	Temperatur		$\cdot 10^{-4}K^{-1}$
Wärmeleitfähigkeit	*Verfahren*		W/(K · m)
Spezifische Wärmekapazität	*Verfahren*		J/(K · g)

Brandverhalten

UL-Test vertikal Dicke 3.2 mm, Wert V-0
Dicke mm, Wert

	Norm	*Bewertung*	*Abmessungen*
Sauerstoff-Index	ASTM D 2863		
Glühstab-Verfahren	DIN 53459	2a	
Brandverhalten	DIN 4102		
MVSS			
FAR			

Elektrische Eigenschaften

		Hz	°C			*Probekörper, Form*
Dielektrizitätszahl		50				
		10^3				
		10^6				
Dielektrischer Verlustfaktor tan δ		50				
		10^3				
		10^6				
Spezifischer Durchgangswiderstand	Ohm · cm					
Durchschlagfestigkeit	kV/mm					mm dick
Oberflächenwiderstand	Ohm		23	1.0*10**06–1.0*10**08		
Kriechstromfestigkeit		KC >600		KB	KA	
Kriechwegbildung		CTI 600				

Elektrolytische Korrosionswirkung
Lichtbogenfestigkeit nach DIN
nach ASTM s

Beständigkeit *(Chemische Beständigkeit siehe Anhang)*

Wasseraufnahme 4 d 50 mg

Feuchtigkeitsaufnahme Normalklima %
Wetterbeständigkeit

Produktklasse	Polyesterharz-Formmasse		**UP**
Handelsname	**Keripol RE 3366**		
Hersteller	PHOENIX		
DIN-Bezeichnung			
ISO-Bezeichnung			
Harzbasis	Ungesaettigter Polyester		
Zusätze		*Füllstoffe/ Verstärkung*	Glaskurzfaser
Bevorzugte Verarbeitung	Pressen; Spritzpressen; Spritzgiessen	*Lieferform*	Granulat
		Farben	
Besondere Merkmale	Sehr gute elektrische Isolationseigenschaften; Gute mechanische Festigkeit; Gute Waermeformbestaendigkeit; Geringe Verarbeitungsschwindung	*Bevorzugte Anwendungen*	Elektrotechnisches Isolationsteil im Schalterbau; Isolierteil und Isolierklemme fuer Relais; Sockel und Grundplatte fuer Programmsteuerungen

Dichte	g/cm³	1.9	*Dosierbarkeit*	Lose schuettbar
Schüttdichte	g/cm³	0.7–1.0	*Tablettierbarkeit*	Gut
Fließeinstellung			*Lagerung*	Bei 20 C > 6 Monate

Verarbeitungsbedingungen für Pressen

Werkzeugtemperatur	°C	165–190
Pressdruck	bar	
Härtezeit je mm	s	6–10
Schwindung	%	0.3
Nachschwindung	%	0.1
Bemerkungen		

Verarbeitungsbedingungen für Spritzgießen

Zylindertemperatur	°C	50–60
Düsentemperatur	°C	75–90
Massetemp.	°C	
Werkzeugtemp.	°C	165–190
Spritzdruck	bar	
Härtezeit	s	5–10
Schwindung	%	
Nachschwindung	%	
Bemerkungen		

Zugversuch 23 °C DIN 53455;
Probekörper: *Form* — *Herstellung* DIN 53470

Zugfestigkeit	N/mm²	30	*E-Modul*	N/mm²	
Reißdehnung	%		*Zeitstandzugfestigkeit*	h N/mm²	

Biegeversuch 23 °C DIN 53452; DIN 53457
Probekörper: *Form* — *Herstellung* DIN 53470

Biegefestigkeit	N/mm²	60	*E-Modul*	N/mm²	8500

Druckversuch 23 °C DIN 53454
Probekörper: *Form* — *Herstellung* DIN 53470

Druckfestigkeit	N/mm²	140	*Stauchung*	%	

Härte 23 °C *Probekörper:* — *Herstellung* DIN 53470

Kugeldruckhärte N/mm² 350 bei N, 60 s

Schlagversuch *Probekörper:* *(1)* U-Kerbe
(2) *Herstellung* DIN 53470

		°C		°C	°C	*Probekörper-Form*
Schlagzähigkeit	kJ/m²	23	6			NS
Kerbschlagzähigkeit (1)	kJ/m²	23	3			NS
IZOD-Kerbschlagzähigkeit (2)	J/m					

Abrieb und Reibung

Taber-Abrieb (Reibradverfahren) mm³/100 U
Statische Reibungszahl
Dynamische Reibungszahl (p·v= N/mm² · m/min)
Zulässiger p · v Wert N/mm² · (m/min) v= m/min
v= m/min

Thermische Eigenschaften

Formbeständigkeit in der Wärme	*Verfahren*	240 °C
	Verfahren	°C
Formbeständigkeit Martens		160 °C
Längenausdehnungskoeffizient	*Bereich* °C	$\cdot 10^{-4}K^{-1}$
	Temperatur 23 °C	$0{,}35 \cdot 10^{-4}K^{-1}$
Wärmeleitfähigkeit	*Verfahren*	W/(K · m)
Spezifische Wärmekapazität	*Verfahren*	J/(K · g)

Brandverhalten

UL-Test vertikal Dicke mm, Wert
Dicke mm, Wert

	Norm	*Bewertung*	*Abmessungen*
Sauerstoff-Index	ASTM D 2863		
Glühstab-Verfahren	DIN 53459	2b	
Brandverhalten	DIN 4102		
MVSS			
FAR			

Elektrische Eigenschaften

		Hz	°C		*Probekörper, Form*
Dielektrizitätszahl		50			
		10^3	23	4.5	
		10^6			
Dielektrischer Verlustfaktor tan δ		50			
		10^3	23	0.03	
		10^6			
Spezifischer Durchgangswiderstand	Ohm · cm		23	1.0*10**14	
Durchschlagfestigkeit	kV/mm		23	13	mm dick
Oberflächenwiderstand	Ohm		23	1.0*10**13	

Kriechstromfestigkeit KC >600 KB KA 3c
Kriechwegbildung CTI 600

Elektrolytische Korrosionswirkung
Lichtbogenfestigkeit nach DIN
nach ASTM s

Beständigkeit *(Chemische Beständigkeit siehe Anhang)*

Wasseraufnahme 4 d ≦45 mg

Feuchtigkeitsaufnahme Normalklima %
Wetterbeständigkeit

Produktklasse	Polyesterharz-Formmasse		**UP**
Handelsname	**Keripol PBG 751**		
Hersteller	PHOENIX		
DIN-Bezeichnung *ISO-Bezeichnung*			
Harzbasis	Ungesaettigter Polyester		
Zusätze		*Füllstoffe/ Verstärkung*	Glaskurzfaser
Bevorzugte Verarbeitung	Pressen; Spritzpressen; Spritzgiessen	*Lieferform*	Granulat
		Farben	
Besondere Merkmale	Sehr gute elektrische Isolationseigenschaften; Gute mechanische Festigkeit; Gute Waermeformbestaendigkeit; Geringe Verarbeitungsschwindung; Sonderqualitaet	*Bevorzugte Anwendungen*	Bauteil fuer Waschmaschine und Geschirrspuelautomat

Dichte	g/cm^3	1.9	*Dosierbarkeit*	Lose schuettbar
Schüttdichte	g/cm^3	0.7–1.0	*Tablettierbarkeit*	Gut
Fließeinstellung			*Lagerung*	Bei 20 C > 6 Monate

Verarbeitungsbedingungen für Pressen

Werkzeugtemperatur	°C	165–190
Pressdruck	bar	
Härtezeit je mm	s	6–10
Schwindung	%	0,3
Nachschwindung	%	0,1
Bemerkungen		

Verarbeitungsbedingungen für Spritzgießen

Zylindertemperatur	°C	50–60
Düsentemperatur	°C	75–90
Massetemp.	°C	
Werkzeugtemp.	°C	165–190
Spritzdruck	bar	
Härtezeit	s	5–10
Schwindung	%	
Nachschwindung	%	
Bemerkungen		

Zugversuch 23 °C DIN 53455;
Probekörper: *Form* *Herstellung* DIN 53470

Zugfestigkeit	N/mm^2	30	*E-Modul*	N/mm^2	
Reißdehnung	%		*Zeitstandzugfestigkeit*	h N/mm^2	

Biegeversuch 23 °C DIN 53452; DIN 53457
Probekörper: *Form* *Herstellung* DIN 53470

Biegefestigkeit	N/mm^2	60	*E-Modul*	N/mm^2	8500

Druckversuch 23°C DIN 53454
Probekörper: *Form* *Herstellung* DIN 53470

Druckfestigkeit	N/mm^2	140	*Stauchung*	%	

Härte 23 °C *Probekörper:* *Herstellung* DIN 53470

Kugeldruckhärte N/mm^2 350 bei N, 60 s

Schlagversuch *Probekörper:* *(1)* U-Kerbe
(2)
Herstellung DIN 53470

		°C		°C	°C	*Probekörper-Form*
Schlagzähigkeit	kJ/m²	23	6			NS
Kerbschlagzähigkeit (1)	kJ/m²	23	3			NS
IZOD-Kerbschlagzähigkeit (2)	J/m					

Abrieb und Reibung

Taber-Abrieb (Reibradverfahren) mm³/100 U
Statische Reibungszahl
Dynamische Reibungszahl (p·v= N/mm²· m/min)
Zulässiger p · v Wert N/mm² · (m/min) v= m/min
v= m/min

Thermische Eigenschaften

Formbeständigkeit in der Wärme	*Verfahren*	240 °C
	Verfahren	°C
Formbeständigkeit Martens		160 °C
Längenausdehnungskoeffizient	*Bereich* °C	$\cdot 10^{-4} K^{-1}$
	Temperatur 23 °C	$0{,}35 \cdot 10^{-4} K^{-1}$
Wärmeleitfähigkeit	*Verfahren*	W/(K · m)
Spezifische Wärmekapazität	*Verfahren*	J/(K · g)

Brandverhalten

UL-Test vertikal Dicke mm, Wert
Dicke mm, Wert

	Norm	*Bewertung*	*Abmessungen*
Sauerstoff-Index	ASTM D 2863		
Glühstab-Verfahren	DIN 53459	2b	
Brandverhalten	DIN 4102		
MVSS			
FAR			

Elektrische Eigenschaften

		Hz	°C		*Probekörper, Form*
Dielektrizitätszahl		50			
		10^3	23	4.5	
		10^6			
Dielektrischer Verlustfaktor tan δ		50			
		10^3	23	0.03	
		10^6			
Spezifischer Durchgangswiderstand	Ohm · cm		23	1.0*10**14	
Durchschlagfestigkeit	kV/mm		23	13	mm dick
Oberflächenwiderstand	Ohm		23	1.0*10**13	

Kriechstromfestigkeit KC >600 KB KA 3c
Kriechwegbildung CTI 600

Elektrolytische Korrosionswirkung
Lichtbogenfestigkeit nach DIN
nach ASTM s

Beständigkeit *(Chemische Beständigkeit siehe Anhang)*
Wasseraufnahme 4 d ≦45 mg

Feuchtigkeitsaufnahme Normalklima %
Wetterbeständigkeit

Produktklasse	Phenolharz-Formmasse		**PF**
Handelsname	**Resinol Typ 31 Reihe 1400**		
Hersteller	RASCHIG		
DIN-Bezeichnung	31-1400 DIN 7708		
ISO-Bezeichnung	PF 2 A 1		
Harzbasis	≧ 40% Phenol		
Zusätze		*Füllstoffe/ Verstärkung*	Holzmehl
Bevorzugte Verarbeitung	Pressen; Spritzpressen; Spritzpraegen; Spritzgiessen	*Lieferform*	Staubarmes Granulat
		Farben	09; 16,18; 23; 24; 25; 27; 33; 34; 49
Besondere Merkmale	Vielseitigste Phenolharz-Formmasse; Gute Verarbeitungseigenschaften; Gute Pressteiloberflaechen	*Bevorzugte Anwendungen*	Elektrotechnik; Automobilbau; Gehaeuse; Geraeteteil; Schraubverschluss; Topfgriff

---

Dichte	g/cm^3	1.42–1.48	*Dosierbarkeit*	
Schüttdichte	g/cm^3	0.55–0.65	*Tablettierbarkeit*	
Fließeinstellung	Weich; Mittel; Hart		*Lagerung*	Kuehl, trocken; 12 Monate

Verarbeitungsbedingungen für Pressen

Werkzeugtemperatur	°C	160–170
Pressdruck	bar	300–350
Härtezeit je mm	s	
Schwindung	%	0.4–0.7
Nachschwindung	%	0.2–0.4
Bemerkungen		

Verarbeitungsbedingungen für Spritzgießen

Zylindertemperatur	°C	70–90
Düsentemperatur	°C	
Massetemp.	°C	
Werkzeugtemp.	°C	160–170
Spritzdruck	bar	
Härtezeit	s	
Schwindung	%	
Nachschwindung	%	
Bemerkungen		

Zugversuch 23 °C

Probekörper: *Form* *Herstellung*

Zugfestigkeit	N/mm^2	*E-Modul*	N/mm^2
Reißdehnung	%	*Zeitstandzugfestigkeit*	h N/mm^2

Biegeversuch 23 °C DIN 53452;

Probekörper: *Form* *Herstellung* DIN 53451/DIN 53470

Biegefestigkeit	N/mm^2 ≧70	*E-Modul*	N/mm^2

Druckversuch 23 °C

Probekörper: *Form* *Herstellung*

Druckfestigkeit	N/mm^2	*Stauchung*	%

Härte 23 °C *Probekörper:* *Herstellung* DIN 53451/DIN 53470

Kugeldruckhärte N/mm^2 250–300 bei N, 30 s

Schlagversuch *Probekörper:* *(1)* U-Kerbe *(2)* *Herstellung* DIN 53451/DIN 53470

		°C		°C	°C	*Probekörper-Form*
Schlagzähigkeit	kJ/m²	23	≧6			NS
Kerbschlagzähigkeit (1)	kJ/m²	23	≧1.5			NS
IZOD-Kerbschlagzähigkeit (2)	J/m					

Abrieb und Reibung

Taber-Abrieb (Reibradverfahren) mm³/100 U
Statische Reibungszahl
Dynamische Reibungszahl (p·v= N/mm²· m/min)
Zulässiger p · v Wert N/mm² · (m/min) v= m/min
v= m/min

Thermische Eigenschaften

Formbeständigkeit in der Wärme	*Verfahren*		°C
	Verfahren		°C
Formbeständigkeit Martens			≧125 °C
Längenausdehnungskoeffizient	*Bereich*	°C	$\cdot 10^{-4} K^{-1}$
	Temperatur		$\cdot 10^{-4} K^{-1}$
Wärmeleitfähigkeit	*Verfahren*		W/(K · m)
Spezifische Wärmekapazität	*Verfahren*		J/(K · g)

Brandverhalten

UL-Test vertikal Dicke mm, Wert V-1
Dicke mm, Wert

	Norm	*Bewertung*	*Abmessungen*
Sauerstoff-Index	ASTM D 2863		
Glühstab-Verfahren	DIN 53459	2a	
Brandverhalten	DIN 4102		
MVSS			
FAR			

Elektrische Eigenschaften

		Hz	°C		*Probekörper, Form*
Dielektrizitätszahl		50			
		10^3	23	5.0–7.0	
		10^6			
Dielektrischer Verlustfaktor tan δ		50			
		10^3	23	0.06–0.10	
		10^6			
Spezifischer Durchgangswiderstand	Ohm · cm		23	1.0*10**10	
Durchschlagfestigkeit	kV/mm		23	8–12	mm dick
Oberflächenwiderstand	Ohm		23	≧1.0*10**08	

Kriechstromfestigkeit KC 125-150 KB KA
Kriechwegbildung

Elektrolytische Korrosionswirkung
Lichtbogenfestigkeit nach DIN
nach ASTM s

Beständigkeit *(Chemische Beständigkeit siehe Anhang)*

Wasseraufnahme 4 d ≦150 mg

Feuchtigkeitsaufnahme Normalklima %
Wetterbeständigkeit

Produktklasse	Phenolharz-Formmasse		**PF**
Handelsname	**Resinol Typ 31 Reihe 1500**		
Hersteller	RASCHIG		
DIN-Bezeichnung	31-1500 DIN 7708		
ISO-Bezeichnung	PF 2 A 1		
Harzbasis	≧45% Phenol		
Zusätze		*Füllstoffe/ Verstärkung*	Holzmehl
Bevorzugte Verarbeitung	Pressen; Spritzpressen; Spritzpraegen; Spritzgiessen	*Lieferform*	Staubarmes Granulat
		Farben	09; 16; 18; 23; 24; 25; 27; 33; 34; 49
Besondere Merkmale	Vielseitigste Phenolharz-Formmasse; Gute Verarbeitungseigenschaften; Gute Pressteiloberflaechen	*Bevorzugte Anwendungen*	Elektrotechnik; Automobilbau; Gehaeuse; Geraeteteile; Schraubverschluss; Topfgriff

---

Dichte	g/cm^3	1.42–1.48	*Dosierbarkeit*	
Schüttdichte	g/cm^3	0.53–0.68	*Tablettierbarkeit*	
Fließeinstellung	Weich; Mittel; Hart		*Lagerung*	Kuehl, trocken; 12 Monate

Verarbeitungsbedingungen für Pressen

Werkzeugtemperatur	°C	160–170
Pressdruck	bar	300–350
Härtezeit je mm	s	
Schwindung	%	0.4–0.7
Nachschwindung	%	0.2–0.4
Bemerkungen		

Verarbeitungsbedingungen für Spritzgießen

Zylindertemperatur	°C	70–90
Düsentemperatur	°C	
Massetemp.	°C	
Werkzeugtemp.	°C	160–170
Spritzdruck	bar	
Härtezeit	s	
Schwindung	%	
Nachschwindung	%	
Bemerkungen		

Zugversuch 23 °C

Probekörper: *Form* *Herstellung*

Zugfestigkeit	N/mm^2	*E-Modul*	N/mm^2
Reißdehnung	%	*Zeitstandzugfestigkeit*	h N/mm^2

Biegeversuch 23 °C DIN 53452;

Probekörper: *Form* *Herstellung* DIN 53451/DIN 53470

Biegefestigkeit	N/mm^2 ≧70	*E-Modul*	N/mm^2

Druckversuch 23°C

Probekörper: *Form* *Herstellung*

Druckfestigkeit	N/mm^2	*Stauchung*	%

Härte 23 °C *Probekörper:* *Herstellung* DIN 53451/DIN 53470

Kugeldruckhärte N/mm^2 250–300 bei N, 30 s

Schlagversuch *Probekörper:* *(1)* U-Kerbe
(2)
Herstellung DIN 53451/DIN 53470

		°C		°C		°C		*Probekörper-Form*
Schlagzähigkeit	kJ/m²	23	≧6					NS
Kerbschlagzähigkeit (1)	kJ/m²	23	≧1.5					NS
IZOD-Kerbschlag-zähigkeit (2)	J/m							

Abrieb und Reibung

Taber-Abrieb (Reibradverfahren) mm³/100 U
Statische Reibungszahl
Dynamische Reibungszahl (p·v= N/mm² · m/min)
Zulässiger p · v Wert N/mm² · (m/min) v= m/min
v= m/min

Thermische Eigenschaften

Formbeständigkeit in der Wärme	*Verfahren*		°C
	Verfahren		°C
Formbeständigkeit Martens			≧125 °C
Längenausdehnungskoeffizient	*Bereich*	°C	$\cdot 10^{-4}K^{-1}$
	Temperatur		$\cdot 10^{-4}K^{-1}$
Wärmeleitfähigkeit	*Verfahren*		W/(K · m)
Spezifische Wärmekapazität	*Verfahren*		J/(K · g)

Brandverhalten

UL-Test vertikal Dicke mm, Wert V-1
Dicke mm, Wert

	Norm	*Bewertung*	*Abmessungen*
Sauerstoff-Index	ASTM D 2863		
Glühstab-Verfahren	DIN 53459	2a	
Brandverhalten	DIN 4102		
MVSS			
FAR			

Elektrische Eigenschaften

		Hz	°C		*Probekörper, Form*
Dielektrizitätszahl		50			
		10^3	23	5.0–7.0	
		10^6			
Dielektrischer Verlustfaktor tan δ		50			
		10^3	23	0.06–0.10	
		10^6			
Spezifischer Durchgangs-widerstand	Ohm · cm		23	1.0*10**10	
Durchschlagfestigkeit	kV/mm		23	8–12	mm dick
Oberflächenwiderstand	Ohm		23	≧1.0*10**08	

Kriechstromfestigkeit KC 125-150 KB KA
Kriechwegbildung

Elektrolytische Korrosionswirkung
Lichtbogenfestigkeit nach DIN
nach ASTM s

Beständigkeit *(Chemische Beständigkeit siehe Anhang)*

Wasseraufnahme 4 d ≦150 mg

Feuchtigkeitsaufnahme Normalklima %
Wetterbeständigkeit

Produktklasse	Phenolharz-Formmasse		**PF**
Handelsname	**Resinol Typ 31 Reihe 1600**		
Hersteller	RASCHIG		
DIN-Bezeichnung	31-1600 DIN 7708		
ISO-Bezeichnung	PF 2 A 1		
Harzbasis	≧50% Phenol		
Zusätze		*Füllstoffe/ Verstärkung*	Holzmehl
Bevorzugte Verarbeitung	Pressen; Spritzpressen; Spritzpraegen; Spritzgiessen	*Lieferform*	Staubarmes Granulat
		Farben	09; 18; 49
Besondere Merkmale	Vielseitigste Phenolharz-Formmasse; Gute Verarbeitungseigenschaften; Gute Pressteiloberflaechen	*Bevorzugte Anwendungen*	Elektrotechnik; Automobilbau; Gehaeuse; Geraeteteil; Schraubverschluss; Topfgriff

---

Dichte	g/cm^3	1.36–1.42	*Dosierbarkeit*	
Schüttdichte	g/cm^3	0.54–0.64	*Tablettierbarkeit*	
Fließeinstellung	Weich; Mittel; Hart		*Lagerung*	Kuehl, trocken; 12 Monate

Verarbeitungsbedingungen für Pressen

Werkzeugtemperatur	°C	160–170
Pressdruck	bar	300–350
Härtezeit je mm	s	
Schwindung	%	0.4–0.7
Nachschwindung	%	0.2–0.4
Bemerkungen		

Verarbeitungsbedingungen für Spritzgießen

Zylindertemperatur	°C	70–90
Düsentemperatur	°C	
Massetemp.	°C	
Werkzeugtemp.	°C	160–170
Spritzdruck	bar	
Härtezeit	s	
Schwindung	%	
Nachschwindung	%	
Bemerkungen		

Zugversuch 23 °C

Probekörper: *Form* *Herstellung*

Zugfestigkeit	N/mm^2	*E-Modul*	N/mm^2
Reißdehnung	%	*Zeitstandzugfestigkeit*	h N/mm^2

Biegeversuch 23 °C DIN 53452;

Probekörper: *Form* *Herstellung* DIN 53451/DIN 53470

Biegefestigkeit	N/mm^2 ≧70	*E-Modul*	N/mm^2

Druckversuch 23°C

Probekörper: *Form* *Herstellung*

Druckfestigkeit	N/mm^2	*Stauchung*	%

Härte 23 °C *Probekörper:* *Herstellung* DIN 53451/DIN 53470

Kugeldruckhärte N/mm^2 250–300 bei N, 30 s

Schlagversuch *Probekörper:* *(1)* U-Kerbe
(2)

Herstellung DIN 53451/DIN 53470

		°C		°C	°C	*Probekörper-Form*
Schlagzähigkeit	kJ/m²	23	≧6			NS
Kerbschlagzähigkeit (1)	kJ/m²	23	≧1.5			NS
IZOD-Kerbschlag-zähigkeit (2)	J/m					

Abrieb und Reibung

Taber-Abrieb (Reibradverfahren) mm^3/100 U
Statische Reibungszahl
Dynamische Reibungszahl (p·v= N/mm²· m/min)
Zulässiger p · v Wert N/mm² · (m/min) v= m/min
v= m/min

Thermische Eigenschaften

Formbeständigkeit in der Wärme	*Verfahren*		°C
	Verfahren		°C
Formbeständigkeit Martens			≧125 °C
Längenausdehnungskoeffizient	*Bereich*	°C	$\cdot 10^{-4}K^{-1}$
	Temperatur		$\cdot 10^{-4}K^{-1}$
Wärmeleitfähigkeit	*Verfahren*		W/(K · m)
Spezifische Wärmekapazität	*Verfahren*		J/(K · g)

Brandverhalten

UL-Test vertikal Dicke mm, Wert V-1
Dicke mm, Wert

	Norm	*Bewertung*	*Abmessungen*
Sauerstoff-Index	ASTM D 2863		
Glühstab-Verfahren	DIN 53459	2a	
Brandverhalten	DIN 4102		
MVSS			
FAR			

Elektrische Eigenschaften

		Hz	°C		*Probekörper, Form*
Dielektrizitätszahl		50			
		10^3	23	4.5–6.5	
		10^6			
Dielektrischer Verlustfaktor tan δ		50			
		10^3	23	0.03–0.07	
		10^6			
Spezifischer Durchgangs-widerstand	Ohm · cm		23	1.0*10**11	
Durchschlagfestigkeit	kV/mm		23	8–14	mm dick
Oberflächenwiderstand	Ohm		23	≧1.0*10**08	

Kriechstromfestigkeit KC 150 KB KA
Kriechwegbildung

Elektrolytische Korrosionswirkung
Lichtbogenfestigkeit nach DIN
nach ASTM s

Beständigkeit *(Chemische Beständigkeit siehe Anhang)*

Wasseraufnahme 4 d ≦150 mg

Feuchtigkeitsaufnahme Normalklima %
Wetterbeständigkeit

Produktklasse	Phenolharz-Formmasse		**PF**
Handelsname	**Resinol Typ 31.5 Reihe 1600**		
Hersteller	RASCHIG		
DIN-Bezeichnung	31.5-1600 DIN 7708		
ISO-Bezeichnung	PF 2 A 1		
Harzbasis	≧50% Phenol		
Zusätze		*Füllstoffe/ Verstärkung*	Holzmehl
Bevorzugte Verarbeitung	Pressen; Spritzpressen; Spritzpraegen; Spritzgiessen	*Lieferform*	Staubarmes Granulat
		Farben	09; 18; 49
Besondere Merkmale	Wie Typ 31; Zusaetzlich elektrisch hochwertig	*Bevorzugte Anwendungen*	Zuendverteilerkappe; Kontakttraeger

Dichte	g/cm^3	1.37–1.46	*Dosierbarkeit*	
Schüttdichte	g/cm^3	0.57–0.67	*Tablettierbarkeit*	
Fließeinstellung	Weich; Mittel; Hart		*Lagerung*	Kuehl, trocken; 6 Monate

Verarbeitungsbedingungen für Pressen

Werkzeugtemperatur	°C	160–170
Pressdruck	bar	300–350
Härtezeit je mm	s	
Schwindung	%	0.4–0.7
Nachschwindung	%	0.13–0.25
Bemerkungen	Durch Vorwaermung der Masse (30 min./80C im Waermeschrank) Optimierung der elektrischen Eig.	

Verarbeitungsbedingungen für Spritzgießen

Zylindertemperatur	°C	70–90
Düsentemperatur	°C	
Massetemp.	°C	
Werkzeugtemp.	°C	160–170
Spritzdruck	bar	
Härtezeit	s	
Schwindung	%	
Nachschwindung	%	
Bemerkungen		

Zugversuch 23 °C

Probekörper: *Form* *Herstellung*

Zugfestigkeit	N/mm^2	*E-Modul*	N/mm^2
Reißdehnung	%	*Zeitstandzugfestigkeit*	h N/mm^2

Biegeversuch 23 °C DIN 53452;

Probekörper: *Form* *Herstellung* DIN 53451/DIN 53470

Biegefestigkeit	N/mm^2 ≧70	*E-Modul*	N/mm^2

Druckversuch 23°C

Probekörper: *Form* *Herstellung*

Druckfestigkeit	N/mm^2	*Stauchung*	%

Härte 23 °C *Probekörper:* *Herstellung* DIN 53451/DIN 53470

Kugeldruckhärte N/mm^2 250–300 bei N, 30 s

Schlagversuch *Probekörper:* *(1)* U-Kerbe
(2)
Herstellung DIN 53451/DIN 53470

		°C	°C	°C	*Probekörper-Form*
Schlagzähigkeit	kJ/m²	23 ≧6			NS
Kerbschlagzähigkeit (1)	kJ/m²	23 ≧1.5			NS
IZOD-Kerbschlagzähigkeit (2)	J/m				

Abrieb und Reibung

Taber-Abrieb (Reibradverfahren) mm³/100 U
Statische Reibungszahl
Dynamische Reibungszahl (p·v= N/mm²· m/min)
Zulässiger p · v Wert N/mm² · (m/min) v= m/min
v= m/min

Thermische Eigenschaften

Formbeständigkeit in der Wärme	*Verfahren*		°C
	Verfahren		°C
Formbeständigkeit Martens			≧125 °C
Längenausdehnungskoeffizient	*Bereich*	°C	$\cdot 10^{-4}K^{-1}$
	Temperatur		$\cdot 10^{-4}K^{-1}$
Wärmeleitfähigkeit	*Verfahren*		W/(K · m)
Spezifische Wärmekapazität	*Verfahren*		J/(K · g)

Brandverhalten

UL-Test vertikal Dicke mm, Wert V-1
Dicke mm, Wert

	Norm	*Bewertung*	*Abmessungen*
Sauerstoff-Index	ASTM D 2863		
Glühstab-Verfahren	DIN 53459	2a	
Brandverhalten	DIN 4102		
MVSS			
FAR			

Elektrische Eigenschaften

		Hz	°C		*Probekörper, Form*
Dielektrizitätszahl		50			
		10^3	23	4.5–6.0	
		10^6			
Dielektrischer Verlustfaktor tan δ		50			
		10^3	23	≦0.1	
		10^6			
Spezifischer Durchgangswiderstand	Ohm · cm		23	≧1.0*10**11	
Durchschlagfestigkeit	kV/mm		23	8–14	mm dick
Oberflächenwiderstand	Ohm		23	≧1.0*10**10	

Kriechstromfestigkeit KC 150 KB KA
Kriechwegbildung

Elektrolytische Korrosionswirkung
Lichtbogenfestigkeit nach DIN
nach ASTM s

Beständigkeit *(Chemische Beständigkeit siehe Anhang)*

Wasseraufnahme 4 d ≦150 mg

Feuchtigkeitsaufnahme Normalklima %
Wetterbeständigkeit

PF

Produktklasse	Phenolharz-Formmasse
Handelsname	**Resinol Typ 83 Reihe 1500**
Hersteller	RASCHIG
DIN-Bezeichnung	83 -1500 DIN 7708
ISO-Bezeichnung	PF 2 D 2
Harzbasis	≧ 45% Phenol
Zusätze	
Füllstoffe/ Verstärkung	Holzmehl; Textilfaser
Bevorzugte Verarbeitung	Pressen; Spritzpressen; Spritzpraegen; Spritzgiessen
Lieferform	Granulat K 5
Farben	Schwarz
Besondere Merkmale	Kerbschlagzaehigkeit hoeher als bei Typ 31
Bevorzugte Anwendungen	Schlagbeanspruchtes Teil

Dichte	g/cm^3	1.38–1.40
Schüttdichte	g/cm^3	0.37–0.39
Fließeinstellung	Mittel; Hart	
Dosierbarkeit		
Tablettierbarkeit		
Lagerung	Kuehl, trocken; 12 Monate	

Verarbeitungsbedingungen für Pressen

Werkzeugtemperatur	°C	160–170
Pressdruck	bar	350–400
Härtezeit je mm	s	
Schwindung	%	0.4–0.6
Nachschwindung	%	0.1–0.2
Bemerkungen		

Verarbeitungsbedingungen für Spritzgießen

Zylindertemperatur	°C	70–90
Düsentemperatur	°C	
Massetemp.	°C	
Werkzeugtemp.	°C	160–170
Spritzdruck	bar	
Härtezeit	s	
Schwindung	%	
Nachschwindung	%	
Bemerkungen		

Zugversuch 23 °C

Probekörper: *Form* *Herstellung*

Zugfestigkeit	N/mm^2	*E-Modul*	N/mm^2
Reißdehnung	%	*Zeitstandzugfestigkeit*	h N/mm^2

Biegeversuch 23 °C DIN 53452;

Probekörper: *Form* *Herstellung* DIN 53451/DIN 53470

Biegefestigkeit	N/mm^2 ≧60	*E-Modul*	N/mm^2

Druckversuch 23°C

Probekörper: *Form* *Herstellung*

Druckfestigkeit	N/mm^2	*Stauchung*	%

Härte 23 °C *Probekörper:* *Herstellung* DIN 53451/DIN 53470

Kugeldruckhärte N/mm^2 150–200 bei N, 30 s

Schlagversuch *Probekörper:* *(1)* U-Kerbe
(2)
Herstellung DIN 53451/DIN 53470

		°C		°C		°C		*Probekörper-Form*
Schlagzähigkeit	kJ/m²	23	≧5					NS
Kerbschlagzähigkeit (1)	kJ/m²	23	≧3.5					NS
IZOD-Kerbschlagzähigkeit (2)	J/m							

Abrieb und Reibung

Taber-Abrieb (Reibradverfahren) mm³/100 U
Statische Reibungszahl
Dynamische Reibungszahl (p·v= N/mm²· m/min)
Zulässiger p·v Wert N/mm²·(m/min) v= m/min
v= m/min

Thermische Eigenschaften

Formbeständigkeit in der Wärme	*Verfahren*		°C
	Verfahren		°C
Formbeständigkeit Martens			≧125 °C
Längenausdehnungskoeffizient	*Bereich*	°C	$\cdot 10^{-4}K^{-1}$
	Temperatur		$\cdot 10^{-4}K^{-1}$
Wärmeleitfähigkeit	*Verfahren*		W/(K·m)
Spezifische Wärmekapazität	*Verfahren*		J/(K·g)

Brandverhalten

UL-Test vertikal Dicke mm, Wert
Dicke mm, Wert

	Norm	*Bewertung*	*Abmessungen*
Sauerstoff-Index	ASTM D 2863		
Glühstab-Verfahren	DIN 53459	2b	
Brandverhalten	DIN 4102		
MVSS			
FAR			

Elektrische Eigenschaften

		Hz	°C		*Probekörper, Form*
Dielektrizitätszahl		50			
		10^3	23	4.5–5.5	
		10^6			
Dielektrischer Verlustfaktor tan δ		50			
		10^3	23	0.05–0.10	
		10^6			
Spezifischer Durchgangswiderstand	Ohm·cm		23	1.0*10**11	
Durchschlagfestigkeit	kV/mm		23	5–8	mm dick
Oberflächenwiderstand	Ohm		23	≧1.0*10**08	

Kriechstromfestigkeit KC 125 KB KA
Kriechwegbildung

Elektrolytische Korrosionswirkung
Lichtbogenfestigkeit nach DIN
nach ASTM s

Beständigkeit *(Chemische Beständigkeit siehe Anhang)*

Wasseraufnahme 4 d ≦180 mg

Feuchtigkeitsaufnahme Normalklima %
Wetterbeständigkeit

Produktklasse	Phenolharz-Formmasse		**PF**
Handelsname	**Resinol 2716/2**		
Hersteller	RASCHIG		
DIN-Bezeichnung *ISO-Bezeichnung*			
Harzbasis	Phenol		
Zusätze		*Füllstoffe/ Verstärkung*	Anorganische Harztraeger; Holzmehl
Bevorzugte Verarbeitung	Pressen; Spritzpressen; Spritzpraegen	*Lieferform*	Granulat
		Farben	Schwarz
Besondere Merkmale	Asbestfrei; Ersatz fuer Typ 12	*Bevorzugte Anwendungen*	Waermeformbestaendiges Formteil; Elektrotechnik; Automobilbau; Haushaltstechnik

---

Dichte	g/cm^3	1.60–1.70	*Dosierbarkeit*	
Schüttdichte	g/cm^3	0.69–0.73	*Tablettierbarkeit*	
Fließeinstellung	Weich; Hart		*Lagerung*	Kuehl, trocken; 12 Monate

Verarbeitungsbedingungen für Pressen

Werkzeugtemperatur	°C	160–170
Pressdruck	bar	300–350
Härtezeit je mm	s	
Schwindung	%	0.4–0.5
Nachschwindung	%	0.1–0.2
Bemerkungen		

Verarbeitungsbedingungen für Spritzgießen

Zylindertemperatur	°C	70–90
Düsentemperatur	°C	
Massetemp.	°C	
Werkzeugtemp.	°C	160–170
Spritzdruck	bar	
Härtezeit	s	
Schwindung	%	
Nachschwindung	%	
Bemerkungen		

Zugversuch 23 °C

Probekörper: *Form* *Herstellung*

Zugfestigkeit	N/mm^2	*E-Modul*	N/mm^2
Reißdehnung	%	*Zeitstandzugfestigkeit*	h N/mm^2

Biegeversuch 23 °C DIN 53452;

Probekörper: *Form* *Herstellung* DIN 53451/DIN 53470

Biegefestigkeit	N/mm^2	70–80	*E-Modul*	N/mm^2

Druckversuch 23°C

Probekörper: *Form* *Herstellung*

Druckfestigkeit	N/mm^2	*Stauchung*	%

Härte 23 °C *Probekörper:* *Herstellung* DIN 53451/DIN 53470

Kugeldruckhärte	N/mm^2	250–300	bei	N, 30 s

Schlagversuch *Probekörper:* *(1)* U-Kerbe *(2)*

Herstellung DIN 53451/DIN 53470

		°C		°C	°C	*Probekörper-Form*
Schlagzähigkeit	kJ/m^2	23	6–7			NS
Kerbschlagzähigkeit (1)	kJ/m^2	23	1.8–2.3			NS
IZOD-Kerbschlagzähigkeit (2)	J/m					

Abrieb und Reibung

Taber-Abrieb (Reibradverfahren) mm^3/100 U
Statische Reibungszahl
Dynamische Reibungszahl (p·v= N/mm^2· m/min)
Zulässiger p · v Wert N/mm^2 · (m/min) v= m/min
v= m/min

Thermische Eigenschaften

Formbeständigkeit in der Wärme	*Verfahren*		°C
	Verfahren		°C
Formbeständigkeit Martens			150–160 °C
Längenausdehnungskoeffizient	*Bereich*	°C	$\cdot 10^{-4}K^{-1}$
	Temperatur		$\cdot 10^{-4}K^{-1}$
Wärmeleitfähigkeit	*Verfahren*		W/(K · m)
Spezifische Wärmekapazität	*Verfahren*		J/(K · g)

Brandverhalten

UL-Test vertikal Dicke mm, Wert V-0
Dicke mm, Wert

	Norm	*Bewertung*	*Abmessungen*
Sauerstoff-Index	ASTM D 2863		
Glühstab-Verfahren	DIN 53459	2a	
Brandverhalten	DIN 4102		
MVSS			
FAR			

Elektrische Eigenschaften

		Hz	°C		*Probekörper, Form*
Dielektrizitätszahl		50			
		10^3	23	5–6	
		10^6			
Dielektrischer Verlustfaktor tan δ		50			
		10^3	23	0.04–0.06	
		10^6			
Spezifischer Durchgangswiderstand	Ohm · cm		23	1.0*10**12	
Durchschlagfestigkeit	kV/mm		23	8–10	mm dick
Oberflächenwiderstand	Ohm		23	1.0*10**10–1.0*10**11	

Kriechstromfestigkeit KC 150-175 KB KA
Kriechwegbildung

Elektrolytische Korrosionswirkung
Lichtbogenfestigkeit nach DIN
nach ASTM s

Beständigkeit *(Chemische Beständigkeit siehe Anhang)*

Wasseraufnahme 4 d 50–60 mg

Feuchtigkeitsaufnahme Normalklima %
Wetterbeständigkeit

Produktklasse	Phenolharz-Formmasse		**PF**
Handelsname	**Resinol 3035**		
Hersteller	RASCHIG		
DIN-Bezeichnung *ISO-Bezeichnung*			
Harzbasis	Phenol		
Zusätze		*Füllstoffe/ Verstärkung*	Anorganische Harztraeger; Holzmehl
Bevorzugte Verarbeitung	Spritzpraegen; Pressen; Spritzpressen; Spritzgiessen	*Lieferform*	Staubarmes Granulat
		Farben	Naturfarben
Besondere Merkmale	Asbestfrei; Aehnlich Typ 12	*Bevorzugte Anwendungen*	Waermeformbestaendiges Formteil; Elektrotechnik

Dichte	g/cm^3	1.57–1.59	*Dosierbarkeit*	
Schüttdichte	g/cm^3	0.65–0.67	*Tablettierbarkeit*	
Fließeinstellung			*Lagerung*	Kuehl, trocken; 12 Monate

Verarbeitungsbedingungen für Pressen

Werkzeugtemperatur	°C	160–170
Pressdruck	bar	300–350
Härtezeit je mm	s	
Schwindung	%	0.5–0.6
Nachschwindung	%	0.1–0.2
Bemerkungen		

Verarbeitungsbedingungen für Spritzgießen

Zylindertemperatur	°C	70–90
Düsentemperatur	°C	
Massetemp.	°C	
Werkzeugtemp.	°C	160–170
Spritzdruck	bar	
Härtezeit	s	
Schwindung	%	
Nachschwindung	%	
Bemerkungen		

Zugversuch 23 °C

Probekörper: *Form* *Herstellung*

Zugfestigkeit	N/mm^2	*E-Modul*	N/mm^2
Reißdehnung	%	*Zeitstandzugfestigkeit*	h N/mm^2

Biegeversuch 23 °C DIN 53452;

Probekörper: *Form* *Herstellung* DIN 53451/DIN 53470

Biegefestigkeit	N/mm^2 80–90	*E-Modul*	N/mm^2

Druckversuch 23°C

Probekörper: *Form* *Herstellung*

Druckfestigkeit	N/mm^2	*Stauchung*	%

Härte 23 °C *Probekörper:* *Herstellung* DIN 53451/DIN 53470

Kugeldruckhärte N/mm^2 250–300 bei N, 30 s

Schlagversuch *Probekörper:* *(1)* U-Kerbe *(2)*

Herstellung DIN 53451/DIN 53470

		°C		°C	°C	*Probekörper-Form*
Schlagzähigkeit	kJ/m²	23	6.5–7.5			NS
Kerbschlagzähigkeit (1)	kJ/m²	23	1.8–2.2			NS
IZOD-Kerbschlagzähigkeit (2)	J/m					

Abrieb und Reibung

Taber-Abrieb (Reibradverfahren)	mm³/100 U		
Statische Reibungszahl			
Dynamische Reibungszahl	(p·v=	N/mm²·	m/min)
Zulässiger p · v Wert	N/mm²·(m/min)	v=	m/min
		v=	m/min

Thermische Eigenschaften

Formbeständigkeit in der Wärme	*Verfahren*		°C	
	Verfahren		°C	
Formbeständigkeit Martens			150–160 °C	
Längenausdehnungskoeffizient	*Bereich*	°C		$\cdot 10^{-4}K^{-1}$
	Temperatur			$\cdot 10^{-4}K^{-1}$
Wärmeleitfähigkeit	*Verfahren*			W/(K · m)
Spezifische Wärmekapazität	*Verfahren*			J/(K · g)

Brandverhalten

UL-Test vertikal Dicke mm, Wert V-0
Dicke mm, Wert

	Norm	*Bewertung*	*Abmessungen*
Sauerstoff-Index	ASTM D 2863		
Glühstab-Verfahren	DIN 53459	2a	
Brandverhalten	DIN 4102		
MVSS			
FAR			

Elektrische Eigenschaften

		Hz	°C		*Probekörper, Form*
Dielektrizitätszahl		50			
		10^3	23	5.5–6.5	
		10^6			
Dielektrischer Verlustfaktor tan δ		50			
		10^3	23	0.04–0.06	
		10^6			
Spezifischer Durchgangswiderstand	Ohm · cm		23	1.0*10**12	
Durchschlagfestigkeit	kV/mm		23	8–10	mm dick
Oberflächenwiderstand	Ohm		23	1.0*10**10–1.0*10**11	

Kriechstromfestigkeit KC 150-175 KB KA
Kriechwegbildung

Elektrolytische Korrosionswirkung
Lichtbogenfestigkeit nach DIN
nach ASTM s

Beständigkeit *(Chemische Beständigkeit siehe Anhang)*
Wasseraufnahme 4 d 60–70 mg

Feuchtigkeitsaufnahme Normalklima %
Wetterbeständigkeit

Produktklasse	Phenolharz-Formmasse		**PF**
Handelsname	**Resinol PF K 10**		
Hersteller	RASCHIG		
DIN-Bezeichnung *ISO-Bezeichnung*			
Harzbasis	Phenol		
Zusätze		*Füllstoffe/ Verstärkung*	Anorganische Harztraeger; Organische Harztraeger
Bevorzugte Verarbeitung	Pressen; Spritzpressen; Spritzpraegen; Spritzgiessen	*Lieferform*	Staubarmes Granulat
		Farben	Schwarz
Besondere Merkmale	Erhoehte Schlagzaehigkeit	*Bevorzugte Anwendungen*	Technisches Formteil; Mechanisch isotropes Formteil

Dichte	g/cm^3	1.47–1.49	*Dosierbarkeit*	
Schüttdichte	g/cm^3	0.62–0.66	*Tablettierbarkeit*	
Fließeinstellung			*Lagerung*	Kuehl, trocken; 12 Monate

Verarbeitungsbedingungen für Pressen

Werkzeugtemperatur	°C	160–170
Pressdruck	bar	
Härtezeit je mm	s	
Schwindung	%	0.5–0.7
Nachschwindung	%	0.2–0.4
Bemerkungen	Hartverchromte Werkzeuge empfohlen	

Verarbeitungsbedingungen für Spritzgießen

Zylindertemperatur	°C	70–90
Düsentemperatur	°C	
Massetemp.	°C	
Werkzeugtemp.	°C	160–170
Spritzdruck	bar	
Härtezeit	s	
Schwindung	%	
Nachschwindung	%	
Bemerkungen	Hartverchromte Werkzeuge empfohlen	

Zugversuch 23 °C

Probekörper: *Form* *Herstellung*

Zugfestigkeit	N/mm^2		*E-Modul*	N/mm^2
Reißdehnung	%		*Zeitstandzugfestigkeit*	h N/mm^2

Biegeversuch 23 °C DIN 53452;

Probekörper: *Form* *Herstellung* DIN 53451/DIN 53470

Biegefestigkeit	N/mm^2	55–60	*E-Modul*	N/mm^2

Druckversuch 23°C

Probekörper: *Form* *Herstellung*

Druckfestigkeit	N/mm^2		*Stauchung*	%

Härte 23 °C *Probekörper:* *Herstellung* DIN 53451/DIN 53470

Kugeldruckhärte N/mm^2 150–200 bei N, 30 s

Schlagversuch *Probekörper:* *(1)* U-Kerbe
(2) *Herstellung* DIN 53451/DIN 53470

		°C		°C	°C	*Probekörper-Form*
Schlagzähigkeit	kJ/m²	23	8–9			NS
Kerbschlagzähigkeit (1)	kJ/m²	23	2.8 –3.2			NS
IZOD-Kerbschlagzähigkeit (2)	J/m					

Abrieb und Reibung

Taber-Abrieb (Reibradverfahren) mm³/100 U
Statische Reibungszahl
Dynamische Reibungszahl (p·v= N/mm²· m/min)
Zulässiger p · v Wert N/mm² · (m/min) v= m/min
v= m/min

Thermische Eigenschaften

Formbeständigkeit in der Wärme	*Verfahren*		°C
	Verfahren		°C
Formbeständigkeit Martens			135–145 °C
Längenausdehnungskoeffizient	*Bereich*	°C	$\cdot 10^{-4}K^{-1}$
	Temperatur		$\cdot 10^{-4}K^{-1}$
Wärmeleitfähigkeit	*Verfahren*		W/(K · m)
Spezifische Wärmekapazität	*Verfahren*		J/(K · g)

Brandverhalten

UL-Test vertikal Dicke mm, Wert
Dicke mm, Wert

	Norm	*Bewertung*	*Abmessungen*
Sauerstoff-Index	ASTM D 2863		
Glühstab-Verfahren	DIN 53459	2b	
Brandverhalten	DIN 4102		
MVSS			
FAR			

Elektrische Eigenschaften

		Hz	°C		*Probekörper, Form*
Dielektrizitätszahl		50			
		10^3	23	8–11	
		10^6			
Dielektrischer Verlustfaktor tan δ		50			
		10^3	23	0.04–0.06	
		10^6			
Spezifischer Durchgangswiderstand	Ohm · cm		23	1.0*10**11	
Durchschlagfestigkeit	kV/mm		23	5–8	mm dick
Oberflächenwiderstand	Ohm		23	1.0*10**9–1.0*10**10	

Kriechstromfestigkeit KC 125 KB KA
Kriechwegbildung

Elektrolytische Korrosionswirkung
Lichtbogenfestigkeit nach DIN
nach ASTM s

Beständigkeit *(Chemische Beständigkeit siehe Anhang)*

Wasseraufnahme 4 d 140–170 mg

Feuchtigkeitsaufnahme Normalklima %
Wetterbeständigkeit

PF

Produktklasse	Phenolharz-Formmasse
Handelsname	**Resinol V 107**
Hersteller	RASCHIG
DIN-Bezeichnung	
ISO-Bezeichnung	
Harzbasis	Kresol
Zusätze	
Füllstoffe/ Verstärkung	Holzmehl
Bevorzugte Verarbeitung	Pressen; Spritzpressen
Lieferform	Staubarmes Granulat
Farben	Rotbraun; Schwarz
Besondere Merkmale	Ammoniakfrei
Bevorzugte Anwendungen	Elektrotechnisch hochwertiges Formteil; Autoelektrik; Messtechnik

Dichte	g/cm^3	1.30–1.34
Schüttdichte	g/cm^3	0.51–0.53
Fließeinstellung	Mittel; Hart	
Dosierbarkeit		
Tablettierbarkeit		
Lagerung	Kuehl, trocken; 3 Monate	

Verarbeitungsbedingungen für Pressen

Werkzeugtemperatur	°C	160–170
Pressdruck	bar	400
Härtezeit je mm	s	60
Schwindung	%	0.8–1.0
Nachschwindung	%	0.4–0.6
Bemerkungen	Werkzeuge aus saeurefestem hochlegiertem Stahl oder hartverchromt	

Verarbeitungsbedingungen für Spritzgießen

Zylindertemperatur	°C	70–90
Düsentemperatur	°C	
Massetemp.	°C	
Werkzeugtemp.	°C	160–170
Spritzdruck	bar	
Härtezeit	s	
Schwindung	%	
Nachschwindung	%	
Bemerkungen	Unter besonderen Bedingungen moeglich	

Zugversuch 23 °C

Probekörper: *Form* *Herstellung*

Zugfestigkeit	N/mm^2		*E-Modul*	N/mm^2
Reißdehnung	%		*Zeitstandzugfestigkeit*	h N/mm^2

Biegeversuch 23 °C DIN 53452;

Probekörper: *Form* *Herstellung* DIN 53451/DIN 53470

Biegefestigkeit	N/mm^2	70–80	*E-Modul*	N/mm^2

Druckversuch 23°C

Probekörper: *Form* *Herstellung*

Druckfestigkeit	N/mm^2	*Stauchung*	%

Härte 23 °C *Probekörper:* *Herstellung* DIN 53451/DIN 53470

Kugeldruckhärte N/mm^2 250–300 bei N, 30 s

Schlagversuch *Probekörper:* *(1)* U-Kerbe
(2)
Herstellung DIN 53451/DIN 53470

		°C		°C	°C	*Probekörper-Form*
Schlagzähigkeit	kJ/m²	23	5.0–5.5			NS
Kerbschlagzähigkeit (1)	kJ/m²	23	1.5–2.0			NS
IZOD-Kerbschlag-zähigkeit (2)	J/m					

Abrieb und Reibung

Taber-Abrieb (Reibradverfahren) mm³/100 U
Statische Reibungszahl
Dynamische Reibungszahl (p · v= N/mm² · m/min)
Zulässiger p · v Wert N/mm² · (m/min) v= m/min
v= m/min

Thermische Eigenschaften

Formbeständigkeit in der Wärme	*Verfahren*		°C
	Verfahren		°C
Formbeständigkeit Martens			110–130 °C
Längenausdehnungskoeffizient	*Bereich*	°C	$\cdot 10^{-4}K^{-1}$
	Temperatur		$\cdot 10^{-4}K^{-1}$
Wärmeleitfähigkeit	*Verfahren*		W/(K · m)
Spezifische Wärmekapazität	*Verfahren*		J/(K · g)

Brandverhalten

UL-Test vertikal Dicke mm, Wert
Dicke mm, Wert

	Norm	*Bewertung*	*Abmessungen*
Sauerstoff-Index	ASTM D 2863		
Glühstab-Verfahren	DIN 53459	2b	
Brandverhalten	DIN 4102		
MVSS			
FAR			

Elektrische Eigenschaften

		Hz	°C		*Probekörper, Form*
Dielektrizitätszahl		50			
		10^3	23	4–5	
		10^6			
Dielektrischer Verlustfaktor tan δ		50			
		10^3	23	0.02–0.04	
		10^6			
Spezifischer Durchgangs-widerstand	Ohm · cm		23	1.0*10**12–1.0*10**13	
Durchschlagfestigkeit	kV/mm		23	10–15	mm dick
Oberflächenwiderstand	Ohm		23	1.0*10**11–1.0*10**13	

Kriechstromfestigkeit KC 150-175 KB KA
Kriechwegbildung

Elektrolytische Korrosionswirkung
Lichtbogenfestigkeit nach DIN
nach ASTM s

Beständigkeit *(Chemische Beständigkeit siehe Anhang)*

Wasseraufnahme 4 d 100–120 mg

Feuchtigkeitsaufnahme Normalklima %
Wetterbeständigkeit

PF

Produktklasse	Phenolharz-Formmasse
Handelsname	**Resinol V 332**
Hersteller	RASCHIG
DIN-Bezeichnung	
ISO-Bezeichnung	
Harzbasis	Kresol
Zusätze	
Füllstoffe/ Verstärkung	Holzmehl
Bevorzugte Verarbeitung	Pressen; Spritzpressen
Lieferform	Staubarme Koernung
Farben	Schwarz
Besondere Merkmale	Ammoniakfrei
Bevorzugte Anwendungen	Elektrotechnisch hochwertiges Formteil; Autoelektrik; Messtechnik

Dichte	g/cm³	1.30–1.34
Schüttdichte	g/cm³	0.51–0.53
Fließeinstellung	Mittel; Hart	
Dosierbarkeit		
Tablettierbarkeit		
Lagerung	Kuehl, trocken; 3 Monate	

Verarbeitungsbedingungen für Pressen

Werkzeugtemperatur	°C	160–170
Pressdruck	bar	400
Härtezeit je mm	s	60
Schwindung	%	0.8–1.0
Nachschwindung	%	0.4–0.6
Bemerkungen	Werkzeuge aus saeurefestem hochlegiertem Stahl oder hartverchromt	

Verarbeitungsbedingungen für Spritzgießen

Zylindertemperatur	°C	70–90
Düsentemperatur	°C	
Massetemp.	°C	
Werkzeugtemp.	°C	160–170
Spritzdruck	bar	
Härtezeit	s	
Schwindung	%	
Nachschwindung	%	
Bemerkungen	Unter besonderen Bedingungen moeglich	

Zugversuch 23 °C

Probekörper: *Form* — *Herstellung*

Zugfestigkeit	N/mm²	*E-Modul*	N/mm²
Reißdehnung	%	*Zeitstandzugfestigkeit*	h N/mm²

Biegeversuch 23 °C DIN 53452;

Probekörper: *Form* — *Herstellung* DIN 53451/DIN 53470

Biegefestigkeit	N/mm² 70–80	*E-Modul*	N/mm²

Druckversuch 23 °C

Probekörper: *Form* — *Herstellung*

Druckfestigkeit	N/mm²	*Stauchung*	%

Härte 23 °C *Probekörper:* — *Herstellung* DIN 53451/DIN 53470

Kugeldruckhärte N/mm² 250–300 bei N, 30 s

Schlagversuch *Probekörper:* *(1)* U-Kerbe
(2)

Herstellung DIN 53451/DIN 53470

		°C		°C	°C	*Probekörper-Form*
Schlagzähigkeit	kJ/m²	23	5.0–5.5			NS
Kerbschlagzähigkeit (1)	kJ/m²	23	1.5–2.0			NS
IZOD-Kerbschlagzähigkeit (2)	J/m					

Abrieb und Reibung

Taber-Abrieb (Reibradverfahren) mm³/100 U
Statische Reibungszahl
Dynamische Reibungszahl (p·v= N/mm²· m/min)
Zulässiger p · v Wert N/mm² · (m/min) v= m/min
v= m/min

Thermische Eigenschaften

Formbeständigkeit in der Wärme	*Verfahren*		°C
	Verfahren		°C
Formbeständigkeit Martens			110–130 °C
Längenausdehnungskoeffizient	*Bereich*	°C	$\cdot 10^{-4}K^{-1}$
	Temperatur		$\cdot 10^{-4}K^{-1}$
Wärmeleitfähigkeit	*Verfahren*		W/(K · m)
Spezifische Wärmekapazität	*Verfahren*		J/(K · g)

Brandverhalten

UL-Test vertikal Dicke mm, Wert
Dicke mm, Wert

	Norm	*Bewertung*	*Abmessungen*
Sauerstoff-Index	ASTM D 2863		
Glühstab-Verfahren	DIN 53459	2b	
Brandverhalten	DIN 4102		
MVSS			
FAR			

Elektrische Eigenschaften

		Hz	°C		*Probekörper, Form*
Dielektrizitätszahl		50			
		10^3	23	4–5	
		10^6			
Dielektrischer Verlustfaktor tan δ		50			
		10^3	23	0.02–0.04	
		10^6			
Spezifischer Durchgangswiderstand	Ohm · cm		23	1.0*10**12–1.0*10**13	
Durchschlagfestigkeit	kV/mm		23	10–15	mm dick
Oberflächenwiderstand	Ohm		23	1.0*10**11–1.0*10**13	

Kriechstromfestigkeit KC 150-175 KB KA
Kriechwegbildung

Elektrolytische Korrosionswirkung
Lichtbogenfestigkeit nach DIN
nach ASTM s

Beständigkeit *(Chemische Beständigkeit siehe Anhang)*

Wasseraufnahme 4 d 100–120 mg

Feuchtigkeitsaufnahme Normalklima %
Wetterbeständigkeit

Produktklasse	Phenolharz-Formmasse		**PF**
Handelsname	**Fibresinol AG**		
Hersteller	RASCHIG		
DIN-Bezeichnung			
ISO-Bezeichnung			
Harzbasis	Phenol		
Zusätze		*Füllstoffe/ Verstärkung*	Glasfaser; Anorganische Harztraeger
Bevorzugte Verarbeitung	Pressen; Spritzpressen	*Lieferform*	Staebchen 10 mm, 20 mm
		Farben	Schwarz
Besondere Merkmale	Hohe thermische Belastbarkeit; Hohe chemische Bestaendigkeit; Oelbestaendig; Witterungsbestaendig	*Bevorzugte Anwendungen*	Hochschlagfestes Formteil; Maschinenbau; Motorenbau; Flansch fuer Chemieapparaturenbau

Dichte	g/cm^3	1.88–1.92	*Dosierbarkeit*	Schuettbar
Schüttdichte	g/cm^3	0.45–0.55	*Tablettierbarkeit*	
Fließeinstellung	Mittel		*Lagerung*	Kuehl, trocken; 12 Monate

Verarbeitungsbedingungen für Pressen

Werkzeugtemperatur	°C	160–170
Pressdruck	bar	40
Härtezeit je mm	s	
Schwindung	%	0.03–0.04
Nachschwindung	%	≦0.1
Bemerkungen		

Verarbeitungsbedingungen für Spritzgießen

Zylindertemperatur	°C	
Düsentemperatur	°C	
Massetemp.	°C	
Werkzeugtemp.	°C	
Spritzdruck	bar	
Härtezeit	s	
Schwindung	%	
Nachschwindung	%	
Bemerkungen		

Zugversuch 23 °C

Probekörper: *Form* *Herstellung*

Zugfestigkeit	N/mm^2		*E-Modul*	N/mm^2
Reißdehnung	%		*Zeitstandzugfestigkeit*	h N/mm^2

Biegeversuch 23 °C DIN 53452;

Probekörper: *Form* *Herstellung* DIN 53451/DIN 53470

Biegefestigkeit	N/mm^2	70–90	*E-Modul*	N/mm^2

Druckversuch 23°C

Probekörper: *Form* *Herstellung*

Druckfestigkeit	N/mm^2		*Stauchung*	%

Härte 23 °C *Probekörper:* *Herstellung* DIN 53451/DIN 53470

Kugeldruckhärte N/mm^2 220–260 bei N, 30 s

Schlagversuch *Probekörper:* *(1)* U-Kerbe
(2) *Herstellung* DIN 53451/DIN 53470

		°C		°C	°C	*Probekörper-Form*
Schlagzähigkeit	kJ/m²	23	20–30			NS
Kerbschlagzähigkeit (1)	kJ/m²	23	20–30			NS
IZOD-Kerbschlag-zähigkeit (2)	J/m					

Abrieb und Reibung

Taber-Abrieb (Reibradverfahren) mm³/100 U
Statische Reibungszahl
Dynamische Reibungszahl (p·v= N/mm²· m/min)
Zulässiger p · v Wert N/mm² · (m/min) v= m/min
v= m/min

Thermische Eigenschaften

Formbeständigkeit in der Wärme	*Verfahren*		°C
	Verfahren		°C
Formbeständigkeit Martens			160–190 °C
Längenausdehnungskoeffizient	*Bereich*	°C	$\cdot 10^{-4} K^{-1}$
	Temperatur 23 °C		$0.15 \cdot 10^{-4} K^{-1}$
Wärmeleitfähigkeit	*Verfahren*		W/(K · m)
Spezifische Wärmekapazität	*Verfahren*		J/(K · g)

Brandverhalten

UL-Test vertikal Dicke mm, Wert V-0
Dicke mm, Wert

	Norm	*Bewertung*	*Abmessungen*
Sauerstoff-Index	ASTM D 2863		
Glühstab-Verfahren	DIN 53459	1-2a	
Brandverhalten	DIN 4102		
MVSS			
FAR			

Elektrische Eigenschaften

		Hz	°C		*Probekörper, Form*
Dielektrizitätszahl		50			
		10^3	23	5.0–7.0	
		10^6			
Dielektrischer Verlustfaktor tan δ		50			
		10^3	23	0.05–0.10	
		10^6			
Spezifischer Durchgangs-widerstand	Ohm · cm		23	1.0*10**11	
Durchschlagfestigkeit	kV/mm		23	12–16	mm dick
Oberflächenwiderstand	Ohm		23	1.0*10**10	

Kriechstromfestigkeit KC 175 KB KA
Kriechwegbildung

Elektrolytische Korrosionswirkung
Lichtbogenfestigkeit nach DIN
nach ASTM s

Beständigkeit *(Chemische Beständigkeit siehe Anhang)*

Wasseraufnahme 4 d 20–40 mg

Feuchtigkeitsaufnahme Normalklima %
Wetterbeständigkeit

Produktklasse	Polyesterharz-Formmasse		**UP**
Handelsname	**Keripol RW 3823**		
Hersteller	PHOENIX		
DIN-Bezeichnung *ISO-Bezeichnung*			
Harzbasis	Ungesaettigter Polyester		
Zusätze		*Füllstoffe/ Verstärkung*	Glasfaser
Bevorzugte Verarbeitung	Pressen; Spritzpressen; Spritzgiessen	*Lieferform*	Granulat
		Farben	
Besondere Merkmale	Hochwaermebestaendig; Sehr gute elektrische Isolationseigenschaften; Gute mechanische Eigenschaften; Hohe Glutbestaendigkeit; Keramik-Substitution	*Bevorzugte Anwendungen*	Isolationsteil im Schalterbau; Isoliertechnik; Stecker fuer Haushaltsgeraet; NH-Sicherungskoerper; Sicherungssockel; Klemmbrett; Lampenfassung; Leuchtengehaeuse

Dichte	g/cm³	2.1	*Dosierbarkeit*	Lose schuettbar
Schüttdichte	g/cm³	0.8–1.1	*Tablettierbarkeit*	Gut
Fließeinstellung			*Lagerung*	Bei 20 C 6 Monate

Verarbeitungsbedingungen für Pressen

Werkzeugtemperatur	°C	165–190
Pressdruck	bar	
Härtezeit je mm	s	6–10
Schwindung	%	0.1
Nachschwindung	%	0.0
Bemerkungen		

Verarbeitungsbedingungen für Spritzgießen

Zylindertemperatur	°C	50–60
Düsentemperatur	°C	75–90
Massetemp.	°C	
Werkzeugtemp.	°C	165–190
Spritzdruck	bar	
Härtezeit	s	5–10
Schwindung	%	
Nachschwindung	%	
Bemerkungen		

Zugversuch 23 °C DIN 53455; *Probekörper:* *Form* *Herstellung* DIN 53470

Zugfestigkeit	N/mm²	25	*E-Modul*	N/mm²	
Reißdehnung	%		*Zeitstandzugfestigkeit*	h N/mm²	

Biegeversuch 23 °C DIN 53452; DIN 53457 *Probekörper:* *Form* *Herstellung* DIN 53470

Biegefestigkeit	N/mm²	70	*E-Modul*	N/mm²	10000

Druckversuch 23°C DIN 53454 *Probekörper:* *Form* *Herstellung* DIN 53470

Druckfestigkeit	N/mm²	160	*Stauchung*	%

Härte 23 °C *Probekörper:* *Herstellung* DIN 53470

Kugeldruckhärte N/mm² 360 bei N, 60 s

Schlagversuch *Probekörper:* *(1)* U-Kerbe
(2)

Herstellung DIN 53470

		°C		°C	°C	*Probekörper-Form*
Schlagzähigkeit	kJ/m²	23	6			NS
Kerbschlagzähigkeit (1)	kJ/m²	23	3			NS
IZOD-Kerbschlagzähigkeit (2)	J/m					

Abrieb und Reibung

Taber-Abrieb (Reibradverfahren) mm³/100 U
Statische Reibungszahl
Dynamische Reibungszahl (p·v= N/mm²· m/min)
Zulässiger p · v Wert N/mm² · (m/min) v= m/min
v= m/min

Thermische Eigenschaften

Formbeständigkeit in der Wärme	*Verfahren*		240 °C
	Verfahren		°C
Formbeständigkeit Martens			200 °C
Längenausdehnungskoeffizient	*Bereich*	°C	$\cdot 10^{-4} K^{-1}$
	Temperatur 23 °C		$0.25 \cdot 10^{-4} K^{-1}$
Wärmeleitfähigkeit	*Verfahren*		W/(K · m)
Spezifische Wärmekapazität	*Verfahren*		J/(K · g)

Brandverhalten

UL-Test vertikal Dicke mm, Wert
Dicke mm, Wert

	Norm	*Bewertung*	*Abmessungen*
Sauerstoff-Index	ASTM D 2863		
Glühstab-Verfahren	DIN 53459	2a	
Brandverhalten	DIN 4102		
MVSS			
FAR			

Elektrische Eigenschaften

		Hz	°C		*Probekörper, Form*
Dielektrizitätszahl		50			
		10^3	23	4.5	
		10^6			
Dielektrischer Verlustfaktor tan δ		50			
		10^3	23	0.01	
		10^6			
Spezifischer Durchgangswiderstand	Ohm · cm		23	1.0*10**14	
Durchschlagfestigkeit	kV/mm		23	14	mm dick
Oberflächenwiderstand	Ohm		23	1.0*10**12	

Kriechstromfestigkeit KC >600 KB KA 3c
Kriechwegbildung CTI 600

Elektrolytische Korrosionswirkung
Lichtbogenfestigkeit nach DIN
nach ASTM s

Beständigkeit *(Chemische Beständigkeit siehe Anhang)*

Wasseraufnahme 4 d ≦40 mg

Feuchtigkeitsaufnahme Normalklima %
Wetterbeständigkeit

Produktklasse	Polyesterharz-Formmasse		**UP**
Handelsname	**Keripol RBT 667**		
Hersteller	PHOENIX		
DIN-Bezeichnung			
ISO-Bezeichnung			
Harzbasis	Ungesaettigter Polyester		
Zusätze		*Füllstoffe/ Verstärkung*	Textilschnitzel
Bevorzugte Verarbeitung	Pressen; Spritzpressen; Spritzgiessen	*Lieferform*	Flockig
		Farben	
Besondere Merkmale	Sehr gutes Schlagverhalten; Gute bis sehr gute Abriebfestigkeit; Gute Schlagdaempfung bei Magnetschaltern; Gute elektrische Isolationseigenschaften; Gute mechanische Festigkeit	*Bevorzugte Anwendungen*	Grosser Kasten; Schaltergehaeuse

Dichte	g/cm³	1.65	*Dosierbarkeit*	Von Hand
Schüttdichte	g/cm³		*Tablettierbarkeit*	
Fließeinstellung			*Lagerung*	6 Monate

Verarbeitungsbedingungen für Pressen

Werkzeugtemperatur	°C	165–195
Pressdruck	bar	
Härtezeit je mm	s	6–10
Schwindung	%	0.6
Nachschwindung	%	0.2
Bemerkungen		

Verarbeitungsbedingungen für Spritzgießen

Zylindertemperatur	°C	50–60
Düsentemperatur	°C	75–90
Massetemp.	°C	
Werkzeugtemp.	°C	165–195
Spritzdruck	bar	
Härtezeit	s	5–10
Schwindung	%	
Nachschwindung	%	
Bemerkungen		

Zugversuch 23 °C DIN 53455;
Probekörper: *Form* *Herstellung* DIN 53470

Zugfestigkeit	N/mm²	40	*E-Modul*	N/mm²	
Reißdehnung	%		*Zeitstandzugfestigkeit*	h N/mm²	

Biegeversuch 23 °C DIN 53452; DIN 53457
Probekörper: *Form* *Herstellung* DIN 53470

Biegefestigkeit	N/mm²	55	*E-Modul*	N/mm²	4500

Druckversuch 23 °C DIN 53454
Probekörper: *Form* *Herstellung* DIN 53470

Druckfestigkeit	N/mm²	200	*Stauchung*	%	

Härte 23 °C *Probekörper:* *Herstellung* DIN 53470

Kugeldruckhärte N/mm² 260 bei N, 60 s

Schlagversuch Probekörper: (1) U-Kerbe (2) Herstellung DIN 53470

		°C		°C	°C	Probekörper-Form
Schlagzähigkeit	kJ/m²	23	7			NS
Kerbschlagzähigkeit (1)	kJ/m²	23	6			NS
IZOD-Kerbschlag-zähigkeit (2)	J/m					

Abrieb und Reibung

Taber-Abrieb (Reibradverfahren) mm³/100 U
Statische Reibungszahl
Dynamische Reibungszahl (p·v= N/mm²· m/min)
Zulässiger p · v Wert N/mm² · (m/min) v= m/min
v= m/min

Thermische Eigenschaften

Formbeständigkeit in der Wärme	Verfahren		220 °C
	Verfahren		°C
Formbeständigkeit Martens			140 °C
Längenausdehnungskoeffizient	Bereich	°C	$\cdot 10^{-4}K^{-1}$
	Temperatur 23 °C		$0.40 \cdot 10^{-4}K^{-1}$
Wärmeleitfähigkeit	Verfahren		W/(K · m)
Spezifische Wärmekapazität	Verfahren		J/(K · g)

Brandverhalten

UL-Test vertikal Dicke 3.2 mm, Wert V-0
Dicke mm, Wert

	Norm	Bewertung	Abmessungen
Sauerstoff-Index	ASTM D 2863		
Glühstab-Verfahren	DIN 53459	2a	
Brandverhalten	DIN 4102		
MVSS			
FAR			

Elektrische Eigenschaften

		Hz	°C		Probekörper, Form
Dielektrizitätszahl		50			
		10^3	23	5.5	
		10^6			
Dielektrischer Verlustfaktor tan δ		50			
		10^3	23	0.1	
		10^6			
Spezifischer Durchgangs-widerstand	Ohm · cm		23	1.0*10**12	
Durchschlagfestigkeit	kV/mm		23	14	mm dick
Oberflächenwiderstand	Ohm		23	1.0*10**10	

Kriechstromfestigkeit KC >600 KB KA 3c
Kriechwegbildung CTI 600

Elektrolytische Korrosionswirkung
Lichtbogenfestigkeit nach DIN
nach ASTM s

Beständigkeit (Chemische Beständigkeit siehe Anhang)

Wasseraufnahme 4 d ≦200 mg

Feuchtigkeitsaufnahme Normalklima %
Wetterbeständigkeit

UP

Produktklasse	Polyesterharz-Formmasse
Handelsname	**Keripol RFT 1221**
Hersteller	PHOENIX
DIN-Bezeichnung	
ISO-Bezeichnung	
Harzbasis	Ungesaettigter Polyester
Zusätze	
Füllstoffe/ Verstärkung	Textilfaser
Bevorzugte Verarbeitung	Pressen; Spritzpressen; Spritzgiessen
Lieferform	Granulat
Farben	
Besondere Merkmale	Elastische Einstellung; Gute bis sehr gute Abriebfestigkeit; Gute Schlagdaempfung bei Magnetschaltern; Gute elektrische Isolationseigenschaften; Gute mechanische Festigkeit
Bevorzugte Anwendungen	Abriebbeanspruchtes Formteil, besonders geeignet fuer Schlagabrieb-Beanspruchung (Guenstiges Daempfungsverhalten)

Dichte	g/cm^3	1.75
Schüttdichte	g/cm^3	0.7–0.9
Fließeinstellung		
Dosierbarkeit		
Tablettierbarkeit		
Lagerung		6 Monate

Verarbeitungsbedingungen für Pressen

Werkzeugtemperatur	°C	165–195
Pressdruck	bar	
Härtezeit je mm	s	6–10
Schwindung	%	0.7
Nachschwindung	%	0.2
Bemerkungen		

Verarbeitungsbedingungen für Spritzgießen

Zylindertemperatur	°C	50–60
Düsentemperatur	°C	75–90
Massetemp.	°C	
Werkzeugtemp.	°C	165–195
Spritzdruck	bar	
Härtezeit	s	5–10
Schwindung	%	
Nachschwindung	%	
Bemerkungen		

Zugversuch 23 °C DIN 53455; *Probekörper:* *Form* *Herstellung* DIN 53470

Zugfestigkeit	N/mm^2	40	*E-Modul*	N/mm^2	
Reißdehnung	%		*Zeitstandzugfestigkeit*	h N/mm^2	

Biegeversuch 23 °C DIN 53452; DIN 53457 *Probekörper:* *Form* *Herstellung* DIN 53470

Biegefestigkeit	N/mm^2	65	*E-Modul*	N/mm^2	8000

Druckversuch 23 °C DIN 53454 *Probekörper:* *Form* *Herstellung* DIN 53470

Druckfestigkeit	N/mm^2	170	*Stauchung*	%	

Härte 23 °C *Probekörper:* *Herstellung* DIN 53470

Kugeldruckhärte N/mm^2 240 bei N, 60 s

Schlagversuch *Probekörper:* *(1)* U-Kerbe *(2)* *Herstellung* DIN 53470

		°C		°C	°C	*Probekörper-Form*
Schlagzähigkeit	kJ/m²	23	5.5			NS
Kerbschlagzähigkeit (1)	kJ/m²	23	3			NS
IZOD-Kerbschlag-zähigkeit (2)	J/m					

Abrieb und Reibung

Taber-Abrieb (Reibradverfahren)	mm³/100 U
Statische Reibungszahl	
Dynamische Reibungszahl	(p·v= N/mm²· m/min)
Zulässiger p · v Wert	N/mm² · (m/min) v= m/min
	v= m/min

Thermische Eigenschaften

Formbeständigkeit in der Wärme	*Verfahren*		180 °C
	Verfahren		°C
Formbeständigkeit Martens			120 °C
Längenausdehnungskoeffizient	*Bereich*	°C	$\cdot 10^{-4} K^{-1}$
	Temperatur 23 °C		$0.40 \cdot 10^{-4} K^{-1}$
Wärmeleitfähigkeit	*Verfahren*		W/(K · m)
Spezifische Wärmekapazität	*Verfahren*		J/(K · g)

Brandverhalten

UL-Test vertikal Dicke 1.6 mm, Wert V-0
Dicke mm, Wert

	Norm	*Bewertung*	*Abmessungen*
Sauerstoff-Index	ASTM D 2863		
Glühstab-Verfahren	DIN 53459	2a	
Brandverhalten	DIN 4102		
MVSS			
FAR			

Elektrische Eigenschaften

		Hz	°C		*Probekörper, Form*
Dielektrizitätszahl		50			
		10³	23	5	
		10⁶			
Dielektrischer Verlustfaktor tan δ		50			
		10³	23	0.05	
		10⁶			
Spezifischer Durchgangs-widerstand	Ohm · cm		23	1.0*10**13	
Durchschlagfestigkeit	kV/mm		23	17	mm dick
Oberflächenwiderstand	Ohm		23	1.0*10**11	

Kriechstromfestigkeit KC >600 KB KA 3c
Kriechwegbildung CTI 600

Elektrolytische Korrosionswirkung
Lichtbogenfestigkeit nach DIN
nach ASTM s 190

Beständigkeit *(Chemische Beständigkeit siehe Anhang)*

Wasseraufnahme 4 d ≦120 mg

Feuchtigkeitsaufnahme Normalklima %
Wetterbeständigkeit

UP

Produktklasse	Polyesterharz-Formmasse
Handelsname	**Keripol RFT 1222**
Hersteller	PHOENIX
DIN-Bezeichnung	
ISO-Bezeichnung	
Harzbasis	Ungesaettigter Polyester
Zusätze	
Füllstoffe/ Verstärkung	Textilfaser
Bevorzugte Verarbeitung	Pressen; Spritzpressen; Spritzgiessen
Lieferform	Granulat
Farben	
Besondere Merkmale	Gute bis sehr gute Abriebfestigkeit; Gute Schlagdaempfung bei Magnetschaltern; Gute elektrische Isolationseigenschaften; Gute mechanische Festigkeit; Gute Lichtbogenfestigkeit
Bevorzugte Anwendungen	Schaltschutzgehaeuse; Kontakttraeger

Dichte	g/cm^3	1.83
Schüttdichte	g/cm^3	0.7–0.9
Fließeinstellung		
Dosierbarkeit		
Tablettierbarkeit		
Lagerung		6 Monate

Verarbeitungsbedingungen für Pressen

Werkzeugtemperatur	°C	165–195
Pressdruck	bar	
Härtezeit je mm	s	6–10
Schwindung	%	0.5
Nachschwindung	%	0.2
Bemerkungen		

Verarbeitungsbedingungen für Spritzgießen

Zylindertemperatur	°C	50–60
Düsentemperatur	°C	75–90
Massetemp.	°C	
Werkzeugtemp.	°C	165–195
Spritzdruck	bar	
Härtezeit	s	5–10
Schwindung	%	
Nachschwindung	%	
Bemerkungen		

Zugversuch 23 °C DIN 53455;
Probekörper: *Form* *Herstellung* DIN 53470

Zugfestigkeit	N/mm^2	30	*E-Modul*	N/mm^2	
Reißdehnung	%		*Zeitstandzugfestigkeit*	h N/mm^2	

Biegeversuch 23 °C DIN 53452; DIN 53457
Probekörper: *Form* *Herstellung* DIN 53470

Biegefestigkeit	N/mm^2	60	*E-Modul*	N/mm^2	8000

Druckversuch 23 °C DIN 53454
Probekörper: *Form* *Herstellung* DIN 53470

Druckfestigkeit	N/mm^2	190	*Stauchung*	%	

Härte 23 °C *Probekörper:* *Herstellung* DIN 53470

Kugeldruckhärte N/mm^2 260 bei N, 60 s

Schlagversuch *Probekörper:* *(1)* U-Kerbe
(2)
Herstellung DIN 53470

		°C		°C	°C	*Probekörper-Form*
Schlagzähigkeit	kJ/m²	23	5,5			NS
Kerbschlagzähigkeit (1)	kJ/m²	23	2.7			NS
IZOD-Kerbschlag-zähigkeit (2)	J/m					

Abrieb und Reibung

Taber-Abrieb (Reibradverfahren) mm³/100 U
Statische Reibungszahl
Dynamische Reibungszahl (p·v= N/mm²· m/min)
Zulässiger p · v Wert N/mm² · (m/min) v= m/min
v= m/min

Thermische Eigenschaften

Formbeständigkeit in der Wärme	*Verfahren*		220 °C
	Verfahren		°C
Formbeständigkeit Martens			140 °C
Längenausdehnungskoeffizient	*Bereich*	°C	$\cdot 10^{-4} K^{-1}$
	Temperatur 23 °C		$0.35 \cdot 10^{-4} K^{-1}$
Wärmeleitfähigkeit	*Verfahren*		W/(K · m)
Spezifische Wärmekapazität	*Verfahren*		J/(K · g)

Brandverhalten

UL-Test vertikal Dicke 1.6 mm, Wert V-0
Dicke mm, Wert

	Norm	*Bewertung*	*Abmessungen*
Sauerstoff-Index	ASTM D 2863		
Glühstab-Verfahren	DIN 53459	2a	
Brandverhalten	DIN 4102		
MVSS			
FAR			

Elektrische Eigenschaften

		Hz	°C		*Probekörper, Form*
Dielektrizitätszahl		50			
		10^3	23	5.5	
		10^6			
Dielektrischer Verlustfaktor tan δ		50			
		10^3	23	0.03	
		10^6			
Spezifischer Durchgangs-widerstand	Ohm · cm		23	1.0*10**13	
Durchschlagfestigkeit	kV/mm		23	16	mm dick
Oberflächenwiderstand	Ohm		23	1.0*10**12	

Kriechstromfestigkeit KC >600 KB KA 3c
Kriechwegbildung CTI 600

Elektrolytische Korrosionswirkung
Lichtbogenfestigkeit nach DIN
nach ASTM s 190

Beständigkeit *(Chemische Beständigkeit siehe Anhang)*
Wasseraufnahme 4 d ≦50 mg

Feuchtigkeitsaufnahme Normalklima %
Wetterbeständigkeit

UP

Produktklasse	Polyesterharz-Formmasse
Handelsname	**Keripol RFT 1225**
Hersteller	PHOENIX
DIN-Bezeichnung	
ISO-Bezeichnung	
Harzbasis	Ungesaettigter Polyester

Zusätze		*Füllstoffe/ Verstärkung*	Textilfaser
Bevorzugte Verarbeitung	Pressen; Spritzpressen; Spritzgiessen	*Lieferform*	Granulat
		Farben	
Besondere Merkmale	Sehr gute Abriebbestaendigkeit; Hohe Lichtbogenbestaendigkeit; Gute elektrische Isolationseigenschaften; Gute mechanische Festigkeit; Hohe Temperaturbestaendigkeit; Verzugsarm	*Bevorzugte Anwendungen*	LS-Schalter; Relaisgehaeuse; Schaltersockel

Dichte	g/cm³ 1.75		*Dosierbarkeit*	
Schüttdichte	g/cm³ 0.7–0.9		*Tablettierbarkeit*	
Fließeinstellung			*Lagerung*	6 Monate

Verarbeitungsbedingungen für Pressen

Werkzeugtemperatur	°C	165–195
Pressdruck	bar	
Härtezeit je mm	s	6–10
Schwindung	%	0.5
Nachschwindung	%	0.1
Bemerkungen		

Verarbeitungsbedingungen für Spritzgießen

Zylindertemperatur	°C	50–60
Düsentemperatur	°C	75–90
Massetemp.	°C	
Werkzeugtemp.	°C	165–195
Spritzdruck	bar	
Härtezeit	s	5–10
Schwindung	%	
Nachschwindung	%	
Bemerkungen		

Zugversuch 23 °C DIN 53455;
Probekörper: *Form* *Herstellung* DIN 53470

Zugfestigkeit	N/mm² 35	*E-Modul*	N/mm²
Reißdehnung	%	*Zeitstandzugfestigkeit*	h N/mm²

Biegeversuch 23 °C DIN 53452; DIN 53457
Probekörper: *Form* *Herstellung* DIN 53470

Biegefestigkeit	N/mm² 70	*E-Modul*	N/mm² 10000

Druckversuch 23°C DIN 53454
Probekörper: *Form* *Herstellung* DIN 53470

Druckfestigkeit	N/mm² 170	*Stauchung*	%

Härte 23 °C *Probekörper:* *Herstellung* DIN 53470

Kugeldruckhärte N/mm² 240 bei N, 60 s

Schlagversuch *Probekörper:* *(1)* U-Kerbe *(2)* *Herstellung* DIN 53470

		°C		°C	°C	*Probekörper-Form*
Schlagzähigkeit	kJ/m²	23	7,5			NS
Kerbschlagzähigkeit (1)	kJ/m²	23	3			NS
IZOD-Kerbschlag-zähigkeit (2)	J/m					

Abrieb und Reibung

Taber-Abrieb (Reibradverfahren) mm³/100 U
Statische Reibungszahl
Dynamische Reibungszahl (p·v= N/mm²· m/min)
Zulässiger p · v Wert N/mm² · (m/min) v= m/min
v= m/min

Thermische Eigenschaften

Formbeständigkeit in der Wärme	*Verfahren*		220 °C
	Verfahren		°C
Formbeständigkeit Martens			150 °C
Längenausdehnungskoeffizient	*Bereich*	°C	$\cdot 10^{-4}K^{-1}$
	Temperatur 23 °C		$0.30 \cdot 10^{-4}K^{-1}$
Wärmeleitfähigkeit	*Verfahren*		W/(K · m)
Spezifische Wärmekapazität	*Verfahren*		J/(K · g)

Brandverhalten

UL-Test vertikal Dicke 1.6 mm, Wert V-0
Dicke mm, Wert

	Norm	*Bewertung*	*Abmessungen*
Sauerstoff-Index	ASTM D 2863		
Glühstab-Verfahren	DIN 53459	1b	
Brandverhalten	DIN 4102		
MVSS			
FAR			

Elektrische Eigenschaften

		Hz	°C		*Probekörper, Form*
Dielektrizitätszahl		50			
		10^3	23	4	
		10^6			
Dielektrischer Verlustfaktor tan δ		50			
		10^3	23	0.03	
		10^6			
Spezifischer Durchgangs-widerstand	Ohm · cm		23	1.0*10**13	
Durchschlagfestigkeit	kV/mm		23	16	mm dick
Oberflächenwiderstand	Ohm		23	1.0*10**12	

Kriechstromfestigkeit KC >600 KB KA 3c
Kriechwegbildung CTI 600

Elektrolytische Korrosionswirkung
Lichtbogenfestigkeit nach DIN
nach ASTM s 190

Beständigkeit *(Chemische Beständigkeit siehe Anhang)*

Wasseraufnahme 4 d ≦80 mg

Feuchtigkeitsaufnahme Normalklima %
Wetterbeständigkeit

UP

Produktklasse	Polyesterharz-Formmasse
Handelsname	**Keripol RFT 1226**
Hersteller	PHOENIX
DIN-Bezeichnung	
ISO-Bezeichnung	
Harzbasis	Ungesaettigter Polyester
Zusätze	
Füllstoffe/ Verstärkung	Textilfaser
Bevorzugte Verarbeitung	Pressen; Spritzpressen; Spritzgiessen
Lieferform	Granulat
Farben	
Besondere Merkmale	Ausgezeichnete Lichtbogenbestaendigkeit;Gute bis sehr gute Abriebfestigkeit; Gute Schlagdaempfung bei Magnetschaltern; Gute elektrische Isolationseigenschaften; Korrosionsneutral
Bevorzugte Anwendungen	Lichtbogenbeanspruchter Artikel; Hochleistungstrennschalter

Dichte	g/cm³	1.83
Schüttdichte	g/cm³	0.7–0.9
Fließeinstellung		
Dosierbarkeit		
Tablettierbarkeit		
Lagerung		6 Monate

Verarbeitungsbedingungen für Pressen

Werkzeugtemperatur	°C	165–195
Pressdruck	bar	
Härtezeit je mm	s	6–10
Schwindung	%	0.6
Nachschwindung	%	0.1
Bemerkungen		

Verarbeitungsbedingungen für Spritzgießen

Zylindertemperatur	°C	50–60
Düsentemperatur	°C	75–90
Massetemp.	°C	
Werkzeugtemp.	°C	165–195
Spritzdruck	bar	
Härtezeit	s	5–10
Schwindung	%	
Nachschwindung	%	
Bemerkungen		

Zugversuch 23 °C DIN 53455; *Probekörper:* *Form* — *Herstellung* DIN 53470

Zugfestigkeit	N/mm²	30	*E-Modul*	N/mm²	
Reißdehnung	%		*Zeitstandzugfestigkeit*	h N/mm²	

Biegeversuch 23 °C DIN 53452; DIN 53457 *Probekörper:* *Form* — *Herstellung* DIN 53470

Biegefestigkeit	N/mm²	70	*E-Modul*	N/mm²	10000

Druckversuch 23 °C DIN 53454 *Probekörper:* *Form* — *Herstellung* DIN 53470

Druckfestigkeit	N/mm²	190	*Stauchung*	%	

Härte 23 °C *Probekörper:* — *Herstellung* DIN 53470

Kugeldruckhärte N/mm² 300 bei N, 60 s

Schlagversuch *Probekörper:* *(1)* U-Kerbe *(2)* *Herstellung* DIN 53470

		°C		°C	°C	*Probekörper-Form*
Schlagzähigkeit	kJ/m²	23	7			NS
Kerbschlagzähigkeit (1)	kJ/m²	23	2.7			NS
IZOD-Kerbschlagzähigkeit (2)	J/m					

Abrieb und Reibung

Taber-Abrieb (Reibradverfahren)	mm³/100 U		
Statische Reibungszahl			
Dynamische Reibungszahl	(p·v= N/mm² ·		m/min)
Zulässiger p · v Wert	N/mm² · (m/min)	v=	m/min
		v=	m/min

Thermische Eigenschaften

Formbeständigkeit in der Wärme	*Verfahren*		240 °C
	Verfahren		°C
Formbeständigkeit Martens			160 °C
Längenausdehnungskoeffizient	*Bereich*	°C	$\cdot 10^{-4}K^{-1}$
	Temperatur 23°C		$0.35 \cdot 10^{-4}K^{-1}$
Wärmeleitfähigkeit	*Verfahren*		W/(K · m)
Spezifische Wärmekapazität	*Verfahren*		J/(K · g)

Brandverhalten

UL-Test vertikal	Dicke 1.6	mm, Wert V-0	
	Dicke	mm, Wert	

	Norm	*Bewertung*	*Abmessungen*
Sauerstoff-Index	ASTM D 2863		
Glühstab-Verfahren	DIN 53459	1b	
Brandverhalten	DIN 4102		
MVSS			
FAR			

Elektrische Eigenschaften

		Hz	°C			*Probekörper, Form*
Dielektrizitätszahl		50				
		10^3	23	5.5		
		10^6				
Dielektrischer Verlustfaktor tan δ		50				
		10^3	23	0.03		
		10^6				
Spezifischer Durchgangswiderstand	Ohm · cm		23	1.0*10**13		
Durchschlagfestigkeit	kV/mm		23	17		mm dick
Oberflächenwiderstand	Ohm		23	1.0*10**12		
Kriechstromfestigkeit		KC >600		KB	KA 3c	
Kriechwegbildung		CTI 600				
Elektrolytische Korrosionswirkung						
Lichtbogenfestigkeit nach DIN						
nach ASTM	s	195				

Beständigkeit *(Chemische Beständigkeit siehe Anhang)*

Wasseraufnahme 4 d ≦60 mg

Feuchtigkeitsaufnahme Normalklima %

Wetterbeständigkeit

Produktklasse	Polyesterharz-Formmasse		**UP**
Handelsname	**Keripol RZ 1141**		
Hersteller	PHOENIX		
DIN-Bezeichnung *ISO-Bezeichnung*			
Harzbasis	Ungesaettigter Polyester		
Zusätze		*Füllstoffe/ Verstärkung*	Cellulose
Bevorzugte Verarbeitung	Pressen; Spritzpressen; Spritzgiessen	*Lieferform*	Granulat
		Farben	
Besondere Merkmale	Gute bis sehr gute Oberflaechenbeschaffenheit; Gute elektrische Isolationseigenschaften; Ausgezeichnet einfaerbbar	*Bevorzugte Anwendungen*	Formteil mit dekorativen und extrem ebenen Oberflaechen; Buegeleisengriff; Haushaltsgeraetegehaeuse

Dichte	g/cm^3	1.75	*Dosierbarkeit*	Lose schuettbar
Schüttdichte	g/cm^3	0.7–1.0	*Tablettierbarkeit*	Gut
Fließeinstellung			*Lagerung*	6 Monate

Verarbeitungsbedingungen für Pressen

Werkzeugtemperatur	°C	165–190
Pressdruck	bar	
Härtezeit je mm	s	6–10
Schwindung	%	0.9
Nachschwindung	%	0.4
Bemerkungen		

Verarbeitungsbedingungen für Spritzgießen

Zylindertemperatur	°C	50–60
Düsentemperatur	°C	75–90
Massetemp.	°C	
Werkzeugtemp.	°C	165–190
Spritzdruck	bar	
Härtezeit	s	5–10
Schwindung	%	1.2–2.0
Nachschwindung	%	
Bemerkungen		

Zugversuch 23 °C DIN 53455; *Probekörper:* *Form* *Herstellung* DIN 53470

Zugfestigkeit	N/mm^2	35	*E-Modul*	N/mm^2
Reißdehnung	%		*Zeitstandzugfestigkeit*	h N/mm^2

Biegeversuch 23 °C DIN 53452; DIN 53457 *Probekörper:* *Form* *Herstellung* DIN 53470

Biegefestigkeit	N/mm^2	75	*E-Modul*	N/mm^2	8500

Druckversuch 23 °C DIN 53454 *Probekörper:* *Form* *Herstellung* DIN 53470

Druckfestigkeit	N/mm^2	230	*Stauchung*	%

Härte 23 °C *Probekörper:* *Herstellung* DIN 53470

Kugeldruckhärte N/mm^2 230 bei N, 60 s

Schlagversuch *Probekörper:* *(1)* U-Kerbe
(2) *Herstellung* DIN 53470

		°C		°C	°C	*Probekörper-Form*
Schlagzähigkeit	kJ/m²	23	8			NS
Kerbschlagzähigkeit (1)	kJ/m²	23	2.4			NS
IZOD-Kerbschlagzähigkeit (2)	J/m					

Abrieb und Reibung

Taber-Abrieb (Reibradverfahren) mm³/100 U
Statische Reibungszahl
Dynamische Reibungszahl (p·v= N/mm²· m/min)
Zulässiger p · v Wert N/mm² · (m/min) v= m/min
v= m/min

Thermische Eigenschaften

Formbeständigkeit in der Wärme	*Verfahren*		200 °C
	Verfahren		°C
Formbeständigkeit Martens			130 °C
Längenausdehnungskoeffizient	*Bereich*	°C	$\cdot 10^{-4} K^{-1}$
	Temperatur 23 °C		$0.40 \cdot 10^{-4} K^{-1}$
Wärmeleitfähigkeit	*Verfahren*		W/(K · m)
Spezifische Wärmekapazität	*Verfahren*		J/(K · g)

Brandverhalten

UL-Test vertikal Dicke mm, Wert
Dicke mm, Wert

	Norm	*Bewertung*	*Abmessungen*
Sauerstoff-Index	ASTM D 2863		
Glühstab-Verfahren	DIN 53459	2b	
Brandverhalten	DIN 4102		
MVSS			
FAR			

Elektrische Eigenschaften

		Hz	°C		*Probekörper, Form*
Dielektrizitätszahl		50			
		10^3	23	5	
		10^6			
Dielektrischer Verlustfaktor tan δ		50			
		10^3	23	0.03	
		10^6			
Spezifischer Durchgangswiderstand	Ohm · cm		23	1.0*10**13	
Durchschlagfestigkeit	kV/mm		23	13	mm dick
Oberflächenwiderstand	Ohm		23	1.0*10**11	

Kriechstromfestigkeit KC >600 KB KA 3c
Kriechwegbildung CTI 600

Elektrolytische Korrosionswirkung
Lichtbogenfestigkeit nach DIN
nach ASTM s

Beständigkeit *(Chemische Beständigkeit siehe Anhang)*
Wasseraufnahme 4 d ≦60 mg

Feuchtigkeitsaufnahme Normalklima %
Wetterbeständigkeit

Produktklasse	Polyesterharz-Formmasse		**UP**
Handelsname	**Keripol RFZ 1241**		
Hersteller	PHOENIX		
DIN-Bezeichnung			
ISO-Bezeichnung			
Harzbasis	Ungesaettigter Polyester		
Zusätze		*Füllstoffe/ Verstärkung*	Cellulose
Bevorzugte Verarbeitung	Pressen; Spritzpressen; Spritzgiessen	*Lieferform*	Granulat
		Farben	
Besondere Merkmale	Gute bis sehr gute Oberflaechenguete; Gute elektrische Isolationseigenschaften; Hervorragende Verarbeitbarkeit	*Bevorzugte Anwendungen*	Installationsartikel

Dichte	g/cm³	1.75	*Dosierbarkeit*	Lose schuettbar
Schüttdichte	g/cm³	0.7–1.0	*Tablettierbarkeit*	Gut
Fließeinstellung			*Lagerung*	6 Monate

Verarbeitungsbedingungen für Pressen

Werkzeugtemperatur	°C	165–190
Pressdruck	bar	
Härtezeit je mm	s	6–10
Schwindung	%	0.9
Nachschwindung	%	0.4
Bemerkungen		

Verarbeitungsbedingungen für Spritzgießen

Zylindertemperatur	°C	50–60
Düsentemperatur	°C	75–90
Massetemp.	°C	
Werkzeugtemp.	°C	165–190
Spritzdruck	bar	
Härtezeit	s	5–10
Schwindung	%	
Nachschwindung	%	
Bemerkungen		

Zugversuch 23 °C DIN 53455;
Probekörper: *Form* *Herstellung* DIN 53470

Zugfestigkeit	N/mm² 35	*E-Modul*	N/mm²	
Reißdehnung	%	*Zeitstandzugfestigkeit*	h N/mm²	

Biegeversuch 23 °C DIN 53452; DIN 53457
Probekörper: *Form* *Herstellung* DIN 53470

Biegefestigkeit	N/mm² 75	*E-Modul*	N/mm² 8500

Druckversuch 23 °C DIN 53454
Probekörper: *Form* *Herstellung* DIN 53470

Druckfestigkeit	N/mm² 230	*Stauchung*	%

Härte 23 °C *Probekörper:* *Herstellung* DIN 53470

Kugeldruckhärte N/mm² 230 bei N, 60 s

Schlagversuch *Probekörper:* *(1)* U-Kerbe
(2)
Herstellung DIN 53470

		°C		°C		°C		*Probekörper-Form*
Schlagzähigkeit	kJ/m²	23	8					NS
Kerbschlagzähigkeit (1)	kJ/m²	23	2.4					NS
IZOD-Kerbschlagzähigkeit (2)	J/m							

Abrieb und Reibung

Taber-Abrieb (Reibradverfahren) mm³/100 U
Statische Reibungszahl
Dynamische Reibungszahl (p·v= N/mm² · m/min)
Zulässiger p · v Wert N/mm² · (m/min) v= m/min
v= m/min

Thermische Eigenschaften

Formbeständigkeit in der Wärme	*Verfahren*		200 °C
	Verfahren		°C
Formbeständigkeit Martens			130 °C
Längenausdehnungskoeffizient	*Bereich*	°C	$\cdot 10^{-4} K^{-1}$
	Temperatur 23 °C		$0.4 \cdot 10^{-4} K^{-1}$
Wärmeleitfähigkeit	*Verfahren*		W/(K · m)
Spezifische Wärmekapazität	*Verfahren*		J/(K · g)

Brandverhalten

UL-Test vertikal Dicke 3.2 mm, Wert V-0
Dicke 1.6 mm, Wert V-1

	Norm	*Bewertung*	*Abmessungen*
Sauerstoff-Index	ASTM D 2863		
Glühstab-Verfahren	DIN 53459	2a	
Brandverhalten	DIN 4102		
MVSS			
FAR			

Elektrische Eigenschaften

		Hz	°C			*Probekörper, Form*
Dielektrizitätszahl		50				
		10^3	23	5		
		10^6				
Dielektrischer Verlustfaktor tan δ		50				
		10^3	23	0.03		
		10^6				
Spezifischer Durchgangswiderstand	Ohm · cm		23	1.0*10**13		
Durchschlagfestigkeit	kV/mm		23	15		mm dick
Oberflächenwiderstand	Ohm		23	1.0*10**11		
Kriechstromfestigkeit		KC 600		KB	KA 3c	
Kriechwegbildung		CTI 600				
Elektrolytische Korrosionswirkung						
Lichtbogenfestigkeit nach DIN						
nach ASTM	s	185				

Beständigkeit *(Chemische Beständigkeit siehe Anhang)*

Wasseraufnahme 4 d ≦60 mg

Feuchtigkeitsaufnahme Normalklima %
Wetterbeständigkeit

UP

Produktklasse	Polyesterharz-Formmasse		
Handelsname	**Keripol K 3141**		
Hersteller	PHOENIX		
DIN-Bezeichnung *ISO-Bezeichnung*			
Harzbasis	Ungesaettigter Polyester		
Zusätze		*Füllstoffe/ Verstärkung*	Glasfaser
Bevorzugte Verarbeitung	Pressen; Spritzpressen; Spritzgiessen	*Lieferform*	Kittartig; BMC
		Farben	
Besondere Merkmale	Standardqualitaet; Sehr gute mechanische Eigenschaften; Gute elektrische Isolationseigenschaften	*Bevorzugte Anwendungen*	Mechanisch stark beanspruchtes, selbstisolierendes Bauteil in der Nachrichtentechnik und Starkstromtechnik; Formteile mit Explosionsschutz in Schiffahrt und Bergbau

---

Dichte	g/cm^3	1.85	*Dosierbarkeit*	Von Hand; Plastifiziergeraet
Schüttdichte	g/cm^3		*Tablettierbarkeit*	
Fließeinstellung			*Lagerung*	Bei 20 C 3 Monate

Verarbeitungsbedingungen für Pressen

Werkzeugtemperatur	°C	160–185
Pressdruck	bar	
Härtezeit je mm	s	
Schwindung	%	0.2
Nachschwindung	%	0.0
Bemerkungen	Werkzeuge aus gehaertetem Chromstahl von Vorteil	

Verarbeitungsbedingungen für Spritzgießen

Zylindertemperatur	°C	
Düsentemperatur	°C	≦50
Massetemp.	°C	
Werkzeugtemp.	°C	160–185
Spritzdruck	bar	
Härtezeit	s	
Schwindung	%	
Nachschwindung	%	
Bemerkungen	Stopfeinrichtung erforderlich; Rueckstromsperre von Vorteil; Werkzeuge aus gehaertetem Chromstahl	

Zugversuch 23 °C DIN 53455;
Probekörper: *Form* *Herstellung* DIN 53470

Zugfestigkeit	N/mm^2	35	*E-Modul*	N/mm^2	
Reißdehnung	%		*Zeitstandzugfestigkeit*	h N/mm^2	

Biegeversuch 23 °C DIN 53452; DIN 53457
Probekörper: *Form* *Herstellung* DIN 53470

Biegefestigkeit	N/mm^2	80	*E-Modul*	N/mm^2	10000

Druckversuch 23°C DIN 53454
Probekörper: *Form* *Herstellung* DIN 53470

Druckfestigkeit	N/mm^2	160	*Stauchung*	%

Härte 23 °C *Probekörper:* *Herstellung* DIN 53470

Kugeldruckhärte N/mm^2 270 bei N, 60 s

Schlagversuch *Probekörper:* *(1)* U-Kerbe *(2)*

Herstellung DIN 53470

		°C		°C	°C	*Probekörper-Form*
Schlagzähigkeit	kJ/m²	23	25			NS
Kerbschlagzähigkeit (1)	kJ/m²	23	25			NS
IZOD-Kerbschlagzähigkeit (2)	J/m					

Abrieb und Reibung

Taber-Abrieb (Reibradverfahren) mm³/100 U
Statische Reibungszahl
Dynamische Reibungszahl (p·v= N/mm² · m/min)
Zulässiger p · v Wert N/mm² · (m/min) v= m/min
v= m/min

Thermische Eigenschaften

Formbeständigkeit in der Wärme	*Verfahren*		240 °C
	Verfahren		°C
Formbeständigkeit Martens			180 °C
Längenausdehnungskoeffizient	*Bereich*	°C	$\cdot 10^{-4}K^{-1}$
	Temperatur 23 °C		$0.3 \cdot 10^{-4}K^{-1}$
Wärmeleitfähigkeit	*Verfahren*		W/(K · m)
Spezifische Wärmekapazität	*Verfahren*		J/(K · g)

Brandverhalten

UL-Test vertikal Dicke mm, Wert
Dicke mm, Wert

	Norm	*Bewertung*	*Abmessungen*
Sauerstoff-Index	ASTM D 2863		
Glühstab-Verfahren	DIN 53459	2b	
Brandverhalten	DIN 4102		
MVSS			
FAR			

Elektrische Eigenschaften

		Hz	°C		*Probekörper, Form*
Dielektrizitätszahl		50			
		10^3	23	4.5	
		10^6			
Dielektrischer Verlustfaktor tan δ		50			
		10^3	23	0.04	
		10^6			
Spezifischer Durchgangswiderstand	Ohm · cm		23	1.0*10**14	
Durchschlagfestigkeit	kV/mm		23	14	mm dick
Oberflächenwiderstand	Ohm		23	1.0*10**12	

Kriechstromfestigkeit KC >600 KB KA 3c
Kriechwegbildung CTI 600

Elektrolytische Korrosionswirkung
Lichtbogenfestigkeit nach DIN
nach ASTM s 180

Beständigkeit *(Chemische Beständigkeit siehe Anhang)*

Wasseraufnahme 4 d 40 mg

Feuchtigkeitsaufnahme Normalklima %
Wetterbeständigkeit

Produktklasse	Polyesterharz-Formmasse		**UP**
Handelsname	**Keripol KF 3144**		
Hersteller	PHOENIX		
DIN-Bezeichnung			
ISO-Bezeichnung			
Harzbasis	Ungesaettigter Polyester		
Zusätze		*Füllstoffe/ Verstärkung*	Glasfaser
Bevorzugte Verarbeitung	Pressen; Spritzpressen; Spritzgiessen	*Lieferform*	Kittartig; BMC
		Farben	
Besondere Merkmale	Standardqualitaet; Sehr gute mechanische Eigenschaften; Gute elektrische Eigenschaften	*Bevorzugte Anwendungen*	Mechanisch stark beanspruchtes, selbstisolierendes Bauteil in der Nachrichtentechnik und Starkstromtechnik; Formteil mit Explosionsschutz; Schleifringkoerper

Dichte	g/cm³	1.85	*Dosierbarkeit*	Von Hand; Plastifiziergeraet
Schüttdichte	g/cm³		*Tablettierbarkeit*	
Fließeinstellung			*Lagerung*	Bei 20 C 3 Monate

Verarbeitungsbedingungen für Pressen			**Verarbeitungsbedingungen für Spritzgießen**		
			Zylindertemperatur	°C	
			Düsentemperatur	°C	≦50
			Massetemp.	°C	
Werkzeugtemperatur	°C	160–185	*Werkzeugtemp.*	°C	160–185
Pressdruck	bar		*Spritzdruck*	bar	
Härtezeit je mm	s		*Härtezeit*	s	
Schwindung	%	0.2	*Schwindung*	%	
Nachschwindung	%	0.0	*Nachschwindung*	%	
Bemerkungen	Werkzeuge aus gehaertetem Chromstahl von Vorteil		*Bemerkungen*	Stopfeinrichtung erforderlich; Rueckstromsperre von Vorteil; Werkzeuge aus gehaertetem Chromstahl	

Zugversuch 23 °C DIN 53455;
Probekörper: *Form* *Herstellung* DIN 53470

Zugfestigkeit	N/mm²	35	*E-Modul*	N/mm²	
Reißdehnung	%		*Zeitstandzugfestigkeit*	h N/mm²	

Biegeversuch 23 °C DIN 53452; DIN 53457
Probekörper: *Form* *Herstellung* DIN 53470

Biegefestigkeit	N/mm²	80	*E-Modul*	N/mm²	10000

Druckversuch 23 °C DIN 53454
Probekörper: *Form* *Herstellung* DIN 53470

Druckfestigkeit	N/mm²	160	*Stauchung*	%	

Härte 23 °C *Probekörper:* *Herstellung* DIN 53470

Kugeldruckhärte N/mm² 270 bei N, 60 s

Schlagversuch *Probekörper:* *(1)* U-Kerbe *(2)* *Herstellung* DIN 53470

		°C		°C		°C		*Probekörper-Form*
Schlagzähigkeit	kJ/m²	23	25					NS
Kerbschlagzähigkeit (1)	kJ/m²	23	25					NS
IZOD-Kerbschlag-zähigkeit (2)	J/m							

Abrieb und Reibung

Taber-Abrieb (Reibradverfahren)	mm³/100 U		
Statische Reibungszahl			
Dynamische Reibungszahl	(p·v= N/mm² ·		m/min)
Zulässiger p · v Wert	N/mm² · (m/min)	v=	m/min
		v=	m/min

Thermische Eigenschaften

Formbeständigkeit in der Wärme	*Verfahren*		240 °C
	Verfahren		°C
Formbeständigkeit Martens			180 °C
Längenausdehnungskoeffizient	*Bereich*	°C	$\cdot 10^{-4} K^{-1}$
	Temperatur 23 °C		$0.3 \cdot 10^{-4} K^{-1}$
Wärmeleitfähigkeit	*Verfahren*		W/(K · m)
Spezifische Wärmekapazität	*Verfahren*		J/(K · g)

Brandverhalten

UL-Test vertikal Dicke 3.2 mm, Wert V-0
Dicke mm, Wert

	Norm	*Bewertung*	*Abmessungen*
Sauerstoff-Index	ASTM D 2863		
Glühstab-Verfahren	DIN 53459	2a	
Brandverhalten	DIN 4102		
MVSS			
FAR			

Elektrische Eigenschaften

		Hz	°C		*Probekörper, Form*
Dielektrizitätszahl		50			
		10^3	23	4.5	
		10^6			
Dielektrischer Verlustfaktor tan δ		50			
		10^3	23	0.04	
		10^6			
Spezifischer Durchgangs-widerstand	Ohm · cm		23	1.0*10**14	
Durchschlagfestigkeit	kV/mm		23	14	mm dick
Oberflächenwiderstand	Ohm		23	1.0*10**12	

Kriechstromfestigkeit	KC >600	KB	KA 3c
Kriechwegbildung	CTI 600		

Elektrolytische Korrosionswirkung
Lichtbogenfestigkeit nach DIN
nach ASTM s 190

Beständigkeit *(Chemische Beständigkeit siehe Anhang)*

Wasseraufnahme 4 d 40 mg

Feuchtigkeitsaufnahme Normalklima %
Wetterbeständigkeit

Produktklasse	Polyesterharz-Formmasse		**UP**
Handelsname	**Keripol KL 3137**		
Hersteller	PHOENIX		
DIN-Bezeichnung *ISO-Bezeichnung*			
Harzbasis	Ungesaettigter Polyester		
Zusätze		*Füllstoffe/ Verstärkung*	Glasfaser
Bevorzugte Verarbeitung	Pressen; Spritzpressen; Spritzgiessen	*Lieferform*	Kittartig; BMC
		Farben	
Besondere Merkmale	Standardqualitaet; Lichtbogenfeste Einstellung; Sehr gute mechanische Eigenschaften; Gute elektrische Eigenschaften	*Bevorzugte Anwendungen*	Loeschkammer; Schaltergehaeuse; Sicherungsanlage

Dichte	g/cm^3	2.1	*Dosierbarkeit*	Von Hand; Plastifiziergeraet
Schüttdichte	g/cm^3		*Tablettierbarkeit*	
Fließeinstellung			*Lagerung*	Bei 20 C 3 Monate

Verarbeitungsbedingungen für Pressen			**Verarbeitungsbedingungen für Spritzgießen**		
			Zylindertemperatur	°C	
			Düsentemperatur	°C	≦50
			Massetemp.	°C	
Werkzeugtemperatur	°C	160–185	*Werkzeugtemp.*	°C	160–185
Pressdruck	bar		*Spritzdruck*	bar	
Härtezeit je mm	s		*Härtezeit*	s	
Schwindung	%	0.2	*Schwindung*	%	
Nachschwindung	%	0.0	*Nachschwindung*	%	
Bemerkungen	Werkzeuge aus gehaertetem Chromstahl von Vorteil		*Bemerkungen*	Stopfeinrichtung erforderlich; Rueckstromsperre von Vorteil; Werkzeuge aus gehaertetem Chromstahl	

Zugversuch 23 °C DIN 53455;
Probekörper: *Form* *Herstellung* DIN 53470

Zugfestigkeit	N/mm^2 35	*E-Modul*		N/mm^2
Reißdehnung	%	*Zeitstandzugfestigkeit*	h	N/mm^2

Biegeversuch 23 °C DIN 53452; DIN 53457
Probekörper: *Form* *Herstellung* DIN 53470

Biegefestigkeit	N/mm^2 65	*E-Modul*	N/mm^2 10000

Druckversuch 23 °C DIN 53454
Probekörper: *Form* *Herstellung* DIN 53470

Druckfestigkeit	N/mm^2	160	*Stauchung*	%

Härte 23 °C *Probekörper:* *Herstellung* DIN 53470

Kugeldruckhärte N/mm^2 300 bei N, 60 s

Schlagversuch *Probekörper:* *(1)* U-Kerbe *(2)* *Herstellung* DIN 53470

		°C		°C		°C		*Probekörper-Form*
Schlagzähigkeit	kJ/m^2	23	17					NS
Kerbschlagzähigkeit (1)	kJ/m^2	23	17					NS
IZOD-Kerbschlag-zähigkeit (2)	J/m							

Abrieb und Reibung

Taber-Abrieb (Reibradverfahren) mm^3/100 U
Statische Reibungszahl
Dynamische Reibungszahl (p·v= N/mm^2· m/min)
Zulässiger p · v Wert N/mm^2 · (m/min) v= m/min
v= m/min

Thermische Eigenschaften

Formbeständigkeit in der Wärme	*Verfahren*		240 °C
	Verfahren		°C
Formbeständigkeit Martens			200 °C
Längenausdehnungskoeffizient	*Bereich*	°C	$\cdot 10^{-4}K^{-1}$
	Temperatur 23 °C		$0.25 \cdot 10^{-4}K^{-1}$
Wärmeleitfähigkeit	*Verfahren*		W/(K · m)
Spezifische Wärmekapazität	*Verfahren*		J/(K · g)

Brandverhalten

UL-Test vertikal Dicke 1.6 mm, Wert V-0
Dicke mm, Wert

	Norm	*Bewertung*	*Abmessungen*
Sauerstoff-Index	ASTM D 2863		
Glühstab-Verfahren	DIN 53459	1	
Brandverhalten	DIN 4102		
MVSS			
FAR			

Elektrische Eigenschaften

		Hz	°C		*Probekörper, Form*
Dielektrizitätszahl		50			
		10^3	23	4.5	
		10^6			
Dielektrischer Verlustfaktor tan δ		50			
		10^3	23	0.03	
		10^6			
Spezifischer Durchgangs-widerstand	Ohm · cm		23	1.0*10**14	
Durchschlagfestigkeit	kV/mm		23	16	mm dick
Oberflächenwiderstand	Ohm		23	1.0*10**12	

Kriechstromfestigkeit KC >600 KB KA 3c
Kriechwegbildung CTI 600

Elektrolytische Korrosionswirkung
Lichtbogenfestigkeit nach DIN
nach ASTM s 210

Beständigkeit *(Chemische Beständigkeit siehe Anhang)*

Wasseraufnahme 4 d 40 mg

Feuchtigkeitsaufnahme Normalklima %
Wetterbeständigkeit

UP

Produktklasse	Polyesterharz-Formmasse
Handelsname	**Keripol K 3231**
Hersteller	PHOENIX
DIN-Bezeichnung	801 DIN 16911
ISO-Bezeichnung	
Harzbasis	Ungesaettigter Polyester
Zusätze	
Füllstoffe/ Verstärkung	Glasfaser
Bevorzugte Verarbeitung	Pressen; Spritzpressen; Spritzgiessen
Lieferform	Kittartig; BMC
Farben	
Besondere Merkmale	Sehr hohe Waermebelastbarkeit
Bevorzugte Anwendungen	Kollektor; Schleifringkoerper

Dichte	g/cm^3	2.05
Schüttdichte	g/cm^3	
Fließeinstellung		

Dosierbarkeit	Von Hand; Plastifiziergeraet
Tablettierbarkeit	
Lagerung	Bei 20 C 6 Monate

Verarbeitungsbedingungen für Pressen

Werkzeugtemperatur	°C	160–180
Pressdruck	bar	100–300
Härtezeit je mm	s	
Schwindung	%	0.2
Nachschwindung	%	0.0
Bemerkungen	Werkzeuge aus gehaertetem Chromstahl von Vorteil	

Verarbeitungsbedingungen für Spritzgießen

Zylindertemperatur	°C	25–30
Düsentemperatur	°C	50
Massetemp.	°C	
Werkzeugtemp.	°C	160–180
Spritzdruck	bar	500–1000
Härtezeit	s	
Schwindung	%	
Nachschwindung	%	
Bemerkungen	Stopfeinrichtung erforderlich; Rueckstromsperre von Vorteil; Werkzeuge aus gehaertetem Chromstahl	

Zugversuch 23 °C DIN 53455; *Probekörper:* *Form* *Herstellung* DIN 53470

Zugfestigkeit	N/mm^2	45	*E-Modul*	N/mm^2	
Reißdehnung	%		*Zeitstandzugfestigkeit*	h N/mm^2	

Biegeversuch 23 °C DIN 53452; DIN 53457 *Probekörper:* *Form* *Herstellung* DIN 53470

Biegefestigkeit	N/mm^2	70	*E-Modul*	N/mm^2	9000

Druckversuch 23 °C DIN 53454 *Probekörper:* *Form* *Herstellung* DIN 53470

Druckfestigkeit	N/mm^2	120	*Stauchung*	%	

Härte 23 °C *Probekörper:* *Herstellung* DIN 53470

Kugeldruckhärte N/mm^2 270 bei N, 60 s

Schlagversuch *Probekörper:* *(1)* U-Kerbe *(2)* *Herstellung* DIN 53470

		°C		°C	°C	*Probekörper-Form*
Schlagzähigkeit	kJ/m²	23	25			NS
Kerbschlagzähigkeit (1)	kJ/m²	23	20			NS
IZOD-Kerbschlagzähigkeit (2)	J/m					

Abrieb und Reibung

Taber-Abrieb (Reibradverfahren) mm³/100 U
Statische Reibungszahl
Dynamische Reibungszahl (p·v= N/mm²· m/min)
Zulässiger p · v Wert N/mm² · (m/min) v= m/min
v= m/min

Thermische Eigenschaften

Formbeständigkeit in der Wärme	*Verfahren*		240 °C
	Verfahren		°C
Formbeständigkeit Martens			220 °C
Längenausdehnungskoeffizient	*Bereich*	°C	$\cdot 10^{-4} K^{-1}$
	Temperatur 23 °C		$0.25 \cdot 10^{-4} K^{-1}$
Wärmeleitfähigkeit	*Verfahren*		W/(K · m)
Spezifische Wärmekapazität	*Verfahren*		J/(K · g)

Brandverhalten

UL-Test vertikal Dicke mm, Wert
Dicke mm, Wert

	Norm	*Bewertung*	*Abmessungen*
Sauerstoff-Index	ASTM D 2863		
Glühstab-Verfahren	DIN 53459	2a	
Brandverhalten	DIN 4102		
MVSS			
FAR			

Elektrische Eigenschaften

		Hz	°C		*Probekörper, Form*
Dielektrizitätszahl		50			
		10^3	23	4.5	
		10^6			
Dielektrischer Verlustfaktor tan δ		50			
		10^3	23	0.01	
		10^6			
Spezifischer Durchgangswiderstand	Ohm · cm		23	1.0*10**14	
Durchschlagfestigkeit	kV/mm		23	13	mm dick
Oberflächenwiderstand	Ohm		23	1.0*10**13	

Kriechstromfestigkeit KC >600 KB KA 3c
Kriechwegbildung CTI 600

Elektrolytische Korrosionswirkung
Lichtbogenfestigkeit nach DIN
nach ASTM s 195

Beständigkeit *(Chemische Beständigkeit siehe Anhang)*

Wasseraufnahme 4 d 20 mg

Feuchtigkeitsaufnahme Normalklima %
Wetterbeständigkeit

Produktklasse	Polyesterharz-Formmasse		**UP**
Handelsname	**Keripol K 3321**		
Hersteller	PHOENIX		
DIN-Bezeichnung			
ISO-Bezeichnung			
Harzbasis	Ungesaettigter Polyester		
Zusätze		*Füllstoffe/ Verstärkung*	Glasfaser
Bevorzugte Verarbeitung	Pressen; Spritzpressen; Spritzgiessen	*Lieferform*	Kittartig; BMC
		Farben	
Besondere Merkmale	Schrumpffreie Formmasse; Low-Profile-Formmasse; Homogen einfaerbbar; Glatte Oberflaeche	*Bevorzugte Anwendungen*	Sichtteil mit schlierenfreier, glaenzender Oberflaeche; Gehaeuse

Dichte	g/cm³	2.1	*Dosierbarkeit*	Von Hand; Plastifiziergeraet
Schüttdichte	g/cm³		*Tablettierbarkeit*	
Fließeinstellung			*Lagerung*	Bei 20 C 3 Monate

Verarbeitungsbedingungen für Pressen			**Verarbeitungsbedingungen für Spritzgießen**		
			Zylindertemperatur	°C	
			Düsentemperatur	°C	≦50
			Massetemp.	°C	
Werkzeugtemperatur	°C	160–185	*Werkzeugtemp.*	°C	160–185
Pressdruck	bar		*Spritzdruck*	bar	
Härtezeit je mm	s		*Härtezeit*	s	
Schwindung	%	0.15	*Schwindung*	%	
Nachschwindung	%	0	*Nachschwindung*	%	
Bemerkungen	Werkzeuge aus gehaertetem Chromstahl von Vorteil		*Bemerkungen*	Stopfeinrichtung erforderlich; Rueckstromsperre von Vorteil; Werkzeuge aus gehaertetem Chromstahl	

Zugversuch 23 °C DIN 53455;
Probekörper: *Form* *Herstellung* DIN 53470

Zugfestigkeit	N/mm²	45	*E-Modul*	N/mm²	
Reißdehnung	%		*Zeitstandzugfestigkeit*	h N/mm²	

Biegeversuch 23 °C DIN 53452; DIN 53457
Probekörper: *Form* *Herstellung* DIN 53470

Biegefestigkeit	N/mm²	75	*E-Modul*	N/mm²	16000

Druckversuch 23 °C DIN 53454
Probekörper: *Form* *Herstellung* DIN 53470

Druckfestigkeit	N/mm²	200	*Stauchung*	%	

Härte 23 °C *Probekörper:* *Herstellung* DIN 53470

Kugeldruckhärte N/mm² 350 bei N, 60 s

Schlagversuch *Probekörper:* *(1)* U-Kerbe
(2) *Herstellung* DIN 53470

		°C	°C	°C	*Probekörper-Form*
Schlagzähigkeit	kJ/m²	23 15			NS
Kerbschlagzähigkeit (1)	kJ/m²	23 15			NS
IZOD-Kerbschlagzähigkeit (2)	J/m				

Abrieb und Reibung

Taber-Abrieb (Reibradverfahren) mm³/100 U
Statische Reibungszahl
Dynamische Reibungszahl (p·v= N/mm² · m/min)
Zulässiger p · v Wert N/mm² · (m/min) v= m/min
v= m/min

Thermische Eigenschaften

Formbeständigkeit in der Wärme	*Verfahren*		240 °C
	Verfahren		°C
Formbeständigkeit Martens			200 °C
Längenausdehnungskoeffizient	*Bereich*	°C	$\cdot 10^{-4} K^{-1}$
	Temperatur 23 °C		$0.14 \cdot 10^{-4} K^{-1}$
Wärmeleitfähigkeit	*Verfahren*		W/(K · m)
Spezifische Wärmekapazität	*Verfahren*		J/(K · g)

Brandverhalten

UL-Test vertikal Dicke mm, Wert
Dicke mm, Wert

	Norm	*Bewertung*	*Abmessungen*
Sauerstoff-Index	ASTM D 2863		
Glühstab-Verfahren	DIN 53459	2a	
Brandverhalten	DIN 4102		
MVSS			
FAR			

Elektrische Eigenschaften

		Hz	°C		*Probekörper, Form*
Dielektrizitätszahl		50			
		10^3	23	4.5	
		10^6			
Dielektrischer Verlustfaktor tan δ		50			
		10^3	23	0.02	
		10^6			
Spezifischer Durchgangswiderstand	Ohm · cm		23	1.0*10**14	
Durchschlagfestigkeit	kV/mm		23	14	mm dick
Oberflächenwiderstand	Ohm		23	1.0*10**12	

Kriechstromfestigkeit KC >600 KB KA 3c
Kriechwegbildung CTI 600

Elektrolytische Korrosionswirkung
Lichtbogenfestigkeit nach DIN
nach ASTM s

Beständigkeit *(Chemische Beständigkeit siehe Anhang)*

Wasseraufnahme 4 d 35 mg

Feuchtigkeitsaufnahme Normalklima %
Wetterbeständigkeit

UP

Produktklasse	Polyesterharz-Formmasse
Handelsname	**Keripol K 3342**
Hersteller	PHOENIX
DIN-Bezeichnung	
ISO-Bezeichnung	
Harzbasis	Ungesaettigter Polyester
Zusätze	
Füllstoffe/ Verstärkung	Glasfaser
Bevorzugte Verarbeitung	Pressen; Spritzpressen; Spritzgiessen
Lieferform	Kittartig; BMC
Farben	
Besondere Merkmale	Schrumpffreie Formmasse; Low-Profile-Formmasse; Extrem glatte Oberflaeche auch bei Verrippungen
Bevorzugte Anwendungen	Scheinwerferreflektor; Lampengehaeuse

Dichte	g/cm^3	1.95
Schüttdichte	g/cm^3	
Fließeinstellung		

Dosierbarkeit	Von Hand; Plastifiziergeraet
Tablettierbarkeit	
Lagerung	Bei 20 C 3 Monate

Verarbeitungsbedingungen für Pressen

Werkzeugtemperatur	°C	160–185
Pressdruck	bar	
Härtezeit je mm	s	
Schwindung	%	0.15
Nachschwindung	%	0.0
Bemerkungen	Werkzeuge aus gehaertetem Chromstahl von Vorteil	

Verarbeitungsbedingungen für Spritzgießen

Zylindertemperatur	°C	
Düsentemperatur	°C	≦50
Massetemp.	°C	
Werkzeugtemp.	°C	160–185
Spritzdruck	bar	
Härtezeit	s	
Schwindung	%	
Nachschwindung	%	
Bemerkungen	Stopfeinrichtung erforderlich; Rueckstromsperre von Vorteil; Werkzeuge aus gehaertetem Chromstahl	

Zugversuch 23 °C DIN 53455;
Probekörper: *Form* *Herstellung* DIN 53470

Zugfestigkeit	N/mm^2	60	*E-Modul*	N/mm^2	
Reißdehnung	%		*Zeitstandzugfestigkeit*	h N/mm^2	

Biegeversuch 23 °C DIN 53452; DIN 53457
Probekörper: *Form* *Herstellung* DIN 53470

Biegefestigkeit	N/mm^2	130	*E-Modul*	N/mm^2	13000

Druckversuch 23 °C DIN 53454
Probekörper: *Form* *Herstellung* DIN 53470

Druckfestigkeit	N/mm^2	200	*Stauchung*	%	

Härte 23 °C *Probekörper:* *Herstellung* DIN 53470

Kugeldruckhärte N/mm^2 300 bei N, 60 s

Schlagversuch *Probekörper:* *(1)* U-Kerbe
(2) *Herstellung* DIN 53470

		°C		°C	°C	*Probekörper-Form*
Schlagzähigkeit	kJ/m²	23	45			NS
Kerbschlagzähigkeit (1)	kJ/m²	23	45			NS
IZOD-Kerbschlag-zähigkeit (2)	J/m					

Abrieb und Reibung

Taber-Abrieb (Reibradverfahren) mm³/100 U
Statische Reibungszahl
Dynamische Reibungszahl (p · v= N/mm² · m/min)
Zulässiger p · v Wert N/mm² · (m/min) v= m/min
v= m/min

Thermische Eigenschaften

Formbeständigkeit in der Wärme	*Verfahren*		240 °C
	Verfahren		°C
Formbeständigkeit Martens			200 °C
Längenausdehnungskoeffizient	*Bereich*	°C	$\cdot 10^{-4} K^{-1}$
	Temperatur 23 °C		$0.12 \cdot 10^{-4} K^{-1}$
Wärmeleitfähigkeit	*Verfahren*		W/(K · m)
Spezifische Wärmekapazität	*Verfahren*		J/(K · g)

Brandverhalten

UL-Test vertikal Dicke mm, Wert
Dicke mm, Wert

	Norm	*Bewertung*	*Abmessungen*
Sauerstoff-Index	ASTM D 2863		
Glühstab-Verfahren	DIN 53459	2a	
Brandverhalten	DIN 4102		
MVSS			
FAR			

Elektrische Eigenschaften

		Hz	°C		*Probekörper, Form*
Dielektrizitätszahl		50			
		10^3	23	4.5	
		10^6			
Dielektrischer Verlustfaktor tan δ		50			
		10^3	23	0.03	
		10^6			
Spezifischer Durchgangs-widerstand	Ohm · cm		23	1.0*10**14	
Durchschlagfestigkeit	kV/mm		23	15	mm dick
Oberflächenwiderstand	Ohm		23	1.0*10**12	

Kriechstromfestigkeit KC >600 KB KA 3c
Kriechwegbildung CTI 600

Elektrolytische Korrosionswirkung
Lichtbogenfestigkeit nach DIN
nach ASTM s

Beständigkeit *(Chemische Beständigkeit siehe Anhang)*

Wasseraufnahme 4 d 30 mg

Feuchtigkeitsaufnahme Normalklima %
Wetterbeständigkeit

Produktklasse	Polyesterharz-Formmasse		**UP**
Handelsname	**Keripol K 2936**		
Hersteller	PHOENIX		
DIN-Bezeichnung *ISO-Bezeichnung*			
Harzbasis	Ungesaettigter Polyester		
Zusätze		*Füllstoffe/ Verstärkung*	
Bevorzugte Verarbeitung	Pressen; Spritzpressen; Spritzgiessen	*Lieferform*	Kittartig; BMC
		Farben	
Besondere Merkmale	Standardqualitaet	*Bevorzugte Anwendungen*	Technisches Formteil

Dichte	g/cm³	1.85	*Dosierbarkeit*	Von Hand; Plastifiziergeraet
Schüttdichte	g/cm³		*Tablettierbarkeit*	
Fließeinstellung			*Lagerung*	Bei 20 C 3 Monate

Verarbeitungsbedingungen für Pressen

Werkzeugtemperatur	°C	160–185
Pressdruck	bar	
Härtezeit je mm	s	
Schwindung	%	0.2
Nachschwindung	%	0.0
Bemerkungen	Werkzeuge aus gehaertetem Chromstahl von Vorteil	

Verarbeitungsbedingungen für Spritzgießen

Zylindertemperatur	°C	
Düsentemperatur	°C	≦50
Massetemp.	°C	
Werkzeugtemp.	°C	160–185
Spritzdruck	bar	
Härtezeit	s	
Schwindung	%	
Nachschwindung	%	
Bemerkungen	Stopfeinrichtung erforderlich; Rueckstromsperre von Vorteil; Werkzeuge aus gehaertetem Chromstahl	

Zugversuch 23 °C DIN 53455;
Probekörper: *Form* *Herstellung* DIN 53470

Zugfestigkeit	N/mm²	35	*E-Modul*	N/mm²	
Reißdehnung	%		*Zeitstandzugfestigkeit*	h N/mm²	

Biegeversuch 23 °C DIN 53452; DIN 53457
Probekörper: *Form* *Herstellung* DIN 53470

Biegefestigkeit	N/mm²	80	*E-Modul*	N/mm²	10000

Druckversuch 23 °C DIN 53454
Probekörper: *Form* *Herstellung* DIN 53470

Druckfestigkeit	N/mm²	160	*Stauchung*	%

Härte 23 °C *Probekörper:* *Herstellung* DIN 53470

Kugeldruckhärte N/mm² 270 bei N, 60 s

Schlagversuch *Probekörper:* *(1)* U-Kerbe
(2) *Herstellung* DIN 53470

		°C	°C	°C	*Probekörper-Form*
Schlagzähigkeit	kJ/m²	23 25			NS
Kerbschlagzähigkeit (1)	kJ/m²	23 25			NS
IZOD-Kerbschlagzähigkeit (2)	J/m				

Abrieb und Reibung

Taber-Abrieb (Reibradverfahren) mm³/100 U
Statische Reibungszahl
Dynamische Reibungszahl (p·v= N/mm² · m/min)
Zulässiger p · v Wert N/mm² · (m/min) v= m/min
v= m/min

Thermische Eigenschaften

Formbeständigkeit in der Wärme	*Verfahren*		240 °C
	Verfahren		°C
Formbeständigkeit Martens			180 °C
Längenausdehnungskoeffizient	*Bereich*	°C	$\cdot 10^{-4}K^{-1}$
	Temperatur 23 °C		$0.30 \cdot 10^{-4}K^{-1}$
Wärmeleitfähigkeit	*Verfahren*		W/(K · m)
Spezifische Wärmekapazität	*Verfahren*		J/(K · g)

Brandverhalten

UL-Test vertikal Dicke mm, Wert
Dicke mm, Wert

	Norm	*Bewertung*	*Abmessungen*
Sauerstoff-Index	ASTM D 2863		
Glühstab-Verfahren	DIN 53459	2b	
Brandverhalten	DIN 4102		
MVSS			
FAR			

Elektrische Eigenschaften

		Hz	°C			*Probekörper, Form*
Dielektrizitätszahl		50				
		10^3	23	4.5		
		10^6				
Dielektrischer Verlustfaktor tan δ		50				
		10^3	23	0.04		
		10^6				
Spezifischer Durchgangswiderstand	Ohm · cm		23	1.0*10**14		
Durchschlagfestigkeit	kV/mm		23	14		mm dick
Oberflächenwiderstand	Ohm		23	1.0*10**12		
Kriechstromfestigkeit		KC >600	KB		KA 3c	
Kriechwegbildung		CTI 600				
Elektrolytische Korrosionswirkung						
Lichtbogenfestigkeit nach DIN						
nach ASTM	s	180				

Beständigkeit *(Chemische Beständigkeit siehe Anhang)*

Wasseraufnahme 4 d 40 mg

Feuchtigkeitsaufnahme Normalklima %
Wetterbeständigkeit

UP

Produktklasse	Polyesterharz-Formmasse
Handelsname	**Supraplast-Harzmatte UP-M 227 U**
Hersteller	SUED WEST
DIN-Bezeichnung	
ISO-Bezeichnung	
Harzbasis	Ungesaettigter Polyester
Zusätze	
Füllstoffe/ Verstärkung	Glasseidenmatte
Bevorzugte Verarbeitung	Pressen
Lieferform	Harzmatte; SMC
Farben	Natur; Standard
Besondere Merkmale	Standardtyp; Sehr gute mechanische Eigenschaften; Bessere Oberflaechen als Supraplast UP-M 230 U; Schlagfest
Bevorzugte Anwendungen	Technisches Formteil; Gehaeuse; Abdeckung; Isolierteil

Dichte	g/cm^3	1.75
Schüttdichte	g/cm^3	
Fließeinstellung	Weich, mittel	
Dosierbarkeit	Zuschneiden	
Tablettierbarkeit		
Lagerung	Kuehl und trocken >3 Monate	

Verarbeitungsbedingungen für Pressen

Werkzeugtemperatur	°C	140–150
Pressdruck	bar	50–150
Härtezeit je mm	s	
Schwindung	%	0.15–0.20
Nachschwindung	%	
Bemerkungen		

Verarbeitungsbedingungen für Spritzgießen

Zylindertemperatur	°C	
Düsentemperatur	°C	
Massetemp.	°C	
Werkzeugtemp.	°C	
Spritzdruck	bar	
Härtezeit	s	
Schwindung	%	
Nachschwindung	%	
Bemerkungen		

Zugversuch 23 °C DIN 53455;
Probekörper: *Form* *Herstellung* DIN 16913

Zugfestigkeit	N/mm^2	75–80
Reißdehnung	%	
E-Modul	N/mm^2	
Zeitstandzugfestigkeit	h N/mm^2	

Biegeversuch 23 °C DIN 53452; DIN 53457
Probekörper: *Form* *Herstellung* DIN 16913

Biegefestigkeit	N/mm^2	198
E-Modul	N/mm^2	11000–12000

Druckversuch 23 °C
Probekörper: *Form* *Herstellung*

Druckfestigkeit	N/mm^2	
Stauchung	%	

Härte 23 °C *Probekörper:* *Herstellung*

Kugeldruckhärte N/mm^2 bei N, s

Schlagversuch *Probekörper:* *(1)*
(2) *Herstellung* DIN 16913

		°C		°C	°C	*Probekörper-Form*
Schlagzähigkeit	kJ/m²	23	70–80			NS
Kerbschlagzähigkeit (1)	kJ/m²					
IZOD-Kerbschlagzähigkeit (2)	J/m					

Abrieb und Reibung

Taber-Abrieb (Reibradverfahren) mm³/100 U
Statische Reibungszahl
Dynamische Reibungszahl (p · v= N/mm² · m/min)
Zulässiger p · v Wert N/mm² · (m/min) v= m/min
v= m/min

Thermische Eigenschaften

Formbeständigkeit in der Wärme	*Verfahren*		°C
	Verfahren		°C
Formbeständigkeit Martens			210 °C
Längenausdehnungskoeffizient	*Bereich*	°C	$\cdot 10^{-4} K^{-1}$
	Temperatur 23 °C		$0.2 \cdot 10^{-4} K^{-1}$
Wärmeleitfähigkeit	*Verfahren*		W/(K · m)
Spezifische Wärmekapazität	*Verfahren*		J/(K · g)

Brandverhalten

UL-Test vertikal Dicke mm, Wert
Dicke mm, Wert

	Norm	*Bewertung*	*Abmessungen*
Sauerstoff-Index	ASTM D 2863	24 %	
Glühstab-Verfahren	DIN 53459	2b-2c	
Brandverhalten	DIN 4102		
MVSS			
FAR			

Elektrische Eigenschaften

		Hz	°C		*Probekörper, Form*
Dielektrizitätszahl		50			
		10^3			
		10^6			
Dielektrischer Verlustfaktor tan δ		50			
		10^3	23	0.011–0.015	
		10^6			
Spezifischer Durchgangswiderstand	Ohm · cm		23	1.0*10**14	
Durchschlagfestigkeit	kV/mm		23	12	mm dick
Oberflächenwiderstand	Ohm		23	1.0*10**13	

Kriechstromfestigkeit KC 600 KB KA
Kriechwegbildung CTI 600

Elektrolytische Korrosionswirkung
Lichtbogenfestigkeit nach DIN
nach ASTM s

Beständigkeit *(Chemische Beständigkeit siehe Anhang)*

Wasseraufnahme 4 d 35 mg
1 d 15 mg
Feuchtigkeitsaufnahme Normalklima %
Wetterbeständigkeit